I0882062

Gerd Schwandner

Produktmanagement – Innovation – Digitalisierung

De Gruyter Studium

Also of interest

Modellierung betrieblicher Informationssysteme.
Modelle, Methoden und Werkzeuge
Karl Kurbel, 2024
ISBN 978-3-11-106319-5, e-ISBN (PDF) 978-3-11-106384-3

IT-Sicherheit.
Konzepte – Verfahren – Protokolle
Claudia Eckert, 2023
ISBN 978-3-11-099689-0, e-ISBN 978-3-11-098511-5

Das datenzentrische Unternehmen.
Daten als Erfolgsgrundlage im KI-Zeitalter
Herausgegeben von: Stefan Brock in Gemeinschaft mit Hewlett Packard Enterprise, 2025
ISBN 978-3-11-104770-6, e-ISBN 978-3-11-104867-3

Datenrecht
Thomas Hoeren und Stefan Pinelli, 2025
ISBN 978-3-11-067211-4, e-ISBN 978-3-11-067221-3

Marketing.
Prozess- und praxisorientierte Grundlagen
Peter M. Runia, Frank Wahl, Olaf Geyer und Christian Thewißen, 2025
ISBN 978-3-11-133851-4, e-ISBN 978-3-11-133877-4

Gerd Schwandner

Produktmanagement – Innovation – Digitalisierung

Moderne Produktplanung, Entwicklung und Vermarktung

DE GRUYTER

Autor
Prof. Dr. Gerd Schwandner
Erlenweg 26
85609 Aschheim
gerd.schwandner@thi.de

ISBN 978-3-11-155749-6
ISBN 978-3-11-155880-6 (PDF)
ISBN 978-3-11-155900-1 (EPUB)
DOI https://doi.org/10.1515/9783111558806

Library of Congress Control Number: 2026932393

Bibliografische Information der Deutschen Nationalbibliothek
Die Deutsche Nationalbibliothek verzeichnet diese Publikation in der Deutschen Nationalbibliografie; detaillierte bibliografische Daten sind im Internet über http://dnb.dnb.de abrufbar.

De Gruyter und Walter de Gruyter GmbH sind Teil von De Gruyter Brill.
www.degruyterbrill.com

Fragen zur allgemeinen Produktsicherheit:
productsafety@degruyterbrill.com

Einbandabbildung: g-stockstudio/iStock/Getty Images Plus

Hinweis zur geschlechtergerechten Sprache und Sprachverwendung

In diesem Buch wird zur besseren Lesbarkeit die männliche Form verwendet. Sie steht stellvertretend für alle Geschlechter und impliziert keinerlei Wertung oder Benachteiligung. Diese sprachliche Vereinfachung dient allein der Klarheit und Lesefreundlichkeit des Textes.

Deutsche und englische Fachbegriffe werden teils parallel oder gemischt verwendet. Dies spiegelt die im Produkt- und Innovationsmanagement übliche Fachsprache wider und dient der inhaltlichen Präzision und Praxisnähe. Wo keine eindeutige deutsche Übersetzung vorliegt oder die englische Bezeichnung in der Praxis verbreitet ist, wird die englische Bezeichnung verwendet.

 | https://doi.org/10.1515/9783111558806-202

Vorwort

Produkte erfolgreich zu planen, entwickeln und in den Markt zu bringen, gehört zu den zentralen Aufgaben von Unternehmen. Gleichzeitig ist dies in vielen Branchen heute anspruchsvoller denn je.

Die Literatur und akademische Ausbildung bietet zwar Hilfestellungen, meist jedoch aus einer spezifischen Fachdisziplin, etwa aus dem Marketing, der Konstruktionslehre, dem Software Engineering oder dem Innovationsmanagement. Seltener werden Lösungsansätze aus einer interdisziplinären Produktperspektive heraus entwickelt. An dieser Stelle setzt dieses Buch an.

Im Mittelpunkt stehen außerdem – wie im Titel formuliert – die Werthebel Innovation und Digitalisierung und ihre Potenziale für die Konzeption und Vermarktung von Produkten und Dienstleistungen. Hier besteht nach Ansicht des Autors Entwicklungsbedarf in der praxisnahen Forschung.

Entstanden ist dieses Buch aus der persönlichen Motivation des Autors, mehr als fünfundzwanzig Jahre Erfahrung als Manager, Berater und Professor nicht nur in Lehrveranstaltungen und Seminaren, sondern auch in dieser Form zu teilen.

Mein Dank gilt der Technischen Hochschule Ingolstadt, dem DeGruyterBrill-Verlag und nicht zuletzt meiner Familie für die Unterstützung während der Planung und Ausarbeitung dieses Buches.

Prof. Dr. Gerd. A. Schwandner
Aschheim, 05.12.2025

 | https://doi.org/10.1515/9783111558806-203

Inhaltsverzeichnis

Abkürzungsverzeichnis

AI	Artificial Intelligence
API	Application Programming Interface
BSC	Balanced Scorecard
BT	Bluetooth
CI/CD	Continuous Integration/Continuous Delivery
CRM	Customer Relationship Management
DL	Dienstleistung
DOOH	Digital Out-of-Home
DRM	Direct und Relationship Marketing
DSGVO	Datenschutz-Grundverordnung
DZ	Digitaler Zwilling
ERP	Enterprise Resource Planing
ERP	Enterprise Resource Planning
F&E	Forschung und Entwicklung
FMEA	Failure Mode and Effects Analysis
GenKI	Generative Künstliche Intelligenz
I. d. R.	In der Regel
I. e. S.	Im engeren Sinne
I. w. S.	Im weiteren Sinne
Insb.	Insbesondere
IRR	Internal Rate of Return
IT	Informationstechnologie
JTBD	Jobs-to-be-Done
Kap	Kapitel
KI	Künstliche Intelligenz
LB	Location based
LLM	Large Language Model
ML	Machine Learning
MTA	Meilensteintrendanalyse
MVP	Minimum Viable Product
NLP	Natural Language Processing
NPS	Net Promotor Score
NPV	Net Present Value
NWA	Nutzwertanalyse
ODI	Outcome Driven Innovation
O. J.	Ohne Jahr
P. a.	per anum
PLM	Product Lifecycle Management
PLM	Product Lifecycle Management
PM	Produktmanager, Produktmanagement
PoC	Proof-of-Concept
POD	Point-of-Differentiation
POP	Point-of-Parity
POS	Point-of-Sale
PR	Public Relations
PRD	Product Requirement Document
QFD	Quality Function Deployment

 | https://doi.org/10.1515/9783111558806-205

RAG	Retrieval-Augmented Generation
RBV	Resource-based view of the firm
ROI	Return on Investment
RPA	Robotic Process Automation
SaaS	Software as a Service
SAM	Served Available Market
SCM	Supply-Chain Management
SEA	Search Engine Advertising
SEM	Search Engine Marketing
SEO	Search Engine Optimization
SMM	Social Media Marketing
SOM	Share of Market
STP	Segmentation, Targeting, Positioning
SWOT	Strength Weaknesses Opportunities Threats
TAM	Total Available Market
U. a.	Unter anderem
U.U.	Unter Umständen
UGC	User Generated Content
UI	User Interface
USP	Unique-Selling-Proposition
Usw.	Und so weiter
UX	User Experience
UXD	User Experience Design
Z.B.	Zum Beispiel
Z.T.	Zum Teil

1 Einleitung

> „An estimated 46 % of what industry spends on new-product development goes into initiatives that either fail in the marketplace or are cancelled prior to launch – that is, almost half of investment resources go to duds!“[1]

Es gehört zum Kernprozess von Unternehmen, gute Ideen zu generieren und daraus neue Produkte zu entwickeln. Viele der anfänglich verfolgten Ideen werden dabei nie in Produkte umgesetzt. Außerdem erreicht ein erheblicher Teil der entwickelten und im Markt eingeführten Produkte die gesteckten Ziele nicht. Cooper schätzt, dass nur „eines von sieben“ gestarteten Entwicklungsprojekten zu einem am Markt erfolgreichen Produkt wird.[2] Die meisten Projekte werden bereits vor der Markteinführung gestoppt. Die Erfolgsquote im Falle einer Markteinführung liegt nur zwischen 55 und 65 %.[3]

Auf der anderen Seite stellt Cooper fest, dass **Unternehmen unterschiedlich gut** dabei sind, Produktinnovation zu schaffen. „Best Innovators“ erreichen eine Erfolgsquote von 70 %, während der Durchschnitt und die „Worst Performer“-Gruppe lediglich bei Erfolgsquoten von 51 bzw. 30 % liegen.[4] Die Ursachen des Projektabbruchs in der Entwicklung oder des Misserfolgs von Produkten am Markt sind vielfältig. Projekte werden beispielsweise eingestellt, da Kosten überschritten werden, die Machbarkeit infrage steht oder sich das Marktumfeld verändert. Scheitern am Markt ist häufig auf falsche Einschätzung der Nachfrage, fehlende Produktdifferenzierung, Qualitätsprobleme oder unzureichende kommunikative Unterstützung zurückzuführen.

In der heutigen Zeit sehen sich Unternehmen in Deutschland mit einer zunehmend schwierigen wirtschaftlichen Situation konfrontiert. Wie in Kap. 1.1 gezeigt wird, hat sich der globale Wettbewerb in den letzten Jahrzehnten intensiviert: Zum einen haben technologischer Fortschritt, insbesondere die Digitalisierung, die Eintrittsbarrieren für neue Marktteilnehmer (z. B. Start-ups und Unternehmen aus China) erheblich gesenkt. Zum anderen ist das **Umfeld dynamischer und komplexer** geworden, etwa durch geopolitische Unsicherheiten und Handelskonflikte. Hinzu kommt der steigende Druck, **nachhaltiger** zu wirtschaften, was zusätzliche Investitionen und Umstrukturierungen erfordert.

Vor diesem Hintergrund müssen Unternehmen mehr denn je ihre **Produktpolitik in den Mittelpunkt** stellen – zumal der Produktprozess herausfordernder geworden ist, wie in Kap. 1.2 argumentiert wird. Die Fähigkeit, Produkte zu entwickeln, die sich

---

1 Cooper (2017), S. 22.

2 Andere Studien kommen auf noch geringere Erfolgsquoten, vgl. Meffert u. a. (2024), S. 397; Ernst (2007), S. 398.

3 Vgl. Cooper (2017), S. 22–23; die Erfolgsquote hängt von verschiedenen Faktoren ab, insbesondere vom Innovationsgrad der Produktneuentwicklung. Einen Überblick zu Untersuchungen über Erfolgsquoten bei Neuproduktentwicklungen liefert z. B. Erne, vgl. Erne (2024), S. 1–3.

4 Vgl. Cooper (2017), S. 15.

 | https://doi.org/10.1515/9783111558806-001

durch Innovation, Qualität und Kundennutzen von der Konkurrenz abheben, ist heute entscheidender als je zuvor. Dabei reicht es nicht mehr aus, lediglich auf bestehende Nachfrage zu reagieren. Erfolgreiche Unternehmen **antizipieren Marktveränderungen**, verstehen die Bedürfnisse ihrer Kunden und gestalten proaktiv die Trends von morgen. **Produktmanagement** muss nicht nur das Bestehen in dynamischen Marktumfeldern, sondern auch die **langfristige Wettbewerbsfähigkeit** von Unternehmen sicherstellen.

Der „**Fokus auf das Produkt**" ist keine Option, sondern eine Notwendigkeit, um unter den aktuellen wirtschaftlichen Bedingungen zu bestehen und zu wachsen.

1.1 Dynamisches und komplexes Wettbewerbsumfeld

> „Wir befinden uns an einem Wendepunkt: Erdbebenartige geopolitische Verschiebungen und Kriege, die Rückkehr von Protektionismus und Zöllen [...], die Fragilität komplexer Lieferketten, der technologische Wandel, der ganze Märkte durcheinanderbringt, [...] KI-Modelle und Daten im Mittelpunkt [...]. Das Betriebssystem der Welt, das System, an das wir uns gewöhnt hatten, wird obsolet. Und vielleicht ist keine andere Volkswirtschaft stärker betroffen als Deutschland."[5]

Dauerhaft wettbewerbsfähige Produkte auf den Markt zu bringen, gestaltet sich zunehmend schwieriger. Unternehmen mit langer Erfolgshistorie verschwinden vom Markt[6] oder verlieren an Bedeutung.[7] Neue Unternehmen nutzen disruptive Veränderungen und generieren in kurzer Zeit enorme Werte.[8] Das Umfeld für Unternehmen wird als schwieriger als noch vor 20 oder 30 Jahren wahrgenommen. Dies liegt u. a. an den in Abbildung 1.1 genannten Faktoren:[9]

- Die rasante Entwicklung **neuer Technologien**, wie künstliche Intelligenz, Internet der Dinge (IoT) oder Blockchain, verändert die Art und Weise, wie Unternehmen arbeiten und mit ihren Kunden interagieren. Unternehmen müssen sich kontinuierlich anpassen, um wettbewerbsfähig zu bleiben.[10]
- Viele **Märkte sind reif**, die Produkte austauschbar. Neuerungen werden schnell von Wettbewerbern imitiert. Produkte werden häufig in Preiswettbewerben verkauft, zulasten der Profitabilität der Anbieter.
- Die **Globalisierung** eröffnet nicht nur neue Märkte, sondern verschärft auch den Wettbewerb. Internationales Geschäft erhöht die Komplexität für Unternehmen durch kulturelle Unterschiede und unterschiedliche gesetzliche Vorschriften. Auf

5 Roland Busch, CEO von Siemens, zitiert aus Wermke (2025).

6 Beispiele aus dem deutschen Raum sind Schlecker, Q-Cells, Air Berlin oder SolarWorld.

7 Z. B. Nokia, Kodak oder Opel.

8 Z. B. Amazon, Facebook, Nvidia oder deutsche Start-ups wie Celonis, N8N oder Personio.

9 Vgl. z. B. Bea/Haas (2024), S. 9–13.

10 Vgl. Horváth u. a. (2020), S. 5; McKinsey nennt beispielsweise 15 technologische Trends, die Chancen, aber auch Herausforderungen für Unternehmen bringen, vgl. Yee u. a. (2024); Yee u. a. (2025).

Abbildung 1.1: Faktoren im Unternehmensumfeld.

der anderen Seite bedrohen ökonomische Supermächte die globale Wirtschaftsordnung mit national bzw. politisch orientierter Handelspolitik.
- **Geopolitische Veränderungen** haben nicht nur Einfluss auf die Sicherheit, sondern auch auf internationale Lieferketten und Handelsbarrieren.
- Die Erwartungen und das **Verhalten der Kunden** ändern sich, oft getrieben durch digitale Medien.[11] Kunden fordern zunehmend umweltfreundliche Produkte und nachhaltige Geschäftspraktiken. Unternehmen müssen Produkte und Dienstleistungen immer schneller an verändernde Kundenbedürfnisse anpassen.
- **Gesetzliche und gesellschaftliche Anforderungen**, die oft von Land zu Land unterschiedlich sind, verändern sich oder werden verschärft, z. B. im Bereich Klima- und Umweltschutz. Unternehmen müssen Produkte und Prozesse entsprechend anpassen.
- **Wirtschaftliche Schwankungen** durch Inflation, Wechselkursrisiken oder Rezessionen können die Geschäftstätigkeit beeinflussen und erfordern flexible und anpassungsfähige Geschäftsstrategien.
- Der Wettbewerb ist intensiver als je zuvor, nicht nur durch klassische Konkurrenten, sondern auch durch **disruptive Geschäftsmodelle** und **neue Marktteilnehmer**. „Schützende“ Wettbewerbsbarrieren verschwinden.
- Der **demografische Wandel** in vielen Industrieländern führt zu einem Mangel an Arbeitskräften und verschiebt die Nachfrage in vielen Produkt- und Dienstleistungsmärkten.
- Die Zunahme von **Cyberangriffen** stellt eine erhebliche Bedrohung für Unternehmen dar. Unternehmen müssen in Sicherheitsmaßnahmen für neue häufig vernetzte Produkte investieren, um Daten und Systeme zu schützen.

11 Vgl. z. B. Coggins u. a. (2025).

Insgesamt ist das heute vorliegende Unternehmensumfeld (in vielen Branchen) durch **hohe Wettbewerbsintensität, Komplexität und Dynamik** zu charakterisieren. Häufig sehen sich Unternehmen mit einem **VUCA**-Umfeld[12] konfrontiert und müssen sich verändern, um zu bestehen. „The impetus to reinvent is intensifying. CEOs expect more pressure over the next three years than they experienced over the previous five from technology, climate change and nearly every other megatrend affecting global business.“[13] Schlussfolgernd formuliert Grant: „Businesses need to compete at a higher level along a broader front.“[14]

Zusätzlich sehen sich wichtige „deutsche“ Industrien wie die Automobilindustrie oder der Maschinenbau sowie der Wirtschaftsstandort Deutschland insgesamt spezifischen Herausforderungen gegenüber, auf die an dieser Stelle nicht näher eingegangen werden soll.

Diese Faktoren erfordern von Unternehmen nicht nur **Effektivität**, sondern auch eine **hohe Anpassungsfähigkeit** und **Flexibilität**, um im zunehmend komplexen und dynamischen Geschäftsumfeld nachhaltig erfolgreich zu sein.[15]

1.2 Orientierung am Produkt als Lösungsansatz

> „Es ist nicht der Unternehmer, der die Löhne zahlt – er übergibt nur das Geld. Es ist das Produkt, das die Löhne zahlt. (Henry Ford)“[16]

Dieses Werk basiert auf der Hypothese, dass die **Orientierung am Produkt** mehr denn je gefordert ist: Produkte sind die Erfolgs- und Ergebnisträger für Unternehmen. Produkte können das Leben von Menschen oder gar Gesellschaften verändern.

Die Entwicklung und Vermarktung von Produkten stellen den primären Unternehmensprozess und das Tagesgeschäft vieler Mitarbeiter im Unternehmen dar. Dabei kann es sich um Verbesserungen vorhandener Produkte handeln – in der Mehrzahl der Fälle – oder um die Entwicklung neuer Produkte. Der Produktprozess, angefangen von der Planung über die Entwicklung und Markteinführung bis hin zum „End-of-Life“, ist ein komplexer Prozess, bei dem unterschiedlichste Themen zu bearbeiten und praktisch alle Funktionen eines Unternehmens beteiligt sind. Abbildung 1.2 zeigt ohne Anspruch auf Ordnung und Vollständigkeit die hohe Bandbreite an Aufgaben und Aspekten, die im Produktprozess zu erledigen sind:

Die oben genannten Themen sind je nach Produkt unterschiedlich (oder gar nicht) relevant. Das erforderliche Know-how bzw. die erforderlichen Ressourcen für

12 VUCA steht für Volatility, Uncertainty, Complexity und Ambiguity, vgl. Horváth u. a. (2020), S. 6.

13 PwC (2024), S. 2 (Umfrage unter 4702 CEOs).

14 Grant (2022), S. 335.

15 Vgl. Prahalad (1998).

16 Zitiert aus Henry Ford (o. J.).

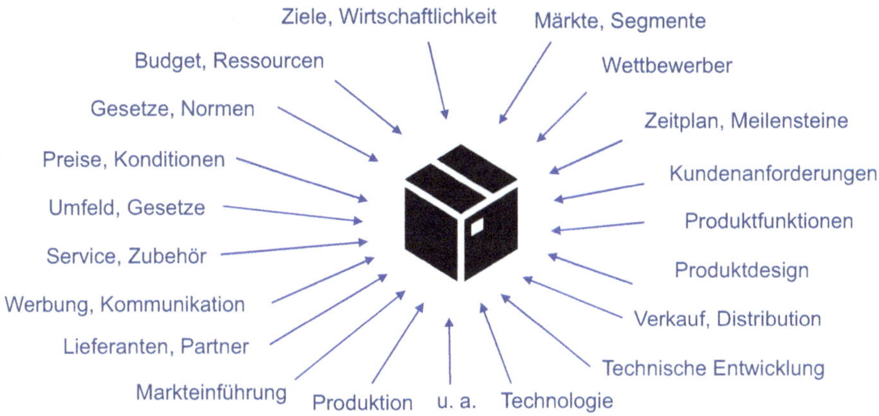

Abbildung 1.2: Aufgaben und Aspekte im Produktprozess.

die Umsetzung sind an unterschiedlichen Stellen im Unternehmen verteilt und müssen im Sinne des Produkterfolgs zusammengeführt und koordiniert werden. Unterschiedliche Interessen, die nicht notwendigerweise in Einklang mit dem Produkterfolg stehen, treffen im Produktprozess aufeinander. Neben inhaltlichen Interessenskonflikten können auch persönliche Bedürfnisse der Beteiligten zu Konflikten führen.

Nicht nur das Unternehmensumfeld, sondern auch die **spezifischen Herausforderungen im Produktprozess** sind vielfältiger und komplexer als noch vor 20 oder 30 Jahren (vgl. Abbildung 1.3).

Abbildung 1.3: Komplexitätsfaktoren für den Produktprozess.

Abbildung 1.3 zeigt ausgewählte Faktoren, die Herausforderungen im Produktprozess mit sich bringen:[17]

- Technische Produkte werden durch **Vernetzung** und **erhöhten Softwareanteil** komplexer. Mithilfe des Internet of Things (IoT) tauschen Netzwerke physischer Produkte („Things"), die mit Sensoren, Software und anderer Technologie ausgestattet sind, Daten aus und arbeiten zusammen.[18] Ein Beispiel ist das „software defined vehicle".[19] Das Geschäft mit modernen Technikprodukten zeigt andere Charakteristika als das Geschäft mit traditionellen Produkten:[20] Beispielsweise können Netzwerkeffekte den Kundennutzen beeinflussen.[21] Anstelle eines „großen" Markteintritts werden Softwareprodukte über tägliche oder wöchentliche Feature-Releases entwickelt und vermarktet.[22]
- Die oben beschriebenen Veränderungen im Kundenverhalten, der Technologie und politischen Vorgaben führen in vielen Märkten zu **unklaren und sich verändernden Kundenanforderungen**. Noch besseres Marktverständnis und flexible Entwicklungsprozesse sind notwendig.
- **Internationales Geschäft** erfordert das Verständnis neuer Zielgruppen und abweichender regulatorischer Rahmenbedingungen. Produktseitig verursachen Ländervarianten zusätzliche Komplexität.
- In immer mehr Branchen ist **Time-to-Market** entscheidend, um Innovationsvorsprünge zu erzielen und zu amortisieren.[23] Dies erfordert eine Reihe veränderter Ansätze, insbesondere getrieben durch die Anforderungen der Softwareentwicklung.[24]
- Um nachhaltig erfolgreich zu sein, ist eine Orientierung an **unternehmensspezifischen Ressourcen und Kompetenzen** erforderlich. Dies ermöglicht eine eigenständige Positionierung im Markt und schützt gegen Imitation durch Wettbewerber.

---

17 Vgl. z. B. Spath/Dangelmaier (2016), S. 3.

18 Vgl. Gausemeier u. a. (2016), S. 11; Spath/Dangelmaier (2016), S. 5–6; Weiber u. a. weisen darauf hin, dass es eine Entwicklung „hin zu einer Fixkostendominanz und Grenzkostenarmut" gebe, was eine wirtschaftliche Herausforderung darstellt und Lösungen wie strategische Partnerschaften (Aufteilung der Vorinvestitionen), Outsourcing (Re-Variabilisierung von Fixkosten) oder neue Geschäftsmodelle erfordert, vgl. Weiber u. a. (2006), S. 88–89.

19 Vgl. z. B. Automobilwoche (2023).

20 Vgl. Kap. 2.7.1 (Besonderheiten im Softwaregeschäft).

21 Vgl. Weiber u. a. (2006), S. 92–94.

22 Vgl. Gnanasambandam u. a. (2017), S. 2; es gilt das Prinzip „Continuous Discovery, Integration & Delivery", vgl. Busching/Göcke (2023), S. 112.

23 Untersuchungen zeigen, dass der Einfluss einer Entwicklungszeitüberschreitung auf den Ertrag signifikant höher ist als der Einfluss der Überschreitung von Entwicklungs- oder Produktionskosten, vgl. Vahs u. a. (2023), S. 27; in der Automobilindustrie wird diskutiert, inwieweit man von der deutschen Gründlichkeit und dem Null-Fehler-SOPs abrücken muss, um den mit „China Speed" arbeitenden Konkurrenten Paroli zu bieten, vgl. Prawitz (2025).

24 Vgl. Ritzvi u. a. (2025), S. 7–11.

- Potenziale der **Digitalisierung** und insbesondere der künstlichen Intelligenz müssen im Produktprozess genutzt werden, um Verbesserungen hinsichtlich Entwicklungszeit, Kosten und Kundennutzen zu erzielen.
- Etablierte Unternehmen sind gefordert, neben kontinuierlichen inkrementellen Verbesserungen ihrer Produkte auch **Projekte mit hohem Neuigkeitsgrad** und unsicheren Marktanforderungen umzusetzen. Diese Aufgaben erfordern unterschiedliche Kompetenzen und Vorgehensweisen.[25]
- Bei vergleichbaren Produkten hinsichtlich Funktionalität, Leistung oder Kosten spielen häufig das **technische Design**, die **Benutzerschnittstelle** und **User Experience** eine kaufentscheidende Rolle.[26] Daneben gibt es weitere Elemente „außerhalb des Produktkerns", die Kundennutzen liefern oder die Kundenerfahrung verbessern, z. B. **produktbegleitende Dienstleistungen**.[27]
- **Nachhaltigkeit** von Produkten wird durch politische Vorgaben forciert und von Kundenseite zunehmend eingefordert. Das Thema stellt eine zusätzliche Dimension im Wettbewerb dar.
- Die **Vermarktung** vieler Produkte erfolgt immer häufiger **digital**. Entlang des kompletten Kundenkaufprozesses nutzen Kunden digital bereitgestellte Informationen oder digitale Verkaufsplattformen. Daneben verändern sich traditionelle ladenbasierte Vermarktungskonzepte, beispielsweise in Richtung „Einkauf als Erlebnis".
- Neben dem Produkt selbst kann das **Geschäftsmodell** über den unternehmerischen Erfolg entscheiden. Der Wettbewerb findet z. T. auf Ebene von **Ökosystemen** statt. Dabei konkurriert eine Gruppe von Unternehmen gegen andere Gruppen. Neben Produktentwicklung ist aktives Business Development erforderlich.[28]

Die oben genannten Punkte haben direkte Auswirkungen auf und stellen zusätzliche Anforderungen an den Produktprozess: „[Today's] innovation engine [needs to be] **agile, accelerated, adaptive,** and **flexible**."[29] Cooper argumentiert weiter, dass Innovationsziele anspruchsvoll sein müssen und dass es nicht mehr genügt, dass sich Unternehmen kleine, risikoarme Projekte vornehmen. Ambitionierte Innovationsvorhaben sind auch ohne disruptive Technologien möglich und nötig. Als Beispiel erläutert Cooper das Beispiel des iPod, den Apple im November 2021 auf den Markt brachte.[30]

Produktprozesse zu etablieren, die wiederholbar überdurchschnittlich erfolgreiche Angebote am Markt hervorbringen, muss als Kernaufgabe jedes Unternehmensleiters angesehen werden. Mit dem Konzept des **Produktmanagements** wird ein **Lö-**

---

25 Vgl. Christensen (2016).
26 Vgl. Herrmann/Huber (2013), S. 14–15.
27 Vgl. Spath/Dangelmaier (2016), S. 5.
28 Vgl. Keite (2022), S. 38.
29 Cooper (2017), S. xi-xii.
30 Vgl. Cooper (2017), S. 2–4.

sungsweg für die skizzierten Herausforderungen aufgezeigt und in den Folgekapiteln ausgearbeitet und differenziert.

1.3 Positionierung dieses Buches

Sowohl die **betriebswirtschaftliche Wissenschaft** als auch die Lehre sind größtenteils **nach Unternehmensfunktionen** aufgestellt. So gibt es Lehrstühle für Marketing, Fertigungstechnik oder Logistik. In den Uni-Bibliotheken sind die Regale nach ebendiesen Kategorien sortiert. Am ehesten findet sich eine „Orientierung am Produkt" in den Ingenieurwissenschaften und im Marketing, wobei vor allem die Perspektive der eigenen Fachrichtung eingenommen wird. Diese Lücke kann auch das vom Ansatz her interdisziplinär ausgerichtete Innovationsmanagement nicht schließen. Viele Publikationen aus diesem Bereich werden von Praktikern als zu theoretisch beurteilt.

Spezifisch in der Disziplin **Produktmanagement** liegt eine Reihe praktischer und wissenschaftlicher Bücher vor, ebenso wie Publikationen von einschlägigen Beratern und Weiterbildungsanbietern. Die meisten spezifischen Titel zum Produktmanagement sind sehr praxisorientiert geschrieben und eignen sich weniger als akademische Lehrbücher. Schließlich werden moderne Konzepte und Ansätze[31] in den älteren Titeln (vor 2015) naturgemäß nicht thematisiert.

Das hier vorliegende Buch soll einige der genannten Lücken schließen und hat den **Anspruch einer wissenschaftlich fundierten interdisziplinären Positionierung** (vgl. Abbildung 1.4).

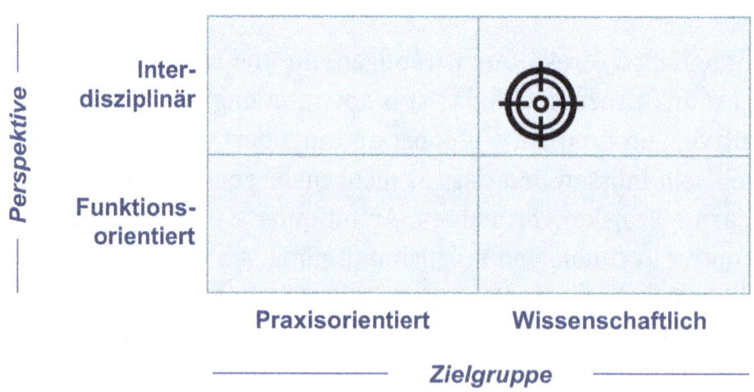

Abbildung 1.4: Positionierung dieses Buches.

31 Z. B. digitaler Zwilling, Geschäftsmodellinnovation, Plattformökonomie, Anwendungen der künstlichen Intelligenz, digitales Marketing, agile Methoden.

Die **Zielposition** ist bewusst nicht „ganz oben rechts“ gewählt, da nicht alle im Produktprozess beteiligten Disziplinen umfassend thematisiert werden. Die Bereiche Marktforschung, Logistik, Human Resources werden beispielsweise nur punktuell erwähnt. Aufgrund der Themenvielfalt muss außerdem an einigen Stellen auf rigorose wissenschaftliche Tiefe verzichtet werden.

Beiträge in allen Bereichen der in Abbildung 1.4 aufgespannten Matrix haben ihre Berechtigung. Es obliegt dem Leser zu entscheiden, welche Positionierung für ihn am relevantesten erscheint.

1.4 Ziele und Zielgruppe dieses Buches

Entsprechend der angestrebten Positionierung ist es das Ziel dieses Buches,

- das **Konzept Produktmanagement** zu motivieren und differenziert zu erläutern. Über das Standardkonzept hinaus werden u. a. Themen wie die strategische Verankerung des Produktmanagements, Produktmanagement für Industriegüter, Software und Dienstleistungen sowie digitale Werkzeuge im Produktmanagement („digitales Produktmanagement“) behandelt.
- eine **interdisziplinäre Konzeption** des Produktprozesses darzustellen, die die Perspektiven Unternehmen (Ziele, Strategie, Kompetenzen, Organisation), Markt (Trends, Kundenanforderungen, Segmente, Wettbewerb, Positionierung) und Technologie (Produktentwicklung, digitale Technologien) integriert.
- **Aufgaben und Werkzeuge** des Produktmanagers für den kompletten Produktinnovationsprozess von der strategischen Vorgabe über die Produktplanung und Vermarktung bis zum End-of-Life herauszuarbeiten – in einer sowohl für Akademiker als auch für Praktiker nutzbaren Weise. Spezifisch wird die Anwendung digitaler Technologien und Methoden untersucht.
- **aktuelle Management- und Technologiethemen** wie z. B. künstliche Intelligenz, Innovation, digitales Marketing, digitaler Zwilling und Agilität aus der Perspektive des Produktmanagements zu beleuchten.

Um die Inhalte und Ziele des Buches abzugrenzen, möchte der Autor vorab explizit Themen nennen, die **nicht fokussiert und nur punktuell behandelt** werden:

- Produkte mit wenig oder ohne „technische Komponente“, z. B. Produkte mit geringer Entwicklungsleistung, ohne Software, ohne Vernetzung mit anderen Produkten (etwa Produkte des täglichen Bedarfs wie Waschmittel, Butter, Zahnpasta).
- Produktentwicklungen mit geringem Neuigkeitsgrad, z. B. inkrementelle Produktverbesserung oder Design-to-Cost-Projekte. Bei derartigen Projekten kann ein wesentlich schlankerer Produktinnovationsprozess angewendet werden.
- klassische und nichtdigitale Dienstleistungen (ohne Verkauf eines physischen Produkts), wie z. B. Steuerberatung, Autoreparatur oder klassisches Handwerk. Dienst-

leistungen werden nur in kurzen Exkursen betrachtet, insbesondere um die Unterschiede zum Geschäft mit klassischen Produkten herauszustellen.
- Business-to-Government – der Fokus liegt auf Konsumer- und Industriegütermärkte. Diese beiden Bereiche werden an einigen Stellen auch differenziert betrachtet.
- Verkäufermärkte, in denen der Hersteller „kein Verkaufsproblem“ hat und sich auf Produktion und Verteilung konzentrieren kann. Es werden stets „umkämpfte“ Märkte angenommen.
- Gestaltung des Produktprogramms oder von Produktlinien inklusive Verbundeffekte zwischen Einzelprodukten. Es wird stets die Ebene des Einzelprodukts betrachtet.

Mit der beschriebenen Positionierung und Abgrenzung richtet sich das vorliegende Buch an folgende Lesergruppen:
- **Produktmanager** aus der Praxis oder Personen, die die Position des Produktmanagers anstreben und sich entsprechend weiterbilden wollen. Daneben liefert das Werk „Wissenswertes“ für Personen, die im Produktinnovationsprozess beteiligt sind, z. B. Entwickler, UX-Designer, Controller oder Personen aus dem Marketing und Vertrieb
- **Studierende** (fortgeschrittenes Bachelorstudium oder Master-Studium)
- **Hochschullehrer**, **Trainer** oder **Berater** der Fachrichtungen Ingenieurwissenschaften, Wirtschaftsingenieurwesen, Betriebswirtschaft oder Technisches Design

Folgende **Quellen** liegen dem Werk zugrunde:
- Lehrbücher und andere Publikationen der relevanten Fachrichtungen (insbesondere Marketing, Innovationsmanagement, Technologie- und Produktentwicklung)
- einschlägige Praxisbeiträge, z. B. Blog-/Newsletter-Artikel, Podcasts, Methodiken und Werkzeuge auf fachbezogenen Webseiten
- dedizierte Bücher über Produktmanagement
- eigene Industrieerfahrung aus den Bereichen Strategieentwicklung, Vertrieb und Business-Unit-Management (inklusive Produktmanagement)
- Erfahrung als Unternehmer im Bereich Großhandel und Beratung
- Erkenntnisse aus mehr als 200 Industrieprojekten im Rahmen der 16-jährigen Professorentätigkeit des Autors

1.5 Inhaltsübersicht

Abbildung 1.5 illustriert die Struktur des vorliegenden Buches:

Abbildung 1.5: Struktur und Kapitel des vorliegenden Buches.

Zunächst werden in Kapitel 2, ausgehend von den Prinzipien des **Produktmanagements**, die wesentlichen Elemente des Konzepts erläutert, inklusive der Ziele, Aufgaben und Organisationsformen.

Als Ausgangspunkt des Produktinnovationsprozesses werden in Kapitel 3 die **Geschäfts-, Innovations- und Portfoliostrategie** des Unternehmens erläutert. Weiter wird hergeleitet, welche Leitplanken aus übergeordneten Strategien den Produktinnovationsprozess ausrichten sollten.

Kerninhalt dieses Buches ist die Ausführung der Phasen des **Produktinnovationsprozesses**. Aufbauend auf unterschiedlichen Perspektiven auf Produktentwicklung wird in Kapitel 4 ein sechsphasiger Produktinnovationsprozess vorgestellt und im Detail ausgearbeitet.

In Kapitel 5 wird dargestellt, warum und wie **Produkte und Dienstleistungen weiter digitalisiert** werden können. Außerdem wird herausgearbeitet, wie der **Produktinnovationsprozess** durch den Einsatz digitaler Technologien und Methoden schneller, flexibler und innovativer werden kann („digitales Produktmanagement“).

1.6 Literaturverzeichnis zu Kapitel 1

Automobilwoche (2023): Was Sie zum Thema Software Defined Vehicle wissen müssen; Automobilwoche; 06.12.2023; https://www.automobilwoche.de/nachrichten/was-ist-ein-software-defined-vehicle-die-wichtigsten-antworten [aufgerufen am 03.08.2025]

Bea, Franz Xaver; Haas, Jürgen (2024): Strategisches Management; 11. Auflage; München: UKV

Borgemann, Ingo (o. J.): Alles, was Sie zu Komplexität und Komplexitätskosten wissen müssen; Modular Management; https://www.modularmanagement.com/de/blog/komplexitaet? [aufgerufen am 16.03.2025]

Busching, Dominik; Göcke, Lutz (2023): Product Roadmaps: Von Chancen und Risiken eines Klassikers im Produktmanagement-Methodenkoffer; in: Hoffmann, Christian Peter; Lennerts, Silke; Schmitz, Christian; Stölzle, Wolfgang; Uebernickel, Falk (Hrsg.) (2016): Business Innovation: Das St. Galler Modell; Wiesbaden: Springer Gabler; S. 95–116

Christensen, Clayton M. (2016): The innovator's dilemma: when new technologies cause great firms to fail; Boston: Harvard Business School Press

Coggins, Becca; Adams, Christina; Alldredge, Karl; Hopcus, Alyssa; Bucklin, Laura (2025): State of the Consumer 2025: When disruption becomes permanent; McKinsey & Company; June; https://www.mckinsey.com/~/media/mckinsey/industries/consumer%20packaged%20goods/our%20insights/state%20of%20consumer/2025/state-of-the-consumer-2025-when-disruption-becomes-permanent.pdf?shouldIndex=false [aufgerufen am 26.06.2025]

Cooper, Robert G. (2017): Winning at new products: Creating value through innovation; New York: Basic Books

D'Aveni, Richard A. (1995): Hyperwettbewerb. Strategien für die neue Dynamik der Märkte; Frankfurt: Campus Verlag

Dieter Spath, Manfred Dangelmaier (2016): Produktentwicklung Quo Vadis; in: Lindemann, Udo (Hrsg.) (2016): Handbuch Produktentwicklung; München: Hanser; S. 3–7

Erne, Rainer (2024): Produktmanagement klipp & klar; Wiesbaden: Springer Gabler

Ernst, Holger (2007): Management der Neuproduktentwicklung; in: Albers, Sönke; Herrmann, Andreas (Hrsg.) (2007): Handbuch Produktmanagement: Strategieentwicklung – Produktplanung – Organisation – Kontrolle; 3. Auflage; Wiesbaden: Gabler; S. 421–444

Gausemeier, Jürgen; Echterfeld, Julian; Amshoff, Benjamin (2016): Strategische Produkt- und Prozessplanung; in: Lindemann, Udo (Hrsg.) (2016): Handbuch Produktentwicklung; München: Hanser; S. 9–35

Gnanasambandam, Chandra; Harrysson, Martin; Srivastava, Shivam; Wu, Yun (2017): Product managers for the digital world; McKinsey & Company; May; https://www.mckinsey.com/industries/technology-media-and-telecommunications/our-insights/product-managers-for-the-digital-world#/ [aufgerufen am 22.10.2024]

Grant, Robert M. (2022): Contemporary Strategy Analysis; 11th Edition; Hoboken: Wiley

Herrmann, Andreas; Huber, Frank (2013): Produktmanagement: Grundlagen, Methoden, Beispiele; 3. Auflage; Wiesbaden: Springer Gabler

Homburg, Christian (2020): Marketingmanagement: Strategie – Instrumente – Umsetzung – Unternehmensführung; 7. Auflage; Wiesbaden: Springer

Horváth, Péter; Gleich, Ronald; Seiter, Mischa (2020): Controlling; 14. Auflage; München: Vahlen

Keite, Lothar (2022): Produktmanagement im digitalen Zeitalter: Leitfaden zur effizienten Steuerung von Produkten und Dienstleistungen während des gesamten Produktlebenszyklus; Freiburg: Haufe-Lexware

Meffert, Heribert; Burmann, Christoph; Kirchgeorg, Manfred; Eisenbeiß, Maik (2024): Marketing: Grundlagen marktorientierter Unternehmensführung, Konzepte – Instrumente – Praxisbeispiele; 14. Auflage; Wiesbaden: Springer

Prahalad, Coimbatore Krishnarao (1998): Managing Discontinuities: The Emerging Challenge; Research Technology Management; Vol. 14, No. 3; S. 14–22

Prawitz, Sven (2025): Wie deutsche Autohersteller ihre Entwicklungszeit halbieren können; Automobil Industrie; 02.07.2025; https://www.automobil-industrie.vogel.de/china-speed-vs-deutsche-gruendlichkeit-autoindustrie-herausforderungen-a-bfc5c5469117b7716a9b965aa148efec/?cmp=nl-f35f7807-13f9-4833-95db-64a74a8fa9ea&uuid=A498DA62-A54F-40D0-911C-4483596A8406 [aufgerufen am 07.07.2025]

PwC (2024): PwC's 27th Annual Global CEO Survey; PricewaterhouseCoopers; 15.01.2024; https://www.pwc.com/gx/en/ceo-survey/2024/download/27th-ceo-survey.pdf [aufgerufen am 24.08.2024]

Rizvi, Ali; Hepp, Dominik; Jana, Paul; Büchner, Fabienne; Geßler, Florian; Feike, Johannes (2025): Winning the automotive software development race; McKinsey & Company; July; https://www.mckinsey.com/industries/automotive-and-assembly/our-insights/winning-the-automotive-software-development-race?stcr=C6072710BEC24E1EBFC2A60447084841&cid=other-eml-alt-mip-mck&hlkid=597bdf77ed784dd8bd49dbd58e9b182d&hctky=1933228&hdpid=c5bc7042-f048-457b-a9b2-18f0b7ea49f5 [aufgerufen am 03.08.2025]

Vahs, Dietmar; Brem, Alexander; Oswald, Christian (2023): Innovationsmanagement: Von der Idee zur erfolgreichen Vermarktung; 6. Auflage; Stuttgart: Schäffer-Poeschel

Weiber, Rolf; Kollmann, Tobias; Pohl, Alexander (2006): Das Management technologischer Innovationen; in: Kleinaltenkamp, Michael; Plinke, Wulff; Jacob, Frank; Söllner, Albrecht (Hrsg.) (2006): Markt- und Produktmanagement: Die Instrumente des Business-to-Business-Marketing; 2. Auflage; Wiesbaden: Gabler; S. 83–208

Wermke, Isabelle (2025): Hannover Messe öffnet im Schatten der US-Politik; Handelsblatt Online; 30.03.2025; https://www.handelsblatt.com/unternehmen/industrie/industrie-hannover-messe-oeffnet-im-schatten-der-us-politik/100117271.html?utm_source=sf&utm_medium=nl&utm_campaign=hb-morningbriefing&utm_content=31032025&key=0032o00002z8l5LAAQ [aufgerufen am 31.03.2025]

Wirtz, Bernd W. (2024): Digital Business: Strategien, Geschäftsmodelle und Technologien; 8. Auflage; Wiesbaden: Springer

Yee, Lareina; Chui, Michael; Roberts, Roger; Issler, Mena (2024): Technology Trends Outlook 2024; McKinsey & Company; July; https://www.mckinsey.com/capabilities/mckinsey-digital/our-insights/the-top-trends-in-tech?stcr=6025C6CA33D84B4FACD59ADC2A05E538&cid=other-eml-alt-mip-mck&hlkid=7d88bf46a7a34b1aa89cae4ab834f826&hctky=1933228&hdpid=4f3dd2e5-cf93-4ccd-8172-a75aa9e4d239#/ [aufgerufen am 01.09.2024]

Yee, Lareina; Chui, Michael; Roberts, Roger; Smit, Sven (2025): Technology Trends Outlook 2025; McKinsey & Company; July; https://www.mckinsey.com/capabilities/mckinsey-digital/our-insights/the-top-trends-in-tech?stcr=41F71B1B53614FFF8E75CDE5818B1D1D&cid=other-eml-alt-mip-mck&hlkid=c94c521b8d2f4db69206b38de8d7445c&hctky=1933228&hdpid=84d35ab8-e2be-4053-948a-990bd3c3f066 [aufgerufen am 23.07.2025]

2 Produktmanagement Konzeption

Abbildung 2.1 veranschaulicht den Aufbau des Kapitels 2, welches das Konzept des Produktmanagements erläutert:

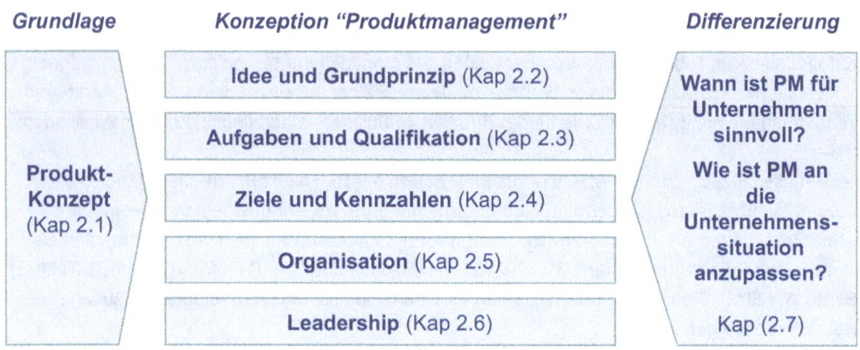

Abbildung 2.1: Struktur Kapitel 2 „Produktmanagement Konzeption".

Bevor das Produktmanagementkonzept erläutert wird, erfolgt ein Blick auf die Produktkonzeption (Kap. 2.1). Der Kern des Produktmanagementkonzepts ist Thema der Kap. 2.2 bis 2.6. Eine Differenzierung des Konzepts erfolgt in Kap. 2.7.

2.1 Produktkonzept

Da Unternehmen fast ausschließlich in **Käufermärkten** anbieten, kommt dem **Marketing** eine dominante Rolle in Unternehmen zu.[32] Marketing wird hierbei nicht nur als Funktion im Unternehmen, sondern als Führungsphilosophie verstanden. Innerhalb des Marketings spielt die **Produktpolitik** die entscheidende Rolle: „Die Produktleistung kann als das **‚Herz' des Marketings** aufgefasst werden [...]. Sie steht [...] am Anfang jeglicher Marktgestaltung durch das Unternehmen."[33]

2.1.1 Relevanz und Definition

Wettbewerbsfähige und kommerziell erfolgreiche Produkte sind die Voraussetzung dafür, dass Unternehmen ihre Ziele erreichen können. Dies hat u. a. folgende Gründe:

32 Vgl. Becker (2019), S. 1; Homburg (2020), S. 8.
33 Becker (2019), S. 490; ähnlich z. B. Koppelmann (2001), S. 15.

 | https://doi.org/10.1515/9783111558806-002

- **Umsätze und Gewinnbeiträge:** Produkte generieren durch Verkäufe an Kunden die Umsätze eines Unternehmens. Sie liefern damit – eine wettbewerbsfähige Kostenposition vorausgesetzt – die Gewinnbeiträge für das Unternehmen.
- **Kundenzufriedenheit und -bindung:** Produkte sind das direkte Bindeglied zwischen Unternehmen und Kunden. Sie erfüllen nicht nur funktionale, sondern auch emotionale Bedürfnisse, die Kundenzufriedenheit und langfristige Kundenbeziehungen fördern.
- **Positionierung von Unternehmen und Marke:** Die Qualität und der Erfolg der Produkte prägen die Wahrnehmung der Marke. Die Marke(n) von Unternehmen wiederum bestimmen maßgeblich, wie ein Unternehmen am Markt und in der Gesellschaft gesehen wird.
- **Innovations- und Technologieträger:** Produkte sind häufig der Träger von Innovationen. Unternehmen investieren in Technologie, um ihre Produkte kontinuierlich zu verbessern. Die Produkte sind die „Früchte", die aus Technologien sowie aus fundamentalen Ressourcen und Kompetenzen des Unternehmens erwachsen.[34]

Der **Begriff Produkt** wird in der Betriebswirtschaftslehre unterschiedlich definiert:
- Aus Produktionsperspektive ist ein Produkt ein materielles oder immaterielles Gut oder eine Dienstleistung, die das Ergebnis eines Wertschöpfungsprozesses darstellt (Produkt als Faktorkombination).
- Aus technischer Perspektive handelt es sich bei einem Produkt um ein Bündel funktionaler Eigenschaften.
- Bei marketingorientierter Betrachtung – und diese soll im Weiteren eingenommen werden – ist ein Produkt eine für den Käufer nutzenstiftende Einheit, die am Markt gehandelt wird.[35]

In einer weit gefassten marktorientierten Definition erklärt Kotler ein Produkt wie folgt: „Ein Produkt ist jedes Objekt, das auf einem Markt [...] zum Kauf, zur Benutzung oder zum Verbrauch oder Verzehr angeboten wird und geeignet ist, damit Wünsche oder Bedürfnisse zu befriedigen."[36] Konstituierend ist, dass ein Produkt am Markt gehandelt werden muss. Gegenstände, die frei verfügbar, für den Eigenverbrauch hergestellt oder z. B. vom Staat zugeteilt werden, sind im betriebswirtschaftlichen Sinne nicht als Produkt anzusehen.

Folgende vier Aspekte des Produktkonzepts spielen im Management von Produkten wichtige Rollen und werden daher in den folgenden Kapiteln weiter ausgeführt: Produktklassifikation, Produkthierarchie, Produktnutzen und das erweiterte Produktkonzept.

---

34 Vgl. Hamel/Prahalad (1994); die Autoren veranschaulichen diesen Zusammenhang, indem sie in einem „Baummodell" Produkte als Früchte, Technologien als Stamm/Äste und Ressourcen und Kompetenzen als Wurzeln des Unternehmens darstellen.

35 Vgl. z. B. Meffert u. a. (2024), S. 379.

36 Vgl. Kotler u. a. (2022), S. 401.

2.1.2 Produktklassifikation

Je nach betriebswirtschaftlichem Ziel und Perspektive existieren verschiedene Klassifikationsansätze für Produkte, die an unterschiedliche Merkmale von Produkten anknüpfen (vgl. Abbildung 2.2):[37]

Abbildung 2.2: Ausgewählte Klassifikationsmöglichkeiten von Produkten.

Im Folgenden werden die Klassifikationen nach Verwender/Zweck und nach Materialität kurz skizziert.

2.1.2.1 Klassifikation nach Verwender und Verwendungszweck

Business-to-Business („B2B“)-Märke (auch Industriegütermärkte genannt), sind durch komplexe, rationale Entscheidungen, individuelle angepasste Leistungen, verhandelte Preise und Konditionen sowie langfristige Geschäftsbeziehungen geprägt. Business-to-Consumer („B2C“)-Märkte (auch Konsumgütermärkte genannt), zeichnen sich u. a. durch standardisierte Massenware, nicht verhandelbare Preise, emotionale Faktoren, eine größere Zielgruppe und z. T. schnell ablaufende Kaufentscheidungen aus.[38] Entsprechend unterscheidet man:

- **Konsumgüter (B2C)**-Produkte sind für den Endverbraucher bestimmte Produkte und decken persönliche oder private Bedürfnisse ab. Konsumgüter lassen sich weiter unterteilen:
  - Gebrauchsgüter sind langlebige Produkte, die über einen längeren Zeitraum verwendet werden, z. B. Autos, Möbel oder Haushaltsgeräte.

37 Vgl. Kotler u. a. (2022), S. 403; Homburg (2020), S. 604; Koppelmann (2001), S. 5.

38 Zu den Unterschieden vgl. z. B. Kotler u. a. (2023), S. 127–128; Homburg (2020), S. 605.

  - Verbrauchsgüter werden bei der Nutzung aufgebraucht und haben eine kurze Lebensdauer, z. B. Lebensmittel oder Hygieneprodukte.
  - Dienstleistungen
- **Industriegüter (B2B)**-Produkte werden von Unternehmen zur Produktion anderer Güter oder zur Erbringung von Dienstleistungen genutzt. Nach Materialität und Einsatzart des Produkts werden diese weiter unterschieden in:
  - Investitionsgüter, z. B. Maschinen, Gebäude, IT-Hardware oder -Software
  - Vorleistungsgüter, z. B. Halbfabrikate, Rohstoffe, Hilfs- und Betriebsstoffe
  - Dienstleistungen (konsumtiv oder investiv)

2.1.2.2 Klassifikation nach der Materialität des Produkts

Die Materialität eines Produkts beeinflusst mehrere betriebswirtschaftlich wichtige Aspekte, wie z. B. Entwicklungs-, Herstellungs- und Distributionsprozesse sowie Kostenstrukturen und Geschäftsmodelle. Entsprechend unterscheidet man:

- **Physische Produkte** sind materiell, greifbar und werden als „Objekte" angeboten. Beispiele sind Konsumgüter wie Elektronik, Kleidung oder Lebensmittel. Sie erfordern physische Prozesse wie Herstellung, Lagerung und Transport.
- **Dienstleistungen** sind immaterielle Güter, die in der Regel simultan produziert und konsumiert werden. Sie sind nicht lagerfähig und basieren oft auf menschlicher Interaktion mit dem Kunden,[39] wie z. B. Friseurdienstleistungen, Beratung oder Transportdienstleistungen. Weiter kann unterschieden werden in:
  - investive Dienstleistung (i. d. R. nur bei gewerblichen Kunden relevant)
  - konsumtive Dienstleistung
- **Digitale Produkte** sind immateriell, können jedoch gekauft, gelagert oder sofort konsumiert werden. Beispiele sind Software-Anwendungen, E-Books oder Inhalte wie Filme oder Musik.
- **Digitale Dienstleistungen** umfassen z. B. internetbasierte Plattformdienstleistungen oder Finanztransaktionen.
- Auch **geistiges Eigentum** („Intellectual Property") kann als immaterielles Produkt angesehen werden. Eine patentierte Technologie oder Marke kann z. B. in einem gebührenbasierten Lizenzmodell als Produkt vermarktet werden.

Alle technischen Produkte beinhalten heutzutage einen erheblichen Softwareanteil, als „embedded" Software, als mitgelieferte Kunden-App oder als Cloud-basierte Monitoring-Lösung. Ebenso spielen produktbegleitende Dienstleistungen gerade bei Investitionsgütern eine wichtige Rolle.[40] Insofern kann man Produkte in der Praxis häufig

39 Vgl. Kap. 2.7.1 (Phasen im Produktlebenszyklus).
40 Vgl. Konzept der Servitization (Kap. 5.3.1.2).

mehreren der oben genannten Kategorien zuordnen. Meist ist eine der Komponenten jedoch dominant und bestimmt das Geschäftsmodell.[41]

Das Management von Produkten muss, wie in Kap. 2.7.4 ausgeführt wird, den Besonderheiten der vorliegenden Produktarten Rechnung tragen.

2.1.2.3 Weitere Klassifikationsansätze

Je nach Ziel des Betrachters werden Produkte anhand weiterer Kriterien klassifiziert:[42]

- Nach **Konsumentenkaufverhalten** werden Konsumgüter eingeteilt in Convenience-, Shopping-, Speciality- oder Unsought Goods.[43] Je nach Klasse finden unterschiedliche Vermarktungsansätze Anwendung.
- Der **Lebenszyklus** eines Produkts umfasst Einführungs-, Wachstums-, Reife- und Rückgangsphase. Die Lebenszyklusphase eines Produkts bestimmt wesentlich die Marketingzielsetzung sowie die Instrumente der Absatzförderung.[44]
- Klassifikation nach **Art der Kaufentscheidung**, z. B. High-Involvement vs. Low-Involvement, rational vs. emotional.[45] Wie eine Kaufentscheidung vom Kunden getroffen wird, gibt wichtige Hinweise auf die Kundenanforderungen an den relevanten Touchpoints im Kaufprozess.
- Die Klassifikation nach **Bedürfnisklasse oder Branche** sind die Basis u. a. für die funktionale Gestaltung von Produkten.
- Der **Neuigkeitsgrad** von Produkten hat wesentlichen Einfluss auf den Entwicklungs- und Vermarktungsansatz.[46]
- Die Klassifikation nach **Produktwert** und Bedeutung, z. B. in A-, B- und C-Produkte, bestimmt wesentlich die Einkaufsprozesse bei Industriekunden und damit die Vorgehensweise im B2B-Marketing des Herstellers.

2.1.3 Produkthierarchien

Unternehmen bieten zum Teil eine Vielzahl unterschiedlicher Produkte. Dieses sog. **Leistungsangebot** muss strukturiert werden, um die Komplexität zu reduzieren, die einzelnen Produkte effizient zu verwalten und diese auf unterschiedliche Marktseg-

41 Tesla betreibt z. B. ein Hardware-basiertes Geschäftsmodell (trotz der hohen Relevanz und Qualität der Software); Gasturbinen oder Schiffsmotoren sind Hardwareprodukte – die Geschäftsmodelle der Hersteller basierten jedoch wesentlich auf Dienstleistungen rund um die Hardware, z. B. Monitoring und Wartung.

42 Vgl. Pepels (2017), S. 41–48.

43 Vgl. Meffert u. a. (2024), S. 34; Herrmann/Huber (2013), S. 5–6; Kotler u. a. (2022), S. 405.

44 Vgl. Kap. 4.7.1.6 (Zusammenfassung Produktlebenszyklusmanagement).

45 Vgl. Homburg (2020), S. 20–21; Kotler u. a. (2022), S. 285–287.

46 Vgl. Cooper (2017), S. 8; Engeln (2020), S. 27.

mente auszurichten. Obwohl die Begriffe und Gliederungsebenen leicht abweichen, findet man bei vielen Autoren vier Produkthierarchieebenen[47] (vgl. Abbildung 2.3):

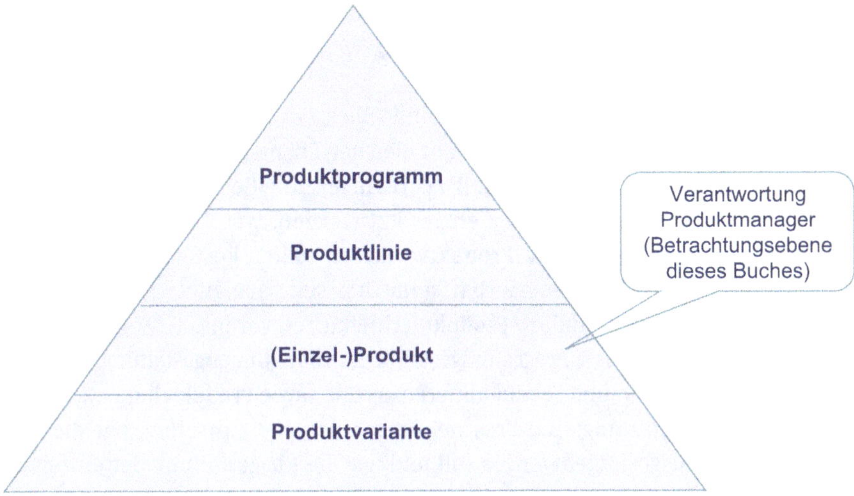

Abbildung 2.3: Produkthierarchien in Unternehmen.

- Das **Produkt- oder Angebotsprogramm** (auch Sortiment, Produkt-Mix oder Produkt-Portfolio genannt) stellt die Gesamtheit aller Leistungen dar, die ein Unternehmen am Markt zum Kauf anbietet. Das Produktprogramm kann auch Leistungen umfassen, die nicht im Hause entwickelt oder hergestellt werden und mit oder ohne Mehrwert weiterverkauft werden.
- Die **Produktlinie** (auch Warengruppe) ist eine Gruppe von Produkten, die aufgrund von Ähnlichkeiten z. B. in Funktion, Zielgruppe, Vertriebskanal oder Preis in enger Beziehung zueinanderstehen. Produktlinien umfassen also verwandte Produkte.[48] Das Angebotsprogramm von Volkswagen könnte man z. B. in die Produktlinien LKWs, PKWs, Financial Services und Beratung gliedern.
- (Einzel-)**Produkte** (auch Produktarten oder Produkttypen) weisen gemeinsame Merkmale auf, variieren jedoch in bestimmten Eigenschaften, wie z. B. Größe, Leistung oder Design. Sie weisen ähnliche technische Funktion oder einen ähnlichen Verwendungszweck auf. Der Golf und der ID3 wären Beispiele für unterschiedliche Produkte in der Volkswagen-Produktlinie PKW.
- Eine **Produktvariante** ist eine spezifische Ausfertigung eines Produkts für einen Kunden oder ein Kundensegment. Eine Variante kann beispielsweise durch spezi-

47 Vgl. Kotler u. a. (2022), S. 418–421; Meffert u. a. (2024), S. 382–387; Homburg (2020), S. 183; Becker (2019), S. 509.

48 Vgl. Kotler u. a. (2022), S. 234; Meffert u. a. (2024), S. 384.

fisches Zubehör, eine spezifische Landeskonfiguration oder eine spezifische Kundenanpassung gekennzeichnet sein. Varianten ermöglichen die Erfüllung spezifischer Kundenwünsche.[49] Der Golf Life 1,5 TSI OPF in Uranograu, mit Norfolk 7 Jx15 Rädern und einer bestimmten Sonderausstattung, ist ein Beispiel für eine Produktvariante des Golfs.[50]

Aus Unternehmensperspektive, insbesondere mit Blick auf die Entwicklung und Produktion von Produkten, gilt es, **Synergien** auf gleicher Ebene der Pyramide (horizontal) und zwischen den Ebenen (vertikal) zu realisieren.[51] Beispielsweise könnten Gleichteile über Produktlinien hinweg eingesetzt werden, was Entwicklungs-, Einkaufs- und Produktionskosten spart. Produktvarianten sollten kostengünstig und flexibel aus einem Basisprodukt generierbar sein. Dies setzt geeignete Planungs- und Produktionsprozesse sowie modulare Produktarchitekturen voraus.

Die **Produktpolitik** umfasst Programmgestaltung, Produktliniengestaltung, Produktinnovation, Produktvariation und Produktdifferenzierung sowie Produktelimination.[52]

- In der **Programmplanung** sind Entscheidungen darüber zu treffen, wie die Programmstruktur ausgerichtet werden soll und wie die Ausgestaltung der einzelnen Produktlinien innerhalb des Programms unter Berücksichtigung von Verbundbeziehungen zwischen den Produkten erfolgen soll. Zur Analyse des Produktprogramms und der Priorisierung innerhalb des Programms werden häufig Portfolioanalysen verwendet, wie z. B. die BCG-Matrix.[53] Die Marktabdeckungsstrategie legt die Programmbreite (Zahl der Produktlinien) und die Programmtiefe (Zahl der Produkte und Varianten innerhalb der Produktlinien = Länge der Linien) fest.
- Folgende Optionen zur Gestaltung von **Produktlinien** sind denkbar:[54]
  - **Verlängerung**, z. B. um zusätzliche Kundenbedürfnisse zu erfüllen und den Markt besser abzudecken
  - **Verkürzung**, z. B. um unrentable Produkte zu eliminieren oder die Komplexität und den Ressourcenbedarf zu reduzieren
  - Ausdehnung nach oben **(trading up)**, z. B. um dem Preiswettbewerb im Massensegment auszuweichen, um höhere Margen zu erzielen oder um die Marke langfristig aufzuwerten
  - Ausdehnung nach unten **(trading down)**, z. B. um große oder schnell wachsende Massenmarktsegmente zu erschließen
  - **Auffüllen**, d. h., neue Produkte einfügen, um Lücken im Angebot zu schließen und Marktnischen zu bedienen

---

49 Vgl. Kap. 4.2.6.2.2 (Produktdifferenzierung).
50 Vgl. Volkswagen (o. J.).
51 Vgl. Koppelmann (2001), S. 309.
52 Vgl. Meffert u. a. (2024), S. 379.
53 BCG = Boston Consulting Group, vgl. z. B. Müller-Stevens/Lechner (2011), S. 285–286.
54 Vgl. Meffert u. a. (2024), S. 385.

- Auf Ebene des **Produkts** sind folgende drei Aufgaben anzusiedeln:
  - Durch **Produktinnovation** werden neue oder verbesserte Produkte geplant, entwickelt und vermarktet.
  - **Produktvariation** und **Produktdifferenzierung** umfassen die geplante oder reaktive Anpassung und Weiterentwicklung der bereits im Markt befindlichen Produkte.
  - Durch **Produktelimination** wird ein Produktangebot geplant oder außerplanmäßig beendet.

Im Rahmen dieses Buches wird ausschließlich die **Ebene des Produkts** betrachtet. Verbundbeziehungen mit anderen Produkten innerhalb oder außerhalb der Produktlinie werden nicht oder nur am Rande thematisiert.

2.1.4 Produktnutzen

Kunden kaufen keine Produkteigenschaften, sondern die Lösung eines Problems und damit einen „Nutzen". Unternehmen müssen sicherstellen, dass ihre Produkte mit Blick auf den Kundennutzen geplant und entwickelt werden. Außerdem muss der geschaffene Nutzen im Kundenkaufprozess in geeigneter Weise kommuniziert werden. Nutzenkategorien privater und gewerblicher Kunden können sich unterscheiden (vgl. Abbildung 2.4):

Abbildung 2.4: Nutzenkategorien privater und gewerblicher Käufer.

Für **private Käufer** können die folgenden Nutzenarten unterschieden werden, wobei sich in der Literatur unterschiedliche Klassifikationen finden:[55]

55 Vgl. Homburg (2020), S. 549; Paetzold (2021), S. 143; Meffert schlägt eine Nutzendifferenzierung nach Gebrauchsnutzen, Haltbarkeit, Zuverlässigkeit, Ausstattung, Normgerechtigkeit, Ästhetik sowie Umwelt- und Sozialverträglichkeit vor, vgl. Meffert u. a. (2024), S. 320–321; ein alternatives „Anspruchssystem" skizziert Koppelmann, indem er die Verwenderansprüche untergliedert nach Gegenstand, Sache, Anmutung, Service, Erhältlichkeit, Entgelt und Information, vgl. Koppelmann (2001), S. 139–181; Keite teilt die Value-Proposition eines Produkts in die Kategorien technisch, emotional und selbstexpressiv ein, vgl. Keite (2022), S. 55.

- Der **funktionale Nutzen** ist der primäre Zweck des Produkts bzw. die Problemlösung, die ein Produkt leistet. Ein Auto beispielsweise bietet die Möglichkeit, schnell, komfortabel und sicher von A nach B zu gelangen.
- Der **ökonomische Nutzen** eines Produkts entspricht dem finanziellen Vorteil, den ein Käufer im Vergleich zum Kauf eines Vergleichsprodukts erfährt. Ein ökonomischer Nutzen liegt vor, wenn ein Produkt die geforderte Leistung und Qualität (bzw. die anderen Nutzenkategorien) hinreichend erfüllt, gleichzeitig aber günstiger erworben oder günstiger betrieben werden kann als das beste Vergleichsprodukt. Bei der Planung des ökonomischen Nutzens ist der Blick auf den gesamten Produktlebenszyklus erforderlich (Total Costs of Ownership). Auch Betriebs- oder Nutzungskosten sowie Nebenkosten der Beschaffung sind in die Kalkulation des ökonomischen Nutzens einzubeziehen.
- Produkte können u. U. zusätzlich zu funktionalen Lösungen auch einen **emotionalen Nutzen oder Erlebnisse** liefern. Ein Luxusauto vermittelt beispielsweise ein Gefühl von Prestige und Status. Einen emotionalen Nutzen kann ein Produkt auch schaffen, indem es „nachhaltiger“ ist als eine Alternative, z. B. da es aus Recycling-Materialien besteht oder es weniger Energie im Betrieb benötigt.
- **Sozialer Nutzen** entsteht durch positive Gefühle, die in Verbindung mit dem sozialen Umfeld entstehen, die ein Produkt ermöglicht (z. B. Bewunderung durch andere, die aus dem Besitz eines besonderen Autos resultiert, oder das „gesehen werden“ in einem angesagten Café).

Für **gewerbliche Käufer** können ähnliche Nutzenkategorien verwendet werden, wobei die Inhalte anders gelagert sind. Emotionaler und sozialer Nutzen spielen eine geringere Rolle als für private Käufer:

- Der **funktionale Nutzen** steht für gewerbliche Nutzer im Mittelpunkt. Industriekunden erwarten z. B. Effizienzsteigerungen durch ein neues IT-System oder eine bestimmte Reichweite eines LIDAR-Sensorsystems. Serviceleistungen rund um komplexe Produkte sind wichtig, um einen reibungslosen Einsatz zu gewährleisten. Die Erfüllung von Sicherheits- und Compliance-Aspekten kann ebenfalls zu den funktionalen Erfordernissen gezählt werden.
- Der **ökonomische Nutzen** wird differenzierter betrachtet als von Privatpersonen. Häufiger als von Privatpersonen wird eine detaillierte Total-Costs-of-Ownership-Betrachtung vorgenommen. Für bestimmte gewerbliche Kunden ist der ökonomische Nutzen entscheidend, für andere steht er hinter funktionalen Nutzenaspekten zurück.
- Gewerbliche Kunden ziehen **Nutzen aus Sicherheit und Planbarkeit**. Risiken bei teils komplexen Lösungen und langfristigen Investitionen gilt es zu minimieren. Erfahrungen und Partnerschaften mit Lieferanten, deren Referenzen oder Reputation „implizieren“ einen solchen Nutzen zum Kaufzeitpunkt.

- Die Nachhaltigkeit von Produkten wird wesentlich durch die Nachhaltigkeit der zugekauften Materialien, Komponenten und Leistungen bestimmt. Damit kann der **Nutzen durch Nachhaltigkeit** als separate Nutzenkategorie im B2B-Marketing angesehen werden.

Beim Kauf einer Leistung muss der Kunde einen Preis zahlen und ggf. Zeit und andere Mühen im Rahmen des Kaufs auf sich nehmen. Der erwartete **(Brutto-)Nutzen** des Produkts muss mindestens diese mit dem Erwerb verbundenen „Kosten" übersteigen. Für die Kaufentscheidung relevant ist der Saldo aus dem erwarteten Produktnutzen und den gesamten Kosten. Dieser Saldo wird als **Netto-Nutzen** bezeichnet.[56] Damit ein Kunde zufrieden ist, muss der tatsächlich erfahrene Netto-Nutzen den ex-ante **erwarteten Nutzen** übersteigen. Die Messlatte für Premiumprodukte liegt also hoch, nicht nur wegen des höheren Kaufpreises.

Kotler u. a. weisen darauf hin, dass Kundenwert nicht nur durch die Produktpolitik **gestaltet**, sondern auch **kommuniziert** (Kommunikationspolitik) und **geleistet** (Distributionspolitik) werden muss.[57]

Nicht zu vergessen ist, dass ein Produkt auch einen **Nutzen für das herstellende Unternehmen** in Form eines Gewinnbeitrags bringen muss. Dieser Nutzen muss in einem guten Verhältnis zum erforderlichen Ressourceneinsatz stehen (Rentabilität).[58] Der Nutzen für das Unternehmen bzw. die Zielerreichung des Produkts wird im Produktprozess an verschiedenen Meilensteilen überprüft.[59] Entsprechend besteht die Aufgabe des Produktmanagements darin, „Produkte zu entwickeln, die sowohl der Wertvorstellung der Kunden als auch der Wertvorstellung des Unternehmens entsprechen".[60]

2.1.5 Erweitertes Produktkonzept

> „Whole Product Concept involves viewing your product as more than just a sum of its features, but rather as everything involved with the experience customers have with your product."[61]

Der Nutzen wird nicht nur durch den „Produktkern" vermittelt. Nutzenträger können ebenso die Software, das Zubehör, die Marke oder Dienstleistungen wie Installation

---

56 Vgl. Backhaus/Schneider (2020), S. 54–75.
57 Vgl. Kotler u. a. (2023), S. 71–73.
58 Vgl. Engeln (2020), S. 19.
59 Vgl. einleitende Erläuterungen des Kapitels 4.2 (Produktmanagement als integrierender Ansatz für Innovation).
60 Engeln (2020), S. 21.
61 Snyder (2021).

oder Training sein. Paetzold nennt fünf Bestandteile eines (technischen) Produkts, die zur Erfüllung der Nutzererwartung beitragen:[62]

- **Technisches System** (technische Funktionen und Lösungsprinzip)
- **Ergonomie** (Bedienbarkeit und Personalisierung)
- **Technische Design** („Produktsprache“)
- **Dienstleistungen** (originär oder unterstützend)
- **Handlungsumfeld** (Nutzungssituation und Umfeld/Rahmenbedingungen)

Mit verschiedenen Produkttypen, Nutzendimensionen und Nutzenelementen sind Produkte als komplexe Artefakt anzusehen. Die betriebswirtschaftliche Forschung und Praxis hat verschiedene Produktmodelle entwickelt, um Praktiker bei Produktplanung, -entwicklung und -vermarktung zu unterstützen. Kern dieser Modelle ist eine ganzheitliche und strukturierte Darstellung aller relevanten Produktelemente (vgl. Abbildung 2.5):

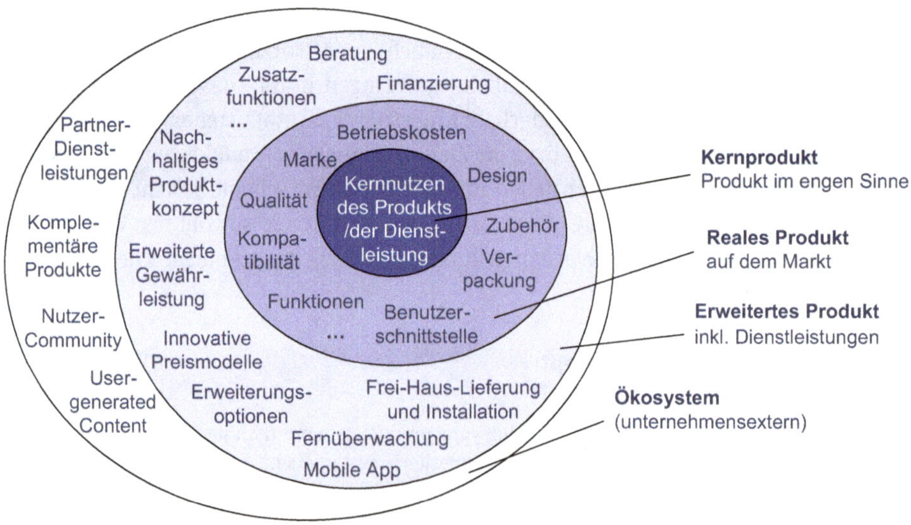

Abbildung 2.5: Modell des erweiterten Produkts.[63]

62 Vgl. Paetzold (2021), S. 142–143; eine alternative Darstellung mit sechs Erfolgsebenen eines Produkts nennt Winkelmann: Nutzenebene, physische Ebene, psychische Ebene, Markenebene, Serviceebene, logistische Ebene, vgl. Winkelmann (2023), S. 279; Becker merkt hierzu an, dass sich „Herstellerangebote bzw. -leistungen stärker von der Sachleistung hin zur Dienstleistung entwickeln“, Becker (2019), S. 162.

63 Eigene Darstellung in Anlehnung an Kotler u. a. (2022), S. 402–403; Lawley/Schure (2018), S. 30; Matys (2018), S. 212–217; Homburg (2020), S. 600; Winkelmann (2023), S. 280; Snyder (2021).

Die in der Literatur vorgestellten Modelle unterscheiden drei oder vier Ebenen:

- Das **Kernprodukt** stellt den Grundnutzen des Produkts dar, also die zentrale Problemlösung, die es dem Kunden bietet. Dies ist die grundlegende Funktion, die ein Produkt erfüllen soll, beispielsweise der Transport durch ein Auto oder die Reinigungswirkung eines Waschmittels.
- Das **reale (oder konkrete) Produkt** entspricht der praktischen Umsetzung des Kernprodukts. Es umfasst alle physischen und wahrnehmbaren Merkmale, die ein wettbewerbsfähiges Produkt aus Kundensicht umfassen muss. Hierzu gehören neben der konkreten Ausprägung der Kernfunktionalität z. B. auch Design, Verpackung, Qualität, Marke, Benutzerschnittstelle und Zubehör.
- Das **erweiterte Produkt** beinhaltet zusätzliche Leistungen und Services, die den Nutzen des Produkts erhöhen. Diese werden vom Kunden nicht notwendigerweise erwartet. Dies können Garantien, Installationsdienstleistungen, Schulungen oder Finanzierungsmöglichkeiten sein.[64] Neben diesen sog. begleitenden Dienstleistungen kann diese Ebene beispielsweise auch nützliche Zusatzfunktionen, eine App zur mobilen Steuerung, ein besonders nachhaltiges Produktkonzept, einen „komfortablen" Verkaufsprozess oder ein besonderes Geschäftsmodell enthalten.
- Beim **Ökosystem** handelt es sich um Elemente außerhalb des Unternehmens, die den Nutzen eines Produkts erhöhen. Hierzu gehören klassische komplementäre Produkte, z. B. Apps für Smartphones, Reifen für Autos, Ladestationen für E-Autos, Zubehör oder Dienstleistungen für komplexe Produkte. Daneben kann die Nutzer-Community eines Produkts Wert für die Mitglieder schaffen, etwa durch User-Generated Content oder Interaktionspartner. Das Ökosystem kann vor allem für digitale Produkte und Dienstleistungen zusätzlichen Nutzen schaffen. In diesem Fall muss ein Unternehmen das Ökosystem aktiv bearbeiten, z. B. Partner gewinnen oder eine Nutzer-Community aufbauen.[65]

Das beschriebene **Modell des erweiterten Produkts** beschreibt des Status quo in einer Produktdomäne. Das Kernprodukt definiert die Produktdomäne („um was geht es?"). Das reale Produkt zeigt, welche Merkmale eine praktikable und marktfähige Lösung des Kernprodukts enthalten muss. Für jedes Merkmal muss eine Ausprägung festgelegt werden („wie sieht eine konkrete Produktlösung aus?"). Auf Ebene 2 kann sich ein Produkt bereits von Wettbewerbern abheben und Kunden überzeugen. Merkmale, die unerwartet und nicht unbedingt erforderlich sind, finden sich auf Ebene 3 („woraus könnte der Kunden zusätzlichen Wert ziehen?"). Der Raum auf Ebene 3 ist offen und lädt ein, neue innovative Produktelemente zu entwickeln. Insbesondere in

64 Vgl. Matys (2018), S. 218–220; Kotler u. a. (2023), S. 261–263; Vahs/Brem (2015), S. 53.
65 Vgl. 3.2.2.5 (Plattform- und Ökosystemstrategie als Teil der Innovationsstrategie).

Produktdomänen mit „einfachem“ Kernprodukt findet der Wettbewerb häufig auf Ebene 3 statt.

Das beschriebene erweiterte Produktkonzept korreliert mit dem in Kap. 5.3.1.2 thematisierten Konzept der **Servitization**. Gemeint ist die zunehmende Praxis, den Kunden ein Bündel an Leistungen, bestehend aus Waren, Dienstleistungen, Support, Self-Service-Hilfen und Wissen, anzubieten, das im Anwendungskontext den optimalen Nutzen liefert.[66] Das eigentliche Produkt steht dabei nicht notwendigerweise im Vordergrund.

Engeln merkt an, dass bei der Betrachtung der Merkmale eines Produkts neben der Kundenperspektive auch die Unternehmensperspektive eingenommen werden sollte. Analog dem in Abbildung 2.5 dargestellten Schalenmodell unterscheidet er Kernmerkmale und erweiterte Merkmale des Produkts aus **Unternehmenssicht:**[67]

- Zu den **Kernmerkmalen** gehören Produkttechnologien, Varianten, Herstellkosten, Entsorgung, Komplexitätskosten, Ersatzteile, Stückzahl, Produktionstechnologien, Toleranzempfindlichkeit und Produktstruktur.
- Den **erweiterten Produktmerkmalen** ordnet er Entwicklungskosten, Distribution, Schutzrechte, wirtschaftliche Risiken, Dienstleistungen, Gewährleistung, Gewinn, Lieferkette, Herstellungskompetenz, technische Risiken, Konzeptflexibilität und Zukunftsfähigkeit zu.

Schließlich beinhaltet ein Produkt noch **umwelt- und gesellschaftsrelevante Merkmale**, die sich aus Gesetzen, Normen und Richtlinien ergeben. Diese können sich abhängig vom Zielmarkt unterscheiden (vgl. Kap. 4.7.2.3 (Internationale Produktvarianten/Lokalisierung)).

Nachdem mit der in Kap. 2.1 vorgestellten Produktkonzeption das Untersuchungsobjekt „Produkt“ eingeführt ist, soll nun erörtert werden, wie Unternehmen Produkte „managen“ können.

2.2 Idee und Grundprinzipien des Produktmanagements

> „Es ist meine feste Überzeugung ... dass hinter jedem großartigen Produkt jemand steht ..., der das Produktteam dazu gebracht hat, Technologie und Design so miteinander zu kombinieren, dass echte Kundenprobleme auf eine Weise gelöst werden, die mit den geschäftlichen Bedürfnissen übereinstimmt.“[68]

Kapitel 1 wurde mit den Herausforderungen und der zentralen Rolle von Produkten für Unternehmen eingeleitet. Zudem wurde argumentiert, dass der Produktprozess von der Planung über die Entwicklung und Markteinführung bis hin zur Elimination

66 Vgl. Vandermerwe/Rada (1988), S. 316.
67 Vgl. Engeln (2020), S. 25–26.
68 Cagan (2022), S. 19.

von Produkten in den letzten Jahren komplexer geworden ist. Die Komplexität kommt aus dem Wettbewerbsumfeld, aber auch von der Notwendigkeit, interne Ressourcen effektiv zu koordinieren und etwaige Konflikte aufzulösen.

2.2.1 Ausgangssituation und Motivation

Mit dem Ansatz „eine Person ist ab sofort für alles rund um das Produkt verantwortlich" soll 1927 das Konzept des Produktmanagements bei Proctor & Gamble in den USA entstanden sein: Eine neue Pflegeserie namens Camay konnte sich am Markt nicht durchsetzen und verfehlte die gesetzten Ziele. Die Probleme am Markt wurden durch interne Konflikte verstärkt. Funktionales (Silo-)Denken verhinderte taugliche Konzepte. Mit der Lösung wurde der junge Manager Neil H. McElroy von der Unternehmensleitung beauftragt. Seine Aufgabe war, sämtliche externen und internen produktbezogenen Aktivitäten und Angelegenheiten operativ und strategisch zu koordinieren. Nachdem der Ansatz zum gewünschten Erfolg führte, wurde „Produktmanagement" bei Proctor & Gamble ausgerollt und trat seinen branchenübergreifenden und weltweiten Siegeszug an.[69]

Produktbezogene Aufgaben sind vielfältig.[70] Produkte sind außerdem hinsichtlich ihrer Entwicklungs- und Produktionsprozesse sowie ihrer Marktanforderungen unterschiedlich. Dies erfordert, dass **Produkte individuell „behandelt"** bzw. gemanagt werden müssen. Beispielsweise kann ein spezifischer Kundennutzen, eine spezifische Kundenbeziehung oder eine spezifische Produktpositionierung erforderlich sein, um Wettbewerbsvorteile im betrachteten Markt zu erzielen. Damit wären isoliert voneinander arbeitende Unternehmensfunktionen in einer funktionalen Organisation überfordert.[71] Außerdem sind viele Unternehmensfunktionen durch ihre Zielgrößen eher auf Effizienz und nicht auf den Einzelprodukterfolg ausgerichtet.[72]

Die Grundannahme ist, dass Produktmanagement, insbesondere vor dem Hintergrund der in Kap. 1.2 genannten Herausforderungen, der effektivste unternehmerische Ansatz ist, um Kundenzufriedenheit zu erreichen. Die weiteren Elemente der „Erfolgskette" (vgl. Abbildung 2.6) hin zum ökonomischen Erfolg sind zumindest aus Marketingsicht unstrittig.

---

69 Vgl. Aumayr (2019), S. 12; Matys (2018), S. 28; McElroy schrieb 1931 ein 300-seitiges Memo über die Notwendigkeit von „Markenmännern", die bestimmte Produkte verwalten, vgl. Atlassian (o. J.).

70 Vgl. Kap. 1.2 (Orientierung am Produkt als Lösungsansatz).

71 Vgl. z. B. Brockhoff (1989), S. 1; Köhler (2007), S. 743–744.

72 Harste u. a. nennen Prioritäten, auf die sich Entwicklung, Marketing, Vertrieb oder Finanzen in der Praxis fokussieren – diese Funktionsziele sind nicht notwendigerweise mit dem langfristigen Produkterfolg korreliert, vgl. Harste u. a. (o. J./C), S. 10.

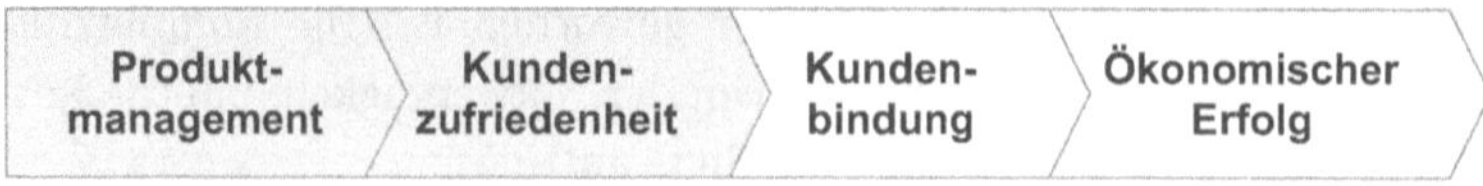

Abbildung 2.6: Erfolgskette Produktmanagement zu ökonomischem Erfolg.[73]

Der Grundgedanke des Produktmanagements besagt, dass Produkte – letztlich der Erfolgsträger eines Unternehmens – der Gegenstand einer **objektbezogenen** Planung, Marktbearbeitung und Kontrolle von Unternehmen sein sollten.[74] Es wird also eine Orientierung an den Erfolgsträgern statt an Funktionstätigkeiten, wie der Entwicklung oder Produktion, vorgeschlagen. In der Konsequenz müssen sich Unternehmen nach Produkten organisieren und die Verantwortlichkeit für Produkte einzelnen Personen zuordnen.

Falls die erste Hierarchieebene im Unternehmen am Produkt orientiert ist, liegt eine **objektorientierte Organisationsform** vor – im Gegensatz zu einer funktionalen (Verrichtungs-)Organisation.[75] Alternative Kriterien der objektorientierten Organisation wären Kundengruppen, Branchen oder Regionen.[76]

Vorteile der Objektorganisation (insbesondere Produktorientierung):[77]

- Eignung für den Umgang mit der Heterogenität der Objekte – es können beispielsweise differenzierte Produktpolitik und Marketingprogramme parallel umgesetzt werden.
- Hohe Autonomie der objektorientierten Einheiten – dadurch Förderung von unternehmerischer Initiative und Motivation von Führungskräften
- Entlastung der Leitung von der Aufgabe, produktbezogene Abstimmungen zwischen den Unternehmensfunktionen herzustellen
- Gewinnerzielungsbeiträge lassen sich über die Objektverantwortung gut Personen zuordnen, was die Gesamtgeschäftssteuerung vereinfacht
- Es kann eine hohe spezifische Kenntnis der Objekte inklusive der entsprechenden Märkte und Umfelder vorausgesetzt werden. Dies stellt eine gute Basis für Markt- und Innovationsorientierung dar.
- Erhöhung der Flexibilität – dadurch raschere Entscheidungen und Anpassungen auf Markt- und Umfeldveränderungen

73 Vgl. Bruhn/Hadwich (2017), S. 41.

74 Vgl. Köhler (2007), S. 743.

75 Müller-Stevens/Lechner (2011), S. 544; Pepels (2017), S. 49.

76 Grant verwendet den Begriff divisionale Organisation, wobei er Produkte oder Geografien als Basis für die Divisionen sieht, vgl. Grant (2022), S. 131.

77 Vgl. Müller-Stevens/Lechner (2011), S. 544–545; Pepels (2017), S. 49–50.

Nachteile objektorientierter Organisationen (Vorteile funktionaler Organisation):[78]

- Da Aufgaben auf Objekte verteilt zu organisieren sind, müssen Ressourcen mehrfach und dezentral aufgebaut werden. Damit können weniger gesamtunternehmerische Synergien erschlossen werden (höhere Gesamtkosten).
- Die Zersplitterung von Ressourcen nach Produkten erschwert außerdem die Aufgabenspezialisierung und den Aufbau von Know-how in den Aufgabenbereichen.
- Eine Priorisierung der Objekte ist erforderlich, da diese auf gemeinsame Engpassressourcen zugreifen. Damit entstehen Konfliktpotenziale, die Prioritätenstreit zwischen den Objektverantwortlichen auslösen können.
- Durch eine zusätzliche Managementebene erhöht sich die Komplexität der Organisation.
- Gegebenenfalls ist eine übergeordnete Koordination der Objekte erforderlich, um Abstimmungen zwischen den Objekten sicherzustellen und Synergien zu realisieren.

Die genannten Vor- und Nachteile objektorientierter Organisationen spiegeln sich in den zusammenfassend genannten Vor- und Nachteilen des Produktmanagementkonzepts wider.[79]

2.2.2 Definition und Prinzipien

Bevor die Prinzipien des Produktmanagementkonzepts erläutert werden, sollen zwei **erklärenden Definitionen** von Produktmanagement zitiert werden:

- „Bei der Entwicklung, Fertigung und Vermarktung von technischen Produkten ist das Produktmanagement die zentrale Querschnittsfunktion im Unternehmen. Es verantwortet die konkrete Formulierung und Umsetzung der Produktstrategie und die damit verbundenen Koordinationsaufgaben an der Schnittstelle zwischen Kunden, Entwicklung/Konstruktion, Fertigung, Vertrieb und Marketing. Die für diesen Entscheidungs- und Handlungsprozess verantwortlichen Mitarbeiter sind dabei für ein einzelnes Produkt, eine Produktgruppe oder das gesamte Produktprogramm zuständig. Sie begleiten und verantworten ihre Produkte während des gesamten Produktlebenszyklus, von der Ideengenerierung über die Entwicklung, Vermarktung und Nutzung bis zur Eliminierung (Phase-out). Personen, die diesen wertschöpfenden Prozess zur Gestaltung und Vermarktung von Produkten verantwortlich begleiten, nennt man Produktmanager."[80]

---

78 Vgl. Müller-Stevens/Lechner (2011), S. 545–546; Pepels (2017), S. 50.

79 Vgl. Tabelle 2–9 in Kap. 2.7.

80 VDI Richtlinie 4520 Blatt 1 (2017), S. 2.

- „Das Produktmanagement ist ein Managementkonzept, welches auf die Notwendigkeit der funktions- und bereichsübergreifenden Steuerung und Koordination von Produkten oder Produktgruppen ausgerichtet ist. Es entsteht dabei eine Matrixorganisation im Unternehmen, die durch Funktionen und Produkte gebildet wird. Das Produktmanagement steuert und koordiniert alle produktrelevanten Themen für die zugeordneten Produkte/Produktgruppen. Zusätzlich ist das Produktmanagement eine Art Informations-, Kommunikations- und Steuerungsplattform für alle produktrelevanten Themen innerhalb und außerhalb des Unternehmens.“[81]

Aus der Konzeptidee ergeben sich die vier in Abbildung 2.7 dargestellten Prinzipien des Produktmanagements, die wiederum die Basis für die weitere Ausgestaltung des Konzepts im Unternehmen darstellen:

Abbildung 2.7: Prinzipien des Produktmanagements.

Die in Abbildung 2.7 genannten Produktmanagementprinzipien werden in den folgenden vier Abschnitten erläutert.

2.2.2.1 Verantwortlichkeit über den gesamten Lebenszyklus

Aus folgenden Gründen sollte der Produktmanager über den kompletten Lebenszyklus hinweg („from the cradle to the grave“) für das Produkt verantwortlich sein:

- Es sind **keine Übergaben** der Verantwortlichkeit erforderlich, z. B. vom Entwicklungsprojektleiter an den Produktionsplaner oder vom Produktionsleiter an den Vertriebsverantwortlichen. Der durchgängig verantwortliche Produktmanager kann sich im Fall schlechter Ergebnisse **nicht „herausreden“** und auf Fehler An-

81 Aumayr (2019), S. 16–17.

derer im Produktprozess verweisen. Durch weniger Übergaben („Handoffs") können außerdem Kosten eingespart werden.[82]

- Die **Steuerbarkeit des Unternehmens** wird durch eine klare Produktverantwortlichkeit vereinfacht. Die wesentlichen Erfolgskenngrößen Umsatz und Deckungsbeitrag sowie große Kostenpositionen in Entwicklung und Marketing können auf die Produkte heruntergebrochen und dem Produktverantwortlichen als Ziele gegeben werden. Ebenso können Abweichungen vom Plan den Produkten zugeordnet werden, was korrektive Maßnahmen vereinfacht.
- Die **Vision des Produkts** wird vom Produktmanager entwickelt und kann nicht durch neue Verantwortliche im Prozess verändert werden. Eine Weiterentwicklung des Produkts kann damit planmäßig und langfristig anhand einer Roadmap erfolgen.
- Wenn ein Produktmanager ein Produkt über den ganzen Lebenszyklus begleitet, ist sichergestellt, dass Erfahrungen aus späteren Lebenszyklusphasen „ungefiltert" als Eingabe für zukünftige Planungen ankommen und nicht in anderen Teilen der Organisation versickern **(direkte Rückkopplung)** (vgl. Abbildung 2.8).

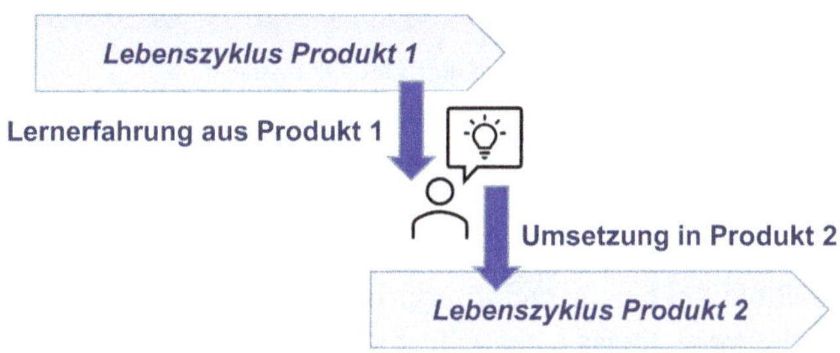

Abbildung 2.8: Lerneffekte mit direkter Rückkopplung über den Produktmanager.

Auch empirische Befunde bestätigen, dass die Verantwortlichkeit eines Produktteams über den gesamten Lebenszyklus einen organisatorischen Erfolgsfaktor darstellt.[83]

Das Prinzip der Lebenszyklusverantwortlichkeit erfordert eine breite und generalistische Qualifikation des Produktmanagers. Eine Spezialisierung beispielsweise auf Entwicklungsarbeit oder Vermarktungsaufgaben wäre nicht ausreichend.

2.2.2.2 Koordination aller beteiligten Funktionen

Der Produktmanager sollte alle beteiligten Unternehmensfunktionen koordinieren, insbesondere die Produktentwicklung, das Produktmarketing, die Produktion und Logistik

82 Vgl. Comella-Dorda u. a. (2024), S. 7.

83 Vgl. Ernst (2007), S. 434; „[The product manager should] remain on the field for the entire game ... instead of ‚launch and leave' ... and get onto some other assignment before the results are known. This lack of accountability and team continuity led to many negative results", Cooper (2017). S. 84–85.

sowie den Vertrieb und After-Sales-Service. Damit entsteht de facto eine Matrixorganisation, wenn man von einer funktionalen Organisation ausgeht (vgl. Abbildung 2.9).

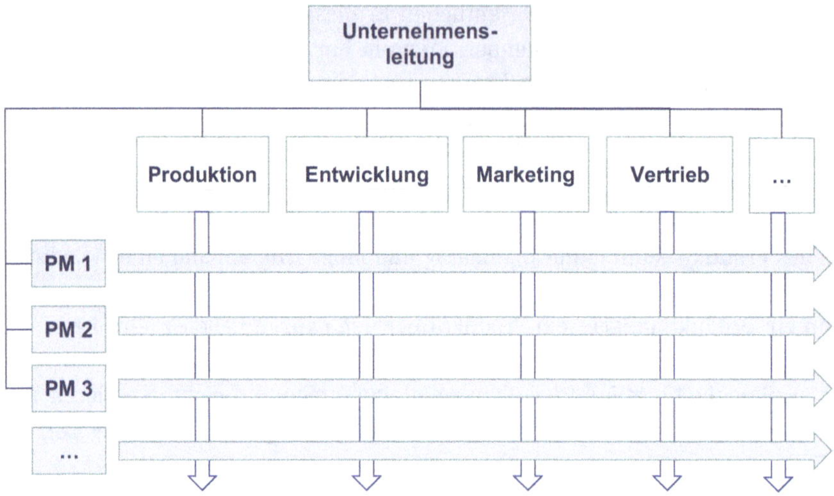

Abbildung 2.9: Koordination der Unternehmensfunktionen durch Produktmanager.

Der Produktmanager führt inhaltliche, prozessuale und zeitbezogene Abstimmungen der beteiligten Stakeholder durch. Ziel ist es, die Reibungen zwischen den Beteiligten zu minimieren. Außerdem sind alle Beteiligten auf die Produktziele auszurichten. Dies ist erforderlich, da Funktionen aufgrund ihrer originären Aufgabe unterschiedliche „Agendas" verfolgen könnten. Etwas plakativ formuliert Product Focus:

> "**Designers** want to solve interesting problems,
> **Engineers** want to build things using cool technology,
> **Marketing** teams want to make the company and its products look amazing (and win awards!),
> **Sales departments** want to close deals and maximize their revenue/commission,
> **Operations** wants everything to run smoothly,
> **Finance** wants to spend as little as possible and predict accurately,
> **Executive teams** want to maximize shareholder value and look successful,
> **Shareholders** want returns on their investment."[84]

84 Vgl. Product Focus (2024a), S. 9; Praxisbeispiele für Konfliktpotenziale zwischen Produktmanagern und Vertrieb, Produktion, Forschung & Entwicklung und Finanz- & Rechnungswesen nennt z. B. Aumayr, vgl. Aumayr (2019), S. 14.

Etwaige **Zielkonflikte** müssen im gesamtunternehmerischen Sinne gelöst werden. Der Produktmanager stellt dabei die **Vorfahrt für das Produkt** sicher.[85] Falls dies nicht gelingt, muss die Unternehmensleitung hinzugezogen werden. Cagan warnt jedoch davor, jedes Problem „nach oben an den CEO weiterzureichen".

Durch die Führung des Produktmanagers soll Abteilungsdenken zugunsten von **Produktdenken** ersetzt sowie Kommunikation und Kundenorientierung verbessert werden.[86] Das Produktmanagement ist dabei nicht als Ersatz für das Funktionsmanagement (z. B. Marketing, F&E, Vertrieb ...), sondern als eine zusätzliche Managementebene zu verstehen.[87] Der Produktmanager bewegt sich im **Spannungsfeld** zwischen Technologie („feasibility"), Markt und Kunde („desirability") sowie der Wirtschaftlichkeit („viability") (vgl. Abbildung 2.10):[88]

Abbildung 2.10: Spannungsfeld, in dem sich der Produktmanager bewegt.

Produktmanagement hat die Aufgabe, Produkte zu entwickeln, die einerseits die Bedürfnisse einer definierten Zielgruppe erfüllen („desirability"), langfristig und strategisch sinn- und wertvoll für das Unternehmen sind („viability") und zu den technischen Ressourcen und Kompetenzen des Unternehmens passen („feasibility"). **Product-Market-Fit** liegt vor, wenn diese drei Perspektiven in Einklang stehen (siehe Abbildung 2.10). Produktmanager müssen die Fähigkeit mitbringen zu erforschen, was Kunden besonders schätzen, welche Alternativen am Markt zur Verfügung stehen, ob ein Projekt sich – auch langfristig – für das Unternehmen lohnt und wie diese Pläne umsetzbar sind. Um dies leisten zu können, muss der Produktmanager eher Generalist als Spezialist sein.[89] Wenngleich essenziell, ist die Marketingperspektive allein nicht ausreichend.

85 Der Produktmanager muss laut Cagan die Produktsicht überzeugend in die Diskussion einbringen und so Lösungen herbeiführen. Reine Moderation zwischen den Stakeholdern genügt häufig nicht, vgl. Cagan (2022) S. 53.

86 Vgl. Matys (2018), S. 29–30.

87 Vgl. Aumayr (2019), S. 13.

88 In Anlehnung an ProduktManageMentor (o. J./A), Eriksson benennt die drei Kreise mit „UX", „Tech" und „Business", vgl. Eriksson (2011).

89 Vgl. Kap. 2.3.2 (Qualifikation des Produktmanagers).

Im Innovationsmanagement wird ebenfalls die Notwendigkeit der überfunktionalen interdisziplinären Zusammenarbeit im Unternehmen sowie die Zusammenarbeit mit Partnern außerhalb des Unternehmens betont („Open Innovation“[90]). Insofern gilt der Imperativ der „Koordination von Unternehmensfunktionen“ gleichermaßen für Produkt- wie auch für Innovationsmanager.

2.2.2.3 Strategischer Fokus

> „Für einen Produktmanager besteht die große Gefahr, sich bei den operativen Aspekten zu verzetteln – man kann nur eine bestimmte Zahl von Bränden löschen. Aber wer sich nicht die Zeit für eine Festlegung der Strategie nimmt, arbeitet sich irgendwann zu Tode, ohne irgendetwas zu verändern.“[91]

Der Produktmanager sollte alle **strategischen Analysen** durchführen und **strategische Entscheidungen** für das Produkt treffen. Dabei ist sicherzustellen, dass er aus der Perspektive und im langfristigen Interesse des Gesamtunternehmens handelt.

Strategische Aufgaben im Unternehmen – in Abgrenzung zu operativen oder taktischen Aufgaben – zeichnen sich durch ihre Langfristigkeit, Ganzheitlichkeit und Zukunftsorientierung aus. Sie beinhalten hohen Ressourceneinsatz, betreffen die gesamte Organisation und sind von Unsicherheit geprägt.[92] Ihr Ziel ist es, **dauerhafte Wettbewerbsvorteile** zu schaffen und das Unternehmen nachhaltig erfolgreich zu positionieren. Strategisches Denken ist notwendig, um Risiken zu managen, Marktchancen zu nutzen und dabei Flexibilität und Anpassungsfähigkeit zu wahren.

Im Bereich Produktmanagement gehören zu den **strategischen Aufgaben** z. B. die Produktvision, die Marktanalyse, die Positionierung des Produkts oder die Erstellung des Marketingplans. Es ist die Aufgabe der entsprechenden Funktionen (nicht die des Produktmanagers), die operativen und taktischen Arbeiten im Rahmen des strategischen Plans auszuführen, z. B. die Durchführung einer Kundenbefragung (Marktforschung), die Erstellung von Testplänen (Entwicklung), Verhandlungen mit Lieferanten (Einkauf) oder die Gestaltung eines Werbeflyers (Marketingkommunikation). Die strategische Komponente des Produktmanagements spiegelt sich in den Dimensionen **Desirability** und **Viability** aus Abbildung 2.10 wider. Hier geht es darum, Wert für den Kunden und das eigene Unternehmen zu schaffen. Die **Feasibility**-Komponente hat eher operativen Charakter.

Die Unterscheidung zwischen strategisch und operativ positionierten Produktmanagern wird von vielen Autoren thematisiert:

---

90 Vgl. Chesbrough (2003); Kap. 3.1.4.3.5.

91 Christian Wollner, Head of Product Management bei Deutsche Telekom, zitiert aus Harste u. a. (o. J./A), S. 5

92 Vgl. Wöhe (2002), S. 105–106; Kap. 3.1 (Strategische Planung).

- Produktmanager führen häufig sog. Produktteams an.[93] Cagan unterscheidet zwei Arten Produktteams, welche wesentlich die Aufgabe des Produktmanagers als Teamleiter bestimmen:
  - **Feature- oder Delivery-Teams** haben die Aufgaben, basierend auf einer Roadmap, Produktfunktionen zu entwickeln, zu testen und auf den Markt zu bringen. Als Leiter solcher Teams sieht er Projektmanager, die zwischen verschiedenen Interessen moderieren. Auch den Product Owner eines Scrum-Teams sieht Cagan in dieser Rolle. „Klassische Produktmanager" bringen in solchen umsetzungsorientierten Teams keinen großen Mehrwert, da kaum strategische Aufgaben anfallen.[94]
  - **Echte Product-Teams** hingegen benötigen einen „empowered" Produktmanager, da der Auftrag des Teams darin besteht, Kundenprobleme und unternehmerische Probleme zu lösen. Hierzu sind u. a. Kunden- und Marktkenntnisse sowie das Verständnis von Finanzen, Kosten und Compliance erforderlich. Der Produktmanager in diesem Kontext muss strategisch arbeiten und ein „Creator" sein, nicht bloß ein „Facilitator".
- Tidd/Bessant unterscheiden zwischen einer **Lightweight-** und einer **Heavyweight-** Produktmanager-Struktur.[95] Als „Lightweight" liefert der Produktmanager eine übergeordnete Koordinationsleistung für die interdisziplinäre Arbeit. Als „Heavyweight" – und so soll die Rolle des Produktmanagers nach Auffassung der Autoren verstanden werden – besitzt der Produktmanager starken Einfluss auf die im Produktprozess beteiligten funktionalen Ressourcen und trifft wichtige strategische Entscheidungen.
- „Many companies now recognize **product management as a strategic function**, but others still face organizational hurdles by treating it as primarily operational – this limits their strategic and innovation potential."[96]

Die Aufgabe des Produktmanagers bringt notwendigerweise **auch nicht-strategische Aufgaben** mit sich, insbesondere in den Bereichen Informationsbeschaffung, Kontrolle und Koordination. Viele Praktiker und Autoren sehen die Gefahr bzw. monieren die Praxis, dass Produktmanager zu viele operative Aufgaben übernehmen und dadurch **strategische Aufgaben vernachlässigen**. Nicht nur Neueinsteiger und unerfahrene Produktmanager tun sich häufig schwer, ihre Rolle wirklich strategisch zu

93 Vgl. Kap. 2.5.2 (Produktmanagement-Teams).

94 „Product managers are dramatically overpaid for the value they provide in feature or delivery teams." In der Praxis nennen sich laut Cagan viele Leiter solcher umsetzungsorientierten Teams fälschlicherweise Produktmanager, vgl. Cagan (2023).

95 Vgl. Tidd/Bessant (2018), S. 348.

96 Product Focus (2025a), S. 4.

leben. Sie verwenden zu viel Zeit auf operative Aufträge und Erwartungen, die durch andere Unternehmensbereiche an sie herangetragen werden.[97]

Falls die Rolle des Produktmanagers im Unternehmen operativ positioniert ist, ist zu hinterfragen, wer im Unternehmen die strategischen produktspezifischen Aufgaben übernimmt und ob die entsprechenden Stellen dafür geeignet sind:

- Steht der Stelle genügend Zeit zur Verfügung?
- Liegen der Stelle die relevanten Informationen vor, insbesondere von Marktseite?
- Ist die Stelle fachlich qualifiziert?
- Liegen Interessenkonflikte mit anderen Aufgaben vor, ggf. mit der Kernaufgabe der Stelle?
- Kann die Stelle für die Konsequenzen (falscher) strategischer Entscheidungen verantwortlich gemacht werden?

Da einige dieser Fragen in der Unternehmenspraxis negativ zu beantworten wären, fordert das Produktmanagementkonzept die strategische Produktentscheidungskompetenz des Produktmanagers. Auch die Forderung, der Produktmanager solle ein „Unternehmer im Unternehmen" sein (Prinzip 4, Kap. 2.2.2.4), erfordert notwendigerweise die Verantwortung für strategische Produktentscheidungen.

Eine Überlastung des Produktmanagers mit operativen Aufgaben kann verschiedene Ursachen haben:

- Eine grundlegende Ursache ist, dass die **Aufgabenbereiche** des Produktmanagers nicht klar genug und für alle verständlich beschrieben sind. Falls unklar ist, wer für eine operative Aufgabe verantwortlich ist, übernimmt der Produktmanager diese häufig, um den Produkterfolg nicht zu gefährden.
- Hooper nennt als Ursache die sog. **Expert Domain Trap:** Produktmanager gehen zu sehr ins Detail und machen alles selbst, „weil sie es können". Sie können als Spezialisten „nicht loslassen".[98] Der Fehler liegt hier beim Produktmanager selbst, der – wie jeder Manager – lernen muss zu delegieren.
- In der Praxis fehlen häufig die Ressourcen oder Fachkompetenz für bestimmte (operative) Aufgaben, sodass Produktmanagement **einspringen muss**.[99]
- Produktmanager werden in manchen Unternehmen als **„Mädchen für alles"** mit Routinearbeiten zugeschüttet.[100] Funktionsbereiche schieben Aufgaben aus ihrem Bereich zum Produktmanager, um sich selbst zu optimieren (Zeit sparen, Verantwortlichkeit abgeben, unangenehme Aufgaben vermeiden).[101]

---

97 Vgl. ProduktManageMentor (o. J./B).

98 Vgl. Hooper (o. J.).

99 Vgl. Aumayr (2019), S. 29.

100 Vgl. Matys (2018), S. 21.

101 Vgl. Aumayr (2019), S. 23.

- Eine Befragung unter Produktmanagern im Jahr 2023 zeigt außerdem, dass 43 % ihrer Zeit für ungeplante Aktivitäten **(„Firefighting")** eingesetzt wird.[102] Eine andere Studie hat ermittelt, dass Produktmanager 66 % ihrer Zeit für operative und taktische Aufgaben einsetzen.[103]

Als konkrete Beispiele nennt Aumayr eine Reihe von (operativen) Aufgaben, die häufig auf Produktmanager abgeladen werden, obwohl diese nicht dem Produktmanager zuzuordnen sind: Reklamationsbehandlung, Rechnungskontrolle, anwendungstechnische Beratung beim Kunden, Verkaufstätigkeiten, Durchführung von Verkaufsförderungsaktionen, Angebotserstellung, Neukundenakquisition, Abwicklung von Bestellungen, Bestandskontrolle.[104]

Im Sinne von Peter Druckers bekanntem Zitat „Management is doing things right; leadership is doing the right things"[105] muss der Produktmanager also ein **strategischer Leader** sein und nicht nur ein effizienter Manager.

2.2.2.4 Unternehmer im Unternehmen

> „Wie ein CEO muss der Produktmanager alle Geschäftsaspekte vollständig durchschauen."[106]

Ein „Unternehmer im Unternehmen" entwickelt – ausgehend von einer vorgegebenen Zielsetzung – eine Strategie und einen Umsetzungsplan. Dabei nutzt er alle dem Unternehmen zur Verfügung stehenden Ressourcen, ohne diese zu verschwenden. Unternehmerisches Handeln ist gekennzeichnet durch **Agilität, Kundenorientierung, Innovationskraft** und **Nachhaltigkeit**. Voraussetzung für solches „Intrapreneurship" sind **Autonomie** und **Ressourcenzugriff** (im vereinbarten Rahmen). Unternehmer gehen kalkulierte Risiken ein, falls ein attraktiver Ertrag erzielbar erscheint.

Die Qualifikation des Produktmanagers muss entsprechend auch in Richtung eines Unternehmers ausgeprägt sein. Die Umsetzung des „Unternehmer im Unternehmen"-Prinzips erfordert folgende Punkte:
- Die Rolle des Produktmanagers muss **stark gegenüber den Funktionen positioniert** sein. Unternehmensfunktionen müssen wie „interne Dienstleister" für den Produktprozess zur Verfügung stehen. Im Rahmen der vereinbarten Budgets muss der Produktmanager Zugriff auf Ressourcen haben.
- Produktmanager müssen **am Produkterfolg gemessen** werden, nicht an Input-orientierten Größen wie Kosten oder Zeitplänen. Produktmanagern sollte bei-

102 Vgl. ProduktManageMentor (2023), S. 14; analog gaben 60 % der befragten Produktmanager an, dass ungeplante Aktivitäten den Zeitplan beeinflussen, vgl. Product Focus (2025a), S. 15.
103 Vgl. Pragmatic Institute (2024), S. 19
104 Vgl. Aumayr (2019), S. 25
105 Zitiert aus Lavinsky (o. J.)
106 Cooper (2017), S. 59

spielsweise erlaubt sein, mehr Entwicklungsressourcen oder mehr Geld für eine Marketingkampagne als im Plan vorgesehen zu „investieren“, wenn dadurch eine Business-Case-Verbesserung erreicht werden kann.
- Produktmanager sollten **Freiheiten** in der Prozessgestaltung, Methoden- und Mitarbeiterwahl haben. Sie sollten von bürokratischen Anforderungen und Verwaltungsaufgaben entlastet werden.[107]

Unternehmerisches Denken und Handeln seitens der Produktmanager bringt wesentliche Vorteile mit sich:
- Freiheiten und unternehmerische Verantwortung erhöhen die **Motivation** der Produktmanager.
- Ebenso werden Gestaltungsfreiheiten die Kreativität fördern und **innovativere Lösungen** hervorbringen.
- Unternehmer zeichnen sich durch **Schnelligkeit** und **Agilität** aus, was insbesondere bei Aufgabenstellungen mit hohem Neuigkeitsgrad wichtig ist.
- Die Erfahrung als unternehmerischer Produktmanager bereitet die Person auf die Übernahme von Geschäftsverantwortung vor.

Cooper vergleicht die Rolle des Produktteam-Leaders mit der eines **Start-up-Unternehmers**. Die Rolle ist unternehmerischer mit weniger administrativen Aufgaben belegt als die eines klassischen Projektleiters.[108]

Gnanasambandam u. a. fordern einen Produktmanager, der als **„Mini-CEO des Produkts“** agiert, und begründen dies mit Veränderungen in Technologie, Entwicklungsmethoden und Kundenkaufverhalten.[109] Analog fordert Cagan den **„empowered Product Manager“**. Dieser steht im Gegensatz zu einem „Pseudo Product Manager“, der nur Feature-Teams führt, im Wesentlichen als Projektmanager agiert und viele prozessuale und administrative Tätigkeiten erledigen muss.[110]

Matys unterstreicht die Wichtigkeit des „Unternehmer im Unternehmen“-Prinzips und rät davon ab, Produktmanagement im Unternehmen einzuführen, wenn die Unternehmensleitung nicht „dahintersteht“, dass Produktmanager als „Unternehmer im Unternehmen“ mit einem hohen Maß an Eigenverantwortung agieren.[111] Er warnt au-

---

107 Dies sollte insbesondere bei sehr innovativen Produktvorhaben der Fall sein, wie z. B. im „Innovation Garage“-Konzept gefordert, vgl. Brassard u. a. (2018), S. 6–9.

108 Vgl. Cooper (2017), S. 84.

109 Dabei identifizieren die Autoren drei archetypische Ausprägungen des Produktmanagers: den Technologen, der insbesondere für komplexe B2B-Produkte geeignet ist, den Generalisten, etwa für B2C- und B2B-Front-End-Produkte, sowie den Geschäftsmann, der sich gut für B2C-Produkte eignet. Für die tägliche Entwicklungsarbeit sollten ein technischer Projektleiter und ein Scrum-Master zuständig sein, vgl. Gnanasambandam u. a. (2017), S, 1–3.

110 Vgl. Cagan (2023); unter einem Feature-Team versteht Cagan ein Produktteam, das ein vorgegebenes Produktkonzept ausgestaltet und nicht strategisch entwirft.

111 Vgl. Matys (2018), S. 42.

ßerdem davor, dem Produktmanager den Status eines Beraters zu geben, der keine Entscheidungsgewalt besitzt.[112]

2.2.2.5 Zwischenfazit

Es wurde argumentiert, dass die vier genannten Produktmanagementprinzipien einen nachhaltig verbesserten Produkterfolg begünstigen. Es resultieren:
- **Zeitvorteile** und **Agilität** – schnellerer Time-to-Market und raschere Anpassung an Umfeldveränderungen
- höhere **Marktorientierung** – Orientierung an Kundenanforderungen statt an internen Prozessen
- langfristig **innovativere Lösungen** – dadurch, dass Technologie, Marketing und andere wichtige Bereich zusammengeführt werden

In der Konsequenz wird ein höherer **wirtschaftlicher Ertrag** des Produkts und eine langfristig erfolgversprechende Produktpositionierung erreicht.

2.3 Aufgaben und Qualifikation des Produktmanagers

In diesem Kapitel werden die Aufgaben sowie die erforderliche Qualifikation von Produktmanagern erläutert.

2.3.1 Aufgaben des Produktmanagers

Es ist Aufgabe des Produktmanagements, sämtliche Tätigkeiten der Entwicklung, Gestaltung, Produktion und Vermarktung der Absatzleistungen des Unternehmens anzuregen, zu planen, zu organisieren und zu kontrollieren.[113] Zur Implementierung des Produktmanagementkonzepts sind zunächst die Aufgaben des Produktmanagers zu klassifizieren und genauer zu beschreiben.

Abbildung 2.11 zeigt eine beispielhafte Stellenbeschreibung eines strategischen Produktmanagers:

112 Vgl. Matys (2018), S. 32.
113 Vgl. Koppelmann (2001), S. 6.

Ziele:
- strategische Produktführung
- Optimierung des Umsatzes, Absatzes, Deckungsbeitrags und Kostenmanagements
- Steuerung, Koordination aller produktbezogenen Maßnahmen und Aktivitäten innerhalb und außerhalb des Unternehmens
- Optimierung des produktbezogenen Informations-managements

Aufgaben:
- Informationsaufgaben, u. a.:
  - Gewinnung von produktrelevanten Markt- und Wettbewerber-informationen, insbesondere zu Wettbewerberprodukten
  - Identifikation von Trends und Entwicklungen am relevanten Markt
- Management des gesamten Produktlebenszyklus hinsichtlich Innovation, Markteinführung, Produktmodifikation und Produkteliminierung, u. a.:
  - Positionierung der Produkte am relevanten Markt
  - Erstellung von Anforderungsprofilen (Lastenhefte)
  - Freigabe des von der F&E erstellten Pflichtenheftes
  - Entwicklung von Markteinführungs- und längerfristigen Produktstrategien
  - Zusammenstellung der Marketing-Mix-Strategien
  - Zusammenstellung des Marketing-Mix im Detail
- Produktcontrolling, u. a.:
  - Entwicklung von Produkt-Markt-Plänen auf Jahresbasis
  - Budgetierung produktbezogener Maßnahmen und Budgetkontrolle
  - Analyse von Umsatz-, Absatz-, Kosten- und Ergebnisentwicklung
- Sonstiges, u. a.:
  - Sicherstellung der Vertriebsunterstützung, z. B. Verkaufshandbücher etc.
  - Mitwirkung im Produktportfoliomanagement des Unternehmens

Abbildung 2.11: Beispielhafte Ziele und Aufgaben eines strategisch positionierten Produktmanagers.[114]

Die Stellenbeschreibung illustriert strategische Zielvorgaben sowie ein breites strategisch ausgerichtetes Aufgabenspektrum, dass Aufgaben entlang des Produktlebenszyklus und permanente Aufgaben umfasst.

2.3.1.1 Exkurs: Aufgaben des Produktmanagers (Literaturrecherche)

Die Beschreibung der Aufgaben eines Produktmanagers variiert in der Literatur. Da der Aufgabenbereich das Konzept wesentlich bestimmt, soll – bevor eine Verallgemeinerung erfolgt – die Sicht einiger Autoren auf die Aufgabenfelder von Produktmanagern kurz dargestellt werden:

Köhler nennt drei grundlegende Entscheidungstatbestände des Produktmanagements:[115] Entwicklung und Einführung neuer Produkte (Produktinnovation), Pflege auf dem Markt eingeführter Produkte (Produktvariation und -differenzierung), Eliminierung von Produkten, die negativ auf die Erreichung psychografischer oder ökonomischer Unternehmens- und Marketingziele wirken (Produkteliminierung). Die resultierenden Produktmanagementaufgaben teilt er in vier Kategorien ein:[116]

114 In Anlehnung an Aumayr (2019), S. 37–38; Aumayr weist darauf hin, dass die Zielsetzung und das Aufgabenspektrum eines „operativ positionierten" Produktmanagers anders gelagert sind, vgl. Kap. 2.3.2.4 (Positionierung des Produktmanagers im Unternehmen).

115 Vgl. Köhler (2007), S. 765.

116 Vgl. Köhler (2007), S. 744.

- Informationsaufgaben: allgemeine Marktbeobachtung, Analyse und Prognose des Produkterfolgs sowie Sonderaufgaben wie die Erschließung neuer produktrelevanter Informationsquellen[117]
- Planungsaufgaben: Entwurf einer produktbezogenen Marketingstrategie und der erforderlichen Umsetzungsschritte, außerdem die Erfolgsplanung bzw. Budgetierung. Diese Aufgaben stellen den strategischen Teil der Produktmanagementaufgabe dar.
- Kontrollaufgaben: Ablaufkontrollen (z. B. Terminüberwachungen) und Ergebniskontrollen (im Anschluss an die Erfolgsplanung)
- Koordinationsaufgaben: Zusammenwirken mit anderen internen Bereichen – etwa Forschung & Entwicklung und Marketing – und externen Partnern wie Werbeagenturen

Matys unterscheidet fünf große Aufgabenbereiche des Produktmanagers, wobei die ersten drei Aufgaben sich sequenziell am Produktlebenszyklus orientieren, während die zwei letztgenannten permanent anfallen:[118]
- Produktentwicklung
- Markteinführung
- Produktbetreuung
- Markbeobachtung
- Produktcontrolling

Hermann/Huber beschreiben die Aufgabe des Produktmanagers durch einen Regelkreis mit vier Phasen:[119]
- Analysieren: Hierzu gehört insbesondere die Sammlung von Informationen.
- Konzipieren, insbesondere die planerisch-schöpferische Tätigkeit der Produktneugestaltung sowie der Marketingplanung
- Umsetzen/Koordinieren (zusammen mit den internen Fachfunktionen)
- Optimieren des Produkterfolgs über den Produktlebenszyklus

Sehr praxisorientiert teilt **ProduktManageMentor** die Aufgaben in drei große Bereiche ein:[120]
- Strategische Produktaktivitäten („das richtige Produkt")
  - Einblicke schaffen: Marktforschung, Kundenforschung, Wettbewerbsforschung, Produkt-Performance

117 Auf die Wichtigkeit dieser Aufgabe weist z. B. Matys hin: „Produktmanagement ist Informationsmanagement", Matys \6, S. 126.

118 Vgl. Matys (2018), S. 34.

119 Vgl. Herrmann/Huber (2013), S. 3–4.

120 Vgl. ProduktManageMentor (o. J./B); ProduktManageMentor ist einer der führenden Anbieter von Produktmanagementschulungen im deutschsprachigen Raum.

  - Analyse: Segmentierung, Kundenversprechen, Positionierung, Business-Case
  - Richtung vorgeben: Produkt- und Portfoliostrategie
  - Vision & Überzeugungsarbeit
  - Roadmaps
  - Preisgestaltung
- Inbound-Aktivitäten (Unterstützung der Produktentwicklung):
  - Produkt-Discovery
  - Anforderungen
  - Design und Entwicklung
  - Betriebsbereitschaft und Tests
- Outbound-Aktivitäten (Unterstützung beim Produktverkauf):
  - Launch (Markteintritt)
  - Werbemaßnahmen und Promotion
  - Vertriebs- und Marketinginhalte
  - Unterstützung des Vertriebs

Roelofs nennt fünf Rollen, welche die Aufgaben des Produktmanagers bestimmen:[121]
- Proaktiver Beziehungsmanager: Zu managen sind Beziehungen zu internen und externen Stakeholdern sowie die operative Schnittstelle zu allen am Produktprozess beteiligten Funktionen.
- Herausragender Kommunikator
- Entscheidungsmacher: dafür sorgen, dass Entscheidungen rechtzeitig, inhaltlich treffend und unter Einbeziehung der relevanten Stakeholder getroffen werden
- Antworten-Lieferant: Der Produktmanager ist für Fragen zum Produkt erster Ansprechpartner für das Management und andere Stakeholder.[122]
- Gedankenformulierer

Matys unterscheidet ebenfalls fünf Rollen des Produktmanagers im Unternehmen:[123]
- Katalysator: Dinge beschleunigen, z. B. Kommunikation zwischen Entwicklern und Marketing
- Kommunikator: zum Kunden hin, aber auch intern
- Stratege: Entwicklung einer Produktvision/-strategie mit Umsetzungs-Roadmap
- Koordinator: reibungsloses Zusammenspiel aller produktbezogenen Aktivitäten sicherstellen
- Generalist: Überblick und Bewertung von Sachverhalten aus unterschiedlichen Blickwinkeln

---

121 Vgl. Roelofs (2023), S. 236–245.
122 Eine Liste mit mehr als 20 häufig gestellten Fragen liefert Roelfs, vgl. Roelofs (2023), S. 12.
123 Vgl. Matys (2018), S. 31–32.

2.3.1.2 Exkurs: Hat der Produktmanager Kundenkontakt?

Mit Einschränkungen werden **Kundenbesuche** als weitere Aufgabe des Produktmanagers angesehen. Kundenbesuche durch Herstellervertreter können unterschiedliche Ziele verfolgen, z. B.:

- ein Produkt vorstellen und verkaufen, dabei Preise und Konditionen verhandeln
- persönliches Kennenlernen und Beziehungsaufbau
- „Trouble-Shooting", falls es zu Problemen mit Produkten oder Lieferungen kommt
- gemeinsame Projekte oder Partnerschaften planen
- Kunden verstehen und Informationen über Kundenbedürfnisse sammeln

Den größten Wert für Produktmanager bieten **Kundenkontakte** zu letztgenanntem Zweck: „You'll learn more from spending an hour with a customer than you can from 50 market research reports."[124] Dies gilt vor allem für A-Kunden im B2B-Geschäft, die hohe Umsätze versprechen, die Leitwirkung in der Branche haben oder die im Sinne von Lead-Kunden als Erste den Einsatz von innovativen Lösungen wagen. Einschränkend merkt Duncan an: „Der Kundenkontakt ist unverzichtbar, aber die nötigen Einsichten sind oft nur schwer zu gewinnen. Oft höre ich von Lösungen, aber nichts über die Probleme. Ohne zu wissen, was einem Kunden warum wichtig ist, können wir keine Prioritäten setzen."[125]

Regelmäßiger Kundenkontakt, um Aufträge zu generieren, würde die Aufgabe des Produktmanagers sprengen. Dafür sollte der Vertrieb zuständig sein. Differenzierend merkt Köhler an: „Produktmanager sind im Gebrauchsgüterbereich und noch ausgeprägter im Investitionsgüterbereich [...] stärker [vertrieblich] eingebunden als Produktmanager im Verbrauchsgüterbereich."[126] Cagan weist darauf hin, dass ein guter Produktmanager in der Lage sein muss, Kunden (wie auch interne Stakeholder) von der Vision und dem Konzept des eigenen Produkts zu begeistern und frühzeitig „auf die Reise mitzunehmen". Dies ist vor allem wichtig bei sehr innovativen Produktkonzepten, die mit großen Unsicherheiten behaftet sind. Guy Kawasaki spricht hierbei von „Evangelisierung".[127] Plakativ vorgetragene Erkenntnisse aus einem wichtigen Kundenbesuch können zudem die Position des Produktmanagers bei internen Diskussionen und Entscheidungsprozessen stärken.

2.3.1.3 Aufgaben von Produktmanagement (zusammengefasst)

Zusammenfassend kann festgestellt werden, dass der Produktmanager für alle Weichenstellungen entlang des **Produktlebenszyklus** verantwortlich ist, wobei die ope-

---

124 Adrian Slywotzky in „The Art of Profitability", zitiert aus Lunn (o. J.).
125 Cormac Duncan, Head of Product Management von CR2, zitiert aus Harste u. a. (o. J./A), S. 21.
126 Vgl. Köhler (2007), S. 758.
127 Vgl. Kawasaki (2014), S. 43–64; Wille (2023), S. 296–299; Cagan (2022), S. 143–144.

rative Ausführung Aufgabe bei der jeweiligen Unternehmensfunktionen bleibt. Das umfasst folgende zwei Aufgabenbereiche im Rahmen des Produktprozesses:
- Planung, Entwicklung und Einführung neuer Produkte
- Vermarktung, Pflege und Elimination von bereits im Markt eingeführten Produkten

Parallel zum Produktprozess hat der Produktmanager folgende vier **permanenten Aufgaben:**
- Informationsbeschaffung, insbesondere kunden- und marktbezogene Informationen
- Koordination der Unternehmensfunktionen bei der Umsetzung produktbezogener Aufgaben
- Überwachung der Umsetzung in der Entwicklungsphase und Produktcontrolling in der Marktpräsenzphase von Produkten
- Kommunikation mit internen und ggf. externen Stakeholdern

Abbildung 2.12 illustriert die genannten Aufgaben des Produktmanagers zusammenfassend:

Abbildung 2.12: Aufgaben des Produktmanagers (Überblick).

Die Aufgabe der Koordination ist eines der in Kap. 2.1.2.2 genannten Prinzipien des Produktmanagements. Die permanenten Aufgaben der Informationsbeschaffung und Produktüberwachung (Controlling) werden in den Kap. 2.4.2 und 2.4.3 näher beleuchtet.

Die permanenten Aufgaben Koordination und Kommunikation sowie die Aufgaben entlang des Produktprozesses sind Themen im Rahmen des Produktinnovationsprozesses (Kapitel 4).

2.3.1.4 Positionierung von Produktmanagement im Unternehmen

Die Umsetzung des Produktmanagementkonzepts muss an die jeweilige Strategie und Situation im Unternehmen angepasst werden.[128] In der Praxis wird Produktmanagement **unterschiedlich positioniert**. Dies spiegelt sich im Aufgabenspektrum, der Entscheidungsbefugnis und der Organisation im Unternehmen wider. Die Positionierung der Aufgabe kann anhand von zwei Dimensionen beschrieben werden (vgl. Abbildung 2.13):

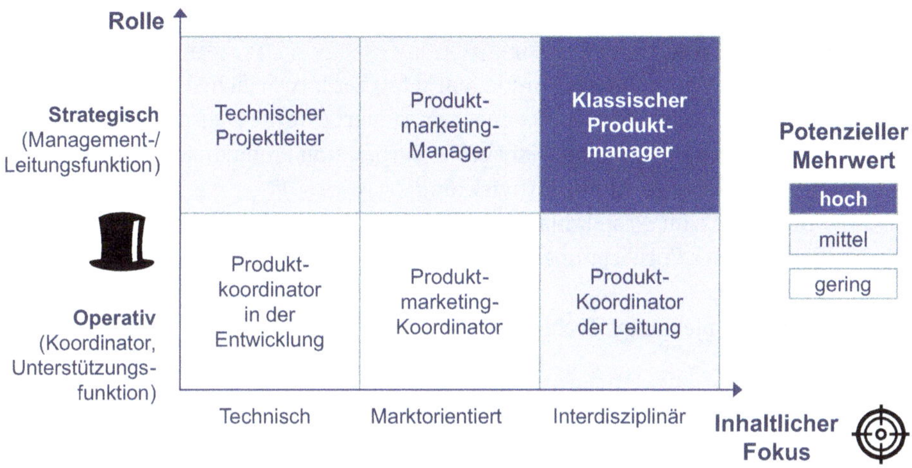

Abbildung 2.13: Positionierungsraum für Produktmanagement im Unternehmen.

Unterschiedliche Rollen sowie unterschiedliche inhaltliche Fokussierungen des Produktmanagers liefern folgende sechs Positionierungen für Produktmanagement:

- **klassischer Produktmanager**, entsprechend der dargestellten Produktmanagementkonzeption
- **technischer Projektleiter**:
  - Koordination aller Entwicklungsaufgaben inklusive der marktgerechten Produktkonzeption (mithilfe von Marketingexperten)
  - übergibt die Produktverantwortung zum Markteintritt
  - Anwendung typischerweise bei technikorientierten Unternehmen mit komplexen Produkten, z. B. in der Automobilindustrie
- **Produktmarketing-Manager**
  - übernimmt das entwickelte Produkt zur Markteinführung (begleitet ggf. marktseitig die Produktentwicklung)
  - plant und steuert verantwortlich die Vermarktung während des Produktlebenszyklus (Kommunikation, Distribution, Preispolitik)

128 Vgl. Kap. 2.7 (Differenzierung des Produktmanagementkonzepts).

  - Anwendung typischerweise bei „nichttechnischen" Produkten, z. B. Konsumerprodukte des täglichen Bedarfs
- **Produkt-Koordinator der Leitung**
  - Fokus liegt auf der Abstimmung der beteiligten Funktionen
  - formal keine Entscheidungsbefugnis; „moderiert" Lösungen (Eskalationsmöglichkeit zur Leitung)
  - Ein Junior Produktmanager, der einen klassischen Produktmanager unterstützt, wäre ebenfalls in diesem Quadranten zu verorten.
- **Produktmarketing-Koordinator**
  - unterstützt produktbezogen die Marketingverantwortlichen bei der Informationssammlung, bereitet Meetings vor, steuert externe Dienstleister etc.
  - „Junior-Produktmarketing-Manager" (Zuarbeit zum Produktmarketing-Manager)
- **Produktkoordinator in der Entwicklung**
  - unterstützt im Projektmanagement der technischen Produktentwicklung, etwa bei der Vorbereitung von Meetings, beim Tooleinsatz oder beim Projektcontrolling
  - „Junior-Projektleiter Technik"

Nach Aumayr kann es sinnvoll sein, dass strategisch positionierte Produktmanager fallweise auch operative Aufgaben übernehmen. In der Phase der Markteinführung kann z. B. die Unterstützung des Vertriebs sinnvoll sein.[129]

Die Positionierung von Produktmanagement hat nicht nur Auswirkung auf die Aufgaben und das Entscheidungsspektrum, sondern auch auf die Verankerung des Produktmanagements in der Aufbauorganisation sowie das erforderliche Qualifikationsprofil des Produktmanagers.[130]

2.3.1.5 Abgrenzung von Produktmanagement zu verwandten Rollen

Abschließend werden die Aufgabe und die Rolle des Produktmanagers zu den in Abbildung 2.14 genannten „verwandten" oder begleitenden Aufgaben abgegrenzt:

Cagan kritisiert, dass Produktteams oft zu groß sind und dass viele der „neuen Rollen" hohe Kosten und wenig Nutzen bringen.[131] In der Praxis gibt es im Produktprozess mindestens fünf Rollen, die Anknüpfungspunkte oder überlappende Aufgaben mit dem Produktmanager haben. Die Abgrenzung der Rollen ist in der Praxis oft nicht klar hinterlegt.

129 Vgl. Aumayr (2019), S. 34–35.

130 Vgl. Kap. 2.5 (Organisation von Produktmanagement) bzw. Kap. 2.3.2 (Qualifikation des Produktmanagers).

131 „It has become crazy ... agile coaches, product owners, scrum masters, business analysts, product ops, various assistant to product managers ... best companies deliver better results with fewer people", Cagan (2023).

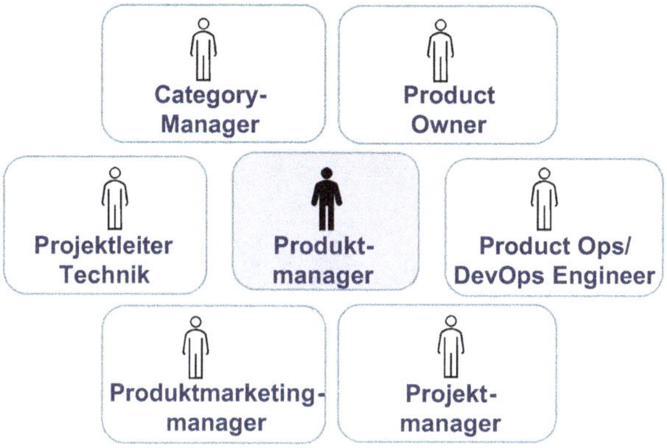

Abbildung 2.14: Produktmanager und verwandte Rollen im Produktprozess.

2.3.1.5.1 Produktmanager vs. Projektmanager

> „Viele Produktmanager in wachsenden oder reifen Unternehmen beklagen sich, dass sie viel zu viel Zeit mit Projektmanagement aufwenden müssen."[132]

Die Koordinationsaufgaben des Projektmanagers ähneln den Aufgaben eines Projektmanagers, wobei Koordination nur einen Teil der Produktmanagerarbeit ausmachen sollte. Die Aufgaben und Rollen weisen Überschneidungen auf, aber auch Unterschiede hinsichtlich des Objekts, der Ziele und der Fokussierung (vgl. Tabelle 2.1):

Tabelle 2.1: Abgrenzung Produktmanager und Projektmanager.

	Produktmanager	Projektmanager
Gegenstand	– Produkt – Lebenszyklus bzw. Langfristig	– Projekt – Zeitlich und inhaltlich begrenzt
Ziele	– Umsatz, Gewinnbeitrag – Markterfolg, Kunden-zufriedenheit – U. a.	– Einhaltung von Zeitrahmen und Kostenbudget – Qualität der Ergebnisse – Meilensteinerreichung
Aufgaben/ Fokus	– Produktstrategie und Positionierung – Produktentwicklung und Vermarktung – Führen der beteiligten Funktionen	– Koordination und Führung des Projektteams – Projektmanagement (Ziele herunterbrechen, Planung, Monitoring, Abweichungsanalyse), Zeit- und Risikomanagement

132 Cagan (2022), S. 97; Cagan kritisiert, dass in vielen Unternehmen die beiden Rollen fast gleichgesetzt werden, vgl. Cagan (2023).

Oft geht es bei Projekten um die Erstellung einer klar umrissenen Lösung für einen externen oder internen Kunden. Im Gegensatz dazu gibt die inhaltliche Zielsetzung dem Produktmanager lediglich einen Rahmen vor[133] und erfordert erhebliche „gestalterische Leistung“ (Produktvision, Produktkonzept, Marketingplan etc.).

2.3.1.5.2 Produktmanager vs. Category Manager

Das Category Management ist auf die Schaffung von Zuständigkeiten für sachlich zusammengehörende, bedarfsorientierte Produktlinien gerichtet. Mit der Wahl ganzer Produktkategorien („Categories“), wie z. B. Waschmittel oder Körperpflegemittel, als organisatorischem Objektbezug will man vermeiden, dass wichtige Verbundbeziehungen zwischen Produkten vernachlässigt werden. Category Management gibt es sowohl auf Herstellerseite als auch aufseiten von Handelsbetrieben. Auf Herstellerseite könnte Category Management einem Produktgruppen-Management gleichgesetzt werden.[134] Während beim Category Management häufig die Schnittstelle zwischen Industrie und Handel im Vordergrund steht, fokussiert sich Produktmanagement zusätzlich auf die Abstimmung herstellerinterner Prozesse, insbesondere der Produktentwicklung.[135]

Meistens wird Category Management jedoch als Werkzeug des Handels gesehen – als Verfahren zur Gestaltung von Sortimenten nach endverbraucherorientierten Kriterien.[136]

2.3.1.5.3 Produktmanager vs. Product Owner

> „The product owner role is rooted in Scrum, not traditional product management. It was established by software developers to assist with task prioritization rather than complete product oversight.“[137]

Da es bei beiden Aufgaben um Produktanforderungen geht, kann fälschlicherweise angenommen werden, ein Product Owner sei die „moderne und agile“ Form des Produktmanagers. Der **Product Owner** ist stattdessen eine **Rolle im Scrum-Team**, die für das Management des Product-Backlogs und für die Kommunikation mit Stakeholdern außerhalb des Entwicklungsteams verantwortlich ist. Das Aufgabenspektrum des Product Owners ist wesentlich enger gefasst als das des Produktmanagers.[138] Der

133 Vgl. Kap. 3.4.3 (Produktinnovationsauftrag).
134 Vgl. Becker (2019), S. 840.
135 Vgl. Müller-Hagedorn/Zielke (2007), S. 919.
136 Vgl. Müller-Hagedorn/Zielke (2007), S. 917.
137 Perri (2024).
138 „The Product Owner is just 10 % of the Product Management job. Product Owner is a role. Product Management is a job“, Cagan (2022), S. 60–61.

Produktmanager entwickelt eine Produktvision und Strategie, der Product Owner ist für die Konkretisierung der Strategie und deren Umsetzung verantwortlich.[139]

Das Entwicklungs-Framework von Paul Inness grenzt die **Zuständigkeit** von Produktmanagern, Product Ownern und Entwicklern wie folgt ab:[140]

- Der Produktmanager ist verantwortlich für die Frage: „Warum entwickeln wir ein Produkt und was bringt es dem Kunden und dem Hersteller?“
- Der Product Owner ist verantwortlich für die Frage: „Was wird genau entwickelt?“ (Produktfunktionen)
- Das Entwicklungsteam (bzw. der Entwicklungs-Projektleiter) beschäftigt sich mit dem „Wie erreichen wir das?“ (technische Voraussetzung, Entwurf und Umsetzung).

Greiner sieht in der Praxis aus dem speziellen Unternehmenskontext heraus verschiedene **Optionen** beim Einsatz der Rollen des Produktmanagers und des Product Owners:[141]

- Es gibt nur Produktmanager. Die Product-Owner-Rolle kommt nicht zum Einsatz, z. B. weil die Scrum-Methode nicht zum Einsatz kommt.
- Es gibt Produktmanager, die gleichzeitig die Product-Owner-Rolle im Scrum-Prozess übernehmen.
- Es gibt sowohl Produktmanager als auch Product Owner, die in gemeinsamer Abstimmung den Produkterfolg vorantreiben.
- Es gibt nur Product Owner, die auch Produktmanagement-Verantwortlichkeiten übernehmen.
- Es gibt nur Product Owner. Die Produktmanagement-Verantwortlichkeiten werden in anderen Abteilungen wahrgenommen.

Eine Umfrage unter Produktmanagern aus dem Jahr 2023 ergab, dass 52 % der Unternehmen nur die Produktmanager-Rolle und 7 % nur die Product-Owner-Rolle nutzen.[142] In 32 % der Unternehmen gibt es beide Rollen parallel.

2.3.1.5.4 Produktmanager vs. Produktmarketing-Manager

> „Product managers are responsible for leading the creation of a product and product marketing managers are responsible for leading the go-to-market for that product.“[143]

139 Vgl. Mansour (o. J.).

140 Vgl. Greiner (2023).

141 Vgl. Greiner (2023).

142 Vgl. ProduktManageMentor (2023), S. 11; befragt wurden 947 Produktmanager aus 50 Ländern, davon 251 aus Deutschland, Österreich und der Schweiz.

143 Vgl. Kao (o. J.).

Beide Rollen koordinieren unterschiedliche Personenkreise im Unternehmen mit dem Ziel, eine erfolgreiche Entwicklung und Vermarktung des Produkts sicherzustellen:[144]
- Produktmanager sind für das Gesamtprodukt verantwortlich. Falls kein technischer Projektleiter zur Verfügung steht, koordinieren sie zusätzlich die technischen Teammitglieder, z. B. Entwickler, Ingenieure in der Produktion und Designer.
- Produktmarketing-Manager koordinieren vor allem Marktforschung, Marketingkommunikation, Vertrieb und Kundendienst.[145]

Der Produktmanager ist funktional der Leiter des Produktteams, zu dem u. a. der Produktmarketing-Manager gehört. In kleineren Projekten übernimmt der Produktmanager häufig auch die Rolle des Produktmarketing-Managers.

2.3.1.5.5 Produktmanager vs. Projektleiter Technik

Der Projektleiter Technik ist der aus der Entwicklungsfunktion für das Produkt benannte Verantwortliche. Er ist für die technische Konzeption und Umsetzung des Produkts zuständig.

Die internen Schnittstellen der Projektleiters Technik sind die dem Produkt zugeordneten Entwicklungsmitarbeiter. Da in Produktteams die Mehrzahl der Mitarbeiter häufig Entwickler sind, umfasst die Aufgabe operatives Projektmanagement bzw. Koordination und entlastet den Produktmanager. Als Generalist in den Bereichen Entwicklung und Technologie ist der Produktmanager fachlich i. d. R. auf die Expertise des Projektleiters Technik angewiesen. Ebenso wie der Produktmarketing-Manager untersteht der Projektleiter Technik im Produktteam dem Produktmanager.

2.3.1.5.6 Produktmanager vs. Product / Development Operations Engineer

In der Sofwareentwicklung und im IT-Betrieb werden zum Teil weitere Rollen eingesetzt:
- Der **Product Operations (ProductOps) Engineer** ist eine den Produktmanager unterstützende Rolle im Produktteam. Das Ziel von ProductOps ist es, das Produktmanagement-Team und andere Beteiligte zu unterstützen sowie reibungslose und effiziente Abläufe sicherzustellen. Typische Aufgaben sind der Aufbau von Daten und Analysestrukturen, die Verwaltung von Marktanalyseergebnissen und Kundenfeedback sowie die Optimierung von Prozessen und des Tooleinsatzes. ProductOps sollen den Produktmanager entlasten, damit sich dieser auf strategische Aufgaben konzentrieren kann. Die Aufgabe ist vergleichbar mit der eines Junior-/Assistant-Produktmanagers.
- Der **Development Operations (DevOps) Engineer** ist für die Implementierung und Wartung der sog. DevOps-Praktiken verantwortlich. Er richtet die Infrastruk-

144 Vgl. Kao (o. J.).
145 Vgl. Product HQ (2024).

tur ein, entwickelt Automatisierungslösungen, betreibt die „Continuous Integration and Delivery“ (CI/CD)-Pipeline, sorgt für die Sicherheit und Skalierbarkeit der Systeme und fördert die Zusammenarbeit und Kommunikation aller Beteiligten. DevOps arbeiten eng mit den Entwicklern zusammen, um die Time-to-Market zu verkürzen und die Softwarequalität zu erhöhen.

2.3.1.6 Abgrenzung der Produktmanagementaufgabe zu den Funktionen

> „Eine der am häufigsten genannten Herausforderungen [im Produktmanagement] ist nach wie vor, dass die Rolle und Aufgaben des Produktmanagements nicht vom Rest der Organisation verstanden werden und zu viele unterschiedliche Erwartungshaltungen existieren.“[146]

Wie bereits ausgeführt gibt es eine Reihe Beteiligter aus unterschiedlichen Unternehmensfunktionen, die in den Phasen des Produktprozesses mitarbeiten oder zuständig sein können. „Wer was genau tut“, unterscheidet sich dabei von Organisation zu Organisation. Häufig ist insbesondere die Rolle des Produktmanagers unklar, was zu Spannungen und Konflikten führen kann. Nur 49 % der befragten Produktmanager stimmen der Aussage zu, dass ihre Rolle und ihre Verantwortlichkeit klar definiert sind.[147]

Ein in der Praxis bewährtes Werkzeug, um Rollen und Verantwortlichkeiten in Organisationen eindeutig zuzuweisen, ist die **RACI-Matrix**. Die Abkürzung RACI steht für:[148]

- **R: Responsible** – die Person oder das Team, das für die Durchführung der Aufgabe verantwortlich ist und die „operative“ Arbeit macht.
- **A: Accountable** – die Person, die die finale Verantwortung für das Ergebnis trägt und sicherstellt, dass die Aufgabe ausgeführt wird. Solche Personen haben eine Leitungsinstanz inne, der die Aufgabe zugeordnet ist.
- **C: Consulted** – Personen, die bei der Ausführung einer Aufgabe um Rat oder Unterstützung gefragt werden. Solche Personen sind aufgefordert, zur Aufgabenerfüllung beizutragen.
- **I: Informed** – Personen, die über den Fortschritt oder das Ergebnis einer Aufgabe informiert werden müssen, jedoch nicht aktiv an der Ausführung beteiligt sind.

Insbesondere in komplexen Projekten oder Matrixorganisationen mit mehreren beteiligten Funktionen kann es zu Unklarheiten kommen, wer für welche Aufgabe zuständig ist bzw. welche Rolle die Beteiligten spielen sollen. Die wichtigsten Vorteile des Einsatzes der RACI-Matrix in diesen Fällen sind:

- **Vermeidung von Verantwortungslücken** – es wird sichergestellt, dass keine wichtigen Aufgaben übersehen werden und alle Verantwortlichkeiten klar verteilt sind.

---

146 Vgl. ProduktManageMentor (2023), S. 20.

147 Befragung von 532 Produktmanagern (82 % davon aus Europa) zwischen November 2024 und Januar 2025, vgl. Product Focus (2025a), S. 15.

148 Vgl. Matthews (2024).

- **Effizienzsteigerung** – indem Missverständnisse und Unklarheiten in Bezug auf Verantwortlichkeiten reduziert werden, können Prozesse effizienter abgearbeitet werden.
- **Transparenz** – alle Produkt-Stakeholder wissen genau, wer welche Rolle im Prozess spielt. Dies fördert Kommunikation und Zusammenarbeit.
- **Verbesserung der Entscheidungsfindung** – durch die klare Zuordnung von Entscheidungsträgern und Beratern kann der Entscheidungsprozess nicht nur schneller, sondern auch qualitativ besser erfolgen. Es wird sichergestellt, dass die erforderlichen Kompetenzen in geeigneter Weise zur Entscheidungsfindung beitragen.

Tabelle 2.2 illustriert beispielhaft, wie die RACI-Matrix zur Konkretisierung ausgewählter Produktmanagementaufgaben aussehen könnte.

Tabelle 2.2: RACI-Matrix Produktmanagement (Beispiel).

Hauptaktivität im Produktprozess	Teilaktivität	Produkt-management	Entwicklung	Marketing	Vertrieb	Produktion	Leitung	Sonstige
Produktplanung	Vorgabe/Portfoliostrategie	**C**	I	C			A	...
	Ideensammlung und Priorisierung	**A/R**	C	C	C		I	...
	Vision/Konzeption/Lastenheft	**A/R**	I	C	C		I	...
	Prototyping	**A**	R		C	C		...
	Wirtschaftlichkeitsrechnung	**R**	C	C	C	C	A	...
Produktentwicklung	Pflichtenheft	**A**	R			C		...
	Entwicklung/Realisierung	**I**	A/R			C		...
	Fertigungskonzept	**I**	C		C	A/R		...
	Testing	**I**	A/R					...
Markteinführung	Markterprobung	**C**		C	A/R		I	...
	Einführungsstrategie	**A**		R	C	I	I	...
	Umsetzung	**I**		A/R	A/R	I		...
Produkt-Life-Cycle-Management	Marketing-Mix (Prioritäten)	**A**		C	C		I	...
	Marketing-Mix (Details)	**I**		R	C			...
	Marketing-Mix (Umsetzung)	**I**		A/R	A/R			...
	Produktpflege (Straetgie)	**A**	R	C	C	I	I	...
	Produktpflege (Umseztung)	**I**	A/R	A/R	A/R			...
	Elimination	**A**			R	I		...

In der Praxis müssten die Teilaktivitäten weiter heruntergebrochen werden, sodass weniger „A/R"-Eintragungen notwendig sind und „A" und „R" pro Zeile genau einmal vorkommen. Auch eine weitere Differenzierung innerhalb der Funktionen (Spalten der Matrix) wäre erforderlich. Marketing könnte etwa in Marktforschung, Strategie, klassische Kommunikation und digitales Marketing untergliedert werden, Entwicklung in Planung, Hardware, Software und Test. Die Erstellung der Matrix muss in einem mehrstufigen Prozess durch die Unternehmensleitung und mit Beteiligung aller Funktionen erfolgen.

Es sei darauf hingewiesen, dass die RACI-Matrix detaillierte Prozessbeschreibungen, in denen für jeden Prozessschritt Inputs, Aktivitäten, Beteiligte und Outputs beschrieben werden, nicht ersetzt, sondern im Sinne eines Top-Down-Verständnisses, „wer was macht“, ergänzt. Es gibt verschiedene alternative, leicht abweichende Konzepte, die ebenfalls auf die Klärung von Rollen und Verantwortlichkeiten abzielen, beispielsweise RASCI, DACI oder RAPID.[149]

Die Verwendung der RACI-Matrix und ihrer Alternativen ist wissenschaftlich fundiert. Untersuchungen zur Organisations- und Entscheidungsforschung haben gezeigt, dass klare Rollenzuweisungen zu besseren Ergebnissen führen. Die RACI-Rollen sind in den gängigen Projektmanagement-Softwarewerkzeugen wie Jira oder Trello implementiert.

2.3.2 Qualifikation von Produktmanagern

> „Die Wahrheit ist, dass der Produktmanager zu den stärksten Talenten im Unternehmen zählen muss.“[150]

Fokus des Kapitels ist es, die Qualifikationsmerkmale von Produktmanagern herauszuarbeiten. Danach wird kurz auf die Hierarchien sowie die Aus- und Weiterbildung im Produktmanagement eingegangen.

2.3.2.1 Qualifikationsmerkmale für Produktmanager

> „Product Management is the hardest job in tech. It is impossible to fully please anyone ... and you disappoint pretty much everyone at some point.“[151]

Der Produktmanager spielt eine zentrale Rolle im Unternehmen, da er direkt den Produkterfolg beeinflusst. Die Position erfordert eine Kombination aus technischem Wissen, Marktkenntnissen und einer Reihe von Soft Skills. Aumayr fordert, dass der Produktmanager ...

– ein Spezialist für seine Produkt- und Marktdomäne,

149 RASCI erweitert RACI um eine Support-Rolle („S“). DACI steht für Driver, Approver, Contributor und Informed. RAPID konzentriert sich auf den Entscheidungsprozess und sieht die Rollen Recommend, Agree, Perform, Input und Decide vor.

150 Vgl. Cagan (2022), S. 53.

151 Johan Bolin von Edgeware AB, vgl. Hooper (o. J.).

- ein Generalist, was die im Produktprozess relevanten Unternehmensfunktionen betrifft, sowie
- ein Manager sein sollte.[152]

Schulke/Blaase fordern von Produktmanagern Produktgespür **(Product Sense)**. Product Sense ist die Fähigkeit, Wirkungen in komplexen Produkt-Markt-Systemen vorherzusagen und darauf basierend gute Entscheidungen in der Produktplanung und -entwicklung zu treffen. Dies setzt ein besonderes Maß an Empathie für die Zielgruppe sowie ein ganzheitliches Verständnis von Produkt, Geschäft und Markt voraus.[153] Ein gutes Produktgespür hilft Produktmanagern dabei, „kausale Zusammenhänge besser zu verstehen, potenzielle Auswirkungen in komplexen Systemen einschätzen zu können, Risiken frühzeitig zu erkennen, mehr Wirkung für Kunden und das eigene Unternehmen zu erzielen, gute, zielführende Fragen zu stellen und richtige Entscheidungen zu treffen“.[154]

Erez empfiehlt, in einem Job-Interview mit Produktmanager-Kandidaten folgende fünf Kompetenzen zu prüfen (alle sollten erfüllt sein):
- „Clear communication: Delivering an easy-to-follow response with solid structure
- Product motivation: Examining the product's purpose and mission
- Segmentation: Defining the audience and prioritizing a target segment
- Problem identification: Listing and prioritizing key pain points faced by the chosen segment
- Solution development: Brainstorming and prioritizing a solution for the problem, incl. a V1“[155]

Product Sense kann über Ausbildung und Berufserfahrung entwickelt werden. Walter nennt vier Wege: „Observe people interacting with products, deconstruct everyday products, learn from great product thinkers [and] be curious about changes in technology and your domain.“[156]

In Tabelle 2.3 ist dargestellt, welche Qualifikationsmerkmale ausgewählte Autoren von Produktmanagern fordern:

Zusammenfassend können die erforderlichen Qualifikationsmerkmale für Produktmanager in fünf Bereiche gegliedert werden (vgl. Abbildung 2.15):

Technologische Kenntnisse: Ein Produktmanager muss ein tiefes Verständnis der relevanten Technologien besitzen, die für die Entwicklung und Produktion des Produkts entscheidend sind. Dies umfasst nicht nur das Wissen über aktuelle technologische

152 Aumayr (2019), S. 13–15; im Gegensatz dazu muss laut Aumayr ein Funktionsmanager Generalist für Produkte/Markt sowie Spezialist in der eigenen Funktion sein.

153 Vgl. Schulke/Blaase (2023), S. 236.

154 Schulke/Blaase (2023), S. 250.

155 Erez (2025); Erez liefert einen konkreten Leitfaden und beispielhafte Fragestellungen, um die genannten Kompetenzen im Rahmen eines 45-minütigen Interviews zu prüfen.

156 Vgl. Walter (2022).

Tabelle 2.3: Qualifikationsmerkmale für Produktmanager (Sichtweise ausgewählter Autoren).[157]

Aumayer	ProductManageMentor	Product HQ	Cagan
– unternehmerische Persönlichkeit – Produkt und Maietierung – Moderator mit Teamgeist – Eigeninitiative und Durchsetzungs-vermögen – Strategien mit analytischen und konzeptionellen Fähigkeiten – Überzeugungskraft und Begeisterung – kreativ und innovativ – guter Kommunikator	– Kunden- und Marktverständnis – strategisches Denken – transparente Prodktplanung – Roadmapping – agile Arbeitsweisen – Fähigkeit, „Time-To-Market“ zu beschleunigen – Markt- und Technologietrends erkennen – datengestützte Arbeit und Entscheidungsfindung – „Product Discovery“ – Nutzung von Machine-Learning und künstlicher Intelligenz – Growth Thinking“/ Finanzanalyse	– Technical Skills – Business Skills – Market Research Skills – Communication Skills – Analytical Skills – Strategic Skills – Quality Assurance Skills – Prioritization Skills – Problem Solving Skills **Gnanasambandam u. a.** – Customer Experience – Market Orientation – Business Acumen – Technical Skills – Soft Skills	– Kundenkenntnisse – Datenanalyse-Kenntnisse – Geschäftskenntnisse – Markt- und Branchenkenntnisse – klug, kreativ, beharrlich **Rehkopf** – Business – User Experience – Technologie – Marketing – Redegewandtheit – Empathie

Trends, sondern auch die Fähigkeit, diese Technologien in den Kontext des eigenen Produkts zu setzen. Beispielsweise sollte ein PM in der Softwarebranche Kenntnisse in Programmiersprachen, Softwarearchitekturen und Entwicklungsprozessen haben.[158] In der Hardwarebranche sind u. U. Kenntnisse in Materialwissenschaften, Fertigungstechniken und Qualitätskontrolle erforderlich. Industrielles Design und User-Experience-Design stellen zunehmend wichtige Kompetenzen dar.

157 Vgl. Aumayr (2019), S. 48–50; ProduktManageMentor (2023), S. 19 (PMM nennt zusätzlich 10 Soft Skills für Produktmanager), Fechter (2024); Gnanasambandam u. a. (2017), S. 5; Cagan (2022), S. 55–57; Rehkopf (o. J.).

158 Martin Eriksson (Unternehmer, Autor und Investor): „There's no point defining what to build if you don't know how it will get built. This doesn't mean a Product Manager needs to sit down and code. However, understanding the technology stack and level of effort involved is crucial to making the right decisions. This is even more important in an Agile world where Product Managers spend more time daily with the development team than with anyone else inside the business“, vgl. Eriksson (2011).

Abbildung 2.15: Qualifikationsmerkmale für Produktmanager.

Marktkenntnisse: Ein umfassendes Verständnis des relevanten Marktes und der Produkt-Domäne ist unerlässlich. Der Produktmanager muss die Bedürfnisse und Wünsche der Zielgruppe und Trends kennen sowie in der Lage sein, Wettbewerbsanalysen durchzuführen. Dies beinhaltet die Fähigkeit, Marktforschungsdaten zu interpretieren und strategische Entscheidungen zu treffen, die auf diesen Daten basieren. Ein tiefes Verständnis der Marktmechanismen ermöglicht es, Produkte optimal zu positionieren und den Markterfolg zu maximieren.

Digitalisierungskenntnisse:[159] Produktmanager müssen in der Lage sein, Produktfeedback, Produktnutzungsdaten, Kundendaten u. a. zu analysieren und als Grundlage von Entscheidungen zu nutzen. Sie sollten ein Grundwissen über Statistik und künstliche Intelligenz haben und statistische Tools praktisch nutzen können. Außerdem ist der Umgang mit digitalen Werkzeugen im Produktprozess erforderlich (z. B. für Projektmanagement, Kommunikation, Kollaboration oder Datenaustausch), um die Aufgabe effizient erfüllen zu können. Sehr gute Anwenderkenntnisse im Bereich der generativen künstlichen Intelligenz sind unabdingbar, um Effizienzgewinne im breiten Aufgabenfeld des Produktmanagements realisieren zu können: „The productivity gap between AI power-users and non-users is growing rapidly, making AI literacy essential for career advancement in product management.“[160] Je nach Produktdomäne können tiefergehende Kenntnisse der KI und anderer digitaler Technologien wie Cloud Computing, VR/AR, IoT, Blockchain u. a. wichtig sein.

Unternehmerfähigkeiten sind wichtig, da der Produktmanager das Produkt nicht verwaltend, sondern aktiv gestaltend zum Erfolg führen soll.[161] Hierzu gehören neben

---

159 Vgl. Kap. 5 (Digitales Produktmanagement).

160 Google AI Product Lead Marily Nika; Nika (2025).

161 Vgl. Kap. 2.2.2.4 („Unternehmer-im-Unternehmen“-Prinzip im Produktmanagement).

klassischen Managementfähigkeiten (Planung, Umsetzung, Kontrolle) u. a. auch strategisches Denken, Kreativität und Initiative.[162]

Soft Skills sind von großer Bedeutung für einen erfolgreichen Produktmanager. Er muss kommunikationsstark sein, um die im Produktprozess beteiligten verschiedenen Funktionen zu koordinieren.[163] Gute Führungskompetenzen sind notwendig, um das Produktteam zu motivieren und auszurichten. Organisationsgeschick und Flexibilität helfen dabei, komplexe Prozesse zu koordinieren und auf unerwartete Herausforderungen zu reagieren. Internationale Erfahrung und Kenntnisse von Fremdsprachen können fallweise wichtig sein.

In der Praxis haben Produktmanager eher einen technischen (50 %) oder interdisziplinären (37 %) als einen kaufmännischen Hintergrund (13 %).[164]

Nguyen argumentiert, dass für Produktmanager in der Zukunft gerade diejenigen Kompetenzen am wichtigsten sind, die **KI-Systeme schlecht beherrschen**. Dazu gehören:

- „Creativity in generating novel solutions,
- Empathy and emotional intelligence,
- Leadership and people management,
- Effective prioritization, [and]
- Active listening and user understanding“[165]

Zusammenfassend lässt sich feststellen, dass die Qualifikation eines Produktmanagers eine breite Palette an Fähigkeiten und Kenntnissen umfasst. Als **Generalist** muss er sowohl technologische als auch marktbezogene Expertise besitzen und gleichzeitig über ausgeprägte Soft Skills verfügen. Vom Qualifikationsprofil steht der Produktmanager zwischen einem klassischen (Funktions-)Manager, einem Projektmanager und einem Unternehmer (vgl. Abbildung 2.16).

---

162 Martin Eriksson (Unternehmer, Autor und Investor): „Product Management is above all else a business function, focused on maximising business value from a product. Product Managers should be obsessed with optimising a product to achieve the business goals while maximising return on investment“, vgl. Eriksson (2011).

163 Vgl. Kap. 2.6 (Leadership im Produktmanagement).

164 Befragung von 532 Produktmanagern (82 % davon aus Europa) zwischen November 2024 und Januar 2025, vgl. ProduktManageMentor (2025), S. 8.

165 Nguyen (2025).

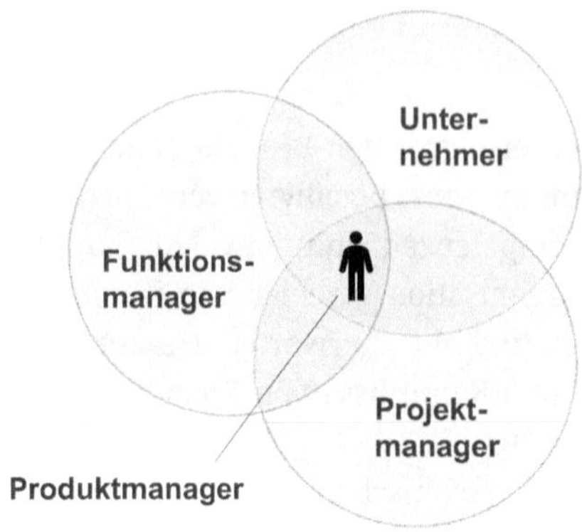

Abbildung 2.16: Produktmanagerqualifikation als Schnittmenge dreier Profile.

2.3.2.2 Hierarchien im Produktmanagement

Unternehmensgröße und Komplexität des Produktportfolios können mehrere Hierarchien im Produktmanagement erfordern (vgl. Abbildung 2.17):[166]

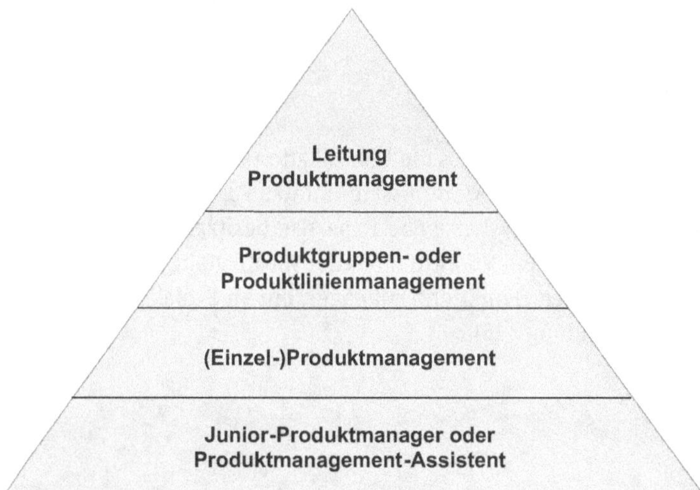

Abbildung 2.17: Produktmanagement-Pyramide.

– Die **Leitungsfunktion Produktmanagement** (auf Vorstandsebene oder direkt an die Unternehmensleitung berichtend) wird unterschiedlich bezeichnet, z. B. als Head of Product, Chief Product Officer, Vice-President Product, Head of Product Management oder Principle Product Manager. Der Aufgabenbereich umfasst die Führung der Pro-

166 Vgl. ProduktManageMentor (2023), S. 9; Produkt Focus (2025), S. 9 und S. 12; die Ebenen sind in der Praxis nicht einheitlich. Schultheiß u. a. nennen z. B. sechs Entwicklungsstufen für Produktmanager: Associate Product Manager, Product Manager, Senior Product Manager, Group Product Manager, Principal Product Manager, Distinguished Product Manager, vgl. Schultheiß u. a. (2023), S. 364.

duktmanager inklusive Zielvorgabe, Mentoring, Motivation sowie die Etablierung einer „Produktkultur" im Unternehmen. Zudem ist eine Gesamtprodukt-/Portfoliostrategie zu entwerfen, aus der Vorgaben und Visionen für Einzelprodukte abgeleitet werden. Außerdem stellt die Leitung Synergien zwischen Einzelprodukten sicher.[167]
- **Produktgruppen- oder Produktlinienmanager** betreuen eine Gruppe von Einzelprodukten, die Verbundeffekte aufweisen, entweder marktseitig (z. B. ähnliche Kundenbedürfnisse, gleiche Region) oder entwicklungsseitig (z. B. Derivate einer technischen Plattform).
- (Einzel-)**Produktmanager** kümmern sich innerhalb der strategischen Vorgaben um die Planung, Entwicklung und Vermarktung eines Produkts (und sind Gegenstand dieses Buches). Vereinzelt wird die Bezeichnung Senior-Produktmanager verwendet.
- **Junior**- oder **Assistent Produktmanager** unterstützen den (Senior-)Produktmanager bei operativen Aufgaben. Diese Position ist gut geeignet, um sich auf eine Produktmanagerposition vorzubereiten.

Bei den Berufsbezeichnungen von Produktmanagern auf Job-Plattformen finden sich neben den oben genannten Begriffen viele Variationen, z. B. Customer Product Manager, Experte Produktmanagement, Ingenieur Produktplanung und Marketing, International Product Manager, Mitarbeiter im Produktmanagement, Produktmanager Vertrieb, Product Development Spezialist, Sales-Support-Ingenieur im Produktmanagement, Senior-Produktmanager, Technischer Produktmanager.[168] Differenzierte Bezeichnungen können darauf hindeuten, dass bei der vorliegenden Stelle keine strategisch positionierte Produktmanagerstelle vorliegt, sondern eine spezifischere und operativ positionierte produktbezogene Tätigkeit.

2.3.2.3 Ausbildung und Studium Produktmanagement

Eine spezielle Berufsausbildung zum Produktmanager gibt es nicht. Als explizites Fach wird Produktmanagement hauptsächlich in Studiengängen von Fachhochschulen gelehrt, sowohl auf Bachelor- als auch auf Masterniveau (z. B. in Ingolstadt, Berlin, Salzburg, Furtwangen, Nordhausen, Aalen, Kempten, Kaiserslautern, Hamm-Lippstadt, Fresenius). Als Inhalt ist „Produktmanagement" insbesondere für Ingenieur- und BWL-Studiengänge relevant und wird in den weiterführenden Fächern im Bereich Marketing oder Produktentwicklung/Software Engineering vermittelt.

Ein akademisches Studium, das speziell zum Produktmanager qualifiziert, gibt es im deutschsprachigen Raum nur vereinzelt und spezialisiert:[169]

167 Vgl. Cagan (2022), S. 87–92; Fechter (2024); Andersch (2014).
168 Vgl. Andersch (2014).
169 Das Angebot an Studiengängen ist dynamisch. Die genannten Programme wurden Stand September 2024 angeboten.

- Produktmanagement (Bachelor of Arts, International University)[170]
- Digital Product Management (Bachelor of Arts, University of Europe for Applied Sciences/Potsdam)[171]
- Product Management (Bachelor of Arts, CODE University of Applied Sciences/Berlin)[172]
- IT-Produktmanagement (Bachelor of Science, Hochschule Furtwangen)[173]
- Design & Produktmanagement (Bachelor of Arts, Fachhochschule Salzburg)[174]
- Technisches Innovations- und Produktmanagement (Master of Engineering, Hochschule Kempten)[175]

Technische oder wirtschaftswissenschaftliche Studiengänge bereiten Absolventen gut auf eine spätere Tätigkeit als Produktmanager vor. Mehrjährige Berufserfahrung wird generell aber als Voraussetzung für eine (Senior-)Produktmanagerstelle angesehen.[176] Generelle Berufserfahrungen reichen dabei häufig nicht aus. Meistens werden einschlägige Berufserfahrungen vorausgesetzt, z. B. in der Produktentwicklung oder im Produktmarketing. Spezielles Know-how kann man sich über Weiterbildungen und Lehrgänge erwerben. Auch MBA-Programme bieten vermehrt Spezialisierungen in Produktmanagement an.[177]

In den letzten Jahren haben sich Netzwerke und Onlineplattformen gebildet, in denen sich Produktmanager bzw. „Product People“ austauschen. Ebenso wird das Thema Produktmanagement vermehrt durch Hochschulen aufgegriffen, sowohl in der grundständigen Lehre als auch in der akademischen Weiterbildung. Einige der auf Produktmanagement spezialisierten Plattformen organisieren praxisorientierte Konferenzen und bieten Trainingsprogramme sowie Beratungsleistungen an. Im Folgenden sind neun solcher Plattformen alphabetisch aufgeführt (ohne Anspruch auf Vollständigkeit):[178]

- Mind the Product (www.mindtheproduct.com)
- Product Faculty (www.productfaculty.com)
- Product Focus (www.produktfocus.com)
- Product HQ (www.productmanagerhq.com)
- Product Manage Mentor (www.produktmanagementor.de)

170 Vgl. International University (o. J.).
171 Vgl. University of Europe (o. J.).
172 Vgl. CODE University of Applied Sciences (o. J.).
173 Vgl. Hochschule Furtwangen (o. J.).
174 Vgl. Fachhochschule Salzburg (o. J.).
175 Vgl. Hochschule Kempten (o. J.).
176 Vgl. VDI Richtlinie 4520 Blatt 1 (2017), S. 3; Matys warnt davor, einen Produktmanager ohne Schulungs- und Lernphase verantwortlich einzusetzen. Er empfiehlt einige Jahre Praxiserfahrung in Vertrieb, Produktmarketing oder F&E, vgl. Matys (2018), S. 32 und 35.
177 Vgl. Gnanasambandam u. a. (2017), S. 5.
178 Stand September 2024.

- Product Masterclass (www.product-masterclass.com)
- Productside (www.productside.com)
- Produktbezogen (www.produktbezogen.de)
- Product School (www.productschool.com)

2.4 Ziele und Kontrolle im Produktmanagement

> „Das Produktmanagement ist in letzter Konsequenz für den Markterfolg der Produkte verantwortlich.“[179]

Bevor Ziele und Kontrollsysteme für Produktmanagement erörtert werden, erfolgt zunächst die Einordnung von Produktmanagement im Planungssystem von Unternehmen.

2.4.1 Einordnung des Produktmanagements in die unternehmerischen Planungsebenen

Produktmanager können im Unternehmen auf der **dritten Planungsebene** verortet werden. Die Unternehmensleitung entscheidet in der Unternehmensstrategie u. a., in welchen Geschäftsfeldern das Unternehmen aktiv sein möchte. Jede verantwortliche Geschäftseinheit bestimmt u. a., mit welchem Produktprogramm (Portfolio) man im jeweiligen Markt antritt und welche Ressourcen in die einzelnen Produkte investiert werden.[180] Die Einzelprodukte des Produktportfolios werden durch einen Produktmanager geplant. Wesentliche Entscheidungen betreffen die Allokation der gegebenen Mittel auf den Marketing-Mix für das jeweilige Produkt (vgl. Tabelle 2.4).

Tabelle 2.4: Einordnung von Produktmanagement in den unternehmerischen Planungsebenen.[181]

	Unternehmensleitung	Geschäftsleitung	Produkt-Management
Gegenstand der Planung	Business-Mix (Geschäftseinheiten)	Produkt-Mix (Produktportfolio)	Marketing-Mix (Einzelprodukte)
Strategien	Unternehmensstrategie	Geschäftsstrategie	Produkt-Strategie
Ressourcenallokation	Geschäftseinheiten	Produkte (und zentrale Aufgaben)	Marketing-Mix-Elemente (für Einzelprodukt)
Zeithorizont	5 Jahre	3 Jahre	1 Jahr und kürzer

179 Vgl. VDI Richtlinie 4520 Blatt 1 (2017), S. 3.
180 Vgl. Kap. 3.1.4 (Strategiewahl und -formulierung).
181 In Anlehnung an Becker (2019), S. 833.

Die Ergebnisse der Produktmanager bestimmen in Summe das Ergebnis der Geschäftseinheit. Der Erfolg der Geschäftseinheiten summiert sich zum Erfolg der Gesamtunternehmens. Im Weiteren soll lediglich die Planungsebene des Produktmanagements betrachtet werden.[182]

2.4.2 Elemente eines Kontrollsystems für Produktmanagement

> „Der Unternehmenserfolg ist durch Zielvorgaben konkret zu planen, die Realisierung mittels Steuerungsmechanismen [...] sicherzustellen und deren Erreichungsgrad durch eine unterstützende Kontrolle zu messen."[183]

Ein **Kontrollsystem** (Controlling) ist ein System zur Unterstützung der Führungskräfte, das dabei hilft, Abweichungen zwischen den Unternehmenszielen und der tatsächlichen Entwicklung frühzeitig zu erkennen und geeignete Gegenmaßnahmen zu ergreifen. Es verbindet **Planung, Kontrolle** und **Informationsbereitstellung** zu einem kontinuierlichen Regelkreis. Controlling schafft Transparenz und versorgt die Leitung und andere Stakeholder mit Informationen über die strategischen und operativen Entwicklungen im Unternehmen. Dadurch wird eine rationale Entscheidungsgrundlage geschaffen. Weiterhin soll Controlling die einzelnen Unternehmensteile auf ein gemeinsames Ziel ausrichten **(Koordination)**.[184]

Die **Kontrolle** des Produktmanagements durch die Geschäftsleitung erfüllt die Funktionen der Entscheidungsunterstützung sowie der Verhaltensbeeinflussung:[185]

- Zur **Entscheidungsunterstützung** liefert der Kontrollprozess Informationen über die Ursachen von Zielabweichungen. Dadurch können zukünftige Entscheidungen angepasst und Ergebnisse verbessert werden. Weiterhin muss über tatsächliche und zu erwartende Abweichungen informiert werden, um Anpassungsmaßnahmen frühzeitig einleiten zu können.
- Kontrolle ist erforderlich, da die Geschäftsleitung die Vielzahl von Entscheidungen des Produktmanagers inhaltlich nur schwer beurteilen kann, trotzdem aber sicherstellen muss, dass der Produktmanager im Sinne der Unternehmensziele agiert und entscheidet. Zielabweichungen ermöglichen der Unternehmensleitung Rückschlüsse auf das Entscheidungsverhalten des Produktmanagements und sind z. B. die Basis für die Bemessung von Prämien **(Verhaltensbeeinflussung)**. In die Kontrolle sind dabei nur die (Miss-)Erfolge einzubeziehen, die vom Produktmanager aufgrund seiner Entscheidungskompetenzen beeinflusst werden können.

182 In Kap. 3.1 wird der strategische Planungsprozess von Geschäftseinheiten insgesamt thematisiert.

183 Vgl. Hofbauer/Bergmann (2013), S. 27.

184 Vgl. z. B. Reichmann u. a. (2017); S. 3–8, Horváth u. a. (2020), S. 26–31; Bruhn/Hadwich (2017), S. 332; Hofbauer/Bergmann (2013); S. 29–35, Pepels (2017), S. 428.

185 Vgl. Friedl (2007), S. 817.

Daher sind Erfolge und Misserfolge ggf. um Effekte zu bereinigen, die nicht vom Produktmanager beeinflussbar sind.

Kontrolle kann sich auf die Wirksamkeit von Maßnahmen (z. B. eine Werbekampagne), Objekten (Effektivitätskontrolle), die Wirtschaftlichkeit (Effizienzkontrolle) oder die Informationsnutzung beziehen.[186]

Kontrollobjekt im Produktmanagement ist das Produkt bzw. die Produktgruppe, die ein Produktmanager verantwortet. Um Kontrolle ausüben zu können, müssen folgende drei Elemente des Kontrollsystems definiert werden:[187]

- **Kontrollziele** – kurz Ziele (im Aktionsfeld Produktmanagement). Dies könnte z. B. Geschäftsvolumen oder Ergebnisbeitrag sein.
- **Kontrollgrößen** (oder **Kennzahlen, KPIs**): Größen zur Messung der Zielerreichung. Um beispielsweise das Geschäftsvolumen eines Produkts zu messen, bieten sich die Kennzahlen Umsatz oder verkaufte Stückzahl (pro Periode) an.
- **Vergleichswerte** (oder **Planwerte**). Diese Werte sind der Maßstab dafür, ob ein Ziel erreicht, verfehlt oder übertroffen wird. Ein Jahresumsatz von 3 Mio. Euro könnte beispielweise ein Vergleichswert (Ziel-/Planwert) für den Jahresumsatz 2025 sein.

Fiedl nennt zwei Entscheidungsbereiche des Produktmanagements, die von einer höheren Instanz „kontrolliert" werden sollten, für die also Kontrollziele formuliert, Kontrollgrößen definiert und Vergleichswerte festgelegt werden sollten:[188]

- **Strategische Entscheidungen** des Produktmanagers (sog. Selektionsentscheidungen)
  - Kontrollziele sind z. B. die Auswahl von profitablen Marktsegmenten, kundenorientierte und profitable Produktpolitik oder effektive Produkt-Marktstrategien.
  - Wesentliche Kontrollgrößen könnten Produktumsätze und Produktdeckungsbeiträge in den jeweiligen Absatzsegmenten sein oder Ziele hinsichtlich Produktinnovation oder Produktqualität.
- **Operative Entscheidungen** des Produktmanagers (Marketing-Praktiken)
  - Kontrollziele sind z. B. der Erfolg von Werbekampagnen, das Wachstum in einem Marktsegment oder die Kundenzufriedenheit mit einer Produktvariante.
  - Kontrollgrößen für die oben genannten Ziele könnten sein: der Umsatzanstieg während der Werbekampagne, die Veränderung des Marktanteils oder die Ergebnisse einer Kundenzufriedenheitsbefragung.

186 Vgl. Pepels (2017), S. 443; Informationskontrolle überprüft, ob alle relevanten Daten verfügbar gemacht wurden und in die Planung eingeflossen sind.

187 Vgl. Friedl (2007), S. 817–818; Kontrollobjekt (im Falle eines Audits) kann auch die Produktmanagementorganisation sein. In diesem Fall würde geprüft, ob die Aufbau- und Ablauforganisation des Produktmanagements geeignet ist, die gesetzten Ziele zur erreichen, vgl. Bruhn/Hadwich (2017), S. 335.

188 Vgl. Friedl (2007), S. 821.

Der periodisch durchzuführende **Prozess der Kontrolle** umfasst drei Schritte:[189]

- **Soll-Ist-Vergleich:** Ermittlung von Ist-Werten und Gegenüberstellung mit den Vergleichsgrößen (Soll-/Planwerte)
- **Abweichungsanalyse:** Bei den ermittelten Abweichungen sind folgende Fälle zu unterscheiden:
  - Die Abweichung ist vom Produktmanager zu vertreten.
  - Die Abweichung ist durch einen externen Einfluss verursacht, den der Produktmanager nicht beeinflussen bzw. kalkulieren kann.
  - Ursache der Abweichung ist ein „fehlerhafter" Vergleichswert (Planwert).[190]
  - Die Abweichung kommt durch einen fehlerhaft ermittelten Ist-Wert zustande.
- **Festlegung von Maßnahmen** (insbesondere im Falle negativer Abweichungen)

Eine moderne Implementierung des klassischen Kontrollsystems stellt das sog. **Objectives-and-Key-Results („OKR")-Framework** dar, welches seinen Ursprung bei Google hat.[191] OKR besteht aus zwei zusammenhängenden Elementen:

- **Objectives** sind die angestrebten und zeitgebundenen Ziele, die zur Umsetzung einer Vision oder Strategie beitragen. Diese sind qualitativ zu beschreiben.
- **Key Results** sind quantitative Beschreibungen, die den Fortschritt beim Erreichen der Objectives messbar machen. Pro Objective sollten 2 bis 3 Key Results festgelegt werden. Die Key Results sollten fünf Kriterien erfüllen:[192]
  - wirkungsorientiert (nicht ergebnisorientiert)
  - „messen, um zu lernen" (nicht als Selbstzweck)
  - Beeinflussbarkeit
  - kontinuierliche Messbarkeit
  - vorlaufende Messgröße (nicht nachlaufend)

Zur Implementierung des OKR-Frameworks ist zunächst eine OKR-Architektur zu definieren. Für alle beteiligten Funktionen und Teams sind sog. OKR-Sets (Ziele mit zugeordneten Messgrößen) zu erarbeiten. Daneben sollten Shared-OKRs festgelegt werden, falls mehrere Einheiten gemeinsam an bestimmten Themen arbeiten. Wichtig ist, dass die OKR-Sets von der Produktvision und -strategie abgeleitet und untereinander abgestimmt sind („alignment").[193] Schließlich muss das OKR-System in sog. OKR-Zyklen betrieben werden.

In der Praxis haben sich monatliche Berichte auf Basis des Produktkontrollsystems bewährt. Dabei sollen die Ergebnisse zusammengefasst und die aufgedeckten Probleme sowie die erforderlichen Maßnahmen dargestellt werden. Die Berichte soll-

189 Vgl. Friedl (2007), S. 818.
190 In diesem Fall gesteht die Leitungsinstanz de facto einen Planungsfehler ein.
191 Vgl. Sörgens (2023), S. 67.
192 Vgl. Sörgens (2023), S. 72–75.
193 Vgl. Sörgens (2023), S. 86–89.

ten kompakt (z. B. auf einer Seite darstellbar) sowie im Zeitverlauf und zwischen unterschiedlichen Produkten einheitlich sein.[194]

Neben der klassischen Kontrollrechnung können **Audits** oder **Target-Costings** zur Erfolgskontrolle genutzt werden.[195] Um den Überblick über eine Vielzahl von Kontrollzielen und -größen aus unterschiedlichen Bereichen zu behalten, wurden Konzepte wie die **Balanced Scorecard**,[196] das **Management-Cockpit** oder **Dash-Boards** entwickelt.

Um dem typischen Umsatz- und Ergebnisverlauf über dem Produktlebenszyklus Rechnung zu tragen, sollte zusätzlich zur periodischen Rechnung eine **Produktlebenszyklusrechnung** oder eine **Amortisationsrechnung** mit kumulierter Betrachtung der Kontrollgrößen durchgeführt werden.[197] Diese Betrachtungsweise kann beispielsweise unternehmerische Entscheidungen rechtfertigen, die einen negativen Ergebniseffekt in der aktuellen Periode mit zusätzlichen Erträgen in der Zukunft überkompensieren.

2.4.3 Zielgrößen für die Erfolgskontrolle im Produktmanagement

„You Can't Manage What You Can't Measure."[198]

Ziele stellen für Unternehmen Orientierungs- und Richtungsgrößen für unternehmerisches Handeln dar. Sie konkretisieren angestrebte Zustände, die erreicht werden sollen. Bruhn/Hadlich nennen sechs **Anforderungen an ein Zielsystem** für Produktmanagement:[199]

- Kompatibilität mit Geschäfts- und Marketingzielen[200]
- Reagibilität und Steuerkraft, d. h., die Ziele müssen Einfluss und „selektive Steuerungskraft" auf Entscheidungen des Produktmanagers haben und eine „Motivations- und Befriedigungswirkung" entfalten
- Vollständigkeit und Exaktheit, d. h., es sind klare und eindeutige Aussagen erforderlich hinsichtlich ...
  - Zielvariable (Was soll erreicht werden?), z. B. Marktanteil
  - Zielausmaß (Wie viel?), z. B. 15 %

---

194 Harste u. a. (o. J./B), S. 9–10.

195 Vgl. Friedl (2007), S. 836–838; die Methode Target-Costing wird in Kap. 4.2.2.4.1 vorgestellt.

196 Vgl. Kaplan/Norton (1992) oder aktuelle deutschsprachige Ausgaben des Managementklassikers „Balanced Scorecard: Strategien erfolgreich umsetzen"; vgl. Kap. 3.1.5 (Strategieimplementierung).

197 Vgl. Horváth u. a. (2020), S. 243–245; Friedl (2007), S. 827–828.

198 Managementguru Peter Drucker, zitiert aus Lavinsky (o. J.).

199 Vgl. Bruhn/Hadwich (2017), S. 149–150.

200 Vgl. hierzu die Zielhierarchien in Kap. 3.1.1 und die Ableitung von Innovationsaufträgen in Kap. 3.4.3.

  - Zeitbezug, z. B. im Geschäftsjahr 2026
  - ggf. zu Objekt- und Zielgruppenbezug, z. B. eine Produktvariante oder das Geschäft mit einem bestimmten Kunden
- Messbarkeit und Überprüfbarkeit (Operationalität)
- Berücksichtigung der Zielbeziehungen, d. h., Ziele müssen berücksichtigen, dass sie zueinander komplementär, konfliktär oder neutral sein können. Im Falle konfliktärer Ziele ist eine Priorisierung der Einzelziele notwendig.
- Berücksichtigung von Zielhierarchien

Die Motivation und die Konzeption von Produktmanagement implizieren, dass Produktmanagement vor allem am **Erfolgsbeitrag des Produkts** zum Unternehmensergebnis gemessen werden sollte. Es sollten produktbezogene Zielgrößen gewählt werden, die durch das Handeln des Produktmanagers beeinflusst werden können. Außerdem sollten die im Rahmen der Zielverfolgung gewonnenen Erkenntnisse dem Produktmanager eine Basis liefern, um Pläne und Vorgehensweisen anzupassen oder Prioritäten zu verändern.

In den von Becker vorgeschlagenen Zielkategorien[201] wären die in Tabelle 2.5 genannten **Kontrollgrößen für Produktmanagement** denkbar:

Tabelle 2.5: Produktbezogene Kontrollgrößen nach Zielkategorie.

Zielkategorie	Beispiele produktbezogener Kontrollgrößen
Marktleistungsziele	– Produktqualität – Produktinnovation – Kundenzufriedenheit
Marktstellungsziele	– Geschäftsvolumen mit dem Produkt – Marktanteile des Produkts (ggf. nach Teilmärkten) – Mit dem Produkt erschlossene Märkte
Rentabilitätsziele	Produktrentabilität
Finanzielle Ziele	Produktbeitrag zum Cash-Flow
Prestigeziele	Bekanntheit, Image und Prestige des Produkts
Soziale Ziele	Mitarbeiterzufriedenheit im Produktteam
Gesellschaftsbezogene Ziele	Nachhaltigkeit des Produkts

Die in Tabelle 2.5 genannten Kontrollgrößen sind mit Zielwerten zu hinterlegen, die durch quantitative oder qualitative Indikatoren „messbar“ sind. Beispiele sind in Tabelle 2.6 aufgeführt:

201 Vgl. Becker (2019), S. 16–17.

Tabelle 2.6: Kontroll- und Messgrößen im Produktmanagement (Beispiele).

Produktbezogenen Kontrollgrößen	Messgrößen (Beispiele)
Produktqualität	– Kundereklamationen – Kosten für Gewährleistung – Kundenzufriedenheit mit dem Produkt (gemäß Kundebefragung)
Produktinnovation	– Anteil des Umsatzes mit Produkten, die jünger sind als 2 Jahren – Anzahl der neuen Produktfunktionen (in % der Produktfunktionen) – Umsetzung wichtiger Innovationen im Produkt
Kundenzufriedenheit	– Ergebnis einer Kundenbefragung – Abwanderungsrate („Churn-Rate“) – Net-Promoter-Score
Geschäftsvolumen	– Produktabsatz (Stückzahl) – Produktumsatz
Marktgestaltung	– Marktanteil (in %), ggf. differenziert nach Teilmärkten – Marktanteilsrang – Anzahl der erschlossenen Märkte (z. B. Länder)
Rentabilität	– Produktdeckungsbeitrag I – Produktdeckungsbeitrag II – Stück-Herstellkosten – Gesamtentwicklungskosten
Prestige	– Anteil potenzieller Kunden, die das Produkt „kennen“ – Marktanteilsrang – Realisierter Durchschnittspreis i. Vgl. zum Marktdurchschnittspreis – Gewonnene Auszeichnungen
Nachhaltigkeit	– Energieverbrauch – CO2-Fußabdruck des Produkts – Einschlägige Zertifizierung – Anteil der Einsatzmaterialen, die aus Recycling stammen

Viele der in Tabelle 2.6 genannten Kontrollgrößen müssen unter Umständen weiter differenziert werden, z. B. nach Marktsegment, Region oder Produktvariante.

Bei der Anzahl und Auswahl von Metriken sollten folgende Aspekte berücksichtigt werden:[202]

- **Wer muss wann was wissen**? Aufgrund des Erhebungs- und Analyseaufwands sollten nicht zu viele Kennzahlen verwendet werden.
- Alle Metriken sind mit **Zielvorgaben** (Zielwerten) zu belegen.

202 Vgl. Harste u. a. (o. J./B), S. 8.

- Zur Steuerung wichtig sind vor allem Kennzahlen, die Aufschluss über den zukünftigen Erfolg geben (sog. **vorlaufende Metriken**).
- Kennzahlen sollten durch Maßnahmen im **Gestaltungsbereich** des Produktmanagers beinflussbar sein.
- **Kundenbezogene Kennzahlen** sollten nicht fehlen, z. B. zur Steuerung von Kundengewinnung und Kundenbindung. Wichtige Kenngrößen in diesem Bereich sind z. B. der Net-Promotor-Score (NPS) („Wie wahrscheinlich ist es, dass Sie unser Produkt einem Freund oder Kollegen weiterempfehlen werden?“) und die Nutzer-Aktivität („Wie viele Personen bzw. zahlende Kunden nutzen ein Produkt oder Feature z. B. mindestens einmal pro Woche“).[203]

Neben den in Tabelle 2.6 genannten ergebnisbezogenen Kontrollgrößen sollten zusätzlich sog. vorlaufende Metriken kontrolliert werden. Diese stellen „Etappenziele“ auf dem Weg zum Ergebnis dar. Verfehlt man Etappenziele, kann man durch rechtzeitige Plan- oder Maßnahmenanpassung das Ergebnisziel unter Umständen noch erreichen. Je länger der Vorlauf eines sachlichen Themas ist und je stärker das Thema mit dem Ergebnis korreliert ist, desto besser eignet sich das Thema als vorlaufende Kontrollgröße. Beispiele solcher Größen im Entwicklungsprozess sind z. B. Entwicklungsmeilensteine oder Ergebnisse von Prototypentests. Den Absatzzahlen eines Produkts vorlaufend sind insbesondere „Zwischenziele“ im Kundenkaufprozess, z. B. Produktbekanntheit, Markenpräferenz, Besuchshäufigkeit einer Landingpage, Kundenzufriedenheit oder der Net-Promoter-Score.[204]

Ziele stehen untereinander in Beziehung. Dabei können drei Arten von Zielbeziehung unterschieden werden:[205]

- **Konkurrierende Ziele** liegen vor, wenn die Verfolgung eines Ziels die Erreichung des zweiten Ziels negativ beeinträchtigt. Wenn beispielsweise zusätzliche Entwickler für ein Produkt eingesetzt werden, können unter Umständen zusätzliche Funktionen realisiert werden, jedoch zulasten der Entwicklungskosten.
- **Komplementäre Ziele** fördern sich gegenseitig. Beispielsweise sind die Ziele Kundenzufriedenheit und kundenpezifischer Marktanteil komplementär.
- Eine **neutrale Zielbeziehung** besteht, wenn die Verfolgung eines Ziels keine Auswirkungen auf ein zweites Ziel hat.

Die zu wählenden Zielgrößen hängen von der Geschäftsart ab. Für ein Softwaregeschäft schlägt Atlassian beispielsweise eine Differenzierung der Zielgrößen nach Stakeholdern in drei Bereiche vor (vgl. Tabelle 2.7):[206]

---

203 Vgl. Roelofs (2023), S. 234–235.

204 Vgl. Bruhn/Hadwich (2017), S. 155.

205 Vgl. Hofbauer (2018), S. 425; Becker (2019), S. 20–21.

206 Vgl. Atlassian (o. J.).

Tabelle 2.7: Zielgrößen für Produktmanagement in einem Softwaregeschäft (Beispiel).

	Zielgröße	Beschreibung/Ermittlung
Geschäfts-steuerung	(Brutto-) Umsatz	Umsatz gemäß Rechnung
	Nettoumsatz	Umsatz nach Betriebskosten
	Brutto-Marge	Umsatz, abzüglich Herstellungs- und Verkaufskosten
	Netto-Marge	Umsatz abzüglich aller zurechenbaren Kosten
Kunden-bindung	Conversion-Rate	Anteil der Nutzer, die eine gewünschte Aktion ausführen, z. B. Kauf
	Kundenbindungsrate	Anteil der Kunden, die dein Produkt dauerhaft verwenden
	Customer Acquistition Cost	Kosten für die Gewinnung eines neuen Kunden
	Customer Lifetime Value	Prognostizierter Umsatz, den ein Kunde (bis er „verloren geht“) generieren wird
	Net Promoter Score	Kundenzufriedenheit und langfristige Treue
	Average Revenue Per User	Durchschnittlichen Umsatz, dass jeder Benutzer in einem bestimmten Zeitraum generiert
	Churn Rate	„Abwanderungsrate“: Prozentsatz der Kunden, die in einem Zeitraum aufhören, dein Produkt zu verwenden
	Kundenzufriedenheit	Aus Kundenbefragungen
Produkt-entwicklung	Time-to-Market	Dauer, um eine neue Funktion oder ein neues Produkt zu entwickeln und auf den Markt zu bringen.
	Fehlerdichte	Anzahl der Fehler, Probleme oder Bugs (in einem Zeitraum)
	Akzeptanzrate (Funktionen)	Anteil der Benutzer, die eine neue Funktionen annehmen
	Team-Velocity	Tempo, in dem dein Entwicklungsteam Arbeit abliefert

Zusammenfassend sind im Folgenden Fehler genannt, die in der Realität beim Aufbau eines Kontrollsystems häufig passieren:[207]
- Die erhobenen Daten geben **keine nützlichen Einblicke** (Vanity-Metriken).
- Die Erhebung **fokussiert sich auf nachlaufende** statt auf vorlaufende Metriken.
- Es werden **zu viele Daten** erhoben – die meisten davon werden nicht genutzt (Schrotflintenansatz).
- Für die Kennzahlen gibt es **keine klaren Zielvorgaben.**

207 Vgl. Harste u. a. (o. J./B), S. 7.

Der Produktmanager kann die Ergebnisverantwortung für sein Produkt nur wahrnehmen, wenn er weitreichende Kompetenzen für produktrelevante Entscheidungen hat **(Kongruenzprinzip)**. Anders als beim Leiter einer autonomen Produktsparte liegt in der Praxis häufig keine vollständige Entscheidungskompetenz vor. Entsprechend kann in diesem Fall ein Produktmanager keine vollständige Ergebnisverantwortung wahrnehmen. Stattdessen sollte diese gemeinsam mit anderen Stellen getragen werden.[208] Auch die „Zuschlüsselung“ von Gemeinkosten auf Produkte kann im Sinne einer Ergebnisverantwortung des Produktmanagers problematisch sein. Idealerweise sollten funktionale Einheiten wie interne Service-Center behandelt werden und ihre Kosten transparent an Produkte verrechnen, ähnlich wie das im Falle externer Entwicklungsdienstleister erfolgen würde.[209]

2.4.4 Elemente eines Produktinformationssystems

Ein gut konzipiertes **Kontrollsystem** liefert ...
- dem Produktmanager alle relevanten Informationen, um das Produktgeschäft zu steuern,
- der Leitungsinstanz (z. B. der Unternehmensleitung) ein Instrument zur Verhaltenssteuerung des Produktmanagers.

Neben den im Kontrollsystem enthaltenen Größen haben der Produktmanager und andere Produkt-Stakeholder weitergehenden **Informationsbedarf**. Dieser produktspezifische Informationsbedarf könnte als Teil des Marketinginformationssystems gedeckt werden.

Im ersten Schritt muss identifiziert und priorisiert werden, welcher Produkt-Stakeholder welche Daten und Informationen in welcher Frequenz benötigt.[210] Produkt-Stakeholder sind neben dem Produktmanager u. a. Marketing, Forschung & Entwicklung, Vertrieb und Unternehmensleitung. Tabelle 2.8 nennt beispielhaft wichtige Informationen für Produktmanagemententscheidungen. Aufgrund des Erhebungsaufwands sollten jedoch nur die „wirklich benötigten“ Informationen gesammelt werden.

208 Vgl. Köhler (2007), S. 755.
209 Vgl. Aumayr (2019), S. 122–123.
210 Vgl. Horváth u. a. (2020), S. 199–203.

Tabelle 2.8: Relevante Informationen für Produktmanager (Beispiele).[211]

Informations-kategorie	Inhalte (Beispiele)
Wettbewerber-informationen	– Marktanteile der wichtigsten Wettbewerber nach Segmenten und Regionen – Informationen zu neuen Wettbewerberprodukten, z. B. technische Daten, Preise und Verkaufsargumente – Allgemeine Unternehmensdaten und Pläne von Wettbewerbern
Branche und Umfeld	– Trends, auch in verwandten Branchen – Technologische Entwicklungen, insb. in relevanten Querschnittstechnologien wie z. B. IT, Telekommunikation, KI, Energiespeicher – Änderungen von gesetzlichen produktspezifischen Vorgaben, z. B. hinsichtlich Nachhaltigkeit – Potentiale der Digitalisierung für Produkt und Geschäftsmodell
Kunden	– Daten oder Studien zu Kundenanforderungen, Produktnutzung und Use-Cases – Sales-Funnel-bezogene Daten, z. B. Awareness, Interest, Consideration, Intent – Analyse von Kommentaren in einschlägigen Social-Media-Kanälen – Marktgrößen und Wachstum – Zahlungsbereitschaft
Produkt-Performance	– Verkaufte Stückzahlen nach Variante, Region, Segment – Kundenfeedback, Beschwerden (u. a. in Social-Media) – Realisierte Preise und Konditionen – Herstellkosten, Lieferzuverlässigkeit

Im zweiten Schritt ist festzulegen, woher und wie oft die Daten beschafft werden können. Zur Beschaffung von Marketinginformationen nennen Kotler u. a. drei Quellen:[212]

- **Unternehmensinterne Quellen** – hierzu zählen:
  - vorhandene Information über Märkte, Kunden und Kaufverhalten, Analysen von Social Media und Webseiten (Marketingabteilung)
  - Kundenfeedback, Kundenentwicklungspläne, allgemeine Trends am Markt, Wettbewerberinformationen (Vertrieb)
  - Aufzeichnungen über Stückzahlen, Preise, Bestellungen und Kosten (Rechnungswesen)
  - Fertigungsplanung, Auslieferungen und Lagerbestände (Fertigung)
  - Kundenzufriedenheit, auftretende Probleme (Kundendienst)[213]

211 Die nachfolgende Auflistung hat nicht den Anspruch auf Vollständigkeit. Die praktisch relevanten Punkte hängen von der jeweiligen Produktdomäne sowie den Unternehmenszielen ab.

212 Vgl. Kotler u. a. (2022), S. 197.

213 Interne Quellen sind theoretisch schnell und kostengünstig erschließbar. Die Herausforderung in der Praxis besteht darin, vorhandene Information strukturiert und permanent in einem Informationssystem für alle Stakeholder sichtbar zu machen. Zu den Herausforderungen der Erschließung interner Informationsquellen vgl. Kap. 4.2.1.4.4.

- **Marketing Intelligence** beschreibt die systematische und permanente Sammlung und Auswertung öffentlich zugänglicher Informationen über Kunden, Wettbewerber und Marktentwicklungen. Ziel ist es,
  - strategische Entscheidungen durch ein umfassendes Kundenverständnis zu verbessern,
  - Handlungen von Wettbewerbern zu verfolgen und zu bewerten sowie
  - frühzeitig Hinweise auf Chancen und Risiken im Markt zu identifizieren.[214]
- Viele situativ relevante Informationen können nicht durch ein Produktinformationssystem zur Verfügung gestellt werden. Informationslücken sind durch **Marktforschung** zu schließen, z. B. durch Befragung, Experimente, Beobachtung der Fokusgruppen.[215]

Eine wichtige Rolle bei der Ermittlung von Marktdaten spielen **digitale Technologien und Methoden**. Diese, eingesetzt im Produktinnovationsprozess, im digitalen Marketing oder in digitalen Zwillingen, liefern dem Produktmanager datenbasierte Entscheidungsgrundlagen.[216]

Neben der Nutzung eines strukturierten Informationssystems beschaffen sich Produktmanager in der Praxis Daten und Informationen durch Gespräche mit Kunden, internen Kollegen oder in einschlägigen Netzwerken.

2.5 Organisation von Produktmanagement

Ein wesentlicher Schritt bei der Implementierung von Produktmanagement ist die Eingliederung in die Aufbauorganisation des Unternehmens.

2.5.1 Grundlagen der Organisation

Das betriebliche Geschehen bedarf einer Ordnung. Diese besteht aus einer Strukturierung und Regelungen.[217] Organisation bedeutet „ein System von Regelungen, die eine zielentsprechende Erfüllung von Aufgaben ermöglichen sollen“.[218] Die Organisationslehre unterscheidet zwischen Aufbauorganisation und Ablauforganisation. Die **Aufbauorganisation** beschreibt die Verknüpfung von organisatorischen Grundelementen zu einer organisatorischen Struktur. In der Organisationsgestaltung werden zunächst die betrieblichen Aufgaben analysiert, dann synthetisiert, sodass Stellen, Instanzen und Ab-

214 Vgl. Kotler u. a. (2022), S. 199–202.
215 Vgl. Kotler u. a. (2022), S. 202–226; Kap. 4.2.1.4.2.1.
216 Vgl. Kap. 5.3 (Digitales Produktmanagement).
217 Vgl. Wöhe (2002), S. 142.
218 Köhler (2007), S. 743.

teilungen gebildet und miteinander verknüpft werden.[219] Die **Ablauforganisation** regelt Handlungsvorgänge und -abläufe (Arbeitsprozesse).[220] Neben der definierten formalen Organisation etabliert sich in der Praxis eine sog. informelle Organisation. So treffen sich Mitarbeiter z. B. aufgrund gemeinsamer Interessen oder Empathie und besprechen betriebliche Themen.

Köhler schlägt vier allgemeine Kriterien zur **Beurteilung von Organisationsoptionen** von Produktmanagement vor:[221] Koordinationsfähigkeit, Marktanpassungsfähigkeit, Kontrollmöglichkeiten und Motivationsfähigkeit. Neben diesen Kriterien ist zu untersuchen, inwieweit die konzeptionellen Prinzipien des Produktmanagements aus Kap. 2.1.2 durch eine Organisationsstruktur unterstützt werden.

Schließlich sind **unternehmensspezifische Faktoren** zu berücksichtigen, z. B. Unternehmensgröße, Sortimentsgröße, Heterogenität der Produkte und Märkte sowie die Komplexität und Dynamik des Umfelds.[222] Matys stellt beispielsweise fest, dass Produktmanagement in kleinen und mittelgroßen Unternehmen häufig direkt der Geschäftsleitung untersteht, während Produktmanagement in großen Unternehmen oft der Marketing-, Vertriebs- oder Entwicklungsabteilung unterstellt ist.[223] Laut Schultheiß u. a. ist die Einführung einer Produktorganisation in etablierten Unternehmen zu unterscheiden von der Einführung in Start-ups sowie von der Gründung digitaler Einheiten (Rahmen der digitalen Transformation eines Unternehmens).[224]

Es gibt **keine Standardlösung** für die Organisation von Produktmanagement, die für alle Unternehmen passt. Verschiedene Autoren zeigen unterschiedliche Möglichkeiten der Organisation von Produktmanagement auf.[225] Entscheidend für die Organisationsgestaltung ist die in Kap. 2.3.1.3 diskutierte Positionierung des Produktmanagements im Unternehmen. So skizziert Aumayr verschiedene Organisationsformen für strategisch und operativ positioniertes Produktmanagement.[226] Als weiterer Einflussfaktor ist zu berücksichtigen, wer die strategische Geschäftsverantwortung im Unternehmen trägt.[227] Als dritten Einflussfaktor sieht Aumayr die Geschäftsart und differenziert zwischen Organisationen im Produktgeschäft, Systemgeschäft und Dienstleistungsgeschäft.[228]

---

219 Vgl. Wöhe (2002), S. 146–151; die Aufgabe des Produktmanagements sowie dessen Beziehungen zu anderen betrieblichen Stellen wurden in Kap. 2.3.1 thematisiert.
220 Vgl. Wöhe (2002), S. 145.
221 Vgl. Köhler (2007), S. 745.
222 Vgl. Köhler (2007), S, 746.
223 Vgl. Matys (2018), S. 35.
224 Vgl. Schultheiß u. a. (2023), S. 365–366.
225 Umfassend beschäftigen sich Aumayr und Köhler mit der Thematik, vgl. Köhler (2007), S. 741–762; Aumayr (2019), S. 90–137; aufgegriffen wird das Thema außerdem z. B. von Matys (2018), S. 35–37; Pepels (2017), S. 51–56; Becker (2019), S. 838–839; Hofbauer (2018), S. 308; ProduktManageMentor (2023), S. 13.
226 Vgl. Aumayr (2019), S. 91–99.
227 Vgl. Aumayr (2019), S. 102–122.
228 Vgl. Aumayr (2019), S. 132–137.

Schultheiß u. a. fassen **fünf Eigenschaften erfolgreicher Produktorganisationen** zusammen: Outcome-Orientierung, Dezentralisierung von Entscheidungen, Risikominimierung durch Experimente, Teamorientierung sowie Anpassung und Skalierbarkeit.[229]

2.5.2 Mögliche Verankerungen von Produktmanagement in der Aufbauorganisation

Aus den Ausführungen der genannten Autoren lassen sich acht Grundtypen und zwei Sonderformen der Organisation von Produktmanagement in Unternehmen ableiten, die in Abbildung 2.18 zusammenfassend dargestellt sind:

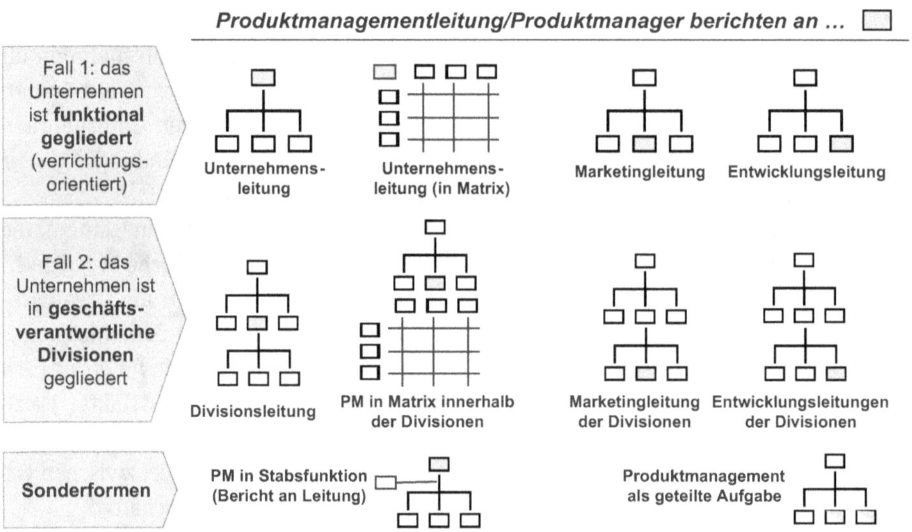

Abbildung 2.18: Organisationsoptionen für Produktmanagement (Übersicht).

Eine Produktmanagement-Leitungsstelle ist in allen Organisationsformen dann erforderlich, wenn eine größere Zahl von Produktmanagern zu koordinieren ist, um Synergien zu schaffen oder um die übergeordnete Leitungsinstanz zu entlasten.

Der Übersichtlichkeit wegen wird in den folgenden Abbildungen auf die Darstellung einiger Unternehmensfunktionen verzichtet (Finanzen, Rechnungswesen, IT, Vertrieb, Personal u. a.). Produktmanagement wird durch „PM“ abgekürzt.

229 Vgl. Schultheiß u. a. (2023), S. 352–353.

2.5.2.1 Produktmanagement berichtet an die Unternehmensleitung (in Linienorganisation)

Das Organigramm dieser Organisationsoption ist in Abbildung 2.19 dargestellt:

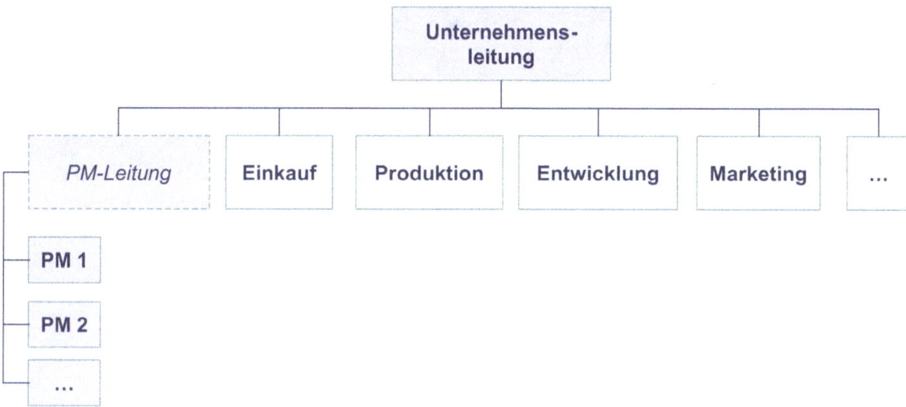

Abbildung 2.19: Organigramm – Produktmanagement berichtet an Unternehmensleitung.

PM wird als „Haupt-Unternehmensfunktion“ positioniert und mit Ressourcen ausgestattet, insbesondere für Produktentwicklung und Produktmarketing. In der Konsequenz fokussiert sich die zentrale F&E-Funktion auf nicht produktbezogene Aufgaben, z. B. Forschung, Technologie- und Plattformentwicklung, Patentwesen. Im Marketing verbleiben nicht produktbezogene Aufgaben, z. B. Marktforschung, Markenmanagement oder Öffentlichkeitsarbeit.

Vorteile:
- Produktmanagement hat durch eigene Ressourcen zusätzliche Hebel, um den Produkterfolg sicherzustellen (Kongruenzprinzip).
- interdisziplinäre Position des Produktmanagers
- Strategische Positionierung des Produktmanagements ist gegeben.
- Die Trennung von Produkt- und Plattform- bzw. Technologieentwicklung kann positive Spezialisierungs- und Synergieeffekte bringen.

Nachteile:
- Ressourcen gleicher Disziplinen, insbesondere Entwicklung und Marketing, sind an unterschiedlichen Stellen der Organisation verankert (weniger Synergien, erschwerter Aufbau von Know-how).
- Produktmanagement ist trotz eigener Ressourcen weiter auf Ressourcen anderer Funktionen angewiesen.
- Ressourcenmanagementaufgaben können den Produktmanager vom strategischen Fokus auf das Produkt ablenken.

2.5.2.2 Produktmanagement berichtet an die Unternehmensleitung (in Matrixorganisation)

Das Organigramm dieser Organisationsoption ist in Abbildung 2.20 dargestellt:

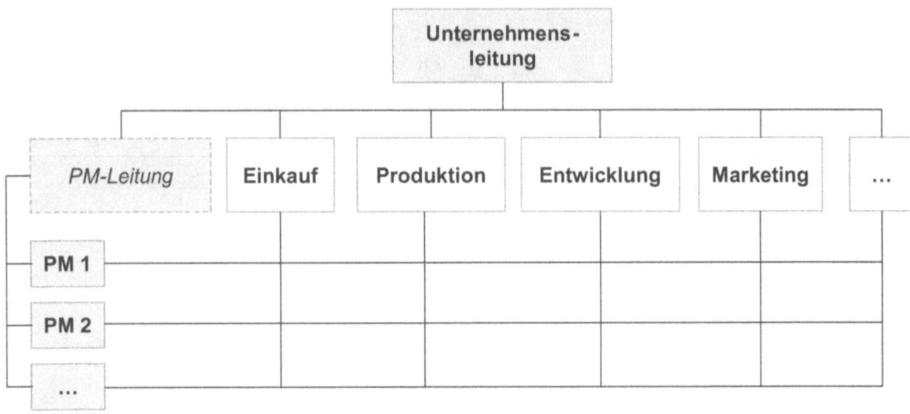

Abbildung 2.20: Organigramm – Produktmanagement berichtet an die Leitung in Matrixorganisation.

In dieser Organisationsform überlagern sich funktionale und objektorientierte Berichtslinien. Es liegt eine Matrixorganisation vor. Die Leitungen der Funktionen und die Produktmanager berichten an die Unternehmensleitung. Ein dem Produkt X zugeordneter Entwickler berichtet sowohl dem Produktmanager (funktional) als auch seinem Vorgesetzten in der Entwicklungsfunktion (disziplinarisch).

Vorteile:[230]

- optimale organisatorische Abbildung des Produktprozesses
- interdisziplinäre Position des Produktmanagers
- Sowohl strategische Produktsicht als auch funktionale Sichtweisen sind berücksichtigt.
- gut geeignet bei Produkten mit hohem Innovationspotenzial sowohl auf der Technik- als auch auf der Marketingseite

Nachteile:[231]

- Mitarbeiter berichten an zwei Instanzen, was zu unklaren Vorgaben führen kann.
- hoher Kommunikationsbedarf, da Interessenkonflikte zwischen Produkt- und Funktionsmanagern gelöst werden müssen
- Belastung der Unternehmensleitung durch Konfliktlösungen

230 Vgl. Pepels (2017), S. 57.
231 Vgl. Pepels (2017), S. 57–58.

2.5.2.3 Produktmanagement berichtet an die Funktionsleitung Marketing

Das Organigramm dieser Organisationsoption ist in Abbildung 2.21 dargestellt:

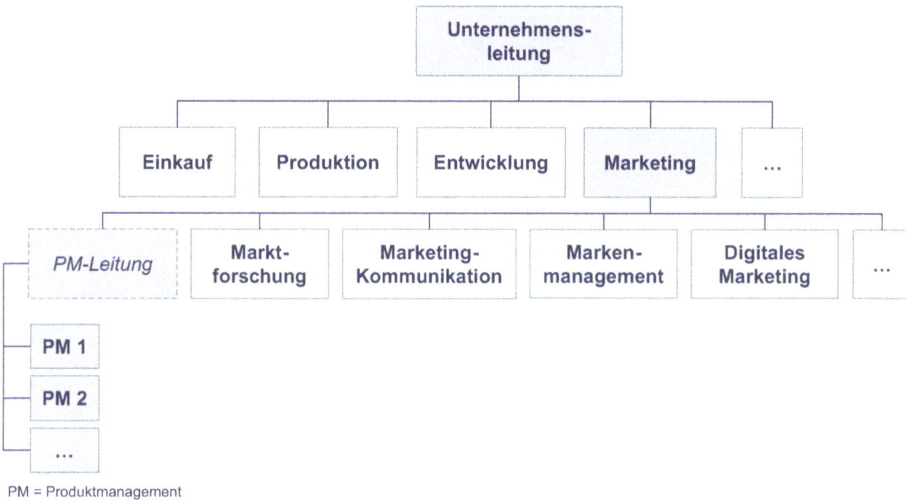

Abbildung 2.21: Organigramm – Produktmanagement berichtet an die Marketingleitung.

Anstelle der Aufhängung im Marketing ist analog eine Verankerung in der Vertriebsfunktion denkbar, z. B. im Industriegüter- oder Business-to-Government-Geschäft. Anstelle von Produktmanagement könnte Produktmarketing stehen. In sehr großen Organisationen wäre eine Matrixorganisation innerhalb von Marketing denkbar.

Vorteile:
- Der Produktmanager unterstützt Marketing mit Technik- und Produktexpertise.
- Der Produktmanager kann sich auf die wichtige Markt- und Kundenseite konzentrieren.
- optimale Effizienz in der Vermarktungsphase des Produkts
- bei technisch einfachen Produkten auf reifen Märkten und bei Dienstleistungen gut geeignet

Nachteile:
- Der Produktmanager ist eher operativ im Bereich Produktmarketing ausgerichtet.
- unklare Verantwortlichkeit für strategischen Produktentscheidungen
- Produktverantwortlichkeit vor dem Markteintritt kann kaum wahrgenommen werden.
- Keine interdisziplinäre Perspektive durch den Produktmanager. Insbesondere Entwicklungs- oder Technologiethemen könnten vernachlässigt werden.

2.5.2.4 Produktmanagement berichtet an die Funktionsleitung Entwicklung/ Technik

Das Organigramm dieser Organisationsoption ist in Abbildung 2.22 dargestellt:

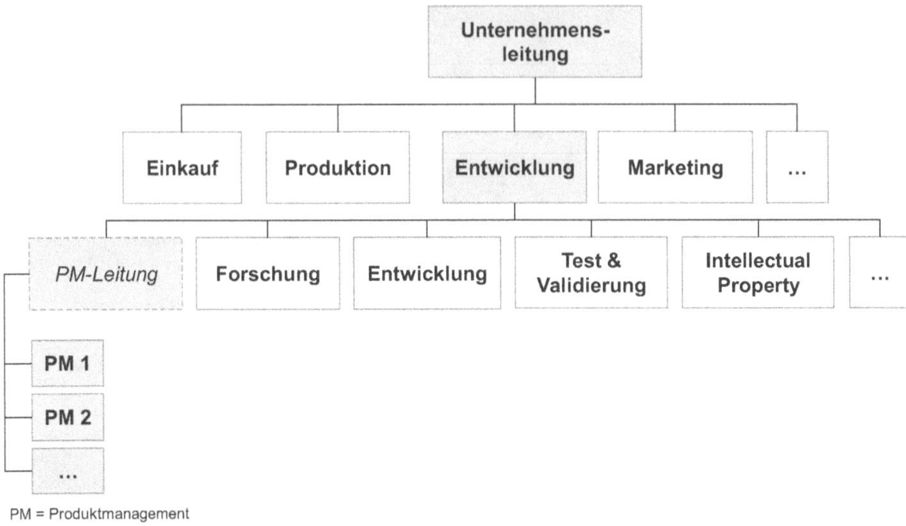

Abbildung 2.22: Organigramm – Produktmanagement berichtet an die Entwicklungsleitung.

Die Beurteilung entspricht im Wesentlichen jener im Falle der Aufhängung im Marketing/Vertrieb.

Vorteile:
- Der Produktmanager bringt Marktexpertise in das Entwicklungsprojekt ein.
- hohe Prozesseffizienz in der Phase vor dem Markteintritt durch Gesamtverantwortlichkeit in der Produktplanung und -entwicklung
- gut geeignet bei technisch komplexen Produkten, z. B. bei Softwareprodukten

Nachteile:
- Der Produktmanager ist eher operativ im Bereich der Entwicklung ausgerichtet.
- unklare Verantwortlichkeit für strategische Produktentscheidungen
- Produktverantwortlichkeit nach dem Markteintritt kaum realisierbar
- Keine interdisziplinäre Perspektive durch den Produktmanager. Insbesondere Markt- und Kundensicht könnten vernachlässigt werden.

2.5.2.5 Produktmanagement in objektorientierten Organisationen

Geschäftsverantwortliche **Divisionen** können als kleine „halb selbstständige" Unternehmen betrachtet werden.[232] Als Divisionen geführt werden können beispielsweise lösungsorientierte Geschäftsfelder (z. B. Automotive Solutions, Industrial Services), Kunden/Kundengruppen (Defense, Automotive, Key-Account XY) oder Region (z. B. Europa, Nordamerika). Die Divisionsleitung (nicht die Unternehmensleitung) ist hier die Leitungsstelle für das Produktmanagement, da diese einen starken Produkt-Marktbezug hat und im Konfliktfall direkte Weisungen über funktionale Ressourcen der Division geben kann. Im Unterschied zur funktionalen Organisation muss eine Produktmanagementfunktion parallel in allen Divisionen organisiert werden. Dabei kann Produktmanagement – wenn produkt- und/oder marktseitige Herausforderungen stark abweichen – in den Divisionen unterschiedlich etabliert werden.

Die Organisationsoptionen auf divisionaler Ebene sind die gleichen wie auf Unternehmensebene. Auf eine Charakterisierung über die entsprechenden Organigramme hinaus wird daher verzichtet.

232 Die Divisionsleitung trifft alle geschäftlichen Entscheidungen, ist jedoch an Vorgaben von und Finanzierung durch das Gesamtunternehmen sowie auf Unterstützung von zentralen Stellen, wie z. B. Personal, Rechnungswesen oder Einkauf, angewiesen.

2.5.2.6 Produktmanagement berichtet an die Divisionsleitung (in Linien- oder Matrixorganisation)

Die Organigramme der zwei Organisationsoptionen sind in Abbildung 2.23 dargestellt:

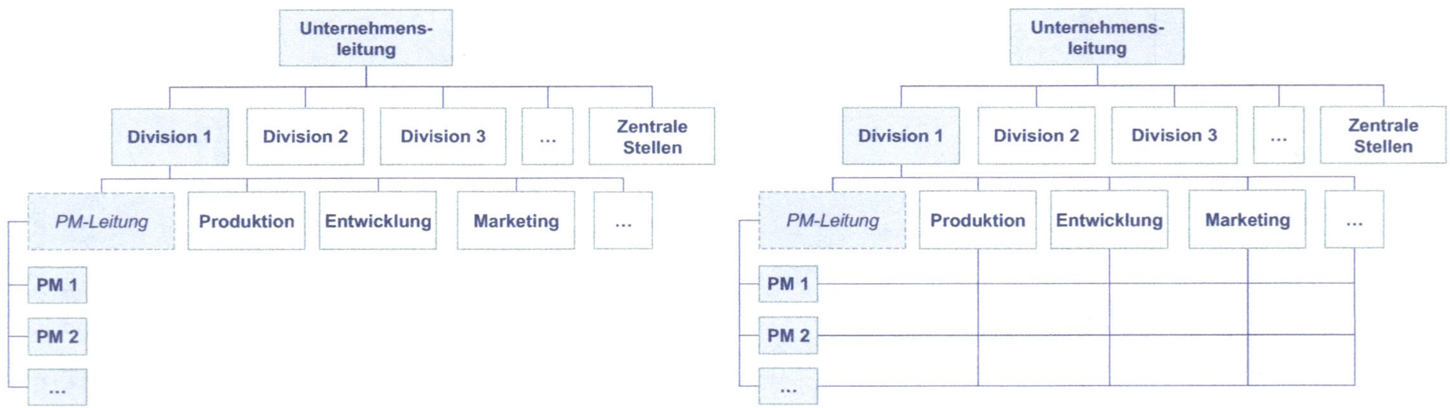

Abbildung 2.23: Organigramm – Produktmanagement berichtet an Divisionsleitung (2 Optionen).

2.5.2.7 Produktmanagement berichtet an Marketingleitung oder Entwicklungsleitung der Division

Die Organigramme der zwei Organisationsoptionen sind in Abbildung 2.24 dargestellt:

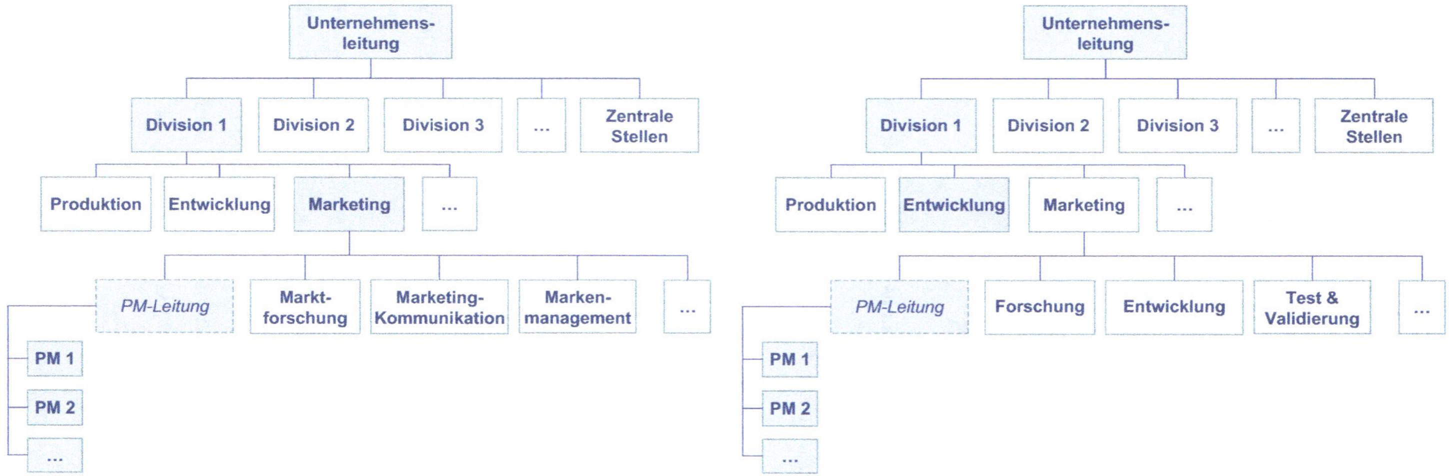

Abbildung 2.24: Organigramm – PM berichtet an Marketing- oder Entwicklungsleitung der Division.

2.5.2.8 Sonderformen – Stabsorganisationen

Stabsstellen haben keine Ausführungsaufgaben. Ihre Aufgabe besteht darin, Teilaufgaben der Leitungsinstanz zu übernehmen und diese zu entlasten, insbesondere durch Informationssammlung und Entscheidungsvorbereitung. Stäbe haben nur beratende Funktion und tragen keine Geschäftsverantwortung.[233]

Das Organigramm der Organisationsoption ist in Abbildung 2.25 dargestellt:

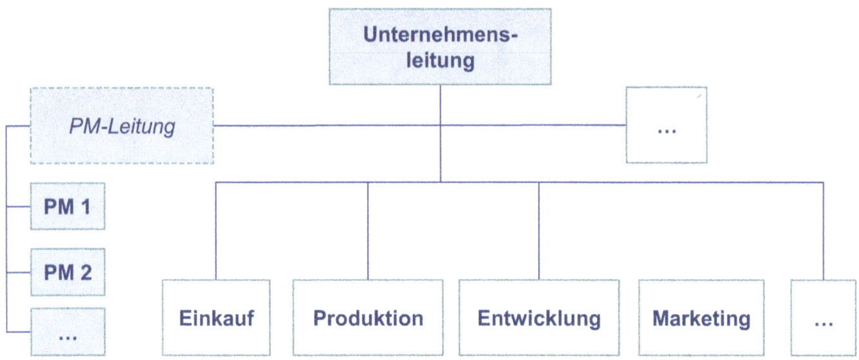

Abbildung 2.25: Organigramm – Produktmanagement als Stabsfunktion.

Die Organisation von Produktmanagement als Stabsaufgabe kann die Koordination der Unternehmensfunktionen verbessern. Eine Person (oder Gruppe) wird von der Leitung mit der Aufgabe betraut, im Sinne des Produkterfolgs die beteiligten Unternehmensfunktionen zu koordinieren (vergleichbar mit dem Einsatz von Neil McElroy bei Proctor & Gamble im Jahr 1927). Der „Produktmanager" agiert zwar ohne Geschäftsverantwortung, jedoch ausgestattet mit dem Mandat der Unternehmensleitung. Der Ansatz scheitert meist in der Praxis, da Stabsfunktionen aufgrund ihres fehlenden Bezugs zum operativen Geschäft und aufgrund ihrer Rolle (Entscheidungen herbeiführen, ohne Verantwortung zu übernehmen) wenig Akzeptanz in der Linie finden.[234] Daher wird der Ansatz vor allem genutzt, um Produktmanagement zu testen und die Einführung vorzubereiten.

2.5.2.9 Sonderformen – Produktmanagement als aufgeteilte Verantwortung

Aus Kostengründen und um eine Veränderung der Organisation zu vermeiden, werden Produktmanagementaufgaben in der Praxis teilweise in Personalunion, etwa von den Leitern der Funktionen Marketing, Vertrieb und Entwicklung, übernommen.[235] Diese treffen im Komitee strategische Produktentscheidungen und stellen die Verzahnung der Funktionen im Produktprozess sicher (vgl. Abbildung 2.26).

---

233 Vgl. Wöhe (2002), S. 155.

234 Vgl. Pepels (2017), S. 53–54, Aumayr (2019), S. 100).

235 Vgl. Aumayr (2019), S. 100–101.

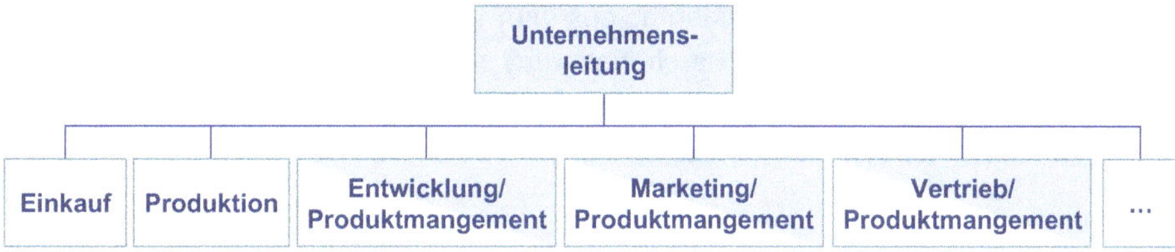

Abbildung 2.26: Organigramm – Produktmanagement als aufgeteilte Verantwortung.

Der wesentliche Nachteil dieser Organisationsform ist, dass jeder „Quasi-Produktmanager“ die eigenen funktionalen Ziele – zulasten des Produkterfolgs – priorisieren könnte. Eine Identifikation mit dem Produkt oder eine produktbezogene funktionsübergreifende Zusammenarbeit ist nicht sichergestellt. Außerdem erfolgt kein Aufbau von produktspezifischem Know-how.

2.5.3 Zwischenfazit Organisation von Produktmanagement

Zusammenfassend kann festgestellt werden, dass die Weichen zur Organisation von Produktmanagement durch die Antwort auf folgende drei Fragen gestellt werden:
- Soll Produktmanagement auf oberster Ebene (Bericht an die Unternehmensleitung), auf Ebene 2 (Bericht an Marketing-, Entwicklungs- oder Divisionsleitung) oder auf Ebene 3 (Bericht an divisionale Marketing- oder Entwicklungsleitung) aufgehängt werden?
- Soll Produktmanagement in einer Linien-, Matrix- oder Stabslinien-Organisation eingegliedert werden?
- Soll Produktmanagement durch die Unternehmens- oder Divisionsleitung, durch die Marketing-, Vertriebs- oder die Entwicklungsleitung geführt werden?

Entscheidend bei der Wahl der Organisationsform von Produktmanagement sind die vorliegenden unternehmensspezifischen Faktoren:
- Liegen die Erfolgsfaktoren überwiegend auf der technischen Seite, dann bietet sich die Einbettung von Produktmanagement in die Entwicklung an.
- Entscheidet die Vermarktung über den Erfolg, erscheint Produktmanagement als Teil der Marketingorganisation sinnvoll.
- Durch eine Matrixorganisation mit Bericht des Produktmanagements an die Unternehmens- oder Divisionsleitung ist das Produktmanagementkonzept in der Theorie am besten abgebildet.
- Der Produktmanagementfunktion für produktspezifische Aufgaben Ressourcen zuzuweisen, gibt dem Produktverantwortlichen zwar mehr Mittel zur Zielerreichung (Kongruenzprinzip), verhindert aber Spezialisierungsvorteile und Synergien bei den Funktionen.

Eine Studie von ProduktManageMentor aus dem Jahr 2023 ergab, dass 49 % der befragten Produktmanager an die Geschäftsleitung oder den Vorstand, 15 % innerhalb der Entwicklungsfunktion, 15 % innerhalb von Marketing oder Vertrieb und 11 % an eine kaufmännische Instanz berichten.[236]

2.5.4 Produktmanagement-Teams (Produktteams)

> „A cross-functional team, with clearly assigned and accountable team members, [who are] on the team from the beginning to end, and led by a highly visible team leader, is a common denominator in best-innovation businesses."[237]

In der Praxis gibt es drei Modelle, wie Produktmanagement und die produktspezifischen Unternehmensfunktionen zusammenarbeiten (vgl. Abbildung 2.27).

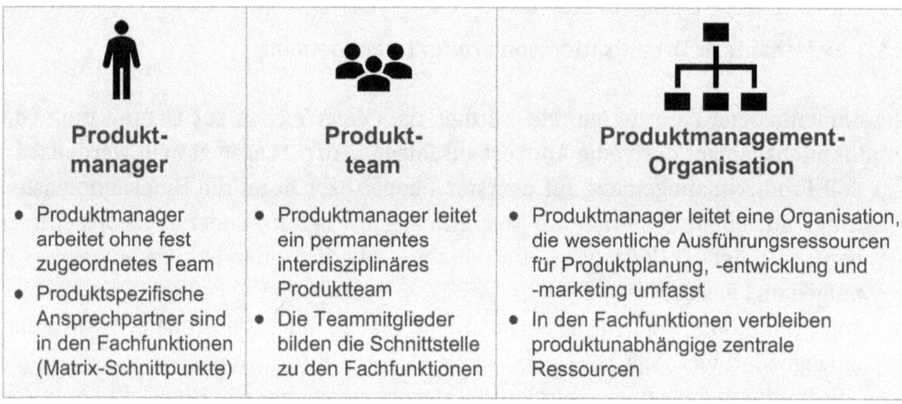

Abbildung 2.27: Organisation von Produktmanagement und produktspezifischen Ressourcen.

Welches Modell zu empfehlen ist, hängt von verschiedenen Faktoren wie Unternehmensgröße, Produktkomplexität sowie Unternehmensorganisation und -kultur ab. Im Folgenden soll das mittlere Modell aus Abbildung 2.27 erläutert werden.

Produktteams sind ein wesentlicher Bestandteil einer von Cagan/Jones geforderten produktzentrierten Kultur in Unternehmen. Mitarbeiter sollen sich (neben einer Abteilung) auch einem Produkt gehörig fühlen.[238] Teams sollten dabei mit **Verantwortung und Autonomie** ausgestattet sein. Die Autonomie einschränkend fordert Eriksson gemeinsame Prinzipien in einer Organisation. Diese sorgen für ein „Align-

236 Vgl. ProduktManageMentor (2023), S. 13; 947 gefragte Produktmanager (aus 50 Ländern, 251 aus Deutschland, Österreich oder Schweiz).
237 Cooper (2017), S. 85.
238 Vgl. Cagan/Jones (2022), S. 25–34.

ment“ der Teams, helfen, Zielkonflikte aufzulösen, und beschleunigen die Entscheidungsfindung.[239]

Der Erfolg eines Produktteams kann durch drei **Messgrößen** bestimmt werden:[240]

- Anteil der fristgerechten Fertigstellungen bzw. Auslieferungen („Delivery predictability“)
- Anteil der tatsächlich erreichten Geschäftsverbesserungen („Value realization“)
- Bewertung des Unternehmens als attraktiven Arbeitgeber durch die Teammitglieder („Team engagement“)

Der Leadership des Produktmanagers kommt eine wichtige Rolle zu. Produktmanager müssen Unternehmer, nicht nur Projektleiter sein und eine starke Produktvision, die das Team leitet, entwickeln und kommunizieren.[241]

Produktteams sollten **interdisziplinär zusammengesetzt** sein. Sinn und Zweck interdisziplinärer Teams ist die enge Verzahnung unterschiedlicher Fähigkeiten, um kreative und innovative Problemlösungen zu ermöglichen. Produktteams, sog. Execution Pods (Ausführungskapseln),[242] werden nach Erteilung des Produktauftrags gebildet. Aus nachfolgenden Gründen sind permanente Teams vorteilhaft, im Vergleich zum Ansatz, dass der Produktmanager nur bei Bedarf Experten (auf temporärer Basis) hinzuzieht:

- Man vermeidet, dass Teams durch ständig neue Zusammensetzung das aus dem Change-Management bekannte „Tal der Tränen“ mehrfach durchlaufen müssen.[243]
- Produktteams, die über einen längeren Zeitraum zusammenarbeiten und sich mit einem Produkt identifizieren, können produktspezifisches Know-how aufbauen, das z. B. für Produktvariation oder Nachfolgeprodukte effektiv eingesetzt werden kann.
- Die längerfristige Arbeit in einem Team wirkt motivierend und erhöht die Produktivität.[244]
- „Context switch“-Kosten entfallen, da sich Teammitglieder über einen längeren Zeitraum auf ein Thema konzentrieren können.[245]
- Feste Produktteams sind einfacher zu planen.

---

239 Vgl. Eriksson (2022); Eriksson schlägt vor, Prinzipien im Format des agilen Manifests zu formulieren, z. B. „Individuals and interactions **over** processes and tools“ oder „Working software **over** comprehensive documentation“, vgl. Agiles Manifest (2001).

240 Vgl. Comella-Dorda u. a. (2024).

241 Produktmanagement-Leadership wird in Kap. 2.6 näher erläutert.

242 Vgl. Tidd/Bessant (2018), S. 348.

243 Nach dem viel zitierten Modell von Tuckman entwickeln sich Teams in den vier Phasen Forming, Storming („Tal der Tränen“), Norming und Performing. Das Modell zeigt, dass Teams einige Vorphasen überwinden müssen, bevor sie ihre Bestleistung erreichen können, vgl. Tuckman (1965).

244 Vgl. Cagan (2022), S. 45.

245 Vgl. Comella-Dorda u. a. (2024), S. 4.

Idealerweise sollte das Produktteam wie ein Start-up im Unternehmen agieren, insbesondere wenn es sich um Produkte mit hohem Innovationsgrad handelt.[246]

Bei der **Teamzusammensetzung** gilt es Folgendes zu beachten:

- Der Produktmanager ist der Teamleiter. Es handelt sich i. d. R. um eine funktionale (laterale) Führung. Disziplinarisch verbleiben die Teammitglieder in der Unternehmensfunktion aufgehängt.
- Der Produktmanager sollte aktiv bei der Personalauswahl mitwirken, um motivierte und qualifizierte Produktteammitglieder sicherzustellen. Teammitglieder sollten namentlich und offiziell benannt werden.
- Die Teammitglieder müssen die im Projekt erforderlichen Kompetenzen abdecken. Dies erfordert eine interdisziplinäre Teamzusammensetzung.[247] Die Zusammensetzung hängt von den Produktcharakteristika, dem Innovationsgrad und der Komplexität des Projekts ab:[248]
  - Für ein Softwareprodukt spielen Supply Chain und Produktion keine Rolle, dafür in stärkerem Maße User-Experience-Design, Datenanalyse und Testing.[249]
  - Ein Vertriebsmitarbeiter könnte als Teammitglied insbesondere bei der Entwicklung von Industriegütern oder -lösungen wichtig sein.
  - Ein Marketingmanager sowie ein technischer Leiter (im Tech Lead, Lead Developer oder Lead Engineer) können in großen Teams den Produktmanager entlasten.
  - Andere Kompetenzen bzw. Rollen könnten sein: Marktforscher, Fertigungsplaner, Datenanalyst, Kundenservice, Einkauf, IT, Kaufmann oder Jurist.
  - Ein Junior-Produktmanager kann als operative Unterstützung des (Senior-) Produktmanagers Teil des Teams sein.
- In manchen Fällen kann es sinnvoll sein, externe Personen im Produktteam einzubinden, z. B. einen Kundenvertreter, einen Entwickler eines wichtigen Lieferanten oder einen Berater mit spezifischem Marktwissen.
- Nicht alle im Produktprozess benötigten Ressourcen müssen Teil der Produktteams sein. In der Produktrealisierungsphase ist u. U. eine große Zahl von Entwicklern, zur Markteinführung sind u. U. zusätzliche Marketingfachleute erforderlich. Diese können temporär für das Produkt arbeiten und von den inhaltlich zugehörigen Experten des Produktteams eingebunden und gesteuert werden.

---

246 Brassard u. a. schlagen für diesen Fall vor, Teams mit hohen Freiheitsgraden auszustatten und wie ein Start-up arbeiten zu lassen („Innovation Garage"-Modell), vgl. Brassard u. a. (2018), S. 6–9.

247 Tidd/Bessant weisen darauf hin, dass insbesondere bei hoher Unsicherheit ein interdisziplinäres Team effektiv ist, vgl. Tidd/Bessant (2018), S. 348–349.

248 Vgl. Erne (2024), S. 23–24.

249 Ein größeres Softwareentwicklungsteam könnte z. B. aus Produktmanager, Produktdesigner, Marktforscher, Datenanalysten, Produktmarketingmanager, mehreren Testautomatisierungsingenieuren und einer Anzahl von Softwareentwicklern bestehen, vgl. Cagan (2022), S. 45–46; auch spezialisierte Rollen wie Development Ops Engineers, Site Reliability Engineers, Data Engineers oder Product Ops können im Team u. U. erforderlich sein, vgl. Schultheiß u. a. (2023), S. 362–363.

- Teammitglieder können auch zu weniger als 100 % ihrer Kapazität dem Team zugeordnet werden oder ihre Projektkapazität an die Phase im Produktprozess anpassen.
- Alle Teammitglieder sollten (auch) am Erfolg des Produkts gemessen werden, mit ähnlichen Zielgrößen wie der Produktmanager.

Aus Theorie und Praxis sind viele Empfehlungen erarbeitet worden, um **erfolgreiche Teamarbeit** sicherzustellen. Im Folgenden sind ausgewählte Punkte genannt:[250]

- Die Teammitglieder sollten nicht nur als Ressourcen zur Umsetzung beitragen, sondern auch in die strategische Planung und Produktkonzeption eingebunden werden.[251]
- Das Produktteam sollte im Rahmen der Vorgaben mit einer hohen Eigenverantwortung ausgestattet sein, auch produktstrategische Entscheidungen betreffend. Das Produktteam sollte möglichst autonom von anderen Produktteams arbeiten können.
- Produktteams sollten kreativ und risikofreudig sein.[252]
- Produktteams sollten agile Praktiken einsetzen, unabhängig davon, ob insgesamt ein agiler Entwicklungsansatz verfolgt wird. Zu diesen Praktiken zählen beispielsweise „prototyping, self-improvement, agile funding or agile product- and portfolio management“.[253]
- Hierarchie sollte im Team keine Rolle spielen, auch wenn der Produktmanager die Verantwortung trägt und ein technischer Leiter den Entwicklungsingenieuren formal vorgesetzt ist. „Empathie“ ist ein Erfolgsfaktor bei der Teamleitung (vgl. Kap. 2.6).
- Die Teamkommunikation sollte diamantenförmig statt spinnennetzförmig erfolgen. Das heißt, jeder spricht bei Bedarf direkt mit jedem, ohne dabei den Weg über den Produktmanager oder den technischen Projektleiter gehen zu müssen.[254]
- Das Produktteam sollte sog. Team-Regeln vereinbaren, um Konfliktpunkte in der täglichen Zusammenarbeit präventiv zu minimieren.
- Das Team sollte in einem Raum sitzen, um effektiv untereinander kommunizieren und persönliche Beziehungen aufbauen zu können. Nach Einschätzung von Cagan arbeiten sog. Remote-Teams langsamer und weniger innovativ.[255]

---

250 Ohne Anspruch auf Vollständigkeit – hierfür sei auf die einschlägige Literatur verwiesen. Einen Überblick über Erfolgsfaktoren in multifunktionalen Neuproduktentwicklungsteams gibt z. B. Ernst, vgl. Ernst (2007), S. 436

251 „If you are only using your engineers to code, you're only getting half their value“, vgl. Eriksson (2022); das Gleiche gilt laut Eriksson für Designer, Vertriebsmitarbeiter u. a., die alle „unique insights and experiences“ in die Problemlösung einbringen können.

252 Vgl. Benkenstein (2007), S. 778.

253 Comella-Dorda u. a. (2024), S. 5–6.

254 Vgl. Cooper (2017), S. 201.

255 „The reality is: with remote employees, both velocity and innovation have taken a real hit ... [with remote employees, companies] don't do the level and innovation they used to do“, Cagan (2023).

- Die Zusammenarbeit des Produktteams muss durch geeignete IT-Tools optimiert werden.[256]
- Produktteams sollten in regelmäßigen Abständen über Zwischenergebnisse an die wichtigsten Produkt-Stakeholder im Unternehmen berichten, ggf. auch proaktiv „außer der Reihe“. Dies kann zur internen Unterstützung des Produktteams beitragen.
- Ein Produktmanager sollte sein Team in die Lage versetzen, eigenständig Entscheidungen zu treffen.[257] Steve Jobs (ehemaliger CEO von Apple) begründet dies wie folgt: „It doesn't make sense to hire smart people and tell dem what to do. We hire smart people so they can tell us what to do.“[258]

Ob Produktmanagement formal in einer Matrix organisiert ist oder nicht: Über interdisziplinäre Produktteams kommen die Vor- und Nachteile einer Matrixorganisation de facto zum Tragen. Teammitglieder fühlen sich einerseits dem Produktteam, andererseits ihrer Unternehmensfunktion verpflichtet und arbeiten damit für „zwei Chefs“. Mit der 2-Linien-Herausforderung sollte offen und lösungsorientiert umgegangen werden.

Die Rollenverteilung zwischen Produktmanager (Leadership) und Produktteam beschreibt Eriksson durch das in Abbildung 2.28 gezeigte Diagramm:

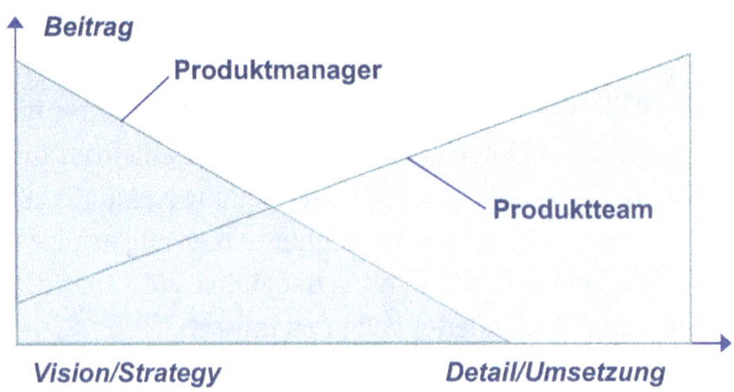

Abbildung 2.28: Rollenverteilung Produktmanager und Produktteam.[259]

Neben disziplinarischer Führung der Teammitglieder durch den Fachvorgesetzten muss der Produktmanager eine sog. **laterale Führung** ausüben. Bei lateraler Führung handelt es sich um Führung ohne „formale Macht“. Einfluss kann dabei erreicht werden durch Verständigung, „informelle Macht“ und Vertrauen.[260] Freudenreich empfiehlt vier praktische Maßnahmen, um ein starkes interdisziplinäres Produktteam zu

256 Vgl. Kap. 5.3.2.5.5 (Digitaler Workflow und Kollaboration) und Kap. 5.3.2.7 (Softwareanwendungen im Produktmanagement).
257 Mansour (o. J.).
258 Zitat aus Eriksson (2022).
259 Vgl. Eriksson (2022).
260 Vgl. Freudenreich (2023), S. 259–264.

führen:[261] regelmäßige Abstimmung, rollenvertauschte Kommunikation, interdisziplinär abgestimmte Ziele und interdisziplinäre taktische Meetings. Mansour empfiehlt, den Teammitgliedern zuzuhören und herauszufinden, was sie beeinflusst. „Um ein Team ohne direkte Entscheidungsgewalt zu führen, musst du wissen, welche Knöpfe du bei wem drücken musst."[262]

Ein ähnliches Konzept wie Produktteams sind **Kundenteams** („Account-Teams"), mit denen Unternehmen sicherstellen, dass wichtige Kunden umfassend betreut werden. Ein Produktmanager könnte u. U. Mitglied in Account-Teams sein.[263]

2.5.5 Schnittstellen

Konzeptionell bedingt haben Produktmanager zahlreiche unternehmensinterne und einige unternehmensexterne Schnittstellen (vgl. Abbildung 2.29):

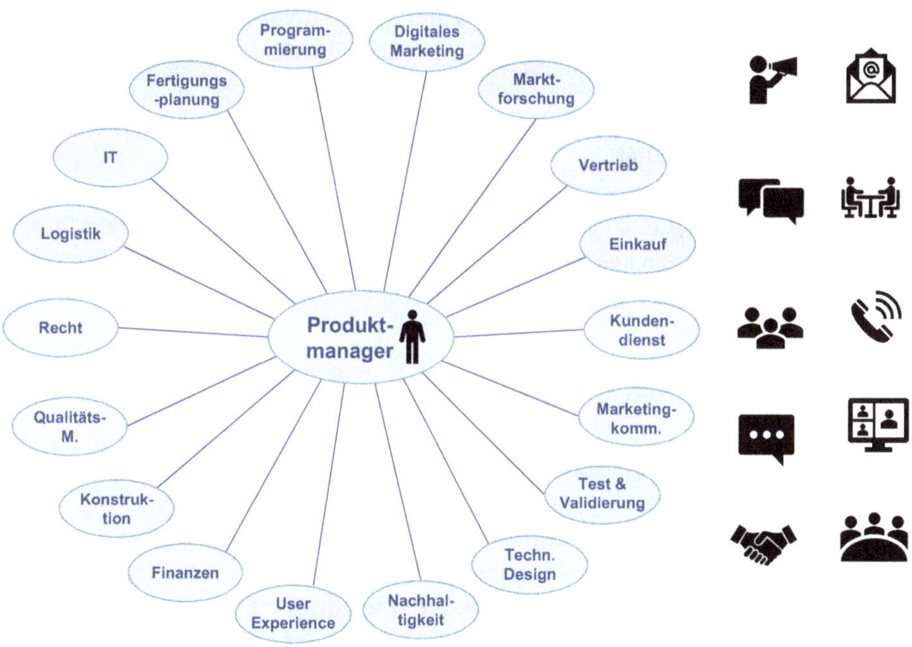

Abbildung 2.29: Mögliche unternehmensinterne Schnittstellen im Produktmanagement.[264]

261 Vgl. Freudenreich (2023), S. 276.
262 Vgl. Mansour (o. J.).
263 Vgl. Köhler (2007), S. 758; Becker (2019), S. 840.
264 In Anlehnung an Kotler u. a. (2023), S. 50; Winkelmann (2023), S. 353; Product Focus (2024a), S. 10.

Zu den **internen Schnittstellenpartnern** gehören insbesondere verschiedene Stellen im Marketing und in der Entwicklungsfunktion sowie die Unternehmens- bzw. Divisionsleitung. Im Einzelfall haben Produktmanager zusätzlich **externe Schnittstellen**, etwa zu wichtigen Kunden, Marketing- oder Entwicklungsdienstleistern, Lieferanten, Beratern oder externen Kollegen.

Da dies ein wesentliches Element der Produktmanagementaufgabe darstellt, sollten **Schnittstellen aktiv „gemanagt"** werden. Zielsetzung ist eine erhöhte Flexibilität, ein geringerer Zeitaufwand und die Motivation der Beteiligten.[265] Schnittstellenbehandlung im Produktmanagement kann durch personelle und technokratische Instrumente erfolgen:[266]

- Zu den **personalen Koordinationsinstrumenten** zählen die dezentrale Selbstkoordination der Beteiligten durch Gremien und Teams, in denen alle jeweils Betroffenen vertreten sind. Außerdem erfolgt zentrale Fremdkoordination über hierarchische Weisungen, z. B. spezifische Vorgaben der Unternehmensleitung, Strategiedokumente oder Planzahlen.
- **Technokratische Koordinationsinstrumente** sind entscheidungsvorbereitende und -unterstützende Methoden, z. B. Portfoliomethoden, Nutzwertanalyse, Zeitpläne, Positionierungsmodelle oder Netzplantechnik. Solche von den Beteiligten verstandene und akzeptierte Werkzeuge ermöglichen Entscheidungen in kurzer Zeit und hoher Qualität.

Für ein effektives und effizientes Schnittstellenmanagement ist außerdem erforderlich, dass die Schnittstellenbeteiligten ein geteiltes und klares Verständnis ihrer Rolle haben, z. B. dokumentiert durch eine RACI-Matrix.[267]

2.6 Leadership im Produktmanagement

> „Die Fähigkeit, Menschen wirksam zu führen, ist entscheidend für den Produkterfolg."[268]

Bei vielen großen Herausforderungen der Unternehmenspraxis – seien es Umorganisationen, große interne IT-Projekte oder Unternehmensübernahmen – ist die umfassende Berücksichtigung des **Faktors Mensch der wichtigste Erfolgsfaktor**. Praktiker stimmen überein, dass dies auch für die Umsetzung des Produktmanagementkonzepts im Unternehmen gilt.[269]

265 Vgl. Benkenstein (2007), S. 772–774; VDI Richtlinie 4520 Blatt 1 (2017), S. 30.
266 Vgl. Benkenstein (2007), S. 776–783.
267 Vgl. Kap. 2.3.1.5.
268 Pichler (2022), S. 1.
269 Vgl. Matys (2018), S. 96–118; Cagan (2022), S. 83–85, Pichler (2022).

Auf der anderen Seite berichtet Produktmanagementexperte Roman Pichler, er habe viel Leadership-Literatur durchforstet und festgestellt, dass kein Modell die spezifischen Herausforderungen berücksichtigt, mit denen Produktmanager konfrontiert sind.[270] Dies nahm er zum Anlass, ein Buch über Leadership im Produktmanagement zu schreiben. Dieses Buch, angereichert mit weiteren Expertenmeinungen, stellt die Basis des folgenden Abschnitts dar. Die Struktur des Kap. 2.6 ist in Abbildung 2.30 skizziert:[271]

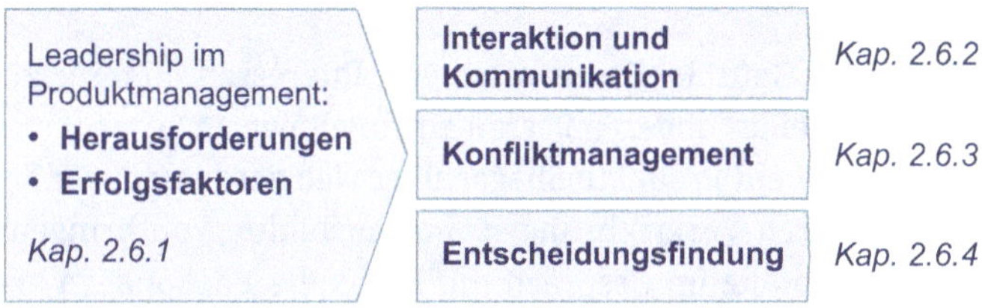

Abbildung 2.30: Struktur Kap. 2.6 (Leadership im Produktmanagement).

2.6.1 Herausforderungen und Erfolgsfaktoren

Im Produktmanagement konstatiert Pichler zunächst einige **spezifische Leadership-Herausforderungen:**

- Der Produktmanager hat keine (disziplinarisch) unterstellten Mitarbeiter und keine eigenen Budgets – daher keine direkte Kontrolle über Ressourcen. Der Produktmanager ist weder der Vorgesetzte für Produktteammitglieder noch für die am Produkt beteiligten Mitarbeiter, z. B. aus der Entwicklung oder dem Marketing.
- Im Produktprozess agieren große und heterogene Teams. Neben dem überschaubar großen Produktteam können in bestimmten Phasen Dutzende oder mehr Mitarbeiter am Produkt arbeiten.
- Der Produktmanager hat in der Praxis nur begrenzten Einfluss auf die Auswahl der Teammitglieder und der dem Produkt zugeordneten Mitarbeiter.
- Leadership und Kommunikation ist auf mehreren hierarchischen Ebenen und in Richtung mehrerer Fachdisziplinen notwendig. Der Produktmanager muss einerseits die Unternehmensleitung von einer Idee überzeugen und andererseits beispielsweise einen Testingenieur motivieren können, eine enge Deadline einzuhalten.
- Produktmanagement hat als De-facto-Querschnittsfunktion einen hohen Kommunikationsbedarf und hohes Konfliktpotenzial.
- Falls agil gearbeitet wird, muss Produktmanagement in kurzen Prozesszyklen arbeiten und u. U. Pläne oder Vorgaben häufig ändern.

270 Vgl. Pichler (2022), S. 2.

271 Die von Pichler genannten Themen Ziele und Self-Leadership werden nicht aufgegriffen.

Die Zusammenarbeit mit verschiedenen Stakeholdern im Unternehmen gehört zum Tagesgeschäft des Produktmanagers. Um dabei Mitarbeiter zu führen und Ihr Verhalten im Sinne des Produkterfolgs zu verändern, schlägt Pichler das „Treppenstufenmodell von Verhaltensänderung“ vor. Dieses besagt, dass eine Verhaltensänderung in fünf Schritten erfolgt: aktives Zuhören, Empathie, eine Beziehung zum Gegenüber aufbauen, Einfluss nehmen, um schließlich das Verhalten des Gegenübers nachhaltig zu ändern.[272] Daraus leitet er vier Erfolgsfaktoren für Leadership im Produktmanagement ab:[273]

- **Empathie**, d. h. die Fähigkeit, Gefühle, Bedürfnisse und Interessen anderer zu verstehen und die Perspektive einer anderen Person einzunehmen[274]
- **Fachwissen** – dieses muss sich ein Produktmanager über Neugierde und ständiges Lernen aneignen oder durch Vorerfahrungen und Ausbildung mitbringen. Das stärkt nicht nur die Akzeptanz im Gespräch mit Fachkollegen, sondern erhöht auch die Empathiefähigkeit.
- **Leitungsunterstützung** – ein Sponsor aus dem Top-Management kann als Ratgeber oder Unterstützer bei Eskalationen fungieren.[275]
- Einen **eigenen Leadership-Stil** finden, der authentisch zur eigenen Persönlichkeit passt. Dieser kann unterschiedlich ausfallen, z. B. visionär, partizipativ, teamorientiert, direktiv oder autokratisch.

2.6.2 Interaktion und Kommunikation

Aufgrund der Rolle und Aufgabe lebt Produktmanagement von Interaktion und Kommunikation mit Menschen. Um Interaktion effektiv betreiben zu können, muss sich ein Produktmanager zunächst im Klaren sein, welches **Ziel** er in einer Interaktion verfolgt, z. B. die Unterstützung für eine bestimmte Entscheidung erhalten, Informationen sammeln, eine Beziehung zu einem Abteilungsleiter aufbauen oder einen Konflikt lösen.

Zweite Grundvoraussetzung einer effektiven Interaktion ist es, die Person und Rolle des Gegenübers einzuschätzen.[276] Zur Einordnung der Stakeholder nutzt Pichler

---

272 Vgl. Voss (2016); das Behavioral Change Stairway Model (BCSM) ist ein Modell, das von ehemaligen FBI-Geiselverhandlern entwickelt wurde, um den Prozess der Verhaltensänderung in Verhandlungen und anderen kommunikativen Interaktionen zu erklären.

273 Pichler (2022), S. 10–17.

274 Empathie bezeichnet Pichler als Kernkompetenz von Leadership, vgl. Pichler (2022), S. 10; Fuchs und Golenhofen nennen vier notwendige Eigenschaften für die Empathiefähigkeit einer Person: aktiver Zuhörer, nicht egozentrisch, ergebnis- und personenorientiert sowie emotionale Grenzen erkennend, vgl. Fuchs/Golenhofen (2024), S. 101.

275 Ähnlich argumentieren Hauschildt und Gemünden und schlagen für Innovationsprojekte einen zugeordneten „Macht-Promotor“ vor, vgl. Hauschildt/Gemünden (1999).

276 Vgl. Pichler (2022), S. 19–45.

die Power-Interest-Matrix und nennt für die vier resultierenden Stakeholdergruppen jeweils eine Interaktionsstrategie (vgl. Abbildung 2.31):

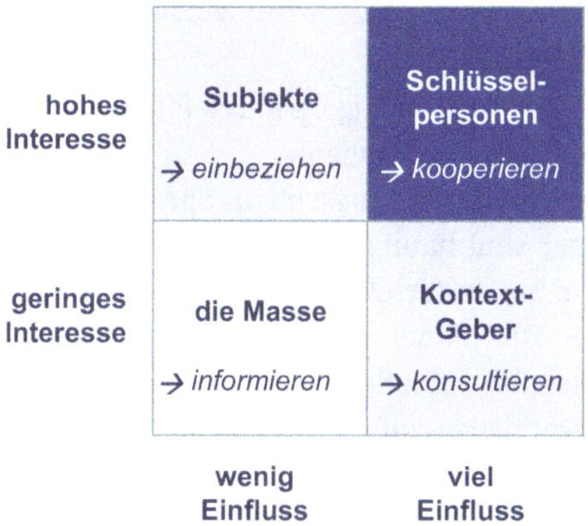

Abbildung 2.31: Power-Interest-Matrix mit Strategien für Stakeholdergruppen.[277]

Um Gespräche effektiv zu führen, muss der Produktmanager laut Pichler vor allem auf zwei Dinge achten:[278]

- **Aktives Zuhören** ist das „Herzstück eines jeden erfolgreichen Gesprächs" und für Produktmanager besonders wichtig, um neue Informationen zu sammeln, Unterstützung für Entscheidungen zu erhöhen und Beziehungen aufzubauen. Aktives Zuhöhren ist eine Voraussetzung für Empathie.[279] Laut Covey gibt es fünf Stufen des Zuhörens: Ignorieren, Zuhören vorspielen, selektives Zuhören, aufmerksames Zuhören und einfühlendes Zuhören.[280] Je höher die Ebene, desto höher ist die Chance, dass der Zuhörer in der Interaktion seine Ziele erreichen kann.[281]
- Ebenso wichtig, um etwa Personen zu überzeugen oder Beziehungen aufzubauen, ist **wirkungsvolles Sprechen**. In Anlehnung an die buddhistische Lehre fordert Pichler, dass Gesprochenes wohlmeinend, wahr, nutzbringend, freundlich und zum richtigen Zeitpunkt vorgetragen werden sollte.[282] Produktmanager müssen in der Lage sein, in einem Gespräch oder einer Gruppendiskussion inhaltlich und persönlich zu überzeugen, sowohl auf Arbeitsebene als auch bei der Unterneh-

277 Vgl. Pichler (2022), S. 38.
278 Vgl. Pichler (2022), S. 61–83.
279 Vgl. Fuchs/Golenhofen (2024), S. 101.
280 Vgl. Covey (2013), S. 251.
281 Pichler gibt fünf, Matys sechs Ratschläge und Techniken, wie ein „aktives" Zuhören gelingen kann, vgl. Pichler (2022), S. 65–71; Matys (2018), S. 101–102.
282 Vgl. Pichler (2022), S. 72–81.

mensleitung oder Kunden. Wille nennt Beispiele, wie etwa durch Storytelling Vorgesetzte und Kollegen „von einer Produktvision mitgerissen" werden können.[283] Für Strategien und Techniken der Kommunikation sei auf die einschlägige Literatur verwiesen.[284]

Interaktionen können im persönlichen Gespräch (Auge-in-Auge, per Telefonat oder Videostream), in Meetings oder auf schriftlichem Wege stattfinden:

- In **Meetings** kann neben aktivem Zuhören und wirkungsvollem Sprechen auch **Moderation** gefragt sein. Produktmanager sind häufig in der Moderatorenrolle, wenn z. B. Spezialisten aufeinandertreffen, um unterschiedliche Lösungen für ein produktbezogenes Problem zu bewerten. Der Moderator muss nicht immer Inhalte einbringen, sondern eine Gruppe zu einer von allen Beteiligten akzeptierten Lösung führen. Auch beim Thema Moderation sei auf entsprechende Fachliteratur verwiesen.[285]
- **Schriftliche Kommunikation** erfolgt heutzutage fast ausschließlich über elektronische Medien wie E-Mail, Foren, Blogs und Chats oder innerhalb von kollaborativen Applikationen wie Jira, Slack oder Trello. Produktmanager müssen willens sein, sich in die vorliegenden IT-Werkzeuge einzuarbeiten.[286]

2.6.3 Konfliktmanagement

Konflikte entstehen, wenn interagierende Personen unterschiedliche Interessen verfolgen oder aufgrund von Missverständnissen. Sie können entsprechend ihrer Ursache in verschiedene Arten eingeteilt werden: Sachkonflikte, Zielkonflikte, Beurteilungs- oder Strategiekonflikte, Verteilungskonflikte, Rollenkonflikte, Strukturkonflikte, Beziehungskonflikte und Wert- oder Grundsatzkonflikte.[287] Die Art des Konfliktes zu erkennen, ist der erste Schritt zur Konfliktlösung.

Konfliktsituationen treten in der Arbeit des Produktmanagers regelmäßig auf. Dabei gilt es laut Pichler, die fünf „üblichen Fallstrike" zu vermeiden:[288]

- Eine Konfliktlösung sollte keinen **Gewinner und Verlierer** haben, da sonst der nächste Konflikt vorprogrammiert ist.
- Personen sind häufig von der **Richtigkeit ihrer Meinung überzeugt**, hängen an ihren Ideen und geben ungern zu, falschzuliegen. Diese „Wahrheitsvermutung" gilt es zu überwinden.

---

283 Vgl. Wille (2023).
284 Vgl. z. B. Bruhn u. a. (2016).
285 Vgl. z. B. Edmüller/Wilhelm (2021).
286 Vgl. Kap. 5.3.2.7 (Softwareanwendungen im Produktmanagement).
287 Vgl. Götz (2022), S. 114–115.
288 Vgl. Pichler (2022), S. 86–94.

- Auf **Gefühle** an und unter der Oberfläche wird nicht genügend geachtet. Es wird zu schnell in den „Problemlösungsmodus“ gegangen.
- Personen wird die **Schuld** für einen Konflikt zugewiesen.
- **Künstliche Harmonie** oder das Ignorieren von Konflikten führt zu Mistrauen, schlechter Zusammenarbeit und behindert Kreativität. Daher gilt es, Konflikte proaktiv anzugehen und zu lösen.

Ziel ist nicht, mit allen Beteiligten möglichst schnell (scheinbare) Einigkeit zu erreichen. Besonders bei komplexeren Produktentwicklungsvorhaben kann es wichtig sein, zu einem frühen Zeitpunkt, an dem noch Handlungsoptionen bestehen, etwaige **Konflikte zu identifizieren**. Als erster Schritte zur nachhaltigen Problemlösung muss festgestellt werden, dass ein (nicht einfach zu klärender) Konflikt vorliegt („we agree to disagree").[289] Danach muss der Konflikt **analysiert**[290] und seine Auswirkungen abgeschätzt werden.

Zum Umgang mit bzw. zur Lösung von Konflikten gibt es unterschiedliche Modelle, z. B. das PALME-Prinzip,[291] die Methode der kollegialen Beratung[292] oder das Framework der gewaltfreien Kommunikation.[293]

Das **Framework der gewaltfreien Kommunikation** ermutigt dazu, einen Dialog mit der anderen Person einzugehen, die gegenseitigen Perspektiven zu teilen, die vorhandenen Gefühle zu ergründen und sie mit den dahinterliegenden unbefriedigenden Bedürfnissen in Verbindung zu bringen. Dies erzeugt Vertrauen und Verständnis. Die Wurzel des Konflikts kann angesprochen werden, um zu verhindern, dass der Konflikt erneut ausbricht. Es werden vier Schritte zur Konfliktlösung aufgezeigt:[294]
- Beobachtungen teilen
- Gefühle beider Seiten ergründen
- Bedürfnisse beider Seiten aufdecken
- eine Bitte formulieren und eine Bitte entgegennehmen

Bei der Konfliktlösung ist es wichtig, **Sach- und Beziehungsebene** zu unterscheiden. Probleme, die auf der Sachebene liegen, sind i. d. R. gut zu lösen, z. B. durch Kompromisse oder Analytik. Wenn man erkennt, dass ein Konflikt auf der Beziehungsebene verortet ist, geht es häufig vor allem darum, Vertrauen (wieder-)herzustellen.[295]

289 Vgl. Kittler (2023), S. 288–289; Götz (2022), S. 123–124.

290 Zur Konfliktanalyse schlägt Götz das Kommunikationsmodell von Schulz und Thun oder die Konfliktzwiebel nach Becker und Witt-Bartsch vor, vgl. Götz (2022), S. 124–126.

291 Vgl. Matys (2018), S. 105–107.

292 Vgl. Götz (2022), S. 127–129.

293 Vgl. Rosenberg (2015).

294 Vgl. Pichler (2022), S. 95–106.

295 Vgl. Freudenreich (2023), S. 263.

Echte Konfliktlösungen sind nur möglich, wenn beide Parteien kooperieren und den Lösungsprozess mitgehen. Dies ist nicht immer der Fall. In dieser Situation schlägt Pichler vor, den Linienmanager, den Personalbereich oder einen neutralen Mediator hinzuzuziehen.[296]

2.6.4 Entscheidungsfindung

Um ein Produkt zum Erfolg zu führen, sind viele Entscheidungen notwendig. Einige Entscheidungen kann der Produktmanager allein treffen. Andere – vor allem komplexe und weitreichende Entscheidungen – müssen im Produktteam oder mit anderen Stakeholdern gemeinsam getroffen werden, da der Produktmanager nicht über das Fachwissen oder die Entscheidungsverantwortung verfügt. Pichler empfiehlt das **Modell der kollaborativen Entscheidungsfindung**[297] und nennt zunächst vier vorbereitende Punkte:[298]

- Über eine Stakeholder-Analyse sind die „richtigen" Leute für eine Einbindung zu identifizieren.
- Unter Umständen sollte ein Moderator hinzugezogen werden.
- Kollaborative Denkweise sollte gefördert werden, indem jeder gehört wird, gegenseitiger Respekt und gegenseitiges Verständnis zum Ausdruck gebracht wird sowie jeder aufgeschlossen gegenüber anderen Ideen und Meinungen ist.
- Außerdem ist es hilfreich, Grundregeln für die Entscheidungsfindung vorab festzulegen.

Für die Entscheidungsfindung schlägt Pichler schließlich folgende Schritte vor:

- Festlegung der Entscheidungsregeln, z. B. Mehrheitsentscheidung
- verschiedene Perspektiven sammeln
- gemeinsames Verständnis herstellen
- integrative Lösung entwickeln, die die Bedürfnisse, Interessen und Bedenken aller Beteiligten berücksichtigt

Mit den Kompetenzen in den Bereichen Interaktion/Kommunikation, gewaltfreies Konfliktmanagement und kollaborative Entscheidungsfindung ist der Produktmanager gut für seine Leadership-Aufgabe gerüstet.

---

296 Vgl. Pichler (2022), S. 105.
297 Vgl. Harnett (2010).
298 Vgl. Pichler (2022), S. 109–113.

2.7 Differenzierung des Produktmanagement-Konzepts

> „Produktmanagement bedeutet, sich um die Produkte eines Unternehmens zu kümmern. Wie dies strukturiert ist, welche Rollen beteiligt sind und wie die Aufgaben verteilt werden, ist von Firma zu Firma anders geregelt. Es gibt keinen einzig richtigen Weg – wohl aber bewährte Verfahren dazu, was in welcher Situation funktioniert.“[299]

Aus Sicht eines Unternehmens ist zunächst zu klären, ob Produktmanagement als Konzept und Organisationsform im Unternehmenskontext überhaupt vorteilhaft ist (Kap. 2.7.1). Falls dem so ist, muss das Konzept entsprechend den vorliegenden Kontextfaktoren ausgestaltet werden (Kap. 2.7.2 bis Kap. 2.7.4).

2.7.1 Macht die Einführung von Produktmanagement Sinn?

Zunächst ist die Frage zu klären, ob **Produktmanagement** für ein Unternehmen **überhaupt sinnvoll ist**. Zur Beantwortung dieser Frage schlägt Matys vier Indikatoren vor: Die Einführung von PM ist sinnvoll, wenn[300] ...

1. Unternehmen auf unterschiedlichen Märkten mit unterschiedlichen Produkten agieren,
2. eine an Produktspezifika und Marktanfordernisse spezialisierte Vorgehensweise Wettbewerbsvorteile bringt,
3. eine solche spezialisierte Vorgehensweise durch die funktionsorientierte Organisation nicht gewährleistet werden kann,
4. Produktmanagement eine deutliche Entlastung der Leitung mit sich bringt, da produktstrategische Entscheidungen nicht mehr bei der Leitung liegen.

Ähnliche Faktoren greift Aumayr durch folgende drei Fragen auf:[301]

1. Können die Produkte oder Produktgruppen unseres Unternehmens durch spezialisierte produktbezogene Programme besser gefördert werden?
2. Übersteigt die Anzahl der Produkte oder Produktgruppen die Kapazität der funktionsorientierten Organisation?
3. Sind Personalressourcen, die bisher für das Produktmanagement eingesetzt wurden (z. B. von Unternehmensleitung oder Funktionsleitern) für ein erfolgreiches Produktmanagement ausreichend und genügend qualifiziert – oder ist es besser, qualifizierte Produktmanager einzusetzen, die sich voll auf diese Aufgabe konzentrieren können?

---

299 Harste u. a. (o. J./A), S. 5.
300 Vgl. Matys (2018), S. 43.
301 Vgl. Aumayr (2019), S. 80–81.

Letztendlich ist zu analysieren, ob die Vorteile des Produktmanagementkonzepts die Nachteile überwiegen. Tabelle 2.1 stellt zusammenfassend die Vor- und Nachteile des Produktmanagementkonzepts gegenüber.

Tabelle 2.9: Vorteile und Nachteile von Produktmanagement.

Vorteile Produktmanagement	Nachteile Produktmanagement
– **Produkte** werden entsprechend der Marktanforderungen **differenziert geplant und vermarktet** – Produktmanager kennen Markt und Kunden genau, wodurch eine **kundenorientierte** Produktstrategie sichergestellt wird – Durch interdisziplinäres Produkt-, Technologie- und Marktverständnis sowie einer strategischen Ausrichtung liefern Produktmanager **innovativere Produktlösungen** – Da produktrelevante Informationen zentral gesammelt und analysiert werden, kann eine **schnellere Reaktion** auf Markt-, Umfeld oder Wettbewerber-veränderungen erfolgen – Durch zentrale Planungs- und Durchführungsverantwortung werden **Produktentscheidungen effektiver** getroffen und umgesetzt – Die Komplexität für der **Gesamtunternehmens-planung und -steuerung** nimmt ab, da Produktmanagement die produktbezogene Planung übernimmt und den Produkterfolg überwacht	– Die **unternehmensweite Einheitlichkeit** von Marketing- und Technologiestrategien kann durch unterschiedliche Produktstrategien beeinträchtigt werden, z. B. Markenmanagement, Produktarchitekturen, IT-Tools – Für die anspruchsvolle Produktmanageraufgaben ist es schwierig, **geeignete Personen zu finden** – Die **Fluktuation von Produktmanagern** kann eine Produktstrategie gefährden und zum Verlust von Produkt-Know-how führen – Die zusätzliche Managementebene Produktmanagement führt zu **höherem Kommunikations- und Abstimmungsaufwand** im Unternehmen und zu **Interessenskonflikten** – Die Entwicklung **funktionaler Ziele und Konzepte**, z. B. in Produktion, Entwicklung oder Marketing kann durch sehr unterschiedliche produktspezifische Vorgehensweise **erschwert werden** – Bei der Einführung von Produktmanagement entsteht **Change-Management**-Aufwand

Nach der Entscheidung zur Einführung von Produktmanagement ist das Konzept unternehmensspezifisch auszugestalten.

2.7.2 Einflussfaktoren für die Ausgestaltung von Produktmanagement

Die Ausgestaltung von Produktmanagement wird von produktspezifischen, marktspezifischen und unternehmensspezifischen Faktoren beeinflusst (vgl. Abbildung 2.32):[302]

302 Vgl. Pepels (2017), S. 317–401.

Abbildung 2.32: Faktoren für die Ausgestaltung von Produktmanagement im Unternehmen.

Eine Befragung unter Produktmanagern aus dem Jahre 2024/2025 ergab:[303]

- 31 % der befragten Produktmanager kümmern sich um reine Softwareprodukte, 16 % um reine Hardwareprodukte und 12 % um reine Dienstleistungen. 41 % der Produktmanager betreuen Lösungen, die Elemente mehrerer „Produktarten" beinhalten.
- Produktmanagement wird in einer Vielzahl von Branchen eingesetzt, inklusive IT-Software & Dienstleistungen (27 %), Maschinenbau (19 %), Telekommunikation (11 %), Finanzen (8 %), Medizin/Pharma (5 %), Konsumgüter/Handel (4 %), Automobil (3 %), Andere (21 %).
- Produktmanager arbeiten sowohl in B2B- als auch in B2C-Geschäften.

Das Ergebnis der Befragung zeigt, dass Produktmanagement in unterschiedlichen Konstellationen in der Praxis eingesetzt werden kann. Im Folgenden sollen Besonderheiten des Konzepts differenziert nach Kundentyp (Kap. 2.7.3) und Geschäftstyp (Kap. 2.7.4) herausgearbeitet werden.

303 Befragung von 532 Produktmanagern (82 % davon aus Europa) zwischen November 2024 und Januar 2025, vgl. ProduktManageMentor (2025), S. 8 und S. 10.

2.7.3 Besonderheiten von Produktmanagement im B2B-Geschäft

> „Enterprise product managers specialize in customizing products for complex organizational workflows […] This contrasts with [consumer] product managers who […] primarily cater to user need."[304]

Produktmanagement entstand ursprünglich im Konsumgüterbereich („B2C"). Heutzutage wird das Konzept auch in vielen Industriegüterunternehmen eingesetzt („B2B"[305]). Kennzeichnend im B2B-Marketing ist, dass **an Organisationen verkauft** wird, nicht an private Konsumenten. Organisationen können staatlich, öffentlich oder privatwirtschaftlich organisiert sein. Innerhalb der privatwirtschaftlichen Organisationen kann zwischen gewerblichen Verwendern, OEMs[306] und Händlern unterschieden werden. B2B-Marketing schließt die Vermarktung von Dienstleistungen mit ein.[307]

Um die Besonderheiten im Produktmanagement nach Kundentyp herauszuarbeiten, müssen zunächst die **Charakteristika von B2B-Märkten** herausgestellt werden (im Vergleich zu B2C-Märkten):[308]

- weniger, aber große Käufer, häufig geografisch gebündelte Käufergruppen
- enges Lieferanten-Kunden-Verhältnis, z. T. strategische Partnerschaften
- professioneller Einkauf (inklusive technischer Expertise), formale Einkaufsprozesse
- vielfältige Kaufeinflüsse, Multipersonalität („Buying Center")[309]
- Höheres Maß an Rationalität bei Kaufentscheidungen (keine/wenig Emotionen)
- Nachfrage ist i. d. R.
  - abgeleitet (von „zugehöriger" Konsumentennachfrage abhängig),
  - fluktuierend (höhere Volatilität als Konsumentennachfrage),
  - unelastisch (weniger beeinflusst von Preisveränderungen).
- häufig Direkteinkauf beim Hersteller, nicht bei Zwischenhändlern
- hoher Individualisierungsgrad der Leistung, hohe Bedeutung von produktbegleitenden Dienstleistungen
- Preis ist häufig nicht das wichtigste Kaufkriterium
- hoher Grad der Interaktion im Kaufprozess

---

304 Vaidya/Fulara (2024)

305 Im Weiteren soll der Begriff Business-to-Business-Marketing („B2B"-Marketing) verwendet werden, da dieser zunehmend den Begriff Industriegütermarketing ersetzt.

306 OEM = Original Equipment Manufacturer. OEMs „verbauen" zugekaufte Teile in die eigenen Produkte.

307 Vgl. Homburg (2020), S. 1142–1143.

308 Vgl. z. B. Homburg (2020), S. 1144–1150; Kotler u. a. (2023), S. 126–128, Winkelmann (2023), S. 94–98.

309 Das Buying-Center-Modell modelliert eine Käuferorganisation im Kundenunternehmen, in der bis zu sieben beteiligten Rolle mitwirken. Das B2B-Marketing muss für die identifizierten Beteiligten differenzierte Verkaufstaktiken entwickeln, vgl. Kotler u. a. (2023), S. 129–132; Homburg (2020), S. 1146–1148.

Die B2B-Marketingstrategie ist außerdem an den Geschäftstyp anzupassen. Abhängig von der Kontinuität der Geschäftsbeziehung und dem Grad der Individualität der Leistung unterscheidet man **vier B2B-Geschäftstypen** (vgl. Abbildung 2.33):

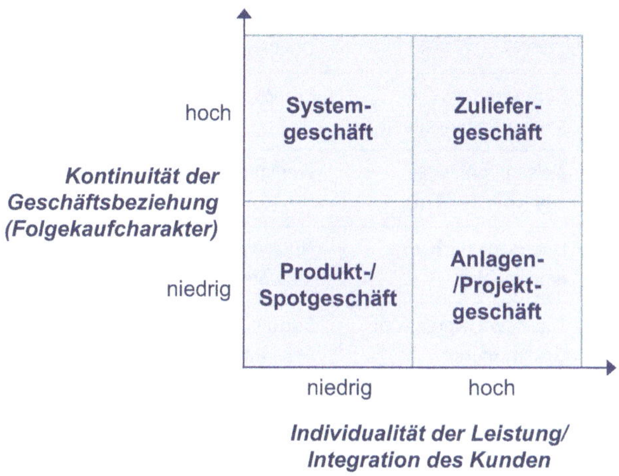

Abbildung 2.33: Geschäftstypen im B2B-Marketing.[310]

Im **Systemgeschäft** entscheiden sich Kunden für eine Systemtechnologie und sind für Folgekäufe an diese gebunden, z. B. Unternehmenssoftware (EPR-Software). Im **Zuliefergeschäft** kaufen Kunden längerfristig (z. B. für die Dauer eines Produktlebenszyklus) kundenindividuelle Leistungen, z. B. Kauf von Stoßdämpfern durch Auto-OEM. Im **Produkt- oder Spotgeschäft** kaufen Kunden vorgefertigte, in Massen für den anonymen Markt hergestellte Produkte, z. B. Schrauben oder Lacke. Dieser B2B-Geschäftstyp weist die größten Ähnlichkeiten zum B2C-Geschäft auf. Das **Anlagen- oder Projektgeschäft** ist dadurch gekennzeichnet, dass Kunden komplexe Produkte oder Systeme kaufen, die kundenindividuell erstellt werden, z. B. ein Walzwerk oder eine Getränkeabfüllanlage.

Tabelle 2.10 zeigt ausgewählte Unterschiede in den **Produktmanagement-Prioritäten**, sortiert nach den Lebenszyklusphasen Produktplanung, -entwicklung und -vermarktung:[311]

310 Vgl. z. B. Homburg (2020), S. 1150–1151; Pepels (2017), S. 374.

311 Die Tabelle liefert grobe „generelle Aussagen". In vielen Punkten könnte man einzelne Beispiele finden, bei denen die genannten Ausprägungen ggf. nicht zutreffen.

Tabelle 2.10: Ausgewählte Unterschiede, Produktmanagement-Prioritäten in B2B vs. B2C.

	Themenbereich	Charakteristika B2C	Charakteristika B2B
Planung	Informationsgewinnung	Viele Quellen, u. a. Marktforschung	Kundengespräche/ Technologieanalyse wichtige Quellen
	Marktsegmentierung	Demographie, Kaufverhalten, Life-style	Branche, Technologie, Geographie
	Zielkunden	Zielsegment (viele anynyme Kunden)	Wenige "A-Kunden"
	Positionierung	Unterschiedlich, u. a. emotional	Nutzen und Verlässlichkeit für den Kunden
	Ermittlung Marktgröße	Top-down (Anteil vom Gesamtmarkt)	Bottom-up (gew. Summe bekannter/potenzieller Kunden)
	Kundenintegration	I. d.R. nicht (anonymer Markt als Basis)	Integration strategische wichtiger Kunden
Entwicklung	Individualität	niedrig, mass-customization angestrebt	Hoch, kundenindividuelle Lösung, Ziel "Produktisierung"
	Kundenintegration	I. d.R. keine	Kunde u. U. im Entwicklungsprozess integriert
	Entwicklungszyklus	I. d.R. kurz	I. d.R. lang
	Erweitertes Produkt	Fokus auf Kern und produktnahe Elemente	Zusätzlich Dienstleistungen, Zubehör, Geschäftsmodell
	Dienstleistungen	Oft nicht relevant	Wichtiger Teil der Leistung
	Technik	Oft geringer Stellenwert	Hoher Stellenwert, Differenzierung möglich
	Industrial Design	Wichtig, emotionaler Nutzen	Eher unwichtig (muss funktionell sein)
	Nachhaltigkeit	Oft nicht relevant, zunehmen wichtiger	Wichtig (gesetzliche Vorgaben, z. B. Lieferkettengesetz)
Vermarktung	Markteinführung	Erfolgsfaktor, insb. bei Innovationen	Oft kein wichtiges Thema (Kunden bereits „an Bord")
	Kundenstruktur	Viele Kunden, viele Kaufentscheidungen	Wenige Kunden, große Aufträge
	Preis	Wichtiges Kaufkriterium	Oft nicht entscheidend, wenn Nutzen überzeugt
	Kommunikation	Werbung, digitale Medien wichtig	Persönlicher Verkauf wichtig

Tabelle 2.10 (fortgesetzt)

Themenbereich	Charakteristika B2C	Charakteristika B2B
Handel	Wichtiger Partner	Oft nicht relevant (Direktverkauf)
Kundenbeziehung	Zunehmend wichtiger, hin zu "mass-CRM"	Wichtig, strategische langfristige Partnerschaften
Marke	Sehr wichtig (emotionale Bindung)	Wichtig, vermittelt Zuverlässigkeit/ reduziert Risiken

Trotz der genannten Unterschiede zum B2C-Geschäft lässt sich das Produktmanagementkonzept auch für B2B anwenden. Organisation und Aufgabenbereiche werden im B2B-Geschäft jedoch anders gelagert sein als im B2C-Geschäft. Im B2B-Fall dürfte beispielsweise eine Produktmanagement-Aufhängung im Marketing in vielen Fällen nicht sinnvoll sein und Aktivitäten in der Vermarktungsphase eine geringere Rolle spielen als im B2C-Fall. Auch die Qualifikationsanforderungen für Produktmanager unterscheiden sich nach Geschäftstyp.[312]

Aufgrund der Individualität der Leistung im B2B-Geschäft hat Produktmanagement insbesondere die Aufgabe, den standardisierten Kern einer B2B-Leistung zu entwickeln. Der individuelle Leistungsanteil wird kunden- oder projektspezifisch gestaltet. Das zentrale Management des Leistungskerns zielt auf die Weiterentwicklung der Leistung bzw. Innovationen. Außerdem muss Produktmanagement Lerneffekte aus Kundenprojekten sammeln, um den Kern zu bereichern und so Mehrwerte für zukünftige Kunden herzustellen. Der Leistungskern eines Produkts sollte erweitert, der kundenspezifischen Teil reduziert werden, um Skaleneffekte durch Wiederverwendung zu realisieren **(Produktisierung)**.

2.7.4 Besonderheiten nach Geschäftsart (Hardware, Software, Dienstleistungen)

Entstanden ist Produktmanagement im Hardwaregeschäft. Davon abzugrenzen sind das Software- sowie das Dienstleistungsgeschäft. An dieser Stelle soll auf eine umfassende Erläuterung der letztgenannten Geschäftstypen verzichtet werden.[313]

312 Gnanasambandam u. a. schlagen vor, für komplexe B2B-Produkte einen Produktmanager-Typ „Technologe" einzusetzen, für B2B-Front-End-Produkte den Typ „Generalist" sowie den Typ „Geschäftsmann" für B2C-Geschäfte, vgl. Gnanasambandam u. a. (2017), S. 3.

313 Für eine ausführliche Charakterisierung des Dienstleistungsgeschäfts sei z. B. auf Bruhn (2013) und Hadwich (2020) verwiesen, für Besonderheiten im Softwaregeschäft auf Schwandner (2002), S. 49–67.

2.7.4.1 Besonderheiten im Softwaregeschäft

In Abgrenzung zu Hardware bezeichnet **Software** die unsichtbare, intangible Komponente eines Rechnersystems, also die Programme, die auf dem Computer ausgeführt werden. Ein **Programm** ist als „vollständiges und sinnvolles System von Befehlsfolgen, das für eine bestimmte Informationsverarbeitungsaufgabe auf einem bestimmten Hardware-System entwickelt wurde“, zu verstehen.[314]

Digitale Produkte weisen vier spezifische **Eigenschaften** auf:[315]

- einfache Reproduzierbarkeit
- einfache Veränderbarkeit
- fehlende Abnutzbarkeit
- eingeschränkte Wahrnehmbarkeit

Daneben weist der Kaufprozess von Softwareprodukten einige **Besonderheiten** auf:[316]

- Viele Softwarelösungen müssen technisch, organisatorisch und prozessual integriert werden.
- Die Qualität von Software ist vor dem Kauf schwer zu beurteilen.
- Software ist oft erklärungsbedürftig.
- Kaufkriterien sind Funktionalität, Zuverlässigkeit, Benutzerfreundlichkeit, Skalierbarkeit und Flexibilität – der Preis spielt in vielen Fällen eine untergeordnete Rolle.

Software kann dem Kunden auf **unterschiedliche Weise „bereitgestellt“** werden, z. B. auf Desktop-Computern (mit lokaler Installation, webbasiert oder cloudbasiert) oder auf mobilen Endgeräten. Die Preisgestaltung und Nutzung der Software regelt der **Software-Lizenzvertrag** zwischen Anbieter und Nutzer. Hierbei können in der Praxis vier Arten unterschieden werden: proprietäre Lizenz (i. d. R. für kommerzielle Software), Open-Source-Lizenz (für kollaborative Software), Freeware-Lizenz (kostenlose Software) und Shareware-Lizenz (Testversion).[317] Entsprechend gibt es unterschiedliche **Geschäftsmodelle** von Softwareanbietern, auf die an dieser Stelle nicht weiter eingegangen werden soll.[318]

Die breite **Palette an Softwarelösungen** kann auf verschiedene Weise **klassifiziert** werden, z. B. nach der Nähe zur Hardware (Systemsoftware, Middleware, Anwendungssoftware) oder dem Standardisierungsgrad (Individualsoftware vs. Stan-

---

314 Vgl. Illingworth (1996), S. 459.

315 Vgl. Homburg (2020), S. 601; Herzwurm/Pietsch (2009), S. 4.

316 Vgl. Schwandner (2002), S. 41–48.

317 Vgl. Carvajal (2025).

318 Zum Thema Geschäftsmodell vgl. Kap. 4.3.4.3 (Geschäftsmodell im Rahmen der Produktstrategie/Konzeptphase des Innovationsprozesses), Kap. 5.3.4 (Digitale Geschäftsmodelle).

dardsoftware).[319] Individualsoftware ähnelt einer komplexen Dienstleistung[320] und soll nicht weiter betrachtet werden.

Tabelle 2.11 zeigt ausgewählte Unterschiede im Geschäft mit Standardsoftware im Vergleich zum Hardwaregeschäft.

Tabelle 2.11: Ausgewählte Unterschiede Hardware- vs. Softwaregeschäft.

	Hardware-Geschäft	**Software-Geschäft**
Entwicklung	Kosten/Komplexität abhängig vom Produkt	i. d.R. hohe Kosten, komplexer Prozess, Anforderungen anfangs z. T. unklar
Individualisierung/ Anpassung	Varianten sind teuer, schaffen Komplexität	Produkte Leicht/kostenfrei individualisierbar, Mass-Customization möglich
Diensleistungen	Häufig nicht relevant, ggf. Wartung nötig	Installation, Schulung und Wartung u. U. notwendig
Qualität	Hohe Anforderung (Fehler im Feld teuer); i. d.R. gut vor dem Kauf zu beurteilen	Time-to-Market u. U. wichtiger als Qualität; kann einfach nachgebessert werden; vor dem Kauf schwer prüfbar
Produktion	Signifikante Herstellkosten	Einfache/kostenlose Vervielfachung
Logistik	Physischer Versand, inkl. Transport und Lagerung	Einfach "Lieferung" per Download oder über eine Cloud
Vermarktung	i. d.R. über Handelspartner	Direkte Vermarktung (Webseiten, App-Stores) oder im Bundle mit Hardware (OEM-Softwaregeschäft)
Vernetzung/ Anwendungsumgebung	I. d.R. Stand-alone nutzbar, oft nicht vernetzt	Anwendungsumgebung wichtig, oft vernetzt mit anderen Lösungskomponenten
Wartung/Updates	Aufwändig, Logistik erforderlich	Einfach, in der Cloud oder „Over-the-Air"
Preisgestaltung	Kostenbasiert; Marge pro Stück erfolgskritisch	Ziel ist Umsatzmaximierung (Stückmarge weniger wichtig)
Geschäftsmodelle	Marge x Stückzahl (über-) deckt Fixkosten	Abo-Modelle (pro Monat und Nutzer), Freemium-Modell, Werbeumsätze, u. a.

Die in Tabelle 2.11 genannten Unterschiede haben Auswirkungen auf die Arbeit und Prioritäten des Produktmanagers. Im Softwaregeschäft entfallen beispielsweise einige Hardware-spezifische Themen wie Produktion, Logistik oder Verpackung. Andere As-

319 Vgl. Schwandner (2002), S. 30–38; viele Softwarelösungen in der Praxis beinhalten einen standardisierten Kern und eine kundenindividuelle Anpassung.
320 Vgl. Baaken/Launen (1993), S. 7.

pekte sind wichtiger bzw. anspruchsvoller, z. B. Variantenbildung, Innovation, Geschäftsmodell. Außerdem wird im Softwaregeschäft nach Markteinführung kontinuierlich am Produkt (weiter-)gearbeitet („Continuous Discovery, Integration & Delivery").[321] Insofern ist das auf Lebenszyklusverantwortung ausgerichtete Produktmanagement für Softwareprodukte ein passendes Konzept.[322]

Viele Unternehmen sind weder reine Hardware- noch reine Softwareunternehmen. Heutzutage ist Software ein wesentlicher Bestandteil vieler Maschinen oder technischer Konsumgüterprodukte wie Smartphones oder Autos („Software-Defined Vehicle"). Laut Mironov stellt sich für solche Unternehmen die Frage, ob sie ein Software- oder ein Hardwaregeschäft betreiben wollen. Er argumentiert, dass man sich aufgrund der fundamentalen Unterschiede für eine Geschäftsart entscheiden muss.[323] Sieht man sich beispielsweise im Hardwaregeschäft, könnte man die Software als kostenlose Zugabe „verschenken" und Erträge über die Marge aus den Hardwareverkäufen erwirtschaften. In einem Softwaregeschäft könnte es andersherum sinnvoll sein, dem Kunden die Hardware kostenlos zur Verfügung zu stellen, um Software-as-a-Service zu verkaufen.

2.7.4.2 Besonderheiten im Dienstleistungsgeschäft

Das Dienstleistungsgeschäft soll als dritte Geschäftsart kurz angeschnitten werden. Die Nachfrage nach Dienstleistungen wächst in vielen Bereichen, sodass das Dienstleistungsgeschäft weiter an Relevanz gewinnt.[324]

„**Dienstleistungen** sind kostenpflichtig erbrachte immaterielle Leistungen, die definierte Zustände oder Eigenschaften an Menschen und/oder Sachen herstellen oder bestimmte Eigenschaften, Zustände oder Fähigkeiten sichern."[325] Neben selbstständigen Dienstleistungen gibt es abhängige Dienstleistungen, die von Herstellern produktbegleitend angeboten werden.[326] Die Trennung ist insbesondere im industriellen Bereich oft irrelevant, da der Kunde ein auf ihn zugeschnittenes „Leistungsbündel" kauft.[327]

---

321 Vgl. Busching/Göcke (2023), S. 112. „A digital product is never ‚done' if you want to stay competitive and relevant. It's a continual process of product evolution. It's about product management rather than project management", Product Focus (2024a), S. 13.

322 management rather than project management

323 Mironov (2024).

324 Zu den Gründen wachsender Dienstleistungsnachfrage vgl. z. B. Bruhn/Hadwich (2017), S. 339; Winkelmann (2023), S. 410.

325 Winkelmann (2010), S. 225.

326 Vgl. Becker (2019), S. 709; Winkelmann stellt fest, dass Unternehmen – dem Interesse der Kunden folgend – ihr Dienstleistungsportfolio ausbauen. Sie sind bestrebt, kostenfreie Serviceleistungen zu kostenpflichtigen Dienstleistungen weiterzuentwickeln, vgl. Winkelmann (2010), S. 227.

327 Vgl. Engelhardt/Reckenfelderbäumer (2006), S. 219.

Dienstleistungen zeichnen sich durch fünf Merkmale aus:[328]

- **Intangibilität:** Dienstleistungen sind nicht greifbar (immateriell).
- **Verderblichkeit:** Untrennbarkeit von Herstellung, Absatz und Nutzung von Dienstleistungen („nicht auf Lager produzierbar")
- **Integration des externen Faktors:** Kunden bringen sich in den Erstellungsprozess der Dienstleistung ein, in Form der Mitarbeit, eines Gutes oder in Form von Information.
- Das **wahrgenommene Kaufrisiko** bei Dienstleistungen ist höher als bei Sachgütern, da die Qualität der Dienstleistung vor dem Kauf schwer zu beurteilen ist.
- **Individualität**: Dienstleistungen sind in stärkerem Maße als Sachgüter auf individuelle Kundenbedürfnisse angepasst.

Aufgrund des hohen wahrgenommenen Kaufrisikos spielt die Qualität von Dienstleistungen eine wichtige Rolle im Produktmanagement von Dienstleistungen. „Messung und Management" von Dienstleistungsqualität haben einen entsprechend hohen Stellenwert.[329] Es gibt eine Reihe von Ansätzen zur Modellierung von **Dienstleistungsqualität:**[330]

- Das GAP-Modell differenziert zehn Qualitätsdimensionen: materielles Umfeld, Zuverlässigkeit, Entgegenkommen, Kompetenz, Zuvorkommenheit, Vertrauenswürdigkeit, Sicherheit, Erreichbarkeit, Kommunikation und Kundenverständnis. Das Modell zeigt typische „Lücken" auf, die zu negativer (wahrgenommener) Qualität beim Kunden führen können.[331]
- Donabedian differenziert Dienstleistungsqualität in Potenzialqualität (Voraussetzungen für Qualität, z. B. Mitarbeiterqualifikation oder Infrastruktur), Prozessqualität (z. B. Freundlichkeit der Mitarbeiter, Fehlerfreiheit und angemessene Dauer des Dienstleistungsprozesses) und Ergebnisqualität (z. B. Funktionsfähigkeit eines Fahrzeugs nach einer Reparatur).[332]

Dienstleistungen sind vielfältig und können auf verschiedene Arten **klassifiziert** werden, z. B. nach dem Grad der Kundeninteraktion und Individualisierung oder nach dem Wert der Personalkosten im Verhältnis zur eingesetzten Infrastruktur (vgl. Abbildung 2.34).

---

328 Vgl. z. B. Homburg (2020), S. 1056–1057; Becker (2019), S. 709; Kotler u. a. (2022), S. 422–425; Engelhardt/Reckenfelderbäumer (2006), S. 219–222; Winkelmann (2023), S. 9.

329 Vgl. Bruhn (2013), S. 115.

330 Eine Übersicht verschiedener Modelle zur Analyse von Dienstleistungsqualität liefert Bruhn, vgl. Bruhn (2013), S. 79–115.

331 Vgl. Bruhn (2013), S. 81–82.

332 Vgl. Donabedian (1980); Homburg (2020), S. 1061–1062.

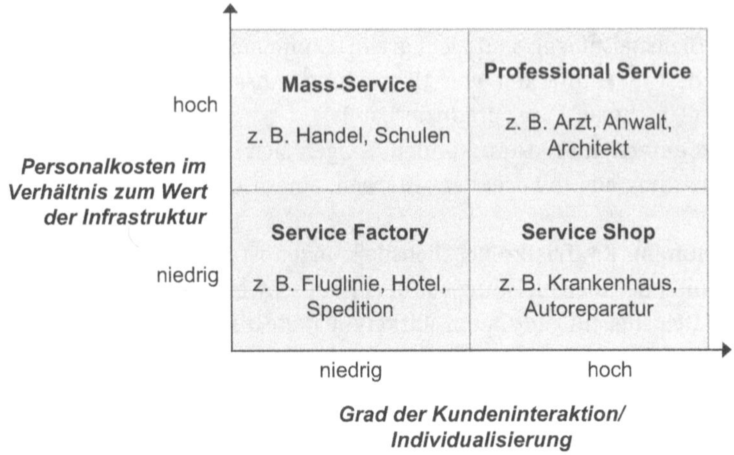

Abbildung 2.34: Dienstleistungstypen nach Personalkostenanteil und Kundenintegration.[333]

Je nach Dienstleistungstypus gelten unterschiedliche Marketingprioritäten: Dienstleistungen mit niedrigem Individualisierungsgrad sollten beispielsweise „emotionalisiert" werden. Personalentwicklung und -bindung spielt bei hohem Personalkostenanteil, Kapazitätsauslastung bei hohem Infrastrukturkostenanteil eine wichtige Rolle.[334]

Aus den Besonderheiten von Dienstleistungen lassen sich die in Tabelle 2.12 genannten allgemeinen Prioritäten bzw. Hebel für das **Produktmanagement von Dienstleistungen** ableiten.[335]

Für Dienstleistungen muss der Marketing-Mix bzw. das Spektrum an Marketingaktivitäten um drei zusätzliche P's erweitert werden:[336]

- **Personalpolitik** („person")
- **Ausstattungspolitik** („physical environment")
- **Prozesspolitik** („process")

Eine Differenzierung von Dienstleistungen ist i. d. R. schwieriger als bei materiellen Produkten. Ein wichtiger Differenzierungshebel sind **Dienstleistungsinnovationen.**[337] Diese sind allerdings schwieriger zu verteidigen als bei materiellen Produkten,

---

333 Vgl. Homburg (2020), S. 1058–1059.

334 Vgl. Homburg (2020), S. 1075–1076.

335 Vgl. Homburg (2020), S. 1077–1088; Becker (2019), S. 710–712, Kotler u. a. (2022), S. 428–437.

336 Vgl. z. B. Homburg (2020), S. 1083–1085; Kotler u. a. (2022), S. 429–430.

337 Vgl. Meyer/Davidson (2001), S. 399.

Tabelle 2.12: Produktmanagement Prioritäten und Hebel bei Dienstleistungen.

Tab	Produktmanagement Prioritäten/ Hebel	Beispiele/Erläuterung
Planung, Entwicklung	Dienstleistungsprozess detailliert festlegen/beschreiben	Dies ist Kern der Dienstleistungsentwicklung
	Hohe Qualitätsstandards setzen	
	Qualitätsmessungskonzept entwickeln	
	Differenzierung durch innovative (zusätzliche) Elemente	z. B. Mietwagen im Hotel, Kinderbetreuung im Restaurant
	Ggf. Selbstbedienungstechnologien integrieren	z. B. Self-Checkout im Hotel
	Ggf. Automatisierungstechnologien/ KI integrieren	z. B. automatisierte Rechnungserstellung
	Grad der Kundenintegration als "Gestaltungsparamter"	Aktivitäten „externalisieren“ oder „internalisieren“
	Mitarbeiterqualifizierungsprogramm entwickeln	Als Hebel für DL-Qualität und Mitarbeiterzufriedenheit
	Hochwertiges Umfeld für die Dienstleistung schaffen	Erhöht wahrgenommene Qualität; dient als Werbemittel
	Geeignete Infrastruktur festlegen/ entwickeln	Erhöht Qualität und Produktivität
	Konzept für räumliche Erreichbarkeit entwickeln	ggf. virtuelle Leistungserbringung (Videokonf., VR/AR)
	Markennamen und konsistentes Markenimage schaffen	Symbole/Farben auf Mitarbeiterkleidung/ Infrastruktur
Produktion (Dienstleistungs-erbringung)	Qualitätsmonitoring durchführen Qualität proaktiv absichern	z. B. Checklisten, Mitarbeitertraining
	Mitarbeiterzufriedenheit sicherstellen	z. B. geregelte Arbeitszeiten, Freiheiten, Weiterbildung
	Beschwerdemanagement, Reaktion auf Fehler	z. B. Kulanzregelungen, Mitarbeiter bevollmächtigen
	Intensive Kommunikation mit dem Kunden	Als Zusatznutzen und ggf. zum Beziehungsaufbau
	Ggf. Kundenkontakt für werbliche Zwecke nutzen	für Cross-/Upselling oder fremde Produkte bewerben

Tabelle 2.12 (fortgesetzt)

Tab	Produktmanagement Prioritäten/ Hebel	Beispiele/Erläuterung
Vermarktung	Qualitätsgarantien geben	Öffentliche Verpflichtung der Geschäftsführung
	Dienstleistung in Werbung “materialisieren”	z. B. DL-Umgebung und zufriedene Kunden zeigen
	Preise überzeugend argumentieren, Value-Selling	Preiswettbewerb vermeiden
	Markenimage nutzen	Um wahrgenommenes Q-Risiko für Kunden reduzieren
	Ggf. Premiumpreis als Differenzierer	“Teuer” kann höhere Qualität suggerieren
	Meinungsführer und Promis/ Experten als Werber nutzen	Um Qualitätsrisiko für Kunden reduzieren
	Ggf. Vermittler zur Vermarktung einsetzen	z. B. Internet-Vermittlungsportale
	Ggf. Kennenlernangebote	Um Qualitätsrisiko für Kunden reduzieren
	Qualitätsauszeichnungen als Vermarktungsinstrument	z. B. Zertifikate, Zufriedenheitsumfragen
	Preis als flexiblen Steuerhebel einsetzen (Yield-Mgt)	Um Umsatz zu optimieren und Auslastung zu steuern

da Dienstleistungen nicht patentierbar sind und Imitation durch Wettbewerber droht. Eine wichtige Rolle bei Dienstleistungsinnovationen spielen neue digitale Technologien.[338] Hebel zur Erhöhung des Digitalisierungsgrades von Dienstleistungen werden in Kap. 5.3.1.5 erörtert.

Durch Analysen von Best-in-Class-Dienstleistern identifizieren Tidd/Bessant Faktoren, um **Innovation, Qualität und Kosten von Dienstleistung** zu verbessern:[339]

– Der Einsatz cross-funktionaler Teams, die gut kollaborieren und Informationen austauschen, verbessern Qualität und fördern Innovationen (kann andererseits die Prozesse verlängern).

338 Vgl. z. B. Kotler u. a. (2023), S. 264–266; Tidd/Bessant (2018), S. 383–390; das Otonomus Hotel in Las Vegas nutzt beispielsweise eine KI-gestützt App, um Hotelgästen umfassende personalisierte Leistungen anzubieten, von der Buchung über das Onboarding, den Zimmerzugang, Concierge-Leistungen bis hin zum Check-out, vgl. IT boltwise (2025).

339 Vgl. Tidd/Bessant (2018), S. 389–390.

- Die Einbeziehung von Kunden und Lieferanten erhöht Dienstleistungsqualität und senkt Kosten.
- Kundenorientierung und professionelles Projektmanagement verbessert die Ausführungsqualität von Dienstleistung.
- Standards für Prozesse und Projekte senken Dienstleistungskosten.
- Obwohl die Leistung individueller Mitarbeiter wichtig ist (und durch Motivation und Weiterbildung zu fördern ist), muss der Fokus auf konsistenten Praktiken und Interaktion liegen.

Bruhn/Hadlich weisen darauf hin, dass spezifisch für **Dienstleistungen angepasste Innovationsprozesse** selten anzutreffen sind, obwohl sich aus den Eigenschaften „Intangibilität“ und „Kundenbeteiligung“ besondere Anforderungen für die Entwicklung von Dienstleistungen ergeben.[340]

Ähnlich wie bei individuellen Industriegütern kann Produktmanagement wirtschaftliche Vorteile durch **Produktisierung** von Dienstleistung erschließen. Ein Produktmanager, der einen bestimmten „Dienstleistungstyp“ verantwortet, sollte bestrebt sein, den Kern der Dienstleistung herauszuarbeiten und weiterzuentwickeln, u. a. durch Lerneffekte aus Kundenprojekten. Ein innovativer Dienstleistungskern, ergänzt durch standardisierte Varianten, bringt Synergien in der Dienstleistungserbringung und im Vermarktungsprozess.

Weitere Handlungsoptionen des Produktmanagements im Bereich (sekundärer) Dienstleistungen werden in Kap 4.5.5.2.2 (Kundendienst als Werthebel im Produktmanagement) diskutiert.

2.8 Zusammenfassung Kapitel 2

Ein komplexes und dynamisches Umfeld sowie neue Herausforderungen im Produktprozess erfordern eine stärkere Orientierung von Unternehmen an ihren Produkten. Hierzu kann mit Produktmanagement eine zusätzliche Managementebene eingezogen werden. Die einzusetzenden Produktmanager sind für alle strategischen Entscheidungen entlang des kompletten Produktprozesses verantwortlich und koordinieren die operative Arbeit der beteiligten Unternehmensfunktionen, insbesondere von Entwicklung und Marketing. Außerdem nehmen sie produktspezifische Kontroll- und Informationsaufgaben wahr. Als „Unternehmer im Unternehmen“ werden Produktmanager am Erfolg des Produkts gemessen, z. B. am Umsatz und Ergebnisbeitrag. Die Aufgabe erfordert ein generalistisches Profil sowie Spezialistenwissen in der entsprechenden Produktdomäne. Produktmanagement ist, angelehnt an den Geschäftserfor-

340 Vgl. Bruhn/Hadwich (2017), S. 192–194; die Autoren geben Beispiele von Entwicklungsprozessen, die spezifisch für Dienstleistungen gestaltet sind, vgl. Bruhn/Hadwich (2017), S. 193.

dernissen und die Positionierung des Konzepts, in der Aufbauorganisation des Unternehmens zu verankern. Neben Fachkenntnissen und Erfahrung des Produktmanagers ist dessen Leadership-Kompetenz ein wichtiger Erfolgsfaktor.

Cagan fand im Laufe seiner erfolgreichen Karriere heraus, „dass die meisten Unternehmen [im Produktmanagement] nicht gut waren und tatsächlich immer noch nicht sind".[341] Welche „Qualität" das Produktmanagement in einem Unternehmen hat, kann z. B. mithilfe eines **Reifegradmodells** untersucht werden. Außerdem zeigt dieses Entwicklungspfade anhand definierter Reifegrade auf.

Im Projekt- und Prozessmanagement sind Reifegradmodelle gelebte Praxis.[342] Nach dem Kenntnisstand des Autors gibt es in der Praxis kein weitverbreitetes Reifegradmodell für Produktmanagement. Ein deutschsprachiges Framework schlagen die Plattformen Product Focus und ProduktManageMentor[343] vor. Dieses stuft den **Reifegrad von Produktmanagement** im Unternehmen in den drei Stufen „Ad-hoc", „Geführt" und „Führend" ab. Es werden fünf Teilbereiche des Produktmanagements unterschieden: Führung, Organisation, Personen, Tools und Prozesse. Für jeden Reifegrad und Teilbereich schlägt das Modell jeweils 3–5 Kriterien vor, die die jeweilige Reife widerspiegeln. Ein Reifegradmodell dient nicht nur zur objektiven Bewertung der Qualität, sondern auch als Fahrplan zur Verbesserung: Die Kriterien der nächsten Stufen geben Verbesserungsziele und Maßnahmen vor.

Product Focus bietet mit dem **Product Management Dashboard** ein weiteres Werkzeug an, um die Implementierung von Produktmanagement im Unternehmen zu analysieren.[344] Es unterscheidet drei Bereiche und insgesamt neun Teilbereiche:

- **Aufgabe** von Produktmanagement („Purpose") mit den Teilbereichen:
  - Expertise (market – product)
  - Balanced View (technical, operational, commercial, user experience)
  - Role (tactical – leading)
- **Organisation** von Produktmanagement, Teilbereiche:
  - Business Model (project – product)
  - Development Approach (waterfall – agile)
  - Bias (sales, marketing, development, finance)
  - Product Activity Split (product management, product marketing, product development, other)
- **Arbeitsweise** von Produktmanagersn Teilbereiche:
  - Tools and Processes (ad-hoc – standard)
  - Decision Making (gut feel – data-driven)

341 Cagan (2022), S. 16.

342 Beispiele für weitverbreitete Reifegradmodelle sind das Capability Maturity Model für Softwareentwicklung (CMM), das Project Management Maturity Model (PMMM) oder ASPICE (Automotive SPICE).

343 Vgl. Product Focus (o. J.).

344 Vgl. Lunn (2024).

Für alle Teilbereiche spannt das Dashboard ein Spektrum von Ausprägungen auf, innerhalb dessen die eigene Praxis eingeordnet werden kann. Für die Teilpraktiken werden keine Soll-Werte vorgegeben. Ziel ist es vielmehr, die Praxis des Produktmanagements im Unternehmen darzustellen und zu diskutieren, an welchen Stellschrauben Verbesserungen anzustreben sind.

2.9 Literaturverzeichnis zu Kapitel 2

Andersch, Bernd (2014): Berufsprofile: Produktmanagement; Ingenieur.de; https://www.ingenieur.de/karriere/berufsprofile/produktmanagement/ [aufgerufen am 24.09.2024]

Atlassian (o. J.): 16 Produktmanagement-KPIs und wie man sie verfolgt; Atlassian.com; https://www.atlassian.com/de/agile/product-management/product-management-kpis [aufgerufen am 24.09.2024]

Aumayr, Klaus J. (2019): Erfolgreiches Produktmanagement: Tool-Box für das professionelle Produktmanagement und Produktmarketing; 5. Auflage; Wiesbaden: Springer

Backhaus, Klaus; Schneider, Helmut (2020): Strategisches Marketing; 3. Auflage; Stuttgart: Schäffer-Poeschel

Becker, Jochen (2019): Marketing-Konzeption: Grundlagen des ziel-strategischen und operativen Marketing Managements; 11. Auflage; München: Vahlen

Benkenstein, Martin (2007): Schnittstellen im Produktmanagement; in: Albers, Sönke; Herrmann, Andreas (Hrsg.) (2007): Handbuch Produktmanagement: Strategieentwicklung – Produktplanung – Organisation – Kontrolle; 3. Auflage; Wiesbaden: Gabler; S. 763–787

Brockhoff, Klaus (1989): Schnittstellen-Management: Abstimmungsprobleme zwischen Marketing und Forschung und Entwicklung; Stuttgart: Schäffer-Poeschel

Brossard, Mickael; Erntell, Hannes; Hepp, Dominik (2018): Accelerating product development: The tools you need now; McKinsey Quarterly; 18.06.2018; https://www.mckinsey.com/capabilities/operations/our-insights/accelerating-product-development-the-tools-you-need-now [aufgerufen am 07.04.2025]

Bruhn, Manfred (2013): Qualitätsmanagement für Dienstleistungen Handbuch für ein erfolgreiches Qualitätsmanagement. Grundlagen – Konzepte – Methoden; 9. Auflage; Wiesbaden: Springer Gabler

Bruhn, Manfred; Esch, Franz-Rudolf; Langner, Tobias (Hrsg.) (2016): Handbuch der strategischen Kommunikation: Grundlagen, innovative Ansätze, praktische Umsetzung; 2. Auflage; Wiesbaden: Springer Gabler

Bruhn, Manfred; Hadwich, Karsten (2017): Produkt- und Servicemanagement: Konzepte – Prozesse – Methoden; 2. Auflage; München: Vahlen

Cagan, Marty (2022): Inspired: Wie sie Tech-Produkte entwickeln, die ihre Kunden lieben werden; 2. Auflage; Weinheim: Wiley

Cagan, Marty (2023): The Future on Prodduct Management; YouTube-Video (Lenny's Padcast); https://www.youtube.com/watch?v=9N4ZgNaWvI0 [aufgerufen am 28.10.2024]

Cagan, Marty; Jones, Chris (2022): Empowered: wie Unternehmen jeden Mitarbeiter zu außergewöhnlichen Ergebnissen motivieren; Weinheim: Wiley-VCH

Chesbrough, Henry (2003): Open innovation: The new imperative for creating and profiting from technology; Boston: Harvard Business School Press

CODE University of Applied Sciences (o. J.): Product Management, Bachelor of Arts; CODE University of Applied Sciences; https://code.berlin/en/study/product-management/ [aufgerufen am 24.09.2024]

Comella-Dorda, Santiago; Sohoni, Vik; Sunderraj, Arun; Gardner, Dan; McCoy, Lauren (2024): What makes product teams effective?; McKinsey Digital; December; https://www.mckinsey.com/capabilities/mckin

sey-digital/our-insights/what-makes-product-teams-effective?cid=eml-web#/ [aufgerufen am 18.12.2024]

Cooper, Robert G. (2017): Winning at new products: Creating value through innovation; New York: Basic Books

Covery, Steven R. (2013): The 7 Habits of Highly Effective People: Powerful Lessons in Personal Change; New York: RosettaBooks

Edmüller, Andreas; Wilhelm, Thomas (2021): Moderation; 7. Auflage; Freiburg: Haufe

Engeln, Werner (2020): Methoden der Produktentwicklung – Technische Produkte kundenorientiert entwickeln; 3. Auflage; Essen: Vulkan

Erez, Ben (2025): The definitive guide to mastering product sense interviews: A step-by-step playbook to help you ace your PM interview; Lenny's Newsletter; https://www.lennysnewsletter.com/p/the-definitive-guide-to-mastering?utm_source=post-email-title&publication_id=10845&post_id=160103138&utm_campaign=email-post-title&isFreemail=true&r=4n4r5u&triedRedirect=true [aufgerufen am 01.04.2025]

Eriksson, Martin (2011): What, exactly, is a Product Manager?; mindthePRODUCT; 05.10.2011; https://www.mindtheproduct.com/what-exactly-is-a-product-manager/ [aufgerufen am 20.07.2024]

Eriksson, Martin (2022): The decision stack; YouTube-Video; https://www.youtube.com/watch?v=L4jzhUCfOhM&t=897s [aufgerufen am 28.10.2024]

Erne, Rainer (2024): Produktmanagement klipp & klar; Wiesbaden: Springer Gabler

Ernst, Holger (2007): Management der Neuproduktentwicklung; in: Albers, Sönke; Herrmann, Andreas (Hrsg.) (2007): Handbuch Produktmanagement: Strategieentwicklung – Produktplanung – Organisation – Kontrolle; 3. Auflage; Wiesbaden: Gabler; S. 421–444

Fachhochschule Salzburg (o. J.): Design & Produktmanagement, Bachelor of Arts; Fachhochschule Salzburg; https://www.fh-salzburg.ac.at/studium/ed/design-produktmanagement-bachelor [aufgerufen am 24.09.2024]

Fechter, Josh (2024): Guide 2024: Essential Principal Product Manager Skills; Product HQ; https://producthq.org/career/principal-product-manager/principal-product-manager-skills/ [aufgerufen am 24.07.2024]

Freudenreich, Tobias (2023): Product Leadership: Laterale und disziplinarische Führung in modernen Produktorganisationen; in: Hoffmann, Christian Peter; Lennerts, Silke; Schmitz, Christian; Stölzle, Wolfgang; Uebernickel, Falk (Hrsg.) (2016): Business Innovation: Das St. Galler Modell; Wiesbaden: Springer Gabler; S. 257–278

Friedl, Birgit (2007): Erfolgskontrolle; in: Albers, Sönke; Herrmann, Andreas (Hrsg.) (2007): Handbuch Produktmanagement: Strategieentwicklung – Produktplanung – Organisation – Kontrolle; 3. Auflage; Wiesbaden: Gabler; S.815–842

Fuchs, Christoph; Golenhofen, Franziska J. (2024): Disruption und Innovation im Produktmanagement: Methoden und Tools für erfolgreiche Produktgestaltung; Cham/Schweiz: Springer

Gnanasambandam, Chandra; Harrysson, Martin; Srivastava, Shivam; Wu, Yun (2017): Product managers for the digital world; McKinsey & Company; May; https://www.mckinsey.com/industries/technology-media-and-telecommunications/our-insights/product-managers-for-the-digital-world#/ [aufgerufen am 22.10.2024]

Götz, Heike (2022): Konfliktmanagement; in: Hofbauer, Günter; Schwandner, Gerd (2022): Innovationsmanagement als Werthebel für das Beschaffungsmanagement; in: Hecht, Dirk (Hrsg.) (2022): Modernes Beschaffungsmanagement in Lehre und Praxis; Stuttgart: Kohlhammer; S. 108–131

Grant, Robert M. (2022): Contemporary Strategy Analysis; 11th Edition; Hoboken: Wiley

Greiner, Ulf (2023): Produktmanager und Product Owner – wo sind die Unterschiede?; ProduktManageMentor; 17.04.2023; https://www.produktmanagementor.de/pm-ressourcen/blog/produktmanager-und-product-owner-wo-sind-die-unterschiede/ [aufgerufen am 24.07.2024]

Hamel, Gary; Prahalad, C. K. (1994): Competing for the Future; Cambridge: Harvard Business School Press

Harnett, Tim (2010): Consensus-Oriented Decision-Making; Gabriola Island, Canada: New Society Publishers

Harste, Jan; Lunn, Ian; Dickenson, Andrew (o. J./a): Produktmanagement Journal: Einfluss und Kontrolle; Produktmanagement Journal; Ausgabe 13; https://www.produktmanagementor.de/pm-ressourcen/journale/ [aufgerufen am 24.09.2024]

Harste, Jan; Lunn, Ian; Dickenson, Andrew (o. J./b): Produktmanagement Journal: Im Lebenszyklus; Produktmanagement Journal; Ausgabe 15; https://www.produktmanagementor.de/pm-ressourcen/journale/ [aufgerufen am 24.09.2024]

Harste, Jan; Lunn, Ian; Dickenson, Andrew (o. J./c): Produktmanagement Journal: Führen; Produktmanagement Journal; Ausgabe 6; https://www.produktmanagementor.de/pm-ressourcen/journale/ [aufgerufen am 22.10.2024]

Hauschildt, Jürgen; Gemünden, Hans Georg (Hrsg.) (1999): Promotoren: Champions der Innovation; 2. Auflage; Wiesbaden: Gabler

Herrmann, Andreas; Huber, Frank (2013): Produktmanagement: Grundlagen, Methoden, Beispiele; 3. Auflage; Wiesbaden: Springer Gabler

Hochschule Furtwangen (o. J.): IT-Produktmanagement, Bachelor of Science; Hochschule Furtwangen; https://www.hs-furtwangen.de/zukunft-studieren/studiengaenge/it-produktmanagement-bachelor [aufgerufen am 24.09.2024]

Hochschule Kempten (o. J.): Technisches Innovations- und Produktmanagement, Master of Engineering; Hochschule Kempten; https://www.hs-kempten.de/elektrotechnik/master/technisches-innovations-produktmanagement [aufgerufen am 24.09.2024]

Hofbauer, Günter (2018): Professionelles Produktmanagement: Der prozessorientierte Ansatz, Rahmenbedingungen und Strategien; 3. Auflage; Erlangen: Puplicis

Hofbauer, Günter; Bergmann, Sabine (2013): Professionelles Controlling in Marketing und Vertrieb; Erlangen: Publicis

Homburg, Christian (2020): Marketingmanagement: Strategie – Instrumente – Umsetzung – Unternehmensführung; 7. Auflage; Wiesbaden: Springer

Hooper, Andy (o. J.): The Hardest Job in Tech; Product Focus; https://www.productfocus.com/the-hardest-job-in-tech/ [aufgerufen am 24.07.2024]

Horowitz, Ben (2012): Good Product Manager/Bad Product Manager; Andreessen. Horowitz; 15.06.12; https://a16z.com/good-product-manager-bad-product-manager/ [aufgerufen am 01.11.2024]

Horváth, Péter; Gleich, Ronald; Seiter, Mischa (2020): Controlling; 14. Auflage; München: Vahlen

International University (o. J.): Produktmanagement, Bachelor of Arts; International University; https://www.iu-fernstudium.de/lp/bachelor/produktmanagement/?utm_id=752781816&utm_source=google&utm_medium=cpc&utm_campaign=B+-+FS+-+ALLE+-+DACH+-+Brand+Studieng%C3%A4nge&utm_term=iu+produktmanagement&utm_content=120203674735&device=c&gad_source=1&gclid=EAIaIQobChMI55T11oXbiAMVMURBAh01fwt6EAAYAiAAEgJJi_D_BwE [aufgerufen am 24.09.2024]

Kano, Noriaki (1984): Attractive Quality and Must-be Quality; The Journal of the Japanese Society for Quality Control; S. 39–84

Kao, Clement (o. J.): Product Manager vs. Product Marketing Manager: What's the Difference?; Product HQ; https://producthq.org/career/product-marketing-manager/product-manager-vs-product-marketing-manager/ [aufgerufen am 24.09.2024]

Kaplan, Robert S.; Norton, David P. (1992): The Balanced Scorecard – Measures that drive Performance; Harvard Business Review; Vol. 70, No. 1; S. 71–79

Kawasaki, Guy (2014): The art of the start: von der Kunst, ein Unternehmen erfolgreich zu gründen; München: Vahlen

Kittler, Arne (2023): Alignment: Warum gute Abstimmung so wichtig ist – und wie sie gelingt; in: Hoffmann, Christian Peter; Lennerts, Silke; Schmitz, Christian; Stölzle, Wolfgang; Uebernickel, Falk (Hrsg.) (2016): Business Innovation: Das St. Galler Modell; Wiesbaden: Springer Gabler; S. 279–293

Köhler, Richard (2007): Organisation von Produktmanagement; in: Albers, Sönke; Herrmann, Andreas (Hrsg.) (2007): Handbuch Produktmanagement: Strategieentwicklung – Produktplanung – Organisation – Kontrolle; 3. Auflage; Wiesbaden: Gabler; S. 741–762

Koppelmann, Udo (2001): Produktmarketing: Entscheidungsgrundlage für Produktmanager; 6. Auflage; Berlin: Springer

Kotler, Philip; Armstrong, Gary; Lloyd, C. Harris; Hongwei, He (2022): Grundlagen des Marketing; 8. Auflage; Halbergmoos: Pearson

Kotler, Philip; Keller, Kevin Lane; Chernev, Alexander; Opresnik, Marc Oliver (2023): Marketing Management: Konzepte, Instrumente, Unternehmensfallstudien; 16. Auflage; München: Pearson

Lavinsky, Dave (o. J.): The Two Most Important Quotes In Business; growthink.com; https://www.growthink.com/content/two-most-important-quotes-business [aufgerufen am 20.02.2025]

Lawley, Brian; Schure, Pamela (2018): Produktmanagement für Dummies; Weinheim: Wiley

Lunn, Ian (2024): Product Management Dashboard; Product Focus; Blog, Oktober; https://www.productfocus.com/product-management-dashboard-blog/?utm_campaign=2806298_29%20October%20-%20Monthly%20Content%20Digest%20October%2024%20-%20Eddie&utm_medium=email&utm_source=Product%20Focus&dm_i=3ZBS,1O5CQ,9E9GIK,6FN3D,1 [aufgerufen am 05.11.2024]

Lunn, Ian (o. J.): Get out of the office – why product managers need to meet customers; Product Focus; https://www.productfocus.com/why-product-managers-need-to-meet-customers/ [aufgerufen am 24.07.2024]

Mansour, Sherif (o. J.): Produktmanager: Funktion und Best Practices für Einsteiger; Atlassian; https://www.atlassian.com/de/agile/product-management/product-manager [aufgerufen am 01.11.2024]

Matthews, Bradon (2024): What Is a RACI Matrix? Definition, Examples, Uses; Projektmanagement.com; 09.12.2024; https://project-management.com/understanding-responsibility-assignment-matrix-raci-matrix/ [aufgerufen am 07.04.2025]

Matys, Erwin (2018): Praxishandbuch Produktmanagement: Grundlagen und Instrumente; 7. Auflage; Frankfurt: Campus

Meffert, Heribert; Burmann, Christoph; Kirchgeorg, Manfred; Eisenbeiß, Maik (2024): Marketing: Grundlagen marktorientierter Unternehmensführung, Konzepte – Instrumente – Praxisbeispiele; 14. Auflage; Wiesbaden: Springer

Meyer, Anton; Davidson, J. Hugh (2001): Offensives Marketing, Gewinnen mit POISE: Märkte gestalten – Potenziale nutzen; Freiburg: Haufe

Müller-Hagedorn, Lothar; Zielke, Stephan (2007): Category Management; in: Albers, Sönke; Herrmann, Andreas (Hrsg.) (2007): Handbuch Produktmanagement: Strategieentwicklung – Produktplanung – Organisation – Kontrolle; 3. Auflage; Wiesbaden: Gabler; S. 915–940

Müller-Stevens, Günter; Lechner, Christoph (2011): Strategisches Management: wie strategische Initiativen zum Wandel führen; 4. Auflage; Stuttgart: Schäffer-Poeschel

Nguyen, Karina (2025): OpenAI researcher on why soft skills are the future of work | Karina Nguyen (Research at OpenAI, ex-Anthropic); Lenny's Podcast; 09.02.2025; https://www.lennysnewsletter.com/p/why-soft-skills-are-the-future-of-work-karina-nguyen?utm_source=post-email-title&publication_id=10845&post_id=155278140&utm_campaign=email-post-title&isFreemail=true&r=4n4r5u&triedRedirect=true [aufgerufen am 10.02.2025]

Nika, Marily (2025): Google's AI product lead Marily Nika on the new PM toolkit; Lenny's Podcast; 01.12.2025; https://www.lennysnewsletter.com/p/this-week-on-how-i-ai-pms-who-use?utm_source=post-email-title&publication_id=10845&post_id=180061491&utm_campaign=email-post-title&isFreemail=true&r=4n4r5u&triedRedirect=true [aufgerufen am 02.12.2025]

Paetzold, Kristin (2021): Nutzerbedürfnisse; in: Bender, Beate; Gericke, Kilian (Hrsg.) (2021): Pahl/Beitz Konstruktionslehre: Methoden und Anwendung erfolgreicher Produktentwicklung; 9. Auflage; Berlin: Springer Vieweg; S. 137–168

Pepels, Werner (2017): Grundprinzipien des Produktmarketings: 20 Bausteine zum professionellen Management von Produkten und Programmen; Berlin: Duncker&Humblot

Perri, Melissa (2024): Melissa Perri on product owners vs. managers, SAFe issues, and leveling up non-tech product teams; Lenny's Podcast; 10.11.2024; https://www.lennysnewsletter.com/p/product-owners-melissa-perri?utm_source=podcast-email%2Csubstack&publication_id=10845&post_id=150243572&utm_campaign=email-play-on-substack&utm_medium=email&r=4n4r5u&triedRedirect=true [aufgerufen am 15.11.2024]

Pichler, Roman (2022): Leadership in Produktmanagement: Wie Sie Stakeholder und Entwicklungsteams effektiv führen; Heidelberg: dpunkt

Pragmatic Institute (2024): The 2024 state of Product Management & Product Marketing Report; PragmaticInstitute.com; https://www.pragmaticinstitute.com/resources/state-of-product-management-marketing/ [aufgerufen am 02.10.2025]

Prahalad, Coimbatore Krishnarao (1998): Managing Discontinuities: The Emerging Challenge; Research Technology Management; Vol. 14, No. 3; S. 14–22

Product Focus (2024a): Product management in a world of digital transformation; Product Focus; White Paper, p003–2207; https://www.productfocus.com/wp/wp-content/uploads/2021/10/White-paper-Product-management-in-a-world-of-digital-transformation.pdf?utm_campaign=2803581_14%20October%202024%20%20-%20%20Product%20management%20in%20a%20world%20of%20digital%20transformation%20-%20%20White%20paper%20-%20Eddie&utm_medium=email&utm_source=Product%20Focus&dm_i=3ZBS,1O399,9E9GIK,6FB9U,1 [aufgerufen am 22.10.2024]; October

Product Focus (2024b): Revolutionizing Product Innovation: Lessons from Apple's AirPods Pro Strategy; Product Focus Blog; https://www.productfocus.com/revolutionizing-product-innovation-lessons-from-apples-airpods-pro-strategy/ [aufgerufen am 18.12.2024]

Product Focus (2025a): 2025 Survey of the Product Management Profession; Product Focus; https://www.productfocus.com/wp/wp-content/uploads/2025/04/Product-Focus-Industry-Survey-R001-2502.pdf?utm_campaign=2869664_29%20April%20%20-%20Monthly%20Content%20Digest%20April%2025%20-%20Eddie&utm_medium=email&utm_source=Product%20Focus&dm_i=3ZBS,1PI8W,9E9GIK,6NA6M,1 [aufgerufen am 28.04.2024]

Product Focus (2025b): The AI value curve for Product Managers; Product Focus; https://www.productfocus.com/wp/wp-content/uploads/2025/03/AI-value-curve-for-product-managers-I019-2503-1.pdf [aufgerufen am 28.07.2025]

Product Focus (o. J.): Produktmanagement-Reifemodell; Product Focus; https://www.productfocus.com/wp/wp-content/uploads/2018/10/Produktmanagement-Reifemodell.pdf [aufgerufen am 24.09.2024]

Product HQ (2024): GUIDE 2024: What Does a Product Marketing Manager Do?; Product HQ; https://producthq.org/career/product-marketing-manager/ [aufgerufen am 24.09.2024]

ProduktManageMentor (2023): Marktstudie 2023: Produktmanagement und Produktmarketing; ProduktManageMentor; https://www.produktmanagementor.de/pm-ressourcen/reports/marktstudie/ [aufgerufen am 24.07.2024]

ProduktManageMentor (2025): Marktstudie 2025 Produktmanagement und Produktmarketing; ProduktManageMentor; https://www.produktmanagementor.de/wp-content/themes/produktmanagementor/php/convTracking/download.php?did=11720 [aufgerufen am 08.07.2025]

ProduktManageMentor (o. J./a): Alles zum Produktmanagement; ProduktManageMentor; https://www.produktmanagementor.de/produktmanagement/?utm_source=pocket_list [aufgerufen am 24.07.2024]

ProduktManageMentor (o. J./b): Die Aufgaben im Produktmanagement; ProduktManageMentor; https://www.produktmanagementor.de/infografiken/die-aufgaben-im-produktmanagement/ [aufgerufen am 24.07.2024]

Rehkopf, Max (o. J.): Was ist Produktmanagement?; Atlassian; https://www.atlassian.com/de/agile/product-management [aufgerufen am 26.04.2025]

Reichmann, Thomas; Kißler, Martin; Baumöl, Ulrike (2017): Controlling mit Kennzahlen: Die systemgestützte Controlling-Konzeption; 9. Auflage; München: Vahlen

Roelofs, Patrick (2023): Produktmanagement ganzheitlich verstanden Tipps, die helfen sollen, ein herausragender Produktmanager zu werden; in: Hoffmann, Christian Peter; Lennerts, Silke; Schmitz, Christian; Stölzle, Wolfgang; Uebernickel, Falk (Hrsg.) (2016): Business Innovation: Das St. Galler Modell; Wiesbaden: Springer Gabler; S. 233–246

Roger (2021): Whole Product Concept – A Quick Guide for the Expert PM; Productside; 20.01.2021; https://www.productside.com/whole-product-concept-a-quick-guide-for-the-expert-pm-webinar/ [aufgerufen am 26.08.2024]

Rosenberg, Marshall B. (2015): Nonviolent Communication: A Language of Life; 3rd Edition; Encinitas, CA: PuddleDancer Press

Schulke, Robert; Blaase, Nikkel (2023): Product Sense: Der unschätzbare Wert von Intuition im Produktmanagement; in: Hoffmann, Christian Peter; Lennerts, Silke; Schmitz, Christian; Stölzle, Wolfgang; Uebernickel, Falk (Hrsg.) (2016): Business Innovation: Das St. Galler Modell; Wiesbaden: Springer Gabler; S. 247–256

Schultheiß, Michael; Gehrke, David; Göcke, Lutz (2023): Produktorganisationen: Wie erfolgreiche Unternehmen ihre Produktorganisation als Wettbewerbsvorteil einsetzen; in: Hoffmann, Christian Peter; Lennerts, Silke; Schmitz, Christian; Stölzle, Wolfgang; Uebernickel, Falk (Hrsg.) (2016): Business Innovation: Das St. Galler Modell; Wiesbaden: Springer Gabler; S. 351–371

Schwandner, Gerd A. (2002): Strategiebildung im Softwaregeschäft: Entwurf eines integrierten, ressourcen- und kompetenzenbasierten Planungsprozesses; Dissertation an der RWTH Aachen; https://publications.rwth-aachen.de/record/56999 [aufgerufen am 30.09.2024]

Sörgens, Cansel (2023): Produktstrategie umsetzen und validieren mit Objectives und Key Results (OKR); in: Hoffmann, Christian Peter; Lennerts, Silke; Schmitz, Christian; Stölzle, Wolfgang; Uebernickel, Falk (Hrsg.) (2016): Business Innovation: Das St. Galler Modell; Wiesbaden: Springer Gabler; S. 65–94

Tidd, Joe; Bessant, John (2018): Managing Innovation: Integrating Technology, Market and Organizational Change; 6th Edition; Hoboken: Wiley

Tuckman, Bruce Wayne (1965): Developmental sequence in small groups; Psychological Bulletin; Vol. 63, No. 6; S. 384–399

University of Europe (o. J.): Digital Product Management, Bachelor of Arts; University of Europe; https://www.ue-germany.com/programmes/bachelor/digital-product-management [aufgerufen am 24.09.2024]

Vahs, Dietmar; Brem Alexander (2015): Innovationsmanagement: Von der Idee zur erfolgreichen Vermarktung; 5. Auflage; Stuttgart: Schäffer-Poeschel

Vaidya, Ketaki; Fulara, Aqsa (2024): Crafting a go-to-market strategy for enterprise product management; mindthePRODUCT; 26.03.2024; https://www.mindtheproduct.com/crafting-a-go-to-market-strategy-for-enterprise-product-management/?utm_source=chatgpt.com [aufgerufen am 26.02.2025]; Ketaki Vaidya, AI Product Manager at Oracle, and Aqsa Fulara, Product Manager at Google

Vandermerwe, Sandra; Rada, Juan (1988): Servitization of business: Adding value by adding services; European Management Journal; Vol. 6, Nr. 4; S. 314–324

VDI (2017): VDI Richtlinie 4520 Blatt 1: Produktmanagement: Einführung und Grundlagen; Düsseldorf: Verein Deutscher Ingenieure; Januar

Voss, Chris (2016): Never Split the Difference: Negotiating as if Your Life Depended on it; New York: HarperBusiness

Walter, Jules (2022): How to develop product sense; Lenny's Newsletter; 15.03.2022; https://www.lennysnewsletter.com/p/product-sense?utm_source=publication-search [aufgerufen am 28.10.2024]

Weiber, Rolf; Kollmann, Tobias; Pohl, Alexander (2006): Das Management technologischer Innovationen; in: Kleinaltenkamp, Michael; Plinke, Wulff; Jacob, Frank; Söllner, Albrecht (Hrsg.) (2006): Markt- und Produktmanagement: Die Instrumente des Business-to-Business-Marketing; 2. Auflage; Wiesbaden: Gabler; S. 83–208

Wille, Petra (2023): Product Evangelizing und Storytelling: Wie Produktmanager*innen mit guten Geschichten überzeugen; in: Hoffmann, Christian Peter; Lennerts, Silke; Schmitz, Christian; Stölzle, Wolfgang; Uebernickel, Falk (Hrsg.) (2016): Business Innovation: Das St. Galler Modell; Wiesbaden: Springer Gabler; S. 295–311

Winkelmann, Peter (2010): Marketing und Vertrieb: Fundamente für die marktorientierte Unternehmensführung; 7. Auflage; München: Oldenbourg

Winkelmann, Peter (2023): Marketing und Vertrieb: Fundamente für die marktorientierte Unternehmensführung; 9. Auflage; Berlin: De Gruyter

Wöhe, Günter (2002): Einführung in die Allgemeine Betriebswirtschaftslehre; 21. Auflage; München: Vahlen

3 Strategische Grundlagen des Produktmanagements

Die **Strategielehre** hat militärische Wurzeln. So werden im ersten Kapitel vieler Lehrbücher gerne Clausewitz oder Sun-Tzu zitiert.[345] Der Strategiebegriff im betriebswirtschaftlichen Kontext ist im Vergleich zum militärischen Verständnis („Mittelwahl zum Erreichen definierter Ziele“) weiter gefasst, da auch die Zielbildung als Teil der Strategie angesehen wird.

Strategisches Management bedeutet nach Mintzberg: „Capturing what the manager learns from all sources (both soft insights and hard data) and then synthesizing that learning into a vision of the direction that the business should pursue.“[346] Übergeordnetes Ziel des strategischen Managements von Unternehmen ist das permanente Streben nach betrieblichen Gewinnen. Der **strategischen Planung** weist Mintzberg die Ausarbeitung und Formulierung von bereits bekannten „Visionen“ zu.[347] Für Bea und Haas stellen strategische Planung und strategisches Management unterschiedliche Entwicklungsphasen der Managementpraxis dar, wobei das strategische Management zusätzlich die „soft facts“ berücksichtigt, die Einbeziehung aller Führungssysteme im Unternehmen verlangt und den „strategic fit“-Gedanken in den Mittelpunkt stellt.[348]

3.1 Strategische Planung des Unternehmens

Die **strategische Planung** ist „ein informationsverarbeitender Prozess zur Abstimmung von Anforderungen der Umwelt mit den Potenzialen des Unternehmens in der Absicht, mithilfe von Strategien den langfristigen Erfolg eines Unternehmens zu sichern“.[349] Strategien sind dabei Maßnahmen zur langfristigen Sicherung des Unternehmenserfolgs. Im Gegensatz zur operativen Planung ist die strategische Planung weniger detailliert, auch auf die Umwelt ausgerichtet und antizipativ (vgl. Tabelle 3.1). Ziel ist es, Erfolgspotenziale zu entwickeln und zu erhalten. In der Verantwortung steht die Unternehmensleitung.

345 Vgl. stellvertretend Grant (2022), S. 10–11; Ghemawat (2001), S. 2; dabei wird Clausewitz als derjenige angesehen, der in seiner Abhandlung „Vom Kriege“ erstmals einen exakten Strategiebegriff verwendet.

346 Mintzberg (1994), S. 107.

347 Vgl. Mintzberg (1994), S. 112–114.

348 Vgl. Bea/Haas (2024), S. 14–16.

349 Vgl. Bea/Haas (2024), S. 59.

 | https://doi.org/10.1515/9783111558806-003

Tabelle 3.1: Unterschiede strategische und operative Planung.[350]

Charakteristikum	Strategische Planung	Operative Planung
Planungshorizont	Langfristig	kurzfristig
Unsicherheitsgrad	Hoch	Gering
Grad der Detaillierung	Gering	Hoch
Erfolgspotenziale	… Entwickeln & erhalten	… Nutzen
Gegenstand	Geschäftseinheit	Spezieller Prozess
Verantwortlichkeit	Unternehmensleitung	Untere Führungsebene
Verhaltensweise	Proaktiv / antizipativ	Reaktiv

Die Schritte des strategischen Planungsprozesses werden in der Literatur weitgehend ähnlich dargestellt. Ausgangspunkt sind Ziele. Daraufhin erfolgt eine strategische Situationsanalyse, die das relevante Umfeld und die Branche bzw. den Markt umfasst. Außerdem wird der Blick „nach innen" auf strategische Ressourcen und Kompetenzen des Unternehmens gerichtet. Auf Basis der Analyse wird schließlich eine Strategie formuliert und umgesetzt. Der Strategieprozess umfasst also die in Abbildung 3.1 aufgeführten fünf Schritte:

Abbildung 3.1: Phasen strategischer Planung.[351]

350 Vgl. Bea/Haas (2024), S. 61; zwischen strategischer und operativer Planung wird in der Literatur häufig noch die taktische Planung erwähnt, welche hier nicht weiter erläutert werden soll, vgl. z. B. Wöhe (2002), S. 105.

351 Vgl. z. B. Bea/Haas (2024), S. 62; Grant (2022), S. 9; Welge u. a. (2024), S. 207; Homburg (2020), S. 506; Horváth u. a. (2020), S. 92.

Die in Abbildung 3.1 dargestellten Schritte werden im Folgenden erläutert. Das in diesem Buch thematisierte Thema **Produktmanagement** fällt in den fünften Schritt der **Strategieimplementierung**. Ein Verständnis der vorherigen Analysen und Vorgaben bildet jedoch die Basis für erfolgreiches Produktmanagement.

3.1.1 Zielbildung

Die betriebswirtschaftliche Forschung beantwortet nicht klar, ob die Zielbildung als Ganzes Teil der strategischen Planung oder vorgeschaltet ist. Im Weiteren sollen die obersten Zielebenen der Pyramide in Abbildung 3.2 – Vision und Mission – außerhalb der „normalen" strategischen Planung stehen, während die Zielbildung auf den Ebenen darunter den ersten Schritt im Prozess darstellen soll.

„**Unternehmensziele** [...] stellen ganz allgemein Orientierungs- bzw. Richtgrößen für unternehmerisches Handeln dar",[352] beantworten also die Frage: „Wo wollen wir hin?" Sie sind konkrete Aussagen über angestrebte Zustände bzw. Ergebnisse, die aufgrund von unternehmerischen Maßnahmen erreicht werden sollen. Ziele haben sechs **Funktionen:**[353]

- Entscheidungsfunktion – Ziele liefern Kriterien für die Bewertung von Alternativen.
- Koordinationsfunktion – Ziele helfen, Teilaktivitäten zu integrieren und auszurichten.
- Motivationsfunktion – Ziele motivieren Mitarbeiter und geben Anreize.
- Informationsfunktion – Ziele informieren sowohl die Mitarbeiter als auch die Unternehmensumwelt über die künftigen Aktivitäten des Unternehmens.
- Kontrollfunktion – Ziele schaffen die Voraussetzungen für einen Soll-Ist-Vergleich und damit für die Kontrolle des Erfolgs.
- Legitimationsfunktion – Ziele dienen als Rechtfertigung gegenüber Außenstehenden.

3.1.1.1 Zielebenen

Es gibt unterschiedliche Kategorisierungen von Zielen. Zunächst sind unterschiedliche **Ebenen von Zielen** zu unterscheiden, wie die in Abbildung 3.2 dargestellte Zielpyramide zeigt:

352 Becker (2019), S. 14.
353 Vgl. Bea/Haas (2024), S. 78–79.

Abbildung 3.2: Zielpyramide.[354]

Die **Vision** beschreibt das langfristige Ziel oder den gewünschten Zustand, den ein Unternehmen erreichen möchte. Sie gibt die Richtung vor und inspiriert alle Beteiligten, auf ein gemeinsames Ziel hinzuarbeiten. Eine Vision sollte ambitioniert und zukunftsorientiert sein.[355] Nach Müller-Stevens/Lechner sollte eine Vision sinnstiftend, motivierend, handlungsleitend und integrierend sein.[356] Eine Vision sollte nach Ansicht von Becker von „mittlerer Kühnheit" sein und einer „machbaren Utopie" entsprechen.[357] Beispiel: „Unsere Vision ist es, die weltweit führende Plattform für nachhaltige Mobilität zu werden."

Die **Mission** definiert den Zweck bzw. den „Auftrag" des Unternehmens. Sie beschreibt, was das Unternehmen tut, für wen es das tut und wie es seine Ziele erreichen möchte. Sie legt Werte und Prinzipien für die Arbeit im Unternehmen und Verhaltensrichtlinien fest.[358] Gemäß Sinek solle eine Mission eher beinhalten, „warum" ein Unternehmen etwas tut, und weniger, „wie" oder „was".[359] Corporate Social Responsibility sollte in der Mission von Unternehmen verankert sein.[360] Beispiel: „Unsere Mission ist es, innovative und umweltfreundliche Mobilitätskonzepte anzubieten."

---

355 Vgl. Welge u. a. (2024) S. 215–217

354 Vgl. Bea/Haas (2024), S. 80; Becker (2019), S. 28; Becker verwendet die Begriffe „allgemeine Wertvorstellung" und „Unternehmenszwecke" anstelle von Vision und Mission. Er differenziert außerdem Funktionsziele weiter in Aktionsfeldziele und Instrumentalziele.

356 Vgl. Müller-Stevens/Lechner (2011), S. 225.

357 Vgl. Becker (2019), S. 48.

358 Vgl. z. B. Müller-Stevens/Lechner (2011), S. 227–228; Kotler u. a. (2022), S. 98–103; Welge u. a. (2024), S. 215–217.

359 Vgl. Sinek (2011); Sinek empfiehlt in seinem Golden-Circle-Modell, in der Reihenfolge „why, how, what" zu kommunizieren. Er kritisiert, dass viele Unternehmen mit ihren Produkten (dem „what") beginnen.

360 Vgl. Bea/Haas (2024), S. 84.

Die **Unternehmensziele** präzisieren die abstrakten Konzepte von Vision und Mission in konkrete, erreichbare Ergebnisse. Die Ziele sind die Verbindung zwischen der langfristigen Ausrichtung des Unternehmens und der täglichen Arbeit und Planung. Sie stellen Orientierungs- und Richtgrößen für unternehmerisches Handeln dar.[361] Beispiele: „Wir errichten bis Ende 2027 ein Werk in den USA" oder „Im Jahr 2025 soll der Umsatz im Bereich XY auf 80 Million Euro gesteigert werden".

Unternehmensziele müssen messbar gemacht, zeitlich abgegrenzt und auf die einzelnen **Geschäftsbereiche** heruntergebrochen werden. Eine weitere Deduktion der Geschäftsbereichsziele erfolgt auf die Funktionen des jeweiligen Geschäftsbereichs. **Funktionale Ziele** sind der Aufgabe entsprechend unterschiedlich. Beispiele:[362]

- Beschaffung: Reduktion der Preise für Beschaffungsgüter, Verringerung des Lagerbestands
- Entwicklung: Einhaltung der Projektkostenbudgets, Entwicklung bestimmter Technologien
- Fertigung: Senkung der Fertigungskosten, Reduktion des Energieverbrauchs
- Marketing: Erhöhung des Marktanteils, Erhöhung der Markenbekanntheit
- Finanzierung: Senkung der Kapitalkosten, Erhöhung des Cashflows
- Personal: Verringerung der Fluktuation, Erhöhung der Mitarbeiterzufriedenheit

Unterhalb der funktionalen Ziele kann weiter in **Aktionsfeldziele und Instrumentalziele** differenziert werden.[363] Innerhalb der Funktion Marketing können beispielsweise die Aktionsfelder Distribution, Kommunikation und Markenmanagement unterschieden werden. Innerhalb des Marketing-Aktionsfeldes Kommunikation werden Instrument wie TV-Werbung oder Öffentlichkeitsarbeit genutzt, welche durch spezifische Instrumentalziele zu steuern sind.

Zur Konkretisierung strategischer Ziele sowohl auf der Unternehmensebene als auch auf der Geschäftsbereichs- und der Funktionsbereichsebene werden **Kennzahlen** eingesetzt. Diese schaffen Klarheit hinsichtlich der Zielvorgaben und ermöglichen die Messung der Zielerreichung. Kennzahlen spielen insbesondere im Rahmen des wertorientierten Managements eine wichtige Rolle. Hierbei werden Erfolgsgrößen und Rentabilitäten unterschieden. Ein Beispiel für ein wertorientiertes Kennzahlensystem ist das DuPont-System (vgl. Abbildung 3.3):

361 Vgl. z. B. Becker (2019), S. 14; Müller-Stevens/Lechner (2011), S. 237; Meffert u. a. (2024), S. 264.

362 Auf die Ziele im Bereich Produktmanagement wird in Kap. 2.4.3 eingegangen.

363 Vgl. Becker (2019), S. 57–60.

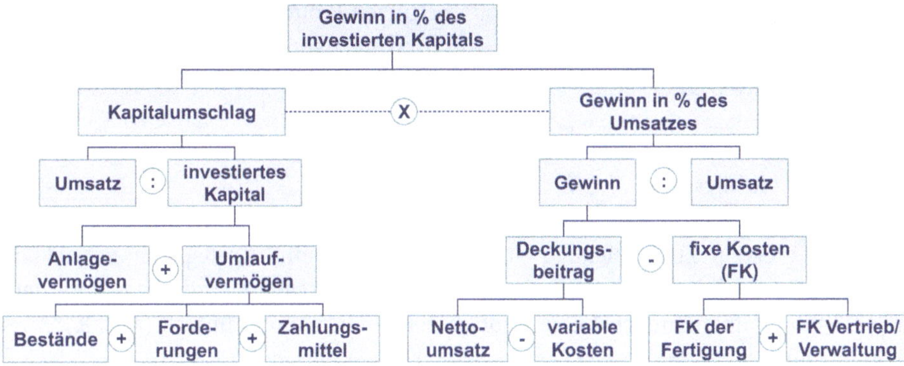

Abbildung 3.3: DuPont-Kennzahlensystem.[364]

Das Hauptziel eines Geschäftsbereiches „Gewinn in % des investierten Kapitals“ wird stufenweise auf Unterziele deduziert. Diese können dann als Ziel für operative Einheiten vorgegeben werden, z. B. Bestandsziele für die Fertigung oder Umsatz und Forderungsbestand für den Vertrieb.

Eine in der Praxis auf funktionaler Ebene häufig angewendete Methodik zur Zieldeduktion ist **Objectives and Key Results (OKR)**.[365] Ein Vorteil der Methode ist, dass der Weg zum Ziel durch Zwischenschritte beschrieben, verfolgt und ggf. angepasst werden kann (agiles Prinzip).

3.1.1.2 Zielkategorien

Die Ziele auf den Pyramidenebenen 3, 4 und 5 korrespondieren mit den Strategieebenen (vgl. Kap. 3.1.4.1 bzw. Abbildung 3.13). Unternehmens- und Geschäftsbereichsziele können in folgende **Kategorien** eingeteilt werden:[366]

- Marktleistungsziele, z. B. Qualität von Produkt und Kundenservice
- Marktstellungsziele, z. B. Marktanteil
- Rentabilitätsziele, z. B. Gewinn, Eigenkapitelrentabilität
- finanzielle Ziele, z. B. Kreditwürdigkeit, Liquidität
- Macht- und Prestigeziele, z. B. Unabhängigkeit, Markenimage
- soziale Ziele, z. B. soziale Sicherheit, Mitarbeiterzufriedenheit
- gesellschaftsbezogene Ziele, z. B. Umweltschutz, Kulturförderung

364 Vgl. z. B. Bea/Haas (2024), S. 85; Becker (2019), S. 52.

365 Vgl. Kap. 2.4.2 (Kontrollsystem für Produktmanagement).

366 Vgl. Becker (2019), S. 16–18; Meffert u. a. (2024), S. 265; alternativ teilt Bruhn strategische Ziele ein in unternehmensgerichtet (z. B. Gewinn, Umsatz, Auslastung), wettbewerbsgerichtet (z. B. Marktanteil, Technologieführerschaft) und kundengerichtet (z. B. Kundenwahrnehmung des Unternehmens, Kundenzufriedenheit, Kundenloyalität), vgl. Bruhn (2024), S. 56–57.

Einzelne Ziele können sich gegenseitig unterstützen (komplementäre Ziele), konkurrierend oder unabhängig voneinander sein. Entsprechend müssen Ziele von der Unternehmensleitung ggf. priorisiert werden.[367]

3.1.2 Umweltanalyse

Um einen Weg zur Zielerreichung zu bestimmen bzw. eine Strategie zu entwickeln, bedarf es einer fundierten Analyse der strategischen Ausgangssituation des Unternehmens. Diese umfasst zunächst eine Analyse der Unternehmensumwelt (Kap. 3.1.2) gefolgt von einer Analyse der unternehmensinternen Situation (Kap. 3.1.3).

Die **Umweltanalyse** besteht darin, die Gegebenheiten und Veränderungen der Umwelt zu erkennen und deren Einfluss auf das Unternehmen einzuschätzen. Darauf basierend sind frühzeitig Chancen und Risiken für das Unternehmen zu identifizieren und entsprechende strategische Entscheidungen zu treffen.[368] In Zeiten dynamischer Veränderungen und Komplexität kommt der Umweltanalyse eine essenzielle Bedeutung zu.

Das **Umfeld** kann laut Müller-Stevens als System von Anspruchsgruppen („Stakeholdern") aufgefasst werden. Gegenstand der Umweltanalyse sind folglich externe Stakeholder wie Kunden, Lieferanten, Banken, Öffentlichkeit und staatliche Stellen. „Diese Stakeholder beeinflussen das Unternehmen in seiner Entwicklung, da sie einen materiellen oder immateriellen Anspruch (‚stake') an das Unternehmen bei sich wahrnehmen; umgekehrt werden sie aber auch durch das Handeln des Unternehmens beeinflusst."[369] Stakeholder haben einerseits unterschiedliche Erwartungen an ein Unternehmen und verfügen andererseits über eine spezifische Machtposition gegenüber dem Unternehmen, welche es zu analysieren gilt. Obwohl der Kreis der Anspruchsgruppen tendenziell größer wird, sollten sich Unternehmen auf Stakeholder mit legitimen Interessen und großer Macht gegenüber dem Unternehmen konzentrieren. Ziel des Unternehmens ist es, die Stakeholder-Interessen bestmöglich zu erfüllen. Hierfür sind folgende Schritte erforderlich:[370]

- Identifikation der Anspruchsgruppen, z. B. anhand von Checklisten
- Ermittlung der Relevanz der Anspruchsgruppen, z. B. anhand einer Matrix, die die Beinflussbarkeit der Stakeholder versus deren Relevanz darstellt. Hieraus erfolgt eine Priorisierung der Stakeholdergruppen.
- Ermittlung der (unterschiedlichen) Stakeholder-Erwartungen und Entwicklung von Stakeholder-spezifischen Nutzenversprechen
- Ableitung von Stakeholder-spezifischen Zielen, Strategien und Maßnahmen

367 Vgl. Becker (2019), S. 20–21; Winkelmann (2023), S. 117–118.
368 Vgl. z. B. Homburg (2020), S. 504; Bea/Haas (2024), S. 107.
369 Müller-Stevens/Lechner (2011), S. 154.
370 Vgl. Müller-Stevens/Lechner (2011), S. 160–164; Bea/Haas (2024), S. 126–130.

Für die konkrete Analyse der externen Umwelt schlagen Müller-Stevens/Lechner vier Elemente vor (vgl. Abbildung 3.4):

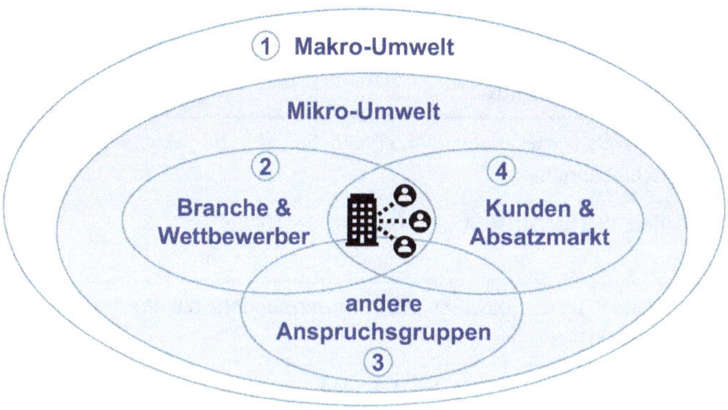

Abbildung 3.4: Externe Analyse.[371]

Die Analyse der Mikro-Umwelt kann alternativ als erweiterte Branchenanalyse („industry analysis“) bezeichnet werden.[372] Im Folgenden soll eine separate Betrachtung der vier in Abbildung 3.4 genannten Elemente erfolgen.

3.1.2.1 Analyse der Makro-Umwelt

Die globale oder Makro-Umwelt umfasst die Menge der Bedingungen in einem geografischen Raum, die für eine größere Anzahl von Unternehmen gelten und den Handlungsspielraum der Unternehmen sowohl direkt als auch indirekt beeinflussen. Im Gegensatz zur Mikro-Umwelt (Branche oder Markt) kann die globale Umwelt durch das Unternehmen nicht oder nur eingeschränkt kontrolliert und beeinflusst werden. Sie stellt den Rahmen dar, in dem das Unternehmen agiert und an dem sich das Unternehmen anpassen muss, um einen „strategischen Fit“ zu erreichen.[373]

Es gibt eine Vielzahl von Möglichkeiten, die Umwelt zu klassifizieren.[374] Eine in der Praxis verbreitete Methode ist die **PESTEL-Analyse** (vgl. Tabelle 3.2).[375] Diese

371 Vgl. Müller-Stevens/Lechner (2011), S. 169; Homburg teilt die Mikro-Umwelt in Nachfrager und Wettbewerber ein, vgl. Homburg (2020), S. 505; Bea u. a. sprechen von Marktanalyse und subsumieren die Elemente Marktpotenzial, Marktstruktur (Wettbewerber, Lieferanten, Abnehmer) und Produktbeschaffenheit, vgl. Bea/Haas (2024), S. 110; Grant unterteilt die Analyse lediglich in Lieferanten, Wettbewerber und Kunden, vgl. Grant (2022), S. 56.

372 Vgl. Grant (2022), S. 55–57.

373 Vgl. Welge u. a. (2024) S. 309.

374 Vgl. Bea/Haas (2024), S. 124.

375 Laut Welge u. a. ist die am häufigsten in der Literatur verwendete Einteilung die von Farmer und Richman aus dem Jahre 1970, welche die globale Umwelt in politisch-rechtliche, ökonomische, soziokulturelle und technologische Umweltfaktoren einteilt, vgl. Welge u. a. (2024), S. 312. Kotler nennt die

hilft, systematisch die externen Einflüsse zu identifizieren und deren Relevanz für das Unternehmen zu bewerten.

Tabelle 3.2: Umweltanalyse, PESTEL.

Analysesegment	Ausgewählte Indikatoren/Trends
Politisch (Political)	Regierungspolitik, Handelsgesetze und -ankommen, Steuern und Subventionen, geopolitische Verschiebungen
Ökonomisch (Economical)	Konjunktur, Inflation, Wechselkurse, Arbeitslosigkeit, Reallöhne
Sozio-kulturell (Social)	Demografischer Wandel, Umweltbewusstsein, Konsumgewohnheiten, Wertewandel, Gesundheitsbewusstsein, Freizeitverhalten
Technologisch (Technological)	Neue Technologien (z. B. KI, Blockchain, IoT, 5G, Cloudcomputing, Gentechnik, Lasertechnik), aktuelle Forschungsfelder
Ökologisch (Ecological)	Öko-Bilanzierung, Umweltauflagen, Abgaben aus Emissionshandel
Rechtlich (Legal)	Arbeitsrecht, Wettbewerbsrecht, Verbraucherschutz, Datenschutzrichtlinien

Eine wichtige Quelle zur Identifikation und Analyse von Umweltveränderungen ist die **Trendforschung**.[376] Diese zeigt auf globaler Ebene (Megatrends) oder in spezifischen Bereichen (z. B. Technologie, Demografie), welche langfristigen Entwicklungen zu erwarten sind und in welchem Stadium sich diese aktuell befinden.

Die Analyse der Makro-Umwelt soll Unsicherheiten über zukünftige Entwicklungen erfassen und strukturieren. Ziel in dieser „**strategischen Vorausschau** ist die frühzeitige Identifikation neuer Entwicklungen im Umfeld des Unternehmens und die firmenweite Auseinandersetzung mit den wichtigsten dieser Trends und Szenarien“ .[377] Die Aktivitäten lassen sich in das systematische **Scanning** der Umwelt und in das **Monitoring** relevanter Einzelphänomene einteilen. Als Resultat soll die Zukunft proaktiv entworfen werden:

– **Gefahren** sollen erkannt und bearbeitet werden, bevor sie problematisch und zu Risiken für das Unternehmen werden.

Kräfte Demografie, Wirtschaft, Umwelt, Technologie, Politik und Kultur, vgl. Müller-Stevens/Lechner (2011), S. 154. Die genannten Faktoren entsprechen weitgehend dem PESTEL-Framework.

376 Das Zukunftsinstitut zeigt 12 Megatrends auf, vgl. Zukunftsinstitut (2023). Einen Stand zum Thema künstliche Intelligenz liefert z. B. McKinsey, vgl. \26. Allgemeine Technologietrends werden jährlich vom Marktforscher Gartner publiziert, vgl. Gartner (2024). Eine Übersicht wichtiger demografischer Entwicklungen liefern Kotler u. a., vgl. Kotler u. a. (2022), S. 154–164.

377 Müller-Stevens/Lechner (2011), S. 192.

- **Gelegenheiten** sollen aufgespürt und als geschäftliche Chance genutzt werden, bevor die Konkurrenz diese realisiert.

Unter anderem folgende Instrumente und Methoden stehen zur Verfügung:[378]

- Die Methode der **Frühaufklärung** ist ein systematischer Ansatz zur Identifizierung und Bewertung von „schwachen Signalen“ und Trends in der Unternehmensumwelt, um potenzielle Chancen und Risiken frühzeitig zu erkennen. Sie zielt darauf ab, Entscheidungsträgern relevante Informationen zur Verfügung zu stellen, bevor Entwicklungen im Markt, in der Technologie oder in der Regulierung offensichtlich werden. Dem Ansatz liegt die zentrale These zugrunde, dass größere Veränderungen oder Diskontinuitäten in der Umwelt nicht abrupt auftreten, sondern sich durch sog. schwache Signale ankündigen. Daher werden Daten aus verschiedenen Quellen wie Fachzeitschriften, Marktstudien, Social Media, Benchmarking oder Beobachtungen von Wettbewerbern permanent und systematisch gesammelt. Identifizierte Signale werden auf ihre Relevanz und mögliche Auswirkungen hin bewertet.
- Während die Frühaufklärung ein sehr breites Spektrum abdecken muss und eher allgemeine Aussagen liefert, sollen **Prognoseverfahren** zukünftige Entwicklungen anhand qualitativer Prognoseaussagen oder quantitativer Prognosewerte in Form konkreter Prognosen möglichst exakt beschreiben. In qualitativen Prognosen stützt man sich auf Erfahrungen und Kenntnisse von Experten, z. B. in der Delphi-Methode.[379] Quantitative Verfahren nutzen eine Prognosefunktion, die Prognosewerte auf Basis erklärender Größen ermittelt. Ein Nachteil von Prognoseverfahren ist, dass Diskontinuitäten i. d. R. nicht erkannt werden können.
- Während Prognoseverfahren eine mögliche Zukunftsentwicklung ermitteln, zeigen **Szenariotechniken** mehrere mögliche Zukunftsentwicklungen (Szenarien) auf.[380] Dies ist insbesondere bei hoher Unsicherheit und diskontinuierlichen Entwicklungen von Vorteil. Neben der Beschreibung der Szenarien liefert die Szenarioanalyse auch Aussagen über deren Eintrittswahrscheinlichkeiten. Der Szenario-Trichter veranschaulicht das Prinzip der Methode: Die Entwicklung der nahen Zukunft ist weitgehend festgelegt. Je weiter man in die Zukunft blickt, desto größer wird das Spektrum möglicher Entwicklungen. Als Resultat dieser zukunftsgerichteten Betrachtungsweise erhält man unterschiedliche Szenarien, wobei die Entwicklung dieser Szenarien auf der Berücksichtigung von Trends und Störereignissen beruht. Entweder legt man sich auf ein Leitszenario fest oder man entwickelt Strategien

378 Vgl. z. B. Homburg (2020), S. 512–514; Bea/Haas (2024), S. 314–334; Müller-Stevens/Lechner (2011), S. 190–197; Horváth u. a. (2020), S. 215–222.

379 Bei der Delphi-Methode werden Experten in mehreren Befragungsrunden zur Einschätzung technologischer und marktspezifischer Entwicklungen befragt. Die Ergebnisse werden zu einem Konsens konsolidiert.

380 Vgl. z. B. Gausemeier u. a. (2016), S. 17–23; Horváth u. a. (2020), S. 220–221; Vahs u. a. (2023), S. 165.

für mehrere (wahrscheinliche) Szenarien. Strategieoptionen können anhand der (mit Wahrscheinlichkeiten gewichteten) Szenarien bewertet werden.
- **Trend Scouting** umfasst die systematische Beobachtung und Analyse neuer Entwicklungen in der Technologie- und Geschäftswelt. Ein häufig genutztes Tool in diesem Bereich ist der Gardner-Hype-Cycle, der Technologien und andere Entwicklungen entlang ihres „Trendzyklus" auflistet und ihre aktuelle Position in Bezug auf Reifegrad und Marktdurchdringung bewertet.[381]

Laut Bundesakademie für Sicherheitspolitik gibt es **über 100 Einzelmethoden zur strategischen Vorschau**. Zu den wichtigsten gehören (neben den oben genannten): Backcasting, Causal Layered Analysis, Design Fiction, Futures Wheel, Horizon Scanning, Prediction Market, Serious Games, Storytelling, Wild Cards, Zukünfte-Dreieck und Zukünftelabore.[382]

Frühaufklärungssysteme stoßen in der Praxis auf folgende **typische Probleme:**[383]
- Durch einen Methoden-Overkill wird der Blick vom Wesentlichen abgelenkt.
- Das Tagesgeschäft wird über die strategische Vorschau priorisiert.
- Der Nutzen der strategischen Vorschau ist schwer quantifizierbar (Legitimitätsproblem).
- Das permanente Scanning und Monitoring der schwachen Signale ist schwierig in die periodischen Planungsprozesse zu integrieren.

Aufgrund der thematischen Breite besteht bei der Analyse der globalen Umwelt die Herausforderung, nur diejenigen Elemente zu thematisieren, die Einfluss auf das Unternehmen ausüben, z. B. in Form von spezifischen Chancen und Risiken. So können beispielsweise die 6G-Mobilfunktechnologie oder sich ankündigende Zölle für einen bestimmten Auslandsmarkt für ein Unternehmen wichtig und für ein anderes Unternehmen strategisch gesehen irrelevant sein.

Neue **digitale Technologien** stellen für viele Unternehmen eine besonders relevante Umweltveränderung dar. Auf der einen Seite bieten sie Verbesserungspotenziale in unternehmerischen Geschäftsprozessen. Auf der anderen Seite reduzieren sie Markteintrittsbarrieren für neue Wettbewerber und ermöglichen disruptive Geschäftsmodelle, die ganze Branchen verändern können. Die Blockchain-Technologie ermöglicht beispielsweise transparente Lieferketten und Vereinfachungen im Rechtehandel, bedroht auf der anderen Seite das Geschäftsmodell von Intermediären wie Banken.

381 Vgl. Gartner (o. J.).
382 Vgl. Bundesakademie für Sicherheitspolitik (o. J.).
383 Vgl. Müller-Stevens/Lechner (2011), S. 193.

3.1.2.2 Analyse von Branche und Wettbewerbern

„Als **Branche** wird eine Gruppe von Unternehmen bezeichnet, die gleiche oder ähnliche Produkte und Dienstleistungen anbieten."[384] Eine Branchenanalyse umfasst demnach die Analyse der im Wettbewerb miteinander stehenden Unternehmen und deren Verhalten. Darüber hinaus ist eine Branche durch Strukturen und Kräfte zwischen den beteiligten Spielern gekennzeichnet.

3.1.2.2.1 Analyse von Branchenstruktur und Branchenkräften

In seinem Werk „Competitive Strategy: Techniques for Analyzing Industries and Competitors" hat Michael E. Porter im Jahr 1980 die Struktur der Branche als bestimmend für die Intensität des Wettbewerbs und die Attraktivität der Branche herausgestellt. Sein vielbeachtetes **5-Kräfte-Modell** thematisiert zentrale Kräfte, die den Wettbewerb innerhalb einer Branche prägen und die Rentabilität beeinflussen. Diese zu verstehen, erlaubt einem Unternehmen einerseits, die Attraktivität der eigenen Branche einzuschätzen und andererseits die eigene Position innerhalb der jeweiligen Branche zu verbessern und sich erfolgreich zu positionieren. Für die fünf Wettbewerbskräfte zeigt Porter eine Reihe von Faktoren auf, die die jeweilige Kraft beeinflussen (vgl. Tabelle 3.3).

Tabelle 3.3: 5-Forces-Modell.[385]

Wettbewerbskraft	Faktoren, die die Kraft beeinflussen	Mögliche Strategien, um die eigene Position zu verbessern (beispielhaft)
Rivalität unter bestehenden Wettbewerbern	– Anzahl und Stärke der Wettbewerber – Wachstumsrate des Marktes – Fixkostenanteil – Produkt- und Strategiedifferenzierung – Austrittsbarrieren	– Differenzierung der Produkte, Dienstleistungen und Strategien – Kostenführerschaft – Aufbau starker Marken – Kundenbindung
Bedrohung durch neue Wettbewerber	– Höhe der Markteintrittsbarrieren (z. B. Skaleneffekte, Kapitalbedarf, Zugang zu Vertriebskanälen) – Regulierung und andere Anforderungen – Erwartete Vergeltungsmaßnahmen	– Aufbau von Schutz durch Patente, Marken und Know-how – Schaffung von Wechselkosten – Nutzung von Skaleneffekten

384 Müller-Stevens/Lechner (2011), S. 173.
385 Vgl. Porter (1980), S. 3–28; Welge u. a. (2024), S. 321.

Tabelle 3.3 (fortgesetzt)

Wettbewerbskraft	Faktoren, die die Kraft beeinflussen	Mögliche Strategien, um die eigene Position zu verbessern (beispielhaft)
Verhandlungsmacht der Kunden (Abnehmer)	– Anzahl und Konzentration der Kunden – Verfügbarkeit von Alternativen – Fähigkeit der Rückwärtsintegration – Wechselkosten, Preissensitivität und Kaufflexibilität der Kunden	– Verbesserung des Kundenservices – Prozessintegration mit Kunden – Schaffung von Alleinstellungsmerkmalen – Aufbau langfristiger Kundenbeziehungen
Verhandlungsmacht der Lieferanten	– Anzahl und Konzentration der Lieferanten – Verfügbarkeit von Ersatzlieferanten – Fähigkeit der Vorwärtsintegration – Bedeutung der gelieferten Materialien für das Unternehmen	– Aufbau alternativer Lieferanten-beziehungen (ggf. global) – Vertikale Integration (Eigenproduktion) – Entwicklung von Ersatzmaterialien/-komponenten
Bedrohung durch Ersatzprodukte	– Technologische Innovationen – Preis-Leistungs-Verhältnis der Substitutionsprodukte – Wechselkosten für Kunden	– Entwicklung eigener Ersatzprodukte (Selbstkannibalisierung) – Steigerung der wahrgenommenen Einzigartigkeit des Produkts

Das Modell von Porter bietet eine strukturierte, einfach anwendbare und trotzdem umfassende Analysemethode, die in der Praxis weitverbreitet ist. **Kritisiert** werden u. a. folgende Punkte:[386]

- Das Modell berücksichtigt keine unternehmensinternen Faktoren und impliziert, dass der Erfolg nur durch „geschicktes Spiel mit den externen Kräften" zustande kommt.[387]
- Es werden statische Wettbewerbsverhältnisse suggeriert und keine dynamischen oder disruptiven Veränderungen berücksichtigt.[388]

---

386 Vgl. Müller-Stevens/Lechner (2011), S. 177–178; Grant (2022), S. 77–79.

387 Die empirische Forschung zeigt lediglich einen Einfluss der Branchenstruktur von 10 bis 20 % auf die Renditevarianz der Unternehmen, vgl. Welge u. a. (2024), S. 328.

388 In vielen Branchen liegt laut D'Aveni keine statische Wettbewerbsstruktur vor, sondern ein sog. Hyperwettbewerb. In diesem bauen sich Unternehmen permanent neue Wettbewerbsvorteile auf und zerstören die Wettbewerbsvorteile der Konkurrenz: „Auf diese Weise stellen [Unternehmen] ein Un-

- Die Branchenabgrenzung ist in der Praxis problematisch, da sich Branchen überlappen und gegenseitig beeinflussen.
- Das Modell thematisiert keine Netzwerkeffekte, die gerade im Geschäft mit digitalen Produkten essenziell sind.
- Partnerschaften mit anderen Branchenteilnehmern werden weder als Strukturelement der Branche noch als Handlungsoption für Unternehmen thematisiert.

Die Grundaussage von Porter, dass die vorliegende Branchenstruktur wesentlich die Attraktivität einer Branche und die Profitabilität der Anbieter bestimmt, muss in der Praxis abgeschwächt werden. Zwar wird in einigen Branchen im Durchschnitt weniger verdient, dennoch gibt es auch dort hochprofitable Unternehmen. Als Erklärungsansatz für den unterschiedlichen Erfolg müssen daher zusätzlich unternehmensinterne Potenziale betrachtet werden (vgl. Kap. 3.1.3.1).

3.1.2.2.2 Analyse der Wettbewerber

> „The essence of strategy is choosing to perform activities differently than rivals do."[389]

Die Analyse der Wettbewerber und deren Verhalten muss bei verschiedenen unternehmerischen Entscheidungen berücksichtigt werden, z. B. bei der Produktdefinition, der Preisgestaltung oder der Auswahl von Vertriebsgebieten. Im Kontext der strategischen Planung stellt die Wettbewerbsanalyse eine wichtige Grundlage für Investitionsentscheidungen, die Auswahl von Zielmärkten oder die Produkt- oder Markenpositionierung dar. Außerdem schärft das Verständnis der Wettbewerber den Blick für die eigenen Stärken und Schwächen und liefert Hinweise für Verbesserungspotenziale oder Innovationen. Eine Analyse der Wettbewerber sollte nicht nur im Rahmen des strategischen Planungsprozesses, sondern systematisch, fortlaufend und institutionalisiert erfolgen.[390]

Unter **Wettbewerbsanalyse** versteht man die Identifikation und Bewertung der Methoden, Verhaltensweisen und Produkte, mit denen Wettbewerber in einem definierten Markt operieren. Ziel der Wettbewerbsanalyse ist neben der Analyse von Stärken und Schwächen,die **Vorhersage des Verhaltens der wichtigsten Konkurrenten** inklusive ...[391]

---

gleichgewicht her, verderben den Zustand der vollkommenen Konkurrenz und erschüttern den Status quo auf dem Markt", D'Aveni (1995), S. 258.

389 Porter (1996), S. 64.

390 Vgl. Brockhoff/Brem (2021), S. 123; Brockhoff/Brem nennen als zusätzliches Argument für Wettbewerberanalyse die verlängerte Vorwarnzeit für Wettbewerberinnovationen.

391 Vgl. Grant (2022), S. 88; Müller-Stevens/Lechner (2011), S. 180.

- zukünftiger Strategien und Entscheidungen der Wettbewerber,
- Wettbewerberreaktionen auf eigene Strategien und Produkte und
- Anhaltspunkten, wie man das Wettbewerberverhalten zum eigenen Vorteil beeinflussen kann.

Als Resultat der Wettbewerberanalyse sind Wettbewerber festzulegen, deren Position man **angreift**, sowie Wettbewerber, denen man gezielt **ausweicht**.[392]

Im ersten Analyseschritt müssen die relevanten Wettbewerber identifiziert werden. Dabei können Wettbewerber wie folgt differenziert werden:
- **Direkte oder Kernwettbewerber** bieten ähnliche Produkte oder Dienstleistungen an, richten sich an derselben Zielgruppe aus und verfolgen eine ähnliche Strategie. Sie stellen die stärkste Konkurrenz dar und konkurrieren direkt um Marktanteile.
- **Indirekte Wettbewerber** bieten entweder eine andere Produktlösung oder ein ähnliches Produkt „auf andere Weise" an, decken jedoch den gleichen Kundenbedarf.[393]
- **Substitutive Wettbewerber** bieten Lösungen, die das Problem des Zielmarktes auf eine andere Art und Weise lösen.[394] Die Grenze zwischen indirekten und substitutiven Wettbewerbern ist fließend.
- **Potenzielle Wettbewerber** treten zwar noch nicht im aktuellen Markt an, könnten aber durch neue Produktentwicklungen oder Markteintritt zu Konkurrenten werden. Diese Gruppe von Wettbewerbern muss als Bedrohung in der strategischen Planung berücksichtigt werden.[395]

Am genauesten sind direkte Wettbewerber zu analysieren. Die anderen Wettbewerbertypen sind zumindest zu beobachten, da diese zu direkten Wettbewerbern werden können.

Im zweiten Analyseschritt ist das Wettbewerberverhalten zu untersuchen, z. B. über die Beantwortung der in Abbildung 3.5 genannten vier Fragen:

392 Vgl. Kotler u. a. (2022), S. 853.

393 Ein Supermarkt mit einem Backautomaten wäre z. B. ein indirekter Konkurrent einer Bäckerei.

394 Ein Beispiel ist der Streamingdienst Netflix, der das traditionelle Fernsehen als Unterhaltungsmöglichkeit ersetzt, aber nicht direkt mit traditionellen Fernsehsendern konkurriert.

395 Potenzielle Wettbewerber können z. B. eigene Lieferanten oder Handelspartner sein, die durch Vorwärts- oder Rückwärtsintegration zu direkten Konkurrenten werden können.

Abbildung 3.5: Elemente der Wettbewerbsanalyse.[396]

Kotler u. a. weisen darauf hin, dass eine Einzelanalyse von wichtigen direkten Wettbewerbern erforderlich ist, da **Wettbewerber unterschiedlich reagieren**. Manche Unternehmen reagieren zögerlich, andere nur auf bestimmte Maßnahmen, andere schnell auf alle Maßnahmen, und wieder andere sind unberechenbar.[397]

Auf Basis von Einzelwettbewerberanalysen oder Top-down-Analysen, etwa durch Struktur- oder Erfolgsfaktorenanalysen, können **unterschiedliche Strategiemuster** der Branche identifiziert werden. Unternehmen innerhalb einer Branche, die gleiche oder ähnliche Strategien verfolgen, werden als **strategische Gruppe** zusammengefasst. Zur Gruppenbildung werden Strategien, z. B. anhand des Produktangebots, der Wertschöpfungsarchitektur, der Technologie oder des Vertriebskonzepts verglichen.[398] Ein Unternehmen konkurriert innerhalb seiner strategischen Gruppen und mit Unternehmen aus anderen strategischen Gruppen. Zwischen den strategischen Gruppen gibt es Wechselbarrieren. Durch das tiefere Verständnis der Strategie- und Wettbewerbsmuster der einzelnen Gruppen kann die eigene Strategie geschärft werden, ein Gruppenwechsel oder eine Diversifizierung in eine andere Gruppe vorbereitet werden.

Schließlich kann die Wettbewerberanalyse dabei helfen, unbesetzte Marktnischen aufzuspüren und diese zu besetzen. Dies ist z. B. Kern der sog. Blue-Ocean-Strategie.[399]

---

396 Vgl. Grant (2022), S. 88–89; Müller-Stevens/Lechner (2011), S. 181; Porter (1980), S. 49–66.

397 Vgl. Kotler u. a. (2022), S. 856.

398 In der Passagierluftfahrtbranche können beispielsweise die strategischen Gruppen Billigfluggesellschaften, (überregionale) Premiumfluggesellschaften und Regionalfluggesellschaften unterschieden werden.

399 Vgl. Kim/Mauborgne (2004); Kap. 4.3.4.2.2.2 (Strategische Marketinginnovationen).

Spezielle Wettbewerbersituationen – auf die nicht näher eingegangen werden soll – liegen vor, falls es nur einen (Monopol) oder nur wenige Anbieter (Oligopol) am Markt gibt.

3.1.2.3 Analyse von Kunden und Absatzmarkt

In den bisherigen Ausführungen wurde die Anbieterseite der Branche analysiert. Die Nachfragerseite wird als Absatzmarkt oder kurz Markt bezeichnet. Aus Marketingsicht (und diese soll hier eingenommen werde) besteht „ein **Markt** [...] aus allen potenziellen und tatsächlichen Kunden mit einem bestimmten Bedürfnis oder Wunsch, die willens und fähig sind, diesen durch einen Austauschprozess zu befriedigen".[400]

Wichtig aus Marketingsicht ist, dass sich ein Markt nicht über die angebotenen Produkte oder die dort anbietenden Unternehmen definiert, sondern über die dort vorliegenden Bedürfnisse und Wünsche der Kunden.[401] Vor der „Kurzsichtigkeit" einer produktorientierten Marktdefinition warnte bereits Levitt in seinem einflussreichen Werk „Marketing Myopia" im Jahr 1960. Levitt argumentiert, dass Märkte nicht durch Produkte, sondern durch Bedürfnisse (und damit letztlich durch Kunden) definiert werden sollten.[402] Die bedürfnisorientierte Marktdefinition macht die Abgrenzung sowohl der Anbieterseite als auch der Abnehmerseite schwieriger. Der Kreis der Unternehmen, die z. B. das Bedürfnis Transportdienstleistung erfüllen können, umfasst die Anbieter mehrerer klassischer Branchen, z. B. Taxiunternehmen, Mietwagenverleiher, Car-Sharing-Plattformen, Bahnunternehmen und Uber-Fahrer. Unschärfen und sich verändernde Bedürfnisse führen außerdem zu Abgrenzungsschwierigkeiten auf der Nachfragerseite.

Märkte lassen sich nach **Kundentyp** grundsätzlich in Business-to-Consumer (B2C), Business-to-Business (B2B) oder Business-to-Government (B2G) einteilen. Diese Grundtypen unterscheiden sich in verschiedener Hinsicht voneinander.[403]

400 Kotler u. a. (2022), S. 49.

401 Im Gegensatz zum Marketingverständnis definieren Ökonomen einen Markt als Gesamtheit von Anbietern und Nachfragern, die für eine bestimmte Produktklasse Transaktionen vornehmen wollen. Diese Sichtweise entspricht dem klassischen „Marktplatz", auf dem sich Anbieter bzw. Händler und Kunden treffen, vgl. z. B. Bea/Haas (2024), S. 111. „Technisch gesehen ist ein Markt ein Medium, über das zwei oder mehr Parteien eine wirtschaftliche Transaktion abwickeln können", Fuchs/Golenhofen (2024), S. 69.

402 Levitt (1960); als Beispiele thematisiert Levitt die Ölindustrie und die Eisenbahn, die sich über ihre Produkte definieren anstatt über das Kundenbedürfnis nach Energie bzw. Transportdienstleistung.

403 Vgl. Kap. 2.7.3 (Besonderheiten von Kundentypen)

3.1.2.3.1 Analyse der Kunden

Die Analyse der Kunden kann anhand der in Abbildung 3.6 genannten drei Leitfragen erfolgen:[404]

1. Wer sind die Kunden im Markt – heute und in Zukunft?
2. Welche grundlegenden Bedürfnisse haben die Kunden und wie verändern sich diese?
3. Wie verhalten sich Kunden, um ihre Bedürfnisse zu befriedigen, und wie verändert sich dieses Verhalten?

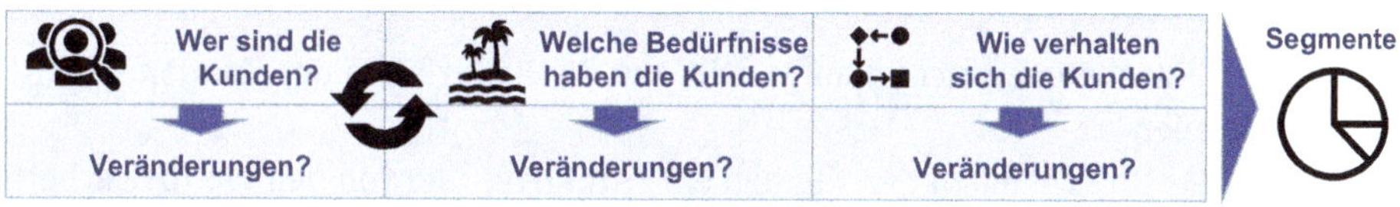

Abbildung 3.6: Kundenanalyse.

Die ersten beiden Fragen – wer die Kunden sind und welche Bedürfnisse diese haben – sind miteinander korreliert. Die Bedürfnisse können nur von konkret benannten Kunden ermittelt werden. Andererseits sind Märkte (und damit Kunden) durch Bedürfnisse festzulegen. Die Analyse der Bedürfnisse einer Kundengruppe kann dazu führen, dass man die Gruppe der Kunden erweitert oder verändert.

Die **Bedürfnisse der Kunden** können unterschiedlicher Natur sein. Im B2C-Bereich können funktionale, ökonomische, emotionale und soziale Bedürfnisse unterschieden werden. Im B2B-Bereich können zusätzlich Planbarkeit, Sicherheit und Nachhaltigkeit eine Rolle spielen.[405] Besonders herausfordernd ist die Identifikation der sog. latenten Kundenanforderungen.[406] Außerdem gilt es, zukünftige Bedürfnisse und die Veränderungen der Bedürfnisse zu analysieren, da Strategien zukunftsorientiert sein müssen.

Das **Kundenverhalten** kann in Verhalten vor dem Kauf („Customer Decision Journey") und Verhalten nach dem Kauf („After-Sale") eingeteilt werden. Letzteres beinhaltet zum einen das Produktnutzungsverhalten, zum anderen die Zufriedenheit mit dem Produkt und daraus resultierende Handlungen. Im positiven Fall resultieret ein Wiederholungskauf, eine Produktempfehlung an Freunde oder Loyalität gegenüber dem Unternehmen bzw. der Marke.

---

404 Vgl. Homburg (2020), S. 515; Kap. 2.7.3 (Produktmanagement im B2B vs. B2C); Müller-Stevens/Lechner schlagen alternativ sieben W-Fragen zur Marktklassifikation vor: Wer bildet den Markt? Was wird auf dem Markt gekauft? Wann wird gekauft? Wer tätigt den Kauf? Warum wird gekauft? Wie wird gekauft? Vgl. Müller-Stevens/Lechner (2011), S. 170.

405 Vgl. Kap. 2.1.4 (Produktnutzen).

406 Vgl. Kap. 4.2.2.2.1.6 (Latente Kundenforderungen).

Die Analysen der **Kundenbedürfnisse** sowie des Kundenverhaltens ist für operative Prozesse wie das Anforderungsmanagement in der Produktentwicklung oder für die Planung von Marketingkommunikationsmaßnahmen sehr relevant und muss in hohem Detaillierungsgrad durchgeführt werden.[407] Zum (hier thematisierten) Zweck der strategischen Planung genügt ein geringerer Detaillierungsgrad. Im Zuge der strategischen Situationsanalyse müssen beispielsweise folgende kundenbezogene Fragen beantwortet werden:

- Fokussiert sich das Unternehmen – mit Blick auf die eigenen Ressourcen & Kompetenzen sowie auf die spezifischen Kundenbedürfnisse – auf die richtigen Kunden?
- Ist das Unternehmen richtig aufgestellt, um die Bedürfnisse der Kunden effektiv zu bedienen?
- Macht das Unternehmen den Kunden ein attraktives und von den Wettbewerbern abgesetztes Angebot (Differenzierung)?
- Welche der festgestellten Veränderungen auf Kundenseite machen strategische Veränderungen auf Unternehmensseite erforderlich?

Die Antworten auf diese Fragen können genutzt werden, um Kunden in sog. Marktsegmente einzuteilen. Durch **Marktsegmentierung** wird ein heterogener Gesamtmarkt mittels zu bestimmender Kundenmerkmale in homogene Teilmärkte (Segmente) aufgeteilt, mit dem Ziel, eine differenzierte Ansprache dieser Gruppen zu ermöglichen.[408] Falls eine Geschäftseinheit Produkte in mehreren Märkten anbietet, ist jeder dieser Märkte zu segmentieren. Zur Aufteilung des Marktes werden unterschiedliche **Segmentierungskriterien** verwendet werden.

Die so identifizierten Segmente müssen qualitativ und quantitativ beschrieben werden. Auf dieser Basis sind ein oder mehrere **Zielsegmente** auszuwählen, auf die die eigenen Marketingaktivitäten gerichtet werden. Für das Zielsegment (oder die Zielsegmente) ist schließlich eine (Ziel-)**Positionierung** zu bestimmen und ein entsprechender Marketingplan auszuarbeiten. Dieses Vorgehen wird als **STP-Prozess** („Segmenting, Targeting, Positioning“) bezeichnet und im Zuge des Produktinnovationsprozesses genauer beschrieben.[409]

3.1.2.3.2 Analyse der Marktcharakteristika

Ein Markt wird durch die vier in Abbildung 3.7 genannten Faktoren charakterisiert:

407 Vgl. Kap. 4.2.2.2.1.1 (Ermittlung von Kundenbedürfnissen).

408 Das Konzept der Marktsegmentierung wird im Rahmen der Produktkonzeption in Kap. 4.2.2.1.3 erläutert.

409 Marktsegmentierung vgl. Kap. 4.2.2.1.3, Zielmarktauswahl vgl. Kap. 4.2.2.1.4, Positionierung vgl. Kap. 4.2.2.3.

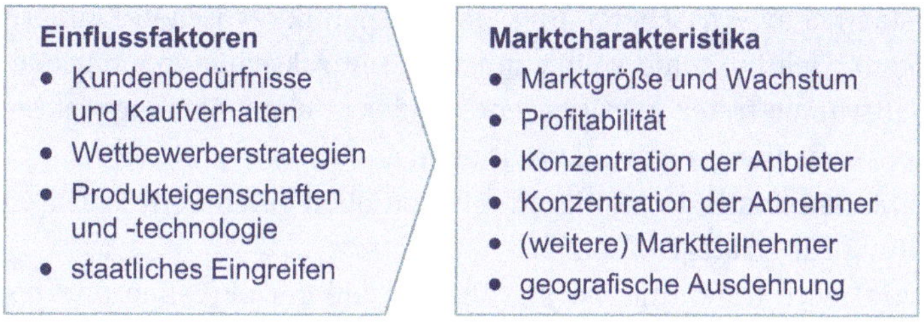

Abbildung 3.7: Marktcharakteristika und Einflussfakoren.

Konstituierend für die Eigenschaften von Märkten sind **Kunden** mit spezifischen Bedürfnissen und spezifischem Kaufverhalten. **Produkte** können sich beispielsweise durch Verwendungszweck, Materialität oder Neuigkeitsgrad unterscheiden.[410] Diese und andere produktspezifische Eigenschaften beeinflussen die Charakteristika des entsprechenden Marktes. Das Verhalten bzw. die Strategie einzelner **Wettbewerber** sowie der Grad der Unterschiedlichkeit der Wettbewerbsstrategien prägt ebenfalls den Markt.

Der **Staat** kann einen Markt und dessen Eigenschaften auf verschiedene Weisen beeinflussen, sowohl direkt durch Gesetze und Regulierungen als auch indirekt durch Teilnahme, Fördermaßnahmen oder Anreize:

- allgemeine gesetzliche Regelungen, z. B. in Bereichen wie Arbeitsrecht, Umweltauflagen, Produktsicherheit und Verbraucherschutz
- spezielle Regulierung einzelner Märkte[411]
- Steuerpolitik
- Subventionen und Förderung von Innovationen, z. B. Finanzierung von Forschung oder Start-ups
- Wettbewerbspolitik, z. B. Verhinderung von Preisabsprachen oder Marktbeherrschung
- direkte Marktteilnahme des Staates als Anbieter oder Käufer
- Handels- und Außenwirtschaftspolitik, z. B. durch Zölle und nichttarifäre Maßnahmen wie Quoten oder Standards
- Sozial- und Infrastrukturmaßnahmen

Staatliche Eingriffe dienen oft dazu, Marktversagen zu korrigieren, soziale Ziele zu erreichen oder einen fairen Wettbewerb im Sinne der Kunden sicherzustellen. Maßnahmen können alle Märkte des Geltungsbereiches oder nur einzelne Märkte betreffen.[412]

410 Vgl. Kap. 2.1.2 (Klassifikation von Produkten).

411 Beispiele spezifisch regulierter Märkte sind Telekommunikation, Energie und Verkehr.

412 Beispielsweise beeinflusst die EU-Verordnung REACH (Registration, Evaluation, Authorisation, and Restriction of Chemicals) Chemieunternehmen, indem sie Anforderungen an die Registrierung und Bewertung von Chemikalien stellt.

Durch Unterschiede staatlicher Wirtschafts- und Standortpolitik (zwischen Ländern oder Wirtschaftsblöcken) beeinflusst die Politik zudem die Attraktivität von Märkten. Staaten oder Wirtschaftsräume treten damit gegeneinander in einen Standortwettbewerb um Unternehmensansiedlungen bzw. Investitionen an.

Folgende **Marktcharakteristika** resultieren aus den oben genannten Faktoren und sind als Vorbereitung zur Strategiebildung zu analysieren:

- Das **Marktpotenzial** wird durch die Marktgröße (Anzahl der aktuellen und potenziellen Kunden) und das Marktwachstum bestimmt.
- Die **Profitabilität** eines Marktes aus Anbietersicht hängt (neben anderen Faktoren) vom Preisniveau bzw. der Zahlungsbereitschaft der Kunden ab.
- Die Marktstruktur wird neben Anbietern und Abnehmern auch durch weitere **Marktteilnehmer** charakterisiert. Dies können beispielsweise Groß- und Einzelhändler, Intermediäre oder Anbieter komplementärer Produkte und Dienstleistungen sein.
- Einen wichtigen Einfluss auf die Wettbewerbssituation eines Marktes hat die vorliegende **Anbieterkonzentration:**
  - Ein Monopol liegt vor, wenn es nur einen Anbieter für ein bestimmtes Gut gibt. Der Anbieter hat eine hohe Marktmacht, da keine direkte Konkurrenz existiert. Ein Monopol entsteht durch staatliche Regulierung, Innovation oder Markteintrittsbarrieren.[413]
  - Ein Oligopol liegt vor, wenn es auf einem Markt nur wenige konkurrierende Anbieter gibt. Oligopole entstehen häufig, wenn die Wettbewerbsfähigkeit von spezifischen technologischen oder wirtschaftlichen Voraussetzungen, die nur wenige Anbieter erfüllen, abhängt, z. B. Skaleneffekte.[414]
  - Die Marktanteilsverteilung auf der Anbieterseite („packing order“) beeinflusst die Marktdynamik und -strategie der Marktteilnehmer.
- Auch die **Nachfrage** in einem Markt kann auf wenige Abnehmer konzentriert sein. Dies ist häufig im B2B- und B2G-Geschäft der Fall.[415] Marktdominierende Abnehmer verfügen über hohe Verhandlungsmacht und können z. B. niedrigere Einkaufspreise als kleine Abnehmer durchsetzen. Im B2C-Geschäft verteilt sich die Nachfrage typischerweise auf viele kleine Kunden. Die Verhandlungsmacht der Kunden hängt neben ihre Größe vor allem von deren Flexibilität und Wechselkosten ab.[416]

---

413 Beispiele von Markteintrittsbarrieren sind Patente in der Pharmaindustrie oder hohe Kapitalanforderungen in der Computerchipproduktion.

414 Oligopolische Anbietersituationen liegen z. B. im Mobilfunk oder bei Flugzeugtriebwerken vor.

415 Automobilzulieferer oder Unternehmer der Rüstungsindustrie beispielsweise haben nur wenige potenzielle Abnehmer.

416 Vgl. Wettbewerbskräftemodell von Porter in Kap. 3.1.2.2.1.

- Schließlich ist ein Markt durch die **geografische Ausdehnung** der Anbieter und Abnehmer charakterisiert. Man unterscheidet lokale, regionale, nationale oder internationale Märkte. Es gibt eine Reihe von Faktoren, die eine Regionalisierung von Märkten begünstigen. Andere Faktoren führen zu globalen Märkten.[417]

Die genannten Analyseelemente Kunden, Wettbewerber, Staat und Produkteigenschaften beeinflussen sind gegenseitig und können nicht unabhängig voneinander analysiert werden.

3.1.2.4 Analyse weiterer Anspruchsgruppen

Neben den Kunden (und Wettbewerbern) stehen Unternehmen außerdem mit den Anspruchsgruppen Lieferanten, Kapitelgeber, Öffentlichkeit sowie mit staatlichen Stellen im Kontakt.[418] Deren Interessen gilt es zu analysieren, um entsprechende Maßnahmen abzuleiten.

3.1.2.4.1 Analyse von Lieferanten

Eine strategisch und operative wichtige Anspruchsgruppe sind die **Lieferanten**, schon weil sich die Wertschöpfungstiefe vieler Unternehmen reduziert hat und weiter reduzieren wird. Entsprechend größer wird das Einkaufsvolumen in Relation zum Umsatz und damit der „Hebel Einkauf" für die Profitabilität. Darüber hinaus sind Lieferanten aus mindestens drei weiteren Gründen potenziell **wichtige strategische Partner:**[419]

- Lieferanten können bzw. müssen wichtige Beiträge im Innovationsprozess liefern, sowohl in der Ideenphase als auch in der Umsetzung von Innovationen.[420]
- Lieferanten tragen einen wesentlichen Anteil zum ökologischen Fußabdruck der eigenen Produkte bei.
- Globale Lieferketten müssen resilient gestaltet sein, insbesondere der Zugang zu kritischen Rohstoffen und Komponenten muss gesichert sein.[421]

---

417 Regionale oder lokale Märkte entstehen tendenziell, falls kulturelle Unterschiede starken Einfluss auf Produktanforderungen haben, falls Transport und physische Distribution eine wichtige Rolle spielt oder falls nationale Handelspolitik betrieben wird. Globale Märkte entstehen durch Skaleneffekte, niedrige Handelsbarrieren und einheitliche Kundenbedürfnisse.

418 Die genannten Anspruchsgruppen sind nicht vollständig. Zusätzlich könnten z. B. noch Händler, Logistiker oder andere Partner aufgeführt werden, vgl. Koppelmann (2001), S. 140; Kotler u. a. (2022), S. 148.

419 Vgl. Hecht (2022).

420 Vgl. Hofbauer/Schwandner (2022); Kap. 4.2.1.4.1.1 (Lieferanten als Ideengeber).

421 Vgl. Hecht/Uhlhorn (2022).

Zur Analyse von Lieferanten eignen sich folgende **Merkmale:**[422]
- „Lieferantenqualität", inklusive Produktqualität, Termintreue, Dienstleistungsangebot
- Fertigungsmöglichkeiten (Qualität, Kapazität, Flexibilität)
- Preise und Konditionen
- geografische Lage (z. B. Transportbedingungen, politische Stabilität, Währungsrisiken)
- allgemeine Situation des Lieferanten (z. B. Marktstellung, finanzielle Stabilität)

Lieferanten sind entsprechend ihrer Bedeutung und Position zu klassifizieren. Hierfür werden Kriterien wie Einkaufsvolumen, Versorgungsrisiko, Lieferantenqualität, Marktstärke des Lieferanten oder Innovationstärke verwendet.[423] Abhängig von der Klassifikation wählen Unternehmen spezifische Lieferantenstrategien.

3.1.2.4.2 Analyse von Kapitalgebern

Neben der Innenfinanzierung sind Unternehmen auf externe Finanzierung angewiesen, insbesondere im Fall großer Investitionen oder Wachstumsstrategien. Diese kann durch Fremdkapital (zumeist von Banken) oder durch Eigenkapital (Beteiligungsfinanzierung) erfolgen.

Die Möglichkeiten der **Beteiligungsfinanzierung** hängen von der Rechtsform der Unternehmen ab. Kapitalgesellschaften können ihren Finanzbedarf durch Emission von Aktien an der Börse decken. Dort müssen vor allem institutionelle Investoren wie Pensionskassen, Vermögensverwalter, Versicherungen und Private-Equity-Gesellschaften als Kapitalgeber gewonnen werden.

Vor dem Hintergrund steigenden Kapitalbedarfs ist die Qualität der Beziehung zu Kapitelgebern wichtig. So pflegen „Investor Relations"-Abteilungen aktiv die Beziehungen zu aktuellen und potenziellen Kapitalgebern. Ziel ist es, das eigene Unternehmen als attraktives Anlageobjekt darzustellen, Hindernisse bei der externen Kapitelbeschaffung abzubauen und dadurch die Kapitalkosten zu reduzieren. Die Attraktivität und das Verhalten potenzieller **Investoren** können durch folgende Fragestellungen untersucht werden:[424]
- Welche Ziele, insbesondere Risiko-/Gewinnerwartung, hat der Investor? Wie haben sich bisherige Investments entwickelt?
- Welchen Zeithorizont hat seine Anlagestrategie?

422 Müller-Stevens/Lechner (2011), S. S. 186; Martens schlägt alternativ folgende Kriterien vor: Strategic Fit, Customer Portfolio, Operational Excellence, Product and Process, Development, Economic Viability, vgl. Martens (2022), S. 54–55.

423 Vgl. Hecht (2022), S. 26; Martens (2022), S. 52–55.

424 Vgl. Müller-Stevens/Lechner (2011), S. 187–188.

- Wie viel Einfluss nimmt der Investor auf die Strategie? Welche Aufsichtsstrukturen präferiert der Investor?
- Wie reagiert der Investor auf „schlechte“ Nachrichten?
- Wie kann der Investor beeinflusst werden? Über welche Kommunikationsmedien und mit welchen Daten möchte er informiert werden?

Die Attraktivität und das Verhalten von **Fremdkapitalgebern** wie Banken können durch folgende Fragen analysiert werden:[425]
- Was sind die Ziele und Risiken der Bank? Welchen Stellenwert hat unser Unternehmen?
- Welche Finanzprodukte werden angeboten? Welche Expertise liegt vor?
- Welche Konditionen werden angeboten?
- Wie kulant und konstruktiv agiert man bei angespannter Liquiditätssituation?
- Wie ist unser Verhältnis zu Schlüsselpersonen? Wie gut ist unser „Track-Record“?

3.1.2.4.3 Staatliche Stellen

Staatliche und regionale Behörden werden in ihrer Bedeutung unterschätzt, obwohl sie den Handlungsrahmen für unternehmerische Aktivitäten beeinflussen können. Ihrer Bedeutung stehen allerdings eher geringe Einflussmöglichkeiten gegenüber. Unternehmen können auf folgende (legale) Weisen versuchen, staatliche Stellen zu beeinflussen:
- Eine **direkte Einflussnahme** kann erfolgen über:
  - Lobbyarbeit[426]
  - Stellungnahmen und Anhörungen[427]
  - politische Spenden (falls gesetzlich zulässig)
- **Indirekter Einfluss** kann genommen werden durch:
  - Medien- und Öffentlichkeitsarbeit
  - Partnerschaften und Kooperationen mit Behörden, z. B. in Forschungsprojekten oder bei Infrastrukturmaßnahmen
  - Finanzierung von Thinktanks und Expertennetzwerken
- Größere Unternehmen haben zusätzlich die Möglichkeit, **wirtschaftlichen Druck** aufzubauen, z. B. über Investitionsentscheidungen oder Beschäftigungs- und Standortpolitik

425 Vgl. Müller-Stevens/Lechner (2011), S. 187.

426 Deutsche Automobilhersteller haben beispielsweise in der EU aktiv Lobbyarbeit betrieben, um CO_2-Grenzwerte für Fahrzeuge zu beeinflussen.

427 Es fanden und finden beispielsweise Konsultationen von Unternehmen durch die EU-Kommission zu Themen wie Digitalisierungsstrategie oder Energiepolitik statt.

- Unternehmen können wissenschaftliche Gutachten oder Studien in Auftrag geben, die ihre Positionen stützen und diese in den politischen Entscheidungsprozess einbringen.

Staatliche Maßnahmen können sowohl regulierend als auch fördernd wirken. Unternehmen sollten staatliche Akteure daher in der Umweltanalyse berücksichtigen, um Chancen zu nutzen und Risiken zu minimieren.

3.1.2.4.4 Sonstige Öffentlichkeit

Zum Mikroumfeld des Unternehmens gehören auch einzelne Gruppierungen der Öffentlichkeit, denen sich ein Unternehmen gegenübersieht. Als Öffentlichkeit in diesem Sinne soll jede Gruppe verstanden werden, die ein **aktuelles oder potenzielles Interesse** an einem Unternehmen hat und einen **Einfluss** auf das Unternehmen ausüben kann, um bestimmte Ziele zu erreichen.

Zusätzlich zu den bereits genannten Gruppen sind folgende Gruppierungen der Öffentlichkeit zuzurechnen:[428]

- Medien, z. B. Zeitungen, Zeitschriften, Hörfunk, Fernsehen, sowie Akteure, die über Social Media kommunizieren
- Bürgerinitiativen, z. B. Verbraucherschützer, Umweltgruppen, projektspezifische Initiativen
- lokale Interessengruppen, z. B. kommunale Organisationen oder Anwohner
- allgemeine Öffentlichkeit (überregional)
- unternehmensinterne Öffentlichkeit, bestehend aus Mitarbeitern, Betriebsrat, leitenden Angestellten und Geschäftsführung

Für jede der genannten Gruppe kann ein Unternehmen spezifische Maßnahmen durchführen. Ausgangspunkt dafür sind die spezifischen **Ziele der Gruppe**. Der Aufwand muss in **Relation zur Relevanz** der jeweiligen Gruppe stehen:

- Medien können durch proaktive Pressearbeit „positiv" gestimmt werden. Direkten Einfluss können Unternehmen durch Beauftragung der Medien als Werbekunde ausüben.
- Bürgerinitiativen und Interessengruppen können vorbeugend und aufklärend über Vorhaben des Unternehmens informiert oder in diese eingebunden werden. Fragen sollten professionell beantwortet werden, ggf. persönlich durch Teilnahme an lokalen Veranstaltungen.
- Das Bild eines Unternehmens, welches in der öffentlichen Meinung vorherrscht, beeinflusst das Kaufverhalten von Kunden und Interessenten. Daher investieren Unternehmen gezielt in Öffentlichkeitsarbeit.

---

428 Vgl. Kotler u. a. (2022), S. 153–154.

- Motivierte Mitarbeiter und ein gutes Betriebsklima sind wichtige unternehmerische Erfolgsfaktoren, die durch eine Reihe von Maßnahmen beeinflusst werden können. Unternehmen betreiben beispielsweise proaktive interne Kommunikation, etwa über Mailings, Newsletter, Mitarbeiterzeitschriften oder Informationsveranstaltungen auf unterschiedlichen Ebenen.

Unternehmen streben einen **Goodwill** der Öffentlichkeit für unternehmerische Vorhaben und Produkte an.

3.1.3 Unternehmensanalyse

> „During the 1980s, top executives were judged on their ability to restructure, declutter, and delayer their corporations. In the 1990s [and beyond], they'll be judged on their ability to identify, cultivate, and exploit the core competencies that make growth possible."[429]

In der bisherigen Analyse wurde die Umwelt betrachtet. In diesem Kapitel soll der Blick in das Unternehmen selbst gelegt werden – auf dessen Ressourcen und Kompetenzen.

3.1.3.1 Exkurs: Ressourcenbasierter Ansatz des strategischen Managements

Mit Porters Werk „Competitive Strategies: Techniques for Analyzing Industries and Competitors",[430] dem PIMS-Programm[431] oder dem Portfoliokonzept der Boston-Consulting-Group (BCG)[432] hatten Praktiker in den 1980er-Jahren Werkzeuge für die strategische Analyse von Markt und Wettbewerb in der Hand. Dies ging jedoch „zu Lasten einer in sich konsistenten Erforschung unternehmensspezifischer Erfolgspotenziale".[433]

Einzigartige Ressourcen und die Einsatzmöglichkeiten eigener Fähigkeiten wurden bei der Strategieformulierung (implizit) schon immer berücksichtigt. In expliziter Weise wurde die zentrale Bedeutung unternehmensinterner Ressourcen erstmals durch Penrose in ihrem Werk „The Theory of the Growth of the Firm" aus dem Jahre 1959 herausgestellt.[434] Penrose betonte beispielsweise die Heterogenität von Unter-

429 Prahalad/Hamel (1990), S. 79.

430 Vgl. Porter (1980).

431 Das PIMS-Konzept basiert auf einem statistischen Modell, welches mithilfe einer Vielzahl von Faktoren versucht, Einflüsse auf den Unternehmenserfolg (definiert als ROI) zu identifizieren und generelle Marktgesetze herauszufiltern. Ergebnis sind 37 Faktoren, die 75–80 % des Unterschiedes im ROI zwischen zwei Geschäftseinheiten erklären, vgl. z. B. Bea/Haas (2024), S. 147–151.

432 Ziel des BCG-Portfolios (und anderer Portfoliokonzepte) ist es, geschäftsfeldspezifische Normstrategien auf Basis der jeweiligen Matrixpositionen abzuleiten.

433 Rasche (1994), S. 3

434 Vgl. Penrose (1954)

nehmen und die Tatsache, dass Wettbewerbsfähigkeit auf Kompetenzen und die effiziente Nutzung von Ressourcen zurückzuführen ist.[435] Die Gedanken von Penrose wurden bis Mitte der 1980er-Jahre nicht systematisch weiterentwickelt. Der Begriff **Resource-based view of the firm** (kurz RBV) geht auf Wernerfelts gleichnamigen Artikel aus dem Jahre 1984 zurück.[436] Rumelt, der ebenfalls im Jahr 1984 argumentierte, dass Firmen durch „bundles of linked and idiosyncratic resources and resource conversion activities“ charakterisiert sind, und Strategieformulierung als „constant search for ways in which the firm's unique resources can be re-deployed in changing circumstances“[437] bezeichnet, wird neben Wernerfelt als Mitbegründer der „wiederauflebenden“ Forschungsrichtung angesehen.

Den Durchbruch schaffte die **Ressourcen- und Kompetenzenperspektive** durch das Werk „The Core Competence of the Corporation“ von Prahalad und Hamel im Jahr 1990.[438] In diesem Artikel fordern die Autoren, dass Ressourcen und Kompetenzen der Ausgangspunkt aller strategischen Überlegungen sein müssen – nicht etwa die Attraktivität von Branchen oder die Befriedigung von Kundenbedürfnissen. Hamel und Prahalad haben in ihrem Werk „Competing for the Future“[439] aus dem Jahre 1994 auch den Begriff der „Kernkompetenz“ populär gemacht.

Neben der Ressourcenausstattung und deren Eigenschaften erweiterten viele Autoren Mitte der 1990er-Jahre die RBV um Überlegungen zur permanenten Entwicklung von Ressourcen und Kompetenzen als Reaktion auf technologische und marktseitige Veränderungen.[440] Es wird argumentiert, dass erfolgreiche Unternehmen vorhandene Kompetenzen ständig ausbauen und diese in neue Geschäfte übertragen müssen.

Obwohl marktorientierte Konzepte bis heute unter Praktikern populär sind, hat in den 1990er-Jahre ein Umdenken stattgefunden. Beim Blick „hinter die Kulissen“ erfolgreicher Unternehmen wurde deutlich, dass viele Erfolgsgeschichten durch konsequente Orientierung an firmeninternen Positionen geschrieben wurden.

Ein ressourcen- und kompetenzenbasierter Managementprozess in der Unternehmenspraxis umfasst vier Schritte (vgl. Abbildung 3.8):

---

435 „It is the heterogeneity of the productive services available or potentially available from its resources that gives each firm its unique character“, Penrose (1954), S. 75. „A firm may achieve rents not because it has better resources, but rather the firm's distinctive competence involves making better use of its resources“, Penrose (1954), S. 54.

436 Vgl. Wernerfelt (1984).

437 Rumelt (1984), S. 561 bzw. S. 569.

438 Vgl. Prahalad/Hamel (1990).

439 Vgl. Hamel/Prahalad (1994) (Erstveröffentlichung 1994).

440 Vgl. stellvertretend Teece u. a.: „Winners in the [global competitive battles in high-technology industries] demonstrate timely responsiveness and rapid and flexible product innovation, coupled with management capability to effectively coordinate and redeploy internal and external competences“, Teece u. a. (1997), S. 515.

Abbildung 3.8: Schritte im R/K Managementprozess.[441]

Der strategischen Analyse sind die Schritte 1 und 2 zuzuordnen (Unternehmensanalyse). Die Schritte 3 und 4 sind Teil der Strategiewahl und -formulierung.

3.1.3.2 Identifikation von Ressourcen und Kompetenzen

> „A firm can't actively ‚manage' core competencies if managers don't share a view of what those core competencies are."[442]

Zur Identifikation (Schritt 1 in Abbildung 3.8) muss zunächst zwischen Ressourcen und Kompetenzen unterschieden werden. Unter **Ressourcen** versteht man produktiv einsetzbare Vermögensgegenstände eines Unternehmens.[443] **Kompetenzen** sind als komplexe Interaktions-, Koordinations- und Problemlösungsmuster zu verstehen, die in einem langwierigen Entwicklungsprozess aufgebaut werden und zu organisationalen Routinen werden.[444] Ressourcen gewinnen erst durch zugehörige Kompetenzen an Wert. Kompetenzen setzen auf Ressourcen auf, wären ohne entsprechende Ressourcen ebenfalls wertlos. Erst Ressourcen und Kompetenzen, die in geeigneter Weise zusammen eingesetzt werden, können Wettbewerbsvorteile ermöglichen.

3.1.3.2.1 Identifikation von Ressourcen

> „The assets that really count are the ones the accountants cannot count."[445]

---

441 In Anlehnung an Schwandner (2002), S. 154.

442 Vgl. Hamel/Prahalad (1994), S. 245.

443 Vgl. Grant (2022), S. 102

444 Vgl. Amit/Schoemaker (1993), S. 35; Kompetenzen und Fähigkeiten sollen der Einfachheit wegen nicht unterschieden werden.

445 Stewart (1995), S. 1.

In der Unternehmensbilanz sind nur „bilanzierungsfähige", sog. tangible Vermögensgegenstände verzeichnet. Strategisch wertvoller sind sog. intangible und humane Ressourcen.

Eine strategische Analyse erfordert die Klassifikation der Ressourcen eines Unternehmens. Hierzu existieren unterschiedliche Einteilungen.[446] Eine aus Sicht des Autors für viele Unternehmen zweckmäßige und zeitgemäße Einteilungen ist in Abbildung 3.9 dargestellt:

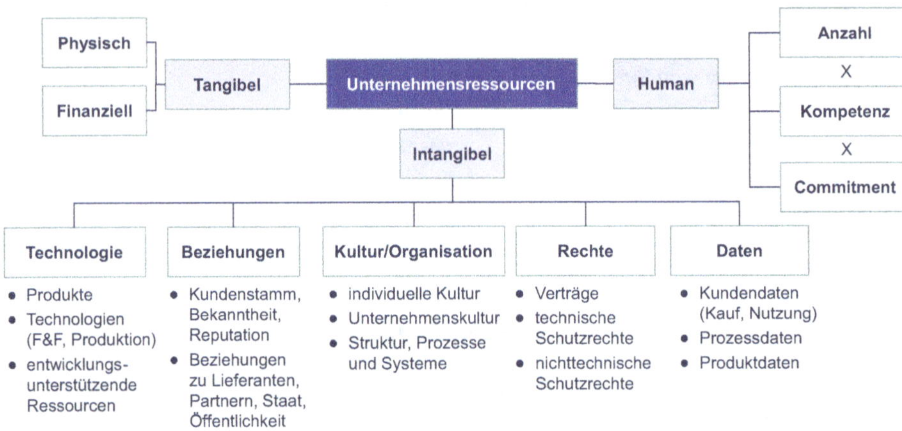

Abbildung 3.9: Klassifikation von Unternehmensressourcen.[447]

Zu den **tangiblen Ressourcen** gehören physische Ressourcen wie Maschinen, Grundstücke, Gebäude oder Waren- und Materialbestände und IT-Hardware/Software sowie finanzielle Ressourcen wie Geldbestände, Forderungen oder Beteiligungen. Diese Ressourcen sind i. d. R. handelbar.

Intangible Ressourcen sind i. d. R. nicht bilanzierungsfähig, da diese schwer objektiv messbar und unternehmens- bzw. umfeldspezifisch sind. Dies macht intangible Ressourcen i. d. R. nicht handelbar.[448] Sie können weiter untergliedert werden in Technologie, Beziehungen, Kultur & Organisation, Rechte und Daten:

Technologie

- vorhandene Produkte und Produkte in Planung oder Entwicklung
- Gesamtheit der Kenntnisse, Fähigkeiten, Methoden und Werkzeuge, die eingesetzt werden, um unternehmerische Wertschöpfung zu erzielen, insbesondere um Produkte zu entwickeln, zu produzieren und zu betreiben.

446 Vgl. z. B. Grant (2022), S. 103, S. 10; Müller-Stevens/Lechner (2011), S. 199.

447 In Anlehnung an Schwandner (2002), S. 159.

448 Ausnahmen könnten z. B. spezielle Schutzrechte oder Daten sein.

- Entwicklungsunterstützende Ressourcen, also Hilfsmittel und Systeme, die den Entwicklungsprozess unterstützen, sowie Produkt- und Dokumentationsbestandteile, welche in das Produkt eingehen[449]

Beziehungen („positionale“ Ressourcen)[450]
- Der Wert von Kundenbeziehungen ist weithin akzeptiert. Zum Beispiel sind Wiederholungskäufe günstiger als Neukundenakquisition. Zufriedene Kunden geben u. U. Produktempfehlungen, ermöglichen Cross- oder Upselling oder stellen dem Unternehmen Daten und Erfahrungen zur Verfügung.
- Die Bekanntheit eines Unternehmens und dessen Produkte, in Zusammenhang mit einem guten Ruf, erleichtern die Kundengewinnung.
- Ebenfalls „vorteilhaft“ sind Beziehungen zu Lieferanten, zur Öffentlichkeit oder zu staatlichen Stellen.[451]

Kultur und Organisation
- Kulturelle Ressourcen können in personenbezogene und personenübergreifende Ressourcen (Unternehmenskultur) eingeteilt werden.
- Zu den personenbezogenen kulturellen Ressourcen, gehören z. B. Gruppenorientierung, Detailorientierung oder Kreativität.
- „Weiche“ personenübergreifende Elemente der Unternehmenskultur umfassen Gewohnheiten, Einstellungen und Wertvorstellungen, die Individuen und Gruppen des Unternehmens durchdringen.
- Unter „harten“ personenübergreifenden kulturellen Ressourcen versteht man die Organisationsstruktur und Systeme, die das Verhalten der Mitarbeiter steuern.
- Die Kultur stellt ein integrierendes Element verschiedener Funktionen, Bereiche und Regionen einer Organisation dar.

Rechte
- Verträge, die z. B. zukünftige Geschäfte absichern
- technische Schutzrechte wie Patente, die das geistige Eigentum schützen
- Im nicht-technischen Bereich stellen geschützte Marken und Produktdesigns eine Wertposition dar.

---

449 Vgl. Dumke (2000), S. 8; insbesondere durch Widerverwendung können bei der Entwicklung neuer Produkte Qualitätsverbesserungen, Aufwandsreduktionen und Zeitgewinne erzielt werden. Im Falle von Softwareentwicklung können nicht nur Code, sondern z. B. auch Anforderungslisten, Spezifikationen, Testpläne oder Architektur-Templates wiederverwendet werden.
450 „Positional capability is a consequence of past actions which, for example, have produced a certain reputation with customers, a certain configuration of the value chain, etc.“, Hall (1993), S. 610.
451 Vgl. Schwandner (2002), S. 166–167.

Daten[452]

- „Daten sind das neue Öl" – Daten sind für Unternehmen entscheidend, da sie als Grundlage für informierte Entscheidungen und strategische Planung dienen. Sie ermöglichen Unternehmen, Märkte besser zu verstehen, Kundenpräferenzen zu erkennen und interne Prozesse zu optimieren.
- Im Besonderen unterstützen Kunden- und Nutzungsdaten die Entwicklung marktgerechter Produkte.
- Daten sind außerdem die Grundlage, um KI-Systeme für unternehmensspezifische Anwendungen (z. B. Chatbots) oder Produkte zu trainieren.

Für viele Unternehmen sind **Mitarbeiter eine zentrale Ressource**, da zentrale Unternehmensprozesse entscheidend von der Kreativität, dem Know-how und der Motivation der Mitarbeiter abhängen. Mitarbeiter sind nicht durch das Unternehmen handelbar, können ihren Wert häufig jedoch auch in anderen Unternehmen entfalten. Die Monetarisierung der Ressource „Mitarbeiter" ist schwierig. Zur Bewertung des strategischen Wertes einzelner Mitarbeiter schlägt der HR-Experte Dave Ulrich die Formel „Human Capital = Competence × Commitment" vor:[453]

- Die **Kompetenz** („Competence") umfasst Fähigkeiten, Kenntnisse und Erfahrungen, die genutzt werden können, um Aufgaben effektiv auszuführen. Dazu gehören Fachwissen, soziale Fähigkeiten und Problemlösungsfähigkeit. Die Kompetenz hängt u. a. von der Ausbildung, der Berufserfahrung, der Lernfähigkeit und der Unterstützung des Unternehmens ab.
- **Commitment** (auch Engagement oder Motivation) reflektiert die emotionale Bindung, Motivation und Loyalität eines Mitarbeiters gegenüber dem Unternehmen. Hohe Werte im Commitment bedeuten, dass Mitarbeiter bereit sind, sich für die Unternehmensziele einzusetzen und diese aktiv zu verfolgen. Commitment wird u. a. durch Arbeitsklima, Führungsstil, Entwicklungsperspektiven und Arbeitsbedingungen beeinflusst.

Die Analyse der einzelnen Ressourcenkategorien zeigt, dass sich Ressourcen bzw. ihr Wert gegenseitig beeinflussen.

3.1.3.2.2 Identifikation von Kompetenzen

Ressourcen allein sind wertlos: „A brain surgeon is close to useless without a radiologist, an anesthesist, surgical instruments, imaging equipment, and a host of other resources."[454] Es erfordert Kompetenzen, um Ressourcen zielführend und wertschaffend einzusetzen. Entsprechend definiert Grant eine **Kompetenz** als „a firm's capability to deploy

---

452 Vgl. Kap. 5.3.1.1 (Daten als Grundlage moderner Produktpolitik).
453 Vgl. Ulrich (1998), S. 15.
454 Grant (2022), S. 104.

ressources for a desired end result".[455] Kompetenzen beziehen sich auf ein Unternehmen bzw. eine Organisation und nicht auf Einzelpersonen. Es handelt sich primär um sachrationale Prozesse. Soziale Elemente nehmen jedoch Einfluss.

Die Identifikation von Kompetenzen ist schwieriger als die von Ressourcen. Kompetenzen sind nicht mit Geschäftsprozessen oder Aufgaben von Abteilungen gleichzusetzen (auch wenn das in der Praxis gelegentlich passiert). Inhaltlich und prozessual geben Forscher bei der **Identifikation von Kompetenzen** folgende Ratschläge:

- Generische Beschreibungen von Kompetenzen wie „Marketing“ oder „Produktentwicklung“ sind zu unpräzise. Eine Disaggregation der vorhandenen Kompetenzen ist erforderlich, auch um die Einzigartigkeit der eigenen Position herauszuarbeiten und eine Überlegenheit im Vergleich zum Wettbewerb zu prüfen.[456]
- Der Identifikationsprozess sollte sowohl Bottom-up als auch Top-down erfolgen. „Bottom-up“ gewährleistet eine ausreichende Spezifität und liefert konkrete Anhaltspunkte für Verbesserungen.[457] Die Top-down-Sichtweise fördert die Abstraktion vom Produktdenken. Dies ist erforderlich, da Kompetenzen oft andersartig gelagert sind, als dies durch die sichtbare Produktwelt zu vermuten wäre.
- Hamel und Prahalad geben aus ihrer Beratungspraxis zwei Ratschläge, wie ein Identifikationsprozess organisiert werden kann: Erstens muss das Topmanagement in der Verantwortung für die Aufgabe stehen. Zweitens müssen funktions-, divisions-, regionen- und hierarchieübergreifende Teams eingesetzt werden, um sicherzustellen, dass identifizierte Kernkompetenzkandidaten den „test of consumer perceived value“ bestehen.[458]
- Aufgrund der Gefahr von „Schönfärberei“ bei internen Reviews fordern Collis und Montgomery rigorose Assessments von unabhängigen externen Experten. Nach Auffassung der Autoren kann nur so objektiv herausgefiltert werden, was eine Organisation besser kann als ihre Wettbewerber.[459]

Grant und Müller-Stevens/Lechner schlagen eine Reihe Methoden zur Aufnahme von Kompetenzen vor:[460]

- Kompetenzen können in **funktionalen Analysen** innerhalb der Funktionsbereiche des Unternehmens aufgenommen werden. Die Methode ist einfach umzusetzen. Wesentlicher Nachteil ist, dass am Markt relevante Aktivitäten meist das Zusammenwirken unterschiedlicher Unternehmensfunktionen erfordern. Damit greift die funktionale Analyse zur Ermittlung von Kompetenzen oft zu kurz.

455 Grant (2022), S. 104.
456 Vgl. Coyne u. a. (1997), S. 43.
457 Vgl. Collis/Montgomery (1995), S. 123–124.
458 Vgl. Hamel/Prahalad (1994), S. 248.
459 Vgl. Collis/Montgomery (1995), S. 123.
460 Vgl. Grant (2022), S. 105–106; Müller-Stevens/Lechner (2011), S. 200–204.

- In einer an der **Wertschöpfungskette** orientierten Analyse werden wichtige Unternehmensaktivitäten in primäre und sekundäre „Werteaktivitäten" zerlegt.[461] Primäre Aktivitäten dienen der unmittelbaren Leistungserstellung und umfassen Produktion, Logistik, Vertrieb & Marketing sowie Service. Unterstützende sekundäre Aktivitäten sind z. B. Beschaffung, Entwicklung, Personal und Infrastruktur. Die Methode ist abstrakt und aufwendig. Werteketten sind geschäftsspezifisch – das generische Modell von Porter kann nur eine grobe Vorlage bieten. Außerdem liegen Analysedaten oft nicht oder anders geschnitten vor.[462] Auf der anderen Seite kann die Analyse der Wertschöpfungskette Wege der Geschäftsmodellinnovationen aufzeigen, z. B. Vorwärts- oder Rückwärtsintegration, Partnerschaften zum Kompetenzaufbau oder Outsorucing wenig relevanter Bereiche.
- Beim **Skill-Mapping** werden Kompetenzen in disaggregierte Bausteine (Skills) zerlegt und bewertet.[463] Skills werden in einer Matrix an den Produkten gespiegelt. Skills, die bei vielen Produkten zum Einsatz kommen, sind als besonders wertvoll einzuordnen. Außerdem können die Einflüsse der Skills untereinander in Matrixform untersucht werden. Dadurch können „neue Kompetenzen" in Form von Skill-Clustern erkannt werden. Als Nachteil ist anzumerken, dass die Methode abstrakt und aufwendig in der Anwendung ist.
- Eine in der Praxis weitverbreitete und einfach anzuwendende Methode zur Bewertung von Kompetenzen sind **Stärke-Schwäche-Profile**. Hierzu werden zunächst die Kompetenzen (z. B. mithilfe von Checklisten) aufgelistet. Anschließend werden diese qualitativ mit einem Benchmark-Wettbewerber verglichen. Die Methode liefert ein anschauliches Bild der Wettbewerbsfähigkeit. Tiefere Einblicke, wie beispielsweise die identifizierten Stärken entstehen und welche Ressourcen und Einzelfähigkeiten einfließen, können i. d. R. nicht gewonnen werden.
- Ein Instrument, das auch den Einfluss weicher Faktoren auf unternehmerische Kompetenzen berücksichtigt, ist das **7-S-Modell** von McKinsey. Es stellt eine ganzheitliche Methode zur Analyse und Gestaltung von Organisationen dar und umfasst die sieben Schlüsselbereiche Strategie, Struktur, Systeme, Stil, Mitarbeiter (Staff), Fähigkeiten (Skills) und gemeinsame Werte (Shared Values).[464] Die sieben Faktoren sind eng miteinander verzahnt. Die Analyse der Faktoren und insbesondere der Beziehungen zwischen harten und weichen Faktoren kann Aufschlüsse über spezifische Kompetenzen eines Unternehmens liefern.[465]

461 Vgl. Porter (1985), S. 33–61

462 Eine Hilfestellung können vorliegende Prozessanalysen (z. B. aus Business-Process-Reengineering) oder Daten der Prozesskostenrechnung liefern.

463 Vgl. Müller-Stevens/Lechner (2011), S. 200–201.

464 Vgl. Peters/Watermann (1982), S. 9–19; als weiche Faktoren des Modells werden Style, Skills, Staff und Shared Values gesehen.

465 Am 7-S-Modell wird kritisiert, dass die Autoren keine Empfehlung geben, wie die Methode anzuwenden ist. Außerdem erscheinen die sieben Faktoren etwas willkürlich gewählt.

In allen Methoden werden Kompetenzen in mehr oder weniger aggregierter Form zunächst identifiziert und schließlich gegenüber der Konkurrenz bewertet. Die Bewertung sollte, wenn möglich, quantitativ erfolgen, um belastbare Indizien für Wettbewerbsvorteile oder -nachteile zu erhalten. Das Benchmarking mit dem Wettbewerb liefert Hinweise, wo Ansatzpunkte für Verbesserung liegen.

Die Herausforderung bei allen Methoden besteht darin, Kompetenzen zu identifizieren, die einerseits **unternehmensspezifisch und einzigartig** sowie andererseits **wichtig für die Erzielung von Wettbewerbsvorteilen** sind. Grant nennt als Beispiel die Kompetenz von Apple, Produkte mit einzigartiger Benutzerfreundlichkeit und Ästhetik zu kreieren – als Ergebnis technologischer Fähigkeiten, Designkompetenz und Marktkenntnissen. Diese Kompetenzen lassen sich nicht an einzelnen Abteilungen oder Wertschöpfungsstufen festmachen.

3.1.3.3 Bewertung von Ressourcen und Kompetenzen

Die Identifikation und Bewertung von Ressourcen und Kompetenzen erfolgt häufig gemeinsam. Wie bereits angemerkt wurde, ist eine strategische Bewertung von Einzelressourcen nicht sinnvoll, da diese nur in Kombinationen mit anderen Ressourcen und durch Einsatz von Kompetenzen ihren Wert entfalten können. Daher werden im Folgenden lediglich Kompetenzen als Gegenstand der Bewertung betrachtet – wobei eine Kompetenz als Bündel von Fähigkeiten (Skills) und dazugehörigen Ressourcen gesehen wird. Neben der Wirkung müssen die Struktur und Bestandteile der Kompetenzen verstanden werden, um diese erhalten und weiterentwickeln zu können (Schritt 4 des in Abbildung 3.8 vorgestellten Kompetenzen-Managementprozesses).

Zur prinzipiellen Bewertung sind zunächst, wie in Abbildung 3.10 dargestellt, zwei Dimensionen zu betrachten: die relative Stärke im Wettbewerbsvergleich sowie die strategische Bedeutung der Kompetenz.

Die **relative Stärke im Wettbewerbsvergleich** kann durch Benchmarking ermittelt werden. Dabei ist sicherzustellen, dass ein objektiver Vergleich stattfindet.[466] Unter Umständen ist die Einbeziehung eines externen Gutachters oder Beraters zur Bewertung erforderlich. Eine hohe relative Stärke impliziert eine „Best Practice".[467]

Die **strategische Bedeutung** von Kompetenzen wurde von Forschern der „resource-based view" ausführlich thematisiert.[468] Es gilt zu analysieren, welchen Beitrag eine Kompetenz zur nachhaltigen Generierung von Wettbewerbsvorteilen und damit zum dauerhaften unternehmerischen Gewinnpotenzial leisten kann.

---

466 „Appraising company's resources and capabilities [...] organizations frequently fall victim to past glories, hopes for the future and their own wishful thinking", Grant (2022), S. 110.

467 Vgl. Hinterhuber/Friedrich (1997), S. 994.

468 Vgl. z. B. Wernerfelt (1984); Rumelt (1984); Prahalad/Hamel (1990); Hamel/Prahalad (1994); Teece u. a. (1997); Collis/Montgomery (1995); Barney (1997).

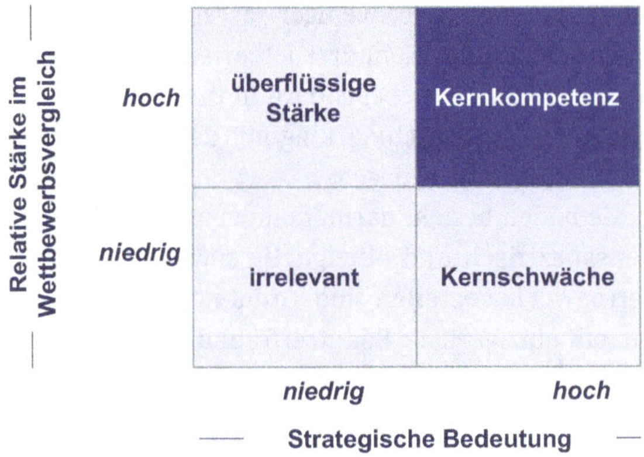

Abbildung 3.10: Bewertungsmatrix für Ressourcen und Kompetenzen.

Die strategische Bedeutung von Kompetenzen hängt von den in Abbildung 3.11 aufgeführten drei Faktoren ab:

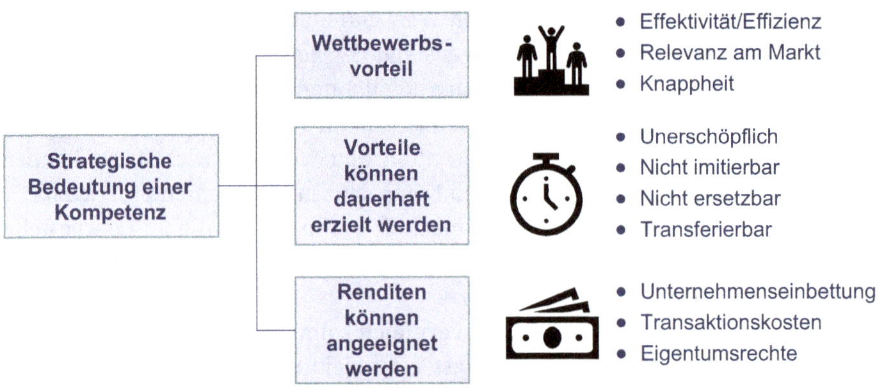

Abbildung 3.11: Strategische Bedeutung.[469]

Eine Kompetenz bringt **Wettbewerbsvorteile**, wenn sie ein Unternehmen in die Lage versetzt, eine überlegene Leistung am Markt anzubieten (Effektivität und Effizienz). Die Leistung muss relevant, also von Kunden nachgefragt sein. Außerdem darf die Kompetenz nicht frei verfügbar sein (Knappheit). Dies ist der Fall, falls es keinen Markt für die Kompetenz gibt, das Unternehmen privilegierten Zugang besitzt oder falls die Kompetenz für Konkurrenten nicht nachvollziehbar ist.

Für die **Dauerhaftigkeit** von Vorteilen sind vier Kriterien zu prüfen: Die Kompetenz (inklusiver dazugehöriger Ressourcen) darf sich nicht verbrauchen (Unerschöpf-

469 Vgl. Grant (2022), S. 109; Schwandner (2002), S. 123–138.

lichkeit).[470] Die Kompetenz darf nicht durch Wettbewerber imitierbar[471] oder durch alternative Kompetenzen ersetzbar sein. Vor dem Hintergrund dynamischer Umweltveränderungen muss die Kompetenz außerdem auf neue Anforderungen, Anwendungen oder Marktsegmente übertragbar sein.[472]

Schließlich muss das Unternehmen in der Lage sein, sich **angemessene Renditen** aus einem Vorteil anzueignen. Dafür müssen Kompetenzen an ein Unternehmen gebunden sind (sonst könnten z. B. einzelne Mitarbeiter die Kompetenzen abziehen und auf eigene Rechnung nutzen). Dies ist der Fall, wenn Kompetenzen vielfältig im Unternehmen eingebettet oder nur schwer transferierbar sind.

Alternative Methoden zur Bewertung von Ressourcen und Kompetenzen sind die **WIST-Analyse**[473] und das **VRIO-Framework**. Letzteres ermittelt den strategischen Wert anhand folgender vier Fragen:[474]

- „**V**alue“: Welchen Wert hat die Kompetenz oder Ressource?
- „**R**are“: Wie selten ist die Kompetenz oder Ressource im Wettbewerbsvergleich?
- „**I**nimitable“: Zu welchem Grad beziehungsweise wie leicht kann die Kompetenz von Konkurrenten nachgeahmt werden?
- „**O**rganized“: Kann das Unternehmen als Organisation mit der Kompetenz umgehen und sie gewinnbringend einsetzen?

Kompetenzen, die einerseits eine „Best Practice“ im Wettbewerb darstellen und andererseits hohe strategische Bedeutung haben, bezeichnet man als **Kernkompetenzen** (vgl. Abbildung 3.10). Diese sollten gemäß der RBV im Mittelpunkt der strategischen Planung stehen. Es gilt, diese durch Produkte und Leistungen am Markt intensiv zu nutzen und permanent weiterzuentwickeln, um neue und sich verändernde Marktanforderungen in der Zukunft bedienen zu können. Im Zuge der Wachstumsstrategie können Kernkompetenzen außerdem in neue Geschäftsfelder transferiert werden.

Im Gegensatz zur Managementlehre der 1980er-Jahre stellen Kernkompetenzen – und nicht primär marktseitige Gelegenheiten – die Basis der unternehmerischen Entwicklung dar. Die Identifikation von Kernkompetenzen sowie deren Analyse, Nutzung und Weiterentwicklung stellen in der Praxis aus nachfolgenden Gründen eine **Herausforderung** dar:[475]

---

470 Die Unerschöpflichkeit ist bei wissensbasierten Kompetenzen immer gegeben – diese Kompetenzen „vergrößern“ sich sogar durch intensive Nutzung.

471 Die Imitierbarkeit wird in der Praxis durch einige Effekte erschwert, vgl. Schwandner (2002), S. 129–131.

472 Teece u. a. nennen solche Kompetenzen „dynamic capabilities“, vgl. Teece u. a. (1997).

473 Die WSIT-Analyse prüft, ob die Kompetenz wertvoll, nicht imitierbar, selten und transferierbar ist, vgl. Müller-Stevens/Lechner (2011), S. 207–210.

474 Vgl. z. B. Barney (1997); Kreikebaum u. a. (2018), S. 95; Winkelmann (2023), S. 121.

475 Vgl. Schwandner (2002), S. 139.

- Kernkompetenzen sind oft nicht nur für Wettbewerber unsichtbar, sondern auch für „betriebsblinde" Manager, die mit vorhandenen Kompetenzen aufgewachsen sind und diese als selbstverständlich ansehen.
- Bei Kernkompetenzen handelt es sich um hochkomplexe, diffuse Gebilde – die für den Erfolg kausalen Faktoren lassen sich oft nur schwer isolieren. Daher sind Kernkompetenzen in vielen Fällen nur im Ergebnis erkennbar, nicht aber im Zustandekommen.
- Ein praktisch gravierendes Hindernis besteht nach Hamel und Prahalad darin, dass Identifikationsprozesse oft willkürlich sind und politisch missbraucht werden: „Every participant in the process wants to ensure that the activities he or she manages are regarded as ‚core'."[476]

Ressourcen- und kompetenzenbasiertes strategisches Management bedeutet außerdem, die anderen drei in Abbildung 3.10 aufgespannten Quadranten der Kompetenzen-Bewertungs-Matrix „zu bearbeiten":
- **Kernschwächen** sind kritisch, da sie strategisch wichtige Bereiche betreffen. Unternehmen müssen langfristig an der Beseitigung von Kernschwächen arbeiten. Kurz und mittelfristig kann mithilfe von Partnern die Leistungslücke geschlossen werden. Die Kompetenz kann außerdem per Unternehmensakquisition eingekauft werden, wobei die Integration nicht immer gelingt. Ein weiterer Weg besteht darin, die Strategie derart anzupassen, dass aus der Kernschwäche eine weniger relevante oder irrelevante Schwäche wird.[477]
- **Irrelevante Stärken** waren früher oft wettbewerbsrelevant. In diesen Bereichen gilt es, Kosten einzusparen. Solche Kompetenzen können beispielsweise ausgegliedert und verkauft werden: Ein Verkauf sollte an einen Käufer erfolgen, für den die Kompetenz eine höhere Relevanz besitzt. Eine ausgegliederte Einheit kann als Tochterunternehmen mit einer Strategie betrieben werden, bei der die Kompetenz im Mittelpunkt steht.[478]
- **Irrelevante Schwächen** können aus strategischer Sicht ignoriert werden.

476 Hamel/Prahalad (1994), S. 247; Hamel und Prahalad beklagen in diesem Zusammenhang, dass viele Firmen eine „Wäscheliste von Themen" als angebliche Kernkompetenzen ausweisen. Nach Einschätzung der Autoren gilt: „Few companies are likely to build world leadership on more than five or six fundamental competencies", Prahalad/Hamel (1990), S. 84.

477 Ein Hersteller, der höhere Fertigungskosten als asiatische Konkurrenten aufweist (Kernschwäche), könnte beispielsweise durch eine Premiumstrategie die Relevanz der schwachen Kostenposition reduzieren.

478 Der Werkzeugbau war traditionell eine Stärke im deutschen Maschinenbau. Heute ist diese Stärke strategisch weniger relevant. Die Werkzeugbauabteilung könnte ihre Dienstleistung am Markt anbieten, als Teil des Mutterunternehmens oder als selbstständige Einheit. Damit würde die Leistung strategisch aufgewertet.

Auch wenn die Analyse von Ressourcen und Kompetenzen herausfordernd und die Ergebnisse möglicherweise unscharf oder strittig sind, liefert die intensive Beschäftigung mit unternehmensspezifischen Erfolgspositionen wichtige Erkenntnisse über eigene Wettbewerbspotenziale.

3.1.3.4 Überleitung

Anders als in Abbildung 3.1 vereinfachend dargestellt, überlappen sich die Phasen Umwelt- und Unternehmensanalyse und Strategieformulierung im Strategieprozess. So liefern einige strategische Analysewerkzeuge bereits Empfehlungen für strategische Maßnahmen. Beispielsweise könnte die Analyse der Lieferantenmacht in Porters Wettbewerbskräftemodell bereits Ideen für Maßnahmen aufzeigen, wie die eigene Position gegenüber wichtigen Lieferanten verbessert werden kann.

3.1.4 Strategiewahl und -formulierung

Die **Strategie** ist der Plan, wie ein Unternehmen seine Ziele erreichen will. Sie umfasst auch die konkreten Schritte, Maßnahmen und den Einsatzplan für Ressourcen.[479] Hauptaufgabe der Strategie ist die Sicherung des langfristigen Unternehmenserfolgs. Strategien sind gekennzeichnet durch Komplexität (vielfältige Wechselwirkungen der Planungselemente), Unsicherheit (insbesondere zukünftiger Planungsprämissen), Langfristigkeit und Zielorientierung. Die (Geschäfts-) Strategie bildet, wie in Abbildung 3.12 dargestellt, das **Bindeglied** zwischen dem **Unternehmen**, welches Ziele verfolgt und dafür Ressourcen und Kompetenzen einsetzt, sowie seiner **Makro- und Mikro-Umwelt**.

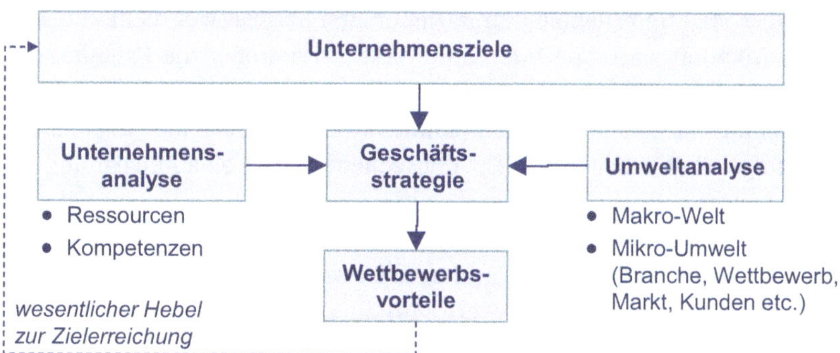

Abbildung 3.12: Integrierte Strategiebildung.[480]

---

479 Vgl. Grant (2022), S. 10; Strategie als Begriff wird in der einschlägigen Literatur leicht unterschiedlich definiert, vgl. Grant (2022), S. 11.

480 In Anlehnung an Grant (2022), S. 103.

Alle in der Strategie festgelegten **Aktivitäten** müssen derart gestaltet sein, dass
- sie in der gegebenen Umweltsituation
- mit den vorgegebenen Unternehmenszielen und
- mit den zur Verfügung stehenden Ressourcen und Kompetenzen sowie
- mit den Anforderungen der Kunden und Partner

in Einklang stehen. Diese Konsistenz nennt Porter **„strategic fit“**.[481] Diesen herzustellen, ist Kernaufgabe der strategischen Planung. Anzustreben ist eine differenzierende Position (und Abgrenzung) gegenüber den Wettbewerbern.

Eine Strategie muss außerdem **flexibel genug** sein, um auf Veränderungen der Umwelt, aber auch auf Veränderungen im eigenen Unternehmen reagieren zu können. Auch wenn ein bestimmtes Zukunftsszenario als Planungsbasis dient, sollten Unternehmen auf andere mögliche Szenarien reagieren können.

3.1.4.1 Strategieebenen

Strategien werden in regelmäßigen Abständen (i. d. R. jährlich) in einem mehr oder weniger formalen **Strategieprozess** formuliert oder angepasst.[482] Dabei sollten zumindest alle Manager der mittleren und oberen Ebene einbezogen werden. Dadurch wird Wissen aus unterschiedlichen Bereichen genutzt und das Commitment zur Umsetzung gestärkt. Strategische Planung in (großen) Unternehmen erfolgt auf den in Abbildung 3.13 dargestellten drei Ebenen:

In der **Unternehmensstrategie** wird festgelegt, in welchen Branchen und Märkten ein Unternehmen tätig ist. Die zentrale Frage lautet: „Where to compete?“[483] Dadurch wird die „strategische Stoßrichtung“ – z. B. Wachstum, Stabilisierung oder Desinvestition – für einzelne Geschäftseinheiten vorgegeben. Basis hierfür sind häufig Portfolioanalysen.[484] Die Unternehmensstrategie umfasst beispielsweise Entscheidungen über Diversifikation, vertikale Integration, Akquisition oder die Erschließung neuer Geschäftsfelder. Daneben werden Synergien zwischen den einzelnen Geschäftsfeldern untersucht. Ohne solche Synergien könnten die Geschäftsfelder unabhängig voneinander erfolgreicher arbeiten – in der Konsequenz müsste eine Aufspaltung des Unternehmens erfolgen.

In der **Geschäftsstrategie** muss jede Geschäftseinheit des Unternehmens ausarbeiten, wie sie auf ihrem spezifischen Markt agieren will, um erfolgreich zu sein. Es ist die Frage zu beantworten, wie Wettbewerbsvorteile gegenüber der Konkurrenz erlangt werden können („how to compete?“). Strategische Geschäftseinheiten werden

481 Vgl. Porter (1996), S. 70–75.
482 Vgl. Müller-Stevens/Lechner (2011), S. 45.
483 Vgl. z. B. Grant (2022), S. 17.
484 Vgl. Meffert u. a. (2024), S. 279.

Abbildung 3.13: Strategiepyramide.[485]

im Unternehmen beispielsweise anhand von angebotenen Lösungen/Anwendungen, Kundengruppen oder Technologien gebildet und abgegrenzt.[486]

Funktions- und Geschäftsprozessstrategien beschreiben, wie bestimmte Funktionen und Prozesse die Geschäftsstrategie im Sinne der Zielerreichung unterstützen. Neben Funktionsstrategien, die einzelnen organisatorischen Einheiten zugeordnet werden können (z. B. Marketing, Produktion, Personal, IT), gibt es Prozesse und dazugehörige Strategien, die über mehrere Funktionen verteilt sind. Beispiele sind der CRM-Prozess, der Innovationsprozess, der PLM-Prozess oder der SCM-Prozess.[487] Kernaufgabe auf dieser Strategieebene ist es, die erforderlichen Ressourcen und Kompetenzen zu identifizieren, aufzubauen, effektiv einzusetzen und weiterzuentwickeln. Die Funktions- und Geschäftsprozessstrategien werden durch Aktionsfeld- und Instrumentalziele gesteuert.[488] Manche Funktionsstrategien, z. B. die F&E-Strategie oder die Markenstrategie, müssen über eine Geschäftseinheit hinaus betrachtet werden, um Synergien innerhalb des Unternehmens zu realisieren.[489] Die Strategien dieser Ebene

485 Vgl. z. B. Bea/Haas (2024), S. 69; Grant (2022), S. 16.

486 Vgl. Bruhn (2024), S. 58; Müller-Stevens/Lechner (2011), S. 148–150; Meffert nennt drei grundlegende Eigenschaften von (strategischen) Geschäftseinheiten: „Marktaufgabe" (von anderen Einheiten unabhängige Ausrichtung auf abnehmerrelevante Probleme), Eigenständigkeit des Handelns und Erfolgsbeitrag zum Gesamtunternehmen, vgl. Meffert u. a. (2024), S. 282.

487 Vgl. Seidenschwarz (2016), S. 40.

488 Vgl. Becker (2019), S. 57–60.

489 Vgl. Brockhoff/Brem (2021), S. 144.

stehen untereinander in Beziehung und sind voneinander abhängig. Beispielsweise beeinflusst die Marketingstrategie u. a. die Vertriebs- und die Portfoliostrategie.

Die Hauptrichtung der Planung ist **Top-down**, d. h., die Strategie der höheren Ebene gibt den Rahmen für darunterliegende Strategien vor. Da funktionale Manager bei der Erarbeitung der Geschäftsstrategie mitwirken, baut die Geschäftsstrategie in der Praxis auch auf vorhandenen funktionalen Konzepten auf (**Bottom-up**-Komponente der Planung).

Der Fokus der weiteren Ausführungen soll zunächst auf der Ebene der Geschäftsstrategie (Ebene 2 in Abbildung 3.13) liegen. Ebene 3 der Strategiepyramide wird partiell behandelt: in Kap. 3.2.2 (Innovationsstrategie), Kap. 3.4 (Portfoliostrategie), Kap. 4.3.4 (Produktstrategie) und Kap. 5.2.3.1 (Digitalstrategie).

3.1.4.2 Inhalte einer Geschäftsstrategie

> „Der Katalog [strategischer] Maßnahmen ist recht vielfältig, dementsprechend umfangreich ist die Zahl der Strategiearten. Sie sind teilweise in der Praxis entstanden, teilweise am Schreibtisch von Wissenschaftlern entwickelt worden. Es ist nicht einfach, eine Systematik zu finden, die den Kriterien der Vollständigkeit und Überschneidungsfreiheit entspricht."[490]

Einleitend seien die Klassifikationen von Geschäftsstrategien von fünf ausgewählten Strategielehrbüchern zusammengefasst:

Tabelle 3.4: Literatur Strategiemerkmale und Strategieoptionen.[491]

Autor	Strategiemerkmale	Strategieoptionen/-ausprägungen
Bea/Haas	– Wachstumsfelder	– Produkt-Markt-Kombinationen
	– Ansatzpunkt für Wettbewerbsvorteile	– Kostenführer vs. Differenzierung vs. Nische
	– Grad der Eigenständigkeit	– Autonomie vs. Kooperation vs. Integration
	– Geographie	– Lokal vs. national vs. international
Schreyögg/Koch	– Ort des Wettbewerbs	– Kernmarkt vs. Nische
	– Schwerpunkt des Wettbewerbs	– Kostenführerschaft vs. Differenzierung
	– Regeln des Wettbewerbs	– Anpassung vs. Veränderung

490 Bea/Haas (2024), S. 190; ähnlich sieht Becker „ein bestimmtes Problem [...] darin, angesichts der Vielfalt strategischer Formen (Optionen) ein möglichst in sich geschlossenes System von Marketingstrategien zu entwickeln", vgl. Becker (2019), S. 147.

491 Vgl. Bea/Haas (2024) S. 190–191; Schreyögg/Koch (2023), S. 114–115; Becker (2019), S. 147–148; Meffert u. a. (2024), S. 303–338; Müller-Stevens/Lechner (2011), S. 248–249.

Tabelle 3.4 (fortgesetzt)

Autor	Strategiemerkmale	Strategieoptionen/-ausprägungen
Becker	– Marktfeld – Marktstimulierung – Marktparzellierung – Marktareal	– Nach Produkt-Markt-Kombinationen – Qualität vs. Preis – Grad der Segmentierung – Lokal vs. national vs. international
Meffert	– Marktwahl	– Produkt-Markt-Kombinationen, – Absatzraum (Geographie), – Grad der Segmentierung (undifferenziert vs. segmentorientiert vs. individuell)
	– Verhalten gegenüber Marktteilnehmern	– Abnehmer (z. B. Innovation, Qualität, Preis) – Absatzmittler (z. B. Kooperation, Umgehung) – Konkurrenz (z. B. Kooperation, Anpassung)
Müller-Stevens/Lechner	– Markt	– Grad der Variation, – Substanz (Nutzenangebot), – Feld (Zielsegmente),
	– Wettbewerb	– Stil (Verhalten gegenüber Kunden) – Kostenführerschaft, Differenzierung – Branchenweites Angebot vs. Nische – Offensive vs. defensive Taktiken – Regelmacher vs. Regelnehmer vs. Regelbrecher

Die genannten Strategielehrbücher setzen auf den klassischen Strategiekonzepten als Strategiemerkmale auf. Die Strategiekonzepte unternehmen den Versuch, Strategien zu klassifizieren und Strategieoptionen systematisch aufzuzeigen. Neben dem Strategiekonzept von Porter seien im Folgenden die viel zitierten Konzepte von Ansoff, Treacy/Wiesema, Miles/Snow und Hax/Wilde kurz aufgeführt.

3.1.4.2.1 Strategiekonzept von Porter

Porter stellte im Jahr 1985 drei **generische Strategien** vor: Differenzierung, Kostenführerschaft und Fokus (oder Nischenstrategie):[492]

- Zur Verfolgung der Strategie der **Kostenführerschaft** muss ein Unternehmen alle internen Kostensenkungshebel betätigen und standardisierte, schnörkellose („no-frills“) Produkte anbieten. Typische strategische Elemente sind Skaleneffekte

492 Vgl. Porter (1985).

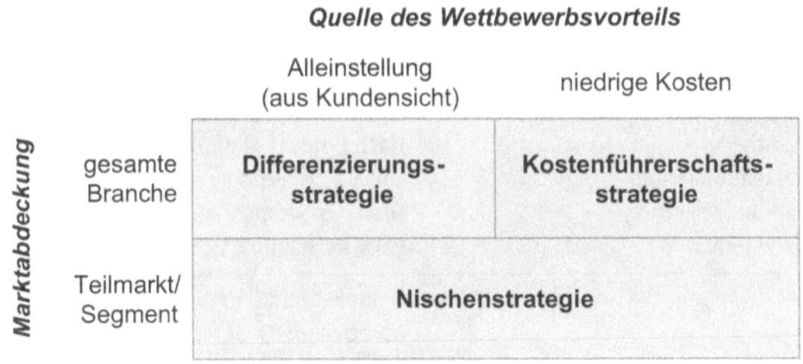

Abbildung 3.14: Porters generische Strategien.

in der Produktion, produktionsoptimierte Entwicklung, strikte Fixkostenkontrolle und die bewusste Vernachlässigung von Nischenmärkten.

- **Differenzierung** wird dann erzielt, wenn ein Produkt einen einzigartigen Wert für den Käufer verspricht. Operative Schwerpunkte von Differenzierungsstrategien sind Produktinnovationen, die Pflege der Marke, umfangreiche Marketingkommunikation, anspruchsvolles Produktdesign und hohe Qualitätsziele.
- Beschränkt sich ein Unternehmen auf ein bestimmtes Marktsegment oder eine Region, liegt eine **Nischenstrategie** vor. Diese Fokussierung kann dem Unternehmen Vorteile auf der Kostenseite bringen oder das Unternehmen in die Lage versetzen, die spezifischen Anforderungen der Nischenkunden besser als branchenweit aufgestellte Wettbewerber zu erfüllen.

Nach Porters Auffassung sollten Unternehmen eine der genannten Strategieoptionen wählen und keine Mischformen, ansonsten wären sie „stuck in the middle" und hätten schlechte Profitabilitätsperspektiven.

3.1.4.2.2 Strategiekonzept von Ansoff (Ansoff-Matrix)

Das Strategiekonzept von Igor Ansoff aus dem Jahre 1957 (auch bekannt als die **Ansoff-Matrix**), hilft Unternehmen, Wachstumsstrategien durch die Kombination von bestehenden oder neuen Produkten mit bestehenden oder neuen Märkten zu entwickeln. Je nachdem, wie Wachstum erreicht werden soll, unterscheidet Ansoff die in Abbildung 3.15 dargestellten vier Strategien. Der Neuigkeitsgrad der Strategie korreliert mit dem Wachstumspotenzial, aber auch mit dem Risiko.[493]

Wichtig ist, dass Märkte nicht nur regional abgegrenzt werden können, sondern z. B. auch über Anwendungsbereiche, Branchen oder andere Kundencharakteristika.

493 Vgl. Ansoff (1965).

Abbildung 3.15: Ansoff-Matrix.

3.1.4.2.3 Strategiekonzept von Treacy und Wiersema

Nach Auffassung der von **Treacy und Wiersema** ist der Erfolg von Unternehmen durch eine der folgenden drei Strategien begründet – organisationale Effektivität, Produktführerschaft oder Kundenintimität:[494]

- **Organisational effektive** Unternehmen bieten qualitativ und leistungsmäßig durchschnittliche Produkte und Dienstleistungen zu niedrigsten Preisen und unter Minimierung von Unannehmlichkeiten für den Käufer an. Derartige Unternehmen sind typischerweise hierarchisch organisiert und weisen klar standardisierte Prozesse und einheitliche Kulturen auf.
- **Produktführer** konzentrieren sich auf die Entwicklung von „Best-of-class"-Produkten und Dienstleistungen. Produktführer sind organisch strukturiert. „Out-of-the-box"-Denken wird ermutigt, kreative Ideen werden belohnt.
- Erfolgreiche Unternehmen mit einer **Kundenintimitätsstrategie** bieten ihren Kunden eine auf die jeweiligen Bedürfnisse maßgeschneiderte Lösung an. Sie kultivieren ein tiefes Verständnis des Kundengeschäfts sowie enge und langfristige Kundenbeziehungen. Durch starkes „Empowerment" der Mitarbeiter wird optimaler Kundenkontakt gefördert.

Die Strategien organisationale Effektivität und Produktführer von Treacy/Wiesema weisen Ähnlichkeiten mit Porters generischen Strategien Kostenführerschaft und Differenzierung auf.

3.1.4.2.4 Strategiekonzept von Miles und Snow (Adaptionsstrategien)

Die sog. Adaptionsstrategien von **Miles und Snow** umfassen drei Strategieoptionen:[495]

- **Defender** agieren in ausgewählten Segmenten einer Branche und beschränken sich auf die (graduelle) Weiterentwicklung von beherrschten Technologien, bei

494 Vgl. Treacy/Wiersema (1995).
495 Vgl. Miles/Snow (1978).

stark ausgeprägter Kostenorientierung und kontinuierlicher Verbesserung der Effizienz.
- Im Gegensatz dazu sind **Prospectoren** ständig auf der Suche nach neuen Produktideen und Vermarktungsmöglichkeiten. Ihr Fokus ist dabei breit gestreut. Es werden parallel mehrere innovative Technologielinien verfolgt. Prospektoren versuchen, proaktiv die technologischen und marktseitigen Spielregeln zu verändern.
- **Analyzer** stehen auf der Adaptionsgrad-Skala zwischen Defender und Prospector. Sie halten Ausschau nach neuen Produkten und marktseitigen Möglichkeiten, wobei etablierte Technologien und Kundenbeziehungen weiterhin gepflegt werden.

Die Adaptionsstrategien von Miles/Snow entsprechen dem Innovationsansatz von Unternehmen: Während Defender sich auf permanente inkrementelle Verbesserungen fokussieren, zielen Prospektoren auf radikale oder disruptive Innovationen.[496]

3.1.4.2.5 Strategiekonzept von Hax und Wilde (Delta-Modell)

Ein speziell auf Software- und Technologieunternehmen zugeschnittenes Modell stellten **Hax und Wilde** im Jahr 1999 vor.[497] Verglichen mit Porters Modell beinhaltet ihr Delta-Modell neben der Produktführerschaft (Pendant zu Porters Differenzierungsstrategie) zwei neue Optionen: Systemführerschaft und Kundenlösung.
- **Produktführer** gewinnen Kunden mithilfe einer leistungsfähigen Technologie, einzigartigen Produktfunktionalitäten oder speziellen begleitenden Dienstleistungen. Entscheidend ist das Angebot eines Produkts mit einem als einzigartig empfundenen Kundennutzen. Produktführer sind innovativ und setzen neue Technologien schnell in Produktangebote um.
- Ein **System** ist eine umfassende Problemlösung, die aus einer Reihe von komplementären Produkten und Dienstleistungen besteht, welche sich im Sinne der Problemlösungsqualität für den Kunden vorteilhaft ergänzen. Ein System besteht aus Schlüsselprodukten sowie begleitenden Produkten und Leistungen. Ziel eines **Systemführers** ist es, ein System von komplementären Produkten und Leistungen rund um das eigene (Schlüssel-)Produkt aufzubauen, welches den bestmöglichen Kundennutzen liefert. Der Wettbewerb wird auf die Ebene des Systems verlagert. Um den Nutzen des Systems zu erhöhen, müssen starke Partner über „Win-win"-Versprechen gewonnen werden (vgl. Kap. 3.2.2.5 Plattform- und Ökosystemstrategie). Außerdem gilt es, Kunden durch „Lock-in"-Mechanismen im System zu binden und so eine stabile „installierte Basis" aufzubauen, welche die Basis für den wirtschaftlichen Erfolg aller Systempartner darstellt.

496 Vgl. Kap. 4.1.4.3.4 (Differenzierung von Innovationen nach Veränderungsumfang).
497 Vgl. Hax/Wilde (1999).

- Unternehmen mit **Kundenlösungsstrategien** gewinnen Kunden durch das Angebot maßgeschneiderter Lösungen.[498] Dazu müssen Lösungsanbieter über ein detailliertes Verständnis des Kundengeschäfts verfügen. Aufgrund des hohen Anpassungsgrades an Kundenbedürfnisse impliziert die Kundenlösungsstrategie i. d. R. einen hohen Dienstleistungsanteil und eher Projekt- als Produktgeschäft.

Hax/Wilde motivierten ihr Konzept mit der Feststellung, dass Porters generische Strategien die „current economy" nicht vollständig erklären.[499]

3.1.4.2.6 Integriertes Strategiekonzept

Kombiniert man die Strategieinhalte und -dimensionen der genannten Lehrbücher und die vier klassischen Strategiemodelle, erhält man sechs Merkmale oder Dimensionen einer Geschäftsstrategie (vgl. Abbildung 3.16):

Abbildung 3.16: Strategiebaukasten.

Um das Thema **Wachstumsrichtung** zu beschreiben, verwenden Forscher und Praktiker gleichermaßen die auf den Produkt-Markt-Kombinationen der Ansoff-Matrix basierenden vier Strategien Marktdurchdringung, Produktentwicklung, Marktentwicklung und Diversifikation.[500]

---

498 Die Kundenlösungsstrategie von Hax/Wilde ähnelt der Kundenintimitätsstrategie von Treacy/Wiersema.

499 Als Beispiel führen Hax/Wilde u. a. das Unternehmen Microsoft an. Dessen Produkte sind weder die billigsten noch die, für sich allein betrachtet, qualitativ besten, vgl. Hax/Wilde (1999), S. 12.

500 Vgl. Ansoff (1965)

Die Frage, wie **Wettbewerbsvorteile** erzielt werden sollen, ist integraler Teil der Geschäftsstrategie. Hierbei können Porters generische Strategieoptionen Kostenführerschaft und Differenzierung bzw. die inhaltlich ähnlichen Strategieoptionen Effizienz und Produktführerschaft von Treacy/Wiersema verwendet werden. Die gewählte generische Strategie ist zu konkretisieren, d. h., es muss ausgearbeitet werden, wie eine Differenzierung erfolgt bzw. wie ein Kostenvorteil erreicht werden soll. Diese Ausarbeitung nennt Porter „strategische Positionierung".[501]

Das dritte Merkmal einer Strategie adressiert den **Grad der Marktabdeckung** und, damit zusammenhängend, den Grad der Leistungsindividualisierung. Unternehmen müssen entscheiden, ob sie branchenweit, in mehreren Marktsegmenten oder lediglich in einem Marktsegment antreten. Letztere Option nennt Porter „Nischenstrategie". Ein branchenweites Angebot verfolgt ein größeres Marktpotenzial. Die Fokussierung auf eine Nische ermöglich eine Spezialisierung auf Kundenanforderungen oder regionale Besonderheiten. In allen Optionen ist auszuarbeiten, wie stark das Leistungsangebot an individuelle Kundenwünsche angepasst werden soll. Im Falle starker kundenindividueller Anpassung liegt eine Kundenintimitäts- bzw. Kundenlösungsstrategie (nach Treacy/Wiesema bzw. Hax/Wilde) vor.

Das vierte Strategiemerkmal adressiert den **Innovationsanspruch** des Unternehmens bzw. ob man sich an die **„gängigen Regeln"** der Branche und des Wettbewerbs anpasst oder bestrebt ist, diese zu verändern. Unternehmen können z. B. durch Geschäftsmodellinnovationen oder radikale Produkt- und Marketinginnovationen die Regeln im Wettbewerb verändern. Dies entspräche der Prospector-Strategie von Miles und Snow, welche eine ausgeprägte Innovationsorientierung und Risikobereitschaft voraussetzen. Eine Anpassung an Branchenregeln mit inkrementellen Innovationsschritten entspricht einer Defender-Strategie.

Die bisher genannten Punkte betreffen vor allem die Beziehung und das Verhalten gegenüber Kunden. Im fünften Strategiemerkmal wird das **Verhalten gegenüber anderen Marktteilnehmern** thematisiert. Mit Wettbewerbern kann kooperativ oder konfrontativ umgegangen werden. Vertikale Spieler wie Lieferanten oder Händler können ersetzt (vertikale Integration) oder verstärkt einbezogen werden (z. B. über Outsourcing oder Partnerschaften). Komplementäre Anbieter können im Sinne eines Systemangebots als Partner angebunden werden, z. B. über horizontale Marketingpartnerschaften oder in einem Ökosystem. Auch diagonale Partnerschaften mit Unternehmen außerhalb der Branche sind denkbar, z. B. Kooperationen von Autoherstellern und IT-Unternehmen.

---

501 Nach Porter kann eine strategische Positionierung beispielsweise auf Kundenbedürfnissen („need-based"), Kundenzugang („access based") oder dem Leistungsangebot („variety based") basieren, vgl. Porter (1996), S. 65–68.

Schließlich sollte die Strategie den geplanten **geografischen Absatzraum** der Geschäftseinheit beschreiben sowie etwaige globale Sourcing-Aktivitäten oder internationale Standorte (Supply Chain/Wertschöpfung).

Abbildung 3.16 kann als **morphologischer Strategiebaukasten** verwendet werden. Dabei ist zu beachten, dass die sechs Strategiemerkmale nicht unabhängig voneinander sind. Einige Elemente sind tendenziell komplementär, z. B. Kostenführerschaft und Marktdurchdringung oder Differenzierung und Innovationsorientierung. Andere strategische Optionen sind konfliktär, z. B. Kostenführerschaft und kundenindividuelle Lösungen. Porter fordert, dass die gewählten strategischen Optionen in Kombination einzigartig sein und in ein maßgeschneidertes „activity system" gegossen werden müssen. Dieses muss in sich stimmig sein („system fit"). Um das zu erreichen, muss die Strategie insbesondere auch festlegen, „was man nicht macht", wo das Unternehmen Kompromisse eingeht und wo man bewusst anders agiert als die Konkurrenz.[502]

Wie in Kap. 3.1.3 erläutert wurde, müssen bei der Wahl der strategischen Optionen auch die Ergebnisse der internen Analyse einfließen. Strategien sollten sich an den **(Kern-)Kompetenzen des Unternehmens orientieren**.[503]

3.1.5 Strategieimplementierung

> „In nicht wenigen Fällen scheitern Strategien nicht wegen mangelnder Substanz, sondern weil das Unternehmen nicht in der Lage ist, die strategischen Absichten zu verwirklichen. Die Fähigkeit zur Strategieumsetzung ist deshalb heute zur Schlüsselkompetenz geworden."[504]

Beabsichtigte Strategien und realisierte Strategien unterscheiden sind in der Praxis erheblich.[505] Viele Manager sehen aus nachfolgend genannten Gründen die **Umsetzung von Strategien als herausfordernd** an:[506]

- Strategien und Visionen werden vom oberen Management entwickelt. Deren Umsetzung erfolgt jedoch auf mittlerer und unterer Ebene.
- Umsetzungsaspekte werden bei der Strategieformulierung oft nicht ausreichend berücksichtigt.
- Zwischen Strategieformulierung und Implementierung kann ein langer Zeitraum liegen, in dem sich die Annahmen, auf denen eine Strategie basiert, verändern können. Eine dynamische Anpassung (agiler Strategieprozess) wird häufig nicht praktiziert.

502 Vgl. Porter (1996).

503 Vgl. Exkurs zum ressourcen- und kompetenzenbasierten Ansatz des strategischen Managements in Kap. 3.1.3.1.

504 Schreyögg/Koch (2023), S. 128.

505 Dazwischen liegen „unrealisierte" und „unbeabsichtigte" Strategien, vgl. Mintzberg (1994).

506 Vgl. Bea/Haas (2024), S. 227.

- In der Strategieumsetzung sind viele Mitarbeiter aus unterschiedlichen Abteilungen beteiligt. Dies bring kommunikative und koordinative Herausforderungen mit sich.
- Erst in der Strategieumsetzung kommt es zur Konfrontation mit den Betroffenen, die dann u. U. Widerstand leisten.

Strategieformulierung und Strategieimplementierung sollten in der Praxis nicht strikt voneinander getrennt erfolgen: Einerseits ist jede formulierte Strategie unvollständig, unpräzise und womöglich nicht mehr aktuell- sie muss während der Umsetzung präzisiert, ergänzt und ggf. an Umweltveränderungen angepasst werden. Andererseits sollten bereits bei der Formulierung die Umsetzbarkeit und spezifische Umsetzungsaspekte berücksichtigt werden.[507]

Eine Strategie ist inhaltlich in **Einzelmaßnahmen herunterzubrechen**. Diese sind dann entsprechend den Organisationseinheiten zuzuordnen. Um den Umsetzungsfortschritt überwachen zu können, muss für jede Maßnahme außerdem eine konkrete Zielvorgabe festgelegt werden. Ziele sollten **SMART** formuliert sein, also **s**pezifisch, **m**essbar, **a**mbitioniert, **r**ealistisch sein und einen zeitlichen Bezug („**t**ime“) haben.[508] Als Resultat der „Strategiezerlegung“ müssen **Aktionspläne** entstehen, in denen formuliert wird, „wer was bis wann macht“.

Neben den genannten inhaltlichen, organisatorischen und zeitlichen Aspekten der Strategiezerlegung müssen die erarbeiteten Maßnahmen mit finanziellen und personellen Ressourcen hinterlegt werden. Dies geschieht im **Budgetplanungsprozess** des Unternehmens.[509] Dieser umfasst typischerweise einen Zeithorizont von einem Jahr (operatives Budget). Zusätzlich kann es eine mehrjährige Budgetplanung geben (z. B. für 3–5 Jahre), um längerfristige Maßnahmen abzubilden.

Mit der **Balanced Scorecard** (BSC) haben Kaplan und Norton im Jahr 1992 ein Werkzeug vorgestellt, mit dem Unternehmen ihre Strategie ganzheitlich in konkrete Ziele und Maßnahmen übersetzen sowie die Strategieumsetzung ganzheitlich messen und steuern können (vgl. Abbildung 3.17).[510]

Die BSC bricht die Geschäftsstrategie in vier Perspektiven herunter und beleuchtet die Strategieumsetzung aus diesen Perspektiven heraus:[511]

- Die **Finanzperspektive** soll finanzielle Stabilität und Rentabilität sicherstellen. Typische Kennzahlen sind Umsatzwachstum, Gewinnmarge, ROI oder Cashflow.
- In der **Kundenperspektive** werden Kundenbeziehungen und Kundenzufriedenheit beleuchtet, gemessen durch Kennzahlen wie dem Net-Promoter-Score oder dem Marktanteil.

507 Vgl. Grant (2022), S. 121.
508 Vgl. Vahs u. a. (2023), S. 138.
509 Vgl. z. B. Schreyögg/Koch (2023), S. 169–176; Horváth u. a. (2020), S. 133–135.
510 Kaplan/Norton (1992).
511 Vgl. Horváth u. a. (2020), S. 129–130; die Bezeichnung der Perspektiven kann angepasst werden.

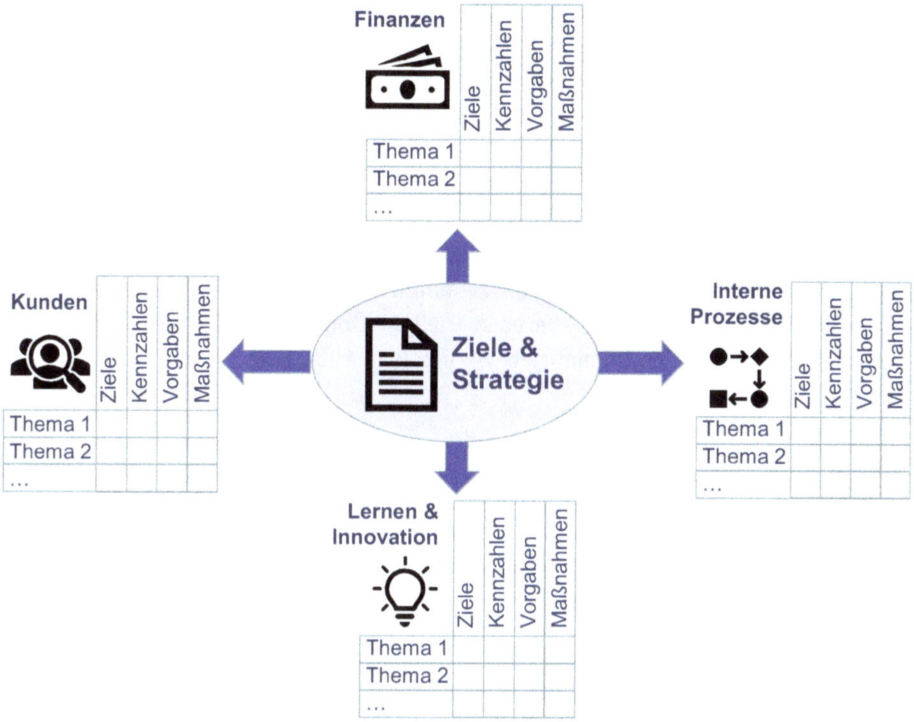

Abbildung 3.17: Balanced Scorecard.

- Die interne **Prozessperspektive** hat zum Ziel, die Effizienz und Qualität interner Abläufe zu verbessern. Typische Kennzahlen sind Prozessdurchlaufzeiten, Fehlerquoten und Kostengrößen.
- Durch die **Lern- und Innovationsperspektive** (auch Mitarbeiterperspektive oder Entwicklungsperspektive genannt) werden Innovationsfähigkeit, Mitarbeiterqualifikation und Unternehmenskultur betrachtet. Typische Kennzahlen sind Mitarbeiterzufriedenheit, Weiterbildungskosten oder Anzahl und Fortschritt von Innovationsprojekten.

Die BSC soll **Ursache-Wirkungs-Beziehungen** zwischen den Perspektiven aufzeigen. Beispielsweise ist die Qualität interner Prozesse von der Mitarbeiterentwicklung abhängig, die Kundenzufriedenheit von der Zuverlässigkeit interner Prozesse oder finanzielle Kennzahlen von der Kundenzufriedenheit. Die Balanced Scorecard verknüpft außerdem **Vision und Tagesgeschäft**, indem sie Strategien in operative Maßnahmen überführt. Über verschiedene Perspektiven ermöglicht sie einen ganzheitlichen Blick auf die Strategieumsetzung und fördert **Kommunikation und Transparenz** in Unternehmen.

3.1.6 Zwischenfazit und Überleitung

Mit der Erstellung der Geschäftsstrategie sind die grobe Fahrtrichtung und wichtige Entscheidungsprinzipien für die Manager im Unternehmen festgelegt. Als „Nebenprodukt" der strategischen Planung hat das Unternehmen bereits viel Wissen über das Umfeld und den Markt aufgebaut, welches für die weitere Planungsarbeit genutzt werden kann.

Im nächsten Planungsschritt sind funktionale und Geschäftsprozessstrategien auszuarbeiten (Ebene 3 der Strategiepyramide in Abbildung 3.13). Aufgrund der Zielsetzung dieses Buches soll im Weiteren speziell die **Überleitung der Geschäftsstrategie in Produktstrategien** thematisiert werden (vgl. Abbildung 3.18).

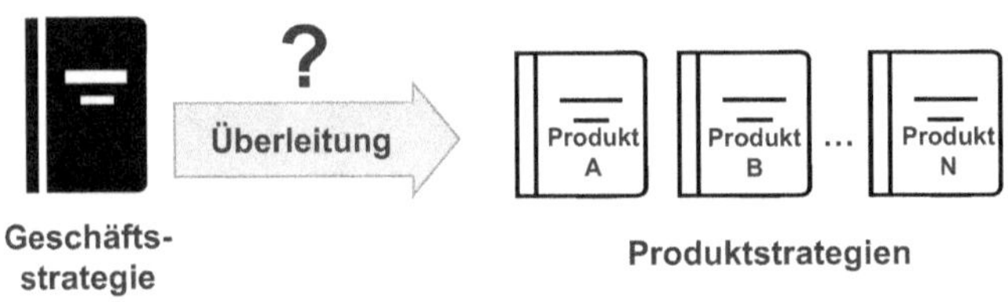

Abbildung 3.18: Überleitung Geschäftsstrategie zu Produktstrategie.

Die Überleitung von der Geschäftsstrategie in Produktstrategien ist erfolgskritisch. Da Produkte und der Produktprozess im Kern der unternehmerischen Tätigkeit stehen, haben viele Funktions- und Geschäftsprozessstrategien Einfluss auf den Produktprozess. Aus diesem Grund ist die Überleitung in der Praxis nicht trivial.

In der Literatur gibt es viele Werke zu den Themen Geschäftsstrategie und Produktentwicklung. Die Überleitung zwischen den zwei genannten Themenbereichen wird weniger intensiv behandelt.[512] Die vorhandenen Konzepte unterscheiden sich inhaltlich und begrifflich – fünf Konzepte werden im Folgenden kurz notiert:

Winkelmann erachtet in der Leistungsprogrammpolitik drei Entscheidungsstufen als erforderlich, um die Geschäftsstrategie in „Politiken für Einzelprodukte" zu übersetzen:[513]

- Zunächst sind Leitstrategien u. a. für die Bereiche Portfolio, Positionierung und Kernkompetenzen zu entwickeln.
- Daraus resultiert eine Programmstrategie, die z. B. Programmtiefe, -breite und Diversifikation umfasst.

512 Am ehesten wird auf die Thematik unter dem Titel Innovationsstrategie (im Rahmen von Innovationsmanagement), in Marketingbüchern (unter Produkt- oder Programmpolitik) oder als untergeordnetes Kapitel in Produktmanagement- oder Produktentwicklungsbüchern eingegangen.

513 Vgl. Winkelmann (2023), S. 278.

- Im dritten Schritt ist eine generelle Produktstrategie zu entwerfen, die Innovationspolitik, Produktvariation und Produktdifferenzierung adressiert.

Für die strategische Produktplanung schlagen **Gausemeier u. a.** einen Zyklus mit drei Phasen vor:[514]

- Am Anfang steht die Potenzialfindung mit den Zielen der Identifikation von Erfolgspotenzialen in der Zukunft sowie der Ermittlung entsprechender Handlungsoptionen. Hierfür können Methoden wie die Szenario-Technik, Delphi-Studien oder Trendanalysen eingesetzt werden.
- Anschließend befasst sich die Produktfindung mit der Suche und der Auswahl neuer Produkt- und Dienstleistungsideen zur Erschließung der Potenziale. Wesentliche Hilfsmittel in dieser Phase sind Kreativitätstechniken.
- Auf dieser Basis erfolgt im letzten Schritt eine Geschäftsplanung, welche eine Produktstrategie, ein Geschäftsmodell und einen Geschäftsplan umfasst.

Seidenschwarz schlägt drei Schritte vor, um die Geschäftsstrategie in eine „priorisierte Projektliste", welche das Gerüst einer Produktplanung darstellt, zu übersetzen:[515]

- Portfoliostrategie, basiert auf drei Portfolioanalysen: dem Diversifikationsportfolio (Vertrautheitsgrad mit Technologie x Vertrautheitsgrad mit Markt), der Matrix Marktattraktivität x Wettbewerbsposition und dem Technologieportfolio (Technologieattraktivität x Ressourcenstärke)
- Mittelverteilung auf die vorhandenen Projekte anhand des Töpfe-Ansatzes[516]
- Roadmapping und eine Multiprojektplanung unter Berücksichtigung von budgetären Restriktionen

Kreimeyer u. a. schlagen einen Ordnungsrahmen, der zwischen (Geschäfts-)Strategie und der Entwicklung neuer bzw. der Überarbeitung bestehender Produkte steht. Dieser hat vier Elemente:[517]

- die Produktstrategie, basierend auf der Geschäftsstrategie
- das Portfoliomanagement als fortwährende Überwachung des existenten Produktportfolios
- die Planung von Einzelprodukten
- die Begleitung und Überwachung von Einzelproduktprojekten

514 Vgl. Gausemeier u. a. (2016), S. 13–15.
515 Vgl. Seidenschwarz (2016), S. 48.
516 Vgl. Kap. 3.4.1.1 (Portfoliomanagement/Strategische Töpfe).
517 Vgl. Kreimeyer u. a. (2021), S. 99–100.

Coopers Product-Innovation-Framework unterscheidet fünf Schritte:[518]
- Zielfestlegung für Innovationen bzw. Neuproduktentwicklungen
- Bestimmung der „strategischen Arenen“ für Produktinnovation[519]
- Entwicklung von Angriffs- und Markteintrittsstrategien, abhängig von den Ambitionen des Unternehmens (Innovator, Fast-Follower, Reactor oder Defender)
- Portfoliostrategie und Ressourcenzuteilung auf Projekte mithilfe des Töpfe-Ansatzes
- taktisches Portfoliomanagement, welches den Aufsatz neuer Projekte sowie die Steuerung laufender Projekte unterstützt

Bei allen Konzepten ist die Geschäftsstrategie Ausgangspunkt für die Produktplanung. Der Wichtigkeit des Thema Rechnung tragend, formulieren viele Unternehmen eine dedizierte Innovationsstrategie, die „innovationsrelevante Aspekte“ der Geschäftsstrategie aufgreift und konkretisiert. Eine detaillierte Planung des Produktprogramms und der entsprechenden Projekte ist Thema der Portfoliostrategie. Diese liefert die Vorgaben für die einzelnen Produktstrategien, auf deren Basis die jeweils verantwortlichen Produktmanager Innovationsprozesse starten. Die beschriebene Planungsreihenfolge ist in Abbildung 3.19 vereinfachend dargestellt:

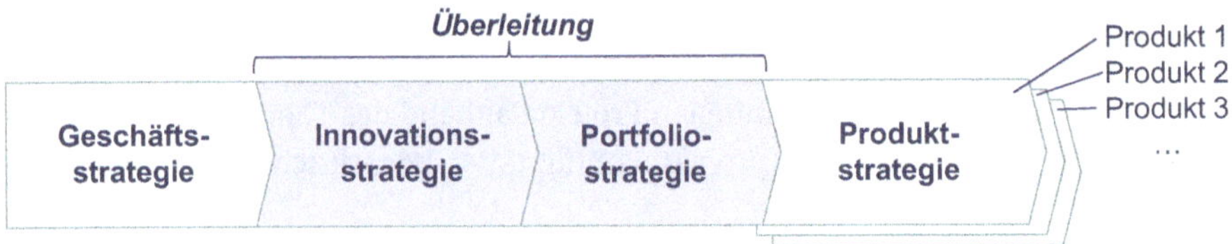

Abbildung 3.19: Rolle Innovations- und Portfoliostrategie.

Die dargestellte Überleitung gibt eine Richtung vor. Empfehlenswert ist, dass der Informationsfluss auch in die andere Richtung erfolgt. So sollten z. B. erfolgreiche Produktstrategien (und Produktmanager) auch Einfluss nehmen auf die Portfolio- und Innovationsstrategie.[520] Außerdem beeinflussen andere Funktions- und Geschäftsprozessstrategien die Innovations- und Portfoliostrategie (in Abbildung 3.19 nicht dargestellt).

518 Vgl. Cooper (2017), S. 356.

519 Hierfür schlägt Cooper eine Reihe von Analysen vor, z. B. Marktveränderungen, Wertschöpfungskette, Wettbewerber, „Voice-of-the-Customer“, „Peripheral Visioning“, disruptive Technologien und Kernkompetenzen.

520 Vgl. Product Focus (2024a), S. 11.

3.2 Innovation und Innovationsstrategie

> „In today's world, where the only constant is change, the task of managing innovation is vital for companies of every size in every industry. Innovation is vital to sustain and advance companies' current businesses; it is critical to growing new businesses. It is also a very difficult process to manage."[521]

Bevor die in Abbildung 3.19 gezeigte Überleitung von Geschäfts- in Produktstrategien in Kap. 3.2.2 wieder aufgegriffen wird, sollen in Kap. 3.2.1 ausgewählte, für den Produktmanager relevante Grundlagen von Innovation thematisiert werden.

3.2.1 Innovation

Zu Anfang werden Ziele und Definition von Innovation erläutert. Danach erfolgt eine Differenzierung von Innovation nach verschiedenen Kriterien. Ein Blick auf Innovationsprozesse und das Management von Innovation aus Unternehmenssicht runden Kap. 3.2.1 ab.

3.1.4.1 Motivation und Ziele von Innovation

Die Wachstums- und Konjunkturtheorie zeigt eine starke positive Korrelation zwischen der **Innovationstätigkeit** einerseits und dem **gesamtwirtschaftlichen Wachstum** andererseits.[522] Auch für Einzelunternehmen ist Innovation der **Schlüssel zu Wachstum** und langfristiger Relevanz.[523] **Wettbewerbsfähigkeit** wird heutzutage immer häufiger durch Innovationen begründet und nicht mehr durch Faktoren wie Größenvorteile, Ressourcenzugang, o. Ä.[524] Ein unsicheres, dynamisches und komplexes Umfeld (VUCA-Umfeld)[525] verstärkt nicht nur den generellen Zwang zur Innovation, sondern auch den **Zeitdruck**, unter dem Innovationen heutzutage konzipiert, umgesetzt und in den Markt gebracht werden müssen.[526]

---

521 Chesbrough (2003), S. xvii.

522 Vgl. Vahs u. a. (2023), S. 21.

523 Ergebnis einer Umfrage der Unternehmensberatung ADL unter 650 Unternehmen aus dem Jahre 2012 war beispielsweise, dass „Top Innovation Performer" eine 13 % höhere Profitabilität mit neuen Produkten und Dienstleistungen und eine 30 % schnellere Break-Even-Zeit erreichen als „Average Innovation Performer", vgl. Little (2012).

524 „While competitive advantage can come from size or possession of assets, and so on, the pattern is increasingly coming in favor of those organizations that can mobilize knowledge and technological skills and experience to create novelty in their offerings (product/service) and the ways in which they create and deliver those offerings", Tidd/Bessant (2018), S. 2.

525 VUCA = Volatility, Uncertainty, Complexity und Ambiguity, vgl. Horváth u. a. (2020), S. 6.

526 Vgl. Vahs/Brem (2015), S. 50; Vahs u. a. (2023), S. 26.

Innovationen können Unternehmen u. a. folgende **Vorteile** bringen:[527]

- Innovationen können Produkte von Konkurrenzangeboten differenzieren und einen besonderen Kundennutzen schaffen, wodurch Unternehmen mehr verkaufen und höhere Preise erzielen können.
- Innovationen bei Prozess- oder Geschäftsmodellen können Unternehmen in die Lage versetzen, ihre Produkte kostengünstiger herzustellen oder für Kunden schneller, bequemer oder individualisiert bereitzustellen.
- Innovationen können nicht bediente Märkte für Unternehmen öffnen oder komplett neue Märkte schaffen.[528]
- Innovationen können Unternehmen dabei helfen, effektiv auf Umfeldveränderungen zu reagieren.[529]
- Neben ökonomischen Vorteilen können Innovationen auch ökologische oder soziale Verbesserungen bewirken (Nachhaltigkeit).[530]

Der Pionier der Innovationsforschung **Joseph Schumpeter** beschrieb bereits in den 1930er-Jahren das Phänomen der „Durchsetzung neuer Kombinationen von Ressourcen“, mit denen Unternehmen aus Gewinnstreben die „ausgefahrenen Bahnen der statischen Wirtschaft“ verlassen. Diese Kombinationen können sich auf die Herstellung eines neuen Produkts, auf die Einführung einer neuen Produktionsmethode oder auf die Erschließung eines neuen Absatzmarktes beziehen. Die von Schumpeter betonte „schöpferische Zerstörungskraft“ der Innovationstätigkeit, die nicht stetig, sondern diskontinuierlich erfolgt, ist nach Schumpeter die Treibkraft für wirtschaftliche und gesellschaftliche Entwicklung.[531]

3.1.4.2 Definition von Innovation

Innovation wird in der Literatur unterschiedlich definiert:[532]

- „An innovation is an idea, practice, or object that is perceived as new by an individual or other unit of adoption.“[533]
- „Innovation is the successful exploitation of new ideas.“[534]
- „Innovationen sind qualitativ neuartige Produkte oder Verfahren, die sich gegenüber einem Vergleichszustand ‚merklich‘ [...] unterscheiden.“[535]

527 Vgl. Hofbauer/Schwandner (2022), S. 63.
528 Vgl. Kap. 3.1.4.3.1.4 (Marketinginnovation).
529 Vgl. Tidd/Bessant (2018), S. 4–5.
530 Vgl. Hauschildt u. a. (2023), S. 6.
531 Vgl. Schumpeter (1987), S. 100 (die erste Auflage dieses Werkes stammt aus dem Jahre 1934).
532 Vgl. z. B. Vahs u. a. (2023), S. 36; Hauschildt u. a. (2023), S. 4.
533 Rogers (1983), S. 11.
534 Tidd/Bessant (2018), S. 16.
535 Hauschildt u. a. (2023), S. 3.

- „Unter Innovationen versteht man die Durchsetzung neuer technischer, wirtschaftlicher, organisatorischer und sozialer Problemlösungen in Unternehmen und Märkten.“[536]
- „Innovation = Idee + Invention + Diffusion“[537]

Die genannten Definitionen von Innovation enthalten zwei Elemente: Neuigkeit und Umsetzung bzw. Anwendung. Entsprechend soll Innovation wie in Abbildung 3.20 dargestellt definiert werden.

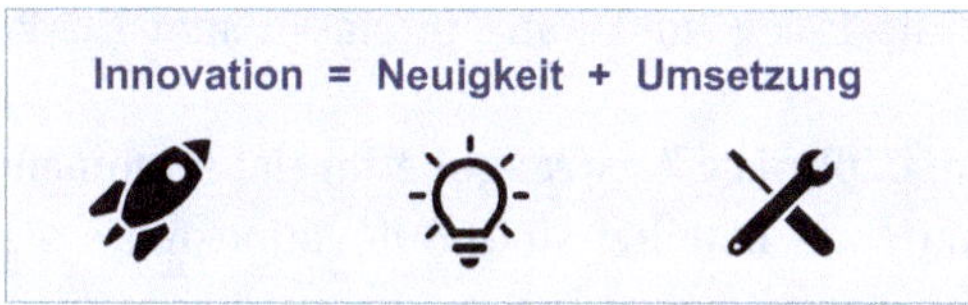

Abbildung 3.20: Definition Innovation.

Um Innovationen zu verstehen und managen zu können, ist ein erweitertes Verständnis von **Neuigkeit** erforderlich:[538]
- Neuigkeit ist zunächst relativ zu sehen, d. h., eine Idee muss „nur“ **im Kontext neu** sein. Beispielsweise kann eine Idee aus einer anderen Branche, Region oder Anwendungssituation übertragen werden. Insbesondere unternehmensinterne Prozessverbesserungen sind als „im Kontext neu“ anzusehen. Bei Innovationen liegt also ein subjektiver Neuigkeitsbegriff zugrunde.[539] Dies reduziert die Hürde für eine „neue“ Idee deutlich.
- Es gibt neben Produkten oder Technologien **weitere Gegenstände**, auf die sich eine Neuigkeit oder neue Ideen beziehen können, z. B. Geschäftsmodelle oder Marketing (vgl. Kap. 3.1.4.3.1).
- Die Neuigkeit kann in der **Kombination** oder im **Zusammenspiel** verschiedener Elemente bestehen, ohne dass ein Element für sich allein genommen neu sein muss. In diesem Fall spricht man von Plattform-, Familien- oder Architekturinnovation (in der Abgrenzung zu produkt- oder komponentenbasierten Innovationen).[540]

---

536 Hofbauer/Schwandner (2022), S. 64.

537 Müller-Prothmann/Dörr (2020), S. 7.

538 Vgl. Vahs u. a. (2023), S. 36–39; Bruhn/Hadwich (2017), S. 186.

539 Vgl. Weiber u. a. (2006), S. 100–101.

540 Das Apple iPhone war im Jahr 2006 eine Systeminnovation. Zwar waren auch Komponenten wie das User-Interface oder das industrielle Produktdesign neuartig und nutzerzentriert – der Erfolg basierte aber auf der „perfekten Integration“ dieser und weiterer Komponenten (z. B. iTunes, App-Store, emotionales Marketing, Marke Apple) in ein System „iPhone“. Weitere Beispiele sind die PC-

- Der **Grad der Neuigkeit** kann auch gering sein und nur zu einer inkrementellen Verbesserung eines Produkts oder Prozesses führen.
- Ein gewisses Maß an **Kreativität** ist die Voraussetzung für etwas Neues.

Die **Umsetzung** einer Neuigkeit ist eine erfolgskritische Kompetenz von Unternehmen, denn „the odds of winning are about one in seven".[541] Ohne erfolgreiche Umsetzung bleibt eine Neuigkeit bestenfalls eine Erfindung, wird aber nicht zur Innovation:[542]

- Die wesentlichen **Investitionen** im Innovationsprozess (und damit das **Risiko**) erfolgt in der Umsetzungsphase. Für die Ideen- und Konzeptphasen sind i. d. R. kaum Ressourcen erforderlich.
- Die Umsetzung erfordert eine **interdisziplinäre Anstrengung** im Unternehmen, an der mehrere Unternehmensfunktionen beteiligt sind. Innovation muss als Querschnittsprozess im Unternehmen angesehen werden.
- Häufig sind zusätzliche Ressourcen und Kompetenzen von externen Partnern zur erfolgreichen Umsetzung von Innovationen erforderlich **(Open Innovation[543])**.
- Umsetzung kann bedeuten, ein Produkt zu entwickeln und auf den Markt zu bringen. Eine Innovation kann ebenfalls darin bestehen, (unternehmens-)**intern** eine neue Technologie oder eine Prozessverbesserung einzuführen. Letzterer Fall wäre für Kunden nicht sichtbar, kann dem Unternehmen dennoch Wettbewerbsvorteile bringen.

Innovationen zeichnen sich durch vier Merkmale aus, die sich gegenseitig verstärken (vgl. Abbildung 3.21):

Die vier Merkmale von Innovationen sind:

- **Neuigkeit** – eine Idee oder Problemlösung gilt als „neu" oder „neuartig", wenn sie im vorliegenden Kontext über den bisherigen „Stand" verbessert. Neuigkeit ist ein konstituierendes Merkmal.[544]
- **Unsicherheit** – eine Situation ist unsicher, wenn unterschiedliche nicht vorhersehbare Ereignisse eintreten können, die Einfluss auf den wirtschaftlichen Erfolg haben. Je höher der Neuigkeitsgrade, desto höher sind die mit einer Innovation verbundenen Unsicherheiten.

Architektur von IBM aus den 1980er-Jahren, technologische Plattformen wie das MP3-Format oder das Lego-Baukastensystem, vgl. Vahs u. a. (2023), S. 28–29.

541 Cooper (2017), S. 23; nach Coopers Analyse ist nur eines von sieben (vorgeprüften und ernsthaft verfolgten) Innovationsprojekten am Markt erfolgreich.

542 Vgl. Vahs u. a. (2023), S. 36–37.

543 Vgl. Kap. 3.1.4.3.5.

544 Vgl. Definition von Innovation in Abbildung 3.20 und nachfolgende Erläuterung zum Neuigkeitskonzept.

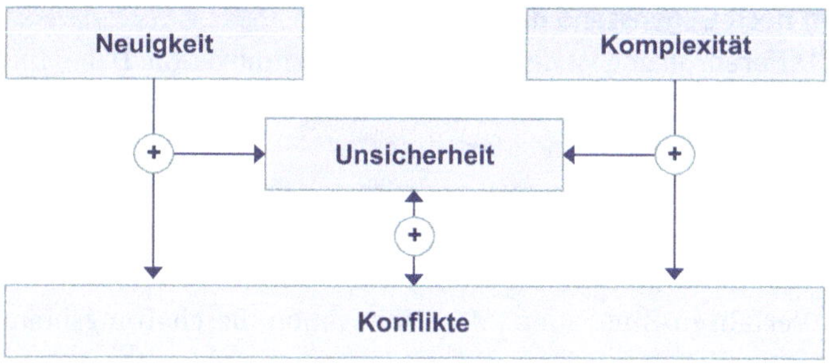

Abbildung 3.21: Merkmale von Innovation.[545]

- **Komplexität** – Komplexität ist der Grad der Überschaubarkeit, gemessen an der Anzahl der Elemente sowie der Anzahl und Verschiedenartigkeit der Beziehungen dieser Elemente zueinander. Interdisziplinarität und Mitwirkung externer Partner erhöhen beispielsweise die Komplexität einer Innovation.
- **Konfliktgehalt** – Konflikte entstehen, wenn unvereinbare Zustände von Objekten bzw. Handlungstendenzen bei Personen vorliegen. Unsicherheit und Komplexität erhöhen das Konfliktpotenzial. Konflikte können zwischen Personen, zwischen beteiligten Funktionen oder zwischen dem Innovationsobjekt und vorhandenen Produkten entstehen. Auch Konflikte zwischen Innovationsobjekt und funktionalen Strategien sind möglich, z. B. zwischen der Produkt- oder Fertigungsstrategie.

3.1.4.3 Arten von Innovation

> „Innovation is not just High Technology."[546]

Produktmanager müssen die Bandbreite und unterschiedlichen Ausprägungen von Innovationen kennen. Ansonsten verengt sich der Fokus zu schnell auf funktionale Produktverbesserungen. Das **Spielfeld möglicher Innovationen** kann durch verschiedene Dimensionen aufgespannt werden. Je nach Zielsetzung und Kontext können bestimmte „Innovationsarten" erfolgversprechender als andere sein. In der Literatur werden Innovationen entlang folgender Dimensionen unterschieden:[547]
- Gegenstand der Innovation
- Auslöser der Innovation
- Neuigkeitsgrad der Innovation
- Veränderungsumfang durch die Innovation
- Offenheit des Innovationsprozesses

545 Vgl. Vahs u. a. (2023), S. 54; Bruhn/Hadwich (2017), S. 185.
546 Vahs u. a. (2023), S. 3.
547 Vgl. Pepels (2017), S. 67; Vahs u. a. (2023), S. 56; Weiber u. a. (2006), S. 96.

3.1.4.3.1 Differenzierung nach Gegenstand der Innovation

Die vielleicht wichtigste Differenzierung ist der Gegenstand der Innovation. Dabei finden sich unterschiedliche Einteilungen in der Literatur:

- Produkte, Prozesse, Geschäftsmodelle und Marketing[548]
- technisch (inklusive Produkte und Prozesse), organisatorisch (Strukturen, Kulturen, Managementmethoden) und geschäftsbezogen (Geschäftsmodell, Branchenstruktur, Marktstrukturen und -grenzen, Spieregeln)[549]
- Produktinnovation, Verfahrensinnovation, Marktinnovation, Beschaffungsinnovation und Strukturinnovation[550]
- Core performance („works better„), user experience („how people interact“), safety and reliability („fewer side effects“), cost and efficiency („same value more efficiently“), ecosystem impact („integrates better with other tools and systems“)[551]
- Daneben wird gelegentlich die Kategorie „soziale Innovation“ genannt.

Die oben genannten Differenzierungen zeigen, dass Innovationen in unterschiedlichen Dimensionen möglich und erforderlich sind. Produkt bzw. Technik ist nur eine mögliche Dimension. Im Weiteren sollen Innovationsgegenstände in Produkt, Prozess, Geschäftsmodell und Marketing differenziert werden gemäß „4P-Innovation Space“.[552]

3.1.4.3.1.1 Produktinnovation

Produktinnovation bezeichnet die Entwicklung und Markteinführung neuer oder verbesserter Produkte oder Dienstleistungen. Sie ist häufig darauf ausgerichtet, bestehende Kundenbedürfnisse besser zu erfüllen oder neue Märkte zu erschließen. Produktinnovationen bringen meist klare, **greifbare Neuerungen** für den Endverbraucher und haben eine hohe Sichtbarkeit im Markt. Erfolgreiche Produktinnovationen wirken sich positiv auf die absetzbare Leistungsmenge oder den erzielbaren Absatzpreis aus .[553]

Das in Kap 2.1.5 vorgestellte Modell des erweiterten Produkts sowie die in Kap. 2.1.4 aufgezeigten unterschiedlichen Nutzenkategorien spannen einen **weiten Optionenraum** für Produktinnovationen auf (vgl. Abbildung 3.22):

---

548 Diese Einteilung entspricht dem 4P-Innovation-Space von Francis/Bessant: Product, Process, Paradigm (Geschäftsmodell), Position (Marketing), vgl. Francis/Bessant (2005), S. 21; Vahs u. a. (2023), S. 56; Winkelmann (2023), S. 302–303.

549 Vgl. Hauschildt u. a. (2023), S. 8–9.

550 Diese „fünf Innovationsfälle“ gehen auf Joseph Schumpeter zurück, vgl. Weiber u. a. (2006), S. 97.

551 Vgl. Pratt (2025b).

552 Vgl. Francis/Bessant (2005), S. 21.

553 Vgl. Vahs u. a. (2023), S. 57; OECD (2018), S. 21.

Abbildung 3.22: Beispiele von Produktinnnovation.

Produktinnovationsprojekte unterliegen (ab einem mittleren Neuigkeitsgrad) hohen Risiken, da zunächst in die Produktplanung, Entwicklung und Markteinführung „investiert" werden muss. Die Kosten im Produktinnovationsprozess steigen dabei „exponentiell" von Phase zu Phase.[554] Je später ein Produktprojekt abgebrochen wird, desto höher sind die „versenkten" Kosten. Am „teuersten" ist ein Produkt, das am Markt nicht erfolgreich ist. So schätzen Vahs u. a., dass nur 12 % der F&E-Projekte in erfolgreichen Produkten münden.[555] 57 % der Projekte scheitern an der technischen Umsetzung, 31 % an nicht ausreichender Marktakzeptanz. Daneben gibt es eine Vielzahl weiterer Gründe für das Scheitern von Produktinnovationen.

Das Risiko sowie die Erfolgsfaktoren von Produktinnovationsprojekten hängen maßgeblich vom Neuigkeitsgrad des Vorhabens ab. Dieser setzt sich zusammen aus der Neuigkeit des Projekts für das Unternehmen sowie der Neuigkeit der Innovation am Markt.[556]

3.1.4.3.1.2 Prozessinnovation

Ein **Prozess** ist die zielgerichtete Erstellung einer Leistung durch eine Folge von logisch zusammenhängenden Aktivitäten, die innerhalb einer Zeitspanne (Durchlaufzeit) nach bestimmten Regeln durchgeführt werden. **Prozessinnovationen** sind „Ver-

554 Vgl. Ernst (2007), S. 399.

555 Vgl. Vahs u. a. (2023), S. 57–58; je nach Studie und Projektreife, die als Basis der Zählung verwendet wird, variiert die genannte Erfolgsquote, vgl. Cooper (2017), 22–23; Erne (2024), S. 1–3.

556 Vgl. Cooper (2017), S. 26–27; vgl. Abbildung 3.34 in Kap. 3.3.3 (Produktinnovationsauftrag).

änderungen im Prozess der Faktorkombination“ und zielen darauf ab, Abläufe innerhalb eines Unternehmens effizienter und kostengünstiger oder den Output qualitativ hochwertiger zu gestalten.[557]

Man kann Prozesse in Unternehmen in **drei Kategorien** einteilen.

- Managementprozesse, z. B. Planung, Kontrolle, Risiko- und Qualitätsmanagement
- Primärprozesse – hängen direkt mit der Erstellung und Lieferung von Leistungen für Kunden zusammen
- unterstützende Prozesse, z. B. Personal, IT, Buchhaltung, Finanzen

Prozesse werden durch IT-Systeme, Anlage, Werkzeuge, Dokumentation u. a. unterstützt bzw. erst ermöglicht. Diese **Prozessinfrastruktur** sollte ebenso Gegenstand möglicher Prozessinnovationen sein wie der Prozess im engeren Sinne. Außerdem sollten **alle Unternehmensprozesse betrachtet** werden, nicht nur Produktionsprozesse. Der Einsatz von Lead-Usern im Product-Discovery-Prozess oder der Einsatz von KI im Designprozess können beispielsweise als Prozessinnovation angesehen werden. Das Spektrum von Prozessinnovationen ist entsprechend breit.

Abhängig vom betrachteten Prozess und der Zielsetzung gibt es unterschiedliche Hebel zur Prozessinnovation:

- **Einsatz neuer Technologien**, z. B. 3-D-Druck von Einzelteilen anstelle von manueller Fertigung, Einsatz einer Softwarelösung zur Prozessunterstützung, Einsatz von Robotern zur Automatisierung von Fertigungsprozessen, Zugriff aller Mitarbeiter auf einen gemeinsamen aktuellen Datenpool mittels Cloud Computing
- **Organisatorische Veränderung**, z. B. Abläufe und Strukturen verschlanken (nicht wertschöpfende Elemente eliminieren), Standardisierung von Prozessen, Integration von Prozessen, Klärung von Rollen und Verantwortlichkeiten
- Einsatz von **datenbasierten Entscheidungsmodellen und künstlicher Intelligenz**, z. B. automatische individuelle Preiskalkulation für Kunden, Chatbots für den Kundenservice
- Veränderung von **Arbeitsweisen und Verhalten** von Mitarbeitern sowie der Unternehmenskultur, z. B. Förderung von Zusammenarbeit und Kreativität, Mitarbeitermotivation, Kollaboration mit Lieferanten oder Kunden

Prozessinnovation sollte kontinuierlich erfolgen und das Ziel verfolgen, Prozesse immer weiter zu verbessern (kontinuierlicher Verbesserungsprozess). Daneben sollten Prozesse in Abständen grundsätzlich hinterfragt und radikal neu gestaltet werden (Business Process Reengineering).[558] Dies bietet sich beispielsweise an, wenn neue digitale Werkzeuge eingeführt oder Organisationen umgestaltet werden (und Veränderungen ohnehin vorgenommen werden müssen). Häufig erfordert die Umsetzung

557 Vgl. Vahs u. a. (2023), S. 59; Vahs/Brem (2015), S. 56; OECD (2018), S. 21.
558 Vgl. Gausemeier u. a. (2016), S. 31.

einer Produkt- oder Geschäftsmodellinnovation entsprechende Prozessinnovationen.[559] Prozessinnovationen wirken oft weniger sichtbar für Kunden, sind aber entscheidend für die Kosteneffizienz und Wettbewerbsfähigkeit eines Unternehmens.

3.1.4.3.1.3 Geschäftsmodellinnovation

„Ein Geschäftsmodell (Business-Modell) kann als die Art und Weise verstanden werden, in der ein Unternehmen seine Wertschöpfungsaktivitäten konfiguriert und durchführt, um einen möglichst hohen Kundennutzen zu stiften und zugleich ökonomisch erfolgreich zu sein und dauerhafte Wettbewerbsvorteile für sich zu generieren."[560] Es besteht aus den Hauptbestandteilen **Nutzenversprechen** („Value Proposition"), **Wertschöpfungsarchitektur** und **Ertragsmodell**.[561]

Bei **Geschäftsmodellinnovationen** wird die Art und Weise, wie ein Unternehmen Wert schafft, vermittelt und erfasst, grundlegend verändert. Anders ausgedrückt: Eine Geschäftsmodellinnovation verändert ein oder mehrere der oben genannten Bestandteile des Geschäftsmodells.

Unternehmen wie Airbnb, Netflix oder Amazon haben auf Basis von Geschäftsmodellinnovationen enorme Werte geschaffen. Andere, einst erfolgreiche Unternehmen wie Blockbuster, Toys „R" Us oder Kodak sind verschwunden, weil sie es versäumt haben, ihr Geschäftsmodell anzupassen.

Im Rahmen der Produktkonzeption wird das Thema Geschäftsmodellinnovation genauer beleuchtet (vgl. Kap. 4.3.4.3.2). Die Besonderheiten digitaler Geschäftsmodelle werden in Kap. 5.3.4 erörtert.

3.1.4.3.1.4 Marketinginnovation

> „Eine disruptive Innovation ist [häufig] eine Marketing- und keine Technologieherausforderung."[562]

Marketinginnovation ist die am wenigsten greifbare Innovationsart. Eine einheitliche Definition gibt es nicht.[563] Außerdem werden weitere Begriffe wie Positionierungsin-

559 Vgl. Tidd/Bessant (2018), S. 36; Brockhoff/Brem (2021), S. 167; Hauschildt u. a. (2023), S. 71.

560 Vahs u. a. (2023), S. 66.

561 Vgl. z. B. Bruhn/Hadwich (2017), S. 53; die Hauptbestandteile können weiter untergliedert werden. Osterwalder/Pigneur differenzieren und visualisieren im sog. Business Model Canvas neun zueinander in Beziehung stehende Bausteine, vgl. Osterwalder/Pigneur (2010).

562 Christensen u. a. (2015), S. 234.

563 Die OECD beispielsweise hat im Innovationsreport 2005 Marketinginnovation definiert als eine neue Marketingstrategie, die erhebliche Änderungen im Design, der Verpackung, der Produktplatzierung, der Promotion oder der Preisgestaltung umfasst. Im neuesten Report 2018 wird Marketinginnovation nicht mehr separat betrachtet und den Innovationsarten „Geschäftsprozess" und „Produkt" zugeordnet, vgl. OECD (2018), S. 250.

novation, disruptives Marketing oder „unechte" Innovation für den gleichen Themenbereich verwendet. Unstrittig ist, dass der effektive Einsatz neuer Marketinginstrumente eine Marketinginnovation darstellen kann. Beispiele sind Onlinekonfiguratoren zur Individualisierung von Produkten, KI-gesteuertes Pricing, virtuelle Einkaufswelten oder innovative Membership-Konzepte.

Dies greift allerdings zu kurz, um den (Innovations-)Erfolg von Unternehmen wie Red Bull, Actimel, Alpecin oder Southwest Airlines zu beschreiben. Dieser ist nicht (primär) auf Produkt-, Prozess- oder Geschäftsmodellinnovation zurückzuführen, sondern auf bewusste Veränderungen im strategischen Marketing. Eine Marketinginnovation kann also auch in der Wahl neuer Märkte, neuer Ziele oder neuer Vermarktungsmöglichkeiten für existierende (ggf. leicht anzupassende) Produkte bestehen. Hierzu sind ein tiefgreifendes Marktverständnis und strategische Kreativität erforderlich.

Marketinginnovation wird, differenziert in taktisch und strategisch, im Rahmen der Produktstrategie (Kapitel Produktkonzept) detaillierter aufgegriffen (Kap. 4.5.2.2.4.2).

3.1.4.3.1.5 Zwischenfazit Innovationsgegenstände

Marketinginnovation und Geschäftsmodellinnovation nach Gassmann überlappen sich beim Thema „neue Zielgruppe". Auch die Abgrenzung zu Produktinnovation kann fließend sein, wenn eine Marketinginnovation größere Produktanpassungen erforderlich macht. Marketing-Mix-Innovationen können schließlich auch Prozessveränderungen erfordern. Die Zuordnung einer Innovation in eine der genannten Innovationsarten kann also schwierig sein.

3.1.4.3.2 Differenzierung nach Auslöser von Innovation

Ein Verständnis des Auslösers bzw. des Ursprungs von Innovationen kann bei der Suchstrategie hilfreich sein. In der Innovationsforschung werden zwei, neuerdings **drei Auslöser** von Innovationen genannt:[564]

- **Market Pull** oder zweckinduzierte Innovation beschreibt einen Innovationsansatz, bei dem Kundenbedürfnisse und Marktanforderungen im Vordergrund stehen.[565] Unternehmen identifizieren spezifische Probleme oder unerfüllte Bedürfnisse am Markt und entwickeln Lösungen, die diese Anforderungen gezielt ansprechen. Dieser Ansatz betont die Marktbeobachtung und -analyse, z. B. durch Kundenbefragungen, Fokusgruppen oder die Analyse von Marktdaten. Market-Pull-Innovationen sind besonders erfolgreich in reifen Märkten, in denen die Bedürfnisse der Kunden klarer formuliert und stabil sind. „Regulatory-Pull", z. B. grüner Stahl, kann ebenfalls dem Market Pull zugerechnet werden.

---

564 Vgl. Biazzo/Filippini (2021), S. 11.
565 Vgl. Vahs u. a. (2023), S. 68.

- **Technology Push** oder mittelinduzierte Innovationen bezeichnet eine technologiegetriebene Innovation, bei der neue Produkte oder Dienstleistungen auf Basis technologischer Fortschritte entwickelt werden, ohne dass ein expliziter Bedarf auf dem Markt besteht.[566] Innovationen, die auf Technologie-Push basieren, entstehen oft in Forschungs- und Entwicklungsabteilungen, die durch wissenschaftliche oder technologische Entdeckungen neue Anwendungen schaffen. Beispiele sind das MP3-Format oder der Computertomograf.
- **Design-getriebene** Innovation stellt einen dritten Innovationsansatz dar, der ästhetische und funktionale Aspekte betont, um Produkte zu schaffen, die ein einzigartiges Kundenerlebnis bieten. Design wird hierbei nicht nur als optische Gestaltung, sondern als integrativer Prozess gesehen, der die Nutzerbedürfnisse und den Kontext, in dem ein Produkt verwendet wird, berücksichtigt. Der Ansatz betrachtet den Zweck von Produkten und warum ein Kunde ein Produkt benötigt. Dadurch können Produkte entstehen, die sich auf unerwartete Weise von existierenden Lösungen unterscheiden. Ebenso können neue Märkte geschaffen oder Märkte radikal verändert werden. Ein Beispiel ist eine Lampe, die eine bestimmte Atmosphäre schafft und nicht (primär) zur Beleuchtung genutzt wird.[567] Design-getriebene Innovationen sind den Innovationsgegenständen Marketing oder Produkt zuzuordnen.

Brockhoff/Brem weisen auf Vor- und Nachteile von Technology-Push- und Market-Pull -basierten Innovationsansätzen hin.[568] Für ein Unternehmen ist es empfehlenswert, beide Ansätze zu verfolgen (ebenso wie den Design-getriebenen Ansatz).

3.1.4.3.3 Differenzierung nach Neuigkeitsgrad

Wie die Definition nahelegt, ist Neuigkeit ein wesentliches Charakteristikum von Innovation. Für den Grad der technologischen Erneuerung schlagen Pleschka/Sabisch eine Einteilung in vier Neuigkeitsstufen vor.[569] Diese Einteilung kann für alle Innovationsgegenstände verwendet werden:

- Eine **Basisinnovation** markiert einen Durchbruch in Bezug auf neue Technologien oder Organisationsprinzipien und zieht meist eine Vielzahl von Folgeinnovationen in Form von Verbesserungen und neuen Anwendungen nach sich. In der Regel führt sie zu einer radikalen Veränderung der Markt- und Wettbewerbssituation.

---

566 Vgl. Vahs u. a. (2023), S. 69.

567 Vgl. Verganti (2009).

568 Vgl. Brockhoff/Brem (2021), S. 41; zusammengefasst bietet Technology-Push größere Chancen als Market-Pull, bei höheren Kosten und Risiken.

569 Vgl. Pleschka/Sabisch (1996), S. 4; als fünfte Stufe wird die Scheininnovation noch hinzugefügt.

- Bei **Verbesserungsinnovationen** erfolgt eine Verbesserung einzelner oder mehrerer Nutzenparameter einer bereits vorhandenen Problemlösung. Deren grundlegende Funktionen und Eigenschaften bleiben erhalten. Nachfolgerprodukte sind i. d. R. als Verbesserungsinnovationen einzuordnen.
- Durch eine **Anpassungsinnovation** werden bereits vorhandene Leistungen oder Erzeugnisse speziell an die Wünsche bestimmter Kundengruppen angepasst. Eine Produktvariante für die spezifischen Anforderungen eines Marktes ist ein Beispiel für eine Anpassungsinnovation.
- Eine **Produktimitation** ist „ein Produkt, welches in einen bereits existenten Markt eingeführt wird und das im Hinblick auf die Anwendungs- bzw. Verwendungsmöglichkeiten sowie die verwandte Produkttechnologie als weitgehend ähnlich zu(m) bereits am Markt existenten Produkt(en) zu klassifizieren ist".[570] Imitation ist eine bewusste und nicht strafbare Handlung.[571] Eine erfolgreiche Innovation zieht häufig Imitationen nach sich. Innovatoren sind daher gefordert, Markteintrittsbarrieren für Imitatoren zu errichten.[572] Imitation ist teilweise negativ besetzt, da die kreative Arbeit anderer, ohne z. B. eine Gebühr zu entrichten, genutzt wird („Imitation als Gegenteil von Innovation"). Die Wettbewerberanalyse sollte jedoch Teil jedes Innovationsprozesses sein – viele Innovationen aus der Praxis enthalten auch (nicht geschützte) Ideen anderer Unternehmen.[573]
- Bei **Scheininnovationen** handelt es sich um sogenannte Pseudoverbesserungen, die nichts faktisch Neues und keinen messbaren Nutzen für die Kunden bringen. Negativ ausgedrückt täuschen sie den Kunden etwas vor. Scheininnovation kann jedoch ein effektiver Ansatz sein, da für den Kundennutzen die wahrgenommene Leistung oder Neuigkeit entscheidend ist, nicht die „messbaren oder technischen Parameter" einer Lösung. So liefern Scheininnovationen häufig emotionalen oder sozialen Nutzen und sind der Kategorie Marketinginnovation zuzuordnen (Beispiel Red Bull).

Generell sind Basisinnovationen mehrheitlich mittelinduziert (Technology Push), während die anderen Innovationsarten eher aus dem Markt heraus angeregt werden (Market Pull oder Design-getrieben).

570 Schewe (2007), S. 52–53.

571 Dies gilt unter der Voraussetzung, dass durch die Produktimitation keine Schutzrechte verletzt werden.

572 Vgl. Schewe (2007), S. 58.

573 „Imitation ist eine weithin akzeptierte Option, am technischen Fortschritt teilzuhaben", Hauschildt u. a. (2023), S. 77.

3.1.4.3.4 Differenzierung nach Veränderungsumfang

Nach dem Realisierungsaufwand sowie den Auswirkungen einer Innovation auf Markt und Wettbewerb unterscheidet man inkrementelle, radikale und disruptive Innovationen:[574]

- **Inkrementelle** (auch evolutionäre) **Innovationen** adressieren bestehende Märkte, bekannte Anwendungsgebiete oder existierende Prozesse und Geschäftsmodelle. „Allen evolutionären Technologien ist [...] gemein, dass sie darauf gerichtet sind, die Leistungsfähigkeit von vorhandenen Produkten entlang der zentralen Kundenanforderungen in bestehenden Märkten zu steigern."[575] Es handelt sich i. d. R. um voraussehbare, erwartbare Verbesserungen des Status quo mit geringem Neuigkeitsgrad. Inkrementelle Innovationen machen den Großteil der praktischen Innovationsprojekte aus, lassen sich mit geringem Risiko durchführen und sind vergleichsweise einfach zu steuern.[576] „While breakthrough innovations get the headlines, incremental improvements often drive substantial economic returns."[577]
- Demgegenüber weisen **radikale Innovationen** einen hohen Neuheitsgrad auf, da sie häufig auf neuen Technologien basieren oder auf neue Märkte abzielen. Sie bewirken einschneidende und komplex-interdependente Veränderungen im Unternehmen. Entsprechend hoch ist im Allgemeinen das mit ihnen verbundene wirtschaftliche Risiko. Radikale Innovationen und deren Ergebnisse sind für Kunden unerwartet.[578]
- Noch grundlegender werden die bereits bestehenden Problemlösungen von den **disruptiven Innovationen** infrage gestellt. Der Begriff geht auf Christensen zurück, der disruptive von „erhaltenden" Innovationen abgrenzt, welche sich entlang eines bekannten Pfades der Leistungsverbesserung bewegen. „Disruptive Technologien führen zunächst zu schlechteren Produkten [...] Sie sprechen einen anderen Kundennutzen an [...] Dafür haben sie andere Qualitäten. Und gerade deshalb werden sie von einer kleinen Gruppe neuer Kunden geschätzt. Produkte auf der Grundlage disruptiver Technologien sind oftmals billiger, einfacher und nicht selten bequemer."[579] Sobald die disruptiven Technologien leistungsfähig genug sind, ersetzen sie – oft schlagartig – die etablierten Technologien. Um eine

574 Vgl. Vahs u. a. (2023), S. 73–75; Pleschka/Sabisch (1996), S. 3; Hauschildt u. a. (2023), S. 9–12.

575 Christensen u. a. (2015), S. 6.

576 Christensen weist darauf hin, dass sich klassische Managementmethoden und -prinzipien speziell für inkrementelle Innovationsprozesse eignen, vgl. Christensen u. a. (2015), S. 233.

577 Pratt (2025b)

578 Mit der Neuen Klasse plant BMW eine radikale Innovation. Laut Oliver Zipse, Vorsitzender des Vorstands der BMW AG, soll die Neue Klasse mit Marktstart 2025/2026 „nicht weniger als die Zukunft des Automobils definieren. Das ist keine schrittweise Weiterentwicklung aktueller Modelle. Bei der Neuen Klasse durften unsere Ingenieure die Zukunft am Reißbrett entwerfen: neue Architektur, neue Technologie-Baukästen für E-Antrieb, Digitalisierung, Fahrdynamik und automatisiertes Fahren. Dazu ein Design, das es so noch nicht auf der Straße zu sehen gab", zitiert aus Niehus (2024).

579 Christensen u. a. (2015), S. 6.

disruptive Innovation zu entwickeln, muss man sich von bestehenden Entwicklungspfaden lösen und das grundlegende Anliegen der Kunden erforschen. Disruptive Ideen können das eigene Kerngeschäft und Geschäftsmodell bedrohen. Dennoch sollten diese frühzeitig erforscht werden, um bereit zu sein, falls bzw. wenn diese „durchbrechen".

In seinem viel zitierten Werk **„The Innovator's Dilemma"** aus dem Jahre 1997 thematisiert Christensen die unterschiedlichen Innovationsansätze:

> „[Bei jedem Innovationsprojekt] geht es auch darum, Markt und Technologie aufeinander abzustimmen. Erfolgreiche Unternehmen haben besondere Fähigkeiten darin, evolutionäre Technologien auf den Markt zu bringen. Sie sind bestens in der Lage, die expliziten Kundenerwartungen zu erfüllen. Das ist eine entscheidende Fähigkeit bei evolutionären Innovationen, aber nicht bei disruptiven Technologien. Wenn ein Unternehmen versucht, eine disruptive Technologie so weit zu entwickeln, dass sie den Anforderungen der Kunden in den etablierten Märkten entspricht – was die meisten führenden Unternehmen tun – ist ihr Scheitern so gut wie sicher [...] Versuch und Irrtum sowie iterative Lernprozesse sind [...] der einzige Weg, der zum Erfolg einer disruptiven Innovation führt."[580]

Um nachhaltig erfolgreich zu sein, müssen Unternehmen „alle Spielarten" beherrschen – inkrementelle, radikale und disruptive Innovationsprojekte. Anzustreben ist ein **Innovationsportfolio** mit Projekten unterschiedlicher Veränderungsumfänge.[581] Entsprechend schlägt Pratt ein Portfolio mit drei Projekttypen vor:

- „High-risk, high-reward initiatives (your potential game-changing breakthroughs)
- Medium-risk, medium-reward improvements (significant feature enhancements)
- Low-risk, steady-return optimizations (continuous improvement in existing capabilities)"[582]

Pratt fasst zusammen und empfiehlt: „This economic reality suggests that while we should remain open to breakthrough opportunities, we shouldn't undervalue the power of systematic, multi-dimensional improvement. The compound effect of well-executed incremental innovation can be just as valuable as a single breakthrough – and may come with less risk and costs."[583]

3.1.4.3.5 Differenzierung zwischen Open Innovation und Closed Innovation

Der Begriff **Open Innovation** wurde durch Chesbrough im Jahr 2003 eingeführt.[584] Er beobachtete, dass Unternehmen zunehmend Innovationsquellen außerhalb ihrer ei-

580 Christensen u. a. (2015), S. 234–235.
581 Vgl. Cooper (2017), S. 110 und S. 265–311.
582 Pratt (2025b).
583 Pratt (2025b).
584 Vgl. Chesbrough (2003).

genen Forschungs- und Entwicklungsabteilungen nutzten und externe Ideen integrierten, um Innovationen schneller und kosteneffizienter zu realisieren.

Angesichts komplexer und dynamischer Märkte sind geschlossene Innovationsprozesse (Closed Innovation) heutzutage unzureichend. Unternehmen sollten gezielt externe Quellen wie Partnerunternehmen, Start-ups, Forschungseinrichtungen und Kunden im Innovationsprozess einbinden. Die zunehmende Globalisierung, die Verbreitung von IT-Technologien und die Verfügbarkeit von Wissensarbeitern führten dazu, dass Unternehmen immer leichter auf externe Wissensquellen und Ressourcen zugreifen konnten.

Durch das in Abbildung 3.23 dargestellte Bild des „löchrigen Trichters" illustriert Chesbrough, wie ...
- Ideen, Ressourcen oder Technologien dem Innovationsprozess von außen zugeführt werden („**Outside-In**") oder
- diese den internen Innovationsprozess verlassen können, etwa, um mit einem anderen Geschäftsmodell oder auf einem anderen Markt vermarktet zu werden **(„Inside-Out")**.

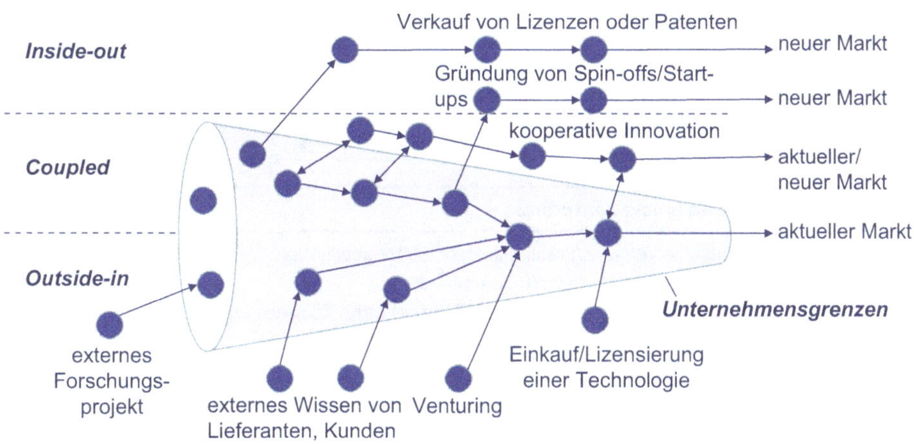

Abbildung 3.23: Open innovation.[585]

Open Innovation stellt die traditionelle Innovations- und Unternehmenskultur infrage, die nur interne Entwicklungen und Lösungen als gangbar und gut ansieht („Not invented here"-Syndrom). Externe Impulse und Beiträge werden als wertvolle Bestandteile der Innovationsstrategie anerkannt. Open Innovation ermutigt Unternehmen zu neuartigen und **strategischen Modellen der Zusammenarbeit**. Die Zusammenarbeit mit externen Partnern kann in allen Phasen des Innovationsprozesses erfolgen, angefangen bei der Ideenfindung über die Produktkonzeptionierung und -entwicklung bis hin zur

585 In Anlehnung an ProdPad (2025).

Vermarktung. Die strategische Zusammenarbeit erfordert nicht nur Vertrauen zwischen den Partnern, sondern zum Teil auch **innovative Geschäftsmodelle**, die sicherzustellen, dass alle Parteien am Erfolg angemessen partizipieren.

Open Innovation ist in der Praxis inzwischen anerkannt und weit verbreitet. Die Frage lautet nicht, ob, sondern wie das Konzept im spezifischen Ziel- und Unternehmenskontext angewendet werden soll.

3.1.4.4 Innovationsprozess

Die Zeitspanne, die ein Innovationsprozess umfasst, lässt sich in **unterschiedliche Phasen** gliedern. Diese sind zu durchlaufen, um eine Idee mit den verfügbaren Ressourcen zeitgerecht in ein marktfähiges Produkt zu verwandeln. Der Innovationsprozess sieht **eine strukturierte Abwicklung mit klaren Regelungen** von Prozessaufgaben, Prozessverantwortung und Prozesskompetenzen vor. Der Gesamtprozess sollte überschaubar und steuerbar sein, die Aufgaben und Methoden jeder Phase klar strukturiert. Angesichts von Ungewissheiten im Umfeld sollte der Innovationsprozess außerdem flexibel genug sein, um auf Veränderungen zu reagieren.

In der Literatur und betrieblichen Praxis finden sich **vielfältige Ansätze** zur Untergliederung des Innovationsprozesses in Schritte bzw. Phasen. Einige sind in Tabelle 3.5 aufgeführt:

Tabelle 3.5: Literatur Innovationprozesse.[586]

Autoren	Schritte im Innovationsprozess
Pleschak/ Sabisch	– Problemerkenntnis/Problemanalyse, Strategiebildung – Ideengewinnung, -bewertung und -auswahl – Projekt- & Programmplanung und Wirtschaftlichkeitsrechnung – Forschung & Entwicklung, Technologietransfer – Produkteinführung, Fertigungsaufbau – Markteinführung
Tidd/ Bessant	– Search: how can we find opportunities for innovation? – Select: what are we going to do and why? – Implement: how are we going to make it happen? – Capture: how are we going to get the benefits from it?

586 Vgl. Pleschka/Sabisch (1996), S. 24; Tidd/Bessant (2018), S. 40; Witt (1996), S. 10; Hauschildt u. a. (2023), S. 137; Vahs/Brem (2015), S. 230; weitere Phaseneinteilungen des Innovationsprozesses nennen z. B. Weiber u. a. (2006), S. 102; Bruhn/Hadwich (2017), S. 192.

Tabelle 3.5 (fortgesetzt)

Autoren	Schritte im Innovationsprozess
Witt	– Festlegung des Suchfelds – Ideengewinnung – Rohentwurf für Produktkonzept – Grobauswahl mit Eignungsanalyse – Feinauswahl mit Rentabilitätsanalyse – Technische Entwicklung & Entwicklung des Marketingkonzepts – Durchführung von Markttests – Markteinführung
Hauschildt u. a.	– Initiierung (auf Basis von Ideen/Initiativen) – Konzept- und Prototypenentwicklung – Implementierung (Produkte, Prozesse, Geschäftsmodelle)
Vahs/Brem	– Ideengewinnung – Ideenbewertung – Entscheidung – Umsetzung – Markteinführung

Die oben genannten Phasenmodelle unterscheiden sich in Anzahl und Detaillierungsgrad der Phasen, inhaltlich jedoch nicht wesentlich.

In der Praxis werden die niedergeschriebenen Prozesse mehr oder weniger gelebt, d. h., die tatsächliche Ausführung kann sich vom vorgegebenen Schema unterscheiden. Das Innovationsmanagement muss eine Balance zwischen formaler Ablaufvorgabe und flexibler Lösungssuche anstreben. Außerdem laufen in der Realität oft verschiedene Aktivitäten parallel zueinander, was zu zeitlichen und inhaltlichen Interdependenzen führt. Dies wird zum Teil auch bewusst praktiziert, um Zeit einzusparen **(Simultanuous Engineering)**.

3.1.4.5 Innovationsmanagement

> „84 % of global executives reported that innovation was extremely important to their growth strategies, but a staggering 94% were dissatisfied with their organizations' innovation performance."[587]

Innovationsmanagement „ist die bewusste Gestaltung des Innovationssystems im Unternehmen und umfasst alle Planungs-, Entscheidungs-, Organisations- und Kontrollaufgaben im Hinblick auf die Generierung und die Umsetzung von neuen Ideen

587 Christensen u. a. (2016), S. 3–4 (Verweis auf eine McKinsey-Studie).

in marktfähige Leistungen“.[588] Innovationsmanagement hat die **Aufgabe**, „das optimale Ausmaß der Innovationstätigkeit zu bestimmen, die Innovationsziele daran auszurichten, Widerstände im Innovationsprozess zu antizipieren und geeignete Maßnahmen zu deren Überwindung zu ergreifen“.[589]

Man unterscheidet zwischen strategischem und operativem Innovationsmanagement. Die Aufgabenbereiche können in Entscheidungsfällung sowie Gestaltung und Umsetzung eingeteilt werden. Die entsprechend klassifizierten Hauptaufgaben sind in Abbildung 3.24 dargestellt:

	Entscheidungsfällung	Gestaltung & Umsetzung
strategische Aufgaben	**Innovationsstrategie formulieren**	**Innovationspotenziale im Unternehmen ermöglichen und aktivieren**
operative Aufgaben	**Fortführung, Abbruch, Veränderung von Innovationsprojekten**	**Planung und Durchführung von Innovationsprojekten**

Abbildung 3.24: Aufgaben Innovationsmanagement.[590]

Strategisches Innovationsmanagement sichert langfristig die Erfolgspotenziale eines Unternehmens ab und umfasst die Analyse der Unternehmensumwelt, die Definition der Innovationsziele sowie die Festlegung der Innovations- und Technologiestrategie. Das **operative Innovationsmanagement** gestaltet und steuert die mittel- und kurzfristig geplanten und laufenden Innovationsaktivitäten.

Innovationsmanagement hat wie in Abbildung 3.25 dargestellt einen breiteren Fokus als Technologiemanagement und F&E-Management.

Zu den wesentlichen **Aufgaben** des Innovationsmanagements gehört:[591]
- Innovationsziele und -strategien festzulegen und zu verfolgen,
- Entscheidungen zum Aufbau von Innovationspotenzialen und zur Durchführung von Innovationen zu treffen,
- Forschungs- und Entwicklungsprojektprogramme aufzustellen,
- Innovationsprozesse und die einzelnen Innovationsprojekte von der Idee bis zur erfolgreichen Umsetzung im Markt zu planen, zu steuern und zu kontrollieren,
- eine innovationsfördernde Organisationsstruktur und -kultur mit den entsprechenden sozialen Beziehungen zu schaffen und

588 Vahs u. a. (2023), S. 46.
589 Hauschildt u. a. (2023), S. 18.
590 In Anlehnung an Gleich u. a. (2016), S. 354.
591 Vgl. Vahs u. a. (2023), S. 46; Gürtler/Lindemann (2016), S. 485.

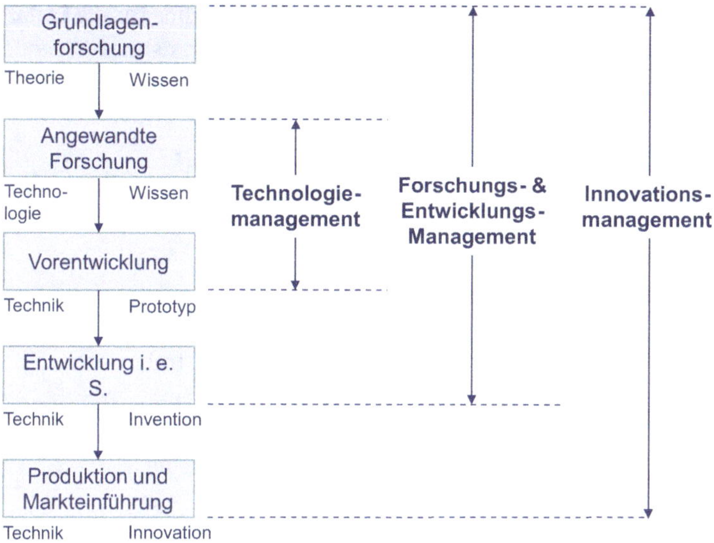

Abbildung 3.25: Begriffsabgrenzung.[592]

- ein prozessumfassendes Informationssystem zu installieren, das einen zeitnahen Informationsaustausch zwischen allen Beteiligten und eine flexible Prozesssteuerung ermöglicht.

Es herrscht weitgehend Einigkeit, dass eine **innovationsfördernde Unternehmenskultur** einen wichtigen Baustein für die Innovationsleistung von Unternehmen darstellt.[593] Entsprechend nennen Gürtler/Lindemann drei Voraussetzungen für Innovation:[594] Es ist notwendig, dass Mitarbeiter ...
- können (u. a. Wissen, Qualifikation),
- wollen (u. a. Incentivierung, Bürokratie) und
- dürfen (z. B. Freiräume, Ressourcen).

Nach Vahs u. a. hat die Unternehmenskultur die Aufgabe, „einen Orientierungs- und Handlungsrahmen vorzugeben, innerhalb dessen die Generierung und Verwirklichung von neuen Ideen problemlos möglich ist [...] Das setzt so etwas wie eine kreativ-offene ‚Innovationsstimmung' voraus, in der die Freude an Neuem permanent gefördert wird

592 Vgl. Vahs u. a. (2023), S. 48; Brockhoff/Brem weisen außerdem darauf hin, dass sich F&E-Management auf den Erwerb und die Sicherung internen Wissens konzentriert, wohingegen Technologiemanagement zusätzlich den Erwerb, die Sicherung und die Verwertung externen Wissens einbezieht, vgl. Brockhoff/Brem (2021), S. 62 und S. 120.

593 Vgl. z. B. Tidd/Bessant (2018), S. 89–90; Vahs u. a. (2023), S. 263; Hauschildt u. a. (2023), S. 97; Nöllke (2020), S. 117–118.

594 Vgl. Gürtler/Lindemann (2016), S. 486.

und in der ausreichende zeitliche, strukturelle und finanzielle Freiräume für die Entfaltung von Kreativität und Unternehmergeist bestehen.“[595] Die Autoren nennen folgende **innovationsfeindliche Praktiken:**[596]
- Orientierung an Abteilungs- und Bereichszielen (Ressortdenken)
- ausgeprägte Scheu vor Risiken
- Informationen zurückhalten
- Kontrolle und Überwachung
- hierarchisches Denken

Neben der Beseitigung der oben genannten Innovationshemmnisse sollten folgende **innovationsfördernde Merkmale der Unternehmenskultur** angestrebt werden:[597]
- hoher Stellenwert der Innovation im gelebten Wertesystem
- Sicherheit für die Mitarbeiter und Vertrauen in das Management
- innovationsfördernde Arbeits-, Führungs- und Beteiligungskonzepte
- umfassende Aus- und Weiterbildung der Mitarbeiter
- Unterstützung von Innovations-Champions durch
  - Bereitstellung von Information,
  - direkte und zeitnahe Kommunikation,
  - Schaffung von Freiräumen und
  - Toleranz gegenüber Misserfolgen und Fehlschlägen
- Lernen aus Fehlern
- Leben agiler Prinzipien

„Organisationales Klima, das durch herausfordernde Aufgaben, gegenseitige Unterstützung im Team sowie durch Führungskräfte und durch hohe Arbeitsautonomie gekennzeichnet ist, kann Innovation unterstützen. Dieses Klima wirkt gemeinsam mit den formalen Instrumenten des Innovationsmanagements.“[598] Hauschildt u. a. nennen sieben **Gestaltungsgrundsätze für eine innovationsfreundliche Kultur** (vgl. Abbildung 3.26):

Einige der in Abbildung 3.26 genannten Merkmale stehen (zumindest kurzfristig) im Widerspruch zu einer Effizienzkultur, beispielsweise die Forderung nach Freiräumen oder (konstruktiven) Konflikten. Auch gelten die Innovationsbremsen „Hierarchie“ und „Standardisierung“ als Hebel für Effizienz und Qualität. Unternehmen müssen sich daher der Herausforderung stellen, **sowohl eine Effizienz- als auch eine Innovationskultur** unter einem Dach zu etablieren: Innovationskultur, z. B. im Rahmen der Produktneuentwicklung, Effizienzkultur etwa in der Produktion oder bei administrativen Prozessen.

---

595 Hauschildt u. a. (2023), S. 263.
596 Vgl. Hauschildt u. a. (2023), S. 280–281.
597 Vgl. Hauschildt u. a. (2023), S. 282–288.
598 Hauschildt u. a. (2023), S. 103.

Abbildung 3.26: Innovationsfreundliche Kultur.[599]

3.1.4.6 Zwischenfazit

Zahlreiche Studien befassen sich mit der Suche nach Erfolgsfaktoren für Produktinnovation. Zusammenfassend kristallisieren sich folgende Erfolgsfaktoren heraus:[600]

- Einzigartigkeit und Wahrnehmbarkeit des Nutzenvorteils einer Innovation
- hohes Marketing- und Markt-Know-how des Unternehmens
- hohe technische Kompetenz des Unternehmens und Nutzung von Synergien
- Zielmarkt mit geringer Wettbewerbsintensität
- hohe Intensität der Markteinführungsaktivitäten
- gutes Timing der Innovation und schnellere Time-to-Market

Ein gutes Verständnis des Innovationskonzepts und erfolgreicher Praktiken des Innovationsmanagements gehört nach Einschätzung des Autors zum Handwerkzeug eines Produktmanagers.

599 In Anlehnung an Hauschildt u. a. (2023), S. 107.

600 Vgl. Meffert u. a. (2024), S. 433–434; Winkelmann (2023), S. 304.

3.2.2 Innovationsstrategie

> „Innovationsaktivitäten [müssen] auf die strategischen Ziele hin ausgerichtet werden und mit der Unternehmensstrategie in Einklang stehen. Die Unternehmensstrategie im Allgemeinen und die Innovationsstrategie im Besonderen werden damit zum Ausgangspunkt für erfolgreiche Innovationsprozesse."[601]

Die Innovationsprojekte und Initiativen müssen mit den langfristigen Zielsetzungen und der Strategie sowie mit der „Innovationskapazität" des Unternehmens übereinstimmen. Die Innovationskapazität des Unternehmens hängt von den Ressourcen und Kompetenzen des Unternehmens ab und sollte durch externe Partner ergänzt werden (Open Innovation[602]).

Basierend auf einem Verständnis des Unternehmensumfelds und dessen Dynamik muss die Innovationsstrategie die **grundsätzliche Richtung** für Innovationsinitiativen und -projekte vorgeben. Insbesondere stellt sie den zentralen **Maßstab zur Priorisierung von Alternativen** innerhalb des Innovationsportfolios dar. Damit kommt der Innovationsstrategie eine zentrale Rolle in der formalen Steuerung des Innovationsgeschehens zu. Diese Rolle ist gerade in Zeiten hoher Unsicherheit, ausgeprägter Volatilität und Komplexität von hoher Relevanz.[603]

Die Innovationsstrategie kann mehrere strategische Geschäftseinheiten umfassen, um Synergien zwischen Innovationsprojekten unterschiedlicher Geschäftseinheiten zu ermöglichen. Aus der Perspektive einer strategischen Geschäftseinheit (und diese soll im Weiteren eingenommen werden) ist die Innovationsstrategie als funktionsübergreifende Geschäftsprozessstrategie (Metastrategie) anzusehen, analog beispielsweise zur Supply-Chain-Strategie oder Nachhaltigkeitsstrategie.

Über die Inhalte einer Innovationsstrategie herrscht keine Einigkeit in der Literatur. Sie unterscheiden sich nicht nur in den Ausprägungen der Strategiemerkmale, sondern auch darin, welche Strategiemerkmale überhaupt thematisiert werden.[604] Laut Hauschildt u. a. lässt sich die Innovationsstrategie in mehrere miteinander verzahnte Partialstrategien unterteilen (vgl. Abbildung 3.27):[605]

---

601 Vahs u. a. (2023), S. 117.

602 Vgl. Kap. 3.1.4.3.5 (Open Innovation).

603 Vgl. Hauschildt u. a. (2023), S. 65.

604 Vgl. Vahs u. a. (2023), S. 126.

605 Vgl. Hauschildt u. a. (2023), S. 72–78; davon abweichend sehen Vahs u. a. z. B. die Innovationsstrategie als Klammer von folgenden vier wechselseitig abhängigen Teilstrategien: Technologie-, Produkt-, Prozess- und Timingstrategie, vgl. Vahs u. a. (2023), S. 125–126.

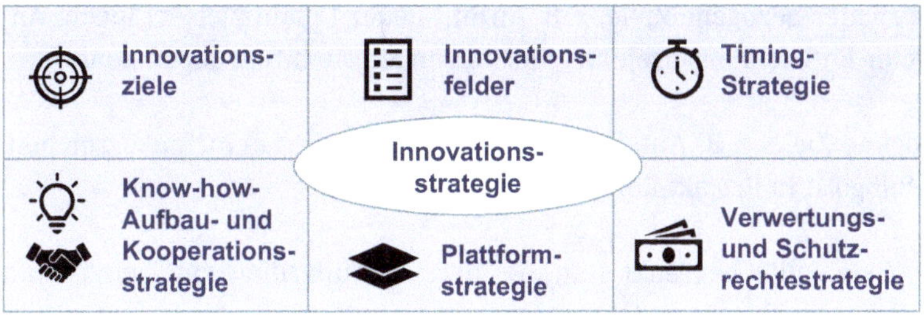

Abbildung 3.27: Elemente einer Innovationsstrategie.

Die sechs genannten Elemente einer Innovationsstrategie sollen im Folgenden erläutert werden.

3.2.2.1 Innovationsziele

Prinzipiell stellt sich in der Geschäftsstrategie zunächst die Frage, welche **Rolle und Wichtigkeit Innovation** für das Unternehmen spielt sowie ob und in welchen Feldern Innovationen angestrebt werden.

Falls Innovationen eine gewisse Rolle im Unternehmen spielen sollen – wovon im Weiteren ausgegangen wird –, muss die Innovationsstrategie bzw. das Innovationsmanagement auf ein Zielsystem ausgerichtet sein. Dies ist aus zwei Gründen erforderlich: Einerseits ist das Zielsystem der Maßstab zur **Bewertung von Handlungsalternativen**, andererseits können Alternativen und Entscheidungen **objektiv und transparent diskutiert** werden, was die Akzeptanz von Entscheidungen erhöht.

Innovationsziele sind auf der Zielpyramide (vgl. Abbildung 3.2) auf Ebene des Funktionsbereichs bzw. der übergreifenden Geschäftsprozesse einzuordnen. Klarerweise sind Innovationsziele aus den Zielen des Geschäftsbereichs und des Unternehmens abzuleiten.

Typische Innovationsziele:[606]

- Anteil „neuer Produkte“ am Umsatz, am Gewinn oder am Wachstum des Unternehmens. Als neue Produkte werden Produkte bezeichnet, die vor weniger als z. B. zwei Jahren in den Markt eingeführt wurden, oder Produkte, die einen gewissen Neuigkeitsgrad aufweisen.
- Umsatz oder Gewinnbeitrag bestimmter (innovativer) Produktgruppen, Technologien, Anwendungen oder Geschäftsmodelle
- Strategische Ziele, z. B. Verteidigung der Marktposition in einem wichtigen Segment, Entwicklung einer bestimmten Technologieposition, Aufbau einer bestimmten strategischen Partnerschaft, Mitarbeiter-Know-how-bezogene Ziele

606 Vgl. Cooper (2017), S. 360–362.

- Innovationstrichter-bezogene Ziele, z. B. Anzahl neuer (qualifizierter) Ideen, Anzahl gestarteter Entwicklungsprojekte, Anzahl von Markteinführungen neuer Produkte
- Prozessbezogene Ziele, z. B. Anteil der Projekte, die Meilensteinziele erreichen, Anteil der „full go's" in Projekt-Reviews

Die Anzahl der Ziele sollte begrenzt sein. Bei der Formulierung von Zielen kann z. B. das SMART-Framework verwendet werden.

3.2.2.2 Innovationsfelder

> „The [innovation] strategy, among other things, defines the arenas of strategic focus ... in short, where you want to focus your R&D efforts and thus where you want to hunt for ideas."[607]

Aus der strategischen Analyse von Marktentwicklungen, Wettbewerberverhalten, Kundenwünschen, technologischen Trends, Veränderungen der Wertschöpfungskette und internen Kompetenzen ist zunächst eine Liste neuer **Geschäftsmöglichkeiten** zu entwickeln. Müller-Stevens schlägt hierfür ein „Suchspiralen"-Modell vor, um neue Innovations- bzw. Geschäftsfelder zu identifizieren.[608] Ausgangspunkt des Prozesses ist ein **Suchprofil**, das aus der Geschäftsstrategie abzuleiten ist. Das Suchprofil unterstützt die Auswahlentscheidungen und lenkt die Suche. Der anfängliche Suchraum sollte weder zu groß sein noch zu eng gefasst sein. Größere Wertschöpfungs- und Wachstumspotenziale liegen häufig in neuen Feldern. Diese bringen auf der anderen Seite besondere Herausforderungen und Risiken mit sich. Die Suche erfolgt in **mehreren Zyklen** (Spiralen) und wird so auf die potenziell neuen Geschäftsfelder verengt. Die Suche sollte durch die unternehmensspezifischen Ressourcen und (Kern-)Kompetenzen geleitet sein, da so die Wahrscheinlichkeit steigt, nachhaltige Wettbewerbsvorteile erzielen zu können. Weber u. a. unterscheiden vier grundsätzliche Suchverfahren:[609]

- **Exploration** ist die wenig strukturierte Suche rund um bereits vorhandene Geschäfts- und Innovationsmöglichkeiten. Häufig wird „Ausschau" nach Gelegenheiten im Tagesgeschäft gehalten.
- **Entdeckung** unterstellt, dass neue Geschäftsideen vorhanden sind, jedoch noch nicht genutzt wurden. Die Suche verläuft systematisch, z. B. anhand von Checklisten oder Datenbanken.

607 Cooper (2017), S. 227.
608 Vgl. Müller-Stevens (1989), S. 325.
609 Vgl. Weiber u. a. (2006), S. 98.

- **Entwicklung** liegt vor, wenn Geschäftsfelder geschaffen werden müssen. Neben Kreativitätstechniken kommen hier z. B. die Szenariotechnik oder die Gap-Analyse zum Einsatz.
- **Erfindung** kann methodisch nicht gesteuert werden und basiert häufig auf spontanen Ideen und Inspirationswissen für neue Geschäftsfelder.

Um neue Geschäftsmöglichkeiten zu realisieren, sind zwingend Innovationen erforderlich, z. B. neue Produkte, innovative Marketingansätze oder Geschäftsmodelle. Je nach Innovationsfeld können inkrementelle Verbesserungen ausreichen oder radikale Veränderungen erforderlich sein.

Die Benennung und **Priorisierung der Innovationsfelder** gibt eine inhaltliche Richtung vor, verbessert die Ressourcenverteilung und schafft Akzeptanz für Innovationen innerhalb des Unternehmens. Als Werkzeuge können Scoringmodelle, in denen Innovationsziele als Kriterien eingesetzt werden, oder die in Abbildung 3.28 und Abbildung 3.29 dargestellten Portfolioansätze verwendet werden:[610]

- **Marktattraktivitäts-Wettbewerbsposition-Matrix**[611]

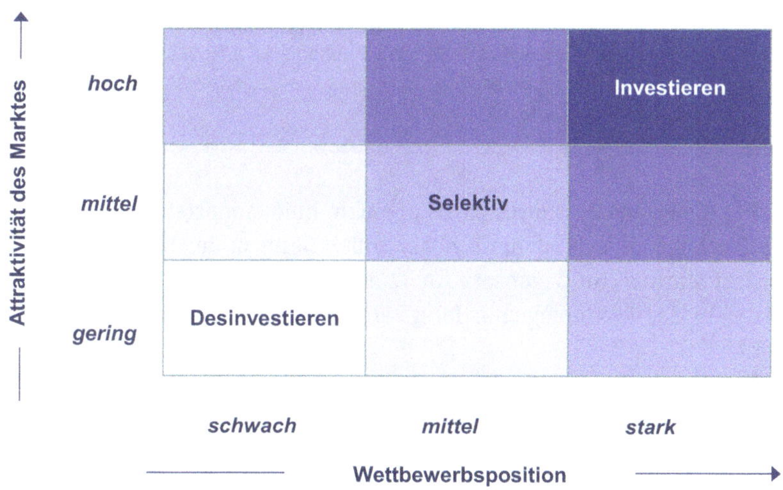

Abbildung 3.28: Marktattraktivitäts-Wettbewerbsposition-Matrix.

„Die Matrix schlägt die Fokussierung auf Innovationsfelder vor, die einerseits attraktiv sind, z. B. weil die adressierbaren Märkte wachsen, eine hohe Zahlungsbereitschaft der Kunden oder wenig Wettbewerb zu erwarten ist. Andererseits sollte die eigene Wettbewerbsposition im Innovationsfeld stark sein. Dies ist z. B. der Fall, wenn Erfahrungen mit den relevanten Technologien

610 Vgl. Weiber u. a. (2006), S. 115.

611 Vgl. z. B. Seidenschwarz (2016), S. 49; Kreimeyer u. a. (2021), S. 118; Aumayr (2019), S. 64; Winkelmann (2023), S. 164–165; Brockhoff/Brem (2021), S. 181–182.

vorliegen und das Unternehmen von Kundenseite als führend wahrgenommen wird. Je nach Einordnung eines Innovationsfeldes liefert die Matrix eine „Normstrategie".“

- **Technologieportfolio**[612]

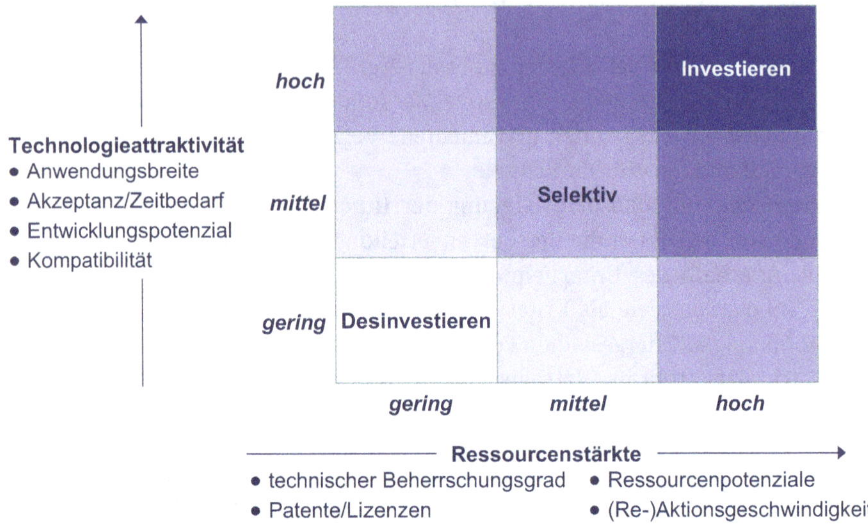

Abbildung 3.29: Technologieportfolio.

- Je stärker die eigene Ressourcenbasis in einem Innovationsfeld und je attraktiver die Technologie an sich ist, desto höher sollte dieses in der Innovationsstrategie priorisiert werden. Im Gegensatz zur Marktattraktivitäts-Wettbewerbsposition-Matrix sieht das Technologieportfolio keinen expliziten marktorientierten Faktor vor.
- Einen Integrationsversuch beider vorgenannten Portfoliomethoden unternehmen Brockhoff/Brem.[613]

Neben der Auswahl besonders attraktiv erscheinender Innovationsfelder sollten die gewählten Innovationsfelder ein **ausgewogenes Innovationsportfolio** aufspannen:
- Ein Innovationsportfolio sollte Themen **unterschiedlicher Innovationsgrade** und damit Risiken umfassen. Beispielsweise sollten neben der Weiterentwicklung vorhandener Produkte auch „mutige“ Projekte, in denen neue Technologien oder Märkte erschlossen werden, unternommen werden.

612 Vgl. z. B. Seidenschwarz (2016), S. 50; Gleich u. a. (2016), S. 371; Hauschildt u. a. (2023), S. 90.
613 Vgl. Brockhoff/Brem (2021), S. 191–201.

- Innovationen mit **verschiedenen Zeithorizonten** sollten angestrebt werden. Im Portfolio sollten sowohl kurz- und mittelfristig realisierbare Projekte als auch langfristige Themen (mit hohem Potenzial) vertreten sein.
- Auch wäre aus **Risikostreuungsgesichtspunkten** empfehlenswert, Innovationsfelder zu verfolgen, die auf unterschiedlichen Technologien basieren oder unterschiedliche Märkte adressieren.
- Außerdem sollten **Synergiepotenziale** zwischen den einzelnen Innovationsfeldern bestehen, auf technologischer Seite oder im Marketing. So können Kosten im Innovations- oder Vermarktungsprozess eingespart werden. Auch die Entwicklung von Kompetenzen wird gefördert, falls diese in mehreren Projekten zum Tragen kommen.

Die Festlegung und Priorisierung von Innovationsfeldern gibt die „Suchfelder" für neue Themen und Produktideen vor. Dadurch wird verhindert, dass eine unfokussierte Suche stattfindet. Die Zugehörigkeit zu den strategisch festgelegten Innovationsfeldern sollte im Ideenbewertungsprozess (vgl. Kap. 4.2.4) als Auswahlkriterium verwendet werden.

3.2.2.3 Timing-Strategie

Für die priorisierten Innovationsfelder muss entschieden werden, wann – relativ zum Wettbewerb – der Markteintritt angestrebt werden soll. Timing-Strategien lassen sich anhand der beiden Dimensionen Markteintrittszeitpunkt und Produktentwicklungszeitpunkt unterscheiden.[614] Häufig werden die drei Timing-Optionen Pionier (Innovationsführer), früher Folger („fast follower") und später Folger (Imitator) unterschieden:[615]

3.2.2.3.1 Pionier-Strategie

Ein **Pionier** ist bestrebt, eine Innovation als Erster auf den Markt zu bringen. Er verspricht sich dadurch sog. **First-Mover-Vorteile**. So entsteht zumindest eine temporäre Monopolstellung am Markt, die höhere Absätze und Preise erlaubt. Auf der anderen Seite ist die Pionierstrategie mit besonderen Risiken und hohen Kosten verbunden, welche durch Folger-Strategien vermieden werden können. Ziel des Pioniers ist es, durch den Aufbau von Markteintrittsbarrieren die durch die Innovation geschaffene Alleinstellung abzusichern.[616] Hierbei können folgende Effekte genutzt werden:

---

614 Vgl. Schewe (2007), S. 53.

615 Vgl. z. B. Schewe (2007), S. 54–55; Hauschildt u. a. (2023), S. 75–77; Vahs u. a. (2023), S. 126.

616 Schewe nennt folgende mögliche Markteintrittsbarrieren: Skaleneffekte, Umstellkosten, rechtliche und politische Bestimmungen, Zugang zu Distributionskanälen, Herstellerreferenzen, technologisches Know-how und Präferenzen der Nachfolger, vgl. Schewe (2007), S. 58.

- Lern- und Erfahrungseffekte ermöglichen dem Pionier Kostenvorteile gegenüber den Folgern.
- Pioniere können Ressourcen exklusiv an sich binden, z. B. wichtige Distributionskanäle oder Lieferanten.
- Pioniere können ein sog. dominantes Design auf Basis ihrer Lösung in der Branche etablieren, z. B. in Form von Standards.
- Für Kunden, die die Lösung des Pioniers gewählt haben, entstehen Wechselkosten, falls sie zu Lösungen der Folger wechseln wollen. Dies ist beispielsweise der Fall, falls Kunden in spezifische Infrastruktur oder Mitarbeiterqualifikation investiert haben.
- Auch Netzwerkeffekte können den Pionier bevorteilen. So kann für Kunden die Nutzung einer Lösung, die bereits von vielen anderen Kunden verwendet wird, vorteilhaft sein, z. B. durch den Austausch zwischen Nutzern, durch vorhandene Daten und Erfahrungen oder durch verfügbare komplementäre Produkte und Dienstleistungen.
- Durch die Erwirkung von Schutzrechten, wie z. B. Patenten, können Innovatoren zusätzliche Barrieren für Nachfolger aufbauen.
- Schließlich profitiert der Pionier durch die positive Reputation des innovativen Unternehmens. Der Pionier bzw. dessen Marke steht unter Umständen für eine gesamte Produktkategorie, z. B. Tempo, Polaroid, Zewa.

Die temporäre Alleinstellung kann auch genutzt werden, um temporär (über-)hohe Preise durchzusetzen (Skimming-Strategie). Dies geht allerdings zulasten einiger der oben genannten Effekte.

3.2.2.3.2 Frühe-Folger-Strategie

Frühe Folger („fast follower") treten kurz nach dem Pionier mit einem vergleichbaren Angebot in der Wachstumsphase des Produkts in den Markt ein. Die bringt folgende Vorteile (gegenüber der Pionierstrategie):

- Die Unsicherheiten hinsichtlich Technologie, Kundenanforderungen oder der Reaktion staatlicher Stellen sind für frühe Folger geringer als für Pioniere.
- Als Trittbrettfahrer profitieren frühe Folger von den Erfahrungen und zum Teil von „durchgesickertem" technischen Wissen des Pioniers. Fehler des Pioniers können unter Umständen vermieden werden.
- Frühe Folger können eine Lösung eher auf der grünen Wiese entwickeln und sind weniger an zurückliegende Weichenstellungen und Konzeptentscheidungen (sog. Pfadabhängigkeiten) gebunden. Lösungen eines frühen Folgers können daher denen des Pioniers qualitativ überlegen sein.
- Im Falle, dass es sich beim Pionier um ein Start-up oder Kleinunternehmen handelt, verfügt der Frühe Folger über größere finanzielle und personelle Ressourcen. Damit kann der Folger den Pionier in der Kommerzialisierung der Innovation u. U. überholen.

3.2.2.3.3 Späte-Folger- (Imitatoren-)Strategie

Späte Folger oder **Imitatoren** treten in den Markt ein, wenn die Unsicherheiten der Marktentwicklung und technische Herausforderungen weitgehend beseitigt sind. Ihre Lösung verwendet die gleichen Technologien und Ansätze wie der Pionier und leistet aus Kundensicht mindestens den gleichen Nutzen. Eine Imitation ist zulässig, wenn die Innovation nicht hinreichend rechtlich geschützt ist. Dies ist häufig der Fall, da sich eine wirksame Patentierung von Innovationen in der Praxis als zunehmend schwieriger und komplexer darstellt.[617] Imitation verursacht heutzutage i. d. R. keinen Imageschaden und gilt als akzeptierte unternehmerische Option. Vor allem wenn hohe markt- und technologieseitige Risiken vorliegen, kann eine Späte-Folger-Strategie vorteilhaft sein.[618] Die wesentliche Herausforderung des Imitators besteht in der Überwindung von Markteintrittsbarrieren. Eine erfolgreiche Imitationsstrategie erfordert nach Schewe vier spezifische Kompetenzen: Aufklärungspotenzial, Technologiepotenzial, Marketingpotenzial und Produktionspotenzial.[619]

3.2.2.3.4 Faktoren für die Wahl der Timing-Strategie

Die Wahl der Timing-Strategie in einem bestimmten Innovationsfeld hängt von verschiedenen Faktoren ab:

- Eine wichtige Rolle spielt das **Innovationspotenzial** des Unternehmens im betrachteten Feld. Eine Pionierstrategie erfordert hohe **technologische und marktseitige Kompetenzen**. Häufig ist eine rechtzeitige Beschäftigung mit und Investitionen in ein Thema erforderlich, da Rückstände auch durch überproportionalen Ressourceneinsatz nur schwer aufzuholen sind.
- Der zweite Faktor ist die **strategische Wichtigkeit** des Innovationsfeldes und damit die erforderliche **Ambition** des Unternehmens. So ist in einem Themenfeld, das maßgeblich zum Wachstum eines Unternehmens beitragen soll, eine Pionier- oder zumindest eine Frühe-Folger-Strategie erforderlich.
- Auch der generelle **Gestaltungsanspruch** des Unternehmens sowie die angestrebte **Konformität** mit den Regeln der Branche ist zu beachten. Ein Prospector (nach Miles und Snow) strebt in wichtigen Bereichen eine Pionierrolle an, ein Defender eher eine Follower-Rolle.[620]

Außerdem muss zwischen **Inventionstiming** und **Innovationstiming** unterschieden werden. Der Erfinder einer Lösung **(Ersterfinder)** muss nicht notwendigerweise der Markteintrittspionier sein. So kann sich der Ersterfinder bewusst für eine Follower-

617 Vgl. Hauschildt u. a. (2023), S. 77.
618 Vgl. Hofbauer (2018) S. 557.
619 Vgl. Schewe (2007), S. 64–65.
620 Vgl. Miles/Snow (1978); Kap. 3.1.4.2 (Strategieformulierung).

Strategie zum Markteintritt oder für eine Lizensierung seiner Technologie/Erfindung entscheiden.[621]

Die Literatur liefert kein eindeutiges Bild zur Vorteilhaftigkeit unterschiedlicher Timing-Strategien. Obwohl eine Reihe empirischer Studien den Vorteil eines früheren Markteintritts zeigen, gibt es auch gegenteilige und uneindeutige Befunde.[622] Meffert u. a. fassen den Sachverhalt wie folgt zusammen: Ein Pionier verfügt über „das Potenzial, einen Wettbewerbsvorteil zu erringen. Ob dieses Potenzial genutzt wird, hängt davon ab, wie erfolgreich die Folger agieren und wie sehr der Pionier in der Lage ist, seine Vorteile auszuspielen."[623]

3.2.2.4 Know-how-Aufbau- und Kooperationsstrategie

Innovationen setzen Ressourcen und Kompetenzen entlang der kompletten Wertschöpfungskette voraus, insbesondere in den Bereichen Technologie, Produktentwicklung, Produktion und Vermarktung. Falls diese Mittel dem Innovator nicht zur Verfügung stehen, müssen diese aufgebaut oder erworben werden. Im Rahmen der Innovationsstrategie ist zu entscheiden, ob und in welchem Umfang die erforderlichen Positionen intern aufgebaut werden sollen. Alternativ oder ergänzend können externe Ressourcen und Kompetenzen – in unterschiedlicher Weise – eingebunden werden.

Normstrategien zum Know-how-Aufbau liefert die in Abbildung 3.30 dargestellte Vertrautheitsmatrix.

Die Vertrautheitsmatrix zeigt einerseits den Grad der Vertrautheit eines Unternehmens mit den Technologien (entspricht dem technologischen Umsetzungsrisiko) und andererseits den Grad der Vertrautheit mit dem Markt (entspricht dem Markterschließungsrisiko). Je nach Kombination schlägt die Matrix unterschiedliche Formen der Technologiebeschaffung vor.

In der Praxis geht es häufig nicht um „intern oder extern", sondern um eine effektive Kombination beider Ansätze. Interner Aufbau ist in strategisch wichtigen Bereichen anzustreben, da dies höhere Kontrolle und höheres Differenzierungspotenzial ermöglicht.[624] Offene Innovationsansätze ermöglichen auf der anderen Seite eine stärkere Fokussierung der eigenen Ressourcen bei gleichzeitiger Nutzung von „Best-in-class"-Lösungen von Partnerunternehmen. Häufig sind dabei Kooperationsstrategien erforderlich, die das Verhältnis und ggf. das Geschäftsmodell zu Entwicklungs- und Wertschöpfungspartnern definieren.

621 Vgl. Vahs u. a. (2023), S. 439; beispielsweise lizensieren Forschungseinrichtungen häufig Technologien, anstatt diese selbst zu vermarkten.

622 Vgl. z. B. Hauschildt u. a. (2023), S. 84; Tidd/Bessant (2018), S. 149; Vahs u. a. (2023), S. 439; Hofbauer nennt Beispiele erfolgreicher und erfolgloser Pioniere und Folger, vgl. Hofbauer (2018), S. 555.

623 Meffert u. a. (2024), S. 430.

624 Viele Autoren der sog. „resource-based view" argumentieren, dass nachhaltige Wettbewerbsvorteile nur durch interne Ressourcen und Kompetenzen möglich sind, vgl. Kap. 3.1.3.1.

Vertrautheit mit dem Markt	Vertrautheit mit der Technologie: gering	mittel	hoch
hoch	Joint Venture	interne Produktentwicklung, Akquisition, Lizenznahme	interne Basisentwicklung, Akquisition
mittel	Risikobeteiligung, Joint Venture, Aufzucht, Lernakquisition	internes Venture, Akquisition, Lizensierung	interne Marktentwicklung, Akquisition, Joint Venture
gering	Risikobeteiligung, Venture, Aufzucht, Lernakquisition	Risikobeteiligung, Aufzucht, Lernakquisition	Joint Venture

Abbildung 3.30: Vertrautheitsmatrix.[625]

In der Literatur findet sich eine Vielzahl konzeptioneller Ansätze und Empfehlungen zum **Aufbau von Ressourcen und Kompetenzen**. Vier dieser Konzepte seien im Folgenden kurz umrissen.

Coyne u. a. sehen drei grundsätzlich verschiedene Wege, um Kompetenzen aufzubauen:[626] Evolution (Kompetenzen werden parallel zum Tagesgeschäft geschaffen), Inkubation (Kompetenzen werden durch eine dedizierte und ausgelagerte Einheit gebildet) und Akquisition (Kauf eines Unternehmens, um dessen Kompetenzen einzuverleiben). Als wesentlichen Vorteil der evolutionären Vorgehensweise gegenüber der Inkubation sehen Coyne u. a. die Tatsache, dass erworbenes Wissen „automatisch" in der Organisation verankert wird. Wirklich neuartige und überlegene Kompetenzen können nach Auffassung der Autoren jedoch nur durch Inkubation geschaffen werden.

Hauschildt u. a. beschreiben drei weitere Wege des Kompetenzaufbaus:[627]

– Erstens kann eine Innovationstätigkeit in Zusammenarbeit mit rechtlich selbstständigen Unternehmen oder Institutionen erfolgen (Kooperation). Dies geschieht durch die Vergabe eines Forschungs- oder Entwicklungsauftrags oder durch Zusammenarbeit mit Wertschöpfungspartnern, z. B. Kunden oder Lieferanten. Kooperationen müssen systematisch gemanagt werden, was Identifikation, Evaluation, Kontrahierung und Steuerung der Partner beinhaltet.

625 Vgl. z. B. Seidenschwarz (2016), S. 48–49; Kreimeyer u. a. (2021), S. 117; Brockhoff/Brem (2021), S. 137.

626 Vgl. Coyne u. a. (1997), S. 49–54.

627 Vgl. Hauschildt u. a. (2023), S. 74–75.

- Zweitens kann eine Akquisition der Anteilsmehrheit eines innovativen Unternehmens erfolgen, um mithilfe der erworbenen Ressourcen und Kompetenzen die eigene technologische oder absatzwirtschaftliche Position im Sinne zukünftiger Innovationsfähigkeit zu stärken. Akquisitionskandidaten sind hinsichtlich eines „strategischen Fits" zu untersuchen: Das akquirierte Unternehmen sollte Lücken schließen und wenige Überschneidungen mit den eigenen Ressourcen und Kompetenzen ausweisen. Viele Akquisitionen erreichen die gesetzten Ziele in der Praxis nicht. Erfolgskritisch ist beispielsweise, dass Mitarbeiter trotz Eigentümerwechsel dem Unternehmen treu bleiben und dass die Kreativität des akquirierten Unternehmens trotz neuer Anbindung erhalten bleibt.
- Die Innovation an sich kann eingekauft werden, z. B. durch den Erwerb von innovativen Gütern oder Prozessen am Markt. Ein Sonderfall ist die Lizenznahme einer Technologie oder eines Verfahrens.

Rasche nennt fünf Arten der Internalisierung von Kompetenzen: Mergers & Acquisitions, Zulieferabkommen über Komponenten, Technologie-Transfer-Abkommen, lerninduzierte Partnerschaften und unternehmensinterne Kompetenzakkumulation.[628] Er argumentiert, dass sich strategisch relevante Ressourcen fast nur durch organisationale Lernprozesse aneignen lassen. Diese können im Unternehmen selbst oder im Rahmen von strategischen Allianzen („Inter-Partner-Learning") stattfinden. Kooperationen sind vor allem unter Zeitdruck der beste Weg.[629] Ziel muss es sein, strategisch wertvolle Ressourcen und Kompetenzen eines Partners nicht nur temporär zu nutzen, sondern diese durch organisationale Lernprozesse zu internalisieren.

Nonaka u. a. stellen ein Erklärungsmodell für den Aufbauprozess von Wissen vor. Kern des Konzepts ist der sog. SECI-Zyklus, der den Wissensaufbau durch die ständige Umwandlung von unsichtbarem in dokumentierbares Wissen beschreibt. Der Wissensbestand wächst mit der sich ausweitenden SECI-Spirale, welche in einem Umlauf vier Schritte durchläuft:[630]
- Sozialisation, welche unsichtbares Wissen in geteilte Erfahrung umwandelt
- Externalisierung, durch die unsichtbares geteiltes Wissen explizit gemacht und so eine systematische Verbreitung und Verarbeitung ermöglicht wird
- Kombination, die explizites Wissen systematisiert und wertschöpfend verknüpft
- Internalisierung, durch die aus veredeltem explizitem Wissen durch individuelle Verarbeitungsprozesse neues – zunächst unsichtbares – implizites Wissen entsteht

628 Vgl. Rasche (1994), S. 236–253.
629 Vgl. Rasche (1994), S. 230.
630 Vgl. Nonaka u. a. (2000).

Nonaka u. a. weisen darauf hin, dass neben dem SECI-Prozess eine gemeinsame Plattform zum Wissensaufbau sowie Wissensbestände und Katalysatoren des Wissensbildungsprozesses notwendig sind.

Der Aufbau von Wissen und Kompetenzen muss zielgerichtet und permanent erfolgen, nicht nur „bedarfsgetrieben“ auf ein bestimmtes Innovationsthema hin. Da der Aufbau kritischer Kompetenzen Jahre dauern kann, ist der „Zug häufig bereits abgefahren“, wenn der Kompetenzbedarf allgemein sichtbar ist. Ressourcen und Kompetenzen sind daher antizipativ aufzubauen.[631]

3.2.2.5 Plattform- und Ökosystemstrategie

Innovationen betreffen nicht nur Produkte oder Technologien, sondern auch Ertragsmodelle, die Architektur der Wertschöpfung oder Ökosysteme. Dies gilt insbesondere im Kontext digitaler Wertschöpfung.[632]

Eine **Plattform** ist zu verstehen als technologische Infrastruktur, die als Vermittler oder Ökosystem für Interaktionen, Transaktionen oder den Austausch von Werten zwischen verschiedenen Benutzergruppen dient.[633] Beispiele erfolgreicher Plattformen sind Airbnb, Facebook oder Amazon. Je nach Plattformtyp können die Plattformtransaktionen zwischen Teilnehmern vermitteln, Innovationen ermöglichen, Dienste, Systeme oder Daten integrieren oder den Austausch zwischen Nutzern fördern. Plattformen zeichnen sich durch direkte und indirekte Netzwerkeffekte, Datennutzung, Skalierbarkeit und Innovationsförderung aus.[634]

Eine **Plattformstrategie** im Rahmen einer Innovationsstrategie bezeichnet die gezielte Entwicklung, Einführung und Nutzung von (digitalen) Plattformen, um Innovationen zu fördern, neue Geschäftsmodelle zu etablieren und Wettbewerbsvorteile zu erzielen. Sie stellt sicher, dass eine Organisation Plattformen und Ökosysteme als zentrale Elemente in ihrem Innovationsprozess betrachtet und sie strategisch in ihre Geschäfts- und Produktentwicklung integriert.[635]

Typische **Ziele** einer Plattformstrategie im Rahmen der Innovationsstrategie sind (vgl. Abbildung 3.31):

---

631 „Since core competencies are built through a process of continuous improvement and enhancement that may span a decade or longer. A company that has failed to invest in core competencies will find it very difficult to enter an emerging market“, Prahalad/Hamel (1990), S. 85.

632 Vgl. Kap. 5.3.4.1.3 (Digitale Plattformen, Ökosysteme und Netzwerkeffekte als Merkmale digitaler Geschäftsmodelle).

633 Eine alternative und enger gefasste Plattformdefinition liefert West: „An online platform is defined as a digital service that facilitates interactions between two or more distinct but interdependent sets of users (whether firms or individuals) who interact through the service via the Internet“, West (2019), S. 21.

634 Vgl. West (2019), S. 61–68.

635 Vgl. Parker u. a. (2016).

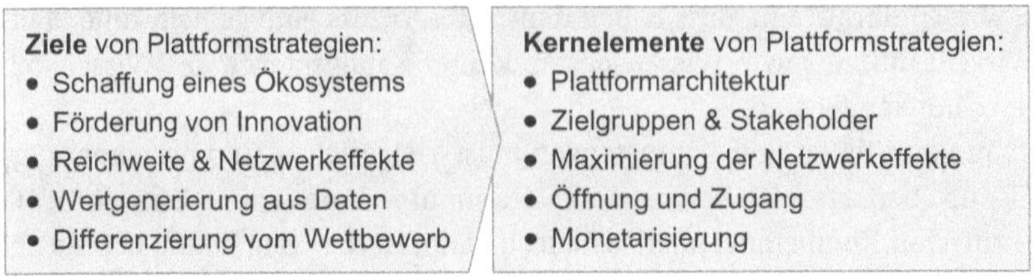

Abbildung 3.31: Plattformstrategien.

- Schaffung eines Ökosystems, also einer Umgebung, in der Partner, Entwickler und Kunden Mehrwert schaffen können. Beispiele sind der iOS-App-Store oder der Amazon Marketplace.
- Förderung von Innovation, indem externe Beiträge ermöglicht und belohnt werden, z. B. Drittanbieter-Apps zur Steigerung von Nutzen und Vielfalt
- Reichweite: Nutzung von Netzwerkeffekten, um das Nutzerwachstum zu beschleunigen und die Reichweite zu vergrößern
- Wertgenerierung aus Daten: Sammlung und Analyse von Nutzerdaten zur Optimierung von Produkten, Dienstleistungen und Geschäftsmodellen
- Differenzierung vom Wettbewerb durch Schaffung einzigartiger Mehrwerte, die schwer zu imitieren sind – mit den Plattformen als Dreh- und Angelpunkte des Kundenerlebnisses

Plattformstrategien umfassen folgende **Kernelemente:**
- Plattformarchitektur: beschreibt, wie die Plattform aufgebaut ist und welche Rollen technische und organisatorische Komponenten spielen
- Zielgruppen: bestimmt die verschiedenen Stakeholder, z. B. Anbieter, Kunden und Partner
- Netzwerkeffekte: Strategien zur Maximierung direkter und indirekter Netzwerkeffekte
- Öffnung und Zugang: Festlegung, wie offen die Plattform für Drittanbieter ist, z. B. über API-Schnittstellen und Software Development Kits
- Monetarisierung: zeigt Einnahmequellen auf, z. B. Transaktionsgebühren, Abonnements oder Werbung

Ökosysteme sind neue Strukturen der ökonomischen Zusammenarbeit und Beziehungen zwischen Unternehmen, die komplementäre Innovationen anbieten. Ein **digitales Ökosystem** ist eine Kombination aus interagierenden Anwendungen, Betriebssystemen, Plattformen, Geschäftsmodellen und Hardware, wobei nicht alle Komponenten des Ökosystems durch eine Organisation kontrolliert werden müssen.[636] Es treten Produkte oder

636 Vgl. West (2019), S. 22.

Dienstleistungen aus zum Teil unterschiedlichen Branchen gemeinsam am Markt an. Beispiele von Ökosystemen sind Google Android, Apple (iOS), Alibaba oder SAP.

Ökosystemmitglieder haben i. d. R. keine vertraglichen Vereinbarungen untereinander, obwohl erhebliche gegenseitige Abhängigkeiten bestehen. Häufig gibt es ein **führendes Unternehmen,**[637] das Ziele auf Systemebene festlegt, die hierarchische Rollen der Mitglieder differenziert sowie Standards und Schnittstellen des Ökosystems festlegt.[638] Ökosysteme werden nicht hierarchisch verwaltet. Die Mitgliedschaft gilt im Allgemeinen als „offen", d. h., sie wird nicht bilateral zwischen dem Systemführer und potenziellen Mitglied erteilt, sondern basiert auf Selbstauswahl. Der Systemführer bedient sich allerdings formeller Mechanismen, um Mitglieder zu motivieren und ggf. zu disziplinieren. Neben Standards und Schnittstellen kann es eine Plattform-Governance, Qualitätssicherungsmaßnahmen oder Regelungen hinsichtlich geistigen Eigentums geben.[639]

Die **Ökosystemstrategie** des Systemführers zielt darauf ab, ein dynamisches Netzwerk von Partnern, Kunden und anderen Stakeholdern zu schaffen, das gemeinsam (über Innovationen) Werte generiert und Wettbewerbsvorteile ermöglicht. Jedes Mitglied des Ökosystems sollte vor dem Hintergrund der eigenen Rolle und Position Ziele und Strategien entwickeln, wie man im spezifischen Ökosystem agiert, um seine Geschäftsziele zu erreichen. Das wettbewerbliche Verhalten eines Unternehmens kann in einem bestimmten Ökosystem anders gestaltet sein als außerhalb des Ökosystems. Ein Softwareentwickler könnte beispielsweise Applikationen einerseits als Teil des Android-Ökosystems über den Google Playstore vertreiben und andererseits eine Direktvermarktung an Unternehmen durchführen. Unterschiedliche Strategien für beide Geschäftssegmente wären erforderlich.

3.2.2.6 Verwertungs- und Schutzrechtestrategie

Innovation führt nicht zwangsläufig zu Wettbewerbsvorteilen und wirtschaftlichen Erfolgen. Es ist eine **Verwertungsstrategie** erforderlich, die festlegt, wie eine Innovation wirtschaftlich genutzt und auf den Markt gebracht wird. Sie formuliert, wie über Innovationen die wirtschaftlichen und sonstigen Ziele des Unternehmens erreicht werden sollen. Wesentliche Elemente der Verwertungsstrategie sind die Art der Verwertung sowie die Vermarktungsstrategie:

– Eine Innovation kann im klassischen Geschäftsmodell verwertet werden, indem sie die Basis für neuartige und attraktive Produkt- und Dienstleistungsangebote liefert. Alternativ kann eine Innovation in einem Lizenzmodell vermarktet oder

---

637 Die Bezeichnungen für den Systemführer sind z. B. „lead firm", „keystone organization", „ecosystem captain" oder „architect company".

638 Vgl. Jacobides u. a. (2018), S. 6.

639 Vgl. Jacobides u. a. (2018), S. 7.

als Ganzes einmalig „verkauft" werden. In letzterem Fall würden alle entwickelten Artefakte und ggf. Mitarbeiter an den Käufer übergehen.
- Ein Hebel der Vermarktungsstrategie ist die in Kap. 3.2.2.3 thematisierte Timing-Strategie beim Markteintritt.
- In den späteren Phasen des Innovationsprozesses ist ein Vermarktungsplan zu erstellen. Im Rahmen der Innovationsstrategie sind grobe Aussagen über Zielmärkte, Vertriebswege sowie Preis- und Kommunikationsstrategie zu treffen. Im Falle von Innovationen mit hohem Neuigkeitsgrad ist das Adoptionsverhalten potenzieller Nutzer zu berücksichtigen.
- Die Verwertungsstrategie kann auch die Öffnung einer Technologie für bestimmte Partner (z. B. in Rahmen eines Patente-Pools) oder eine generelle Öffnung zur kostenfreien Nutzung (Open-Source-Strategie) vorsehen. In letzterem Fall ist häufig das Ziel, komplementäre Anbieter zu gewinnen und ein Ökosystem oder einen Standard rund um die eigene Technologie aufzubauen.

Die **Schutzrechtsstrategie** befasst sich mit dem Schutz einer Innovation vor Nachahmung, um den wirtschaftlichen Nutzen zumindest temporär abzusichern. Dadurch soll die Exklusivität der Verwertung bestmöglich sichergestellt werden. Schlüsselaspekte der Schutzrechtsstrategie sind die Art der Schutzrechte (z. B. Patente, Markenschutz, Schutz von Geschmacksmustern), der geografische Schutzumfang sowie die Überwachung und Durchsetzung des Schutzes.

Es ist umstritten, in welchem Maße gewerbliche Schutzrechte, z. B. Patente, die Innovationen von Unternehmen in der Praxis schützen können. Obwohl viele Produktinnovationen auf forschungs- oder entwicklungsgestützten Neuerungen basieren, wird in der Praxis nur ein Teil dieser Neuerungen durch Patente geschützt. Gründe für eine **fehlende Patentierung** sind u. a.:[640]
- Schnelligkeit des technischen Fortschritts (man käme mit dem Patentieren nicht hinterher)
- praktische Durchsetzung des Patentes zu schwierig, insbesondere international
- Eine Patentierung wird vergessen oder durch Vorveröffentlichung unmöglich gemacht.
- Wettbewerber sollen nicht durch eine Patentschrift auf Innovation aufmerksam gemacht werden (Geheimhaltung).[641]
- Kosten- und Zeitaufwand der Patentierung

---

640 Vgl. Brockhoff/Brem (2021), S. 83–84; „Viele Unternehmen siedeln ihr Patentierungsverhalten zwischen den Extrema Flächenbombardierung und Verzicht auf Patentierung an. Sie berücksichtigen zugleich die Schutzfunktion und die Informationsfunktion der Patente bzw. der Patentanmeldung", Brockhoff/Brem (2021), S. 81–82.

641 Patentrecherche gilt als wichtiges Werkzeug im Innovationsprozess. Mithilfe künstlicher Intelligenz und automatisierter Datenbankrecherche der öffentlich zugänglichen Datenbanken wichtiger Patentämter (wie dem Europäischen Patentamt oder der World Intellectual Property Organisation)

Neben gewerblichen Schutzrechten gibt es verschiedene Möglichkeiten und Praktiken, die die Imitation von Innovationen verhindern oder erschweren sollen. Zu diesen Ansätzen, die in der Praxis oft als wichtiger eingeschätzt werden als der rechtliche Schutz, gehören:[642]

- **Geheimhaltung**, z. B. durch Sensibilisierung von Mitarbeitern, Vertraulichkeitsvereinbarungen mit Schlüsselpersonen und Kunden, beschränkten Zugriff und IT-Sicherheitsmaßnahmen[643]
- **Kontinuierliche Weiterentwicklung**, sodass man der Konkurrenz immer einen Schritt voraus bleibt (Lernkurveneffekt, Erfahrungseffekt)
- **Verträge**, die die Weitergabe und Nutzung der Innovation durch Partner einschränken
- aktive Schaffung von **Markteintrittsbarrieren**, z. B. Skaleneffekte in der Produktion, exklusive Sicherung von Vertriebskanälen, Reputation als Innovationsführer, Wechselkosten für Kunden, Standards etc.[644]
- Innovationen auf Basis von **unternehmensgebundenem Know-how und Ressourcen**, die für Nachahmer nicht zugänglich sind
- **Komplexität von Innovationen**, sodass diese von außen schwer nachvollziehbar sind

Verwertungs- und Schutzrechtstrategie sind eng miteinander verknüpft, da der Schutz der Innovation häufig eine Voraussetzung für ihre erfolgreiche Verwertung ist. Ein effektiver Schutz schafft die Grundlage dafür, dass ein Unternehmen seine Innovation ohne unmittelbare Konkurrenz nutzen und wirtschaftlich verwerten kann.

3.2.3 Beziehung von Technologie- und Innovationsstrategie

Die Technologiestrategie und die Innovationsstrategie können je nach Unternehmenskontext sowohl getrennt voneinander oder gemeinsam ausgearbeitet werden. Beide Strategien verfolgen unterschiedliche Schwerpunkte, sind jedoch eng miteinander verwoben, da technologische Entscheidungen oft die Grundlage für Innovationen bilden.

In eher marktgetriebenen Unternehmen (z. B. Fast-Moving-Consumer Goods) wird die **Technologiestrategie häufig als Teil der Innovationsstrategie** angesehen. Die Technologiestrategie hat die Aufgabe, die notwendigen Technologien bereitzustel-

oder mittels spezialisierter oder frei verfügbarer Tools wie Google Patents können Ideen und Funktionsweise aus Patenten gewonnen werden.

642 Vgl. Tidd/Bessant (2018), S. 156–161; Hauschildt u. a. (2023), S. 77–78.

643 Vgl. Mallinson (2025).

644 Vgl. Schewe (2007), S. 58.

len, um die in der Innovationsstrategie definierten Produkte, Dienstleistungen oder Geschäftsmodelle umsetzen zu können.

Alternativ können **beide Strategien unabhängig voneinander** entwickelt werden, wobei sie in ihrer Umsetzung aufeinander abgestimmt sein müssen. In diesem Modell konzentriert sich die Innovationsstrategie auf marktgetriebene Ziele, während die Technologiestrategie technologische Grundlagen schafft, die nicht zwangsläufig auf ein spezifisches Innovationsziel ausgerichtet sein müssen. So betrachten viele technologiegetriebene Unternehmen, z. B. Halbleiterhersteller, die Technologiestrategie als eigenständige, zentrale Säule, um langfristige technologische Entwicklungen unabhängig von kurzfristigen Innovationszielen voranzureiben.

3.2.4 Zwischenfazit und Überleitung

Innovation ist für viele Unternehmen überlebenskritisch und bestimmt das Wachstums- und Profitabilitätspotenzial. Innovation kann bzw. muss in unterschiedlichen Bereichen – Produkt, Prozess, Marketing und Geschäftsmodell – und kontinuierlich erfolgen, wobei auch ambitionierte Projekte gewagt werden sollten.

Vorgaben und Inhalte der angestrebten Innovationen sind aus der Geschäftsstrategie abzuleiten. Eine Konkretisierung erfolgt durch die Innovationsstrategie, die Umsetzung durch das Innovationsmanagement. Die Konkretisierung und Umsetzung von Innovation in ein Produktprogramm ist Aufgabe der Portfoliostrategie und des Portfoliomanagements.

3.3 Portfoliostrategie und Portfoliomanagement

Die (Produkt-)**Portfoliostrategie** ist eine Geschäftsprozessstrategie (Ebene 3 der Strategiepyramide, vgl. Abbildung 3.13), die auf der Geschäftsstrategie aufsetzt und von anderen Geschäftsprozessstrategien (insbesondere der Innovationsstrategie) und Funktionsstrategien (insbesondere der Forschungs- & Entwicklungsstrategie und der Marketingstrategie) beeinflusst wird. Sie zielt darauf ab, das gesamte **Produkt- und Dienstleistungsangebot** eines Unternehmens **systematisch auszurichten**, um die strategischen Unternehmensziele wie Wachstum und Rentabilität zu erreichen. Dabei definiert sie, welche Produkte, Dienstleistungen oder Produktgruppen im Portfolio aufgenommen, ausgebaut, reduziert oder eliminiert werden.[645]

645 Kotler u. a. nennen den Begriff Angebotsplanung anstelle der Portfoliostrategie, vgl. Kotler u. a. (2023), S. 64; Vahs u. a. schlagen die Bezeichnung Produktstrategie vor, vgl. Vahs u. a. (2023), S. 452.

Formal stellt sich ein Produktportfolio durch vier Dimensionen dar:[646]
- Breite (Anzahl der Produktlinien[647])
- Länge (Anzahl der Produkte innerhalb der Produktlinien)
- Tiefe (Anzahl der für Einzelprodukte verfügbaren Varianten)
- Homogenitätsgrad und Synergien[648]

Das (Produkt-)**Portfoliomanagement** hat die Aufgabe, die Portfoliostrategie zu entwickeln und umzusetzen. Dies umfasst die Analyse, Planung und Steuerung aller Produkte, um langfristig Rentabilität und Markterfolg zu sichern.[649] Das Portfoliomanagement muss dabei „Objekte" unterschiedlicher Reifegrade und Entwicklungsstadien betrachten:[650]
- **Produkte**, die bereits in den Markt eingeführt sind und die aktuellen Umsätze erwirtschaften
- **Entwicklungsprojekte:** Hierunter fallen neben Neuproduktentwicklungen i. e. S. auch Weiterentwicklungen von aktuell auf dem Markt befindlichen Produkten (Produktvariation, vgl. Kap. 4.7.2.1).
- **Produktideen oder -konzepte**, die auf die vorgegebenen Innovationsfelder abzielen, für die jedoch noch keine Projekte gestartet bzw. Mittel zugeteilt wurden

Das (strategische) Portfoliomanagement hat insbesondere die Aufgabe, eine sich im Zeitverlauf öffnende **Innovationslücke** in der Umsatzentwicklung des Unternehmens zu schließen (vgl. Abbildung 3.32).

Portfoliomanagement muss neben produktbezogenen Projekten auch **Innovations-, Technologie- und Vorentwicklungsprojekte** planen und steuern. Diese bilden die Basis für zukünftige Neuproduktentwicklungen und sind mit der Produktplanung zu synchronisieren. Insbesondere ist sicherzustellen, dass neue Technologien rechtzeitig einen für die Integration in Produktprojekte erforderlichen Reifegrad vorweisen.[651]

---

646 Vgl. die Ausführungen zu Produkthierarchie in Kap. 2.1.3.

647 Eine Produktlinie ist eine Gruppe von Produkten, die aufgrund von Ähnlichkeiten, z. B. in Funktion, Zielgruppe, Vertriebskanal oder Preis, in enger Beziehung zueinanderstehen. Produktlinien umfassen also „verwandte" Produkte, vgl. z. B. Kotler u. a. (2022), S. 234; Meffert u. a. (2024), S. 384.

648 Vgl. Kotler u. a. (2022), S. 420–421; der Homogenitätsgrad beschreibt, wie nah oder wie weit die einzelnen Produkte bezüglich Produktion, Vertriebskanälen, Werbung, Nutzung oder anderen Kriterien voneinander entfernt sind. Je homogener ein Portfolio ist, desto größere Synergiepotenziale durch gemeinsame Nutzung von Ressourcen sind vorhanden.

649 Der Begriff „Portfoliomanagement" stammt ursprünglich aus dem Finanzbereich und thematisiert dort die Verwaltung von Finanzinvestitionen.

650 „Außerhalb" des Portfoliomanagements sind Technologieprojekte oder marktseitige Forschungsprojekte, die z. B. durch die F&E- oder Marketingfunktion initiiert werden, denkbar.

651 Vgl. Vahs u. a. (2023), S. 453.

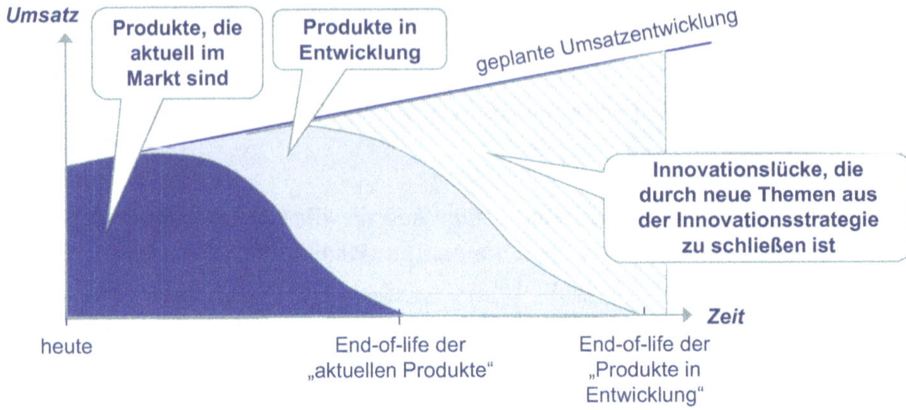

Abbildung 3.32: Gap-Analyse.[652]

Die Steuerung der Produkte im Markt und der Entwicklungsprojekte werden dem **taktischen Portfoliomanagement**, die Schließung der „Innovationslücke" dem **strategischen Portfoliomanagement** zugeordnet,[653] wobei beide Bereiche eng verzahnt sein müssen. Daneben ist das strategische Portfoliomanagement für die synchronisierte Planung nicht produktbezogener Innovationsprojekte zuständig.

3.3.1 Strategisches Portfoliomanagement

Ziel des strategischen Portfoliomanagements ist es, die in der Innovationsstrategie definierten Innovationsfelder („strategische Arenen") mit Produkt- und Technologieprojekten zu beplanen. Die Aufgabe besteht darin, die in Abbildung 3.32 gezeigte strategische Innovationslücke planerisch zu hinterlegen. Dabei sind folgende Fragen zu beantworten:

- Für welche „Themen" sollen die Entwicklungsressourcen (Personen, Geld) eingesetzt werden?
- Wie sollen die Mittel zwischen den Produkten bzw. Projekten aufgeteilt werden?
- Auf welche neuen Initiativen, Technologien und Plattformen soll man sich konzentrieren?

Strategische Portfolioplanung basiert auf der Geschäfts- und Innovationsstrategie und sollte rollierend durchgeführt werden. So werden neben anderen Weichenstellungen

652 Die Darstellung ist eine Adaption der klassischen GAP-Analyse, vgl. Bruhn/Hadwich (2017), S. 117; Brockhoff/Brem (2021), S. 97; Hofbauer (2018), S. 352; Meyer/Davidson (2001), S. 394.

653 Vgl. Cooper (2017), S. 269.

das **Wachstumsausmaß** (geplante Umsatzentwicklung) und die **Wachstumsrichtung**, z. B. in Form von Produkt-Markt-Kombinationen (Ansoff-Matrix), durch die Geschäftsstrategie vorgegeben.[654]

Die Innovationsstrategie liefert weitere Eckpunkte und Vorgaben für die Portfoliostrategie:[655]

- Die **Innovationsfelder** konkretisieren die durch zukünftige Produkte zu adressierenden Themenfelder.
- Das in der Timing-Strategie vorgegebene **Ambitionsniveau** gibt die zeitliche Priorität vor: Pionierthemen sind im Vergleich zu Follower-Themen zeitlich zu beschleunigen.
- Innovationen erfordern den Aufbau von Know-how und Kompetenzen. Dies kann intern über **Innovations- und Vorentwicklungsprojekte** erfolgen. Diese Projekte müssen frühzeitig gestartet und mit den Neuproduktentwicklungen synchronisiert werden.[656] Falls ein externer Kompetenzaufbau vorgesehen ist, muss eine **Kooperationsstrategie** entworfen werden, die z. B. Entwicklungspartnerschaften beinhaltet.
- Eine **Plattformstrategie** kann implizieren, dass Produkte im Hinblick auf die Anforderungen bestimmter Plattformen oder Ökosysteme hin entwickelt werden sollen.

Neben den Werkzeugen der strategischen Analyse schlägt Cooper den Töpfe-Ansatz und Roadmaps als Werkzeuge für das strategische Portfoliomanagement vor.

3.3.1.1 Strategische Töpfe

Der Strategische-Töpfe-Ansatz ist ein effektives Werkzeug, um eine Geschäfts- und Innovationsstrategie in ein Entwicklungs- und Projektprogramm zu übersetzen. Ein solches Programm wird durch die Mittelzuteilung auf neue und existierende Projekte erstellt. Statt die vorhandenen personellen und finanziellen Ressourcen direkt den Projekten zuzuordnen, wird ein Zwischenschritt vorgenommen, indem **zunächst eine Mittelaufteilung in sog. strategische Töpfe** erfolgt. Dies geschieht auf Basis der in der Innovationsstrategie definierten Ziele und Innovationsfelder.[657] Die dem jewei-

654 Vgl. Brockhoff/Brem (2021), S. 170.

655 Vgl. die sechs Abschnitte aus Kap. 3.2.2.

656 Vgl. Vahs u. a. (2023), S. 452.

657 „Without a well defined innovation strategy, it's hard to make the right choices in project selection", Cooper (2017), S. 227. „Die Spezifikation der Innovationsfelder [in der Innovationsstrategie] gibt eine inhaltliche strategische Richtung vor und verbessert die transparente Ressourcenverteilung und Akzeptanz für Innovation innerhalb des Unternehmens. Die Innovationsstrategie unterstützt in diesem Sinne das Portfoliomanagement", Hauschildt u. a. (2023), S. 72.

ligen Topf zugeordneten Mittel werden im zweiten Schritt den Projekten des Topfes entsprechend ihrer Priorität zugeteilt.

Das **Vorgehen des Töpfe-Ansatzes** umfasst folgende sechs Schritte:[658]

1. Ermittlung der verfügbaren personellen und finanziellen Ressourcen für Produktinnovation und -entwicklung
2. Festlegung der **Dimensionen**, anhand derer die **Töpfe** gebildet werden sollen. Diese sind aus der Geschäfts- und Innovationsstrategie des Unternehmens abzuleiten. Topfdimensionen werden typischerweise eingeteilt ...
   a. nach Projekttyp: Töpfe z. B. für Entwicklung neuer Produkte, Weiterentwicklung existierender Produkte, produktunabhängige Technologie-, Plattform- oder Vorentwicklung
   b. nach Märkten: Töpfe z. B. nach Branchen, Regionen oder Produktanwendungen
   c. nach den Produktlinien des Unternehmens
   d. nach Technologien, z. B. Verbrennungsmotor, batterieelektrischer Antrieb, hybrider Antrieb, alternativer Antrieb (Automobilindustrie)
   e. nach Entwicklungsstand der Projekte, z. B. Konzeptphase, frühe Entwicklungsphase, späte Entwicklungsphase, nach Markteinführung
   f. nach Innovationsgrad bzw. Vertrautheit des Unternehmens mit Markt und Technologie[659]

Die Schritte 3 bis 5 werden für jede im Schritt 2 als relevant erachtete Dimension durchgeführt:

3. Die in Schritt 1 ermittelten **Ressourcen** werden anhand der Leitlinien und Inhalte von Geschäfts- und Innovationsstrategie **in die gebildeten Töpfe verteilt**. Beispielsweise könnten 35 % der Mittel der Entwicklung neuer Produkte, 50 % den Weiterentwicklungsprojekten und 15 % der Technologieentwicklung zugeteilt werden (im Fall 2a/nach Projekttyp) oder 40 % den Automotive-Projekten, 40 % den Aerospace-Projekten und 20 % den Projekten sonstiger Branchen (im Fall 2b/nach Branchen).
4. Nun werden die **laufenden Entwicklungsprojekte** sowie die **neuen Projektideen oder -konzepte** den gebildeten **Töpfen zugeteilt**. Innerhalb jedes Topfes ergibt sich damit eine Projektliste, die nach strategischer Priorität sortiert wird. Die Kriterien für die Priorisierung sollten sich an den Unternehmenszielen orientieren, z. B. adressierte Marktgröße, Marktwachstum, Margenerwartung, Projektkosten, Risiken, Wettbewerbssituation oder Projektsynergien.
5. Die **Projekte in den Töpfen** werden in der **Prioritätsreihenfolge** nacheinander mit Ressourcen (d. h. Personal und Finanzen) ausgestattet, bis die dem jeweiligen

658 Vgl. Cooper (2017), S. 270–285.
659 Vgl. Seidenschwarz (2016), S. 49.

Topf in Schritt 3 zugeteilten Mittel aufgebraucht sind. Projekte niedriger Wichtigkeit erhalten unter Umständen keine Mittel und werden eingestellt bzw. nicht realisiert.

6. Im letzten Schritt werden die **Ergebnisse validiert**. Projekte könnten je nach Topf-Einteilungs-Dimension unterschiedliche Mittelzuteilungen erhalten haben. Diese Unterschiede sind zu analysieren, um für jedes Projekt eine finale Mittelzuteilung festzulegen. Dabei ist zu beachten, dass der Gesamtrahmen nicht überschritten wird. Um ein „balanciertes" Portfolio sicherzustellen, schlägt Cooper eine Visualisierung der Ergebnisse vor.[660] Hierzu können folgende Darstellungen beitragen:
   a. Anzahl der „finanzierten" Projekte nach **Projektgrößenklassen**
   b. Darstellung der Projekte in einer **Nutzen-vs.-Risiko-Matrix**. Dabei werden der Nutzen und das Risiko jedes Projekts bewertet und die Projekte als Kreis (Fläche proportional zur Mittelausstattung) in einer entsprechenden Matrix dargestellt.
   c. Darstellung des **Innovationsprofils** des Projektportfolios. Dabei werden die technologische und die marktseitige Neuigkeit der Projekte aus Sicht des Unternehmens bewertet. Die resultierende Matrixdarstellung zeigt, inwieweit eine Balance zwischen bekannten und innovativen/neuartigen Projektthemen vorliegt.
   d. Auch können die Projekte anhand der **BCG-Matrix** oder der **McKinsey-Matrix**[661] dargestellt werden (Kreisfläche proportional zur Mittelausstattung). Damit kann gezeigt werden, ob ein geschäftlich tragfähiges und zukunftsweisendes Portfolio vorliegt.

Das Ergebnis des Töpfe-Ansatzes ist die Zuteilung von personellen und finanziellen Ressourcen in die verfügbaren Innovationsprojekte des Unternehmens.

3.3.1.2 Strategische Roadmaps

> „A strategic roadmap establishes 'placemarks' for major new-product and technology projects envisioned well into the future."[662]

Eine **Roadmap** dient als strategisches Planungsinstrument, welches die Richtung, die Prioritäten und den zeitlichen Rahmen eines Projekts, Produkts oder anderer strategischer Vorhaben visualisiert. Roadmaps können unterschiedliche Objekte darstellen, z. B. Produkte (am Markt), Technologien, Produkte (in Entwicklung), Märkte oder Strategien.[663] Sie zeigen die zeitliche Entwicklung eines Objekts (z. B. die Entwicklungs-

660 Vgl. Cooper (2017), S. 281–285.
661 Vgl. z. B. Winkelmann (2023), S. 159–165.
662 Cooper (2017), S. 389.
663 Vgl. Aumayr (2024), S. 330–334.

meilensteile eines Entwicklungsprojekts) oder, im Sinne einer **Programm- oder Portfolio-Roadmap**, alle Objekte einer Kategorie gemeinsam auf der Zeitachse (z. B. die Markteintrittszeitpunkte aller Produkte einer Produktlinie).

Roadmaps stellen die Sichtweise einer Managementgruppe zu einem **bestimmten Zeitpunkt** dar und sollten rollierend aktualisiert werden. Eine Roadmap basiert auf einer Reihe von Informationen, z. B. Unternehmenszielen und Strategien, existierenden Produktplänen sowie Markt-, Technologie- und Wettbewerberanalysen.[664] Die in Roadmaps dargestellten Inhalte und Zeitpunkte sind mit den Verantwortlichen unter Umständen **nicht verbindlich** vereinbart und nicht Teil der Budgetplanung.[665] Ebenso müssen noch keine detaillierten Projektpläne vorliegen, insbesondere im Falle weiter in der Zukunft liegender Meilensteine.

Im Zusammenhang mit der Portfolioplanung sind vor allem Produkt-Roadmaps und Technologie-Roadmaps relevant:

- Eine **Produkt-Roadmap** zeigt auf der Zeitleiste wichtige Entwicklungsmeilensteine des Produkts und/oder Meilensteine in der Vermarktungsphase.
- Eine **Technologie-Roadmap** zeigt die zeitliche Planung von Technologie- und Innovationsprojekten (typischerweise anhand von Entwicklungsmeilensteinen).
- Um Abhängigkeiten aufzuzeigen, können Produkt- und Technologieentwicklung zusammen in sog. **hybriden Roadmaps** dargestellt werden.

Der Zweck von Produkt- und Technologie-Roadmaps ist es, alle Stakeholder auf gemeinsame Ziele auszurichten, Fortschritte zu kommunizieren und Abhängigkeiten sichtbar zu machen. Sie helfen dabei, langfristige Visionen mit kurzfristigen Maßnahmen zu verknüpfen und sicherzustellen, dass Ressourcen effizient genutzt werden.

Roadmaps können außerdem zur externen Kommunikation eingesetzt werden, z. B. um Kunden oder Handelspartner zu gewinnen oder zu informieren. Hierbei ist auf die Unverbindlichkeit der Roadmap hinzuweisen.

3.3.2 Taktisches Portfoliomanagement

Im taktischen Portfoliomanagement geht es um die Umsetzung der strategische Portfoliovorgaben in konkreten Projekten. Nachfolgende Fragestellungen werden bearbeitet:

- Wie können **Produkte am Markt** unterstützt und im Sinne der Zielerreichung optimiert werden? Sind Planpassungen erforderlich, z. B. Produktvariation oder frühzeitige Elimination?

---

664 Vgl. Cooper (2017), S. 391.

665 Cagan weist auf die Gefahr hin, dass Roadmaps von manchen Beteiligten als bindend verstanden werden, egal welche Disclaimer darauf notiert sind, vgl. Cagan (2022), S. 115.

- Wie soll mit den vorhandenen **Entwicklungsprojekten** weiter verfahren werden? Sollen diese unverändert weiterlaufen oder sind Modifikationen im Sinne des Projektansatzes, der Projektzielsetzung oder der Ressourcenausstattung erforderlich?
- Wie sollen die im strategischen Portfoliomanagement ausgewählten **Zukunftsthemen** konkretisiert und ggf. in Projekte überführt werden (Zielsetzung, Planung, Mittelausstattung)?

Für die **Produkte im Markt** sind die Unternehmensfunktionen Marketing und Vertrieb zuständig, in Zusammenarbeit und koordiniert durch die zuständigen Produktmanager. Diesen Produkten wurden in zurückliegenden Planungen einerseits wirtschaftliche Zielvorgaben (z. B. zu verkaufende Stückzahlen, Umsätze und Deckungsbeiträge) und andererseits personelle und finanzielle Mittel (z. B. Budget für Kommunikationsmaßnahmen) zugeordnet. Im Rahmen des Produktcontrollings werden sowohl die Mittelverwendung als auch die Zielerreichung für jedes Produkt verfolgt.[666] Im Falle von Abweichungen von Ist- und Soll-Werten liegt eine sog. operative Lücke vor. Etwaige Lücken sind durch den verantwortlichen Produktmanager zu schließen.

Die **Entwicklungsprojekte** werden durch den Produktmanager sowie den Projektleiter aus der Entwicklungsfunktion vorangetrieben und überwacht.[667] Neben den direkt verantwortlichen Funktionen sollten Projekt-Reviews durch ein übergeordnetes Management-Gremium stattfinden. Die vorbereitenden und koordinierenden Aufgaben hierfür könnte eine dedizierte Portfoliomanagementeinheit übernehmen.

- In klassischen sequenziellen Entwicklungsprozessen erfolgen Projektdurchsprachen entlang der definierten Meilensteine („quality gate meetings").[668] Falls ein Projekt entsprechend der Vorgaben verläuft und alle im Meilenstein gesetzten Zwischenziele erreicht, tritt das Projekt in die nächste Phase ein („go"). Falls Meilensteinziele verfehlt werden, müssen die Projektziele und ggf. das Vorgehen angepasst („modified go") oder das Projekt beendet („kill") werden.
- Im Falle von agilen Entwicklungsprozessen findet nach jedem Zyklus ein Sprint-Review-Meeting statt. Dabei werden die erreichten Ergebnisse bewertet und die Ziele für den nächste Sprint („Sprint Backlog") festgelegt.[669] Auch eine wesentliche Veränderung („Pivoting") oder die Einstellung des Projekts kann Ergebnis des Reviews sein.

Die Analyse eines Entwicklungsprojekts kann eine operative Lücke aufzeigen. Um diese zu schließen, erfolgen inhaltliche Anpassungen des Projektansatzes oder eine veränderte Zuteilung von personellen und finanziellen Ressourcen. Taktisches Portfo-

666 Vgl. Kap. 4.7.3 (Produktcontrolling im Product-Lifecycle-Management).
667 Vgl. Kap. 4.5.3 (Kontrolle von Zeit und Budget im Rahmen der Produktrealisierung).
668 Vgl. Kap. 4.1.2 (Klassische Produktentwicklung) oder Cooper (2017), S. 99–146.
669 Vgl. Kap. 4.1.3 (Agile Produktentwicklung).

liomanagement erfolgt für einzelne Projekte und mit Blick auf das gesamte Projektportfolio. Letzteres ermöglicht eine ganzheitliche Chancen- und Risikoanalyse.

3.3.3 Produktinnovationsaufträge

Eine Aufgabe des strategischen Portfoliomanagementprozesses ist die Entscheidung über den Start bzw. die Investition in Produktinnovationen in Form neuer Projekte. Entsprechend sind sog. **Produktinnovationsaufträge** an das Produktmanagement zu erteilen.[670] Ein Produktmanager wird also beauftragt, ein neues Produkt zu planen und zu entwickeln oder ein bestehendes Produkt weiterzuentwickeln. Dieser Auftrag ist nicht zu verwechseln mit einem Lastenheft, welches der Produktmanager erst im weiteren Prozess (Konzeptionsphase) erstellt. Ein Innovationsauftrag für den Produktmanager enthält folgende Vorgaben aus der Innovations- und Portfoliostrategie:[671]

- **grobes Positionierungsziel** des Produkts am Markt, z. B. anhand
  - eines Innovationsfeldes aus der Innovationsstrategie,
  - der Produkt-Markt-Kombination (Ansoff-Matrix),
  - der „Ambition" des Unternehmens im Innovationsfeld (Timing-Strategie)
- Die marktseitige Positionierungsvorgabe sollte eher vage gefasst sein, um dem Produktteam genügend innovative Freiheiten zu lassen[672].
- Positionierungsziel **innerhalb der Produktlinie:** Dies impliziert häufig einen Preiskorridor zwischen dem niedriger und dem höherpositionierten Schwester-

670 Andere synonyme Bezeichnungen sind Projektauftrag, Entwicklungsauftrag, Projektcharter, vgl. Bender/Gericke (2021), S. 180; in der Automobilindustrie werden die Begriffe Projektsteckbrief und Produktmission gebraucht. Baumgart weist darauf hin, dass Entwicklungsaufträge auch anderen Ursprungs sein können, z. B. Kundenaufträge oder interne Aufträge zur Errichtung von Produktionsmitteln, vgl. Baumgart (2016), S. 425.

671 Nach DIN müssen Vorgaben mindestens folgende Punkte enthalten: Zielsetzung, erwartete Ergebnisse, Randbedingungen, Verantwortlichkeiten, geplante Ressourcen, übereinstimmende Willensbekundung des Auftraggebers und des Projektverantwortlichen (DIN 69901-5:2009-01). Ergänzend fordert die DIN ISO 21500: DIN ISO 2150-02 (DIN ISO 21500:2016-02), dass der Entwicklungsauftrag die strategischen Zielsetzungen des Unternehmens widerspiegelt und etwaige einschlägige Spezifikationen, Verpflichtungen, Annahmen und Randbedingungen beinhalten sollte, vgl. Bender/Gericke (2021), S. 180; Aumayr nennt folgende strategische Vorgaben für Entwicklungsprojekte: Grundstrategie des Produkts, Zielpositionierung im Portfolio und Budgetrahmen, vgl. Aumayr (2019), S. 67.

672 Als Positionierungsziel für den Audi Q7 in den 2000er -Jahren wurde beispielsweise „Performance SUV" gewählt. Die spezifische Ausgestaltung wurde durch das Projektteam vorgenommen, vgl. Berger, u.a. (2007), S. 971; Kreimeyer zeigt das Beispiel einer Lösung zur adaptiven Geschwindigkeitssteuerung für LKWs. Als Positionierungsziel für das Entwicklungsprojekt wurden die Marktsegmente „Fern- und Verteilverkehr", die Produktklassen „270 PS und 520 PS" sowie die Fahrerhausgröße „L oder XL" vorgegeben, vgl. Kreimeyer u.a. (2021), S. 128

produkt in der Produktlinie[673]. Auch die Kompatibilität, gemeinsame technische Standards oder die gemeinsame Vermarktung mit anderen Portfolioprodukten oder Dienstleistungen kann vorgegeben sein.
- **Markt- und Finanzziele**, typischerweise Stückzahlen, Umsatz- und Gewinnbeiträge für den Planungszeitraum: Die Renditeerwartung sollte für Projekte mit höherem Neuigkeitsgrad entsprechend dem Risikoprofil höher angesetzt sein.
- **Grober Zeitplan** für die wichtigen Meilensteinen, z.B. Projektstart, Fertigstellung der Projektplanung, Markteinführung und End-of-Life
- Personelle und finanzielle **Ressourcen**, inkl. Budget für die Entwicklungsphase

Daneben kann der Innovationsauftrag weitere Vorgaben enthalten, z. B.:
- zusätzliche **strategische Ziele**, z. B. Eintritt in einen neuen Markt (Region, Anwendungsbereich) oder Erschließung einer bestimmten Technologie (als Basis für zukünftige Entwicklungen)
- bestimmte **Kooperationspartner** für die Entwicklung oder Vermarktung
- eine **Plattform oder Ökosystem**, auf der bzw. innerhalb dessen das Produkt am Markt angeboten werden soll[674]
- **technische Vorgaben** für die Produktentwicklung, beispielsweise
  - eine technische Plattform oder ein Baukasten, auf der bzw. dem das Produkt realisiert werden soll,
  - andere Vorgaben, um Synergien sicherzustellen, z. B. ein Wiederverwendungsgrad vorhandener oder Standardkomponenten,
  - technische- oder Umweltstandards, die das Produkt einhalten soll[675]
- **Marke** und Markierung des Produkts; im Falle einer preislich niedrigen Zielpositionierung kann z. B. die Verwendung einer alternativen Marke verlangt werden.[676]
- ein **Geschäftsmodell**, das die Basis für die wirtschaftliche Verwertung des Produkts sein soll[677]

---

673 Beispielsweise muss ein Golf preislich zwischen Passat und Polo im Volkswagenportfolio positioniert sein

674 Beispielsweise kann eine Vorgabe für eine Softwareanwendung sein, dass diese auf dem Android-Betriebssystem basieren oder im SAP-Ökosystem einsetzbar sein muss.

675 Ein Beispiel für einen technischen Standard in der Automobilindustrie ist „5-Sterne-Sicherheit nach Euro-NCAP"; als Umwelt- und Sozialstandards könnten z. B. Blauer Engel oder Fairtrade vorgegeben werden.

676 Der Premium-Werkzeughersteller Makita bietet beispielsweise Produkte in Heimwerkerqualität unter der Marke „Maktec" an. Diese sind neben der Markenvariation durch die orangene Gehäusefarbe von der Profi-Line der Marke „Makita" (petrolblau) differenziert. Der Preisunterschied beider Linien liegt bei mehr als 50 % (z. B. 99 EUR versus 249 EUR für einen 18-V-Akkuschrauber (Preispunkte aus dem Jahre 2022)).

677 Entsprechend der Geschäftsstrategie eines Softwareunternehmens könnte ein „Software-as-a-Service"-Modell als Geschäftsmodell für eine zu entwickelnde Softwareanwendung vorgegeben sein.

Vorgaben sind erforderlich, um die im weiteren Prozess zu formulierende Produktstrategie im Sinne des Gesamtunternehmens auszurichten und Synergien mit anderen Produkten und Geschäftsprozessen sicherzustellen. Auf der anderen Seite stehen dem Produktteam bei engen Vorgaben weniger innovative Spielräume und Möglichkeiten der Differenzierung zur Verfügung. Die Vorgabe eines Geschäftsmodells oder Vorgaben hinsichtlich der Vermarktung schränken wichtige „Innovationsarten" ein. Technische Vorgaben schränken unter Umständen die funktionale Gestaltung und Produkteigenschaften sein.

Abbildung 3.33 visualisiert zusammenfassend die genannten Vorgaben im Produktinnovationsauftrag:

Abbildung 3.33: Produktinnovationsauftrag.

Bender/Gericke weisen darauf hin, dass vor Projektstart außerdem ein Verfahren festgelegt sein sollte, wie das Produktteam mit Zielkonflikten umgeht, die bei komplexen Projekten unvermeidlich auftreten.[678] Solche Zielkonflikte können z. B. im Rahmen von Projekt-Reviews (taktisches Portfoliomanagement) aufgelöst werden.

Das Risiko sowie die Herangehensweise und Erfolgsfaktoren von Produktinnovationsprojekten hängen maßgeblich vom Neuigkeitsgrad des Vorhabens ab. Dieser setzt sich zusammen aus der Neuigkeit für das Unternehmen (insbesondere hinsichtlich der Technik) und der Neuigkeit am Markt. Cooper unterscheidet sechs unterschiedliche Projekttypen nach Neuigkeitsstufen (vgl. Abbildung 3.34).

678 Vgl. Bender/Gericke (2021), S. 180.

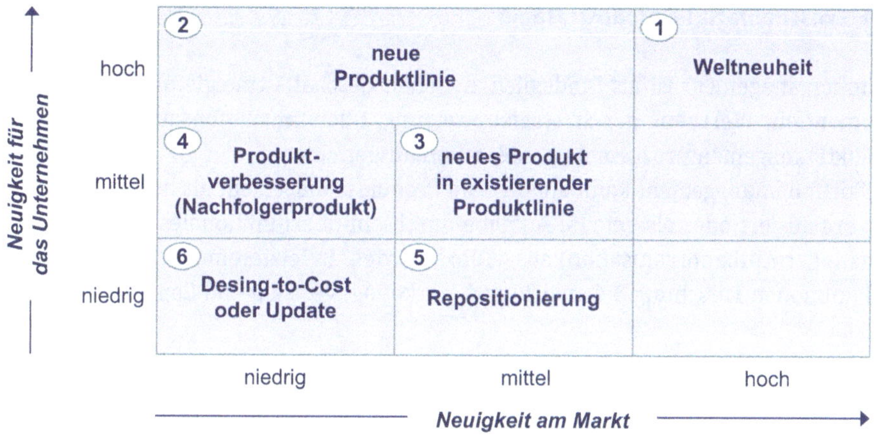

Abbildung 3.34: Neuigkeitsgrad von Produktentwicklung.[679]

Cooper empfiehlt Unternehmen, Projekte gemäß ihrer Neuigkeit unterschiedlich zu „managen", da Projekte hohen Neuigkeitsgrads andere Prozesse, Organisationsformen, Methoden und Zielgrößen erfordern.[680] Bei Projekten des Neuigkeitsgrads 6 kann der Auftrag sehr eng gefasst werden, da Risiken und Innovationspotenziale gering sind. Projekte der Stufe 1 stellen auf der anderen Seite völliges Neuland dar, sodass allenfalls vage Vorgaben sinnvoll erscheinen.

Entsprechend sind Art und Inhalt von Innovationsaufträgen in der Praxis sehr uneinheitlich. Das Spektrum reicht von der mündlichen Auftragserteilung bis hin zu seitenlangen Aufgabenbeschreibungen und Vertragspapieren (insb. im Falle externer Bearbeitung).[681] Neben dem oben genannten Neuigkeitsgrad des Projekts beeinflussen auch Komplexität und Eigenschaften des zu entwickelnden Produkts den Inhalt und Umfang des Innovationsauftrags.

Das Produktmanagementkonzept ist geeignet für Projekte aller Neuigkeitsstufen und Produktarten. Im weiteren Gang dieses Werkes wird implizit von Projekten mittleren Neuigkeitsgrades (Grade 2 bis 4 in Abbildung 3.34) ausgegangen.

---

679 In Anlehnung an Cooper (2017), S. 26–27; ähnliche Einteilungen schlagen vor: Biazzo/Filippini (2021), S. 13–15; Homburg (2020), S. 609 und Tidd/Bessant (2018), S. 195.

680 Vgl. Cooper (2017), S. 154; Vahs u. a. (2023), S. 450.

681 Vgl. Bender/Gericke (2021), S. 181–182.

3.3.4 Zwischenfazit Portfoliostrategie

Portfoliomanagement ist als Bindeglied zwischen Geschäftsstrategie und Produktmanagement ein Werkzeug der Strategieumsetzung. Über Innovationsaufträge werden Produktmanagementprozesse angestoßen und ausgerichtet.

Portfoliomanagement kann analog zum Produktmanagement als dedizierte Abteilung organisiert oder als geteilte Aufgabe durch ein überfunktionales Gremium (außerhalb der Aufbauorganisation) ausgeführt werden. In letzterem Modell sollten u. a. die Funktionen Forschung & Entwicklung, Marketing, Vertrieb und Controlling vertreten sein.

Cooper kritisiert das Portfoliomanagement in der Praxis und beschreibt, dass Unternehmen ...[682]

- in Relation zu den vorhandenen Ressourcen zu viele Projekte betreiben,
- sich in vielen „kleinen und unwichtigen Projekten“ verzetteln – zulasten von Projekten mit höherem Innovationsgrad und Potenzial,[683]
- schlecht zwischen Projekten priorisieren und schwache Projekte nicht oder zu spät beenden,
- keinen strukturierten Portfoliomanagementprozess haben.

3.4 Fazit

Dem Produktinnovationsprozess läuft ein Strategieprozess vor. Dieser beginnt mit der Geschäftsstrategie, gefolgt von Innovations- und Portfoliostrategie. Ergebnis sind Vorgaben für das Produktmanagement in Form von Innovationsaufträgen (vgl. Abbildung 3.35):

Produktmanager erhalten also Produktinnovationsaufträge, die eine Ausrichtung im Sinne des Gesamtunternehmens sicherustellen.

682 „Project selection and portfolio management are among the weakest facets of new product management“, Cooper (2017), S. 267.

683 „They undertake too many small, insignificant projects – tweaks, modifications, minor updates, small sales force requests – to the detriment of higher payoff, more innovative and longer-term projects“, Cooper (2017), S. 266.

Abbildung 3.35: Zusammenfassung Kap. 3.

3.5 Literaturverzeichnis zu Kapitel 3

Amit, Raphael; Schoemaker, Paul J. H. (1993): Strategic Assets and Organizational Rent; Strategic Management Journal; Vol. 14, Nr. 1; S. 33–46

Ansoff, Harry Igor (1965): Corporate Strategy: An Analytic Approach to Business Policy for Growth and Expansion; New York: McGraw-Hill

Aumayr, Klaus J. (2019): Erfolgreiches Produktmanagement: Tool-Box für das professionelle Produktmanagement und Produktmarketing; 5. Auflage; Wiesbaden: Springer

Aumayr, Klaus J. (2024): Erfolgreiches Produktmanagement: Tool-Box für das professionelle Produktmanagement und Produktmarketing; 6. Auflage; Wiesbaden: Springer Gabler

Backerra, Hendrik; Malorny, Christian; Schwarz, Wolfgang (2020): Kreativitätstechniken: Kreative Prozesse anstoßen, Innovationen fördern; 4. Auflage; München: Hanser

Backhaus, Klaus; Schneider, Helmut (2020): Strategisches Marketing; 3. Auflage; Stuttgart: Schäffer-Poeschel

Barney Jay B. (1997): Gaining and Sustaining Competitive Advantage; Reading: Addison-Wesley

Baumgart, Inka (2016): Requirements Engineering; in: Lindemann, Udo (Hrsg.) (2016): Handbuch Produktentwicklung; München: Hanser; S. 425–453

Bea, Franz Xaver; Haas, Jürgen (2024): Strategisches Management; 11. Auflage; München: UKV

Beate Bender und Kilian Gericke (2021): Entwickeln der Anforderungsbasis: Requirements Engineering; in: Bender, Beate; Gericke, Kilian (Hrsg.) (2021): Pahl/Beitz Konstruktionslehre: Methoden und Anwendung erfolgreicher Produktentwicklung; 9. Auflage; Berlin: Springer Vieweg; S. 169–210

Becker, Jochen (2019): Marketing-Konzeption: Grundlagen des ziel-strategischen und operativen Marketing Managements; 11. Auflage; München: Vahlen

Berger, Hans; Willner, Ralf-Gerhard; Einhorn, Martin (2007): Kundenorientierte Produktentwicklung am Beispiel des Audi Q7; in: Albers, Sönke; Herrmann, Andreas (Hrsg.) (2007): Handbuch Produktmanagement: Strategieentwicklung – Produktplanung – Organisation – Kontrolle; 3. Auflage; Wiesbaden: Gabler; S. 970–979

Biazzo, Stefano; Filippini, Roberto (2021): Product Innovation Management: Intelligence, Discovery, Development; Cham: Springer

Brockhoff, Klaus; Brem, Alexander (2021): Forschung und Entwicklung: Planung und Organisation des F&E-Managements; 6. Auflage; Berlin: DeGruyter Oldenbourg

Bruhn, Manfred (2024): Marketing: Grundlagen für Studium und Praxis; Berlin: Springer Gabler; 16. Auflage

Bruhn, Manfred; Hadwich, Karsten (2017): Produkt- und Servicemanagement: Konzepte – Prozesse – Methoden; 2. Auflage; München: Vahlen

Bundesakademie für Sicherheitspolitik (o. J.): Methoden zur Strategischen Vorausschau; Baks.bund.de; https://www.baks.bund.de/de/ueber-uns-kompetenzzentrum-strategische-vorausschau/methoden-zur-strategischen-vorausschau [aufgerufen am 14.12.2024]

Cagan, Marty (2022): Inspired: Wie sie Tech-Produkte entwickeln, die ihre Kunden lieben werden; 2. Auflage; Weinheim: Wiley

Chesbrough, Henry (2003): Open innovation: The new imperative for creating and profiting from technology; Boston: Harvard Business School Press

Christensen, Clayton M.; Matzler, Kurt; von der Eichen, Stephan Friedrich (2015): The Innovator's Dilemma: Warum etablierte Unternehmen den Wettbewerb um bahnbrechende Innovationen verlieren; München: Vahlen

Christensen, Clayton M; Hall, Taddy; Dillon, Karen; Duncan, David S. (2016): Know Your Customers' „Jobs to Be Done"; Harvard Business Review; September; S. 1–10

Collis, David J.; Montgomery, Cynthia A. (1995): Competing on Resources: Strategy in the 1990s; Harvard Business Review; Vol. 73, Nr. 4; S. 118–128

Cooper, Robert G. (2017): Winning at new products: Creating value through innovation; New York: Basic Books

Coyne, Kevin P.; Hall, Stephen J.D.; Clifford, Patricia Gorman (1997): Is your core competence a mirage?; McKinsey Quarterly; Nr. 1; S. 40–54

D'Aveni, Richard A. (1995): Hyperwettbewerb. Strategien für die neue Dynamik der Märkte; Frankfurt: Campus Verlag

Deschauer, Martin; Wallisch, Matthias; Chlosta, Simone (2021): Studie: Mittelstand meets Startup 2021 Potenziale der Zusammenarbeit; RKW Rationalisierungs- und Innovationszentrum der Deutschen Wirtschaft e. V.; https://www.rkw-kompetenzzentrum.de/publikationen/studie/mittelstand-meets-startup-2021/ [aufgerufen am 16.11.2024]

Dumke, Rainer (2000): Software Engineering: Eine Einführung für Informatiker und Ingenieure: Systeme, Erfahrungen, Methoden, Tools; 2. Auflage; Wiesbaden: Vieweg & Teubner

Erne, Rainer (2024): Produktmanagement klipp & klar; Wiesbaden: Springer Gabler

Ernst, Holger (2007): Management der Neuproduktentwicklung; in: Albers, Sönke; Herrmann, Andreas (Hrsg.) (2007): Handbuch Produktmanagement: Strategieentwicklung – Produktplanung – Organisation – Kontrolle; 3. Auflage; Wiesbaden: Gabler; S. 421–444

Francis, Dave; Bessant, John (2005): Targeting innovation and implications for capability development; Technovation; Vol. 25, No. 3; S. 171–183

Fuchs, Christoph; Golenhofen, Franziska J. (2024): Disruption und Innovation im Produktmanagement: Methoden und Tools für erfolgreiche Produktgestaltung; Cham/Schweiz: Springer

Gartner (2024): Die 10 wichtigsten strategischen Technologie-Trends von Gartner für 2024; Gartner; https://www.gartner.de/de/artikel/die-10-wichtigsten-strategischen-technologie-trends-von-gartner-fuer-2024 [aufgerufen am 14.12.2024]

Gartner (o. J.): Gartner Hype Cycle – Interpreting technology hype; Gartner Inc.; https://www.gartner.com/en/research/methodologies/gartner-hype-cycle [aufgerufen am 12.02.2025]

Gassmann, Oliver; Frankenberger Karolin; Choudury, Michaela (2021): Geschäftsmodelle entwickeln: 55+ innovative Konzepte mit dem St. Galler Business Model Navigator; 3. Auflage; München: Hanser

Gausemeier, Jürgen; Echterfeld, Julian; Amshoff, Benjamin (2016): Strategische Produkt- und Prozessplanung; in: Lindemann, Udo (Hrsg.) (2016): Handbuch Produktentwicklung; München: Hanser; S. 9–35

Ghemawat, Pankaj (2001): (2001): Strategy and the Business Landscape – Core Concepts; Upper Saddle River: Prentice Hall

Gleich, Ronald; Munck, Jan Christoph; Tkotz, Alexander (2016): Entwicklungscontrolling – Ausgestaltung in einem ganzheitlichen Innovationscontrolling Ansatz; in: Lindemann, Udo (Hrsg.) (2016): Handbuch Produktentwicklung; München: Hanser; S. 349–398

Grant, Robert M. (2022): Contemporary Strategy Analysis; 11th Edition; Hoboken: Wiley

Hall, Richard (1993): A framework linking intangible resources and capabilities to sustainable competitive advantage; Strategic Management Journal; Vol.14, Nr. 8; S. 607–618

Hamel, Gary; Prahalad, C. K. (1994): Competing for the Future; Cambridge: Harvard Business School Press

Hauschildt, Jürgen; Salomo, Sören; Schultz, Carsten; Kock, Alexander (2023): Innovationsmanagement; 7. Auflage; München: Vahlen

Hax, Arnoldo C.;Wilde II, Dean L. (1999): The Delta Model: Adaptive Management for a Changing World; Sloan Management Review; Vol. 40, Nr. 2; S. 11–28

Hecht, Dirk (2022): Methoden des klassischen Einkaufs und Prozesse des Advanced Procurement; in: Hofbauer, Günter; Schwandner, Gerd (2022): Innovationsmanagement als Werthebel für das Beschaffungsmanagement; in: Hecht, Dirk (Hrsg.) (2022): Modernes Beschaffungsmanagement in Lehre und Praxis; Stuttgart: Kohlhammer; S. 19–41

Hecht, Dirk; Uhlhorn, Otto (2022): Riskmanagement in der Beschaffung; in: Hofbauer, Günter; Schwandner, Gerd (2022): Innovationsmanagement als Werthebel für das Beschaffungsmanagement; in: Hecht, Dirk (Hrsg.) (2022): Modernes Beschaffungsmanagement in Lehre und Praxis; Stuttgart: Kohlhammer; S. 200–215

Hinterhuber, Hans H.; Friedrich, S. A. (1997): Markt- und ressourcenorientierte Sichtweise zur Steigerung des Unternehmenswertes; In: Hahn, D./Tylor, B. (Hrsg.): Strategische Unternehmensplanung, Strategische Unternehmensführung – Stand und Entwicklungstendenzen; 7. Auflage; Heidelberg: Physica; S. 988–1016

Hofbauer, Günter (2018): Professionelles Produktmanagement: Der prozessorientierte Ansatz, Rahmenbedingungen und Strategien; 3. Auflage; Erlangen: Puplicis

Hofbauer, Günter; Schwandner, Gerd (2022): Innovationsmanagement als Werthebel für das Beschaffungsmanagement; in: Hecht, Dirk (Hrsg.) (2022): Modernes Beschaffungsmanagement in Lehre und Praxis; Stuttgart: Kohlhammer; S. 58–87

Homburg, Christian (2020): Marketingmanagement: Strategie – Instrumente – Umsetzung – Unternehmensführung; 7. Auflage; Wiesbaden: Springer

Horváth, Péter; Gleich, Ronald; Seiter, Mischa (2020): Controlling; 14. Auflage; München: Vahlen

Jacobides, Michael G.; Cennamo, Carmelo; Gawer, Annabelle (2018): Towards a Theory of Ecosystems; Strategic Management Journal; Vol. 39; S. 2255–2276

Kaplan, Robert S.; Norton, David P. (1992): The Balanced Scorecard – Measures that drive Performance; Harvard Business Review; Vol. 70, No. 1; S. 71–79

Kim, W. Chan; Mauborgne, Renée (2004): Blue Ocean Strategy; Harvard Business Review; October; https://hbr.org/2004/10/blue-ocean-strategy [aufgerufen am 07.11.2024]

Koppelmann, Udo (2001): Produktmarketing: Entscheidungsgrundlage für Produktmanager; 6. Auflage; Berlin: Springer

Kotler, Philip; Armstrong, Gary; Lloyd, C. Harris; Hongwei, He (2022): Grundlagen des Marketing; 8. Auflage; Halbergmoos: Pearson

Kotler, Philip; Keller, Kevin Lane; Chernev, Alexander; Opresnik, Marc Oliver (2023): Marketing Management: Konzepte, Instrumente, Unternehmensfallstudien; 16. Auflage; München: Pearson

Kreikebaum, Hartmut; Gilbert, Dirk; Behnam, Michael (2018): Strategisches Management; 8. Auflage; Stuttgart: Kohlhammer

Kreimeyer, Matthias; Seidenschwarz, Werner; Rehfeld, Matthias (2021): Produktplanung; in: Bender, Beate; Gericke, Kilian (Hrsg.) (2021): Pahl/Beitz Konstruktionslehre: Methoden und Anwendung erfolgreicher Produktentwicklung; 9. Auflage; Berlin: Springer Vieweg; S. 97–136

Levitt, Theodore (1960): Marketing Myopia; Harvard Business Review; Juli – August

Little, Arthur D. (2012): Global Innovation Excellence Survey; Frankfurt: ADL Consultants
Mallinson, Mark (2025): Product Managers and Patents; Product Focus Blog; February; https://www.productfocus.com/product-managers-patents/?utm_campaign=2854606_27%20February%20-%20Monthly%20Content%20Digest%20February%2025%20-%20Eddie&utm_medium=email&utm_source=Product%20Focus&dm_i=3ZBS,1P6MM,9E9GIK,6LHN3,1 [aufgerufen am 03.03.2025]
Martens, Bernd (2022): Wertorientiertes Lieferantenmanagement uns strategische Lieferantenanbindung; in: Hofbauer, Günter; Schwandner, Gerd (2022): Innovationsmanagement als Werthebel für das Beschaffungsmanagement; in: Hecht, Dirk (Hrsg.) (2022): Modernes Beschaffungsmanagement in Lehre und Praxis; Stuttgart: Kohlhammer; S. 45–57
Matthias R. Gürtler, Udo Lindemann (2016): Innovationsmanagement; in: Lindemann, Udo (Hrsg.) (2016): Handbuch Produktentwicklung; München: Hanser; S. 483–511
Meffert, Heribert; Burmann, Christoph; Kirchgeorg, Manfred; Eisenbeiß, Maik (2024): Marketing: Grundlagen marktorientierter Unternehmensführung, Konzepte – Instrumente – Praxisbeispiele; 14. Auflage; Wiesbaden: Springer
Meyer, Anton; Davidson, J. Hugh (2001): Offensives Marketing, Gewinnen mit POISE: Märkte gestalten – Potenziale nutzen; Freiburg: Haufe
Miles, Raymond E.; Snow, Charles C. (1978): Organizational Strategies, Structure, and Process; New York: McGraw-Hill
Mintzberg, Henry (1994): The Rise and Fall of Strategic Planning; Harvard Business Review; Vol. 72, Nr. 1; S. 107–114
Müller-Prothmann, Tobias; Dörr, Nora (2020): Innovationsmanagement: Strategien, Methoden und Werkzeuge für systematische Innovationsprozesse; 4. Auflage; München: Hanser
Müller-Stevens, Günter (1989): Müller-Stewens, G. [1989]: Vorstoß in neue Geschäfte – Identifikation und Eintrittsstrategien; Stuttgart: in: Riekhof, H.-Ch. (Hrsg.): Strategieentwicklung; Stuttgart: Schäfer-Pöschel; 1989; S. 313–331
Müller-Stevens, Günter; Lechner, Christoph (2011): Strategisches Management: wie strategische Initiativen zum Wandel führen; 4. Auflage; Stuttgart: Schäffer-Poeschel
Nonaka, Ikujiro; Toyama, Ryoko; Konno, Noboru (2000): SECI, Ba and Leadership: a Unified Model of Dynamic Knowledge Creation; Long Range Planning; Vol. 33, Nr. 1; S. 5–34
OECD (2018): Oslo Manual 2018: Guidelines for Collecting, Reporting and Using Data on Innovation; 4. Auflage; OECD; https://www.oecd.org/en/publications/oslo-manual-2018_9789264304604-en.html [aufgerufen am 07.11.2024]; October
Osterwalder, Alexander; Pigneur, Yves (2010): Business model generation: a handbook for visionaries, game changers, and challengers; Hoboken: Wiley
Parker, Geoffrey; van Alstyne, Marshall; Choudary, Sangeet Paul (2016): Platform Revolution: How Networked Markets Are Transforming the Economy; New York: W. W. Norton & Company
Penrose, E. T. (1954): The Theory of the Growth of the Firm; New York: John Wiley & Sons
Pepels, Werner (2017): Grundprinzipien des Produktmarketings: 20 Bausteine zum professionellen Management von Produkten und Programmen; Berlin: Duncker & Humblot
Peters, Tom; Waterman, Robert H. (1982): In Search of Excellence: Lessons from America's Best-Run Companies; New York: Harper & Row
Pleschka, Franz; Sabisch, Helmut (1996): Innovationsmanagement; Stuttgart: Schäffer-Poeschel
Porter Michael E. (1996): What is Strategy?; Harvard Business Review; November/December; S. 61–78
Porter, Michael E. (1980): Competitive Strategy: Techniques for Analyzing Industries and Competitors; New York: Free Press
Porter, Michael E. (1985): Competitive Advantage: Creating and Sustaining Superior Performance; New York: Free Press
Prahalad, C. K.; Hamel, Gary (1990): The Core Competence of the Corporation; Harvard Business Review; Vol. 68, Nr. 3; S. 79–91

ProdPad (2025): The Product Manager's Guide to Building AI Products; Prodpad.com; March; https://www.prodpad.com/wp-content/uploads/2025/03/Managing-AI-into-your-Product.pdf?utm_campaign=10106730-Managing%20an%20AI%20Product%20ebook&utm_medium=email&_hsenc=p2ANqtz-9oA-5XXSUw_gBRqPjpJUdNS_UG3FOsWWcL4fiLQV78d788fBgDFt4vcC95SvqB3Wi7E-ib7H4kX9O4z4uvBMvN8p9B9w&_hsmi=352626754&utm_content=352626754&utm_source=hs_automation [aufgerufen am 27.03.2025]

Product Focus (2024a): Product management in a world of digital transformation; Product Focus; White Paper, p003–2207; https://www.productfocus.com/wp/wp-content/uploads/2021/10/White-paper-Product-management-in-a-world-of-digital-transformation.pdf?utm_campaign=2803581_14%20October%202024%20%20-%20%20Product%20management%20in%20a%20world%20of%20digital%20transformation%20-%20%20White%20paper%20-%20Eddie&utm_medium=email&utm_source=Product%20Focus&dm_i=3ZBS,1O399,9E9GIK,6FB9U,1 [aufgerufen am 22.10.2024]; October

Rogers, Everett M. (1983): Diffusion of Innovations; 3. Auflage; New York: Free Press

Rasche, Christoph (1994): Wettbewerbsvorteile durch Kernkompetenzen: ein ressourcenorientierter Ansatz; Wiesbaden: Gabler, DUV

Rumelt, Richard P. (1984): Towards a strategic theory of the firm; In: Lamb, Robert B. (eds.): Competitive Strategic Management; Englewood Cliffs: Prentice-Hall; S. 556–570

Schewe, Gerhard (2007): Produktimitation; in: Albers, Sönke; Herrmann, Andreas (Hrsg.) (2007): Handbuch Produktmanagement: Strategieentwicklung – Produktplanung – Organisation – Kontrolle; 3. Auflage; Wiesbaden: Gabler; S. 50–69

Schreyögg, Georg; Koch, Jochen (2023): Grundlagen des Managements: Basiswissen für Studium und Praxis; 4 Auflage; Wiesbaden: Springer Gabler

Schumpeter, Joseph Alois (1987): Theorie der wirtschaftlichen Entwicklung: eine Untersuchung über Unternehmergewinn, Kapital, Kredit, Zins und den Konjunkturzyklus; 7. Auflage; Berlin: Duncker & Humblot

Schwandner, Gerd A. (2002): Strategiebildung im Softwaregeschäft: Entwurf eines integrierten, ressourcen- und kompetenzenbasierten Planungsprozesses; Dissertation an der RWTH Aachen; https://publications.rwth-aachen.de/record/56999 [aufgerufen am 30.09.2024]

Seidenschwarz, Werner (2016): Portfoliomanagement; in: Lindemann, Udo (Hrsg.) (2016): Handbuch Produktentwicklung; München: Hanser; S. 37–58

Stewart, Thomas A. (1995): Trying to Grasp the Intangible; Fortune; 02.10.1995; S. 91–93

Teece, David J.; Pisano, Gary; Shuen, Amy (1997): Dynamic capabilities and strategic management; Strategic Management Journal; Vol. 18, Nr. 7; S. 509–533

Tidd, Joe; Bessant, John (2018): Managing Innovation: Integrating Technology, Market and Organizational Change; 6th Edition; Hoboken: Wiley

Treacy, Michael; Wiersema, Fred (1995): The Discipline of Market Leaders: Choose your Customers, Narrow your Focus, Dominate your Markets; Reading: Addison-Wesley

Vahs, Dietmar; Brem, Alexander (2015): Innovationsmanagement: Von der Idee zur erfolgreichen Vermarktung; 5. Auflage; Stuttgart: Schäffer-Poeschel

Vahs, Dietmar; Brem, Alexander; Oswald, Christian (2023): Innovationsmanagement: Von der Idee zur erfolgreichen Vermarktung; 6. Auflage; Stuttgart: Schäffer-Poeschel

Verganti, Roberto (2009): Design Driven Innovation: Changing the Rules of Competition by Radically Innovating What Things Mean; Boston: Harvard Business Press

Volkswagen AG (o. J.): Der neue Golf Varianten; Volkswagen AG; https://www.volkswagen.de/de/konfigurator.html/__app/der-neue-golf-2025.app?=%7B%22configuration-step-navigation-service%22%3A%22%2F%3FconfigStep%3D%257B%2522context%2522%253A%252230602-35425-

Life%2522%252C%2522selectedStep%2522%253A%2522trim%2522%257D%22%7D [aufgerufen am 17.04.2025]

Weiber, Rolf; Kollmann, Tobias; Pohl, Alexander (2006): Das Management technologischer Innovationen; in: Kleinaltenkamp, Michael; Plinke, Wulff; Jacob, Frank; Söllner, Albrecht (Hrsg.) (2006): Markt- und Produktmanagement: Die Instrumente des Business-to-Business-Marketing; 2. Auflage; Wiesbaden: Gabler; S. 83–208

Welge, Martin K.; Al-Laham, Andreas; Eulerich, Marc (2024): Strategisches Management: Grundlagen – Prozess – Implementierung; 8. Auflage; Berlin: Springer Gabler

Wernerfelt, Birger (1984): A Resource Based View of the Firm; Strategic Management Journal; Vol. 5, Nr. 2; S. 171–180

West, Jeremy (2019): An Introduction to Online Platforms and their Role in the Digital Transformation; OECD Publishing; https://www.oecd.org/content/dam/oecd/en/publications/reports/2019/05/an-introduction-to-online-platforms-and-their-role-in-the-digital-transformation_970fc377/53e5f593-en.pdf [aufgerufen am 16.01.2025]

Winkelmann, Peter (2023): Marketing und Vertrieb: Fundamente für die marktorientierte Unternehmensführung; 9. Auflage; Berlin: De Gruyter

Wirtz, Bernd W. (2024): Digital Business: Strategien, Geschäftsmodelle und Technologien; 8. Auflage; Wiesbaden: Springer

Witt, Jürgen (1996): Produktinnovation: Entwicklung und Vermarktung neuer Produkte; München: Vahlen

Wöhe, Günter (2002): Einführung in die Allgemeine Betriebswirtschaftslehre; 21. Auflage; München: Vahlen

Zukunftsinstitut (2023): Die Megatrends; Zukunftsinstitut; 11.12.2023; https://www.zukunftsinstitut.de/zukunftsthemen/megatrends [aufgerufen am 14.12.2024]

Wöhe, Günter (2002): Einführung in die Allgemeine Betriebswirtschaftslehre; 21. Auflage; München: Vahlen

Zukunftsinstitut (2023): Die Megatrends; Zukunftsinstitut; 11.12.2023; https://www.zukunftsinstitut.de/zukunftsthemen/megatrends [aufgerufen am 14.12.2024]

4 Produktinnovation durch Produktmanagement

Der Unternehmenserfolg hängt maßgeblich von der erfolgreichen Einführung neuer Produkte ab. Auf der anderen Seite gehen mit der Einführung neuer Produkte, insbesondere solcher mit hohem Neuigkeitsgrad, erhebliche Risiken einher:
- Gelingt die geplante technische Umsetzung innerhalb des geplanten Zeit- und Kostenrahmens?
- Wird das Produkt nach Markteinführung in ausreichender Menge und zu ausreichend hohen Preisen gekauft?

„Der Anspruch erfolgreicher Neuprodukte, einzigartig und besser zu sein als die Konkurrenzprodukte, erkennbare ökonomische und technische Vorteile zu bieten, den Kundenbedürfnissen in jeder Hinsicht zu entsprechen, eine hochwertige Qualität und Zuverlässigkeit aufzuweisen und dabei nicht teurer als vergleichbare Leistungen der Wettbewerber zu sein, [ist] nur sehr schwer zu erfüllen und damit letztendlich im Allgemeinen nicht oder zumindest nicht vollständig zu realisieren.“[684]

Vahs u. a. und Hauschild führen aus, dass eine Erfolgsfaktorenanalyse für Neuproduktentwicklung und Innovationsmanagement schwierig ist und empirische Forschungsergebnisse und Empfehlungen entweder zu generisch oder schwer übertragbar sind.[685] Für die Produktneuentwicklung gibt es also keine Patentrezepte. Erfolgversprechende Praktiken hängen von den Charakteristika des jeweils vorliegenden Projekts,[686] von unternehmensspezifischen sowie von markt- und umfeldspezifischen Faktoren ab. Auch Tidd/Besant weisen darauf hin, dass der Kontext großen Einfluss auf das Innovationsmanagement hat, beispielsweise Branche, Unternehmensgröße, nationale Regelungen und Förderung, Lebenszyklusphase der Technologien und Märkte oder Neuigkeitsgrad der Innovation.[687]

Die Entwicklung neuer Produkte ist ein vielschichtiger Prozess. Bevor man in die einzelnen Prozessschritte einsteigt, erscheint es lohnend, den Prozess aus unterschiedlichen Perspektiven zu betrachten und unterschiedliche Herangehensweisen zu beleuchten. Dies ist Thema des Kap. 4.1.

684 Vahs u. a. (2023), S. 79.

685 Vgl. Vahs u. a. (2023), S. 78–79; Hauschildt u. a. (2023), S. 52–53.

686 Projektspezifische Einflussgrößen für den Innovationserfolg sind z. B. die relative Vorteilhaftigkeit der Innovation, die Kompatibilität der Innovation, die Komplexität der Innovation, die Beobachtbarkeit oder Erprobbarkeit der Innovation und der Reifegrad der Innovation, vgl. Vahs u. a. (2023) u. a., S. 81.

687 Vgl. Tidd/Bessant (2018), S. 63.

 | https://doi.org/10.1515/9783111558806-004

4.1 Perspektiven auf Produktentwicklung

Der Produktentwicklungsprozess soll aus den Blickwinkeln des Marketings, der klassischen Produktentwicklung, der agilen Produktentwicklung, des Innovationsmanagements und des Designs beleuchtet werden (vgl. Abbildung 4.1).

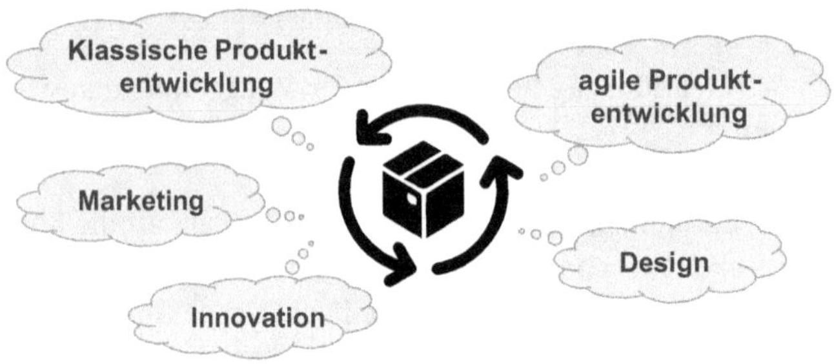

Abbildung 4.1: Perspektiven auf Produktentwicklung.

Jede dieser Perspektiven liefert spezifische Beiträge und Ansatzpunkte für Prozesse, Werkzeuge oder Organisation. Die „Stärken" der jeweiligen Ansätze werden in den folgenden Abschnitten herausgearbeitet und sollen als Input für einen integrierenden Ansatz verwendet werden.

4.1.1 Marketingperspektive

Marketing hat sich in den letzten 50 Jahren von einer produktorientierten und werbezentrierten Disziplin zu einem ganzheitlichen, **kundenorientierten Ansatz** entwickelt. Im Zentrum steht das Bestreben, Mehrwert für Kunden und andere Stakeholder zu generieren.[688]

4.1.1.1 Marketingkonzeption

Eine Prozessdarstellung der Marketingkonzeption liefert Abbildung 4.2.

Ausgangspunkt sind Kundenbedürfnisse, die zunächst durch eine umfassende **Marktanalyse** verstanden werden müssen. Geleitet durch eine auf Marketingzielen basierende **Marketingstrategie** wird ein Produktangebot geschaffen, kommuniziert und an Kunden ausgeliefert. Übersteigt der Kundennutzen abzüglich des Kaufpreises und sonstiger Kosten die Erwartungen des Kunden, so ist dieser zufrieden und geht u. U. eine Bindung mit dem Hersteller ein. Neben dem **Gewinn** aus der Transaktion ist das Unternehmen bestrebt, **Kundenbeziehungen** aufzubauen oder zu verstärken.

688 Vgl. Kotler u. a. (2023), S. 67–75.

Abbildung 4.2: Marketingkonzeption[689].

Der **Wert zufriedener und loyaler Kunden** für ein Unternehmen kommt durch verschiedene Effekte zustande.[690] Zufriedene und loyale Kunden ...

- kaufen das Produkt in der Zukunft wieder, ggf. ohne extensiven Kaufprozess und hohe Kundenakquisitionskosten,[691]
- kaufen ggf. andere oder teurere Produkte des Herstellers (Cross-Selling bzw. Up-Selling),
- empfehlen das Produkt ggf. weiter, z. B. über Mundpropaganda oder durch positive Produktbewertung im Internet,
- sind weniger preissensibel bei Wiederholungskäufen,
- verursachen weniger Betreuungskosten durch den Hersteller,
- wirken sich positiv auf die Mitarbeitermotivation des Herstellers aus.

4.1.1.2 Marktanalyse

Die Marktanalyse hat zur Aufgabe, marketingrelevante Informationen zu beschaffen, welche unternehmerische Entscheidungen leiten können. Abbildung 4.3 zeigt typische Elemente der Marktanalyse.[692]

689 In Anlehnung an Kotler u. a. (2022), S. 44 und S. 117.
690 Vgl. Reichheld (2003), S. 3–4.
691 Die Kunden befinden sich im sog. Loyalty-Loop, vgl. Edelman/Singer (2015).
692 Vgl. z. B. Kotler u. a. (2022), S. 137–338; Meffert u. a. (2024), S. 169–246.

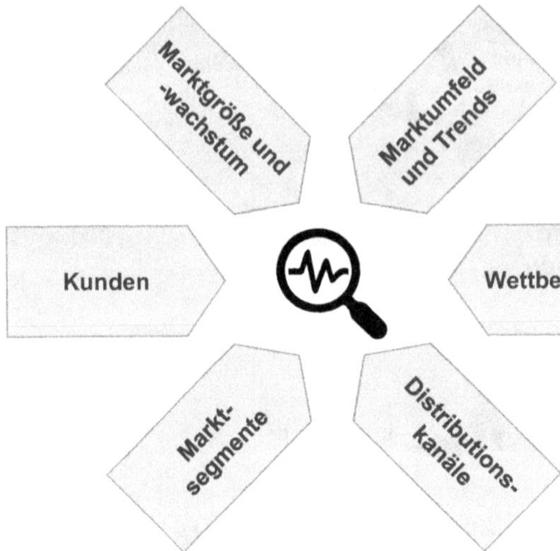

Abbildung 4.3: Elemente der Marktanalyse.

Zur **Informationsbeschaffung** bzw. zum Aufbau eines Marketinginformationssystems können unternehmensinterne Quellen, Marketing Intelligence oder Marktforschung eingesetzt werden.[693] Um in Zeiten von Big-Data entscheidungsrelevantes Wissen zu gewinnen, sind informationstechnische Systeme und statistische Verfahren erforderlich. Eine immer größere Bedeutung kommt in diesem Zusammenhang spezifischen Anwendungen der künstlichen Intelligenz zu.[694]

Tabelle 4.1 beschreibt ausgewählte Teilanalysen und Ziele der Marktanalyse, differenziert nach den in Abbildung 4.3 genannten Analyseelementen:

Tabelle 4.1: Elemente der Marktanalyse.

Marktanalyse-Element	Ausgewählte Teilaspekte	Typische Analyseziele
Kunden	Demografische Merkmale, Bedürfnisse und Präferenzen, Kaufverhalten, Preiselastizität, Zufriedenheit, Loyalität	Zielgruppe und Bedürfnisse verstehen; Kaufmotive, -verhalten und -barrieren identifizieren; Kundensegmentierung ermitteln

693 Vgl. Kap. 2.4.4 bzw. Kotler u. a. (2022), S. 197; die Beschaffung von Marketing-relevanten Informationen wird an verschiedenen Stellen des Buches detaillierter erläutert, z. B. in Kap. 2.4.4 (Produktinformationssystem), Kap. 4.2.1.4.2 (Ideengenerierung), Kap. 4.2.2.2 (Ermittlung von Produktanforderungen).
694 Vgl. Kap. 5.3.2 (Digitalisierung in der Produktplanung und -entwicklung).

Tabelle 4.1 (fortgesetzt)

Marktanalyse-Element	Ausgewählte Teilaspekte	Typische Analyseziele
Marktgröße und -wachstum	Marktvolumen, Marktwachstum, Marktanteile, Sättigungsgrad, potenzielles Umsatzwachstum	Marktpotenzial und Wachstumschancen erfassen, ggf. differenziert nach Marktsegmenten und Regionen; Marktprognosen für die Zukunft erstellen
Marktumfeld und Trends	Politische, wirtschaftliche, soziale und technologische Entwicklungen, Umweltfaktoren, gesetzliche Rahmenbedingungen, kulturelle Trends	Auswirkungen von Umfeldfaktoren auf das Unternehmen erkennen; Zukunftstrends identifizieren; Chancen und Risiken aus dem Umfeld erkennen und bewerten
Wettbewerber	Für die wichtigsten Wettbewerber: Marktanteile, Preisstrategien, Positionierung, Stärken und Schwächen, Verhalten, USPs, Kundenzufriedenheit	Wettbewerbssituation und –verhalten einschätzen; Konkurrenzvorteile und Schwächen erkennen; Positionierung der eigenen Produkte relativ zu Wettbewerbern bestimmen; Positionierungsziel festlegen
Distributionskanäle und Partnerschaften	Für vorhandene und neue Vertriebskanäle: Marktanteile der Kanäle, Kostenstruktur, Reichweite, Effizienz, Omnichannel-Optionen	Effiziente und zielgruppengerechte Distributionswege ermitteln; Kosten und Reichweite verschiedener Kanäle bewerten; mögliche Marketingpartnerschaften identifizieren
Marktsegmente	Kundengruppen bilden auf Basis demographischer, geografischer, psychografischer oder verhaltensbasierter Merkmale	Identifikation der attraktivsten Segmente; gezielte Marketingansprache der Segmente (inkl. Produktpolitik) entwickeln; Anpassung der Zielpositionierung an die Zielsegmente

Marktanalyse ist ein permanenter Prozess. Sie liefert Input für den Strategieprozess (Geschäfts-, Innovations- und Portfoliostrategie)[695] sowie marketingrelevante Informationen für den Produktinnovationsprozess, insbesondere ein umfassendes Kundenverständnis.

4.1.1.3 Marketingstrategie

Der Marketingstrategie liegen die Marketingziele zugrunde. „**Marketingziele** determinieren jene angestrebten zukünftigen Sollzustände (marktspezifischen Zielpositionen), die mit dem Verfolgen von Marketingstrategien und dem Einsatz der Marketing-

695 Vgl. Kap. 3.

instrumente realisiert werden sollen. Die Marketing-Zielplanung knüpft dabei sowohl an den zukünftigen Marktmöglichkeiten als auch an den vorhandenen Ressourcen des Unternehmens an."[696] Marketingziele können sich auf Kunden oder andere Stakeholder des Unternehmens beziehen. Kundenbezogene Marketingziele können in ökonomisch und psychografisch eingeteilt werden:[697]

- **Ökonomische Marketingziele** hängen eng mit den Geschäftszielen zusammen. Beispiele sind Absatzmenge, Käuferreichweite, Kaufintensität, Marktanteile und erzielte Preise.
- **Psychografische Marketingziele** knüpfen an mentale Prozesse der Käufer an. Diese sind relevant, da man davon ausgeht, dass Motive, Einstellungen und Präferenzen der Konsumenten letztlich die Kaufbereitschaft und Kaufwahrscheinlichkeit bestimmen. Psychografische Ziele sind im Marketingmanagement wichtig, da sie den ökonomischen Zielen „vorlaufen" und direkter als ökonomische Ziele durch Marketinginstrumente beeinflussbar sind. Beispiele sind die Erhöhung des Bekanntheitsgrades, die Erzielung von Wissenswirkung, die Verstärkung von Einstellungen, die Erhöhung von Präferenzen, die Verstärkung der Kauf- und Wechselabsicht, die Erhöhung der Kundenzufriedenheit oder die Intensivierung des Weiterempfehlungsverhaltens. Psychologische Ziele werden in der Praxis häufig anhand von Kaufprozessmodellen wie AIDA[698] definiert, da entsprechende Ist-Werte als Sekundärdaten verfügbar sind.

In der Literatur werden verschiedene Systematiken für Marketingstrategien vorgestellt. Im Kern wird darin das Vorgehen zur Erschließung von Wachstumspotenzialen und Wettbewerbsvorteilen sowie die Gestaltung der Beziehungen gegenüber anderen Marktteilnehmern (z. B. Kunden, Handel, Konkurrenz, weitere Stakeholder) festgelegt.[699] Laut Meffert ist „eine **Marketingstrategie** ein bedingter, globaler Verhaltensplan zur Erreichung der Unternehmens- und Marketingziele".[700] Der **Marketingstrategieprozess** beinhaltet vier Schritte:[701]

- Zunächst sind die **strategischen Geschäftsfelder** als Bezugsebene der Marketingstrategie zu definieren.[702] Der „Gesamtmarkt muss dabei in intern homogene Segmente differenziert werden, die sich in ihren abnehmerbezogenen Anforde-

696 Vgl. Becker (2019), S. 61; eine ähnliche Definition liefert z. B. Meffert, vgl. Meffert u. a. (2024), S. 272.
697 Vgl. Meffert u. a. (2024), S. 272–274; Becker (2019), S. 65–82.
698 AIDA ist ein Akronym für Attention, Interest, Desire und Action.
699 Vgl. Meffert u. a. (2024), S. 304.
700 Meffert u. a. (2024), S. 303.
701 Vgl. Meffert u. a. (2024), S. 280 und S. 304–306.
702 Die Marketingstrategie bezieht sich laut Meffert auf strategische Geschäftsfelder (SGFs), nicht auf das Gesamtunternehmen, welches häufig über mehrere Geschäftsfelder verfügt.

rungen und anderen erfolgsrelevanten Charakteristika, wie z. B. der Intensität und Struktur des Wettbewerbes, deutlich voneinander unterscheiden".[703]
- Die **Marktwahlstrategien** legen fest, in welchen Produkt-Marktkombinationen ein Unternehmen mit welcher regionalen bzw. internationalen Reichweite und mit welchem Differenzierungsgrad agiert.
- In der **Marktteilnehmerstrategie** wird das Verhalten gegenüber den relevanten Marktteilnehmern (Kunden, Handel, Wettbewerber) und wichtigen Anspruchsgruppen definiert. Ziel dabei ist die Erreichung eines komparativen Konkurrenzvorteils.
- In den **Instrumentalstrategien** wird die grobe Richtung für die wichtigsten Marketinginstrumente, also die Produkt-, Kommunikations-, Distributions- und Preispolitik, festgelegt.

Ähnlich den Marketingstrategieelementen von Meffert nennt Homburg sechs **Leitfragen**, die durch eine Marketingstrategie zu beantworten sind:[704] Marketingziele und Zielgruppen, grundsätzliche Gestaltung des Marketing-Mix, Wettbewerbs und Kooperationsverhalten, Management der Kundenbeziehungen, Kundennutzen und Positionierung gegenüber dem Wettbewerb sowie Innovationsorientierung.

Ein im strategischen Marketing häufig verwendetes Konzept ist das **STP-Modell**.[705] Es hilft Unternehmen dabei, Märkte zu analysieren, zu strukturieren und attraktive Zielmärkte auszuwählen. Für diese werden schließlich, basierend auf einer sog. Positionierung, passende Wertangebote entwickelt.[706] Man kann zeigen, dass andere strategische Marketingkonzepte, etwa die oben vorgestellten Modelle von Meffert und Homburg, mit dem STP-Modell konform sind.[707] Die **Produktpositionierung** ist ein Kernelement in der Konzeptphase des später thematisierten Produktinnovationsprozesses.[708]

703 Meffert u. a. (2024), S. 282.

704 Vgl. Homburg (2020), S. 544.

705 STP ist ein Akronym für Segmenting, Targeting und Positioning. Das Modell wurde von Wendell R. Smith in seinem Artikel „Product Differentiation and Market Segmentation as Alternative Marketing Strategies" (1956) erstmals vorgestellt und später von Marketing-Autoren wie Philip Kotler und Kevin Lane Keller aufgegriffen und weiterentwickelt.

706 Vgl. Kotler u. a. (2022), S. 341–390; Kotler u. a. (2023), S. 179–218.

707 Die Bildung strategischer Geschäftsfelder und die Marktwahlstrategie bei Meffert entspricht der Segmentierung und dem Targeting, die Marktteilnehmer- und Instrumentalstrategie der Positionierung im STP-Prozess. Ebenso werden die strategischen Leitfragen von Homburg im STP-Prozess adressiert.

708 Vgl. 4.2.2.3 (Positionierung).

4.1.1.4 Produktentwicklung aus Marketingperspektive

Die Marketingperspektive betont, dass die Produktentwicklung weniger auf technologische Innovation, sondern vielmehr auf die **Schaffung von Kundennutzen** ausgerichtet sein sollte. Da fast ausschließlich Käufermärkte vorliegen, beansprucht Marketing nicht nur, „das Leitkonzept der strategischen Planung“ zu sein, sondern auch eine dominante Rolle im Produktprozess einzunehmen.[709]

Kotler schlägt neun Schritte zur marktorientierten Entwicklung neuer Produkte vor (vgl. Abbildung 4.4):

Abbildung 4.4: Produktentwicklung aus Marketingsicht[710].

In der Marketingkonzeption basiert die Produktentwicklung auf einer Innovationsstrategie und wird kontinuierlich durch Informationen aus der Marktanalyse gespeist. Die Erstellung einer Marketingstrategie ist als explizite Phase in der Produktkonzeption verankert.

4.1.1.5 Zwischenfazit Marketingperspektive

In der Marketing-Perspektive stehen **Marktorientierung und Kundenfokussierung** im Vordergrund. Produktentwicklung wird als eine direkte Antwort auf Kundenbedürfnisse und Markttrends betrachtet. Das Ziel ist es, Produkte zu schaffen, die einen hohen **Kundennutzen** liefern und eine klare **Differenzierung** von Konkurrenzangeboten ermöglichen.

709 Vgl. Kotler u. a. (2022), S. 112–117; Becker (2019), S. 1; Homburg (2020), S. 8.

710 Vgl. Kotler u. a. (2022), S. 467–489; Homburg schlägt einen Prozess mit den vier Phasen Ideenfindung und -konkretisierung, Konzeptdefinition, Konzeptbewertung und -selektion und Markteinführung vor. Ähnlich wie Kotler fordert er eine Innovationsstrategie als Basis für die operative Produktentwicklung, vgl. Homburg (2020), S. 610–654.

4.1.2 Klassische Produktentwicklung

Die klassische Produktentwicklung betrachtet den Entwicklungsprozess strukturiert und phasenorientiert. Es wird eine **sequenzielle (lineare) Vorgehensweise** verfolgt, die von der Idee über die Konzeptentwicklung, das Design, die Produktion bis hin zur Markteinführung reicht. Jede Phase muss vollständig abgeschlossen und geprüft sein, bevor die nächste beginnen kann. Wichtige Vertreter klassischer Entwicklungsmodelle sind das Stage-Gate-Modell sowie das Wasserfallmodell.

4.1.2.1 Das Stage-Gate-Modell

Der ursprünglich Stage-Gate-Prozess ist in Abbildung 4.5 dargestellt:

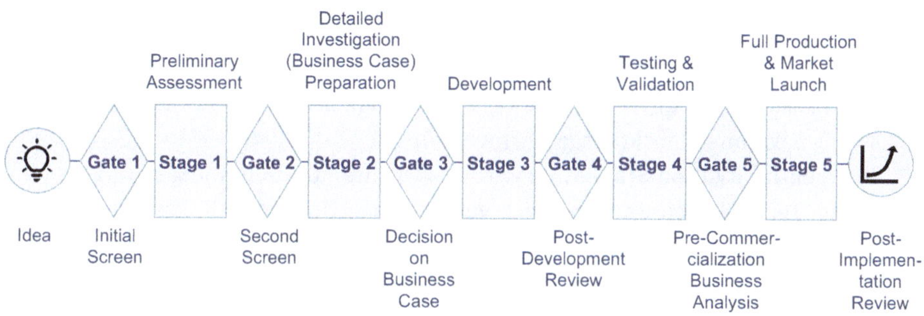

Abbildung 4.5: Stage-Gate-Prozess nach Cooper[711].

Das **Stage-Gate-Modell** ist heute das am weitesten verbreitete Modell zur Entwicklung neuer Produkte, wobei viele Unternehmen das Modell auf die eigenen Bedürfnisse angepasst haben. Stage-Gate wurde erstmals im Jahr 1988 von Robert G. Cooper vorgestellt. In neueren Auflagen seines Werkes aus den Jahren 1993, 2000, 2011 und 2017 entwickelte Cooper das Modell weiter und trug damit der Kritik am Modell und neuen Anforderungen an Schnelligkeit, Flexibilität und Zusammenarbeit Rechnung.[712]

Das Stage-Gate-Modell wird heute oft als ein hybrides, dynamisches Modell angewendet, das iterative Prozesse ermöglicht und flexibel auf Veränderungen im Markt reagieren kann. „Next Generation Stage-Gate" beinhaltet folgende Varianten:[713]

---

711 In Anlehnung an Cooper (1990), S. 46.

712 In der 2. Auflage des Stage-Gate-Konzepts (2000) lag Coopers Fokus auf der Beschleunigung des Idea-to-Market-Prozesses. In Auflage 3 (2011) griff er die Themen agile Entwicklung, schlanke Prozesse und Open Innovation auf. Im aktuellen Werk aus dem Jahre 2017 nimmt Cooper eine ganzheitliche Sichtweise auf Produktentwicklung ein und thematisiert u. a. Themen wie Innovationsstrategie, Portfolio-Management und Kultur, vgl. Cooper (2017), S. xii-xiii.

713 Vgl. Cooper (2017), S. 147–183.

- **Agile-Stage-Gate** integriert agile Prinzipien in die traditionellen Stages und Gates. Es werden in den einzelnen Phasen (Stages) agile Instrumente wie Sprints oder Kanban eingesetzt. Teams arbeiten iterativ, sodass kontinuierlich Marktfeedback in den Prozess einfließt. Dies ist insbesondere in dynamischen und sich verändernden Märkten erforderlich.
- **Lean-Stage-Gate** verwendet Lean-Prinzipien, um den gesamten Prozess effizienter zu gestalten. Im Fokus steht die Vermeidung von Verschwendung, z. B. durch unnötige Meetings oder Überproduktion. Gates sind schlanker und erfordern nur ein Minimum an Dokumentation. Teams können schnelle Entscheidungen treffen. Lean-Stage-Gate ist besonders hilfreich für Unternehmen, die schnell auf Marktentwicklungen reagieren und gleichzeitig ressourcenschonend arbeiten müssen.
- **Adaptive-Stage-Gate** ermöglicht ein flexibleres Management des Entwicklungsprozesses, indem der Ablauf der Stages und Gates situationsabhängig angepasst wird. Zum Beispiel können in frühen Entwicklungsphasen „leichte Gates" verwendet werden, die weniger formelle Anforderungen haben und Raum für Exploration lassen. Adaptive-Stage-Gate ist hilfreich, wenn ein Produkt auf einem wenig bekannten Markt eingeführt werden soll.
- In **Open-Innovation-Stage-Gate** wird das Open-Innovation-Konzept aufgegriffen. Ideen, Technologien und Feedback von externen Quellen (z. B. Partnerunternehmen, Kunden, Forschungsinstituten) werden in den Prozess integriert.[714] Die Gates sind so gestaltet, dass sie Feedback aus externen Quellen berücksichtigen und die Entwicklungsrichtung entsprechend angepasst werden kann.
- **Scaled-Stage-Gate** passt den Umfang und die Strenge des Stage-Gate-Prozesses an die Größe und strategische Bedeutung des jeweiligen Projekts an. Für strategisch bedeutsame Projekte wird ein vollwertiges Stage-Gate-Modell angewendet, während für kleinere, weniger kritische Projekte eine reduzierte Version mit vereinfachten Gates genutzt wird.[715]
- **Digital-Stage-Gate** nutzt digitale Tools zur Automatisierung und Dokumentation des Entwicklungsprozesses und bezieht Echtzeitdaten-Analyse mit ein. Durch den Einsatz digitaler Plattformen und Cloud-basierter Tools können Projektinformationen, Ergebnisse und Anforderungen leichter zugänglich gemacht und evaluierbar werden.

Die aktuellen Varianten des Stage-Gate-Konzepts aus dem Jahre 2017 ermöglichen Unternehmen, das Modell so anzupassen, dass es ihren spezifischen Anforderungen der Produktentwicklung entspricht und wettbewerbsfähige Lösungen schneller und effizienter entstehen können.

714 Vgl. Kap. 3.1.4.3.5 (Differenzierung zwischen Open und Closed Innovation)

715 Neben dem vollen 5-phasigen Prozess schlägt Cooper einen 3-phasigen Prozess für moderate innovative/riskante Projekte („Stage-Gate-Lite") sowie einen 2-phasigen Prozess für einfache Projekte („Stage-Gate-Xpress") vor, vgl. Cooper (2017), S. 154.

4.1.2.2 Das Wasserfallmodell

Die Wasserfallmethode ist wie Stage-Gate ein sequenzielles und phasenorientiertes Modell der Produktentwicklung und des Projektmanagements, das 1970 von Winston W. Royce für die Softwareentwicklung konzipiert wurde.[716] Die Methode ist auch heute noch relevant und wird in bestimmten Bereichen angewendet, obwohl inzwischen agilere Ansätze bevorzugt werden. Die Wasserfallmethode besteht aus festgelegten aufeinander folgenden Phasen. Jede Phase muss abgeschlossen werden, bevor die nächste beginnen kann. Der Name „Wasserfall" kommt von der häufig gewählten grafischen Darstellung der als Kaskade angeordneten Projektphasen (vgl. Abbildung 4.6):

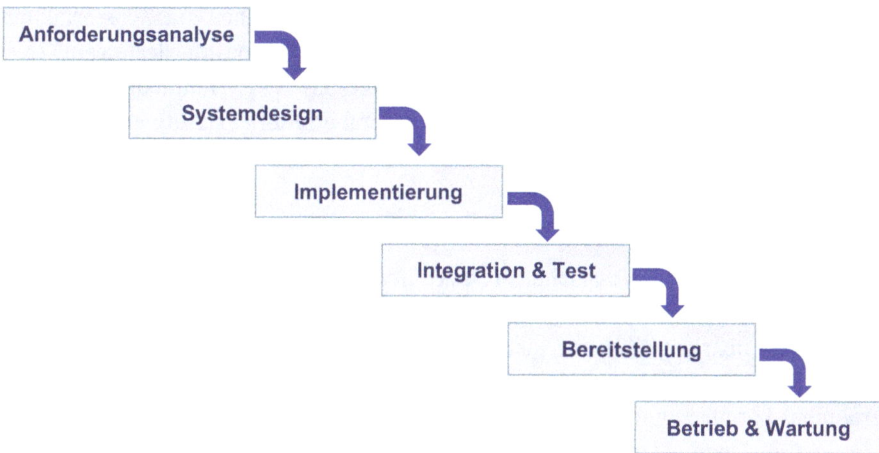

Abbildung 4.6: Wasserfallmodell[717].

Folgende Phasen werden im Wasserfallmodell unterschieden:
- In der **Anforderungsanalyse** („requirements analysis") werden die Anforderungen des Produkts festgelegt und dokumentiert.
- Während des **Systemdesigns** oder **Entwurfs** wird auf Basis der Anforderungen das Gesamtsystem geplant und der Gesamtumfang in Komponenten und Schnittstellen unterteilt.
- Das Design wird in der **Implementierungsphase** in ein konkretes Produkt umgesetzt, im Falle eines Softwareprodukts durch Programmierung.
- Im nächsten Schritt werden die verschiedenen **Komponenten integriert und getestet**. Damit werden die Funktionalität und die Qualität des Produkts abgesichert.

716 Vgl. Royce (1970).

717 In Anlehnung an Shiklo (o. J.).

- In der Phase **Bereitstellung** („deployment") wird das fertige Produkt für den Einsatz freigegeben und ausgeliefert.
- Nach der Freigabe werden während des **Betriebs** etwaige Fehler behoben und Verbesserungen vorgenommen **(Wartung)**, um die langfristige Funktionstüchtigkeit zu gewährleisten.

Das Modell hat den Vorteil einer klar strukturierten Vorgehensweise. Der Projektfortschritt lässt sich leicht überwachen und steuern. Die Wasserfallmethode ist jedoch oft unflexibel gegenüber Änderungen und Anpassungen während des Entwicklungsprozesses. Rückschritte in eine vorherige Phase widersprechen dem Grundprinzip. Die Einbeziehung von Kunden ist nur in der Anforderungsphase vorgesehen. Das Wasserfallmodell eignet sich deshalb eher für Projekte mit klaren und stabilen Anforderungen.

Es gibt viele **Varianten des Wasserfallmodells**. Das Wasserfallmodell mit Rücksprung beinhaltet beispielsweise agile Prinzipien und erlaubt ein „Aufwärtslaufen" in der Kaskade, falls Anpassungsbedarf z. B. im Systementwurf aufgrund von Testergebnissen erkennbar wird.

4.1.2.3 Zwischenfazit zu klassischer Produktentwicklung

Die klassische Produktentwicklung legt besonderen Wert auf klare Strukturierung, technologische Machbarkeit, Effizienz, Risikominimierung und Planbarkeit. Die Qualität im Sinne von Fehlerfreiheit des zu entwickelnden Produkts bei Einhaltung des Kosten- und Zeitrahmens hat oberste Priorität. Die Vorgehensweise eignet sich besonders für große, komplexe Projekte mit klar definierten Anforderungen und stabilen Zielvorgaben.

4.1.3 Agile Produktentwicklung

> „The Agile process is very fast and responsive – it is not plan based, but more ‚plan on the fly', sprint by sprint."[718]

Agile Methoden der Produktentwicklung haben ihre Ursprünge in den 1980er- und 1990er-Jahren, als Entwickler und Manager in der Softwarebranche nach alternativen Ansätzen zum klassischen Wasserfallmodell suchten. Im klassischen Entwicklungsmodell war es oft schwierig, schnell auf veränderte Kundenanforderungen zu reagieren, was zu Verzögerungen und Kostenüberschreitungen führte. Die agile Bewegung formulierte im Jahr 2001 das sog. **agile Manifest**. Dieses definiert die vier Werte und 12 Prinzipien der agilen Entwicklung.[719] Die vier Werte, die klassischen Grundsätzen der Entwicklung und des Qualitätsmanagements „scheinbar" widersprechen, lauten:

718 Cooper (2017), S. 187.

719 Vgl. Agiles Manifest (2001).

- Individuen und Interaktionen sind wichtiger als Prozesse und Werkzeuge.
- Funktionierende Produkte sind wichtiger als umfassende Dokumentation.
- Zusammenarbeit mit dem Kunden ist wichtiger als Vertragsverhandlung.
- Reagieren auf Veränderung ist wichtiger als das Befolgen eines Plans.

Betont wird Zusammenarbeit, Flexibilität, kontinuierliche Verbesserung und die Priorisierung „funktionierender" Software und Kundenzufriedenheit.

Agile Methoden wie Scrum und Kanban haben sich zunächst in der Softwareentwicklung durchgesetzt, wo kurze Zyklen und kontinuierliches Feedback in der Praxis besonders wichtig sind. In den letzten zwei Jahrzehnten etablierten sich agile Methoden auch in anderen Bereichen, z. B. in der Hardwareentwicklung, im Marketing, in Kreativprojekten oder im Projektmanagement. Neben Scrum werden im Folgenden noch die Methoden Kanban und die Lean-Startup vorgestellt.

4.1.3.1 Scrum

Scrum wurde von Jeff Sutherland und Ken Schwaber in den 1990er-Jahren entwickelt und 1995 offiziell vorgestellt.[720] Die Methode zeichnet sich durch eine **klare Rollenverteilung** (Product Owner, Scrum Master, Entwicklungsteam) und **definierte Abläufe** aus. Regelmäßige **Sprints** (meist zwei bis vier Wochen) sorgen für schnelle Ergebnisse und kontinuierliches Feedback. Durch die iterative Vorgehensweise kann die Entwicklung flexibel an Veränderungen der Anforderungen angepasst werden. Die Vorgehensweise und Rollen sind vereinfachend in Abbildung 4.7 dargestellt.

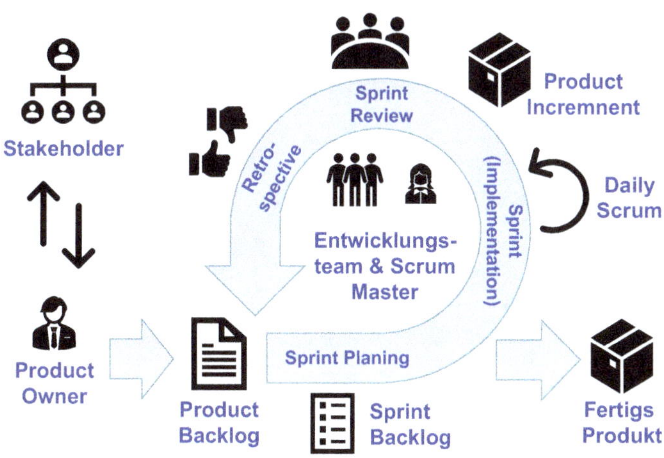

Abbildung 4.7: Scrum[721].

720 Vgl. Sutherland/Schwaber (o. J.).

721 Aus verschiedenen Quellen zusammengestellt.

Scrum setzt disziplinierte Teamarbeit und enge Abstimmung voraus. Die **festen Strukturen** (Sprints, Meetings, Rollen) können in bestimmten Projekten als starr empfunden werden. Regelmäßige Meetings und Dokumentation bringen einen gewissen „bürokratischen" Aufwand mit sich. Die Methode eignet sich besonders für Produktentwicklung bei unklaren oder unsicheren Anforderungen und wenn hohe Kundenorientierung gefragt ist.

4.1.3.2 Kanban

Kanban hat seine Wurzeln im von Taiichi Ohno entwickelten Toyota-Produktionssystem der 1940er-Jahre. Es wurde in den 2000er-Jahren von Autoren wie David J. Anderson auf die Softwareentwicklung übertragen.[722] Eine wesentliche Stärke der Methode ist die **Visualisierung** des Arbeitsprozesses mithilfe von **Kanban-Boards** (vgl. Abbildung 4.8).

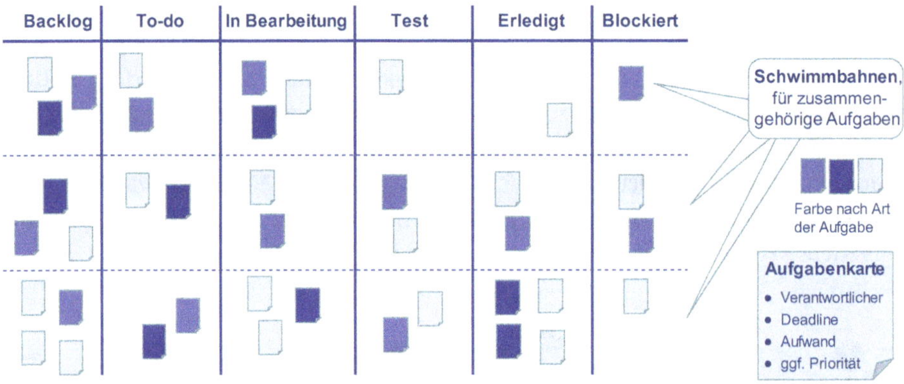

Abbildung 4.8: Kanban-Board[723].

722 Vgl. Anderson (2010).

723 Aus unterschiedlichen Quellen und eigener Erfahrung. Das klassische Kanban-Board umfasst lediglich die Spalten „To-do", „In Bearbeitung" und „Erledigt". In praktischen Anwendungen erfolgt häufig eine weitere Differenzierung in fünf oder sechs Spalten, wobei die Bezeichnungen der Spalten variieren können.

Kanban ist **flexibel und anpassbar**. Es arbeitet ohne feste Zeiträume oder Iterationen.[724] Die Methode ist ideal, um Verschwendung und Überlastung zu vermeiden, da es die Arbeitslast limitiert und Engpässe sichtbar macht. Die Anzahl der „In Bearbeitung"-Aktivitäten wird beispielsweise begrenzt.

Da es keine definierten Rollen oder Zeitrahmen gibt, fehlt eine klare Prozessstruktur. Ein Manager ist daher i. d. R. erforderlich, um klare Arbeitsprozesse vorzugeben. Kanban ist weniger für langfristige Planung oder komplexe Projekte geeignet. Stattdessen ist Kanban für Teams, die kontinuierlich arbeiten und regelmäßig Aufgaben priorisieren müssen, prädestiniert, wie im IT-Support oder in operativen Marketingteams.

4.1.3.3 Lean-Startup-Methode

Lean Startup ist ein von Eric Ries entwickelter Ansatz für Unternehmer im Softwareumfeld,[725] wobei sich das Konzept auf andere Produkte und Umfelder übertragen lässt. Kerngedanke ist, dass eine innovative Idee besser in einer Serie von kurzen Experimenten als in einem voll durchgeplanten Großprojekt umsetzbar ist. Jedes Experiment bzw. jeder **Build-Measure-Learn**-Zyklus (vgl. Abbildung 4.9) ist so angelegt, dass man über den Test eines Prototyps, des sog. **Minimum-Viable-Product** (MVP), mehr über den zugrunde liegenden „neuen" Markt lernt.

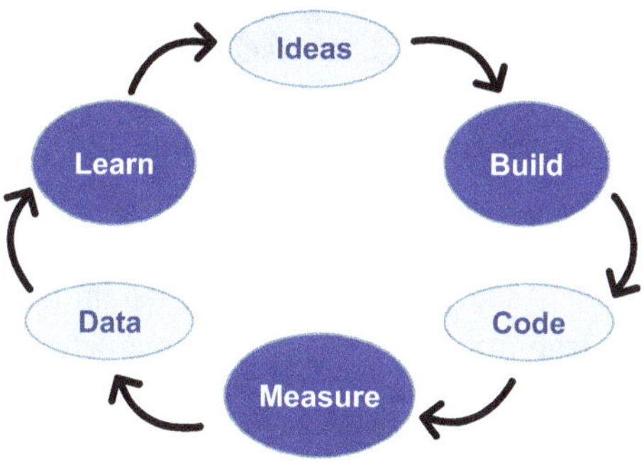

Abbildung 4.9: Lean Startup: Build-Measure-Learn-Zyklus[726].

Parallel zum Produkt soll in der Lean-Startup-Methode auch ein tragfähiges Geschäftsmodell entwickelt werden.

724 Vgl. Shiklo (o. J.).
725 Vgl. Ries (2019).
726 Vgl. Ries (2019), S. 75.

4.1.3.4 Zwischenfazit zu agiler Produktentwicklung

Im Gegensatz zur klassischen Produktentwicklung stehen bei der agilen Produktentwicklung Flexibilität und kontinuierliches Lernen in Vordergrund. Sie basiert auf Prinzipien wie Kundenfeedback, schnelle Anpassung an Veränderungen und enge Zusammenarbeit im Team. Der Entwicklungsprozess ist zyklisch gestaltet, mit aufeinanderfolgenden Sprints bzw. Iterationen, in denen fortlaufend neue Produktversionen erstellt und verbessert werden. Diese Perspektive ermöglicht es, schnell auf neue Anforderungen und Kundenfeedback zu reagieren und so ein Produkt zu schaffen, das optimal auf die Marktbedürfnisse abgestimmt ist.

Agile Methoden und Prinzipien aus der Softwareindustrie können auch für die Entwicklung von Hardwareprodukten angewendet werden. Wichtig ist, dass am Ende jedes Entwicklungszyklus ein Prototyp erzeugt wird, um Hypothesen am Markt zu testen, einen Proof-of-Concept durchzuführen oder intern das Management vom Potenzial und der Realisierbarkeit eines Projekts zu überzeugen.[727]

4.1.4 Design-Perspektive

> „Design is not just what it looks like and feels like. Design is how it works."[728]

Die Untersuchung der Rolle und des Wertes von Design für Unternehmen ist eine relativ junge Disziplin. Beginnend in den 1980er-Jahren wurden **ästhetische Aspekte von Produkten** sowie der Beitrag von Design zur Produktgestaltung und Markenwahrnehmung untersucht. Die Design-Disziplin gewann strategische Beachtung, da **User Experience** im Wettbewerb zunehmend wichtiger wurde. Pine/Gilmore beschrieben bereits 1999, dass Innovation häufig nicht mehr darin besteht, Bedürfnisse zu befriedigen, sondern darin, **Erlebnisse zu schaffen**.[729] Analog argumentierte Kolko im Jahr 2015: „There's a shift under way in large organizations, one that puts design much closer to the center of the enterprise. But the shift isn't about aesthetics. It's about applying the principles of design to the way people work."[730]

Ausgehend von der Annahme, dass Menschen Dinge oft nicht kaufen, um Bedürfnisse zu befriedigen, sondern aufgrund psychologischer und emotionaler Faktoren, hat Design als Innovationsmethode den Anspruch, die Bedeutung von Produkten für Menschen zu erforschen.[731] „**Design driven innovation** [...] emerges not as a result of analysis of user needs but rather through a design process which seeks to give meaning, shape and form to products – [resulting in] features and characteristics which

727 Vgl. Cagan (2022), S. 208–209.
728 Steve Jobs, ehemaliger CEO von Apple, zitiert aus GoodReads (o. J.).
729 Vgl. Pine/Gilmore (1999).
730 Kolko (2015), S. 4.
731 Vgl. Verganti (2009).

[customers] didn't know they wanted."[732] Dies führt i. d. R. zu Produkten, die Bedürfnisse erfüllen, vor allem aber den Kunden eine völlig neue Erfahrung bei der Nutzung des Produkts ermöglichen („Experience Innovation").[733]

Mit der Entwicklung von Methoden wie Design Thinking ab den frühen 2000er-Jahren wurde Design als zentrale **Methode der Unternehmensinnovation** und des strategischen Wandels anerkannt. Neben Design Thinking gibt es weitere Methoden, die von Designern, abhängig von Projektzielen und Anforderungen, verwendet werden.[734]

4.1.4.1 Design Thinking

> „People need their interactions with technologies and other complex systems to be simple, intuitive, and pleasurable. A set of principles collectively known as **design thinking** – empathy with users, a discipline of prototyping, and tolerance for failure chief among them – is the best tool we have for creating those kinds of interactions and developing a responsive, flexible organizational culture."[735]

Design Thinking ist eine kreative, nutzerzentrierte Methode zur Problemlösung und Entwicklung innovativer Produkte und Dienstleistungen. Entwickelt und formalisiert in den 1990er-Jahren, wird das Konzept insbesondere mit der Innovationsfirma IDEO und der Stanford d.school (Institute of Design der Stanford University) in Verbindung gebracht.[736]

Die Methode umfasst zwei Hauptphasen:[737]

- Zunächst werden in der **Problemphase** ein tiefgreifendes Problemverständnis und Empathie für den Nutzer aufgebaut. Dies geschieht durch vorurteilsfreie Befragungen, Nutzerbeobachtungen und Analyse des Kontextes. Werkzeuge sind z. B. Empathy-Maps, Customer-Personas, Customer-Journey-Maps, Mystery-Shopping, Stakeholder-Maps und die Jobs-to-be-done-Methode.[738]
- In der **Lösungsphase** sind zunächst Ideen mittels geeigneter Kreativitätstechniken zu generieren. Daraus werden Prototypen entwickelt und getestet. Auf Basis der Testergebnisse wird die Lösung verworfen oder iterativ verbessert und wei-

732 Tidd/Bessant (2018), S. 217–218; Tidd/Bessant bezeichnen Design-getriebene Innovation als eine neue Form von „knowledge or technology push", vgl. Tidd/Bessant (2018), S. 218.

733 Ein Beispiel ist das Apple iPhone, das Kunden Im Jahr 2007 eine völlig neue Erfahrung bei der Nutzung eines Mobiltelefons bot.

734 Z. B. User Experience Design (UXD), Human-Centered-Design (HCD) oder Lean User Experience (Lean UX).

735 Kolko (2015), S. 4.

736 Vgl. https://designthinking.ideo.com; https://dschool.stanford.edu.

737 Vgl. Martin (2009), Brown (2009).

738 Die genannten Methoden werden in Kap. 4.2.2.2.1.1 (Erhebung von Kundenanforderungen) vorgestellt.

ter ausgearbeitet. Erst wenn die Testkunden „überzeugt“ sind, erfolgt die Umsetzung in ein marktfähiges Produkt.

Die Hauptphasen können weiter heruntergebrochen werden. Die meisten Implementierungen von Design Thinking sehen sechs Phasen vor (vgl. Abbildung 4.10):[739]

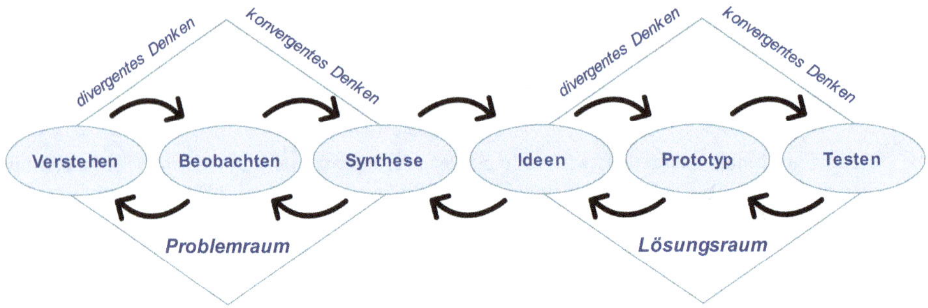

Abbildung 4.10: Phasen im Design Thinking[740].

Die **Verstehen**-Phase legt den Grundstein für den gesamten Prozess, indem sie die Bedürfnisse, Probleme und Erwartungen der Nutzer erforscht und analysiert. Verschiedene Ebenen des Kundenproblems werden z. B. durch Interviews, Umfragen und Fokusgruppen untersucht. Auch relevante Sekundärdaten, etwa von Marktforschungsunternehmen, können einfließen. Als Analysemethoden dienen z. B. Stakeholder- oder Context-Maps. Ergebnis der Phase können u. U. auch Wissenslücken sein, die in der nächsten Phase geschlossen werden müssen.

In der **Beobachten**- oder Empathie-Phase geht es darum, reale Einblicke in die Verhaltensweisen und Erlebnisse der Benutzer zu gewinnen. Dies kann z. B. durch Beobachtung der Kunden oder Tiefeninterviews erfolgen. Hierbei versucht man sich in die Rolle des Kunden zu versetzen. Mit den Erkenntnissen lassen sich Verhaltensmuster, Emotionen und Bedürfnisse erkennen. Ergänzende Analysen von Sekundärdaten können zwecks Validierung erfolgen. Ziel ist es, die Vorstellungs- und Lebenswelten, Nutzungskontexte, Erwartungen und Erfahrungen von potenziellen Kunden zu verstehen.

In der **Synthese**-Phase werden die Ergebnisse aus den vorherigen rechercheorientierten Phasen zusammengeführt. Es ist zu entscheiden, in welche Richtung und für welche Nutzergruppen Lösungen entwickeln werden. Personas oder Empathy-Maps[741] können helfen, die emotionale und erlebte Lebensrealität der Zielgruppe als Grundlage für die folgende Ideenentwicklung zu veranschaulichen. Wichtig ist, dass alle Beteiligten eine geteilte Sichtweise auf den Kunden und dessen Probleme entwickeln.

739 Vgl. HPI-D-School (o. J.).

740 Abbildung kombiniert aus unterschiedlichen Darstellungen des Design-Think-Prozesses.

741 Vgl. Kap. 4.2.2.1.4.1 und 4.2.2.1.4.2.

In der **Ideen**-Phase generiert man mithilfe verschiedener Kreativmethoden zahlreiche und unterschiedliche Ideen, die das identifizierte Kundenproblem lösen könnten. Eingesetzte Methoden sind z. B. Brainstorming, Mindmapping, SCAMPER oder Rollenspiele.[742] Es erfolgt eine Mischung aus Einzelarbeit und Teamarbeit, um alle Teammitglieder optimal zu aktivieren. In mehreren Schritten und Kriterien-basiert werden die Ideen gruppiert und bewertet. Kriterien können z. B. einfache Umsetzbarkeit („quick win"), langfristiges strategisches Potenzial („moon shot") oder Kosten-Nutzen-verhältnis („most promising") sein. Bei der Bewertung ist stets das eingangs ermittelte Problem- und Kundenverständnis maßgeblich.

In der **Prototypen**-Phase geht es darum, ausgewählte Ideen konkreter auszuarbeiten und in greifbare Modelle oder Mock-ups umzusetzen. Prototypen helfen, ein gemeinsames Verständnis der Kernfunktion der jeweiligen Lösungsidee herzustellen. Ziel dieser Phase ist es, schnell und kostengünstig Prototypen zu erstellen, die getestet und angepasst werden können.[743] Neben klassischen 3-D-Modellen aus Karton oder Holz können auch Video, Rollenspiel, Rauminstallationen oder multimediale Prototypen eingesetzt werden, um Innovationen erfahrbar zu machen (Virtual Prototyping).[744]

In der **Testen**-Phase werden die Prototypen durch potenzielle Nutzer und Experten getestet. Mithilfe der physischen oder digitalen Prototypen werden dabei z. B. die Kernfunktion, die technische Umsetzbarkeit oder die intuitive Nutzbarkeit bewertet. Ziel ist es, mit geringem Kosten- und Zeitaufwand herauszufinden, welche Lösungsideen die Bedürfnisse der Kunden am besten treffen und für das Unternehmen umsetzbar sind. Moderne Testmethoden sind z. B. Usability-Testing oder A/B-Testing. Durch jede Iterationsschleife werden die Prototypen hinsichtlich Gestalt und Funktionalität realitätsnaher. Wenn die Testergebnisse überzeugen, beginnt die Implementierung des Konzepts.

Design Thinking ist eng mit dem traditionellen Designprozess verbunden, erweitert ihn jedoch, indem es stärker auf kontinuierliches Nutzerfeedback setzt und die iterative Verbesserung des Produkts betont. Einige der Prinzipien aus dem Design Thinking finden sich auch in anderen agilen Methoden der Produktentwicklung.

4.1.4.2 Design Leadership

Design Leadership beschreibt die Rolle und Aufgabe von Führungskräften in Unternehmen, die Methoden des Designs in Unternehmensprozesse und -kultur etablieren. Ziel ist es, eine Umgebung zu schaffen, in der kreative Problemlösungen gedeihen können und Designprozesse in der gesamten Organisation verankert sind, um nutzerzentrierte Innovationen zu schaffen.

---

742 Diese und weitere Kreativitätstechniken werden in Kap. 2.1.4.3 erläutert.

743 Das Konzept des Prototypings inklusive unterschiedlicher Arten von Prototypen, in Kap. 4.2.2.5.1 vorgestellt.

744 Vgl. Kap. 5.3.2.3 (Digitale Technologien in der Produktkonzeption).

In der Studie „The Business Value of Design“ aus dem Jahre 2017 stellt McKinsey eine starke Korrelation zwischen „Design-Performance“ und geschäftlichem Erfolg fest.[745] Die Autoren der Studie schlagen Unternehmen vier Maßnahmen vor:[746]

- Einführung eines analytischen **Controllings für Design** (analog zu anderen strategischen Bereichen)
- Verankerung von **User Experience** im Zentrum der Unternehmenskultur, über alle Unternehmensfunktionen hinweg
- Förderung der **„Top Design People“** des Unternehmens und Einbindung dieser in die Produktteams, um User Experience zu optimieren
- Produktteams sollen iterieren, testen und **von Nutzerfeedback lernen** – und das entlang des kompletten Produktlebenszyklus

Eine weitere Studie von McKinsey aus dem Jahre 2020 zeigt, dass „Design Leadership“ in vielen der untersuchten Unternehmen noch nicht durchgängig etabliert ist.[747]

4.1.4.3 Zwischenfazit Design

Die Design-Perspektive betrachtet Produktentwicklung durch die Linse des Nutzererlebnisses und der Ästhetik. Im Vordergrund stehen Aspekte wie Benutzerfreundlichkeit, Ergonomie, visuelle Attraktivität und intuitive Bedienbarkeit. Ähnlich dem agilen Ansatz wird der Entwicklungsprozess iterativ durch Prototyping geleitet, um das Produkt so nutzerzentriert wie möglich zu entwickeln. Human-Centered Design und User Experience Design (UXD) spielen eine zentrale Rolle und beeinflussen maßgeblich das Endprodukt. Ziel ist es, ein Produkt zu schaffen, das nicht nur funktional ist, sondern auch positive Erlebnisse für die Nutzer schafft und dadurch langfristig die Kundenbindung und Zufriedenheit fördert.

---

745 „We found a strong correlation between high MDI [McKinsey Design Index] scores and superior business performance. Top-quartile MDI scorers increased their revenues and total returns to shareholders (TRS) substantially faster than their industry counterparts did over a five-year period – 32 percentage points higher revenue growth and 56 percentage points higher TRS growth for the period as a whole“, Sheppard u. a. (2018), S. 4.

746 Vgl. Sheppard u. a. (2018), S. 17.

747 Beispielsweise werden in 90 % der befragten Unternehmen Designverantwortliche nicht im Strategieprozess beteiligt. In 67 % der Unternehmen gibt es keine Zielgrößen und Messung für Design-Performance. Weniger als die Hälfte der Design-Leiter glauben, dass der CEO seine Rolle und Aufgabe vollständig versteht, vgl. McKinsey (2020).

4.1.5 Innovationsmanagement-Perspektive

Die Rolle von Innovation für Unternehmen und für die Entwicklung von Produkten wurde in Kap. 3.2.1 dargestellt. Daher sollen an dieser Stelle lediglich die **Kernaussagen zusammengefasst** werden:

- Innovationen sind ein wesentlicher Erfolgsfaktor für Unternehmen.
- Innovationen beschränken sich nicht nur auf die Technologie, sondern können auch in Form neuer Prozesse, Geschäftsmodelle und Marketingansätze erfolgen.
- Das Spektrum reicht von inkrementellen über radikale bis hin zu disruptiven Innovationen.
- Innovation muss durch Ziele und eine Innovationsstrategie ausgerichtet und im Unternehmen durch ein Innovationsmanagement ganzheitlich und systematisch unterstützt werden.

4.1.6 Zusammenfassung der Perspektiven auf Produktentwicklung

Die beschriebenen Perspektiven verdeutlichen, dass Produktentwicklung unterschiedlich interpretiert werden kann – sei es durch den Fokus auf Marktbedürfnisse, strukturierte Planbarkeit und Qualität, flexible Anpassungsfähigkeit, Innovationsorientierung oder nutzerzentrierte Gestaltung (vgl. Abbildung 4.11).

Abbildung 4.11: Perspektiven auf Produktentwicklung (Zusammenfassung).

In der Praxis finden sich **hybride Produktentwicklungsansätze**, die Elemente aus mehreren Perspektiven kombinieren, um den spezifischen Anforderungen und Herausforderungen gerecht zu werden: Seit den 1980er-Jahren ist die Marktorientierung eine akzeptierte Managementpraxis. Spätestens seit der Jahrtausendwende steht Innovation auf jeder Managementagenda. Auch integrieren moderne sequenzielle Entwicklungsprozesse agile Methoden und bieten die Möglichkeit für Iterationen im Prozess. Der „Business-Value" von Design wird inzwischen anerkannt.

4.1.7 Integrierender Ansatz für Produktinnovation und Produktmanagement

> „Letztendlich geht es darum, Probleme zu lösen, und nicht, Funktionen zu implementieren."[748]

In den Kap. 4.2 bis 4.7 wird ein Produktinnovationsprozess vorgestellt und ausgearbeitet, der einen Rahmen zur integrierten Umsetzung der unterschiedlichen Perspektiven bieten kann (vgl. Abbildung 4.12):

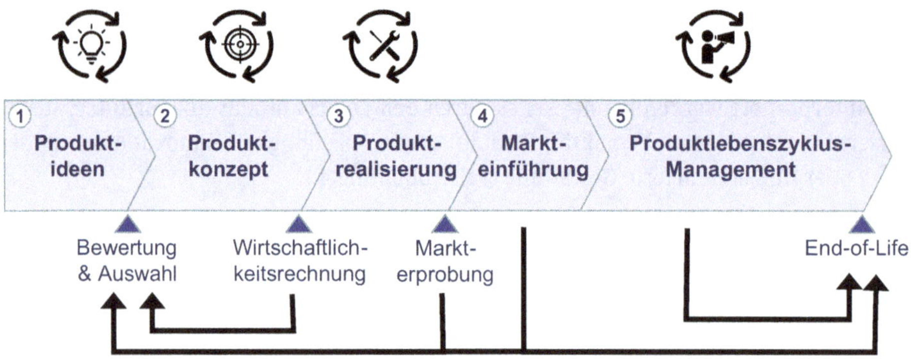

Abbildung 4.12: Integrierter Produktinnovationsprozess.

Der Prozess umfasst **fünf sequenzielle „gestalterische" Phasen**. Die ersten drei Phasen sind in sich als iterativ zu verstehen (Kennzeichnung durch Zyklussymbol). Mit der Ideenauswahl, der Wirtschaftlichkeitsrechnung und der Markterprobung sind **drei dedizierte „Quality-Gates"** zu durchschreiten (als Meilenstein-Dreiecke in Abbildung 4.12 gekennzeichnet). Werden die Vorgaben nicht erreicht, muss das Team in die Konzept- oder die Ideenphase zurück und nacharbeiten.

Das Produktteam muss in den ersten drei Phasen, wie es die Marketing- und Designperspektiven fordern, ein tiefes Kunden- und Marktverständnis aufbauen, welches als Maßstab für alle Produktentscheidungen heranzuziehen ist. Marktorientierung ist naturgemäß auch in den Phasen Markteinführung und Produktlebenszyklus-Management gefordert.

748 Cagan (2022), S. 36.

Sollte die Markteinführung nicht gelingen, ist das Produkt einzustellen (End-of-Life) oder neu zu konzipieren. In der Produktlebenszyklus-Management (PLM)-Phase sollte ebenfalls „experimentiert“ und die Vermarktungstaktik über Lerneffekte optimiert werden.[749] Ein vorplanmäßiger End-of-Life sollte erfolgen, falls (trotz Anpassungen der Vermarktungstaktik und eventueller Produktvariation) der gewünschte Erfolg nicht eintritt. Der in Abbildung 4.12 dargestellte Prozess sieht mehrere Bewertungen vor, um wenig erfolgversprechende Ideen oder Konzepte aus dem Prozess herauszufiltern (vgl. Abbildung 4.13):

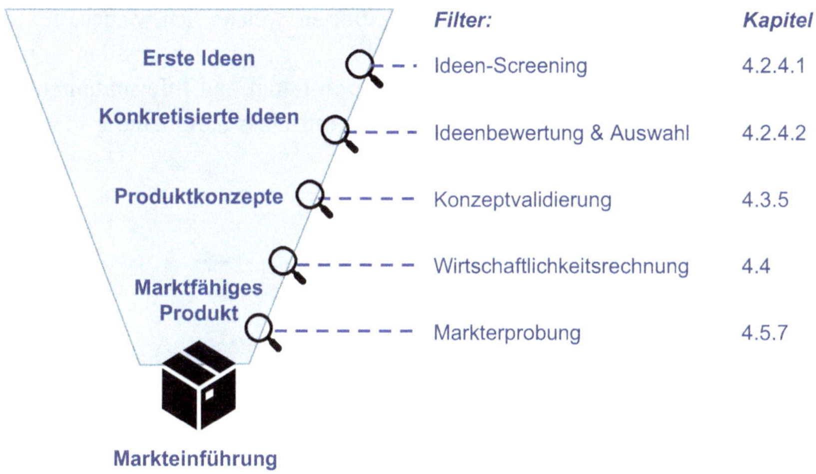

Abbildung 4.13: Bewertungsmeilensteine im Produktinnovationsprozess.

Der Trichter als Symbol deutet an, dass der Prozess mit vielen Ideen startet. Es entstehen einige Konzeptalternativen. In die Realisierung geht i. d. R. nur ein Produktkonzept, welches am Ende des Entwicklungsprozesses „am Markt erprobt“ wird, bevor es in den Markt eingeführt wird.

4.1.8 Exkurs: Wissensaufbau als Grundlage für Innovationen

Entlang des gesamten Innovationsprozesses – und insbesondere in den ersten Phasen – geht es vor allem darum, systematisch **Wissen aufzubauen, zu bündeln und nutzbar zu machen** (vgl. Abbildung 4.14).

749 Vgl. Kap. 5.3.3 (Digitale Marketingkampagnen).

Abbildung 4.14: Problem – Produkt.

Dieses Wissen ist essenziell, um tragfähige, marktorientierte und innovative Produktideen zu entwickeln. Wissen entsteht aus **Informationen**, welche sich wiederum aus **Daten** zusammensetzen. Gesammelt werden sowohl Daten als auch Informationen und zum Teil auch Wissen. Ein **Verarbeitungsprozess** von Daten und Informationen ist notwendig, um zumindest die Ebene des **Wissens** zu erreichen (vgl. Abbildung 4.15):

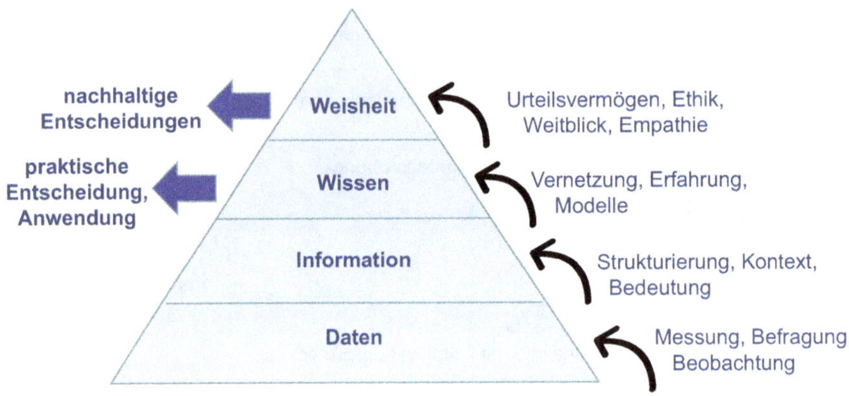

Abbildung 4.15: Wissenspyramide[750].

Daten und Informationen liegen häufig in expliziter Weise vor, etwa in Form von Texten, Zahlenwerten, Bildern, realen Objekten oder messbaren bzw. beobachtbaren Handlungen. Wissen kann zusätzlich in impliziter Form vorliegen. „**Implizites Wissen** entsteht vor allem durch langfristige, kontinuierliche Beschäftigung mit bestimmten fachlichen Problemen. Dabei wird ein Erfahrungsschatz oder eine Kunstfertigkeit erworben, die aus unzähligen Einzelbeobachtungen und aus vielfältigen Verknüpfungen dieser Fakten besteht."[751] Implizites Wissen ist an Individuen gebunden, kontextabhängig und zunächst weder niedergeschrieben, aufgezeichnet noch vom Wissensträger einfach zu erläutern (selbst wenn dieser das wollte).[752]

750 Vgl. Ackoff (1989).

751 Hauschildt u. a. (2023), S. 298.

752 Vgl. Tidd/Bessant (2018), S. 504; Hauschildt u. a. (2023), S. 297; Beispiele von implizitem Wissen sind „wie man Fahrrad fährt" oder „wie man verhandelt".

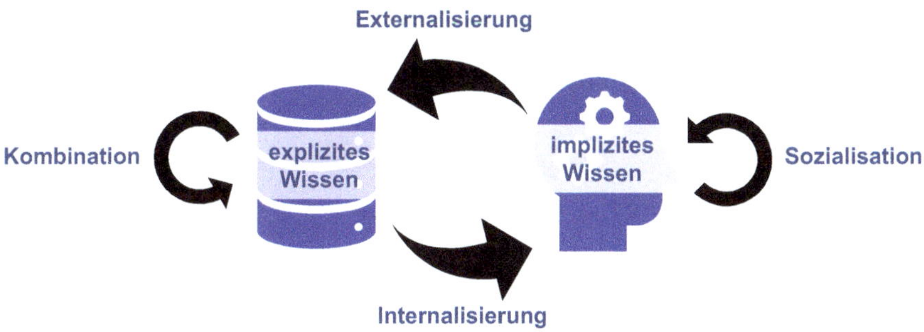

Abbildung 4.16: Gewinnung und Transformation von Wissen[753].

Durch folgende **vier Prozesse wird Wissen** transformiert, gewonnen und nutzbar gemacht (vgl. Abbildung 4.16):

Durch **Sozialisation** wird individuelles Wissen in einer Gruppe geteilt. Dies wird durch eine Kultur des Teilens und Miteinanders sowie durch Fachgruppen unterstützt. Beim **Externalisieren** wird implizites Wissen kodifiziert und zugänglich gemacht. Durch Loslösen impliziten Wissens von Personen wird Wissen breiter nutzbar gemacht. Explizites Wissen wird durch **Kombination** zu neuem externem Wissen. Individuen oder Gruppen lernen im Prozess der **Internalisierung** durch Praxis und Anwendung (entspricht dem klassischen organisationalen Lernen).

Studien zeigen, dass innovative Ideen am besten in den Prozessen der Internalisierung und Sozialisierung entstehen, weniger bei Externalisierung und Kombination.[754] Sowohl explizite Daten und Informationen als auch implizites Wissen müssen im Innovationsprozess gesammelt oder generiert werden.

4.2 Ideenphase

> „Of the five most important drivers of businesses' new product Performance, idea management has the strongest impact."[755]

Jede Innovation baut auf etwas Neuem auf. Ideen können etwas Neues liefern, das eine geschäftliche Relevanz besitzt, etwa die Lösung eines Kundenproblems. Ideen basieren auf Wissen und Kreativität.[756] Sie sind der Ausgangspunkt bzw. der Impuls für Innovationen.

753 Vgl. Nonaka/Takeuchi (1995).
754 Vgl. Hauschildt u. a. (2023), S. 299.
755 Cooper (2017), S. 226.
756 Vgl. Vahs u. a. (2023), S. 316.

Bevor Ideen- und Wissensquellen in Kap. 4.2.3 systematisch beleuchtet werden, sollen mögliche Innovationsimpulse sowie die Vorgaben für den Ideensuchprozess untersucht werden (Kap. 4.2.1 bzw. Kap. 4.2.2).

4.2.1 Impulse für Innovationen

Anhand von beispielhaften Innovationen wird schnell klar, dass Innovationen sehr **verschiedene Ursprünge oder Auslöser** haben können. (Bewusst unsortierte) Beispiele:
- In der Covid-19-Krise wurden neben mRNA-Impfstoffen eine Reihe neuer Lieferdienst- und (Kontaktlos-)Bezahlkonzepte entwickelt.
- 3 M wollte einen besonders starken Klebstoff entwickeln und entdeckte dabei „zufällig" einen sehr schwachen Klebstoff, der jedoch mehrfach haftet und ablösbar ist (Post-it).
- Der E-Scooter entstand als Kombination von Tretroller und Elektromotor. Die in den 1990er-Jahren entstandene Idee schaffte jedoch erst 25 Jahre später den Durchbruch (durch bessere Lithium-Ionen-Batterien, erhöhte Nachfrage nach emissionsfreier Mobilität und geeignete Geschäftsmodelle).
- Der Erfolg von Red Bull ist nicht in erster Linie auf ein innovatives Produkt, sondern auf eine äußerst innovative Marketingstrategie zurückzuführen (emotionale und Lifestyle-orientierte Produktkommunikation mit „starkem" Content aus den Bereichen Abenteuer, Extremsport und Freiheit).
- Mobiltelefonie, der 3-D-Druck, Röntgengeräte und andere Technikprodukte wurden auf Basis von Forschungs- und Entwicklungsaktivitäten entwickelt („Technology Push").
- Angesichts der strengeren CO_2-Emissionsvorgaben in Europa und den USA haben Hersteller wie Tesla, Volvo und Daimler Elektro-Lkws für den Güterverkehr entwickelt.
- Inspiration kann der Ausgangspunkt für Innovationen sein (der Erzählung nach empfing Newton eine Eingebung zur Gravitationstheorie, als er einen herunterfallenden Apfel beobachtete).
- Microsoft reagierte auf den Erfolg von Slack, indem es eine ähnliche Lösung in sein Microsoft-365-Paket integrierte.
- Das Head-up-Display kam, Jahrzehnte nach Anwendung der Technologie im Flugzeug, erst in den frühen 2000er-Jahren als Innovation auf die Windschutzscheibe des Autos.
- In 2017 bringt BMW die dritte Generation des Modells X3 auf den Markt (interne Bezeichnung G01), welche im Jahr 2021 überarbeitet wurde (Life-Cycle-Innovation).
- Im November 2022 veröffentlichte Open AI mit ChatGPT ein für die breite Öffentlichkeit zugängliches interaktives KI-Textmodell.
- Der Krieg in der Ukraine führte zum Entstehen bzw. Wachstum einer Reihe von Start-ups im Bereich Verteidigungstechnologie (z. B. ARX Robotics, Quantum Systems, MARSS, Sensorise).

Vahs u. a. nennen eine Reihe von **innovationsauslösenden Faktoren** in der Unternehmensumwelt, die bei der Suche nach Innovationen berücksichtigt werden sollten:[757]

- Änderungen relevanter Umweltfaktoren, z. B. gesetzliche Anforderungen, Qualitätsansprüche der Kunden oder Einführung substitutiver Produkte durch Wettbewerber
- steigende Wettbewerbsintensität durch neue und aggressive Konkurrenten, z. B. aus dem asiatischen Raum
- Nachfragetrends wie neue Trendprodukte, Veränderungen der Lebens- und Konsumgewohnheiten der Kunden oder der Wunsch nach nachhaltigen Produkten
- Krisensituation wie der globale Klimawandel, Pandemien oder Kriege
- disruptive Technologien und Geschäftsmodelle oder epochale Erfindungen, die gemäß der Kondratieff'schen Zyklentheorie eine starke Innovationstätigkeit nach sich ziehen

Neben Quellen und Auslösern können sich Innovationen, wie in Kap. 3.1.4.3 beschrieben, auf unterschiedliche Gegenstände beziehen, unterschiedliche Neuigkeitsgrade darstellen oder auf unterschiedliche Weise entstanden sein. Aus diesen Gründen muss die Suche nach neuen Ideen parallel auf **unterschiedliche Quellen gerichtet sein** und auf **unterschiedlichen Wegen** durchgeführt werden. Vor allem muss die **Suche systematisch** erfolgen und darf nicht dem Zufall überlassen werden, obwohl der Zufall eine Rolle spielen kann (Serendipität).[758]

4.2.2 Vorgaben und Suchfelder für Ideen

Wie in Kap. 3.2.2 erläutert wurde, sind **Innovationsziele** und **Innovationsfelder** zwei Elemente einer Innovationsstrategie, die Leitplanken für die Ideenphase darstellen sollten:

- „The prerequisites to effective idea generation is having a product innovation strategy for your business. This strategy, among other things, defines the arenas of strategic focus ... in short, where you want to focus your R&D efforts and thus where you want to hunt for ideas."[759]
- „Das Suchfeld wird in den ersten Phasen des Innovationsprozesses [... in ...] der Innovationsstrategie definiert. [So] wird nicht unstrukturiert und ziellos mit der Ideensuche begonnen. Dadurch wird vermieden, dass im späteren Ideenfindungs-

757 Vgl. Vahs u. a. (2023), S. 301.

758 Unter Serendipität versteht man das Phänomen, etwas zu finden, nach dem man nicht explizit sucht, wie z. B. Kolumbus' Entdeckung Amerikas oder 3 Ms Erfindung des Post-its. Mit Serendipität kann man im Innovationsprozess schwer systematisch umzugehen. Trotzdem empfiehlt es sich, z. B. für überraschende und alternative Einsatzmöglichkeiten einer Idee offen zu sein, vgl. Brockhoff/Brem (2021), S. 35; Hofbauer (2018), S. 79.

759 Cooper (2017), S. 227.

prozess eine Lösung präsentiert wird, die keinen oder einen nicht ausreichenden Problembezug besitzt, was einen häufig auftretenden Innovationsfehler darstellt.“[760]

Andererseits sollte der kreative Teil des Ideensuchprozess nicht zu stark eingeengt werden. Insofern können Vorgaben aus der Innovationsstrategie auch erst als Bewertungskriterien in der Ideenauswahl – nach der kreativen Phase – angewendet werden.

4.2.3 Ideen- und Wissensquellen

„Unter **Ideen** sind Einfälle, Gedanken und Vorstellungen von Menschen zu verstehen, die auf der Suche nach einer anzustrebenden Problemlösung gedankliches ‚Neuland' betreten. Ideen entstehen entweder spontan (‚Geistesblitz') oder unter Zuhilfenahme von Kreativität und entwickeln sich kontinuierlich fort. Als ‚neu' oder ‚neuartig' gilt eine Lösung dann, wenn sie den bisherigen Erkenntnis- und Erfahrungsstand übertrifft.“[761]

Es existieren unterschiedliche **Einteilungen von Ideenquellen** und **Vorgehensweisen zur Ideengewinnung.**[762] Viele Autoren differenzieren nach **internen und externen Ideenquellen.**[763] Hinsichtlich der Vorgehensweise unterscheidet Koppelmann zwischen Ideensammlung, Ideenermittlung und Ideengenerierung:[764]

- **Sammlung** bedeutet, vorhandene Ideen, die in verschiedenen Quellen vorliegen, systematisch zusammenzutragen.
- Unter **Ideenermittlung** subsumiert Koppelmann im Wesentlichen die Ideengewinnung durch Marktforschung.
- **Ideengenerierung** liefert neue Ideen, die in dieser Form bisher nicht verfügbar sind.

Die Differenzierung zwischen Ideensammlung und -generierung aufgreifend sowie externe und interne Quellen unterscheidend, zeigt Abbildung 4.17 vier Wege auf, um Ideen für Innovationen und Neuproduktentwicklungen zu finden:

760 Vahs u. a. (2023), S. 207.

761 Vahs u. a. (2023), S. 316.

762 Vahs u. a. unterscheiden zwischen Ideenquellen (Technologie, Markt, Regulierung, Weitere) und Mittlern (Kunden, Mitarbeitern, Lieferanten, Wettbewerber, Weitere), vgl. Vahs u. a. (2023), S. 299; Gierl/Helm nennen fünf Quellen für Ideen: Ideen kaufen, technologische Entwicklung beobachten, Ideen nachahmen, Ideen selbst entwickeln, Ideen aus der Marktforschung, vgl. Gierl/Helm (2007), S. 319.

763 Vgl. z. B. Hofbauer (2018), S. 377; Herrmann/Huber (2013), S. 127; Kotler u. a. (2022), S. 469; Koppelmann (2001), S. 293.

764 Vgl. Koppelmann (2001), S. 293; Vahs u. a. unterscheiden lediglich zwischen Ideensammlung und Ideengenerierung, vgl. Vahs u. a. (2023), S. 317.

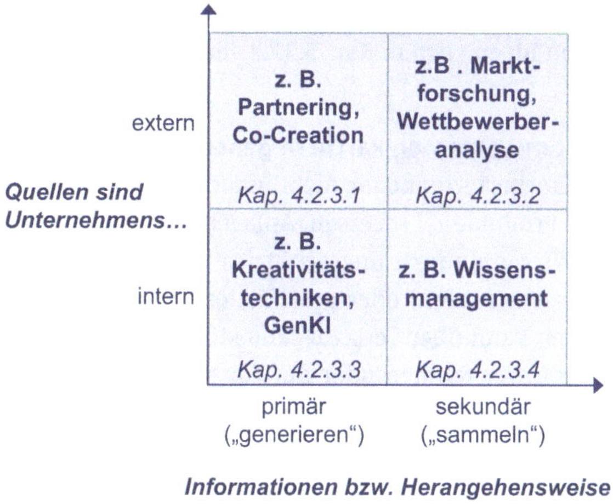

Abbildung 4.17: Quellen von Ideen- Klassifikation[765].

Externe Ressourcen und Kompetenzen zur Ideenfindung einzubeziehen, folgt dem **Open-Innovation**-Ansatz. Neue Ideen zu **generieren** und neue Wege zu beschreiben, entspricht dem Vorgehen des Pioniers, während die reine Sammlung vorhandener Daten und Umsetzung bereits existierender Konzepte einer Follower-Strategie hinsichtlich Ideenfindung entspricht

Im Innovationsprozess sollten **mehrere Wege parallel beschritten** und Informationen **aus unterschiedlichen Quellen** eruiert werden. Die Grenzen zwischen den oben genannten Wegen sind fließend. Die Erschließung von Ideen aus externen Quellen erfordert immer interne Expertise und ggf. die Kombination mit internem Wissen. Auch die in Abbildung 4.17 durchgeführte Zuordnung von Ideenfindungs-Methoden ist nicht ganz eindeutig.[766] So sind Kreativitätstechniken primär dem Quadranten „intern generieren" zuzuordnen, können aber auch gemeinsam mit Lieferanten durchgeführt werden („extern generieren") oder intern bereits vorhandenes Wissen „zutage fördern", was dem Quadranten „intern sammeln" entspräche. Wettbewerberforschung kann z. B. auch als „primäre Forschung" (Generierung) gesehen werden. Insofern ist die in Abbildung 4.17 dargestellte Matrix als grobe Einteilung der wichtigsten Methoden der Ideenfindung zu verstehen, die zur Gliederung des Kapitels „Ideenquellen" (4.2.3) dienen soll.

Eine heute (2025) bereits genutzte und immer wichtiger werdende Quelle von Produktideen – auch für die Erzeugung von Design-Vorschlägen oder Lösungskonzepten – stellt die generative künstliche Intelligenz (GenKI)[767] dar. Die **Ideenquelle GenKI**

765 Vgl. Pepels (2017), S. 69; Vahs/Brem (2015), S. 255; Meffert u. a. (2024), S. 402.
766 Vgl. Vahs u. a. (2023), S. 319.
767 Vgl. Singla u. a. (2025a), S. 5–9.

wäre dem Quadranten „intern generieren“ zuzuordnen. Auf die Nutzung digitaler Methoden und KI für die Generierung von Ideen wird in Kap. 5.3.2.2 eingegangen.

4.2.3.1 Ideen durch Zusammenarbeit mit externen Partnern generieren

Externes Wissen liegt in Form von inkorporiertem oder nicht inkorporiertem Wissen vor. **Inkorporiertes Wissen** steckt in Produkten, Prozessen, Anlagen oder den Köpfen von Personen. Nicht inkorporiertes Wissen umfasst ungeschütztes Wissen (Literatur, Vorträge, informelle Kontakte zu Wissensträgern) oder geschütztes Wissen (z. B. patentierte Neuerungen). Externes Wissen kann über verschiedene Möglichkeiten durch Kooperationen, den Erwerb anderer Unternehmen oder auf sonstige Weise „generiert“ werden.[768] Abbildung 4.18 zeigt potenzielle externe „Ideengeber“:

Die Generierung externen Wissens folgt dem **Open-Innovation**-Ansatz. Open-Innovation-Initiativen von Unternehmen beziehen teilweise mehrere der oben genannten Gruppen ein.

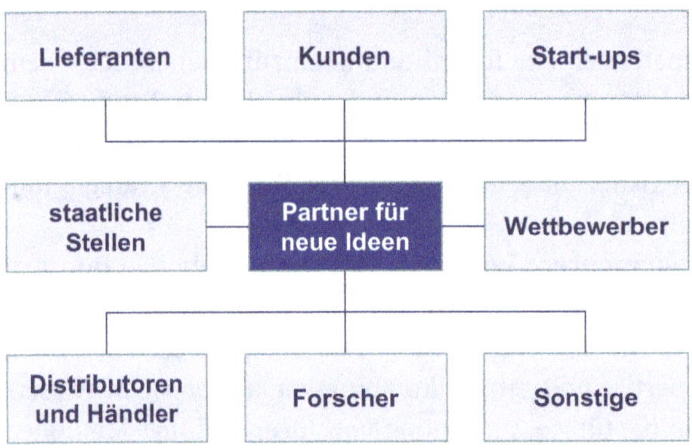

Abbildung 4.18: Partner bei der Ideensuche.

> „Beispiel: Im Procter & Gambles (P&G) „Connect and Develop“-Programm stehen Partnerschaften mit kleinen und mittelgroßen Unternehmen, Universitäten und anderen Forschungsorganisationen im Mittelpunkt. Im Jahr 2000 sah man keine Möglichkeit, mit dem traditionellen geschlossenen Entwicklungsansatz die geforderten Wachstumsraten zu realisieren. Ausgehend von der Annahme, dass es auf jeden P&G-Entwickler „200 ebenso gute Entwickler“ außerhalb gebe, die im Innovationsprozess einbezogen werden können, setze man das Ziel, zukünftig 50 % der Innovationen von außen zu beziehen. Die „Not invented here“-Kultur wurde ersetzt durch „proudly found elsewhere“. „Through connect and develop – along with improvements in other aspects of innovation related to product cost, design, and marketing – our R&D productivity has increased by nearly 60 percent ... Today, more than 35 percent of our new products in the market have elements that originated from outside P&G, up from about 15 percent in 2000. And 45 percent of

768 Vgl. Brockhoff/Brem (2021), S. 125; auf die Sammlung externen Wissens wird in Kap. 4.2.1.4.2 eingegangen.

the initiatives in our product development portfolio have key elements that were discovered externally.“[769]

Konzepte wie Co-Creation, Crowdsourcing, Ideenwettbewerbe oder offene Plattformen können mit allen der oben genannten Ideengeber-Gruppen umgesetzt werden.

4.2.3.1.1 Lieferanten

Vor dem Hintergrund vertikalisierter Wertschöpfungsarchitekturen und sinkender Herstellerwertschöpfung in vielen Industrien sind Lieferanten gefordert, innovative Lösungen einzubringen. Dies gilt insbesondere für sog. Tier-1-Lieferanten. Daher sollten wichtige Lieferanten bereits im Ideen- und Konzeptstadium des Produktplanungsprozesses eingebunden werden.

- „[Automobilindustrie und Lieferanten] brauchen sich auch gegenseitig. Darum gehen die Autohersteller heute früher auf ihre wichtigsten Zulieferer zu – auch um früher als ihr eigener Wettbewerb bessere Innovationen zu bekommen.“[770]
- „Ich kann unsere Zulieferer nur ermutigen, an Lösungen für Dekarbonisierung, auch Digitalisierung und Automatisierung zu arbeiten.“[771]

Die enge Zusammenarbeit mit Lieferanten hilft Unternehmen, früheren oder ggf. exklusiven Zugang zu innovativen Lösungen zu erhalten, schneller auf Marktveränderungen zu reagieren und Lücken durch externes Fachwissen und Ressourcen zu schließen. Die Zusammenarbeit mit Lieferanten endet nicht mit dem Austausch von Ideen, sondern umfasst häufig auch die Entwicklung und Produktion. Selbst in der Vermarktung arbeiten Hersteller und Lieferanten vereinzelt zusammen, z. B. über Ingredient Branding oder gemeinsame Messeauftritte.

Abbildung 4.19 zeigt ausgewählte Ansätze für die Zusammenarbeit mit Lieferanten zur Ideengenerierung:

Co-Creation und Co-Development bezeichnen einen gemeinsamen Innovationsprozess, bei dem Unternehmen und ihre Lieferanten in enger Zusammenarbeit neue Produkte oder Lösungen entwickeln. Lieferanten bringen ihre Expertise in spezifischen Bereichen ein und ermöglichen oder beschleunigen dadurch Innovationen. Die Zusammenarbeit wird in Joint Development Agreements (JDA) vertraglich geregelt.

---

769 Huston/Sakkab (2006).

770 Klaus Bräuning, GF des Verbands der Automobilindustrie (VdA) 2008–2019, zitiert aus Anker (2017).

771 Airbuschef Guillaume Faury (zitiert aus dem Handelsblatt vom 23.06.2023).

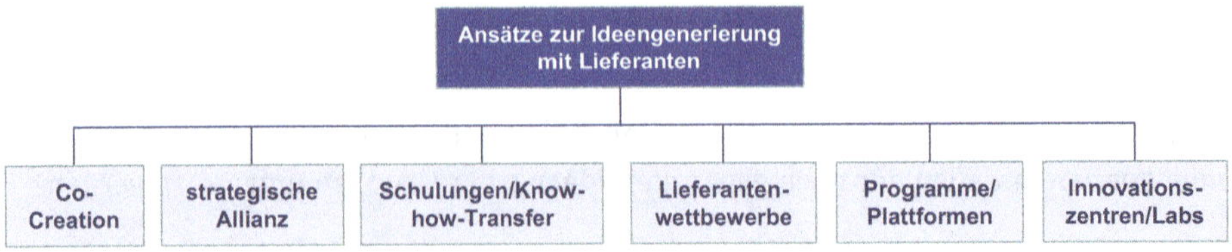

Abbildung 4.19: Ansätze zur Ideengenerierung mit Lieferanten.

Wichtig ist die frühzeitige Einbindung von Lieferanten, um von deren Expertise im Bereich Design, Materialien oder Fertigungstechnologie zu profitieren.

Unternehmen und Lieferanten können **strategische Allianzen** eingehen, um gemeinsame Innovationsziele zu verfolgen. Dabei entwickeln Lieferanten z. B. spezielle Technologien oder Materialien, die dem Hersteller Wettbewerbsvorteile verschaffen können.

Unternehmen bieten u. U. **Schulungen und Know-how-Transfer** an, um Lieferanten in neue Technologien und Methoden einzuweisen. Dies fördert nicht nur Prozess- und Qualitätsverbesserungen, sondern stärkt auch die Innovationsfähigkeit von Lieferanten.

Unternehmen können **Lieferantenwettbewerbe** ausschreiben, bei denen es gilt, innovative Lösungen für spezifische Herausforderungen zu erarbeiten. Hierbei wird der Crowdsourcing-Gedanke genutzt, um von einer großen Anzahl potenzieller Lieferanten Ideen und Lösungsansätze zu erhalten.

Viele Unternehmen implementieren spezifische **Programme oder Plattformen**, innerhalb derer bzw. auf denen Lieferanten ihre Ideen für neue Produkte oder Prozesse einreichen können. Dies fördert die kontinuierliche Zusammenarbeit und bietet Anreize für Lieferanten, innovative Lösungen vorzuschlagen.

Einige Unternehmen richten spezielle **Innovationszentren oder -Labs** ein, in denen sie zusammen mit Lieferanten an der Entwicklung neuer Produkte und Lösungen arbeiten. Diese Labs bieten eine kreative Umgebung, in der Ideen frei ausgetauscht und getestet werden können.

Die enge Zusammenarbeit mit Lieferanten im gesamten Innovationsprozess ist ein wesentlicher Hebel des Open-Innovation-Konzepts.

4.2.3.1.2 Kunden

Es gibt verschiedene Ansätze, um Ideen von Kunden systematisch und frühzeitig in den Innovationsprozess einzubringen, um innovativere und marktgerechtere Produkte zu entwickeln (vgl. Abbildung 4.20).

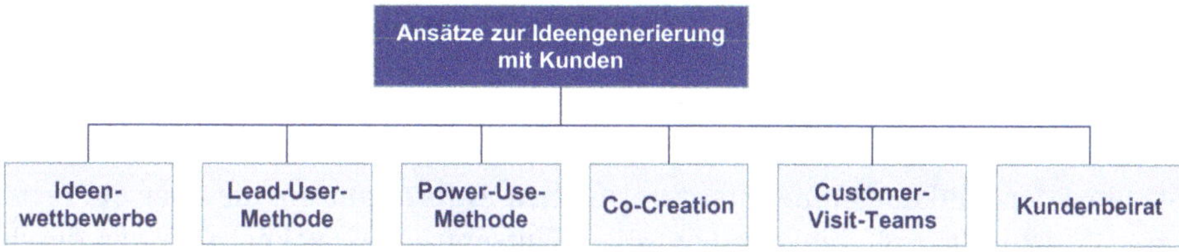

Abbildung 4.20: Ansätze zur Ideengenerierung mit Kunden.

In **Ideenwettbewerben** laden Unternehmen ausgewählte Kunden ein, innovative Ideen für Produkte oder Dienstleistungen einzureichen. Die besten Ideen werden mit Preisen oder Anerkennung belohnt. Ein positiver Nebeneffekt kann eine verstärkte Kundenbindung sein. Gamification, wie z. B. Ranglisten, kann eingesetzt werden, um die Teilnahmemotivation und das Engagement zu erhöhen. Über Bewerbung auf Social-Media-Plattformen oder Online-Communitys können Teilnehmer gewonnen werden. Hackathons oder Innovationmarathons sind spezielle Formen von Ideenwettbewerben. Ein Beispiel ist die Plattform **„LEGO Ideas“**, auf der Kunden bzw. Fans ihre eigenen LEGO-Kreationen und Ideen einreichen und präsentieren können.[772] Unternehmensunabhängige Plattformen, die für Ideenwettbewerbe genutzt werden können, sind z. B. InnoCentive oder IdeaScale.

In der 1986 von Eric von Hippel vorgestellten **Lead-User-Methode** werden zunächst sogenannte „Lead User“ identifiziert.[773] Lead User sind Konsumenten oder Unternehmen, deren Bedürfnisse den Anforderungen des Massenmarktes vorauseilen und die sich einen besonders hohen Nutzen von einer Bedürfnisbefriedigung/Problemlösung versprechen.[774] Lead User können innovative und relevante Ideen liefern. Sie sind motiviert, da sie sich einen eigenen Nutzen durch eine Problemlösung erhoffen. Zudem verfügen sie durch die intensive Beschäftigung mit der jeweiligen Thematik über spezifische Fähigkeiten und Kenntnisse. Oft besitzen sie Expertenstatus und Lösungskompetenz. In vielen Fällen beteiligen sich Lead User an informellen internetbasierten Communitys und Foren, die dem Informationsaustausch und der gegenseitigen Unterstützung dienen. Nach Analysen des Unternehmens 3 M liefern neue Produkte, die mit der Lead-User-Methode entwickelt wurden, achtmal höhere Umsätze. Außerdem fand man heraus, dass Lead-User-Projekte auch Ideen für neue Produktli-

772 Vgl. LEGO (o. J.).

773 Kriterien zur Auswahl von Lead-Usern vgl. Vahs/Brem (2015), S. 275.

774 „Lead users are users whose present strong needs will become general in a marketplace months or years in the future. Since lead users are familiar with conditions which lie in the future for most others, they can serve as a need-forecasting laboratory for marketing research“, von Hippel (1986), S. 791.

nien hervorbringen können, während traditionelle Marktforschung eher Ideen für inkrementelle Verbesserungen liefert.[775]

Power-User sind Nutzer, die ein Produkt oder eine Dienstleistung intensiver und oft kreativer nutzen als die durchschnittlichen Kunden. Sie haben meist ein tiefes Verständnis der Funktionalitäten und spezifischen Anforderungen, die über die regulären Nutzungsmuster hinausgehen. Diese Nutzergruppe zeichnet sich aus durch hohe Produktkenntnis, Engagement (sie geben oft unaufgefordert Feedback oder Verbesserungsvorschläge) und ggf. durch Einfluss auf andere Nutzer. Power-User können zur Ideengenerierung, aber auch bei der Umsetzung von Ideen eingesetzt werden, z. B. als Beta-Tester oder im Rahmen von Co-Creation.

Im **Customer-Co-Creation**-Ansatz werden Kunden in Workshops, Hackathons oder über digitale Plattformen in die Entwicklung von Produktkonzepten oder Prototypen einbezogen. Neben innovativen Produktideen für den anonymen Markt können durch Co-Creation auch Produkte für individuelle Kundenbedürfnisse entwickelt werden. Beispiele, in denen Konsumenten als Co-Creator über eine internetbasierte Schnittstelle an Produkten mitarbeiten, sind NikeID oder der IKEA Home Planner.[776] Über My Starbucks Idea wurden zwischen 2008 und 2013 über 150.000 Ideen eingereicht, aus denen 277 Innovationen entwickelt wurden.[777] Ein Beispiel im B2B-Bereich sind die SAPs Co-Innovation Labs, in denen Kunden, Partner und SAP-Teams zusammenarbeiten. Ziel ist es, maßgeschneiderte Lösungen für spezifische Herausforderungen der Kunden zu entwickeln.[778] BASF bietet Virtual Customer Innovation-Workshops für Kunden an, um gemeinsam mit BASF-Experten Ideen zu entwickeln und Lösungen für spezifische Kundenherausforderung zu finden.

Eine effektive und häufig genutzte Methode im B2B-Markt sind **Customer-Visit-Teams**. Diese bestehen typischerweise aus drei Personen, die die Funktionen Entwicklung, Marketing und Vertrieb abdecken sollten. Das Team führt Tiefeninterviews bei wichtigen Kaufbeeinflussern durch. Es werden u. a. die Bereiche Kundenproblem, Schmerzpunkt („pain points") sowie Bedürfnisse, Funktionen und Nutzenanforderungen („benefits sought") abgedeckt. Die Methode ermöglicht ein tiefes Verständnis der Kundenprobleme und auch Rückschlüsse auf unausgesprochene Bedürfnisse.[779]

Im **Kundenbeirat** („Customer Advisory Board") wird ein ausgewählter Kreis von Kunden regelmäßig eingeladen, um tiefgehendes und kontinuierliches Feedback zu neuen Ideen, Produkten und Entwicklungen zu erhalten sowie um in einen Austausch

775 Vgl. von Hippel (2005), S. 15–16.

776 Vgl. Gopalan/Kohtomäki (2017), S. 99–100.

777 Vgl. Starbucks (2013).

778 „Accelerating innovation together – with help from our experts at SAP Co-Innovation Lab, you can kick-start innovation projects and get more value from SAP solutions", Gopalan/Kohtomäki (2017).

779 Vgl. Cooper (2017), S. 232–235; Cooper nennt zwei Beispielfragen für Kundenbesuche: „When you lie in bed at night and think about this product, what keeps you awake?" und „What really annoys you when you use this product?".

zu treten. Mitglieder sind in der Regel Entscheidungsträger oder Experten wichtiger Kunden.[780] Ein Kundenbeirat ist besonders im B2B-Bereich ein bewährtes Mittel, um kundenorientierte Innovationen und langfristige Partnerschaften zu fördern.

Die Rolle von Kunden bei der Ideengenerierung kann zwischen „passiv" (z. B. Beobachtung des Nutzungsverhaltens von Kunden) über „mitwirkend" (Kunde wird befragt) bis „aktiv" (Kunde ist selbst kreativ, z. B. im Rahmen eines Ideenwettbewerbs) differenziert werden.[781]

Viele der oben genannten Ansätze basieren auf dem **Crowdsourcing-Ansatz** und ermöglichen es Unternehmen, auf die Kreativität und das Wissen einer großen Anzahl von Menschen zuzugreifen. Die Kundenintegration bei der Neuproduktentwicklung hat neben der Generierung von Produktideen weitere Vorteile. Beispielsweise wird die marktorientierte Umsetzung von Ideen gefördert und die Kundenbindung gestärkt.[782]

4.2.3.1.3 Start-ups

Etablierte Unternehmen arbeiten in erster Linie mit Start-ups zusammen, um Zugang zu Innovationen, neuen Technologien und marktrelevantem Wissen zu bekommen.[783] Beispiele aus dem Deep-Tech-Bereich sind:

- Toyota, das im Bereich autonomes Fahren mit dem Start-up Pony.ai zusammenarbeitet,
- Samsung, das auf Know-how des Quantencomputing-Start-ups IonQ zurückgreift, oder
- Alibabas Kooperation mit dem Blockchain-Startup QEDIT.[784]

Abbildung 4.21 fasst unterschiedliche Ansätze zur Zusammenarbeit mit Start-ups zur Ideengenerierung zusammen.[785]

Corporate Venture Capital bezeichnet eine Variante des Venture Capital, bei der ein Start-up durch ein nicht im Finanzbereich tätiges Unternehmen finanziert wird. Im Gegensatz zur klassischen Wagniskapitalfinanzierung verfolgt das finanzierende Unternehmen strategische (und nicht primär Rendite-)Ziele, z. B. die Entwicklung einer Technologie, den Aufbau eines neuen Geschäftsmodells oder die Erschließung neuer Märkte. Das Unternehmen investiert, oft über eine eigene Risikokapitalgesellschaft, direkt in Start-ups oder gründet gemeinsam mit dem Start-up ein Joint-Venture. Für Start-ups hat diese Finanzierungsform große Vorteile.

780 Vgl. Harste u. a. (o. J./E), S. 16.
781 Vgl. Bruhn/Hadwich (2017), S. 198.
782 Vgl. Ernst (2007), S. 438.
783 Vgl. Deschauer u. a. (2021), S. 21.
784 Vgl. Siota/Prats (2021), S. 9–10.
785 Vgl. Brockhoff/Brem (2021), S. 274.

Abbildung 4.21: Ansätze zur Ideengenerierung mit Start-ups.

Neben Finanzmitteln erhält das Start-up beispielsweise Zugang zu Technologien und Vertriebskanälen des investierenden Unternehmens. Außerdem bringt der Einstieg eines namhaften Investors einen Reputationsgewinn. Für beide Seiten bestehen jedoch auch Risiken.[786]

Im **Corporate Venture Clienting** kauft, nutzt oder adoptiert ein Unternehmen die Lösung des Start-ups, mit dem Ziel, Technologien, Geschäftsmodelle oder Ideen das Start-ups zu nutzen und zu erlernen. Im Gegensatz zum normalen Einkauf geht der „Venture Client" ein erhöhtes Risiko ein, da die Lösungen und organisatorischen Fähigkeiten des Start-ups nicht erprobt sind („Early adopter"-Situation). Das Projekt wird von Client-Seite i. d. R. durch eine Venture-Clienting-Einheit betreut, wobei die Geschäftsbeziehung mittelfristig in operative Einheiten überführt werden soll. Im Vergleich zum Venture-Capital-Ansatz sind schnellere Lerneffekte möglich, bei geringeren Risiken.[787] Der Vorteil des Start-ups liegt in einem „risikofreudigen" und markterfahrenen Referenzkunden, mit dem zusammen eine Innovation zur Marktreife gebracht werden kann.

In unternehmenseigenen **Accelerator-Programmen** werden Start-ups, z. B. durch Mentoren und Finanzierung, unterstützt, um ihre Produkte oder Dienstleistungen marktreif zu entwickeln. In **Inkubatoren** stellen Unternehmen Ressourcen wie Büroräume, Technologie oder Know-how bereit, die Start-ups in der frühen Entwicklungsphase benötigen. Ziel in beiden Ansätzen ist es, frühzeitig eine Geschäftsbeziehung zu den für das eigene Kerngeschäft relevanten Start-ups aufzubauen. In Erfolgsfall kann Venture Clienting oder eine Kapitalbeteiligung erfolgen.

In **Partnerschafts- oder Co-Development-Modellen** entwickeln Unternehmen und Start-ups gemeinschaftlich Produkte oder Dienstleistungen. Die Partnerschaft kann ein Projekt umfassen oder längerfristig ausgelegt sein (Innovationspartnerschaft).

Etablierte Unternehmen können auch **Innovationsplattformen** als Andockstellen für Start-ups betreiben. Hierüber können z. B. Start-up-Wettbewerbe oder Hackathons veranstaltet werden, um innovative Lösungen oder Prototypen zu generieren.

786 Vgl. Van den Bosch/Duysters (2014).
787 Vgl. Gimmy (2023).

In Open-Innovation-Hubs oder Innovation-Labs erhalten Start-ups Zugang zu Infrastruktur und Expertise des Unternehmens.

Unabhängig von einer konkreten Zusammenarbeit suchen Unternehmen auch den **informellen Austausch** mit Start-up, z. B. auf Messen oder im Rahmen von Vorträgen und Netzwerkveranstaltungen. Hierdurch können gemeinsame Projekte angebahnt werden.

Wichtig ist, Start-ups während der Zusammenarbeit in ihrer innovationsfördernden Umgebung zu belassen bzw. diesen eine solche Umgebung zu ermöglichen (Inkubator). Herausfordernd in der Zusammenarbeit sind organisatorische und kulturelle Unterschiede zwischen etablierten Unternehmen und Start-ups.

4.2.3.1.4 Staatliche Stellen

Die Zusammenarbeit zwischen Unternehmen und staatlichen Stellen zur Generierung innovativer Ideen kann durch verschiedene Modelle und Initiativen erfolgen, die von Forschungsförderung bis hin zu Innovationspartnerschaften reichen (vgl. Abbildung 4.22):[788]

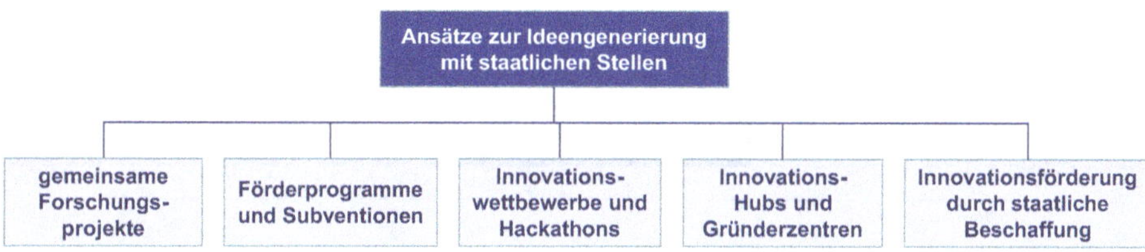

Abbildung 4.22: Ansätze zur Ideengenerierung mit staatlichen Stellen.

In **gemeinsamen Forschungsprojekten** (Public-Private Partnerships) kooperieren Unternehmen und staatliche Stellen, wobei der Staat häufig finanzielle Mittel bereitstellt, während Unternehmen Expertise und Ressourcen einbringen. Ein Beispiel hierfür ist das EU-Programm Horizon Europe.[789]

In **Förderprogrammen** und durch **Subventionen** bieten staatliche Stellen Unternehmen finanzielle Unterstützung für die Entwicklung innovativer Produkte oder Technologien an. Ein Beispiel ist das Zentrale Innovationsprogramm Mittelstand des Bundesministeriums für Wirtschaft und Energie.[790]

Daneben können staatliche Stellen **Innovationswettbewerbe und Hackathons** organisieren, um Unternehmen und Start-ups zur Entwicklung neue Lösungen für gesellschaftliche Herausforderungen zu motivieren.

---

788 Vgl. Brockhoff/Brem (2021), S. 99–105.
789 Vgl. Bundesministerium für Bildung und Forschung (o. J.).
790 Vgl. Bundesministerium für Wirtschaft und Energie (o. J.).

Über den Betrieb von **Innovation-Hubs und Gründerzentren** unterstützen staatliche Stellen den Austausch zwischen Unternehmen, Start-ups und Forschungseinrichtungen. Gründerzentren können als Inkubatoren für Start-ups in frühen Entwicklungsphasen dienen. Ein Beispiel ist das brigK in Ingolstadt.[791]

In einigen Bereichen, z. B. der Verteidigung oder im Bereich Umwelttechnologie, kann **Innovationsförderung durch staatliche Beschaffung** erfolgen. Staatliche Stellen nutzen dabei ihre Rolle als Großabnehmer, um innovative Lösungen zu fördern.

Staatliche Stellen unterstützen entsprechend ihrer politischen Agenda und fördern in spezifischen Themenbereichen oder in bestimmten Regionen. Ein Wechsel der politischen Führung kann neue Möglichkeiten schaffen oder dazu führen, dass Programme enden.

4.2.3.1.5 Wettbewerber

Zusammenarbeit mit Wettbewerbern, beispielsweise um Innovationen voranzutreiben, wurde im Jahr 1996 von Brandenburger/Nalebuff als **Coopetition bezeichnet.**[792] Unternehmen können, auch wenn sie im Wettbewerb miteinander stehen, durch Kooperation Ressourcen und Know-how bündeln, um gemeinsame Herausforderungen anzugehen. Es können unterschiedliche Wege verfolgt werden (vgl. Abbildung 4.23):

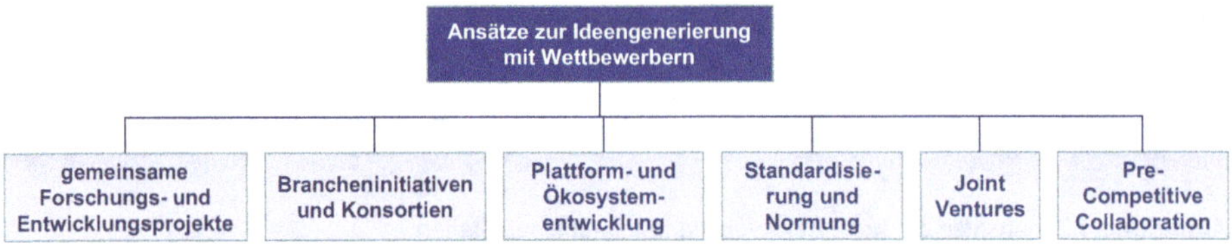

Abbildung 4.23: Ansätze zur Ideengenerierung mit Wettbewerbern.

In **gemeinsamen Forschungs- und Entwicklungsprojekten** arbeiten Wettbewerber zusammen, um grundlegende Technologien oder Standards zu entwickeln. Beispiele sind die Zusammenarbeit von Airbus und Boeing im Bereich nachhaltiger Flugzeugkraftstoffe und die Kooperation von BMW, Daimler und Volkswagen bei der Entwicklung eines universellen Standards für die Ladeinfrastruktur von Elektrofahrzeugen.

Daneben können sich Wettbewerber in **Brancheninitiativen und Konsortien** zusammenschließen, um gemeinsame langfristige Herausforderungen zu lösen oder Innovationen zu fördern. Beispiele sind die Linux Foundation zur Förderung von Open-Source-Softwareentwicklung, an der u. a. IBM, Intel und Microsoft beteiligt sind.

791 Vgl. https://www.brigk.digital/.

792 Vgl. Brandenburger/Nalebuff (1996).

Eine Zusammenarbeit kann außerdem das Ziel haben, **Plattformen** oder **Ökosysteme** zu entwickeln, welche Innovationen in einer Branche fördern.[793]

Durch **Standardisierung und Normung** werden gemeinsame Standards entwickelt, die Innovationen und Interoperabilität erleichtern. So arbeiten beispielsweise Telekommunikationsanbieter und Gerätehersteller zur Entwicklung und Einführung des 6G-Mobilfunkstandards zusammen.

Über **Joint Ventures** können Wettbewerber gemeinsam innovative Produkte oder Technologien entwickeln und dabei Kosten und Risiken teilen. Ein Beispiel war die Zusammenarbeit von Samsung und Sony im Joint Venture S-LCD zur Entwicklung von LCD-Displays.

Eine Zusammenarbeit kann auch in der frühen Entwicklungsphase erfolgen, um Forschungsrisiken zu teilen (**Pre-Competitive Collaboration**). Beispielsweise kooperieren Autohersteller bei der Forschung im Bereich autonomes Fahren.

Den Vorteilen der geteilten Ressourcen und gebündelten Kompetenzen stehen konkurrierende Unternehmensziele und die Gefahr von Wissensabfluss gegenüber. Daher sind Coopetition-Modelle oft kompliziert in der Konzeption und herausfordernd im Betrieb.

4.2.3.1.6 Distributoren und Händler

Die Zusammenarbeit mit Distributoren und Händlern kann eine wertvolle Quelle für Innovationen und neue Ideen sein, insbesondere in den Bereichen Produktentwicklung, Kundenansprache und Geschäftsmodelle. Diese Partnerschaften bauen die Nähe der Händler zum Endkunden und ihre Marktkenntnis auf. Abbildung 4.24 zeigt mögliche Ansätze:

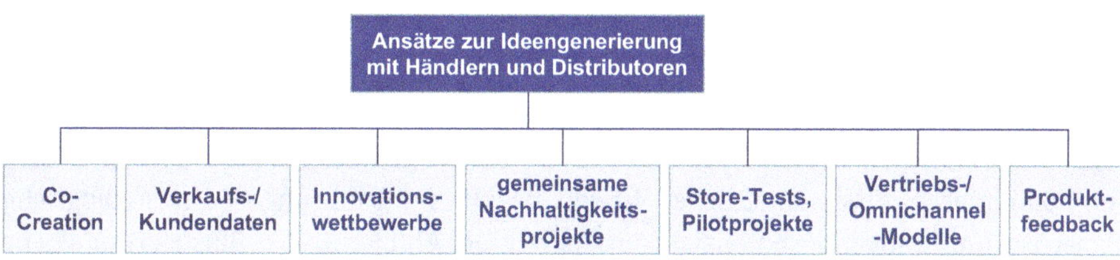

Abbildung 4.24: Ansätze zur Ideengenerierung mit Händlern und Distributoren.

Im **Co-Creation**-Ansatz werden Distributoren und Händler direkt in die Entwicklung neuer Produkte oder Dienstleistungen einbezogen. Sie bringen dabei Einblicke und Daten zu Kundenbedürfnissen und -präferenzen ein.

Händler verfügen über umfangreiche **Verkaufs- und Kundendaten**. Diese Daten können gemeinsam analysiert und genutzt werden, um Markttrends zu identifizieren

793 Vgl. Kap. 3.2.2.5 (Plattform- und Ökosystemstrategie im Rahmen der Innovationsstrategie).

und innovative Produkte oder Kampagnen zu entwickeln. Beispielsweise basieren „Amazon Basics"-Produkte wesentlich auf Verkaufsdaten von Händlern der Amazon-Plattform.

Hersteller können **Innovationswettbewerbe** veranstalten, bei denen Distributoren und Händler innovative Lösungen für bestimmte Herausforderungen vorschlagen. Ein Beispiel ist der Wettbewerb von LEGO zur Präsentation von LEGO-Produkten in Geschäften.

Distributoren und Hersteller entwickeln gemeinsam **nachhaltige Verpackungen, Logistiklösungen oder energieeffiziente Produkte**. Unilever arbeitete beispielsweise mit Einzelhändlern zusammen, um Plastikverpackungen durch die Einführung von Nachfüllstationen zu reduzieren.

Über **Store-Tests und Pilotprojekte** mit Handelspartnern können Hersteller neue Produkte oder Dienstleistungen testen, bevor diese in den Markt eingeführt werden.[794]

Unternehmen arbeiten mit Händlern und Distributoren an **innovativen Vertriebs- und Omnichannel-Modellen**, um die Integration von Online- und Offlinekanälen zu verbessern. Ein Beispiel ist Nikes „Buy Online, Pick Up in Store"-Konzept.

Unternehmen nutzen **Produktfeedback** von Händlern und Distributoren, um Kundenprobleme und -wünsche als Basis neuer Ideen oder Produktanforderungen zu erheben.[795]

Durch Kooperation mit dem Handel können Hersteller qualitative und quantitative Kundendaten ohne aufwendige Marktforschung gewinnen. Auf der anderen Seite haben Händler eigene Interessen und stehen auch mit Wettbewerbern in Kontakt. Insofern müssen gemeinsame Projekte so gestaltet werden, dass eine Win-win-Situation entsteht.

4.2.3.1.7 Forschungseinrichtungen

Die Zusammenarbeit mit Forschungseinrichtungen, Universitäten und Industrieexperten ist eine effektive Methode, um innovative Ideen zu generieren. Solche Partnerschaften kombinieren wissenschaftliches Wissen, praktische Erfahrung und technologische Expertise, um Innovationspotenziale auszuschöpfen. Abbildung 4.25 illustriert mögliche Kooperationsansätze.

Unternehmen finanzieren oder arbeiten gemeinsam mit Universitäten oder Forschungseinrichtungen an **Forschungs- und Entwicklungsprojekten**. Beispielsweise führen Audi und die Technische Hochschule Ingolstadt gemeinsame Forschungsprojekte u. a. im Bereich der Fahrzeugsicherheit durch.

794 Vgl. Kap. 4.5.7.2 (Storetests im Rahmen der Markterprobung).
795 Vgl. Kap. 4.3.2.1 (Anforderungserhebung).

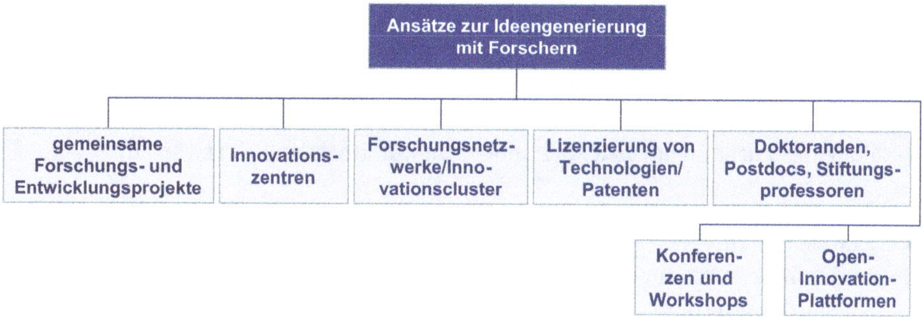

Abbildung 4.25: Ansätze zur Ideengenerierung mit Forschern.

Mit längerfristiger Perspektive können Unternehmen und Forschungseinrichtungen gemeinsame **Innovationszentren** gründen, in denen interdisziplinäre Teams an Zukunftslösungen arbeiten.

Unternehmen beteiligen sich außerdem an **Forschungsnetzwerken oder Innovationsclustern**, um Wissen mit Universitäten, Start-ups und anderen Firmen zu vernetzen. Ein Beispiel ist das Aachen Cluster für Produktionstechnik, in dem verschiedene Industrieunternehmen und die RWTH Aachen zusammenarbeiten.

Unternehmen lizensieren **Technologien oder Patente** von Forschungseinrichtungen, um diese in Produkten zu kommerzialisieren oder weiterzuentwickeln. Beispielsweise wurde die CRISPR-Technologie zur gezielten Genom-Editierung durch universitäre Forschung entwickelt und durch unterschiedliche Biotech-Unternehmen kommerzialisiert.

Daneben finanzieren Unternehmen **Doktoranden und Postdocs** oder bieten Praktika an, um Nachwuchstalente direkt in Forschungsprojekte einzubinden. Unternehmen finanzieren auch **Stiftungsprofessuren** oder legen **Förderprogramme** an Universitäten auf, um bestimmte Innovationsfelder zu bearbeiten. Audi finanziert beispielsweise verschiedene Stiftungsprofessoren an der Technischen Hochschule Ingolstadt.

Unternehmen und Universitäten organisieren gemeinsam **Konferenzen und Workshops**, um neue Ideen zu diskutieren und Netzwerke zu erweitern. Beispielsweise bieten die TEDMED-Konferenzen eine Plattform für den Austausch zwischen Wissenschaftlern, Unternehmen und Industrieexperten im Gesundheitsbereich.

Unternehmen können außerdem **Open-Innovation-Plattformen** anbieten, um Forscher und Experten in spezifische Innovationsprojekte einzubinden.

Unternehmen nutzen zum Teil auch **akademische Berater** in **Experten-Panels**, um spezifische Probleme zu beleuchten oder Technologien zu bewerten. Im Google AI Ethics Board beraten auch Experten aus Universitäten das Unternehmen zu ethischen Fragestellungen in der KI-Forschung.

Durch die Zusammenarbeit mit Forschungseinrichtungen erhalten Unternehmen Zugang zu hochspezialisiertem Wissen und neuen Technologien. Damit können insbesondere technologische Innovation mittel- und langfristig realisiert sowie Netzwerke mit talentierten Forschern und Experten aufgebaut werden. Herausfordernd sind unterschiedliche Prioritäten und Zeitpläne zwischen akademischen und kommerziellen Akteuren sowie die bürokratischen Verwaltungsprozesse an staatlichen Institutionen. Resultate der Zusammenarbeit sind außerdem nur langfristig zu erwarten.

4.2.3.1.8 Sonstige

Neben den bereits genannten, könnten noch die in Abbildung 4.26 dargestellten Partner bei der Generierung neuer Innovationsideen genutzt werden:

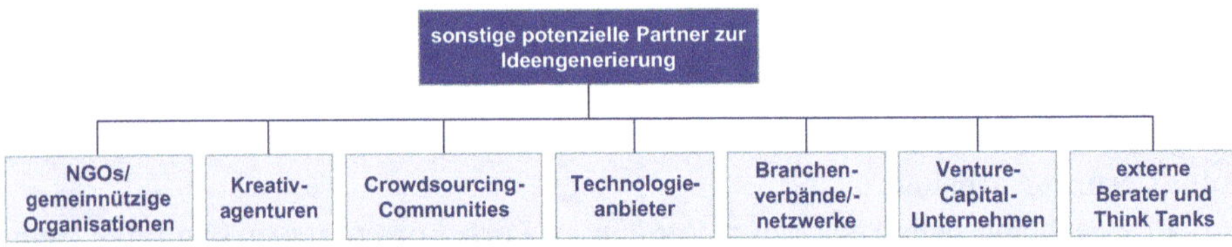

Abbildung 4.26: Sonstige Partner zur Ideengenerierung.

NGOs und gemeinnützige Organisationen verfügen über fundierte Einblicke in gesellschaftliche und ökologische Herausforderungen. Unternehmen können in Kooperation mit NGOs nachhaltige Innovationen entwickeln. Als Nebeneffekt profitieren Unternehmen vom i. d. R. positiven Image der NGOs. Beispielsweise arbeitet Unilever mit NGOs an nachhaltigen Verpackungslösungen.

Kreativagenturen können innovative Konzepte, Designideen oder Marketinglösungen liefern, z. B. im Bereich der Markenentwicklung oder des Produktdesigns.

Über **Crowdsourcing-Communitys** können große Gruppen externer Personen im Innovationsprozess eingebunden werden, z. B. in Form von Ideenwettbewerben.

Technologieanbieter (außerhalb des Lieferantenkreises) können u. U. Technologien für Produkte liefern oder Partner für die Entwicklung neuer Lösungen sein. Automobilhersteller arbeiten beispielsweise eng mit Softwarefirmen zusammen, um Connected-Car-Lösungen zu entwickeln.

Branchenverbände und -netzwerke bringen Unternehmen derselben oder verwandter Branchen zusammen und fördern den Wissensaustausch.

Venture-Capital-Firmen sind mit innovativen Start-ups verbunden und können Unternehmen mit passenden Partnern zusammenbringen. Google Ventures unterstützt beispielsweise die Innovationsprojekte von Alphabet-finanzierten Start-ups.

Externe Berater und Thinktanks verfügen über Fachwissen zu bestimmten Trends und Technologien. Managementberater wie McKinsey oder BCG können beispielsweise die Bewertung von Marktchancen und Innovationspotenzialen bestimmter Themen unterstützen.

Die oben genannte Liste von Partnern ist nicht vollständig. Die spezifischen Zielsetzungen und Kompetenzen der Partner sind bei der Gestaltung von Kooperationsmodellen zu beachten.

4.2.3.2 Ideen aus externen Quellen sammeln

Als Quellen zur Ideensammlung können zunächst auch die in Abbildung 4.18 genannten „Partner zur Ideengenerierung" (Lieferanten, Kunden, Start-ups, staatliche Stellen, Wettbewerber, Distributoren und Händler, Forscher und „Sonstige") angesehen werden. Die Methoden der Sammlung sind jedoch andere als die der Ideengenerierung durch Kooperation, wobei, wie erwähnt, ein Graubereich zwischen Sammlung und Generierung vorliegen kann.

Grundlage für die Ideensammlung kann das **Marketing-Informationssystem** eines Unternehmens sein. Um externe Informationen zu gewinnen, verfolgt dieses zwei Wege:[796]

- Grundlegende Marketingformationen sollten routinemäßig und kontinuierlich durch ein sog. **Marketing-Intelligence**-System gesammelt, aufbereitet und verteilt werden.
- Informationslücken oder spezifischer Informationsbedarf werden durch **Marktforschungsprojekte** geschlossen.

Neben dem allgemeinen Konzept der Marktforschung werden im Folgenden – mit der Wettbewerberanalyse und dem Online Behavioral & Social Tracking – zwei spezielle Verfahren zur Gewinnung von externen Informationen vorgestellt.

4.2.3.2.1 Marktforschung

„Marketingforschung umfasst die Gewinnung, Auswertung und Interpretation von Informationen über gegenwärtige und zukünftige Marketingsituationen und Entscheidungen eines Unternehmens."[797] Zwei der sechs von Meffert genannten Funktionen der Marktforschung sind im Ideengenerierungsprozess besonders relevant:[798]

- Trends, Chancen und Risiken am Markt aufdecken und antizipieren **(Innovationsfunktion)**
- Präzisierung und Objektivierung von marktseitigen Sachverhalten, um das Risiko von Fehlentscheidungen zu reduzieren **(Unsicherheitsreduktionsfunktion)**

---

796 Vgl. Kap. 2.4.4 bzw. Kotler u. a. (2022), S. 199–226.

797 Meffert u. a. (2024), S. 175.

798 Vgl. Meffert u. a. (2024)., S. 177; weitere Funktionen der Marktforschung nach Meffert u. a. sind Selektion (relevante Informationen aus der Informationsflut herausfiltern), Frühwarnung (Risiken früh erkennen und abschätzen), Strukturierung, Kontrolle (Ursachen für Erfolg/Misserfolg von Marketingentscheidungen erforschen) und Intelligenzverstärkung (Unterstützung des Marketingentscheidungsprozesses).

Der Marktforschungsprozess umfasst folgende Phasen:[799]

1. In der **Problemdefinitionsphase** werden die zu untersuchenden Fragestellungen formuliert. Beispielhafte Fragestellungen im Rahmen der Ideenfindung sind in Abbildung 4.27 aufgeführt.
2. Im zweiten Schritt ist das **Untersuchungsdesign** festzulegen, also welche Daten aus welchen Quellen und mit welchen Methoden gesammelt bzw. erhoben werden sollen.
3. Entsprechend erfolgt im dritten Schritt die **Informationsgewinnung**.
4. Im nächsten Schritt werden die **Informationen verarbeitet** und **analysiert**. Hierzu werden u. a. statistische Verfahren eingesetzt.[800]
5. Die Ergebnisse sind schließlich an die relevanten Entscheidungsträger – als Basis für Marketingentscheidungen – zu **kommunizieren**.

Mit dem Ziel, **Ideen für Neuprodukte zu ermitteln**, könnten Marktforschungsprojekte beispielsweise mit folgenden **Fragestellungen** aufgesetzt durchgeführt werden (vgl. Abbildung 4.27):

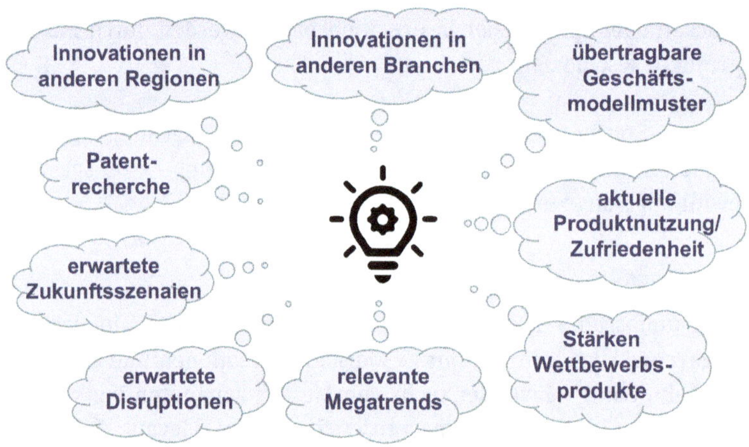

Abbildung 4.27: Marktforschungsfragen zur Ideensammlung.

799 Vgl. z. B. Kotler u. a. (2022), S. 203; Meffert u. a. (2024), S. 179–180.

800 Statistische Verfahren können in univariate und multivariate Verfahren eingeteilt werden. Bei den univariaten Verfahren werden einzelne Variablen unabhängig voneinander untersucht, z. B. mittels Häufigkeitsverteilung oder Mittelwertbildung. Multivariate Verfahren untersuchen die Beziehungen zwischen zwei oder mehr Variablen. Zu den multivariaten statistischen Verfahren gehören z. B. die Regressionsanalyse, die Faktorenanalyse oder die Clusteranalyse, vgl. Backhaus u. a. (2023).

- Welche **Innovationen** (Produkt, Geschäftsmodell, Marketing, Prozess) im relevanten Produkt-Markt-Segment gibt es in **anderen Regionen**, die in unserer Fokusregion noch nicht realisiert sind? (Lead-Regionen-Analyse)
- Welche **Innovationen** (Produkt, Geschäftsmodell, Marketing, Prozess) im relevanten Technologiefeld gibt es in **anderen Branchen**, die in unserer Branche noch nicht realisiert sind? (Lead-Branchen-Analyse)
- Gibt es erfolgreiche **Geschäftsmodellmuster** anderer Unternehmen, die auf unser Geschäft übertragen werden können?[801]
- Wie wird unser **aktuelles Produkt** gekauft und genutzt? Wie ist die Kundenzufriedenheit? Welche Beschwerden und Verbesserungswünsche werden geäußert?
- Welches sind unsere wichtigsten **Wettbewerberprodukte**? Welche Stärken und Schwächen haben diese? Wie sind diese im Zielmarkt positioniert?[802]
- Welche der bekannten **Megatrends** haben Auswirkungen auf unser Geschäft? Welche Chancen und Herausforderungen bringen diese mit sich? Welche Veränderungen resultieren hinsichtlich der Kundenanforderungen?[803]
- Welche **Disruptionen** der Branche sind zu erwarten? Wodurch werden diese ausgelöst? Welche Chancen und Risiken bringen diese mit sich?[804]
- Welche **Szenarien** sind in der Zukunft für unsere Branche denkbar? Welche Faktoren bestimmen, welches Szenario in Zukunft eintritt? (Szenariotechnik)
- Welche neueren **Patente, Gebrauchs- und Geschmacksmuster** wurden in unserer Produktdomäne eingereicht? Welche Potenziale und Auswirkungen haben diese Patente auf unser zukünftiges Produktangebot?[805]

Daten können spezifisch für die Fragestellung neu erhoben werden (Primärforschung) – durch das eigene Unternehmen oder einen beauftragten Dienstleister. Alternativ können bereits vorhandene Daten gesammelt oder Erkenntnisse durch Analyse existierender Daten gewonnen werden (Sekundärforschung).

Erhebungsmethoden der **Primärforschung** sind Befragung, Beobachtung und Experiment.[806]

- Zu den **qualitativen** Marktforschungsmethoden gehören zum Beispiel Tiefeninterviews bzw. Leitfadeninterviews, Gruppendiskussionen (Fokusgruppe), rekon-

---

801 Eine Checkliste für diese Analyse liefern beispielsweise die 55 Geschäftsmodellmuster des St. Galler Business Model Navigators, vgl. Gassmann u. a. (2021).

802 Technische Daten kann ein Reverse Engineering liefern. Die Erhebung von Stärken, Schwächen und Positionierung erfordert eine Kundenbefragung.

803 Vgl. Cooper (2017), S. 248; Gassmann u. a. nennen folgende Megatrends, die als Basis für Ideen analysiert werden könnten: Wissensgesellschaft, Vernetzung, Zentralisierung & Urbanisierung, Cocooning, Ressourcenknappheit, (Bedürfnis nach) Sicherheit, Selbstverwaltung, demografischer Wandel, vgl. Gassmann u. a. (2021), S. 145.

804 Vgl. Cooper (2017), S. 245–247.

805 Vgl. Gleich u. a. (2016), S. 366–367; Mallinson (2025).

806 Vgl. z. B. Meffert u. a. (2024), S. 193–199; Homburg (2020), S. 286–319; Koppelmann (2001), S. 295–299.

struktive Beobachtungen und Workshops. Eine weitere Methode ist die ethnografische Forschung. Durch Beobachtung „im natürlichen Umfeld“, Interviews und Tagebücher werden tiefere Einblicke in das Verhalten und die bewussten und unbewussten Bedürfnisse der Kunden gewonnen, inklusive der jeweils relevanten Kontextfaktoren.
- Bei **quantitativer** Forschung werden größere Stichproben mittels standardisierter Fragebögen befragt und die Ergebnisse quantitativ-statistisch ausgewertet. Zu den quantitativen Methoden zählen u. a. repräsentative Befragungen, Telefonumfragen sowie Befragungen und experimentelle Aufzeichnungen in Testlabors mit 100 und mehr Probanden.

Für die **Sekundärforschung** stehen interne[807] und externe Quellen zu Verfügung. Externe Quellen sind u. a.:[808]
- **Veröffentlichungen** (Studien, Zeitungen und Zeitschriften, Fachbücher, Geschäftsberichte, Branchenberichte und -statistiken, Messekataloge etc.)
- **unstrukturierte Internetquellen** (Suchmaschinen, generative künstliche Intelligenz, Unternehmenswebseiten, Social Media etc.)
- **Patente und gewerbliche Schutzrechte**, recherchierbar über die öffentlich zugänglichen Datenbanken des Deutschen Patent- und Markenamts (DPMA), des Europäischen Patentamts (EPA) oder der World Intellectual Property Organisation (WIPO).[809] Der Einsatz von spezialisierten Suchmaschinen wie Google Patents[810] oder der generativen KI erleichtert die Informationsgewinnung aus Patentdatenbanken.
- strukturierte Datenquellen, z. B.
  - Datenbanken mit Markt- und Unternehmensdaten, z. B. Nielsen, Dun & Dreadstreet, LexisNexis, JD Power & Associates, GfK
  - amtliche Daten/Statistiken, z. B. World Bank, Europäische Kommission, Statista, German Trade & Invest, Eurostat
  - Internet-Datenbanken, z. B. ClickZ, Interactive Advertising Bureau, comScore, Internet World Stats, BITKOM

Da intern verfügbare Daten oft nicht ausreichend sind, um spezifische Fragestellungen zu beantworten, werden in vielen Marktforschungen externe Sekundärdaten genutzt. Obwohl diese oft kostenpflichtig sind, ist der zeitliche und monetäre Aufwand i. d. R. kleiner als bei der Primärforschung. Ein großer Teil der Marktforschung erfolgt heutzutage online, z. B. durch Onlineumfragen, Internetrecherche oder Onlinedatenbanken.

807 Eine Übersicht möglicher interner Datenquellen ist in Kap. 4.2.1.4.4 (Ideen aus internen Quellen) aufgeführt.

808 Vgl. Kotler u. a. (2022), S. 206–207; Vahs u. a. (2023), S. 320.

809 DPMA: https://depatisnet.dpma.de/DepatisNet; EPA: https://register.epo.org/; WIPO: https://www.wipo.int/portal/en/index.html

810 Google Patents: https://patents.google.com/

Sowohl in der primären als auch in der sekundären Marktforschung wird die **künstliche Intelligenz** in Zukunft eine wichtige Rolle spielen:[811] Einfach anzuwenden und inzwischen weitverbreitet (Stand 2025) ist die Sammlung und Analyse vorhandener Internet-Daten mittels GenKI („Nachfolgetechnik" der suchmaschinenbasierten Internetrecherche). In der primären Konsumentenforschung können entsprechend konditionierte **Silicon Samples** humane Stichproben ergänzen oder ersetzen.[812]

4.2.3.2.2 Wettbewerberanalyse

> „Often, an analysis of competitors' successes and failures yields insights into how to win, and what's needed next."[813]

Wettbewerberprodukte sind eine wichtige Ideenquelle in der Neuproduktentwicklung. Dabei können einzelne Aspekte oder komplette Konzepte von Wettbewerberprodukten als Ideen für eigene Produkte ausgegriffen werden. Hierbei spricht man von **Imitation**, welche eine legitime und erfolgversprechende Strategieoption darstellt, falls sich die Imitation auf rechtlich ungeschützte Informationen bezieht.[814]

Neben den Produkten sollten auch Preise, Kostenposition, Technologien, Geschäftsmodelle und Marketingstrategien von Wettbewerbern untersucht werden.[815] Folgende Rolle kann eine Wettbewerberanalyse im Produktinnovationsprozess spielen:
- Durch **Benchmarking** analysieren Unternehmen die Produkte ihrer Wettbewerber, um Leistungsstandards und Best Practices zu identifizieren, die sie dann für eigene Produkte adaptieren können.[816]
- Das Verständnis der Stärken und Schwächen von Wettbewerbsprodukten hilft, eigene Produkte gezielt zu **differenzieren** und **positionieren**. So kann eine umfassende Analyse von Wettbewerberprodukten **Lücken im Marktangebot** bzw. nicht bediente Nischen aufdecken.[817]
- Wettbewerbsprodukte können Hinweise auf **zukünftige Marktentwicklungen** oder bisher nicht bedachte Anforderungen oder Anwendungen von Kunden geben.

811 Vgl. Kap. 5.3.2.2 (Digitale Technologien in der Ideenphase).

812 Vgl. Argyle u. a. (2023); Arora u. a. (2024).

813 Cooper (2017), S. 370.

814 Vgl. Schewe (2007), S. 54–55.

815 Vgl. Cooper (2017), S. 109 und S. 250–251.

816 Vgl. Gleich u. a. (2016), S. 368–369; Benchmarking kann nicht nur für Produkte, sondern auch für Wettbewerberprozesse angewendet werden.

817 Vgl. Kap. 4.3.3.2 (sozioökonomische Positionierung).

- Im **Reverse Engineering** nehmen Unternehmen Wettbewerbsprodukte auseinander, um deren Technologien oder Gestaltungslösungen zu verstehen und ggf. aufzugreifen.
- **Marketingtaktiken** von Wettbewerbern, z. B. Preise und Konditionen, Preismodelle, Distributionssysteme oder Kommunikationskampagnen können Vorlagen für eigene Entscheidungen sein oder Basis für taktische Gegenmaßnahmen.

Gezielte und fokussierte Analysen, z. B. Benchmarking oder Reverse-Engineering von Wettbewerberprodukten, können im Rahmen von Marktforschungsprojekten durchgeführt werden. Eine erfolgreiche Produktimitationsstrategie setzt **Technologiepotenzial** (um Imitationsergebnisse umsetzen zu können) und **Aufklärungspotenzial** (um rechtzeitig auf die Imitationschancen aufmerksam zu werden) des Imitators voraus.[818] Gierl/Helm weisen auf rechtliche Grenzen hin: Zum einen sind gewerbliche Schutzrechte von Wettbewerbern zu beachten. Außerdem dürfen weder Mitarbeiter der Konkurrenz noch gemeinsame Kunden oder Lieferanten zum Geheimnisverrat verleitet werden.[819]

Imitation liefert naturgemäß keine bahnbrechend neuen Ideen. Auf der anderen Seite sind die gewonnenen Ideen aus dem gleichen Kontext und damit i. d. R. relevant und umsetzbar. Aus diesem Grund sollen Wettbewerberbeobachtung und -analyse als elementarer Baustein im Ideenprozess eingesetzt werden.[820]

4.2.3.2.3 Online Behavioral & Social Tracking

Eine immer wichtigere Quelle des Kundenverständnisses stellt Online Behavioral & Social Tracking dar.[821] Dabei wird das Surf- und Nutzungsverhalten von Kunden im Internet „beobachtet“ und analysiert. Die wichtigsten Methoden und Ansätze hierfür sind Web-Tracking, Analyse von Onlinebewertungen, Social-Media-Monitoring, Foren-/Community-Monitoring, Social-Listening und die Sentiment-Analyse. Die genannten Methoden werden in Kap. 4.3.2.1.1 (Erhebung von Kundenanforderungen) und Kap. 5.3.2.1.1 (Sensing-Phase in der Ideengenerierung) näher erläutert.

Die Methoden helfen Unternehmen, Kundenbedürfnisse und -probleme frühzeitig zu erkennen. Im Gegensatz zu klassischen Methoden der primären Marktforschung können Daten durch entsprechende digitale Werkzeuge automatisiert erhoben und analysiert werden. Auf der anderen Seite stehen Herausforderungen wie Datenqualität (Sind die erhobenen Daten repräsentativ? Liegt ggf. Manipulation vor?) und Datenschutz.

---

818 Vgl. Schewe (2007), S. 64–65.
819 Vgl. Gierl/Helm (2007), S. 335.
820 Vgl. Hauschildt u. a. (2023), S. 77.
821 Vgl. Kotler u. a. (2022), S. 217–218.

4.2.3.3 Ideen von innen heraus generieren (Kreativitätstechniken)

Ziel der Ideengenerierung ist es, kontinuierlich qualitativ hochwertige Ideen in ausreichender Anzahl hervorzubringen. Der Schlüssel zum Erfolg sind die eigenen Mitarbeiter. Diese müssen **aktiviert** werden, um neben der täglichen operativen Arbeit zusätzlich kreative Impulse und Ideen für das Unternehmen einzubringen:

- Mitarbeiter müssen individuell zum kreativen Engagement **motiviert** („will") und ggf. **qualifiziert** („skill") werden. Hier ist die jeweilige Führungskraft gefordert bzw. der Produktmanager als laterale Führungskraft des Produktteams.
- Um Kreativität im **Produktteam** zu fördern, müssen Teams in geeigneter Weise zusammengestellt und geführt werden.[822]
- Den Mitarbeitern und Teams müssen Innovationsziele vorgegeben und entsprechende Prozesse, Organisationsformen und Werkzeuge zur Verfügung stehen. Unterstützend wirken ein innovationsförderndes Umfeld und eine innovationsfördernde Kultur.[823]

Eine klassische und strukturierte Möglichkeit, internes Wissen zu aktivieren, ist das **betriebliche Vorschlagswesen** (BVW). Es ermöglicht und motiviert Mitarbeiter, Ideen zur Verbesserung von Arbeitsprozessen, Produkten, Dienstleistungen oder Arbeitsbedingungen einzubringen. Das BVW ist in vielen Unternehmen etabliert. Es setzt auf die Prinzipien Freiwilligkeit, Prämierung und Transparenz. Ziel ist es, das Wissen und die Kreativität der Mitarbeitenden permanent und systematisch für die Weiterentwicklung des Unternehmens einzusetzen. Häufig ist das BVW als Bestandteil des betrieblichen Wissens- und Innovationsmanagements organisiert.[824] An die Stelle von Formularen und Postkästen treten heute digitale Plattformen.

Innovationen basieren auf Neuigkeiten bzw. Ideen. Um diese zu „generieren", ist menschliche **Kreativität** nötig. Kreativität wird dabei verstanden als „die Fähigkeit von Menschen, Kompositionen, Produkte oder Ideen gleich welcher Art hervorzubringen, die in wesentlichen Merkmalen neu sind und dem Schöpfer vorher unbekannt waren. **Kreativitätstechniken** stellen Heuristiken dar, durch die die Findewahrscheinlichkeit erhöht werden kann."[825] Kreativitätstechniken erhöhen die Kreativität. Die Techniken basieren auf einer Reihe von Denkprinzipien:[826]

- **Assoziation** verbindet oder kombiniert bisher getrennte „Elemente", sodass neue Inhalte/Ideen entstehen.[827]
- Mittels **Zerlegung** wird ein Problem in Teilprobleme aufgeteilt, die separat gelöst werden. Durch Kombination der Teillösungen entsteht eine neuartige Gesamtlösung.

822 Vgl. Kap. 2.5.3 (Produktmanagement-Teams).
823 Vgl. Kap. 3.1.4.5 (Innovationsmanagement).
824 Vgl. z. B. Vahs/Brem (2015), S. 306–307.
825 Weiber u. a. (2006), S. 123.
826 Vgl. z. B. Backerra u. a. (2020), S. 42; Weiber u. a. (2006), S. 123–124.
827 Vgl. Hauschildt u. a. (2023), S. 283.

- **Abstraktion** verallgemeinert Sachverhalte und arbeitet übergeordnete Prinzipien als Basis für die Lösungsfindung heraus.
- Eine **Analogie** ist ein ähnliches oder vergleichbares Muster in anderen Erfahrungsbereichen. Lösungswege aus anderen Bereichen können u. U. Ideen zur Lösung des Ausgangsproblems liefern.
- Der **Wechsel der Perspektive** kann helfen, ein Problem aus einer anderen Wahrnehmung heraus zu betrachten und dadurch neue Lösungsansätze zu finden.
- **Bildliches Denken** und Visualisierung hilft, die rechte Gehirnhälfte aktiv mit einzuschalten, wodurch die Kreativität erhöht wird.

Kreativitätstechniken sind Individual- oder Gruppentechniken. Assoziation und Gruppendynamik führen häufig zu mehr und besseren Ergebnissen in der Gruppe. Andererseits zeigen Studien, dass bessere Ideen entstehen können, wenn eine individuelle Ideenphase vorgeschaltet wird, bevor die Ideen in der Gruppe besprochen und kombiniert werden.[828] Die optimale Gruppengröße hängt von der Fragestellung und der verwendeten Kreativitätstechnik ab. Je nach Problem eignen sich bestimmte Kreativitätstechniken besser oder schlechter.[829]

Kreativitätstechniken können „echtes neues Wissen" generieren, aber auch Ideen basierend auf implizitem Wissen zutage fördern. Im letztgenannten Fall müssen Wissensträger aktiviert und eine Plattform und Umgebung für den Wissensexternalisierungsprozess geschaffen werden.

Der Ablauf des kreativen Prozesses hängt von der eingesetzten Methode. Im Allgemeinen werden folgende vier Schritte durchlaufen:[830]

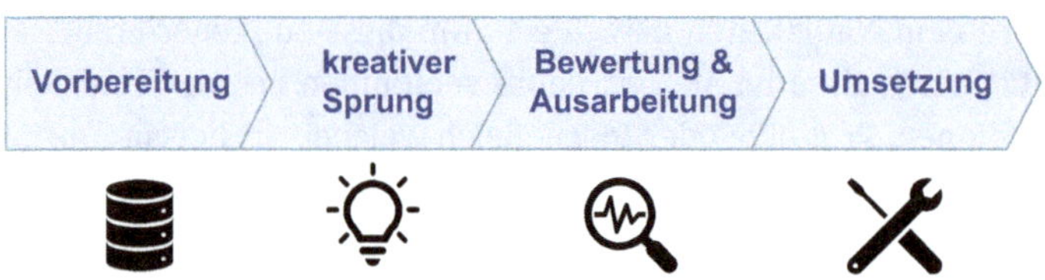

Abbildung 4.28: Schritte im kreativen Prozess (allgemein).

- In der **Vorbereitungsphase** muss das zu lösende Problem bzw. das Ziel des kreativen Prozesses beschrieben werden. Außerdem sollte das Problem eingeordnet und strukturiert werden. Gegebenenfalls sollten Informationen zum Problem und zu angrenzenden Bereichen gesammelt werden. In dieser Phase können bereits Kreativitätstechniken wie Brainstorming oder Mindmapping eingesetzt werden.

828 Vgl. Eppler (2016), S. 268.
829 Vgl. Backerra u. a. (2020), S. 45.
830 Vgl. z. B. Backerra u. a. (2020), S. 27; Nöllke (2020), S. 25.

- In der zweiten Phase erfolgt der **kreative Sprung**. Es darf kontrolliert „gesponnen“ werden. Dabei sollen die Teilnehmer aktuelle Denkmuster bewusst verlassen – divergentes oder laterales Denken ist gefordert. In der Regel findet in dieser Phase eine „kreative Sitzung“ statt, in der die Teilnehmer zusammenkommen. Ziel ist die Sammlung möglichst vieler Ideen. Die Ideengeber sollen ihre Gedanken erklären, wobei Kritik oder Bewertung nicht erlaubt ist.[831] Verständnisfragen oder anknüpfende Ideen (Assoziation) anderer Teilnehmer sind jedoch erwünscht. Idealerweise entwickelt sich eine Gruppendynamik, die auch zurückhaltende Teilnehmer aktiviert. Genügend Zeit und bewusste Pausen sind einzuplanen. Den genauen Ablauf und Hilfsmittel gibt die eingesetzte Kreativitätstechnik vor.
- In der dritten Phase – **Bewertung und Ausarbeitung** – ist konvergentes Denken gefragt. Hierfür ist ausreichend Zeit in der kreativen Sitzung einzuplanen. Zunächst sollten Ideen sortiert, gruppiert und zusammengefasst werden. So können aus mehreren Dutzend Einzelideen wenige „Ideencluster“ entstehen. Diese sind nun zu bewerten. Oft bietet sich ein zweistufiger Prozess an:
  - Einige Ideen werden bereits im ersten Schritt aussortiert. Dies kann ohne große Diskussion oder Analyse z. B. durch Votum der Gruppe erfolgen (Vertrauen auf „Schwarmintelligenz“).
  - Im zweiten Bewertungsschritt erfolgt eine genauere qualitative Bewertung. Hierfür kann eine vorbereitete Checkliste[832] oder eine Nutzen-vs.-Aufwand-Matrix verwendet werden.

    Die Diskussion sollte konstruktiv sein und Punkte zur Verbesserung oder Präzisierung der Ideen hervorbringen. Ideen, die mittels Matrix oder Checkliste schlecht abschneiden, werden fallen gelassen. Hoch bewertete Ideen werden weiterverfolgt.
- Im vierten Schritt erfolgt die **Umsetzung** der Idee. Dies geschieht außerhalb der kreativen Sitzung. Bei weiterreichenden Ideen ist mit Widerständen zu rechnen, die es mit Durchhaltevermögen und Überzeugungskraft zu überwinden gilt.[833] Wichtig dabei ist u. a. die Kommunikation der stärksten Nutzenargumente sowie die Mobilisierung von Verbündeten.[834]

---

831 Insbesondere sind sogenannte Killerphrasen wie „das haben wir doch schon probiert“, „das wird nie funktionieren“ oder „viel zu teuer“ durch den Moderator in dieser Phase zu unterbinden, vgl. Nöllke (2020), S. 41–48.

832 Folgende Fragen eignen sich für Bewertungs-Checklisten: Ist die Idee realisierbar? Welche Voraussetzungen sind erforderlich? Welchen Nutzen hat die Idee? Welche Kosten sind zu erwarten? Wie ist die Idee im Vergleich zu Konkurrenzlösungen zu sehen? Welche Schwächen und Risiken hat die Idee? Vgl. Nöllke (2020), S. 36.

833 Vgl. Backerra u. a. (2020), S. 31–33.

834 Vgl. Nöllke (2020), S. 40.

Zur konkreten Durchführung des kreativen Prozesses stehen mehr als 100 Kreativitätstechniken zur Verfügung.[835] In der Unternehmenspraxis werden allerdings nur wenige eingesetzt.[836] Kreativitätstechniken können in vier Klassen eingeteilt werden, wobei sich die Klassifikationen in der Literatur unterscheiden:[837]
- **intuitive Methoden**, z. B. Brainstorming, Brainwriting, Synektik, Mindmapping, Bionik
- **diskursive Methoden**, z. B. morphologischer Kasten, Osborn-Checkliste, SCAMPER, Funktionsanalyse, Lösungsbaum, TRIZ, Fragebogenkataloge
- **prospektive Methoden**, z. B. Delphi-Verfahren, Szenario-Techniken, Trendanalyse
- **gemischte Methoden**, z. B. 6-Hüte-Denken, Walt-Disney-Methode

Einige in der Praxis häufig verwendete Methoden werden im Folgenden kurz vorgestellt.[838]

4.2.3.3.1 Brainstorming

> „Brainstorming ist eine ungemein flexible Kreativitätstechnik, die fast in allen Bereichen Verwendung findet, in denen kreativ gedacht werden soll."[839]

Brainstorming ist die älteste, bekannteste und beliebteste Kreativitätstechnik. Brainstorming-Sitzungen fördern das intuitiv-schöpferische Denken der Gruppenteilnehmer. Sie nutzen das Wissen mehrerer Personen für die Lösung des Problems (Assoziation und Gruppendynamik). Die Gruppe sollte vier bis acht, maximal zwölf Teilnehmer umfassen, wobei auch die Zusammensetzung der Gruppe wichtig ist. Ein Moderator ist erforderlich, um die Regeln zu überwachen und die Ideen zu dokumentieren. Zentrales Hilfsmittel ist eine Moderationswand (alternativ: Flipchart, Tafel oder digitales Whiteboard mit Beamer).

Mit Brainstorming kann innerhalb kurzer Zeit eine Vielzahl von Ideen produziert werden. Die Methode ist gut einsetzbar, wenn man bei einem Problem noch am Anfang steht oder wenn die Fragestellung relativ konkret ist, z. B. für Bereiche, ...
- in denen eine breite Streuung der Lösungsideen vorteilhaft ist, z. B. in der Werbung,

835 Vgl. z. B. Zec (2024), Atelier für Ideen (o. J.).

836 Vgl. Hauschildt u. a. (2023), S. 301; Hofbauer (2018), S. 384.

837 Vgl. z. B. Koppelmann (2001), S. 299; Homburg (2020), S. 612; Weiber u. a. (2006), S. 125; Pepels (2017), S. 72.

838 Die nachfolgenden Methodenbeschreibungen basieren zu großen Teilen auf Zec (2024), Atelier für Ideen (o. J.), Nöllke (2020) und Backerra u. a. (2020).

839 Nöllke (2020), S. 51.

- die die Gruppe selbst betreffen, da Brainstorming eine hohe Akzeptanz der Lösung ermöglicht (beispielhafte Fragestellung: Wie lassen sich Fehlzeiten in einem Betrieb reduzieren?),
- bei denen Experten aus unterschiedlichen Bereichen zusammenarbeiten müssen.

Brainstorming ist weniger geeignet für komplexe Probleme, insbesondere wenn ...
- Spezialwissen erforderlich ist und die Gruppe nicht nur aus Experten besteht,
- Spannungen in der Gruppe bestehen oder einzelne Teilnehmer höherrangig sind als andere.

Die Brainstorming-Sitzung umfasst folgende Phasen:
- Der Moderator stellt das Thema vor und erklärt den Teilnehmern die Regeln, sofern diese nicht bekannt sind. Der Moderator wacht über die Einhaltung der Regeln.
- In der ersten Ideenfindungsphase, die 15–20 Minuten dauert, sind die Teilnehmer aufgerufen, spontan Ideen vorzubringen. Die Ideen werden vom Moderator gesammelt und an der Moderationswand sichtbar festgehalten. Es bieten sich Karten an, da diese später verschoben, gruppiert oder abgenommen werden können. Es gelten vier Grundregeln:
  - Ideen dürfen in dieser Phase nicht kritisiert werden.
  - Alle – auch „verrückte“ – Ideen sind willkommen.
  - Es gilt, so viele Ideen wie möglich zu sammeln.
  - Ideen anderer sollen aufgegriffen, ergänzt, weiterentwickelt oder kombiniert werden (Assoziation).
- Nachdem die erste Welle abebbt, wird eine zweite Welle der Ideenproduktion gestartet. Diese liefert zwar nicht mehr so viele, häufig aber originellere Ergebnisse.
- Die anschließende 30- bis 40-minütige Bewertungsphase sollte von der Ideenphase mindestens durch eine Pause abgesetzt sein. Hier ist sachliche Kritik erwünscht. Die Teilnehmer bewerten alle Vorschläge mit dem Ziel, entweder eine Rangfolge der Ideen zu bilden oder eine Topidee auszuwählen, die weiter ausgearbeitet und ggf. umgesetzt wird.

Es gibt einige Variationen des Brainstormings, z. B. Stop-and-Go-Brainstorming, Destruktiv-Konstruktiv-Brainstorming, Einzel-Brainstorming, Sandwich-Brainstorming oder Buzz-Brainstorming.[840]

4.2.3.3.2 Brainwriting

Brainwriting funktioniert wie Brainstorming, allerdings schreibt jeder Teilnehmer seine individuellen Ideen schriftlich nieder, i. d. R. auf Moderationskarten. Es gibt un-

840 Vgl. Nöllke (2020), S. 54–55; Backerra u. a. (2020), S. 56.

terschiedliche Varianten der Methode, z. B. die „Kartenabfrage“, die Methode 635, den Brainwriting Pool oder die Collective-Notebook-Methode. Ein Moderator ist in allen Varianten notwendig. Brainwriting produziert noch mehr Ideen als Brainstorming und hat außerdem folgende Vorteile:

- Gruppendynamische Prozesse spielen eine geringere Rolle als beim Brainstorming.
- Durch die Varianten ist die Methode flexibel für unterschiedliche Problemstellungen einsetzbar.

Außerdem besteht mehr Flexibilität hinsichtlich der Teilnehmeranzahl.

4.2.3.3.2.1 Brainstorming mittels Kartenabfrage

Die Kartenabfrage entspricht vom Ablauf her dem Brainstorming – mit dem Unterschied, dass die Karten von den Teilnehmern in Einzelarbeit geschrieben werden (Abbildung 4.29).

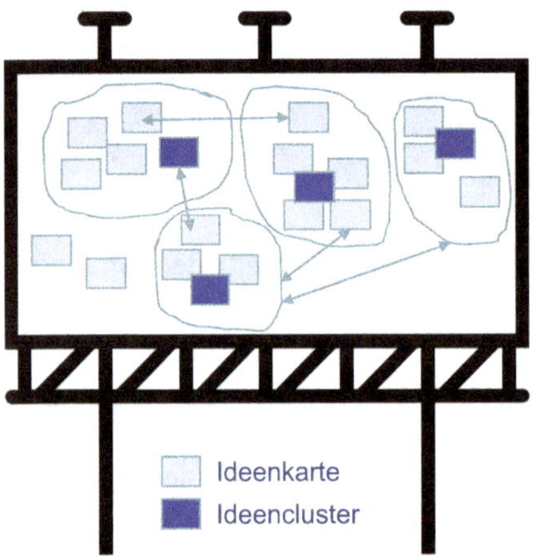

Abbildung 4.29: Brainwriting Kartenabfrage.

Nach der individuellen Ideensammlung stellt jeder Teilnehmer seine Ideen kurz vor und steckt diese als entsprechend beschriftete Karten an die Moderationswand. Eine zweite Welle von Karten dient dazu, Ideen aus Assoziation zu generieren. Die Bewertungsphase verläuft analog zum Brainstorming.

4.2.3.3.2.2 Methode 635

Die Methode 635 beginnt mit der Problemvorstellung. Jeder Teilnehmer trägt nun innerhalb von fünf Minuten drei Lösungsideen in die oberste Zeile seines Formulars ein. Die Formulare werden im Uhrzeigersinn an den Nachbarn weitergegeben. Jeder Teilnehmer sieht nun die Ideen seiner Vorgänger und fügt innerhalb weiterer fünf Minuten eine neue Zeile mit drei Ideen hinzu. Diese können eine Ergänzung oder Variation der Vorgängerideen darstellen oder völlig neu sein. Der Prozess wird so lange wiederholt, bis jeder Teilnehmer jedes Formular einmal beschrieben hat. Bei der Standardzahl von sechs Teilnehmern – mehr oder weniger Teilnehmer sind ebenfalls möglich – dauert die Ideensammlungsphase eine gute halbe Stunde und liefert in dieser Zeit 6 × 3 × 6 = 108 Ideen (vgl. Abbildung 4.30).

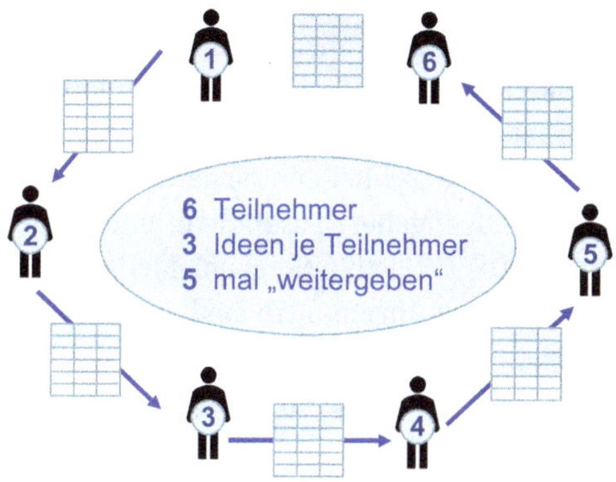

Abbildung 4.30: Methode 635.

Anschließend erfolgen die Analyse und Bewertung der Ideen. Die Anwendung der Methode bedarf keiner besonderen Moderation. Die Methode 635 kann eingesetzt werden, wenn in der Problemlösungsgruppe Spannungen und Konflikte zu befürchten sind oder wenn die Gefahr besteht, dass eine Person verbal die Runde dominiert. Bei der Methode 635 werden alle Teilnehmer aktiviert. Ein weiterer Anwendungsbereich sind komplexere Probleme, die mehrdimensionale Denkprozesse erfordern, die durch Diskussionen gestört werden könnten.

4.2.3.3.2.3 Brainwriting-Pool

Zur Durchführung der Brainwriting-Pool-Methode sitzen die 5-8 Teilnehmer um einen Tisch. In der Mitte des Tisches wird ein Stapel leerer Poolkarten positioniert. Jeder Teilnehmer nimmt sich eine Poolkarte und notiert eine Idee. Anschließend reicht man die Karte seinem rechten Nachbarn, nimmt sich eine weitere Karte, notiert eine weitere Idee und reicht die Karte ebenfalls nach rechts weiter. Dies führen die Teilnehmer nun für jede ihrer Ideen aus. Die vom Nachbarn erhaltenen Karten werden kurz gelesen, gegebenenfalls ergänzt und wie eigene Karten weitergereicht. Alternativ, wenn man gerade mit der Formulierung einer Idee beschäftigt ist, kann die Karte auch ungesehen durchgereicht werden. Erhält man eine seiner eigenen Karten zurück und möchte man diese nicht weiter ergänzen, so wandert sie auf den Pool in der Tischmitte. Teilnehmer, denen keine neue Idee einfällt, können sich vom Stapel willkürlich Karten nehmen, diese ggf. ergänzen und die Karte wieder in Umlauf bringen. Wenn allen Teilnehmern nach einer gewissen Zeit die Ideen ausgegangen sind und die Karten aus dem Stapel schon mehrfach die Runde gemacht haben, ist das Brainwriting beendet.

4.2.3.3.2.4 Collective-Notebook

In der Collective-Notebook-Methode werden Notizbücher, in denen die Problemstellung formuliert und die Vorgehensweise erklärt ist, an die Teilnehmer verteilt. Die Teilnehmerzahl ist offen. Jeder Teilnehmer soll in seinem Notizbuch individuell über das Problem nachdenken und seine Lösungsideen aufschreiben. Der Ideenfindungszeitraum kann mehrere Tage dauern. Die Teilnehmer arbeiten in selbstgewählten Zeiten an der Problemlösung. Die Notizbücher werden anschließend eingesammelt und ausgewertet. Danach kommen die Teilnehmer (Ideengeber) zusammen, um die gesammelten Ideen zu sichten und zu diskutieren. Die Collective-Notebook-Methode hat den Vorteil, dass die Teilnehmer räumlich und zeitlich ungebunden sind. Somit ist die Methode auch für zeitlich angespannte Mitarbeiter anwendbar. Das Prinzip der Methode trägt außerdem der Tatsache Rechnung, dass Lösungsideen häufig spontan einfallen, besonders dann, wenn man sich mit dem Problem nicht bewusst beschäftigt.

4.2.3.3.3 Morphologischer Kasten

Der morphologische Kasten ist die bekannteste von verschiedenen morphologischen Werkzeugen. Um die strukturelle und funktionale Durchdringung eines Problems zu erleichtern, wird das Problem in abgegrenzte Teilaspekte zerlegt, um diese zunächst unabhängig voneinander zu bearbeiten. Durch Kombinationen von Teillösungen entstehen potenzielle Gesamtlösungen (vgl. Abbildung 4.31). Der vorschnellen Bewertung von Lösungen und dem Verharren auf einer vermeintlich guten Lösung wird entgegengewirkt, indem das Verfahren eine Vielzahl alternativer Lösungsoptionen aufzeigt. Die Methode ist sowohl für die Gruppenanwendung als auch für die Einzelarbeit geeignet. Mit der Erstellung eines morphologischen Kastens sollten Fachleute betraut werden, da der Schwierigkeitsgrad der Methode relativ hoch ist. Wird ein morphologischer Kasten als Gruppenarbeit erstellt, ist ein Moderator notwendig.

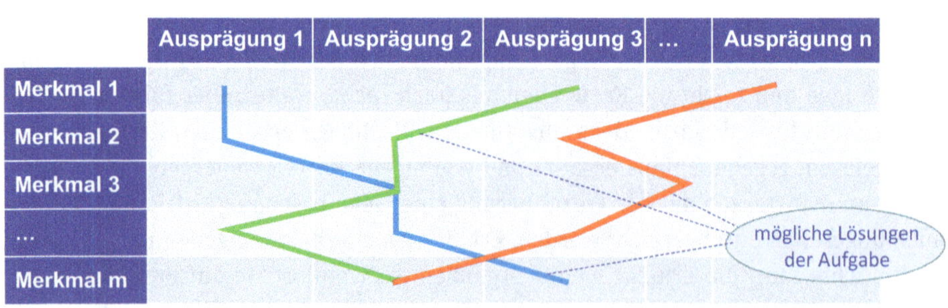

Abbildung 4.31: Morphologischer Kasten.

Die Methode läuft folgendermaßen ab:
- Analyse und Definition des Problems
- Bestimmung der Merkmale, die eine Lösung charakterisieren. Diese werden in die erste Spalte des Tableaus eingetragen. Nur „wichtige“ Merkmale sollten aufgenommen werden (maximal 7). Die Merkmale sollten unabhängig voneinander sein.
- Bestimmung aller möglichen Ausprägungen für die identifizierten Merkmale. Sie werden rechts in die Felder neben den jeweiligen Merkmalen geschrieben. Die Anzahl möglicher Ausprägungen kann für die Merkmale unterschiedlich sein. Die einzelnen Ausprägungen werden noch nicht bewertet.
- Bestimmung der Lösungsoptionen: Jede mögliche Kombination einzelner Merkmalsausprägungen stellt eine Lösungsoption dar, die durch eine Linie gekennzeichnet wird (vgl. Abbildung 4.31). Unter Umständen ist eine Vielzahl von Lösungslinien denkbar. In dieser Phase erfolgt noch keine Kritik oder Bewertung.
- Alternativauswahl: Die ermittelten Lösungsoptionen werden technisch und wirtschaftlich bewertet. Die am besten bewertete Lösungsidee wird weiter ausgearbeitet bzw. umgesetzt.

Besonders für Personengruppen wie Ingenieure, die es gewohnt sind, technisch-analytisch zu denken, ist diese Methode empfehlenswert.

4.2.3.3.4 6-Hüte-Denken

> „Das Geheimnis des Erfolges ist, den Standpunkt des Anderen zu verstehen.“[841]

Das 6-Hüte-Denken geht auf den Psychologen Edward de Bono zurück (1986). Ausgangspunkt der Methode ist die Erkenntnis, dass unsere Meinungen und Ansichten im Laufe unseres Lebens entstehen, sich verfestigen und zu Überzeugungen und Wahrnehmungsperspektiven werden. Dies hilft dabei, sich im Informationsdschungel zu orientieren, Prioritäten zu setzen und Dinge zu bewerten. Auf der anderen Seite behindert es unser kreatives Denken. Menschen haben die Tendenz, sich anderen, ungewohnten Sichtweisen und Möglichkeiten zu verschließen. Entsprechend werden beim 6-Hüte-Denken die Teilnehmer „gezwungen“, in einer Gruppendiskussion – im Sinne eines Rollenspiels – verschiedene Betrachtungsweisen auf ein Problem einzunehmen. Dadurch werden bei der Lösungsfindung unterschiedliche Perspektiven berücksichtigt. Dies kann zu technisch-wirtschaftlich besseren Lösungen führen sowie die Umsetzung und Akzeptanz der Lösung erleichtern.

Die unterschiedlichen Blickwinkel werden durch verschiedenfarbige Hüte der Teilnehmer angezeigt (vgl. Abbildung 4.32). Teilnehmer lösen sich von ihrer vertrau-

841 Henry Ford, Henry Ford (o. J.).

ten, oft einseitigen Sichtweise durch die spielerische „Rollenübernahme“ mit einer anderen Denk- und Wahrnehmungsperspektive. Dies ist besonders bei komplexen Problemen hilfreich, die viele unterschiedliche Facetten beinhalten und nicht allein auf der Sachebene lösbar sind.

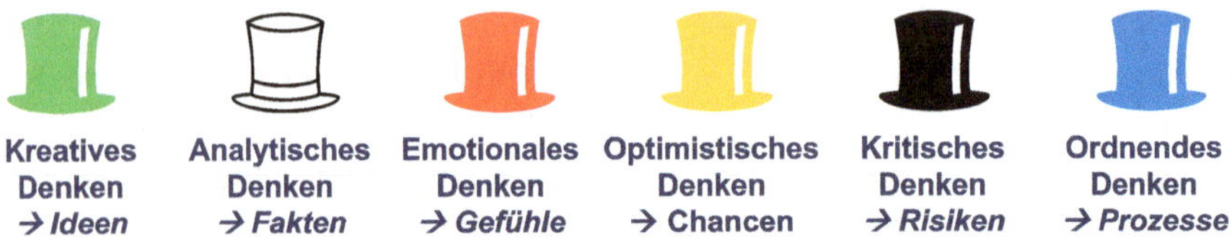

Abbildung 4.32: 6-Hüte-Denken von de Bono.

Der Methode liegt das von de Bono geprägte „parallele Denken“ zugrunde, welches den systematischen Wechsel der Perspektive in Bezug auf ein Thema fordert. Teilnehmer werden ermutigt, Fakten von Meinungen oder Gefühlsäußerungen zu trennen und weder die positiven noch die negativen Aspekte und Argumente zu vernachlässigen. Zweifel und Bedenken werden nicht nur erlaubt, sondern eingefordert. Da kein Blickwinkel außer Acht gelassen wird, können außerdem potenzielle Konflikte innerhalb der Gruppe vermieden werden.

Die 6-Hüte-Denken-Methode umfasst folgende sieben Schritte:

1. Problem oder Frage für alle sichtbar machen
2. Methode und Regeln des 6-Hüte-Denkens erläutern, insbesondere die geforderten Eigenschaften des Denk- und Wahrnehmungsstils einer jeden Farbe
3. Jeder Teilnehmer erhält einen Hut (alternativ: Armband oder Tischkärtchen) in einer Farbe. Die Teilnehmer sollen sich kurz in die Perspektive „reindenken“. Hierzu kann vorbereitetes Material genutzt werden (z. B. Bilder, Schlagworte, Aussagen, Personas).
4. Anschließend führt die Gruppe (jeder aus der jeweiligen Perspektive heraus) ein ca. 5-minütiges Brainstorming zu Lösungen der Problemstellung durch.
5. Die Ideen der Gruppe werden nach „Hut-Perspektive“, z. B. auf unterschiedlichen Flipcharts, dokumentiert. Sobald die Perspektive gewechselt wird, sind die Flipcharts mit den bisherigen Ergebnissen zu verdecken, um die weiteren Runden nicht zu beeinflussen.
6. Die Schritte 3 bis 5 werden wiederholt, bis jeder alle Hüte getragen hat.
7. Die Ergebnisse der Runden werden konsolidiert. Die Gruppe reflektiert die nebeneinander dargestellten Perspektiven. Das entstandene Gesamtbild wird zusammengefasst und dokumentiert.

Kritisch anzumerken ist, dass mit der Methode keine „sehr kreativen“ Ideen geschaffen werden. Auch wird die Methode von den Teilnehmern anfangs als künstlich empfunden.

4.2.3.3.5 Osborn-Checkliste

Osborn beobachtete, dass bei Gruppenarbeit zu einem gegebenen Problem häufig nur wenige Aspekte betrachtet werden. So entstehen kaum substanziell neue Ideen oder Lösungen. Zur Erweiterung des betrachteten Umfeldes eines Problems und dessen Lösung entwickelte Osborn Fragesequenzen, die eine Anleitung für eine systematische, fest erzwungene Generierung von Ideen darstellen (vgl. Abbildung 4.33).

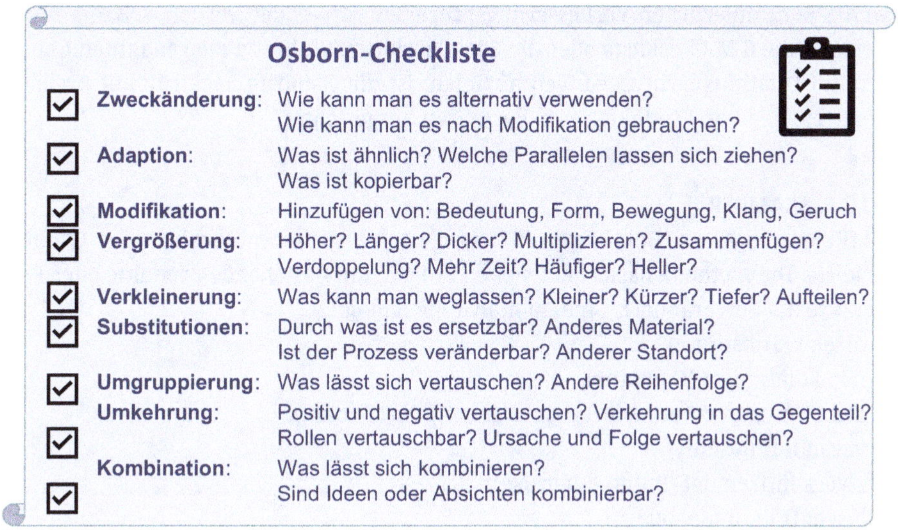

Abbildung 4.33: Osborn-Checkliste[842].

Die Methode eignet sich vor allem zur Produkt- und Verfahrensentwicklung auf Grundlage eines bereits bestehenden Produkts bzw. Verfahrens. Die Fragen der Osborn-Checkliste lenken das kreative Denken gezielt in verschiedene Bereiche. Auf diese Weise werden Veränderungsmöglichkeiten eines Produkts oder Verfahrens systematisch ausgeleuchtet. Zudem wird verhindert, dass man sich frühzeitig mit einer vermeintlich ausreichend guten Lösung zufriedengibt. Die Osborn-Checkliste liefert allgemeine Kategorien, um kreatives Denken zu fördern. Sie kann sowohl für Gruppenarbeit als auch individuell genutzt werden.

Die Methode kann mit folgendem Ablauf durchgeführt werden:

- Zunächst ist der Untersuchungsgegenstand festzulegen, z. B. ein zu verbesserndes Produkt.
- Das Produkt wird mithilfe der Fragen aus der Checkliste systematisch auf Variationsmöglichkeiten untersuchen.

842 Vgl. Backerra u. a. (2020), S. 60–61.

- Die Ideen bzw. Veränderungsmöglichkeiten werden zunächst ohne Kritik und Überprüfung hinsichtlich der Durchführbarkeit aufgeschrieben, z. B. mittels Mindmapping oder mit Karten auf einer Pinnwand.
- Die Teilnehmer treffen eine Auswahl der „verwendbaren" Lösungen, welche im Nachgang detailliert untersucht und ggf. umgesetzt werden.

Das Verfahren der Osborn-Checkliste ähnelt den Check- und Fragelisten, die im Rahmen des kontinuierlichen Verbesserungsprozesses verwendet werden, z. B. die 3-MU-Checkliste, die 6-M-Checkliste oder die 6-W-Checkliste. Während die genannten Checklisten auf Qualitätsverbesserungen abzielen, ist die Osborn-Checkliste auf kreative Veränderungen von Produkten und Verfahren ausgerichtet.

4.2.3.3.6 SCAMPER

SCAMPER ist eine von Bob Eberle 1971 vorgestellte Weiterentwicklung der Osborn-Checkliste. Die Methode basiert auf sieben Fragen, um bestehende Produkte oder Prozesse „kreativ zu verändern", indem man Teile davon ...
- ersetzt (**S**ubstitute),
- neu kombiniert (**C**ombine),
- aus Lösungen eines anderen Gebiets adaptiert (**A**dapt),
- verändert (**M**odify),
- zweckentfremdet (**P**ut to other use),
- löscht (**E**liminate) oder
- umgekehrt einsetzt (**R**everse).

SCAMPER bietet eine klare Struktur und ist leicht in der Praxis einsetzbar. Die Methode ist jedoch weniger explorativ als die Osborn-Checkliste.

4.2.3.3.7 Mindmapping

Die Methode des Mindmappings stammt aus den 1970er-Jahren. Sie dient zur Strukturierung und Visualisierung von Problemstellungen.

Der Mensch neigt dazu, komplexe Themen sequenziell nacheinander von links oben auf einem Blatt Papier nach rechts unten zu entwickeln. Dies entspricht nicht der natürlichen Arbeitsweise des Gehirns. Wir denken nicht in komplexen Formulierungen, sondern in Stichwörtern und assoziierten Bildern, was durch Mindmaps nachgebildet wird (Mindmaps als „Landkarte des Gehirns"). Das Mindmapping verbindet während der kreativen Phase die „logisch denkende" linke und die „bildhaft denkende" rechte Gehirnhälfte. So werden auch sprunghaftes Denken und Spontaneinfälle unterstützt.

Außerdem können Mindmaps einen strukturierten Überblick komplexer Sachverhalte aufspannen, indem sie Zusammenhänge, Strukturen und Wirkrichtungen visualisieren. Bei Erfahrung mit der Technik kann etwa ein komplexer Text von 10 bis 15

Seiten auf einer Seite Mindmap zusammengefasst werden. Dabei ist auch der Weg das Ziel: Der Ersteller der Mindmap wird den Text am Ende in einem hohen Maße verstanden und gespeichert haben. Das Mindmap einer anderen Person ist für den Leser dagegen weitgehend nutzlos.

Mindmapping ist ein sehr flexibles Werkzeug, das in allen Bereichen des beruflichen Alltags eingesetzt werden kann.[843] Es unterstützt gleichermaßen die systematisch-analytische und die intuitive Ideenfindung. Es eignet sich sowohl für die Ideenentwicklung einer Einzelperson als auch als Protokollierverfahren in einer Gruppensitzung (auf Pinnwand oder Flipchart).

Die Struktur eines Mindmaps lässt sich mit der Ansicht eines Baumes aus der Vogelperspektive beschreiben. Von einem Stamm in der Mitte führen einige Hauptäste ab, an denen wiederum zahlreiche kleine Zweige und Nebenzweige abgehen (vgl. Abbildung 4.34).

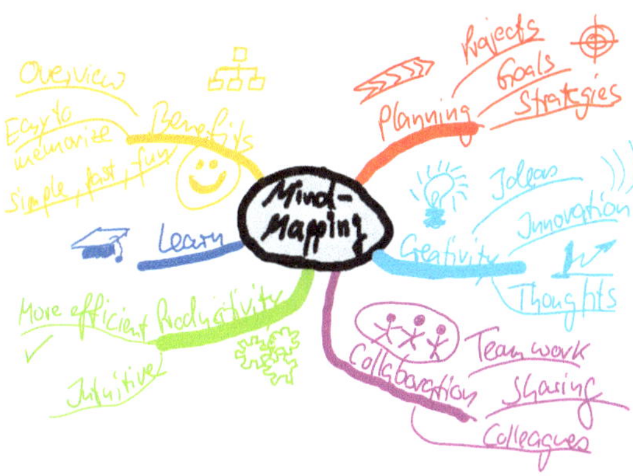

Abbildung 4.34: Beispiel Mindmap[844].

Mindmapping kann folgendermaßen ablaufen, wobei der Ablauf flexibel angepasst werden kann:

- Man benötigt einen Papierbogen Größe DIN A4 oder A3 und verschiedenfarbige Stifte. Für die Anwendung in der Gruppe empfehlen sich zwei aneinander gestellte Pinnwände (große Fläche) und genügend Stifte in verschiedenen Farben.[845]

---

843 Neben der Unterstützung von kreativer Problemlösung ist Mindmapping beispielsweise auch geeignet, um Gespräche, Telefonate und Präsentationen vorzubereiten.

844 In Anlehnung an Brandner (2019).

845 Am Computer erstellte Mindmaps sind vor allem für Anfänger nicht empfehlenswert, da Anregungen des Gehirns durch Farben, die eigene Schrift und schnell gemalte, persönliche kleine Bilder und Symbole entfallen. Außerdem schafft ein Bildschirm eine höhere Distanz als ein Blatt Papier, das vor einem liegt.

- In der Mitte des Kreises wird in möglichst knappen Worten das Thema bzw. die Problemstellung schriftlich fixiert.
- Vom Zentrum gehen Äste aus, die das Thema in einzelne Bereiche aufgliedern bzw. auffächern. Auf den Hauptästen stehen die Ideenbereiche.
- Den Hauptästen werden beliebig viele Zweige und Nebenzweige angefügt, die einzelne Ideen und Ideengruppen darstellen.
  - Äste und Zweige werden mit entsprechenden Stichwörtern, Symbolen und kleinen Zeichnungen versehen, um dem Gehirn die nötigen Anker für eine Idee zu geben. Das Gehirn verknüpft jedes Stichwort spontan mit bestimmten Gedankenbildern und Assoziationen (Verbindung zwischen linker und rechter Gehirnhälfte) .[846] So kann ein Mindmap in kurzer Zeit komplexe Zusammenhänge visualisieren.
  - Im Falle von Einzelarbeit sollten persönliche Schlüsselwörter und Bilder genutzt werden. Dadurch kann der Autor auch später mit den Begriffen die entsprechenden Gedankenbilder und Ideen assoziieren.
  - Verschiedene Farben können beim Gestalten von Mindmaps nützlich sein, um eine Zugehörigkeit besser darzustellen oder wichtige Aspekte herauszuheben.
  - Wenn Zweige später an andere Stellen verschoben werden sollen, können sie einfach mit einem „Lasso“ eingekreist und mit einem Pfeil verschoben werden. Die Verwendung von Karten auf einer Pinnwand erleichtert Verschiebungen.
- Nachdem das Mindmap entwickelt ist, können in der Auswertung durch Nummerierungen Prioritäten gesetzt und Reihenfolgen der Bearbeitung festgelegt werden.

In der kreativen Phase im Ideenfindungsprozess eingesetzt, kann Mindmapping neue Ideen generieren. Das Werkzeug lässt sich sowohl bei Analyse- und Such- als auch bei Konstellationsproblemen anwenden. Mindmaps ermöglichen ein sehr tiefes und grundlegendes Eintauchen in einen Problembereich bei gleichzeitiger Bewahrung des Überblicks.

4.2.3.3.8 Synektik

Synektik ist eine anspruchsvolle, dennoch praxisorientierte Verfremdungsmethode, die Anfang der 1960er-Jahre von William Gordon entwickelt wurde.

Synektik arbeitet nach dem gleichen Prinzip wie die Bisoziation, weicht in einem entscheidenden Punkt jedoch von dieser Technik ab: Bei der Synektik entfernt man

846 Auf ganze Sätze sollte verzichtet werden. Kurze Begriffe können von der rechten Gehirnhälfte im ersten Augenblick als Bild erfasst werden, während längere Begriffe oder Sätze als Text für die linke Gehirnhälfte bestimmt sind. Letztere Informationen sind schwieriger zu speichern, z. B. über Wiederholungen.

sich über drei bis vier Verfremdungsschritte immer weiter vom vorgegebenen Problem. Dadurch ermöglicht die Technik, dass die Teilnehmer unvoreingenommen und ohne Scheu oder Betriebsblindheit an das Problem herangehen. Synektik kann zur Lösung besonders anspruchsvoller Probleme eingesetzt werden, z. B. bei der Konzeption neuer Produkte. Die Methodik erfordert Erfahrung und ist ungeeignet für Anfänger. Ein methodenkundiger Moderator ist zwingend erforderlich, ggf. zusätzlich ein Protokollant. Eine Synektik-Sitzung umfasst eine Gruppe mit vier bis acht Teilnehmern.[847] Benötigt werden eine Tafel, ein Flipchart oder eine Pinnwand. Die Dauer beträgt einen halben bis einen ganzen Tag. Eine klassische Synektik-Sitzung umfasst zehn Schritte, wobei auch einzelne Elemente priorisiert und weglassen werden können (vgl. Abbildung 4.35):

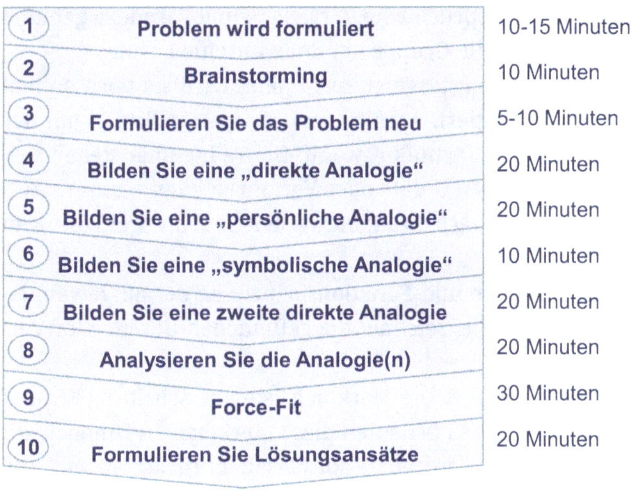

Abbildung 4.35: 10-Schritte-Synektik[848].

Der Ablauf einer Synektik-Sitzung kann in folgenden zehn Schritten erfolgen:
1. In der Problemformulierung informiert der Moderator die Teilnehmer über den Ablauf der Sitzung und klärt das Problem und Verständnisfragen.
2. Im folgenden Brainstorming werden spontane Lösungsvorschläge gesammelt, aber noch nicht bewertet. Dadurch können Teilnehmer „unbelastet von brennenden Ideen“ in den eigentlichen Synektik-Prozess einsteigen.
3. Ergeben sich durch das Brainstorming neue Gesichtspunkte, kann es sinnvoll sein, das Problem umzuformulieren, da alle Teilnehmer von der gleichen Fragestellung ausgehen sollen. Ob das nötig ist, entscheidet der Moderator.

847 Synektik lässt sich, leicht abgewandelt, auch von Einzelpersonen anwenden.
848 Vgl. Nöllke (2020), S. 74–75.

4. Die Teilnehmer suchen eine Entsprechung für die Lösung des Problems in einem anderen Bereich. In der Regel gibt der Moderator den Bereich vor. Häufig ist dieser Bereich die Natur. Andere Bereiche wären z. B. Technik, Geschichte, Wirtschaft, Gesellschaft, Kunst, Sport oder Musik. Die Teilnehmer suchen also Antworten auf die Frage: Wie löst die Natur unser Problem? Die Antworten werden gesammelt. Am Ende wählt die Gruppe eine Antwort aus.
5. Die Antwort, für die sich die Gruppe entschieden hat, ist der Ausgangspunkt für die „persönliche Analogie". Die Teilnehmer versuchen sich in den Gegenstand hineinzuversetzen. Sie stellen sich die Frage: „Wie fühle ich mich/verhalte ich mich als ...?" Wieder wählt die Gruppe eine Idee aus.
6. Ausgehend von der Idee aus Schritt 5 suchen die Teilnehmer nach ungewöhnlichen Vergleichen mit Formen, Bildern oder Klängen. Es geht um die „Verdichtung des Gefühls". Es können auch widersprüchliche Vergleiche und Paradoxa gebildet werden. Auch hier entscheidet sich die Gruppe am Ende für eine Lösung.
7. Die Lösung ist weit von der Ursprungsfrage entfernt. Jetzt wird sie noch einmal auf einen bestimmten Bereich projiziert. Arbeitet man im vierten Schritt mit der Natur, so wird in Schritt 7 meist die Technik gewählt. Die Teilnehmer stellen sich also die Frage: Auf welche technischen Geräte oder Verfahren könnte unsere Antwort von Schritt sechs zutreffen? Je nach Situation werden eine bis drei Lösungen ausgewählt.
8. Die Teilnehmer stellen die Merkmale und Funktionsprinzipien der ausgewählten Analogie(n) fest. Die Frage lautet: Was zeichnet die gefundenen Geräte oder Verfahren aus?
9. „Force-Fit" ist die entscheidende Phase: Die Merkmalsliste aus Schritt 8 wird auf die Ausgangsfrage zurückbezogen: Was bedeuten diese Merkmale in Hinblick auf unser Problem? Die Teilnehmer müssen „einen Riesensatz zurückspringen", um brauchbare Ideen zu finden. Das kann viel Fantasie und Konzentration verlangen. Die Gruppe „wird gezwungen", sich auf eine Lösung zu verständigen.
10. Abschließend werden, ausgehend von den Ideen aus Schritt 9, Lösungsansätze formuliert. Entscheidend ist die Beurteilung, ob die Lösungsideen weiter ausgearbeitet werden können.

Da die Methode hohe Anforderungen an die Moderation und das Abstraktionsvermögen der Teilnehmer stellt, wird sie in der Praxis seltener angewendet als z. B. Brainstorming oder Brainwriting. Synektik liefert weniger Ideen als andere Verfahren. Diese können aber „hochwertig" sein.

4.2.3.3.9 Erfolgsfaktoren bei Ideengenerierung

Es gibt viele Faktoren, die den Erfolg eines „kreativen Prozesses" beeinflussen, z. B. die Gruppenzusammenstellung, die Auswahl der Methode, eine klare Problemdefinition oder eine kreativitätsfördernde Umgebung. Eppler fasst die Ergebnisse aus ver-

schiedenen Erfolgsfaktorenstudien der Kreativitätsforschung in folgenden **zehn Erfolgsfaktoren** zusammen:[849]
- Gute Problemformulierung hilft bei der kreativen Problemlösung und Ideengenerierung.
- Autonomie fördert kreatives Problemlösen.
- Ideen sollten zuerst individuell (jeder für sich) und dann gemeinsam (im Gespräch) entwickelt werden. Dies führt zu besseren (weil unterschiedlicheren) Ideen.
- Themenfremde Bilder stimulieren die Kreativität und führen zu kreativeren Ideen als Reizworte oder gar keine Anregungen.
- Ein Hauptgrund für mangelnde Kreativität ist die funktionale Fixiertheit der Ideenentwickler, d. h., Dinge werden nur mit einer Funktion versehen.
- Wir blockieren uns oft in der eigenen Kreativität, indem wir auf die geniale Eingebung warten. Es ist jedoch besser, einfach mal kleine Lösungen anzudenken und so der Kreativität freien Lauf zu lassen.
- Originelle Problemlösungen beinhalten oft Umwege, indirekte Ansätze oder ein „Um die Ecke"-Denken.
- Statt nur auf das Problem zu fokussieren, ist es oft besser, sich in die Lösungssituation einzufühlen und so Ideen von der Lösungssituation her abzuleiten.
- Ideenquantität führt zu Ideenqualität. Um gute Ideen zu haben, muss man viele haben.
- Skizzen (Handzeichnungen) unterstützen die Ideenentwicklung, indem sie zur Revision und Erweiterung einladen und spontane Entdeckungen fördern.

Geschäftsideen „von innen heraus" im Unternehmen zu generieren, erfordert eine gewisse **Intrapreneurship-Kultur**. Eine solche basiert wiederum auf verschiedenen Voraussetzungen, welche nur in einem langfristigen Prozess hergestellt werden können. Lancefield nennt beispielsweise fünf Bausteine einer Intrapreneurship-Kultur: „Develop an inspirational vision, model behaviors, remove bureaucracy and frictions, create a platform for opportunities (includes more resources for innovation, increased autonomy, simplified innovation processes), allay fears, and make it worthwhile (includes incentives, tolerance for failure)."[850]

4.2.3.4 Ideen aus internen Quellen sammeln

Unternehmensinterne Quellen sind leicht zugänglich und kostenfreie Sekundärquellen. Die Relevanz für eine Fragestellung ist zu prüfen. Tabelle 4.2 führt beispielhaft

849 Vgl. Eppler (2016), S. 269–270.
850 Lancefield (2023).

eine Reihe von internen Daten- und Informationsquellen auf, die Anregungen für Produktideen liefern können:[851]

Tabelle 4.2: Interne Ideenquellen.

Unternehmensfunktion	Beispiele von Ideenquellen
Kundendienst	Kundendienstberichte, Kundenbeschwerden, Gewährleistungsfälle, Aufzeichnungen von Hotline-Gesprächen, Daten aus durchgeführten Umfragen
Vertriebsaußendienst	Daten der CRM-Systeme, aufgezeichnetes Kundenfeedback, sonstige Aufzeichnungen und Daten von Kundengesprächen
Vertriebs- und Marketingdaten	Verkaufsstatistiken und realisierte Preise (nach Produktvarianten, Regionen, Verkaufszeitraum), Marktsegmentanalysen, Ergebnisse von Marketingkampagnen (z. B. Performance-Daten aus Online-Kanälen)
Produktions- und Qualitätsdaten	Fehlerberichte und -statistiken, Herstellungskostenanalysen, Prozessstatistiken in der Produktion und Logistik
Forschung & Entwicklung	Ergebnisse aus Laborversuchen, Patente und technische Dokumentationen, Daten aus Digitalen Zwillingen (falls vorhanden)
Internes Rechnungswesen	Produktkostendaten, Deckungsbeitragsanalysen, Analysen zu Prozesskosten
Wissensdatenbanken und Mitarbeiterideen	Interne Berichte, Protokolle von Kreativ-Workshops, Ideen aus dem betrieblichen Vorschlagswesen, Daten aus Mitarbeiterbefragungen

Viele der genannten Daten und Informationen liegen in expliziter Form vor, z. B. in IT-Applikationen, Datenbanken oder verschiedenartigen Dokumenten. Trotzdem kann es in der Praxis – aus nachfolgenden Gründen – eine Herausforderung sein, die Informationen zum Zwecke der Ideengenerierung „nutzbar" zu machen:[852]

- Bei internen Quellen kann es sich insgesamt um **große Datenmengen** handeln.[853] Außerdem sind die Daten **unterschiedlicher Art** und können strukturiert (z. B. Datenbanken), halb strukturiert oder (z. B. Dokumente) unstrukturiert (z. B. E-Mails oder Videos) vorliegen.
- Es liegen häufig sog. **Datensilos** vor, d. h., Daten sind innerhalb von Abteilungen gespeichert und werden nicht geteilt. Dies behindert eine ganzheitliche Sicht auf

851 Vgl. Meffert u. a. (2024), S. 184; Vahs/Brem (2015), S. 277–279.

852 Die genannten Herausforderungen gelten nicht nur für die Nutzung von Informationen im Ideenprozess, sondern auch für die allgemeine Nutzung in unternehmerischen Entscheidungs- oder Planungsprozessen.

853 Z. B. aus Geschäftsprozessen, Marktforschung, Kundeninteraktionen, sensorbasierten Messungen an Produkten oder Anlagen, Onlinetracking.

das Unternehmen. Außerdem können die durch unterschiedliche organisatorische Einheiten betriebenen IT- oder Softwaresysteme inkompatibel sein, was die Integration und den Austausch von Daten erschwert.
- Problematisch ist nicht selten eine **schlechte Datenqualität**. So sind Daten unvollständig, widersprüchlich oder liegen redundant in unterschiedlichen Ständen vor.
- Daten sind häufig **schlecht organisiert**. Sie sind nicht sinnvoll klassifiziert. Auch die Informationsbedürfnisse von Entscheidungsträgern sind oft unklar bzw. ändern sich.
- Mitarbeiter haben häufig nicht die Fähigkeiten, relevante Daten zu identifizieren oder zu analysieren (fehlende **data literacy**).
- Andere Herausforderungen bestehen z. B. darin, dass Systeme wie CRM, ERP oder BI-Tools nicht miteinander verknüpft sind oder dass Sicherheits- und Datenschutzanforderungen den Zugang zu den Daten erschweren.

Vier Strategien gelten als geeignet, um die oben genannten Herausforderungen zu lösen:
- Einführung eines **Data-Governance**-Programms durch Festlegung von Regeln und Verantwortlichkeiten für den Umgang mit Daten
- **zentrale Datenplattformen**, z. B. Data Lakes oder Data Warehouses, zur zentralen Speicherung und Analyse
- **Datenkompetenzschulungen** für Mitarbeiter
- Einsatz von statistischen Methoden und künstlicher Intelligenz zur Datensammlung und -analyse

Methoden wie Data-Mining, KI-gestützte Analysetools oder GenKI können dabei helfen, Muster und Geschäftspotenziale in Daten zu erkennen. Einen vielversprechenden Ansatz, internes und externes Wissen zu kombinieren, liefert Retrieval-Augmented-Generation (RAG), bei dem Large-Language-Modelle wie GPT von OpenAI in einem vorgelagerten Abrufprozess unternehmensspezifische Daten einbeziehen und so Ergebnisse liefern, die im Unternehmenskontext relevanter sind.[854] RAG hat weiterhin den Vorteil, dass Unternehmensdaten nicht als Trainingsdaten genutzt und damit „quasi veröffentlicht" werden.

4.2.3.5 Zwischenfazit Ideenfindung

Unternehmen benötigen einen **kontinuierlichen Strom von Ideen**. Dieser Strom muss systematisch erzeugt und aus unterschiedlichen Quellen gespeist werden. Die

854 „Retrieval augmented generation (RAG) is an architecture for optimizing the performance of an artificial intelligence (AI) model by connecting it with external knowledge bases. RAG helps large language models (LLMs) deliver more relevant responses at a higher quality", Belcic (o. J.).

entstehenden Ideen sind die Basis für inkrementelle Innovationen (kontinuierlicher Verbesserungsprozess) und müssen „gelegentliche" radikale (oder disruptive) Innovationen anstoßen. Außerdem sind Innovationen in allen Gegenstandsbereichen anzustreben (Produkt-, Prozess-, Geschäftsmodell- und Marketinginnovation).

Es ist schwer zu beurteilen, welche Ideenquellen den Input für welche Typen von Innovationen liefern, da viele Faktoren eine Rolle spielen. Folgende Aussagen können aber getroffen werden:

- Klassische Marktforschung durch **Kundenbefragung allein ist nicht ausreichend**. Sie liefert normalerweise keine „wirklich neuen" Ideen, sondern dient eher dazu, vorhandene Hypothesen zu validieren oder zu detaillieren.[855] Klassische Marktforschung liefert daher eine gute Basis für inkrementelle Innovationen. Andere „Voice-of-the-Customer"-Methoden sind geeigneter, um „große" Ideen zu generieren.[856]
- Ideengenerierung in **Kooperation mit Partnern** (im Sinne des Open-Innovation-Ansatzes) kann wertvolle Ideen hervorbringen. Der Aufbau von Partnerschaften erfordert allerdings Zeit und ein Win-win-Versprechen. Ein großer Vorteil kann sein, dass die jeweiligen Partner auch die Umsetzung der Innovation begleiten können.
- Der **entscheidende Faktor** für Innovationen sind die **Mitarbeiter**. Diese müssen für die Konzeption und Umsetzung von Innovationen befähigt und motiviert werden. Ein wichtiger Katalysator ist eine innovationsfördernde Kultur und Führung.[857] Mitarbeiter aus allen Funktionen sollten im Ideenprozess beteiligt werden. Kreativitätstechniken können helfen, Ideen „zutage zu fördern".
- Praktisch **keine Idee ist brandneu**. Ideen entstehen aus vorhandenem Wissen, z. B. durch Abstraktion, Kombination, Übertragung, Kooperation, Externalisierung impliziten Wissens und nicht zuletzt durch Imitation von Wettbewerberkonzepten.
- Produktteams bekommen bereits **Ideen in Form des Produktinnovationsauftrags** mit auf den Weg. Diese stammen z. B. aus der Innovations- oder Portfoliostrategie, aus Wünschen von Großkunden oder der Unternehmensleitung.
- Klar ist, dass viele „großartige Ideen" **aus den Produktteams selbst** kommen müssen.[858] Insofern muss die Mitarbeiter- und Teamkreativität gefördert werden.

---

855 Henry Ford sagte: „Wenn ich die Menschen gefragt hätte, was sie wollen, hätten sie gesagt, schnellere Pferde", Henry Ford (o. J.); ähnlich formulierte es Steve Jobs: „Es ist nicht die Aufgabe der Kunden zu wissen, was sie wollen", zitiert aus Harste u. a. (o. J./E), S. 42.

856 Cooper hebt hierfür folgende Methoden heraus: ethnografische Forschung, Customer-Visit-Teams, Fokusgruppen, Lead-User-Methode und Kundenintegration im Entwicklungsprozess, vgl. Cooper (2017), S. 235; vgl. Kap. 4.2.2.2.1.1 (Ermittlung von Kundenanforderungen).

857 Vgl. Kap. 3.1.4.5 (Innovationsmanagement).

858 „Viele großartige Produkte und Lösungen kamen nicht von den Kunden oder der Verkaufsabteilung, sondern durch die intensive Zusammenarbeit großartiger interdisziplinärer Teams. Die Kunden

Bei der Ideengenerierung besteht die **Gefahr**, dass vermeintliche Lösungen entweder nur „oberflächliche“ Kundenwünsche erfüllen oder dass die Lösungen an den „echten“ Kundenbedürfnissen vorbeigehen. Im Kern von Ideen müssen die Kundenprobleme und -bedürfnisse stehen. Die **Herausforderung** besteht jedoch darin, ...

- die Bedürfnisse von morgen (z. B. in 5 Jahren) zu antizipieren,[859]
- von Kunden nichtartikulierte, unbewusste Bedürfnisse zu eruieren (sog. latente Bedürfnisse[860]),
- „echte“ Bedürfnisse (für die der Kunde auch zahlt) von „Nice-to-have“-Bedürfnissen zu unterscheiden,
- die Bedürfnisse eines gesamten Zielsegments zu treffen, nicht nur das Bedürfnis einzelner (ggf. nicht repräsentativer) Kunden,
- auch „große Ideen“ zu generieren, nicht nur inkrementelle Verbesserungen.[861]

Schließlich muss viel Information und Wissen, das im Ideenprozess entsteht, verarbeitet und priorisiert werden. Es bedarf eines **Ideenmanagements**, welches Prozesse und Werkzeuge (z. B. eine Ideen-Datenbank) umfasst. Qualifizierte Ideen sind standardisiert zu dokumentieren, z. B. anhand eines Steckbriefs oder Formulars.[862] Dies unterstützt die weitere Umsetzung der Idee oder sorgt dafür, dass Ideen für zukünftige Projekte nicht verloren gehen.

4.2.4 Ideenbewertung und -auswahl

> „I'm as proud of many of the things we haven't done as the things we have done. Innovation is saying no to a thousand things.“[863]

Ziel der Ideengenerierung war es, möglichst viele, auch „verrückte“ Ideen zu sammeln. Aus der Vielzahl von Ideen müssen nun die erfolgversprechendsten ausgewählt werden. Einige Ideengenerierungsmethoden beinhalten einen ersten Auswahlschritt. Insofern sind Ideen häufig bereits vorqualifiziert. Trotzdem liegen deutlich mehr Ideen vor, als umgesetzt werden können.

hatten keine Ahnung, dass die jeweiligen Lösungen, in die sie sich schließlich ‚verliebten‘, überhaupt möglich waren“, Cagan (2022), S. 60.

859 „You can't just ask customers what they want and then try to give that to them. By the time you get it built, they'll want something new“, Steve Jobs, zitiert aus Josh (o. J.).

860 Vgl. Kap. 4.2.2.1.6 (Latente Produktanforderungen).

861 „Most companies don't lack for ideas – they lack for big ideas!“, Cooper (2017), S. 225.

862 Inhalte der Ideendokumentation sind z. B. Titel, Klassifikation, Beschreibung, Zielmarkt, Nutzen, Umsetzungsaufwand und Risiko, Ansprechpartner und Status, vgl. Hofbauer (2018), S. 396; Aumayr (2019), S. 318; Vahs/Brem (2015), S. 312.

863 Steve Jobs, zitiert aus Prater (2011).

Quantitative Bewertungen oder Wirtschaftlichkeitsrechnungen zur Beurteilung von Ideen sind noch nicht möglich bzw. sinnvoll.[864] Daher werden nach der Ideenfindungsphase zunächst qualitative Verfahren eingesetzt. Die Bewertungsverfahren in dieser Phase müssen ...

- **realitätsnah** (z. B. unterschiedliche Zielrichtungen abdecken können),
- **wirtschaftlich** (überschaubarer zeitlicher Aufwand) und
- **benutzerfreundlich** (Daten mit geringem Aufwand ermittelbar, Methode leicht durchführbar, Ergebnisse gut interpretierbar) sein.[865]

Naturgemäß ist das Ziel, die „guten“ Ideen umzusetzen und die „schlechten“ zu verwerfen. Bei der Bewertung, welche Ideen gut oder schlecht sind, können zwei Fehler eintreten:

- Ein **Annahmefehler** tritt auf, wenn eine Idee, die sich im Nachhinein als „schlecht“ herausstellt, weiterverfolgt oder umgesetzt wird. In diesem Fall verschwendet man Planungs- und Entwicklungsressourcen.
- Ein **Ablehnungsfehler** liegt vor, wenn eine Idee abgelehnt wurde, die sich im Nachhinein als „gut“ herausstellt, z. B. weil erfolgreiche Konkurrenzprodukte diese Idee beinhalten. In diesem Fall bereut man im Nachhinein, die Idee nicht umgesetzt zu haben. Ein solcher Ablehnungsfehler verursacht Opportunitätskosten (in Form entgangener Gewinne).

Unternehmen, mit der Ambition Pionier oder Innovationsführer zu sein, werden tendenziell bestrebt sein, schwere Ablehnungsfehler zu vermeiden. Unternehmer, die eher eine Follower-Position anvisieren, oder Unternehmen mit begrenzten Mitteln werden vor allem Annahmefehler begrenzen wollen.[866]

Die geeignete Bewertungsmethode hängt wesentlich vom Reifegrad einer Idee bzw. von der Phase im Innovationsprozess ab. Im Folgenden wird ein zweistufiger Prozess der Ideenauswahl betrachtet:[867]

1. Vorauswahl von Ideen (Screening)
2. Bewertung und Auswahl von Ideen

4.2.4.1 Vorauswahl von Ideen (Screening)

„Das Screening [... hat...] die Aufgabe, [nach der Ideengenerierung] die Spreu vom Weizen zu trennen, d. h., die erfolgversprechendsten Ideen auszuwählen, ohne allzu

864 Vgl. z. B. Koppelmann (2001), S. 301; Vahs u. a. (2023), S. 405. „The best way to destroy true or bold innovation in your business is to [...] use rigorous financial criteria to make these early go kill decisions“, Cooper (2017), S. 296.

865 Vgl. Vahs u. a. (2023), S. 406.

866 Vgl. Kap. 3.2.2.3 (Timing-Strategie als Teil der Innovationsstrategie).

867 Vgl. z. B. Hofbauer (2018), S. 397–403; Pepels (2017), S. 86–88; Herrmann/Huber (2013), S. 163–167.

kostspielig zu sein. Aufwendige Konsumentenbefragungen scheiden daher an dieser Stelle aus."[868] Ziel der Vorauswahl ist es, den Ideenpool auf eine für die detailliertere Bewertung **handhabbare Anzahl von Ideen** zu reduzieren. Folgende Werkzeuge können hierfür eingesetzt werden:

- Checklisten
- RWW-Methode
- Potenzial-Kosten-Matrix
- COCD-Box

4.2.4.1.1 Checklisten

Eine Checkliste oder Prüfliste bezeichnet die Zusammenstellung verschiedener Bewertungskriterien, die für die Beurteilung eines Sachverhalts von grundlegender Bedeutung sind:[869]

Die Checkliste besteht i. d. R. aus Muss- und Sollkriterien:

- **Muss-Kriterien** (auch K.-o.-Kriterien) werden mit Ja/Nein bewertet. Wenn ein Muss-Kriterium nicht erfüllt ist (und nicht durch Modifikation der Idee erfüllt werden kann), scheidet die Idee aus. Man beginnt mit der Bewertung der Muss-Kriterien. Typische Muss-Kriterien sind die Erfüllung rechtlicher Anforderungen (inklusive die Nichtverletzung von Schutzrechten), die Übereinstimmung mit der Unternehmensstrategie und den Unternehmensgrundsätzen sowie die prinzipielle technische, finanzielle und organisatorische Umsetzbarkeit.
- **Sollkriterien** können differenziert bewertet werden, beispielsweise auf einer Skala von „sehr gut erfüllt", „gut erfüllt", „eher nicht erfüllt" bis „nicht erfüllt". Sie sind kompensatorisch zu verstehen, d. h., eine schwache Erfüllung eines Sollkriteriums kann durch die gute Erfüllung anderer Soll-Kriterien ausgeglichen werden.

Die Anzahl von Kriterien sollte aufgrund des Bewertungsaufwands nicht zu groß sein. Andererseits dürfen wichtige Kriterien nicht fehlen, um Annahmefehler zu vermeiden.

Das Ranking der Ideen (und damit die Auswahl der weiter zu bewertenden Ideen) basiert auf den Bewertungen der Soll-Kriterien. Die Bewertung erfolgt qualitativ, i. d. R. durch ein kleines interdisziplinäres Team. Checklisten sind einfach zu handhaben, können flexibel eingesetzt werden und zwingen durch Ja/Nein-Fragen zu klaren Antworten. Die Bewertung ist auf der anderen Seite grob, qualitativ und subjektiv.[870]

868 Vgl. Erichson (2007), S. 401.
869 Vgl. z. B. Vahs u. a. (2023), S. 410–411; Hofbauer (2018), S. 398–400; Herrmann/Huber (2013), S. 163–166.
870 Vgl. Vahs u. a. (2023), S. 413.

4.2.4.1.2 RWW-Methode

Als Alternative zur Checkliste schlägt Day zur frühen Bewertung des Risikos und Potenzials die „Real-Win-Worth doing it" (RWW-)Methode vor:[871]

- **Real** – Sind Kundenbedürfnisse und Zahlungsbereitschaft vorhanden? Ist ein innovatives Produktkonzept sichtbar?
- **Win** – Ermöglicht die Idee einen Wettbewerbsvorteil und kann das Produkt vom Unternehmen mit überschaubaren Risiken umgesetzt werden?
- **Worth doing it** – Passt die Idee zur *Unternehmensstrategie, bietet sie genügend Potenzial? Wird die Idee vom Management unterstützt?*

Ähnliche Kriterien wie die RWW-Methode zum groben Screening nennt z. B. Erichson mit folgenden fünf Prüffragen:[872]

- Ist der Markt, in den das neue Produkt eingeführt werden soll, hinreichend groß?
- Besitzt das neue Produkt einen Leistungsvorteil gegenüber konkurrierenden Produkten?
- Besteht Zugang zu den erforderlichen Vertriebskanälen?
- Sind die technischen Voraussetzungen für die Entwicklung und Produktion gegeben?
- Ist die Finanzierung des Projekts möglich bzw. gesichert?

4.2.4.1.3 Potenzial-Kosten-Matrix

Eine weitere Möglichkeit zur Bewertung ist eine qualitative Matrixanalyse, die das Potenzial auf der einen Seite sowie Kosten und Risiken einer Idee auf der anderen Seite visualisiert.

Die Einordnung der Ideen in die Matrix erfolgt grob und intuitiv, idealerweise durch eine Gruppe („Schwarmintelligenz"). Je weiter „oben links", desto attraktiver erscheint eine Idee. Die Beispielideen in Abbildung 4.36 wären folgendermaßen zu bewerten:

- Idee A zeigt das beste Nutzen-Kosten-Verhältnis und sollte weiterverfolgt werden.
- Ideen B und C wären die nächstbesten Optionen. Ein risikofreudigeres Unternehmen würde die Idee B der Idee C vorziehen.
- Idee F wird nicht weiterverfolgt.
- Die Verfolgung der Idee E wäre aufgrund hoher Kosten/Risiken eine strategische Entscheidung.
- Idee D könnte umgesetzt werden, falls ausreichend Ressourcen zur Verfügung stehen (opportunistisches Vorgehen).

871 Vgl. Day (2007).

872 Vgl. Erichson (2007), S. 401.

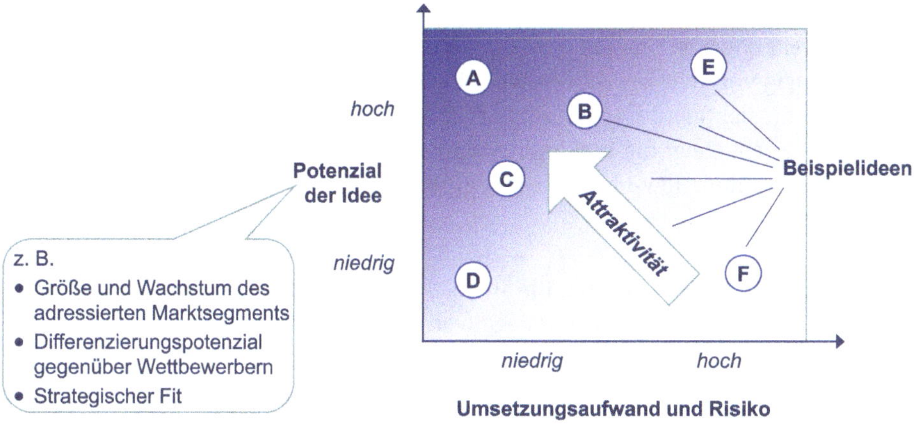

Abbildung 4.36: Pontenzial-Aufwand-Matrix.

4.2.4.1.4 COCD-Box

Eine der Potenzial-Kosten-Matrix ähnliche Methode ist die COCD-BOX (vgl. Abbildung 4.37).

Abbildung 4.37: COCD-Box[873].

Die Bewertung der Ideen erfolgt auf Basis der Intuition der Gruppe. Folgende Normempfehlungen können der COCD-Box entnommen werden:

- **Wow**-Ideen bestehen die Vorauswahl und werden im Prozess weiterverfolgt.
- **Now**-Ideen werden aussortiert und dokumentiert. Die Idee selbst oder Teilaspekte der Idee können opportunistisch zum späteren Zeitpunkt durch das Produktteam wieder aufgegriffen werden. Falls eine Umsetzung außerhalb des Produktinnova-

873 Vgl. Hahne (2019), S. 21; Vahs u. a. (2023), S. 409.

tionsauftrags denkbar ist, werden Now-Ideen an die entsprechenden Fachfunktionen weitergeleitet.
- Anhängig von der Anzahl der Wow-Ideen werden ausgewählte **How**-Ideen genauer hinsichtlich ihrer Umsetzbarkeit untersucht. Gelingt es, Lösungsansätze aufzuzeigen, steigt die Idee in die Wow-Kategorie auf und wird umgesetzt. Ansonsten sollten How-Ideen im Ideenspeicher für zukünftige Projekte abgelegt werden.

Für alle Screening-Methoden gilt: Die aussortierten Ideen sollten in den Ideenspeicher archiviert oder (im Falle einer sehr negativen Bewertung) verworfen werden.

4.2.4.2 Bewertung und Auswahl von Ideen

Zur weiteren Auswahl der vorausgewählten Ideen werden sog. Verfahren der ganzheitlichen Präferenzbildung verwendet. Zu diesen Verfahren zählen:[874]
- Paarweiser Vergleich
- Konstantsummen-Verfahren
- Semantisches Differenzial
- Polarkoordinatendarstellung
- Nutzwertanalyse

4.2.4.2.1 Paarweiser Vergleich

Beim paarweisen Vergleich werden alle Ideen tabellarisch miteinander verglichen, wobei die bessere Idee jeweils einen Punkt erhält. Die Anzahl der Punkte bestimmt die Bewertung und Rangfolge der Ideen (vgl. Abbildung 4.38).

Tabelle zum paarweisen Vergleich		Projekte				
		1	2	3	4	5
Projekte	1	-	*1*	*1*	*1*	*1*
	2	*0*	-	*1*	*1*	*1*
	3	*0*	*0*	-	*0*	*0*
	4	*0*	*0*	*1*	-	*1*
	5	*0*	*0*	*1*	*0*	-
Summe		**0**	**1**	**4**	**2**	**3**
Rang		**5**	**4**	**1**	**3**	**2**

Lesebeispiel:
Projekt 5 wird als „erfolgversprechender" als Projekt 1 bewertet.

Lesebeispiel:
Projekt 4 wird „schlechter" als Projekt 3 bewertet.

Abbildung 4.38: Beispiel paarweiser Vergleich[875].

874 Vgl. Vahs u. a. (2023), S. 413–421; bei den genannten Verfahren handelt es sich, mit Ausnahme des paarweisen Vergleichs, um mehrdimensionale Verfahren.

875 In Anlehnung an Brockhoff/Brem (2021), S. 235; Vahs u. a. (2023), S. 414.

Der paarweise Vergleich ist einfach anzuwenden und zwingt zu einer intensiven Beschäftigung beim Vergleich zweier Alternativen. Das Verfahren wird schnell unübersichtlich, falls zu viele Ideen beurteilt werden müssen.

4.2.4.2.2 Konstantsummen-Verfahren

Im Konstantsummen-Verfahren verteilt jeder Teilnehmer im Bewertungsteam beispielsweise 100 Punkte auf die zu bewertenden Ideen: Ein gegebenes Budget wird auf Investitionsoptionen verteilt. Die Summe aller in die Ideen „investierten Punkte" bestimmt die Rangfolge der Ideen (vgl. Abbildung 4.39).

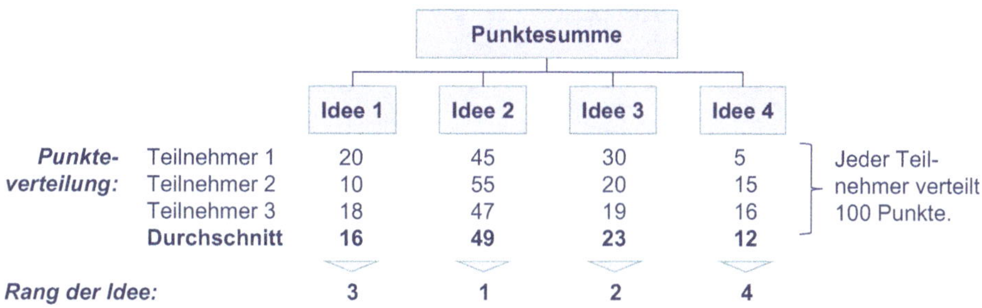

Abbildung 4.39: Beispiel Konstantsummenverfahren[876].

Das Konstantsummen-Verfahren ist einfach und schnell anzuwenden, jedoch sehr subjektiv.

4.2.4.2.3 Semantisches Differenzial und Polarkoordinatendarstellung

Bei den Methoden semantisches Differenzial und Polarkoordinatendarstellung handelt es sich um sog. Visualisierungsverfahren. Abbildung 4.40 zeigt die Methoden anhand von fiktiven Beispielen.

Beide Darstellungen visualisieren die relative Vorteilhaftigkeit verschiedener Ideen zueinander und bildet eine gute Basis für die Diskussion und Auswahl von Ideen.

4.2.4.2.4 Nutzwertanalyse

Die in der Praxis am häufigsten verwendete Methode zur Ideenauswahl ist die Nutzwertanalyse. Diese wird in Kap. 4.4.4 im Zuge der Wirtschaftlichkeitsrechnung vorgestellt.

---

876 In Anlehnung an Vahs u. a. (2023), S. 415.

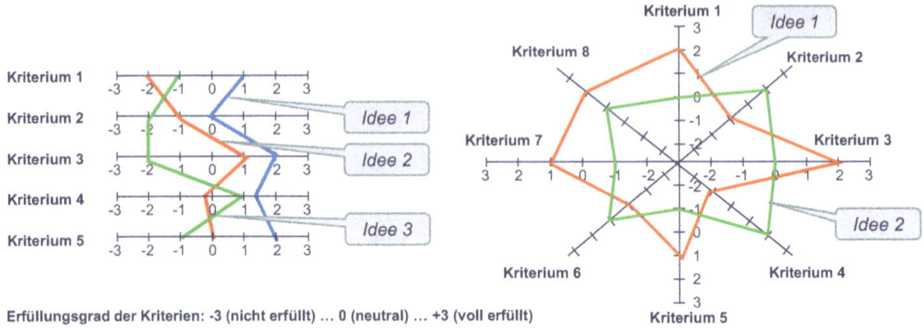

Abbildung 4.40: Visualisierung Ideenauswahl[877].

4.2.4.3 Zwischenfazit

> „Die Durchführung einer Innovation ist eine Sequenz nicht erfolgter Abbruchentscheidungen."[878]

Bewertungen und Auswahl bzw. Nichtauswahl von Ideen ist Teil des Innovationsprozesses. Gerade in der frühen Phase stellen sich bei der Bewertung von Innovationsideen folgende Herausforderungen:
- Die Bewertung muss ohne großen Zeit- und Kostenaufwand erfolgen.
- Die Ideen sind nur grob beschrieben, was eine Beurteilung schwierig machen kann.
- Das Kernkriterium „Marktakzeptanz" – die Frage also, ob die Idee ein echtes Kundenproblem löst – ist in der frühen Phase (ohne Kundenfeedback) nur hypothetisch zu beurteilen.
- Die technische Umsetzbarkeit ist insbesondere bei Ideen mit hohem Neuigkeitsgrad schwer einzuschätzen.
- Die Bewertung muss mit Blick auf zukünftige Entwicklungen erfolgen.

In den nächsten Phasen im Innovationsprozess erfolgen weitere Bewertungen und Auswahlschritte in Form der Konzepterprobung sowie der Wirtschaftlichkeitsrechnung.

4.3 Produktkonzept

Die Phase nach der Ideenfindung im Produktentstehungsprozess wird häufig als **Konzeptphase** oder **Produktkonzeptentwicklung** bezeichnet. Je nach Kontext und Autor werden auch die Begriffe **Designphase**, **Produktdefinition** oder **Anforderungsanalyse** verwendet.

877 In Anlehnung an Vahs u. a. (2023), S. 415–416.
878 Hauschildt u. a. (2023), S. 339.

Ein **Produktkonzept** ist „eine detaillierte Beschreibung der Produktidee, die direkt auf potenzielle Käufer zugeschnitten ist und für [diese] einen bedeutsamen Produktnutzen ausformuliert".[879] Das Konzept detailliert die grundlegende Idee eines Produkts und definiert dessen zentrale Eigenschaften, Zielgruppe und Nutzenversprechen. Als Leitlinie für die Produktentwicklung stellt es sicher, dass das Produkt die Bedürfnisse der Kunden erfüllt und sich von Wettbewerbern abhebt. Ein Produktkonzept umfasst Informationen zu Funktionen, Design, Positionierung und geplanten Anwendungsbereichen. Es schlägt die Brücke zwischen der Idee und der Produktentwicklung.

Produktkonzepte werden für die am besten bewertete Idee oder mehrere erfolgversprechende Ideen ausgearbeitet. Falls nur ein Produkt entwickelt werden soll, erfolgt eine Auswahl unter den entwickelten Konzepten am Ende der Konzeptphase oder auf Basis der Wirtschaftlichkeitsrechnung (nächste Phase im Innovationsprozess).

In der Literatur gibt es unterschiedliche Auffassungen darüber, was ein Produktkonzept auszeichnet und welche Fragestellungen in der Konzeptphase zu bearbeiten sind. Stellvertretend seien ein **technisches** und ein **marketingorientiertes Konzeptverständnis** zitiert:

- „Ein Produktkonzept beschreibt eine prinzipielle Lösung für ein Produkt. Es umfasst Lösungen für alle geforderten Funktionen – rationale und emotionale – und deren sinnvolle Kombinationen zum Produkt."[880] „Es gibt den prinzipiellen Aufbau und den prinzipiellen Zusammenhang der Haupt- und [...] Nebenelemente des Produkts untereinander wieder. Gleichzeitig legt es grundsätzliche gestalterische Aspekte fest."[881]
- Ein Produktkonzept beantwortet vier Fragen: Wer ist die angestrebte Zielgruppe des Produkts? Was ist das Nutzenversprechen und die „Unique Selling Proposition" (USP) des Produkts? Welche funktionalen und formal-ästhetischen Produkteigenschaften werden angestrebt? Welche Positionierung des Produkts im Wahrnehmungsraum des Kunden und welche Abgrenzung zum Wettbewerb wird angestrebt?[882]

Aus der **Perspektive des Produktmanagers** muss das **marketingorientierte Konzeptverständnis** herangezogen werden. Dieses ist Kern der Abschnitte Vision, Pro-

879 Kotler u. a. (2022), S. 476; eine ähnliche Definition formuliert z. B. Hofbauer (2018), S. 406.

880 Engeln (2020), S. 111.

881 Gericke u. a. (2021), S. 233.

882 Vgl. Homburg (2020), S. 621; ein ähnliches Verständnis vertritt Bruhn/Hadlich: „Ein Leistungskonzept ist eine von Konsumenten beurteilbare Darstellung der Leistungsidee ... [Es] beinhaltet eine genauere Beschreibung der Leistung, die angestrebte Positionierung, die Vorteile gegenüber anderen Leistungen, die Zielgruppe und die Verwendungssituation. Ausgangspunkt für die Erarbeitung des Leistungskonzeptes ist wiederum der Kundennutzen. Hierzu sind Leistungsunterschiede im Wahrnehmungsraum der Kunden zu identifizieren und eine Platzierung der neuen Leistung im Positionierungsraum vorzunehmen", vgl. Bruhn/Hadwich (2017), S. 209–210.

duktpositionierung und Produktstrategie (Kap. 4.3.3, 4.3.4 und 4.3.5). Die technische Perspektive wird in Kap. 4.3.2 (Produktanforderungen) sowie in der Produktrealisierungsphase (Kap. 4.5) abgedeckt.

Abbildung 4.41 zeigt die fünf Schritte der Konzeptphase:

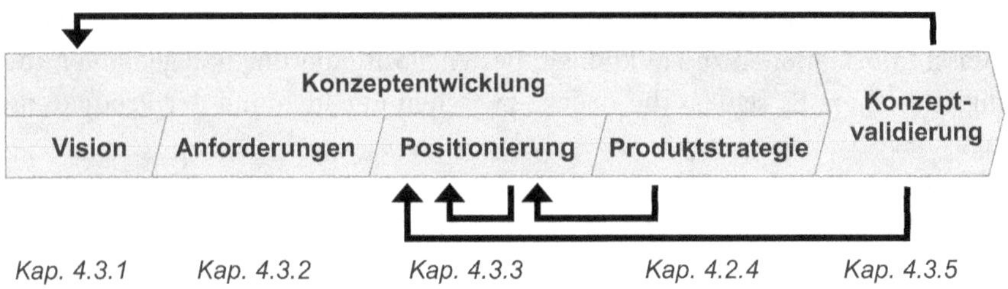

Abbildung 4.41: Schritte der Konzeptphase.

Die Konzeptphase besteht aus der Konzeptentwicklung und der Konzeptvalidierung. Die oben genannten Einzelschritte sind als natürliche Reihenfolge zu sehen. Eine **teilweise parallele Bearbeitung** der Schritte ist möglich, beispielsweise können Analysen zur Produktpositionierung bereits während der Anforderungsphase durchgeführt werden.

Der Prozess ist als **iterativ** anzusehen (vgl. Rücksprungpfeile in Abbildung 4.41):

- Die Konzeptpositionierung ist an sich eine iterative Phase, d. h., es können verschiedene Positionierungsideen durchgespielt werden.
- Ein Rücksprung ist erforderlich, falls die Positionierung nicht mit einer erfolgversprechenden Produktstrategie hinterlegt werden kann.
- Falls die Konzeptvalidierung nicht gelingt, muss die Positionierung verändert oder das Projekt abgebrochen werden.

In den folgenden Kapiteln werden die in Abbildung 4.41 aufgezeigten fünf Schritte der Konzeptphase erläutert.

4.3.1 Vision

> „The vision plays an important role in bringing a new product to life: It acts as the overarching goal guiding everyone involved in the development effort. Equally important is the product strategy, the path chosen to attain the vision.“[883]

883 Pichler (o. J./A).

Ähnlich wie die strategische Planung eines Unternehmens benötigt der Produktplanungsprozess eine grundsätzliche Ausrichtung. Diese wird neben dem Produktinnovationsauftrag durch eine **Produktvision** gegeben.

4.3.1.1 Ziele einer Produktvision

Die Vision zeigt auf, was das Produkt langfristig erreichen soll. Die Vision musss einen **wünschenswerten und überzeugenden Zustand** beschreiben, ohne Details zu nennen.[884] Ziel einer Vision ist es, ...

- alle Beteiligten – das Produktteam, andere interne Stakeholder, Partner und Kunden – zu inspirieren, sodass jeder „an Bord sein möchten",[885]
- die langfristigen Ambitionen des Unternehmens zu verdeutlichen,
- eine „Richtschnur" für produktbezogene Entscheidungen vorzugeben,[886]
- **die Förderung und** Verbreitung einer Idee zu unterstützen (Evangelisierung[887]).

Die Vision kann in Kurzform durch einen Satz oder Halbsatz, das sog. **Vision Statement**, formuliert werden. Abbildung 4.42 zeigt vier Beispiele von Vision Statements:

- „To create the most compelling car company of the 21st century by driving the world's transition to electric vehicles." (Tesla)
- „To be Earth's most customer-centric company, where customers can find and discover anything they might want to buy online." (Amazon)
- „To empower every person and every organization on the planet to achieve more." (Microsoft)
- „To create a better everyday life for the many people." (IKEA)

Abbildung 4.42: Beispiele von Unternehmensvisionen[888].

---

884 Das Konzept der Produktvision ist ähnlich dem der Unternehmensvision, vgl. Kap. 3.1.1.2 (Zielebenen im strategischen Planungsprozess).

885 „Eine gut gemachte Produktvision ist eines unserer effektivsten Rekrutierungswerkzeuge und motiviert die Leute in ihren Teams, jeden Morgen zur Arbeit zu gehen [...] Starke Technologiemenschen [...] wollen an etwas Sinnvollem arbeiten", Cagan (2022), S. 123.

886 „Anything that helps you move closer to your vision—be it a new feature, a change of direction, or a new technology— is helpful and should be considered; anything that doesn't, is not beneficial and should probably be discarded", Pichler (o. J./B).

887 Vgl. Kap. 4.5.6 (Evangelisierung als Aufgabe des Produktmanagers während der Produktrealisierung).

888 Von den jeweiligen Unternehmenswebseiten entnommen.

Cagan und Pichler nennen einige **Prinzipien**, die bei der Formulierung einer Produktvision zu beachten sind. Eine Vision ...[889]

- ... sollte sich an dem „Warum" orientieren, nicht an dem „Wie" oder dem „Was",[890]
- ... sollte sind am Problem des Kunden, nicht an der Lösung orientieren,
- ... sollte inspirieren – kann auch groß und bedeutungsvoll sein,
- ... kann auch den aktuellen Lösungen des Unternehmens widersprechen,
- ... sollte sich an (Mega-)Trends orientieren.

4.3.1.2 Strategisches „Framing"

Die Produktvision ist mehr als nur ein Vision Statement. Sie sollte einen **strategischen Rahmen** („frame") für die Produktinnovation vorgeben.

Framing im Zusammenhang mit der Produktvision bedeutet, das Produkt und seine Zielrichtung bewusst in einem Deutungsrahmen zu platzieren, der Orientierung gibt, Entscheidungen lenkt und die gewünschte Wahrnehmung bei allen Beteiligten erzeugt:

- **Rahmen für Entscheidungen** schaffen: Die Produktvision gibt nicht jedes Detail vor, sondern setzt Leitplanken, z. B.: Welche Probleme sollen gelöst werden? Für wen? Mit welchem Nutzen? Das grenzt den Fokus ein und verhindert, dass man sich in Nebensächlichkeiten verliert.
- **Perspektive und Story** festlegen: Dasselbe Produkt kann ganz unterschiedlich „geframed" werden, z. B. ein E-Auto als „Umweltbeitrag" (ökologisches Frame) oder als „High-Tech-Luxusgut" (Premium-Frame). Durch Framing entscheidet man, welches Narrativ im Team verfolgt und am Markt wahrgenommen werden soll.
- **Strategische Kommunikation:** Framing hilft, die Produktstrategie in einer Weise zu kommunizieren, die anschlussfähig, motivierend und verständlich ist. Dies hilft, intern ein gemeinsames Ziel zu verfolgen und extern Kunden, Investoren oder Partnern die gleiche Sichtweise zu vermitteln.
- **Kognitiver Effekt:** Menschen interpretieren Informationen je nach Kontext anders. Ein klar gesetzter Rahmen steuert Erwartungen und beeinflusst Entscheidungen (z. B. „Wir machen nicht irgendein Tool, sondern die Plattform für sicheren Datenaustausch").

Beispiel: Spotify verfolgt die Vision „Music for everyone" (Vision Statement). Strategisch sieht sich Spotify nicht als „Streamingdienst", sondern als „Zugang zu Musik – jederzeit und überall". Das Kundenproblem „Ich muss Musik besitzen (um diese zu hören)" wird umformuliert in „Ich möchte Musik erleben". Dieser Frame impliziert, dass Spotify kein Tech-Tool, sondern eine

---

889 Vgl. Cagan (2022), S. 127–126; Pichler (o. J./B).

890 Dies entspricht dem Golden-Circle-Konzept von Simon Sinek („Start with the why"), vgl. Sinek (2011).

Lifestyle-Plattform für Musikgenuss liefert. Für interne Entwickler gilt es, Wege zu finden, um Musik für die Kunden verfügbar zu machen, denn Kunden schätzen die Freiheit und die Vielfalt des Angebots.

Der Detaillierungsgrad des strategischen Rahmens ist eher gering. Während einzelne strategische Parameter noch präzisiert oder verändert werden können, sollte der Rahmen jedoch stabil sein.[891] Der strategische Rahmen sollte folgende vier Inhalte enthalten und in der angegebenen Reihenfolge entwickelt werden:[892]

- Ausgangspunkt ist das **Hauptproblem**, das das Produkt löst, und der **Hauptnutzen**, den es liefert. Es sollte sich um ein „echtes“ und „drängendes“ Problem handeln. Menschen der genannten Zielgruppe müssen für die Lösung dieses Problem bereit sein zu bezahlen. Das Kundenproblem muss umfassend verstanden sein, bevor man mit dessen Lösung beginnt.
- **Produktzweck** (Produktart) sowie drei bis fünf **Merkmale,** die das Produkt auszeichnen und für seinen Erfolg entscheidend sind. Diese bilden die Basis für das Nutzenversprechen, eine Alleinstellung und die Positionierung des Produkts. Ebenso können angestrebte **Produktprinzipien** genannt werden.[893]
- Die **Zielgruppe** beschreibt die Kundengruppe oder das Marktsegment, das durch das Produkt angesprochen werden soll. Sie besteht i. d. R. aus denjenigen Kunden, die von dem Produkt am stärksten profitieren können. Die Zielgruppe sollte homogen und klar umrissen sein. Sie ist durch eine Marktsegmentierung und Zielmarktauswahl zu konkretisieren (vgl. nachfolgende zwei Kap. 4.3.1.3 und 4.3.1.4).
- Die **Geschäftsziele** erklären, warum es sich für das Unternehmen lohnt, in das Produkt zu investieren. Diese sollten sich an den Zielvorgaben des Innovationsauftrags orientieren.[894] Typische Ziele sind Umsatzsteigerung, Eintritt in einen neuen Markt, Kostensenkung oder der Erwerb neuen Wissens.

Die oben genannten Produktstrategiemerkmale müssen zueinander konsistent sind. Außerdem ist sicherzustellen, dass der Produktinnovationsauftrag durch die Produktvision und deren strategische Aussagen abgebildet ist.

Die Vision inklusive der groben Produktstrategie kann im **Produkt Vision Board** (nach Pichler) zusammengefasst und visualisiert werden (vgl. Abbildung 4.43):

891 „Seien Sie stur bei der Vision, aber flexibel bei den Details“, Jeff Bezos (CEO von Amazon), zitiert aus Cagan (2022), S. 127.

892 Vgl. David (2022); laut Zhou muss das Framing insbesondere zwei Fragen (für alle Beteiligten verständlich) beantworten: 1. Welches Kundenproblem soll gelöst werden?, 2. Warum ist es erstrebenswert, dieses Problem zu lösen?, vgl. Zhuo (2016).

893 Produktprinzipien beziehen sich auf die Beschaffenheit des angestrebten Produkts und wie ein Produkt entwickelt und gestaltet wird. Als Beispiel nennt Cagan das Prinzip von Ebay, den Käufern auf der Plattform im Falle konfliktärer Bedürfnisse Priorität gegenüber den Verkäufern einzuräumen, vgl. Cagan (2022), S. 131.

894 Vgl. Kap. 3.4.3 (Produktinnovationsauftrag).

Vision	• Warum entwickeln wir dieses Produkt? • Welchen „Unterschied“ wird es machen?		
Zielgruppe	**Nutzen**	**Produkt**	**Ziele**
• Marktsegment • typische Kunden	• Probleme, die das Produkt löst • Hauptnutzen, den es liefert	• Zweck/Art des Produkts • Kernfunktionen/ Merkmale • Produktprinzipien • Differenzierung	• Nutzen für das Unternehmen • Geschäftsziele

Abbildung 4.43: Product Vision Board[895].

Alternativ schlägt Geoffrey Moore eine kompakte Satzschablone zur Strategieformulierung und zur Kommunikation der Vision in Form des **Product Vision Templates** vor (vgl. Abbildung 4.44).

For *(target customers)* **who** *(statement of need or opportunity)*,
the *(product name)* **is a** *(product category)* **that** *(key benefit, reason to buy)*.
Unlike *(primary competitive advantage)*, **our product** *(statement of primary differentiation)*.

Abbildung 4.44: Product Vision Template[896].

Neben den oben genannten strategischen Aussagen sollte der primäre **Use-Case** für das Produkt beschrieben werden. Ein Use-Case beschreibt die konkrete Nutzung des Produkts, um ein Problem zu lösen oder einen Nutzen zu erzielen.[897] Er stellt das **Bindeglied zwischen Zielgruppe und Nutzen** eines Produkts dar. Für ein Produkt sind u. U. mehrere Use-Cases denkbar. Ein Minivan kann z. B. für Familienausflüge oder als Transporter für Handwerkerausrüstung genutzt werden, eine Smartwatch zum Tracking sportlicher Leistungen oder als Produktivitätstool. Das Verständnis des Use-Cases ist wesentlich für die Ermittlung von Produktanforderungen.[898]

Die in der Produktvision genannte Zielgruppe impliziert eine Marktsegmentierung und Zielmarktauswahl, welche die ersten beiden Schritte des STP-Prozesses der Marketingstrategiebildung[899] darstellen. Eine Marktsegmentierung, auf die der Produktmanager aufsetzen kann, liegt im Unternehmen i. d. R. vor. Falls das Produkt

895 Vgl. Pichler (o. J./A).

896 Vgl. Moore (1991), S. 19.

897 Use-Cases werden im Kapitel „Anforderungen ergänzen“ (Kap. 4.2.2.2.1) als Werkzeug zur Anforderungsermittlung erläutert.

898 Vgl. Kap. 4.3.2.1.1.2 (Spezifische Methoden zur Ermittlung von Kundenanforderungen).

899 Vgl. Kap. 4.1.1.3; STP = Segmentation, Targeting, Positioning.

neue oder unbekannte Märkte erschließen soll oder die vorliegende Segmentierung aus anderen Gründen nicht passt, ist zunächst eine Marktsegmentierungsanalyse durchzuführen.

4.3.1.3 Exkurs: Marktsegmentierung als Grundlage der Strategie

Marktsegmentierung ist eines der Basiskonzepte im Marketing und wurde im Rahmen des Strategieprozesses im Abschnitt „Analyse und Absatzmarkt" (Kap. 3.1.2.3) bereits angeschnitten.

„Ein **Markt** [... besteht ...] aus allen potenziellen und tatsächlichen Kunden mit einem bestimmten Bedürfnis oder Wunsch, die willens und fähig sind, diesen durch einen Austauschprozess zu befriedigen."[900] Kunden verhalten sind in der Praxis unterschiedlich und haben unterschiedliche Wünsche und Probleme. Es ist nicht effektiv, ein Produkt für „alle Kunden" zu entwickeln und Marketingmaßnahmen auszuführen, die sich an „alle Kunden" richten.

Bevor Unternehmen ihre Marktleistungen planen, macht es daher Sinn, den Markt in verschiedene Kundengruppen aufzuteilen, um die Produkt- und Marketingaktivitäten auf eine (oder wenige) dieser Gruppen zu fokussieren. Hierfür werden homogene Kundengruppen **(Marktsegmente)** gebildet, wobei sich Homogenität auf folgende zwei Kriterien bezieht:

- Kunden in einem Segment sollen **ähnliche Produktanforderungen** haben, d. h. ähnliche Bedürfnisse und „Probleme" (bezogen auf die relevante Produktdomäne).
- Kunden in einem Segment sollen einen **ähnlichen Kaufprozess** (Customer Journey) verfolgen und **ähnliches Nutzungsverhalten** für das betrachtete Produkt aufweisen.

Kunden innerhalb eines Segments sind also bezüglich der genannten zwei Kriterien ähnlich, Kunden aus unterschiedlichen Segmenten unterscheiden sich bezüglich der genannten Kriterien. Der entscheidende Vorteil der Marktsegmentierung ist, dass **man alle Kunden eines Segments mit einem Marketingplan bearbeiten** kann, also durch ein gleiches Produktangebot sowie gleiche Preis-, Kommunikations- und Distributionspolitik. Dies reduziert die Komplexität und Kosten bei gleichzeitiger hoher Kundenorientierung.

Die Kunst der Marktsegmentierung ist es, Faktoren zu finden, die eine möglichst gute Gruppierung im Hinblick auf die Produktanforderungen und den Kaufprozess sicherstellen. Folgende Faktoren werden in der Praxis häufig zur Marktsegmentierung verwendet:

900 Kotler u. a. (2022), S. 49.

- In **B2C**-Märkten erfolgt die Aufteilung nach demografischen, geografischen, psychografischen oder verhaltensbezogenen Merkmalen.[901] Psychografische Faktoren sind z. B. Klassenzugehörigkeit, Lebensstile, Werte oder Persönlichkeiten. Zu den verhaltensorientierten Faktoren gehören Kaufanlässe, Nutzenerwartungen, Nutzerstatus, Nutzungshäufigkeit und Produktloyalität.
- In **B2B**-Märkten wird häufig nach Unternehmenscharakteristika (z. B. Branche, Unternehmensgröße), Geografie, Produktanforderungen, Nutzungsintensität oder Produkttreue segmentiert.[902]

Eine Marktsegmentierung sollte folgende fünf **Anforderungen** erfüllen:[903]
- Zwischen den Segmenten sollten deutliche Unterschiede bezüglich der Bedürfnisse sowie des Kundenverhaltens (insbesondere des Kaufverhaltens) bestehen **(Relevanz)**.
- Die Segmente sollten getrennt voneinander effektiv erreicht und bedient werden können, sowohl hinsichtlich Distribution als auch kommunikativ **(Zugänglichkeit)**.
- Die Kriterien der Segmentierung sollten durch Marktforschung messbar sein **(Messbarkeit)**.
- Die Segmente sollten eine hinreichende Größe aufweisen, welche den Aufwand einer differenzierten Bearbeitung rechtfertigt **(Wirtschaftlichkeit)**.
- Die Segmentstruktur sollte **zeitlich stabil** sein.

Durch den Prozess der Marktsegmentierung gewinnen Unternehmen ein besseres Markt- und Kundenverständnis -der Weg ist hier auch das Ziel. Außerdem ist die Segmentierung die Basis für eine Fokussierung durch „Zielgruppenauswahl".

4.3.1.4 Zielgruppenauswahl und Beschreibung

Auf Grundlage der Marktsegmentierung wird im nächsten Schritt des strategischen Marketingprozesses ein Marktsegment (oder wenige Marktsegmente) ausgewählt, das bzw. die das Unternehmen gezielt ansprechen möchte („Targeting" im STP-Prozess). Auf der anderen Seite werden nicht gewählte Segmente planerisch ausgeblendet. Die Auswahl der Zielsegmente erfolgt anhand von drei Kriterien:
- **Attraktivität** der Zielsegmente, z. B. Segmentgröße, Wachstum, Zahlungsbereitschaft der Kunden
- vorteilhafte **Wettbewerbssituation** innerhalb der Zielsegmente, d. h. (geringe) Anzahl und Stärke der Wettbewerber, Möglichkeiten der Differenzierung

---

901 Vgl. z. B. Kotler u. a. (2022), S. 348–349; Homburg (2020), S. 519–525; Bruhn (2024), S. 60–61; Müller-Stevens/Lechner (2011), S. 171.

902 Vgl. Kotler u. a. (2022), S. 358–359.

903 Vgl. z. B. Kotler u. a. (2022), S. 361; Homburg (2020), S. 519; Bruhn (2024), S. 60.

- **„Strategic Fit"** der Zielsegmente: Zur strategischen Bewertung werden beispielsweise folgende Fragen analysiert: Passt unsere Marke in die Zielsegmente? Verfügen wir über die technischen Kompetenzen, die in diesen Segmenten erforderlich sind? Haben wir ausreichenden vertrieblichen Zugang oder Partner, um die Segmente zu bedienen?

Nur für das Zielsegment (bzw. die Zielsegmente) wird ein Produktangebot und eine Marketingstrategie entwickelt (inklusive Preis-, Distributions- und Kommunikationspolitik). Durch diese **Fokussierung** wird die **bestmögliche Wettbewerbsfähigkeit** erreicht.

Die definierten Zielsegmente müssen intensiv **analysiert** und – damit alle Beteiligten das gleiche Verständnis haben – **beschrieben** werden. Repräsentanten des Zielsegments bzw. der Zielgruppe können beispielsweise durch folgende Werkzeuge beleuchtet werden:

- Persona-Konzept
- Customer-Empathy-Map
- Customer-Journey-Map

4.3.1.4.1 Persona-Konzept

Das Persona-Konzept ist ein Werkzeug, um den typischen Zielkunden oder Nutzer eines Produkts durch einen fiktiven aber realitätsnahen Repräsentanten darzustellen. Personas basieren auf Daten und Erkenntnissen aus der Markt- und Nutzerforschung, wie z. B. Demografie, Verhaltensweisen, Bedürfnisse und Ziele (vgl. Abbildung 4.45). Sie helfen dabei, die Kundenanforderungen besser zu verstehen und kundenorientierte Entscheidungen im Produktentwicklungsprozess zu treffen.

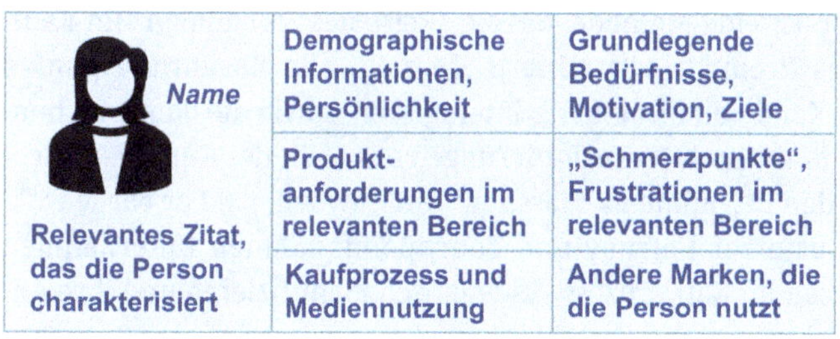

Abbildung 4.45: Schablone Persona-Karte[904].

904 Es gibt keine festen Regeln, welche Informationen in der Persona-Karte aufgeführt sind. Neben den im Beispiel genannten Elementen könnten eine Persona-Karte beispielsweise Verhalten und Gewohnheiten, Emotionen und Werte, für die Person typische Zitate, bevorzugte Einkaufskanäle oder Marketing-Kontaktpunkte enthalten.

Vergleichbar mit der SWOT-Analyse in der Strategieentwicklung sind Personas sowohl ein Analyseinstrument als auch ein Instrument zur Sammlung und Darstellung von Ergebnissen aus anderen Analysen.

4.3.1.4.2 Empathy-Map

Empathy-Maps visualisieren, was ein Zielkunde denkt, fühlt, sieht, sagt, hört und tut. Daraus können u. a. die für die Anforderungsermittlung wichtigen „pains & gains" abgeleitet werden (vgl. Abbildung 4.46).

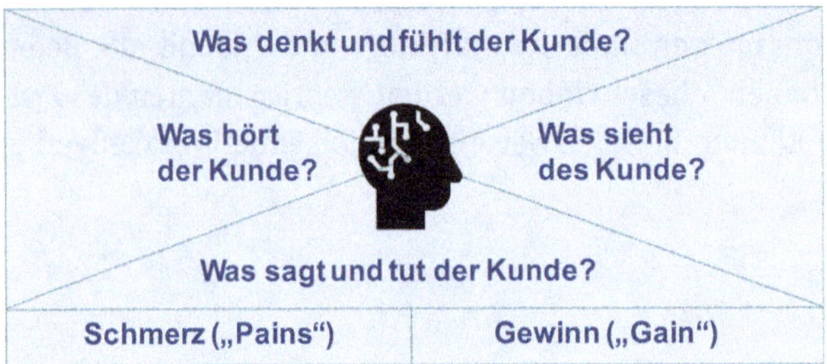

Abbildung 4.46: Schablone Empathy Map.

Empathy-Maps gehen eine Ebene tiefer als Personas in den „Kopf des Kunden" und helfen, die Perspektive und Emotionen der Zielkunden besser zu verstehen sowie tiefere Einblicke in deren Bedürfnisse, Motivationen und Herausforderungen zu gewinnen.

4.3.1.4.3 Customer-Journey-Map

Die Customer-Journey-Map ist eine Methode, die die „Reise des Zielkunden" im Kauf- und Nutzungsprozess des Produkts visualisiert. Sie zeigt alle Berührungspunkte **(Touchpoints)**, an denen Kunde und Hersteller interagieren, sowie die damit verbundenen Erfahrungen, Emotionen und Herausforderungen aus Sicht des Kunden. Touchpoints werden unterschieden in „online vs. klassisch" und „owned, paid or earned".[905] Durch die Analyse der Customer Journey und Touchpoints können Unternehmen Schwachstellen und Chancen im Kaufprozess systematisch identifizieren und ihre Angebote und Marketingtaktiken verbessern. Abbildung 4.47 zeigt ein an der Customer Journey angelehntes Kundenanalyse- und Marketingplanungsschema.

---

905 Die Besonderheiten von „owned, paid and earned media" werden an verschiedenen Stellen des Kap. 5.3.3 (Digitales Marketing) thematisiert.

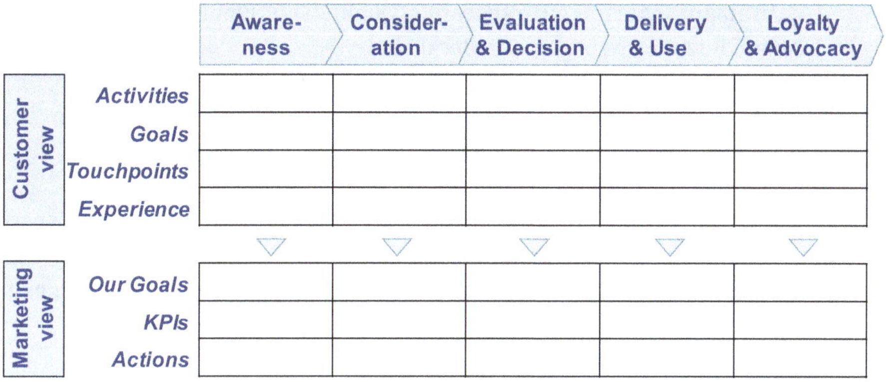

Abbildung 4.47: Schablone Customer Journey Map[906].

Die genannten Werkzeuge zur Beschreibung der Zielkunden können im nächsten Prozessschritt auch bei der Ermittlung von Produkt- bzw. Kundenanforderungen unterstützen (vgl. Kap. 4.3.2.1.1).

4.3.2 Produktanforderungen

> „The biggest bottleneck in product development is shifting – from ‚Who can build it?' to ‚Who knows what to build?'."[907]

Die vage formulierte Produktvision muss als Grundlage für den weiteren Produktentwicklungsprozess in konkrete Produktanforderungen übersetzt werden. Eine **Produktanforderung** ist eine geforderte Funktion oder Eigenschaft eines Produkts. Sie ist „ein notwendiges Bedürfnis eines Stakeholders, eine Fähigkeit oder Eigenschaft, die ein System erfüllen muss [oder] eine dokumentierte Repräsentation eines Bedürfnisses, einer Fähigkeit oder Eigenschaft".[908]

Es gibt in der Literatur verschiedene **Kategorisierungen von Anforderungen**[909] – drei davon seien im Folgenden beispielhaft genannt:

- Bühne/Herrmann schlagen eine Einteilung in drei Kategorien vor:[910]
  - **funktionale Anforderungen** – betreffen die Ergebnisse der Funktionen des Produkts

906 Vgl. z. B. Meffert u. a. (2024), S. 132–133 und S. 147–148; Homburg (2020), S. 564.

907 Anton Osika, Co-founder und CEO von Lovable (KI-Werkzeug, das Software-Code aus textuellen Beschreibungen erzeugt); Osika (2025).

908 Ponn u. a. (2024), S. 65.

909 Eine Übersicht verschiedener Kategorisierungen von Anforderungen geben z. B. Bühne/Herrmann, vgl. Bühne/Herrmann (2015), S. 20.

910 Vgl. Bühne/Herrmann (2015), S. 19–20.

  - **Qualitätsanforderungen** – betreffen Qualitätsmerkmale, die nicht durch funktionale Anforderungen abgedeckt sind
  - **Rahmenbedingungen** – betreffen Einschränkungen des Lösungsraums
- Kauf teilt Anforderungen in technisch, wirtschaftlich und organisatorisch ein:[911]
  - **Technische** Anforderungen umfassen:
    - rein-technische Anforderung wie Qualität, Festigkeit, Verschleiß
    - Anforderungen der technischen Umgebung, z. B. aus Montage, Transport oder Wartung resultierend
    - Anforderungen von Menschen, Gesellschaft und Umwelt, z. B. Ergonomie, Design, Emissionen oder Recycling
    - Gesetze und Normen
  - **wirtschaftliche** Anforderungen, z. B. Ergebnisziele, Herstellkostenziele
  - **organisatorische** Anforderungen, welche zeitbezogen, personalbezogen oder hilfsmittelbezogen sein können
- Harste u. a. teilen Anforderungen in vier Kategorien ein:[912]
  - **Funktionale Anforderungen** betreffen die Funktionen und Funktionsweise des Produkts.
  - **Nichtfunktionale Anforderungen** umfassen operative Eigenschaften, wie z. B. Leistung, Skalierbarkeit, Zuverlässigkeit, Compliance oder Kompatibilität.
  - **Prozessanforderungen** (Workflows) stellen Abläufe mit dem Nutzer und anderen beteiligten Personen sicher, z. B. das Onboarding eines Nutzers oder die Produktwartung.
  - **User-Experience-Anforderungen** betreffen nicht nur die Nutzung des Produkts im engeren Sinne, sondern nur Erfahrungen und Erlebnisse während der kompletten Customer Journey.

Anforderungen stammen von unterschiedlichen **Interessengruppen**, von denen die Zielkunden des Produkts die wichtigste darstellt. Fehlerhafte oder fehlende Anforderungen können zu unzufriedenen Kunden und geringer Produktnachfrage führen, was die Erreichung der Produktziele gefährden kann. Ponn u. a. nennen drei **Gefahren** bei der Anforderungsklärung:[913]
- Anforderungen werden vergessen.
- Anforderungen werden falsch interpretiert.
- Anforderungen werden falsch priorisiert.

Die Anforderungen stellen über die gesamte Entwicklungszeit die Arbeitsgrundlage für das Produktteam dar. Elemente der Produktstrategie, die sich nicht in entspre-

911 Vgl. Kauf (2016), S. 956.
912 Vgl. Harste u. a. (o. J.), S. 26–30.
913 Vgl. Ponn u. a. (2024), S. 67.

chenden Anforderungen widerspiegeln, laufen Gefahr, nicht systematisch verfolgt und nicht realisiert zu werden.[914]

Damit Anforderungen akzeptiert, umsetzbar und im weiteren Prozess „managebar“ sind, sollten sie eindeutig, gültig und aktuell, korrekt, priorisiert, realisierbar, rückverfolgbar, vereinbart, verifizierbar, verständlich und vollständig sein (**10 Qualitätskriterien** für Anforderungen).[915]

Änderungen von festgestellten Anforderungen im Laufe des Produktentwicklungsprozesses sind in der Praxis unausweichlich, z. B. als Reaktion auf ein dynamisches Marktumfeld. Sie können aufgrund der Komplexität des Gesamtsystems und Wechselwirkungen von Systemkomponenten, insbesondere in späten Projektphasen, zu hohen Änderungskosten in verschiedenen Unternehmensbereichen führen. Insofern gilt es,
- durch **Anforderungsklärung** eine initiale Anforderungsbasis mit möglichst hoher Qualität zu schaffen und
- etwaige, im weiteren Prozess erforderliche Änderungen möglichst effizient zu „managen“ **(Anforderungsmanagement)**.

Anforderungsklärung und Anforderungsmanagement sind die zwei wesentlichen Aufgaben des sog. **Requirement Engineering**, welches einen zentralen Aufgabenbereich des Produktmanagers (und des Entwicklungsteams) darstellt:[916]
- Die Aufgabenklärung erfolgt im Rahmen der Konzeptentwicklung und besteht aus Anforderungserhebung und Anforderungsdokumentation (vgl. Kap. 4.3.2.1 und 4.3.2.3).
- Anforderungsmanagement beginnt nach der Freigabe der initialen Anforderungsbasis und findet über den gesamten Lebenszyklus des Produkts statt.

Als Ergebnis der Anforderungsklärungsphase entsteht eine **Anforderungsliste**. Diese dient als Grundlage für die Entwicklung eines **Lastenhefts**. Das Lastenheft erweitert die Anforderungen um Kontext, Zweck sowie andere Vorgaben und dient als Basis für die interne Produktentwicklung oder als Basis für die Beauftragung eines externen Entwicklungsdienstleisters.[917]

4.3.2.1 Anforderungen erheben

> „Unklare und unvollständige Anforderungen führen [...] zu Missverständnissen und Fehlinterpretationen der Aufgabenstellung mit gravierenden Folgen für das Produkt und den Projekterfolg.“[918]

914 Vgl. Bender/Gericke (2021), S. 176–178; Ponn u. a. (2024), S. 62.

915 Vgl. Baumgart (2016), S. 431.

916 Vgl. Baumgart (2016), S. 426–427; Anforderungsmanagement wird in Kap. 4.5.2 im Rahmen der Produktrealisierung näher erläutert.

917 Vgl. Kap. 4.5.1 (Exkurs Lastenhelft und Pflichtenheft).

918 Baumgart (2016), S. 442.

Ziel der Anforderungserhebung ist die Sammlung der Bedürfnisse aller relevanten Stakeholder eines Produkts. Ein erfolgreiches „Leistungsangebot“ muss also nicht nur für die Zielkunden einen Wert generieren, sondern auch für das Unternehmen selbst oder dessen „Partner“. Entsprechend müssen laut Kotler u. a. im Produkt- und Innovationsprozess folgende drei Werttypen berücksichtigt werden: **Kundenwert**, **Partnerwert** und **Unternehmenswert**.[919]

Entsprechend gibt es neben den Kunden eine Reihe weiterer **Produkt-Stakeholder,** die als **Anforderungsquellen** zu berücksichtigen sind, insbesondere unternehmensinterne Stakeholder, Staat und Gesellschaft sowie externe Partner (vgl. Abbildung 4.48):

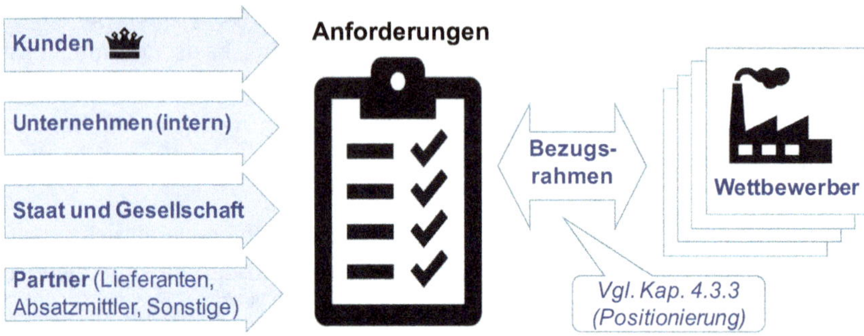

Abbildung 4.48: Stakeholder als Anforderungsquellen[920].

Wettbewerber sind nicht als Stakeholder zu sehen, deren Interessen bedient werden müssen. Vielmehr stellen sie den **Bezugsrahmen** für die Priorisierung der Stakeholder-Anforderungen dar. So wird i. d. R. eine Differenzierung von Wettbewerberprodukten in ausgewählten Bereichen angestrebt, z. B. durch Implementierung von Funktionen, die Wettbewerberprodukte nicht bieten, oder durch überlegene Ausgestaltung (Point-of-Differentiation). In anderen Bereichen genügt es, mit dem Wettbewerb gleichzuziehen (Point-of-Parity). Wieder andere Anforderungen werden u. U. bewusst vernachlässigt. Der wettbewerberorientierte Teil der Anforderungsgestaltung wird in Kap. 4.3.3 **(Positionierung)** thematisiert.

Im Folgenden werden Werkzeuge zur Anforderungserhebung sowie typische Anforderungen für die genannten Stakeholdergruppen erörtert. Der Schwerpunkt wird auf die Ermittlung von Kundenanforderungen gelegt.

4.3.2.1.1 Kundenanforderungen

Ein erster Satz von Kundenanforderungen sollte als „Nebenprodukt“ aus dem bisherigen Strategie- und Produktprozess bereits vorliegen, z. B. aus den

919 3-W-Marktwertprinzip, vgl. Kotler u. a. (2022), S. 70–71.

920 Vgl. z. B. Engeln (2020), S. 70.

- Diskussionen und Bewertungen im Rahmen der Ideengenerierung,
- Markt- und Kundenanalysen im Rahmen der Geschäftsstrategieentwicklung,
- Analysen zu Themen wie Technologiepotenziale, gesellschaftliche Trends oder Innovationen.

Außerdem könnten als Quelle möglicher Kundenanforderungen alte Lastenhefte von Vorgängerprodukten oder Produkten der gleichen Produktlinie genutzt werden. Darauf aufbauend existiert eine Vielzahl von Methoden zur Ermittlung der Kundenanforderungen, welche in Abbildung 4.49 klassifiziert sind:[921]

Abbildung 4.49: Quellen von Kundenanforderungen.

4.3.2.1.1.1 Marktforschung (allgemein)

Die Ziele, Phasen und Erhebungsmethoden der Marktforschung wurden in Kap. 4.2.3.2.1 erläutert (daher erfolgt an dieser Stelle lediglich eine kurze Darstellung). Marktforschung kann in primäre oder sekundäre Marktforschung eingeteilt werden:

- Als **primäre Erhebungsmethoden** sind Tiefeninterviews, Fokusgruppen und Beobachtungen geeignet. Falls die Zielgruppe und ihre wesentlichen Anforderungen bekannt sind, kann der Schwerpunkt der Marktforschung auf der Bewertung und Priorisierung der (bekannten) Anforderungen gelegt werden. Hierfür eignen sich schriftliche oder persönliche Befragungen. Um wichtige Annahmen über die Anforderungen zu überprüfen, bieten sich Experimente an.

921 Der Klassifikationsversuch dient der Strukturierung der nachfolgenden Abschnitte und hat nicht der Anspruch, die Methoden und Begriffe überschneidungsfrei und vollständig abzubilden.

- Daneben können Kundenanforderungen über **sekundäre Marktforschung** erhoben werden, z. B. über einschlägige Marktberichte und Studien (Fachmagazine, Marktforschungsberichte, Whitepapers, Verbandsberichte), unstrukturierte Internetquellen (inklusive Social Media), Datenbanken und wissenschaftliche Publikationen.

4.3.2.1.1.2 Spezifische Methoden der Marktforschung

Neben den allgemeinen Methoden können spezifische Methoden der Marktforschung zur Ermittlung von Kundenanforderungen genutzt werden. Zu diesen gehören:

- Die Bedürfnisse und Motivationen von Menschen sieht Christensen als Aufgaben, die sie erledigen wollen („**Jobs-to-be-Done**", kurz JTBD).[922] Kunden kaufen Produkte oder Dienstleistungen nicht nur aufgrund ihrer Merkmale oder Funktionen. Daher ist das Verständnis der genauen Aufgabe, die der Kunde erledigen will, wichtig. JTBD untersucht nicht nur, was der Kunde benötigt, sondern vor allem, warum und unter welchen Umständen er es braucht. Dieser sog. Kontext ist laut Christensen wichtiger als etwa demografische Charakteristika der Zielgruppe. Auch spielen soziale und emotionale Faktoren sowie der persönliche Fortschritt, den ein Kunde erzielen möchte, eine wichtige Rolle. Es gilt, nach Problemen Ausschau zu halten, für die es keine adäquaten Lösungen gibt. Hierzu bieten sich beispielsweise Gespräche mit Nichtkunden an („Warum haben Sie ... bisher nicht gekauft?"), die Analyse von praktischen „Problem-Work-Arounds" oder die Suche nach alternativen Produktnutzungen in der Praxis.[923]
- Die **Outcome-Driven Innovation (ODI)-Methode** von Ulwick definiert Kundenbedürfnisse als gewünschte Ergebnisse („Outcomes"). Ähnlich der JTBD-Methode basiert ODI auf der Annahme, dass Kunden Produkte kaufen, um spezifische Aufgaben zu erledigen und um mithilfe der Produkte optimale Ergebnisse zu erzielen. Durch strukturierte Interviews und Analysen werden die „Objectives" identifiziert und quantifiziert sowie auftretende Herausforderungen herausgearbeitet. Darauf basierend können Kundenanforderungen abgeleitet werden.[924]
- **Ethnografische Forschung** untersucht qualitativ das menschliche Verhalten und die Interaktionen von Menschen in ihrem natürlichen sozialen Umfeld. Dadurch soll das „echte Leben" potenzieller Kunden besser verstanden werden, insbesondere Verhaltensweisen und Motivationen. Werkzeuge sind direkte Beobachtun-

---

922 Vgl. Christensen u. a. (2016).

923 Eine Anleitung zur praktischen Umsetzung der Jobs-to-be-done-Methode liefert z. B. Ulwick mit dem Jobs-to-be-done-Canvas, vgl. Ulwick (o. J.).

924 Vgl. Ulwick (2005); Harste u. a. (o. J./E), S. 36.

gen im natürlichen Umfeld, Interviews oder Gespräche.[925] Ethnografische Forschung ist auch geeignet, um latente Kundenbedürfnisse zu ermitteln.[926]

- Ebenso wie zur Ideengenerierung kann die **Szenariotechnik** bei der Ermittlung von Kundenanforderungen eingesetzt werden, indem sie mögliche zukünftige Entwicklungen und Nutzungskontexte aufzeigt. Die entworfenen Szenarien implizieren Bedürfnisse und Herausforderungen der Kunden in der Zukunft. Mit Szenariotechnik lassen sich auch zukünftige Anforderungen herausarbeiten, die Kunden aktuell noch nicht erkennen. Ebenso eignet sich die Methode, um Anforderungen zu identifizieren, die aus Megatrends, technologischen Entwicklungen oder veränderten gesellschaftlichen Rahmenbedingungen resultieren.

4.3.2.1.1.3 Online Behavioral & Social Tracking

Online Behavioral & Social Tracking ermittelt Kundenanforderungen durch die Analyse von Verhalten und Interaktionen von Kunden im Internet. Dies kann durch unterschiedliche Werkzeuge erfolgen:[927]

- **Durch die Analyse des Nutzerverhaltens auf Websites** mit Tracking-Tools wie Google Analytics können Daten über Seitenaufrufe, Verweildauer, Klickpfade und Absprungraten gesammelt werden. Damit kann ermittelt werden, welche Inhalte und Funktionen für Kunden interessant sind. Dies lässt Rückschlüsse auf Herausforderungen und Probleme von Kunden zu.
- **Mit Social-Media-Tracking** anhand von Überwachungswerkzeugen wie Brandwatch oder Hootsuite können Diskussionen, Kommentare und Hashtags auf sozialen Plattformen analysiert werden. Unternehmen können so Meinungen, Bedürfnisse und Trends identifizieren. Social-Media-Tracking schließt neben Plattformen wie Facebook, Instagram oder TikTok auch Onlineforen, Diskussionsplattformen (z. B. Reddit, Quora) und themenbezogene Communitys (z. B. in Fachportalen oder Branchen-Foren) mit ein. Da dort auch detailliertere Diskussionen über spezifische Fragestellungen stattfinden, können die Anforderungen engagierter und kompetenter Kunden ermittelt werden.
- **Die Auswertung des Suchverhaltens** potenzieller Kunden mithilfe von Tools wie Google Trends oder SEMrush liefert häufig gesuchte Begriffe und Fragen. Auf diese Weise können aktuelle Probleme und Interessen potenzieller Kunden identifiziert und besser verstanden werden.
- Durch **Social Listening** können Konversationen und Trends zu relevanten Themen oder ausgewählten Keywords in sozialen Netzwerken verfolgt und analysiert werden. Dies kann u. U. auch Kundenanforderungen und Produktideen liefern.[928]

925 Vgl. Kotler u. a. (2023), S. 209–210.
926 Vgl. Cooper (2017), S. 231; Kap. 4.3.2.1.6.
927 Vgl. Custard (o. J.); Promobile (o. J.).
928 Vgl. Boyd (2019).

- **Das Monitoring von Bewertungen, Feedback und Kommentaren** auf Plattformen wie Amazon, Yelp oder in App-Stores bietet neben Einblicken in die Kundenzufriedenheit auch Informationen zu häufigen Problemen und gewünschten Produktfunktionen oder -eigenschaften.
- In der **Sentiment-Analyse** können per maschineller Sprachverarbeitung und Datenanalyse Meinungen und Emotionen aus Textquellen (z. B. aus Kundenbewertungen oder Social-Media-Beiträgen) erkannt und klassifiziert werden.[929] Auf Basis festgestellter Trends, Stimmungen, „Problemthemen“ oder der Bewertung bestimmter Produktmerkmale können Anforderungen ermittelt oder verifiziert werden.

4.3.2.1.1.4 Partizipative Ansätze

In den bisher genannten Methoden werden Kunden befragt oder beobachtet. Einen Schritt weiter im Sinne der Kundenintegration gehen **partizipative Ansätze** zur Ermittlung von Kundenanforderungen:

- Die zur Ideengenerierung eingesetzte **Lead-User-Methode**[930] kann auch zukünftige und für „Durchschnittskunden“ latente Kundenanforderungen hervorbringen. Daher empfiehlt es sich, in Lead-Kunden-Workshops oder -Fokusgruppen neben innovativen Lösungen (Ideen) auch zukünftige Anforderungen zu thematisieren. Gleiches gilt für **Power-User**. Die heutigen Anforderungen von Lead- oder Power-Usern entsprechen häufig den zukünftigen (noch latenten) Anforderungen des Massenmarktes .[931]
- Bei der **Kundenintegration** werden Kunden über die Ideenphase hinaus in die Produktentwicklung aktiv einbezogen. Sie können in Workshops, Tests oder iterativen Entwicklungsrunden Feedback geben und ihre Wünsche äußern. Dadurch lassen sich Produkte präzise auf Kundenanforderungen abstimmen.
- Durch **Crowdsourcing** werden Kunden eingeladen, Ideen, Lösungen oder Feedback über digitale Plattformen einzureichen. Diese Methode liefert den Zugang zu einer Vielzahl von Perspektiven und kreativen Ansätzen, die intern (in dieser Vielzahl) nicht generierbar wären. Ein Crowdsourcing-Wettbewerb könnte beispielsweise so gestaltet werden, dass nach Ideen gesucht und Kundenanforderungen als „Nebenprodukt“ gesammelt werden.

---

929 „Combining natural language processing with sentiment analysis is poised to play a pivotal role in shaping future products“, Amritha Arun Babu Mysore (Product Leader bei Amazon), zitiert aus Pratt (2023).

930 Vgl. Kap. 4.2.3.1.2 (Ideengenerierung durch Zusammenarbeit mit Kunden).

931 Einen ähnlichen Ansatz schlägt Margolis rund um einen repräsentativen „Bullseye customer“ vor. Er argumentiert, dass ein „One-Day-Sprint“, bestehend aus fünf qualitativen Interviews, die das komplette Produktteam führt, effektiver sein kann als klassische Marktforschung, vgl. Margolis (2024).

4.3.2.1.1.5 Nutzung eines digitalen Zwilling

Ein sog. **digitaler Zwillings** eines Produkts ermöglicht es u. a., Nutzungsdaten von Produkten „im Feld“ zu erheben (das Konzept des digitalen Zwillings wird in Kap. 5.3.5 erläutert). Viele technische Produkte sind heute mit Sensorik ausgestattet und vernetzt – lokal oder im Internet (cyberphysische Produkte), z. B. Küchengeräte, Elektrowerkzeuge, Maschinen, Fahrzeuge oder Produktionsanlagen. Sensoren liefern Messsignale, die in der Elektronik verarbeitet, zur Steuerung genutzt oder weitergeleitet werden können. Damit stehen Daten wie Betriebszeiten, Drücke, Temperaturen, Belastungen, Energieverbräuche, Störungen, Laufleistungen, Nutzereingaben und Nutzerinteraktion zur Verfügung. Hersteller können diese Daten u. a. zur Weiterentwicklung von Produkten verwenden, z. B. zur Optimierung der technischen Auslegung, zur Bestimmung von Anforderungen hinsichtlich des Bedienungskomforts oder zur Entwicklung spezifischer Dienstleistungen.[932] Da häufig sehr viele Daten anfallen, sind eine geeignete Dateninfrastruktur und intelligente Auswertungsalgorithmen erforderlich.

4.3.2.1.1.6 Nutzung interner Unternehmensdaten

Analog zur Ideengenerierung können vorhandene **interne Unternehmensdaten**, die für andere Zwecke ermittelt wurden, auch zur Ermittlung von Kundenanforderungen herangezogen werden. Beispiele:

- **Kundenfeedback-Analysen** liefern direkte Informationen zu bestehenden Kundenproblemen und Produktanforderungen. Die Daten können beispielsweise über Kundenbeschwerden oder Kundenzufriedenheitsumfragen (z. B. in der offenen Kommentarfunktion bei Net-Promoter-Score-Befragungen[933]) erhoben werden.
- **Vertrieb und Kundendienst** stellen die primäre Kundenschnittstelle des Unternehmens dar. Kundenanforderungen ergeben sich aus Kundengesprächen von Vertriebsmitarbeitern oder aus häufig gestellten Fragen. Falls vorhanden, können auch CRM-Daten in Richtung Kundenanforderungen manuell oder maschinell „ausgelesen“ werden.

4.3.2.1.1.7 Nutzung von künstlicher Intelligenz

Die Möglichkeit zur Nutzung von KI zur Erhebung von Kundenanforderungen wird in Kap. 5.3.2.2 und 5.3.2.3 erörtert.

---

932 Mit dem Produktnutzer bzw. -eigentümer sind dabei Fragen zum Datenschutz und Datennutzungsrecht zu klären.

933 Vgl. Van Riet/Kirsch (2010), S. 63–64.

4.3.2.1.1.8 Exkurs: Kunden können das Produkt auch „killen"

> „Our customers are great at killing products and it's up to [the Product Manager] to stop them."[934]

Eine zu enge Kundenfixierung kann den Erfolg eines Produkts aus folgenden Gründen gefährden:
- Die Umsetzung aller Kundenwünsche würde zu einem **Over-Engineering** von Produkten führen. Ergebnis wäre ein zu kompliziertes, zu teures und undifferenziertes Produkt.
- Steve Jobs stellte fest: „People don't know what they want until you show it to them."[935] Das heißt, Kundenanforderungen sind häufig **latent**.[936] Trotzdem fordern Kunden spezifische Produktfeatures oder -eigenschaften, welche u. U. nicht in die Produktvision passen.[937]
- Kunden äußern **Einzelinteressen**, die nicht notwendigerweise repräsentativ für die Zielgruppe sind.
- Kundeninteressen können u. U. den Interessen **anderer Stakeholder widersprechen** (insbesondere denen des eigenen Unternehmens, z. B. falls Kundenanforderungen komplex in der Umsetzung sind).

Um die oben genannten Fallstricke zu vermeiden, sollte der Produktmanager folgende Prinzipien beachten:
- Die **Produktvision** zu Beginn des Prozesses sowie die angestrebte **Produktpositionierung**[938] nach Abschluss der Konzeptphase sollten als Bewertungsmaßstäbe für Kundenanforderungen dienen. Diese sollten der „Nordstern" für Produktentscheidungen sein.
- Der Produktmanager muss verstehen, **welches Problem Kunden tatsächlich lösen wollen** und nicht, welche Lösung sie fordern (vgl. „Jobs-to-be-Done"-Methode).
- Die Produktplanung sollte **datenbasiert** erfolgen und nicht auf Meinungen oder Wünschen einzelner Kunden basieren. Wichtig dabei sind z. B. Kundennutzungsdaten, Daten aus dem Kaufprozess, Daten zu tatsächlichen Kaufentscheidungen oder repräsentative Umfragen.

---

934 Roth (2024).

935 Zitiert aus GoodReads (o. J.).

936 Vgl. Kap. 4.3.2.2.2 (Latente Kundenanforderungen).

937 Henry Ford: „If I had asked people what they wanted, they would have said faster horses", zitiert aus Vlaskovits (2011).

938 Vgl. Kap 4.3.1 (Produktvision) und Kap. 4.3.3 (Positionierung).

Kunden befragen und „zuhören“ ist wichtig. Dennoch müssen Produktmanager auch „Nein“ zu spezifischen Kundenanforderungen sagen können.

4.3.2.1.2 Unternehmensinterne Anforderungen

Die Konformität der Produktstrategie mit Geschäfts-, Innovations- und Portfoliostrategien wird durch den Produktinnovationsauftrag sichergestellt – z. B. durch die Vorgabe des Positionierungsziels und Markt- und Finanzzielen.[939] Damit sind grobe inhaltliche Weichen gestellt. Neben den **ökonomischen Zielvorgaben** sind unter Umständen auch Wertbeiträge des Produkts im Sinne **ökologischer und sozialer Ziele** zu formulieren.[940]

Zusätzlich muss eine Konformität der Produktstrategie mit den relevanten Funktionalstrategien gewährleistet sein, insbesondere in den Bereichen Marketing, Vertrieb, Einkauf, Produktion, Entwicklung/Technologie und Kundenservice. Aus Funktionsstrategien können **Produktanforderungen interner Stakeholder** resultieren. Beispiele:

- Vorgegebene **Produktionstechnologien und -prozesse** können Einschränkungen bezüglich bestimmter Produkteigenschaften oder spezifische Anforderungen für die „effiziente Produzierbarkeit“ des Produkts (Design-to-Manufacture) bedeuten.
- Die **Markenstrategie** des Unternehmens kann die Positionierungsoptionen des Produkts einschränken oder teilweise vorgeben. Ebenso muss die **Distributionsstrategie** bei der Auswahl des Zielsegments berücksichtigt werden. Beide genannten Funktionalstrategien haben damit Einfluss auf die Priorisierung von Kundenanforderungen.
- Eine **Plattform- und Baukastenstrategie** in der Entwicklung kann Einschränkungen hinsichtlich des technischen Lösungsraums mit sich bringen.
- Die Lieferkette und verwendbare Materialien müssen konform mit der **Nachhaltigkeitsstrategie** des Unternehmens sein.
- Die **Servicestrategie** des Unternehmens beeinflusst nicht nur das zu entwickelnde Servicekonzept des Produkts, sondern u. U. auch die Produktgestaltung (Design-to-Service-Anforderungen).[941]

Die Relevanz der genannten internen Anforderungen muss analysiert werden. Weitere interne Anforderungen sind denkbar, z. B. aus den Bereichen IT, Recht/Compliance oder Datenschutz. Interne Anforderungen können komplementär, neutral oder konfliktär zu Kundenanforderungen stehen. Etwaige Konflikte sind durch den Produktmanager aufzuzeigen und zu lösen.[942]

939 Vgl. Kap. 3.4.3 (Produktinnovationsauftrag).
940 Vgl. Kap. 3.1.1.3 (Zielkategorien).
941 Vgl. Kap. 4.5.5.2 (Kundendienst als Element des erweiterten Produkts).
942 Vgl. Kap. 2.2.2.2 (Koordination der beteiligten Funktionen als Produktmanagementaufgabe).

4.3.2.1.3 Anforderungen von Staat und Gesellschaft

Aus den Interessen von Staat und Gesellschaft können sich Anforderungen an Produkte ergeben, die bei der Produktentwicklung zu berücksichtigen sind. Diese Anforderungen lassen sich in die Kategorien gesetzliche Vorgaben, gesellschaftliche Erwartungen, ökologische Aspekte und ethische Standards einteilen:

Gesetzliche Anforderungen sind verbindliche Rahmenbedingungen. Zu diesen gehören:
- Produktsicherheit, also die Einhaltung von Sicherheitsstandards zur Vermeidung von Gesundheitsrisiken, z. B. CE-Kennzeichnung in der EU, FDA-Zulassung in den USA.
- Produkte müssen u. U. Normen und Vorschriften einhalten, z. B. ISO-Normen, DIN-Standards.
- Verbraucherschutzgesetze können z. B. zu Kennzeichnungspflichten, zu Anforderungen an die Bedienungsanleitung oder zum Ausschluss bestimmter Inhaltsstoffe führen.
- Bei digitalen Produkten bzw. digitalen Inhalten müssen Datenschutzgesetze eingehalten werden (z. B. die DSGVO in der EU), ebenso wie Anforderungen hinsichtlich der IT-Sicherheit.

Über **ökologische Anforderungen** fordern Staat und Gesellschaft zunehmend umweltfreundliche und nachhaltige Produkte, um Ressourcen und die Umwelt zu schonen:
- Produkte sollen langlebig, reparierbar und recyclingfähig sein (Ressourcen schonen).
- Der Energieverbrauch von Produkten im Betrieb soll minimiert werden, z. B. durch Kennzeichnungspflicht des Energieverbrauchs bei Elektrogeräten.
- Durch Verzicht auf umwelt- und gesundheitsschädliche Materialien sollen Produkte umweltverträglicher werden, z. B. Verbot bestimmter Chemikalien oder Blei.
- CO_2-Reduktion durch energiesparende Produktionsprozesse/-technologien und kurze Lieferketten

Gesellschaftliche Trends und Werte drücken die Erwartungen der Konsumenten an Produkte aus, z. B.:
- Produkte sollten für alle Nutzergruppen zugänglich sein (Inklusion und Barrierefreiheit).
- Vermeidung von Kinderarbeit und Einhaltung fairer Arbeitsbedingungen entlang der Lieferkette
- regionale Wertschöpfung und Nutzung regionaler Ressourcen, um die lokale Wirtschaft zu unterstützen und transportbedingte Emissionen zu reduzieren
- faire Preisstrukturen (soziale Gerechtigkeit)

Anforderungen an **ethisch vertretbare Produkte** sind z. B.:
- Verzicht auf Tierversuche und tierische Bestandteile, z. B. in der Kosmetikindustrie
- Unternehmen sollen ihre Lieferketten offenlegen und aufzeigen, wie Produkte hergestellt werden (Transparenz).

Die Interessen von Staat und Gesellschaft beeinflussen die Anforderungen an neue Produkte in vielerlei Hinsicht. Unternehmen müssen gesetzliche Vorgaben einhalten und gleichzeitig gesellschaftliche Werte sowie ökologische und ethische Anforderungen berücksichtigen. Wenn ein Produkt als „nachhaltig" wahrgenommen wird, kann dies die Marktfähigkeit erhöhen.

4.3.2.1.4 Anforderungen von Partnerunternehmen

Partner können z. B. Lieferanten, Vertriebs-, Entwicklungs- oder Produktionspartner sein. Ein **Partnerwert** wird im Sinne von Kotler u. a. durch ein Angebot geschaffen, das dem Partner hilft, seine Unternehmensziele zu erreichen. Die Autoren schlagen vor, dass sich Unternehmen entsprechend folgende Frage stellt: „Warum sollten sich Partner dafür entscheiden, mit uns und nicht mit anderen Unternehmen zusammenzuarbeiten?"[943]

Bei der Anforderungsermittlung können die Interessen strategisch wichtiger **Lieferanten** berücksichtigt werden. Lieferanten haben das Interesse, dass ein neues Produkt so konzipiert ist, dass es mit den eigenen Komponenten (Standards, Materialien, Technologien) kompatibel ist. Lieferanten streben eine planbare und langfristige Zusammenarbeit an, ggf. mit enger Verzahnung der Geschäftsprozesse.[944]

Absatzmittler (z. B. Distributoren, Groß- und Einzelhändler) sind wichtige Schnittstellen zwischen Hersteller und Endkunden. Die Anforderungen wichtiger Absatzmittler müssen u. U. berücksichtigt werden. Sie verlangen typischerweise:
- „marktfähige" Produkte (Alleinstellung, hohes Absatzpotential)
- benutzerfreundliche und leicht verständliche Produkte
- Produkte, die wenig Aufwand im After-Sales verursachen
- Produkte, die gut ins eigene Sortiment passen (Sortimentsanforderung)[945]
- eine attraktive Handelsmarge, verlässliche Lieferungen sowie u. U. Marketing- und Verkaufsunterstützung

Falls die Strategie vorsieht, das Produkt in einem bestimmten **Ökosystem** oder auf einer bestimmten **Plattform** zu vermarkten, so können Standards und Regelungen die-

943 Vgl. Kotler u. a. (2022), S. 70–71 (3-W-Marktwertprinzip).
944 Vgl. Becker (2019), S. 30.
945 Vgl. Meyer/Davidson (2001), S. 385.

ser Umgebung wichtige Produktanforderungen darstellen. Insbesondere ist dann die Kompatibilität zu komplementären Produkten und Dienstleistungen sicherzustellen.

Andere Partnerunternehmen, deren Anforderungen u. U. zu berücksichtigen sind, können beispielsweise Entwicklungs- und Technologiepartner oder Logistikdienstleister sein.

4.3.2.2 Weitere Aspekte der Anforderungsermittlung

Ergänzt wird der Abschnitt zur Anforderungserhebung durch einen Blick auf ...
- Methoden zur „Vervollständigung" von Anforderungen (Kap. 4.3.2.2.1),
- die besondere Herausforderung bei der Erhebung latenter Anforderungen (Kap. 4.3.2.2.2),
- die Anforderungserhebung in unterschiedlichen Märkten (B2B vs. B2C) und unterschiedlichen Geschäftsarten (Hardware, Software, Dienstleistungen) (Kap. 4.3.2.2.3 bzw. Kap. 4.3.2.2.4).

4.3.2.2.1 Anforderungen vervollständigen

Eine Anforderungsliste muss vollständig sein und auch „selbstverständliche" Basisanforderungen enthalten. Zur Ergänzung von Anforderungslisten kann wie folgt vorgegangen werden:[946]
- Für jede **Produktlebensphase** wird die jeweilige **Produktumgebung** systematisch nach Anforderungen abgesucht. Produktlebensphasen sind z. B. Produktplanung, Produktentwicklung, Fertigung, Qualitätskontrolle, Kundenkaufprozess, Transport, Nutzung, Instandhaltung und Entsorgung.
- In jeder Produktumgebung sind **Wechselwirkungen und Abhängigkeiten** zwischen dem Produkt und **spezifischen Stakeholdern** zu untersuchen, welche physikalischer, logischer oder räumlicher Art sein können. Beispiele für zu untersuchende Produktumgebungen sind Kauf, Nutzung, Entwicklungsumgebung, Produktionssysteme, Transportmittel oder Servicesysteme.

Daneben können Checklisten und Fragelisten als Hilfsmittel zum Ergänzen von Anforderungen eingesetzt werden:[947]
- **Produktspezifische Checklisten** nennen typische Haupt- und Nebenmerkmale von Produkten und mögliche Ausprägungen.[948]

---

946 Vgl. Baumgart (2016), S. 432.

947 Vgl. Baumgart (2016), S. 433–435.

948 Bender/Gericke liefern z. B. eine Checkliste, die nach technischen Hauptmerkmalen sowie nach Produktlebensphasen gegliedert ist, vgl. Bender/Gericke (2021), S. 195.

- **Produktfragelisten** sind schematisierte Hilfsmittel, um Anforderungen einfach, spezifisch und schnell zu sammeln oder zu überprüfen, ob eine Anforderung bereits erfasst ist. Als Struktur einer Frageliste kann der in Abbildung 4.50 dargestellte Produktsteckbrief z. B. im Rahmen eines moderierten Workshops verwendet werden.

<table>
<tr><td colspan="3">Value Proposition</td><td colspan="2">Projektumfang</td></tr>
<tr><td rowspan="2">Stakeholder-Anforderungen</td><td>Stakeholder</td><td>Anwender</td><td>Schnittstellen</td><td rowspan="2">Technische Anforderungen</td></tr>
<tr><td>Features</td><td>Anwendungen</td><td>System-architektur</td></tr>
</table>

Abbildung 4.50: Produktsteckbrief[949].

Ein Anforderungsanalyse speziell für die Lebenszyklusphase „Produktnutzung" ermöglichen sog. **Use-Cases.** Sie beschreiben die konkreten Anwendungen des zu entwickelnden Produkts und tragen zu einem besseren Verständnis der späteren Nutzung bei. So können Anforderungen präziser und vollständiger formuliert werden. Fokus der Analyse ist die Interaktion des Nutzers mit dem Produkt und die Schritte, die der Nutzer durchlaufen muss, um ein gewünschtes Ergebnis zu erzielen. Wesentlich dabei ist die Betrachtung des **Nutzungskontexts** des Produkts. Dieser umfasst die „Kombination von Benutzern, Zielen, Aufgaben, Ressourcen sowie der technischen, physischen, sozialen, kulturellen, organisatorischen und sozialen Umgebungen, in denen ein [...] Produkt [...] genutzt wird".[950] Folgende drei W-Fragen unterstützen die Ableitung von Produktanforderungen:[951]

- **Wo** wird das Produkt eingesetzt (physische Umgebung, Verbund mit anderen Produkten etc.)?
- **Wie** wird das Produkt genutzt? Gibt es unterschiedliche Anwendungsfälle?
- **Wer** ist der Nutzer? Wie ist seine Qualifikation? Welche Ziele verfolgt er?

4.3.2.2.2 Latente Anforderungen

> „Some people say: ‚Give the customers what they want.' But that's not my approach. Our job is to figure out what they're going to want before they do [...] People don't know what they want until you show it to them. That's why I never rely on market research. Our task is to read things that are not yet on the page."[952]

949 Vgl. Baumgart (2016), S. 343.
950 DIN EN ISO 9241-11, zitiert aus Engeln (2020), S. 79.
951 Vgl. Engeln (2020), S. 79–80.
952 Steve Jobs, zitiert aus GoodReads (o. J.).

Manche **Kundenprobleme** sind offensichtlich **(explizit)**. Sie lassen sind „von außen“ konkret nachvollziehen oder messen, sind drängend (Kunden suchen aktiv nach Lösungen) oder werden von Kunden direkt kommuniziert. Offensichtlich wünschen Kunden Produkte, die ...
- viele der „gängigen“ Funktionen bieten, leistungsfähig und einfach zu bedienen sind,
- gut aussehen und ein gutes Image haben,
- umweltfreundlich sowie
- preisgünstig in Anschaffung und Betrieb sind.

Andere Kundenprobleme und -bedürfnisse bleiben Unternehmen zunächst verborgen. Sog. **latente Probleme** zeichnen sich dadurch aus, dass Kunden diese selbst nicht wahrnehmen oder artikulieren können. Dazu gehören beispielsweise unbewusste Bedürfnisse, nicht artikulierte Bedürfnisse, zukünftige Bedürfnisse oder unbekannte Funktionen:
- **Unbewusste Bedürfnisse** liegen vor, wenn Kunden nicht realisieren, dass bei ihnen ein suboptimaler Zustand vorliegt. Aus Gewohnheit empfinden sie die aktuelle Situation als normal, obwohl diese verbessert werden könnte.
- Kunden können **Bedürfnisse** unter Umständen **nicht klar artikulieren** oder beschreiben, da sie keine Vergleichspunkte oder Lösungsvorstellungen haben. Insbesondere **emotionale, soziale oder ästhetische** Bedürfnisse können von Kunden häufig nicht klar ausgedrückt werden, obwohl diese für die Kaufentscheidung dann relevant sein können.
- Viele **zukünftige Bedürfnisse** entstehen durch Entwicklungen oder Trends und können von vielen Kunden in der Gegenwart nicht antizipiert werden. Unternehmen, die sich intensiv mit der Produktdomäne befassen, sind eher in der Lage, zukünftige Bedürfnisse vorauszusehen.
- Insbesondere bei komplexen technischen Geräten **kennen** Kunden häufig **nicht alle möglichen nutzenbringenden Funktionen** oder Eigenschaften von Produkten. Entsprechende Anforderungen können sie daher nicht verlangen.

Für Unternehmen ist es herausfordernd, latente Probleme als Basis für Ideen oder Produktanforderungen zu identifizieren. **Klassische Marktforschung** ist aus folgenden Gründen oft **ungeeignet**, um latente Kundenbedürfnisse oder „radikal neue Anforderungen“ zu ermitteln:[953]
- Kunden werden nur oberflächlich und „passiv“ in die Suche einbezogen.
- Marktforschung basiert auf großen Stichproben (Durchschnittswerte).
- Marktforschung untersucht in der Praxis eher Einzelaspekte (z. B. Marktgrößen) als Wirkungszusammenhänge.

953 Vgl. Kratschmayr (2020), S. 10–11.

– Kunden nennen bei Befragungen häufig bekannte technische Lösungen anstelle ihrer eigentlichen Bedürfnisse (funktionale Fixierung).

Obwohl **Design Thinking** die Erhebung latenter Bedürfnisse anstrebt, „bleibt teilweise unklar, wie das genau innerhalb [des Design-Thinking-]Ansatzes geschieht“.[954] Zumindest Design-Thinking-Anfängern dürften manche latenten Bedürfnisse der untersuchten Zielgruppe verborgen bleiben.

4.3.2.2.3 Unterschiede nach Art des Marktes

Der Prozess und die Methoden der **Anforderungsklärung** unterscheiden sich zwischen B2B- und B2C-Märkten vor allem aufgrund der unterschiedlichen Marktstrukturen, Entscheidungsprozesse und Zielgruppen:

Kaufentscheidungsprozesse im **B2B-Bereich** sind in der Regel faktenorientiert und schließen mehrere Entscheider-Rollen ein. Anforderungen sind oft spezifisch, technisch und klar definiert, wobei eine hohe technische Komplexität vorliegen kann. Der Fokus liegt auf Kosteneffizienz, nutzenbringenden Innovationen, Integrationsfähigkeit und langfristigen Partnerschaften mit Lieferanten. Auch rechtliche Konformität, Nachhaltigkeit oder Lieferkettenanforderungen können eine Rolle spielen. Aufgrund der geringeren Kundenzahl können im B2B-Marketing Kunden direkt befragt (z. B. Customer-Visit-Teams) oder in den Entwicklungsprozess integriert werden (Co-Creation), um Anforderungen zu ermitteln. Die Anforderungsklärung erfordert oft die Berücksichtigung mehrerer Stakeholder auf Kundenseite, z. B. Einkäufer, Geschäftsverantwortliche, Nutzer und Beeinflusser, wie z. B. die IT-Abteilung oder das Qualitätsmanagement („Buying-Center-Model“[955]).

Im **B2C-Marketing** entscheiden Privatpersonen schneller, weniger strukturiert und z. T. emotional. Anforderung sind teilweise schwierig zu ermitteln, da eine große und heterogene Kundengruppe vorliegt. Anforderungen sind oft emotionaler Art, weniger konkret und durch individuelle Präferenzen geprägt. Im Fokus stehen Preis, Benutzerfreundlichkeit, Design und Markenerlebnis. Konsumentenanforderungen werden z. B. durch Umfragen, Fokusgruppen oder Online Behavioral & Social-Media-Tracking erhoben. Datenbasierte Ansätze sind effektiv, um die Bedürfnisse von Endverbrauchern zu verstehen. Methoden wie Persona-Karten, Empathy-Maps oder Customer-Journey-Maps sind weitverbreitet.[956]

954 Kratschmayr (2020), S. 1.
955 Vgl. z. B. Kotler u. a. (2023), S. 321–322; Meffert u. a. (2024), S. 136–137.
956 Vgl. Kap. 4.3.1.4 (Zielgruppenauswahl und -beschreibung).

4.3.2.2.4 Unterschiede nach Art des Produkts

Der Prozess und die Methoden der Anforderungsklärung unterscheiden sich zwischen **Hardwareprodukten, Softwareprodukten** und **Dienstleistungen** aufgrund der spezifischen Eigenschaften dieser Produkt- bzw. Geschäftsarten:[957]

Die Anforderungen an **Hardwareprodukte** sind oft physischer Art und messbar, z. B. Abmessungen, Materialeigenschaften, Haltbarkeit. Sie müssen frühzeitig definiert werden, da Änderungen in späteren Entwicklungsphasen teuer sind und die Time-to-Market verzögern können. Der Fokus liegt häufig auf funktionalen Anforderungen, Auslegungsspezifikationen und Qualitätsstandards. Das Methodenspektrum zur Anforderungsklärung ist breit und umfasst z. B. Marktforschung, Personas, Empathy-Maps, Wettbewerber-Benchmarking oder Prototypen/Mock-ups.

Die Anforderungen von **Softwareprodukten** können in funktional (z. B. Features, Kompatibilität) und nichtfunktional (z. B. Performance, Sicherheit, Skalierbarkeit) eingeteilt werden. Kundenanforderungen sind weniger greifbar und werden in der Praxis teilweise iterativ präzisiert. Änderungen von Anforderungen im Entwicklungsprozess sind leichter umsetzbar als bei Hardwareentwicklungen. Agile Entwicklungsprozesse sind weit verbreitet. Viele Methoden der Anforderungsklärung können mit „Prototyping im weiteren Sinne" überschrieben werden und umfassen z. B. Use-Cases, User Stories, Persona, Empathy-Maps, Prototypen und Klickdummies, Beta-Tests und A/B-Testing.

Dienstleistungsanforderungen sind i. d. R. immateriell[958] und eng mit Kundenerfahrungen und -erwartungen verbunden. Der Fokus liegt auf effektiven Prozessen, effizienten Interaktionen und der Qualität der Serviceerbringung. Teile der Anforderungen können kundenindividuell sein. Zu den Methoden der Anforderungsklärung gehören ethnografische Studien, Fokusgruppen, Kundenzufriedenheitsbefragungen, Customer-Journey-Mapping und Co-Creation. Dienstleistungen können gut erprobt und Anforderungen bzw. Lösungen verändert werden.

Je nach Kategorie sollten die Methoden an die Besonderheiten des vorliegenden Produkts oder der Dienstleistung angepasst werden. Da es auch innerhalb der „Produktarten" Unterschiede gibt, ist in der Praxis eine weitere Differenzierung erforderlich.

4.3.2.3 Anforderungen dokumentieren

Nach der vollständigen Erhebung sind die Produktanforderungen zu beschreiben, zu konkretisieren und zu prüfen.[959] Der Prozess der Dokumentation der Anforderungen sollte durch **Software-Tools** unterstützt werden (ebenso wie die Erhebung und das Management von Anforderungen im Entwicklungsprozess). Einfache Office-Anwendungen

957 Vgl. Kap. 2.7.4 (Differenzierung des Produktmanagements nach Geschäftsart).

958 Materielle Anforderungen an Dienstleistungen können sich auf die Infrastruktur oder unterstützende Werkzeuge beziehen.

959 Vgl. Baumgart (2016), S. 436–441.

erleichtern das digitale Erfassen der Anforderungen und bieten eine Möglichkeit zur digitalen Sammlung und Bearbeitung in Form von Listen und Tabellen. Sie stoßen allerdings schon bei Systemen mittlerer Komplexität an ihre Grenzen.[960] Moderne Software-Tools für Anforderungsmanagement erfassen Anforderungen als „Objekte" in Datenbanken und verfügen über ein Workflow-Management, mit dem die Verwaltung der Anforderungen in den Entwicklungsprozess und das Projektmanagement des Unternehmens eingebunden werden kann.

Zunächst sind Anforderungen anhand einiger Basisinformationen „anzulegen". Ein beispielhaftes Attributschema ist in Tabelle 4.3 dargestellt:

Tabelle 4.3: Anforderungsattribute[961].

Attribut	Beschreibung
Autor	Name des Verfassers der dokumentierten Anforderung
Datum	Datum der Dokumentation der Anforderung oder letzter Änderung
Identifikator (ID)	Eindeutige Identifikation der Anforderung
Quelle/Stakeholder	Name und Funktion der Person, welche die Anforderung im Projekt stellt
Stabilität	Stabilität im Hinblick auf zu erwartende Änderungen dieser Anforderung
Status	Stand der Anforderungsklärung oder Stand der Realisierung
Version	aktuelle Versionsinformation der Anforderung

Weitere mögliche Attribute zur Initialisierung von Anforderungen sind z. B. Kritikalität, Priorität, Anforderungsart oder Querbezüge.[962] Die genannten Informationen unterstützen das **Management der Anforderungen** im weiteren Entwicklungsprozess.

4.3.2.3.1 Anforderungen beschreiben

Anforderungen können die von Stakeholdern gewünschten Lösungen unterschiedlich beschreiben, z. B. durch ...

- Ziele, die ein Produkt erreichen soll,
- Prozesse oder Systemabläufe, die ein Produkt erfüllen soll, oder
- Eigenschaften oder Merkmale, die ein Produkt aufweisen soll.[963]

In der Praxis erfolgt die Anforderungsbeschreibung häufig durch **natürliche Sprache**, obwohl dies die Gefahr mangelhafter Eindeutigkeit mit sich bringt. Als Hilfsmittel können **Satzschablonen** dienen (vgl. Beispiel in Abbildung 4.51).

Satzschablonen legen die Struktur für die sprachliche Formulierung fest. Sie helfen dem Verfasser, klare und qualitativ hochwertige Anforderungen zu erstellen.

960 Vgl. Göhling/Fay (2021), S. 221.

961 Vgl. Baumgart (2016), S. 444; Göhling/Fay (2021), S. 222.

962 Vgl. Bühne/Herrmann (2015) S. 33–34.

963 Vgl. Bühne/Herrmann (2015), S. 21–22.

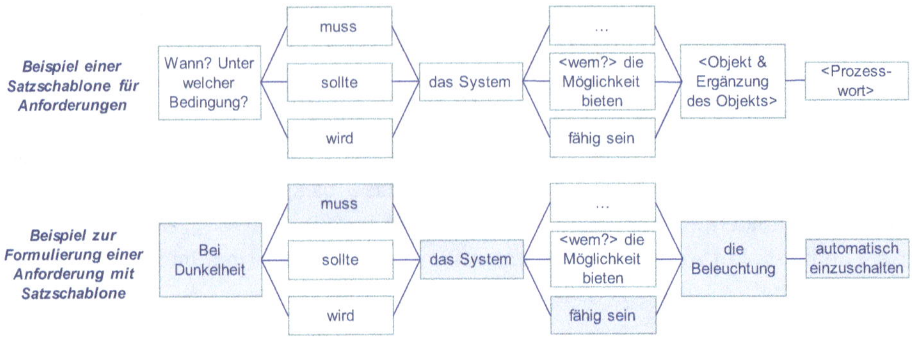

Abbildung 4.51: Beispiel Satzschablonen[964].

Zudem erleichtert eine einheitliche Syntax das Lesen und Verstehen der Anforderungen für andere Beteiligte.

Modellbasierte Dokumentation stellt eine alternative Methode zur Erfassung von Produktanforderungen dar. Im Gegensatz zur rein sprachlichen Beschreibung werden Anforderungen durch spezifische Notationsformen wie z. B. die **Unified Modeling Language (UML)**[965] visuell dargestellt. Dadurch können zusätzlich relevante Aspekte des Produkts wie Interaktionen und Schnittstellen aufgezeigt werden. Die in UML enthaltenen **Use-Cases-Diagramme** veranschaulichen beispielsweise die Nutzung des Produkts, indem sie dessen Funktionen sowie die Umgebung aus Anwendersicht beschreiben. Sie zeigen Zusammenhänge zwischen Akteuren und Anwendungsfällen (Use-Cases).[966] Diese visuelle Darstellung erleichtert die Kommunikation zwischen verschiedenen Stakeholdern und kann detailliertere Anforderungsanalysen sowie die Systemkonzeption unterstützen (vgl. Beispiel in Abbildung 4.52).

Im Projekt sollte frühzeitig festgelegt sein, in welcher Form die Produktanforderungen beschrieben werden.

4.3.2.3.2 Anforderungen konkretisieren

Neben der inhaltlichen Beschreibung werden Produktanforderungen durch Klassifizierungsmerkmale (Attribute) konkretisiert und analysiert. Tabelle 4.4 fasst die in der Praxis wichtigsten Anforderungsattribute zusammen:

---

964 In Anlehnung an Baumgart (2016), S. 442.

965 Vgl. OMG (o. J.); weitere Modellierungssprachen sind z. B. o Business Process Model and Notation (BPMN), ereignisgesteuerte Prozesskette (EPK), System-Modellierungssprache (SysML), Entity-Relationship-Modell (ERM) oder Petri-Netze, vgl. Bühne/Herrmann (2015), S. 25.

966 In Use-Case-Diagrammen werden keine Abläufe des Systems oder Reihenfolgen innerhalb von Funktionen dargestellt. Für die Definition einer Ablaufreihenfolge bieten sich andere Verhaltensdiagramme der UML an, wie bspw. Aktivitäts-, Kommunikations-, Zustands- oder Sequenzdiagramme.

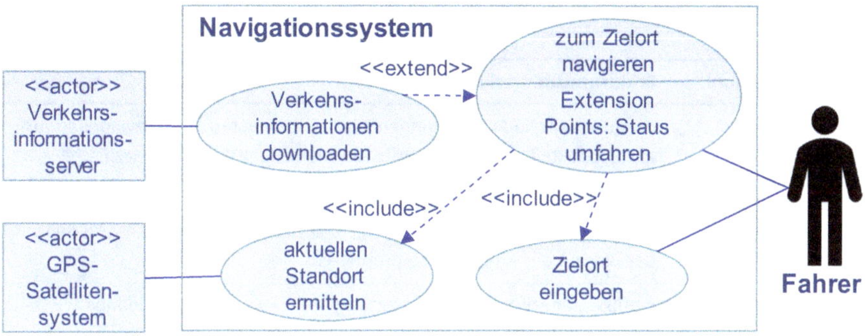

Abbildung 4.52: Beispiel Use-Case-Diagramm[967].

Tabelle 4.4: Anforderungsmerkmale[968].

Anforderungsmerkmal	Erklärung/Bemerkung
Forderung vs. Wunsch	Anforderungen sind als „Forderungen" oder „Wünsche" gewichtet: Forderungen müssen erfüllt werden; im Falle von Wünschen ist die Wichtigkeit zu ermitteln
Qualitativ vs. quantitativ	Quantitative Merkmale sind mess- und prüfbar (Punkt-, Grenz- und Bereichsanforderungen); qualitative Merkmale sollten auf (mehrere) quantitative Merkmale zurückgeführt werden
Explizit vs. implizit	Explizite Anforderungen werden von Stakeholdern ausgesprochen; implizite Anforderungen sind vom Projektteam in der Anforderungsklärung „abgeleitet"
Elementar vs. rückführbar	Elementare Anforderungen können nicht weiter konkretisiert werden – sie sind entweder quantifizierbar oder qualitativ eindeutig definierbar; rückführbare Anforderungen können auf andere Anforderungen zurückgeführt werden
Extern vs. intern	Externe Anforderungen werden von Stakeholdern außerhalb des Unternehmens gestellt (z. B. Kunde, Gesetzgeber); interne Anforderungen werden durch Stakeholder im Unternehmen festgelegt (z. B. Entwicklung, Fertigung)
Funktion vs. Merkmal	Eine Funktion beschreibt eine Aufgabe oder einen Zweck ("Was soll das Produkt tun?"); ein Merkmal beschreibt eine Eigenschaft oder Spezifikation des Produkts ("Wie ist das Produkt gestaltet oder ausgeführt?")

967 In Anlehnung an Baumgart (2016), S. 443.
968 Vgl. Baumgart (2016), S. 438–439.

Tabelle 4.4 (fortgesetzt)

Anforderungsmerkmal	Erklärung/Bemerkung
Produktneutral vs. produktspezifisch	Produktneutrale Anforderungen sind „selbstverständlich“ bzw. gelten für alle Produkte (meistens implizite Anforderungen); produktspezifische Anforderungen gelten speziell für das vorliegende Produkt
Quelle / Stakeholder	Von wem stammt die Anforderung? Wer hat sie geäußert bzw. wer soll von der Lösung der Anforderung profitieren?
Kano-Klassifikation	Einfluss der Anforderungsumsetzung auf die Kundenzufriedenheit: Einteilung in Basis-, Leistungs- und Begeisterungsanforderungen

Tabelle 4.5 veranschaulicht die Anforderungsklassifikation aus Tabelle 4.4 anhand von fünf beispielhaften Anforderungen an ein Auto:

Tabelle 4.5: Anforderungsmerkmale — Beispiele.

	„Das Auto muss weniger als 15 KWh pro 100 km verbrauchen“	**„Das Auto darf nicht mehr als 20.000 EUR kosten“**	**„Das Auto muss auf E-Plattform XY basieren“**	**„Das Auto soll einen Park-assistenten haben“**	**„Das Auto soll ein schönes Design ausweisen“**
Forderung vs. Wunsch	Forderung	Forderung	Forderung	Wunsch	Wunsch
Qualitativ vs. quantitativ	Quantitativ	Quantitativ	Qualitativ	Qualitativ	Qualitativ
Explizit vs. implizit	Explizit	Explizit	Explizit	Explizit	Implizit
Elementar vs. rückführbar	Elementar	Elementar	Elementar	Rückführbar	Rückführbar
Extern vs. intern	Extern	Extern	Intern	Extern	Extern
Funktion vs. Merkmal	Merkmal	Merkmal	Merkmal	Funktion	Merkmal
Produktneutral vs. -spezifisch	Spezifisch	Spezifisch	Spezifisch	Spezifisch	Neutral
Quelle / Stakeholder	Kunde	Kunden	Entwicklung	Kunden	Kunde
Kano-Klassifikation	Leistung	Leistung	n.a.	Basis	Begeisterung

4.3.2.3.3 Anforderungen prüfen

Die konkretisierten Anforderungen müssen nach inhaltlichen und formalen Qualitätskriterien geprüft werden. Dies erfolgt in sog. **Reviews**. Dabei werden inhaltliche Fehler, die mangelhafte Abstimmung zwischen Anforderungen und formale Mängel ermittelt. Das Produktteam sollte frühzeitige eine Review-Planung durchführen und klären, welche Ziele die Reviews jeweils verfolgen und welche Review-Art geeignet ist. Baumgart nennt folgende **Arten** von Reviews zur Prüfung von Anforderungen:[969]

- Die **Stellungnahme** ist ein informelles Review nach dem Vier-Augen-Prinzip zur Prüfung von Anforderungsinhalten. Dabei bittet der Autor einer Produktanforderung eine weitere fachlich kompetente Person (z. B. einen Kollegen), die Qualität der Anforderungen zu prüfen (z. B. hinsichtlich Korrektheit der Inhalte, Realisierbarkeit, Eindeutigkeit oder Verständlichkeit) und eine Stellungnahme in schriftlicher Form abzugeben.
- **Walkthroughs** sind informelle Reviews, z. B. um die Realisierbarkeit, die Gewichtung oder Zielwerte von Anforderungen zur prüfen. Auch formale und organisatorische Fragestellungen können thematisiert werden. Das Walkthrough-Review erfolgt als moderierte Sitzung, in der die Autoren den weiteren Teilnehmern ihre Anforderungen vorstellen. Sie beantworten Rückfragen und geben Hintergrundinformationen.
- Das **formale Review** wird zur Vorbereitung der Freigabe einer Anforderungsspezifikation eingesetzt. Ziel ist es, inhaltliche und formale Mängel zu identifizieren. Inhaltliche Mängel sind beispielsweise die Unvollständigkeit relevanter Informationen, die mangelhafte Verständlichkeit von Formulierungen oder die mangelhafte Eindeutigkeit und Rückverfolgbarkeit von Anforderungen. Auch das formale Review erfolgt als moderierte Sitzung, die durch eine neutrale Person mit entsprechender Erfahrung und Akzeptanz geleitet wird. Der Ablauf wird häufig anhand einer vorbereiteten Checkliste mit Prüfkriterien durchgeführt. Im Ergebnis wird festgestellt, ob die Anforderungsliste „bestanden“, „bestanden mit Auflagen“ oder „nicht bestanden“ hat. In der Regel findet ein zweites formales Review statt, um die Auflagenerfüllung zu prüfen.

Der Produktmanager nimmt zumindest an den formalen Anforderungs-Reviews teil, in der Rolle des (Mit-)Entscheiders.

4.3.2.3.4 Anforderungsliste

Das Arbeitsergebnis der Aufgabenklärung ist die **Anforderungsliste**. Sie dokumentiert alle Anforderungen in einer übersichtlichen und strukturierten tabellarischen Form. Folgende Elemente sollten mindestens enthalten sein: Informationen zur Organisation, Identifikation, Priorisierung, Inhalt der Anforderung, konkretisierende Attri-

969 Vgl. Baumgart (2016), S. 439–441.

bute sowie Informationen zur Verfolgbarkeit (vgl. Tabelle 4.3). Für den formalen Aufbau von Anforderungslisten gibt es keinen einheitlichen Standard, sodass Unternehmen oder Softwaretools eigene Templates verwenden. Geläufige Kriterien zur Sortierung der Einzelanforderungen sind z. B. Baugruppen des Produkts (z. B. Getriebe, Motor, User Interface), direkte Kundenanforderungen gegenüber daraus abgeleiteten Anforderungen oder Funktionen gegenüber Merkmalen.[970] Tabelle 4.6 zeigt beispielhaft und vereinfachend den Aufbau einer Anforderungsliste.

Tabelle 4.6: Anforderungsliste[971].

Benutzer		**Anforderungsliste für Produkt XY**	**Identifikation:** **Klassifikation:** **Blatt:**	**Seite:**	
ID	**Prio.**	**Anforderungen**	**Verantwortlich**	**Änderung**	**Begründung**
		Rahmenbedingungen – … – …			
		Funktionalanforderungen – … – …			
		Qualitätsanforderungen – … – …			
		…			

Neben der Qualität der Dokumentation einzelner Anforderung gibt es Qualitätskriterien für Anforderungslisten als Ganzes. So sollte eine Anforderungsspezifikation die **Qualitätskriterien** Eindeutigkeit und Konsistenz, Strukturiertheit, Modifizierbarkeit und Erweiterbarkeit, Vollständigkeit, Rückverfolgbarkeit erfüllen.[972]

Der formale Anforderungserhebungs- und Dokumentationsprozess ist Teil des klassischen sequenziellen Entwicklungsprozesses. In agilen Entwicklungen, z. B. in Scrum, wird dieser durch den Product-Backlog und Sprint-Backlogs ersetzt (vgl. Kap. 4.1.3.1). Auf die detaillierte Ausarbeitung von Anforderungen zu Projektbeginn, z. B. in Form einer initialen Anforderungsliste, wird verzichtet. Die Rolle der Anforderungsliste übernehmen zum Teil Prototypen, die den aktuellen Stand der Anforderungsspezifikation repräsentieren.[973]

970 Vgl. Göhling/Fay (2021), S. 217; Baumgart (2016), S. 444.

971 In Anlehnung an Göhling/Fay (2021), S. 218.

972 Vgl. Baumgart (2016), S. 441; nach Baumgarts Einschätzung wird die Anforderungsdokumentation in der Praxis (weil zeitintensiv) teilweise als lästige Aufgabe angesehen und tendenziell vernachlässigt.

973 Vgl. Kapoor (2025).

4.3.3 Positionierung

> „A superior and different product – one that delivers unique benefits and superior value to the customer – is the number one driver of success and new product profitability."[974]

Bisher wurde festlegt, welches Marktsegment angesprochen und welche Produktanforderungen umgesetzt werden sollen. Auf dieser Basis wird die Positionierung als Leitplanke für die weitere Produktarbeit entwickelt. Produkte sind Bündel von subjektiv wahrgenommenen nutzenstiftenden Eigenschaften. Damit der Zielkunde ein Produkt kauft, muss ...

- ihm dieses Eigenschaftsbündel einen **positiven Nettonutzen versprechen** und
- gegenüber Konkurrenzprodukten **überlegen erscheinen**.[975]

Den ersten Punkt aufgreifend, muss ein Nutzenversprechen erarbeitet werden. Der zweite Punkt verlangt nach einer sozioökonomischen Positionierung des Produkts gegenüber den Wettbewerbern. Die Umsetzung der Positionierung erfolgt durch die Produktstrategie. Abbildung 4.53 stellt die genannten Elemente in Beziehung.

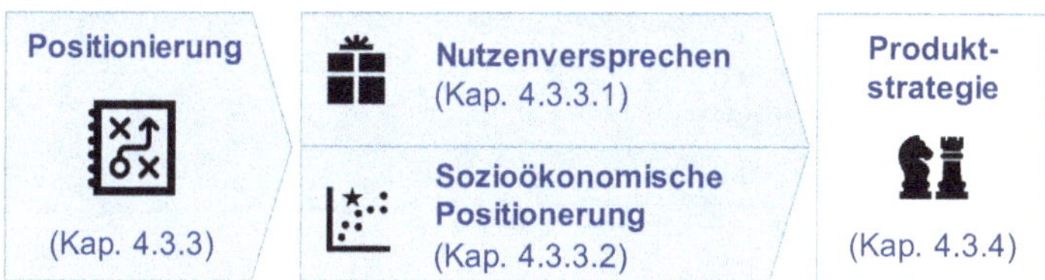

Abbildung 4.53: Struktur Kapitel 4.3.3 (Positionierung).

4.3.3.1 Nutzenversprechen

Der angedachte Kundennutzen ist zwar in der Produktvision thematisiert, muss jedoch konkretisiert werden. Kunden treffen **Kaufentscheidungen** basierend auf dem erwarteten **Nutzen** oder **Mehrwert**, den ein Produkt verspricht. In einem **Kaufprozess** untersuchen sie die verfügbaren Alternativen nach deren „Wert", wobei der Kaufprozess von der Kundenpersönlichkeit und Produktkategorie abhängt.

Der wahrgenommene Wertgewinn bestimmt außerdem die **Kundenzufriedenheit**, die wiederum wesentlich den Produkterfolg beeinflusst (z. B. durch Wiederholungskäufe, höhere Preisbereitschaft, u. U. positive Produktbewertungen und Empfehlungen). Ein Kunde ist zufrieden, wenn der **wahrgenommene Wertgewinn** aus einem Produktkauf dem **erwarteten Wertgewinn** entspricht (bzw. diesen übertrifft) .[976] Der wahrge-

974 Cooper (2017) S. 39.
975 Vgl. Trommsdorff (2007), S. 343.
976 Vgl. Kotler u. a. (2023), S. 205.

nommene Wertgewinn setzt sich dabei aus dem wahrgenommenen Produktnutzen abzüglich der wahrgenommenen Produktkosten zusammen. In den **wahrgenommenen Produktnutzen** fließen funktionelle, ökonomische und ggf. weitere Nutzenaspekte ein.[977] Nutzenträger ist das reale Produkt selbst, das erweitere Produkt (inklusive produktbegleitender Dienstleistungen) und das Ökosystem rund um das Produkt.[978] Zu den **wahrgenommenen Produktkosten** gehören neben dem Produktpreis und Betriebskosten auch z. B. Mühen im Kaufprozess, Ärger über unfreundliche Verkäufer oder Frustration bei der Produktnutzung.

Angesichts von Käufermärkten und vielfältiger Konkurrenz bedarf es eines klaren Nutzenversprechens, einer sog. **Unique Selling Proposition**.[979]

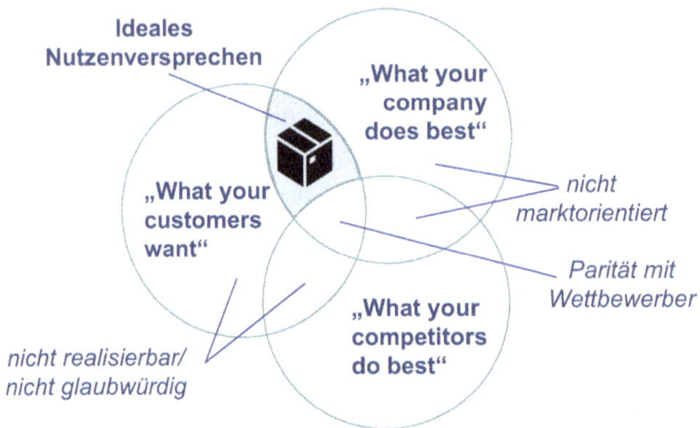

Abbildung 4.54: Nutzenversprechen[980].

Die in Abbildung 4.54 aufgezeigten drei Perspektiven sind dabei in Einklang zu bringen:

- Klarerweise muss ein Nutzenversprechen für Kunden relevante Nutzenaspekte beinhalten, also für Kunden relevant und **begehrenswert** sein. Dies ist durch ein umfassendes Kundenverständnis in der Anforderungsklärung sicherzustellen.
- Das Nutzenversprechend eines Produkts muss außerdem **auf den eigenen Stärken beruhen**. Die Erstellung und die Vermittlung der Leistung sollten auf unter-

977 In B2C-Märkten sind funktionale, ökonomische, emotionale und soziale Nutzenaspekte denkbar. Die Gewichtung der genannten Aspekte variiert. Funktionaler und ökonomischer Wert sind auch in B2B-Märkten wesentliche Nutzenelemente. Hinzu kommen Nutzenaspekte wie Sicherheit, Planbarkeit und Nachhaltigkeit, vgl. Kap. 2.1.4 (Produktnutzen).

978 Vgl. Kap. 2.1.5 (Modell des erweiterten Produkts).

979 Das Konzept der „Unique Selling Proposition“ geht auf den Werbefachmann Rosser Reeves zurück, vgl. Reeves (1961).

980 In Anlehnung an Robertson (o. J.).

nehmensspezifischen Ressourcen und Kompetenzen basieren.[981] Dadurch ist gewährleistet, dass ein Nutzenversprechen für den Kunden glaubhaft und für das Unternehmen wirtschaftlich umsetzbar ist. Außerdem wird die Imitation durch Wettbewerber erschwert.
- Drittens sollten den Kunden **nicht die Stärken der Wettbewerber** „versprochen" werden. Stattdessen ist ein Nutzenversprechen anzustreben, das sich vom Wettbewerb abgrenzt. Grundlage dieser Perspektive ist die Analyse des Wettbewerbs.[982]

Produktseitig baut das Nutzenversprechen auf einen oder mehrere **Point(s) of Difference (POD)** auf. Bei der Ausarbeitung des Nutzenversprechens sind weiterhin folgende Punkte zu beachten:
- Ein Nutzenversprechen kann aus **einem oder mehreren Themen** bestehen. Die Fokussierung auf ein Thema erleichtert die Kommunikation und ist vor allem für sog. Low-Involvement-Kaufprozesse empfehlenswert.[983] Bei komplizierteren Produkten und extensiveren Kaufprozessen kann es erforderlich sein, mehrere Aspekte herauszustellen.
- Heutzutage ist es in vielen Bereichen schwierig, eine technisch funktionale Führungsposition herauszuarbeiten und zu verteidigen. Viele Unternehmen bieten für den Kunden faktisch vergleichbare Leistungen an. Insofern kann zusätzlich eine **Emotional Selling Proposition** erforderlich sein. So sind bei vielen Premiummarken im B2C-Marketing emotionale und soziale Aspekte ein wesentlicher Teil des Nutzenversprechens.[984]
- Ein Nutzenversprechen muss „selbstbewusst" und effektiv kommuniziert werden, da die **Wahrnehmung** des Produkts durch die Kunden entscheidend ist. Auf der anderen Seite muss das Versprechen durch das Produkt selbst untermauert werden, indem es in den versprochenen Aspekten überzeugt. Neben dem Produkt als faktischem Beweis des Nutzenversprechens können weitere **Reasons to Believe** vorgetragen werden, z. B. ...
  - ein besonderer Herstellungsprozess des Produkts,
  - eine besondere Technologie oder Materialien des Produkts,
  - positive Testimonials anderer Kunden und Experten,

---

981 Grundlage ist die in der strategischen Analyse durchzuführende Unternehmensanalyse, vgl. Kap. 3.1.3.

982 Für wichtige Wettbewerber werden deren Ziele, Strategie, Stärken und Schwächen analysiert, um das Wettbewerberverhalten zu prognostizieren, vgl. Kap. 3.1.2.2.2.

983 Eine Fokussierung auf einen Aspekt wird vom „Vater des USP-Gedankens" Rosser Reeves gefordert, vgl. Reeves (1961).

984 Als Beispiele nennen Kotler u. a. die Marken Ferrari, Rolls-Royce und Rolex: „Mag sein, dass andere Fahrzeuge schneller als ein Ferrari sind, aber die ‚roten Autos aus Modena mit dem Pferd' sind eine Legende", Kotler u. a. (2022), S. 382.

  - „Vor vs. danach“-Vergleiche oder
  - positive Ergebnisse unabhängiger Produkttests.[985]
- Neben den PODs, die das Nutzenversprechen tragen, muss u. U. eine Leistungsparität des Produkts in anderen Themenfeldern erreicht und glaubhaft an den Kunden kommuniziert werden. **Points of Parity** sind Eigenschaftsfelder, in denen man ähnlich gut wie der Wettbewerb ist. Ohne ein Mindestniveau, z. B. im Bereich Sicherheit, Nachhaltigkeit, Qualität oder Benutzerfreundlichkeit, scheiden Produkte in vielen Kaufprozessen sonst aus.[986]

Ein Werkzeug zur Erstellung eines Nutzenversprechens ist der **Value Proposition Canvas** (vgl. Abbildung 4.55):

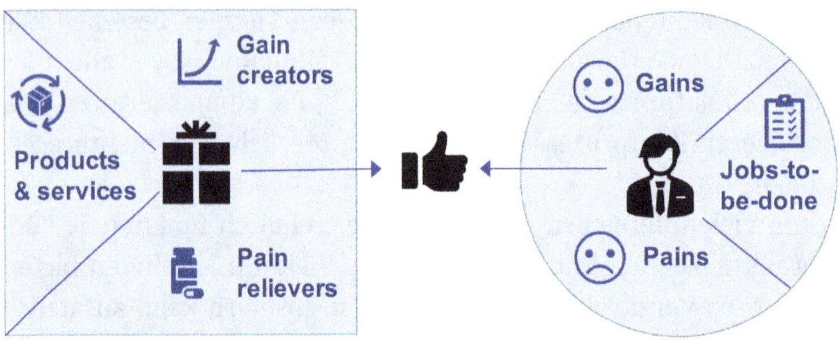

Abbildung 4.55: Value Proposition Canvas[987].

Der Value Proposition Canvas hilft, ein Produkt optimal an die Bedürfnisse und Probleme der Kunden anzupassen und einen klaren Mehrwert zu schaffen. Dazu werden zwei Hauptbereiche analysiert: das **Kundenprofil** sowie das **Wertangebot**. Zunächst werden die Kundenanforderungen systematisch erfasst, indem man Kundenaufgaben (Jobs-to-be-done), Herausforderungen (Pains) sowie gewünschte Funktionen und Eigenschaften (Gains) beschreibt. Anschließend wird das Wertangebot entwickelt, indem man Kundenherausforderungen löst (Pain-Relievers) und Mehrwerte schafft (Gain-Creators). Durch den Abgleich beider Seiten des Canvas entsteht ein passgenaues Nutzenversprechen, das Kunden überzeugen kann.

985 Vgl. Robertson (o. J.).

986 McDonald’s hat beispielsweise in den frühen 2000er-Jahren daran gearbeitet, sein Image als „Restaurant der ungesunden Ernährung“ zu verbessern. Ziel war es nicht, die eigenen Produkte als besonders gesund darzustellen, sondern glaubhaft zu machen, dass man gesunde Ernährung ernst nimmt. Hyundai stand in den 1980/90er-Jahren für schlechte Qualität. Über Qualitäts- und Kommunikationsprogramme (u. a. Fußball-Sponsoring) arbeitete man an einer Imageverbesserung, um im Bereich Qualität Parität zum Wettbewerb zu erreichen.

987 Vgl. Osterwalder u. a. (2014).

4.3.3.2 Sozioökonomische Positionierung

> „Produkte werden zwar in Fabriken hergestellt, die Marke entsteht jedoch im Kopf des Kunden.“[988]

„Mit zunehmender physischer Austauschbarkeit der Produkte steigt der Stellenwert sozioemotionaler Positionierungsmerkmale, denn eine Marke kann unter physisch ähnlichen Produkten kaum mehr mit technischen Qualitätsmerkmalen profiliert werden.“[989] Die (Produkt-)**Positionierung** gibt dem Nutzenversprechen einen strategischen Kontext und sorgt dafür, dass es von Kunden wahrgenommen, verstanden und mit der richtigen Produktkategorie verbunden wird.[990]

4.3.3.2.1 Positionierungsziel („Thema“)

> „Positioning defines how your product is a leader at delivering something that a well-defined set of customers cares a lot about.“[991]

Ziel der Positionierung ist es, mit einem Produkt im Bewusstsein der Zielkunden einen besonderen und von Wettbewerbern differenzierten Platz einzunehmen.[992] Den angestrebten Platz in den „Köpfen der Zielgruppe“ definiert das **Positionierungsziel**. Anders ausgedrückt soll ein bestimmtes **„Thema“ in der Gedankenwelt der Kunden besetzt werden**. Dieses Thema sollen Zielkunden mit dem eigenen Produkt assoziieren. Das Thema kann ...

- eine Produkteigenschaft (z. B. Langlebigkeit, Sportlichkeit, Datensicherheit),
- ein bestimmter Anwendungsfall (z. B. Shampoo gegen Schuppen, Glasschäden beim Auto),
- eine bestimmte Verwendergruppe (z. B. Zahnärzte, Fliesenleger, Bodybuilder, Surfer),
- eine bestimmte Emotion (z. B. ein bestimmter Style, klassische Eleganz) oder
- ein bestimmter ökonomischer Nutzen (z. B. Preis-Leistungs-Verhältnis) sein.

Die **Positionierungsstrategie** ist ein Plan des Produktmanagers „zur gezielten Veränderung (einschließlich Schaffung, Übertragung und Verstärkung) einer Produktposi-

---

988 Vgl. Kotler u. a. (2022), S. 370.

989 Trommsdorff (2007), S. 343.

990 Das Konzept der Positionierung geht auf das Werk „Positioning: The Battle for Your Mind“ von Jack Trout und Al Ries aus dem Jahre 1982 zurück, vgl. Trout/Ries (1982).

991 Dunford (2021).

992 Vgl. Kotler u. a. (2023), S. 205; Trommsdorff weist darauf hin, dass Positionierung nicht mit „benachbarten Begriffen“ wie Qualität, Einstellung, Image oder Präferenz verwechselt werden darf, vgl. Trommsdorff (2007), S. 343–344.

tion durch Kommunikations-, Qualitäts- und Angebotsmaßnahmen".[993] Kern der Positionierungsstrategie ist die Wahl des **zentralen Positionierungsthemas**. Kriterien dabei sind:
- Relevanz des Themas aus Zielkundensicht
- Möglichkeit der Alleinstellung mit dem Thema im Wettbewerbsvergleich
- Konsistenz mit vorhandenen Assoziationen der Zielgruppe
- Umsetzbarkeit des Themas durch Ressourcen und Kompetenzen des Unternehmens

Ein Thema als erstes Unternehmen zu besetzen, kann nachhaltige Wettbewerbsvorteile bedeuten, vergleichbar mit den First-Mover-Vorteilen des Innovationspioniers.[994] Die überragende Bedeutung der Positionierung anhand eines zentralen Themas verdeutlicht Brandtner am Beispiel des amerikanischen Wahlkampfs 2024: „Während Donald Trump mit einfachen populistischen Botschaften punktete, verlor sich Kamala Harris nach einer Anfangseuphorie in wichtigen, aber nicht mitreißenden Sachthemen. Genau dieses [zentrale Thema] hatte Donald Trump mit ‚make America great again'. Auf der anderen Seite versäumte es Kamala Harris [...] selbst eine einfache zentrale Idee für ihren Wahlkampf zu finden. (Oder wissen Sie, wofür Kamala Harris in diesem Wahlkampf wirklich stand?)"[995]

4.3.3.2.2 Bezugsrahmen (Positionierungsmatrix)

Menschen benötigen zur Erfassung, Einordnung und Bewertung eines Produkts einen **Bezugsrahmen**. Diesen zu erarbeiten, ist ein wesentlicher Teil des Positionierungsprozesses. Der Bezugsrahmen ermöglicht es, eine gezielte Differenzierung gegenüber Wettbewerbern herauszuarbeiten.[996] Ein Bezugsrahmen wird in der Praxis durch eine zweidimensionale **Positionierungsmatrix** visualisiert.[997] Das Thema der eigenen Positionierung wird durch die Ausprägungen der gewählten Matrix-Dimensionen beschrieben (vgl. Abbildung 4.56).

Die Dimensionen des Bezugsrahmens bzw. der Positionierungsmatrix sollten nicht korreliert sein und folgende **Kriterien** erfüllen:[998]
- Verhaltensrelevanz (wichtig für Kaufentscheidung des Kunden)
- Instrumentalbezug (beeinflussbar durch Marketinginstrumente)
- Diskriminanz (wird nicht für alle Marken gleich wahrgenommen)

993 Vgl. Trommsdorff (2007), S. 345.
994 Vgl. Kap. 3.2.2.3 (Timing-Strategie im Rahmen der Innovationsstrategie).
995 Brandtner (2025).
996 Vgl. Kotler u. a. (2022), S. 206–207.
997 Eine Dimension ist zur Differenzierung oft nicht ausreichend, drei oder mehr Dimensionen wären zu kompliziert.
998 Trommsdorff (2007), S. 349.

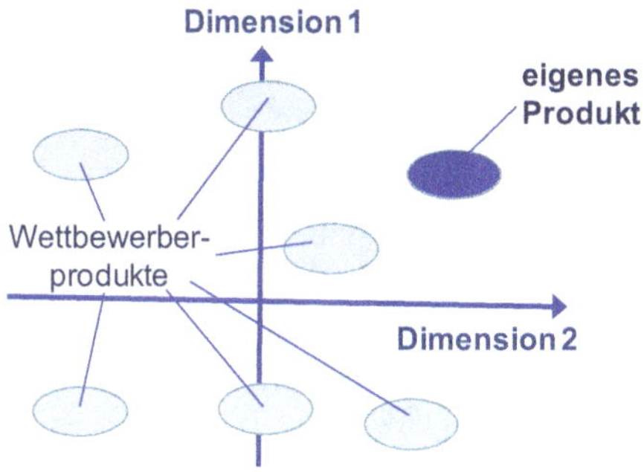

Abbildung 4.56: Positionierungsmatrix.

Die Dimensionen der Positionierungsmatrix können den folgenden Typen zugeordnet werden:

- Kaufrelevante und nutzenbringende **Produktmerkmale**, z. B. funktionale Leistungsmerkmale oder Produkteigenschaften wie Bedienungsfreundlichkeit, Preis, Nachhaltigkeit. Achsen dieser Kategorie müssen mit dem Nutzenversprechen des Produkts korrelieren.
- Auch sog. **Produktprinzipien** können als Dimensionen des Bezugsrahmens verwendet werden. Diese sind abstrakter als Produkteigenschaften, können aber ebenso einen Nutzen für Kunden implizieren.[999] Beispiele von Produktprinzipien sind Datenschutz, Nachhaltigkeit oder „Mobile Only".
- Faktoren, die eine **Spezialisierung** des Produktangebots implizieren, z. B. Branche, Anwendungsbereiche des Produkts, geografischer Sitz des Kunden. Eine Dimension dieser Art sorgt für eine Abgrenzung zu Wettbewerbern, die keine oder eine andere Spezialisierung wie die eigene verfolgen **(Nischenstrategie)**.

Der Prozess der Positionierung kann ein iteratives Vorgehen sein, d. h., man „spielt" so lange mit den Dimensionen, bis sich ein vorteilhaftes Bild ergibt. Für die angestrebte **Zielposition** des eigenen Produkts im Bezugsrahmen sollte Folgendes beachtet werden:

- Die Position muss aus Zielkundensicht **relevant** sein und einen **attraktiven Nutzen versprechen**.
- Die Position muss **glaubwürdig** sein, insbesondere muss sie mit den wahrgenommenen Kompetenzen des Unternehmens übereinstimmen.
- **Assoziationen**, die ein Kunde mit einer Marke verbindet, müssen bei der Zielpositionierung des Produkts berücksichtigt werden.

---

999 Der populäre „Community Notes"-Dienst von X wurde beispielsweise basierend auf folgenden Prinzipien aufgebaut: „Universal access" (zufällige Auswahl der Beiträge), „Complete transparency" (Code und Daten sind Open-Source), „Let the people decide" (keine redaktionelle Kontrolle durch das Unternehmen); vgl. Coleman/Baxter (2025).

- Eine gewisse **Alleinstellung** des eigenen Unternehmens ist i. d. R. anzustreben. Diese erreicht man idealerweise, indem man ein Thema als Erster besetzt.
- Die Position sollte **nicht leicht imitierbar** sein.

Zur Positionierungsanalyse gehört eine gründliche **Wettbewerberanalyse**. Dies liefert einerseits Ideen für die richtigen Dimensionen des Bezugsrahmens (z. B. Schwächen oder Angebotslücken der Konkurrenz) und ist andererseits die Voraussetzung, um die eigene Position relativ zu den relevanten Konkurrenten realistisch darzustellen. Digitale Methoden können diese Analyse unterstützen.[1000]

4.3.3.2.3 Positionierungsstatement

> „The problem you're trying to solve should be easy to communicate in a sentence or two and resonate with someone from your target audience. If not, consider that a big red flag."[1001]

Die Positionierung wird in sog. **Positionierungsstatements** formuliert. Zur Formulierung von Positionierungsstatements schlägt Robertson folgende Satzschablone vor:

Für **<Zielkunde>**, der **<Bedürfnis/Problem>** hat, ist **<Produktname>** ein **<Produktkategorie>**, das **<Hauptnutzen/USP>** bietet. Im Gegensatz zu **<wichtigster Wettbewerber/Alternative>** bietet **<Produktname>** **<Hauptunterschied/USP>.**

To **<Target group>**, **<Your Product>** is **<Product Category>**, that **<primary Benefit>**. That's because **<support points/reason to belief>**

Abbildung 4.57: Satzschablonen Positioning Statement[1002].

Abbildung 4.58 formuliert beispielhaft das Positionierungsstatement des Apple iPhones, gerichtet an die Zielgruppe „Manager" (anhand der Satzschablone von Robertson):

„**To** <highly connected, fast-paced business leaders who are frustrated by the annoying complexities of technology >, <the Apple iPhone> **is** <the smartphone> **that** <simplifies technology to help you feel smarter, so you can do more with every device >. **That's because** <we start with ideal customer experience and work back to the technology, eliminating every possible frustration. We push for surprising technology that will change the world, with intuitive, simple, and easy to use products>."

Abbildung 4.58: Positioning Statement Apple iPhone[1003].

1000 Vgl. Kap. 5.3.2.3.3 (Produktpositionierung im Rahmen des digitalen Produktmanagements).
1001 Zhuo (2016).
1002 Vgl. Robertson (o. J.).
1003 In Anlehnung an Robertson (o. J.).

4.3.3.2.4 Positionierungsoptionen

Je weiter man sich mit den gewählten Positionierungsdimensionen vom Branchenstandard entfernt, desto innovativer (und risikoreicher) ist die Positionierungsstrategie. Folgende **drei Positionierungsoptionen** können verfolgt werden:

- Wählt man die **üblichen Leistungseigenschaften** der Produkte der Kategorie oder Branche, so sucht man den frontalen Wettbewerb und muss die Konkurrenz durch faktisch bessere Produkte oder effektivere Kommunikation der eigenen Leistung schlagen („outperforming"). Hierfür sind i. d. R. spezifische technologische Kompetenzen, Größenvorteile oder Markenbekanntheit erforderlich. Diese Positionierungsstrategie wird häufig von Marktführern gewählt.
- Wählt man eine „neue" Dimension, resultiert häufig eine **Nischenpositionierung** bzw. eine **Spezialisierung**. Die neue Dimension sollte für Kunden relevant sein und noch „nicht besetzte Ausprägungen" bieten, z. B. Anwendungsfälle des Produkts, Branche des Kunden, Region des Kunden oder vom Wettbewerber wenig beachtete „Nebeneigenschaften". Unternehmensbeispiele für diese Positionierungsstrategie sind CarGlass („Reparatur Autoscheibe"), KTM („Geländemotorad"), Engelbert Strauss („Arbeitskleidung"), Aithoria (KI-Lösungen für Microsoft-365-Nutzer) oder lokale Handwerksbetriebe (regionale Nische).
- Verwendet man zwei neuen (Nutzen-)Dimensionen, kann eine **neue Produktkategorie** entstehen. Durch Fokussierung neuer oder bisher wenig bearbeiteter Nutzenaspekte verlässt man bewusst die bekannte Produktkategorie. Abbildung 4.59 zeigt diese Positionierungsstrategie am Beispiel des Apple iPod (2001):

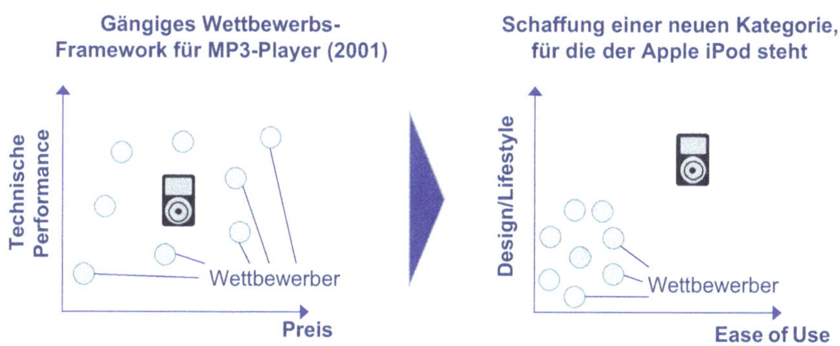

Abbildung 4.59: Positionierung Apple iPod.

Mit dem iPod hat Apple im Jahr 2001 de facto eine neue Produktkategorie geschaffen: „Ultra-Portable MP3 Music Player Puts 1,000 Songs in Your Pocket ... the iPod combines a major advance in portable music device design with Apple's legendary ease of use and Auto-Sync, which automatically downloads all your iTunes™ songs and playlists into your iPod."[1004] Dem Wettbewerb, basierend auf technischer Performance und Preis, konnte Apple damit erfolgreich ausweichen.

Ziel des operativen Marketings ist es, eine „auf dem Papier" durch das Produktmanagement (strategisches Marketing) ausgearbeitete **Zielpositionierung im Markt umzusetzen**. Es muss die Auffälligkeit oder Prominenz **(Salienz)** des Produkts bzw. der Positionierungsbotschaft in den Köpfen der Konsumenten sichergestellt werden. Die Salienz beeinflusst sowohl die Wahrnehmung des Produkts als auch positive Kaufentscheidungen und Wiederholungskäufe.[1005] Kommunikationspolitische Strategien, um die Salienz zu erhöhen, sind beispielsweise visuelle Gestaltung (z. B. auffällige Farben, Logos oder Verpackungen), wiederholende Werbung, kontextuelle Platzierung des Produkts sowie emotionale und narrative Werbung (z. B. Geschichten mit dem Produkt als „Helfer für den Helden des Alltags"[1006]).

4.3.3.3 Überleitung

Das Positionierungsziel, bestehend aus den Nutzenversprechen und der sozioökonomischen Einordnung im Wettbewerberumfeld, stellt die Leitplanke für die Produktstrategie und das operative Marketing dar (vgl. Abbildung 4.53). Produkte sind derart zu planen und zu gestalten, dass eine dem Positionierungsziel entsprechende Wahrnehmung des Produkts bei den Zielkunden erzielt wird. Die Kommunikationspolitik unterstützt flankierend die gewünschte Wahrnehmung des Produkts am Markt.

4.3.4 Produktstrategie

> „Um dieses eigentliche Ziel einer Positionierung zu erreichen, müssen Nutzenerwartungen kommuniziert und physische Eigenschaften in wahrgenommene Produktmerkmale so übersetzt werden, dass möglichst viele Zielkunden diese Marke unter den konkurrierenden Marken bevorzugen."[1007]

Die Produktstrategie ist der letzte Baustein des Produktkonzepts. Abbildung 4.60 fasst die im bisherigen Prozess gelegten Grundlagen sowie die Elemente einer Produktstrategie zusammen:

1004 Apple Press Release (2001) (Pressemitteilung von Apple vom 23.10.2001).
1005 Vgl. Oreshko (2022).
1006 Vgl. Wille (2023).
1007 Trommsdorff (2007), S. 343.

Abbildung 4.60: Produktstrategie, Ausgangssituation und Elemente.

Aus der Produktvision und der Zielpositionierung sind Prioritäten für die Produktfunktionalität und Produkteigenschaften abzuleiten **(Produkteckpunkte)**. Dabei sind übergeordnete Strategien und das im Prozess aufgebaute Markt- und Kundenverständnis zu berücksichtigen. Ebenso sind ein spezifisches **Marketingkonzept** und u. U. ein angepasstes **Geschäftsmodell** Teil einer Produktstrategie.

Teil der Produktstrategie im weiteren Sinne ist die **Erweiterung des Angebots**, z. B. um Zusatzelemente außerhalb des Produktkerns oder um begleitende Dienstleistungen (vgl. erweitertes Produktkonzept in Kap. 2.1.5). Diese Thematik soll nicht an dieser Stelle, sondern als Aspekt in der Produktrealisierungsphase (Kap. 4.5.5) sowie im Rahmen des Trends der Servitization (Kap. 5.3.1.2) behandelt werden.

4.3.4.1 Produkteckpunkte

Aus dem Produktpositionierungsziel muss der Produktmanager sog. Produkteckpunkte ableiten, die die Leitplanken für den weiteren Produktentwicklungsprozess darstellen. Sie bestehen aus:
- den Produktprioritäten (Kap. 4.3.4.1.1),
- den Zielkosten (Kap. 4.3.4.1.2) und
- sonstigen Rahmenbedingungen (Kap. 4.3.4.1.3).

4.3.4.1.1 Produktprioritäten

Die Rolle des Produktmanagers in dieser Konzeptphase ist es, die richtigen Prioritäten hinsichtlich der zu realisierenden Produktfunktionen und Eigenschaften zu setzen.[1008] Diesen liegen die im Vorkapitel ermittelten Produktanforderungen zugrunde. Die Priorisierung erfolgt (bei komplexeren Produkten und Systemen) nicht auf Ebene der Einzelanforderungen, sondern auf der aggregierten Ebene von Funktions- und Eigenschaftsfeldern. Hierzu sind die ermittelten Anforderungen entsprechend zu gruppieren, je nach Komplexität des Produkts in zwei, drei oder vier Gruppierungsebenen.

Die Eigenschaftsfelder der höchsten Aggregationsebene 1 könnten wie folgt lauten:

1008 Die Rolle des Produktmanagers in der Produktrealisierung wird einleitend in Kap. 4.5 beschrieben.

- Beispiel **Verbrennerfahrzeug:** Design, Connectivity & Infotainment, Update & Upgrade-Fähigkeit, Anzeigen- und Bedienungserlebnis, Umweltverträglichkeit & Nachhaltigkeit, automatisiertes Fahren & Sicherheit, Fahrerlebnis, Komfort, Alltagstauglichkeit, Qualität und Zuverlässigkeit, Total-Costs-of-Ownership
- Beispiel **Enterprise-Resource-Planing (ERP)-Software:** Funktionalität (Umfang der Module), Benutzerfreundlichkeit (UI/UX), Sicherheit und Datenschutz, Integrationsmöglichkeiten, Skalierbarkeit

Eigenschaften der nächsten Aggregationsebene 2 des Verbrennungsfahrzeugs wären (beispielhaft für vier der elf genannten Eigenschaftsfelder):
- **Design:** Exterieur, Interieur
- **Connectivity & Infotainment:** Anbindung externer Geräte, Datenaustausch C2X, Internetanbindung, User-Interface, Navigation
- **Fahrerlebnis:** Längsdynamik, Querdynamik, Bremsen, Klangcharakter, Leichtbau
- **Total-Costs-of-Ownership:** Anschaffungspreis, Verbrauch, Wartungskosten, Steuer & Versicherung

Auf Ebene 1 (und ggf. Ebene 2) muss der Produktmanager entscheiden, in welchen Feldern das Produktkonzept beim Kunden „punkten“ soll **(Points-of-Difference)**. In diesen Bereichen sind die Einzelanforderungen in einer höheren Qualität (d. h. aus Kundensicht besser) umzusetzen als die Kernwettbewerbe. Es darf bzw. muss entwicklungsseitig mehr in die technischen Lösungen investiert werden. Die dazugehörigen Produktkomponenten dürfen in der Herstellung teurer sein. In niedriger priorisierten Eigenschaftsfeldern genügt es, die Kundenanforderungen auf Standardniveau zu erfüllen **(Points-of-Parity)**. Entsprechend sind Entwicklungsressourcen und Herstellkosten einzusparen. Die Praxis zeigt, dass ein Produktkonzept ein **klares Profil** zeigen muss. Die sog. Eier-legende-Wollmilchsau ist in den meisten Märkten nicht erfolgversprechend.

Grundlage dieser Priorisierung von Produkteigenschaften ist die angestrebte Produktpositionierung. Wichtig ist, dass nicht nur technische Produktfunktionen und Eigenschaften des Produktkerns betrachtet werden, sondern alle Merkmale, die Einfluss auf die Kaufentscheidung und Zufriedenheit der Zielkunden haben. Als Checkliste kann das in Kap. 2.1.5 vorgestellte Modell des erweiterten Produkts herangezogen werden.

Zur Bewertung und Priorisierung von Eigenschaftsfeldern können z. B. folgende Werkzeuge verwendet werden: Kano-Modell, Quality-Funktion-Deployment (QFD), Conjoint-Analyse und paarweiser Vergleich.

4.3.4.1.1.1 Kano-Modell

Ein zentrales Werkzeug zur Priorisierung von Produkteigenschaften ist das **Kano-Modell**.[1009] Es thematisiert, wie sich Produkteigenschaften auf die Kundenzufriedenheit auswirken. Grundlage der Kano-Analyse ist die Einteilung der zu untersuchenden Produkteigenschaften in drei Kategorien (vgl. Abbildung 4.61):

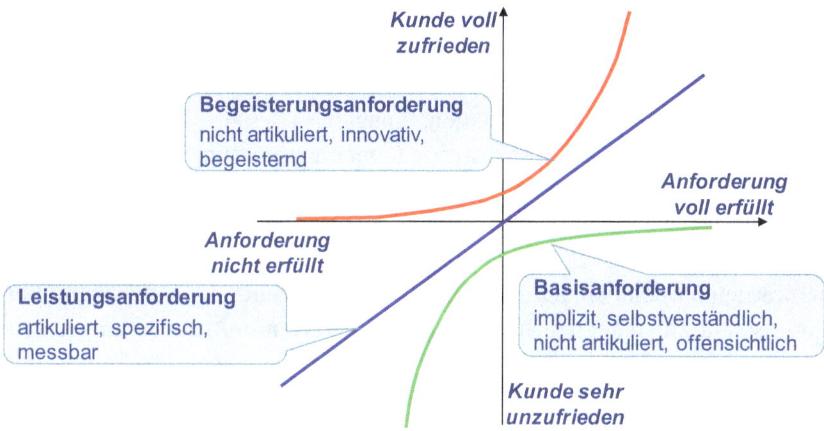

Abbildung 4.61: Kano-Modell.

Basisanforderungen werden von Kunden oft nicht explizit genannt, weil diese als selbstverständlich vorausgesetzt werden. Werden Basisanforderungen nicht erfüllt, führt dies zu hoher Unzufriedenheit des Kunden. Eine besonders gute Anforderungserfüllung wird vom Kunden nicht honoriert. Beispiele:
- Auto: Servolenkung
- Smartphone: Unterstützung der gängigen Funktechnologien
- Hotel: sauberes Zimmer
- Onlineshop: Datenschutz, Bezahlung mit Paypal möglich

Leistungsanforderungen werden explizit von Kunden als Anforderungen genannt und dienen als wichtige Vergleichsgrößen mit Wettbewerbsprodukten. Ihr Erfüllungsgrad wirkt sich „proportional“ auf die Kundenzufriedenheit aus. Beispiele:
- Auto: Kraftstoffverbrach
- Smartphone: Akkulaufzeit

1009 Das Kano-Modell wurde 1984 durch Prof. Noriaki Kano von der Tokyo University publiziert, vgl. Kano (1984). Das Modell wird in vielen Werken zur Produktentwicklung zitiert. Die weiteren Ausführungen basieren auf Baumgart (2016), S. 437; Bender/Gericke (2021), S. 206; Bruhn/Hadwich (2017), S. 252–253; Fuchs/Golenhofen (2024), S. 267.

- Hotel: Qualität des Frühstücks
- Onlineshop: Strukturiertheit und Übersichtlichkeit des Angebots

Begeisterungsanforderungen sind latente Anforderungen, die vom Kunden nicht erwartet werden und sich meist auf Lösungen beziehen, die der Kunde nicht kennt. Die Erfüllung dieser Anforderungen trägt überproportional zur Kundenzufriedenheit bei. Begeisterungsanforderungen erlauben eine Differenzierung im Wettbewerb. Sie werden mit zunehmender Zeit und Fortschritt zu Leistungs- und schließlich zu Basisanforderungen. Beispiele:
- Auto: innovative Fahrerassistenzfunktion, innovatives Design
- Smartphone: faltbares Display, KI-gestützte Kameraoptimierung
- Hotel: KI-basierter Concierge-Service, steuerbar über eine Mobile-App
- Onlineshop: virtuelle VR- und AR-basierte Kleideranprobe

Manchmal werden im Kano-Modell zusätzlich sog. **indifferente Anforderungen** (die keinen Einfluss auf Zufriedenheit haben) und **rückweisende Anforderungen** (die Kunden als störend empfinden) in die Analyse einbezogen.

In der Kano-Analyse müssen Produktmanager zunächst die Produkteigenschaften den Kano-Kategorien zuordnen. Die Kano-Kategorie einer Anforderung impliziert folgende **Normstrategien:**
- Die **Basiseigenschaften** müssen auf einem Standard- bzw. Mindestniveau, welches zu ermitteln ist, erfüllt werden. Hier gilt es, Ressourcen einzusparen und „nicht mehr als nötig" zu liefern.
- Die **Leistungsmerkmale** sind auf Basis ihrer Wichtigkeit für das Nutzenversprechen und die Zielpositionierung des Produkts in eine Prioritätsrangordnung zu bringen. Die wichtigsten Leistungsmerkmale sind in hoher Qualität auszuführen, weniger wichtige Merkmale kostenoptimiert. Stark ausgelegte Leistungsmerkmale können der Produktpositionierung Glaubwürdigkeit verleihen, da diese für den Kunden in hohem Maße sichtbar und erlebbar sind.
- Ein Produkt sollte mindestens eine (oder einige wenige) **Begeisterungseigenschaft(en)** vorweisen, um das Produkt im Wettbewerb zu differenzieren und eine emotionale Verbindung zwischen Kunde und Produkt herzustellen. Diese zu identifizieren, erfordert Kreativität und Kundenverständnis. Ideen für Begeisterungsmerkmale können bereits vorliegen oder sind an dieser Stelle mittels „ideengenerierender" Methoden zu ermitteln, z. B. durch Kreativitätstechniken oder Partnering/Co-Creaton.[1010] Falls mehrere Ideen vorliegen, sind diejenigen zu priorisieren, welche das Nutzenversprechen und die Zielpositionierung am besten unterstützen.

1010 Vgl. Kap. 4.2.1.4.1; ideensammelnde Methoden genügen i. d. R. nicht.

Das vom Kano-Modell geforderte Denkmuster in drei Anforderungskategorien unterstützt den Produktmanager dabei, innovative und im Wettbewerb differenzierende Lösungen zu entwickeln.

4.3.4.1.1.2 Quality Function Deployment (QFD)

QFD wurde in den 1960er-Jahren in Japan entwickelt.[1011] In den 1980er-Jahren gelangte das Konzept nach Deutschland. Neben anderen Anwendungen kann QFD in der Produktentwicklung eingesetzt werden. Dabei stellt QFD ein „Werkzeug zur Überführung von Kundenwünschen in Produktmerkmale in der Produktplanung“[1012] dar. Ziel ist es, „die Stimme des Kunden in erfolgreiche Produkte und Dienstleistungen so umzusetzen, dass Misserfolge durch präventive Planung ausgeschlossen sind“.[1013]

Das House-of-Quality (HoQ) leitet den QFD-Prozess und dokumentiert die Ergebnisse: Kundenanforderungen werden unter Berücksichtigung einer Wettbewerbsbetrachtung und „Querbeziehungen“ in technische Merkmale und Entwicklungsziele übersetzt (vgl. Abbildung 4.62):

Abbildung 4.62: House of Quality[1014].

Der QFD-Prozess erfolgt in elf Schritten und anhand des in Abbildung 4.62 skizzierten House-of-Quality:[1015]

1011 Vgl. Akao (1992).

1012 Kreimeyer u. a. (2021), S. 102.

1013 Saatweber (2016), S. 630.

1014 In Anlehnung z.B. an Kreimeyer u. a. (2021), S. 104; Saatweber (2016), S. 634 und S. 635; Pepels (2016), S. 937.

1015 Vgl. Engeln (2020), S. 218–226; Saatweber (2016), S. 637–638; Pepels (2016), S. 938–940.

1. Ermittlung der **Kundenanforderungen:**[1016] Im HoQ sind Anforderungen in geeigneter Weise zu aggregieren. Die Anzahl sollte zehn nicht überstiegen (insofern sind für komplexere Produkte aggregierte Anforderungsfelder zu verwenden).
2. **Gewichtung der Kundenanforderungen**: Neben den Ergebnissen der Anforderungsanalyse (vgl. Kap. 4.3.2.3) sind die Sichtweisen von Vertrieb und Kundendienst zu berücksichtigen. Eine Gewichtung, die in Summe 100 % ergibt, ist empfehlenswert.
3. **Wettbewerbsvergleich** aus Kundensicht:
   a. Qualitative Bewertung, z. B. auf einer Skala von 1 bis 5, wie gut die wichtigsten Wettbewerberprodukte die zuvor genannten Kundenanforderungen erfüllen.
   b. Daraus resultieren Stärken-Schwächen-Profillinien der Wettbewerber.
   c. In das Raster ist die Ziellinie des eigenen zu entwickelnden Produkts einzutragen.
4. Die Festlegung der **Produktmerkmale** ist der wichtigste Schritt im Prozess. Auch hier ist ein geeignetes Aggregationsniveau finden. Der Lösungsraum sollte durch die betrachteten Produktmerkmale bzw. Eigenschaftsfelder möglichst vollständig und überschneidungsfrei aufgespannt werden.
5. Angabe der **Zielwerte** oder konkreter Ausprägungen der Produktmerkmale. Zu jedem Merkmal kann die aus Kundensicht wünschenswerte Veränderungsrichtung angegeben werden.
6. Ermittlung, wie stark die Produktmerkmale die Kundenanforderungen beeinflussen. Hierzu sind die **Korrelationswerte** 0 (keine Beeinflussung), 3, 6 und 9 (starke Beeinflussung) in die Matrix des HoQ einzutragen.
7. Untersuchung, in welche Richtung sich die Produktmerkmale gegenseitig **beeinflussen**.
   a. „-" für negative Beeinflussung, d. h., die Verbesserung des einen Merkmals führt zu einer Verschlechterung des anderen Merkmals
   b. „o" für neutrale Beziehung, d. h. keine gegenseitige Beeinflussung
   c. „ +" für positive Beeinflussung, d. h., die Verbesserung des einen führt zu einer Verbesserung des anderen Merkmals
   Viele „-"-Zeichen zeigen, dass wenig Spielraum für Veränderung besteht und dass ein wenig ausgewogenes Konzept vorliegt. Viele „+"-Zeichen zeigen, dass noch Optimierungspotenzial vorhanden ist.

8. Im **technischen bzw. merkmalbezogenen Wettbewerbervergleich** wird untersucht, wie gut die wichtigsten Wettbewerber ein Produktmerkmal lösen. Dies ist

1016 Vgl. Kap. 4.3.2.1 (Anforderungserhebung).

aus unterschiedlichen Blickwinkeln zu bewerten[1017] und z. B. auf einer Skala von 1 (sehr schwach) bis 5 (sehr gut) darzustellen. Es resultieren Stärken-Schwächen-Profile entlang der Produktmerkmale. Die Ziellinie der eigenen Lösung ist zum Vergleich einzutragen.

9. Berechnung der **Wichtigkeit der Produktmerkmale**, indem der Vektor der Anforderungsgewichte mit der Korrelationsmatrix multipliziert wird. Es resultieren Prioritätswerte für die definierten Produktmerkmale.
10. Bewertung der **Schwierigkeiten** in der Umsetzung der Produktmerkmale. Dabei sind z. B. Entwicklungskosten, technische und zeitliche Entwicklungsrisiken oder Herausforderungen der Produktion zu berücksichtigen (vgl. Abbildung 4.63).

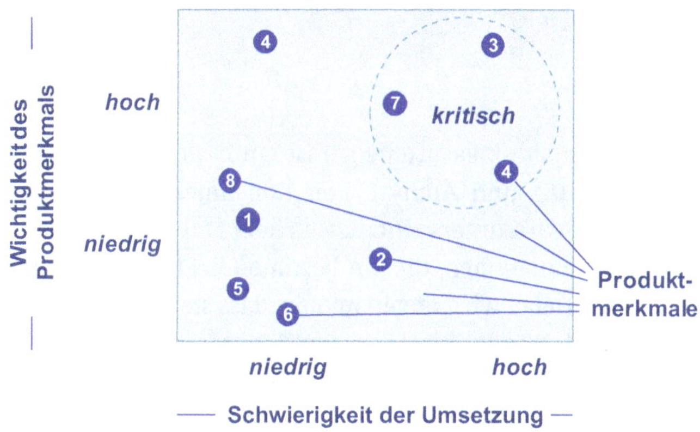

Abbildung 4.63: Wichtig-Schwierig-Matrix (QFD)[1018].

Die Matrix gibt in einer frühen Phase im Produktprozess einen Überblick über die Projektrisiken. Insbesondere wenn einige wichtige Merkmale als „schwierig" eingestuft sind, unterliegt das Projekt einem hohen Umsetzungsrisiko.

11. Als letzter Schritt erfolgen die **Gesamtanalyse** und die **Überprüfung der Prioritäten und Zielwerte des Konzepts**, z. B. anhand folgender Fragen:
    a. Entspricht die marktseitige Ziellinie (Schritt 3) der angestrebten Produktpositionierung?
    b. Entspricht die Produktmerkmals-Ziellinie (Schritt 8) der Produktpositionierung?
    c. Sind die Merkmalszielewerte (Schritt 5) ausreichend, um die Zielpositionierung glaubhaft zu unterstützen?

1017 Analysefragen könnten lauten: Wie leistungsfähig ist die Lösung? Wie teuer ist die Lösung (Material, Prozess)? Wie robust ist die Lösung?
1018 In Anlehnung an Engeln (2020), S. 225.

d. Können die Merkmalsausprägungen vor dem Hintergrund der Beziehungen untereinander (Schritt 7) optimiert werden?[1019]
e. Ist das Projektrisiko, insbesondere hinsichtlich der kritischen Merkmale, beherrschbar (Schritt 10)?

Die Ergebnisse der oben erläuterten „QFD-Phase 1" sind priorisierte und spezifizierte Produkteigenschaften. Diese gehen in einer möglichen „QFD-Phase 2" als Anforderungen in ein HoQ, welches das Ziel hat, Produktkomponenten zu priorisieren und zu spezifizieren. In Phase 3 können Prozessplanungsprämissen auf Basis von Komponentenanforderungen, in Phase 4 Produktionsplanung aus der Prozessplanung abgeleitet werden. Auf diese Weise wird sichergestellt, dass die gesamte Organisation auf Kundenanforderungen ausgerichtet ist.[1020]

4.3.4.1.1.3 Conjoint-Analyse

Die Conjoint-Analyse (auch „Conjoint-Measurement") ist ein in der Praxis häufig eingesetztes Verfahren zur Messung und Analyse von Konsumentenpräferenzen in Bezug auf Produktmerkmale. Es wird untersucht, in welchem Maß einzelne Merkmale beziehungsweise Merkmalskombinationen, die ein bestimmtes Produkt auszeichnen, vom Nutzer bevorzugt werden. Dabei wird angenommen, dass sich der Gesamtnutzen des Produkts aus der Summe der Teilnutzen aus den Ausprägungen der einzelnen Merkmale zusammensetzt. Ein mögliches Produkt ist dabei eine spezifische Kombination verschiedener Merkmalsausprägungen, z. B.:

- „Smartphone 1" = 6,3-Zoll-Display + 5000mAh-Batterie + Formfaktor „Fold" + Garantieverlängerung + Preis 799 EUR
- „Smartphone 2" = 6-Zoll-Display + 6000mAh-Batterie + Formfaktor „Bar" + keine Garantieverlängerung + Preis 699 EUR

Im Gegensatz zur klassischen Befragung, in der Kunden direkt nach der Wichtigkeit oder nach den Wünschen zu bestimmten Produktmerkmalen befragt werden (z. B. „Wie wichtig ist Ihnen die Akkulaufzeit?" oder „Welche Kapazität sollte der Akku haben?"), wird das sog. **dekompositionelle Prinzip** angewendet. Dabei werden ganzheitliche Produktkombinationen durch Testkunden bewertet. Anschließend wird aus den Ergebnissen auf die Bedeutung der Einzelmerkmale und den Nutzen möglicher Ausprägungen geschlossen. Damit bildet die Coinjoint-Analyse die reale Kaufentscheidung besser ab als die Befragung nach Einzelmerkmalen.

1019 Um Widersprüche zwischen Produkteigenschaften aufzulösen, kann z. B. die TRIZ-Methode eingesetzt werden, vgl. Saatweber (2016), S. 670.

1020 Vgl. Engeln (2020), S. 229–230; Saatweber (2016), S. 630 und S. 636; die Benennung der QFD-Phasen variiert in der Literatur.

Je nachdem, wie die Kunden ihre Präferenzen angeben, wird zwischen traditioneller Conjoint-Analyse und auswahlbasierter Conjoint-Analyse unterschieden:[1021]

- Bei der **traditionellen Conjoint-Analyse** werden die Kunden gebeten, alle vorgelegten Produktkombinationen in eine Rangfolge zu bringen oder mit einem Rating zu bewerten.[1022]
- Bei der **auswahlbasierten Conjoint-Analyse** wählen die Konsumenten ihre bevorzugte Produktkombination aus einer Menge vorgelegter Produktkombinationen aus.[1023] Diese Auswahl ist mehrmals durchzuführen.

Der Ablauf der Coinjoint-Analyse umfasst **fünf Schritte**[1024] (im Folgenden werden die Schritte allgemein und anhand des Beispiels einer Smartphonespezifikation erklärt):

1. **Modellierung** des Produkts durch verschiedene Eigenschaften und Bestimmung der möglichen Ausprägungen für alle Eigenschaften.[1025] Beispiel:

   Ein Smartphone soll durch die fünf Eigenschaften Displaygröße (5,8 Zoll, 6,3 Zoll, 6,5 Zoll oder 6,7 Zoll), Akkukapazität (4000 mAh, 5000 mAh oder 6000 mAh), Formfaktor (Fold oder Bar), Garantieverlängerung (ja oder nein) und Preis (699 EUR, 799 EUR oder 899 EUR) beschrieben werden.

2. Im **Erhebungsdesign** wird festgelegt, wie viele Produkteigenschaften untersucht und wie viele Kombinationen gegeneinander bewertet werden sollen. Der Aufwand der Bewertung und die Genauigkeit der Ergebnisse sind gegeneinander abzuwägen. Beispiel:

   „Im Beispiel gibt es insgesamt 4 x 3 x 2 x 2 x 4 = 192 verschiedene Produktmöglichkeiten (Ausprägungskombinationen). Im Beispiel soll eine Stichprobe von 24 zufällig ausgewählten Kombinationen bewertet werden.“

3. **Bewertung der Stichprobe** von Merkmalskombinationen durch repräsentative Testkunden anhand der traditionellen oder auswahlbasierten Conjoint-Analyse. Beispiel:

   Es werden die 24 Merkmalskombinationen durch Befragung von 50 Testkunden in eine Präferenzreihenfolge gebracht (Nr. 1 = bestes Produkt, ... Nr. 24 = schwächstes Produkt). Fiktives Ergebnis: Nr. 1 = 6,7 Zoll, 6000 mAh, Fold, nein, 699 EUR; ... ; Nr. 24 = 5,8 Zoll, 5000 mAh, Bar, nein, 899 EUR

1021 Vgl. Backhaus u. a. (2023), S. 925.

1022 Als Beispiel werden zehn Merkmalskombinationen („mögliche Produkte“) in eine Rangfolge gebracht (Rang 1 = bestes Produkt, ... Rang 10 = schwächstes Produkt).

1023 Beispielsweise werden zwei Merkmalskombinationen vorgelegt, aus denen der Kunde die „bessere“ auswählt.

1024 Vgl. Backhaus u. a. (2023), S. 578–606.

1025 Zu beachten ist: Die Eigenschaften müssen unabhängig voneinander und dürfen keine K.-o.-Kriterien sein (müssen kompensierbar sein); die Anzahl der Eigenschaften sollte begrenzt sein (kleiner 6), mit höchstens 3–4 Ausprägungen; die Eigenschaften müssen beeinflussbar, alle Ausprägungen realisierbar sein, vgl. Backhaus u. a. (2023), S. 579–580.

4. **Ermittlung der Teilnutzenwerte** der Eigenschaftsausprägungen (mittels Statistik-Software). Fiktives Ergebnis:

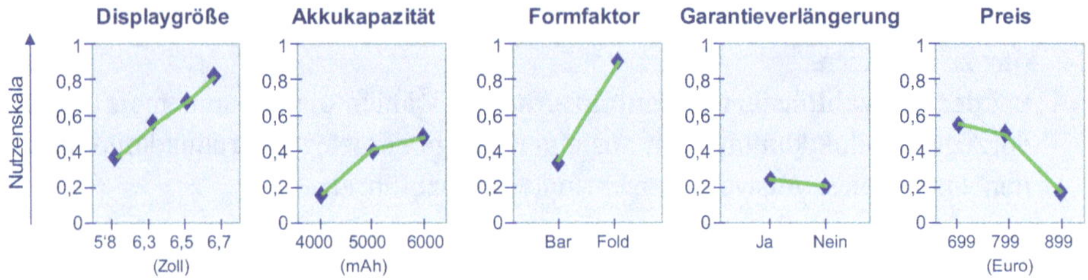

Abbildung 4.64: Beispiel Teilnutzendiagramme Conjoint-Analyse.

5. Interpretation der Teilnutzenwerte und **Schlussfolgerung** (am Beispiel):
   a. Die Displaygröße hat einen größeren Einfluss auf den Nutzen als die Batteriekapazität.
   b. Zwischen einer Akkukapazität von 6000 mAh und 5000 mAh ist kaum ein Nutzenunterschied zu erkennen, während ein Wert von 4000 mAh mit einem spürbar geringeren Nutzen verbunden wird.
   c. Eine Garantieverlängerung wird kaum als zusätzlicher Nutzen wahrgenommen.
   d. Ein Preispunkt von 899 EUR reduziert den Nutzen deutlich gegenüber 799 EUR. Ein günstiger Preis von 699 EUR liefert nur wenig Mehrnutzen im Vergleich zu 799 EUR.
   e. Der Formfaktor „Fold“ ist deutlich attraktiver als das „Bar“-Design.
   f. Insgesamt unterstützen die Ergebnisse das in Abbildung 4.65 dargestellte Konzept:

Abbildung 4.65: Beispielergebnis Conjoint-Analyse.

Die oben genannten Schritte 2, 3 und 4 werden durch Statistik-Softwareapplikationen unterstützt. Die Conjoint-Analyse ist ein aufwendiges Verfahren, das entsprechende Anwendungskompetenz (oder externe Beratung) erfordert. Auf der anderen Seite liefert es detailliertere und belastbare Aussagen zur Attraktivität von Merkmalsausprägungen aus Kundensicht. Die Conjoint-Analyse kann sowohl in der Konzeptphase als auch in der späteren Produktrealisierungsphase eingesetzt werden.

Klassische Conjoint-Analysen „kosten Zehntausende Euro und dauern wochenlang".[1026] Durch LLMs generierte synthetische Kunden („Silicon Customers") erlauben die Durchführung in wenigen Stunden und u. U. ohne externe Marktforscher.[1027] So kann die Conjoint-Analyse frühzeitig und zur Analyse unterschiedlicher Konzeptalternativen oder zusätzlicher Merkmale eingesetzt werden.

4.3.4.1.1.4 Paarweiser Vergleich

Die Methode des paarweisen Vergleichs (oder paarweiser Vergleichstest) ist ein Verfahren zur Priorisierung und Entscheidungsfindung. Neben der Bewertung von Ideen (vgl. Kap. 4.2.4.2.1) kann die Methode eingesetzt werden, um Produkteigenschaften nach ihrer Wichtigkeit zu ordnen. Beim paarweisen Vergleich werden zwei Produkteigenschaften direkt miteinander verglichen, anstatt alle gleichzeitig zu bewerten (vgl. Abbildung 4.66). Dies erleichtert die Bewertung, vor allem wenn eine größere Zahl von Eigenschaften zu vergleichen ist.

Tabelle zum paarweisen Vergleich		Produktmerkmal				
		1	**2**	**3**	**4**	**5**
Produktmerkmal	**1**	-	1	1	1	1
	2	0	-	1	1	1
	3	0	0	-	0	0
	4	0	0	1	-	1
	5	0	0	1	0	-
Summe		**0**	**1**	**4**	**2**	**3**
Rang		**5**	**4**	**1**	**3**	**2**

Beispiel: Produktmerkmal 5 wird als „wichtiger" als Merkmal 2 bewertet.

Beispiel: Produktmerkmal 4 wird als „weniger wichtig" als Merkmal 3 bewertet.

Abbildung 4.66: Beispiel paarweiser Vergleich.

Der Vergleich ist qualitativ und sollte durch ein interdisziplinäres Team durchgeführt werden. Als Vergleichsmaßstab dient die Zielpositionierung des Produkts. Die Rangfolge der Produktmerkmale gemäß paarweisem Vergleich kann z. B. zur Validierung des Ergebnisses der QFD-Analyse dienen.

1026 Vgl. Brand u. a. (2025), S. 6.

1027 Vgl. Kap. 5.3.2.3.4. Digitalisierung im Rahmen der Produktstrategie.

4.3.4.1.1.5 Eigenschaftsspinne

Die Eigenschaftsspinne ist ein visuelles Bewertungsinstrument, das zur Analyse und Darstellung verschiedener Merkmale eines Produkts dient. Sie hilft dabei, Stärken und Schwächen übersichtlich darzustellen und verschiedene Alternativen miteinander zu vergleichen (vgl. Abbildung 4.67).

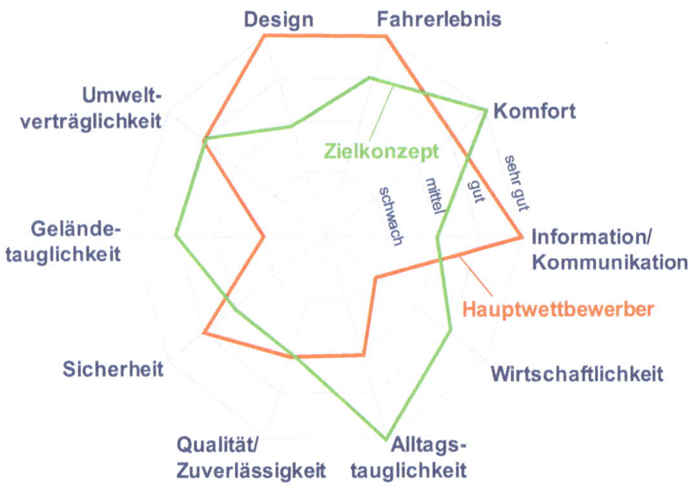

Abbildung 4.67: Beispiel Eigenschaftsspinne.

Neben dem eigenen Konzept werden Wettbewerberkonzepte und ggf. das Vorgängerkonzept als Referenz dargestellt. Die Eigenschaftsspinne kann auch zur Kommunikation des Produktmanagers mit internen Stakeholdern wie Entwicklung und Marketing dienen.

4.3.4.1.2 Kostenziele (Target Costing)

Die Zielkostenrechnung („Target Costing“) ist eine marktorientierte Kostenmanagement-Methode, die in den 1970er-Jahren in Japan entwickelt wurde und sich seit den 1990er-Jahren in der deutschen Industrie durchgesetzt hat.[1028] Die Methode stellt sicher, dass ein Produkt profitabel vermarktet werden kann und dass die Produktentwicklung von Anfang an entlang marktorientierter und differenzierter Kostenziele ausgerichtet wird. „Böse Überraschungen“ hinsichtlich der Produktkosten in späten Entwicklungsstadien sollen vermieden werden.

Hauptbestandteile der Target-Costing-Konzeption sind die drei nachfolgend erläuterten Phasen Zielkostenermittlung, Zielkostenaufteilung oder -spaltung und Zielkostenkontrolle (vgl. Abbildung 4.68):

1028 Vgl. Gleich u. a. (2016), S. 393.

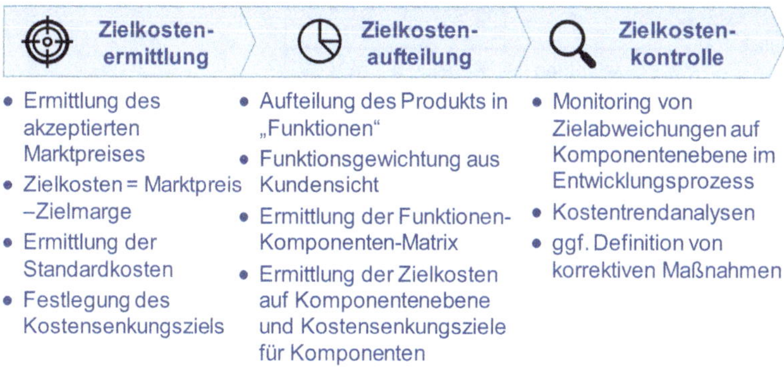

Abbildung 4.68: Prozess Zielkostenrechnung.

Im Rahmen der **Zielkostenermittlung** muss zunächst ein auf dem Markt akzeptierter Preis des Produkts bestimmt werden. Hierzu ist die Zahlungsbereitschaft der Kunden zu analysieren.[1029] Außerdem sind die Preise der relevanten Wettbewerbsprodukte zu berücksichtigen. Im Falle einer starken Marktstellung eines Konkurrenten kann dessen Preis als Leitpreis angenommen werden. Vom ermittelten Marktpreis wird die angestrebte Gewinnmarge abgezogen, um die Zielkosten zu berechnen.

Die **Zielkostenaufteilung** erfolgt in zwei Schritten: Zunächst werden die Zielkosten auf die Funktionen, dann auf die Komponenten des Produkts aufgeteilt (Funktionsmethode).[1030] Ein Produkt wird dabei als eine Kombination von kundenrelevanten Funktionen aufgefasst, die durch technische Komponenten ermöglicht werden. Die Verbindung von Funktionen und technischen Komponenten wird durch eine Funktionen-Komponenten-Matrix dargestellt. Diese zeigt, welchen Anteil die jeweiligen physischen und nichtphysischen Komponenten zur Erfüllung der Funktionen beitragen. Über die aus Kundenperspektive vorzunehmende Gewichtung der Funktionen erfolgt dann – über die Funktionen-Komponenten-Matrix – die Bewertung der einzelnen Komponenten. Anhand des so ermittelten „Nutzenanteils“ der Komponenten wird diesen ein entsprechender Anteil der „erlaubten“ Zielkosten zugeteilt. Die Zielkostenaufteilung sollte durch ein interdisziplinär besetztes Team erfolgen. Das Rechenschema wird in Abbildung 4.69 dargestellt:

1029 Die Preisbereitschaft kann laut Meffert durch Beobachtung (Preisexperiment oder Marktdatenanalyse), Befragung (Experten, direkte oder indirekte Kundenbefragung) oder Bietverfahren (Vickery-Auktionen, BDM-Mechanismus) ermittelt werden, vgl. Meffert u. a. (2024), S. 528.

1030 Alternativ kann die Komponentenmethode angewendet werden, bei der die Kostenstrukturen von Vorgängermodellen, ähnlichen Produkten oder Konkurrenzprodukten als Anhaltspunkt für die Zielkostenspaltung verwendet werden. Kostenziele werden dabei für einzelne Baugruppen eines Produkts ermittelt. Dem Vorteil der Einfachheit steht der Nachteil gegenüber, dass die Kostenziele nicht direkt an den Kundenwünschen orientiert sind, vgl. Gleich u. a. (2016), S. 393–394.

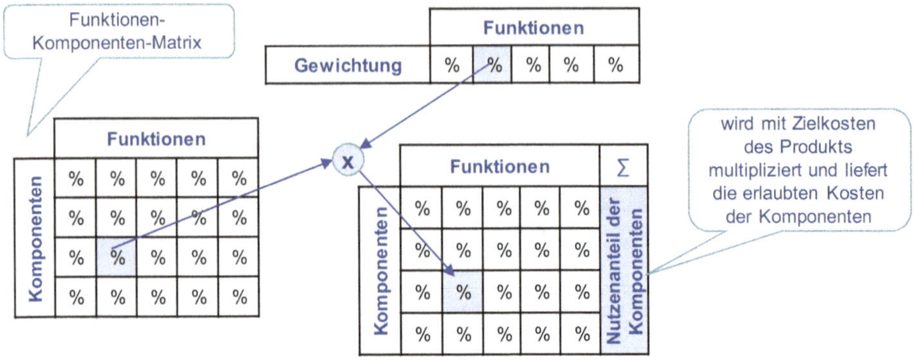

Abbildung 4.69: Rechenschema Target Costing.

Die Zielkostenaufteilung auf Komponentenebene ist der Ausgangspunkt für die **Zielkostenkontrolle**. Weitere Referenzpunkte bilden die sog. Standardkosten der Komponenten. Diese sind Schätzungen der Komponentenkosten auf Basis vergangener Projekte und aktueller Praktiken. Die Standardkosten minus die Zielkosten entsprechen dem Kostensenkungsziel für die jeweiligen Komponenten:

- Kleinere Einsparziele können durch Produktivitätssteigerung erreicht werden.
- Liegt ein (relativ gesehen) hohes Kostensenkungsziel für eine Komponente vor, muss ein radikal neuer Lösungs- oder Entwicklungsansatz gewählt werden.
- Liegen die Zielkosten über den Standardkosten, kann – wegen des hohen Nutzenanteils – mehr in die entsprechende Komponente investiert werden, z. B. mehr Leistung, ein schöneres industrielles Design oder besseres Material.

Die Kostenentwicklung und die Zielkostenerreichung auf Komponentenebene sind über den gesamten Entwicklungsprozess zu verfolgen. Bereits in der Konzept- und frühen Realisierungsphase sind korrigierende Maßnahmen einzuleiten, da in frühen Entwicklungsstadien die Kosten besser beeinflussbar sind. Die kunden- bzw. nutzenorientierte Zielkostenaufteilung stellt sicher, dass an den richtigen Stellen gespart oder zusätzlicher Wert geschaffen wird.

4.3.4.1.3 Sonstige Rahmenbedingungen

Neben den Kundenanforderungen und Kostenzielen können weitere Vorgaben bzw. Rahmenbedingungen erforderlich sein. Diese resultieren aus Anforderungen der „anderen" Produkt-Stakeholder, z. B. anderen Unternehmensfunktionen (interne Stakeholder), Staat und Gesellschaft sowie Lieferanten und anderen Partnern (vgl. Kap. 4.3.2.1.2, 4.3.2.1.3, 4.3.2.1.4). Außerdem sind die im Produktinnovationsauftrag genannten „strategischen" Vorgaben als Rahmenbedingungen für die Produktentwicklung anzusehen (vgl. Kap. 3.4.3). Alle Rahmenbedingungen sind ggf. auch im Lastenheft zu verankern (vgl. Kap. 4.5.1).

4.3.4.2 Marketingkonzept

Teil der Produktstrategie ist ein Marketingkonzept, d. h. ein Plan, wie das Produkt oder die Dienstleistungen vermarktet werden soll.[1031] Dieser setzt auf der Produktvision und der Produktpositionierung auf. Das Marketingkonzept dient im weiteren Prozess als Leitfaden für alle operativen Marketingaktivitäten. Inhalt sind:

- Ermittlung des Marktpotenzials und der Marktgröße[1032]
- taktischer Plan zur Markterschließung („Marketing-Mix", Kap. 4.3.2.1)
- geplante Marketinginnovationen (Kap. 4.3.4.2.2)

Das erstgenannte Thema wird im Rahmen der Wirtschaftlichkeitsrechnung behandelt.[1033]

4.3.4.2.1 Marketing-Mix

Um eine Basis für die Wirtschaftlichkeitsrechnung und die operative Planung der Marketing- und Vertriebsfunktion zu schaffen, müssen in der Konzeptphase grobe Leitlinien zur Produktvermarktung formuliert werden. Im bisherigen Prozess wurde vor allem auf die Produktpolitik eingegangen und ein Nutzenversprechen, ein Positionierungsziel sowie Produkteckpunkte ausgearbeitet. Marketingseitig liegen eine Marktsegmentierung mit Zielsegment(en) vor. Diese sind z. B. in Form von Personas oder Customer-Journey-Maps beschrieben. Außerdem wurden die Wettbewerber im Rahmen der strategischen Analyse und Positionierungsanalyse analysiert. Bisher nicht thematisiert wurden die „anderen 3Ps" des Marketing-Mix.

Im Folgenden werden für die Bereiche Preis-, Distributions- und Kommunikationspolitik beispielhafte Leitfragen aufgezeigt, anhand derer eine Fachplanung im entsprechenden Bereich erarbeitet werden kann (auf eine Herleitung und umfassende Darstellung wird verzichtet).

4.3.4.2.1.1 Preispolitik

Die Preisgestaltung beeinflusst sowohl die Marktchancen als auch die Wirtschaftlichkeit des Produkts. Eine frühzeitige Analyse der Kostenstruktur, Zahlungsbereitschaft der Kunden und des Wettbewerbsumfelds hilft, eine tragfähige Preisstrategie zu entwickeln. Beispielhafte Leitfragen sind in Tabelle 4.7 genannt:[1034]

1031 Der Verein Deutscher Ingenieure spricht von „Vorvermarktung und Vermarktungsplanung" im Produktmanagementprozess, vgl. VDI Richtlinie 4520 Blatt 1 (2017), S. 12–13.

1032 Vgl. Kap. 4.4.1.1 (Umsatzprognose im Rahmen der Wirtschaftlichkeitsrechnung).

1033 Vgl. Kap. 4.2.3.1.1 (Umsatzprognose im Rahmen der Wirtschaftlichkeitsrechnung).

1034 Vgl. z. B. Kotler u. a. (2022), S. 507–569; Meffert u. a. (2024), S. 465–548.

Tabelle 4.7: Leitfragen Preispolitik.

Bereich	Beispielhafte Leitfragen Preispolitik
Markt und Kunden	– Wie hoch ist die generelle Zahlungsbereitschaft und Preiselastizität der Zielgruppe? – Welchen „Wert“ generiert das ausgearbeitete Nutzenversprechen mit der angedachten Positionierung für die Zielkunden? – Soll das Produkt preislich im Discount-, Mittelklasse- oder Premiumsegment positioniert werden? – Gibt es Preisakzeptanzgrenzen in der betrachteten Produktkategorie? – Müssen psychologische oder für den Handel wichtige Preispunkte beachtet werden? – Muss der Preis nach Geografie, Produktanwendung oder Kundengruppe differenziert werden? – Welche Rabatte und Nachlässe sollen in welchen Fällen gewährt werden? – Wie wird sich der Preis über den Produktlebenszyklus verändern?
Wettbewerb	– Wer sind die direkten, indirekten und potenziellen Wettbewerber für das Produkt? – Was kosten „vergleichbare“ Wettbewerberprodukte? – Welche Innovationen und differenzierende Produktmerkmale erlauben es uns, einen überdurchschnittlichen Preis am Markt durchzusetzen? – Wie müssen Vor- und Nachteile unseres Produktkonzepts gegenüber Wettbewerberprodukten preislich berücksichtigt werden? – Müssen Referenzpreise beachtet werden, z. B. von marktführenden Anbietern?
Interne Aspekte	– Wie hoch sind die Herstellkosten des Produkts? – Wie hoch sind die stückzahlabhängigen Kostendegressionseffekte? – Wie hoch sind die Entwicklungskosten und andere produktspezifischen Fixkosten? – Muss sich das Produkt preislich in der Produktlinie oder im Sortiment des Unternehmens einordnen? Was hat das Vorgängerprodukt gekostet (falls vorhanden)? – Welche der bekannten „innovativen Preismodelle“, wären für die Zielgruppe und das Produktkonzept anwendbar?
Konditonen	– Welche Konditionen können den Produktverkauf bzw. die angedachte Preislinie unterstützen?
Erfolgsmessung	– Anhand welcher KPIs soll die Effektivität der Preispolitik kontrolliert und gesteuert werden?

Kritische Aspekte der Preispolitik, z. B. die Akzeptanz der Preishöhe und wichtige Konditionen, können im Zuge der Markterprobung ggf. getestet werden (Kap. 4.5.7).

4.3.4.2.1.2 Distributionspolitik

Auf Basis der Zielkunden, der Produktkategorie sowie des Nutzenversprechens und der Produktpositionierung müssen distributionspolitische Entscheidungen getroffen werden. Ausgangspunkt ist das aktuelle Distributionssystem des Unternehmens, da der Aufbau neuer Distributionsstrukturen und Partner aufwendig ist. Tabelle 4.8 zeigt beispielhafte Leitfragen:[1035]

Tabelle 4.8: Leitfragen Distributionspolitik.

Bereich	Beispielhafte Leitfragen Distributionspolitik
Online Verkauf	– Welche Verkaufsplattformen sind neben dem eigenen Online-Shop relevant? – Wird eine Mobile-App benötigt? Eignet sich diese auch zum Verkauf? – Welche Potenziale bieten neue Technologien wie VR/AR, Chat-Bots, Recommender-Systeme, Produkt-Konfiguratoren, etc.?
Ladengebundener Verkauf	– Werden Großhändler benötigt? Wenn ja, wer sind geeignete Partner? – Welche Ladentypen im Einzelhandel sind geeignet? – Welches sind die passenden Partner im Einzelhandel?
Wettbewerb	– Welche Distributionskanäle nutzt die Konkurrenz? Sollen die gleichen oder bewusst andere Kanäle genutzt werden? – Passen die aktuellen bzw. angedachten Distributionskanäle zur Produktpositionierung?
Direktvertrieb	– Welcher Anteil soll/kann über Direktvertrieb erfolgen? – Welche Möglichkeiten des Direktvertriebs sind geeignet?
Internationale Distribution	– In welche internationalen Märkte soll das Produkt verkauft werden? – In welchem „Markteintrittsmodus“ sollen die Märkte bearbeitet werden? – Wer sind mögliche Partner?
Physische Distribution	– Welche logistischen Anforderungen sowie Anforderungen hinsichtlich Retouren- und Service stellen die Produktkategorie und die Zielkunden?

Da manche Distributionsentscheidungen einen zeitlichen Vorlauf für die Umsetzung benötigen, sollten diese bereits in der Konzeptphase vorbereitet werden.

4.3.4.2.1.3 Kommunikationspolitik

Um eine kohärente und zielgerichtete Markteinführung sicherzustellen, muss rechtzeitig mit der Ausarbeitung einer Kommunikationsstrategie begonnen werden. Eine effektive Kommunikation trägt dazu bei, das Nutzenversprechen des Produkts zu ver-

1035 Vgl. z. B. Kotler u. a. (2022), S. 571–620; Meffert u. a. (2024), S. 549–597.

mitteln, die Zielgruppe gezielt anzusprechen und die Produktwahrnehmung zu steuern. Beispielhafte Leitfragen sind in Tabelle 4.9 aufgeführt:[1036]

Tabelle 4.9: Leitfragen Kommunikationspolitik.

Bereich	Beispielhafte Leitfragen Kommunikationspolitik
Zielgruppe und Medien	– Was treibt die Zielgruppe (z. B. aus Persona-Analyse)? – Welches sind die wichtigen Kaufkriterien der Zielkunden? – Welche Medien und Informationsquellen nutzt die Zielgruppe im Kaufprozess? – An welchen Touchpoints kann die Zielgruppe erreicht werden (Customer-Decision-Journey)? – Welche Kommunikationsinstrumente sollen verwendet werden (Werbung, Verkaufsförderung, Öffentlichkeitsarbeit, persönlicher Verkauf, Direktmarketing)? – Welche Rolle spielt Digitales Marketing? Welche Instrumente sind besonders geeignet?
Kernbotschaften	– Welche Botschaften können die Zielpositionierung effektiv zu den Zielkunden tragen? – Wie müssen die Botschaften differenziert werden, z. B. nach Kanal, Medium, Region?
Content	– Welcher Content und welche Content-Formate sind geeignet? – Wann und über welche Kanäle sollen diese ausgespielt werden? – Wie kann das Produkt gegen Angebote des Wettbewerbs herausgestellt werden? – Welche Partnerkönnen die Kommunikation unterstützen (z. B. Influencer)?
Lebenszyklus-Management	– Welche Kommunikationsmaßnahmen sind bereits Pre-Launch sinnvoll? – Welche besonderen Kommunikationsmaßnahmen erfordert die Markteinführung? – Durch welche Kommunikationsmaßnahmen kann die Kundenbindung gestärkt werden?
Ergebnismessung	– Anhand welcher KPIs soll die Effektivität der Kommunikationsmaßnahmen kontrolliert und gesteuert werden?

Es ist sicherzustellen, dass die einzelnen Kommunikationsinstrumente und -inhalte abgestimmt sind und sich gegenseitig unterstützen (integrierte Marketingkommunikation). Aufgrund des zeitlichen Vorlaufs und der möglichen Notwendigkeit von Pre-Launch-Kommunikation ist frühzeitig ein Kommunikationskonzept zu entwickeln, welches im Laufe des Prozesses ergänzt und detailliert wird.

1036 Vgl. z. B. Kotler u. a. (2022), S. 663–843; Meffert u. a. (2024), S. 599–778.

4.3.4.2.2 Marketinginnovation

Wie in Kap. 3.1.4.3 beschrieben wurde, stellt Marketinginnovation – neben Produkt-, Prozess- und Geschäftsmodellinnovation – die vierte, am wenigsten erforschte Innovationsart dar. Eine Marketinginnovation kann taktischer und strategischer Art sein (vgl. Abbildung 4.70):

Abbildung 4.70: Marketinginnovation.

4.3.4.2.2.1 Taktische Marketinginnovation

Taktische Marketinginnovationen bezeichnen neue oder verbesserte Marketingmethoden zur Steigerung des Unternehmenserfolgs. Sie können sich auf die Kommunikation, Distribution, Preisbildung oder Produktanpassungen beziehen. Sie zielen darauf ab, Kunden effektiver anzusprechen.

In den Folgeabschnitten wird eine Reihe von Beispielen taktischer Marketinginnovationen genannt,[1037] klassifiziert nach dem 4P-Framework.

Produktbezogene taktische Marketinginnovationen

Das Produkt betreffende Marketinginnovationen sind u. U. schwer abzugrenzen von Produktinnovationen. Gemeint sind „neue“ Produktmerkmale, die im Kern keine technischen oder funktionalen Neuigkeiten darstellen. Die Neuigkeit oder Innovation findet sich häufig im erweiterten Produkt (inklusive produktbegleitender Dienstleistungen),[1038] in der Konfiguration oder in der Zusammenstellung bekannter Produktelemente oder in Zusatzeigenschaften.[1039]

Beispiele produktbezogener Marketinginnovationen sind in Abbildung 4.71 gelistet:

1037 Quelle: Internetrecherche, Chat GPT 4.0 (auf eine Angabe von Einzelquellen wird verzichtet).
1038 Vgl. Modell des erweiterten Produkts in Kap. 2.1.5.
1039 Vgl. Kap. 5.3.1.2 (Servitization).

Abbildung 4.71: Taktische Marketinginnovation – Produkt.

Nachhaltigkeit, z. B.:
- Fairphone als modular aufgebautes, leicht reparierbares Smartphone
- Second-Hand-Verkauf, z. B. Patagonia Worn Wear, Decathlon Second Use
- Produkte aus 100 % recycelbarem Material, z. B. adidas „Futurecraft Loop"
- recyclebare Verpackungen, z. B. papierbasierte Verpackungen von IKEA, kompostierbare Kaffeekapseln von Nestlé, essbare Verpackungen
- Levi's Water < Less Jeans (mit 96 % weniger Wasserverbrauch produziert)

Vernetzte Produkte, z. B.:
- neue Rezepte auf den Vorwerk Thermomix aufspielen
- Over-the-Air-Software-Update für Autos
- Elektrogeräte, die per Mobile-App steuerbar sind

Personalisierung und Adaption, z. B.:
- Nike-By-You (individuell gestaltbare Sneakers)[1040]
- Netflix und Spotifiy empfehlen personalisierte Inhalte (KI-basiert)
- Peloton bietet KI-gesteuerte Workouts, die sich dem Nutzerverhalten anpassen.
- Onlinekonfigurator-Konzepte

Innovative Verpackungen, z. B.:
- Produkte ohne Verpackung, z. B. Seifen oder Lebensmittel
- smarte Verpackungen mit QR-Codes oder RFID – für Produktinformation, Unterhaltung, Werbung oder Personalisierung
- nachfüllbare Verpackungen, z. B. Persil, Dove

1040 Vgl. Nike (o. J.).

- Verpackung als Teil der Produktnutzung, z. B. Pumpspender für Seife
- auf Logistikanforderungen optimierte Verpackungen, z. B. antiseptische oder isolierende Verpackung für Lebensmittel

Einfachheit, z. B.:
- minimalistisches Design des Apple iPod
- kabellose Elektrogeräte
- minimalistisches User-Interface, wie z. B. Google Suche, Chat-GPT
- HelloFresh-Kochboxen bieten einfache Rezepte mit genau abgemessenen Zutaten
- IKEAs Einkaufsprozess und Produktaufbau
- physische Produktelemente oder Prozesse durch „digitale und mobile" ersetzen

Produktbegleitende Dienstleistungen, z. B.:
- Beratung beim Kauf
- Schulungsangebote für Nutzer
- Wartungs- und Reparaturangebote

Visuelle, akustische oder haptische Produktergänzungen, z. B.:
- markentypischer Duft in Stores und auf Kleidung bei Abercrombie & Fitch
- Volkswagen „Soundaktor" simuliert Motorsound für Elektroautos
- Samsung „The Frame" – Fernseher verwandelt sich optisch in einen Bilderrahmen

Produkte als Kombination von exzitierenden Produkten, z. B.:
- Kinder-Schokolode = Spiel + Schokolade
- Actimel = Jogurt + Gesundheitsschutz
- E-Bikes bzw. E-Scooter = Fahrrad bzw. Roller + Motor

Gamification & Rewards, z. B.:
- Duolingo-Sprachlern-App mit Belohnungssystem
- Nike + als Running-App, die durch Punkte und Belohnungen motiviert
- McDonald's Monopoly (Gewinn- und Sammelspiel)
- Treuepunkte-Konzepte

Naturgemäß hängen produktbezogene Marketinginnovationen wesentlich von der Produktkategorie ab. Andererseits können Konzepte aus anderen Produktdomänen u. U. übertragen werden.

Preisbezogene taktische Marketinginnovationen

Preisbezogene Marketinginnovationen verändern, wie Unternehmen ihre Produkte bepreisen und monetarisieren. Sie schaffen neue Wertmodelle, erhöhen die Preistransparenz oder optimieren die Zahlungsbereitschaft der Kunden. Es besteht ein Graubereich in der Abgrenzung zu Geschäftsmodellinnovationen (vgl. Kap. 4.3.4.3.2). Daher seien im Folgenden nur Beispiele ohne direkten Einfluss auf andere Elemente des Geschäftsmodells genannt.[1041]

Beispiele preisbezogener Marketinginnovationen zeigt Abbildung 4.72:

Abbildung 4.72: Taktische Marketinginnovation – Preis.

Dynamische und personalisierte Preise (über Software oder KI automatisiert), z. B.:
- „Yieldmanagement" in der Hotellerie und Personenluftfahrt
- höhere Preise bei höherer Nachfrage, z. B. Uber
- Echtzeitpreisanpassungen, basierend auf Nachfrage, Lagerbestand und Wettbewerb im E-Commerce, z. B. bei Amazon und anderen Onlinehändlern (diese Praxis wird nicht offen kommuniziert)
- Preise abhängig von Suchhistorie, Aufenthaltsdauer auf Webseite, benutztem Endgerät, IP-Adresse u. a., z. B. Booking, Expedia

Freemium-Modelle, z. B.:
- Gratisversion mit Werbung, Premiumversion werbefrei, z. B. Spotify, YouTube
- Gratisversion mit eingeschränkten Funktionen oder Leistung, z. B. LinkedIn, Duolingo
- Gratisversion auf einen kurzen Zeitraum begrenzt, z. B. Microsoft-365-Probemonat
- kostenloser Einstieg und „In-App"-Mikrozahlungen bei Nutzung, z. B. Fortnite

Flatrates, z. B.:
- Amazon Prime
- Jahresmitgliedschaft in Fitnessstudios
- Jahresticket für Fußballstadion
- All-You-Can-Eat in der Gastronomie

1041 Abo- und „As-a-Service"-Modelle werden den Geschäftsmodellen zugerechnet, vgl. Kap. 4.2.2.4.3.

Auktionen, z. B.:
- Pionier Ebay
- Priceline (Kunden schlagen Preis für Hotelübernachtung vor)

Sozial- und nachhaltigkeitsorientierte Preisstrategien, z. B.:
- Fairphone schafft Preistransparenz durch Angabe der Produktionskosten
- Kunden bekommen bei „Patagonia Worn Wear" einen Preisnachlass für zurückgegebene alte Kleidung; analog Back Market oder Refurbed für Elektronik
- „Too Good To Go" bietet vergünstigte Lebensmittel, die sonst entsorgt würden, für bedürftige Selbstabholer an.

Preisdifferenzierungen, z. B.:
- nach Kundengruppen, z. B. Studentenrabatt, Stammkundenrabatt, höhere Preise für gewerbliche Nutzer
- zeitlich, z. B. Happy Hour in der Gastronomie, Frühbucherrabatte, Last-Minute-Preise, saisonale Preise
- geografisch: Unternehmen passen Preise an die Kaufkraft und Zahlungsbereitschaft unterschiedlicher Länder an
- mengenbasierte Staffelpreise

Konditionen, z. B.:
- Finanzierung, z. B. Ratenzahlungen oder Zahlungsziele
- Geld-zurück-Garantie bei Nichtgefallen
- erfolgsabhängige Bezahlung
- zufallsbasierte Preisnachlässe („Spin-the-Wheel"-Game)
- kostenlose Dienstleistungen wie z. B. Lieferung, Installation, Schulung, Updates

Viele der oben genannten Beispiele sind bekannt und erscheinen „nicht innovativ". Da Innovation kontextbezogen ist, kann z. B. ein Mengenrabatt oder eine Flatrate in einer Branche oder für ein Unternehmen eine Neuerung darstellen.

Distributionsbezogene taktische Marketinginnovationen

Taktische Marketinginnovationen im Bereich Distribution verändern, wie Produkte zum Kunden gelangen, indem sie neue Kanäle, Logistikprozesse oder Technologien einsetzen.

Beispiele preisbezogener Marketinginnovationen sind in Abbildung 4.73 dargestellt:

Abbildung 4.73: Taktische Marketinginnovation – Distribution.

Digitale und plattformbasierte Distribution, z. B.:
- Direct-to-Consumer (D2C)-Modelle ohne Zwischenhändler, z. B. Tesla
- Social Commerce, d. h. Direktverkauf in sozialen Medien, z. B. Instagram, TikTok
- Live-Shopping und Video Commerce, z. B. TikTok Live, Amazon Live
- Abonnement-basierte Distribution, z. B. HelloFresh
- Crowdsourced Delivery (Lieferung über private Fahrer), z. B. Uber Eats

Physische Distributionsinnovationen, z. B.:
- Selbst-Scan-Kassen oder „unbemannte" Stores
- Inszenierung und Test von Produkten in Pop-up-Stores
- automatisierte Abholstationen, z. B. Amazon Locker
- „Dark Stores" und „Ghost Kitchens" als spezielle Zentren zur Abwicklung von Onlinewaren- bzw. -essensbestellungen

Innovative Logistik & Lieferkonzepte, z. B.:
- Instant Delivery (innerhalb weniger Stunden), z. B. Amazon Prime Now, Flink
- Drohnenlieferung, z. B. Medikamentenlieferung in unwegsame Gebiete Afrikas
- nachhaltigere Liefermethoden, z. B. DHL GoGreen
- KI zur dynamischen Routenplanung & Lageroptimierung
- Lieferung in den Kofferraum, z. B. Audi connect easy delivery

Hybride- und Omnichannel-Distribution, z. B.:
- Click & Collect, z. B. bei MediaMarkt, H&M
- „Endless Aisle" (im Laden nicht verfügbare Produkte zum Kunden liefern), z. B. bei H&M, Decathlon
- „Phygital Retail" (digitale Innovationen im Ladenbetrieb)
- Live-Chat und Video-Beratung im E-Commerce, z. B. personalisierte Produktberatung bei Douglas

Erreichung neuer Kundengruppen durch E-Commerce
- Erschließung neuer regionaler Märkte (Global Marketing)
- Erhöhung der gewichteten Distribution in aktuell bedienten Regionen
- Ansprache besonders preissensibler Kundensegmente

Ziele der Distributionsinnovationen sind eine schnellere, kostengünstigere, bequemere oder umweltfreundlichere Lieferung. Auch die Vergrößerung der Reichweite kann eine Zielsetzung sein.

Kommunikationsbezogene taktische Marketinginnovationen

Innovationen in der Marketingkommunikation verändern, wie Unternehmen mit Kunden interagieren, indem sie neue Technologien, kreative Ansätze und datengetriebene Strategien nutzen.

Beispiele kommunikationsbezogener Marketinginnovationen (Abbildung 4.74):

Abbildung 4.74: Taktische Marketinginnovation – Kommunikation.

Personalisierung der Kommunikation mittels KI, z. B.:
- KI-gestützte, personalisierte Produktempfehlungen basierend auf Nutzerverhalten, z. B. Netflix, Spotify, Amazon, Zalando
- KI-gestützte Chatbots als Verkaufsberater oder Helfer im After-Sales-Service
- KI-generierter personalisierter Werbe-Content (Texte, Bilder, Videos)
- personalisierte E-Mail-Kampagnen

Augmented Reality (AR) und Virtual Reality (VR) zur Produktpräsentation, z. B.:
- IKEA Place App: Möbel per AR in den eigenen vier Wänden visualisieren
- L'Oréal: virtuelles Make-up-Testing via AR
- Gucci: Kunden können Schuhe und Accessoires virtuell anprobieren
- BMW: VR-Showrooms für Fahrzeugkonfiguration und Probefahrten

Social Media und Influencer Marketing, z. B.:
- TikTok Challenges: virale Inhalte motivieren, um Community-Engagement zu steigern

- Red Bull, GoPro: Storytelling durch Extremsportler und User-Generated Content
- Lego, Adidas: Kooperationen mit Micro-Influencern für authentische Zielgruppenansprache
- Nike + Cristiano Ronaldo: exklusiver Content über Stars

Interaktive und Gamified Kampagnen, z. B.:
- McDonald's Monopoly: Kunden sammeln digitale und physische Coupons für Sofortgewinne
- Burger King „Burn That Ad“: Kunden „verbrennen“ über App konkurrierende Werbung und erhalten dafür Gutscheine
- Nike Run Club: Gamification über Lauf-Challenges oder Community-Wettbewerbe

Purpose-Driven und Nachhaltigkeitskommunikation, z. B.:
- Patagonia „Don't Buy This Jacket“: Bewusstseinskampagne gegen Überkonsum
- IKEA & H&M Recycling-Kampagnen: Kunden können alte Kleidung oder Möbel zurückgeben und Rabatte erhalten
- Ben & Jerry's: Aktivismus-Kampagnen zu sozialen und ökologischen Themen
- Elon Musk: direkte Kommunikation über Social Media statt klassischer Werbung

Voice and Conversational Marketing, z. B.:
- Domino's Pizza: Sprachbestellung via Alexa oder Google Assistant
- Mercedes-Benz MBUX: Werbekampagnen rund um sprachgesteuerten KI-Assistenten
- Sephora Chatbots: Beauty-Beratung über Facebook Messenger
- Spotify & Google: Audio-Werbung, die auf Sprachbefehle reagiert

Livestreaming und Real-Time Marketing, z. B.:
- Live-Streaming von Apple Keynotes und Produktlaunches als globales Event
- Nike und Adidas Sneaker Drops: exklusive Releases via Instagram Live und Clubhouse
- Amazon Prime Day Live-Streams: Influencer präsentieren Angebote in Echtzeit
- Gamer kommunizieren in Echtzeit mit ihrer Community und präsentieren Produkte von Partnerunternehmen

Innovationen in der Kommunikation können zu mehr Kundennähe, Kundenengagement und höhere Markenbindung führen. Durch den Einsatz neuer Technologien kann die Kundenerfahrung an existierenden Touchpoints verbessert und neue Touchpoints können erschlossen werden. Eine integrierte Marketingkommunikation ist dabei sicherzustellen.

4.3.4.2.2.2 Strategische Marketinginnovation

Eine Marketinginnovation kann auch durch gezielte Veränderungen bzw. Neuerungen im strategischen Marketing erfolgen. Die **Marketingstrategie** thematisiert das Vorgehen zur Erschließung von Wachstumspotenzialen und Wettbewerbsvorteilen sowie die Gestaltung der Beziehungen gegenüber anderen Marktteilnehmern.[1042] Das **strategische Framing** im Zuge der Produktvision sowie die **Produktpositionierung** skizzieren einen Rahmen der Marketingstrategie, indem eine Zielgruppe, ein primärer Nutzen, wichtige Produkteigenschaften und eine Abgrenzung zum Wettbewerb formuliert werden. Dieser Rahmen wird durch Antworten auf die **Marketing-Mix-Leitfragen** (vgl. Vorkapitel 4.3.2.1) zu einer Marketingstrategie ausgefüllt.

Falls diese Marketingstrategie eine Änderung zur bisherigen Marketingstrategie des Unternehmens darstellt (Neuigkeit im Kontext des Unternehmens), von den Marketingstrategien der Wettbewerber abweicht (im Branchenkontext neu) oder komplett neue Elemente beinhaltet, liegt eine **strategische Marketinginnovation** gemäß der Innovationsdefinition in Kap. 3.1.4.2 vor.

Als Analyserahmen für Veränderungsoptionen der Marketingstrategie können die in Kap. 4.1.1.3 vorgestellten Modelle von Meffert, Homburg und Kotler eingesetzt werden.[1043] Zwei Konzepte, die sich spezifisch mit dem Thema „Marketinginnovation" befassen, werden im Folgenden vorgestellt:

Laterales Marketing

In „Lateral Marketing: New Techniques for Finding Breakthrough Ideas"[1044] stellen Kotler/Trias de Bes zunächst fest, dass im 21. Jahrhundert viele Märkte reif und hart umkämpft sind. Auf diesen Märkten sind häufig nur Marktführer erfolgreich. Als Lösungsansatz schlagen Marketinglehrbücher vor, den Markt zu segmentieren, um profitable Nischen zu finden und zu besetzen. Dieses sog. vertikale Marketing stößt dann an Grenzen, wenn die Nischen zu klein für eine profitable Bearbeitung werden (Hyperfragmentierung). In solchen Situationen empfehlen Kotler/Trias de Bes das Konzept des „lateralen Marketings". Dieses verlangt ein „Displacement", indem man einen oder mehrere der folgenden strategischen Marketingelemente verändert:

- **Zielgruppe** des Produkts, Beispiele:
  - Teenager als Zielgruppe der Barbie-Puppe (anstelle von Kleinkindern als klassische Zielgruppe von Puppen)
  - WD-40 für die Zielgruppe „Hobby-Handwerker" (anstelle von industrieller Anwendung als Rostlöser und Schmiermittel)
- **Ziele**, die der Kunde mit einem Produkt verfolgt, Beispiele:

1042 Vgl. Meffert u. a. (2024), S. 304; Kap. 4.1.1.2.
1043 Vgl. Meffert u. a. (2024), S. 303; Homburg (2020), S. 544; Kotler u. a. (2023), S. 179–218.
1044 Vgl. Kotler/Trias de Bes (2003).

  - Bayer Aspirin, um Herzinfarktrisiko zu senken (zusätzliches Ziel neben der Linderung von Kopfschmerzen)
  - Wrigley Zahnpflegekaugummi, um die Mundhygiene zur verbessern (zusätzliches Ziel neben der Kaubeschäftigung und gutem Geschmack)
  - „Axe, der Duft der Frauen provoziert“ (zusätzliches Ziel neben Hygienemittel beim Duschen)
- **Bedürfnisse und Wünsche** des Kunden, die das Produkt erfüllt, Beispiele:
  - Energie als Bedürfnis, das Red Bull befriedigt (anstelle des Löschens von Durst)
  - Mountain Dew als Energy-Drink für Gamer (anstelle Durstlöscher)
- **Nutzungssituationen** für das Produkt, Beispiele:
  - Müsliriegel zum Verzehr unterwegs (anstelle des Verzehrs zum Frühstück)
  - Vaseline als Kosmetikprodukt für Haut- und Lippenpflege (anstelle der medizinischen Nutzung zur Wundheilung)

Das Produkt selbst bleibt beim lateralen Marketing im Wesentlichen unverändert. In der Regel sind nur geringfügige Anpassungen erforderlich, vergleichbar mit einer Variantenbildung. Es liegt im Kern damit keine Produktinnovation vor. Wesentliche Anpassungen der anderen drei Marketing-Ps (Kommunikations-, Distributions- oder Preispolitik) sind jedoch erforderlich, um die laterale Neupositionierung am Markt zu realisieren.

Kotler/Trias de Bes weisen darauf hin, dass laterales Marketing strategische Kreativität erfordert und mit hohen Risiken und hohem Ressourceneinsatz verbunden sein kann, da man einen neuen Markt oder eine neue Produktkategorie schaffen muss. Laterales Marketing soll vertikales Marketing nach Auffassung der Autoren nicht ersetzen, sondern ergänzen.

Ein **Beispiel**, wie starke Innovationen auf existierenden Produkten basieren können, liefert **Apple**: Durch ein tiefes Verständnis der Kunden- und Marktbedürfnisse identifizierte Apple eine neue Zielgruppe für den **AirPod Pro**: Personen mit leichtem bis mittelschwerem Hörverlust. Für deren bisher nicht adressiertes Bedürfnis nach „Hörhilfe ohne Hörgerät“ entwickelte Apple „the world’s first end-to-end hearing health experience, delivering Loud Sound Reduction, a scientifically validated Hearing Test, and a clinical-grade Hearing Aid feature“. Die Lösung wird durch ein Software-Update für die allgegenwärtigen weißen AirPods Pro realisiert.[1045] Das Beispiel kann als Produkt- und Marketinginnovation angesehen werden.

1045 Vgl. Apple Press Release (2024), Product Focus (2024b).

Blue Ocean Strategy
Der Grundgedanke der Blue Ocean Strategy[1046] von Kim/Mauborgne ist, dass nur die Entwicklung neuer Märkte, sog. Blue Oceans, den dauerhaften Erfolg (für Nichtmarktführer) ermöglicht:
- **Blaue Ozeane** sind unberührte Märkte oder Industriezweige, die wenig bis keinen Wettbewerb aufweisen. Sie sind unentdeckte Nischen, die es aufzufinden gilt.
- **Rote** („blutige") **Ozeane** hingegen bezeichnen gesättigte Märkte, die durch harten Konkurrenzkampf und viele Wettbewerber, die ähnliche oder gleiche Produkte anbieten, charakterisiert sind.

Die Autoren argumentieren, dass sich erfolgreiche Unternehmen nicht am Wettbewerb orientieren, sondern eigene innovative Wege gehen sollen, um Blaue Ozeane zu kreieren. Der Schlüssel sind Innovationen. Diese beruhen selten auf technologischen Neuerungen, sondern vielmehr auf einer **neuartigen Gestaltung des Angebots** (daher die Einordnung als Marketinginnovation anstelle von Produktinnovation). Als Beispiele nennen Kim/Mauborgne u. a. folgende vier Unternehmen:
- Das Unternehmen Casella Wines verließ den „roten Ozean" der stark fragmentierten Weinindustrie mit komplexen Weinkategorien, Fachjargon und einem Fokus auf Weinkenner. Der Blauer-Ozean-Ansatz der neuen Marke **Yellow Tail Wine** umfasst folgende Elemente:
  - Vereinfachung des Weinsortiments, leicht verständliche Optionen (Red Wine, White Wine)
  - Geschmacksprofil näher an fruchtigen Cocktails als an traditionellen Weinen, was besonders attraktiv für Bier- und Cocktailtrinker ist (neue Zielgruppe)
  - Fröhliches, modernes Branding ersetzt klassische Weinetikette.
  - erschwinglicher Preis, um den Massenmarkt zu adressieren
- Fluggesellschaften konkurrieren in roten Ozeanen um Servicequalität und bieten immer mehr Annehmlichkeiten, was hohe Kosten mit sich bringt. **Southwest Airlines** kreierte einen blauen Ozean rund um folgende Eckpunkte und avancierte zur profitabelsten US-Fluglinie:
  - Wegfall von Annehmlichkeiten wie kostenloses Essen, reservierte Sitzplätze oder Flughafen-Lounges
  - kürzere Bodenzeiten der Flieger durch schnelles Boarding und einfache Flugrouten
  - Zielgruppe sind neben klassischen preisbewussten Flugreisenden auch Menschen, die sonst Busse oder Autos für mittlere Distanzen nutzen.
  - günstige Preise und einfache Buchung ohne komplizierte Preisstrukturen

1046 Vgl. Kim/Mauborgne (2004).

- **The Body Shop** vermeidet den roten Ozean der Kosmetikindustrie mit Fokus auf Schönheit, Glamour und luxuriöse Verpackungen. Ein blauer Ozean rund um folgende Elemente wurde entwickelt:
  - Verzicht auf Tierversuche (damals revolutionär in der Branche)
  - natürliche Inhaltsstoffe statt chemisch produzierten Produktbestandteilen
  - minimalistisches Verpackungsdesign mit Fokus auf Nachhaltigkeit
  - ethischer Konsum als zentrales Verkaufsargument, nicht nur „Schönheit“
- Traditionelle Zirkusse konkurrieren mit teuren Tierdressuren und Clown-Acts (roter Ozean). **Cirque du Soleis** blauer Ozean ist gekennzeichnet durch:
  - Zielgruppe sind erwachsene Theaterliebhaber statt Familien mit Kindern.
  - Geboten wird Zirkus und Theater mit Musik, Akrobatik und Storytelling.
  - Teure Tier-Acts werden durch artistische Höchstleistungen ersetzt.
  - Premium-Preise möglich durch einzigartiges Erlebnis und hochwertiges Ambiente

Strategische Marketinginnovationen umfassen neue Zielgruppen, innovative Wertangebote und neue Wege der Differenzierung. Häufig werden die etablierten „Pfade einer Branch“ verlassen. Die Innovation liegt dabei nicht in der Technologie oder einzelnen Produktelementen, sondern im Gesamtangebot und Marketingkonzept.

4.3.4.3 Geschäftsmodell

> „Der Wettbewerb wird in Zukunft nicht zwischen Produkten oder Prozessen stattfinden, sondern zwischen Geschäftsmodellen.“[1047]

Als drittes wesentliches Element neben den Produkteckpunkten und dem Marketingkonzept beschreibt die Produktstrategie das Geschäftsmodell für ein Produkt.

4.3.4.3.1 Definition

„Ein Geschäftsmodell [...] kann als die Art und Weise verstanden werden, in der ein Unternehmen seine Wertschöpfungsaktivitäten konfiguriert und durchführt, um einen möglichst hohen Kundennutzen zu stiften und zugleich ökonomisch erfolgreich zu sein und dauerhafte Wettbewerbsvorteile für sich zu generieren.“[1048]

Ein Geschäftsmodell besteht aus drei Säulen: dem **Nutzenversprechen** („Value Proposition“), der **Wertschöpfungsarchitektur** und dem **Ertragsmodell** (vgl. Abbildung 4.75):

1047 Gassmann u. a. (2021), S. 7; laut Gassmann u. a. sind ehemals erfolgreiche Unternehmen wie AEG, Grundig, Triumph, Brockhaus, Agfa, Quelle und Schlecker nur deshalb „verschwunden“, weil sie es versäumt haben, ihr Geschäftsmodell an die sich ändernden Umweltbedingungen anzupassen.
1048 Vahs u. a. (2023), S. 66.

Abbildung 4.75: 3 Säulen des Geschäftsmodells[1049].

Osterwalder/Pigneur (2010) differenzieren ein Geschäftsmodell weiter in neun zueinander in Beziehung stehenden Bausteinen. Diese bilden den sog. **Business Model Canvas** (BMC) (vgl. Abbildung 4.76).

Abbildung 4.76: Business Model Canvas[1050].

Empirische Ergebnisse belegen, dass Geschäftsmodellinnovationen mit höherem Erfolgspotenzial für das innovierende Unternehmen verbunden sein können als reine Produkt- und Prozessinnovationen. Unternehmen wie Amazon, Airbnb, Netflix oder Uber haben nicht primär durch innovative Produkte, sondern durch innovative Geschäftsmodelle Erfolgsgeschichten geschrieben.

1049 Vgl. z. B. Bruhn/Hadwich (2017), S. 53; Gassmann u. a. (2021), S. 8–9; das von Gassmann u. a. genannte Geschäftsmodellelement „Zielkunden“ wird in dieser Arbeit dem Bereich Marketing zugeordnet.

1050 In Anlehnung an Osterwalder/Pigneur (2010).

4.3.4.3.2 Geschäftsmodellinnovation

Bei **Geschäftsmodellinnovationen** wird die Art und Weise, wie ein Unternehmen Werte schafft, vermittelt und vereinnahmt, grundlegend verändert. Anders ausgedrückt: Eine Geschäftsmodellinnovation verändert ein Element oder mehrere Elemente des „Geschäftsmodelltempels" (vgl. Abbildung 4.75) oder im Business Model Canvas (vgl. Abbildung 4.76).

Um Geschäftsmodellinnovationen zu konzipieren, ist es laut Gassmann u. a. unabdingbar, die dominante Branchenlogik zu durchbrechen und Ideen außerhalb der existierenden Denkschemata zu entwickeln.[1051] Dafür zeigen die Autoren unterschiedliche Pfade auf:

- Der **Business Model Canvas** (vgl. Abbildung 4.76) gibt ein Framework vor, anhand dessen strukturiert über Veränderungsmöglichkeiten oder Verbesserungen des eigenen Geschäftsmodells diskutieren werden kann.
- Erfolgreiche Geschäftsmodelle aus anderen Branchen oder Regionen können in den eigenen Kontext übertragen werden.[1052] Lohnend bei der Suche nach **übertragbaren Geschäftsmodellen** sind insbesondere die Lead-Regionen der jeweiligen Branche (z. B. Silicon Valley/USA für IT und KI, China für E-Commerce, Deutschland für Maschinenbau, Skandinavien für Nachhaltigkeit).
- Nach Gassmanns Analyse sind 90 Prozent aller „neuen" Geschäftsmodelle nicht wirklich neu, sondern basieren auf einer Kombination aus 55 + „bekannten" **Geschäftsmodellmustern.**[1053] Ein neues Geschäftsmodell kann folglich kreiert werden, indem man ein oder mehrere dieser Muster auf den eigenen Unternehmenskontext anpasst und überträgt.[1054]

Geschäftsmodellinnovationen werden vielfach durch den Einsatz digitaler Technologien ermöglicht bzw. geschaffen. Sogenannte digitale Geschäftsmodelle werden in Kap. 5.3.4 behandelt.

4.3.4.4 Zwischenfazit und Überleitung

Das Produktkonzept, bestehend aus Vision, Anforderungen, Positionierung und Strategie (mit Produkteckpunkten, der Marketingstrategie sowie dem Geschäftsmodell) ist nun komplettiert.

Vor der Produktrealisierung sind auf Basis der im Produktkonzept entwickelten Inhalte drei Bereiche zu überprüfen:

1051 Vgl. Gassmann u. a. (2021), S. 16.

1052 WeWork entspricht „Airbnb für Büroflächen", indem es flexible Co-Working-Spaces an Unternehmen und Freelancer vermietet. Weitere Beispiele liefern die Unternehmen Didi und Ola, indem sie das Ride-Sharing-Modell von Uber nach China bzw. Indien (mit lokalen Anpassungen) übertrugen.

1053 Vgl. Gassmann u. a. (2021), S. 107–394; das ursprüngliche Konzept umfasste 55 Muster. Im aktuellen Werk wurden fünf neue Muster ergänzt, sodass insgesamt 60 Muster aufgeführt sind.

1054 Gassmann u. a. (2021), S. 25.

- Marktfähigkeit des Produktkonzepts (Kap. 4.3.5 „Konzeptvalidierung“)
- Wirtschaftlichkeit des Produktkonzepts (Kap. 4.4 „Wirtschaftlichkeitsrechnung“)
- technische Realisierbarkeit im gegebenen Zeit- und Kostenrahmen (Kap. 4.5 „Produktrealisierung“)

4.3.5 Konzeptvalidierung

> „Certain inventions show us that it doesn’t matter how amazing an innovation is if no one needs it.“[1055]

Durch Validierung eines Produktkonzepts soll geprüft werden, ob das geplante Produkt den Bedürfnissen der Zielgruppe entspricht bzw. deren Probleme löst. Es gilt zu prüfen, ob ein **Product-Market-Fit** vorliegt (vgl. Abbildung 4.77). Dies ist die Grundvoraussetzung für den Erfolg am Markt.

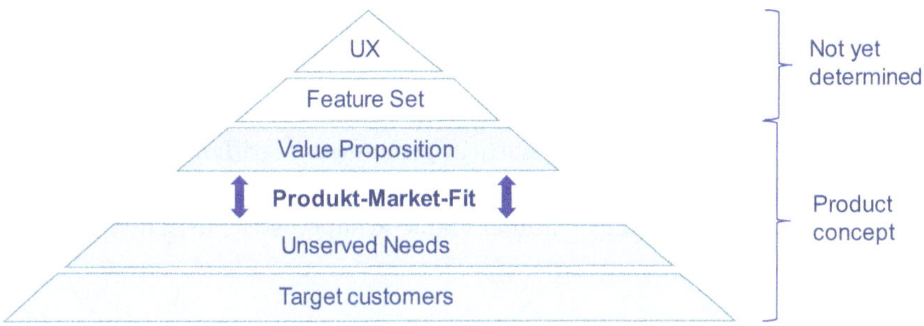

Abbildung 4.77: Product-Market-Fit-Pyramide[1056].

Die Produktvalidierung basiert auf Prototypen des Produktkonzepts. Diese können unterschiedlicher Art sein und unterschiedliche Formate besitzen. Die Validierung erfolgt über Befragung oder Marktexperimente (vgl. Abbildung 4.78):

Abbildung 4.78: Prototpyen zur Produktvalidierung.

1055 Maney (2019).

1056 In Anlehnung an Olsen (2015); in seinem Buch „The Lean Product Playbook“ erläutert Olsen, wie ein Produkt entlang der Pyramide (von unten nach oben) entwickelt werden sollte.

Zunächst wird das Konzept des Prototypings erklärt, welches eine zentrale Rolle in der Produktkonzeptvalidierung spielt (Kap. 4.3.5.1). Im Anschluss werden die Ziele der Konzeptvalidierung diskutiert (Kap. 4.3.5.2), bevor die zwei wesentlichen Validierungstechniken vorgestellt werden (Kap. 4.3.5.3). Abschließend werden Möglichkeiten zur Validierung von Geschäftsmodellen erörtert (Kap. 4.3.5.4).

4.3.5.1 Prototypen

Ein **Prototyp** ist ein geeigneter Repräsentant des zu entwickelnden Produkts, der genutzt wird, um Hypothesen zu verifizieren oder Fragen zu beantworten, die im jeweiligen Entwicklungsstadium des Produkts relevant sind. Auch als Kommunikationsmittel können Prototypen dienen. Ziel ist es, die Qualität produktspezifischer Entscheidungen durch Kundenfeedback zu verbessern. Außerdem werden Investitionsrisiken minimiert, indem ein Produkt bzw. Produktkonzept – bevor es in die nächste (wesentlich teurere) Phase im Produktinnovationsprozess geht – „auf den Prüfstand gestellt" wird. Der Prozess, Prototypen zu entwerfen, herzustellen und in oben genanntem Sinne einzusetzen, heißt **Prototyping**.

4.3.5.1.1 Pretotyping, Proof-of-Concept und Most-Viable-Product (MVP)

Da die Grenze zwischen den in der Überschrift genannten Begriffen fließend ist, soll Prototyping im Weiteren als umfassender Begriff verwendet werden und die Begriffe Pretotyping, Proof-of-Concept und Minimal-Viable-Product einschließen (vgl. Abbildung 4.79).

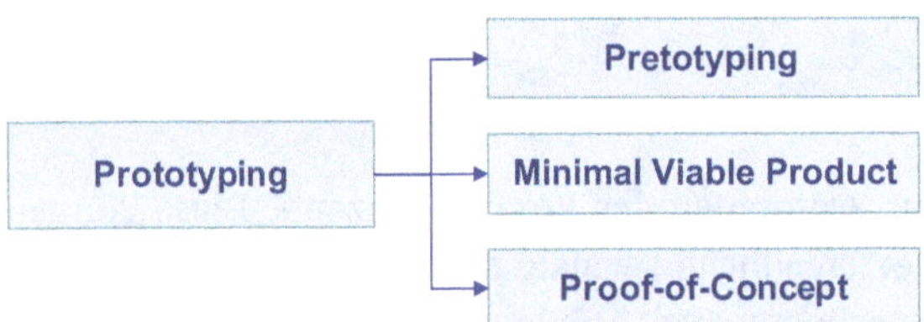

Abbildung 4.79: Prototyping, Begriffe.

Die obige Prototyping-Definition geht über klassische „produktnahe" Prototypen hinaus und schließt sog. **Pretotypes** mit ein. Saviola, auf den der Begriff zurückgeht, definiert Pretotyping als „Testing the initial appeal and actual usage of a potential new product by simulating its core experience with the smallest possible investment of time and money ... Fake it and test it before you make it."[1057] Pretotyping soll sicherstellen, dass man „das richtige Ding" baut. Es geht darum, eine fundierte Go/No-go-Entscheidung zu einem möglichst frühen Zeitpunkt und mit minimalen Kosten zu

1057 Savoia (2011), S. 21.

treffen. Insofern geht es bei der Konzeptvalidierung eher um Pretotyping als um klassisches Prototyping.[1058]

Unter **Proof-of-Concept** (PoC) versteht man einen Nachweis dafür, dass sich ein theoretisch erarbeitetes Vorhaben auch in der Praxis umsetzen lässt. Der PoC ist also ein Machbarkeitsnachweis oder ein Praxistest für eine Geschäftsidee.[1059] Ziel ist nicht, detailliertes Feedback zu einzelnen Produkteigenschaften oder -funktionen einzuholen. Die Produktidee kommt dabei nur in Form eines Nutzenversprechens oder grober Eigenschaften ins Spiel.

Der Begriff des **Minimum-Viable-Product** (MVP) geht auf das Buch „The Lean Startup" von Eric Ries zurück.[1060] Das Konzept sieht vor, möglichst frühzeitig und mit geringem Aufwand eine frühe Version des Produkts am Markt zu testen. Die Gestaltung und der Funktionsumfang des Testprodukts können stark reduziert sein („Minimal"). Das MVP muss jedoch die Produktidee so anschaulich und greifbar transportieren, dass sich der Kunde den Nutzen und die Anwendung des Produkts vorstellen kann („Viable"). Ziel des MVPs ist es, eine aussagekräftige Rückmeldung zu bekommen, ob das Produkt ein hypothetisches Kundenproblem löst und ob der im MVP aufgezeigte Lösungsansatz aus Sicht des Kunden attraktiv ist. Im Laufe des Entwicklungsprozesses werden mehrere MVPs gebaut und getestet, um Feedback zu den im jeweiligen Entwicklungsstadium kritischen Aspekten einzuholen. Das Vorgehen bezeichnet Ries als „Build-Measure-Learn"-Zyklus (vgl. Abbildung 4.9). Wenn durch Lernen aus Kundenfeedback das Produktkonzept wesentlich verändert wird, spricht Ries vom „Pivoting". Die Markteinführung eines so entwickelten Produkts ist durch das permanente Kundenfeedback im Entwicklungsprozess gut vorbereitet. Das Risiko, ein Produkt in den Markt einzuführen, das bei den Kunden nicht ankommt, ist gering. Außerdem wird durch das beschriebene Vorgehen verhindert, dass intern Zeit und Ressourcen in Funktionen investiert werden, die sich später als unnötig herausstellen („Lean"-Gedanke).

Ähnlich der Design-Thinking-Methode[1061] betont Ries die Wichtigkeit, das Kundenproblem in der Tiefe zu verstehen, bevor man in die Ausarbeitung eines Produkts investiert. Weiterhin weist er darauf hin, dass mit der Produktentwicklung häufig eine Geschäftsmodellentwicklung einhergehen muss.

4.3.5.1.2 Ziele des Prototypings

Die Ziele von Prototyping können in vier Kategorien eingeteilt werden (vgl. Abbildung 4.80):

1058 Beim klassischen Prototyping stehen Fragen wie „Können wir das bauen?", „Wird es funktionieren?" oder „Wie werden Nutzer es bedienen?" im Vordergrund.

1059 Vgl. Gründerplattform (o. J.).

1060 Vgl. Ries (2019); Kap. 4.1.3.3 (Lean-Startup-Methode)

1061 Vgl. Kap. 4.1.4.1.

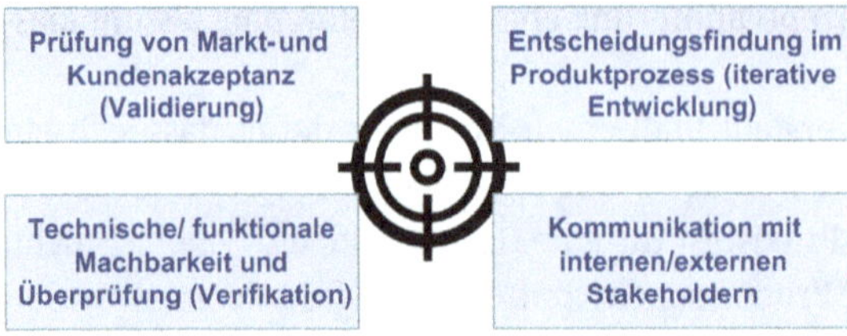

Abbildung 4.80: Ziele Prototyping.

Bei der **Markt- und Kundenakzeptanzprüfung** geht es darum, Go/No-go-Entscheidungen im Produktinnovationsprozess auf Basis von Kundenfeedback zu treffen. Go-/No-go-Entscheidungen sind in der Ideenphase (vgl. Ideenauswahlphase 4.2.4), in der hier thematisierten Konzeptphase sowie im Rahmen der Markterprobung (vgl. Kap. 4.5.7) zu treffen. Der Prototyp dient dazu, den Kunden in das Produkt bzw. das Nutzungsszenario „eintauchen zu lassen", um eine realistische und belastbare Rückmeldung zu ermöglichen. Es handelt sich um Validierung im engeren Sinne.

Prototypen werden außerdem verwendet, um **Produkte** im Entwicklungsprozess schrittweise **(iterativ) zu verbessern**. Produktspezifische Entscheidungen, die im Entwicklungsprozess permanent anfallen, sollen auf Kunden- bzw. Marktfeedback gestützt werden. Solche Entscheidungen betreffen beispielsweise die Ausprägungen von Produktfunktionen und -eigenschaften inklusive technischer Auslegungsentscheidungen, die Wahl einer Designoption oder die Gestaltung der Benutzerschnittstelle. Die Rolle des Prototyps ist die eines Testobjekts, das entscheidungsrelevantes Feedback liefern soll.

Im späteren Entwicklungsprozess ist zu **überprüfen**, ob die im Pflichtenheft verankerten technischen und funktionalen Produktanforderungen korrekt umgesetzt sind (**Verifikation**[1062]). Der Prototyp stellt das zu prüfende Objekt dar. Beispielhafte Prüfungsfragen könnten sein: Werden Leistungsparameter erreicht? Liefert die Funktion die gewünschten Ergebnisse? Ist das Produkt benutzerfreundlich? Ein weiteres Ziel des Prototypings kann die Prüfung der technischen Machbarkeit sein.[1063]

Schließlich dient der Prototyp zur **Kommunikation** mit internen und externen Stakeholdern im Produktinnovationsprozess bis zur Markteinführung. Interne Stakeholder sind Entscheider, die sich ein besseres Bild vom angedachten Produkt machen sollen, oder an der Entwicklung beteiligte Unternehmensfunktionen. Letzterer Gruppe vermittelt der Prototyp ein besseres Produktverständnis. Der Prototyp kann ebenfalls dazu dienen, Pilotkunden und strategische externe Partner zu gewinnen.

1062 Vgl. Albers u. a. (2016), S. 541–542.
1063 In diese Zielsetzung fallen die von Cagan genannten Feasibility- und Live-Daten-Prototypen, vgl. Cagan (2022), S. 195–196 bzw. S. 199–200.

Die vier Prototyping-Ziele sind im Produktlebenszyklus unterschiedlich relevant. Abbildung 4.81 zeigt die Relevanz der Ziele in den Phasen Konzept, Realisierung und Markterprobung:

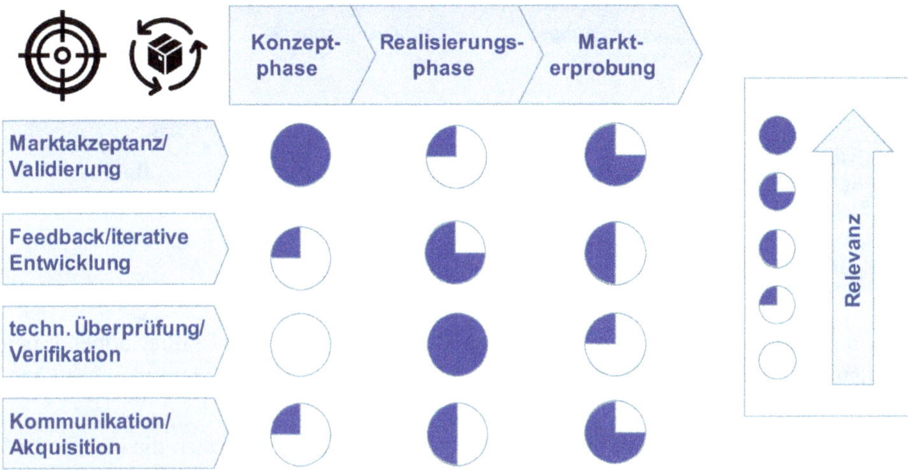

Abbildung 4.81: Ziele Prototyping nach Phase.

Neben dem Entwicklungsstadium beeinflussen die Produktkategorie und der Neuigkeitsgrad des Produkts die Ziele und das Vorgehen beim Prototyping.

4.3.5.1.3 Arten und Formate von Prototypen

Je nach Entwicklungsstand und Validierungsziel werden Prototypen unterschiedlicher Art benötigt. Einfache und kostengünstige **Low-Fidelity**-Prototypen kommen in der Ideen-, Konzept- oder frühen Entwicklungsphase zum Einsatz, um erste Konzepte zu testen und schnelles Feedback zu erhalten. Pretotypen fallen in die Kategorie der Low-Fidelity-Prototypen. Detailliertere, (teilweise) funktionale und interaktive **High-Fidelity**-Prototypen werden in der späteren Entwicklungsphase genutzt, um funktionale und marktbezogene Aspekte zu testen.

Das wichtigste Charakteristikum eines Prototyps ist das **verfolgte Prototyping-Ziel**. Insofern könnte man Prototypen gemäß der Einteilung in Abbildung 4.80 in Validierungsprototypen, Entwicklungsprototypen, Prüfprototypen und Kommunikationsprototypen einteilen. Weitere Kriterien zur Einteilung von Prototypen sind Funktionsumfang, Interaktivität, Datengehalt, Materialität (digital, Papier, Metall etc.) und Format (z. B. 3-D-Körper, Skizze, Video). Insbesondere im Bereich der frühen Prototypen (Pretotypen) gibt es eine Vielzahl von Möglichkeiten der Gestaltung, die naturgemäß auch von der Produktkategorie abhängen (vgl. Abbildung 4.82):

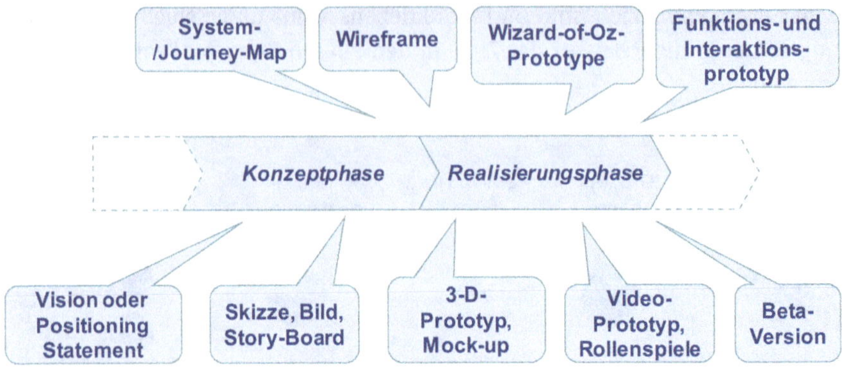

Abbildung 4.82: Arten und Formate von Prototypen.

Die im Folgenden erläuterten Prototyping-Methoden sind teilweise überlappend, beispielsweise kann eine Skizze auch als Wireframe aufgefasst werden oder ein Cardboard-Prototyp als Mock-up:

- Um ein Produktkonzept textuell kurz zu beschreiben, eignen sich die in Kap. 4.3.1 und 4.3.3.2 vorgestellten **Satzschablonen** für Vision Statements und Positioning Statements. Zielgruppe solcher „Konzeptprototypen" können interviewte Kunden oder interne Stakeholder sein.
- Effektiver als Texte sind visuelle Prototypen. Hierzu gehören:
  - **Skizzen** sind händische oder digitale Zeichnungen, die die Form, Struktur oder Funktion eines Produkts grob darstellen. Sie können Ideen, das Grundkonzept oder Designprinzipien visualisieren.
  - **Bilder** sind detailliertere grafische Darstellungen, die das geplante Produkt realistischer zeigen als Skizzen. Bilder sind heutzutage durch generative KI mit geringem Aufwand erstellbar und können z. B. Designs, Farben und Formen realistisch wiedergeben.
  - **Storyboards** sind sequenzielle Abfolgen von Bildern oder Skizzen, die zeigen, wie ein Nutzer mit einem Produkt interagiert oder wie ein bestimmter Use-Case abläuft. Sie können u. a. helfen, das User-Experience-Design (UX) zu testen und zu verbessern.
- Noch anschaulicher, was haptische und räumliche Aspekte sowie die Interaktion mit einem Produkt angeht, sind **physische 3-D-Darstellungen**. Hierzu gibt es unterschiedliche Methoden:
  - **Cardboards** sind physische, meist aus Pappe gefertigte Modelle, die zur räumlichen und funktionalen Visualisierung eines Produkts in einer frühen Entwicklungsphase dienen. Sie werden häufig eingesetzt, um Größe, Ergonomie und Benutzerinteraktion zu testen, ohne bereits ein aufwendiges oder teures Modell zu erstellen. Cardboards werden z. B. beim Design von Möbeln, Haushaltsgeräten, Gebäuden oder Innenräumen eingesetzt.

  - Alternativen zu Papier oder Pappe sind **Schaumstoff**, **Styropor**, **Holz** oder **Lego**-Steine. Für komplizierte Formen können Modelle mittels **3-D-Druck** hergestellt werden.
- Aus Kosten- und Zeitgründen werden **3-D-Darstellungen** zunehmend **digital** realisiert:
  - Mit **3-D-Renderings** können fotorealistische Bilder oder Videos eines Prototyps erstellt werden, wobei Beleuchtung, Materialien und Oberflächen realitätsgetreu simuliert werden können.
  - Über **CAD-Modelle** können Formen detailliert dargestellt und visuell inspiziert werden. Designs sind leicht veränderbar und können so systematisch optimiert werden.
  - **Virtual Reality** (VR)-Technologien erlauben es Testern, Prototpyen (mit VR-Brillen) in einer digitalen Umgebung zu erleben und mit diesen zu interagieren.
  - Mit **Augmented Reality** (AR)-Technologie können Protoypen über das Smartphone oder AR-Brillen in eine reale Umgebung eingeblendet werden.
- Als **Wireframe**-Prototyp bezeichnet man eine frühe, schematische Darstellung einer digitalen oder physischen Benutzeroberfläche, die die Grundstruktur und Navigation eines Produkts zeigt, aber noch keine detaillierten Designelemente und Funktionalität enthält. Der Fokus liegt auf Struktur und Benutzerführung. Wireframes lassen sich schnell anpassen und iterativ verbessern. Sie werden häufig angewendet, um das UI von Software-Applikationen oder Webseiten zu testen.
- **Mock-ups** sind visuell ausgearbeitete Modelle eines Produkts, die dazu dienen, das Design, die Benutzeroberfläche oder die äußere Erscheinung darzustellen, bevor das eigentliche Produkt entwickelt wird. Sie sind oft Weiterentwicklungen von Wireframes, enthalten i. d. R. aber noch keine oder nur begrenzte Funktionalität („Attrappen"). Mock-ups können physisch (vgl. physische 3-D-Darstellungen) oder digital (vgl. digitale 3-D-Darstellungen) hergestellt werden. Sie eignen sich auch als Vorführmodelle, um das Design oder (Teil-)Funktionen eines geplanten Produkts zu demonstrieren.
- Ein **Rollenspiel** kann als Prototyping-Methode eingesetzt werden, um die Nutzererfahrung von Produkten oder Dienstleistungsprozessen (Service-Prototyping) vor der Entwicklung zu simulieren und zu testen. Dabei „schauspielern" z. B. Mitglieder des Produktteams vor den Augen von Kunden oder Experten, um zu zeigen, wie sie ein Produkt nutzen oder wie ein Dienstleistungsprozess inklusive Interaktionen abläuft. Dies kann ein schnelles und kostengünstiges Feedback durch Beobachtung und Reflexion von außen liefern.
- Beim **Wizard-of-Oz-Prototyping** soll ein Tester glauben, mit einem vollständig funktionierenden System zu interagieren, obwohl die Kernfunktionen manuell von einem Menschen (dem „Wizard") ausgeführt werden. Diese Technik wird häufig eingesetzt, um Interaktionen, Nutzererfahrungen und Systemreaktionen zu testen, bevor eine aufwendige technische Implementierung erfolgt. Ziel kann

auch sein, eine Interaktion zu simulieren oder die Akzeptanz eines Systems zu testen, beispielsweise einer Lieferdrohne oder eines KI-Assistenten.

- In einem **Video-Prototyp** demonstrieren „Schauspieler" die Funktionsweise, das Nutzererlebnis oder den Wert eines Produkts. Das Produkt kann beispielsweise in seiner Operationsumgebung „bei der Arbeit" gefilmt werden. Die Funktionalität wird ggf. simuliert (vgl. Wizard-of-Oz-Methode). Im Gegensatz zum Rollenspiel ist keine Live-Beobachtung erforderlich. Video-Prototypen können auch zum Briefing von Probanden in Marktforschungen dienen.
- Speziell zum Testen und Weiterentwickeln von Produkten eignen sich **Funktionsprototypen** und **Interaktionsprototypen**. Funktionsprototypen sind für die technische Verifikation wichtig (insbesondere im Hardwarebereich), während Interaktionsprototypen die Nutzerfreundlichkeit und Bedienbarkeit (insbesondere von Softwareprodukten) testen. Das Design des Produkts kann in beiden Fällen noch unvollständig oder vereinfacht sein.
- Auch **Customer-Journey-Maps**[1064] können im Prototyping genutzt werden, um die Erfahrungen eines Kunden mit einem Produkt oder Service über den gesamten Kauf- und Nutzungsprozess zu visualisieren.
- Eine **Beta-Version** ist eine vorläufige, aber voll funktionsfähige Version eines Produkts, die in der Markterprobungsphase genutzt wird.[1065] Sie liefert belastbare Nutzerfeedbacks, da Beta-Tester das echte Produkt bewerten. Ziel ist einerseits, die Marktfähigkeit des Produkts zu validieren (Risiken minimieren) und andererseits etwaige Produktschwachstellen oder Fehler zu identifizieren. Nach erfolgreichem Beta-Test kann das Produkt in den Markt eingeführt werden.[1066]

Prototypen sind wichtige Werkzeuge im Innovations- und Produktentwicklungsprozess, um die Sichtweise des Kunden in die Entscheidungsfindung einbeziehen zu können. Entwicklungsrisiken werden so reduziert und Erfolgschancen auf dem Markt erhöht.

Die Wahl des richtigen Prototyps hängt von der Produktentwicklungsphase und dem Validierungsziel ab. In der Konzeptphase eignen sich z. B. Skizzen, Storyboards oder Wireframes zur Konzeptvalidierung (Pretotyping), in der frühen Entwicklungsphase interaktive Prototypen oder Funktionsmuster zur technischen Ausgestaltung, zur Markterprobung Betaversionen.

1064 Vgl. Kap. 4.3.1.4.3 (Customer-Journey-Map als Werkzeug zur Charakterisierung von Zielkunden).

1065 Als Alpha-Versionen werden Stände des Produkts bezeichnet, die nur intern getestet werden.

1066 Vgl. Kap. 4.5.7 (Markterprobung).

4.3.5.2 Validierungsziele für Produktkonzepte

Die Validierung der Produktkonzeption sollte sich auf Themen fokussieren, die als kritisch für den Produkterfolg eingestuft werden. Die kritischen Themen hängen u. a. vom Neuigkeitsgrad des Konzepts ab. Typische **Validierungsziele** sind:
- Dringlichkeit des Kundenproblems
- Einzigartigkeit des Konzepts
- Nutzen einzelner Funktionen
- Zahlungsbereitschaft der Kunden
- Marktpotenzial

Bei völlig neuen Produktkonzepten gilt es zu prüfen, ob es für das angedachte Produktkonzept überhaupt ein **„echtes" und dringliches Kundenproblem** gibt oder ob das Kundenproblem nur „hypothetisch" vorliegt. In letzterem Fall werden Kunden das Produkt nicht oder nicht in entsprechender Menge kaufen, auch wenn das Produkt nachweislich besser ist als vorhandene Lösungen.

> Als Beispiel nennt Maney die in den frühen 2000er-Jahren preisgekrönte Technologie „Hyper Sonic Sound". Diese ermöglicht, ein Schallsignal als engen Strahl in eine Richtung zu senden (Analogie: „Taschenlampe statt Glühbirne"). Es gab viele Anwendungsideen (u. a. Werbung in Geschäften, Navigationshilfe für Blinde, mehrere Audiosignale im Auto) und Kundeninteresse (Sony, Daimler-Benz, Walmart). Letztendlich ist die Innovation jedoch gescheitert, da kein „echtes" Kundenproblem vorlag.[1067]

Wesentliche Methoden zur Analyse des Kundenproblems sind die im Rahmen der Anforderungserhebung vorgestellten Methoden Jobs-to-be-done (JTBD) und Outcome-Driven Innovation (ODI).[1068] Cagan fordert im Allgemeinen, mehr Zeit am Anfang eines Projekts in die Untersuchung des zu lösenden Problems zu investieren („Framing").[1069]

Bei den anderen oben genannten Validierungszielen geht es um den **Wert des Produkts für den Kunden** unter der Annahme, dass ein echtes Problem vorliegt. Ein Produkt, das für Kunden interessant oder nützlich erscheint, wird von diesen nicht notwendigerweise gekauft. Dies gilt insbesondere in folgenden drei Fällen:
- Der Kunde nutzt aktuell ein Wettbewerberprodukt.
- Der Kunde behilft sich mit einer eigenerstellten Lösung.
- Der Kunde setzt kein Produkt dieser Kategorie ein (und „erträgt" das Problem).

1067 Maney (2019). Als weitere Beispiele nennt Maney die gescheiterten Produkte Segway, Google Glas und Iridium.

1068 Vgl. Kap. 4.2.2.2.1 bzw. Christensen u. a. (2016) und Ulwick (2005)

1069 Cagan (2022), S. 158–160; hierzu schlägt Cagan zwei Methoden vor: Im „Opportunity Assessment" werden das Ziel des Produkts, die Messgrößen für den Produkterfolg, das zugrunde liegende Kundenproblem und die Zielkunden analysiert. In einem „Customer Letter" oder einer Pressemitteilung muss der Produktmanager zu einem frühen Zeitpunkt im Projekt argumentieren, wie das Produkt das Leben der Kunden verbessert und welche echten Vorteile es bietet. Zielpublikum des Schriftstücks sind z. B. das Produktteam oder das Management, vgl. Cagan (2022), S. 161–164.

In diesen Fällen genügt es nicht, „Wert-Parität“ mit dem Status quo herzustellen.[1070] Es reicht ebenfalls nicht, einen etwas günstigeren Preis oder eine etwas bessere Performance oder Usability zu versprechen. Das Produktkonzept muss **erheblich besser** sein, um die Risiken und Mühen des Kaufes und der Veränderung (Wechselkosten) aufzuwiegen.

4.3.5.3 Validierungstechniken für Produktkonzepte

Zur Konzeptvalidierung wird wie ausgeführt ein Prototyp benötigt. Ein solcher liegt bereits mit einer verbalen Beschreibung des Produkts und Geschäftsmodells vor. Je nach „Fidelity“ des Prototyps kann eine Reaktion von Kunden (z. B. ein Klick auf ein Produktbild bei Interesse), ein schriftliches oder mündliches Feedback (z. B. auf eine textuelle Produktbeschreibung) oder ein detaillierter Nutzungsbericht mit Verbesserungsvorschlägen (z. B. auf Basis einer Beta-Testversion) abgefragt werden.

4.3.5.3.1 Kundenfeedback durch Befragung

Befragungen im Rahmen der Konzeptvalidierung können per Umfragen, persönliche Interviews oder Fokusgruppen durchgeführt werden:

- **Umfragen** erfolgen in schriftlicher Form und richten sich an eine für die Zielgruppe repräsentative Teilnehmergruppe. Je größer diese Stichprobe, desto aussagekräftiger sind die Ergebnisse. Fragen sind i. d. R. qualitativ und eher oberflächlich, z. B. „Welchen Wert hätte dieses Produkt für Sie?“, „Welche Eigenschaften sind für Sie besonders wichtig?“ oder „Was würden Sie sich wünschen?“. Onlineumfragen bieten die Möglichkeit, multimediale Prototypendarstellungen einzusetzen, z. B. Videos oder 3-D-Modelle des Produkts.
- Persönliche **Einzelinterviews** erlaubt es, falls vorhanden, physische Prototypen einzusetzen, die der Befragte anfassen und probieren kann. Neben Standardfragen ist eine Interaktion über das Produkt möglich. Verglichen mit Umfragen resultieren detailliertere Rückschlüsse über das Produktkonzept. Es ist sicherzustellen, dass die befragten Personen repräsentativ für die Zielgruppe sind.
- Ein tiefergehendes Verständnis zur Marktfähigkeit des Produkts können moderierte Gruppendiskussionen, sog. **Fokusgruppen**, liefern. Hierbei tauschen Kunden ihre Meinungen und Erfahrungen zum Produktkonzept aus.[1071] Durch Interaktion und Assoziation in der Gruppe können detaillierte Einblicke in Kundenprobleme und Wahrnehmungen zur aufgezeigten Lösung gewonnen werden. Zum Briefing der Gruppe dienen die vorhandenen Prototypen.

1070 Werte-Parität ist häufig ausreichend, wenn es sich um einen loyalen Kunden handelt, der sich wieder für den bekannten Hersteller auf Basis eines verkürzten Kaufprozesses entscheidet („Loyalty Loop“), vgl. Edelman/Singer (2015).

1071 Vgl. z. B. Homburg (2020), S. 288–291; Erichson (2007), S. 405.

Nach Erichson sollten im Konzepttest folgende fünf Fragen gestellt werden:[1072]

- Verständlichkeit und Kommunizierbarkeit: Ist das Produktkonzept klar und glaubhaft und kann es den Konsumenten in einfacher Form vermittelt werden?
- Vorteilhaftigkeit bzw. Einzigartigkeit: Besitzt das neue Produkt einen Vorteil gegenüber existierenden Produkten?
- Preisbeurteilung: Welchen Preis würden Sie für angemessen halten?
- Kaufbereitschaft und Kaufabsicht: Wählen Sie auf folgender 5-stufigen Skala: „Kaufe ganz bestimmt“, „Kaufe wahrscheinlich“, „Bin unentschieden“, „Kaufe wahrscheinlich nicht“, „Kaufe bestimmt nicht“.
- Kaufhäufigkeit und Kaufmenge (bei Verbrauchsgütern): Wie oft und in welcher Menge würden Sie das Produkt kaufen?

Bei Befragungen muss herausgearbeitet werden, **was Kunden „wirklich“ denken**. Es genügt nicht, dass sich Kunden wohlwollend äußern. Cagan schlägt vier greifbare Nachweise vor, um zu prüfen, ob ein Kunde tatsächlich von einem Produktkonzept überzeugt ist. Der Kunde sollte bereit sein, ...[1073]

- das Produkt sofort zu kaufen oder vorzubestellen,
- das Produkt einem Freund oder seinem Chef zu empfehlen,[1074]
- das Unternehmen mit weiterer Zeit und Energie bei der Entwicklung zu unterstützen,
- einen Pre-Launch-Newsletter zu abonnieren.

In die gleiche Richtung argumentiert Merryweather. Sie fordert **trennscharfe Formulierungen** der Fragestellungen wie:

- „Would you be disappointed if you couldn’t use this product anymore?
- What are the deciding factors for using this product over other options?
- Does anything make this product special? What do you love about it?
- What could improve the product for you?“[1075]

4.3.5.3.2 Marktexperimente

Ein Marktexperiment kann als eine Methode zur Validierung eines Produktkonzepts eingesetzt werden. Dabei wird untersucht, wie eine große (ggf. statistisch signifikante) Zahl

1072 Vgl. Erichson (2007), S. 404; ähnlich schlägt Merryweather folgende vier Fragen vor: „Does anyone want this product? Would they be willing to spend money on it? Does it solve a real problem or add real value? Does it offer something different to our competitors?“, Merryweather (2024).

1073 Vgl. Cagan (2022), S. 218–219.

1074 Als „Nachweis“ könnte der Befragte eine Social-Media-Empfehlung posten oder die E-Mail-Adresse eines Freundes oder seines Chefs zwecks Versand von Produktinformationen teilen.

1075 Vgl. Merryweather (2024).

von Kunden unter realen Marktbedingungen auf einen Prototyp „reagiert“. Auf diese Weise werden das Interesse, die Nachfrage oder das Nutzerverhalten analysiert.[1076]

Es gibt unterschiedliche Methoden, wie Marktexperimente durchgeführt werden können:

- In sog. **Fake-Door-** oder **Smoke-Tests** wird ein Bild oder eine Beschreibung des Produkts auf einer von der Zielgruppe frequentierten Webseite gezeigt, obwohl das Produkt noch nicht zur Verfügung steht. Die Klicks auf das Bild dokumentieren das Kundeninteresse.
- In ähnlicher Weise kann ein Produktkonzept anhand eines Prototyps beworben werden. Interessenten gelangen auf eine **Landingpage** mit Produktinformationen. Ziel ist es, das Interesse der Besucher zu messen, z. B. durch Verweildauer, Klicks, Newsletter-Anmeldungen oder Vorbestellungen.
- Durch den Erfolg von **Crowdfunding-Kampagnen** auf Plattformen wie Kickstarter oder Indiegogo können das Interesse und die Zahlungsbereitschaft potenzieller Kunden „belastbar“ getestet werden, bevor das Produkt vollständig entwickelt wird.
- Einen ähnlichen Ansatz verfolgen **Frühbucherrabatte:** Die Anzahl der durch Frühbucherrabatte generierten Vorbestellungen zeigt – zuverlässiger als etwa eine Befragung – die Nachfrage nach einem Produkt, bevor das Produkt fertig entwickelt bzw. im Markt eingeführt ist.
- **Wizard-of-Oz-Tests** simulieren ein funktionsfähiges Produkt, indem Menschen im Hintergrund die ausgewählten Funktionen manuell ausführen. Auf diese Weise kann Kundeninteresse und Nutzungsverhalten analysiert werden, bevor das Produkt vollständig entwickelt ist.
- Durch **A/B-Testing** können zwei Varianten eines Produktkonzepts (repräsentiert durch zwei Prototypen) miteinander verglichen werden, um eine Konzeptentscheidung zu treffen. A/B-Tests können auch im weiteren Entwicklungsprozess eingesetzt werden, um Funktionsalternativen oder unterschiedliche Preispunkte zu untersuchen.[1077] Im Gegensatz zum klassischen A/B-Test, bei dem Kunden unaufgefordert teilnehmen bzw. das Produkt selbst finden, werden beim **Invite-Test** Kunden persönlich eingeladen, das Produkt auszuprobieren.
- In **Pop-up-Stores** erfolgt ein kurzfristiger Testverkauf in einer echten Umgebung. Dadurch können reale Kundenreaktionen und Kaufverhalten beobachtet werden.

Viele der oben beschriebenen Markttests lassen sich online durchführen, was den zeitlichen und finanziellen Aufwand reduziert.

1076 Vgl. Kotler u. a. (2023), S. 507.
1077 Vgl. Cagan (2022), S. 221–222.

4.3.5.4 Validierung des Geschäftsmodells

Balfour betont, dass Produkt-Market-Fit u. U. nicht ausreicht, und fordert, dass **vier strategische Fits** sichergestellt werden müssen: Product-Markt-Fit, Market-Model-Fit, Produkt-Channel-Fit sowie Channel-Model-Fit. Dabei betont er die Abhängigkeiten der vier Elemente und warnt davor, die wichtige Rolle der Vertriebskanäle zu unterschätzen.[1078]

Der geforderte „umfassende Fit" kann durch Validierung des angedachten Geschäftsmodells überprüft werden. Dies ist insbesondere wichtig, wenn das Geschäftsmodell „innovativ" bzw. für das Unternehmen neu ist.

Bei der Validierung des Geschäftsmodells ist laut Kotler u. a. zu prüfen, ob es **Marktwert** schafft. Der Marktwert eines Geschäftsmodells wird durch drei Dimensionen bestimmt:[1079]

- Die **Attraktivität** zeigt an, wie begehrenswert das Angebot für die Zielkunden ist (Product-Market-Fit). Dabei sind alle relevanten Nutzenkategorien sowie das Kosten-Nutzen-Verhältnis aus Sicht des Kunden zu beachten.
- Die **Machbarkeit** analysiert, ob ein Unternehmen in der Lage ist, ein Angebot zu schaffen, das alle von den Zielkunden gewünschten Funktionen und Eigenschaften abbildet. Die Machbarkeit hängt unter anderen von der verfügbaren Technologiekompetenz und den Fachkenntnissen des Unternehmens ab, diese Technologien in Produkte umzusetzen.
- **Tragfähigkeit** ist gegeben, wenn ein Angebot für das Unternehmen Mehrwert generieren kann. Mit Gewinn als wichtigster Zielgröße hängt die Tragfähigkeit von den zu erwartenden Einnahmen sowie der Kostenstruktur des Angebots ab. Im Zentrum der Analyse steht der Bedarf. Dieser kann auf drei Weisen ermittelt werden:
  - durch das, was Kunden sagen (Ermittlung durch Befragung),
  - durch das, was Kunden tatsächlich tun (Ermittlung durch Testmarkt oder Experiment),
  - durch das, was Kunden in der Vergangenheit getan haben (Ermittlung z. B. durch Analyse des vergangenen Kaufverhaltens oder Zeitreihenanalysen von Verkaufszahlen).

Zur Entwicklung und Darstellung von Geschäftsmodellen wird in der Praxis häufig der bereits vorgestellte **Business Model Canvas** von Osterwalder u. a. verwendet.[1080] Dieser eignet sich auch als Framework zur Geschäftsmodellvalidierung, z. B. in einem interdisziplinär besetzten Workshop. Um Geschäftsmodelle schnell und einfach zu skizzieren und auf dieser Basis zu validieren, entwickelte Maurya den sog. **Lean Can-**

1078 Balfour (o. J.).

1079 Vgl. Kotler u. a. (2023), S. 508–509.

1080 Vgl. Kap. 4.2.2.4.3 bzw. Osterwalder/Pigneur (2010).

vas (vgl. Abbildung 4.83). Ziel ist es, ein ganzheitliches Verständnis für den Problem-Lösungs-Fit zu gewinnen und die zentralen Annahmen und größten Risiken herauszuarbeiten und zu bewerten.

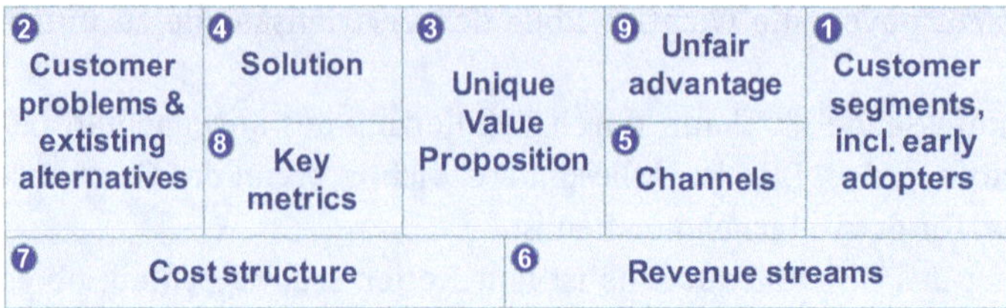

Abbildung 4.83: Lean Canvas[1081].

Ein weiteres Werkzeug zum Geschäftsmodell-Prototyping ist die **System-Map.** Diese stellt die Komponenten, Akteure und Interaktionen eines Systems sowie deren Zusammenhänge visuell dar (vgl. Beispiel in Abbildung 4.84).

Abbildung 4.84: Beispiel System-Map[1082].

Der Fokus der System-Map liegt auf den Beziehungen und Interaktionen eines Systems, nicht auf der Funktion und Gestaltung von Einzelkomponenten.

1081 Vgl. Maurya (2012).

1082 In Anlehnung an Lindsley (2022); Lindsey unterscheidet sechs Typen von System-Maps: richpciture maps, fuzzy cognitive mapping, connection cicle maps, cognbitive mapping, casual loog diagrams, stock and flow models.

4.3.6 Überleitung

In vielen Sachbüchern zur Produktentwicklung, Konstruktionslehre oder Softwareentwicklung folgt auf die Phase der Anforderungsklärung unmittelbar eine Phase des Entwurfs, in der die technische Lösung des Problems skizziert wird. In diesem Buch werden vor Produktentwurf und -realisierung noch die beschriebenen Phasen Produktpositionierung, Produktstrategie und Konzeptvalidierung sowie die Wirtschaftlichkeitsrechnung „eingeschoben" (vgl. Abbildung 4.85):

Abbildung 4.85: Konzeptphase, Entwicklungsdokumente.

Durch die Validierung eines Konzepts ist der Meilenstein **Product-Market-Fit** erreicht. Den marktseitigen Test hat das Konzept also bestanden. Nun gilt es zu prüfen, ob das Konzept die wirtschaftlichen Anforderungen erfüllt, also ob man damit Geld verdienen kann.

4.4 Wirtschaftlichkeitsrechnung

> „Eine Investition sollte […] mindestens immer eine gegenüber der Ausgangssituation verbesserte Situation schaffen."[1083]

Die Forderung nach Wirtschaftlichkeit ist eines der Grundprinzipien im Unternehmen. **Wirtschaftlichkeit** bedeutet, entweder mit gegebenen Ressourcen das maximale Ergebnis (Maximalprinzip) oder das gegebene Ziel mit minimalem Ressourcenaufwand (Minimalprinzip) zu erreichen.[1084] Unternehmen müssen ihre gegebenen und begrenzten finanziellen und personellen Ressourcen also in Projekte bzw. Innovationen investieren, die den maximalen Ertrag versprechen, oder solche, die in Summe einen gewünschten Ertrag liefern und mit minimalen Mitteln umgesetzt werden können.

1083 Poggensee (2022), S. 7.
1084 Vgl. z. B. Wöhe (2002), S. 1.

Jedes Innovationsprojekt stellt für Unternehmen daher eine **Investition** dar. Allgemein versteht man unter Investition die Verwendung finanzieller Mittel für die Beschaffung oder Erstellung von Vermögensgegenständen, die langfristig einen **wirtschaftlichen Nutzen** für das Unternehmen ermöglichen.[1085] Investitionsobjekte können materieller (Sachinvestitionen), finanzieller oder immaterieller Art sein. Der wirtschaftliche Nutzen einer Investition kann unterschiedlicher Art sein, z. B. ein finanzieller Überschuss, eine Rendite oder ein Marktanteilsgewinn. Müller teilt den Nutzen von Investitionen in wirtschaftlich, technisch, sozial und ökologisch ein.[1086]

Neben dem direkten wirtschaftlichen Wert ist der **Optionswert** von Innovationen zu berücksichtigen. Dieser resultiert aus der Flexibilität und den Möglichkeiten für zukünftige Projekte, die Innovationsergebnisse mit sich bringen können.[1087]

Um Wirtschaftlichkeit sicherzustellen, erfordert jede Investition eine Bewertung. Es muss insbesondere die Wirkung auf die Kosten- und die Erlössituation des Unternehmens betrachtet werden. Ziel der **Investitionsrechnung** ist es, die Vorteilhaftigkeit einer Investitionsmaßnahme festzustellen.[1088] Liegen mehrere Investitionsalternativen vor, muss die **relative Vorteilhaftigkeit** ermittelt werden, um die beste Alternative auszuwählen. Soll eine konkrete Investitionsmöglichkeit für sich allein beurteilt werden, ist die **absolute Vorteilhaftigkeit** für eine Go-/No-go-Entscheidung relevant.

Die Verfahren der Investitionsrechnung können anhand folgender Aspekte **klassifiziert** werden:[1089]
- mit oder ohne Berücksichtigung von Risiko
- qualitative oder quantitative Verfahren
- Anzahl der zu bewertenden Ziele

Der Vorteil der Investitionsrechnung liegt in der **Reduktion der Komplexität** einer Entscheidungssituation sowie in der Transparenz der Berechnung. Auf der anderen

1085 Vgl. Schlink (2019), S. 340; etwas abstrakter und an die Methoden der Bewertung angelehnt definiert Müller: „Eine Investition ist ein Zahlungsstrom, welcher mit einer Auszahlung beginnt und in späteren Zeitpunkten Einzahlungen bzw. eine Reduktion von Auszahlungen erwarten lässt“, Müller (2024), S. 661.

1086 Vgl. Müller (2024), S. 664; analog weisen Hauschildt u. a. darauf hin, dass neben ökonomischem Nutzen auch technischer und sonstiger Nutzen durch ein Innovationsprojekt entstehen können. Als Beispiele technischen Nutzens zählen Hauschildt u. a. Know-how-Gewinn, Lerneffekte, Daten. Beispiele für sonstigen Nutzen sind Umwelteffekte, soziale Effekte oder Autonomieeffekte, vgl. Hauschildt u. a. (2023), S. 321.

1087 „Wer den Optionswert von Innovationen wegen dessen Bewertungsschwierigkeiten ignoriert, begibt sich in das Risiko einer systematischen Unterbewertung strategisch besonders wichtiger Innovationen“, Hauschildt u. a. (2023), S. 236.

1088 Die Investitionsrechnung gehört zu den Verfahren des internen Rechnungswesens, ebenso wie die Finanzierung, die Kostenrechnung und das Controlling. Zur Abgrenzung der genannten Themenbereiche vgl. z. B. Poggensee (2022), S. 13–14; Schlink (2019), S. 347.

1089 Vgl. Poggensee (2022), S. 15 und S. 17–18.

Seite bestehen zwei Herausforderungen: die Datenbeschaffung sowie die sachgerechte Modellierung der Realität.[1090]

Im Folgenden soll zunächst auf die Datenbeschaffung eingegangen werden. Danach werden Methoden der statischen und dynamischen Investitionsrechnung vorgestellt, die Investitionen anhand eines singulären quantitativen Parameters bewerten. Als Möglichkeit der Bewertung multipler und qualitativer Kriterien wird die Nutzwertanalyse erläutert. Ein kurzer Blick auf die Risikoanalyse schließt das Kapitel ab (vgl. Abbildung 4.86):

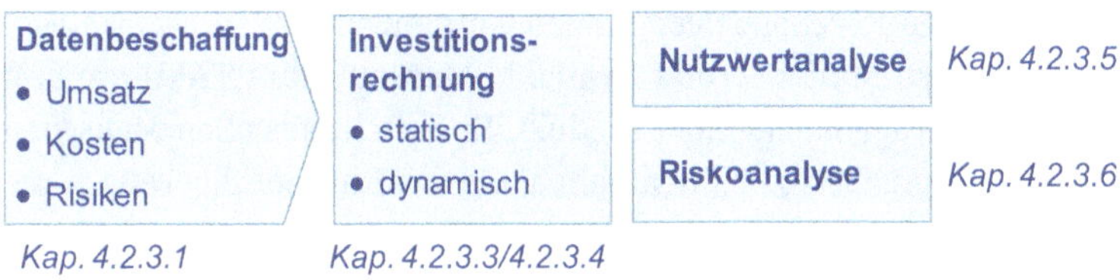

Abbildung 4.86: Kapitelübersicht Wirtschaftlichkeitsrechnung.

4.4.1 Datenbeschaffung

„Garbage in, garbage out.“[1091]

Da die Investitionsrechnung i. d. R. zukunftsbezogen ist, müssen Daten der Zukunft beschafft, d. h., prognostiziert werden. Prognoseverfahren können in qualitative und quantitative Verfahren untergliedert werden:[1092]

- **Qualitative** Verfahren stützen sich auf subjektive Einschätzungen von Individuen. Neben internen Experten können auch externe Stakeholder wie Kunden, Lieferanten oder Industrieexperten befragt werden.
- **Quantitative** Verfahren werden in univariate und multivariate Verfahren unterteilt:
  - Bei **univariaten** Methoden (z. B. Trendverfahren, exponentielle Glättung, autoregressives Verfahren) wird, basierend auf der historischen Entwicklung der Zeitreihe einer Variablen, eine Prognose für deren zukünftige Entwicklung unternommen.
  - Bei **multivariaten** Verfahren wird die Entwicklung der untersuchten (endogenen) Variablen aus mehreren exogenen Variablen erklärt.

1090 Vgl. Poggensee (2022), S. 32.

1091 Alltagssprichwort, ohne Quelle.

1092 Vgl. Poggensee (2022), S. 26–32; Backhaus u. a. (2023).

Prognosen sind häufig ungenau, insbesondere wenn keine Vergangenheitsdaten oder Erfahrungen vorliegen.[1093]

Eine Investitionsrechnung für ein Produktinnovationsprojekt erfordert Daten, die in die Kategorien umsatzbezogen (Vgl. Kap. 4.4.1.1), kostenbezogen (vgl. Kap. 4.4.1.2) und risikobezogen (vgl. Kap. 4.4.1.4) eingeteilt werden können.

4.4.1.1 Umsatzprognose

Eine fundierte Analyse des Marktpotenzials und der Marktgröße sind Grundlage für die Wirtschaftlichkeitsrechnung sowie die strategische Produktplanung. Dabei müssen die betrachteten Größen differenziert verstanden werden:[1094]

- Der **gesamte verfügbare Markt** („Total Available Market“, kurz **TAM**) umfasst die gesamte Marktnachfrage nach einem Produkt. Er besteht aus allen Menschen auf der Welt, die eine Aufgabe zu erfüllen haben, die das Konzept theoretisch unterstützen kann.
- Der **bediente verfügbare Markt** („Served Available Market“, kurz **SAM**) ist eine Teilmenge des TAM, die durch das Produktkonzept mit dem aktuellen Geschäfts- und Marketingmodell eines Unternehmens erreicht werden kann.
- Der **Marktanteil** („Share of Market“, kurz **SOM**) ist der Teil des bedienten verfügbaren Marktes (SAM), den ein Unternehmen mit einem Produktkonzept sowie dem aktuellen Geschäfts- und Marketingmodell realistischerweise erobern kann.

TAM entspricht dem **Marktpotenzial**, SAM der **Marktgröße** und SOM dem (prognostizierten) **Absatzvolumen**. Kurz und mittelfristig sind vor allem Marktgröße und Absatzvolumen für die Go-/No-Go-Entscheidung im Entwicklungsprozess relevant. Zur Ermittlung der genannten Größen kann Top-down, Bottom-up oder wettbewerbsorientiert kalkuliert werden:

- Bei **Top-down**-Ansätzen wird zunächst die Gesamtmarktgröße (TAM) ermittelt, z. B. aus Branchenberichten, amtlichen Statistiken oder Marktforschungsstudien. Im zweiten Schritt wird abgeschätzt, welcher Teil davon erreicht werden kann (SAM), z. B. aufgrund des im Konzept definierten Anwendungsfalls oder der festgelegten Zielgruppe. Im dritten Schritt wird auf Basis einer Wettbewerberanalyse geschätzt, welcher Anteil des erreichbaren Marktes das Unternehmen gewinnen kann (SOM).

1093 „In Innovationsprozessen führen die stark limitierten Informationen, die hohe Unsicherheit über die erwarteten Effekte sowie Ressourcenbeschränkungen häufig zu Ad-hoc-Bewertungen unter Zeitdruck“, Hauschildt u. a. (2023), S. 329; Hauschildt u. a. nennen fünf Effekte, die zu Bewertungsverzerrungen führen: Sicherheitseffekt, Verlustaversion, Status-quo-Fehler, Darstellungseffekt, Besitztumseffekt, vgl. Hauschildt u. a. (2023), S. 330.

1094 Vgl. Fuchs/Golenhofen (2024), S. 69–70.

Beispiel: Ein Unternehmen plant ein innovatives und hochwertiges E-Bike. Die gesamte Fahrradindustrie hat ein jährliches Marktvolumen von 20 Mrd. EUR. Der Anteil von E-Bikes liegt bei 30 %, also 6 Mrd. EUR. Innerhalb des E-Bike-Marktes macht das Premium-Segment 25 % aus. Dem betrachteten Konzept, basierend auf einer Wettbewerberanalyse, wird ein 5%-iger Marktanteil zugetraut. Die relevante Marktgröße beträgt also 1,5 Mrd. EUR, eine Umsatzprognose ergibt 75 Mio. EUR (pro Jahr).

– In **Bottom-up**-Analysen werden zunächst die erreichbaren Kundenzahlen (SAM) geschätzt, z. B. durch Verkaufszahlen ähnlicher Produkte, Testmarktergebnisse oder Befragungen. Anschließend wird die Kaufwahrscheinlichkeit pro Kunde geschätzt. Basis hierfür kann ebenfalls eine Befragung sein. Die Kundenanzahl multipliziert mit der Kaufwahrscheinlichkeit und dem angenommenen Verkaufspreis ergibt eine Umsatzschätzung.

Beispiel: Ein Unternehmen plant die Entwicklung einer smarten Fitnessuhr. Es gibt zehn Millionen Fitnessbegeisterte im Zielmarkt. Davon interessieren sich 5 % für smarte Sportgeräte, also 500.000 Personen. Bei einem geschätzten Preis von 250 EUR ergibt sich ein Marktpotenzial von 125 Mio. EUR. Ein Marktanteil von 10 % entspräche einem Umsatz von 12,5 Mio. EUR.

– In einer **wettbewerbsbasierten Analyse** würden im ersten Schritt die Hauptwettbewerber identifiziert sowie deren Marktstellung und Produktangebot analysiert. Auf dieser Basis wird eine Marktanteilsverteilung prognostiziert. Der eigene Marktanteil erlaubt eine Umsatzprognose.

Beispiel: Wenn der Markt für Bio-Lebensmittel 5 Mrd. EUR beträgt und der führende Anbieter 20 % Marktanteil hat, könnte ein neues Unternehmen mit innovativem Konzept z. B. 1–2 % Marktanteil bzw. 50–100 Mio. EUR Jahresumsatz erreichen.

Die Umsatzprognose setzt sich, abhängig vom Geschäftsmodell, aus **einer oder mehreren Umsatzarten** zusammen, z. B. aus dem Produktverkauf, aus dem Verkauf produktbezogener Dienstleistungen, aus Transaktionsgebühren und/oder aus Werbeerlösen.

Da die Umsatzprognose das wichtigste Element der Wirtschaftlichkeitsrechnung darstellt, sollte die Prognose durch mehrere der oben genannten Methoden abgesichert sein.

4.4.1.2 Prognose der Kosten

Die relevanten Kosten der Investitionsrechnung können nach dem Verursachungsprinzip aufgeteilt werden in variable Kosten und fixe Kosten.[1095]

1095 Vgl. Schlink (2019), S. 132.

Variable Kosten steigen linear mit der Produktionsmenge.[1096] Zu den variablen Kosten gehören z. B. Materialkosten des Produkts, Fertigungslöhne, Kosten der Verpackung, Kosten für Lizenzen, Kosten für Verkaufsförderung, Servicekosten oder Logistikkosten. Bei digitalen Produkten sind die variablen Kosten sehr gering.[1097] Ein wesentlicher Teil der variablen Kosten bei physischen Produkten sind die „zu verbauenden" Komponenten und Materialien, welche später in der sog. **Stückliste** dargestellt werden. Zum Zweck der Wirtschaftlichkeitsrechnung ist eine Stückliste zu prognostizieren. Ebenso sind Annahmen zum **Fertigungs- und Logistikkonzept** zu treffen, aus denen die entsprechenden variablen Kostenanteile abgeleitet werden können.

Fixe Kosten fallen unabhängig von der produzierten Menge an. Zu diesen gehören z. B. Raummiete, Gehälter der Verwaltung, Kosten der Entwicklung und Teile der Marketingkosten. Manche Kosten sind in der Praxis „sprungfix", d. h., sie sind bei steigender Menge zunächst konstant und springen jedoch ab einer kritischen Menge auf ein höheres Niveau (wenn z. B. eine zusätzliche Maschine angeschafft werden muss). Bei fixen Kosten im Unternehmen ist zu unterscheiden, welche durch das betrachtete Produkt verursacht sind (produktspezifische Fixkosten) und welche unabhängig von der Produktentscheidung anfallen (allgemeine Fixkosten):

- Zu den **produktspezifischen Fixkosten** gehören beispielsweise die Entwicklungskosten des Produkts, das Gehalt des Produktmanagers oder produktspezifische Marketingkosten.
- Als Umlagen werden **allgemeine Fixkosten** dem Produkt (anteilig) zugeordnet, z. B. Verwaltungskosten, Mieten oder Finanzierungskosten des Unternehmens.

Die Produktzuordnung mancher Kostenpositionen ist in der Praxis schwierig. Dies kann z.B. zu Unschärfen zwischen Produktdeckungsbeitrag II und III führen (vgl. Tabelle 4.10).

Im Vergleich zur Umsatzprognose können viele Kostenkategorien relativ genau für die Zukunft prognostiziert werden. Falls Ist-Werte für die relevanten Kostenarten vorliegen, kann man diese z. B. mit Teuerungszuschlägen oder Produktivitätsabschlägen in die Zukunft fortschreiben.

4.4.1.3 Kalkulationsschema

Tabelle 4.10 erläutert das grundlegende Kalkulationsschema zur Wirtschaftlichkeitsrechnung bzw. zur Produktergebnisrechnung:

1096 Der lineare Kostenanstieg mit der Produktionsmenge ist eine vereinfachende Annahme. In der Praxis gibt es auch progressiv und degressiv steigende Kosten, z. B. Lohnkosten steigen durch Überstundenzuschläge progressiv, Materialkosten steigen durch Mengenrabatte im Einkauf degressiv.
1097 Vgl. Kap. 5.3.4.1.4 (Geringe Grenzkosten als Merkmal digitaler Geschäftsmodelle).

Tabelle 4.10: Kalkulationsschema Produktplanung (mit Beispieldaten)[1098].

Kenngröße	Beispiel	
Marktvolumen (TAM)	2.500.000 Stück	
Marktvolumen (SAM)	1.000.000 Stück	Nur 40% zugänglich
Absatzvolumen (SOM)	120.000 Stück	Prognostizierter Marktanteil 12%
Bruttoumsatz	**6.000.000€**	Durchschnittspreis/Stück, ohne MwSt: 50€
Nettoumsatz	5.400.000€	Rabatte, Skonti, etc. 10%
Variable Kosten der Produktion	3.600.000€	30€ pro Stück, z.B. Material, Löhne
Sonstige variable Kosten	600.000€	5€ pro Stück, z.B. Logistik, Service
Deckungsbeitrag I	**1.200.000€**	
Produktspezifische Fixkosten	500.000€	Entwicklung, Produktion, Produktmarketing
Deckungsbeitrag II	**700.000€**	
Allgemeine Fixkosten (anteilig)	300.000€	Verwaltung, Miete, u.a.
Deckungsbeitrag III	**400.000€**	

Der **Deckungsbeitrag (DB)** zeigt, wie viel ein Produkt zur Deckung der fixen Kosten und zum Gewinn beiträgt. Bei der Deckungsbeitragsrechnung werden drei Stufen analysiert:

- Der **Deckungsbeitrag I** zeigt, wie viel das Produkt nach Abzug der variablen Kosten zur Deckung der Fixkosten beiträgt. Auf Stückbasis entspricht der DB I der Bruttomarge des Produkts.
- Der **Deckungsbeitrag II** zeigt den gesamten Nettobeitrag des Produkts zum Unternehmensergebnis. Der Betrag DB II würde dem Unternehmen ohne das Produkt fehlen.
- Der **Deckungsbeitrag III** zeigt den Beitrag des Produkts zum Unternehmen, wenn auch allgemeine Fixkosten dem Produkt anteilig zugeordnet werden. Die DB-III-Ermittlung entspricht dem Gewinnbeitrag mittels Vollkostenrechnung.

Die in Tabelle 4.10 genannten Größen müssen für den gesamten **Planungszeitraum** in der Zukunft prognostiziert werden. Auf Basis der Deckungsbeiträge können unmittelbare Go/Kill-Entscheidungen getroffen werden oder sie dienen zur Ermittlung anderer entscheidungsrelevanter Größen, z. B. dem Kapitalwert oder der Rendite.

1098 In Anlehnung an Aumayr (2019), S. 68 und S. 72.

4.4.1.4 Ermittlung von Risiken

Bei der Wirtschaftlichkeitsrechnung für ein neues Produkt muss neben der Ermittlung von Erträgen und Renditen auch eine Risikoanalyse durchgeführt werden. Die Risiken „bedrohen" gewissermaßen die kalkulierten Erträge. Risiken im Rahmen der Produktinnovation lassen sich in mehrere Kategorien einteilen:

- **Marktrisiken**, z. B. hinsichtlich Marktgröße, Wettbewerbssituation, Kundenerwartungen oder (nicht berücksichtigter) Trends
- **Produktionskostenrisiken**, z. B. höhere Material- oder Fertigungskosten, technische Herausforderungen oder Qualitätsprobleme in der Produktion, geplante Skaleneffekte sind nicht realisierbar, steigende Entwicklungskosten aufgrund von Verzögerungen
- **Preisrisiken**, z. B. niedrigere Zahlungsbereitschaft der Kunden, Konkurrenzprodukte sind besser oder günstiger als erwartet
- **Lieferkettenrisiken**, z. B. Lieferengpässe bei wichtigen Materialien oder Komponenten; Risiken aus Abhängigkeiten von Zulieferern, die zu Preissteigerungen oder Produktionsausfällen führen können
- **Regulatorische und rechtliche Risiken**, z. B. Änderungen in der Gesetzgebung, die das Produkt betreffen; Patent- und Lizenzstrafen oder ungeplante Zahlungen; Verzögerungen bei der Produktzulassung oder Genehmigungen
- **Technologische Risiken**, z. B. die geplante Technologie erweist sich als nicht zuverlässig, nicht skalierbar oder zu teuer; unerwartete technologische Entwicklungen machen das Produkt technologisch obsolet
- **Sonstige Risiken**, z. B. Wechselkursschwankungen oder zukünftige Handelsbeschränkungen

Einerseits sind Risiken frühzeitig und proaktiv zu bearbeiten. Andererseits müssen die Zielwerte für Erträge höher angesetzt werden, falls (hohe) Risiken vorliegen, z. B. durch prozentuale Risikoaufschläge oder einen höheren kalkulatorischen Zins in der dynamischen Investitionsrechnung.

4.4.2 Statische Investitionsrechnung

> „Die statischen Investitionsrechnungsverfahren sollten heute für bedeutende Investitionen nicht mehr herangezogen werden."[1099]

Die statischen Verfahren der Investitionsrechnung sind einfache und leicht anwendbare Methoden zur Bewertung von Investitionen. Sie basieren auf der Betrachtung eines „repräsentativen Jahres". Sie berücksichtigen keine Zins- oder Liquiditätseffekte

---

1099 Poggensee (2022), S. 36; Poggensee räumt ein, dass statische Investitionsrechnung in der Praxis aufgrund ihrer Einfachheit immer noch Anwendung findet.

und gehen davon aus, dass keine Veränderungen der wirtschaftlichen Parameter auftreten. Wirtschaftliche Auswirkungen unterschiedlicher Kapazitätsauslastung und Nutzungsdauern werden ausgeblendet, ebenso wie das Thema Unsicherheit und Risiko. Auf der anderen Seite können durch geringen Aufwand bei der Datenbeschaffung und der Berechnung schnelle Ergebnisse erzielt werden.

Die vier wichtigsten Verfahren der statischen Investitionsrechnung sind ...[1100]

- Kostenvergleichsrechnung,
- Gewinnvergleichsrechnung,
- Rentabilitätsrechnung,
- (statische) Amortisationsrechnung.

Alle genannten Methoden bewerten die absolute Vorteilhaftigkeit einer Investition anhand eines singulären quantitativen Kriteriums.

4.4.2.1 Kostenvergleichsrechnung

Die Methode vergleicht die durchschnittlichen Kosten verschiedener Investitionsalternativen (bezogen auf eine Durchschnittsperiode). Berechnung:[1101]

$$\mathrm{K} = \mathrm{B} + \frac{A-R}{n} + \frac{A-R}{2} \cdot i$$

K = Kosten, B = Betriebskosten,[1102]
A = Investitionssumme, R = Restwert,
n = Nutzungsdauer, i = Zinssatz

Die Entscheidung fällt für die **Investitionsalternative mit den geringsten Gesamtkosten K**.

Die ermittelten Kosten sind keine tatsächlichen Kosten, sondern als durchschnittliche Betriebskosten über die Nutzungsdauer zu verstehen. Sie haben nur als Vergleichswert Aussagekraft, d. h., die Bewertung einer Einzelinvestition mittels der Kostenvergleichsrechnung ist nicht sinnvoll.

Erlöse werden nicht betrachtet, ebenso wenig wie die Kapazitätsauslastung. Die Kostenvergleichsrechnung eignet sich z. B. bei Ersatz- oder Rationalisierungsinvestitionen, falls mehrere Optionen zur Verfügung stehen.

Für die Wirtschaftlichkeitsrechnung im Rahmen einer Produktinnovation ist die Methode ungeeignet.

1100 Vgl. z. B. Engeln (2020), S. 251; Poggensee (2022), S. 39; Müller (2024), S. 667; Wöhe (2002), S. 611.
1101 Vgl. Poggensee (2022), S. 61; Müller (2024), S. 668–669.
1102 Zu den Betriebskosten zählen z. B. Lohnkosten, Kosten für den Verbrauch von Roh-, Hilfs- und Betriebsstoffen, Energiekosten, Kosten für Instandhaltung und Wartung, Raumkosten, Werkzeugkosten.

4.4.2.2 Gewinnvergleichsrechnung

Die Gewinnvergleichsrechnung vergleicht die durchschnittlichen Gewinne von Investitionsobjekten bei gegebener Kapazität. Berechnung:[1103]

$$G = p \cdot x - b \cdot x - \frac{A-R}{n} - \frac{A-R}{2} \cdot i$$

G = Gewinn, p = Stückpreis, x = Stückzahl,
b = Betriebskosten pro Stück,
A = Investitionssumme, R = Restwert,
n = Nutzungsdauer, i = Zinssatz

Die **Investitionsalternative mit dem höchsten Gewinn G** wird gewählt

Der Gewinn ist ein kalkulierter Wert, basierend auf den genannten Parametern, für die jeweils durchschnittliche Periodenwerte angesetzt werden. Da der Gewinn eine absolute Größe darstellt, können auch Einzelinvestitionen mit der Methode bewertet werden. Die Kapazitätsauslastung wird nicht berücksichtigt.

Die Gewinnvergleichsrechnung bietet sich zur Bewertung von Investitionen mit unterschiedlichen Erlös- und Kostenstrukturen an. Beispielsweise könnte die Investition in einen Filialbetrieb mit der Investition in einen Onlineshop auf Basis des Gewinns verglichen werden.

Für die Wirtschaftlichkeitsrechnung einer Produktinnovation ist die Methode nur begrenzt geeignet, da Erlöse und Kosten zeitlich auseinanderfallen können.[1104]

4.4.2.3 Rentabilitätsrechnung

Bei der Rentabilitätsrechnung wird die Erfolgsgröße Gewinn ins Verhältnis zum durchschnittlich gebundenen Kapital gesetzt. Berechnung:[1105]

$$\text{Rendite} = \frac{\mathit{Gewinn}}{\varnothing\ \mathit{gebundenes\ Kapital}}$$

Diejenige **Investitionsalternative mit der höchsten Rendite** wird gewählt bzw. eine Investition wird „genehmigt“, falls ihre Rendite die geforderte Mindestrendite übersteigt.

Der Gewinn wird als Differenz zwischen Umsatz und Betriebskosten ermittelt. Der Gewinn muss um die Kosten der Finanzierung nach oben korrigiert werden, da die Finanzierungsstruktur des Unternehmens die Investitionsbewertung nicht beeinflussen

1103 Vgl. Poggensee (2022), S. 60-63.

1104 Vgl. Däumler/Grabe (2014), S. 185.

1105 Die in der genannten Formel beschriebene Rentabilitätsrechnung entspricht der Gesamtkapitalrentabilität. Daneben existieren in der Betriebswirtschaftslehre noch andere Rentabilitätskonzepte, z. B. die Eigenkapitalrentabilität oder die Umsatzrentabilität, vgl. Wöhe (2002), S. 47.

sollte.[1106] Bei der Gewinnkalkulation existieren Bewertungsspielräume, was die Rentabilitätsrechnung beeinflussen kann.

Noch größere Variationen existieren bei der Berechnung des durchschnittlichen gebundenen Kapitals. Poggensee gibt beispielsweise sieben mögliche Formeln zur Berechnung an. Die Kernfrage lautet, ob die Investitionssumme A komplett als gebundenes Kapital angesetzt werden soll oder nur ein daraus abgeleiteter Wert. Beispielsweise könnte der Wert „Anschaffungskosten/2“ angesetzt werden, falls man von einer linearen Degradation des Investitionswertes ausgeht. Problematisch ist außerdem die Behandlung des Restwertes, da dieser erst in n Jahren anfällt und mit der heute anfallenden Investitionssumme saldiert werden muss.[1107]

Durch den Gewinnbezug zum gebundenen Kapital ist die Rentabilitätsrechnung betriebswirtschaftlich der Gewinnvergleichsrechnung vorzuziehen. Typische Anwendungsfälle sind Finanzinvestitionen.

Für die Wirtschaftlichkeitsrechnung im Rahmen einer Produktinnovation ist die statische Rentabilitätsrechnung nur begrenzt geeignet, da zeitlich sehr unterschiedliche Erlöse und Kosten anfallen können.

4.4.2.4 Statische Amortisationsrechnung

Die statische Amortisationsrechnung folgt anders als die vorgenannten statischen Verfahren nicht dem ökonomischen Prinzip. Sie versucht also keine Investitionsentscheidung herbeizuführen, bei der mit gegebenem Input ein maximaler Output erreicht oder ein gegebener Output mit minimalem Input erreicht werden soll. Stattdessen ermittelt die statische Amortisationsrechnung die Zeitdauer m (in Jahren oder Perioden), nach der das ursprünglich eingesetzte Kapital durch Rückflüsse „wieder eingespielt“ ist. Zinsen werden dabei nicht berücksichtigt. Die Rückflüsse können entweder periodenspezifisch modelliert oder als Durchschnittswert für alle Perioden gleich angesetzt werden.[1108]

4.4.2.4.1 Periodenspezifische Modellierung (Kumulationsmethode)

Die statische Amortisationszeit m^* ist erreicht, wenn die unabgezinste Summation der Nettoeinzahlungen $(e_t - a_t)$, von Periode 1 an gerechnet, mindestens die Anschaffungskosten A erreicht hat:[1109]

$$A_m = \sum_{t=1}^{m} (e_t - a_t)$$

Wähle m so, dass $A_{m-1} < A$ und $A_m > A$.

1106 Vgl. Wöhe (2002), S. 613; Poggensee (2022), S. 69.
1107 Vgl. Däumler/Grabe (2014), S. 203; Poggensee (2022), S. 72.
1108 Vgl. Müller (2024), S. 673–674.
1109 Vgl. Poggensee (2022), S. 79.

Es folgt: $m^{*} = (m-1) + \frac{A - A_{m-1}}{A_m - A_{m-1}}$

e_t = Einzahlung in Periode t,
a_t = Auszahlung in Periode t,
A = Anfangsinvestition (in t = 0),
A_m = kumulierte Nettorückzahlungen nach m Perioden,
m^* = Amortisationszeit (interpoliert)

Wähle die **Investitionsalternative mit der kürzesten Amortisationszeit m*** bzw. „genehmige" eine Investition, falls m* kleiner als die vorgegebene Amortisationszeit ist

Die Rechnung setzt voraus, dass die Nettorückflüsse (e_t – a_t) in allen Perioden positiv sind, sodass für alle m gilt: $A_m > A_{m-1}$. Negative Perioden, z. B. am Ende des Investitionszeitraums, werden nicht angenommen.

Beispiel: Eine Investition von 1000 (in t = 0 zu bezahlen) liefert in den Folgeperioden Einnahmen von 250, 350, 400, 500, 250, 200, wobei in jeder der Perioden Auszahlungen von 50 anfallen.

- Die Nettorückflüsse in t = 1 bis 6 betragen: 200, 300, 350, 450, 200, 150.
- Kumulierte Nettorückflüsse A_m (m = 1 bis 6): 200, 500, 850, **1300 ($\geq$ 1000)**, 1450; die Anfangsinvestitionen sind also im Laufe von Jahr 4 vollständig zurückgeflossen.
- m* = (4-1) + (1000-850) / (1300-850) = 3,33 (d. h. Rückfluss nach 3 Jahren und 4 Monaten)

4.4.2.4.2 Modellierung mit Durchschnittswerten

Wenn man eine durchschnittliche periodische Rückzahlung über die gesamte Nutzungsdauer zugrunde legt, kann die Amortisationszeit m wie folgt errechnet werden:

$m = \frac{A}{e-a}$ A = Anfangsinvestition, e = ∅ Einnahmen, a = ∅ Ausgaben

Wähle diejenige **Investitionsalternative mit der kürzesten Amortisationszeit m** bzw. „genehmige" eine Investition, falls m kleiner als die vorgegebene Amortisationszeit ist.

4.4.2.4.3 Fazit zur statischen Amortisationsrechnung

Die statische Amortisationsrechnung geht implizit davon aus, dass eine schnelle Rückgewinnung des eingesetzten Kapitals vorteilhaft ist. Damit nimmt die Methode eine Risikoaversion des Investors an. Die statische Amortisationsrechnung kann unter Umständen zu ökonomischen Fehlentscheidungen führen, da Zahlungen nach der Amortisationszeit unberücksichtigt bleiben.

Für die Wirtschaftlichkeitsrechnung im Rahmen einer Produktinnovation ist die statische Amortisationsrechnung daher ungeeignet. Als sekundäre Rechnung kann die Methode aus Risikobewertungssicht sinnvoll sein.

4.4.3 Dynamische Investitionsrechnung

> „Wenn […] Innovationen im Rahmen von Unternehmen durchgeführt werden, liefert der Kapitalwert der Einzahlungsüberschüsse letztlich die Antwort auf die Frage, ob eine Innovation erfolgreich ist.“[1110]

Dynamische Verfahren der Investitionsrechnung berücksichtigen den **unterschiedlichen zeitlichen Anfall** von Ein- und Auszahlungen für die Bewertung von Investitionsprojekten. Zahlungen werden mit einem festgelegten Zins bewertet **(Diskontierung)**. Die Betrachtung erfolgt periodenspezifisch über die geplante Nutzungsdauer. Damit ist die dynamische Investitionsrechnung realitätsnäher als die statische Betrachtung.

Die dynamische Investitionsrechnung bildet ab, dass mit jeder Investition eine **Finanzierung** verbunden ist. Investitionen, die in den Anfangsperioden typischerweise Auszahlungen erfordern und Rückflüsse erst im Laufe der Nutzungsdauer erwirtschaften, können ohne Finanzierung nicht „starten“. Die Finanzierung kann durch unternehmensinterne oder externe Mittel erfolgen. Abbildung 4.87 verdeutlicht diesen Zusammenhang und ordnet wichtige Begriffe zu:

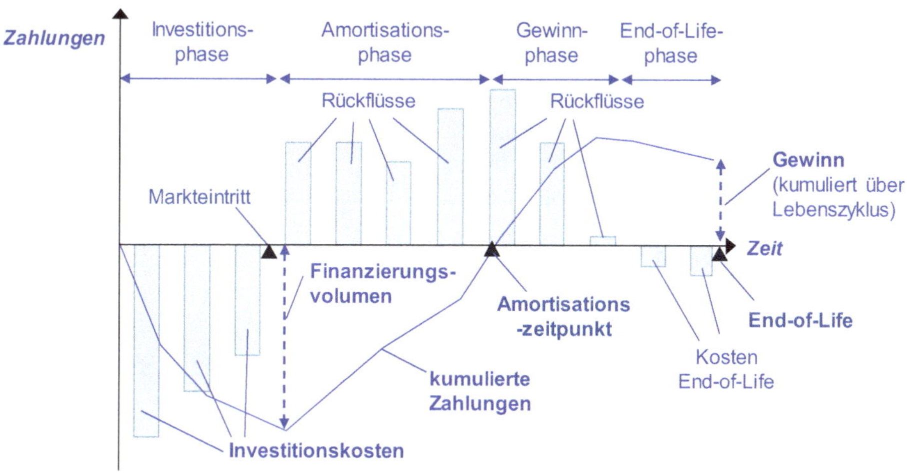

Abbildung 4.87: Investition und Finanzierung (Beispiel)[1111].

Es wird gezeigt, wie Zahlungsströme einer typischen Investition verlaufen. Dabei werden wichtige wirtschaftliche Begriffe und Konzepte eingeordnet

1110 Hauschildt u. a. (2023), S. 319.

1111 In Anlehnung an Engeln (2020), S. 248.

Um die komplexe Realität auf eine singuläre Kennzahl zu reduzieren, auf deren Basis eine Investitionsentscheidung gefällt wird, trifft die dynamische Investitionsrechnung folgende **Annahmen:**[1112]

- Alle Größen sind mit Sicherheit bekannt.
- Es werden nur „Zahlungen" berücksichtigt.[1113]
- Alle Zahlungen erfolgen „nachschüssig", d. h. am Ende der jeweiligen Periode.
- Liquidität ist unbegrenzt vorhanden.
- Es gibt nur einen Zinssatz.
- Ziel ist Gewinn- bzw. Überschussmaximierung.
- Es liegen „vollkommene" Märkte vor.

Die dynamische Investitionsrechnung verwendet drei Arten von Größen: periodenspezifische **Zahlungen**, die **Nutzungsdauer** der Investition und den **Zinssatz**. Die Zahlungen können entweder direkt prognostiziert oder aus einer Plan-Gewinn-und-Verlustrechnung (Plan GuV) wie folgt abgeleitet werden:[1114]

Betriebsergebnis vor Zinsen und Steuern
– Unternehmenssteuern
= **Betriebsergebnis vor Zinsen**
\+ Abschreibungen (ggf. – Zuschreibungen)
+/– Bildung/Auflösung von Rückstellungen
= **Brutto-Cashflow**
–/+ Erhöhung/Minderung Anlage- und Umlaufvermögen
= **Free-Cashflow (Netto-Zahlungsfluss)**

Zu den **wichtigsten Methoden** der dynamischen Investitionsrechnung gehören:[1115]

- Kapitalwertmethode
- interne Zinsfußmethode
- dynamische Investitionsrechnung

Diese Methoden werden im Folgenden vorgestellt, ohne auf die mathematischen Grundlagen näher einzugehen.

1112 Vgl. Poggensee (2022), S. 96–101.

1113 Nicht berücksichtigt werden nichtmonetäre Ziele, z. B. Imagegewinne der Marke, Erhöhung des Marktanteils oder ökologische Verbesserungen.

1114 Vgl. Wöhe (2002), S. 657.

1115 Vgl. Engeln (2020), S. 252; Poggensee (2022), S. 95; andere Methoden, z. B. die Annuitätenmethode, die Endwertmethode oder die Baldwin-Methode, sind Varianten der genannten Basismethoden.

4.4.3.1 Kapitalwertmethode

> „Basierend auf Überlegungen von Leibniz zur Methodik des Diskontierens im Jahr 1682 wird die erste industrielle Investitionsrechnung, die prinzipiell dem Kapitalwert entspricht, auf das Jahr 1822 datiert."[1116]

In der Kapitalwertmethode (engl. Net-Present-Value (NPV)-Method) wird der **Barwert** aller zukünftigen Ein- und Auszahlungen einer Investition berechnet. Dabei werden alle Zahlungen auf den Bewertungszeitpunkt (t = 0, heute) abgezinst. Der Kapitalwert zeigt, ob eine Investition wirtschaftlich vorteilhaft ist:

$$C_0 = -I_0 + \sum_{t=1}^{n} \frac{R_t}{(1+i)^t}$$

Falls $C_0 > 0$, ist die Investition vorteilhaft (nicht vorteilhaft, falls $C_0 \leq 0$)
- C_0 = Kapitalwert der Investition,
- R_t = Nettorückfluss (Einzahlungen – Auszahlungen) im Jahr t,
- i = Kalkulationszinssatz (%),
- n = Nutzungsdauer der Investition,
- I_0 = Anfangsinvestition

Ein positiver Kapitalwert liegt vor, wenn die diskontierten Nettorückflüsse in Summe größer sind als die Anfangsinvestition I_0. Der positive Kapitalwert C_0 bedeutet, dass ein Investor oder Unternehmen (schon zum Investitionszeitpunkt) **durch die Investition „um C_0 reicher"** ist, als wenn er eine alternative Investition (mit Rendite i) durchführt.

Der **Kalkulationszinssatz** i wirkt sich entscheidet auf den Kapitalwert aus. Er kann auf verschiedene Weisen ermittelt bzw. interpretiert werden:
- als Kapitalkosten des Unternehmens (gewichte Kosten für Eigen- und Fremdkapitalbeschaffung)
- als Rendite einer alternativen Investition mit gleichem Risiko
- als pauschale interne Vorgabe für die Rentabilität von Investitionen

Ein etwaiger **Restwert** ist Bestandteil des Nettorückflusses der n-ten Periode R_n.

Beispiel: Eine Investition sei durch folgende Zahlungsreihe charakterisiert (der kalkulatorische Zins i sei 10 %):

1116 Vgl. Müller (2024), S. 692.

Jahr	0	1	2	3
Investition	1000			
Einzahlung		400	600	800
Auszahlung		100	100	150

- $I_0 = 1000$; die Nettorückflüsse in t = 1, 2 und 3 sind: $R_1 = 300$; $R_2 = 500$; $R_3 = 650$
- Der Kapitalwert beträgt $C_0 = -1000 + \frac{300}{(1+0{,}1)^1} + \frac{500}{(1+0{,}1)^2} + \frac{650}{(1+0{,}1)^3} = 174$
- Da $C_0 > 0$, ist die Investition wirtschaftlich (vorteilhaft).

Der sog. **Endwert C_n** einer Investition zeigt, welcher kumulierte Überschuss (bzw. welche Unterdeckung) nach Abschluss der Investition erwirtschaftet wird. Es gilt:

$$C_n = C_0 \cdot (1+i)^n; \text{ Weiter gilt: } C_0 > 0 \Leftrightarrow C_n > 0$$

Die Investitionsentscheidungen auf Basis von Kapitalwert- und Endwertmethode sind also identisch.

Der Kapitalwert einer Investition mit unendlicher Dauer und gleichen jährlichen Nettorückzahlungen R **(ewige Rendite)** beträgt:

$$C_0 = -I_0 + \frac{R}{i}$$

Ein Kapitalwert C_0 kann auf n gleiche Zahlungen R in den Perioden 1 bis n mithilfe des sog. **Annuitätenfaktors** AF verteilt werden. Es gilt:

$$R = AF \cdot C_0 \quad mit \quad AF = \frac{i \cdot (1+i)^n}{(1-i)^n - 1}$$

Der Kapitalwert einer Investition mit gleichmäßigen Zahlungen R über die Perioden 1 bis n berechnet sich wie folgt:

$$C_0 = R \cdot \frac{(1-i)^n - 1}{i \cdot (1+i)^n}$$

Der Kapitalwert ermöglicht die Beurteilung der absoluten und der relativen Vorteilhaftigkeit unter der Annahme eines vollkommenen Kapitalmarktes. Die Kapitalwertmethode eignet sich zur Ermittlung der Wirtschaftlichkeit einer Produktinnovation und ist die in der Praxis meistgenutzte Methode.[1117]

1117 Vgl. Cooper (2017), S. 287–288.

4.4.3.2 Interne Zinsfußmethode

Die interne Zinsfußmethode (engl. Internal-Rate-of-Return (IRR)-Method) ist die zweite zentrale Methode der dynamischen Investitionsrechnung. Sie berechnet die Rentabilität r (interner Zinsfuß der Investition), die das Kapital liefert, welches in einem Projekt gebunden ist. In einer alternativen Sichtweise ist der interne Zinsfuß r derjenige kalkulatorische Zinssatz, bei dem der Kapitalwert eines Projekts genau null ist.[1118] Anwendung der Methode:

Bestimme r, sodass $C_0(r) = 0$

$$-I_0 + \sum_{t=1}^{n} \frac{R_t}{(1+r)^t} = 0$$

Wähle diejenige **Investition mit dem höchsten internen Zinsfuß r (Rendite)** bzw. „genehmige" eine Investition, wenn deren Rendite r die vorgegebene Mindestrendite übertrifft.

- $C_0(r)$ = Kapitalwert der Investition in Abhängigkeit vom Zins r,
- R_t = Nettorückfluss (Einzahlungen – Auszahlungen) im Jahr t,
- r = interner Zinsfuß bzw. Rendite der Investition (%),
- n = Nutzungsdauer der Investition,
- I_0 = Anfangsinvestition

Zur Bestimmung des internen Zinsfußes r muss die oben genannte Gleichung gelöst werden, was der Ermittlung der Nullstellen der Kapitalwertfunktion entspricht.[1119] Falls eine „atypische" Investition vorliegt, kann die Kapitalwertfunktion mehrere Nullstellen aufweisen. Dies kann beispielsweise der Fall sein, wenn eine Investition in späteren Perioden negative Rückflüsse aufweist.

Beispiel: Gegeben sei eine Investition mit folgender Zahlungsreihe:

Jahr	0	1	2	3	4
Investition	1000				
Nettorückzahlung		300	300	400	500

- Die Kapitalwertfunktion lautet: $C_0(r) = -1000 + \frac{300}{(1+r)} + \frac{300}{(1+r)^2} + \frac{400}{(1+r)^3} + \frac{500}{(1+r)^4}$
- Die Gleichung $C_0(r) = 0$ lässt sich numerisch lösen (r = 16,6 %).
- Über den Schnittpunkt des Graphen von $C_0(i)$ mit der X-Achse kann der interne Zinsfuß grafisch näherungsweise ermittelt werden (vgl. Abbildung 4.88).

1118 Vgl. Poggensee (2022), S. 132–134; Müller (2024), S. 701–702.
1119 In der Praxis kann dies mithilfe gängiger Tabellenkalkulationsprogramme erfolgen.

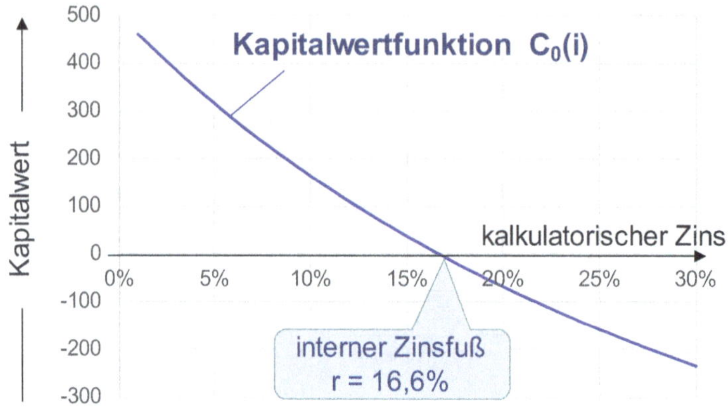

Abbildung 4.88: Ermittlung des internen Zinsfußes durch die Kapitalwertfunktion.

Die **ewige Rendite** (im Fall konstanter Überschüsse R) kann berechnet werde als:

$r = \frac{R}{I_0}$ R = konstante jährliche Rückzahlung, I_0 = Anfangsinvestition

Ein weiterer Sonderfall ist der **Zweizahlungsfall**, bei dem neben der Anfangsinvestition in t = 0 lediglich ein Restwert R_n (Endwert) als Rückfluss entsteht.[1120] In diesem Fall gilt:

$r = \sqrt[n]{\frac{R_n}{I_0}} - 1$ R_n = Restwert/Endwert, I_0 = Anfangsinvestition

Die Kapitalwertmethode und die interne Zinsfußmethode liefern nicht notwendigerweise die gleichen Investitionsentscheidungen, da die Methoden mit unterschiedlichen Wideranlageprämissen arbeiten.[1121] Am Zweifelsfall ist die realitätsnähere Kapitalwertmethode vorzuziehen. Andererseits ist die Rendite ein sehr greifbarer absoluter Wert, mit dem man die Güte einer Investition gut einordnen kann, z. B. relativ zu verfügbaren Finanzinvestitionen oder zu vergangenen Projekten, deren Renditen ex post kalkuliert werden können.

Die interne Zinsfußmethode eignet sich ebenso wie die Kapitalwertmethode zur Ermittlung der Wirtschaftlichkeit einer Produktinnovation.

1120 Bei Finanzinvestition liegt ein sog. Zero-Bond vor, bei dem über die Laufzeit keine Zinszahlungen erfolgen und der Anleger nur eine Schlusszahlung erhält, die alle Zinsen sowie den Nominalbetrag umfasst.

1121 Die Kapitalwertmethode geht von der Anlage aller Rückflüsse zum Kalkulationszinssatz i aus, während die interne Zinsfußmethode zur Rendite r reinvestiert, was bei „lohnenderen“ Investitionen einen höheren, möglicherweise unrealistischen Anlagezins bedeuten kann, vgl. Wöhe (2002), S. 626; Poggensee (2022), S. 133.

4.4.3.3 Dynamische Amortisationsrechnung

In der dynamischen Amortisationsrechnung wird der Zeitraum ermittelt, der erforderlich ist, um die Investitionssumme über die Rückflüsse wieder „einzuspielen". Im Gegensatz zur statischen Amortisationsrechnung (Kumulationsmethode) wird bei der dynamischen Methode der zeitliche Anfall der Zahlungen über eine Verzinsung berücksichtigt:

Bestimme t_a, sodass $C_0\ (t_a) = 0$

$$-I_0 + \sum_{t=1}^{t_a} \frac{R_t}{(1+i)^t} = 0$$

Wähle diejenige **Investition mit der kürzesten Amortisationszeit** t_a bzw. „genehmige" eine Investition, wenn deren Amortisationszeit kürzer ist als die Vorgabe, mit:

- $C_0\ (t_a)$ = Kapitalwert der Investition unter Berücksichtigung der Periodenrückflüsse von t = 1 bis t_a,
- R_t = Nettorückfluss (Einzahlungen – Auszahlungen) im Jahr t,
- i = kalkulatorischer Zins (%),
- I_0 = Anfangsinvestition

Die Bestimmung des Amortisationszeitpunkts t_a erfolgt durch Lösung der oben genannten Gleichung mittels numerischer Verfahren bzw. entsprechender Software. Für „typische" Projekte (anfängliche Investition/Auszahlung, gefolgt von positiven Rückflüssen über die Lebensdauer) ergibt sich eine eindeutige Lösung.

Die dynamische Amortisationsrechnung ist, wie auch die statische Variante, als ergänzendes Bewertungsverfahren zu sehen, da sie Zahlungsströme nach Amortisation vernachlässigt, was zu ökonomisch falschen Entscheidungen führen kann. Die Rendite oder ein „monetärer Wert" der Investition werden nicht ermittelt.[1122]

4.4.4 Nutzwertanalyse

Die Nutzwertanalyse (NWA) oder verwandte „Scoring"-Modelle (Punktbewertungsmodelle) verfolgen das Ziel, eine oder mehrere Investitions- oder Entscheidungsalternativen anhand von mehreren festzulegenden Kriterien zu bewerten. Im Gegensatz zu den Methoden der Investitionsrechnung verwendet die NWA also ein mehrdimensionales Zielsystem, das aus qualitativen und quantitativen Zielkriterien mit unterschiedlicher Gewichtung bestehen kann. Durch die Transformation der verschiedenen Merkmalsausprägungen in einen einheitlichen, dimensionslosen Maßstab können die einzelnen Zielkriterien verrechnet werden. Dies ermöglicht die Berechnung eines Gesamtnut-

1122 Vgl. Müller (2024), S. 701.

zwertes („Scores") für alle Investitionsalternativen als Basis für die Auswahlentscheidung.[1123]

Die NWA kann durch ein fünfstufiges Vorgehen erfolgen:[1124]

1. **Vorbereitung**, z. B. sicherstellen, dass alle Beteiligten das vorliegende Investitionsvorhaben bzw. Produktkonzept verstehen. Hier kann auf die Vorarbeit der Konzeptphase zurückgegriffen werden (Marktanalyse, Zielmarkt, Positionierung, Produktstrategie inklusive Marketingkonzept und Geschäftsmodell).
2. Festlegung der **Bewertungskriterien**, basierend auf den Projektzielen bzw. der Unternehmens- und Innovationsstrategie. Die Kriterien sollten eine gesamtheitliche Perspektive sicherstellen und über eine rein finanzielle Beurteilung hinausgehen. Für die Kriterienwahl gibt es eine Reihe von Vorlagen:
   – Das häufig zitierte Modell von O'Meara nennt die Kriterien Marktfähigkeit, Lebensdauer, Produktionsmöglichkeit und Wachstumspotenzial.[1125]
   – Kotler untersucht die Übereinstimmung der Investition mit den Unternehmenspotenzialen und verwendet die Kriterien Ziele & Strategie, Marketing, Finanzen, Vertrieb, Produktion, Forschung & Entwicklung und Beschaffung.[1126]
   – Koppelmann nennt die Kriterien Produktziele, Nachfrageaspekte, Angebotsaspekte, Konkurrenzaspekte und Unternehmenspotenzialaspekte.[1127]
   – Aumayr führt marktbezogene, wirtschaftliche, zeitliche, technische, kundenbezogene und unternehmensbezogene Kriterien an.[1128]
   – Cooper schlägt sechs Kriterien vor: strategic fit & alignment, product advantage, leverage core competencies, market attractiveness, technical feasibility, risk & return.[1129]
   – Gleich u. a. unterscheiden zwischen technischen, ökonomischen und sonstigen Kriterien.[1130]
3. **Gewichtung** der einzelnen Kriterien (falls alle Kriterien als gleichwertig angesehen werden, kann auf eine Gewichtung verzichtet werden)
4. **Bewertung** aller Ideen anhand der definierten Kriterien. Es genügt eine qualitative Bewertung, z. B. auf einer Skala von 1 bis 4 (1 = volle Erfüllung, ..., 4 = schlechte Erfüllung des Kriteriums)
5. Analyse der Ergebnisse und **Auswahlentscheidung**

1123 Vgl. z. B. Koppelmann (2001), S. 301–308; Kotler u. a. (2022), S. 475–476; Aumayr (2019), S. 319–321; Hofbauer (2018), S. 401–403; Müller (2024), S. 125–126.

1124 Vgl. z. B. Pleschka/Sabisch (1996), S. 175; Herrmann/Huber (2013), S. 166; Gleich u. a. (2016), S. 388–392.

1125 Vgl. Koppelmann (2001), S. 302; Hofbauer (2018), S. 401.

1126 Vgl. Kotler u. a. (2022), S. 476; ähnliche Kriterien verwenden Weiber u. a. und Pepels, vgl. Weiber u. a. (2006), S. 132; Pepels (2017), S. 87–88.

1127 Vgl. Koppelmann (2001), S. 306.

1128 Vgl. Aumayr (2019), S. 319–320.

1129 Vgl. Cooper (2017), S. 304–306.

1130 Vgl. Gleich u. a. (2016), S. 391.

Abbildung 4.89 erläutert anhand eines Beispiels, wie die Nutzwerte von Investitionsalternativen berechnet werden.

Zielkategorie	Zielkriterium	Gewicht	Investitionsalternativen				
			Konzept 1		Konzept 2		…
Potenzial	Marktvolumen	20 %	3	0,6	4	0,8	
	Marktwachstum	10 %	4	0,4	2	0,2	
	Stärke des USP	15 %	2	0,3	3	0,45	
	…	…	…	…	…	…	
Kosten/ Risiken	Entwicklungskosten	15 %	2	0,3	3	0,45	
	Marktakzeptanzrisiko	15 %	3	0,45	1	0,15	
	…	…	…	…	…	…	
	Nutzwert (Summe)	**100 %**	-	2,7	-	2,4	

4*20 %

2*15 %

Erfüllung des Kriteriums
1 = sehr gut
2 = gut
3 = eher schlecht
4= schlecht

Konzept 2 besser als Konzept 1

Abbildung 4.89: Beispiel Nutzwertanalyse.

Die Nutzwertanalyse kann z. B. durch eine **Potenzial-Kosten/Risiken-Matrix** visualisiert werden, indem die Bewertungskriterien in die Zielkategorien „Potenzial" und „Kosten/Risiken" eingeteilt werden. Anschließend wird jede Investitionsalternative anhand ihres Potenzial-Scores und ihres Kosten-Scores in der Matrix eingetragen. Dadurch entsteht eine zusätzliche Perspektive für die Auswahlentscheidung.

Die Nutzwertanalyse ist prädestiniert, um Alternativen miteinander zu vergleichen **(relative Vorteilhaftigkeit)**. Die Bewertung einer Einzelinvestition mit dem Ziel, eine Go/No-go-Entscheidung zu treffen, ist nur eingeschränkt möglich, da der Nutzwert, z. B. eine 3,2 auf einer Skala von 1 bis 4, absolut gesehen keine hohe Aussagekraft besitzt.

Die Nutzwertanalyse ist ein einfach anzuwendendes und trotzdem für komplexe Entscheidungsprobleme geeignetes Verfahren. Sie erlaubt flexible Zielkriterien und ist hinsichtlich Entscheidungsfindung gut nachvollziehbar. Es können mehrere Personen aus unterschiedlichen Funktionsbereichen in den Bewertungsprozess einbezogen werden, was die Qualität und Objektivität der Ergebnisse stärkt und zu einer hohen Akzeptanz in der Praxis beiträgt. Nachteilig bei der NWA sind subjektive Bewertungsspielräume und ein vergleichsweise großer Bewertungsaufwand.[1131]

1131 Vgl. Poggensee (2022), S. 188.

4.4.5 Risikoanalyse

Insbesondere für Produkte mit hohem Neuigkeitsgrad ist ein strukturiertes Risikomanagement aufzusetzen, um den Produkterfolg abzusichern. Hierfür müssen Risiken identifiziert, bewertet, vermieden und überwacht werden (vgl. Abbildung 4.90) .[1132]

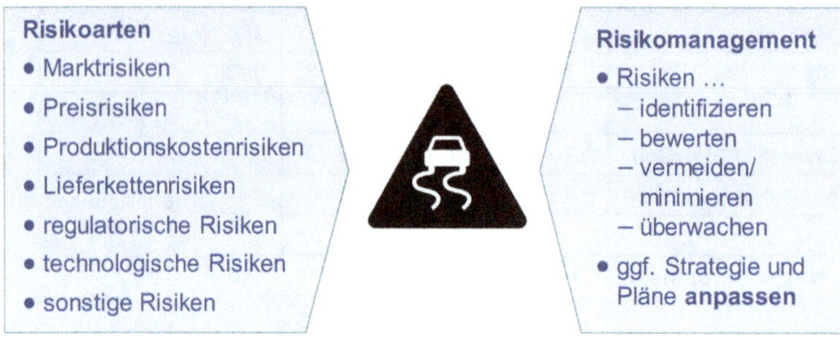

Abbildung 4.90: Risikomanagement.

Zur **Identifikation** von Risiken sind das Produkt und dessen Geschäftsmodell ganzheitlich zu beleuchten, z. B. mithilfe einer SWOT-Analyse oder der FMEA-Methode.[1133] Die Analyse sollte in interdisziplinären Teams und ggf. unter Einbeziehung externer Fachleute durchgeführt werden. Checklisten und „Lessons-Learned" aus früheren Projekten helfen bei der Identifikation und Vermeidung bekannter Risiken. Die in der Phase der Wirtschaftlichkeitsrechnung identifizierten initialen Risiken sind im Laufe des Entwicklungsprozesses durch neu erkannte Risiken zu ergänzen.

Zur **Bewertung** können Risiken zunächst in einer Risikomatrix (Eintrittswahrscheinlichkeit x Schadenshöhe) dargestellt und priorisiert werden. Durch Sensitivitätsanalysen sollte der Einfluss einzelner Parameter (z. B. Marktpreis, Herstellkosten, Entwicklungsverzögerung) auf die Wirtschaftlichkeit bewertet werden. Die Berechnung einer Break-Even-Menge kann hilfreich sein, um die Risiken in Summe einzuordnen.

Um Risiken zu **vermeiden** oder zu minimieren, können unterschiedliche Ansätze verfolgt werden:

- Durch Diversifikation können Risiken gestreut werden, z. B. durch die Wahl mehrerer statt nur einem Lieferanten, durch die Ansprache mehrerer Zielmärkte oder durch die Nutzung unterschiedlicher Vertriebs- und Kommunikationskanäle.
- Markt- und Preisrisiken können durch agiles Vorgehen mit frühem und permanentem Kundenfeedback erkannt und reduziert werden.

1132 Vgl. Gleich u. a. (2016), S. 349–350.

1133 Vgl. z. B. Engeln (2020), S. 231–246; Ponn u. a. (2024) S. 257–273.

- Manche Risiken können durch Versicherungs- oder Finanzprodukte minimiert werden, z. B. Rohstoffpreis-Hedging oder Währungsoptionen.
- Eine Risikoreduktion kann auch durch Veränderung von Kostenstrukturen hin zu mehr variablen Kosten erreicht werden, z. B. durch Leasing statt Kauf von Fertigungsmaschinen oder durch Outsourcing bestimmter Entwicklungs- oder Produktionsumfänge.

Schließlich müssen Risiken **überwacht** werden. Strategien und Pläne sind anzupassen, wenn sich Risiken materialisieren. Im Kern des Risikocontrollings steht die Definition und Überwachung von Risikoindikatoren, die die identifizierten Risiken abdecken. Um reagieren zu können, sind insbesondere Frühwarnindikatoren wichtig, z. B. Kundenreaktionen auf Prototypen oder frühe Indikationen für Kostensteigerungen.

4.5 Produktrealisierung

Während der technischen Umsetzungsphase eines Produkts (Produktrealisierung) verschiebt sich die **Rolle des Produktmanagers** von der konzeptionellen Planung und Gestaltung hin zur operativen Steuerung und Koordination. Sein Hauptziel ist es sicherzustellen, dass das Produkt gemäß den Eckpunkten und Anforderungen sowie innerhalb der Budget- und Zeitvorgaben entwickelt wird.

Wichtigster „Partner" des Produktmanagers in dieser Phase ist die Forschungs- und Entwicklungs- (F&E)-Funktion des Unternehmens. Üblicherweise wird F&E in die drei Teilaktivitäten **Grundlagenforschung, angewandte Forschung** und **Produktentwicklung** unterteilt.[1134] Die Produktrealisierung kann auch außerhalb des eigenen Unternehmens durchgeführt werden. Mit externen Partnern wird ggf. in kooperativen oder gemeinschaftlichen Konstellationen zusammengearbeitet. Bei dieser **Make-Partner-Buy-Entscheidung** im Entwicklungsbereich spielen operative und strategische Kriterien eine Rolle. Grundlegend für Make-Partner-Buy-Entscheidungen ist die Verfügbarkeit der benötigten internen Kapazitäten sowie des erforderlichen internen Know-hows. Außerdem sind die Kosten und Steuerungsmöglichkeiten einer externen Entwicklung relevant, ebenso wie Verwertungsrechte der entwickelnden Artefakte.[1135] Im Weiteren soll von einer internen Entwicklung, ggf. unter Zulieferung externer Entwicklungsdienstleistungen, ausgegangen werden.

Im hier besprochenen Kontext des Produktmanagements ist der Teilbereich (Produkt-)Entwicklung aus der F&E-Funktion relevant. Die Aufgaben des **Produktmana-**

1134 Vgl. Brockhoff/Brem (2021), S. 47; Brockhoff/Brem weisen darauf hin, dass die Abgrenzung der F&E-Teilbereiche problematisch sein kann, vgl. Brockhoff/Brem (2021), S. 47–49; Werner unterscheidet den Teilbereich „Entwicklung" weiter nach Neuigkeitsgrad der Aufgaben in experimentelle Entwicklung, konstruktive Entwicklung, Routine-Entwicklung, vgl. Werner (1997), S. 10.
1135 Vgl. Brockhoff/Brem (2021), S. 55–60 und S. 133–135.

gers in der Produktrealisierungsphase können in 3 **entwicklungsbezogene Aufgaben** und 3 **sonstige Aufgaben** eingeteilt werden (vgl. Abbildung 4.91).

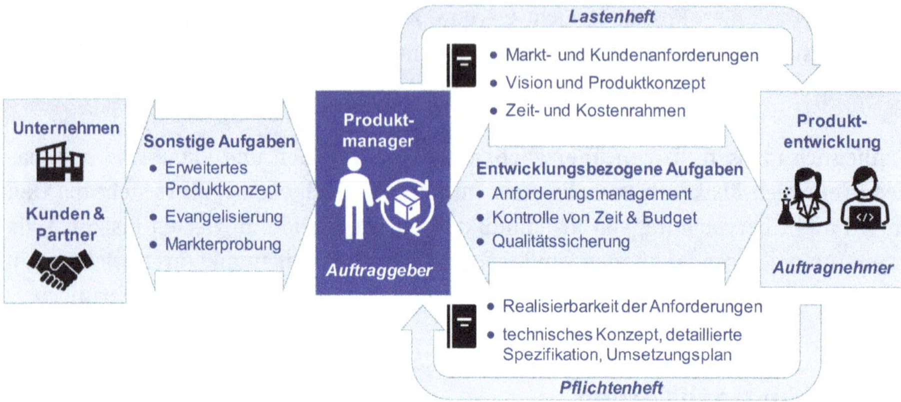

Abbildung 4.91: Rolle und Aufgaben Produktmanager in der Produktrealisierung.

Die Beziehung zwischen Produktmanager und Produktentwicklung entspricht einer **Auftraggeber- Auftragnehmer-Konstellation**. Die Beauftragung erfolgt durch das Lastenheft.[1136] Dieses entsteht auf Basis der Ergebnisse der Konzeptphase. Das Lastenheft wird von der Entwicklungsseite hinsichtlich Machbarkeit geprüft. Das Umsetzungskonzept und detaillierte Pläne formuliert die Produktentwicklung im Pflichtenheft, welches dem Produktmanager zur Prüfung vorgelegt wird.

Die Rolle des Produktmanagers und die praktische Interaktion mit dem Entwicklungsteam hängen vom gewählten Entwicklungsmodell ab. Dieses wiederum sollte an die Dynamik und Unsicherheit der Umweltveränderungen sowie an die Komplexität der Aufgabe angepasst sein (vgl. Abbildung 4.92).

In einem agilen Entwicklungsprozess, z. B. Scrum, kann der Produktmanager die Rolle des Product Owners zusätzlich übernehmen.[1137] Im klassischen Entwicklungsansatz muss der Produktmanager in wichtigen Projektsteuerungsgremien vertreten sein. Eine enge Abstimmung mit dem technischen Projektleiter ist in jedem Fall angezeigt.

In folgenden Abschnitt sollen zunächst die Konzepte Lastenheft und Pflichtenheft erläutert werden, da diese die Zusammenarbeit zwischen Produktmanager und Produktentwicklung verankern (Kap. 4.5.1). Danach werden die in Abbildung 4.91 genannten **sechs Aufgaben des Produktmanagers in der Produktrealisierungsphase** beleuchtet (Kap. 4.5.2 bis Kap. 4.5.7).

1136 Vgl. Kap. 4.5.1 (Exkurs Lastenheft und Pflichtenheft).

1137 Vgl. Kap. 2.3.1.5.3 (Abgrenzung der Rollen Produktmanager und Product Owner).

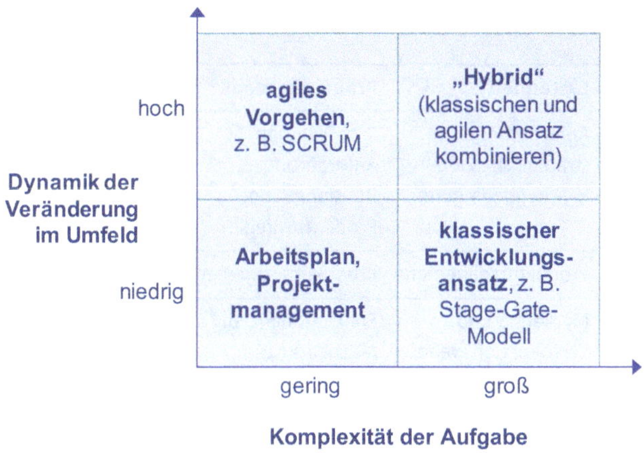

Abbildung 4.92: Vorgehen bei Entwicklungsaufgabe[1138].

4.5.1 Exkurs: Lastenheft und Pflichtenheft

Die Erstellung von **Entwicklungsdokumenten** wie Anforderungsliste, Lastenheft, Produktkonzept und Pflichtenheft hat das Ziel, **Klarheit und Struktur im Produktentwicklungsprozess** sicherzustellen. Tabelle 4.11 stellt die genannten Dokumente gegenüber:

Tabelle 4.11: Vergleich Produktplanungsdokumente.

	Anforderungsliste	Lastenheft	Produktkonzept	Pflichtenheft
Perspektive	Bedürfnisse und Wünsche der Kunden/Produkt-Stakeholder	Kunden/Stakeholder-sicht: „Was wird benötigt und warum?“	Unternehmenssicht: „Wie wird die Produktvision umgesetzt?“	Entwicklungssicht: „Wie wird das Lastenheft umgesetzt?“
Zielsetzung	Sammlung und Priorisierung aller Anforderungen, Arbeitsgrundlage/ Rohdaten für den weiteren Prozess	Beschreibung der Anforderungen und Wünsche (inkl. Zusammenhänge), ggf. Vertrags-grundlage	Grundidee sowie strategische Ausrichtung des Produkts aufzeigen (Antwort auf Lasten-heft), Validierung des Vorhabens	Planung der Umsetzung auf technischer Ebene, ggf. Vertragsgrundlage

1138 Vgl. Engeln (2020), S. 53.

Tabelle 4.11 (fortgesetzt)

	Anforderungsliste	Lastenheft	Produktkonzept	Pflichtenheft
Inhalt	Anforderungen erheben, analysieren und strukturiert dokumentieren	Anforderungen, strategische Ziele, Rahmenbedingungen	Produktvision, Anforderungen, Positionierung, Produktstrategie	Detaillierte technische Spezifikation, Umsetzungsplan
Verantwortlich	Produktmanagement	Produktmanagement	Produktmanagement	Entwicklung
Beteiligt	Interne Produkt-Stakeholder, insb. Marketing & Vertrieb	Marketing und Vertrieb, ggf. weitere interne Stakeholder	Entwicklung (z. B. Machbarkeit), Marketing (Positionierung)	Produkt-management (Zustimmung)

Die genannten Dokumente verbessern die Kommunikation zwischen den Beteiligten, reduzieren Risiken und fördern Effizienz und Akzeptanz (Nachvollziehbarkeit) des Vorhabens. Das **Produktkonzept** inklusive der **Anforderungsliste** wurde in Kap. 4.3 erörtert. Auf Basis des Produktkonzepts sind nun als Ankerdokumente für die technische Produktrealisierung das Lastenheft und das Pflichtenheft zu erstellen. Es liegt **kein branchenübergreifender Standard** und keine allgemeine Norm für Pflichten- und Lastenhefte vor.[1139] Der Verein Deutscher Ingenieure (VDI) gibt lediglich Richtlinien zur Vorgehensweise zur Erstellung für unterschiedliche Produktkategorien vor. Der Verband der Automobilindustrie (VDA) schlägt beispielsweise eine „automotive Standardvorlage für Komponentenlastenhefte“ vor, die auf der Zusammenstellung von „Best Practices“ beruht.[1140]

Im **Lastenheft** „wird [durch den Produktmanager] spezifiziert, welche Anforderungen die zu entwickelnde Leistung gemäß den Markt- und Kundenanalysen zu erfüllen hat. Im Lastenheft ist die Frage ‚Was ist wofür zu lösen?‘ zu beantworten.“.[1141] Zum besseren Verständnis der Anforderungen kann erläutert sein, wie der Markt segmentiert ist und wer die Zielkunden sind. Neben gewünschten Funktionen und Eigenschaften sollten auch alle Randbedingungen wie interne Anforderungen (z. B. von Produktion oder Vertrieb), zeitliche Zielsetzungen (z. B. Markteinführung, Lebensdauer), einzuhaltende Normen sowie Ziele für Produkt- und Projektkosten enthalten sein.[1142] Schließlich sollte das Lastenheft ausgewählte Lösungsvorgaben sowie Priori-

1139 Vgl. Göhling/Fay (2021), S. 219.

1140 Vgl. VDA (2007).

1141 Bruhn/Hadwich (2017), S. 210; das Lastenheft ist die vom Produktmanager (Auftraggeber) festgelegte Gesamtheit der Anforderungen an die Lieferungen und Leistungen eines Auftragnehmers, vgl. Ponn u. a. (2024), S. 65–66.

1142 Vgl. Vahs u. a. (2023), S. 461.

täten hinsichtlich Funktionen und Eigenschaften nennen, welche der Produktmanager in der Phase „Konzepteckpunkte“ ermittelt hat.[1143]

Im **Pflichtenheft** legt die Entwicklungsfunktion (oder ein externer Entwicklungsdienstleister) fest, „wie und womit die im Lastenheft festgeschriebenen Anforderungen zu realisieren sind. Das Pflichtenheft umfasst die organisatorischen und/oder technischen Vorgaben zur Erstellung einer Leistung und gibt Antwort auf die Frage ‚Wie und womit werden die Anforderungen aus dem Lastenheft realisiert?‘.“[1144] Das Pflichtenheft wird erst in der Realisierungsphase erstellt – eine Go-Entscheidung für das Produkt auf Basis der Wirtschaftlichkeitsrechnung vorausgesetzt. Inhalte eines Pflichtenhefts sind z. B.:[1145]

- Anforderungen an Funktionen
- detaillierte Leistungsdaten (Abmessungen, Design)
- Toleranzbereiche für Produktion und Qualitätssicherung
- Terminziele, Meilensteine sowie konkrete Arbeitsvorgaben
- Anforderungen hinsichtlich der zu beschaffenden Teile
- Vorgabe von Normen und Prüfvorschriften
- Gliederung des Produkts in Baugruppen und Einzelteile
- detaillierte Daten über Konkurrenzprodukte
- Zielkosten, Serviceangebot usw.

Kurz zusammengefasst ist das Lastenheft „eine Problem- und Zielbeschreibung“, wohingegen das Pflichtenheft die „Problemlösung und die Zielerreichung“ beschreibt.[1146]

Der Aufwand für die Erstellung dieser Dokumente variiert je nach Projektkomplexität, Branchenstandard und Unternehmenskultur.[1147] Während Anforderungsliste und Produktkonzept als interne Arbeitsdokumente dienen und weniger formaler Natur sind, können Lastenheft und Pflichtenheft „Vertragsdokumente“ darstellen, die bestimmte formale Ansprüche erfüllen müssen.[1148] Dies gilt insbesondere, wenn externe Dienstleister beauftragt werden.

1143 Vorgaben für technische Lösungen oder Prioritäten für Funktionen und Eigenschaften des Produkts sind im engeren Sinne keine Lastenheftinhalte, jedoch zur Sicherstellung der angestrebten Produktpositionierung u. U. notwendig.

1144 Bruhn/Hadwich (2017), S. 210.

1145 Vgl. Vahs u. a. (2023), S. 462; Aumayr (2019), S. 27.

1146 Vgl. Aumayr (2019), S. 26–27.

1147 Falls ein agiler Entwicklungsprozess wie z. B. Scrum verfolgt wird, wird erheblich weniger formaler Aufwand in die Dokumentation investiert.

1148 Der Begriff Vertragsdokument ist, falls nur interne Funktionen beteiligt sind, nicht im juristischen Sinne zu verstehen. Vielmehr soll eine hohe Verbindlichkeit ausgedrückt werden.

4.5.2 Anforderungsmanagement

> „Whatever the cause of requirements changes, it is important to recognize the inevitability of change and adopt measures to mitigate the effects of change.“[1149]

Das **Anforderungsmanagement** ist neben der Anforderungsklärung (Kap. 4.3.2) die zweite Säule des „Requirement Engineering“. Neben dem im Folgenden genauer erörterten Änderungsmanagement umfasst es die Freigabe, Versionierung und Rückverfolgung von Anforderungen.[1150]

Die Anforderungen werden nach Erhebung im Rahmen von Reviews geprüft (vgl. Kap. 4.3.2.3.3). Die so entstehende **initiale Anforderungsliste** ist mit Abschluss der Anforderungsklärung als erste „Anforderungs-Basislinie“ (engl. baseline) freigegeben.[1151] Eine Anforderungsänderung bezieht sich immer auf einen freigegebenen Stand der Anforderung. Dabei ist „eine **technische Änderung** [...] eine Zustandsveränderung von Produktmodellen, die bereits für die weitere Entwicklung oder Produktion freigegeben sind, zum Zweck der Eigenschaftsveränderung des Produkts unter Einsatz von Zeit und Ressourcen für den Änderungsvorgang“.[1152] Technische Änderungen sind von **organisatorischen Änderungen** zu unterscheiden. Letztere beschreiben bewusste Veränderungen der Strukturen und Prozesse als Reaktion auf veränderte externe oder interne Einflussfaktoren.

Änderungen können als Reaktion auf **drei Situationen** notwendig sein:
- veränderte Bedürfnisse von Stakeholdern (insbesondere auf Kundenseite)
- Änderungen im Produktkontext, z. B. falls angedachte Funktionen nicht realisierbar sind
- erkannte oder antizipierte Fehler des Produktmodells

Änderungen können durch interne oder externe Ursachen ausgelöst werden (vgl. Abbildung 4.93).

Je nachdem, ob die Ursache „voraussehbar“ war, werden neuerungs- oder fehlerbezogene Ursachen von Änderungen unterschieden:[1153]

1149 IEEE 28148, zitiert auf Bühne/Herrmann (2015), S. 85.

1150 Vgl. Baumgart (2016), S. 444; Bühne/Herrmann nennen vier Aktivitäten des Requirement-Engineering-Prozesses: Anforderungen ermitteln, dokumentieren, prüfen/abstimmen, verwalten, vgl. Bühne/Herrmann (2015), S. 170.

1151 „Anforderungs-Basislinien sind ausgewählte, formal geprüfte und freigegebene Anforderungs-Konfigurationen, die stabile Anforderungs-Artefakte umfassen und oftmals einen fest definierten Entwicklungs- und Auslieferungsstand für ein Produkt widerspiegeln“, Bühne/Herrmann (2015), S. 82.

1152 Langer (2016), S. 513.

1153 Vgl. Langer (2016), S. 516–517; laut Langer bewegt sich der Anteil fehlerbezogener Änderungsursachen zwischen 53 und 73 % des Änderungsaufkommens. Bühne/Herrmann verwenden die Begriffe korrektive und adaptive Änderungen, vgl. Bühne/Herrmann (2015), S. 88.

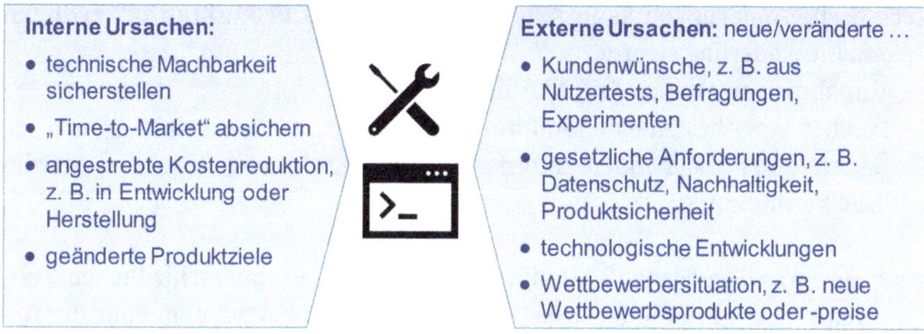

Abbildung 4.93: Ursachen von Anforderungsänderungen.

- **Neuerungsbezogene** Änderungsursachen sind eine Reaktion auf veränderte Einflussfaktoren innerhalb oder außerhalb des Unternehmens, die nicht hinreichend antizipiert werden konnten und eine Veränderung der Soll-Eigenschaften des Produkts erfordern. Ursachen sind beispielsweise (als unvorhersehbar geltende) neue Technologien, veränderte Kundenwünsche oder Gesetzgebung.
- **Fehlerbezogene** Ursachen umfassen dagegen Fehler von beteiligten Personen oder Teams, die die Änderung von Anforderungen nötig machen. Falls „vorhersehbare" Veränderungen nicht korrekt in den Anforderungen berücksichtigt wurden, liegt ebenfalls eine fehlerbezogene Änderungsursache vor. Fehlerbezogene Ursachen sind per Definition also vermeidbar und resultieren häufig aus Fehlern oder Ungenauigkeiten in der Prozessdurchführung, bei der Kommunikation oder bei internen Abläufen.

„Das **Änderungsmanagement** regelt die Fortentwicklung des Produkts, indem es vor allem die Änderungswünsche an das Produkt sowie deren Abwicklung überwacht. Durch das Änderungsmanagement wird der Lebenszyklus aller Änderungswünsche über die Schritte Entstehen, Bewerten, Realisieren, Testen und Abnehmen hinweg überwacht."[1154] Die **Ziele des Änderungsmanagements** sind die ...[1155]

- präzise Bewertungen von Änderungen bzgl. Nutzen und Aufwand (technische Machbarkeit, Kosten, Ressourcen, Risiken, Zeitplan),
- transparente Entscheidung für oder gegen Änderungsanträge,
- professionelle Handhabung von Anforderungsänderungen im Projekt, inklusive Dokumentation und Kommunikation.

1154 Bühne/Herrmann (2015), S. 86; eine ähnliche Definition liefert z. B. Langer (2016), S. 524.
1155 Vgl. Baumgart (2016), S. 445.

Eine technische Änderungen kann sich in drei Arten **auf Produktanforderungen auswirken**. Die Änderung erfordert ...[1156]

- die Aufnahme einer neuen Anforderung,
- das Löschen einer bestehenden Anforderung oder
- das Ändern einer bestehenden Anforderung durch Ergänzung, Reduktion oder inhaltliche Veränderung.

Freigegebene Anforderungskonfigurationen können sich zu unterschiedlichen **Zeitpunkten** während des Produktlebenszyklus ändern, beginnend mit dem Ende der Anforderungsklärung[1157] (vgl. Abbildung 4.94):

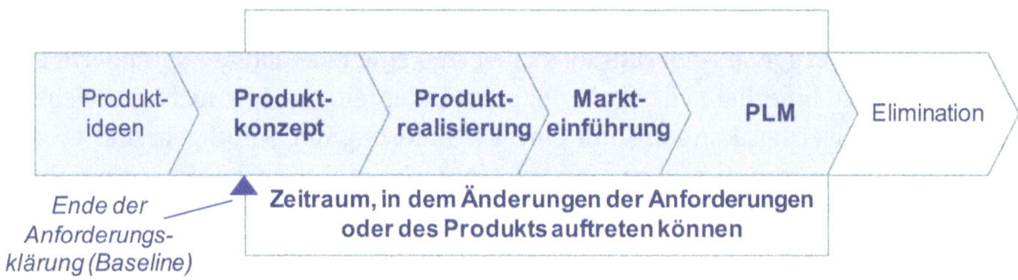

Abbildung 4.94: Änderungszeitraum im Lebenszyklus.

Während der **Konzeptphase** kann sich die Zielrichtung gegenüber der ursprünglichen Produktvision ändern oder konkretisieren. Dies kann Anpassungen von Anforderungen nach sich ziehen. Vor der Lastenhefterstellung sind Änderungen meistens unkritisch, da noch keine Entwicklung i. e. S. erfolgt ist.

Im Rahmen der **Produktrealisierung** treten die meisten Anforderungsänderungen auf, da hier die Konkretisierung und technische Umsetzung in Produktlösungen erfolgt. Anforderungsänderungen implizieren eine geänderte Aufgabenstellung für das Entwicklungsteam und können u. U. weitreichende Konsequenzen für Projektkosten und Time-to-Market haben.[1158]

In der **Markterprobungsphase** (vor Markteinführung) kann Kunden- bzw. Marktfeedback zu späten Änderungen führen. Dies kann eine verzögerte Markteinführung bedeuten.

Auch in der **Marktpräsenzphase (PLM)** können Änderungen erforderlich sein, z. B. die Korrektur von Produktfehlern, die Anpassung von Auslegungsparametern,

---

1156 Vgl. Bühne/Herrmann (2015), S. 89.

1157 Neue Anforderungen oder Anforderungsänderungen während der Phase der Aufgabenklärung (also vor dem ersten Baselining) gelten per Definition nicht als „Änderung“.

1158 Laut Langer wenden Unternehmen durchschnittlich 25 % ihrer Entwicklungskapazität für Änderungen auf. 22 % davon werden als „unnötig“ eingeschätzt, was ein erhebliches Potenzial zur Kostensenkung und Effizienzsteigerung darstellt, vgl. Langer (2016), S. 513.

Designverbesserungen oder Optimierungen des User-Interfaces. Die Umsetzung von Änderungen in dieser Phase ist aufwendig und kann auf verschiedenen Wegen erfolgen:
- Produkte werden zur „Reparatur“ zurückgerufen oder ausgetauscht. Im Falle physischer Produkte bedeutet das einen logistischen Aufwand.
- Der Kunde führt eine Änderung selbst durch, angeleitet z. B. durch FAQs, Hotline-Mitarbeiter oder Chatbots.
- Änderung an der Software oder an Inhalten können u. U. durch Verbindung des Produkts mit dem Internet (kabelgebunden oder „Over-the-Air“) durchgeführt werden.[1159]

Als Basis einer Änderung ist ein **schriftlicher Änderungsantrag** erforderlich. Dieser sollte die in Abbildung 4.95 dargestellten Basisinformationen enthalten:

<table>
<tr><td colspan="2">Änderungsantrag zu Anforderung XY</td><td>ID und Datum</td></tr>
<tr><td colspan="2">Name des Antragstellers, Org.-Einheit</td><td>ID und Version der Anforderung</td></tr>
<tr><td>Begründung</td><td colspan="2">Grund, Bedarf, Quelle für die Änderung (z. B. Wettbewerber, Kundenwunsch, Testergebnis)</td></tr>
<tr><td>Nutzen</td><td colspan="2">Abschätzung von Art und Umfang des zu erwartenden Nutzens durch die Änderung</td></tr>
<tr><td>Auswirkung</td><td colspan="2">Abschätzung des Aufwands bzw. der Folgen für das Projekt (Kosten, Zeitplan, Qualität)</td></tr>
<tr><td>Machbarkeit</td><td colspan="2">Abschätzung der technischen Machbarkeit und Risiken</td></tr>
</table>

Abbildung 4.95: Änderungsantrag[1160].

Im Änderungsmanagementprozess spielt das sog. **Änderungskomitee** (engl. „Change Control Board“ oder „Change Advisory Board“) als Entscheidungsinstanz eine wichtige Rolle. Es sollte interdisziplinär besetzt sein und alle internen Stakeholder einbeziehen, insbesondere den Produktmanager und Vertreter der Entwicklung.[1161] Das Änderungskomitee entscheidet für jeden Änderungsantrag ob und ggf. wann dieser umgesetzt werden soll (vgl. Abbildung 4.96):

1159 Vgl. Kap. 5.3.1.4.4 (Software-Updates und Erweiterungen).

1160 Vgl. Baumgart (2016), S. 445; Bühne/Herrmann schlagen einen detaillierteren, 20 Punkte umfassenden Änderungsantrag vor, vgl. Bühne/Herrmann (2015), S. 95.

1161 Vgl. Langer (2016), S. 527–528.

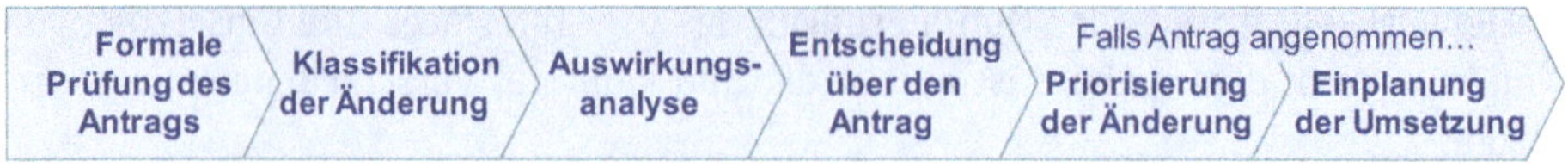

Abbildung 4.96: Prozess Änderungsmanagement[1162].

Die Ergebnisse der **Auswirkungsanalyse** dienen dem Änderungskomitee als Entscheidungsgrundlage. Die Gründe für eine Ablehnung eines Änderungsantrags sind beispielsweise ein hoher geschätzter Umsetzungsaufwand, ein unklarer oder zu geringer Nutzen oder ein Widerspruch zu den Produktzielen.

Änderungen verursachen **unmittelbaren und mittelbaren Aufwand**. Neben dem angestrebten Nutzen kann eine Änderung auch positive motivatorische Auswirkungen haben. Auswirkungen – positiv oder negativ – können produkt-, prozess-, personenbezogener oder wirtschaftlicher Art sein (vgl. Abbildung 4.97):

Abbildung 4.97: Auswirkungen von Änderungen.

Änderungen von Anforderungen zielen in der Regel auf einen Mehrwert im Sinne der Produktziele. Langer systematisiert die **Ziele technischer Änderungen** wie folgt:[1163]

- Veränderungen der Zielsetzung von Produktfunktionen und -eigenschaften
- Entwicklung alternativer Produktvarianten
- Integration von (bisher nicht berücksichtigten) Innovationen, Technologien oder Trends
- Beheben von erkannten Mängeln am Produkt
- notwendige Änderung infolge einer anderen korrelierten Änderung
- Reduzierung der unternehmensinternen Kosten

1162 Vgl. Bühne/Herrmann (2015), S. 93–94.
1163 Vgl. Langer (2016), S. 517.

Strategien zur **Optimierung des Änderungsmanagements** können präventiv, transventiv oder postventiv sein:[1164]

- **Präventiv** gilt es, unnötige technische Änderungen zu vermeiden. Dies erfordert eine umfassende Anforderungsklärung. Außerdem sollten Änderungsbedarfe frühzeitig erkannt werden, da die Kosten von Änderungen im Prozessverlauf exponentiell steigen (sog. Rule-of-10[1165]). Dies kann z. B. durch frühzeitige Kundeneinbindung mittels Prototyping oder durch interdisziplinäre Reviews unterstützt werden.
- **Transventiv** sollten der Änderungsprozess und insbesondere die Entscheidungsfindung schnell und transparent sein. Das Kosten-Nutzen-Verhältnis von Änderungen sollte die wichtigste Richtschnur darstellen. Kommunikation und Informationsverfügbarkeit sind weitere Erfolgsfaktoren im Änderungsprozess. Außerdem kann es sinnvoll sein, sowohl den Entwicklungsprozess als auch die Produktstruktur so zu gestalten, dass Änderungen mit weniger negativen Auswirkungen verbunden sind („design for changability"). Dies kann z. B. durch Sicherheitspuffer im Prozess oder modulare Produktarchitekturen erfolgen. Eine geeignete IT-Unterstützung des Änderungsprozesses ist unabdingbar.
- **Postventiv** ist kontinuierliches Lernen im Änderungsprozess geboten. Lerneffekte aus Änderungen in einem Projekt sollten dazu führen, dass ähnliche Änderungen in Folgeprojekten vermieden werden können.

Der **Produktmanager** spielt nicht nur in der Anforderungsklärung, sondern auch im Änderungsmanagement eine Schlüsselrolle. In der Auswirkungsanalyse von Änderungsanträgen muss der Produktmanager prüfen, ob Änderungen im Einklang mit der Produktstrategie und den Kundenbedürfnissen stehen. Er muss abschätzen, wie sich Änderungen auf den Markterfolg auswirken. Andere Auswirkungen, z. B. steigende Entwicklungskosten oder zusätzliche Serviceanforderungen, sind durch andere Mitglieder im Änderungskomitee zu beurteilen. Eine weitere Rolle des Produktmanagers ist es, zwischen verschiedenen Stakeholdern (insbesondere zwischen der technischen und marktseitigen Perspektive) zu vermitteln, um ein gemeinsames Verständnis und Konsens über Änderungen zu erreichen.

4.5.3 Kontrolle von Zeit und Budget

Entwicklungsprojekte können sehr komplex und aufwendig sein sowie erhebliche Unsicherheiten und Risiken mit sich bringen. Neben der Effektivität („das Richtige tun")

1164 Vgl. Langer (2016), S. 532–535; Bühne/Herrmann (2015), S. 180–184.
1165 Vgl. Brockhoff/Brem (2021), S. 289.

ist auch die **effiziente Gestaltung** der Entwicklungsaktivitäten ein Erfolgsfaktor.[1166] Hier treffen laut Werner, mit den kreativen Entwicklern auf der einen Seite und den Effizienz-messenden Controllern auf der anderen Seite, in der Praxis oft zwei Welten aufeinander.[1167]

Aus dem relevanten Themenkomplex des ganzheitlichen Innovationscontrollings ist in der Realisierungsphase vor allem der Bereich des **F&E-Controllings** (Entwicklungscontrolling) relevant. Brockhoff definiert F&E-Controlling als die „ergebnisorientierte Ausrichtung (Planung, Steuerung und Kontrolle) aller Prozesse zur Schaffung neuen technischen Wissens".[1168] Zu den regelmäßigen Aufgaben des F&E-Controllings gehören:

- Mitarbeit bei der strategischen und operativen F&E-Programmplanung sowie bei der integrierten Produkt- und Projektplanung
- Beurteilung von F&E-Anträgen (Kosten bzw. Wirtschaftlichkeit)
- Mitarbeit bei der Kapazitätsbelegungs- und Budgetplanung
- laufende Kontrolle der Kapazität und Kostensituation
- Verfolgung der Entwicklungstermine je Projekt
- Verfolgung des Projekt-/Produktergebnisses
- Erstellung und Überwachung von Kennzahlen

Innerhalb des Entwicklungscontrollings soll an dieser Stelle nur der **operative Teil** betrachtet werden, da strategische Controlling-Themen in der Konzeptphase abgedeckt werden. Ziel ist es, die Umsetzung des **Entwicklungsprojekts so effektiv und effizient** wie möglich zu gestalten. Dabei sind zwei voneinander abhängige Bereiche zu bearbeiten: einerseits die **Planung** (von Kosten, Kapazitäten und Ressourcen, Entwicklungsdauer und Entwicklungszielen), andererseits die **Kontrolle** (dieser Größen). Ein wesentliches Konzept ist die **Abweichungsanalyse**. Dabei werden Differenzen zwischen Planwerten und tatsächlichen Ist-Werten periodisch ermittelt und untersucht. Dabei können Abweichungen nicht nur durch schwache Ist-Werte, sondern auch durch „fehlerhafte" Planwerte verursacht sein.[1169] Der typische Abweichungsfall besteht darin, dass Planwerte nicht eingehalten werden können, beispielsweise Terminverzug oder Kostenüberschreitung. Als korrigierende Maßnahme kann das Projektvorgehen nachgebessert oder der Plan angepasst werden (oder beides).

Das operative Entwicklungscontrolling arbeitet dabei dem **Produktmanager** in seiner Managementrolle zu. Es unterstützt bei der Planung, der Informationsbeschaf-

1166 Vgl. Gleich u. a. (2016), S. 349.

1167 Vgl. Werner (1997), S. 16; Brockhoff/Brem (2021), S. 276.

1168 Vgl. Brockhoff/Brem (2021), S. 282; der Begriff des Entwicklungscontrollings ist in der Literatur nicht klar definiert, vgl. Brockhoff/Brem (2021), S. 267–277.

1169 Vgl. Brockhoff/Brem (2021), S. 297; Brockhoff weist darauf hin, dass Planwerte unbewusst oder bewusst fehlerhaft sein können, was durch unterschiedliche Maßnahmen zu beheben ist.

fung sowie dem Performance-Management.[1170] Neben dem Produktmanager gibt es weitere Adressaten, insbesondere den technischen Projektleiter und die Entwicklungsleitung.

Dem operativen Entwicklungscontrolling stehen u. a. folgende Instrumente zu Verfügung: Projektkostenrechnung, Meilensteinplanung, Kapazitäts- und Ressourcenplanung sowie Projektfortschrittskontrolle.

4.5.3.1 Projektkostenrechnung

Die Projektkostenrechnung zielt darauf ab, sämtliche im Projekt **anfallenden Kosten systematisch zu erfassen, zu überwachen und zu steuern**. Sie dient dazu, die Wirtschaftlichkeit eines Projekts sicherzustellen und frühzeitig Abweichungen vom geplanten Budget zu erkennen, sodass notwendige Gegenmaßnahmen ergriffen werden können.

Ab einer gewissen Komplexität ist das Projekt in Teilprojekte (Teilaufgaben) sowie in Arbeitspakete aufzuteilen **(Dekomposition)**. Der Zusammenhang zwischen Gesamtprojekt, Teilprojekten und Arbeitspaketen wird im **Projektstrukturplan** dargestellt. Kostenplanung, Erfassung und Analyse erfolgt dann auf Ebene der Arbeitspakete sowie aggregiert auf Teilprojekt- und Projektebene. Abhängigkeiten zwischen einzelnen Arbeitspaketen müssen beachtet werden, z. B. mithilfe der Netzplantechnik.[1171]

Die **Projektkostenrechnung** umfasst folgende Schritte bzw. Aspekte:

- Zu Beginn eines Projekts werden sämtliche voraussichtlichen Kosten ermittelt und geplant, beispielsweise für Personal, Material, Maschinen, Dienstleistungen und Gemeinkosten. Diese Informationen fließen in die Erstellung eines detaillierten **Projektbudgets**, das als Grundlage für die spätere Kostenkontrolle dient.
- Während der Entwicklungszeit werden die tatsächlichen Kosten laufend erfasst und mit den geplanten Kosten verglichen **(Soll-Ist-Vergleich)**. Dadurch werden Abweichungen frühzeitig identifiziert, inklusive der kostentreibenden Faktoren.[1172]
- Die gesammelten Kostendaten werden analysiert, um **Ursachen** für etwaige Überschreitungen zu ermitteln. Regelmäßige Berichte und Dashboards bilden eine Basis für Anpassungsentscheidungen.
- Daneben werden potenzielle **Kostenrisiken** identifiziert, beispielsweise Verzögerungen im Projektablauf. Durch Szenario- und Sensitivitätsanalysen können Risiken quantifiziert und in die Projektplanung integriert werden.

1170 Vgl. Gleich u. a. (2016), S. 353–354.

1171 Einen Überblick über entwicklungsrelevante Netzplanmethoden gibt z. B. Pepels, vgl. Pepels (2016), S. 249–255.

1172 Vgl. Hofbauer (2018), S. 496.

– Nach Projektende erfolgt eine abschließende Kostenanalyse, bei der die tatsächlichen Kosten mit den geplanten Budgets verglichen werden. Diese Erkenntnisse fließen in Form von **Lessons Learned** in die Planung und Steuerung zukünftiger Projekte ein.

Das oben beschriebene Vorgehen impliziert, dass zu jedem Berichtszeitpunkt eine **Abweichungsanalyse** durch Vergleich von Soll- und Ist-Kosten erfolgt und im Falle negativer Abweichungen korrektive Maßnahmen erörtert werden.

Ein Instrument zur Darstellung und Analyse der Kosten im Rahmen der Projektfortschrittskontrolle ist die **Kostentrendanalyse**. Sie dient dazu, frühzeitig Kostenabweichungen zu erkennen und deren Auswirkungen auf das Gesamtprojekt zu bewerten (vgl. Abbildung 4.98):

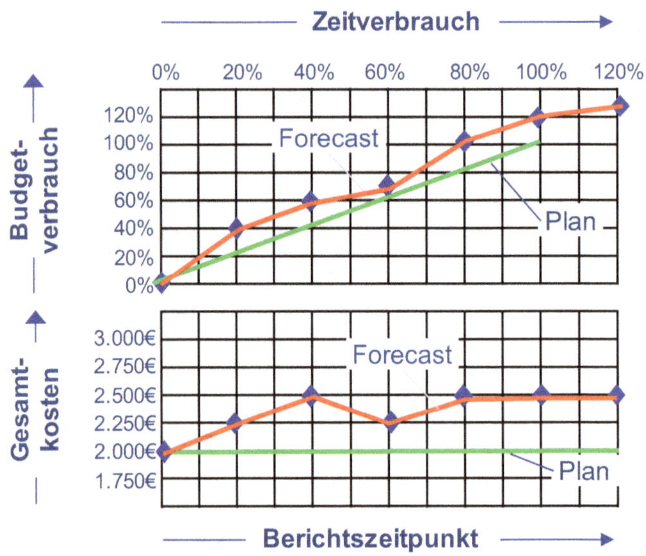

Abbildung 4.98: Beispiel Kostentrendanalyse[1173].

Die Kostentrendanalyse überwacht nicht nur die aktuellen Kosten, sondern **prognostiziert** auch deren zukünftige Entwicklung **(Trend)**.

Insgesamt ermöglicht die Projektkostenrechnung dem Produktmanager, die Wirtschaftlichkeit eines Projekts zu kontrollieren, Ressourcen effizient einzusetzen und fundierte Entscheidungen zur Optimierung des Projektverlaufs zu treffen.

1173 In Anlehnung an Brockhoff/Brem (2021), S. 291; Gleich u. a. (2016), S. 380.

4.5.3.2 Meilensteinplanung und -kontrolle

Die Meilensteinplanung und -kontrolle ist ein wesentliches **Planungs- und Steuerungsinstrument** in der Produktentwicklung. Es dient dazu, komplexe Entwicklungsprozesse zu strukturieren, den Fortschritt zu überwachen und Risiken frühzeitig zu erkennen.

Durch die inhaltliche und zeitliche Definition von **Meilensteinen** kann ein Entwicklungsprojekt geplant und strukturiert werden. Dabei wird festgelegt, wann welche wichtigen Zwischenergebnisse erreicht werden sollen. Der **Produktmanager** muss planerisch sicherstellen, dass auch die Produktstrategie in den Meilensteininhalten und -zeitpunkten abgebildet ist. Die Meilensteine stellen dann **wichtige Kontrollpunkte** im Projekt dar, an denen wesentliche Inhalte überprüft und Entscheidungen über das weitere Vorgehen getroffen werden sollen.[1174]

Am Ende jeder Phase wird – mit Prüfung der im Meilenstein vorgesehenen Zwischenergebnisse – über die Freigabe der finanziellen und personellen Mittel für die nächste Phase entschieden. Fällt die Bewertung negativ aus, kann das Projekt bei jedem Meilenstein gestoppt werden. Dieses in der Praxis weitverbreitete Vorgehen ist der Kern des **Stage-Gate-Entwicklungsprozesses.**[1175] Das ursprünglich starre Stage-Gate-Modell kann entsprechend der Zielsetzung und Rahmenbedingungen angepasst werden, um Projekte schneller, flexibler, kostengünstiger oder in Kooperation mit externen Partnern durchzuführen.[1176]

In klassischen, linear strukturierten Entwicklungsprozessen (z. B. Wasserfallmodell) dienen Meilensteine als feste Kontrollpunkte. In agilen Entwicklungsprozessen sind Meilensteine flexibler und dienen eher zur Überprüfung des Fortschritts. Ein Sprint-Review (im Rahmen von Scrum) kann als dynamischer Meilenstein gesehen werden, der hilft, den Fortschritt und die Qualität (= Erfüllung von Kundenforderungen) des Projekts zu beurteilen.

Typische **(Haupt-)Meilensteile** in einem Produktentwicklungsprojekt sind in Tabelle 4.12 dargestellt:

Tabelle 4.12: Typische Meilensteine.

Haupt-Meilenstein	Inhalte (beispielshaft)	Referenz
Projektstart	– Innovationsauftrag – Ressourcen-/Budgetplanung – Teamzusammenstellung	– Kap. 3.4.3

1174 Vgl. Brockhoff/Brem (2021), S. 252.

1175 Vgl. Kap. 4.1.2.1 bzw. Cooper (2017), S. 99–146.

1176 Vgl. Cooper (2017), S. 147–224 („Beyond-Stage-Gate“ und „Hybrid-Stage-Gate“)

Tabelle 4.12 (fortgesetzt)

Haupt-Meilenstein	Inhalte (beispielshaft)	Referenz
Produktkonzept (Concept-Freeze)	– Anforderungsliste (freigegeben) – Produktpositionierung, inkl. Nutzenversprechen – Produktstrategie, inkl. Eckpunkte, Marketingkonzept, Geschäftsmodell	– Kap. 4.3.2.3.4 – Kap. 4.3.3 – Kap. 4.3.4
Design-Freeze	– Lastenheft und Pflichtenheft (Produktkonzept) – Produktspezifikation, inkl. Ergonomie/UI, Industrial Design, Schnittstellen, Produktionsanforderungen	– Kap. 4.5.1
Start-of-Production (SOP)	– Design-Freeze-Meilenstein – Freigabe Qualitätsmanagement – Lieferkette und Produktionsprozesse etabliert – Produktionskapazitätsplanung erstellt – Produktionskosten überprüft	– Kap. 4.6.3
Markteinführung	– Start-of-Produktion-Meilenstein – Markterprobung erfolgreich – Pläne für Kommunikation, physische und akquisitorische Distribution, Preisgestaltung, Service	– Kap. 4.6.3 – Kap. 4.5.7 – Kap. 4.3.4.2.1

Ein Instrument zur Überwachung der Termintreue eines Projekts ist die **Meilensteintrendanalyse** (MTA). Sie dient dazu, Verzögerungen frühzeitig zu erkennen sowie Trends festzustellen und zu analysieren. Die MTA basiert auf der regelmäßigen Fortschreibung prognostizierter Meilensteintermine über die gesamte Projektdauer. Diese werden im Meilenstein-Trenddiagramm visualisiert, wodurch mögliche Verzögerungen oder Stabilität des Zeitplans sichtbar werden (vgl. Abbildung 4.99).

Folgende Interpretationen lassen sich aus der in Abbildung 4.99 dargestellten Beispiel-MTA ziehen:

- Meilenstein 1 konnte nicht gehalten werden (2 Monate verzögert). Die Terminplanung war wahrscheinlich zu optimistisch. Es ist zu prüfen, ob die Verzögerung auf das Gesamtprojekt durchschlägt.
- Meilenstein 2 wird voraussichtlich einen Monat früher erreicht als geplant. Unter Umständen wurde mit zu viel Puffer geplant, was zu einer ineffizienten Ressourcennutzung führen kann.
- Meilenstein 3 wurde fortlaufend bestätigt. Es ist von einer termingerechten Erreichung auszugehen. Eine gute Planung und effiziente Ausführung der Arbeiten liegen vor.
- Meilenstein 4 wurde mehrfach vor- und zurückverlegt. Probleme wurden erkannt und erfolgreich eingedämmt, bevor erneut Probleme auftraten, die wiederum gelöst werden konnten. Obwohl im Ergebnis voraussichtlich termingerecht geliefert werden kann, entstand Unsicherheit und Mehraufwand durch ungenaue Planung und Ad-hoc-Management.

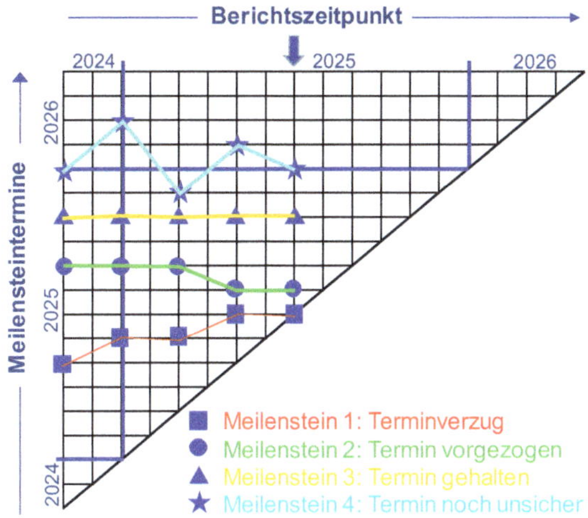

Abbildung 4.99: Beispiel Meilensteintrendanalyse[1177].

Neben ihrer Rolle als Strukturierungs- und Kontrollpunkte dienen Meilensteine (bzw. meilensteinspezifische Meetings) als **Kommunikationsplattform** für den Produktmanager und andere Produkt-Stakeholder.

Die Meilensteinplanung und -kontrolle ermöglicht es, die Produktentwicklung effizient zu steuern, Risiken frühzeitig zu erkennen und sicherzustellen, dass alle Beteiligten auf ein gemeinsames Ziel hinarbeiten.

4.5.3.3 Kapazitäts- und Ressourcenplanung

Die Kapazitäts- und Ressourcenplanung ist Bestandteil der Projektplanung und stellt sicher, dass die **richtigen Ressourcen zur richtigen Zeit in der richtigen Menge verfügbar** sind, um das Projekt effizient und termingerecht umzusetzen.

Den zuvor im Projektstrukturplan aufgelisteten Entwicklungsaktivitäten müssen planerisch die benötigten Ressourcen zugeordnet werden. Hierzu wird in der Kapazitätsplanung der Bestand an Ressourcen (Personal, Test und Prüfstände, Labore etc.) dem Ressourcenbedarf zeitabhängig gegenübergestellt. **Kapazitätsrestriktionen**, insbesondere im Personalbereich, sind in der Planung zu berücksichtigen. Zur grafischen Darstellung der Kapazitäts- und Ressourcenplanung eignen sich Zeitreihen-Histogramme (vgl. Abbildung 4.100).

Der Darstellung des Ressourcenbedarfs kann durch gestapelte Säulen z. B. nach Teilprojekten oder Mitarbeiterkompetenzbereichen differenziert werden. Die Darstellungen bzw. Analysen sind für alle relevanten Ressourcenkategorien durchzuführen.

1177 In Anlehnung an Gleich u. a. (2016), S. 379.

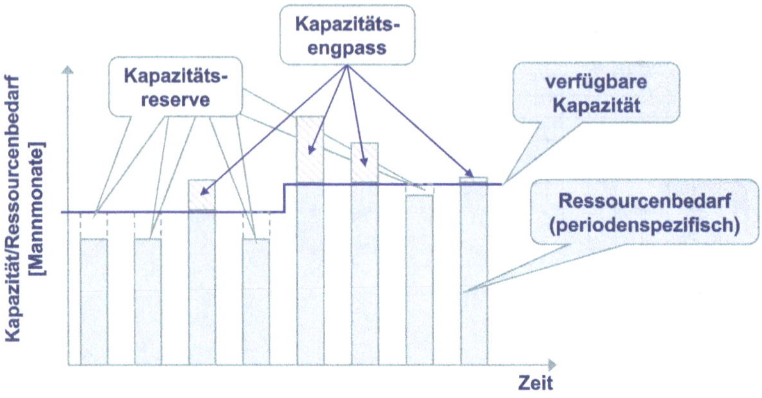

Abbildung 4.100: Beispiel Kapazitäts- und Ressourcenplanung.

Bei Entwicklungsaktivitäten sollten aufgrund von Unsicherheiten ausreichende **Kapazitätspuffer** eingeplant werden.

Liegen **Kapazitätsengpässe** vor, wirkt sich dies unmittelbar auf den Zeitplan des Projekts aus. Engpässe können u. U. durch eine zeitliche Verschiebung einzelner Ressourcenbedarfe aufgelöst werden. Alternativ kann ein Ressourcenmangel durch Personalaufbau, Reduktion der Aufgaben (Änderung von Anforderungen) oder Vergabe an Dritte behoben werden. Zu beachten sind gegenseitige Abhängigkeiten von Aktivitäten und der **kritische Pfad** im Projektplan. Verzögerungen von Aktivitäten, die auf dem kritischen Pfad liegen, führen zu Verzögerungen im Gesamtprojekt.

Die Lösung von Kapazitätsengpässen obliegt der Entwicklungsleitung. Kapazitätsengpässe bedrohen den Projektzeitplan, was wiederum (stärker als andere Parameter) auf die Wirtschaftlichkeit des Produkts durchschlagen kann. Insofern sollten **Produktmanager** frühzeitig über drohende Engpässe informiert und in die Lösungsfindung einbezogen werden. Aus wirtschaftlicher Sicht kann z. B. die Fremdvergabe einer Arbeit oder die Reduktion von Entwicklungsumfängen das „kleinere Übel" im Vergleich zur längeren Time-to-Market sein.

4.5.3.4 Zwischenfazit

Mithilfe von Projektkostenrechnung, Meilensteinplanung und -kontrolle sowie Kapazitäts- und Ressourcenrechnung ist eine integrierte Kontrolle und Steuerung des Entwicklungsprojekts möglich. Verantwortlich für die Steuerung ist der Entwicklungsprojektleiter. Der Produktmanager ist in seiner Rolle als Auftraggeber der Entwicklung ein wichtiger Partner. Insbesondere bei Planabweichungen können beide Rollen gemeinsam effektive Maßnahmen erarbeiten und umsetzen.

4.5.4 Qualitätssicherung

Nachdem das Produktkonzept marktseitig und wirtschaftlich vor dem Entwicklungsstart validiert wurde, ist während der Produktrealisierung keine dedizierte Validierung (mit anschließender Go/Kill-Entscheidung) vorgesehen. Die Qualitätssicherung erfolgt wesentlich entlang zweier in Kap. 4.3.5.1.2 genannter Prototyping-Ziele (vgl. Abbildung 4.101):

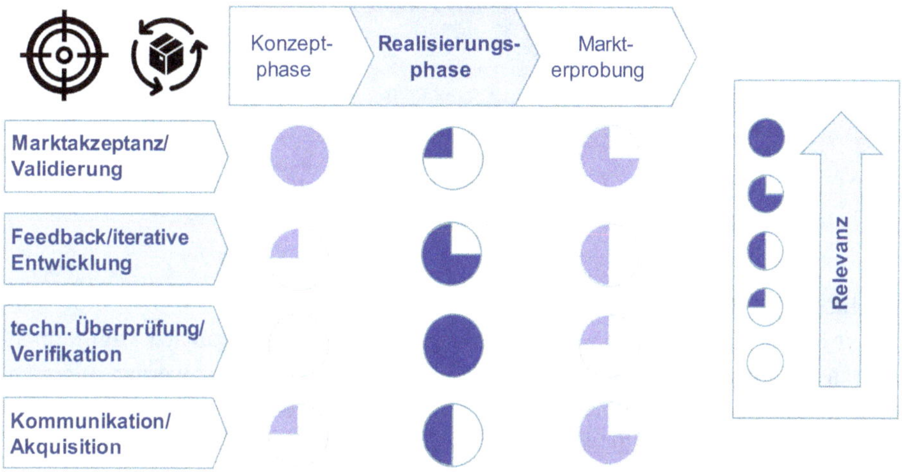

Abbildung 4.101: Ziele Prototyping in der Realisierungsphase.

4.5.4.1 Feedback/iterative Entwicklung

Die iterative Entwicklung des Produkts verfolgt durch frühzeitiges und regelmäßiges Kundenfeedback, das Ziel, bessere Entscheidungen hinsichtlich Produktfunktionen und Eigenschaften zu treffen. Prototypen dienen als Kristallisationspunkt für effektives Kundenfeedback. Im Sinne von Ries' Minimum-Viable-Product können sehr frühe und funktional auf wenige Kernfunktionen beschränkte Prototypen eingesetzt werden, um das Kundeninteresse zu testen und Nutzerfeedback zu erhalten. In Usability-Tests wird beobachtet, wie echte Nutzer mit dem Prototypen interagieren, um mögliche Nutzungsprobleme zu identifizieren und zu beheben.

Um das Kundenverhalten sowie Kundeneinstellungen gegenüber dem Produkt zu erforschen, gibt es eine Reihe von Untersuchungsmethoden. Rohrer nennt 20 gängige Methoden der Nutzerforschung und ordnet diese nach drei Dimensionen (vgl. Abbildung 4.102):

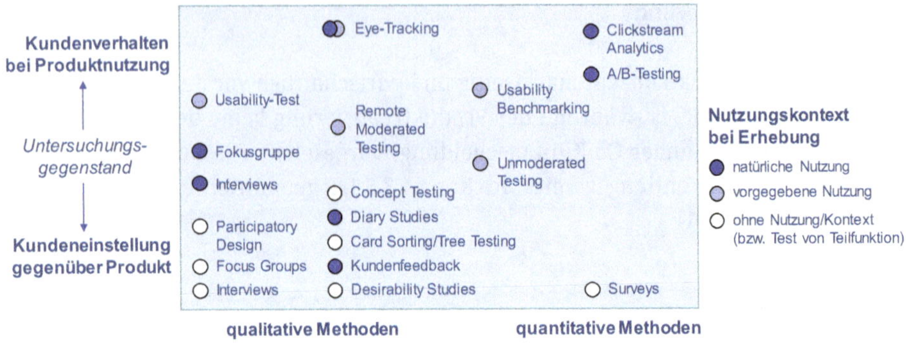

Abbildung 4.102: Landschaft der Kundenforschung[1178].

Die Methodenauswahl zur Qualitätssicherung erfolgt auf Basis der Charakteristika des betrachteten Produkts sowie des Stands im Entwicklungsprozess.

4.5.4.2 Technische Prüfung/Verifikation

In der letzten Phase der Produktentwicklung muss das Produkt zunächst auf Komponenten-, dann auf Modul- und schließlich auf Systemebene getestet werden. Diese Verifikation umfasst die Überprüfung aller Produktfunktionen und Eigenschaften inklusive der Benutzerfreundlichkeit. Es wird also abgeglichen, ob das Produkt die im Pflichtenheft geforderten Funktionen und Eigenschaften erfüllt. Verantwortlich für die Verifikation ist die Produktentwicklung.

4.5.4.3 Fazit

Im Rahmen des Protoypings sollte der **Produktmanager** eine aktive Rolle einnehmen, um die Qualität des Produkts im Sinne von „Qualität = Erfüllung von Kundenanforderungen“ abzusichern. Er sollte z. B. an Sprint-Reviews oder Sitzungen teilnehmen, in denen der Prototypeneinsatz geplant wird. Für die operative Durchführung, z. B. von Befragungen oder Nutzertests, sind die Funktionen Entwicklung und ggf. Marketing verantwortlich.

4.5.5 Entwicklung des erweiterten Produktkonzepts

Das in Kap. 2.1.5 vorgestellte Konzept des erweiterten Produkts sowie das Konzept der Servitization[1179] besagen, dass der Produktnutzen nicht nur durch den Produktkern,

---

1178 In Anlehnung an Rohrer (2022).
1179 Vgl. Kap. 5.3.1.2 (Servitization).

sondern durch ein Leistungsbündel von Komponenten und Dienstleistungen an den Kunden vermittelt wird. Wiederholend sei das erstgenannte Modell nochmals in Abbildung 4.103 visualisiert:

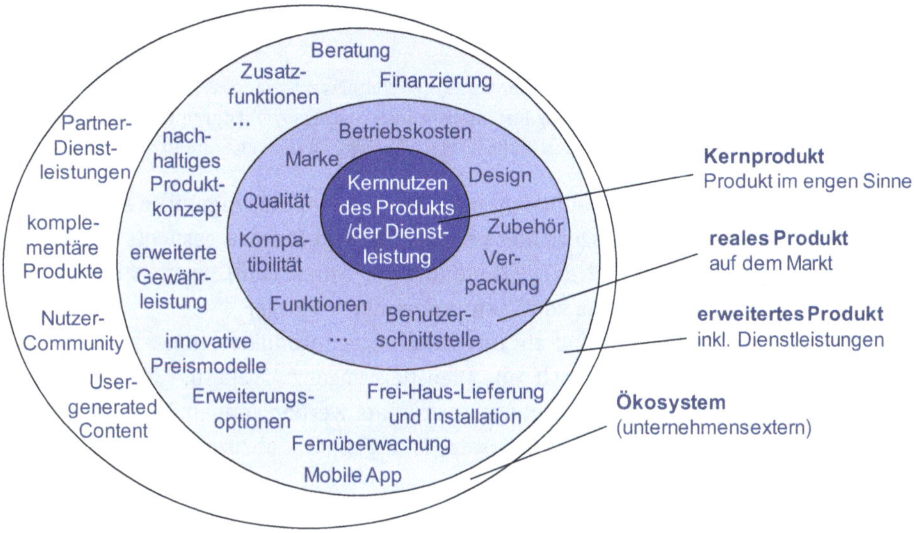

Abbildung 4.103: Model des erweiterten Produkts.

Die Entwicklung eines Produkts umfasst also neben dem Produktkern ggf. weitere im Modell genannte Elemente.

4.5.5.1 Einordnung im Rahmen des Produktentwicklungsprozesses

Einige der in Abbildung 4.103 genannten Elemente des erweiterten Produkts sind technischer Natur und im Entwicklungsauftrag bzw. Lastenheft enthalten, z. B. Produktfunktionen, Design, Verpackung, Benutzerschnittstelle, Zusatzfunktionen, Mobile-App oder spezifische Kompatibilitätsanforderungen. Die „Entwicklung" anderer Elemente obliegt nichttechnischen Unternehmensfunktionen. Zu diesen Elementen zählen z. B. Konzepte für die Finanzierung, Nachhaltigkeit, Gewährleistung oder Lieferung. Eine dritte Gruppe von Elementen des erweiterten Produkts betrifft unternehmensexterne Stakeholder, also Partner und Kunden. Hierzu gehören u. a. komplementäre Produkte, Partnerdienstleistungen, User-Generated Content oder eine Nutzer-Community. Welche Elemente ein erweitertes Produkt im konkreten Fall umfassen sollte, hängt von der Charakteristik des Produkts, der Wettbewerbssituation, den Kundenanforderungen, ggf. gesetzlichen Anforderungen oder der Phase des Produkts im Lebenszyklus ab.

Eine systematische und annähernd vollständige Erörterung dieser Komponenten würde dieses Werk bei Weitem sprengen. Einige der im erweiterten Produktkreis genannten Elemente liegen im Aufgabenbereich des Kundendienstes (Erörterung in

Kap. 4.5.5.2). Außerdem wird die Verpackungsgestaltung als klassisches Produktmanagementthema kurz erläutert (Kap. 4.5.5.3) und ein ebenfalls kurzer Exkurs in das Thema Partnergewinnung unternommen (Kap. 4.5.5.4).

4.5.5.2 Kundendienst

> „Kundendienst ist in jeder Branche eine wirksame Wettbewerbswaffe. Wer im Service führend ist, liegt im jeweiligen Industriezweig fast immer an der Spitze, sowohl durch wachsenden Absatz als auch in der Rentabilität; wer den Service vernachlässigt, landet ganz hinten."[1180]

Wie ausgeführt bestehen Produkte häufig aus einem **Leistungsbündel** mehrerer Komponenten, welches so ausgerichtet ist, dass die vom Kunden gesuchte Problemlösung optimal gewährleistet wird. Die Rolle und der Anteil von Dienstleistungen werden dabei aufgrund einer Reihe von Faktoren immer wichtiger.[1181]

„Kundendienstleistungen sind ein unselbständiger (produktverbundener) Bestandteil eines Leistungsbündels aus Sach- und Dienstleistungen."[1182] Sie sind sog. **sekundäre Dienstleistungen**, die nicht alleinstehend vermarktet werden können. Möglich ist allerdings, sekundäre Dienstleistungen als Zusatzleistung separat abzurechnen, z. B. eine Reparatur oder eine Produktschulung.

4.5.5.2.1 Ziele und Arten von Kundendienstleistungen

Kundendienstleistungen (Service) können abhängig von der Produktart und Strategie von untergeordneter oder strategisch wichtiger Bedeutung sein. In letztgenanntem Fall kann der Service folgende Beiträge im Rahmen der Produktstrategie leisten:[1183]

- **Differenzierung im Wettbewerb** (Akquisitionsfunktion), z. B. durch Zusatzleistungen, die das Primärprodukt aufwerten
- **Erhöhung der Kundenzufriedenheit** durch Komfort und Nutzungserleichterung, z. B. Lieferung und Montage, Finanzierung, Helpdesk, Kunden-Community
- **Kundenbindung** durch Servicekontakte und proaktive Information, z. B. Newsletter, Kundenclubs
- **Imageaufbau** des Unternehmens in Richtung Zuverlässigkeit und Vertrauenswürdigkeit

---

1180 Bliemel/Fassott (2007), S. 143.

1181 Winkelmann nennt fünf Ursachenfelder für eine steigende Relevanz von Dienstleistungen: Entwicklungen des Nachfrageverhaltens, gesellschaftliche Entwicklungen, demografische Entwicklungen, technologische Entwicklungen und Entwicklung der Märkte, vgl. Winkelmann (2023), S. 339.

1182 Vgl. Pepels (2016), S. 126.

1183 Vgl. Winkelmann (2023), S. 342; Pepels (2017), S. 324–325.

- **Zusatzumsätze**, z. B. durch kostenpflichtige Wartungsverträge, Schulungen oder datenbasierte Dienstleistungen rund um das Primärprodukt
- **Marktforschungsfunktion**, durch Sammlung direkten Kundenfeedbacks im Rahmen der Kundendienstleistung, z. B. Verbesserungsvorschläge oder Beschwerden

Kundendienstleistung kann also nicht nur die Wettbewerbsfähigkeit des Primärprodukts und die Kundenzufriedenheit erhöhen, sondern auch neue Geschäftsmodelle ermöglichen.

Sekundärdienstleistungen können nach verschiedenen Kriterien klassifiziert werden – die Klassifikation kann u. U. als **Checkliste oder Ideenliste** für Produktmanager dienen (vgl. Tabelle 4.13):[1184]

Tabelle 4.13: Klassifikation Kundendienst.

Klassifikation nach …	Ausprägungen, Beispiele
Inhalt des Service	Kaufmännische (z. B. Schulung, Beratung, Kunden-Club) oder technische (z. B. Wartung, Reparatur, Entsorgung) Dienstleistung
Zeitpunkt	Erbringung vor dem Kauf (Pre-Sales), während des Kaufs oder nach dem Kauf (After-Sales)
Zielperson	Private Kunden (B2C), gewerbliche Kunden (B2B), Absatzmittler (z. B. Sortimentsberatung, Verkäuferschulung, Logistik, Ersatzteilversorgung)
Erbringer	Herstellereigener Kundendienst vs. Third-Party-Dienstleistung
Art der Erbringung	Personelle oder maschinelle (z. B. Chat-Bots, online FAQs) Dienstleistung
Individualisierungsgrad	Standardisierte oder individuelle Dienstleistung
Affinität zum Primärprodukt	Hoch (z. B. Reservierungsservice für einer Zugfahrt, Wartungsservice für eine Maschine), mittel oder niedrig (z. B. WLAN im Flugzeug)
Verpflichtung	Muss-Leistung (z. B. gesetzlich vorgeschrieben oder für die Produktnutzung erforderlich), Soll-Leistung, Kann-Leistung (unerwartet)

Nach Inhalt können die Arten von Sekundärdienstleistungen weiter untergliedert werden:[1185]

- **Customer-Care**, z. B. Telefonhotline, Produktdemos im Internet, Beschwerdesysteme, Kundenclubs

1184 Vgl. Pepels (2017), S. 324–327; Pepels (2016), S. 126–129; alternativ unterscheidet Koppelmann die Servicepolitik in Lieferleistungspolitik (Zustellung/Selbstabholung, Lieferbereitschaft, Lieferzuverlässigkeit, Lieferqualität), Kundendienstpolitik (Anpassung/Installation/Montage, Pflege/Wartung/Inspektion, Reparatur, Ersatzteilversorgung, Verbraucherreferat) und Garantieleistungspolitik (Garantieumfang und -dauer), vgl. Koppelmann (2001), S. 516–523.

1185 Vgl. Bliemel/Fassott (2007), S. 144; Matys (2018), S. 219–220, Winkelmann (2023), S. 343.

- **Lieferung**, z. B. Onlinebestellsysteme, Informationen zum Auftragsstatus, Hauslieferung, Installation, Entsorgung von Altprodukten
- **Finanzierung**, z. B. Ratenkauf, Mietkauf, Leasing, Inzahlungnahme von Altgeräten
- **Schulung**, z. B. Gebrauchsanweisung, Seminare, Onlineerklärvideos, FAQ-Listen
- **Gewährleistung**, z. B. Rückgabe bei Unzufriedenheit, Garantiezeitverlängerung, Kulanzleistungen außerhalb der Garantie
- **Technischer Kundendienst**, z. B. Inspektion, Wartung, Reparatur, Ersatzteilversorgung

4.5.5.2.2 Service als Werthebel im Produktmanagement

Welche sekundären Dienstleistungen **wirtschaftlich sinnvoll** sind, hängt von der Natur des Produkts, den rechtlichen Rahmenbedingungen, dem Produktlebenszyklus und dem Verhalten anderer Marktteilnehmer ab.[1186] Neue digitale Technologien haben das Spektrum der Möglichkeiten im Kundendienst in den letzten Jahren erweitert (vgl. Serviceinnovationen in Kap. 4.5.5.2.4 und Digitalisierung von Dienstleistungen in Kap. 5.3.1.5).

Die Elemente des geplanten Service-Mix können anhand des Kano-Modells in **Basis-, Leistungs- oder Begeisterungsmerkmale** des Produkts eingeteilt werden.[1187] Bei komplexen oder serviceintensiven Produkten, wie z. B. einem Auto oder einer Enterprise-Softwarelösung, können Sekundärdienstleistungen Leistungs- oder Begeisterungscharakter haben. Bei einfachen Produkten genügt es i. d. R., eine Basisunterstützung der Kunden nach dem Kauf sicherzustellen. Entsprechend sind die Serviceelemente des Produkts hinsichtlich Kosten- und Ressourceneinsatz zu priorisieren.

Neben den Inhalten des Servicekonzepts muss der Produktmanager entscheiden, ob der Service **kostenfrei oder kostenpflichtig** angeboten und ggf. welches Bezahlmodell verfolgt wird.[1188] Ein monetarisierter Service kann Bestandteil der Ertragsmechanik im Geschäftsmodell des Produkts sein. Häufig werden Serviceleistungen anfangs kostenfrei angeboten, um eine „installierte Basis" an Kunden auszubauen. Die Herausforderung besteht dann im Übergang in ein Bezahlmodell.[1189]

Serviceleistungen können großen **Einfluss auf die Kundenzufriedenheit** haben. Wie in Kap. 2.1.4 ausgeführt, sind Kunden dann zufrieden, wenn die Ex-ante-Nutzenerwartungen an die Leistung übertroffen werden. Dienstleistungen unterliegen Mindestqualitätserwartungen (Zuverlässigkeit, Freundlichkeit, Kompetenz etc.). Eine

---

1186 Vgl. Bliemel/Fassott (2007), S. 145.

1187 Vgl. Kap. 4.3.4.1.1.1 (Kano-Modell im Rahmen der Priorisierung von Produktmerkmalen).

1188 Vgl. Bliemel/Fassott (2007), S. 156–157.

1189 Winkelmann nennt acht Ansätze, damit der Übergang von einer kostenfreien zu einer kostenpflichtigen Dienstleistung gelingt, vgl. Winkelmann (2023), S. 341.

schlecht erbrachte sekundäre Dienstleistung kann entsprechend zu Unzufriedenheit führen. Es kann eine bessere Option sein, eine Leistung nicht oder gegen Bezahlung (dann hochwertig ausgeführt) anzubieten. Der **wahrgenommene Nutzen** einer sekundären Dienstleistung hat, ähnlich wie beim primären Produkt, nicht nur eine faktisch funktionale Dimension, sondern hängt auch von affektiven und sozialen Erlebnissen (z. B. Verkaufsumfeld, Produkt-Fanclubs) und Life-Style-Aspekten (z. B. besonders nachhaltig oder komfortabel) ab. Im sog. **Customer Experience Management** des Primärprodukts kann der Kundendienst eine wichtige Nebenrolle spielen.[1190] Pepels warnt jedoch davor, die Service-Erwartungen von Kunden überzuerfüllen, da dies Kosten verursacht, gleichbleibende Qualität nur schwer aufrechtzuerhalten ist und einmal gewährte Dienstleistungen nur schwer zurückgeschraubt werden können.[1191]

Der Produktmanager muss sicherstellen, dass die Kundendienstfunktion im Unternehmen als Stakeholder in die Anforderungserhebung einbezogen wird. Entsprechende **„Design-to-Service"-Anforderungen** ermöglichen einen kundenorientierteren und kosteneffizienteren Kundendienst.[1192] Ähnlich wie technische Anforderungen an F&E kommuniziert der Produktmanager die Serviceanforderungen des Produktkonzepts an die Kundendienstfunktion des Unternehmens **(Service-Lastenheft)**.

4.5.5.2.3 Elemente eines Kundendienstkonzepts

Die Gestaltung des **produktspezifischen Kundendienstkonzepts** umfasst mehrere Bereiche, die im Folgenden kurz erläutert werden (vgl. Abbildung 4.104).[1193]

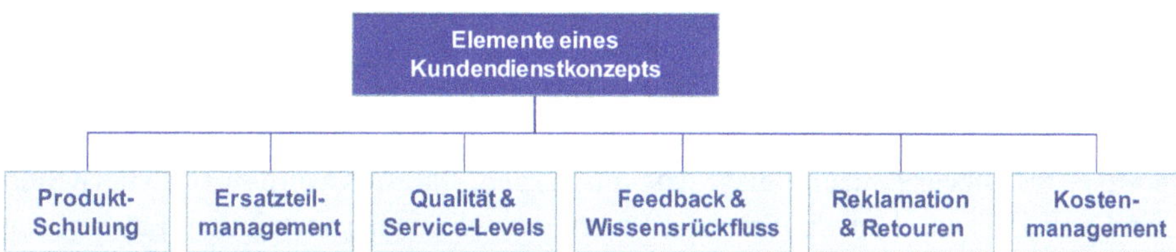

Abbildung 4.104: Elemente eines Kundendienstkonzepts.

4.5.5.2.3.1 Produktinformation und Produktschulungen für Servicepersonal

Um sicherzustellen, dass der Kundendienst gut vorbereitet ist und von Anfang an eine hohe Servicequalität gewährleistet, benötigt der Kundendienst alle relevanten Informationen über das neue Produkt, z. B.:

1190 Vgl. Bruhn (2013), S. 70–71.

1191 Vgl. Pepels (2017), S. 328.

1192 Vgl. Kap. 4.3.2.1.2 (Erhebung unternehmensinterner Produktanforderungen).

1193 Die nachfolgenden Ausführungen basieren u. a. auf Hadwich (2020), Bruhn (2013) und Winkelmann (2023).

- Produktfunktionen und technische Spezifikationen
- Bedienungsanleitungen und Installationshinweise
- typische Fehlerbilder und Störquellen
- Unterschiede zu Vorgängerprodukten

Dies ist die Basis für ein Schulungskonzept, das sicherstellt, dass alle Servicemitarbeiter die notwendigen Kompetenzen haben, um Kundenanfragen professionell zu beantworten und technische Probleme zu lösen.

4.5.5.2.3.2 Ersatzteilversorgung und Ersatzteilmanagement

Bereits mit der Markteinführung muss eine reibungslose Ersatzteilversorgung erfolgen können, um Ausfallzeiten für Kunden bei Produktproblemen zu vermeiden. Dies umfasst u. a. folgende Tätigkeiten:

- Abstimmung, welche Ersatzteile bei Markteinführung verfügbar sein müssen
- Definition von Mindestbeständen im Ersatzteillager
- Planung von Lieferzeiten und Logistikprozessen für Ersatzteile
- Sicherstellen der Datenpflege im ERP-System (Teilenummern, Preise, Beschaffungszeiten etc.)

Ersatzteilverfügbarkeit verhindert (im Sinne einer Basisanforderung) Kundenunzufriedenheit und kann bei langlebigen Primärprodukten über den Lebenszyklus ein profitables Zusatzgeschäft darstellen.

4.5.5.2.3.3 Servicekonzept und Service-Level-Agreements

Um eine einheitliche und marktgerechte Servicequalität sicherzustellen, muss ein differenziertes Servicekonzept ausgearbeitet werden. Dadurch werden Unsicherheiten und Konflikte zwischen Kunden und Vertrieb bzw. Service vermieden. Ein Servicekonzept sollte u. a. umfassen:

- Definition unterschiedlicher Servicelevels, im Hinblick z. B. auf Reaktionszeit auf Kundenanfragen oder maximale Reparaturdauer
- Abstimmung von Kulanz- und Garantiebestimmungen
- Definition von Wartungskonzepten und präventiven Serviceleistungen
- ggf. Festlegung von Eskalationsprozessen bei schwerwiegenden technischen Problemen

Das Servicekonzept beinhaltet außerdem ein geeignetes Mess- und Kontrollsystem für Servicequalität.

4.5.5.2.3.4 Feedback-Prozesse und Wissensrückfluss

Nutzerfeedback und Erfahrungen der Servicemitarbeiter müssen zur kontinuierlichen Produktverbesserung und schnellen Reaktionsfähigkeit auf Probleme im Markt genutzt werden. Zukünftige Produktentwicklungen sollten auch auf Service-Daten basieren. Daher ist ein strukturierter Feedbackprozesses zu etablieren, mit dem der Kundendienst systematisch Rückmeldungen über Produktmängel, Kundenreklamationen, Verbesserungsvorschläge oder häufige Fragen sammelt. Außerdem sollte ein regelmäßiger Austausch zwischen Produktmanagement und Kundendienst stattfinden, z. B. in Form monatlicher Service-Reviews.

4.5.5.2.3.5 Reklamations- und Retourenmanagement

Der professionelle und kundenfreundliche Umgang mit Reklamationen trägt zur Kundenzufriedenheit bei. Verzögerungen oder Fehler führen zu negativen Kundenerfahrungen. Um in diesem Bereich hohe Qualität zu gewährleisten, müssen Prozesse für die Bearbeitung von Reklamationen und Retouren definiert werden. Insbesondere sind Kriterien für Gewährleistung, Kulanz und kostenpflichtige Leistungen wie Reparaturen festzulegen. Die Abstimmung zwischen Kundendienst und Logistik stellt die Wirtschaftlichkeit sicher.

4.5.5.2.3.6 Kostenplanung und Budgetierung für Serviceleistungen

Der Produktmanager muss eine transparente und marktgerechte Kostenstruktur des Servicekonzepts sicherstellen. In der Wirtschaftlichkeitsrechnung des Produkts sind entsprechende variable und dem Produkt zuzurechnende fixe Kosten zu berücksichtigen. Falls das Produktkonzept kostenpflichtige Dienstleistungen beinhaltet, tragen diese Erträge ebenso wie etwaige Erlöse aus dem Ersatzteilgeschäft positiv zur Wirtschaftlichkeit bei.

4.5.5.2.4 Serviceinnovation

Innovationen im Bereich Kundendienst sind in den letzten Jahren stark vorangetrieben worden, insbesondere durch Digitalisierung.[1194] Serviceinnovationen haben das Potenzial, einerseits Servicekosten zu reduzieren und anderseits die Kundenzufriedenheit zu steigern oder zusätzliche Erlösquellen zu erschließen. Folgende **Innovationen im Kundendienst** sind aktuell in Umsetzung bzw. zukünftig denkbar (vgl. Abbildung 4.105):

1194 Vgl. Kap. 5.3.1.5 (Hebel zur Erhöhung des Digitalisierungsgrades bei Dienstleistungen).

Abbildung 4.105: Ausgewählte Service-Innovationen[1195].

- **Self-Service-Portale & Chatbots:** Kunden können viele Serviceanliegen eigenständig lösen, ohne direkten Kontakt mit einem Servicemitarbeiter: Chatbots übernehmen Standardanfragen, Portale bieten FAQs, Onlinetutorials oder Tracking-Informationen. Beispiele: DHL-Chatbot zur Sendungsverfolgung, IKEA-Onlinemontageanleitungen.
- **KI-gestützte Systeme** analysieren Kundenanfragen, priorisieren Tickets automatisch oder schlagen Servicemitarbeitern passende Lösungen vor. Service-Roboter bzw. KI-Agenten erledigen auch vernetzte Aufgaben. Beispiel: Salesforce Service Cloud mit KI-Assistenz.[1196]
- Bei **Predictive Maintenance** überwachen Sensoren am Produkt den Zustand eines Produkts kontinuierlich „aus der Ferne" und melden Verschleiß oder Fehlfunktionen frühzeitig, sodass der Service proaktiv tätig werden kann.[1197]
- Techniker führen Serviceleistungen aus der Ferne durch – entweder per **Remote-Login** in Kundensysteme oder durch **Augmented-Reality (AR)-Anwendungen**, bei denen der Kunde, z. B. über eine AR-Brille oder ein Smartphone Anweisungen zur Problemlösung erhält.
- Kunden haben über eine **App direkten Zugriff auf Servicefunktionen** wie z. B. Produktretouren, Statusabfragen, Chat mit Service-Bots oder Terminvereinbarung.
- Auf Basis von Nutzungsdaten wird der **Service personalisiert**, z. B. durch maßgeschneiderte Wartungspläne oder individuelle Ersatzteilempfehlungen.
- Kundenanfragen und Beschwerden werden **direkt in sozialen Netzwerken** (z. B. Twitter, Facebook, Instagram) bearbeitet. Service wird dadurch schneller und komfortabler.

1195 Vgl. Hadwich (2020), S. 173–174; Winkelmann (2023), S. 343–345; Paluch u. a. (2020).

1196 Vgl. Paluch u. a. (2020), S. 429–431.

1197 Vgl. Digitaler Zwilling in der Phase Betrieb, Nutzung und Service (Kap. 5.3.5.3.4).

- Durch spielerische Elemente **(Gamification)** wird der Serviceprozess attraktiver gestaltet. Beispielsweise werden Punkte für Feedbackabgabe vergeben oder komplexe Serviceanfragen gemeinsam mit der Community gelöst.[1198]
- Serviceanfragen können direkt per **Sprachbefehl** über **Sprachassistenten** wie Alexa oder Google Assistant gestellt werden.[1199] Dies erhöht den Komfort auf Kundenseite und reduziert Kosten.
- Kundendienst wird **ressourcenschonender** gestaltet, z. B. durch die Vermeidung unnötiger Außendiensteinsätze, digitale Kommunikation und Dokumentation sowie nachhaltige Ersatzteile. Beispiel: Reparaturdienste mit gebrauchten („refurbished") Ersatzteilen.
- Anstatt einmaliger Serviceleistungen werden **Service-Abos** mit regelmäßigen Wartungen, Updates oder erweiterten Servicelevels angeboten. Beispiel: Tesla Service-Abo.
- Direkt nach Servicekontakt wird **Feedback** eingeholt, analysiert und direkt zur Prozessverbesserung verwendet. Der Kunde wird informiert, was mit seinem Feedback passiert („Closed Loop").

Der Produktmanager sollte die genannten Servicedienstinnovationen im Sinne einer Checkliste kennen und die Anwendbarkeit für sein Produkt gemeinsam mit den Service- und IT-Funktionen des Unternehmens bewerten.

4.5.5.3 Verpackungsgestaltung

Viele Produkte treten am Markt in Form ihrer Verpackung in Erscheinung („Packaged Goods"). Die Verpackung ist sowohl ein Teil des Produkts als auch ein Marketinginstrument.

„**Verpackung** wird als Sammelbegriff für jegliche Art von Umhüllung eines oder mehrerer Produkte verstanden, unabhängig davon, welche Funktion sie erfüllen soll.".[1200] Die Verpackung ist abtrennbar mit dem Produkt verbunden und muss vor der Produktnutzung entfernt werden. Ein Beispiel ist das Einschlagpapier einer Schokoladentafel. Eine **Packung** ist die Umhüllung einer einzelnen Produkteinheit, die bis zum endgültigen Verbrauch oder Gebrauch am Produkt bleibt. Sie ist untrennbar mit dem Produkt verbunden, z. B. die Getränkedose oder die Haarsprayflasche. **Umverpackungen** (oder Transportverpackungen) erleichtern die Lagerung und den Transport und schützen die Ware vor Beschädigung.

Ursprünglich stand der Schutz des Produkts bei der Verpackungsplanung im Vordergrund. Der **Marketingaspekt** spielt heute eine immer wichtigere Rolle, vor allem

1198 Vgl. Klein/Eppmann (2020), S. 496–500.
1199 Vgl. Paluch/Wittkop (2020), S. 512.
1200 Vgl. Meffert u. a. (2024), S. 424; Meffert u. a. weisen darauf hin, dass in der Literatur keine einheitliche Verpackungsdefinition vorliegt.

wenn das Produkt in Handelsformen mit Selbstbedienung verkauft wird. Der typische Käufer geht im Supermarkt in einer Minute an 300 Artikeln vorbei, und 60 % der Kaufentscheidungen werden vor dem Regal gefällt. Die Verpackung muss daher Aufmerksamkeit erzeugen, das Produkt beschreiben und zum Kauf anregen.[1201] Unter Umständen kann die Verpackung nicht nur einen kommunikativen, sondern auch einen Nutzungsvorteil für das Produkt bringen. Beispiele sind der Pumpspender für Seife oder die auf dem Kopf stehende Ketchupflasche. Auch der Sicherheitsaspekt kann eine Anforderung darstellen, z. B. kindersichere Verpackungen von Medikamenten.

In der Literatur werden die Funktionen von Verpackungen in drei Bereiche eingeteilt:[1202]

- **Rationalisierung:** Logistik (Transportierbarkeit, Stapelbarkeit, Lagerfähigkeit, Schutz), Dimensionierung (z. B. Mengeneinteilung, Regalflächennutzung), Information (technische Angaben, Hinweise zur Anwendung, gesetzliche Pflichtangaben)
- **Kommunikation:** positive Anmutung für die Zielgruppe, Differenzierung im Wettbewerb und Identifikation, Auffälligkeit, Werbeaussage, Qualitätsauslobung, Kategoriebezeichnung
- **Verwendungserleichterung:** Dosierung und Entnahme, Mehrfachnutzung, Sichtbarkeit des Inhalts, Entsorgung, Verpackungsinnovationen

Laut Koppelmann gibt es fünf Stakeholder mit unterschiedlichen Anforderungen an die Verpackungsgestaltung (vgl. Abbildung 4.106):

Eine Verpackung zu entwickeln, verläuft ähnlich wie die Entwicklung eines Produkts. Zunächst muss ein **Verpackungskonzept** erstellt werden, welches die Anforderungen klärt und priorisiert sowie die Hauptfunktionen und Eigenschaften festlegt. Auf dieser Basis sind die **Verpackungselemente** zu spezifizieren, z. B. die Größe, Form, Materialien, Farbgebung, Aufschriften, Grafiken, Texte sowie die Präsentation der Marke. Die einzelnen Elemente müssen miteinander stimmig sein und insgesamt die Positionierung und das Marketingkonzept des Produkts unterstützen. Aus mehreren Varianten ist die beste bzw. ein Kompromiss auszuwählen. Die Anforderungen der Stakeholder sind zum Teil konfliktär, z. B. Logistik und Verwender. Der Produktmanager muss ein optimales Kosten-Nutzen-Verhältnis anstreben. Verpackungen sind außerdem von Zeit zu Zeit an die sich wandelnden Präferenzen der Kunden (Verwender) oder neue technologische Möglichkeiten anzupassen. Aufgrund der Nachhaltigkeitsanforderung werden zunehmend recycelte und natürlich abbaubare Materialien verwendet.[1203]

1201 Vgl. Kotler u. a. (2022), S. 413.

1202 Vgl. z. B. Pepels (2017), S. 316–319; Meffert u. a. (2024), S. 424–425; Hofbauer (2018), S. 50; Winkelmann (2023), S. 332.

1203 Vgl. z. B. Kotler u. a. (2022), S. 414–415.

Verpackungsfunktion	Verpackungs-hersteller	Verpacker	Logistik	Handel	Verwender
Herstellbarkeit	X	X			
Transportierbarkeit	X	X			
Einpackbarkeit		X			
Schutz		X	X	X	X
Logistik			X	X	
Präsentation		X		X	
Rationalisierung				X	
Marketing		X			X
Gebrauchseigenschaften					X
Ästhetik					X
Symbolik					X

(Spaltenüberschrift: Stakeholder)

Abbildung 4.106: Anforderungen Verpackung nach Stakeholdern[1204].

Ein wesentlicher Bestandteil der Verpackung ist die **Kennzeichnung und Etikettierung**. Mindestanforderung ist die Identifizierung der Produktkategorie und der Marke. Zusätzlich ist eine Beschreibung des Produkts erforderlich, die bei Lebensmitteln beispielsweise Mengenangabe, Herkunft, Zusammensetzung, Nährwerte und Haltbarkeitsdatum enthält. Der Inhalt der Beschreibung ist branchenspezifisch teilweise vorgegeben, z. B. Warnhinweise, Inhaltsstoffe oder Betriebsanforderungen. Darüber hinaus muss die Verpackung als Werbeträger für das Produkt dienen. Für die Positionierung der Marke liefern Logos auf sowie die Gestaltung der Verpackung einen Beitrag (Verpackung als „Gesicht der Marke"). Beispiele sind die ikonische Coca-Cola-Flasche und die blaue Nivea-Dose.[1205]

Aufgrund der Bedeutung des Themas für den Produkterfolg sollte ein Produktmanager zumindest über einschlägiges generalistisches Wissen verfügen, um die **Verpackungsziele strategisch ausrichten** und die operative Schnittstelle zu den Fachverantwortlichen effektiv managen zu können.

4.5.5.4 Partner für komplementäre Produkte gewinnen

Die Gewinnung und Einbindung von externen Anbietern komplementärer Produkte und Dienstleistungen (z. B. Produktzubehör, produktspezifische Dienstleistungen oder

1204 In Anlehnung an Koppelmann (2007), S. 125.
1205 Vgl. Kotler u. a. (2022), S. 416; Winkelmann (2023), S. 331.

ergänzende Software-Apps) kann – je nach Art des Produkts – eine strategisch wichtige Aufgabe des Produktmanagers sein. Komplementäre Angebote steigern den Wert des eigenen Produkts und damit die Wettbewerbsfähigkeit. Unternehmen bzw. Produktmanager haben mehrere Hebel, um komplementäre Partner zu gewinnen und zu binden:

- **Attraktives Ökosystem** rund um das eigene Produkt schaffen: Potenziellen Partnern muss aufgezeigt werden, dass das eigene Produkt eine Plattform oder Andockpunkt darstellt, in die es sich lohnt zu investieren. Partner sollten z. B. systematische Entwicklungsunterstützung erhalten. Es sollte eine Roadmap und langfristige Perspektive für das „Ökosystem" kommuniziert werden.[1206] Beispielsweise schafft SAP durch die Kombination aus Technologie, Community, Geschäftsmodellen und einem klar strukturierten Partnerprogramm ein attraktives Ökosystem rund um die eigenen Softwarelösungen.
- **Win-win-Geschäftsmodell** entwickeln, das Partnern klare wirtschaftliche Anreize aufzeigt: Elemente eines solchen Geschäftsmodells könnten Umsatzbeteiligungen, gemeinsames Marketing oder das Teilen von Kundendaten sein.
- **Technische Integration** erleichtern, sodass Partner mit wenig Aufwand „Kompatibilität" zum eigenen Produkt herstellen können. Dafür gilt es, klare technische Schnittstellen zu schaffen und zu dokumentieren, ggf. Plug-and-Play-Konzepte zu entwickeln oder Toolkits, Templates und Kompatibilitätstests für die Integration bereitzustellen. Zertifizierungsprogramme für Partner können diese motivieren und als Co-Branding-Instrument eingesetzt werden.
- **Gemeinsame Innovationsprojekte** initiieren, z. B. neue Use-Cases oder Lösungen gemeinsam entwickeln und Pilotkundenprojekte durchführen.
- **Kommunikation** und **Relationship-Management** mit Partnern etablieren, z. B. durch Entwicklerkonferenzen, Treffen auf Messen, Kommunikation über regelmäßige Newsletter oder Feedbackprozesse.

Insbesondere bei digitalen und vernetzten Produkten ist „Partnering" ein wichtiger Werthebel für den Produkterfolg.[1207] Die Etablierung und Steuerung von Partnerschaften erfolgt in der Praxis häufig auf übergeordneter Ebene oder durch spezialisierte Stellen im Unternehmen. Einzelne Produktmanager können jedoch Schlüsselrollen in der Entwicklung von Partnerschaften spielen.

1206 Die Themenbereiche Plattform- und Ökosystemstrategie werden im Rahmen der Innovationsstrategie in Kap. 3.2.2.5 behandelt.

1207 Kap. 5.3.1.4.3 (Digitale Produkte) und Kap. 5.3.1.5.3 (Digitale Dienstleistungen).

4.5.6 Evangelisierung

Neben Kommunikation zur operativen Information und Abstimmung aller Projektbeteiligten muss der Produktmanager intern und extern für „sein“ Produkt werben: **Evangelisierung** bezeichnet die aktive und leidenschaftliche Förderung eines Produkts, einer Technologie oder einer Idee gegenüber internen und externen Stakeholdern.[1208] Ziel des Produktmanagers dabei ist es, Akzeptanz zu schaffen und Begeisterung für das Produkt zu wecken.

Evangelisierung nach innen soll das Produktteam und andere Projektbeteiligte von der Produktvision und dem Produkterfolg überzeugen. Adressat muss auch die Unternehmensleitung sein, um Unterstützung für das Produkt sicherzustellen, auch wenn „nicht alles nach Plan läuft“. Bei der internen Evangelisierung sind Prototypen ein wichtiges Werkzeug der Kommunikation.

Nach außen gerichtet kann Evangelisierung auf die Gewinnung von Kunden und Partnern abzielen, z. B. Investoren, Entwicklungspartner oder Partner für Marketing und Distribution. Folgende Empfehlungen können die Evangelisierung unterstützen:[1209]

- Wichtig sind emotionale und überzeugende Erzählungen, die sowohl die Lebenswirklichkeit des Adressanten („Nöte teilen“) als auch die Produktidee umfassen. Als Technik kann **Storytelling** eingesetzt werden.[1210]
- Die **Produktvision** und wichtige Produktprinzipien müssen im Vordergrund der Kommunikation stehen – nicht konkrete Produktfunktionen. Dies entspricht der Golden-Circle-Logik von, die Kommunikation mit dem „why“ zu beginnen (nicht mit dem „what“).[1211]
- Das Produkt (falls vorhanden) oder Prototypen **präsentieren** und **erlebbar machen**, z. B. in Live-Demos oder durch Mock-ups (nicht Slide-Decks)
- Soziale Medien, z. B. **Kooperationen mit Influencern** oder **Blogbeiträge**, ermöglichen eine direkte Kommunikation mit der Community, wodurch Fans und ggf. Multiplikatoren gewonnen werden können. Auch durch **Events** wie z. B. Pre-Launch-Partys, Hackathons oder Messen können Entwickler oder Kunden persönlich überzeugt werden.
- Durch Beta-Programme oder „Early Access“ können **frühzeitig Kunden gewonnen und eingebunden** werden. So kann schon vor dem Markteintritt Momentum aufgebaut werden.

1208 Vgl. Kawasaki (2014), S. 43–64; Kawasaki war von 1983 bis 1987 Chief Evangelist bei Apple und hat den Begriff „Evangelisierung“ im Marketing populär gemacht.

1209 Vgl. Cagan (2022), S. 143–144.

1210 Vgl. Wille (2023), S. 296–297.

1211 Vgl. Sinek (2011).

Evangelisierung ist ein zentraler Bestandteil des modernen Produktmanagements insbesondere im Fall innovativer Produkte. Der Produktmanager muss nicht nur analytische und strategische Aufgaben erfüllen, sondern auch als Begeisterungsträger und Visionär auftreten.

4.5.7 Markterprobung

> „It doesn't matter how sophisticated your idea is or how good you think your product is. It's about whether anyone needs it and whether anyone is eager to pay for it."[1212]

Während der Produktrealisierungsphase wurden die technischen Produktfunktionen und Eigenschaften getestet **(Verifikation)**.[1213] Auch wurden einzelne Produktfunktionen und -eigenschaften in der Produktrealisation u. U. bereits auf Kundenakzeptanz hin getestet **(Partialtests)**. So liegt am Ende der Produktrealisierung ein **marktfähiges**, noch nicht in den Markt eingeführtes Produkt vor. Vor dem Hintergrund der hohen Investitionen einer anstehenden Markteinführung muss der Produktmanager entscheiden, ob eine dedizierte Markterprobung des Produkts durchgeführt werden soll. Hierbei kann (je nach Methode) neben dem Produkt selbst auch das angedachte Marketingprogramm (z. B. Werbung, Preise und Konditionen, Verpackung, Service) in einer realen Marktsituation erprobt werden. Eine Markterprobung soll Evidenzen über den zu erwartenden Markterfolg des Produkts liefern. Auf der anderen Seite stehen Kosten und Zeitaufwand der Markterprobung sowie das Risiko, dass die Konkurrenz schon vor der Einführung von dem neuen Produkt erfährt: „In der Praxis werden immer wieder Produkte und Marketingprogramme längere Zeit getestet, dann zurückgezogen und verändert und mehrere Male nach Anpassungen und Veränderungen erneut getestet, bevor sie schließlich endgültig eingeführt werden. Die Kosten der Erprobung auf Testmärkten sind hoch, aber im Vergleich zu ernsthaften Fehlgriffen bei einer endgültigen Produkteinführung sind sie als niedrig anzusehen."[1214]

Es ist zunächst die Entscheidung zu treffen, ob eine Markterprobung erforderlich ist und, wenn ja, welche Methode angewendet wird. **Testergebnisse** und **Marktreaktionen** aus der Konzept- und Realisierungsphase liefern Indikatoren.[1215] Insbesondere wenn „typische Warnsignale für **fehlenden Product-Market-Fit**" vorliegen, empfiehlt sich eine umfassende Erprobung vor Markteinführung. Solche negativen Signale sind beispielsweise „low response from customer base, negative press reviews

1212 Produktmanagementberater Rafayel Mkrtchyan, zitiert aus Merryweather (2024).

1213 Vgl. Kap. 4.5.4 (Qualitätssicherung).

1214 Kotler u. a. (2022), S. 481; die zitierte Einschätzung von Kolter u. a. bezieht sich auf Konsumermärkte. Die Situation in B2B-Märkten ist anders gelagert und wird in Kap. 4.5.7.6 erörtert.

1215 Bei agilen Entwicklungen mit häufiger Kundeneinbindung ist eine „finale" Markterprobung u. U. nicht notwendig, falls ein hinreichend klares Bild im Rahmen der Feedbackzyklen entstanden ist.

(or no interest from the press), weakening word of mouth [or] high visibility, but no engagement“[1216].

Zur Vorbereitung der Markterprobung sollte bereits in der Produktrealisierungsphase (Pre-Launch) die **Marktresonanz** auf das Produkt bzw. auf Prototypen erfasst werden. Neben dem Marktfeedback im Rahmen der agilen Entwicklung können eine Reihe von Indikatoren für die Produktakzeptanz ermittelt werden (vgl. Tabelle 4.14):

Tabelle 4.14: Pre-Launch-Methoden zur Ermittlung der Marktresonanz (Beispiele).

Bereich	Beispiele für Marktresonanz-Indikatoren (bzw. Marktresonanzanalysen)
Social Media	– Reichweiten, z. B. durch Impression (Views) eines Produktbeitrags oder Follower-Zahlen auf relevanten Plattformen – Engagement, z. B. durch Likes, Shares, Interaktionen, Click-Through-Rates, Video-Wiedergabezeit – Conversion, z. B. Newsletter-Anmeldungen, Vorbestellungen, Referral-Traffic – Stimmungen, z. B. Analyse der Tonalität von Kommentaren und Diskussionen
Website & Traffic	– Besucheranzahl auf Produktinformationsseiten (Web-Traffic) – Anteil der Besucher, die eine Produktseite ohne Aktion verlassen (Bounce-Rate) – Verweildauer auf einer Produktseite – Heatmaps und Click-Tracking auf einer Produktseite – Suchvolumen auf Google für relevante Keywords
Leads & Conversion	– Anzahl der Newsletter- oder Wartelisten-Anmeldungen – Prozentsatz der Besucher, die sich aktiv registrieren – Beta-Tester-Anmeldungen – Vorbestellungen des Produkts
Marktforschung	– Net-Promoter Score – Ergebnisse aus Kundenbefragungen – Preisakzeptanzanalysen, Produktvalidierungsanalysen

Die Ergebnisse der oben genannten Analysen ermöglichen eine qualifizierte Einschätzung der Produktakzeptanz bzw. des Kundeninteresses am Markt. So kann entschieden werden, ob (und wenn ja, welche) spezifischere Produkttests oder Marktexperimente im Rahmen einer Markterprobung erforderlich sind.

4.5.7.1 Produkttests

Die klassische Markterprobung erfolgt durch **Produkttests**, die klären sollen, „ob das Neuprodukt auf dem Markt bestehen kann, [indem] die subjektive Wirkung des Pro-

1216 Merryweather (2024).

dukts oder enzelner Komponenten des Produkts [...] auf bestimmte Testpersonen gemessen [wird]".[1217] Auf Basis des Produkttests kann auf den Markterfolg des Neuprodukts geschlossen und eine Absatzprognose erstellt werden.[1218]

Man unterscheidet zwischen Partialtests und Volltests. In **Partialtests** werden einzelne Eigenschaften des Produkts isoliert getestet. Diese sind zielführend, falls nur in einzelnen Aspekten des Konzepts Risiken gesehen werden oder wenn großer Zeitdruck hinsichtlich der Markteinführung besteht. Eine höhere Aussagekraft für den Produkterfolg liefert ein **Volltest**, der die Wirkung des vollständigen Produkts einschließlich des produktbezogenen Marketing-Mix (z. B. Botschaftsgestaltung, Preis, Distributionsform, Markierung) untersucht. Je nachdem, ob unter künstlichen oder realen Bedingungen getestet wird, liegt ein Laborexperiment oder ein Feldexperiment vor. **Laborexperimente** können in Studio-Tests und Home-Use-Tests untergliedert werden, **Feldexperimente** in Markttest und Storetests (vgl. Abbildung 4.107):

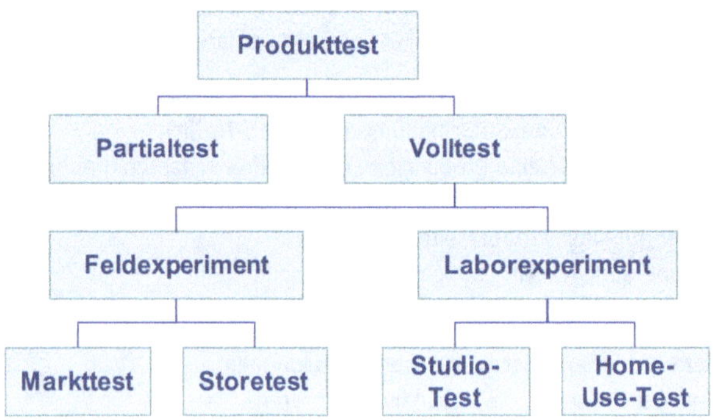

Abbildung 4.107: Typologie Produkttests[1219].

4.5.7.2 Laborexperiment

Ein Laborexperiment oder Labortest dient der systematischen **Überprüfung der subjektiven Qualität** eines marktreifen Produkts durch eine repräsentative Auswahl von Konsumenten aus der Zielgruppe. Dabei wird die Produktbewertung direkt

---

1217 Vgl. Meffert u. a. (2024), S. 418; Produkttests (vor Markteinführung) sind von Warentests (nach Markteinführung) zu unterscheiden. Die Ergebnisse von Warentests (im Gegensatz zu Produkttests) stehen der Öffentlichkeit zur Verfügung, vgl. Pepels (2017), S. 185; bei Produkttests handelt es sich um Beta-Tests (im Gegensatz zu internen Alpha-Tests), vgl. Weiber u. a. (2006), S. 151–152.

1218 Vgl. Pepels (2017), S. 184.

1219 In Anlehnung an Meffert u. a. (2024), S. 419; die Bezeichnungen werden nicht ganz einheitlich verwendet: Kotler u. a. verwenden z. B. den Begriff Marktsimulation anstelle von Laborexperiment, kontrollierter Markttest anstelle von Storetest und Testmarkt anstelle von Markttest, vgl. Kotler u. a. (2022), S. 482–483; Erichson bezeichnet Laborexperimente als Produkttests und nennt Store-Tests und Testmärkte als weitere Erprobungsmethoden, vgl. Erichson (2007), S. 407–409.

durch potenzielle Käufer vorgenommen. Im Vordergrund stehen die individuellen Präferenzen, Einstellungen und Kaufabsichten.

Der Ablauf des Laborexperiments umfasst mehrere Schritte:[1220]

- Die Durchführung eines Produkttests beginnt mit der Anwerbung einer **repräsentativen Gruppe** von Testpersonen.[1221] Falls Marktforschungsinstitute beauftragt sind, erfolgt die Rekrutierung i. d. R. aus bestehenden Panels.[1222]
- Die Versuchspersonen werden im Rahmen von **Vorkaufinterviews** über soziodemografische Merkmale sowie Konsumgewohnheiten und Markenpräferenzen für die relevante Warengruppe sowie über vorhandene Kaufabsichten befragt.
- Den Versuchspersonen wird **Werbematerial** gezeigt (z. B. Anzeigen, Werbefilme), in dem für das Testprodukt und Konkurrenzprodukte geworben wird.
- Die teilnehmenden Testpersonen erhalten einen kleineren Geldbetrag, den sie nach eigenem Ermessen entweder ausgeben oder behalten. Der Einkauf findet in einem speziell für Testzwecke gestalteten Laborumfeld statt **(Teststudio)**[1223]. Es erfolgt eine Befragung nach den Kauf- oder Ablehnungsgründen für das neue Produkt **(Exit-Interview)**.
- Die Testpersonen verwenden das Produkt (oder das gekaufte Wettbewerberprodukt) anschließend in ihrer gewohnten Umgebung über einen bestimmten Zeitraum **(Home-Use-Test)**.
- Je nach Ver- oder Gebrauchsdauer des Testprodukts werden die Versuchspersonen einige Tage oder Wochen nach dem Kauf persönlich oder per Telefon interviewt. Hierbei wird nach der Produktverwendung, -beurteilung und Wiederkaufabsicht gefragt **(Nachkaufinterview)**.
- Durch eine erneute Kaufsimulation können Wiederkaufs- und Abwanderungsraten ermittelt werden.
- Die gewonnenen Daten dienen als Grundlage für die Prognose der zukünftigen Absatzzahlen im Gesamtmarkt.

Durch Laborexperimente kann überprüft werden, inwiefern sich das neue Produkt inklusive des zugehörigen Marketingkonzepts im direkten Wettbewerb mit etablierten Konkurrenzprodukten behaupten kann.

1220 Vgl. Meffert u. a. (2024), S. 421–422.

1221 Als Gruppengröße schlägt Erichson 200–400, Meffert 300–500 Teilnehmer vor, vgl. Erichson (2007), S. 407 bzw. Meffert u. a. (2024), S. 421.

1222 Ein Panel ist eine fest definierte, kontinuierlich befragte Gruppe von Personen, die regelmäßig zu ihren Kaufentscheidungen, Einstellungen, Gewohnheiten oder Meinungen befragt wird, vgl. Kreutzer (2022), S. 15.

1223 Ein Teststudio kann auch der Alltagssituation nachempfunden sein (z. B. ein Wohn- oder Esszimmer), um die Anwendungssituation realitätsnäher zu gestalten, vgl. Kreutzer (2022), S. 143.

In der Kaufphase (oben genannter Schritt 4) können verschiedene Parameter variiert werden:[1224]

- Im **monadischen** Test wird ein einzelnes Produkt beurteilt, während in **Vergleichstests** mehrere Produkte direkt gegenübergestellt werden.
- Vergleichstests können als **Paarvergleich**, **triadischer Test** (drei Alternativen) **oder multipler Test** gestaltet werden. Vergleichstests sind zu empfehlen, wenn klare Wettbewerbsprodukte bekannt sind.
- Ein weiteres Unterscheidungsmerkmal ist die Art der Produktpräsentation. Beim **Blindtest** erhalten die Testpersonen das Produkt ohne Marken- oder Verpackungshinweise. Dies ermöglicht eine reine Bewertung der Produktleistung ohne Beeinflussung durch Markenimage oder Verpackungsgestaltung. Der **identifizierte Test** hingegen integriert diese Faktoren und entspricht damit einer realistischeren Kaufsituation. Bei Vergleichstests bietet der Blindtest auf der anderen Seite eine höhere Trennschärfe hinsichtlich einzelner Produkteigenschaften.

Neben der Marktakzeptanz des Produkts können Marketingparameter getestet werden. Als Testparameter kann z. B. der Preis oder das Werbeprogramm variiert werden. Solche **Experimente** sind aufwendiger und erfordern eine größere Anzahl von Testpersonen.

Die Vorteile von Laborexperimenten sind geringe Kosten und geringer Zeitaufwand. Außerdem bieten sie die Flexibilität, Testparameter zu variieren. Die Tests bleiben Wettbewerbern außerdem verborgen. Der wesentliche Nachteil ist die Realitätsferne sowie eine für statistisch signifikante Aussagen häufig zu geringe Teilnehmerzahl. Laborexperimente werden in der Praxis daher häufig als Vorstufe für ein aufwendigeres Testmarktprojekt durchgeführt.[1225]

4.5.7.3 Storetest

„Als Storetest wird der probeweise Verkauf von Produkten unter kontrollierten Bedingungen in einer Reihe ausgewählter Handelsgeschäfte verstanden. Im Mittelpunkt des Interesses steht die Überprüfung des **Nachfragerverhaltens am Point of Sale** unter realen Bedingungen.“[1226]

Die teilnehmenden Geschäfte sind in der Praxis Teil eines **Panels** von Marktforschungsunternehmen. Unternehmen, die ein neues Produkt testen möchten, geben eine Anzahl von Geschäften und eine Region für die Erprobung vor und stellen Produkte und Marketingmaterial zur Verfügung. Das durchführende Marktforschungsunternehmen lässt das Produkt an die teilnehmenden Geschäfte ausliefern, legt Regalplätze fest und führt Werbemaßnahmen in den Geschäften durch. Experimente mit

1224 Vgl. Pepels (2017), S. 192–193; Erichson (2007), S. 407–408.
1225 Vgl. Kotler u. a. (2022), S. 483; Pepels (2017), S. 199.
1226 Meffert u. a. (2024), S. 419.

unterschiedlichen Preisen oder Werbemaßnahmen sind möglich. Die Verkaufszahlen des Produkts werden z. B. auf Wochenbasis verfolgt. Auch Exit-Interviews zur Gewinnung qualitativer Daten sind denkbar, wenn auch aufwendiger in der Durchführung als im Labortest.[1227]

Storetests sind im Vergleich zu Labortests teurer, zeitaufwendiger und weniger flexibel, was Experimente und Datenerhebung angeht. Auch können Wettbewerber auf das neue Produkt aufmerksam werden. Auf der anderen Seite sind Storetests **realitätsnäher als Labortests** da in realen Geschäftsumgebungen und (noch wichtiger) mit dem eigenen Geld eingekauft wird. Insofern ist eine stabilere Absatzprognose für das Produkt möglich. Außerdem eignen sich Storetests, um spezifische Fragestellungen wie Produktplatzierung, Verpackungsgröße oder Preisgestaltung zu untersuchen.[1228]

4.5.7.4 Markttest (Testmarkt)

Bei einem Markttest (oder Testmarkt) handelt es sich um den probeweisen Verkauf von neuen Produkten in einem räumlich abgegrenzten Markt, unter dem Einsatz ausgewählter oder sämtlicher Marketinginstrumente. Ziele sind die Abschätzung des Nachfrageverhaltens für das neue Produkt sowie die Überprüfung aller Marketingprozesse.[1229] Der Vorteil der Methode ist die **Realitätsnähe** der Untersuchung.

Zunächst wählt das Unternehmen eine **kleine Anzahl repräsentativer Städte oder Regionen** aus, in denen der Vertrieb Händler für das neue Produkt gewinnen muss.[1230] Dann werden Produkte verkauft und ausgeliefert sowie angedachte Marketingaktionen durchgeführt. Zur Erfolgskontrolle werden Verkaufsstatistiken analysiert sowie Verbraucher und Händler befragt. Auf Basis der Daten wird das Verkaufsvolumen und der Gewinn auf den Gesamtmarkt hochgerechnet. Außerdem sollen eventuelle Schwächen des Produkts identifiziert und das Marketingprogramm mit Blick auf die „volle" Produkteinführung optimiert werden.[1231]

Das Testmarkt-Gebiet sollte folgende **Kriterien** erfüllen:[1232]

– Repräsentanz für den Gesamtmarkt hinsichtlich Bevölkerungs- und Bedarfsstruktur, Handelsstruktur sowie Konkurrenzsituation

1227 Vgl. Kotler u. a. (2022), S. 482; Pepels (2017), S. 199–200; Erichson (2007), S. 408.

1228 Vgl. Hofbauer (2018), S. 543–544.

1229 Vgl. Meffert u. a. (2024), S. 419.

1230 Falls nicht genügend Geschäfte und Regalplatz durch vertriebliche Überzeugungskraft akquiriert werden können, müssen Händler für die Teilnahme vergütet werden (was allerdings die Realitätsnähe einschränkt), vgl. Erichson (2007), S. 410.

1231 Vgl. Kotler u. a. (2022), S. 481.

1232 Vgl. Erichson (2007), S. 409; Pepels (2017), S. 197.

- Isolierbarkeit hinsichtlich Distribution, Werbestreuung und Einkauf der Konsumenten
- Messbarkeit des Kaufverhaltens (z. B. mittels Verbraucher- oder Handelspanel) und möglicher Einflussfaktoren

Auch im Testmarktverfahren kann experimentiert werden, z. B. mit den Parametern Preis, Werbung oder Verkaufsförderung. Die Variation kann dabei über die Teilgebiete oder die Geschäfte erfolgen.

Ein Beispiel eines Markttests ist der regionale Testmarkt des Marktforschungsunternehmens **Bonsai** im **Bundesland Bremen**. Dieses Gebiet gilt aufgrund seiner soziodemografischen Struktur als repräsentativ für die gesamte Bundesrepublik. Es kann sowohl das Produkt als auch der Marketing-Mix unter realen Marktbedingungen getestet werden, da die Bremer Bevölkerung nicht weiß, dass sie als Teil eines Tests fungiert. Durch Befragungen und Paneldaten wird die Akzeptanz des Produkts ermittelt, während die Platzierung in allen Absatzkanälen Bremens auch Rückschlüsse auf die Akzeptanz im Handel erlaubt. Ebenso kann die Kommunikationsstrategie geprüft werden, beispielsweise durch Testspots im regionalen Kabelnetz. So lassen sich spezifische Werbemaßnahmen auf ihre Wirksamkeit testen und die Reaktionen der Konkurrenz beobachten.[1233]

Dem Vorteil der Realitätsnähe – Händler müssen akquiriert werden, reale Kaufumgebung, reale Konkurrenzsituation – stehen hohe Kosten und lange Dauer (10–16 Monate) gegenüber. Außerdem sind die oben geforderten Testmarktkriterien in der Praxis kaum vollständig zu erfüllen. Ein entscheidender Nachteil kann sein, dass die Konkurrenz „informiert“ wird und so z. B. eine Innovation imitieren oder marketingtaktisch reagieren kann.[1234]

4.5.7.5 Elektronische Mini-Testmärkte

Lange Zeit populär war die Methode der sog. **elektronischen Mini-Testmärkte**. Diese sind eine Kombination aus automatisierter Datenerfassung am Verkaufspunkt und einer Panel-basierten Erhebung. Die Teilnehmer des Haushaltspanels erhalten Scanner-lesbare Identifikationskarten, mit denen die Einkäufe in den Geschäften des Handelspanels erfasst werden. Das Verfahren liefert sogenannte Single-Source-Daten, da alle Daten und Einflussfaktoren konkreten Haushalten zugeordnet werden können. Die Daten erlauben fundierte Wirkungsanalysen und Experimente. Die Nachteile der der Mini-Testmärkte sind hohe Kosten, der Paneleffekt (Konsumentenverhalten ändert sich im Bewusstsein, dass man „beobachtet“ wird) und der eingeschränkte Kreis von Produkten, für die sich das Verfahren eignet.[1235]

1233 Vgl. Meffert u. a. (2024), S. 419–420; https://www.bonsai-research.com/

1234 Vgl. Pepels (2017), S. 197–198; Kotler u. a. (2022), S. 482.

1235 Vgl. Hofbauer (2018), S. 540–541; Erichson (2007), S. 412–413.

Das Marktforschungsunternehmen GfK hat den bekanntesten deutschen **Mini-Testmarkt in Haßloch** im Jahre 2021 nach dem Motto „Digitale Apps statt Plastikkarten in Haßloch“ **beendet.** Von 1986 bis 2021 war die Gemeinde nahe Mannheim ein GfK-Testmarkt für neue Produkte wie Schokoriegel oder Deos. Künftig setzt der Nürnberger Marktforscher GfK verstärkt auf Erhebungsmethoden wie Smartphone-Apps und Onlinebefragungen.[1236]

4.5.7.6 Moderne Verfahren der Markterprobung im B2C-Marketing

Klassische Verfahren der Markterprobung werden heutzutage durch digitale Methoden ergänzt oder ersetzt. Auf diese wird in Kap. 5.3.2.6 im Rahmen der Digitalisierung des Produktinnovationsprozesses eingegangen.

4.5.7.7 Erprobung auf Industriegütermärkten (B2B)

Die Markterprobung von Investitionsgütern unterscheidet sich von der bei Konsumgütern und ist in der Praxis weniger gebräuchlich, da Lead-Kunden stärker im Entwicklungsprozess integriert sind und die Anforderungen weniger latent erscheinen.[1237] Dennoch gibt es einige Möglichkeiten der Markterprobung, um Aufschluss über die Leistungsfähigkeit von Produkten unter realen Einsatzbedingungen sowie Informationen über die Wirksamkeit einzelner Marketinginstrumente, die Akzeptanz des Produkts beim Kunden und den Ablauf des Kaufentscheidungsprozesses zu gewinnen.

Markterprobung im B2B-Geschäft kann beispielsweise auf folgenden vier Wegen erfolgen:[1238]

- Bei **Anwendungstests** erprobt eine kleine Gruppe potenzieller Kunden das neue Produkt für eine begrenzte Zeit unter Beobachtung durch Entwickler des Herstellers. Neben Kritik und Verbesserungsvorschlägen für das Produkt bekommt der Hersteller auch Hinweise auf Schulungs- und Servicebedürfnisse der Kunden.
- Auf **Messen und Ausstellungen** kann das Produkt in kurzer Zeit einer großen Anzahl potenzieller Käufer und Fachleute vorgestellt werden. Auf Basis des Feedbacks können Kaufbereitschaft und Kaufinteresse eingeschätzt werden.
- Produkte können in **Ausstellungsräumen** von Herstellervertretern oder Großhändlern potenziellen Kunden demonstriert werden.
- Ähnlich wie Konsumgüter können auch Industriegüter zunächst regional beschränkt verkauft werden, um Rückschlüsse auf Kaufverhalten, Preisakzeptanz und Nutzeranforderungen vor einer möglichen breitbandigen Markteinführung zu erhalten **(Testmarkt)**.

1236 Vgl. Jung (2021); das Unternehmen GfK wurde im Juli 2023 von NielsenIQ übernommen, vgl. NIQ Presseerklärung (2023).

1237 Vgl. Hofbauer (2018), S. 545.

1238 Vgl. Kotler u. a. (2022), S. 484; Hofbauer (2018), S. 546–547.

4.5.7.8 Fallbeispiele von verfehltem Product-Market-Fit

Abschließend soll anhand der Fallbeispiele Amazon Firephone, New Coke und Microsoft Zune exemplarisch dargestellt werden, wie Fehleinschätzungen und mangelhafte Markterprobung zu gescheiterten Markteinführungen mit hohen finanziellen Verlusten führen können.[1239]

4.5.7.8.1 Amazon Fire Phone (2014)

Mit der Einführung des Amazon Fire Phones im Jahr 2014 betrat Amazon den Smartphone-Markt, konnte sich dort jedoch nicht etablieren. Schon der Preis von ca. 650 US-Dollar wurde für die gebotene technische Spezifikation als unangemessen hoch empfunden. Die Hardware und die Funktionalität des Geräts konnten im Vergleich zur Konkurrenz nicht überzeugen. Zudem war das Betriebssystem Fire OS stark auf das Amazon-eigene Ökosystem ausgelegt und ließ keine reibungslose Integration der populären Google-Dienste zu. Dies war eine erhebliche Markteintrittsbarriere, da (Googles) Android OS und Apples iOS den Markt für Smartphones dominierten. Eine zentrale Innovation des Fire Phones war die sogenannte „dynamische Perspektive". Vier Frontkameras und Sensoren erzeugten eine 3-D-immersive Nutzererfahrung. Diese Funktion wurde allerdings von vielen Nutzern als „Gimmick" wahrgenommen, das keinen großen Mehrwert bringt. Es gelang nicht, den Nutzen von dieser technologischen Innovation zu überzeugen. Insgesamt löste das Produkt kein klares Kundenproblem (es gab bereits gute Smartphones am Markt!) und bot im Vergleich zu etablierten Smartphones ein schwächeres Preis-Leistungs-Verhältnis. Amazon erlitt einen Verlust von geschätzten rund 170 Millionen US-Dollar.

4.5.7.8.2 New Coke (1985)

Die Einführung von New Coke im Jahr 1985 gilt als eines der bekanntesten Beispiele für misslungenes Innovationsmanagement. Trotz umfangreicher Marktforschung mit 200.000 Geschmackstests, die eine bessere Konsumentenbewertung für die neue Rezeptur im Vergleich zu Original-Coke und Pepsi ergaben, scheiterte das Produkt nach nur drei Monaten.[1240] Die Ursache lag nicht am Produkt selbst, sondern an der unzureichenden Berücksichtigung emotionaler und kultureller Aspekte der Marke. Coca-Cola hatte die starke emotionale Bindung der Konsumenten an das Originalprodukt unterschätzt. Das ursprüngliche Coke war nicht nur ein Getränk, sondern ein Symbol für Tradition und Nostalgie. Hinzu kam, dass Konsumenten keine Wahlmöglichkeit erhielten: New Coke ersetzte die Originalversion vollständig. Dieser erzwungene Wechsel führte zu massiven Protesten von Konsumenten, die sich ihrer emotionalen

---

1239 Die nachfolgenden Ausführungen basieren im Wesentlichen auf Merryweather (2024).

1240 Vgl. Kotler u. a. (2022), S. 720.

Beziehung zum Produkt beraubt fühlten. Der Fall verdeutlicht die Wichtigkeit des Verständnisses des „Jobs“, den ein Produkt für einen Kunden erledigen soll (JTBD).

4.5.7.8.3 Microsoft Zune (2006)

Mit dem Zune-Musicplayer versuchte Microsoft 2006, dem bereits etablierten iPod von Apple Konkurrenz zu machen. Der Zune stellte jedoch keine echte Innovation dar, sondern war eher eine verspätete Reaktion auf den Erfolg des iPods. Die Differenzierung gegenüber dem Marktführer war gering. Außerdem hatte Apple zu diesem Zeitpunkt bereits ein stark vernetztes Ökosystem aus iTunes, iPod und Mac geschaffen, das den Wechsel seiner Kunden zu einem neuen Anbieter unattraktiv erscheinen ließ. Zudem wurde der iPod von den Konsumenten als Lifestyle-Produkt mit Kultstatus wahrgenommen. Ohne klare Alleinstellungsmerkmale oder Zusatznutzen konnte Microsoft keine relevanten Kaufanreize schaffen. In der Folge blieb der Marktanteil des Zune gering. Der Fall verdeutlicht die Risiken von Me-too-Strategien (gegen einen Marktführer) sowie die Notwendigkeit eines eigenständigen Wertversprechens und klarer Produktpositionierung.

4.5.7.8.4 Fazit der Fallbeispiele

Die drei Fallbeispiele zeigen deutlich, dass erfolgreiche Produktinnovation mehr erfordert als technologische Innovation, funktionale Verbesserungen oder ein großes Unternehmen im Hintergrund. Entscheidend ist die systematische Analyse von Kundenbedürfnissen und Marktgegebenheiten. Produktmanager müssen sicherstellen, dass neue Produkte einen klaren Mehrwert bieten, in einem geeigneten Bezugsrahmen positioniert sind und auch emotional die Erwartungen der Zielgruppe treffen.

4.5.8 Entscheidung über die Markteinführung

Auf Basis der Pre-Launch-Marktresonanz und der Ergebnisse der Markterprobung muss der Produktmanager in Abstimmung mit anderen internen Stakeholdern auf Managementebene über die Markteinführung entscheiden. Alternativ zum Start der Markteinführung kann eine Nacharbeit an den identifizierten „Schwachstellen“ oder eine Einstellung des Projekts entschieden werden.

Neben den qualitativen Erkenntnissen der Erprobung stellt die Hochrechnung der Verkaufsraten der Tests auf den Gesamtmarkt eine wichtige Entscheidungsgrundlage dar. Die Projektion kann anhand der nachstehenden Formel erfolgen:[1241]

1241 In Anlehnung an Meffert u. a. (2024), S. 424.

$$\text{Absatzprognose} = \frac{\textit{Anzahl der Einwohner im Gesamtmarkt}}{\textit{Anzahl der Einwohner im Testmarkt}} \times \text{Marktanteil im Test} \times \text{Bedarf pro Kunde/Jahr}$$

4.6 Markteinführung

> „Die Markteinführung Ihres neuen Produkts ist der Moment der Wahrheit. [Jetzt] zeigt sich, ob es in der Realität des Marktes bestehen kann.“[1242]

Verschiedene Studien zeigen, dass mehr als die Hälfte aller neu eingeführten Produkte unmittelbar nach der Markteinführung scheitern.[1243] Erschwerend kommen kürzer werdende Innovationszyklen und zunehmend globalere Märkte hinzu. Da der Geschäftserfolgt von Unternehmen mit dem Markteinführungserfolg neuer Produkte korreliert,[1244] investieren Unternehmen viel Geld in diese Phase des Produktinnovationsprozesses.

In der Literatur der Fachbereiche Marketing, Innovationsmanagement und Produktmanagement wird das Thema Markteintritt vergleichsweise knapp behandelt. In den zwei erstgenannten Disziplinen eher theoretisch (z. B. Markteintrittsstrategien, Eintrittsbarrieren, Adoption von Innovation), in letztgenannter Disziplin sehr praktisch („Checklisten für die Markteinführung“). Neben den Vertriebs- und Marketingaspekten der Markteinführung muss sich das Produktmanagement zusätzlich um die Koordination anderer interner Produktprozesse kümmern. Entsprechend soll das Kapitel Markteinführung folgende Abschnitte umfassen:
- Markteintrittsstrategie (Kap. 4.6.1)
- Exkurse zu Adoption von Innovationen (Kap. 4.6.2)
- Markteinführungsschnittstellen des Produktmanagements zu anderen Funktionen (Kap. 4.6.3)

Letztgenanntes Kapitel liefert eine Produktmanagement-Checkliste für relevante Aspekte bei der Markteinführung.

1242 Matys (2018), S. 148.
1243 Vgl. Vahs u. a. (2023), S. 519; Vahs u. a. zitieren zwei Autoren, die eine Misserfolgsquote von 40 bis 90 % bzw. 50 bis 80 % nennen; Weiber u. a. nennen Quoten von 50 % bzw. 59 %, vgl. Weiber u. a. (2006), S. 154–155; Pepels schätzt im Bereich Fast-Moving-Consumer-Goods die Floprate auf 70 %, vgl. Pepels (2017), S. 212.
1244 Vgl. Fritz/von der Oelsnitz (2007), S. 73.

4.6.1 Markteintrittsstrategien

Als **Markteintrittsstrategie** wird „die Gesamtheit jener strategischen Entscheidungen verstanden, mit denen die Eintrittsmärkte des Unternehmens ausgewählt sowie die institutionellen Formen, die Zeitpunkte, die Reihenfolge und die Schnelligkeit des Markteintritts bestimmt werden".[1245]

Wesentliche **Aufgabe** der Markteintrittsstrategie ist es, aufzuzeigen, wie die Markteintrittsbarrieren für ein neues Produkt überwunden werden können (vgl. Abbildung 4.108).

Abbildung 4.108: Markteinführungsstrategie.

Laut Porter sind sieben **Eintrittsbarrieren** für neue Anbieter zu unterscheiden:[1246]

- Kostenvorteile etablierter Wettbewerber durch „Economies of Scale" bzw. mengenbedingte Stückkostennachteile aufseiten der Anbieter neu eingeführter Produkte
- größenunabhängige Kostenvorteile etablierter Wettbewerber, z. B. Know-how, Zugang zu Rohstoffen, günstige Standorte, staatliche Subventionen oder Lern- und Erfahrungseffekte[1247]
- Kapitalerfordernisse für den Markteintritt
- Produktdifferenzierungsvorteile etablierter Wettbewerber
- Umstellungskosten der Kunden bei Wechsel zu einem anderen Anbieter
- Zugang zu wichtigen Vertriebskanälen
- sStaatliche Politik, z. B. Zölle, Lizenz- oder Zertifizierungszwang, Mengenbegrenzungen

Die Markteintrittsbarrieren hängen wesentlich vom **Geschäftstyp** und von der **Natur des Produkts** ab. Imagevorteile etablierter Konkurrenten oder Vertriebskanalzugang spielen in Konsumgütermärkten eine wichtige Rolle. Wechselkosten sind im Industrie-

---

1245 Fritz/von der Oelsnitz (2007), S. 73.

1246 Vgl. Porter (2013), S. 41–49.

1247 Vgl. Porter (2013), S. 46.

güterbereich ein relevanter Faktor, der etablierte Unternehmen begünstigt.[1248] Eintrittsbarrieren können sich im Laufe der Zeit durch neue staatliche Vorgaben verändern. Ebenso verändern digitale Geschäftsmodelle und digitale Produkte die Relevanz bestimmter Barrieren, z. B. entfallen hohe Kapitalanforderungen für den Aufbau einer Produktion oder eines Filialnetzes. Auf der anderen Seite können Economies of Scale im Falle digitaler Geschäftsmodelle stärker wirken und Netzwerkeffekte als zusätzliche Barriere hinzukommen.

Neben Eintrittsbarrieren müssen neue Anbieter die **Reaktionen etablierter Wettbewerber** in ihrer Eintrittsstrategie berücksichtigen. Dies kann z. B. eine Preisreduktion oder eine Produkt- oder Serviceanpassung sein.[1249]

Der Zielmarkt für ein Produkt wird in der Konzeptionsphase festgelegt.[1250] Inhalt der Markteintrittsstrategie ist die Wahl der institutionellen Markteintrittsform (Kap. 4.6.1.1) sowie das Timing des Eintritts und die Reihenfolge, in der Teilbereiche des Zielmarktes angegangen werden (Kap. 4.6.1.2).

4.6.1.1 Institutionelle Markteintrittsformen

Institutionelle Formen des Markteintritts (Eintrittsmodi) beschreiben die strategischen und organisatorischen Strukturen, mit denen Unternehmen neue Märkte erschließen. Eine wesentliche Entscheidung ist, ob die Markterschließung eigenständig (direkt) oder mithilfe von Partnern (indirekt) erfolgen soll.

- **Eigenständige** Markterschließung mit direktem Kundenkontakt ermöglicht eine stärkere Kontrolle der Marketingaktivitäten, eine höhere Wertschöpfung (und damit ein höheres Ertragspotenzial), Kundenbeziehungsaufbau und vermeidet Abhängigkeiten von Partnern.
- Ein indirekter Markteintritt mithilfe von **Partnern** bietet die Vorteile geteilter Kosten und Risiken. Außerdem kann Know-how des Partners genutzt werden, z. B. lokale Marktkenntnisse oder Zugang zu Vertriebs- und Servicenetzwerken. In manchen Märkten ist ein lokaler Partner aus politischen Gründen opportun.

Zu unterscheiden ist, ob ein Produkt national oder international vermarktet werden soll.

1248 Vgl. Fritz/von der Oelsnitz (2007), S. 88.

1249 Für eine Diskussion der Faktoren, die eine „zu erwartende Vergeltung" bzw. Reaktion durch etablierte Wettbewerber beeinflussen, vgl. z. B. Porter (2013), S. 49–57; Herrmann/Huber (2013), S. 273.

1250 Grundlage für die Zielmarktauswahl ist eine Marktsegmentierung. Aus den Marktsegmenten wird ein Segment (oder wenige Segmente) als Zielsegment bzw. Zielmarkt ausgewählt. Dabei werden Segmentattraktivität, Wettbewerbssituation und „strategischer Fit" berücksichtigt, vgl. Kap. 4.2.2.1.3; der Zielmarkt ist Inhalt der Produktvision und Grundlage der Anforderungsermittlung sowie der Produktpositionierung, vgl. Kap. 4.2.2.1 (Vision), 4.4.2.2.2.1 (Kundenanforderungen) und 4.2.2.3 (Positionierung).

4.6.1.1.1 Nationale Vermarktung

Nationale Vermarktung kann direkt oder indirekt erfolgen:
- Ein direkter Verkauf an Kunden **(direkte Distribution)** bietet sich vor allem bei teuren und erklärungsbedürftigen Produkten an. Im B2B-Geschäft ist der Direktvertrieb weitverbreitet. Dieser erfordert vertriebliche Außen- und Innendienstmitarbeiter oder eigene Verkaufsstellen. Neben physischen Läden können Onlineshops oder digitale Fremdplattformen genutzt werden, um Endkunden anzusprechen und Verkäufe abzuwickeln.
- Alternativ oder parallel zum Direktverkauf können Partner in Form von Absatzmittlern zwischengeschaltet werden **(indirekte Distribution)**. In einer einstufigen Distribution (B2C-Fall) verkauft der Hersteller an Einzelhändler, welche die Ware an Endverbraucher „durchverkaufen". Im Falle der zweistufigen Distribution erfolgt der Verkauf an Großhändler, welche Einzelhändler beliefern, die wiederum die Endverbraucher bedienen. Im B2B-Geschäft können Industriegroßhändler oder Value-Added-Reseller als Distributionspartner zwischen Herstellern und gewerblichen Kunden fungieren.[1251]

4.6.1.1.2 Internationale Vermarktung

Im Falle eines internationalen B2C-Geschäfts wird die Markteintrittsform zusätzlich durch die Frage bestimmt, ob in eine Vor-Ort-Niederlassung investiert werden soll (vgl. Abbildung 4.109).

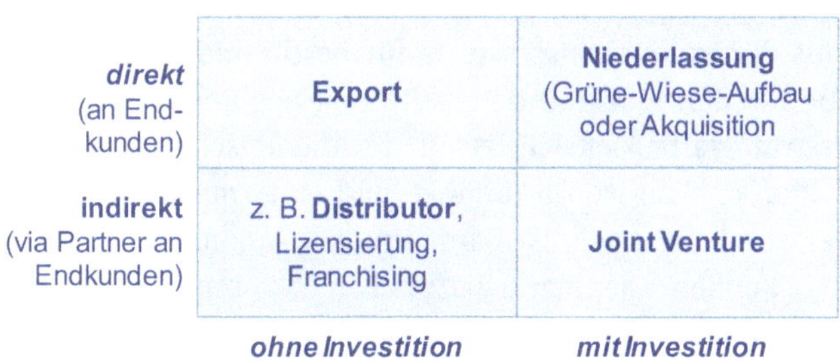

Abbildung 4.109: Institutionelle Markteintrittsformen (international).[1252]

Direkt-Modelle wie der Export oder eine Auslandsniederlassung sichern hohe Kontrolle und Unabhängigkeit des Herstellers. Eine Vor-Ort-Investition erhöht das Wertschöpfungspotenzial und ist insbesondere für strategisch wichtige Absatzmärkte empfehlenswert.

1251 Auf eine detaillierte Erörterung nationaler Distributionssysteme sei hier verzichtet und auf die Fachliteratur verwiesen, z. B. Kotler u. a. (2022), S. 586–605; Meffert u. a. (2024), S. 554–578.

1252 In Anlehnung an Daniels u. a. (2013), S. 83–93.

Direkte Beziehungen des Herstellers mit ausländischen Kunden können auch durch international tätige Vertriebsmitarbeiter im Export-Modell unterstützt werden.

Partnerschaftliche **(indirekte)** Ansätze reduzieren das Risiko und den Ressourceneinsatz. Durch die Nutzung von Partnern mit entsprechendem lokalem Know-how kann der Markteintritt außerdem beschleunigt werden. Der Einsatz von Distributoren, die ausländische Märkte exklusiv für einen Hersteller bearbeiten, ist ein gängiges Modell. Lizensierung, Franchising und andere indirekte Partnering-Modelle sind Eintrittsoptionen, die sich in bestimmten Konstellationen eignen.[1253]

4.6.1.2 Timing und Reihenfolge des Markteintritts

Hinsichtlich der zeitlichen Planung des Markteintritts sind zwei Fragen zu beantworten:

- Soll die Rolle des Pioniers oder die des Folgers angestrebt werden?
- Soll das Produkt auf dem gesamten Zielmarkt simultan eingeführt werden oder soll der Zielmarkt etappenweise (sequenziell) erschlossen werden?

4.6.1.2.1 Pionier oder Folger-Strategie

Ein (Markteintritts-)Pionier ist bestrebt, eine Innovation als Erster im Markt anzubieten. Folger-Strategien zielen auf eine spätere Markteinführung ab, um Risiken und Kosten aus Unsicherheiten zu reduzieren. Die Vorteile, Nachteile und Einflussfaktoren auf Pionier-, Folger- und Imitator-Strategien wurden im Rahmen der Innovationsstrategie bereits erörtert.[1254]

Die Timing-Vorgaben aus der Innovationsstrategie für bestimmte Innovationsfelder können eine Vorgabe für den Markteintrittszeitpunkt des neuen Produkts darstellen. Die Innovationsstrategie berücksichtigt nur technologische und unternehmensbezogene Einflussfaktoren, nicht jedoch produkt- und absatzmarktspezifische Faktoren.[1255] Die Wahl einer Pionierstrategie ist dann sinnvoll, wenn die in Abbildung 4.110 genannten produkt-, kunden- oder marktspezifischen Faktoren vorliegen:

1253 Auf eine detailliertere Diskussion von „Market-Entry-Models" im internationalen Geschäft wird hier verzichtet und auf die entsprechende Fachliteratur verwiesen, z. B. Daniels u. a. (2013), S. 523–599; Hollensen (2014), S. 325–412; Fritz/von der Oelsnitz (2007), S. 75–82.

1254 Für eine Pionierstrategie ist aus Technologie- und Unternehmenssicht empfehlenswert, wenn das Unternehmen über hohes Technologiepotenzial in dem betreffenden Bereich verfügt, wenn das Innovationsfeld für das Unternehmen strategisch wichtig ist (z. B. große zukünftige Wachstumsbeiträge liefern soll) und das Unternehmen in der Lage ist, hohe Investitionen zu tätigen, oder generell einen hohen Gestaltungsanspruch hat („Prospector"-Strategie nach Miles/Snow), vgl. Kap. 3.2.2.3 (Timing-Strategie im Rahmen der Innovationsstrategie).

1255 Vgl. Herrmann/Huber (2013), S. 250.

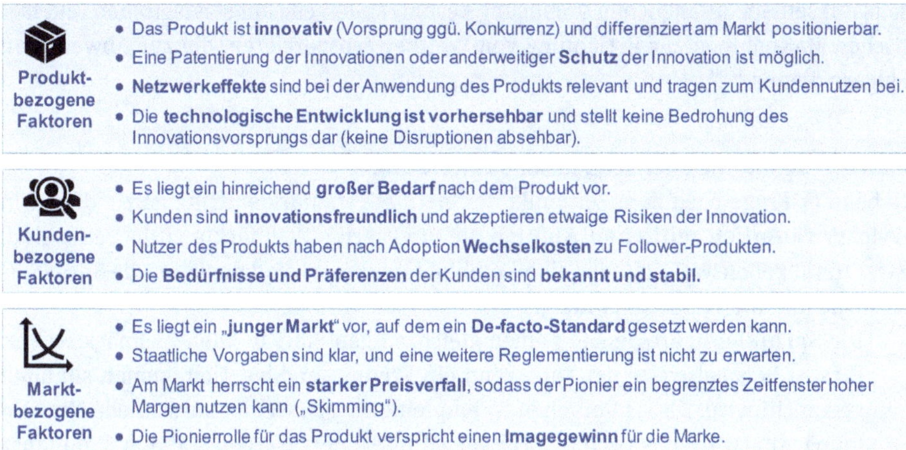

Abbildung 4.110: Faktoren, die Pioniere bevorzugen[1256].

Daneben gibt es Faktoren, die nicht eindeutig für eine bestimmte Timing-Strategie sprechen, z. B. die Produktkomplexität oder die Marktattraktivität.[1257] Wenn die in Abbildung 4.110 genannten Faktoren nicht oder nur teilweise zutreffen, sollte eine Folger-Strategie erwogen werden.

Folger können in frühe und späte Folger sowie in imitierende und modifizierende Folger differenziert werden:[1258]

- **Frühe Folger** verfügen über hohe Technologie- und Marktkompetenz und treten kurz nach dem Pionier in den Markt ein. Sie können von dessen Marktbearbeitung profitieren und aus dessen Fehlern lernen. Sie treffen auf einen wenig ausgeschöpften Markt. Frühe Folger sollten bestrebt sein, den Pionier durch ein verbessertes Produktangebot anzugreifen (modifizierte Folger-Strategie).
- **Späte Folger** können Me-too-Strategien oder Nischenstrategien verfolgen. Sie vermeiden Kosten und Risiken der Innovation, müssen allerdings hohe Markteintrittsbarrieren überwinden. Wichtig für späte Folger ist, dass ein langfristig wachsender Markt vorliegt und dass man finanziell über „einen langen Atem" verfügt. Beispiele erfolgreicher später Folger sind Coca-Cola im Bereich Diät-Softdrinks oder IBM im Bereich Personal Computer.[1259]

Die Wahl zwischen Pionier- und Folger-Strategie ist eine strategische Entscheidung, die stark von Marktdynamiken, technologischen Entwicklungen und unternehmensinternen Ressourcen abhängt. Zu beachten ist, dass der Erfolg eines Pioniers einer-

1256 Vgl. Kap. 3.2.2.3; Fritz/von der Oelsnitz (2007), S. 82–84; Hofbauer (2018), S. 556–559.
1257 Vgl. Herrmann/Huber (2013), S. 250–252.
1258 Vgl. Kap. 3.2.2.3.2 und Kap. 3.2.2.3.3 (Timing-Strategie im Rahmen der Innovationsstrategie).
1259 Vgl. Fritz/von der Oelsnitz (2007), S. 83.

seits auf seinem anfänglichen Vorsprung beruht, anderseits auf strategischen und taktischen Maßnahmen zur Errichtung von Wettbewerbsbarrieren, die zur Abwehr von Folgern dienen.[1260]

4.6.1.2.2 Simultane oder sequenzielle Einführung

Neben der Frage nach dem Zeitpunkt des erstmaligen Markteintritts ist zu klären, in welcher **räumlich-zeitlichen Abfolge** die anvisierten Zielmärkte zu betreten sind. Zwei Herangehensweisen (oder eine Kombination dieser) sind denkbar: die Sprinklerstrategie und die Wasserfallstrategie:[1261]

- Die **Sprinklerstrategie** sieht einen gleichzeitigen Start in allen Zielmärkten vor. Dies ist beispielsweise der Fall, wenn ein Produkt in allen Zielregionen simultan gelauncht wird. Dieses Vorgehen ist empfehlenswert, wenn eine schnelle Nachahmung zu erwarten ist und der Zeitvorteil maximiert werden soll. Ein simultaner Markteintritt ist allerdings komplex und risikoreich.
- Die **Wasserfallstrategie** sieht vor, die Zielmärkte sequenziell zu betreten.[1262] Die Märkte werden dabei langsamer, aber systematisch erschlossen. Vorteilhaft sind die geringere Komplexität und das durch erhöhte Flexibilität reduzierte Risiko. Dieses Vorgehen bietet sich an, wenn ...
  - die zunächst angesprochenen Zielsegmente als erweiterte Testmärkte betrachtet werden sollen, um für weitere Markteintritte zu lernen,
  - die Teilmärkte aufgrund spezifischer Markt- und Wettbewerberbedingungen spezifische Eintrittsstrategien erfordern,
  - zunächst Märkte mit geringer geografischer und „psychischer“ Distanz bedient werden sollen, bevor man – mit wachsender Erfahrung – den Eintritt in schwierigere Märkte wagt (Upsala internationalization model),[1263]
  - das Unternehmen nicht über die finanziellen und personellen Ressourcen für eine simultane Markteinführung verfügt.

In einer **Kombinationsstrategie** starten Unternehmen die Markteinführung in den wichtigsten Zielmärkten. Auf Basis der Erfolge und Erfahrungen werden die restlichen Märkte zu einem späteren Zeitpunkt betreten.

Für kleine Unternehmen oder **Start-ups** empfiehlt sich zunächst ein fokussierter Markteintritt in einer spezifischen Nische. Die erfolgreiche Eroberung der Nische dient dann als Referenz, um weitere Nischen zu erobern.[1264]

1260 Vgl. Fritz/von der Oelsnitz (2007), S. 84.

1261 Vgl. Fritz/von der Oelsnitz (2007), S. 85; Herrmann/Huber (2013), S. 255–256.

1262 Kotler u. a. nennen die Strategieoption „selektive Markteinführung“, wobei die zuerst angesprochene Gruppe als primäre Zielgruppe bezeichnet wird, vgl. Kotler u. a. (2023), S. 510.

1263 Vgl. Hollensen (2014), S. 79–83.

1264 „Beachhead Strategy“ nach Moore, vgl. Kap. 4.7.1.5.

4.6.2 Exkurs: Adoption von Innovationen

Um Produkte effektiv im Markt einzuführen, müssen Unternehmen verstehen, wie die Zielkunden neue Produkte bewerten, auf welche Faktoren sie ihre Kaufentscheidungen stützen und wie schnell sie Neues bzw. Innovationen annehmen. Der Begriff **Diffusion** beschreibt, wie sich Wissen über ein neues Produkt auf dem Markt verbreitet und wie schnell dieses Produkt gekauft und genutzt wird.

4.6.2.1 Rogers Modell der Adoption von Innovationen

Das Modell der Adoption von Innovationen nach Everett M. Rogers aus dem Jahr 1962 beschreibt, wie neue Ideen, Produkte oder Technologien innerhalb einer sozialen Gruppe oder Gesellschaft angenommen und verbreitet werden:[1265] Rogers untersuchte den Entscheidungsprozess von Kunden bei der Adoption von Innovationen. Er stellte fest, dass Personen eine **unterschiedliche Innovationsbereitschaft** haben und Innovationen entsprechend mit unterschiedlichen Geschwindigkeiten annehmen. Je nach Zeitpunkt der Adoption unterscheidet Rodgers **fünf Adoptionsgruppen** (vgl. Abbildung 4.111):

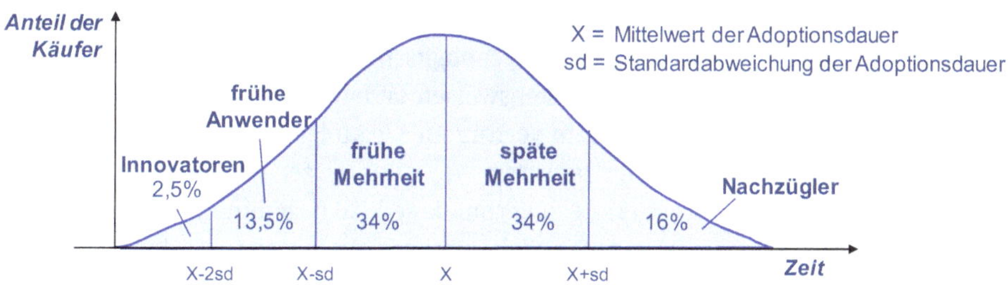

Abbildung 4.111: Adoption von Innovation nach Rodgers[1266].

Innovatoren sind technikaffin und probieren gerne neue Produkte aus. Sie setzen sich mit Produktdetails auseinander. Sie stellen ideale Beta-Tester dar. **Früher Anwender** sind Meinungsführer und Trendsetter, die auf der Suche nach neuen Technologien sind, die ihnen einen echten Vorteil bringen. Sie sind bereit, gewisse Risiken einzugehen, um ein „interessantes neues“ Produkt auszuprobieren. Die **frühe Mehrheit** umfasst Pragmatiker, die eine neue Technologie erst annehmen, wenn die Vorteile zuverlässig erwiesen sind, insbesondere durch die Erfahrungen anderer Nutzer. Die **späte Mehrheit** besteht aus konservativen Skeptikern, die preissensibel sowie ri-

1265 Vgl. Rodgers (2003).
1266 In Anlehnung an Meffert u. a. (2024), S. 432; Kotler u. a. (2022), S. 511.

siko- und technikscheu sind. Die **Nachzügler** sind traditionsverbunden und vermeiden Innovationen, solange dies möglich ist.

Für jede dieser Gruppen muss die Adoption der Innovation durch spezifische Maßnahmen gefördert werden, um die Verkäufe über den Produktlebenszyklus zu optimieren.[1267] In der Markteinführungsphase sind die **frühen Anwender** die wichtigste Zielgruppe, da diese offen für Innovationen sind und als Meinungsführer und Multiplikatoren den weiteren Adoptionsprozess des Produkts beschleunigen können. Sie lassen sich beispielsweise durch Social-Media-Analyse (z. B. aktive Diskussionsteilnehmer in spezialisierten Foren oder Tech-Blogs), durch Marktforschung (Frage nach Innovationsaffinität) oder durch CRM- oder Kundendienstdaten identifizieren. Um sie erfolgreich zu gewinnen, können exklusive Angebote, Community-Building oder finanzielle Anreize genutzt werden.

Rogers nennt fünf Faktoren, die die Adoptionsgeschwindigkeit einer Innovation beeinflussen: den relativen Vorteil, die Kompatibilität, die Komplexität, die Testbarkeit sowie die Beobachtbarkeit.[1268]

4.6.2.2 Kognitive Voreingenommenheit überwinden

Menschen sind von Natur aus veränderungsresistent, was bei der Markteinführung innovativer Produktfunktionen ein Hindernis darstellen kann. Daher müssen Entwickler, Vermarkter und Designer oft psychologische Barrieren überwinden, damit Nutzer ihre Gewohnheiten und Verhaltensweisen ändern. Sogenanntes **Momentum-Verhalten** liegt vor, wenn Nutzer dem vertrauten Weg folgen, auch wenn es objektiv betrachtet einen schnelleren oder besseren Weg gibt. Nutzer wiederholen erfolgreiche Muster, um das mit Veränderungen verbundene Risiko zu minimieren. Dabei verpassen sie jedoch potenzielle wirtschaftliche und soziale Vorteile, die durch eine Abkehr von ihren Gewohnheiten entstehen können. Informationsüberflutung, die häufig in digitalen Umgebungen vorliegt, verstärkt das Momentum-Verhalten, da die Vielfalt von Entscheidungen den Kunden überwältigt.

Senin erklärt zwei Möglichkeiten, eine solche **kognitive Voreingenommenheit**, die Kunden von der Adoption neuer Produkte oder Features abhalten können, durch gezieltes Marketing zu überwinden:[1269]

- Die unbewusste Tendenz, den Status quo beizubehalten, wird durch **Verlustaversion** getrieben. Verluste und Nachteile einer Entscheidung werden gravierender bewertet als mögliche Gewinne und Vorteile. Dies führt häufig zu „Nichthandlung". In der Verkaufs- bzw. Kommunikationstaktik kann im Sinne von „Feuer mit Feuer bekämpfen" der potenzielle Verlust durch Nichtstun betont und als größer dargestellt werden als das Risiko der Handlung bzw. des Kaufs. Es kann bei-

1267 Vgl. Matys (2018), S. 144–147.
1268 Vgl. Rodgers (2003), S. 221–258.
1269 Vgl. Senin (2020).

spielsweise Produktknappheit suggeriert oder Social-Proof für entgangenen Nutzen des Zögerns oder Nichtstuns angeführt werden. Beispiele sind eine Live-Information am Point-of-Sales wie „975 Kunden des Produkts haben in den letzten 2 Monaten im Schnitt 395 Euro gespart" oder „Nur noch 7 Stück verfügbar".

- Der **Default-Effekt** beschreibt das Phänomen, dass die Vorgabe einer Option als Standard (innerhalb einer Reihe von Auswahlmöglichkeiten) die Wahrscheinlichkeit der Wahl dieser Option erhöht. Oft genügt es, Formulare mit den Standardoptionen vorauszufüllen, um Nutzer zur Wahl dieser Option zu bewegen, beispielsweise das Abonnement eines Newsletters oder das Upgrade eines Produkts.

Für eine erfolgreiche Markteinführung gilt es also, durch entwicklungs- und marketingseitige Maßnahmen die menschliche Tendenz, den Status quo beizubehalten, zu überwinden.

4.6.3 Markteinführungsschnittstellen zu anderen Funktionen

Im Produktprozess sind nahezu alle Funktionen im Unternehmen beteiligt. Unabhängig vom Entwicklungsmodell laufen verschiedene parallele Prozesse. Diese können in Haupt-, Begleit- und Querschnittsprozesse eingeteilt werden (vgl. Abbildung 4.112):

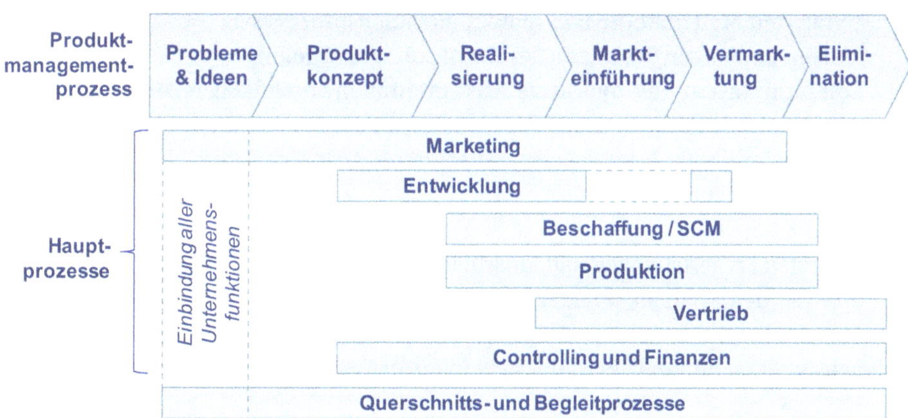

Abbildung 4.112: Parallelprozesse zum Produktmanagement[1270].

1270 Die Einteilung in Haupt-, Begleit- und Querschnittsprozesse ist in der Literatur nicht eindeutig. Die hier dargestellten Hauptprozesse implizieren ein Hardwaregeschäft. Softwareprodukte und Dienstleistungen weichen in den Funktionen Produktion, Beschaffung und SCM ab, vgl. Kap. 2.7.4.

Welche Aktivitäten im Einzelnen erforderlich sind und welche Wichtigkeit diese besitzen, hängt von der Komplexität und Art des zu entwickelnden Produkts ab:[1271]
- Zu den **Hauptprozessen** gehören Marketing, Entwicklung, Produktion, Beschaffung, Supply-Chain-Management, Vertrieb und Controlling & Finanzen.
- Zu den **Querschnitts- und Begleitprozessen** gehören u. a. Projektmanagement, Qualitätsmanagement, Risikomanagement, Nachhaltigkeit, Wissensmanagement, Kommunikation, Digitalisierung/IT-Unterstützung und Recht.

Für alle genannten Prozesse gibt es in der Aufbauorganisation verantwortliche Stellen. Formal gesehen erfolgt die Koordination über die Ablauforganisation des Unternehmens. Wie in den Produktmanagementgrundlagen erläutert, ist eine zentrale Koordination (durch den Produktmanager) aus Unternehmenssicht dennoch sinnvoll,[1272] insbesondere während der Produktrealisierungsphase. Diese umfasst:
- alle Beteiligten auf die **übergeordneten Produktziele** und den Markterfolg ausrichten, insbesondere wenn unterschiedliche funktionale Ziele aufeinandertreffen; sicherstellen, dass aus Produktsicht die richtigen Prioritäten gesetzt werden
- **Änderungen aktiv managen**, dabei Vermittlung zwischen technischen, finanziellen und marktbezogenen Interessen und Sichtweisen; Entscheidungsfindung im Spannungsfeld zwischen Qualität (Marktanforderungen), Kosten und Zeit
- Sicherstellung, dass alle Unternehmensfunktionen ihre Aufgaben **rechtzeitig** und in der geforderten **Qualität** erledigen; Kristallisationspunkte hierfür können die definierten **Meilensteine** im Produktinnovationsprozess sein
- **Risiken „managen“** auf Basis des Entwicklungscontrollings
- **Kommunikation und operative Abstimmung** in regelmäßigen Meetings, Workshops und Projektupdates, um die beteiligten Funktionen zu synchronisieren und zu motivieren; Produktmanagement sollte als Ansprechpartner für alle Beteiligten zur Verfügung stehen

Die konkreten Fragestellungen und Entscheidungsparameter zur Markteinführung hängen u. a. von den Produktcharakteristika, dem Markt-/Kundentyp sowie der Geschäftsart ab.[1273] Im Folgenden werden ausgewählte Aspekte der Markteinführung nach Unternehmensfunktion differenziert dargestellt (ohne den Anspruch auf Vollständigkeit).

4.6.3.1 Marketing

Zur Vorbereitung auf die Markteinführung ist eine enge Zusammenarbeit zwischen Produktmanager und Produktmarketing unabdingbar. Im bisherigen Prozess wurden ein fundiertes Markt- und Kundenverständnis aufgebaut sowie eine Marketingstrate-

---

1271 Laut VDI 2221 Blatt 1, zitiert aus Engeln (2020), S. 39.

1272 Vgl. Kap 2.1.2.2 (Produktmanagementprinzip Koordination).

1273 Vgl. Kap. 2.7.4 (Differenzierung des Produktmanagementkonzepts).

gie und Marketinginnovationsansätze entwickelt.[1274] Die wichtigsten Aspekte sind in Tabelle 4.15 zusammengefasst (eine gewisse Redundanz mit den vorgenannten Kapiteln in Kauf nehmend):

Tabelle 4.15: Go-to-Market Fragestellungen Marketing.

Bereich	Thema	Ausgewählte Fragestellungen
Marktdefinition und Zielgruppenanalyse	**Zielmarktsegmente**	Welche spezifischen Segmente des Marktes sollen angesprochen werden?
	Kunden-bedürfnisse	Welche Probleme oder Bedürfnisse haben die potenziellen Kunden, die das Produkt lösen kann? (siehe z. B. Persona, Empathy-Map)
	Kaufverhalten	Wie verhalten sich die Zielkunden im Kaufprozess? (Customer-Journey)
Nutzenversprechen und Produkt-positionierung	**Kundennutzen**	Welchen konkreten Mehrwert bietet das Produkt? In welchen Use-Cases? Welche Art von Nutzen liegt vor (funktional, ökonomisch, emotional)?
	Alleinstellungs-merkmale	Was differenziert unser Produkt von Wettbewerberangeboten?
	Positionierung	Wie soll das Produkt im Markt wahrgenommen werden? In welchem Referenzrahmen soll die Positionierung kommuniziert werden?
Preisstrategie	**Preismodell**	Welches Preismodell ist für das Produkt und die Zielgruppe geeignet? Welche Preisdifferenzierung, Rabatte und Konditionen werden eingesetzt?
	Wettbewerbs-analyse	Wie sind vergleichbare Produkte preislich positioniert? Gibt es Referenzpreise?
	Wahrgenommener Wert	Welchen Preis ist die Zielgruppe bereit zu zahlen, basierend auf dem wahrgenommenen Nutzen?
Vertriebs- und Distributionskanäle	**Kanalauswahl**	Welche Möglichkeiten der direkten Distribution werden genutzt (z. B. Online-Shop, Online-Plattformen)? Über welche indirekten Kanäle (z. B. Fachhandel, Direktvertrieb, Online-Händler) wird das Produkt angeboten?
	Partnerstrategien	Werden strategische Vertriebspartner benötigt? Wenn ja, welche?

1274 Vgl. Kap. 4.3.4.2 (Marketingkonzept).

Tabelle 4.15 (fortgesetzt)

Bereich	Thema	Ausgewählte Fragestellungen
	Logistik	Wie wird die effiziente Lieferung des Produkts an den Kunden sichergestellt?
Kommunikationsstrategie	**Botschaftsentwicklung**	Welche Kernbotschaften sollen vermittelt werden? Sollen bestimmte Markenbotschafter oder Influencer eingesetzt werden?

Die Marketingstrategie zielt darauf ab, das Vorgehen in der Markteinführung an die Wettbewerbssituation und die Kundenbedürfnisse anzupassen. Die Prioritäten und Ziele des Marketings können sich nach der Markteinführungsphase ändern.[1275]

4.6.3.2 Vertrieb

Im Rahmen des Marketingkonzepts wurden in der Konzeptphase bereits distributionspolitische Weichen gestellt. Diese betreffen die Produktpositionierung, Vertriebskanäle, internationale Märkte, Distributionspartner und die Preisstrategie.

In Vorbereitung auf die Markteinführung sind folgende vertrieblichen Fragestellungen zu detaillieren (vgl. Tabelle 4.16, mit gewisser Redundanz zu Kap. 4.3.4.2.1):

Tabelle 4.16: Go-to-Market Leitfragen Vertrieb.

Bereich	Interesse des Produktmanagements	Beispielhafte Leitfragen
Vertriebsstrategie & Vertriebskanäle	Die Wahl der Vertriebskanäle beeinflusst Reichweite und Preisgestaltung, die Kommunikationsmaßnahmen und die Kundenansprache. Der Produktmanager muss sicherstellen, dass die Kanäle zu den Zielen (Menge, Marge) und zur Produktpositionierung passen	– Über welche Kanäle wird das Produkt verkauft (Online-Shop, Außendienst, Handelspartner, Plattformen)? – Welche Rolle spielen Distributoren und andere Partner? – Sind regional unterschiedliche Strategien notwendig?
Verkaufsargumente & Value Proposition	Der Vertrieb benötigt klar aufbereitete Verkaufsargumente, die sich aus der Produktstrategie ableiten. Der Produktmanager ist dafür verantwortlich, diese zu	– Was sind die zentralen Vorteile des Produkts für den Kunden (Value Proposition)? – Welche Unique Selling Propositions (USPs) soll hervorgehoben werden?

1275 Vgl. Produktlebenszyklus-Management in Kap. 4.7.1.

Tabelle 4.16 (fortgesetzt)

Bereich	Interesse des Produktmanagements	Beispielhafte Leitfragen
	erarbeiten und auf die jeweilige Zielgruppe zuzuschneiden	– Wie wird das Produkt im Vergleich zum Wettbewerb positioniert?
Preisstrategie & Rabatt-Konditionenpolitik	Die Preisstrategie beeinflusst sowohl Verkaufsvolumen als auch Marge. Die Praxisperspektive des Vertriebs sollten in die Ausarbeitung eingebunden werden	– Wie wird das Produkt preislich positioniert (Economy, Mittelklasse, Premium)? – Welche Rabatt- und Bonussysteme gelten? – Welche Preisdifferenzierungen sollen erfolgen? Gibt es Einführungsangebote oder Paketpreise?
Vertriebs-unterlagen & Produktschulung	Gut geschulte Vertriebsmitarbeiter mit professionell aufbereiteten Produktinformationen sind entscheidend für den Markterfolg. Dies liegt in der Verantwortung des Produktmanager	– Welche Materialien benötigt der Vertrieb (Bro-schüren, Datenblätter, Argumentationshilfen)? – Wie wird der Vertrieb zum Produkt geschult? – Welche digitalen Tools sollen genutzt werden (z. B. CRM, Sales Apps)?
Vertriebsziele & Erfolgsmessung	Der Produktmanager muss sicherstellen, dass die Vertriebsziele entsprechend der Produktziele ausgerichtet sind. Geeignete Kennzahlen sind zu definieren	– Anhand welcher quantitativen und qualitativen Ziele wird der Vertrieb gesteuert (Umsatz, Neukunden, Marktanteil, u. a.)? – Wie erfolgt die Datenerhebung und Erfolgskontrolle?
Kundenfeedback & Marktreaktionen	Der Vertrieb ist durch direkten Kunden-kontakt eine wichtige Informationsquelle für den Produktmanager	– Wie oft und in welcher Form liefert der Vertrieb Kundenfeedback? – Wie wird dieses analysiert?
Wettbewerbs-beobachtung & Marktanalyse	Wettbewerberinformationen aus dem Vertrieb helfen dem Produktmanager, effektive Marketingmaßnahmen zu erarbeiten	– Welche Informationen über Wettbewerbs-produkte, Preise und Markttrends liefert der Vertrieb an den Produktmanager? Wie häufig und über welche Instrumente?
Abstimmung mit Marketing & Kampagnen-planung	Der Produktmanager spielt eine zentrale Rolle in der Koordination zwischen Marketing und Vertrieb. Eine enge Verzahnung erhöht die Vermarktungseffizienz	– Wie werden Vertriebsaktivitäten mit Marketingkampagnen synchronisiert? – Wie werden Leads aus Marketingaktionen an den Vertrieb übergeben („Lead Nurturing“)?

Der Produktmanager agiert in Vorbereitung der Markteinführung als Schnittstelle zwischen Produktentwicklung, Marketing, Vertrieb und Kundendienst. Er stellt sicher, dass der Vertrieb optimal vorbereitet wird und das Produkt mit einer klaren, abgestimmten Botschaft in den Markt gebracht wird.

4.6.3.3 Produktion

In der Vorbereitung auf den mit der Markteinführung zusammenhängenden Produktionshochlauf ist die Abstimmung von Produktmanager und Produktion von Bedeutung. Einige aus Sicht des Produktmanagers wichtige Themen sind in Tabelle 4.17 genannt:

Tabelle 4.17: Go-to-Market Themen Produktion.

Bereich	Interesse / Input Produktmanagement
Qualitätssicherung	Qualitätsstandards definieren (z. B. Toleranzen, Grenzwerte); Prüfpläne erstellen (z. B. Wareneingang, In-Prozess-Kontrollen, Endkontrollen)
Kostenmanagement	Kostenziele vorgeben, Herstellkosten analysieren und laufend optimieren
Produktionstechnologie & -prozesse	Klärung, ob die erforderlichen Kompetenzen in der Produktion vorhanden sind; Beitrag zu Make-or-Buy-Entscheidungen; Anforderungen der Produktion und „Design-to-Manufacture"-Potenziale klären
Produktvarianten	Anforderungen der Produktion bei der Variantenbildung berücksichtigen; optimale Variantenvielfalt ermitteln
Volumenhochlauf	Synchronisation der Zeitpläne von Marketing, Vertrieb und Produktion; Differenzierung des Volumenhochlaufs nach Varianten vorgeben
Flexibilität	Planung für abweichende Szenarien der Nachfrageentwicklung; ggf. Sicherheitspuffer festlegen
Nachhaltigkeit	Ggf. umweltfreundliches (Energie, Emission) und ressourcenschonende Produktionskonzept- unter Berücksichtigung etwaiger Mehrkosten

Durch die gemeinsame Klärung der genannten Themen kann sichergestellt werden, dass das Produkt termingerecht, in der angestrebten Qualität und kosteneffizient auf den Markt gebracht werden kann.

4.6.3.4 Beschaffung und Supply-Chain-Management

Analog zur Produktion ist eine Abstimmung zwischen Produktmanager, Beschaffung und Supply-Chain-Management (SCM) in Vorbereitung auf die Markteinführung erforderlich. Der Produktmanager muss sicherstellen, dass das SCM hinsichtlich Mengenhochlauf, Kostenzielen, Risiken und Nachhaltigkeitsanspruch entsprechend der Produktziele plant (vgl. Tabelle 4.18):

Tabelle 4.18: Go-to-Market Themen Beschaffung & Supply Chain.

Bereich	Interesse / Input Produktmanagement
Lieferantenauswahl & -management	Vereinbarte Qualität und Mengen pünktlich liefern; wettbewerbsfähige Preise; Flexibilität bei Nachfrageschwankungen; ggf. Diversifikation zur Risikominimierung
Materialbedarfsplanung	Planung gemäß Verkaufserwartung/Hochlauf; ggf. Sicherheitsbestände und Notfallpläne, um Engpässe und Lieferverzögerungen zu vermeiden
Qualitätsmanagement	Klare Spezifikationen für Zukaufqualität vorgeben; systematische Überprüfung der gelieferten Qualität planen
Kostenmanagement	Wettbewerbsfähige Einkaufspreise; Produktivitätsziele zur konti-nuierlichen Kostensenkung; ggf. Absicherungen gegen Preisanstiege
Logistik	Kosteneffizienter und zuverlässiger Transport; ggf. kundespezifische Distributions- und Lagerungsoptionen ermöglichen
Nachhaltigkeit & Compliance	Einhaltung gesetzlicher Anforderungen; umweltfreundliche und ethisch einwandfreie Lieferkette

Die enge Abstimmung zwischen Produktmanagement, Beschaffung und Supply-Chain-Management gewährleistet, dass Produktstrategie und Beschaffungsplanung harmonisiert sind. Dies stellt die Lieferfähigkeit sicher, optimiert Kosten und minimiert Risiken.

4.6.3.5 Qualitätsmanagement

Die Zusammenarbeit zwischen Produktmanagement und Qualitätsmanagement vor dem Markteintritt stellt sicher, dass Innovation mit Qualität und Zuverlässigkeit einhergeht, gesetzliche Anforderungen erfüllt werden und Folgekosten oder Imageschäden durch Qualitätsprobleme vermieden werden.

Tabelle 4.19 nennt typische Bereiche, die vor der Markteinführung abzustimmen sind:

Tabelle 4.19: Go-to-Market Themen Qualität.

Bereich	Themen für die Abstimmung zwischen Produktmanagement & Qualitätsmanagement vor Markteinführung
Qualitätsziele & -standards für Produkt definieren	– Festlegung qualitativer Anforderungen für das Produkt (z. B. Haltbarkeit, Funktionalität, Materialqualität) und prozessbezogener Aspekte (z. B. Prüfumfänge, Qualitätsprüfungen in der Produktion, Lieferantenaudits) – Einhaltung von Normen, Richtlinien und gesetzlichen Anforderungen sicherstellen

Tabelle 4.19 (fortgesetzt)

Bereich	Themen für die Abstimmung zwischen Produktmanagement & Qualitätsmanagement vor Markteinführung
Qualitätssicherung in Anlaufphase & produktionsbegleitend	– Festlegung von Qualitätssicherungsmaßnahmen im Anlaufmanagement (z. B. Stichprobenprüfungen, Erstmusterprüfungen, Prozessfähigkeitsanalysen, Wareneingangs- und Warenausgangskontrollen) – Qualitätsdaten aus der Produktion systematisch sammeln und analysieren, um,, falls erforderlich, frühzeitig Anpassungen vornehmen zu können
Reklamationsmanagement vorbereiten	– Prozesse zur Bearbeitung von Reklamationen und Gewährleistungsansprüchen definieren, insb. Schnittstellen zwischen Service, Produktion und Entwicklung
Freigabeverfahren & Prüfprotokolle	– Produktfreigabe vor Markteinführung, auf Basis der Endabnahme des Produkts durch das Qualitätsmanagement; dabei alle qualitätsrelevanten Merkmale des Produkts prüfen und dokumentieren
Risikomanagement & FMEA	– Zur Sicherstellung der Produktqualität potenzielle Fehlerquellen und Risiken systematisch analysieren, z. B. durch die FMEA-Methode – Der Produktmanager bringt dabei die Kundenanforderungen und den technischen Kontext ein, das Qualitätsmanagement die Prüfmethoden und Fehlerkataloge
Dokumentation und Nachweispflichten	– Im Vorfeld der Markteinführung klären Produktmanagement und Qualitätsmanagement, welche Nachweisdokumente für interne (Auditierung) und externe Prüfungen (z. B. Behörden, Zertifizierer, Kunden) notwendig sind

Beide Disziplinen – Produktmanagement und Qualitätsmanagement – tragen aus unterschiedlichen Perspektiven dazu bei, Risiken zu minimieren und Kundenzufriedenheit sicherzustellten.

4.6.3.6 Sonstige Funktionen

Neben den bereits genannten Funktionen gibt es weitere Unternehmensbereiche, mit denen der Produktmanager in der Vorbereitung auf die Markteinführung u. U. zusammenarbeiten muss (vgl. Tabelle 4.20):

Tabelle 4.20: Sonstige Go-to-Market Themen.

Bereich	Interesse Produktmanagement	Ausgewählte Themen/Aufgaben
Recht & Compliance	Rechts- und Compliance-Management sichert im Produktprozesses die Interessen unterschiedlicher Stakeholder ab	– Prüfung der rechtlichen Konformität des Produkts (z. B. Produktsicherheit, Normen, Zertifizierungen) – Klärung von Produkthaftung und Gewährleistungsfragen – Sicherstellung von Marken- bzw. Patentschutz – Prüfung von Vertragsdokumenten zur Markteinführung (z. B. Verträge mit Vertriebspartnern und Lieferanten, Lizenzverträge)
Controlling	Controlling überwacht die finanzielle Zielerreichung und hilft dem Produktmanager beim Monitoring der Markteinführungsperformance	– Kalkulation und Überwachung der Markteinführungskosten – Profitabilitätsanalysen als Input zur Preisbestimmung – Definition von KPIs, Zielwerten und regelmäßiger Soll-Ist-Abgleich – Unterstützung bei der Erfolgsmessung der Kommunikations-maßnahmen im Rahmen der Markteinführung
IT	Die digitale Infrastruktur des Unternehmens ermöglicht ein datengetriebenes „digitales Produktmanagement“	– Bereitstellung der technischen Infrastruktur für die Markteinführung (z. B. Anbindung E-Commerce/CRM) – Produktdatenmanagement über Lebenszyklus, Digitaler Zwilling – Funktionalität und Verfügbarkeit etwaiger digitaler Begleitservices (z. B. Mobile-Apps, andere Online-Tools) – Datenschutz & IT-Sicherheit
Finanzen	„Finance“ kann bei der Etablierung kapitalintensiver oder neuer Geschäftsmodelle insb. in der Markteinführung ein wichtiger Partner sein	– Sicherstellung der finanziellen Mittel für die Markteinführung (z. B. Werbebudget, Vertriebsschulungen, Events) – Cash-Flow-Planung – Ggf. Abstimmung der Finanzierungsanforderungen neuer Geschäftsmodellen (z. B. Leasing, Subskriptionsmodelle)
Personal	HR unterstützt bei Kompetenzaufbau und Mitarbeitermotivation	– Schulung und Weiterbildung von Mitarbeitern – Personalbedarfsplanung, insb. für die Markteinführungsphase – Interne Kommunikation rund um den Launch (z. B. Kick-off-Veranstaltungen, interne Schulungen)

Tabelle 4.20 (fortgesetzt)

Bereich	Interesse Produktmanagement	Ausgewählte Themen/Aufgaben
Business Development	Zusammenarbeit bei innovativen Produkten & Geschäftsmodellen	– Marktanalyse und Identifikation zusätzlicher Marktpotenziale – Partnerschaften für Momentum in der Markteinführung – Langfristige Roadmap-Planung nach dem Launch

Die oben genannten Bereiche der Zusammenarbeit tragen zu einer ganzheitlich abgestimmten Markteinführung bei.

Die hier aufgeführten, nach Funktion sortierten Themen und Leitfragen können als Checkliste zur Markteinführung dienen. Alternative bzw. zusätzliche Checklisten für den Markteintritt liefern z. B. Aumayr, Matys, Hofbauer, ProduktManageMentor oder Product Focus.[1276]

4.6.4 Fazit

Mit der Markteinführung beginnt der „aktive“ Lebenszyklus des Produkts. Der Produktmanager trifft dabei strategische Entscheidungen zu Eintrittsformen, Timing und Eintrittsreihenfolge. Daneben muss er die beteiligten Funktionen im Unternehmen koordinieren und sicherstellen, dass alles rechtzeitig und in der geforderten Qualität erledigt wird.

4.7 Produktlebenszyklus-Management (PLM)

Nachdem ein Produkt in den Markt eingeführt wurde, beginnt die Lebensphase. Dabei muss der Produktmanager den wirtschaftlichen Erfolg des Produkts maximieren. Diese „konstituierende“ Aufgabe des Produktmanagements bezeichnet man als **Produktlebenszyklus-Management (PLM)**. PLM umfasst alle strategischen und operativen Maßnahmen, die darauf abzielen, ein Produkt von Markteinführung bis Elimination im Sinne der Wirtschaftlichkeit optimal zu steuern.

Das Konzept des **Produktlebenszyklus** adressiert die Tatsache, dass Produkte „in ihrem Leben“ unterschiedliche Herausforderungen meistern müssen. Der Produktle-

1276 Vgl. Aumayr (2019), S. 322–324; Matys (2018), S. 155 und S. 169–171; Hofbauer (2018), S. 574; Pratt (2025a); Harste u. a. (o. J./D) u. a., S. 8.

benszyklus wird in vier oder fünf Phasen eingeteilt:[1277] **Einführung, Wachstum, Reife, Sättigung** und **Rückgang** (vgl. Abbildung 4.113).

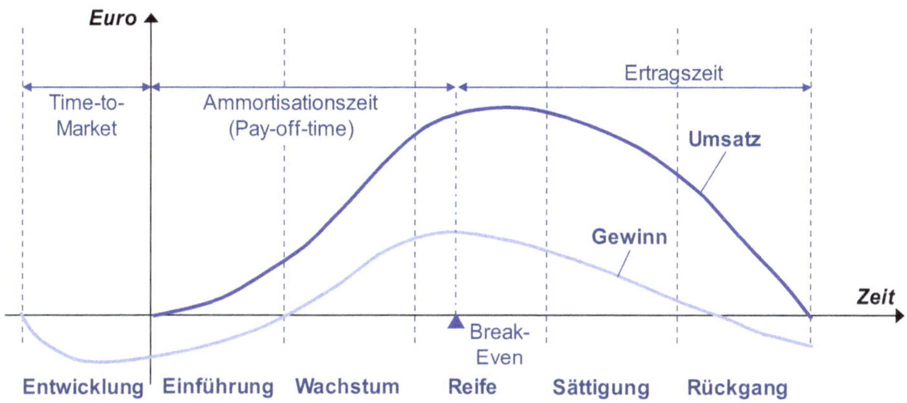

Abbildung 4.113: Typische Umsatz- und Gewinnentwicklung im Produktlebenszyklus[1278].

Charakteristisch im Produktlebenszyklus ist der **Verlauf des Umsatzes und des Gewinns:** Bevor mit dem Markteintritt erste Umsätze erzielt werden können, fallen im Zuge der Planung und Entwicklung zunächst Kosten an. Erst nach der Einführungsphase kann das Produkt i. d. R. Gewinne erwirtschaften. Erfolgreiche Produkte erreichen typischerweise in der Reifephase den Break-Even-Punkt, an dem die erwirtschafteten, kumulierten Überschüsse die anfänglichen Investitionen decken. Überschüsse ab diesem Zeitpunkt summieren sich zum positiven Produktlebenszyklusergebnis. Ein Hebel zur Steigerung des (Lebenszyklus-)Produktergebnisses kann die Verlängerung des Lebenszyklus und damit der Ertragszeit durch Produktvariation sein.[1279] Zu beachten ist, dass am Ende des Lebenszyklus das Produkt defizitär werden kann, insbesondere aufgrund von Preisdruck und End-of-Life-Kosten.

Kotler u. a. geben folgende **Einschränkungen** des Produktlebenszykluskonzepts zu bedenken:[1280]

1277 Die Phasen Sättigung und Rückgang werden von einigen Autoren zusammengefasst.

1278 Vgl. z. B. Matys (2018); Aumayr (2019), S. 312 und S. 139; Kotler u. a. (2022), S. 490; Meffert u. a. (2024), S. 451.

1279 Vgl. Kap. 4.7.2.1 (Produktvariation).

1280 Vgl. Kotler u. a. (2022), S. 490–492.

- Nicht alle Produkte durchlaufen den klassischen Lebenszyklus. Einige werden eingeführt und verschwinden schnell wieder (ohne die weiteren Phasen zu durchlaufen), andere verbleiben sehr lange in der Reifephase, wieder andere können durch Produktvariation „wiederbelebt werden".[1281]
- Das Lebenszykluskonzept kann auch auf Produktklassen, Produktformen, Stile, Moden oder Trends angewendet werde, wobei sich die Umsatzkurven und Zyklusdauern zum Teil vom klassischen Produktlebenszyklus unterscheiden.
- Der Lebenszyklus erklärt Veränderungen im Markt und zeigt die Notwendigkeit zur Anpassung der Produktstrategie an. Als Prognosemodell von Absatzzahlen ist der Produktlebenszyklus ungeeignet, da die Länge der Zyklen sowie die „Form der Kurve" in der Praxis schwierig einzuschätzen sind.
- Kluge Marketingentscheidungen können die Lebenszykluskurve „positiv beeinflussen", z. B. die profitablen Reife- oder Sättigungsphasen verlängern oder das Produkt schneller in die Wachstumsphase befördern (z. B. durch die Beseitigung von Akzeptanzbarrieren).

Um ein effektives PLM zu gewährleisten, übernimmt der **Produktmanager** neben dem Produktmarketing nachstehende vier Aufgaben:[1282]
- Der Produktmanager muss permanent **Informationen beschaffen**, als Basis für datengetriebene und fundierte Produktmarketingentscheidungen.[1283]
- Mit der erstgenannten Aufgabe eng verzahnt ist das **Produktcontrolling**, welches zum Ziel hat, den Produkterfolg abzusichern.
- Der Produktmanager **koordiniert** die im PLM beteiligten Unternehmensbereiche. Er stellt sicher, dass alle „an einem Strang ziehen".
- Der Produktmanager ist im Produktlebenszyklus **Ansprechpartner** für alle Produktangelegenheiten und **kommuniziert proaktiv** an interne Stakeholder und externe Partner und Kunden.

Im folgenden Kap. 4.7.1 wird zunächst das Produktmarketing in den einzelnen Phasen des Produktlebenszyklus betrachtet. Danach wird spezifisch auf die im Produktmanagement wichtigen Themenbereiche Produktvariation (Kap. 4.7.2.1), Produktdifferenzierung (Kap. 4.7.2.2) und Produktcontrolling (Kap. 4.7.3) eingegangen.

1281 Ähnlich argumentiert auch Matys, dass „kein Lebenszyklus dem anderen gleicht. Sie sind so unterschiedlich wie die Produkte und deren Märkte selbst", Matys (2018), S. 140; als Beispiele stellt er die Lebenszykluskurven von Flop-Produkten, erfolgreichen Relaunches, Laune-Produkten und Shooting-Star-Produkten dar, vgl. Matys (2018), S. 142.

1282 Vgl. Aufgaben des Produktmanagers in Kap. 2.4.1.1.

1283 Neben klassischen Informationssystemen wie Marktforschung, Informationen vom Vertrieb, CRM-Daten spielen dabei digitale Technologien wie Big Data, künstliche Intelligenz oder digitaler Zwilling eine immer wichtigere Rolle, vgl. Kap. 5.3.2 (Digitalisierung in der Produktplanung und -entwicklung) und Kap. 5.3.3 (Digitales Marketing).

4.7.1 Phasen im Produktlebenszyklus

Tabelle 4.21 gibt einen Überblick über die Ausgangssituation sowie die Marketingziele in den fünf Phasen des Produktlebenszyklus:[1284]

Tabelle 4.21: Product-Lifecycle-Management.

	Situation im Unternehmen	Situation am Markt	Marketingziele/Prioritäten
Einführung	Ggf. wenig Erfahrung mit Produkt und Marktsegment, Investition in Markteinführung (Risiko), geringe Umsätze (i. d.R. noch negative Deckungsbeiträge)	Die Innovation ist am Markt noch unbekannt, viele Käufer sind risikoscheu, noch keine oder wenige Konkurrenzanbieter am Markt	Bedarf „schaffen", eigene Bekanntheit und Image steigern, Fokus auf „Frühe Anwender", Erfolgsgeschichten kreieren (Referenzen), erste (beratungsstarke) Vertriebswege etablieren und Marketingpartner gewinnen
Wachstum	Starker Umsatzanstieg, Gewinne noch gering oder negativ, interne Prozesse (insb. SCM, Marketing, Vertrieb) ggf. noch nicht „skaliert" und stabil	Bekanntheit und Akzeptanz des Produkts bzw. der Innovation steigen, wachsende Nachfrage, neue Anbieter treten in den Markt ein, einsetzende Markentreue der Kunden	Wachsen und Marktanteile ausbauen, Status als „Marktführer" (ggf. in Nische) erreichen, Kundenzufriedenheit sicherstellen und Loyalität aufbauen, ggf. neue Zielgruppen erschließen, volumenstarke Vertriebswege aufbauen
Reife	Hohe Umsätze und Gewinne möglich, Prozess- und Produktqualität sind sicherstellen, Effizienzsteigerung in Produktion und Marketing anzustreben	Zunehmende Marktsättigung, Wachstum verlangsamt sich, intensiverer Wettbewerb durch viele Anbieter, Innovations-vorsprung schwindet, beginnender Preisdruck, Kundentreue und Bekanntheit werden wichtige Kauffaktoren	Maximierung des Gewinns, Marktführerschaft absichern (im Gesamtmarkt oder in Nische), Kundenloyalität sichern, klare Positionierung gegenüber der Konkurrenz, Wiederholungs-käufe und ggf. Up-/Cross-Selling fördern

1284 Vgl. z.B. Winkelmann (2023), S. 286; Kotler u. a. (2022), S. 490; Hofbauer (2018), S. 580.

Tabelle 4.21 (fortgesetzt)

	Situation im Unternehmen	Situation am Markt	Marketingziele/Prioritäten
Sättigung	Fallende Umsätze, Profitabilität unter Druck, Kostenoptimierung in allen Bereich erforderlich	Nachfrage stagniert oder sinkt, Kampf um Marktanteile führt zu Preis-/Margendruck, Konkurrenz durch Billiganbieter/ Imitatoren, Kunden sind aufgeklärt, preissensibel und zunehmend bereit den Anbieter zu wechseln	Differenzierung über „Produkterweiterung", ggf. Verlagerung in profitable Kundensegmente, Fokussierung auf profitable Produktvarianten und Zusatzleistungen, ggf. Nutzung kosten-günstiger Vertriebskanäle, ggf. Verlängerung der Produktlebensdauer (Produktvariation)
Rückgang	Allenfalls geringe Gewinne, weiter fallende Umsätze	Nachfrage sinkt stark, Produkt wird durch technologischen Fortschritt und veränderte Kundenbedürfnisse zunehmend obsolet, Konkurrenz durch Ersatzprodukte, Vertriebspartner reduzieren Engagement	Restgewinne realisieren bzw. Verluste vermeiden, Planung der Einführung von Nachfolgeprodukten vorantreiben, strategischer Marktrückzug oder Rückzug in Nischen (bei Vermeidung von Imageschäden)

Die in Tabelle 4.21 genannten Marketingprioritäten und Ziele im Produktlebenszyklus sind als **Normempfehlungen** zu verstehen – die vorliegenden Situationen können abhängig von Markt- und Produktcharakteristika variieren. In jeder dieser Phasen stellen sich **unterschiedliche Herausforderungen**, sodass spezifische Entscheidungen in den Bereichen Produktoptimierung, Preisstrategie, Vertrieb und Kommunikation erforderlich sind, um die Marktposition des Produkts zu sichern oder auszubauen. Während in der Einführungsphase beispielsweise hohe Investitionen für Kommunikation und Markterschließung im Vordergrund stehen, rücken in der Reife- und Sättigungsphase Maßnahmen zur Differenzierung, zur Verlängerung des Produktlebenszyklus und zur Kostenoptimierung in den Fokus.

Trotz der in der Praxis gebotenen differenzierten Betrachtung sollen **„typische" Marketingstrategien und -maßnahmen** für das PLM im Folgenden kurz ausgeführt werden.

4.7.1.1 Einführungsphase

Die Markteintrittsstrategie umfasst wie in Kap. 4.6.1 ausgeführt die institutionellen Eintrittsformen (z. B. direkte vs. indirekte/partnerbasierte Modelle, mit oder ohne Investition), die Timing-Strategie (Pionier vs. Früher Folger vs. Später Folger) und die Reihenfolge der Zielmarkterschließung (Sprinkler-, Wasserfall- oder Kombinationsstrategie). Daneben ist eine Reihe taktischer Marketingentscheidungen zu treffen.

Die Einführungsphase kann Monate oder Jahre dauern.[1285] Die **Gewinne** sind in der Einführung **negativ oder gering**, da dem geringen Absatzvolumen ein hoher Vertriebs- und Werbeaufwand gegenübersteht. Beispiele:
- Verkaufsware muss vorfinanziert werden, um Händler zu gewinnen.
- Kunden müssen über Gratisproben oder Geld-zurück-Garantien „überzeugt" werden.
- Durch Werbung muss Bedarf geweckt oder die Innovation erklärt werden.

Insbesondere in der Einführungsphase von Innovationen muss an der **Verkaufsargumentation** „gefeilt" werden. Die Kaufmotive (z. B. ein dringendes Problem wird gelöst, das Produkt hilft dabei, Geld zu verdienen etc.) müssen die wahrgenommenen Risiken (z. B. komplizierte Bedienung, erforderliche Umstellungen, nicht getestete Qualität etc.) deutlich überwiegen. Um die **Glaubwürdigkeit** der Argumentation zu untermauern, müssen unter Umständen ...
- Beweise geliefert (z. B. Referenzen, unabhängige Testergebnisse),
- Beratungsleistung vor dem Kauf erbracht,
- Hilfestellungen angeboten (z. B. Installations- oder Schulungsdienstleistungen) oder
- erweiterte Gewährleistung versprochen werden.[1286]

Der Hersteller einer Innovation tritt mit einem **Basisprodukt** an, zunächst ohne Varianten, zusätzliche Dienste oder „fortgeschrittene" Funktionen (werden u. U. erst später realisiert). Produktdifferenzierung ist wenig relevant, da Kunden zunächst vom prinzipiellen Produktnutzen überzeugt werden müssen und keine oder wenig Konkurrenz vorhanden ist. Insbesondere bei hohem Innovationsgrad sollte das Marketing auf sog. **frühe Anwender** konzentriert werden, da diese das Produkt „am ehesten kaufen" und als Multiplikatoren für die weitere Markterschließung fungieren können.[1287] Häufig sind dies Kunden mit höherem Einkommen und sozialem Status, berufliche Nutzer sowie gewerbliche oder staatliche Kunden.

Die Elemente des Marketing-Mix können auf hohem, mittlerem oder niedrigem Niveau „gefahren" werden. Zwei Extremstrategien sind zu unterscheiden:[1288]
- In der **Skimmingstrategie** wird die Nachfrage abgeschöpft, indem hohe Preise gesetzt und niedrige Werbeausgaben vorgenommen werden. Dadurch entstehen hohe Überschüsse. Diese Strategie empfiehlt sich, wenn das Marktpotenzial be-

1285 Als Beispiele sehr langer Markteinführungen nennen Kotler u. a. HDTV und Tiefkühlkost, vgl. Kotler u. a. (2022), S. 493.

1286 Vgl. Matys (2018), S. 158–160.

1287 Vgl. Modell von Rodgers (Kap. 4.6.2.1).

1288 Vgl. Meffert u. a. (2024), S. 452; Homburg (2020), S. 725–726.

grenzt ist, die Zielkunden wenig preissensibel sind, hohe Entwicklungskosten amortisiert werden müssen[1289] oder nur ein klares Zeitfenster bis zum Eintritt der Konkurrenz zur Verfügung steht. Falls das Produkt bzw. die Innovation unbekannt ist, sind hohe Werbeinvestitionen unumgänglich.
- Falls ein niedriger Preis gesetzt und ein hoher Werbeaufwand betrieben wird, spricht man von einer **Penetrationsstrategie**. Der Hersteller zielt damit auf schnelle Diffusion der Innovation und einen hohen eigenen Marktanteil ab. Die geringen Gewinne oder Verluste der Einführungsphase werden durch die Vorteile einer großen Kundenbasis und Bekanntheit in späteren Phasen überkompensiert. Es werden Eintrittsbarrieren für Wettbewerber geschaffen. Die Strategie ist sinnvoll, wenn Kunden preissensibel sind, das Produkt nicht kennen oder bereits in der Einführungsphase Konkurrenz herrscht. Auch eine Penetrationsstrategie mit niedrigeren Werbeausgaben ist denkbar.

Die Strategie in der Einführungsphase muss mit der angestrebten Produktpositionierung übereinstimmen, da in dieser Phase die Wahrnehmung der Hersteller und Marken in der Gedankenwelt der Kunden entsteht (und später schwer veränderbar ist).

4.7.1.2 Wachstumsphase

Falls ein Produkt das Nutzenversprechen in der Praxis einlöst und tatsächliche Kundenprobleme löst, wird die Nachfrage rasch wachsen. Neben den Innovatoren und frühen Anwendern beginnt die **frühe Mehrheit** die Innovation zu adoptieren.[1290] Neben dem Pionier treten weitere Anbieter in den Markt ein. Die anbietenden Hersteller bauen nicht nur eine Kundenbasis auf, sondern auch Bekanntheit und ein „Image“. Außerdem erzielen die Hersteller **erste Gewinne** aufgrund zunehmend höherer Absatzzahlen bei gleichbleibenden oder nur leicht sinkenden Preisen.

Werbemaßnahmen verfolgen in dieser Phase zwei Ziele:
- Die Zielrichtung verschiebt sich von Produktbekanntheit (Einführungsphase) hin zu **Produkttreue**. Die angestrebte Positionierung soll in den Köpfen der Kunden verankert werden, da in dieser Phase die Wahrnehmung der Produktkategorie noch nicht verfestigt und durch die Hersteller noch „gestaltbar“ ist. Dadurch wird die Grundlage für die Wettbewerbsfähigkeit und Profitabilität in den späteren Phasen des Lebenszyklus gelegt.
- Es gilt, den **Marktanteil abzusichern** und den Status als Marktführer oder Marktführer in einer Nische[1291] aufzubauen. Es gilt zu vermeiden, in der sog. Packing-Order abzufallen, da diese in der Praxis stark mit der Profitabilität korreliert.

1289 Als Beispiel nennt Homburg die Pharmaindustrie.

1290 Vgl. Model von Rodgers, vgl. Kap. 4.6.2.1.

1291 Die Nische kann eine bestimmte Anwendung der Innovation, eine Region oder eine Branche sein.

Unternehmen können unterschiedliche Strategien verfolgen, um das eigene **Wachstum voranzutreiben:**[1292]

- Auf Basis des Erfolgs in den initial adressierten Segmenten können neue Marktsegmente erschlossen werden, z. B. neue Regionen oder neue Anwendergruppen.
- Der Distributionsgrad kann durch zusätzliche Distributionskanäle erhöht werden, z. B. Direktvertrieb oder Vertrieb über Onlineplattformen.
- Falls ausreichend Entwicklungsressourcen zur Verfügung stehen, können auch neue Produktfunktionen und -varianten oder produktbegleitende Dienstleistungen zum Wachstum beitragen.

Wichtig ist, dass die Hersteller die **Produktions- und Geschäftsprozesse** mit dem steigenden Absatz **skalieren**, um die Marktpotenziale ausschöpfen zu können. Lieferschwierigkeiten oder Qualitätsprobleme in der Wachstumsphase gilt es zu vermeiden.

Ähnlich wie in der Phase zuvor stellt sich in der Wachstumsphase die Frage, ob der Gewinn oder der Marktanteil maximiert werden soll. Dies sind in der Praxis (zumindest kurzfristig) konkurrierende Ziele, da eine dominante Marktposition hohe Investitionen in Werbung, Rabatte, Distribution und ggf. weitere Produktinvestitionen erfordert. Start-ups (bzw. deren Investoren) präferieren in dieser Phase oft Wachstum über Gewinn, wohingegen in reifen Märkten neue Produkte schnellstmöglich zum Unternehmensgewinn beitragen sollen.

4.7.1.3 Reife- und Sättigungsphase

Das Absatzwachstum verlangsamt sich in der Reife- und Sättigungsphase und flacht schließlich ab. In diesen Phasen befinden sich die meisten Produktangebote am Markt. Die Phase ist i. d. R. deutlich länger als die Einführungs- und Wachstumsphase. Die meisten publizierten Marketingkonzepte beziehen (implizit) sich auf Produkte in der Reife- und Sättigungsphase.[1293]

Das aus Herstellersicht **stagnierende Marktvolumen** verteilt sich auf eine Reihe von Herstellern, die, angelockt durch hohe Gewinnchancen, mit einer **Vielzahl von Produkten** in den Markt drängen. Das Angebot übersteigt die Nachfrage. In der Folge senken Anbieter ihre Preise, erhöhen ihre Werbeausgaben und investieren weiter in Produktverbesserungen sowie in neue Produktvarianten (vertikales Marketing). Neben den Kunden werden auch die verfügbaren Handelspartner von Herstellern umworben, um den Distributionsgrad zu erhöhen. Dies geht aus Sicht der Hersteller zulasten der Marge und Konditionen. Die wettbewerbsfähigen Anbieter erzielen Gewinne, schwache Wettbewerber scheiden in der Sättigungsphase aus. Die Margen kommen unter Druck, und **Kostenkontrolle** gewinnt an Bedeutung.

1292 Eine Systematik für Wachstumsoptionen liefert z. B. die Ansoff-Matrix, vgl. Kap. 3.1.4.2.2.
1293 Vgl. Kotler u. a. (2022), S. 494.

Statt ein „alterndes Produkt nur zu verwalten“, empfehlen Kotler u. a. Produktmanagern eine „Offensive mit Produkt- und Marketinginnovationen“. Diese Offensive kann anhand der Ansoff-Matrix eingeteilt werden:[1294]

- Durch **Marktentwicklungsstrategie** werden neue Märkte für das existierende Produkt erschlossen. Dies können neue Absatzregionen (z. B. internationale Märkte), demografisch neue Zielgruppen (z. B. Frauen, Senioren), neue Zielgruppen hinsichtlich Produktanforderungen (z. B. preissensiblere Kunden, Kunden mit hohem Servicebedarf) oder neue Anwendungsmöglichkeiten für das Produkt sein. Um erfolgreich in neue Marktsegmente einzutreten, sind neben vertrieblichen und kommunikativen Maßnahmen häufig auch angepasste Produktvarianten erforderlich (z. B. Landesvarianten für internationale Märkte oder eine „No-Frills“-Variante für preissensible Kunden).
- Die **Produktentwicklungsstrategie** im PLM-Kontext zielt darauf ab, das Produkt in seinen Eigenschaften (z. B. Bedienungsfreundlichkeit, Nachhaltigkeit, Sicherheit), in seiner Funktionalität (z. B. neue Funktionen oder Leistungsverbesserungen bestehender Funktionen) oder als Paket durch neue Zusatzleistungen aufzuwerten.[1295] Auch das Produktdesign kann verbessert werden (z. B. Face-Lifts in der Automobilindustrie). Eine solche Produktaufwertung erhöht die Absatzchancen und stabilisiert den Preis.
- Um mit existierenden Produkten die existierende Zielgruppe stärker zu durchdringen, muss der Instrumenteneinsatz des **Marketing-Mix intensiviert** werden, z. B.:
  - Preise senken oder Konditionen verbessern
  - Distributionsgrad erhöhen
  - Werbung oder Verkaufsförderung verstärken
  - Kundenbindungs- oder Loyalitätsprogramme etablieren
  - Produkte im Paket mit Zubehör oder Dienstleistungen anbieten (Bundling)

Die Marktdurchdringungsstrategie ist leichter umsetzbar als die Entwicklungsstrategien, impliziert allerdings intensiveren Wettbewerb und geringere Profitabilität. Das Volumensteigerungspotenzial ist zudem begrenzt. Die beiden erstgenannten Strategien erfordern mehr Ressourcen und höhere Innovationskraft durch den Hersteller. Sie ermöglichen es, starken Wettbewerbern teilweise auszuweichen.

Neben den genannten klassischen Produkt- und Marketingmaßnahmen – die in reifen und hart umkämpften Märkten schnell an Grenzen stoßen – sollten Produkt-

1294 Vgl. Kap. 3.1.4.2.2; auf der Produktachse der Ansoff-Matrix ist „neues Produkt“ durch „aufgewertetes Produkt“ zu ersetzen. Die Diversifikationsstrategie nach Ansoff (neues Produkt auf neuem Markt) entspräche einer Neuproduktentwicklung und wird nicht als Maßnahme im Rahmen des PLM betrachtet.

1295 Die Grenzen zwischen einer Produktneuentwicklung und einer Produktverbesserung sind fließend.

manager an **Marketinginnovationen** arbeiten. Hilfestellungen im Bereich strategische Marketinginnovationen bieten die Konzepte Laterales Marketing und Blue-Ocean-Strategie.[1296] Checklisten und Beispiele taktischer Marketinginnovationen in den Bereichen Preis, Distribution und Kommunikation liefert Kap. 4.3.4.2.2.1.

4.7.1.4 Rückgangs- und Eliminationsphase

Die Nachfrage nach den meisten Produkten geht irgendwann zurück, entweder langsam oder abrupt. Der Absatzrückgang kann unterschiedliche Ursachen haben, z. B. technischer Fortschritt (Produkt wird obsolet), Wandel der Kundenbedürfnisse, Verdrängung durch Ersatzprodukte, oder das Produkt erfüllt die veränderten regulatorischen Anforderungen nicht mehr.[1297]

Aufgrund sinkender Nachfrage und erodierender Gewinne ziehen sich Wettbewerber aus dem Markt zurück. Die verbleibenden Anbieter straffen ihr Sortiment und kämpfen mit reduzierten Preisen um Marktanteile. Kleine Marktsegmente und umsatzschwache Händler werden nicht mehr aktiv bedient. Die Hersteller verzichten aus Kostengründen weitgehend auf Werbung. Die Kommunikation fokussiert sich auf punktuelle Verkaufsförderungen, z. B. um Lagerbestände abzubauen. Falls Neuprodukte kurz vor der Markteinführung stehen, werden die Altprodukte als Auslaufmodelle mit hohen Nachlässen abverkauft.

Die **Bestimmung des Eliminationszeitpunkts** ist ein wichtiger Entscheidungstatbestand im Produktmanagement. Die zu beobachtenden Indikatoren können in potenzialbezogen, marktbezogen und wirtschaftlich eingeteilt werden:[1298]

- Zu den **potentialbezogenen** Aspekten, die zu einer Elimination führen können, gehören z. B. der Produktbekanntheitsgrad, die Kundenbasis oder das Unternehmensimage („schwache Produkte" können ein schlechtes oder Billigimage für den Hersteller auf dem Markt erzeugen).
- **Marktbezogene**, das Produkt betreffende Faktoren sind insbesondere der Marktanteil und die relative Stärke oder Schwäche des Produkts im Vergleich zu Wettbewerberprodukten. Auch die Verfügbarkeit von Inputfaktoren oder technologische, gesetzliche, gesellschaftliche oder ökonomische Entwicklungen können marktbezogene Argumente für die Elimination eines Produkts darstellen.[1299]
- **Wirtschaftliche** Faktoren können in direkt und indirekt eingeteilt werden:

1296 Vgl. Kap. 4.3.4.2.2.2 (Strategische Marketinginnovationen).
1297 Vgl. Pepels (2017), S. 307–308.
1298 Vgl. Homburg (2020), S. 671.
1299 Vgl. Meffert u. a. (2024), S. 446; Hofbauer (2018), S. 583.

- Direkte Faktoren sind z. B. Absatzmenge, Stückdeckungsbeitrag des Produkts, Umsatz und Umsatzanteil des Produkts, Kapitalumschlag, Rentabilität sowie Umsatz-Kosten-Relation.[1300] Die Eliminationsentscheidung sollte auf Basis einer Teilkostenrechnung erfolgen.[1301]
- Indirekte Faktoren umfassen z. B. Verbundeffekte (Auswirkung einer Elimination auf andere Produkte), Komplexitätskosten[1302] und Opportunitätskosten.[1303]

Für die **Weiterführung** des Produkts spricht ggf. ein positiver Deckungsbeitrag, den das unter Druck geratene Produkt möglicherweise noch erzielt (Restgewinne). Außerdem können Kunden – bis ein Nachfolgeprodukt verfügbar ist – weiter bedient werden und gehen nicht an die Konkurrenz verloren. Ein Verbleiben im Markt bietet außerdem die Chance, dass durch den Marktaustritt von Konkurrenten die Wettbewerbssituation in Zukunft einfacher wird und sich Absatz und Margen wieder verbessern.[1304]

Sprechen die genannten Faktoren in Summe für eine **Elimination**, können verschiedene **Vorgehensweisen** gewählt werden, wobei diese wesentlich von den Eliminationsgründen abhängen:[1305]

- Ein Produkt kann sofort eliminiert werden, wenn z. B. Gesundheitsrisiken für Kunden bestehen oder ein massiver Preisverfall durch ein neues Wettbewerberangebot vorliegt.
- Ein Produkt kann über mehrere Perioden hinweg „ausgephast" werden. Dabei wird die Unterstützung für das Produkt graduell reduziert (z. B. verringerter Kundendienst, weniger oder keine aktive Akquisition von Aufträgen) und dies allen Beteiligten im Vorfeld kommuniziert.

1300 Vgl. Hofbauer (2018), S. 583.

1301 Vgl. Herrmann/Huber (2013), S. 378–379.

1302 Komplexitätskosten sind jegliche Kosten, die mit der im Unternehmen herrschenden Variantenvielfalt entstehen. Sie umfassen sowohl anfallende Material-, Inventar- und Qualitätskosten als auch operative Kosten. Komplexitätskosten fallen in unterschiedlichen Funktionen des Unternehmens an, nicht nur beim „Verursacher", vgl. Börgemann (o. J.).

1303 Die Opportunitätskosten bestehen darin, dass die für das Produkt benötigten knappen Ressourcen (z. B. Produktion, Marketingbudget, Regalplätze im Handel, Managementkapazität) für andere, ggf. erfolgversprechendere Produkte nicht zur Verfügung stehen. Kotler u. a. weisen speziell auf die Bindung von Betreuungs- und Managementkapazität „schwacher" Produkte hin, für die z. B. häufige Preisanpassungen, Abverkaufsaktionen oder differenzierte Vorgaben für Vertrieb und Kundendienst erforderlich sein können, vgl. Kotler u. a. (2022), S. 496.

1304 Kotler u. a. nennen das Beispiel des Unternehmens Proctor & Gamble, das im rückläufigen Geschäft mit Flüssigseife aufgrund der Aufgabe wichtiger Konkurrenten weiter gute Gewinne erzielt, vgl. Kotler u. a. (2022), S. 497.

1305 Vgl. Meffert u. a. (2024), S. 448; Homburg (2020), S. 671.

- Das betreffende Produkt kann aus dem Massenmarkt entfernt und bis zur endgültigen Elimination nur noch in geringen Mengen für bestimmte Kundensegmente weitergeführt werden.
- Schließlich kann das betreffende Produkt an einen anderen Anbieter verkauft oder lizenziert werden.

Die Konsequenzen einer Produktelimination aufseiten der Kunden müssen berücksichtigt werden, um einen Rückgang der Kundenzufriedenheit und Kundenloyalität zu vermeiden. Beispielsweise sollte die Ersatzteilversorgung und der Kundendienst für die Produkte „im Feld" sichergestellt bleiben. Um End-of-Life-Verluste zu vermeiden oder zu reduzieren, muss außerdem der Umgang mit Restbeständen im eigenen Lager und im Handel geplant werden. Außerdem ist die Elimination eines Altprodukts mit der Einführung eines Nachfolgeprodukts zu synchronisieren.

4.7.1.5 Exkurs: Moores phasenweises Marketingkonzept

Geoffrey Moore beschreibt in „Crossing the Chasm" (1991) eine Strategie für die Markteinführung und das Management von Technologieprodukten, insbesondere im **High-Tech-Bereich**. Als zentrale Herausforderung bezeichnet er die Überwindung der „Kluft" (engl. Chasm) zwischen den frühen Anwendern und der frühen Mehrheit im Adoptionsprozess der Innovation. Um diese Kluft zu überwinden, empfiehlt Moore folgende Maßnahmen:[1306]

- Zunächst muss der **Fokus auf eine eng definierte Nische** gelegt werden, statt direkt den Massenmarkt zu adressieren. Unternehmen sollten eine spezifische Kundengruppe mit einem klaren Problem identifizieren, diese Kundengruppe gewinnen und den Erfolg als Sprungbrett für die weitere Expansion nutzen („Beachhead Strategy").
- Es muss eine **komplette Produktlösung** entwickelt werden. Eine funktionierende Technologie allein reicht nicht aus. Um den Massenmarkt zu überzeugen, werden ergänzende Dienstleistungen, Schulungen, Support und Partnerangebote benötigt („Whole Product Concept").
- Um das Vertrauen des risikoaversen Massenmarktes zu gewinnen, sind glaubwürdige Erfolgsgeschichten und Empfehlungen von Kunden aus der Zielbranche wichtig.
- Statt breit angelegter Werbung sollten Unternehmen **gezielt Branchenveranstaltungen**, Fachzeitschriften und Netzwerke nutzen, um ihre Botschaft zu verbreiten. Ein auf die Innovation **spezialisierter direkter Vertrieb** sollte gezielt auf Schlüsselkunden angesetzt werden.

1306 Vgl. Moore (1991).

- Eine klare **Positionierung gegen die Marktführer** ist erforderlich. Dabei ist zu kommunizieren, warum das Produkt nachweislich besser ist als bestehende Lösungen, insbesondere in Bezug auf den fokussierten Anwendungsfall.

Moore betont, dass Unternehmen, die direkt den Massenmarkt ansprechen wollen, oft scheitern. In seinem späteren Werk „Inside the Tornado“ (1996) stellt Moore klar, dass die Marketingstrategie im High-Tech-Bereich an die jeweilige Phase im Innovationsadoptionsprozesses angepasst werden muss, wobei sich die Strategie von Phase zu Phase grundsätzlich verändern muss (vgl. Abbildung 4.114):[1307]

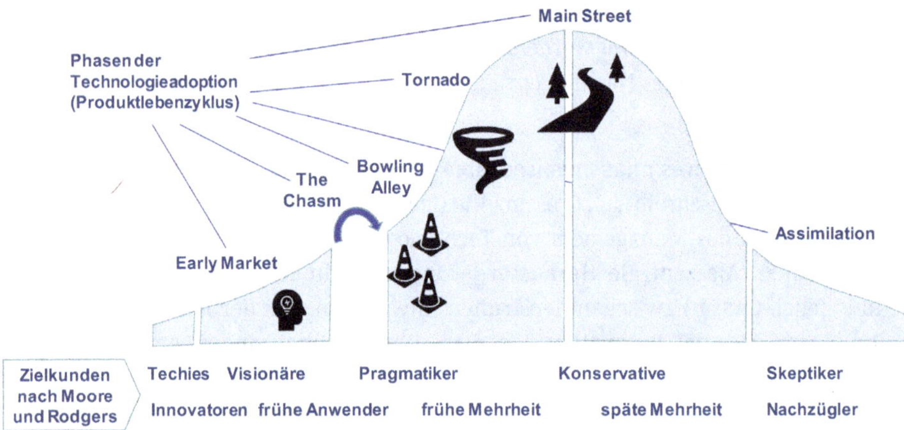

Abbildung 4.114: Marketingkonzept von Moore.

Nach ihrer „Erfindung“ sind Technologien zunächst nur für Techies oder Visionäre attraktiv **(Early Market)**. Diese können ggf. bereits als Tester im Entwicklungsprozess eingebunden werden.[1308] Um das **Chasm** zu überwinden, müssen Pragmatiker („frühe Anwender“ gemäß Rodgers) überzeugt und damit breitere Marktschichten angesprochen werden. Der Eintritt in den Massenmarkt erfolgt zunächst über die Besetzung von Nischenmärkten durch maßgeschneiderte Lösungen (**Bowling Alley**-Phase). Ziel dieses „Nischenbowlings“ ist es, eine installierte Basis sowie Referenzen aufzubauen, um für die Tornadophase gerüstet zu sein. Erst in der **Tornadophase** setzt sich die neue Technologie auf breiter Front durch (frühe Mehrheit nach Rodgers). Technologieunternehmen müssen in dieser Phase versuchen, ihre Lösung als Stan-

1307 Vgl. Moore (1996); Schwandner (2002), S. 83–84.

1308 Im „Early Market“ empfiehlt Moore: „Simply follow the visionaries wherever they lead you“, Moore (1996), S. 131. Visionäre sieht Moore dabei als „people who are fundamentally committed to new technology on the grounds that, sooner or later, it is bound to improve our lives“, vgl. Moore (1996), S. 15.

dard etablieren. Hierzu muss ein hinreichend großer Marktanteil gewonnen werden. Zur Erreichung dieser Ziele kann eine ausgeprägte Kundenorientierung u. U. hinderlich sein – Priorität ist in der Tornadophase die Skalierung der Geschäftsprozesse.[1309] Auf der **„Hauptstraße“** sind die Machtverhältnisse unter den Anbietern geklärt. Um Preiswettbewerben auszuweichen, ist nun zielgruppenspezifische Produktdifferenzierung vorzunehmen (sog. **+ 1 Marketing**). Steve Jobs kommentierte die von Moore thematisierten Herausforderungen zusammenfassend wie folgt: „The Chasm is where many high-tech fortunes have been lost ... the tornado is where many have been made.“[1310]

4.7.1.6 Zusammenfassung und Überleitung

Tabelle 4.22 fasst Merkmale, Ziele und Strategien im Verlauf des Produktlebenszyklus zusammen:

Tabelle 4.22: Zusammenfassung Product-Lifecycle-Management[1311].

	Einführung	**Wachstum**	**Reife**	**Sättigung/ Rückgang**
Absatzmenge	Leicht steigend	Stark steigend	Stagnierend	Fallend
Gewinn	Negativ	Niedrig, steigend	Hoch	Noch positiv, fallend
Kundenfokus	Innovatoren und Frühe Anwender	Frühe Mehrheit	Späte Mehrheit	Nachzügler
Wettbewerber	Keine/wenige	Zahl steigend	Viele	Zahl fallend (Rückzüge)
Marketingziele	Bekanntheit, Referenzen	Marktanteile gewinnen, Position etablieren	Gewinne maximieren, Position absichern	Restgewinne realisieren, Neuprodukte vorbereiten
Produktpolitik	Basisprodukt	Ggf. Verbesserungen, Varianten einführen	Produktvariation, neue Funktionen/ Services	Sortiment reduzieren, ggf. Budget-Version anbieten

1309 Für die Tornadophase empfiehlt Moore: „Don’t focus on the customer, in other words; focus in yourself“, Moore (1996), S. 68.

1310 Zitiert vom Buchcover der 2005er-Ausgabe von Moores „Inside the Tornado“.

1311 In Anlehnung an Kotler u. a. (2022), S. 497–498; Meffert u. a. (2024), S. 452–455; Hofbauer (2018), S. 581.

Tabelle 4.22 (fortgesetzt)

	Einführung	Wachstum	Reife	Sättigung/ Rückgang
Preispolitik	Skimming- oder Penetrationsstrategie	Aggressiv, um Wachstum zu forcieren	Wettbewerb-sorientierte Preisanpas-sungen	Preisnachlässe, Abverkäufe
Distribution	Selektive Distribution, Fokus auf beratungsstarke Kanäle	Expansion in weitere Vertriebskanäle	Intensive Distribution	Fokus auf kostengünstige Vertriebskanäle
Kommunikation	Hohe Werbeausgaben, ggf. Öffentlichkeitsarbeit	Intensive Werbung, Empfehlungs-marketing	Differenzierte Werbung, Loyalitäts-programme	Verkaufsförderung

Die wesentlichen Hebel in der Produktpolitik werden vor der Markteinführung bedient, insbesondere in der Produktkonzeption. Im Rahmen des PLM kann, basierend auf dem entworfenen Produkt, der **Lebenszyklusgewinn** sowie die Rentabilität des Produkts jedoch durch operative und taktische Marketingmaßnahmen optimiert werden.

4.7.2 Produktvariation und Differenzierung

Im Rahmen des PLM stehen dem Produktmanager zur Ergebnisoptimierung der eingeführten Produkte zwei produktpolitische Maßnahmen zur Verfügung:

- Durch **Produktvariation** werden Produkte an die sich verändernden Nachfragebedürfnisse und die Wettbewerbersituation angepasst, mit dem Ziel, die Wettbewerbsfähigkeit abzusichern oder zu verbessern.
- Durch **Produktdifferenzierung** werden zusätzliche Produktvarianten auf den Markt gebracht, um bisher nicht adressierte Zielgruppen anzusprechen.

Beide Maßnahmen sind auf die Steigerung des Absatzes, die Unterstützung der Preislinien oder auf die Verlängerung des Produktlebenszyklus (Verschiebung der Produktelimination) ausgerichtet. Die Maßnahmen wirken der im Produktlebenszyklus zunehmend schwieriger werdenden Marktsituation entgegen. Aufgrund des zeitlichen Vorlaufs müssen die Maßnahmen rechtzeitig geplant und umgesetzt werden, damit die Wirkung ab der Reifephase, spätestens in der Sättigungsphase eintritt.

4.7.2.1 Produktvariation

„Mithilfe von Produktvariationen lassen sich Produkte nach ihrer Markteinführung den sich wandelnden Nachfragerbedürfnissen anpassen und gegenüber den seit der Markteinführung neu aufgetretenen Konkurrenzprodukten wieder positiv hervorheben."[1312] Produktvariation ist also keine Neuentwicklung, sondern setzt auf ein existierendes Produkt auf, das „variiert" wird. Die Anzahl der am Markt angebotenen Produkte bleibt also gleich.

Folgende Gründe sprechen für eine Produktvariation bzw. können diese erforderlich machen:[1313]

- Die **Wünsche von Konsumenten** an ein Produkt können sich im Laufe des Lebenszyklus verändern. In der Regel werden Konsumenten **anspruchsvoller** und zwingen die Hersteller zu kontinuierlichen Verbesserungen, um ihre (relative) Marktposition zu halten.[1314]
- Der **technische Fortschritt** oder der Zeitgeist führt zu einer schleichenden Obsolenz von Produkten. Neuere Wettbewerberprodukte nutzen technische Möglichkeiten, die zum Zeitpunkt der Entwicklung des eigenen Produkts noch nicht zur Verfügung standen.
- Veränderungen der **rechtlichen Rahmenbedingungen** können Produktanpassungen erfordern, z. B. Umweltschutz- oder Datenschutzauflagen.
- Schließlich können **unerwartete Produkteinführungen** der Konkurrenz eine Produktvariation erforderlich machen, insbesondere wenn ein Wettbewerber im gleichen Kundensegment ein „besseres" Angebot macht.

Der Produktmanagers muss entscheiden, ob und, wenn ja, wann und in welcher inhaltlichen Richtung eine Produktvariation sinnvoll ist. Eine Produktvariation ist bei technischen Produkten oft Teil der Produktplanung. Der Produktmanager muss also den richtigen Zeitpunkt wählen (bzw. den bereits geplanten Zeitpunkt bestätigen) sowie die Entwicklungs- und Planungsarbeit rechtzeitig starten. Der Vorlauf, d. h. der Zeitraum von der Entscheidung zur Produktvariation bis zum Angebot des variierten Produkts am Markt, kann u. U. ein Jahr oder länger sein. Daher ist ein **Frühwarnsystem** erforderlich, dass Hinweise auf schwindende Wettbewerbsfähigkeit am Markt liefert.[1315]

Falls die Produktvariation aus einem Software-Upgrade oder neuen Inhalten besteht, kann diese auch an den „im Feld" befindlichen Produkten durchgeführt werden (vom Nutzer selbst oder automatisiert über das Internet). Der Besitzer muss der Ver-

1312 Meffert u. a. (2024), S. 438; ähnlich Pepels (2017), S. 284.
1313 Vgl. Büschken/von Thaden (2007), S. 599.
1314 Vgl. Lurse (2007), S. 564.
1315 Vgl. Büschken/von Thaden (2007), S. 600–601; neben der Beobachtung von Absatzzahlen und Marktanteilen empfehlen die Autoren eine Datenerhebung aus Konsumenten- und Handelspanelen.

änderung bzw. Verbesserung zustimmen und diese unter Umständen bezahlen. Regelmäßige Produktvariationen sind auf diese Weise möglich.[1316]

Nach Inhalt und Umfang der Produktvariation wird zwischen Produktpflege und Produktmodifikation unterschieden.[1317]

4.7.2.1.1 Produktpflege

Produktpflege sind kleine **kontinuierliche Verbesserungen** am Produkt mit dem Ziel, ohne großen Aufwand die Wettbewerbsfähigkeit zu erhalten oder zu verbessern. Pflegemaßnahmen sind für Außenstehende kaum sichtbar und sollen die Wettbewerbsfähigkeit des Produkts im Lebenszyklus absichern. Beispiele:

- Behebung von Produktmängeln, die erst nach Markteinführung erkannt werden, z. B. über Software-Updates[1318]
- Kostenreduktion am Produkt, z. B. durch den Einsatz billigerer Materialien oder Konstruktionsänderungen, die einen effizienteren Produktionsprozess ermöglichen
- geringfügige Designanpassungen, z. B. hinsichtlich Farbe, Form oder Verpackung
- Software-Upgrades, z. B. um die Performance oder die Bedienbarkeit zu verbessern
- Verbesserung des Nachhaltigkeitskonzepts, z. B. durch neue Materialien oder Lieferkonzepte

4.7.2.1.2 Produktmodifikation

Eine Produktmodifikation (auch Relaunch, Face-Lift oder Life-Cylce-Innovation genannt) ist eine **Produktaufwertung** durch eine umfassende Veränderung einer oder mehrerer Produkteigenschaften. Beispiele:[1319]

- funktionale Leistung erhöhen, z. B. durch neue Funktionen oder Performanceverbesserung bestehender Funktionen
- Produkteigenschaften verbessern, hinsichtlich Vielseitigkeit, Sicherheit oder Komfort, z. B. durch Optimierung von Größe, Gewicht, Material oder Zubehör
- ästhetische Attraktivität steigern, z. B. durch neues Design, Form oder Farben
- zusätzlicher Nutzen durch neue produktbegleitende Dienstleistungen, z. B. Schulung, Installation, Beratung, Fernwartung oder Finanzierung

---

1316 Vgl. Kap. 5.3.1.4.4 (Software-Updates und Erweiterungen im Kontext Digitalisierung von Produkten).

1317 Vgl. Meffert u. a. (2024), S. 439; Herrmann/Huber (2013), S. 370–371; Pepels unterscheidet drei Grade der Produktvariation: Product Care, Facelift und Relaunch, vgl. Pepels (2017), S. 285–286.

1318 In der Automobilindustrie zahlten Hersteller in 2023 beispielsweise 53 Milliarden US-Dollar für Garantieansprüche. Kaiser u. a. argumentieren, dass durch Over-The-Air-Software-Update an diesen Kosten eingespart und die Kundenzufriedenheit verbessert werden kann, vgl. Kaiser u. a. (2025).

1319 Vgl. Kotler u. a. (2023), S. 484; Herrmann/Huber (2013), S. 369–370.

Inhaltlich umfasst Produktmodifikation i. d. R. nur Maßnahmen, die auf Basis des vorhandenen Produktkonzepts schnell und kostengünstig umzusetzen sind. Dies schließt umfangreiche Entwicklungsarbeiten aus. Häufig wird die Absatzwirkung von Produktmodifikationen durch zusätzliche Marketingmaßnahmen unterstützt (z. B. Preisreduktion, neue Werbebotschaft oder veränderte Distributionsstruktur). Ziel ist die **Wiederbelebung** einer stagnierenden oder rückläufigen Umsatz- oder Gewinnentwicklung. Modifikationsmaßnahmen verlängern die Lebensdauer eines Produkts (vgl. Abbildung 4.115):

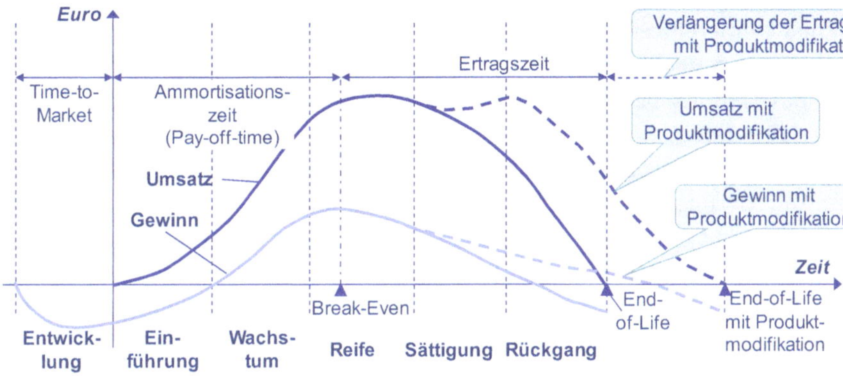

Abbildung 4.115: Produktmodifikation im PLM.

Der Produktmanager muss bei einer Produktmodifikation abwägen, ob der durch die Veränderung **induzierte Mehrertrag die Kosten der Maßnahme übersteigt**. Alternativ zur Produktmodifikation kann der Produktmanager die Wettbewerbsfähigkeit des Produkts durch verstärkte kommunikative und distributionspolitische Maßnahmen unterstützen (schneller umsetzbar und kostengünstiger als Produktmodifikation).[1320]

Häufige Produktvariationen sind im Softwaregeschäft weitverbreitet. Auch im Falle von Hardwareprodukten mit hohem Softwareanteil oder digitalen Inhalten kann Produktvariation Teil des Geschäftsmodells sein. Beispielsweise kann ein Produkt mit einer Grundfunktionalität zu einem attraktiven Preis in den Markt gebracht werden. Zufriedene Nutzer können erweiterte oder neue Funktionen via Software-Upgrade gegen Bezahlung „aufladen" oder freischalten. Voraussetzung ist eine modulare Softwarearchitektur und die Auslieferung einer Hardwarekonfiguration, die zusätzliche Softwarefunktionalität ermöglicht.[1321] Bei Tesla können beispielsweise autonome Fahrfunktionen nachträglich gegen Gebühr aktiviert werden.

1320 Vgl. Büschken/von Thaden (2007), S. 602.

1321 Vgl. Kap. 5.3.1.4.4 (Software-Updates und Erweiterungen im Kontext Digitalisierung von Produkten).

4.7.2.1.3 Zwischenfazit

Die Abgrenzung zwischen Produktvariation und Neuproduktentwicklung kann fließend sein.[1322] Produktvariation ist ein wichtiges Werkzeug im Produktlebenszyklus-Management, um die Marktpräsenz eines Produkts zu verlängern, sich von der Konkurrenz abzuheben und veränderte Kundenbedürfnisse zu bedienen. Besonders in der Reife- und Sättigungsphase kann sie den Umsatz stabilisieren und die Profitabilität absichern.

4.7.2.2 Produktdifferenzierung

Durch Produktdifferenzierung werden zeitlich parallel mehrere Produktvarianten angeboten, die auf die Bedürfnisse unterschiedlicher Zielgruppen ausgerichtet sind.[1323] Im Laufe des Produktlebenszyklus werden durch Produktdifferenzierung also neben dem eingeführten Basisprodukt zusätzliche abgewandelte Produktvarianten auf den Markt gebracht. Die zugrunde liegende Annahme ist, dass unterschiedliche Präferenzen oder Anforderungen der Kunden am Markt vorliegen.

Nachfrageseitig kann Variantenbildung wie folgt motiviert werden:[1324]

- Da **Konsumentenpräferenzen heterogen** bzw. „Geschmäcker" verschieden sind, bieten zusätzliche Varianten zusätzliches Umsatzpotenzial (Customization). Zusätzlichen Käufertypen innerhalb der Zielgruppe wird durch die Schaffung neuer Varianten das individuell gewünschte Produkt angeboten. Im Extremfall bieten Unternehmen jedem Kunden eine Individuallösung an. Daneben liefert die Variantenvielfalt zwei emotionale Nutzenaspekte: Die Vielfalt suggeriert dem Kunden einerseits ein stark präferiertes erfolgreiches Produkt und andererseits für sich eine große wahrgenommene Entscheidungsfreiheit (hedonistische Nutzenkomponenten).
- Viele Konsumenten empfinden einen **Nutzen aus dem Abwechslungsreichtum** ihrer Kauf- und Konsumerfahrungen im Zeitablauf. Dieser Variety-Seeking-Effekt tritt vor allem bei habituellen Käufen mit eher schwacher kognitiver Beteiligung auf. Konsumenten erleben die Variabilität ihrer Kauf- und Konsumerfahrungen dabei im Zeitablauf als nutzenstiftend. Abwechslung schafft „Stimulation und Exploration in einem Zustand konsumbezogener Langeweile".[1325] Variantenvielfalt kann dazu beitragen, die Markenwechselneigung zu reduzieren.

1322 Vgl. Meffert u. a. (2024), S. 440; Büschken/von Thaden (2007), S. 599.

1323 Der Begriff Produktdifferenzierung wird in der betriebswirtschaftlichen Literatur auch verwendet, um die gezielte Absetzung oder Abgrenzung eines Produkts von Wettbewerberprodukten zu beschreiben, vgl. Meffert u. a. (2024), S. 441.

1324 Vgl. Herrmann/Peine (2007), S. 651–652.

1325 Herrmann/Peine (2007), S. 664.

- Aufgrund **unterschiedlicher Zahlungsbereitschaft** von Konsumenten können diese durch preislich unterschiedlich positionierte Varianten besser „abgeschöpft" werden (Preisdiskriminierung).
- Das Angebot verschiedener Varianten **aus einer Hand** kann die Transaktionskosten von Kunden reduzieren.
- Der Umsatz eines Herstellers ist mit der **besetzten Regalfläche** am Point-of-Sale korreliert. Zusätzliche Varianten können diese Präsenz erhöhen.
- Unternehmen können **Konsumentenpräferenzen** über das Angebot von Varianten ermitteln (Scatter-Shot-Effekt).

Angebotsseitig sprechen folgende Gründe für Variantenbildung:[1326]
- Anbieter können sich durch Produktvielfalt **gegenüber Wettbewerbern differenzieren** und sich einem Preiswettbewerb entziehen.
- Die proaktive Besetzung des Angebotsraums kann die **Markteintrittsbarrieren** für andere Unternehmen erhöhen.
- Der **technische Fortschritt** reduziert die Grenzkosten neuer Varianten.
- Varianten sind zur **Erschließung internationaler Märkte** erforderlich, da regional unterschiedliche Käuferpräferenzen und lokale regulatorische Auflagen vorliegen können. Außerdem kann grenzüberschreitende Kannibalisierung und „Graumarketing" durch landesspezifische Varianten reduziert werden.

Im Rahmen der Produktdifferenzierung stellen sich dem Produktmanager drei Entscheidungstatbestände: der Handlungszeitpunkt des Angebots zusätzlicher Varianten, die Anzahl zusätzlich anzubietender Varianten sowie das Ausmaß und der Inhalt der Veränderung der Varianten im Vergleich zum Basisprodukt.

4.7.2.2.1 Handlungszeitpunkt

Eine Produktdifferenzierung erfolgt zumeist in der Wachstums- oder Reifephase. In der Wachstumsphase können Varianten die Erschließung spezifischer Marktsegmente erleichtern. In der Reifephase bieten Varianten eine Möglichkeit, sich im zunehmenden Wettbewerb zu differenzieren und dem zunehmenden Preisdruck auszuweichen. In der Sättigungs- oder Rückgangsphase wird das Variantenangebot i. d. R. wieder gestrafft und auf profitable Segmente bzw. Varianten fokussiert.

Ähnlich wie bei der Produktvariation muss ein zeitlicher Vorlauf für die Planung und Umsetzung des Variantenangebots berücksichtigt werden.

1326 Vgl. Herrmann/Peine (2007), S. 652–653.

4.7.2.2.2 Anzahl der Varianten

Die Wirkungskette „durch mehr Varianten höheren Kundennutzen schaffen und mehr Umsatz sowie Gewinn erwirtschaften" vernachlässigt die direkten und indirekten Kosten der Variantenvielfalt. Außerdem zeigt die Praxis, dass viele überdurchschnittlich erfolgreiche Unternehmen eine eher geringe Variantenvielfalt anbieten, beispielsweise Apple und Tesla.

Insbesondere die durch Variantenvielfalt verursachten **Komplexitätskosten** sind in Differenzierungsentscheidungen einzubeziehen. Die Erhöhung der Variantenzahl geht mit einem häufig unterschätzten Anstieg der Kosten einher. Um eine **wirtschaftlich optimale Variantenvielfalt** zu ermitteln, ist daher ein Verständnis sowohl der Erlös- als auch der Kostenwirkung variantenbezogener Entscheidungen erforderlich. Abbildung 4.116 illustriert diese Optimierungsaufgabe:

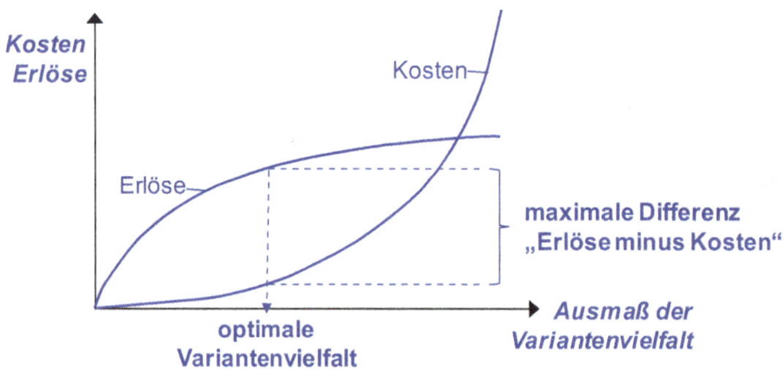

Abbildung 4.116: Optionale Variantenvielfalt[1327].

Abbildung 4.116 impliziert, dass es eine **optimale Variantenzahl** geben muss. Der Grund liegt im degressiven Verlauf der Erlöskurve bei gleichzeitig progressiver Kostenentwicklung mit steigender Variantenvielfalt:

- Je mehr Varianten erzeugt werden, desto komplizierter gestaltet sich der Leistungserstellungsprozess, wobei die Kosten überproportional mit der Variantenvielfalt ansteigen. Vor allem in Produktion und Einkauf tritt ein **„umgekehrtes Erfahrungskurvengesetz"** ein:[1328] Losgrößen werden kleiner, Mengenrabatte entfallen, neue Betriebsmittel sind notwendig, vernetzte Planungs- und Steuerungsaufgaben werden komplexer. Im Entwicklungsbereich sind außerdem Opportunitätskosten zu berücksichtigen, da Ressourcen nicht für die Neuentwicklungen zur Verfügung stehen. Außerdem muss der Marketing-Mix differenziert

1327 In Anlehnung an Herrmann/Peine (2007), S. 654.
1328 Vgl. Wildemann (1990), S. 37.

werden, um einen Erlöseffekt durch neue Varianten zu unterstützen. Die Kostenwirkung hängt von der Art der Variantendifferenzierung ab.[1329]

- Der **Erlöseffekt** steigender Variantenvielfalt speist sich aus den vorgenannten Effekten, ist mit steigender Anzahl von Varianten aber **degressiv anzusetzen**, da die adressierten Präferenzcluster zunehmend kleiner und unattraktiver werden. Anzumerken ist auch, dass Vielfalt eine kognitive Belastung beim Käufer erzeugen kann (emotionale Kosten größerer Variantenvielfalt), insbesondere bei bedeutsamen Kaufentscheidungen und Kaufdomänen, in denen der Käufer geringe Expertise besitzt. Dies kann unter Umständen zum Kaufaufschub oder Kaufverzicht führen.

Eine Produktdifferenzierung ist sinnvoll, wenn die Mehrerlöse die Mehrkosten übersteigen. Die Frage der optimalen Produktdifferenzierung wird damit auch zu einer Aufgabe der (Prozess-)Kostenrechnung.

4.7.2.2.3 Ausmaß und Inhalt der Veränderung

Die Frage ist, mit welchen **Ausstattungsmerkmalen** ein oder mehrere Produkte vermarktet werden sollen. Als Optionenraum kann das in Kap. 2.1.5 genannte Modell des erweiterten Produkts genutzt werden. Entsprechend gibt es verschiedene Möglichkeiten, ein Produkt zu differenzieren,[1330] beispielsweise durch:

- **Produktfunktionen oder -eigenschaften**
- produktbegleitende **Dienstleistungen:** Produkte können mit unterschiedlichen „Dienstleistungspaketen“ angeboten werden.
- **Produktpersonalisierung** und Kaufberatung, z. B. Onlinebanken vs. klassische Banken
- **Marken:** das Unternehmen Starwood Hotels & Resorts bietet beispielsweise Hotels elf unterschiedlicher Marken an, um unterschiedliche Preissegmente und Lifestyles abzudecken.

Entscheidend bei der inhaltlichen Gestaltung von Varianten ist das Verständnis über vorhandene Präferenzen und über die Zahlungsbereitschaft von Konsumenten. Auf dieser Basis muss der Zielmarkt zum Zweck der Variantenbildung weiter segmentiert werden.

Als Möglichkeit entsprechende Segmente und Varianten zu ermitteln, schlagen Büschken/von Taden die **Conjoint-Analyse** vor.[1331] In dieser wird zunächst auf individueller Ebene ermittelt, welchen Beitrag einzelne Produkteigenschaften für die Be-

1329 Vgl. nachfolgendes Kap. 4.7.2.2.3.

1330 Vgl. Büschken/von Thaden (2007), S. 606–607.

1331 Vgl. Büschken/von Thaden (2007), S. 608; die Methode Conjoint-Analyse wird in Kap. 4.2.2.4.1 vorgestellt.

wertung des Gesamtprodukts liefern. Als Ergebnis ermittelt die Conjoint-Analyse sog. Teilnutzenwerte für die einzelnen Ausprägungen der Eigenschaften, auf deren Grundlage die Bedeutung der Eigenschaften selbst bestimmt werden kann. Durch den Präferenzvergleich unter den Testteilnehmern können unterschiedliche Käufertypen ermittelt werden, z. B. anhand einer Cluster-Analyse.[1332] Beim inhaltlichen Zuschnitt der Varianten auf die Cluster kann **Target-Costing** eingesetzt werden: Basierend auf dem Zielpreis eines Clusters, liefert die Methode den Nutzenbeitrag einzelner Produktkomponenten oder Eigenschaften für das jeweilige Cluster.[1333]

4.7.2.2.4 Exkurs: Variantenmanagement

Variantenmanagement zielt darauf ab, die Anzahl der Produktvarianten optimal zu steuern, um Kundenbedürfnisse zu erfüllen und gleichzeitig Kosten und Komplexität zu minimieren.[1334] Um dieses Ziel zu erreichen, implementieren Unternehmen spezifische Prozesse und Verantwortlichkeiten für das Management von Varianten. Diese sollten interdisziplinär ausgestaltet sein, um Entscheidungen entgegenzuwirken, die durch Einzelinteressen getrieben sind.[1335]

Es sollte folgender Grundsatz gelten: „Erst Vielfalt vermeiden und reduzieren, dann Vielfalt beherrschen."[1336] Strategisches Variantenmanagement hat daher als wesentliche Aufgabe die **Prävention** eines „wertvernichtenden Variantenreichtums". Als Betrachtungsebene sollte neben dem Einzelprodukt (Optimierung der Variantenzahl) auch die Produktlinie (Optimierung der Anzahl von Einzelprodukten) eingenommen werden.

Operatives Variantenmanagement fokussiert sich auf die **Beherrschung** der strategisch zugelassenen Variantenvielfalt. Es umfasst produktbasierte und prozessbasierte Ansätze, beispielsweise:[1337]

- standardmäßige Integration von stark nachgefragten Zusatzleistungen, z. B. Bildung von Topvarianten (Pure Bundling)
- Entwicklung von Produkten und Varianten auf Basis von Baukastensystemen bei Vorgabe von Plattformen und Gleichteilen
- Verlagerung des Variantenspreizpunkts an das Ende des Produktionsprozesses, ggf. zum Vertriebspartner (Postponement-Strategie)

1332 Vgl. Backhaus u. a. (2023), S. 485–530.

1333 Die Methode Target-Costing wird in Kap. 4.2.2.4.1 vorgestellt.

1334 Vgl. z. B. Büschemann u. a. (2014).

1335 Ein Produktmanager und der Vertrieb haben im Allgemeinen ein Interesse an vielen Varianten, während Funktionen wie Entwicklung, Produktion oder Einkauf aus Kosten- und Komplexitätsgründen eher wenige Varianten präferieren.

1336 Vgl. Herrmann/Peine (2007), S. 672.

1337 Vgl. Herrmann/Peine (2007), S. 673–674.

- Einsatz flexibler Fertigungstechniken, z. B. Computer Integrated Manufacturing, Lean Production, additive Fertigung
- Fremdvergabe komplexitätstreibender Wertschöpfungsaktivitäten

Die durch Variantenvielfalt verursachten **Komplexitätskosten sind schwierig zu „managen“**, da sie zeitverzögert und nur zum Teil beim Kostenverursacher auftreten. Außerdem können Komplexitätskosten nicht kurzfristig abgestellt werden (Kostenremanenz). Für Produktvarianten im Feld müssen beispielsweise technische Unterstützung und Ersatzteilversorgung gewährleistet sein, auch wenn die Variante nicht mehr angeboten wird.

Effektives Variantenmanagement hilft Unternehmen, eine optimale Balance zwischen Marktanforderungen und internen Kosten zu finden.

4.7.2.3 Exkurs: Internationale Produktvarianten (Lokalisierung)

> „The goal of localization should be that your product appears to the user as though it had been designed in their country and culture and not imported from elsewhere.“[1338]

Die globale Vermarktung von Produkten scheitert oft nicht am Produkt selbst, sondern daran, dass es nicht ausreichend an lokale Anforderungen und Erwartungen angepasst ist.

4.7.2.3.1 Motivation

Die **Lokalisierung** ist dabei mehr als die Übersetzung einiger Texte der Benutzeroberfläche oder der Verpackung. Sie umfasst sprachliche, kulturelle, rechtliche und technische Anpassungen, die sicherstellen, dass ein Produkt für Menschen in einem Markt natürlich, vertrauenswürdig und relevant wirkt. Während die **Internationalisierung** die technische Fähigkeit beschreibt, ein Produkt für mehrere Märkte vorzubereiten, stellt die Lokalisierung sicher, dass ein Produkt in Tokio eine ebenso gute Experience liefert wie in München oder São Paulo.

Produktmanager müssen nicht unterschiedliche Produkte, sondern ein skalierbares und adaptives Konzept entwickeln, das **in jedem Markt „lokal“ erscheint** – basierend auf einer globalen Produktvision. Lokalisierung ist die Voraussetzung dafür, dass ein Produkt in allen Zielmärkten akzeptiert wird und wettbewerbsfähig ist. Lokalisierung erhöht ...

- die Verständlichkeit von UI, Features und Use-Cases,
- die Relevanz für lokale Kundenbedürfnisse,[1339]

1338 Baker (2025), S. 3.

1339 Globale „Einhornprodukte“ verlieren oft gegen lokale Wettbewerber, die auch regionale Pain-Points oder Eigenheiten adressieren.

- das Nutzervertrauen, insbesondere bei Themen wie Finanzen, Daten und Sicherheit,
- die Conversion Rates, z. B. beim Onboarding, Check-out und Pricing.

Schwache Lokalisierung kann zu negativen Bewertungen, Supportproblemen und regulatorischen Risiken führen. Lokalisierung ist daher ein notwendiger strategischer Prozess im internationalen Produktmanagement.

4.7.2.3.2 Dimensionen der Lokalisierung

Grundlage der Lokalisierung ist zunächst ein Verständnis, für wen und für welche Bedingungen das Produkt angepasst wird. Eine fundierte **Marktanalyse** sorgt dafür, dass die Lokalisierung gezielt erfolgt, und reduziert Risiken und Kosten. Gegenstände der Analyse sind:
- kulturelle, sprachliche und soziale Faktoren,
- rechtliche und regulatorische Anforderungen,
- technische Rahmenbedingungen,
- Marktsegmentierung und Zielsegmentauswahl,
- Wettbewerbslandschaft.

Lokalisierung umfasst mehrere **Dimensionen**, die gemeinsam dafür sorgen, dass ein Produkt in einem Zielmarkt akzeptiert wird:[1340]
- **Sprachliche** Anpassung, die über reine Übersetzung hinausgeht, z. B. von UI-Texten, Marketingtexten, Fehlermeldungen, Help-Center-Inhalten. Wichtig ist, die richtige Tonalität zu treffen, z. B. formell vs. informell, direkt vs. Höflich.
- Ein sprachlich perfektes Produkt kann „kulturell scheitern". Damit ein Produkt **kulturell stimmig** wirkt, müssen u. a. Farben, Symbole, Icons, Bildwelt, Humor, Metaphern, Storytelling, Erwartungen an UX[1341] berücksichtigt werden, ebenso wie lokale Customer Journeys und Nutzungsszenarien.
- **Rechtliche** und regulatorische Anpassung an lokale Vorgaben, z. B. Datenschutz, Altersfreigaben, Barrierefreiheit, Verbraucherschutz, Produkthaftung und Zertifizierungen (z. B. CE, FCC)
- **Technische** Lokalisierung. Diese muss sicherstellen, dass das Produkt technisch in den Zielmärkten korrekt funktioniert. Dazu gehören u. a.:
  - Datums-, Zahlen-, Zeit- und Währungsformate
  - lokale Zahlungsmethoden
  - Performance- und Latenzanforderungen
  - Schriftunterstützung (z. B. arabische oder chinesische Zeichensätze)
  - lokale App-Store-Anforderungen

1340 Vgl. Baker (2025), S. 6–12.

1341 Z. B. Detailtiefe in Japan, Minimalismus in Nordeuropa.

- Lokale **Preis- und Vertriebsmodelle**. Preise müssen die lokale Kaufkraft und Präferenzen berücksichtigen. Ebenso sind Konditionen, Bundles, begleitende Dienstleistungen oder Geschäftsmodelle (z. B. Kauf vs. Subscription) an die lokale Praxis anzupassen.

4.7.2.3.3 Lokalisierungsprozess im Produktmanagement

Ein definierter Lokalisierungsprozess stellt sicher, dass die notwendigen Anpassungen strukturiert, zeitgerecht und qualitativ konsistent umgesetzt werden. Der Produktmanager definiert Prioritäten und den Umfang der Lokalisierung. Er koordiniert folgende **beteiligte Unternehmensfunktionen:**

- Localization Manager: nimmt die Rolle des Projektmanagers für den Lokalisierungsprozess ein
- Entwicklung: sorgt für die technische Umsetzung und Integration
- UX/UI: erstellt lokalisierungsfähige Designs, Layouts und Komponenten
- Übersetzungsdienstleister (i. d. R. extern): setzt die sprachlichen und kulturellen Anpassungen um
- Qualitätssicherung: prüft, ob die lokalisierte Version des Produkts technisch und funktional korrekt funktioniert

Der **Lokalisierungsprozess** umfasst fünf Schritte:

- Anforderungen und Lokalisierungsumfang definieren (Zielmärkte, Sprachen, Prioritäten)
- Inhalte extrahieren und für Übersetzungen vorbereiten (Strings, UI-Texte, Medien)
- Übersetzung, Terminologieabgleich und kulturelle Anpassung durchführen
- linguistische und funktionale Qualitätssicherung inklusive Layout-Checks
- Integration, finaler Review und koordinierter Release für die jeweiligen Märkte

Der Prozess wird in der Praxis durch spezialisierte Tools und Systeme unterstützt. Wichtig sind eine klare Aufgabenverteilung und die frühzeitige Einbindung der beteiligten Funktionen, insbesondere der lokalen Teams.

4.7.2.3.4 Go-to-market

Ein lokaler Go-to-Market-Prozess stellt sicher, dass das Produkt wie geplant auf dem Zielmarkt ankommt. Ein sequenzielles Vorgehen reduziert dabei die Risiken.[1342] Marketing und Kommunikationsmaterial müssen für jeden Markt angepasst werden, ebenso wie die Preis- und Konditionenpolitik. Lokale Vertriebspartner können Marktkenntnis und bestehende Kundenbeziehungen einbringen. Dies kann am Markt Vertrauen schaffen und einen schnelleren und kulturell gut abgestimmten Markteintritt unterstützen.

1342 Vgl. Kap. 4.6.1.2.2 (Simultane oder sequentielle Markteinführung).

4.7.3 Produktcontrolling

Wie in Kap. 2.4 erläutert wurde, spielt ein Kontrollsystem (Controlling) eine zentrale Rolle in der Unternehmenssteuerung. Es umfasst die Planung, Steuerung und Kontrolle betrieblicher Prozesse, um die Effizienz und Wirtschaftlichkeit eines Unternehmens sicherzustellen. Dabei liefert Controlling nicht nur Informationen zur Performance, sondern unterstützt auch die strategische und operative Entscheidungsfindung.[1343] In Kap. 2.4.2 wurden die Elemente eines Kontrollsystems für das Produktmanagement vorgestellt, in Kap. 2.4.3 typische Kontroll- und Messgrößen. Bestandteil des Produktcontrollings ist außerdem ein Produktinformationssystem (vgl. Kap. 2.4.4).

Grundsätzlich ist zwischen strategischem und operativem Controlling zu unterschieden, da diese unterschiedliche Zeithorizonte und Zielsetzungen verfolgen:

- Das **strategische Controlling** befasst sich mit langfristigen Unternehmenszielen und der Sicherung der Wettbewerbsfähigkeit. Es analysiert Markttrends, Branchenentwicklungen und interne Stärken & Schwächen, um nachhaltige Strategien zu entwickeln. Ziel ist es, das Unternehmen frühzeitig auf Veränderungen vorzubereiten und strategische Weichenstellungen vorzunehmen.[1344] Das strategische Controlling unterstützt den Produktmanager vor allem im Produktplanungsprozess, insbesondere in der Konzeptionsphase (vgl. Kap. 4.3).
- Im Gegensatz dazu konzentriert sich das **operative Controlling** auf die kurzfristige Steuerung und Optimierung betrieblicher Prozesse. Es stellt sicher, dass vorgegebene Ziele in den betrachteten Unternehmensfunktionen effizient umgesetzt werden, indem Kosten, Erträge, Produktivität und Rentabilität überwacht werden.[1345] Die Instrumente des operativen Controllings hängen maßgeblich vom betrachteten Unternehmensbereich ab. Ziel ist es, insbesondere durch Soll-Ist-Vergleiche wirtschaftliche Fehlentwicklungen frühzeitig zu erkennen und Gegenmaßnahmen einzuleiten. Im Falle der Abweichung müssen die Gründe der Abweichung analysiert und verstanden werden.[1346] Darauf basierend sind korrektive Maßnahmen zu definieren und einzuleiten.

Im Rahmen des Managements des Produktlebenszyklus (PLM) sind **drei Teilbereiche des operativen Controllings** für den **Produktmanager** relevant (vgl. Abbildung 4.117):

Während vor der Markteinführung das Entwicklungs- und Innovationscontrolling eine wichtige Unterstützungsfunktion für den Produktmanager übernimmt,[1347] rü-

---

1343 Vgl. z. B. Pepels (2017), S. 428–429; Hofbauer (2018), S. 590.
1344 Vgl. Horváth u. a. (2020), S. 122.
1345 Vgl. Horváth u. a. (2020), S. 123.
1346 Vgl. Zhuo (2016).
1347 Vgl. Kap. 4.5.3; Brockhoff/Brem (2021), S. 276–277.

Abbildung 4.117: Operatives Controlling.

cken im PLM das **Produktcontrolling** sowie das **Marketing- und Vertriebscontrolling** in den Vordergrund.[1348] Diese Controllingbereiche unterstützen den Produktmanager im PLM u. a. mit Entscheidungsgrundlagen für:

- **produktpolitische Entscheidungen**, z. B. Produktvariation, Produktdifferenzierung (operatives Variantenmanagement), Produktelimination, Anpassungen bei produktbegleitenden Dienstleistungen und im Kundendienst
- andere Marketing-Mix-Entscheidungen:
  - **Preispolitik**, z. B. Preisänderungen, Preisdifferenzierung für unterschiedliche Zielgruppen, Rabatte, Konditionen, Bundle-Preise
  - **Distributionspolitik**, z. B. Erhöhung des Distributionsgrades durch neue Kanäle, Fokussierung profitabler Vertriebskanäle oder bestimmter Regionen, Optimierung der Logistik zwecks Kostenreduzierung
  - **Kommunikationspolitik**, z. B. Umschichtung des Werbebudgets zwischen einzelnen Kanälen/Medien, Optimierung des Onlinemarketings auf Basis von Web-Analytics,[1349] Optimierung oder Personalisierung von Werbebotschaften, Einführung von Kundenbindungs- und Treueprogrammen
- **Kostensenkungsmaßnahmen** (außerhalb des Marketing-Mix) für Kosten, die dem Produkt zugerechnet werden, z. B. im Kundendienst, in der Produktion, in der Auftragsabwicklung, im Qualitätsbereich oder in der physischen Distribution

1348 Vgl. Homburg (2020), S. 1300–1302; Meffert u. a. (2024), S. 824–827; die genannten Controlling-Teilbereiche sind in Literatur und Praxis häufig nicht klar abgegrenzt.
1349 Vgl. Kap. 5.3.3 (Digitales Marketing).

Insgesamt stellt das operative Produktcontrolling dem Produktmanager eine faktenbasierte Grundlage für die kurzfristige Steuerung von Produkten im Lebenszyklus zur Verfügung. Es unterstützt bei der Optimierung von Umsatz, Kosten und Margen. Auch etwaige Risiken lassen sich durch Produktcontrolling frühzeitig erkennen und Chancen besser nutzen.

4.8 Zusammenfassung

Neuproduktentwicklung und Produktinnovation gehören zu den wichtigsten und herausforderndsten Aufgaben im Unternehmen. In Theorie und Praxis existieren unterschiedliche Perspektiven auf die Thematik, die jeweils wertvolle Beiträge liefern.

Mit der Zielrichtung, das Beste aus verschiedenen Welten zu integrieren, wurde in Kapitel 4 ein „integrierter Ansatz" zur Produktinnovation auf Basis der Produktmanagementkonzeption entwickelt. Dieser umfasst die Phasen Produktideen, Produktkonzeptionierung, Wirtschaftlichkeitsrechnung, Produktrealisierung, Markteinführung und Produktlebenszyklusmanagement.

Die in Kapitel 2 dargelegte Produktmanagementkonzeption bietet einen passenden Rahmen zur Umsetzung des aufgezeigten Prozesses.

4.9 Literaturverzeichnis zu Kapitel 4

Ackoff, Ralph L. (1989): From data to wisdom; Journal of Applied Systems Analysis; Vol. 16; S. 3–9

Agiles Manifest (2001): Manifesto for Agile Software Development; Agilemanifesto.org; https://agilemanifesto.org/ [aufgerufen am 18.12.2024]

Akao, Yoji (1992): QFD – Quality function deployment; Landsberg: Moderne Industrie

Albers, Albert; Behrendt, Matthias; Klingler, Simon; Matros, Kevin (2016): Verifikation und Validierung im Produktentstehungsprozess; in: Lindemann, Udo (Hrsg.) (2016): Handbuch Produktentwicklung; München: Hanser; S. 541–569

Anderson, David J. (2010): Kanban: Successful Evolutionary Change for Your Technology Business; Blue Hole Press

Anker, Stefan (2017): Zulieferer im Wandel: Künstliche Intelligenz statt nur „Heavy Metal"; Welt; 04.05.2017; https://www.welt.de/motor/article164214995/Kuenstliche-Intelligenz-statt-nur-Heavy-Metal.html [aufgerufen am 26.04.2025]

Apple Press Release (2001): Press Release: Apple Presents iPod; Apple Newsroom; 23.10.2001; https://www.apple.com/newsroom/2001/10/23Apple-Presents-iPod/ [aufgerufen am 03.11.2024]

Apple Press Release (2024): Apple introduces AirPods 4 and the world's first all-in-one hearing health experience with AirPods Pro 2; Apple Newsroom; 09.09.2024; https://www.apple.com/uk/newsroom/2024/09/apple-introduces-airpods-4-and-a-hearing-health-experience-with-airpods-pro-2/ [aufgerufen am 18.12.2024]

Argyle, Lisa P.; Busby, Ethan C.; Fulda, Nancy; Gubler, Joshua R.; Rytting, Christopher; Wingate, David (2023): Out of One, Many: Using Language Models to Simulate Human Samples; Cambridge University Press; Vol. 89, Nr. 2; https://www.cambridge.org/core/journals/political-analysis/article/

out-of-one-many-using-language-models-to-simulate-human-samples/035D7C8A55B237942FB6DBAD7CAA4E49 [aufgerufen am 01.09.2025]

Arora, Neeraj; Chakraborty, Ishita; Nishimura, Yohei (2024): AI – Human Hybrids for Marketing Research: Leveraging Large Language Models (LLMs) as Collaborators; S. 337–351

Atelier für Ideen (o. J.): Kreativitätstechniken im Florence Innovation Project des Verrocchio Institute; Atelier für Ideen; https://www.ideenfindung.de/%C3%9Cbersicht-Liste-Kreativitaetstechniken-Ideenfindung.html [aufgerufen am 18.11.2024]

Aumayr, Klaus J. (2019): Erfolgreiches Produktmanagement: Tool-Box für das professionelle Produktmanagement und Produktmarketing; 5. Auflage; Wiesbaden: Springer

Backerra, Hendrik; Malorny, Christian; Schwarz, Wolfgang (2020): Kreativitätstechniken: Kreative Prozesse anstoßen, Innovationen fördern; 4. Auflage; München: Hanser

Backhaus, Klaus; Erichson, Bernd; Gensler, Sonja; Weiber, Rolf; Weiber, Thomas (2023): Multivariate Analysemethoden: Eine anwendungsorientierte Einführung; 17. Auflage; Wiesbaden: Springer

Baker, David (2025): Global Product Management: Enterprise Software Localization; Product Focus, White Paper; November; https://www.productfocus.com/white-papers-2/global-product-management-enterprise-software-localization/?utm_campaign=2952139_27%20November%20-%20Monthly%20Content%20Digest%20November%2025%20-%20Eddie&utm_medium=email&utm_source=Product%20Focus&dm_i=3ZBS,1R9VV,9E9GIK,6X2VI,1 [aufgerufen am 27.11.2025]

Balaji Gopalan, Marko Kohtamäki (2017): Customer – The Value Co-Creator; International Journal of Science & Technology Research; Vol. 6, No. 4, April; S. 98–104

Balfour, Brian (2017): Four Fits für $100 M+ Growth; BrianBalfour.com; 28.06.2017; https://brianbalfour.com/essays/product-market-fit-isnt-enough und https://brianbalfour.com/four-fits-growth-framework [aufgerufen am 25.09.2025]

Baumgart, Inka (2016): Requirements Engineering; in: Lindemann, Udo (Hrsg.) (2016): Handbuch Produktentwicklung; München: Hanser; S. 425–453

Bender, Beate; Gericke, Kilian (2021): Entwickeln der Anforderungsbasis: Requirements Engineering; in: Bender, Beate; Gericke, Kilian (Hrsg.) (2021): Pahl/Beitz Konstruktionslehre: Methoden und Anwendung erfolgreicher Produktentwicklung; 9. Auflage; Berlin: Springer Vieweg; S. 169–210

Becker, Jochen (2019): Marketing-Konzeption: Grundlagen des zielstrategischen und operativen Marketing Managements; 11. Auflage; München: Vahlen

Belcic, Ivan (o. J.): What is RAG (retrieval augmented generation)?; IBM.com; https://www.ibm.com/think/topics/retrieval-augmented-generation [aufgerufen am 29.09.2025]

Biazzo, Stefano; Filippini, Roberto (2021): Product Innovation Management: Intelligence, Discovery, Development; Cham: Springer

Bliemel, Friedhelm; Fassott, Georg (2007): Sedundärdienstleistungen; in: Albers, Sönke; Herrmann, Andreas (Hrsg.) (2007): Handbuch Produktmanagement: Strategieentwicklung – Produktplanung – Organisation – Kontrolle; 3. Auflage; Wiesbaden: Gabler; S. 143–159

Borgemann, Ingo (o. J.): Alles, was Sie zu Komplexität und Komplexitätskosten wissen müssen; Modular Management; https://www.modularmanagement.com/de/blog/komplexitaet? [aufgerufen am 16.03.2025]

Boyd, Joshua (2019): 10 grundlegende Markforschungsmethoden; Brandwatch.com; 30.10.2019; https://www.brandwatch.com/de/blog/10-grundlegende-markforschungsmethoden/ [aufgerufen am 03.03.2025]

Brand, James; Isreali, Ayelet; Ngwe, Donald (2025): Using Gen AI for Early-Stage Market Research; Harvard Business Review; 18.07.2025; https://hbsp.harvard.edu/download?url=%2Fcontent%2Fsample%2FH08TGF-PDF-ENG%2Fcontent&metadata=e30%3D [aufgerufen am 26.11.2025]

Brandenburger, Adam M.; Nalebuff, Barry J. (1996): Co-opetition; New York: Doubleday

Brandner, Raphaela (2019): 15 kreative Mindmap-Beispiele für Lernende; Meistertask.com; 23.09.2019; https://www.meistertask.com/blog/de/students-guide-to-mind-mapping [aufgerufen am 04.04.2025]

Brandtner, Michael (2025): Die Markenlektion 2024 oder die Macht der kumulativen Einfachheit; Brandtneronbranding.org; 07.01.2025; https://brandtneronbranding.com/ [aufgerufen am 04.02.2025]

Brockhoff, Klaus; Brem, Alexander (2021): Forschung und Entwicklung: Planung und Organisation des F&E-Managements; 6. Auflage; Berlin: DeGruyter Oldenbourg

Brown, Tim (2009): Change by Design: How Design Thinking Creates New Alternatives for Business and Society; New York: Harper Business

Bruhn, Manfred (2013): Qualitätsmanagement für Dienstleistungen Handbuch für ein erfolgreiches Qualitätsmanagement. Grundlagen – Konzepte – Methoden; 9. Auflage; Wiesbaden: Springer Gabler

Bruhn, Manfred (2024): Marketing: Grundlagen für Studium und Praxis; Berlin: Springer Gabler; 16. Auflage

Bruhn, Manfred; Hadwich, Karsten (2017): Produkt- und Servicemanagement: Konzepte – Prozesse – Methoden; 2. Auflage; München: Vahlen

Bühne, Stan; Herrmann, Andrea (2015): Handbuch Requirements Management nach IREB Standard; International Requirements Engineering Board (IREB); https://www.gasq.org/files/content/gasq/downloads/certification/IREB/IREB%20AL/ireb_cpre_handbuch_requirements_management_advanced_level_v1.pdf [aufgerufen am 21.02.2025]

Bundesministerium für Bildung und Forschung (o. J.): Willkommen auf dem deutschen Portal für Horizon Europa!; BMBF; https://www.horizont-europa.de/ [aufgerufen am 13.05.2025]

Bundesministerium für Wirtschaft und Energie (o. J.): Impulse für Innovationen (Zentrales Innovationsprogramm Mittelstand); BMWE; https://www.zim.de/ZIM/Navigation/DE/Home/home.html [aufgerufen am 13.05.2025]

Büschemann, K.-H.; Fromm, T.; Läsker, K. (2014): Autos fürs Volk; Süddeutsche Zeitung; 17.11.2014; S. 17

Büschken, Joachim; von Thaden, Christian (2007): Produktvariation, -differenzierung und -diversifikation; in: Albers, Sönke; Herrmann, Andreas (Hrsg.) (2007): Handbuch Produktmanagement: Strategieentwicklung – Produktplanung – Organisation – Kontrolle; 3. Auflage; Wiesbaden: Gabler; S. 596–616

Business Model Navigator (o. J.): Business Model Navigator: Explore Patterns; BMI Lab; https://businessmodelnavigator.com/explore [aufgerufen am 30.05.2025]

Cagan, Marty (2022): Inspired: Wie sie Tech-Produkte entwickeln, die ihre Kunden lieben werden; 2. Auflage; Weinheim: Wiley

Chaffey, Dave; Ellis-Chadwick, Fiona (2022): Digital Marketing: Strategy, Implementation and Practice; 8th Edition; Harlow: Pearson

Christensen, Clayton M; Hall, Taddy; Dillon, Karen; Duncan, David S. (2016): Know Your Customers' „Jobs to Be Done"; Harvard Business Review; September; S. 1–10

Christian Kaiser, Fritz Metzger und Frederik Ruhm (2025): Softwarefehler: Der unterschätzte Kostenfaktor; Automobil Industrie; 01.09.2025; https://www.automobil-industrie.vogel.de/ota-updates-schnelle-fehlerbehebung-fahrzeugsoftware-a-b980a6613a57bec5487d08c49c0966d9/?cmp=nl-f35f7807-13f9-4833-95db-64a74a8fa9ea&uuid=A498DA62-A54F-40D0-911C-4483596A8406 [aufgerufen am 01.09.2025]

Coleman, Keith; Baxter, Jay (2025): An inside look at X's Community Notes; Lenny's Podcast; 27.02.2025; https://www.lennysnewsletter.com/p/how-x-built-the-best-fact-checking-system-on-the-internet?img=https%3A%2F%2Fsubstack-post-media.s3.amazonaws.com%2Fpublic%2Fimages%2F903f947d-12d6-4b3c-a3bd-2ff2b9724de3_2048x2048.png&open=false [aufgerufen am 02.03.2025]; Keith Coleman (VP of Product) and Jay Baxter (ML Lead)

Cooper, Robert G. (1990): Stage-Gate Systems: A New Tool for Managing New Products; Business Horizons; May-June; S. 44–54

Cooper, Robert G. (2017): Winning at new products: Creating value through innovation; New York: Basic Books

Custard, Martha Kendall (o. J.): What is online behavior tracking?; Technology Glossar von G2; https://www.g2.com/glossary/online-behavior-tracking-definition [aufgerufen am 27.01.2025]

Daniels, John D.; Radebaugh, Lee H.; Sullivan, Daniel P. (2013): International Business; Harlow: Pearson

Däumler, Klaus-Dieter; Grabe, Jürgen (2014): Grundlagen der Investitions- und Wirtschaftlichkeitsrechnung: Aufgaben und Lösungen; 13. Auflage; Herne: NWB-Verlag

David, Ian (2022): Creating a successful product strategy; mindthePRODUCT; 29.11.2022; https://www.mindtheproduct.com/creating-a-successful-product-strategy/ [aufgerufen am 24.07.2024]

Day, George (2007): Is It Real? Can We Win? Is It Worth Doing?: Managing Risk and Reward in an Innovation Portfolio; Harvard Business Review; December; https://hbr.org/2007/12/is-it-real-can-we-win-is-it-worth-doing-managing-risk-and-reward-in-an-innovation-portfolio [aufgerufen am 10.12.2024]

Deschauer, Martin; Wallisch, Matthias; Chlosta, Simone (2021): Studie: Mittelstand meets Startup 2021 Potenziale der Zusammenarbeit; RKW Rationalisierungs- und Innovationszentrum der Deutschen Wirtschaft e. V.; https://www.rkw-kompetenzzentrum.de/publikationen/studie/mittelstand-meets-startup-2021/ [aufgerufen am 16.11.2024]

Dunford, April (2021): A quickstart guide to positioning; Lenny's Newsletter; 21.01.2021; https://www.lennysnewsletter.com/p/positioning [aufgerufen am 27.11.2025]

Edelman, David C.; Singer, Marc (2015): Competing on Customer Journeys: You have to create new value at every step; Harvard Business Review; November

Engeln, Werner (2020): Methoden der Produktentwicklung – Technische Produkte kundenorientiert entwickeln; 3. Auflage; Essen: Vulkan

Eppler, Martin (2016): Visualisierung und Kreativität: Mit Bildern zu besseren Ideen; in: Hoffmann, Christian Peter; Lennerts, Silke; Schmitz, Christian; Stölzle, Wolfgang; Uebernickel, Falk (Hrsg.) (2016): Business Innovation: Das St. Galler Modell; Wiesbaden: Springer Gabler; S. 267–280

Erichson, Bernd (2007): Prüfung von Produktideen und -konzepten; in: Albers, Sönke; Herrmann, Andreas (Hrsg.) (2007): Handbuch Produktmanagement: Strategieentwicklung – Produktplanung – Organisation – Kontrolle; 3. Auflage; Wiesbaden: Gabler; S. 396–419

Eriksson, Martin (2011): What, exactly, is a Product Manager?; mindthePRODUCT; 05.10.2011; https://www.mindtheproduct.com/what-exactly-is-a-product-manager/ [aufgerufen am 20.07.2024]

Erne, Rainer (2024): Produktmanagement klipp & klar; Wiesbaden: Springer Gabler

Ernst, Holger (2007): Management der Neuproduktentwicklung; in: Albers, Sönke; Herrmann, Andreas (Hrsg.) (2007): Handbuch Produktmanagement: Strategieentwicklung – Produktplanung – Organisation – Kontrolle; 3. Auflage; Wiesbaden: Gabler; S. 421–444

Fritz, Wolfgang; von der Oelsnitz, Dietrich (2007): Markteintrittsstrategien; in: Albers, Sönke; Herrmann, Andreas (Hrsg.) (2007): Handbuch Produktmanagement: Strategieentwicklung – Produktplanung – Organisation – Kontrolle; 3. Auflage; Wiesbaden: Gabler; S. 73–95

Fuchs, Christoph; Golenhofen, Franziska J. (2024): Disruption und Innovation im Produktmanagement: Methoden und Tools für erfolgreiche Produktgestaltung; Cham/Schweiz: Springer

Gassmann, Oliver; Frankenberger, Karolin; Choudury, Michaela (2021): Geschäftsmodelle entwickeln: 55+ innovative Konzepte mit dem St. Galler Business Model Navigator; 3. Auflage; München: Hanser

Gericke, Kilian; Bender, Beate; Pahl, Gerhard; Beitz, Wolfgang; Feldhusen, Jörg; Grote, Karl-Heinrich (2021): Funktionen und deren Strukturen; in: Bender, Beate; Gericke, Kilian (Hrsg.) (2021): Pahl/Beitz Konstruktionslehre: Methoden und Anwendung erfolgreicher Produktentwicklung; 9. Auflage; Berlin: Springer Vieweg; S. 233–254

Gierl, Heribert; Helm, Roland (2007): Generierung von Produktideen und -konzepten; in: Albers, Sönke; Herrmann, Andreas (Hrsg.) (2007): Handbuch Produktmanagement: Strategieentwicklung – Produktplanung – Organisation – Kontrolle; 3. Auflage; Wiesbaden: Gabler; S. 316–340

Gimmy, Gregor (2023): Das Venture-Client-Modell unter der Lupe: Drei Vorteile für Startups; Deutsche Startups; 08.12.2023; https://www.deutsche-startups.de/2023/12/08/venture-client-modell-startups/ [aufgerufen am 16.11.2024]

Gleich, Ronald; Munck, Jan Christoph; Tkotz, Alexander (2016): Entwicklungscontrolling – Ausgestaltung in einem ganzheitlichen Innovationscontrolling Ansatz; in: Lindemann, Udo (Hrsg.) (2016): Handbuch Produktentwicklung; München: Hanser; S. 349–398

Göhlich, Dietmar; Fay, Tu-Anh (2021): Arbeiten mit Anforderungen: Requirements Management; in: Bender, Beate; Gericke, Kilian (Hrsg.) (2021): Pahl/Beitz Konstruktionslehre: Methoden und Anwendung erfolgreicher Produktentwicklung; 9. Auflage; Berlin: Springer Vieweg; S. 211–229

GoodReads (o. J.): Steve Jobs > Quotes; goodreads.com; https://www.goodreads.com/author/quotes/5255891.Steve_Jobs?page=2 [aufgerufen am 10.12.2024]

Gründerplattform (o. J.): Der Proof of Concept: Der Realitätscheck für deine Geschäftsidee; Gründer Plattform; https://gruenderplattform.de/ratgeber/proof-of-concept [aufgerufen am 26.04.2025]

Hadwich, Karsten (2020): Dienstleistungsmarketing Weiterdenken – Entwicklungen, Herausforderungen und Zukunftsperspektiven; in: Bruhn, Manfred; Burmann, Christoph; Kirchgeorg, Manfred (Hrsg.) (2020): Marketing weiterdenken: Zukunftspfade für eine marktorientierte Unternehmensführung; 2. Auflage; Wiesbaden: SpringerGabler; Sa. 163–181

Hahne, Markus (2019): Systematisches Konstruieren: Praxisnah und prägnant; Wiesbaden: Springer Vieweg

Harste, Jan; Lunn, Ian; Dickenson, Andrew (o. J./d): Produktmanagement Journal: Der Launch; Produktmanagement Journal; Ausgabe 1; https://www.produktmanagementor.de/pm-ressourcen/journale/ [aufgerufen am 00.01.1900]

Hauschildt, Jürgen; Salomo, Sören; Schultz, Carsten; Kock, Alexander (2023): Innovationsmanagement; 7. Auflage; München: Vahlen

Henry Ford (o. J.): Zitate und Weisheiten von Henry Ford; Henry-Ford.net; https://www.henry-ford.net/deutsch/zitate.html [aufgerufen am 10.12.2024]

Herrmann, Andreas; Huber, Frank (2013): Produktmanagement: Grundlagen, Methoden, Beispiele; 3. Auflage; Wiesbaden: Springer Gabler

Herrmann, Andreas; Peine, Klaus (2007): Variantenmanagement; in: Albers, Sönke; Herrmann, Andreas (Hrsg.) (2007): Handbuch Produktmanagement: Strategieentwicklung – Produktplanung – Organisation – Kontrolle; 3. Auflage; Wiesbaden: Gabler; S. 650–679

Hofbauer, Günter (2018): Professionelles Produktmanagement: Der prozessorientierte Ansatz, Rahmenbedingungen und Strategien; 3. Auflage; Erlangen: Puplicis

Hollensen, Svend (2014): Global Marketing; Harlow: Pearson

Homburg, Christian (2020): Marketingmanagement: Strategie – Instrumente – Umsetzung – Unternehmensführung; 7. Auflage; Wiesbaden: Springer

Horváth, Péter; Gleich, Ronald; Seiter, Mischa (2020): Controlling; 14. Auflage; München: Vahlen

HPI-D-School (o. J.): Die sechs Schritte im Design Thinking Innovationsprozess; Hasso-Plattner-Institut; https://hpi.de/school-of-design-thinking/design-thinking/hintergrund/design-thinking-prozess.html [aufgerufen am 07.11.2024]

HubSpot (2024): The State of Marketing 2024: Navigating business growth with technology and creativity for more human marketing; HubSport.com; https://www.hubspot.com/state-of-marketing?hubs_post-cta=anchor&hubs_content=blog.hubspot.com%2F&hubs_content-cta=The%25202024%2520State%2520of%2520Marketing%2520%2526%2520Trends%2520Report%253A%2520Data%2520from%25201400%252B%2520Global%2520Marketers&hubs_signup-url=blog.hubspot.com/marketing/hubspot-blog-marketing-industry-trends-report&hubs_signup-cta=cta_button&hubs_post=blog.hubspot.com/marketing/hubspot-blog-marketing-industry-trends-report [aufgerufen am 16.11.2024]

Josh, Jargan (o. J.): Top 45 Steve Jobs Quotes for Inspiration and Motivation; https://www.jagranjosh.com/general-knowledge/steve-jobs-quotes-1695130033-1 [aufgerufen am 22.05.2025]

Jung, Wolfgang (2021): GfK ersetzt Musterdorf Haßloch mit digitaler Mafo; Absatzwirtschaft; 15.11.2021; https://www.absatzwirtschaft.de/gfk-ersetzt-musterdorf-hassloch-mit-digitaler-mafo-229003/?utm_source=chatgpt.com [aufgerufen am 03.03.2025]

Kano, Noriaki (1984): Attractive Quality and Must-be Quality; The Journal of the Japanese Society for Quality Control; S. 39–84

Kapoor, Mihika (2025): How to ship like a startup: Seven lessons from the story of Figma Slides; Lenny's Newsletter; 25.03.2025; https://www.lennysnewsletter.com/p/how-to-ship-like-a-startup?utm_source=post-email-title&publication_id=10845&post_id=159368214&utm_campaign=email-post-title&isFreemail=true&r=4n4r5u&triedRedirect=true [aufgerufen am 25.03.2025]

Kauf, Florian (2016): Kostenmanagement; in: Bender, Beate; Gericke, Kilian (Hrsg.) (2021): Pahl/Beitz Konstruktionslehre: Methoden und Anwendung erfolgreicher Produktentwicklung; 9. Auflage; Berlin: Springer Vieweg; S. 943–973

Kawasaki, Guy (2014): The art of the start: von der Kunst, ein Unternehmen erfolgreich zu gründen; München: Vahlen

Kim, W. Chan; Mauborgne, Renée (2004): Blue Ocean Strategy; Harvard Business Review; October; https://hbr.org/2004/10/blue-ocean-strategy [aufgerufen am 07.11.2024]

Klein, Kristina; Eppmann, Rene (2020): Spielbasiertes Marketing – Marketing weiterdenken mit Spielen und Spieldesign; in: Bruhn, Manfred; Burmann, Christoph; Kirchgeorg, Manfred (Hrsg.) (2020): Marketing weiterdenken: Zukunftspfade für eine marktorientierte Unternehmensführung; 2. Auflage; Wiesbaden: SpringerGabler; S. 487–508

Kolko, Jon (2015): Design Thinking Comes of Age; Harvard Business Review; September; S. 1–7

Koppelmann, Udo (2001): Produktmarketing: Entscheidungsgrundlage für Produktmanager; 6. Auflage; Berlin: Springer

Koppelmann, Udo (2007): Design und Verpackung; in: Albers, Sönke; Herrmann, Andreas (Hrsg.) (2007): Handbuch Produktmanagement: Strategieentwicklung – Produktplanung – Organisation – Kontrolle; 3. Auflage; Wiesbaden: Gabler; S. 120–139

Kotler, Philip; Armstrong, Gary; Lloyd, C. Harris; Hongwei, He (2022): Grundlagen des Marketing; 8. Auflage; Halbergmoos: Pearson

Kotler, Philip; Keller, Kevin Lane; Chernev, Alexander; Opresnik, Marc Oliver (2023): Marketing Management: Konzepte, Instrumente, Unternehmensfallstudien; 16. Auflage; München: Pearson

Kotler, Philip; Trias de Bes, Fernando (2003): Lateral Marketing: New Techniques for Finding Breakthrough Ideas; Hoboken: Wiley

Kratschmayr, Melissa Lee (2020): Entwicklung einer Methode zur Erhebung von kundenseitigen Produktanforderungen angewandt im Kontext des autonomen Fahrens; Dissertation an der RWTH Aachen; https://publications.rwth-aachen.de/record/794116/files/794116.pdf?utm_source=chatgpt.com [aufgerufen am 24.01.2025]

Kreimeyer, Matthias; Seidenschwarz, Werner; Rehfeld, Matthias (2021): Produktplanung; in: Bender, Beate; Gericke, Kilian (Hrsg.) (2021): Pahl/Beitz Konstruktionslehre: Methoden und Anwendung erfolgreicher Produktentwicklung; 9. Auflage; Berlin: Springer Vieweg; S. 97–136

Kreutzer, Ralf T. (2022): Praxisorientiertes Marketing: Grundlagen – Instrumente – Fallbeispiele; 6. Auflage; Wiesbaden: Springer Gabler

Lancefield, David (2023): How to develop an intrapreneurial culture; Strategy+Business; 09.08.2023; https://www.strategy-business.com/article/How-to-develop-an-intrapreneurial-culture [aufgerufen am 20.02.2025]

Langer, Stefan (2016): Änderungsmanagement; in: Lindemann, Udo (Hrsg.) (2016): Handbuch Produktentwicklung; München: Hanser; S. 513–539

Huston, Larry; Sakkab, Nabil (2006): P&G's New Innovation Model; Harvard Business School Working Knowledge; 20.03.2006; https://hbswk.hbs.edu/archive/pg-s-new-innovation-model [aufgerufen am 15.11.2024]

LEGO (o. J.): Ideas.LEGO; LEGO.com; https://ideas.lego.com/ [aufgerufen am 15.11.2024]

Leiponen, Aija (2024): Digital Innovation Strategy; Cambridge: Cambridge University Press

Levs, Josh (2019): To strengthen innovation, make sure every voice is heard; Strategy+Business; 05.08.2019; https://www.strategy-business.com/blog/To-strengthen-innovation-make-sure-every-voice-is-heard?utm_source=itw&utm_medium=NL20250904&utm_campaign=resp [aufgerufen am 05.09.2025]

Lindsley, Bryan (2022): Start Systems Mapping Right Now: 6 awesome options; BryanLindsley.com; 01.03.2022; https://bryanlindsley.com/start-systems-mapping/ [aufgerufen am 01.03.2025]

Lurse, Carsten (2007): Produktmodifikation; in: Albers, Sönke; Herrmann, Andreas (Hrsg.) (2007): Handbuch Produktmanagement: Strategieentwicklung – Produktplanung – Organisation – Kontrolle; 3. Auflage; Wiesbaden: Gabler; S. 562–571

Mallinson, Mark (2025): Product Managers and Patents; Product Focus Blog; February; https://www.productfocus.com/product-managers-patents/?utm_campaign=2854606_27%20February%20-%20Monthly%20Content%20Digest%20February%2025%20-%20Eddie&utm_medium=email&utm_source=Product%20Focus&dm_i=3ZBS,1P6MM,9E9GIK,6LHN3,1 [aufgerufen am 03.03.2025]

Maney, Kevin (2019): Why cool technology sometimes flops; strategy+business; 30.08.2019; https://www.strategy-business.com/blog/Why-cool-technology-sometimes-flops [aufgerufen am 11.11.2024]

Margolis, Michael (2024): Michael Margolis on identify your bullseye customer in one day; Lenny's Podcast; 08.12.2024; https://www.lennysnewsletter.com/p/finding-your-bullseye-customer-michael-margolis [aufgerufen am 16.12.2024]

Martin, Roger L. (2009): The Design of Business: Why Design Thinking is the Next Competitive Advantage; Boston: Harvard Business Press

Matys, Erwin (2018): Praxishandbuch Produktmanagement: Grundlagen und Instrumente; 7. Auflage; Frankfurt: Campus

Maurya, Ash (2012): Running Lean: Iterate from Plan A to a Plan That Works; Sebastopol: O'Reilly Media

McKinsey (2020): Putting design leadership on the map; McKinsey Digital; 12.03.2020; https://www.mckinsey.com/capabilities/mckinsey-design/how-we-help-clients/design-blog/putting-design-leadership-on-the-map [aufgerufen am 01.11.2024]

Meffert, Heribert; Burmann, Christoph; Kirchgeorg, Manfred; Eisenbeiß, Maik (2024): Marketing: Grundlagen marktorientierter Unternehmensführung, Konzepte – Instrumente – Praxisbeispiele; 14. Auflage; Wiesbaden: Springer

Merryweather, Ellen (2024): Understanding Product-Market Fit: A Product Manager's Guide; Product School; 24.01.2024; https://productschool.com/blog/product-fundamentals/understanding-product-market-fit [aufgerufen am 01.03.2025]

Meyer, Anton; Davidson, J. Hugh (2001): Offensives Marketing, Gewinnen mit POISE: Märkte gestalten – Potenziale nutzen; Freiburg: Haufe

Moore, Geoffrey A. (1991): Crossing the Chasm: Marketing and Selling Disruptive Products to Mainstream Customers; New York: HarperBusiness

Moore, Geoffrey A. (1996): Inside the Tornado: Marketing Strategies from Silicon Valley's Cutting Edge; New York: Harper Collins

Müller, David (2024): Betriebswirtschaftslehre für Ingenieure; 4. Auflage; Wiesbaden: Springer Gabler

Müller-Stevens, Günter; Lechner, Christoph (2011): Strategisches Management: wie strategische Initiativen zum Wandel führen; 4. Auflage; Stuttgart: Schäffer-Poeschel

Niehus, Michael (2024): Interview mit BMW-CEO Oliver Zipse; Bild.de; 10.11.2024; https://m.bild.de/leben-wissen/auto/bmw-ceo-oliver-zipse-e-auto-ist-nicht-fuer-jeden-die-beste-wahl-672ddef164cfaf6093 caeeb4?t_ref=https%3A%2F%2Fwww.bild.de%2Fleben-wissen%2Fauto%2Fbmw-ceo-oliver-zipse-e-auto-ist-nicht-fuer-jeden-die-beste-wahl-672ddef [aufgerufen am 11.11.2024]

Nike (o. J.): Nike By You – Wie würde sich deine Persönlichkeit in einem Schuh widerspiegeln?; Nike; https://www.nike.com/de/nike-by-you?cp=65490643530_search_&Macro=-nike%20by%20you-g-10593048886-102781107737-e-c-DE-pure-452251066216-kwd-377881265166-9041642&ds_rl=1252249&gad_source=1&gclid=EAIaIQobChMIv5SutN2uiwMVLgIGAB1K1wAPEAAYASAAEgLtB_D_BwE&gclsrc=aw.ds [aufgerufen am 06.02.2025]

NIQ Presseerklärung (2023): NIQ und GfK schließen sich zum weltweit führenden Consumer Intelligence-Unternehmen zusammen; NielsenIQ.com; 11.07.2023; https://nielseniq.com/global/de/news-center/2023/niq-und-gfk-schliesen-sich-zum-weltweit-fuhrenden-consumer-intelligence-unternehmen-zusammen/ [aufgerufen am 03.03.2025]

Nöllke, Matthias (2020): Kreativitätstechniken; 8. Auflage; Freiburg: Hauffe

Nonaka, Ikujiro; Takeuchi, Hirotaka (1995): The Knowledge Creating Company: How Japanese Companies Create the Dynamics of Innovation; Oxford: Oxford University Press

Olsen, Dan (2015): The Lean Product Playbook: How to Innovate with Minimum Viable Products and Rapid Customer Feedback; Hoboken: Wiley

OMG Standards Development Organization (o. J.): Unified Modeling Language; omg.org; https://www.omg.org/spec/UML/2.5.1/About-UML?utm_source=chatgpt.com [aufgerufen am 30.01.2025]

Oreshko, Dmitry (2022): How behavioral engineering helps to build better products; mindthePRODUCT; 17.03.2022; https://www.mindtheproduct.com/how-behavioral-engineering-helps-to-build-better-products/ [aufgerufen am 24.07.2024]

Osika, Anton (2025): Building Lovable: $10 M ARR in 60 days with 15 people | Anton Osika (CEO and co-founder); Lenny's Podcast; 09.03.2025; https://www.lennysnewsletter.com/p/building-lovable-anton-osika?utm_source=podcast-email%2Csubstack&publication_id=10845&post_id=158145804&utm_campaign=email-play-on-substack&utm_medium=email&utm_content=play_card_show_title&r=4n4r5u&triedRedirect=true [aufgerufen am 10.03.2025]

Osterwalder, Alex; Pigneur, Yves; Bernarda, Greg; Smith, Alan (2014): Value proposition design: how to create products and services customers want; Hoboken: Wiley

Osterwalder, Alexander; Pigneur, Yves (2010): Business model generation: a handbook for visionaries, game changers, and challengers; Hoboken: Wiley

Paluch, Stefanie; Wirtz, Jochen; Kunz, Werner H. (2020): Service Robots and the Future of Services; in: Bruhn, Manfred; Burmann, Christoph; Kirchgeorg, Manfred (Hrsg.) (2020): Marketing weiterdenken: Zukunftspfade für eine marktorientierte Unternehmensführung; 2. Auflage; Wiesbaden: Springer Gabler; S. 423–435

Paluch, Stefanie; Wittkop, Thomas (2020): Voice Marketing – Die Stimme der Zukunft?; in: Bruhn, Manfred; Burmann, Christoph; Kirchgeorg, Manfred (Hrsg.) (2020): Marketing weiterdenken: Zukunftspfade für eine marktorientierte Unternehmensführung; 2. Auflage; Wiesbaden: Springer Gabler; S. 509–520

Pepels, Werner (2016): Produktmanagement; 7. Auflage; Berlin: Duncker&Humblot

Pepels, Werner (2017): Grundprinzipien des Produktmarketings: 20 Bausteine zum professionellen Management von Produkten und Programmen; Berlin: Duncker&Humblot

Pine J.; Gilmore J. (1999): The Experience Economy; Boston: Harvard Business School Press

Pleschka, Franz; Sabisch, Helmut (1996): Innovationsmanagement; Stuttgart: Schäfer-Poeschel

Poggensee, Kay (2022): Investitionsrechnung: Grundlagen – Aufgaben – Lösungen; 4. Auflage; Wiesbaden: Springer Gabler

Ponn, Josef; Hutterer, Philipp; Braun, Thomas; Birkhofer, Herbert; Ehrlenspiel, Klaus (2024): Methoden der integrierten Produktentwicklung: Leitfaden für die Praxis; München: Hanser

Porter, Michael E (2013): Wettbewerbsstrategie: Methoden zur Analyse von Branchen und Konkurrenten; 12. Auflage; Frankfurt: Campus Verlag

Prater, Meg (2011): 25 Steve Jobs Quotes That Will Dramatically Shift Your Mindset; HubSpot; https://blog.hubspot.com/sales/steve-jobs-quotes [aufgerufen am 10.12.2024]

Pratt, Eddie (2025a): Spreadsheet Template: Launch Checklist; Product Focus; January; https://productfocus-email.com/c/AQiYqwsQ7MqtARjcm_WOAiCAiLMjVuhykoHJYCNY7fIVcHU54CGsupmtJ7EEn7QRSxOmD8Q [aufgerufen am 31.01.2025]

Pratt, Louron (2023): Building great products through feedback and psychology: interview with Amritha Arun Babu Mysore (Product Leader, Amazon); mindthePRODUCT; 15.12.2023; https://www.mindtheproduct.com/building-great-products-through-feedback-and-psychology-amritha-arun-babu-product-leader-amazon/ [aufgerufen am 24.07.2024]

Product Focus (2024b): Revolutionizing Product Innovation: Lessons from Apple's AirPods Pro Strategy; Product Focus Blog; https://www.productfocus.com/revolutionizing-product-innovation-lessons-from-apples-airpods-pro-strategy/ [aufgerufen am 18.12.2024]

Promobile (o. J.): Behavior Tracking Technology: For Online & In-Person Events; Promobilemarketing.com; https://promobilemarketing.com/behavior-tracking/ [aufgerufen am 27.01.2025]

Reeves, Rosser (1961): Reality in Advertising; New York: Knopf

Reichheld, Frederick F. (2003): The One Number: You Need to Grow; Harvard Business Review; December; S. 1–11

Richler, Roman (o. J./a): The Product Vision Board; Pichler Consulting; https://www.romanpichler.com/blog/the-product-vision-board [aufgerufen am 22.01.2025]

Richler, Roman (o. J./b): 8 Tips for Creating A Compelling Product Vision; Pichler Consulting; https://www.romanpichler.com/blog/tips-for-writing-compelling-product-vision/ [aufgerufen am 22.01.2025]

Ries, Eric (2019): The Lean Startup: How Constant Innovation Creates Radically Successful Businesses; London: Penguin Business

Robertson, Graham (o. J.): How to define a winning brand positioning; Beloved Brands; https://beloved-brands.com/brand-positioning/ [aufgerufen am 04.02.2025]

Rodgers, Everett M. (2003): Diffusion of Innovations; 5. Auflage; New York: Free Press

Rohrer, Christian (2022): When to Use Which User-Experience Research Methods; Nielsen Norman Group; 17.07.2022; https://www.nngroup.com/articles/which-ux-research-methods/ [aufgerufen am 06.10.2025]

Roth, Michael (2024): How to (not) let customers kill your product; Product Focus Blog; August; https://www.productfocus.com/how-to-not-let-customers-kill-your-product/?utm_campaign=2782610_30%20August%20-%20Monthly%20Content%20Digest%20August%2024%20-%20Eddie&utm_medium=email&utm_source=Product%20Focus&dm_i=3ZBS,1NN2Q,9E9GIK,6CTJS,1 [aufgerufen am 00.01.1900]

Royce, Winston W. (1970): Managing the Development of Large Software Systems; Proceedings of IEEE WESCON; Vol. 26; S. 328–388

Saatweber, Jutta (2016): Produkte entwickeln mit QFD – Quality Function Deployment; in: Lindemann, Udo (Hrsg.) (2016): Handbuch Produktentwicklung; München: Hanser; S. 629–671

SAP (o. J.): About SAP Co-Innovation Lab; SAP.com; https://www.sap.com/germany/about/company/innovation/coil.html [aufgerufen am 15.11.2024]

Savoia, Alberto (2011): Pretotype It; Pretotype.org; http://www.pretotyping.org/uploads/1/4/0/9/14099067/pretotype_it_2nd_pretotype_edition-2.pdf [aufgerufen am 12.02.2025]

Schewe, Gerhard (2007): Produktimitation; in: Albers, Sönke; Herrmann, Andreas (Hrsg.) (2007): Handbuch Produktmanagement: Strategieentwicklung – Produktplanung – Organisation – Kontrolle; 3. Auflage; Wiesbaden: Gabler; S. 50–69

Schlink, Haiko (2019): Wirtschaftlichkeitsrechnung für Ingenieure: Grundlagen für die Entwicklung technischer Produkte; 3. Auflage; Wiesbaden: Springer Gabler

Schwandner, Gerd A. (2002): Strategiebildung im Softwaregeschäft: Entwurf eines integrierten, ressourcen- und kompetenzenbasierten Planungsprozesses; Dissertation an der RWTH Aachen; https://publications.rwth-aachen.de/record/56999 [aufgerufen am 30.09.2024]

Senin, Jonathan (2020): Overcoming Cognitive Biases That Reduce Feature Adoption; mindthePRODUCT; 30.01.2020; https://www.mindtheproduct.com/overcoming-cognitive-biases-that-reduce-feature-adoption/ [aufgerufen am 24.07.2024]

Sheppard, Benedict; Kouyoumjian, Garen; Sarrazin, Hugo; Dore, Fabricio (2018): The Business Value of Design; McKinsey Quarterly; 28.10.2018; https://www.mckinsey.com/capabilities/mckinsey-design /our-insights/the-business-value-of-design#/ [aufgerufen am 01.11.2024]

Shiklo, Boris (o. J.): 8 Vorgehensmodelle der Softwareentwicklung: mit Grafiken erklärt; ScienceSoft.de; https://www.scnsoft.de/blog/vorgehensmodelle-der-softwareentwicklung [aufgerufen am 07.03.2025]

Sinek, Simon (2011): Start with why: How great leaders inspire everyone to take action; New York: Portfolio, Penguin

Singla, Alex; Sukharevsky, Alexander; Yee, Lareina; Chui, Michael; Hall, Bryce (2025a): The state of AI: How organizations are rewiring to capture value; Quantum Black - AI by McKinsey; March; https://www.mckinsey.com/capabilities/quantumblack/our-insights/the-state-of-ai?stcr=9499CD6B84314043914372147ADF3E31&cid=other-eml-nsl-mip-mck&hlkid=6cf50a11aa984a85ba649cd891edd06f&hctky=1933228&hdpid=f82cfe3e-f89f-48da-9fc2-87984f0d248d#/ [aufgerufen am 04.04.2025]

Singla, Alex; Sukharevsky, Alexander; Berteletti, Elia; Yee, Lareina; Chui, Michael (2025b): The next innovation revolution – powered by AI; Quantum Black – AI by McKinsey; June; https://www.mckinsey.com/capabilities/quantumblack/our-insights/the-next-innovation-revolution-powered-by-ai?stcr=BD87777F43544B3D8B1ED5C61E9B00A1&cid=other-eml-alt-mip-mck&hlkid=d69acabc2d264614af33a3e51a89797a&hctky=1933228&hdpid=71f74922-65ff-47fb-9dbb-a20abccfc793 [aufgerufen am 26.06.2025]

Siota, Josemaria; Prats, M. Julia (2021): Open Innovation: How Corporate Giants Can Better Collaborate with Deep-Tech Start-ups. The Case of East and Southeast Asia; IESE Business School (University of Navarra); https://www.iese.edu/media/research/pdfs/75321.pdf [aufgerufen am 16.11.2024]

Starbucks (2013): Starbucks Celebrates Five-Year Anniversary of My Starbucks Idea; Pressemitteilung; 28.03.2013; https://about.starbucks.com/stories/2013/starbucks-celebrates-five-year-anniversary-of-my-starbucks-idea/ [aufgerufen am 15.11.2024]

Stockman, Kalyn (o. J.): Virtual and Augmented Reality: The Future Of Market Research?; FuelCycle.com; https://fuelcycle.com/blog/virtual-and-augmented-reality-the-future-of-market-research/ [aufgerufen am 03.03.2025]

Sutherland, Jeff; Schwaber, Ken (o. J.): Scrum Guides; Scrumguides.org; https://www.scrumguides.org [aufgerufen am 03.11.2024]

Tidd, Joe; Bessant, John (2018): Managing Innovation: Integrating Technology, Market and Organizational Change; 6th Edition; Hoboken: Wiley

Trommsdorff, Volker (2007): Produktpositionierung; in: Albers, Sönke; Herrmann, Andreas (Hrsg.) (2007): Handbuch Produktmanagement: Strategieentwicklung – Produktplanung – Organisation – Kontrolle; 3. Auflage; Wiesbaden: Gabler; S. 343–362

Trout, Jack; Ries, Al (1982): Positioning: The Battle for Your Mind; New York: McGraw-Hill

Ulwick, Anthony. W. (2005): What Customers Want: Using Outcome-Driven Innovation to Create Breakthrough Products and Services; New York: McGraw-Hill

Ulwick, Tony (o. J.): The Jobs-to-be-Done Canvas; Strategyn.com; https://strategyn.com/jobs-to-be-done-canvas [aufgerufen am 27.01.2025]

Vahs, Dietmar; Brem Alexander (2015): Innovationsmanagement: Von der Idee zur erfolgreichen Vermarktung; 5. Auflage; Stuttgart: Schäffer-Poeschel

Vahs, Dietmar; Brem Alexander; Oswald, Christian (2023): Innovationsmanagement: Von der Idee zur erfolgreichen Vermarktung; 6. Auflage; Stuttgart: Schäffer-Poeschel

van den Bosch, Jessica; Duysters, Geert (2014): Corporate Venturing: Organizing for Innovation; Cheltenham: Edward Elgar

van Riet, Jan; Kirsch, Markus (2010): Konzeption und Nutzung des Net Promoter Score; in: Greve, Goetz; Benning-Rohnke, Elke (Hrsg.) (2010): Kundenorientierte Unternehmensführung; Wiesbaden: Gabler; S. 35–83

VDI (2017): VDI Richtlinie 4520 Blatt 1: Produktmanagement: Einführung und Grundlagen; Düsseldorf: Verein Deutscher Ingenieure; Januar

Verband der Automobilindustrie (2007): Automotive VDA-Standardvorlage Komponentenlastenheft; 1. Auflage; Frankfurt am Main: Henrich Druck + Medien

Verganti, Roberto (2009): Design Driven Innovation: Cahnging the Rules of Competition by Radically Innovating What Things Mean; Boston: Harvard Business Press

von Hippel, Eric (1986): Lead Users: A Source of Novel Product Concepts; Management Science.; Vol. 32, No. 7; https://www.mit.edu/people/evhippel/papers/Lead%20Users%20Paper%20-1986.pdf [aufgerufen am 07.11.2024]; S. 791–805

von Hippel, Eric (2005): Democratizing Innovation; The MIT Press

Walter, Jules (2022): How to develop product sense; Lenny's Newsletter; 15.03.2022; https://www.lennys newsletter.com/p/product-sense?utm_source=publication-search [aufgerufen am 28.10.2024]

Weiber, Rolf; Kollmann, Tobias; Pohl, Alexander (2006): Das Management technologischer Innovationen; in: Kleinaltenkamp, Michael; Plinke, Wulff; Jacob, Frank; Söllner, Albrecht (Hrsg.) (2006): Markt- und Produktmanagement: Die Instrumente des Business-to-Business-Marketing; 2. Auflage; Wiesbaden: Gabler; S. 83–208

Werner, Hartmut (1997): Strategisches Forschungs- und Entwicklungs-Controlling; Wiesbaden: Deutscher Universitätsverlag

Wildemann, Horst (1990): Kostengünstiges Variantenmanagement; io Management Zeitschrift; S. 37–41

Wille, Petra (2023): Product Evangelizing und Storytelling: Wie Produktmanager*innen mit guten Geschichten überzeugen; in: Hoffmann, Christian Peter; Lennerts, Silke; Schmitz, Christian; Stölzle, Wolfgang; Uebernickel, Falk (Hrsg.) (2016): Business Innovation: Das St. Galler Modell; Wiesbaden: Springer Gabler; S. 295–311

Winkelmann, Peter (2023): Marketing und Vertrieb: Fundamente für die marktorientierte Unternehmensführung; 9. Auflage; Berlin: De Gruyter

Wirtz, Bernd W. (2024): Digital Business: Strategien, Geschäftsmodelle und Technologien; 8. Auflage; Wiesbaden: Springer

Wöhe, Günter (2002): Einführung in die Allgemeine Betriebswirtschaftslehre; 21. Auflage; München: Vahlen

Zahra, Shaker; Elhagrasey, Galal (1993): Strategic management of international joint ventures; European Management Journal; Vol. 12, No. 1; S. 83–93

Zec, Marin (2024): Kreativitätsmethoden – Übersicht; Kreativitätstechniken.info; 12.01.2024; https://kreativi tätstechniken.info/kreativitaetsmethoden/#welche-kreativitaetstechniken-gibt-es [aufgerufen am 18.11.2024]

Zhuo, Julie (2016): Building Products; Medium; 02.06.2016; https://medium.com/the-year-of-the-looking-glass/building-products-91aa93bea4bb [aufgerufen am 25.09.2025]

5 Digitalisierung und Produktmanagement

Die digitale Transformation betrifft nicht nur Unternehmen als Ganzes, sondern alle Teilbereiche des Unternehmens inklusive des Produktmanagements. Die Digitalisierung bringt wie in Kap. 1.1 aufgezeigt neue Herausforderungen mit sich, z. B. höhere Komplexität, sinkende Markteintrittsbarrieren und höhere Innovationsdynamik. Auf der anderen Seite bietet die Digitalisierung dem Produktmanager Chancen, wie z. B. Effizienzgewinne in der täglichen Arbeit, neue Wege der Informationsgewinnung und Analyse sowie neue strategische Möglichkeiten (digitale Produkterweiterungen, digitale Geschäftsmodelle, digitales Marketing etc.).

Die Bedeutung von Digitalisierung und insbesondere der künstlichen Intelligenz (KI) soll zunächst motiviert werden (Kap. 5.1). Anschließend werden ausgewählte grundlegende Technologien erläutert und Potenziale der Digitalisierung für Unternehmen aufgezeigt (Kap. 5.2). Kap. 5.3 stellt den Schwerpunkt der Ausführungen dar und erörtert, welche Potenziale die Digitalisierung dem Produktmanagement bietet („digitales Produktmanagement").

5.1 Motivation des Themas

Die Digitalisierung stellt gegenwärtig einen der bedeutendsten **Transformationsprozesse für Wirtschaft und Gesellschaft** dar. Sie ist nicht auf einzelne Technologien oder Branchen beschränkt, sondern durchdringt sämtliche Bereiche des privaten und wirtschaftlichen Lebens. Begriffe wie Industrie 4.0, künstliche Intelligenz, Big Data, Internet of Things (IoT) oder Plattformökonomie stehen exemplarisch für eine Entwicklung, die bestehende Strukturen, Prozesse und Geschäftsmodelle in fundamentaler Weise verändert.

Durch die Entwicklung innovativer **Informations- und Kommunikationstechnologien** und die sich daraus eröffnenden ökonomischen Vorteile sind Unternehmen mehr oder weniger gezwungen, „Digital Business" zu betreiben. Für Unternehmen bedeutet dies, dass sie ihre Wertschöpfungsketten, Organisationsstrukturen und insbesondere ihre Produkte anpassen und stetig weiterentwickeln müssen. Produkte sind heute in vielen Fällen nicht mehr ausschließlich materielle Güter, sondern zunehmend hybride Lösungen, die physische Komponenten mit eingebetteter **Softwarefunktionalität** und digitalen Services verbinden. Zudem sind „technische" Produkte zunehmend **miteinander vernetzt**. Dieser Wandel verändert die Art und Weise, wie Produkte entworfen, entwickelt, vermarktet und über ihren Lebenszyklus hinweg betreut werden.

Das **Produktmanagement** nimmt in diesem Kontext eine Schlüsselrolle ein. Als Schnittstelle zwischen Markt, Entwicklung, Produktion und Vertrieb ist es in besonde-

 | https://doi.org/10.1515/9783111558806-005

rem Maße dafür verantwortlich, Trends frühzeitig zu erkennen, Kundenbedürfnisse zu antizipieren und tragfähige Produktstrategien abzuleiten. Während sich die klassische Rolle des Produktmanagers in der Vergangenheit primär auf die Koordination von Entwicklungsprozessen und die operative Steuerung des Produktlebenszyklus konzentrierte, rücken **zusätzliche Aufgaben** in den Vordergrund, u. a. die Nutzung digitaler Werkzeuge in der Produktplanung und -entwicklung, die Auswertung großer Datenmengen, die Integration agiler Methoden, die Vermarktung über das Internet oder die Gestaltung digitaler Geschäftsmodelle. Unternehmen, die es versäumen, ihr Produktmanagement an die **Potenziale und Erfordernisse der Digitalisierung** anzupassen, verlieren an Wettbewerbsfähigkeit. Umgekehrt eröffnen sich für Organisationen, die die Potenziale der Digitalisierung gezielt nutzen, erhebliche Chancen zur Differenzierung, Effizienzsteigerung und nachhaltigen Wertgenerierung.

Vor diesem Hintergrund ist es von hoher wissenschaftlicher wie praktischer Relevanz, die Digitalisierung im Produktmanagement systematisch zu analysieren, ihre Chancen und Risiken zu bewerten sowie konkrete Handlungsempfehlungen für Theorie und Praxis abzuleiten.

5.2 Digitalisierung vom Unternehmen (Digital Business)

Als Grundlage für die weiteren Ausführungen wird im nachfolgenden Abschnitt zunächst diskutiert, was Digitalisierung bzw. digitale Transformation bedeutet (Kap. 5.2.1). Anschließend werden ausgewählte Technologien, die die digitale Transformation bestimmen, kurz vorgestellt (Kap. 5.2.2). Ein Blick auf die Potenziale aus Unternehmenssicht und differenziert nach Funktionen schließt den Abschnitt ab (Kap. 5.2.3).

5.2.1 Was heißt Digitalisierung?

Der Begriff Digitalisierung wird unterschiedlich verstanden. Um Klarheit zu schaffen und die unterschiedlichen Facetten des digitalen Wandels systematisch zu erfassen, haben Matt u. a. das sogenannte 3-Ebenen-Modell entwickelt, das zwischen der rein technischen Digitalisierung (Ebene 1), der prozessorientierten Nutzung digitaler Technologien (Ebene 2) und der digitalen Transformation (Ebene 3) differenziert (vgl. Tabelle 5.1):

- Die Grundlage stellt die **Digitalisierung im engeren Sinne** (engl. „digitization“) dar, also der technische Prozess der Umwandlung analoger Informationen in digitale Formate. Beispiele sind das Scannen von Papierdokumenten, die Umstellung von analogen Tonträgern auf digitale Medien wie MP3 oder die Digitalisierung von Fotos oder Messwerten. Ziel dieser technischen Digitalisierung ist es, die Speicherung, Verarbeitung und Übertragung von Daten zu vereinfachen.

Tabelle 5.1: 3 Ebenen der Digitalisierung (Modell von Matt u. a.)[1350].

Ebene	Bezeichnung	Engl. Begriff	Inhalt	Zielsetzung	Beispiel
1	**Digitalisierung im engeren Sinne**	**Digitization**	Daten aus Umwandlung „analog zu digital“	einfaches Speichern, Verarbeiten und Übertragen von Daten	Scannen eines Dokuments
2	**Digitalisierung im weiteren Sinne**	**Digitalization**	Geschäfts-prozesse	Effizienzsteigerung, Automatisierung, Fehlervermeidung	Einsatz von Unternehmens-software
3	**Digitale Tranformation**	**Digital Transformation**	Geschäftsmodell, Organisation	Neugestaltung, Innovation, strategischer Wandel	digitale Plattform als Geschäfts-modell

- Darauf aufbauend bezeichnet **Digitalisierung im weiteren Sinne** (engl. „digitalization“) den Einsatz digitaler Technologien, um bestehende Geschäftsprozesse zu automatisieren, zu verbessern oder effizienter zu gestalten. Beispiele sind ERP-Systeme zur Prozessoptimierung, Onlinebestell- und Zahlungssysteme im E-Commerce oder automatisierte Kundenkommunikation (z. B. Chatbots oder CRM-Systeme). Digitalisierung auf dieser zweiten Ebene betrifft vor allem interne Abläufe und Prozesse Ziele sind Effizienzsteigerung, Kostenreduktion oder Fehlervermeidung.
- Die **digitale Transformation** stellt einen ganzheitlichen Veränderungsprozess dar, der über Technik und Prozesse hinausgeht. Sie verändert u. U. das Geschäftsmodell, die Organisationskultur, Strukturen, die Interkation mit Kunden und Wertschöpfungslogiken eines Unternehmens.[1351] Beispiele digital transformierter Unternehmen sind Netflix (von DVD-Verleih hin zur Streamingplattform) oder Airbnb (als branchenveränderndes Plattformangebot). Digitale Transformation hat tiefgreifenden und strategischen Charakter. Ziel ist die nachhaltige Erhöhung der Wettbewerbsfähigkeit.

Technische Innovationen bilden zwar die Grundlage für Digitalisierung, die eigentliche Transformation wird jedoch durch **Menschen** gestaltet, die diese Technologien

1350 Vgl. Matt u. a. (2015); ähnlich Chaffey u. a. (2024), S. 194.

1351 „Digital transformation [...] is the adoption of digital technology, generally software, to create new products and customer experiences that enable new or changed business models [... It] involves the introduction of a new way of doing business or delivering value that was not previously possible“, Product Focus (2024a), S. 3; einen Überblick über verschiedene Definitionen liefern z. B. Kraus u. a. (2021), S. 4; Wirths (2024), S. 802.

anwenden, in Geschäftsmodelle integrieren und organisatorisch verankern.[1352] Einerseits müssen Mitarbeiter neue digitale Kompetenzen erwerben, um mit veränderten Prozessen und Werkzeugen umgehen zu können, andererseits ist ihre Akzeptanz entscheidend für den Erfolg der Transformation. Häufig entstehen Widerstände durch Unsicherheit, mangelndes Vertrauen in neue Arbeitsmethoden oder Angst vor Arbeitsplatzverlust. Daher gilt es, eine Kultur der Lernbereitschaft, Offenheit und Agilität zu etablieren.[1353]

Digitalisierung hat Auswirkungen auf ...[1354]

- der Ebene des Unternehmens, die **Digital Business** betreibt (inklusive E-Commerce, E-Procurement, Digital Collaboration),
- auf der Ebene von Markt und Wettbewerb, wo moderne Informations- und Kommunikationstechnologien die Strukturen und Verhaltensweisen der Marktteilnehmer verändert **(Internetökonomie)**,
- auf Ebene der Gesellschaft, wo die Allgegenwärtigkeit von Informationen und Wissen **Informationsgesellschaften** kennzeichnet.

Auf Ebene der Unternehmen wird die digitale Transformation häufig durch industrielle Evolutionsstufen erklärt (vgl. Abbildung 5.1).

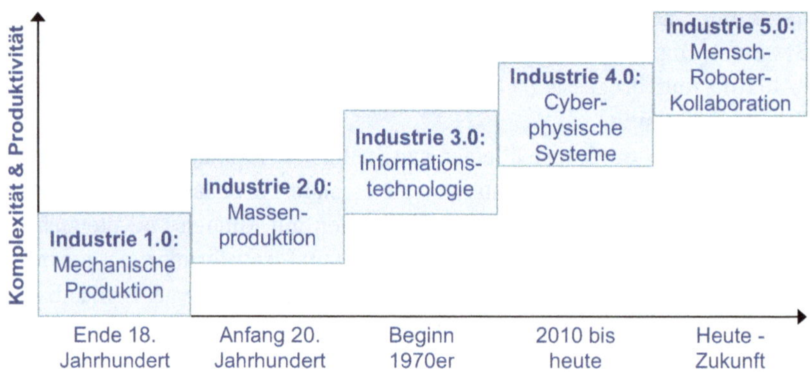

Abbildung 5.1: Treiber der industriellen Entwicklung[1355].

Um diese Veränderungen in Unternehmen wirksam umzusetzen, bedarf es eines dedizierten **Change-Managements**. Wichtige Elemente dabei sind eine klare Kommunikation,

1352 Vgl. Vial (2019).

1353 Anstatt Technologien isoliert einzuführen, betonen Kane u. a. die Notwendigkeit, digitale Initiativen eng mit den übergeordneten Unternehmenszielen zu verknüpfen. „Digital Maturity" entsteht nur durch ein Zusammenspiel aus Strategie, Führung und organisationalem Wandel, vgl. Kane u. a. (2015).

1354 Vgl. Wirths (2024), S. 17.

1355 In Anlehnung an Deloitte, PwC, Agile Intel Research, zitiert aus Statista (2025b), S. 13.

die aktive Einbindung von Mitarbeitenden sowie der Aufbau von Vertrauen. Studien zeigen, dass Transformationsprojekte vor allem dann erfolgreich sind, wenn sie sowohl Topdown durch Vision und Führung als auch Bottom-up durch Partizipation und Engagement der Belegschaft getragen werden. Darüber hinaus spielt die Führungskultur eine zentrale Rolle. Führungskräfte müssen als Change Agents fungieren und den kulturellen Wandel aktiv vorantreiben. Hierarchische Strukturen müssen sich hin zu agilen Organisationsformen, stabilitätsorientierte Kulturen müssen sich hin zu innovationsgetriebenen Kulturen wandeln.[1356] Weitere Charakteristika einer solchen **digitalen Kultur** sind datenbasierte Entscheidungsfindung und Kundenorientierung (Technologie nicht als Selbstzweck).[1357] Ohne die genannten „weichen Veränderungen" bleibt Digitalisierung häufig auf der Ebene technischer Projekte stecken, ohne ihr volles Potenzial zu entfalten.

5.2.2 Grundlegende Technologien der digitalen Transformation

Technologische Entwicklungen sind die Ausgangspunkte und Triebfedern des digitalen Wandels. Im Folgenden werden ausgewählte digitale Enabler-Technologien vorgestellt, die in Forschung und Praxis als wichtige Treiber der digitalen Transformation gelten (vgl. Abbildung 5.2):[1358]

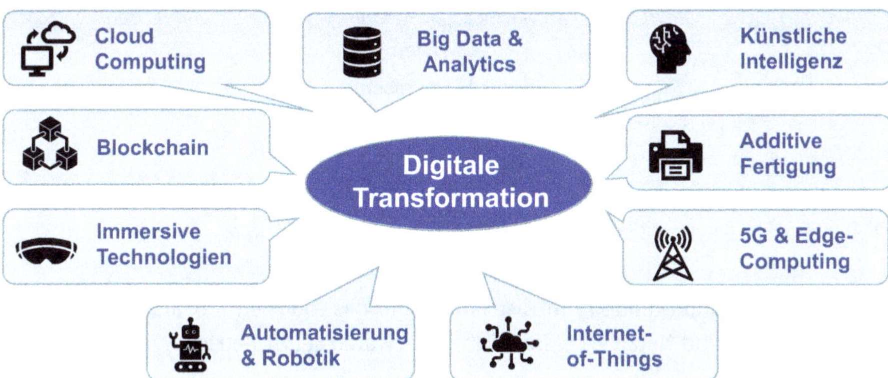

Abbildung 5.2: Überblick ausgewählter Enabler-Technologien der digitale Transformation.

1356 Vgl. Westermann u. a. (2014); Wirths (2024), S. 799–831; Kap. 5.2.3.6 (Change Management)

1357 Vgl. Product Focus (2024a), S. 6.

1358 Die Auswahl bzw. der Schnitt der aufgeführten Technologien basiert auf unterschiedlichen Autoren, z. B. Yee u. a. (2025); Gartner (2024); Wirths (2024); Bitkom, zitiert aus Statista (2025c), S. 26; MDPI, zitiert aus Statista (2025b), S. 15; Kotler u. a. (2021), S. 9.

Die in Abbildung 5.4 genannten Technologien stehen in vielfältiger Weise zueinander in Beziehung. Beispielsweise werden Daten durch IoT-Endpunkte generiert, durch 5G-Mobilfunk übertragen und mittels KI analysiert.

Ziel des Kap. 5.2.2 ist es, einen Überblick über die Funktionsweise, das Potenzial und die Relevanz der genannten digitalen Technologien für Unternehmen zu geben. Damit wird ein Fundament für die Erörterung des digitalen Produktmanagements in Kap. 5.3 geschaffen.

5.2.2.1 Cloud Computing

Cloud Computing bezeichnet die Bereitstellung von IT-Ressourcen wie Rechenleistung, Speicher, Datenbanken oder Anwendungen über das Internet. Anstelle diese selbst zu besitzen und zu betreiben, greifen Cloud-Computing-Nutzer bei Bedarf auf IT-Ressourcen zu und bezahlen für die entsprechenden Dienstleistungen („Service").[1359] Abhängig davon, welche Ressourcen der Cloud-Anbieter „virtuell" zur Verfügung stellt, können die Service-Modelle Infrastructure as a Service (IaaS), Platform as a Service (PaaS) und Software as a Service (SaaS) unterschieden werden (vgl. Abbildung 5.3):[1360]

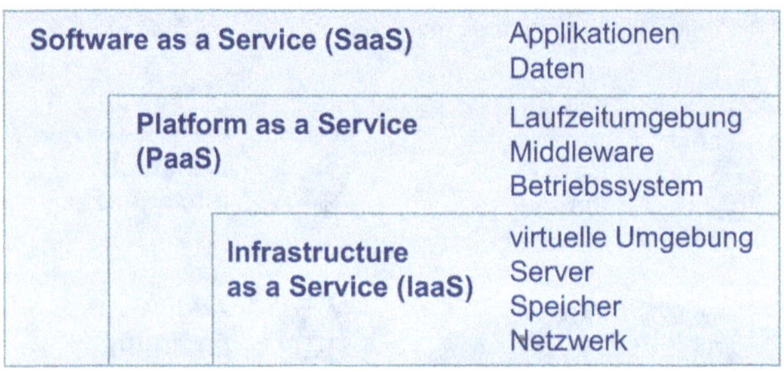

Abbildung 5.3: Cloud-Computing-Dienste (Überblick)[1361].

- **IaaS** bietet grundlegende IT-Infrastruktur über das Internet, z. B. also virtuelle Server, Speicher und Netzwerke. Der Nutzer verwaltet selbst Betriebssysteme und Anwendungen.
- **PaaS** stellt eine Plattform für die Entwicklung, Bereitstellung und Verwaltung von Anwendungen bereit. Der Anbieter übernimmt Betriebssystem, Middleware und Laufzeitumgebung. Der Nutzer bzw. Entwickler kann sich auf die Code-Erstellung konzentrieren.

1359 Vgl. Wirths (204), S. 402–409.
1360 Vgl. Shukur u. a. (2020), S. 98.
1361 In Anlehnung an Shukur u. a. (2020), S. 99.

- **SaaS** liefert fertige Anwendungen, die direkt über den Browser nutzbar sind. Der Nutzer benötigt keine lokale Installation und muss keine Wartungsarbeiten durchführen.

Der Einsatz von Cloud Computing bringt Unternehmen eine Reihe von **Vorteilen:**
- Variable Kosten statt Investitionen – anstelle der Anschaffung teurer Hardware und Software werden monatliche oder verbrauchsabhängige Gebühren an den Service-Anbieter entrichtet.
- Flexibilität und Skalierbarkeit – Ressourcen (Speicher, Rechenleistung, Nutzerzugänge) können an den Bedarf des Nutzers angepasst werden (ohne dass dieser Anschaffungen tätigen muss).
- Zugänglichkeit, Kollaboration und Mobilität – der Zugriff auf Daten und Anwendungen ist von überall über eine Internetverbindung möglich. Teams können in Echtzeit auf einer Datenbasis bzw. an gemeinsamen Dokumenten zusammenarbeiten (z. B. über Google Docs, Microsoft 365).
- Sicherheit, Wartung, Updates und Back-ups – professionelle Anbieter kümmern sich um Datensicherung, Updates und Schutz vor Cyberangriffen.
- Umweltfreundlichkeit – die Nutzung zentraler Rechenzentren spart Energie und Hardware im Vergleich zu vielen unternehmensspezifischen Servern.

Produktmanager können von den oben genannten Vorteilen wie folgt profitieren:
- Cloud Computing kann die Time-to-Markt für neue Produkte durch bessere Kollaborationsmöglichkeiten reduzieren. Beispielsweise können verteilte Entwicklungsteams und externe Partner oder Kunden einfacher auf Daten und Anwendungen zugreifen.
- Die Verfügbarkeit technischer Produkte und Dienstleistungen sowie der Zugriff kann für Kunden flexibel angepasst werden.
- Innovative Lösungen des Cloud-Anbieters können die Wettbewerbsfähigkeit der eigenen Produkte erhöhen, beispielsweise KI-Funktionen oder Datenanalysewerkzeuge.

Die größten **Herausforderungen** des Cloud Computings sind Abhängigkeit vom Cloud-Service-Anbieter, Kosten bzw. mögliche Kostensteigerungen und Datenschutzrisiken.

5.2.2.2 Big Data & Analytics

Big Data beschreibt die Generierung, Speicherung, Verarbeitung, Verwaltung und Analyse großer komplexer Datenmengen. Die Herausforderungen lassen sich durch die sog. **5 Vs** charakterisieren:[1362]

1362 Vgl. Badman/Kosinski (2024); gelegentlich wird ein sechstes „V“ genannt: „Variability“ – die Art und Weise, wie Daten genutzt und formatiert werden, vgl. Farmer (2023).

- Volume – Datenmenge aus unterschiedlichen Quellen
- Velocity – Geschwindigkeit, mit der Daten generiert und verarbeitet werden
- Variety – Vielfalt der Datenformate und -quellen, inklusive Strukturiertheit der Daten
- Veracity – Zuverlässigkeit und Qualität der Daten
- Value – geschäftlicher Wert, der aus der Analyse gewonnen werden kann

(Advanced) Analytics geht über die klassische Business Intelligence hinaus, indem es neben deskriptiven auch prädiktive und präskriptive Modelle nutzt.[1363] Zur Analyse von Big Data werden u. a. Methoden des Machine Learning genutzt, um Strukturen in Daten zu erkennen und Handlungsempfehlungen abzuleiten.[1364]

Big Data & Analytics stellen die Grundlage für „faktenbasierte" Geschäftsentscheidungen dar. Dies kann Geschäftsabläufe auf verschiedene Weisen verbessern. Beispiele:[1365]

- bessere Kundenanalyse durch Integration und Analyse vielfältiger Kundendaten, z. B. aus Social Media, Onlinetracking, Produktnutzung/IoT, Umfragen
- höhere Marktintelligenz, z. B. durch Trenderkennung, Wettbewerberanalysen, Prognosen
- verbesserte Geschäftsabläufe, z. B. in Kundenkommunikation und Lieferkettenmanagement
- personalisierte Produktempfehlungen und gezieltere Kundenansprache („targeting")

Einige der genannten Vorteile kommen dem **Produktmanager** unmittelbar zugute, z. B. in der Produktplanung und im Produktmarketing (vgl. Kap. 5.3.2 und 5.3.3).

Auf der anderen Seite stehen **Herausforderungen** von Big-Data durch Datenqualität und Datenschutz sowie durch den Mangel an Datenkompetenzen und Data-Governance in Unternehmen.

5.2.2.3 Künstliche Intelligenz

Künstliche Intelligenz (KI) „beschreibt die Fähigkeit eines Computersystems, menschenähnliches intelligentes Verhalten wiederzugeben, welches sich durch bestimmte Kernkompetenzen wie etwa Wahrnehmung, Verstehen, Handeln und Lernen auszeichnet".[1366] KI umfasst also Systeme, die menschenähnliche kognitive Fähigkeiten wie Lernen, Schlussfolgern oder Sprachverstehen nachahmen. KI entstand in der 1950er-Jahren.

1363 Deskriptive Statistik beschreibt, was in der Vergangenheit passiert ist, prädiktive Statistik sagt zukünftige Ereignisse voraus, präskriptive Statistik gibt datenbasierte Handlungsempfehlungen, vgl. Kap. 5.3.3.5 (Marketing Analytics).

1364 Vgl. Chen u. a. (2012).

1365 Vgl. Farmer (2023).

1366 Wirths (2024), S. 306.

Die Technologie erlebt seit 2015 einen Boom, vor allem durch die Verfügbarkeit höherer Rechenleistung und Big Data (Trainingsdaten).

Machine Learning ist ein Teilbereich der KI, der Algorithmen nutzt, die aus großen Datenmengen Muster erkennen und Vorhersagen treffen, ohne explizit programmiert zu sein. Dabei wird ein Modell anhand von Trainingsdaten so angepasst, dass es neue, bisher unbekannte Daten richtig einordnen kann.

Deep Learning ist ein Teilgebiet des maschinellen Lernens. Deep-Learning-Modelle wie z.B. Transformermodelle analysieren große Datenmengen und erkennen dabei Muster, Strukturen und Zusammenhänge. Auf Basis dieses „gelernten Wissens" können sie neue Inhalte generieren (z. B. Texte) oder bestehende Inhalte klassifizieren (z. B. Bilder oder tabellarische Daten).[1367] Beispiele für **Transformermodelle** sind das Large-Language-Modell GPT von OpenAI (versteht und erzeugt natürliche Sprache), Vision-Transformer für Bilderkennung oder Tabular-Transformer, die Muster in Tabellen und Datenbanken erkennen.[1368]

Viele **generative KI**-Systeme nutzen Transformer, z. B. ChatGPT. Im Unterschied zu anderen KI-Ansätzen, die vor allem Daten analysieren, Prognosen erstellen oder Entscheidungen unterstützen, erzeugt generative KI neue Inhalte. Auf Basis von Nutzereingaben kann sie komplexe und realitätsnahe Texte, Bilder, Videos oder Musik generieren. Sie ahmt dabei menschliche Kreativität nach. Dadurch und weil generative KI ohne große Vorkenntnisse nutzbar ist, eröffnet diese Technologie vielfältige Einsatzmöglichkeiten im wirtschaftlichen Umfeld, u. a. im Produktmanagement (vgl. Kap. 5.3.2).

KI-Konzepte werden häufig mit dem in Abbildung 5.4 dargestellten Kreismodell eingeteilt:

Den Charakter und die Arbeitsweise von Machine-Learning-basierten KI-Modellen fassen Agrawal u. a. vereinfachend wie folgt zusammen:

> „[AI is a] **prediction technology** that reduces the cost of predictions. Where humans make predictions today – for example, market forecasting – AI makes them faster, better, and cheaper. For problems that do not involve prediction, AI will take the traditional problem, such as creating the drawings for a new concept car, and turn it into a prediction model; [for example] AI will predict how a creative artist would draw the car, given specific instructions."[1369]

1367 Anders als herkömmliche Machine-Learning-Modelle kann Deep Learning Daten direkt verarbeiten, ohne dass diese vorher manuell aufbereitet werden müssen. Es lernt eigenständig, welche konkreten Merkmale der Daten relevant sind. Dies erfordert jedoch große Rechenleistung und umfangreiche Datenmengen.

1368 SAP arbeitet beispielsweise an einem Basismodell namens RPT-1, das Muster und Zusammenhänge in großen Datenmengen erkennen kann, selbst wenn diese über viele Tabellen oder verschiedene Geschäftsprozesse verteilt sind. SAP verspricht, dass RPT-1 bei Geschäftsprognosen mindestens doppelt so genau wie LLMs sein wird und dabei deutlich schneller ist und weniger Rechenleistung benötigt, vgl. Kerkmann (2025), S. 26.

1369 Agrawal u. a. (2022), zitiert aus Cooper/McCausland (2024), S. 70.

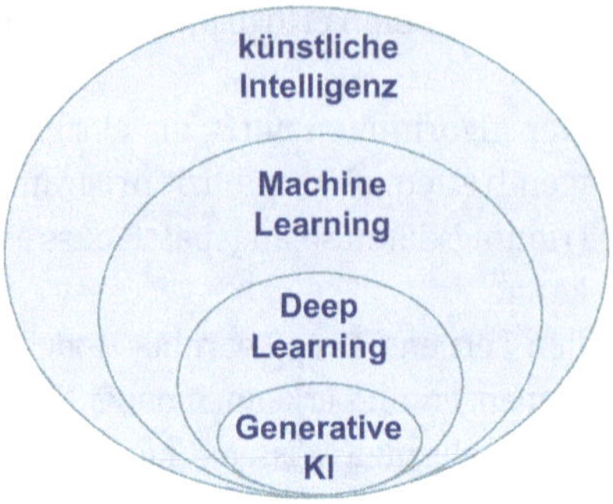

Abbildung 5.4: Überblick ausgewählter KI-Konzepte[1370].

KI hat Auswirkungen auf andere Technologien (z. B. Big Data Analytics, Automatisierung, immersive Technologien), Produkte und Dienstleistungen,[1371] Geschäftsprozesse (z. B. Produktmanagement[1372]) und die Rolle von Mitarbeitern im Unternehmen. Unternehmen sehen die größten KI-Potenziale in Effizienzsteigerung, verbesserter Entscheidungsunterstützung und neuen Geschäftsmodellen.[1373]

Entsprechend der Bedeutung muss KI auf jeder CEO-Agenda stehen. Unternehmen müssen sich im Zuge der strategischen Planung u. a. folgende Fragen stellen:[1374]

- Wie wird unser wichtigster Konkurrent KI nutzen, um uns zu schlagen?
- Wie wird sich unser Kundenerlebnis durch KI-Assistenten verändern?
- Wie werden Geschäftsprozesse in einer hyperpersonalisierten Welt aussehen?
- Wie wird unsere Belegschaft aussehen, wenn menschliche und KI-Agenten Seite an Seite arbeiten?

5.2.2.4 Internet of Things (IoT)

Das **Internet of Things** (IoT) beschreibt die Vernetzung physischer Objekte mit Sensoren, Aktoren und Internetverbindungen.[1375] IoT-Geräte generieren kontinuierlich Daten über ihre Nutzung und ihren Zustand, die für Analysen, Steuerung oder autonome Entscheidungen genutzt werden können. In Kombination mit Cloud Computing und Analytics können so intelligente und adaptive Systeme entstehen, die traditionelle Produkte

---

1370 In Anlehnung an Menzel/Winkler (2018), S. 4.

1371 Vgl. Kap. 5.3.1 (Digitalisierung von Produkten und Dienstleistungen).

1372 Vgl. Kap. 5.3.2 (Digitalisierung in der Produktplanung und -entwicklung).

1373 Gemäß Horváth & Partners, zitiert aus Statista (2025c), S. 39; Blase/Duffey nennen beispielsweise „neue", nur durch KI ermöglichte Geschäftsmodelle, vgl. Blase/Duffey (2025).

1374 Vgl. Vgl. Blase/Duffey (2025).

1375 Wirths weist darauf hin, dass es keine einheitliche Definition von IoT gibt, und nennt verschiedene Definitionsansätze, vgl. Wirths (2024), S. 264.

in „Smart Products“ verwandeln.[1376] Insofern wirken die in Kap. 5.2.2.1 bis 5.2.2.4 dargelegten Technologien in der Praxis häufig zusammen (vgl. Abbildung 5.5).

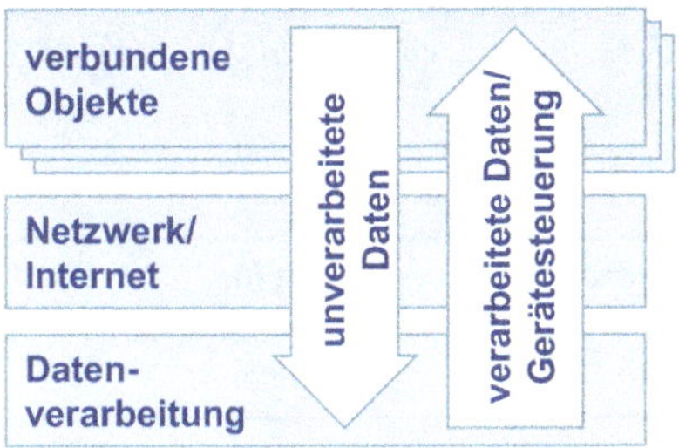

Abbildung 5.5: IoT Infrastruktur (vereinfacht)[1377].

McKinsey schätzt, dass das Wertschöpfungspotenzial von IoT von 1,6 Billionen US-Dollar in 2020 auf 5,5 bis 12,6 Billionen US-Dollar in 2030 wächst. Die wichtigsten Use-Cases dabei sind „Operations, Human productivity, Health and Condition-based maintenance“. Denkbare Anwendungsbereiche für IoT sind z. B. Smart Factories, Wearables, Smart Cities, Retail, Outside, Smart Home, Smart Vehicles, Smart Offices. Die Autoren schätzen den B2B-Anteil der IoT-Anwendungen auf 65 % (in 2030) – hierfür werden häufig die Begriffe **Industrie 4.0**, Industrial Internet of Things (IIoT) oder Industrial Metaverse verwendet.[1378]

Aus Sicht des **Produktmanagements** bietet IoT die Chance, aus statischen Produkten Plattformen für digitale Services zu entwickeln, etwa für Predictive Maintenance oder andere datenbasierte Geschäftsmodelle. IoT erlaubt zudem, Kundenerfahrungen in Echtzeit zu messen und diese Daten unmittelbar in die Produktentwicklung zurückzuführen.

Die **Herausforderungen** im IoT-Geschäft bestehen u. a. in der Datensicherheit und der Interoperabilität von IoT-Elementen.

5.2.2.5 Blockchain

Blockchain ist eine verteilte Datenbanktechnologie, bei der Transaktionen in Blöcken kryptografisch gesichert und unveränderbar in einer Kette gespeichert werden. Durch die Dezentralität entfällt die Notwendigkeit von sog. Intermediären. Die Blockchain-Technologie sorgt für hohe Transparenz, da alle Transaktionen in einem verteilten, unveränderbaren Register dokumentiert sind. Durch ihre Fälschungssicherheit und Dezentralität wird das Vertrauen zwischen Geschäftspartnern gestärkt, auch ohne zentrale Instanz. Da Vermittler entfallen und Prozesse effizient ablaufen, bringt

1376 Vgl. Kap. 5.3.5 (Digitaler Zwilling).
1377 Vgl. Wirths (2024), S. 266.
1378 Vgl. Chui u. a. (2021).

die Blockchain-Technologie Kostenvorteile. Mit sog. **Smart Contracts** lassen sich viele Abläufe automatisieren, was Zeit spart und Fehlerquellen reduziert.[1379]

Die Anwendungsfelder der Blockchain-Technologie gehen weit über Kryptowährungen hinaus (vgl. Tabelle 5.2):[1380]

Tabelle 5.2: Einsatzgebiete der Blockchain-Technologie (Beispiele).

Branche	Anwendungsgebiet	Beschreibung möglicher Use-Cases	Nutzen für Unternehmen bzw. Anwender
Financial Services	Kundenidentität validieren	Kundenprüfungen über Blockchain zwischen Banken, Prüfern und Auditoren	schnellere, transparentere und genauere Kundenprüfung
	Regulierung/ Compliance	Regulatoren greifen direkt auf unveränderliche Blockchain-Daten zu	geringere Kosten, höhere Datenintegrität
	Überweisungen/ Payments	grenzüberschreitende Transaktionen ohne Zwischenhändler, nahezu in Echtzeit	günstiger, schneller, kundenfreundlicher Zahlungsverkehr
Media & Entertainment	Direktzahlungen von Fans an Künstler	Musiker werden bei Streams direkt über Smart Contracts bezahlt, ohne Plattformen/Intermediäre	faire Vergütung, neue Geschäftsmodelle von Künstlern
	Ticketing	Blockchain verhindert Ticket-Fälschungen	Schutz vor Betrug, mehr Transparenz
	Treueprogramme	gemeinsame Blockchain für branchenübergrei-fende Bonusprogramme, z. B. Hotels, Airlines	nahtlose Kundenerfahrung, geringere Integrationskosten
Healthcare & Life Sciences	Arzneimittellabel	Pharmaunternehmen, Agenturen und Behörden teilen Label-Daten über Blockchain	schnellere Freigabe, Compliance, Kostensenkung
	elektronische Patientenakten	Gesundheitsdaten werden sicher und verteilt gespeichert und zugänglich gemacht	Effizienzsteigerung, verbesserte Patientenversorgung

1379 Vgl. Tapscott/Tapscott (2018).
1380 Vgl. z. B. Safar (o. J.); Suleymanova (2021); Wirths (2024), S. 414–415.

Tabelle 5.2 (fortgesetzt)

Branche	Anwendungsgebiet	Beschreibung möglicher Use-Cases	Nutzen für Unternehmen bzw. Anwender
Retail & Consumer Goods	Warennachverfolgung in der Supply Chain	transparente Dokumentation der Herkunft und Lieferkette, z. B. für Lebensmittel, Kleidung	Vertrauen, Nachhaltigkeit, Kosteneffizienz
Versicherung	Schadensmanagement	Smart Contracts automatisieren die Bearbeitung und Auszahlung von Versicherungsfällen.	schnellere Abwicklung, geringere Kosten, höhere Kundenzufriedenheit
Öffentliche Verwaltung	digitale Grundbücher	Eintragungen und Zugriffe über das Internet	weniger Bürokratie, schnelle und transparente Abwicklung
	elektronische Wahlen	Wahl über das Internet/digitale Identitäten	fälschungssicher, effiziente Abwicklung
Geistiges Eigentum	Schutz z. B. von Musik, Kunst, Marken	Sicherung von Urheberrechten, Nachweis von Eigentum	fälschungssicher, kostengünstig
Education	Zeugnisse & Abschlüsse	Bildungseinrichtungen verteilen Zertifikate und Nachweise über eine Blockchain	Schnellere Anerkennung, effiziente Administration

Die Blockchain-Technologie steht vor **Herausforderungen** wie begrenzter Skalierbarkeit, hohem Energieverbrauch und fehlender Standardisierung. Hinzu kommen rechtliche Unsicherheiten, hohe Implementierungskosten und mangelnde Akzeptanz, die den Einsatz im Unternehmenskontext verlangsamen.

Die Blockchain-Technologie kann u. U. ein **Produktkonzept unterstützen** oder ergänzen. Beispielsweise können Produkte entlang der gesamten Wertschöpfungskette nachverfolgt werden, was für Nachhaltigkeit oder Compliance wichtig sein kann. Zudem können Produktfälschungen bekämpft werden, indem Echtheitszertifikate in einer Blockchain unveränderlich gespeichert werden. Auch zur Automatisierung von Transaktionen (z. B. Abrechnung nach Nutzung) sind Blockchain-basierte Lösungen denkbar.

5.2.2.6 Automatisierung & Robotik

„**Automatisierung** stellt die teilweise oder vollständige Substitution menschlicher Arbeit durch maschinengestützte Anwendungen dar.“[1381] Dies umfasst sowohl die rein softwarebasierte Automatisierung („Robotic Process Automation“, RPA) als auch die mechatronische Automatisierung (z. B. Fertigungsroboter oder automatisierte Lagersys-

1381 Wirths (2024), S. 428.

teme). Automatisierung ermöglicht, dass Prozesse oder Anwendungen keine oder nur geringe Kontrolle und Steuerung durch den Menschen erfordern. Neben Kosten- und Geschwindigkeitsvorteilen kann auch die Qualität im Verglich zu menschlicher Ausführung verbessert werden.

Robotic Process Automation (RPA) ist eine spezielle Form der Softwareautomatisierung, bei der „digitale Software-Roboter“ (Bots) regelbasierte, wiederkehrende Aufgaben in bestehenden IT-Systemen übernehmen, z. B. Daten kopieren, Rechnungen prüfen oder Formulare ausfüllen, ohne tiefgreifende Änderungen an der IT-Infrastruktur. Da auf bestehenden Systemen aufsetzend, ist RPA vergleichsweise leicht implementierbar.

Während sich RPA für strukturierte, wiederholbare Aufgaben eignet, verfügen **KI-Agenten** über erweiterte „intelligente“ Fähigkeiten **(„Intelligent RPA“)**. Sie können lernen, Muster erkennen, Vorhersagen treffen und Entscheidungen selbstständig treffen und Vorgehensweisen anpassen. Dadurch können sie auch unstrukturierte Daten (z. B. Texte, Bilder, Sprache) verarbeiten und flexibel im Kontext reagieren. Auf generativer KI basierende Agenten können ...[1382]

- auch nichtlineare Aufgaben mit nicht vorhersehbaren „twists and turns“ erledigen,
- durch natürliche Sprache gesteuert werden oder
- mit vorhandenen Software-Tools und Plattformen zusammenarbeiten, was die Implementierung erleichtert.

RPA und KI-Agenten eröffnen Unternehmen große Effizienzpotenziale, stoßen jedoch auf folgende **Herausforderungen:**

- Da RPA stark regelbasiert ist, mangelt es bei komplexen oder sich ändernden Prozessen an Flexibilität (oder es entsteht hoher Wartungs- und Anpassungsaufwand).
- KI-Agenten erfordern große Mengen an Trainingsdaten und stoßen auf Akzeptanzgrenzen, da die Ergebnisse häufig wenig nachvollziehbar sind („Black Box“). Außerdem sind ethische und rechtliche Aspekte zu beachten.

Im **Produktmanagement** kann RPA administrative Tätigkeiten automatisieren, wie das Einpflegen von Produktdaten, die Verarbeitung von Bestellungen oder das Monitoring von Marktinformationen. Dadurch werden Kapazitäten für strategische Aufgaben frei, etwa für Marktanalysen oder Innovationsprojekte. Ein zusätzlicher Vorteil ist die Reduktion von Fehlern bei Routinearbeiten. Die Grenzen von RPA überschreitend, bieten generative KI und KI-Agenten zusätzliche Potenziale im Produktinnovationsprozess (vgl. Kap. 5.3.2).

1382 Vgl. Yee u. a. (2024), S. 2–3; die Autoren nennen drei beispielhafte Use-Cases: Kreditvergabe, Softwarecode dokumentieren und anpassen, Onlinemarketingkampagnen erstellen, vgl. Lee u. a. (2024), S. 4–6.

5.2.2.7 Additive Fertigung

Additive Fertigung, umgangssprachlich auch **3-D-Druck** genannt, bezeichnet Verfahren, bei denen Produkte schichtweise aus digitalen 3-D-Modellen aufgebaut werden. Im Vergleich zu konventionellen „substraktiven" Fertigungsverfahren bietet die additive Fertigung eine Reihe von Vorteilen und Potenzialen:[1383]

- Im Gegensatz zu konventionellen Fertigungsmethoden benötigt additive Fertigung keine teuren Werkzeuge und Formen, da Bauteile direkt aus digitalen Modellen produziert werden **(Initialkosten entfallen)**.
- Mit der additiven Fertigung lassen sich Prototypen innerhalb kürzester Zeit erstellen – auch bereits in frühen Phasen des Entwicklungsprozesses. Schwachstellen können erkannt und behoben werden, Designänderungen sind sofort umsetzbar. Dadurch verkürzt sich die **Time-to-Market**.
- Einschränkungen herkömmliche Fertigungsverfahren hinsichtlich Geometrien und Bearbeitungsschritten entfallen, sodass mit additiver Fertigung auch komplexe und filigrane Designs realisiert werden können, z. B. Bauteile mit inneren Gitterstrukturen, multifunktionale Komponenten, Komponenten mit hybriden Materialien oder leichtere und stabilere Bauteile. Dies eröffnet **Innovationspotenziale**.
- Die additive Fertigung ermöglicht einen hohen **Individualisierungsgrad**, da jedes Bauteil ohne Mehraufwand an spezifische Anforderungen angepasst werden kann. Dies bringt Potenziale in Branchen, in denen maßgeschneiderte Lösungen gefordert sind, z. B. in der Medizintechnik.
- Additive Fertigung ist **ressourceneffizient**, da nur das Material verarbeitet wird, das für das Bauteil benötigt wird (kein Abfall). Außerdem sind Designs möglich, die weniger Material und weniger Energie in der Fertigung erfordern.

Die genannten Vorteile machen die additive Fertigung zu einer ökonomisch und ökologisch zukunftsweisenden Technologie, die gleichzeitig neue Möglichkeiten für Design und Innovation eröffnet. **Anwendungen** sind beispielsweise:

- die schnelle Herstellung von Modellen, Funktionsmustern und Designvarianten (Rapid Prototyping in der Produktentwicklung[1384])
- patientenspezifische Implantate, Prothesen, Zahnersatz und chirurgische Modelle (Medizintechnik)
- Fertigung von Spezialwerkzeugen, Ersatz- und Verschleißteilen vor Ort (Maschinenbau)[1385]
- personalisierte Produkte wie Brillen, Schmuck, Schuhe oder Haushaltsgegenstände (Konsumgüter & Lifestyle)

1383 Vgl. Frauherhofer (o. J.).

1384 Vgl. Kap. 4.3.6.1 (Ziele und Arten von Prototypen).

1385 Vgl. Ponn u. a. (2024), S. 157.

Additive Fertigung ist eine stark wachsende Technologie: 2022 wurden 2 Million 3-D-Drucker weltweit ausgeliefert. In 2030 wird mit 23 Millionen Stück gerechnet (+28 % p. a.).[1386]

Im **Produktmanagement** bietet additive Fertigung Potenziale: Innovationszyklen werden verkürzt, da Prototypen schnell und kostengünstig erstellt und getestet werden können. Zudem ermöglicht die Technologie „Mass Customization“, also die Fertigung von Produkten nach individuellen Kundenwünschen. Die mögliche On-Demand-Produktion verändert die Logistik, da Ersatzteile direkt beim Kunden oder in regionalen Druckzentren hergestellt werden können.

Auf der anderen Seite sind additive Fertigungsverfahren langsam und (pro Stück) teuer, sodass sie für die Serienproduktion weniger geeignet sind. Zudem gibt es Material- und Qualitätsgrenzen, da nicht alle Werkstoffe „druckbar“ sind und die mechanischen Eigenschaften sowie Oberflächen oft Nachbearbeitung erfordern.

5.2.2.8 Immersive Technologien

Immersive Technologien wie **Virtual Reality** (VR), **Augmented Reality** (AR) und **Mixed Reality** (MR) ermöglichen den Nutzern, in virtuelle oder erweiterte **Umgebungen (Extended Reality, XR)** einzutauchen:[1387]

– **AR** erweitert die reale Welt um digitale Elemente wie Texte, Bilder oder 3-D-Modelle, die über Smartphones, Tablets oder AR-Brillen eingeblendet werden. Nutzer sehen also gleichzeitig ihre Umgebung und zusätzliche virtuelle Informationen. Ein typisches Beispiel ist die Anzeige von Navigationshinweisen oder Produktinfos direkt im Sichtfeld.
– **VR** versetzt den Nutzer vollständig in eine computergenerierte Umgebung, die über spezielle Headsets erlebbar wird. Die reale Welt wird dabei ausgeblendet, sodass der Eindruck entsteht, man befinde sich in einer komplett virtuellen Realität. Häufig wird VR für Simulationen, Spiele oder Trainingsszenarien eingesetzt.
– **MR** verbindet reale und virtuelle Welt noch enger, indem digitale Objekte nicht nur eingeblendet, sondern auch interaktiv in die physische Umgebung integriert werden. So können Nutzer mit virtuellen Objekten in Echtzeit interagieren, als wären sie Teil der Realität.

XR-Technologien haben das Potenzial, die Erfahrungen in vielen Branchen zu verändern. McKinsey prognostiziert ein jährliches Marktwachstum von 24 % auf 1,2 Billionen US-Dollar in 2025.[1388] Fortschritte werden erwartet durch leichtere, kostengünsti-

1386 Vgl. Nova One Advisor, zitiert aus Statista (2025b), S. 34.
1387 Vgl. Quantum News (2024).
1388 Vgl. McKinsey (2024), S. 4.

gere tragbare Geräte, verbesserte haptische Technologien und die Integration von KI. XR-Technologien bieten eine Reihe von **spezifischen Potenzialen:**

- Nutzer tauchen vollständig oder teilweise in virtuelle Welten ein, was Lernen, Training oder Unterhaltung realistischer und effektiver macht. Komplexe Daten, Produkte oder Prozesse lassen sich dreidimensional darstellen und interaktiv erkunden (immersive Erfahrungen, interaktive Visualisierung)
- VR/AR-Trainings ermöglichen das risikofreie und kostengünstige Üben komplexer Aufgaben, z. B. in Medizin, Luftfahrt oder Industrie. Virtuelle Prototypen und Simulationen sparen Material, Zeit und Reisekosten in der Produktentwicklung (Kollaboration).
- AR-Apps oder MR-Erlebnisse steigern die Qualität der Produktpräsentation und das Einkaufserlebnis der Kunden. Inhalte können personalisiert und dynamisch angepasst werden, z. B. beim Design, Marketing oder im Bildungsbereich.

Entsprechend kommen XR-Technologien überall dort zum Einsatz, wo Interaktion, Visualisierung und immersive Erfahrungen einen Mehrwert bieten, u. a. in der Industrie, Medizin, Bildung und Unterhaltung.[1389]

XR-Technologien erfordern hohe Anschaffungs- und Entwicklungskosten, da spezialisierte Hardware und Software sowie Fachwissen in der Implementierung benötigt werden. Technische Herausforderungen wie eingeschränkte Auflösung, begrenzte Akkulaufzeit von Endgeräten und ungenaues Tracking schränken die Nutzung ein. Hinzu kommen gesundheitliche Risiken, Datenschutzbedenken und mögliche Akzeptanzprobleme bei Nutzern und Unternehmen.

Für das **Produktmanagement** können einige der oben genannten Einsatzfelder zum Tragen kommen: In der Produktentwicklung können Prototypen virtuell getestet werden. Im Marketing ermöglicht AR interaktive Produkterlebnisse, z. B. das virtuelle Anprobieren von Kleidung oder das Platzieren von Möbeln im Wohnzimmer. Auch im Bereich Training und Service sind XR-Use-Cases denkbar, die Kosten oder Risiken reduzieren.

5.2.2.9 5G-Mobilfunk & Edge Computing

Die Digitalisierung und Vernetzung von Geräten, Maschinen und Dienstleistungen schreitet rasant voran und erfordert Technologien, die große Datenmengen schnell, zuverlässig und in Echtzeit verarbeiten können. 5G-Mobilfunk und Edge Computing liefern die Grundlage für schnelle und zuverlässige Verarbeitung und Verteilung dezentral vorliegender Daten:[1390]

1389 PwC, zitiert aus Statista (2025b), S. 63.
1390 Vgl. Wikipedia „5G" bzw. „Edge Computing".

- **5G-Mobilfunk** bietet die Möglichkeit, viele räumlich verteilte Geräte in Echtzeit zu verbinden mit hohen Datenraten (theoretisch bis zu 20 Gbit/s, in der Praxis 100 Mbit/s) und niedrigen Latenzzeiten (unter einer bis wenige Millisekunden).
- **Edge Computing** bedeutet, dass Daten direkt am Ort ihrer Entstehung oder in unmittelbarer Nähe (dezentral) verarbeitet werden, statt in entfernte Cloud-Rechenzentren geschickt zu werden. Dadurch werden Reaktionszeiten reduziert und Bandbreiten effizienter genutzt.

Die Kombination aus 5G und Edge Computing bringt z. B. bei IoT-Anwendungen, autonomen Fahrzeugen oder digitalen Dienstleistungen wichtige **Vorteile** bzw. ermöglicht diese erst:[1391]

- In Industrie-4.0-Anwendungen können Maschinen und Roboter durch die geringe Latenz von 5G nahezu in Echtzeit miteinander kommunizieren. Edge Computing entlastet zentrale Server und reduziert die Übertragungskosten (Kosten- und Energieeinsparung).
- Edge Computing ermöglicht KI-Anwendungen auf leistungsschwachen Endgeräten wie Smartphones oder lokalen Servern („Edge AI").
- Neue Geschäftsmodelle wie Remote-Service, Predictive Maintenance, autonomes Fahren oder Smart Retail werden wirtschaftlich realisierbar oder können leichter skaliert und flexibler angepasst werden (im Vergleich zu reinen Cloud-Computing -Architekturen).
- Teile der Daten bleiben lokal, was die Datensicherheit erhöhen kann.

Die genannten Potenziale führen zu Kosteneinsparungen oder Qualitätsverbesserungen. Zudem eröffnen 5G/Edge Computing u. U. neue Geschäftsmodelle.

Die Einführung von 5G in Kombination mit Edge Computing erfordert auf der anderen Seite technische und infrastrukturelle Investitionen (Funknetze, Basisstationen, Edge-Rechenzentren, Edge-AI). Zudem erfordert die Technologie Fachwissen für Installation und Wartung. Schließlich bestehen Sicherheits- und Datenschutzrisiken, da sensible Daten in verteilten Systemen verarbeitet und übertragen werden.

5.2.3 Potenziale und Umsetzung im Unternehmen

In einer Umfrage der DIHK Ende 2024 nannten die befragten deutschen Unternehmen folgende fünf Hauptmotive für die Digitalisierung in ihren Unternehmen:[1392]

- Flexibilisierung des Arbeitens (mobiles Arbeiten) – 65 %
- Kosten sparen – 65 %

1391 Vgl. Langley (2024).
1392 Vgl. DIHK, entnommen aus Statista (2025c), S. 9.

- Qualitätsverbesserungen – 63 %
- Entwicklung neuer Produkte/Dienstleistungen – 35 %
- Kundenbindung/-anforderung – 34 %

Das Ergebnis zeigt, dass Digitalisierung in der Praxis aktuell eher als operativer (erstgenannte Punkte) und weniger als strategischer Hebel (zwei letztgenannte Punkte) angesehen wird. Weitergehend als in der zitierten Umfrage genannt, eröffnen digitale Technologien potenzielle **Wettbewerbsvorteile** entlang der in Abbildung 5.6 dargestellten Wirkungskette zu erzielen.

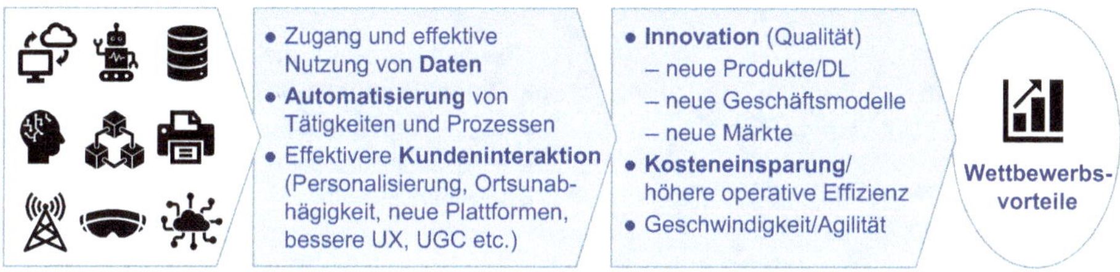

Abbildung 5.6: Potenziale digitaler Technologien (vereinfachte Wirkungskette)[1393].

Im Folgenden soll zunächst die Digitalstrategie als Leitplanke für die digitale Transformation im Unternehmen vorgestellt werden (Kap. 5.2.3.1). Die Potenziale digitaler Technologien werden durch Implementierung in unterschiedlichen Unternehmensfunktionen realisiert (Kap. 5.2.3.2). Der IT-Funktion kommt eine besondere Rolle in der digitalen Transformation zu, welche in Kap. 5.3.2.3.3 kurz thematisiert wird. Das Kapitel abschließend, erfolgt ein Blick auf Herausforderungen, digitale Führung und Change Management in der digitalen Transformation (Kap. 5.2.3.4-5.2.3.6).

5.2.3.1 Digitalstrategie

> „A well-defined digital transformation strategy provides a roadmap for aligning technology initiatives with overarching business objectives, ensuring a purposeful and impactful journey into the digital realm."[1394]

Angesichts des wirtschaftlichen Potenzials digitaler Technologien besteht Einigkeit, dass Unternehmen eine Digitalstrategie als Leitplanke für die digitale Transformation benötigen. Diese stellt sicher, das Technologiepotenziale systematisch analysiert, neue

1393 Eigene Darstellung; Abkürzungen: DL = Dienstleistung, UX = User Experience, UGC = User Generated Content
1394 Dieffenbacher (2024).

Technologien nicht isoliert betrachtet und mit der Zielrichtung der Erhöhung der Wettbewerbsfähigkeit implementiert werden.

Die **Digitalstrategie** beschreibt die Art und Weise, wie durch die Anwendung digitaler Technologien, Kanäle und Daten die bestehenden Geschäftsaktivitäten und -strategien unterstützt sowie Innovationen ermöglicht werden, mit dem Ziel, nachhaltige Wettbewerbsvorteile zu schaffen.[1395]

Die Digitalstrategie (Digital-Business-Strategie) unterstützt also die Geschäftsstrategie eines Unternehmens und ist funktionsübergreifend, u. U. geschäftsfeldübergreifend. In der Strategiepyramide ist die Digitalstrategie auf Ebene 3 verortet (vgl. Abbildung 5.7):[1396]

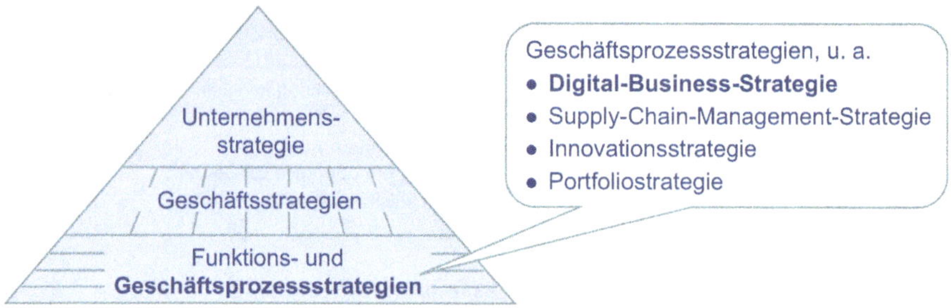

Abbildung 5.7: Einordnung der Digital-Business-Strategie.

Die Inhalte einer Digitalstrategie hängen von verschiedenen Faktoren ab, z. B. Branche, Unternehmensgröße, „digitale Reife" und Wachstumsziele. Folgende Elemente sind typischerweise enthalten (vgl. Abbildung 5.8):[1397]

Analog zur Unternehmensebene beschreiben die **digitale Vision und Mission** den anvisierten Zustand im Bereich Digital Business bzw. den Auftrag des Digital Business im Rahmen der Unternehmensmission.[1398]

Beispielhafte **Ziele einer Digitalstrategie** sind die Entwicklung bestimmter digitaler Kompetenzen, die Verbesserung der digitalen Kundenbindung, die Absicherung des Datenschutzes oder die Förderung offener Innovationen und digitaler Kollaboration.[1399]

1395 Vgl. Chaffey u. a. (2024), S. 198; Wirtz (2024), S. 725.

1396 Vgl. Kap. 3.1.4.1 (Strategieebenen im Rahmen der Strategieformulierung).

1397 Vgl. Wirths (2024); Chaffey u. a. (2024) nennen acht Elemente einer Digitalstrategie: digital business channel priorities; market and product development; positioning and differentiation strategy; business, service and revenue models; marketplace restructuring; supply-chain-management capabilities; internal knowledge management capabilities; organizational resourcing and capabilities, vgl. Chaffey u. a. (2024), S. 233–243; Rohn fordert acht Elemente eines „strategischen IT-Plans": current-state analysis, vision & goals alignment, roadmap & timelines, change management strategy, governance & security, KPIs & metrics, implementation roadblocks, review & continuous improvement, vgl. Rohn (2025).

1398 Vgl. Wirths (2024), S. 726.

1399 Vgl. Wirths (2024), S. 768.

Abbildung 5.8: Inhalte von Digitalstrategien.

Spezifische Inhalte sind z. B.:
- neue digitale Produkte, Dienstleistungen und Geschäftsmodelle
- digitales Marketing inklusive Management digitaler Kunden-Touchpoints, Omni-Channel-Ansätze, Personalisierung von Produkten und Dienstleistungen, Nutzererlebnis (UX)
- Automatisierung von Geschäftsprozessen
- Plattform- und Ökosystemstrategie[1400]

Eine **Technologie-Roadmap** beinhaltet die Prioritäten der relevanten digitalen Technologien und die geplante zeitliche Abfolge der Implementierung.

Typische kulturelle Elemente einer anzustrebenden **Digitalkultur** sind:[1401]
- Kundenzentrierung – Produkte und Geschäftsprozesse inklusive dem Einsatz digitaler Technologien werden mit Blick auf den Kundennutzen und Kundenerlebnis entwickelt.
- hoher Stellenwert von Innovation
- Agilität – Experimentierfreude und Flexibilität, auf Marktveränderungen schnell zu reagieren
- datengetriebene Entscheidungsfindung und kontinuierliche Erfolgsmessung
- Interdisziplinäre Kollaboration, Open Innovation,[1402] offene Kommunikation und Transparenz

Die digitale Transformation erfordert u. U. die Anpassung der **Organisation**. Beispielsweise werden häufig neue Rollen wie Chief Digitalization Officer (CDO), Data-Scientists, UXD-Designer, virtuelle Teams/Remote-Work etabliert.

Neben Zeitplänen und Verantwortlichkeiten finden sich im **Implementierungsabschnitt** von Digitalstrategien z. B. Konzepte für Weiterbildung und Change-Management sowie KPIs zur Erfolgsmessung.

1400 Vgl. Kap. 3.2.2.5.

1401 Vgl. z. B. Dapth (o. J.).

1402 Vgl. Kap. 3.1.4.3.5 (Open vs. Closed Innovation).

Der Prozess zur Entwicklung einer Digitalstrategie ähnelt dem der Geschäftsstrategie und umfasst die Schritte Zielplanung, Analyse, Formulierung sowie Implementierung.[1403] Auch die verwendeten Analysewerkzeuge und -modelle sind ähnlich. Die Digitalstrategie hat Anknüpfungspunkte mit funktionalen Strategien des Unternehmens, z. B. mit der Marketingstrategie oder der SCM-Strategie.

5.2.3.2 Potenziale in ausgewählten Unternehmensfunktionen

Effizienz- und Produktivitätsgewinne oder Innovationsimpulse durch digitale Technologien sind in allen unternehmerischen Bereichen denkbar. Die in Abbildung 5.9 genannten Bereiche werden im Folgenden untersucht.

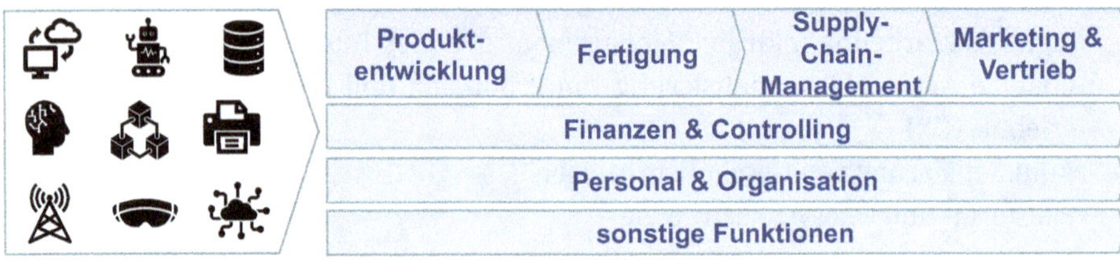

Abbildung 5.9: Untersuchungsbereiche für Potenziale der Digitalisierung.

In den nachfolgenden Abschnitten steht die funktionale Sichtweise auf Potenziale digitaler Technologien im Vordergrund. Etwaige Redundanzen zur Vorstellung der grundlegenden Technologien (Kap. 5.2.2) werden dabei in Kauf genommen. Die aufgezeigten Potenziale sind als beispielhaft anzusehen, ohne Anspruch auf Vollständigkeit, da das Themenfeld breit und die Entwicklung dynamisch ist.

5.2.3.2.1 Produktentwicklung

Die digitale Transformation verändert die Produktentwicklung grundlegend.[1404] Digitale Werkzeuge wie Simulationen, digitale Zwillinge und additive Fertigung ermöglichen schnellere Iterationen und verkürzen Entwicklungszyklen. Gleichzeitig erlaubt die Nutzung von Daten aus Kundenfeedback, IoT-Systemen und Marktanalysen eine zielgenauere und innovationsorientierte Produktgestaltung. Durch „Digital Enginee-

1403 Vgl. Wirths (2024), S. 762–786; Chaffey u. a. (2024), S. 204–207.

1404 Eine Umfrage von McKinsey aus dem Jahr 2024 zeigt beispielsweise, dass generative KI im Bereich „Product and/or Service Development“ nach dem Bereich „Marketing und Vertrieb“ von Unternehmen am häufigsten eingesetzt wird, vgl. Singla u. a. (2024), S. 4.

ring“ wird die Produktentwicklung nicht nur effizienter, sondern kann auch flexibler und stärker an den Kundenbedürfnissen ausgerichtet werden.

Tabelle 5.3 führt Beispiele für die Anwendung digitaler Technologien im Bereich F&E auf (nicht genannt werden grundlegende Softwareanwendungen wie Office-Software, Entwicklungsumgebungen oder ERP-Software):[1405]

Tabelle 5.3: Potenziale ausgewählter digitaler Technologien in der Produktentwicklung.

Digitale Technologien	Anwendung in der Produktentwicklung	Potenziale	Praxisbeispiel
CAD, FEM, Simulation	Virtuelles Design und Testen von Bauteilen, Systemen und Prozessen	schnellere Entwicklung, frühere und weniger physische Prototypen, (Kostensenkung)	Automobilindustrie: virtuelle Fahrversuche und Crash-Tests
Additive Fertigung	Rapid Prototyping	kürzere Entwicklungszyklen, Materialeinsparung, Flexibilität	Automobilindustrie: Designänderungen schnell testen/iterativ anpassen
IoT, 5G, Edge Computing	Erfassung von Nutzungsdaten realer Produkte zur Rückkopplung in die Entwicklung	kundenorientierte Innovation, datenbasierte Optimierung, bessere Produktqualität	Consumer Electronics: Wearables liefern Echtzeitdaten zur Produktverbesserung
KI/Machine Learning	Mustererkennung, Vorhersage von Produktperformance, Automatisierung von Analysen	schnellere Entscheidungen, Innovationsgeschwindigkeit, Reduktion menschlicher Fehler	Pharmaindustrie: KI-gestützte Analyse von Molekülstrukturen für Wirkstoffentwicklung
Generative KI	automatisierte Codegenerierung, Testfall-Erstellung, Fehleranalyse	schnellere Entwicklung, ggf. höhere Qualität, Reduktion des Entwicklungsaufwands	Softwareentwicklung: Einsatz von GitHub Copilot oder ChatGPT für Codevorschläge und Testautomatisierung
Kollaborations-plattformen, Cloud Computing	gemeinsame Arbeit an Daten, Dokumenten und Modellen, unabhängig von Standort und Funktion	Echtzeit-Zusammenarbeit, Transparenz, effektivere Abstimmung, schnellere Entscheidungen	Maschinenbau: Globale Teams entwickeln Bauteile über Cloud-PLM-Plattformen

1405 Die Potenziale digitaler Zwillinge in der Produktentwicklung werden in Kap. 5.3.5.3.2 erörtert.

Tabelle 5.3 (fortgesetzt)

Digitale Technologien	Anwendung in der Produktentwicklung	Potenziale	Praxisbeispiel
AR/VR	virtuelle Tests, immersiv erlebbare Prototypen, Visualisierung von Konzepten	realistische Produktdarstellung, weniger Missverständnisse, effektivere Kommunikation	Bauindustrie: VR-Modelle von Gebäuden zur Abstimmung mit Auftraggebern
PLM-Systeme	Verwaltung und Integration aller Produktdaten über den Lebenszyklus	einheitliche Datenbasis, höhere Effizienz, Rückverfolgbarkeit	Automobilbranche: zentrale Verwaltung von Stücklisten und Konstruktionsdaten

Der Einsatz digitaler Werkzeuge und Ansätze in der Produktentwicklung ermöglicht schnellere Entwicklungsprozesse sowie bessere Qualität und Kundenorientierung bei geringeren Kosten.

5.2.3.2.2 Produktion

Als Bereich hoher Wertschöpfung in vielen Unternehmen ist die Produktion ein wichtiger Hebel für Effizienz- und Produktivitätssteigerungen. Durch die digitale Transformation eröffnen sich hier vielfältige Möglichkeiten, Prozesse zu automatisieren, Abläufe zu vernetzen und Daten intelligent zu nutzen. Technologien wie IoT, KI, additive Fertigung oder digitale Zwillinge ermöglichen eine präzisere Steuerung, eine vorausschauende Wartung und eine flexiblere Produktion, die sich schneller an Marktanforderungen anpassen kann. Gleichzeitig steigt die Qualität durch datenbasierte Kontrolle, während Kosten durch weniger Stillstand, Ausschuss und ineffiziente Abläufe sinken. Damit trägt die Digitalisierung in der Produktion entscheidend dazu bei, Unternehmen wettbewerbsfähiger, resilienter und nachhaltiger aufzustellen (vgl. Tabelle 5.4).[1406]

Tabelle 5.4: Potenziale ausgewählter digitaler Technologien in der Produktion.

Digitale Technologien	Anwendung in der Produktion	Potenziale	Praxisbeispiel
IoT	Überwachung von Maschinen und Anlagen in Echtzeit	Früherkennung von Störungen, weniger Ausfälle, optimierte Wartung	Automobilindustrie: Sensoren überwachen den Verschleiß von Produktionsmaschinen

1406 Die Potenziale digitaler Zwillinge in der Produktion werden in Kap. 5.3.5.3.3 erörtert.

Tabelle 5.4 (fortgesetzt)

Digitale Technologien	Anwendung in der Produktion	Potenziale	Praxisbeispiel
Robotik, Cobots	Einsatz von Industrierobotern und kollaborativen Robotern bei Montage, Verpackung oder Qualitätskontrolle	Automatisierung manueller Tätigkeiten (Produktivitätssteigerung), Entlastung der Mitarbeiter, höhere Präzision	Elektronikfertigung: Cobots montieren empfindliche Bauteile (Menschen steuern/überwachen)
Additive Fertigung	Fertigung von Werkzeugen, Kleinserien oder kundenspezifischen Produktvarianten	ermöglicht Variantenvielfalt, Flexibilität, reduzierte Lagerhaltung, schnelle Verfügbarkeit	Maschinenbau: On-Demand-Ersatzteile; Medizintechnik: patientenspezifische Implantate
KI/Machine Learning	Predictive Maintenance, Qualitätskontrolle durch Bild- und Sensoranalyse	weniger Ausfälle, weniger Ausschuss, optimierte Planung	Automobilindustrie: KI erkennt fehlerhafte Schweißnähte
Edge Computing	Verarbeitung von Maschinendaten direkt vor Ort (Edge)	Echtzeit-Steuerung, schnelle Reaktionszeiten, Entlastung zentraler Systeme	Logistikzentren: Edge-Server steuern autonome Förderfahrzeuge
AR,VR, MR	Unterstützung bei Wartung, Schulung und komplexen Fertigungsschritten	weniger Fehler, schnelleres „Onboarding“ von Mitarbeitern, Wissenstransfer	Luftfahrt: AR-Brillen für die Montage komplexer Triebwerkskomponenten
RPA, KI-Agenten	Automatisierung administrativer Fertigungsprozesse, z. B. Materialbestellung, Schichtplanung	weniger Routineaufwand durch Mitarbeiter, beschleunigte Abläufe, Kostenreduktion	Automobilindustrie: automatisierte Materialnach-bestellung bei Engpässen
Blockchain	Rückverfolgbarkeit von Bauteilen, Produktionsschritten und Zulieferketten	Transparenz, Vertrauen, Compliance	Lebensmittelindustrie: lückenlose Herkunftsnachweise für Produktionschargen

Die „Digital Factory“ steigert Effizienz und Produktivität. Kosten werden gesenkt und Fehler reduziert. Außerdem wird die Fertigung flexibler und leistungsfähiger.

5.2.3.2.3 Supply-Chain-Management

Die Digitalisierung eröffnet dem Supply-Chain-Management Möglichkeiten zur Effizienz- und Produktivitätssteigerung. Technologien wie IoT, KI und Blockchain ermöglichen eine transparente, vernetzte und datenbasierte Steuerung von Warenflüssen, Lagerbeständen und Transportprozessen. Durch die Nutzung von Echtzeitdaten lassen sich Engpässe frühzeitig erkennen, Lieferzeiten verkürzen und Kosten senken.

Gleichzeitig werden durch Automatisierung und autonome Systeme manuelle Tätigkeiten reduziert und die Planungssicherheit erhöht. Damit wird die Supply Chain auch agiler und resilienter gegen „Störungen" (vgl. Tabelle 5.5):

Tabelle 5.5: Potenziale ausgewählter digitaler Technologien im SCM.

Digitale Technologien	Anwendung im SCM	Potenziale	Praxisbeispiel
IoT	Echtzeit-Tracking von Waren, Transportmitteln und Lagerbeständen	höhere Transparenz, optimierte Routen, schnellere Reaktion auf Störungen	E-Commerce: Sensoren verfolgen Pakete live und melden Verzögerungen
KI/Machine Learning	Prognose von Nachfrage, Lagerbeständen und Transportbedarfen	Reduzierung von Über-/Unter-beständen, Optimierung der Lagerhaltung	Lebensmittelhandel: KI sagt saisonale Nachfrage vorher (als Planungsbasis)
KI/Machine Learning	Transport von Waren innerhalb von Lagern oder zu Kunden durch autonome Fahrzeuge oder Drohnen	Reduktion manueller Transporte, höhere Geschwindigkeit, Kosteneffizienz	E-Commerce: Lagerroboter transportieren Pakete autonom; Drohnen liefern an Kunden
Cloud Computing, Edge Computing	teils zentrale, teils dezentrale Verarbeitung von Logistikdaten in Echtzeit	schnellere Entscheidungen, Optimierung dezentraler und lokaler IT, Echtzeit-Transparenz	Logistikdienstleister: Cloud-Plattformen steuern Flotten und Lieferpläne
RPA, KI-Agenten	Automatisierung administrativer Abläufe wie Bestellungen, Rechnungsprüfung, Zollabwicklung	weniger Routineaufwand, schnellere Abläufe, Fehlerreduktion	Speditionen: automatisierte Dokumentenverarbeitung für internationale Sendungen
Blockchain	Rückverfolgbarkeit von Waren, sichere Dokumentation von Transport- und Lieferprozessen	Transparenz, Vertrauen, Fälschungssicherheit, Compliance	Lebensmittelindustrie: Nachverfolgung von Frischwaren entlang der Lieferkette
AR, VR, MR	Unterstützung bei Lagerplanung, Schulung von Mitarbeitern, Wartung von Fördertechnik	weniger Fehler, schnellere Einarbeitung, bessere Visualisierung komplexer Prozesse	Lagerlogistik: AR-Brillen zeigen Lagerwege & Kommissionier-listen direkt im Sichtfeld
Kollaborationsplattformen & Cloud Computing	gemeinsame Arbeit und Datenaustausch mit Lieferanten auf gemeinsamer digitaler Plattform	schnellere Abstimmung, Transparenz, effektivere Zusammenarbeit	Automobilindustrie: Just-in-Time-Lieferungen auf Basis von Echtzeitdaten aus der Produktion

„Digitales“ Supply-Chain-Management sorgt für höhere Transparenz, schnellere Entscheidungsfindung und optimierte Prozesse. Neben geringeren Kosten können Unternehmen von flexibleren und robusteren Lieferketten profitieren.

5.2.3.2.4 Vertrieb & Marketing

Die digitale Transformation verändert Marketing und Vertrieb grundlegend.[1407] Unternehmen können durch den Einsatz moderner Technologien Kundendaten präziser analysieren, personalisierte Angebote erstellen und die Interaktion mit Zielgruppen effizienter gestalten. Dadurch kann die Kundengewinnung optimiert und die Kundenbindung gestärkt werden. Durch Automatisierung können die Kosten von Marketingprozessen gesenkt werden.

Folgende KI-Anwendungen im Marketing wurden von 2306 befragten europäischen Marketingleitern im Jahr 2024 als „am effektivsten“ (ROI-Einfluss) genannt:[1408]

- Abhören von sozialen Media (Social Listening)
- Chatbots/virtuelle Assistenten
- Personalisierung
- Engagement in den sozialen Medien
- Einrichtung einer Werbekampagne
- Vertriebsprognose und Preisoptimierung

Bei einer Befragung von 120 Marketing-Experten wurden folgende „Vorteile des KI-Einsatzes“ am häufigsten genannt (Deutschland, 2024):[1409]

- Effizienzsteigerung durch Marketing-Automation
- höhere Conversion Rates und höherer ROI (durch Echtzeit-Optimierung von Kampagnen)
- Effizienzsteigerung durch besseres Kampagnen-Reporting

Kotler u. a. nennen KI, NLP, Sensor Tech, Robotics, AR/VR, IoT/Blockchain als Technologie-Enabler von Marketing 5.0. Sie bringen folgende Vorteile: „Make more informed decisions based on big data, predict outcomes of marketing strategies and tactics, bring the contextual digital experience to the physical world, augment frontline marketers’ capacity to deliver value and speed up marketing execution.“[1410]

1407 Eine Umfrage von McKinsey aus dem Jahr 2024 zeigt beispielsweise, dass generative KI am intensivsten im Bereich Marketing und Vertrieb eingesetzt wird, vgl. Singla u. a. (2024), S. 4.

1408 HubSpot/LinkedIn, zitiert aus Statista (2025a), S. 17.

1409 Hochschule der Medien/United Internet Media, zitiert aus Statista (2025a), S. 18.

1410 Kotler u. a. (2021), S. 10–12.

Die Anwendungen digitaler Technologien sind vielfältig. Häufig kommen mehrere Technologien gemeinsam zum Einsatz (vgl. Tabelle 5.6).

Tabelle 5.6: Potenziale ausgewählter digitaler Technologien in Marketing und Vertrieb.

Digitale Technologien	Anwendung im Marketing und Vertrieb	Potenziale	Praxisbeispiel
Big Data, Kunden-/ Marktanalyse	Analyse von Kundendaten, Wettbewerbern, Markttrends und Kaufverhalten	besseres Kundenverständnis, präzisere Zielgruppenansprache, datenbasierte Marketing-entscheidungen	Einzelhandel: Analyse von Transaktions- und Kassendaten, damit Sortimente und Preise dynamisch anpassen
KI/Machine Learning	personalisierte Empfehlungen, Prognosen von Kaufwahrscheinlich-keiten, Chatbots	Höhere Conversion Rates, bessere Kundenbindung, Effizienzsteigerung	E-Commerce: Amazon-Empfehlungssystem auf Basis früherer Käufe
CRM-Systeme, KI, Cloud Computing	Verwaltung von Kundendaten, gemeinsamer Zugriff, Automatisierung von Marketingkampagnen	einheitliche Kundensicht, bessere Kollaboration, ganzheitliche Kundenbetreuung	B2B-Vertrieb: CRM-Software unterstützt Account-Management und Lead-Management
AR, VR, MR	virtuelle Produktpräsentationen und immersive Kundenerlebnisse	höhere Interaktion, bessere Kundenbindung, innovative Vermarktung	Immobilienvertrieb: Virtuelle Rundgänge durch Wohnungen
RPA, KI-Agenten	automatisierte Lead-Qualifizierung, Erstellung von personalisierten E-Mails, Angeboten & Rechnungen	Zeit-/Kostenersparnis, Personalisierung, geringere Fehlerquote	Banken: automatisierte Bearbeitung v. Kreditangeboten, personalisierte Newsletter
Blockchain	fälschungssichere Nachweise für Anzeigen-Impressionen und Klicks bei Onlinewerbung	Sicherheit, Vertrauen, Kosteneffizienz	Smart Contracts automatisieren Zahlungen zw. Werbetreibenden und Publishern
IoT, 5G	vernetzte Produkte liefern Nutzungsdaten als Basis für Kundenansprache	wertschaffende Angebote für Kunden, effektive Kampagnen, besseres Kundenverständnis	Automobilindustrie: Connected Cars ermöglichen maßgeschneiderte Serviceangebote

Tabelle 5.6 (fortgesetzt)

Digitale Technologien	Anwendung im Marketing und Vertrieb	Potenziale	Praxisbeispiel
Generative KI	automatisierte Content-Erstellung (Texte, Bilder, Videos) und Kampagnendesign	höhere Geschwindigkeit, Kreativitätssteigerung, Kostenreduktion	Marketing-Agenturen: KI-generierte Social-Media-Kampagnen
Predictive Analytics	Prognose von Kaufentscheidungen, Kundenabwanderung oder Kampagnenerfolg	höhere Effizienz bei Budgeteinsatz	Telekommunikation: Vorhersage von Kündigungswahrscheinlichkeit (Churn)
Social Media Listening Tools	Analyse von Onlinestimmungen, Trends und Markenwahrnehmung	schnelle Reaktion auf Kundenfeedback, Identifikation von Trends	Konsumgüterhersteller: frühzeitiges Erkennen von Produktproblemen
KI, Marketing Automation	Automatisierung von E-Mail-, Social-Media- und Kampagnen-Workflows zur Gewinnung „kaufbereiter" Kunden	Zeiteinsparung, höhere Reichweite, personalisierte Ansprache	Marketing Automation-Plattformen wie HubSpot oder Marketo
Dialogorientierte KI	KI-basierte Sprach- und Textassistenten für Vertrieb und Kundenservice	Rund-um-die-Uhr-Kundensupport, bessere Customer Experience	E-Commerce: Chatbots im Onlineshop zur Produktauswahl
Customer Data Platforms (CDP)	Zentrale Sammlung und Vereinheitlichung von Kundendaten aus verschiedenen Kanälen	360°-Kundensicht, bessere Personalisierung, gezieltere Kampagnen	Einzelhandel: CDP bündelt Online- und Offlinekäufe für personalisierte Angebote
Programmatic Advertising	automatisierter, KI-gestützter Einkauf von Werbeflächen in Echtzeit	effizienterer Mitteleinsatz, präzise Zielgruppenansprache	Medienbranche: dynamische Aussteuerung von Bannern nach Nutzerverhalten
Beacons/IoT, Location-Based Services	standortbezogene Kundenansprache im Geschäft oder unterwegs	höhere Relevanz von Angeboten, Steigerung der Ladenbesuche	Einzelhandel: Push-Nachrichten mit Rabatten bei Betreten des Shops
Voice Commerce	Nutzung von Sprachassistenten für Produktsuche und Kaufprozesse	Komfort für Kunden, neue Vertriebskanäle	Amazon Alexa: sprachgesteuerte Bestellung von Alltagsprodukten

Tabelle 5.6 (fortgesetzt)

Digitale Technologien	Anwendung im Marketing und Vertrieb	Potenziale	Praxisbeispiel
Gamification-Ansätze	Integration spielerischer Elemente in Marketingkampagnen	Höhere Kundenbindung, Steigerung der Interaktivität	Lebensmittelbranche: Treue-Apps mit Belohnungssystemen
Augmented Analytics	automatisierte Datenanalyse mit KI-Unterstützung für Marketingberichte	schnellere Insights, Entlastung von Analysten	FMCG-Unternehmen: Dashboards mit automatisch erkannten Kaufmustern
Digital Experience Platforms (DXP)	Integration von Content-, Commerce- und Personalisierungstools	nahtlose Customer Journey, höhere Kundenzufriedenheit	Adobe Experience Cloud: einheitliche Erlebnisse über Web & Mobile
Recommendation Engines	KI-gestützte Produktempfehlungen auf Basis von Nutzerdaten	höhere Conversion Rate, Cross- & Upselling	Streamingdienste: Netflix-Empfehlungen basierend auf Sehverhalten
Predictive Lead Scoring	Bewertung von Leads nach Kaufwahrscheinlichkeit durch Algorithmen	bessere Priorisierung im Vertrieb, höhere Effizienz	Softwareunternehmen: Einsatz von KI zur Qualifizierung von B2B-Leads
Sentiment Analyse	Analyse von Social Media, Rezensionen und Kundenfeedback	frühes Erkennen von Trends, Verbesserung des Markenimages	Automobilhersteller: Analyse von Onlinebewertungen für Modellverbesserungen
A/B-Testing-Plattformen	systematischer „Vergleich" von Varianten (z. B. von Webseiten, E-Mails, Anzeigen)	Optimierung von Conversion Rates, datenbasierte Design-Entscheidungen	E-Commerce: Vergleich unterschiedlicher Landingpages für Kampagnen
Customer Journey Mapping Tools	Visualisierung und Analyse aller Kundenkontaktpunkte	Verbesserung des Kunden-erlebnisses, Identifikation von Schwachstellen	Telekommunikation: Optimierung des Onboarding-Prozesses neuer Kunden

Digitales Marketing ermöglicht höhere Kundenorientierung und Effizienzsteigerung. Dies kann für Unternehmen ein wichtiger Hebel zu höherer Wettbewerbsfähigkeit und Wachstum darstellen.

5.2.3.2.5 Finanzen & Controlling

Die Funktionen Finanzen und Controlling sind für die Stabilität, Transparenz und nachhaltige Unternehmensentwicklung verantwortlich. Digitale Technologien wie RPA, KI, Predictive Analytics oder Cloud-ERP-Systeme ermöglichen, Prozesse zu automatisieren, Daten schneller auszuwerten oder Prognosen und Entscheidungen fundierter zu treffen (vgl. Tabelle 5.7):

Tabelle 5.7: Potenziale ausgewählter digitaler Technologien im Bereich Finanzen und Controlling.

Digitale Technologien	Anwendung im SCM	Potenziale	Praxisbeispiel
RPA, KI-Agenten	Automatisierung von Routine-aufgaben wie Rechnungsprüfung, Buchungen, Mahnwesen	Zeitersparnis, geringere Fehlerquote, Kostenreduktion	Banken: automatisierte Bearbeitung von Kreditanträgen
KI/Machine Learning	Prognosen, Szenarioanalysen, Anomalieerkennung in Finanzdaten	bessere Planungsgenauigkeit, Unterstützung bei Abweichungs-analysen, schnellere Entscheidungen	Kreditkartenunternehmen: Echtzeit-Erkennung verdächtiger Transaktionen
Predictive Analytics	Vorhersage von Cashflows, Liquiditätsplanung, Investitionsszenarien	Frühwarnsysteme, optimierte Liquiditätssteuerung	Konsumgüterunternehmen: Vorhersage saisonaler Umsatzschwankungen
Blockchain	sichere, transparente Finanztransaktionen und Smart Contracts	Fälschungssicherheit, Vertrauen, schnellere und kostengünstige Abwicklung	Handelsunternehmen: Blockchain zur sicheren Zahlungsabwicklung (ohne Bankenbeteiligung)
Cloud-ERP-Systeme	Integration von Finanz-, Controlling- und Operativdaten in Echtzeit	einheitliche Datenbasis, schnellere Reports, Transparenz	KMUs: SAP S/4HANA Cloud für das Finanzmanagement
Datenanalyse & Visualisierung	Erstellung interaktiver Dashboards und Finanzberichte	höhere Transparenz, bessere Entscheidungsgrundlagen	Nutzung von Power BI für Controlling-Kennzahlen
KI, Natural Language Processing	automatische Erstellung von Finanzberichten in natürlicher Sprache	Zeitersparnis, einheitliche Reportings, bessere Kommunikation	Großunternehmen: KI generiert automatisierte Quartalsberichte

Die Digitalisierung von Finanzen und Controlling führt zu höherer Effizienz, verbesserter Datenqualität und besserer Entscheidungsfähigkeit.

Tabelle 5.8: Potenziale ausgewählter digitaler Technologien im Bereich Personal und Organisation.

Digitale Technologien	Anwendung im SCM	Potenziale	Praxisbeispiel
HR-Management-Systeme	Verwaltung von Mitarbeiterdaten, Gehältern, Verträgen und Urlaubszeiten	Zeitersparnis, weniger Verwaltungsaufwand, höhere Datenqualität	Integration verschiedener HR-Daten und Anwendungen
RPA, KI-Agenten	Automatisierung administrativer HR-Prozesse wie Bewerber-management oder Zeiterfassung	Kostenreduktion, schnellere Abläufe, geringere Fehlerquote	automatisierte Erstellung von Arbeitsverträgen
KI/Machine Learning	Analyse von Bewerberprofilen, Performance-Analysen	objektivere Auswahl, bessere Mitarbeiterbindung, Effizienzsteigerung	KI-basierte Vorauswahl von Bewerbern in Recruiting-Prozessen
E-Learning-Plattformen	digitale Weiterbildung und Schulung von Mitarbeitern	flexible Lernmöglichkeiten, geringere Kosten, Förderung digitaler Kompetenzen	Nutzung von Online-Lernplattformen für Mitarbeiterqualifizierung
People Analytics	datenbasierte Analyse von Fluktuation, Mitarbeiterzufriedenheit, Produktivität	frühzeitige Problemidentifikation, bessere Personalplanung und -entwicklung	People Analytics zur Senkung der Fluktuationsrate
Collaboration Tools	digitale Zusammenarbeit über Abteilungen und Standorte hinweg auf einheitlicher Plattform	höhere Produktivität, bessere Kommunikation, Flexibilität, Ortsunabhängigkeit	virtuelle Zusammenarbeit in globalen Teams mit Microsoft Teams
Chatbots & Dialogorientierte KI	automatisierte Beantwortung von Mitarbeiteranfragen	Entlastung der HR-Abteilung, 24/7-Verfügbarkeit, schnellere Auskünfte	HR-Chatbot für interne Mitarbeiterfragen
AR, VR	virtuelle Trainings und Onboarding-Simulationen	realitätsnahe Lernumgebung, schnellere Einarbeitung, geringere Kosten	Luftfahrt: VR-Trainings für Kabinenpersonal
Blockchain	Sicherung von Mitarbeiterdaten, digitale Identitäten, fälschungssichere Zertifikate	Vertrauen, Transparenz, Compliance	Blockchain-basierte Zeugnisse und Qualifikationsnachweise

5.2.3.2.6 Personal & Organisation

Die digitale Transformation verändert nicht nur Geschäftsprozesse, sondern auch die Art und Weise, wie Unternehmen ihre Mitarbeiter organisieren, fördern und einbinden. Digitale Technologien ermöglichen eine effizientere Verwaltung von Personalprozessen, datenbasierte Analyse und Entscheidungen von bzw. für Mitarbeiterentwicklungen sowie neue Formen der Zusammenarbeit über Abteilungen und Standorte hinweg. E-Learning, AR/VR und Collaboration-Tools eröffnen neue Möglichkeiten für Qualifizierung, Kommunikation und Teamarbeit (vgl. Tabelle 5.8).

Die Digitalisierung von Personal- und Organisationsprozessen führt zu höherer Effizienz, Transparenz und Flexibilität. Digitale Tools fördern zudem die Zusammenarbeit und schaffen innovative Lern- und Arbeitsumgebungen.

5.2.3.3 IT-Funktion und digitale Infrastruktur als Enabler

Die IT-Funktion des Unternehmens bildet das Rückgrat der digitalen Transformation in Unternehmen. Ohne stabile, skalierbare und sichere Hardwaresysteme und Softwareanwendungen lassen sich neue digitale Geschäftsmodelle sowie digitale und datengetriebene Prozesse nicht erfolgreich umsetzen. Um Daten effizient zu verarbeiten, Anwendungen flexibel bereitzustellen und eine hohe Ausfallsicherheit zu gewährleisten, sind u. a. folgende Konzepte erforderlich:[1411]

- **Cloud Computing** ermöglicht es Unternehmen, Rechenleistung und Speicher flexibel und bedarfsgerecht zu nutzen, wodurch Kosten gesenkt und Innovationen beschleunigt werden. **Edge Computing** ergänzt dies, indem Daten direkt an der Quelle verarbeitet werden, was Latenzen reduziert und Echtzeitentscheidungen ermöglicht. Gemeinsam bilden sie das Fundament für skalierbare und leistungsfähige digitale Prozesse.[1412]
- **Cybersecurity** und **IT-Governance** als Grundlage effizienter digitaler Prozesse stellen sicher, dass Daten geschützt, Systeme widerstandsfähig und regulatorische Anforderungen eingehalten werden. Cybersecurity schützt vor externen Angriffen. IT-Governance schafft Transparenz und klare Verantwortlichkeiten.
- Durch die kontinuierliche **Integration neuer Technologien** in die bestehende IT-Landschaft bleiben Unternehmen agil und wettbewerbsfähig und verlängern die Nutzungsdauer bestehender IT-Investitionen. Dies erfordert **flexible Systemarchitekturen** und klare Schnittstellen (APIs).
- **Automatisierung** erhöht die Effizienz komplexer IT-Umgebungen, reduziert manuelle Eingriffe, senkt Fehlerquoten und beschleunigt Routineprozesse im Betrieb.
- **Virtualisierung** erlaubt es, mehrere Systeme auf derselben Hardware zu betreiben, was die Ressourcenauslastung verbessert.[1413] **Container-Technologien** er-

---

1411 Vgl. z. B. Suma (2025); Kortas (2025); Overby (2024).
1412 Vgl. Kap. 5.2.2.1 und 5.2.2.9.
1413 Vgl. Hashemi-Pour u. a. (2024).

möglichen es, Anwendungen samt Abhängigkeiten in leichtgewichtigen, portablen Einheiten (Containern) auszuführen, wodurch eine schnellere Bereitstellung sowie bessere Skalierbarkeit und Flexibilität erreicht werden können.[1414]

- **Standardisierung** von Prozessen, Tools und Schnittstellen erleichtern die Verwaltung komplexer IT-Landschaften. Sie verringern den Koordinationsaufwand und minimieren Fehler, die durch unterschiedliche Vorgehensweisen entstehen könnten. Zudem wird die Integration neuer Systeme vereinfacht, was langfristig Kosten senkt.
- **Redundanz-Strategien** sorgen für Resilienz, z. B. durch Back-up-Systeme oder Multi-Cloud-Ansätze. Dies stellt sicher, dass IT-Services auch bei Ausfällen zuverlässig verfügbar bleiben.

Die IT-Funktion schafft die Voraussetzung für Agilität, Innovationsfähigkeit und technologische Wettbewerbsfähigkeit. Damit nimmt sie nicht nur eine unterstützende Rolle ein, sondern wird zu einem wichtigen Enabler der digitalen Transformation im Unternehmen.[1415] IT muss dabei eng mit der Unternehmensleitung und allen Unternehmensfunktionen zusammenarbeiten.

5.2.3.4 Digitale Führung, Organisation und Teams

Die digitale Transformation umfasst nicht nur Technologien, Prozesse und Geschäftsmodelle, sondern auch Menschen sowie deren Denken, Arbeiten und Zusammenarbeit. Um eine Digitalstrategie erfolgreich umzusetzen, müssen diese Aspekte der Veränderung entsprechend der Transformationspyramide in drei Stufen bearbeitet werden (Abbildung 5.10):

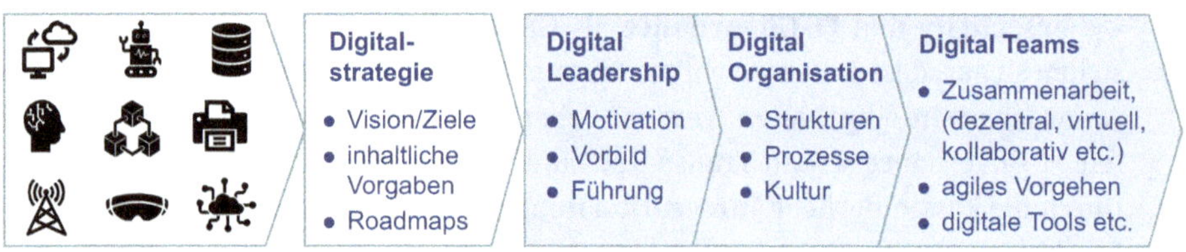

Abbildung 5.10: 3 Stufen der Transformationspyramide[1416].

Die digitale Transformation stellt neue Anforderungen an Führung. **Digital Leadership** bezeichnet die Fähigkeit von Führungskräften, den digitalen Wandel strategisch zu gestalten, Mitarbeitende mitzunehmen und eine innovationsfreundliche Kultur zu

1414 Vgl. Sheps (2023).

1415 Vgl. Fernández-Olano u. a. (2016), S. 3.

1416 Eigene Darstellung in Anlehnung an die digitale Transformationspyramide, vgl. Wirths (2024), S. 800.

fördern. Im Gegensatz zu traditioneller Führung liegt der Fokus nicht allein auf Kontrolle und Stabilität, sondern auf Agilität, Kommunikation, Vernetzung und Empowerment. Digital Leaders entwickeln eine klare Vision für die digitale Zukunft, fördern digitale Kompetenzen und leben Offenheit gegenüber Veränderungen vor.[1417]

Eine **digitale Organisation** zeichnet sich durch Strukturen, Prozesse und Kulturen aus, die gezielt auf digitale Wertschöpfung ausgerichtet sind. Das erfordert die durchgängige Nutzung digitaler Technologien, flexible und vernetzte Prozesse sowie eine Kultur, die Innovation und schnelle Anpassungsfähigkeit unterstützt. Sie basiert stark auf Datenorientierung und der Integration digitaler Tools in alle Bereiche.[1418] Digitale Organisationen enthalten u. U. neue Rollen wie z. B. den Chief Digital/Data/Information Officer, Data-Scientists/Analysts/Engineers, User-Experience-/User-Interface-Designer, Scrum-Master oder Product Owner.[1419]

Digitale Teams sind die operative Basis der digitalen Transformation. Sie arbeiten dezentral, oft virtuell (zukünftig ggf. in VR-Räumen) und nutzen digitale Tools für Kommunikation und Kollaboration (z. B. MS Teams, Slack, Jira) sowie digitale Methoden (z. B. Scrum, Kanban, Prototyping, Hackathons). Kennzeichnend sind Agilität, interdisziplinäre Zusammensetzung und flexible Strukturen. Abteilungsgrenzen spielen eine untergeordnete Rolle in der Zusammenarbeit. Digitale Teams sind (im gesetzten Rahmen) eigenverantwortlich und experimentieren, um neue Lösungen zu entwickeln.[1420]

5.2.3.5 Herausforderungen der digitalen Transformation

„Transformations are hard, and digital ones are harder."[1421]

Die digitale Transformation eröffnet Unternehmen Chancen, bringt allerdings eine Reihe von Herausforderungen mit sich, z. B. technologische Komplexität, organisatorische Anpassungen, kulturellen Wandel und z. T. unklare rechtliche Rahmenbedingungen. Dabei müssen Unternehmen einerseits Innovationen vorantreiben und andererseits Stabilität und Sicherheit gewährleisten.

Es gibt eine Vielzahl von Untersuchungen zu den Erfolgsfaktoren und Herausforderungen der digitalen Transformation.[1422] Abbildung 5.11 zeigt beispielhaft die in drei aktuellen Beiträgen genannten Punkte:

1417 Vgl. Tigre u. a. (2024), S. 804; Wirths (2024), S. 810.

1418 Vgl. Wirths (2024), S. 813–814.

1419 Vgl. Xantage (2024); zur Differenzierung des Product Owners vom Produktmanager vgl. Kap. 2.3.1.5.3; zu den Rollen des Chief Digital Officer und Chief Data Officer vgl. z. B. Friedrich u. a. (2016) bzw. Wanyama (2025).

1420 Vgl. Wirths (2024), S. 822–828; Xantage (2024).

1421 de la Boutetière (2018), S. 2.

1422 Eine Analyse von 50 relevanten Beiträgen liefern z. B. Uzule/Verina (2023).

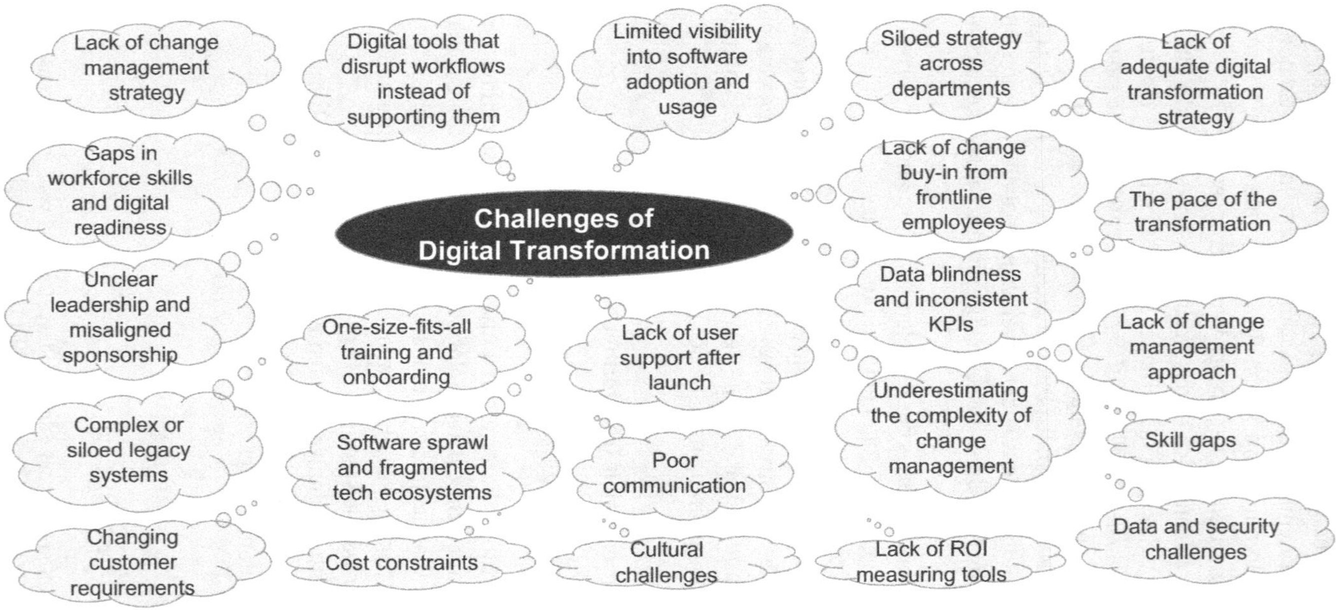

Abbildung 5.11: Ausgewählte Herausforderungen der digitalen Transformation im Unternehmen[1423].

1423 Vgl. Prosci (2025); Olmstead (2025); Ovington (2025).

Zusammenfassend können die Herausforderungen in fünf Bereiche eingeteilt werden:[1424]

Technologie
- Integration neuer Technologien in bestehende Systeme (IT-Legacy)
- Schutz sensibler Daten und Einhaltung von Compliance-Anforderungen (z. B. DSGVO)
- Schneller technologischer Wandel und Unsicherheiten bergen die Gefahr von Fehlinvestitionen.

Organisation
- Digitalisierung erfordert u. U. die Neugestaltung von Prozessen und Abläufen.
- Langsame Entscheidungs- und Umsetzungsstrukturen müssen in agile Prozesse umgewandelt werden.
- Abhängigkeit von wichtigen Lieferanten und Plattformen, z. B. „Lock-ins" bei Cloud- oder Softwareanbieter

Mensch & Kultur
- Widerstände und Ängste der Mitarbeiter gegen neue Technologien
- fehlende digitale Kompetenzen (Notwendigkeit von Weiterbildung und Umschulung)
- erforderlicher Kulturwandel von hierarchischer zu agiler, datengetriebener Organisation

Wirtschaftlichkeit
- hohe Investitionskosten (Infrastruktur, Software, Schulungen)
- ROI-Berechnungen schwierig

Regulatorik
- Datenschutz und Umgang mit personenbezogenen Daten
- Rechtsunsicherheit bei neuen Technologien, z. B. bei KI, Blockchain
- branchenspezifische Vorgaben, z. B. im Gesundheitswesen, Finanzsektor, öffentlichen Bereich

Die Herausforderungen der digitalen Transformation sind vielschichtig. Fehlende Kompetenzen, Widerstände der Mitarbeiter, hohe Investitionskosten und Sicherheitsrisiken können den Erfolg von Transformationsprojekten gefährden. Gleichzeitig zeigen die Erfahrungen führender Unternehmen, dass sich diese Hürden durch eine klare Digitalstrategie, agile Vorgehensweisen in der Umsetzung und ein starkes Change-Management bewältigen lassen.

1424 Vgl. z. B. Uzule/Verina (2023), S. 134–137; Schüler/Tisson (2022), S. 106–107 und S. 120–121; Bitkom, zitiert aus Statista (2025c), S. 27.

5.2.3.6 Change-Management für digitale Transformation

Neue Systeme, Prozesse und Geschäftsmodelle können nur dann erfolgreich eingeführt werden, wenn es gelingt, die Mitarbeitenden mitzunehmen und Akzeptanz für Veränderungen zu schaffen. Change-Management übernimmt dabei die zentrale Aufgabe, Widerstände abzubauen, Kompetenzen zu fördern und die Unternehmenskultur an den digitalen Wandel anzupassen.

5.2.3.6.1 Erfolgsfaktoren im Change-Management

Aus Wissenschaft und Praxis gibt es zahlreiche Untersuchungen zu den Erfolgsfaktoren im Change-Management von digitalen Transformationsinitiativen. Folgende sechs Punkte werden häufig genannt:[1425]

- **Klare Vision und transparente Kommunikation:** Mitarbeiter müssen verstehen, warum die digitale Transformation notwendig ist und welche Vorteile sie für das Unternehmen und sie selber bringt. Storytelling kann dabei helfen, die Vision greifbar zu machen und die emotionale Akzeptanz zu fördern. Eine konsistente und klare Kommunikation über alle relevanten Medien reduziert die Unsicherheiten und schafft Orientierung.
- **Führungskräfte als Change Agents:** Führungskräfte spielen eine Schlüsselrolle, da sie den Wandel vorleben und Vertrauen schaffen müssen. Sie dienen als Multiplikatoren, die Ziele und Maßnahmen in ihre Teams tragen und bei der Umsetzung aktiv unterstützen. Ohne glaubwürdiges „Commitment" der Führungsebene verlieren Change-Initiativen an Wirkung.
- **Beteiligung der Mitarbeiter:** Change darf nicht nur „von oben verordnet" werden. Mitarbeitende müssen aktiv eingebunden werden, z. B. in Workshops, Feedbackschleifen und Pilotprojekten. Dadurch werden Widerstände reduziert und die Motivation gesteigert, neue Prozesse und Strukturen zu akzeptieren. Belohnungssysteme oder Anerkennung von Engagement können die Motivation zur aktiven Mitgestaltung fördern, ebenso wie Gamification-Ansätze, z. B. Punkte für Weiterbildung.
- **Förderung digitaler Kompetenzen:** Digitale Transformation verlangt neue Fähigkeiten, z. B. Datenanalyse oder agile Methoden. Unternehmen sollten frühzeitig entsprechende Weiterbildungsprogramme und Lernplattformen bereitstellen. Dadurch wird nicht nur die Kompetenz, sondern auch das Vertrauen der Mitarbeiter, auch im geänderten Umfeld einen Beitrag leisten zu können, gestärkt.
- **Kontinuierliches Lernen und Feedbackkultur:** Digitale Transformation ist kein einmaliges Projekt, sondern ein dauerhafter Prozess. Regelmäßiges Feedback und iterative Verbesserungen ermöglichen laufende Anpassungen und Optimierungen im Prozess. Eine offene Fehlerkultur unterstützt diesen Veränderungsprozess.

1425 Vgl. Perea (2024); Prosci (2025); Olmstead (2025); Forbes (2024).

- **Quick Wins und sichtbare Erfolge:** Frühzeitige, messbare Erfolge zeigen den Mitarbeitern, dass sich der Wandel lohnt. Kleine, erfolgreiche Pilotprojekte können als Motivation dienen und Vertrauen in den weiteren Prozess schaffen.

Die genannten Erfolgsfaktoren bzw. Empfehlungen gelten größtenteils auch für andere Veränderungsinitiativen im Unternehmen.

5.2.3.6.2 Modelle des Change-Managements

Die betriebswirtschaftliche Literatur liefert eine Reihe von Change-Management-Konzepten, die Unternehmen Hilfestellung bei der Gestaltung von (digitalen) Transformationsprozessen leisten. Die im Vorabschnitt genannten Erfolgsfaktoren sind mehr oder weniger explizit in den Modellen verarbeitet. Tabelle 5.9 nennt vier bekannte Change-Management-Modelle:

Tabelle 5.9: Modelle des Changement-Managements[1426].

Modell	Schritte	Bewertung für digitale Transformation
Kotters 8-Stufen-Modell	1. Dringlichkeit erzeugen, 2. Führungskoalition bilden, 3. Vision entwickeln, 4. Vision kommunizieren, 5. Hindernisse beseitigen, 6. Kurzfristige Erfolge („Quick Wins") schaffen, 7. Erfolge konsolidieren, 8. Veränderungen in der Kultur verankern	sehr praxisnah und auch für komplexe Projekte anwendbar; betont klare Kommunikation, Führung und Kulturwandel
ADKAR-Modell (Prosci)	1. Awareness (Bewusstsein für Veränderung) 2. Desire (Wunsch, Veränderung zu unterstützen) 3. Knowledge (Wissen, wie man sich verändert) 4. Ability (Fähigkeit, neue Prozesse umzusetzen) 5. Reinforcement (Verstärkung und Verankerung)	stellt den Menschen in den Mittelpunkt; eignet sich besonders, um Mitarbeiter bei der Veränderung „mitzunehmen"
Lewins 3-Phasen-Modell	1. Unfreeze (Auftauen – bestehende Strukturen aufbrechen) 2. Change (Veränderung umsetzen) 3. Refreeze (Stabilisieren und neue Strukturen festigen)	sehr grundlegend und verständlich; geeignet, um kulturelle Veränderungen zu strukturieren und Widerstände zu überwinden
Agile Change Management	iterative, flexible Veränderungsprozesse statt linearer Schritte; Fokus auf Feedback, Lernen, Anpassung und Mitarbeiterpartizipation	besonders geeignet für digitale Transformation

1426 Vgl. Kotter (1996); Prosci (o. J.); Awati (2022); Clayton (2021).

Die Modelle des Change-Managements, von Kotter, Lewin, ADKAR oder agile Ansätze bieten strukturierte Orientierungen, um Veränderungsprozesse systematisch und erfolgreich umzusetzen.

5.2.3.7 Fazit

Unternehmen sind unterschiedlich fortgeschritten, was die Umsetzung des digitalen Wandels angeht. **Reifegradmodelle** bieten Unternehmen eine strukturierte Möglichkeit, den aktuellen Stand ihrer digitalen Transformation systematisch zu bewerten. Drei bekannte Reifegradmodelle aus der deutschsprachigen Literatur sind:

- Der **Digitalcheck Mittelstand** ist ein Instrument zur Selbsteinschätzung speziell für kleine und mittlere Unternehmen, welches den digitalen Reifegrad in den sieben Dimensionen Strategie, Kunden, Produkte & Dienstleistungen, Prozesse, Organisation, IT und Umwelt misst.[1427]
- Das Reifegradmodell **Digitale Geschäftsprozesse** (von Bitkom) bewertet den Digitalisierungsstand in den vier Bereichen Technologie, Daten, Qualität und Organisation, wobei jeder Bereich durch drei Kriterien differenziert analysiert wird.[1428]
- Der **Industrie 4.0 Maturity Index** (acatech Studie) fokussiert sich auf produzierende Unternehmen und betrachtet folgende vier Gestaltungsfelder mit zugehörigen Fähigkeiten: Ressourcen & Mitarbeiter (fünf Fähigkeiten), Informationssysteme (sieben Fähigkeiten), Organisationsstruktur (sechs Fähigkeiten) und Kultur (acht Fähigkeiten). Die jeweiligen Fähigkeiten werden jeweils anhand zweier Prinzipien untersucht, die für das jeweilige Gestaltungsfeld spezifisch sind.[1429]

Die Reifegradmodelle helfen, Stärken und Schwächen in zentralen Dimensionen wie Strategie, Prozessen, Technologie oder Kultur zu identifizieren und daraus konkrete Handlungsfelder abzuleiten. Auf dieser Grundlage können Unternehmen gezielt Prioritäten setzen, Investitionen steuern und ihre digitale Entwicklung schrittweise vorantreiben.

Zusammenfassend ist festzustellen, dass es bei der digitalen Transformation im Unternehmen nicht nur um Technologie geht. Eine Digitalstrategie muss die technologischen Möglichkeiten so ausrichten, dass diese bestehende Geschäftsaktivitäten unterstützen und Innovationen sowie neue Geschäftsmodelle ermöglichen. Dabei sind auch organisatorische, mitarbeiterbezogene, wirtschaftliche und rechtliche Herausforderungen zu meistern. Change-Management ist dabei ein wichtiger Hebel, indem es Strategie, Technologie und Menschen verbindet.

1427 Vgl. Mittelstand Digital (2024).
1428 Vgl. Bitkom (2020).
1429 Vgl. Schuh u. a. (2020).

5.3 Digitales Produktmanagement

> „PMs who use AI will replace those who don't. AI isn't replacing product managers, but PMs who leverage AI tools will outperform those who don't."[1430]

Über die digitale Transformation im Unternehmen sowie den Einsatz digitaler Technologien in den beteiligten Unternehmensfunktionen „fließt" die Digitalisierung in den Produktinnovationsprozess ein. Damit sich die Potenziale auch im angebotenen Produkt, den angebotenen Dienstleistung sowie im Produktinnovationsprozess voll entfaltet können, wird das Konzept des „digitalen Produktmanagements" vorgeschlagen.

Die Bezeichnung digitales Produktmanagement wird – obwohl etwas plakativ und potenziell missverständlich – in Analogie zu geläufigen Bezeichnungen wie „Digital Leadership" oder „Digital Engineering" gewählt. **Digitales Produktmanagement** soll definiert sein als ein, das klassische Produktmanagement ergänzendes Konzept, das den Produktmanager dabei unterstützen, die Potenziale digitaler Technologien und Methoden sowohl im Produkt bzw. der Dienstleistung selbst als auch im Produktinnovations- und Produktmanagementprozess auszuschöpfen.[1431] Es sein angemerkt, dass eine scharfe Trennung von klassischem und digitalem Produktmanagement kaum möglich ist, da auch klassisches Produktmanagement ohne die Nutzung von Daten oder den Einsatz von digitalen Tools undenkbar wäre.

In praxisorientierten Produktmanagementbeiträgen wird vor allem die Auswirkung von KI thematisiert. Andere digitale Technologien werden kaum behandelt. Unterschieden werden einerseits die Potenziale für Produkte und Dienstleistung selbst, andererseits die Potenziale für den Produktplanungs-, Produktentwicklungs- und Vermarktungsprozess:

- „AI is transforming Product Management in two fundamental ways: [1] As an enabler in the products we build and manage. [2] As a tool to enhance how we do our jobs as Product Managers."[1432]
- „To give you a clear mental model, we can consider two main aspects of AI in product management: [1] AI for your Product – Enabling and enhancing your product, [2] AI for Product Managers – To boost productivity and efficiency in your role."[1433]

Weiter gefasst als das genannte Spektrum soll digitales Produktmanagement im Weiteren durch die in Abbildung 5.12 dargestellten **fünf Themenbereiche bzw. Hebel** aufgespannt werden:

1430 Google AI Product Lead Marily Nika; Nika (2025).

1431 Eine einheitliche Definition liegt nach Kenntnisstand des Autors nicht vor, vgl. z. B. Witkowski/Wodecki (2025), S. 3.

1432 ProdPad (2025), S. 3.

1433 Product Focus (2024a).

- Digitalisierung von Produkten und Dienstleistungen (Kap. 5.3.1)
- Digitalisierung von Produktplanung und Entwicklung (Kap. 5.3.2)
- Digitales Marketing (Kap. 5.3.3)
- Digitale Geschäftsmodelle (Kap. 5.3.4)
- Digitaler Zwilling (Kap. 5.3.5)

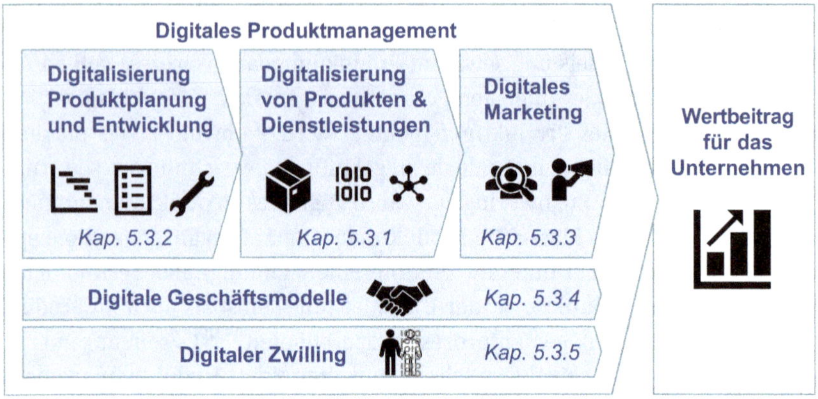

Abbildung 5.12: Struktur des Kapitels 5.3 „Digitales Produktmangement".

Wichtig ist, dass die klassischen Prinzipien des Produktmanagements weiterhin die Basis des Handelns darstellen.[1434]

5.3.1 Digitalisierung von Produkten und Dienstleistungen

In Kap. 2.1.2 wurden Produkte und Dienstleistungen auf unterschiedliche Weisen kategorisiert (vgl. Abbildung 2.2). Im Weiteren soll eine Differenzierung entlang der Dimensionen „Digitalisierungsgrad" und „Produkt vs. Dienstleistung" verfolgt werden (vgl. Abbildung 5.13):

Viele technische Geräte und Maschinen enthalten heute eingebettete Software („embedded software"), z. B. Autos, Haushaltsgeräte oder Industriemaschinen. Damit fallen sie in die Kategorie „digital unterstützt" (wenn Software nur unterstützende Funktionen bietet, z. B. Displaysteuerung) oder „hybrid" (wenn Software und physische Komponenten gleichwertig zusammenspielen, z. B. bei Smart Home Devices).

1434 Vgl. Kap. 2.2.2 (Definition und Prinzipien des Produktmanagements). „Ensure AI addresses real user pain points and focuses on solving problems rather than just jumping on the bandwagon. Stick to core Product Management principles", ProdPad (2025), S. 6.

Angebotsklasse ↑	analog	digital unterstützt	hybrid	digital
Dienstleistungen	klassische handwerkliche Leistung	Arztpraxis mit Onlinebuchungssystem , Banking mit Onlineformularen	Arztpraxis mit zusätzlicher Onlinesprechstunde	Cloud-Service (z. B. SaaS), Tele-Medizin, E-Learning
Produkte mit Dienstleistungen	Maschine mit klassischem Wartungsvertrag	Auto mit Sensoren & Wartungspaket (unter Nutzung der Sensordaten)	Carsharing, Maschine mit KI-basiertem Predictive Maintenance-Service	Software-App mit Remote-Update & Backup-Service
Produkte	Buch, Toaster, Nahrungsmittel	Auto mit Navigationssystem, PV-Wechselrichter mit Internetanbindung	Smart-Home-Gerät (z. B. Thermostat mit App), Wearable mit Mobile App	E-Book, Softwareprodukt (z. B. App, Middleware)

Digitalisierungsgrad →

Abbildung 5.13: Digitalisierungsstufen von Produkten und Dienstleistungen mit Beispielen.

Mit der Zielsetzung des Produktmanagers, die Wettbewerbsfähigkeit des Marktangebots zu erhöhen und Innovationspotenziale zu erschließen, sollen im Folgenden die beiden Hebel „Digitalisierung" und „Servitisierung" untersucht werden. Beide in Abbildung 5.14 aufgezeigten Stoßrichtungen dürfen kein Selbstzweck sein, sondern müssen auf Kundennutzen basieren.

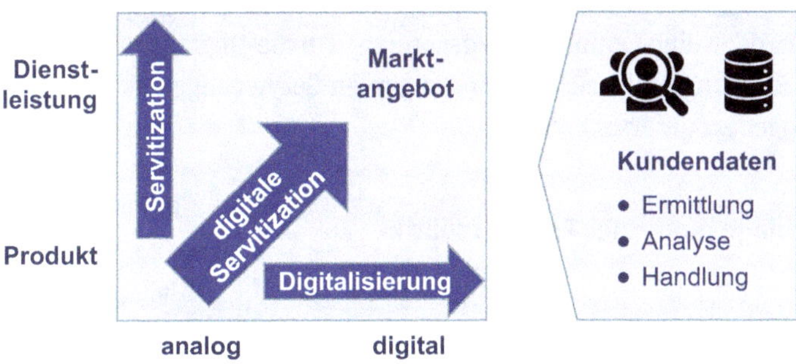

Abbildung 5.14: Innovationshebel in der Produktpolitik.

Servitization und Digitalisierung sind als separate Entwicklungen entstanden. Beide Themen müssen zunehmend gemeinsam betrachtet werden (digitale Servitization):

- Bei **Servitization** geht es im Kern darum, den Kundennutzen eines Kernprodukts durch komplementäre Dienstleistungen zu erhöhen. Servitization impliziert einen strategischen Wandel von produktzentrierten Geschäftsmodellen hin zu integrierten Produkt-Service-Systemen, bei denen Dienstleistungen das physische Produkt

ergänzen und einen wesentlichen Teil des Wertangebots ausmachen.[1435] Ziele sind Differenzierung im Wettbewerb, neue Umsatzquellen oder langfristige Kundenbindung zu erreichen.
- „**Digitalization** refers to the enrichment of physical products and services with digital components such as software, data, or connectivity, enabling new functionalities and customer experiences.“[1436] Digitalisierung von Produkten und Dienstleistungen zielt darauf ab, den Funktionsumfang oder die Eigenschaften des Angebots zu verbessern. Sie kann außerdem Vorteile bei der Bereitstellung der Leistung mit sich bringen, z.B. niedrigere Kosten oder höhere Flexibilität (vgl. Bewertung in Kap. 5.3.1.6)
- **Digitale Servitization** bringt beide Entwicklungen zusammen: „Digital servitization is the utilization of digital technologies to transform traditional manufacturing firms by creating new services and revenue streams, often through data-driven business models and ecosystems.“[1437]

Digitalisierung ist oft ein Enabler der Servitization. Neu aufgelegte klassische Dienstleistungen werden heutzutage zumindest digital unterstützt (z. B. Onlineterminvereinbarung, digitale Rechnung) oder hybrid angeboten (z. B. Schulung über digitale Plattform oder Service-Unterstützung durch einen Chatbot). Digitalisierung von Produkten oder Dienstleistungen kann auch ohne Dienstleistungskomponenten erfolgen. Beispiele sind Navigationssysteme im Auto, eine Werkzeugmaschine, die über eine Smartphone-App überwacht werden kann, oder eine Onlineproduktschulung. Ob die Digitalisierung eines Produkts Potenziale in Richtung eines zusätzlichen digitalen Serviceangebots bietet, ist durch den Produktmanager zu untersuchen.

5.3.1.1 Daten als Grundlage moderner Produktpolitik

> „Data is the new oil.“[1438]

Daten bilden die zentrale Grundlage der Digitalisierung von Produkten und Dienstleistungen, da sie Informationen über Nutzung, Leistung und Kundenbedürfnisse liefern. Sie ermöglichen es Unternehmen, Angebote kontinuierlich zu verbessern, zu personalisieren und durch datenbasierte Dienste und Geschäftsmodelle zu erweitern.

1435 „Servitization of business is the increased offering of fuller market packages or bundles of customer-focused combinations of goods, services, support, self-service, and knowledge in order to add value to core product offerings“, Vandermerwe/Rada (1988), S. 316.

1436 Legner u. a. (2017), S. 302.

1437 Kohtamäki u. a. (2019), S. 381.

1438 Clive Humby auf einem Vortrag zum Tesco Clubcard Programm im Jahr 2006.

McKinsey charakterisiert datengetriebene Unternehmen durch folgende sieben Charakteristika:[1439]

- Daten sind in jede Entscheidung, Interaktion und jeden Prozess eingebettet.
- Daten werden in Echtzeit verarbeitet und bereitgestellt.
- Flexible Datenspeicher ermöglichen integrierte, sofort einsatzbereite Daten.
- Das Geschäftsmodell behandelt Daten wie ein Produkt.
- Die Rolle des „Chief Data Officers" wird erweitert, um Mehrwert zu generieren.
- Mitgliedschaften in Datenökosystemen sind die Norm.
- Das Datenmanagement wird priorisiert und automatisiert, um Datenschutz, Sicherheit und Ausfallsicherheit zu gewährleisten.

Die wichtigsten Datenkategorien sind Kundendaten. Diese lassen sich grob in Stammdaten, Verhaltensdaten, Transaktionsdaten, Kontextdaten, Feedbackdaten und Geräte-/Statusdaten einteilen bzw. in Primär- und Sekundärdaten (vgl. Abbildung 5.15).[1440]

Abbildung 5.15: Quellen und Arten von Kundendaten.

Die Quellen bzw. die Methode der Datenermittlung hängt vom betrachteten Produkt sowie der Datenkategorie ab. Folgende Datenkategorien können unterschieden werden:

- **Kundenstammdaten** umfassen demografische Informationen wie Alter, Geschlecht, Wohnort, Beruf, Einkommen oder Haushaltsgröße. Sie können z. B. bei der Kundenregistrierung beim Kaufprozess, über Loyalty-Programme oder bei Marktforschungsumfragen gesammelt werden. Banken segmentieren ihre Kunden beispielsweise nach Einkommen und Wohnort, um passende Produkte und Betreuungskonzepte anzubieten.

1439 Vgl. Nassur/Rowshankish (2022), S. 2.

1440 Vgl. z. B. Kotler (2022), S. 348–349; Meffert (2024), S. 222; Gordon (2025); Postmus (2023).

- **Verhaltensdaten** von Kunden beschreiben Kaufverhalten, Nutzungsverhalten, Klickpfade, Interaktionen oder die Kaufhistorie. Sie werden gesammelt z. B. über Web-Tracking (Cookies, Logfiles, Heatmaps), in Applikationen selbst (z. B. Nutzereingaben) oder mittels IoT-Geräten (z. B. Smartwatches, Connected Cars). Netflix analysiert beispielsweise, welche Inhalte wie lange angesehen werden, um Empfehlungen zu personalisieren.
- **Transaktionsdaten** beinhalten Kaufdaten, Vertragsdetails, Serviceanfragen oder Zahlungsverhalten. Die Erfassung erfolgt z. B. über ERP- und CRM-Systeme, E-Commerce-Plattformen oder Abrechnungssysteme. Amazon wertet beispielsweise Bestellhistorien aus, um Cross-Selling-Empfehlungen zu geben.
- **Psychografische Daten** sind z. B. Einstellungen, Werte, Lebensstil, Interessen oder Motivationen. Die Ermittlung kann über Befragungen, Social-Media-Interaktionen (z. B. Facebook-Likes) oder KI-gestützte Sentiment-Analysen erfolgen. So erstellt Spotify Playlisten basierend auf Musikgeschmack, Stimmung und Lifestyle der Kunden.
- **Kontextdaten** wie Standort, Zeit, Wetter, Bewegungsprofile oder andere Umgebungsbedingungen können z. B. über GPS-Tracking in Apps oder Geräten, Sensorik (z. B. Temperaturfühler, Beacons), Mobile Payment und Mobile Check-ins, gesammelt werden. Google Maps zeigt beispielsweise personalisierte Restaurantempfehlungen basierend auf Standort und Tageszeit.
- **Feedback- und Kundenzufriedenheitsdaten**, wie Bewertungen, Rezensionen, Supportanfragen oder Beschwerden, werden z. B. über Onlinebewertungen (z. B. Trustpilot, App Stores, Amazon), Kundenumfragen, Serviceplattformen von Unternehmen oder Social-Media-Monitoring erhoben.
- **Geräte- und Statusdaten** umfassen z. B. Maschinendaten, Gesundheitsdaten, Verbrauchswerte oder Abnutzungsgrade. Sie werden ermittelt über eingebaute Sensoren oder Messgeräte der Umgebung. Die Speicherung erfolgt auf IoT-Plattformen in geeigneten Datenmodellen (digitale Zwillinge). Beispiel: John Deere sammelt Sensordaten von Traktoren, um Landwirten Handlungsempfehlungen zu geben.

Kundendaten lassen sich aus **Primärquellen** wie Befragungen, Beobachtungen, Tests oder IoT-Sensoren direkt beim Kunden erheben und liefern wertvolle Einblicke in Verhalten, Bedürfnisse und Nutzungsmuster. **Sekundärquellen** wie CRM- und Transaktionsdaten, Social Media oder Marktstudien nutzen bereits vorhandene Informationen, um Kundenprofile und Trends zu ergänzen.

Ein umfassendes Bild ihrer Kunden ist die Basis von kundenorientierten Geschäftsprozessen in allen Unternehmensfunktionen. Die **datengetriebenen Handlungsfelder des Produktmanagers** in der Produktpolitik können in fünf Bereiche eingeteilt werden (vgl. Abbildung 5.16):[1441]

1441 Vgl. z. B. Blase/Duffey (2025); Nassur/Rowshankish (2022).

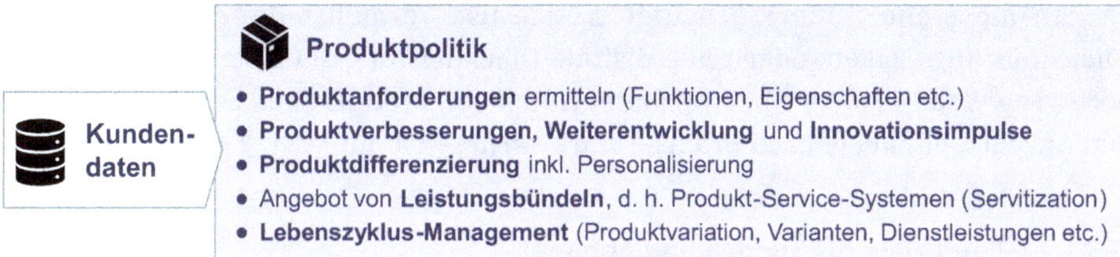

Abbildung 5.16: Hebel für kundendatengetriebene Produktpolitik.

Produktanforderungen inklusive Funktionalität, Eigenschaften, Produktgestaltung (Design) und Bedienung/Nutzererlebnis müssen auf den expliziten und impliziten Kundenwünschen basieren.[1442] Nutzungsdaten sollten in die **Weiterentwicklung** des Produkts einfließen oder **Innovationsideen** liefern. Ebenso können Produkte motiviert durch unterschiedliche Kundencharakteristika **differenziert oder personalisiert** werden. Ein Kundenverständnis hilft außerdem dabei, ein wertschaffendes **Bündel an Leistungen** rund um das Produkt zusammenzustellen. Schließlich erlauben insbesondere Nutzungsdaten ein kundenorientiertes **Produktlebenszyklus-Management**, z. B. durch Updates, Produktverbesserungen, Produktvarianten oder (digitale) Dienstleistungen.

5.3.1.2 Servitization

Der Begriff **Servitization** wurde bereits 1988 von Vandermerwe und Rada eingeführt.[1443] Dabei beschreiben sie den Wandel hin zu stärkerer Serviceorientierung. In der höchsten Entwicklungsstufe kombinieren Unternehmen physische Produkte, Dienstleistungen, Support, Wissensangebote und Selbstbedienungslösungen zu einem umfassenden Wertversprechen für ihre Kunden. Besonders in Branchen, in denen eine Differenzierung allein über das physische Produkt kaum möglich ist, eröffnet Servitization eine Chance, Kunden durch Individualisierung des Angebots zu gewinnen.

Die auf dem Servitization-Konzept gründende **Service-dominierte Logik**[1444] besagt, dass der klassische Güteraustausch bei Kunden nicht mehr im Vordergrund steht, sondern nur lediglich die Nutzung einer Sache. Physische Güter dienen lediglich als Träger der Dienstleistung. Dadurch ergibt sich eine aktive Integration von Kunden und Anbietern im Wertschöpfungsprozess („Co-Creation of Value").

1442 Vgl. Kap. 4.3.2.1.1 (Kundenanforderungen); neben Kundenanforderungen sind die Anforderungen weiterer Stakeholder zu berücksichtigen, vgl. Kap. 4.3.2.1.

1443 Vgl. Vandermerwe/Rada (1988).

1444 Vgl. Vargo/Lusch (2004); Ein viel zitiertes Beispiel von Servitization ist das bereits in den 1960er-Jahren entstandene „Power by the Hour"-Angebot von Rolls-Royce, bei dem Luftfahrtunternehmen für Triebwerksleistung bezahlen, nicht für das Triebwerk selbst.

An die Stelle reiner Sachgüter treten also vermehrt integrierte Produkt-Dienstleistungs-Pakete oder reine digitale Dienstleistungen („Everything as a Service“, sog. **XaaS**-Modelle[1445]), wobei der Anteil von Produkt- und Serviceelementen am Angebotsbündel je nach Branche stark variieren kann.

5.3.1.2.1 Potenziale für Kunden und Anbieter

Servitization bietet sowohl für Kunden als auch für Anbieter eine Reihe von Potenzialen (vgl. Abbildung 5.17).

Private wie gewerbliche Kunden bevorzugen häufig Dienstleistungen, weil sie flexibler, risikoärmer, nutzungsorientierter, komfortabler und nachhaltiger sind als „Produktbesitz“:[1446]

- **Kosten- und Risikoreduktion:** Eine Dienstleistung wird nutzungsabhängig bezahlt, z. B. in Pay-per-Use- oder Abo-Modellen. Es entsteht kein Kapitalaufwand für die Anschaffung und geringere Risiken durch den Wegfall von Wartung, Reparatur oder Wertverlust. Laufende Kosten sind transparent und planbar.
- **Flexibilität und Anpassungsfähigkeit:** Dienstleistungen können schnell angepasst oder gekündigt werden, während Produkte langfristige Investitionen darstellen. Kunden bleiben technologisch auf dem neuesten Stand und haben Zugang zu modernen Lösungen ohne eine Bindung an veraltete Produkte, z. B. SaaS statt Kauf einer Softwareversion.
- **„Nutzen statt Besitzen“:** Kunden wollen vermehrt Lösungen für Probleme statt dem Eigentum an einer Sache.[1447] Der wahrgenommene Nutzen ergibt sich aus dem ganzheitlichen Lösungsangebot, das konkrete Kundenprobleme adressiert.
- **Zugang zu Expertise und Zusatzleistungen**: Dienstleistungen beinhalten oft Support, Beratung, Schulung oder Wissensbereitstellung. Kunden profitieren von

Abbildung 5.17: Vorteile von Servitization.

1445 Vgl. Lenz u. a. (2023).

1446 Vgl. z. B. Kesseler/Karcher (2022); S. 86–87 und S. 91; Schüler/Tisson (2022), S. 103–105.

1447 Während Generation X (geb. 1965–1980) den Besitz z. B. von Autos oder langlebigen Konsumgütern präferiert, bevorzugt Generation Z (geb. 1997–2010) mehrheitlich die Nutzung, z. B. durch Leasing, Leihe oder „Sharing“.

umfassenden Servicepaketen, die über das reine Produkt hinausgehen. Besonders im B2B-Bereich ist diese Kombination von Produkt und umfassenden Dienstleistungen attraktiv (Konzentration auf Kerngeschäft).
- **Bequemlichkeit und Zeitersparnis**: Dienstleistungen nehmen dem Kunden Arbeit und Komplexität ab, da keine Eigenorganisation von Wartung, Betrieb oder Updates nötig ist.
- **Nachhaltigkeit**: „Nutzen statt besitzen" und „Ressourcen-Sharing" spart in Summe Ressourcen und wird von vielen Kunden als nachhaltiger empfunden. Besonders bei jüngeren Konsumenten gewinnt dieser Aspekt an Bedeutung.

Auch **Anbieter** profitieren potenziell von „Product-as-a-Service"-Geschäftsmodellen (PaaS) gegenüber dem klassischen Produktverkauf durch stabile Einnahmen, Datengewinnung und größere Differenzierungsmöglichkeiten:[1448]
- **Stetige Einnahmeströme** statt Einmalerlöse, durch Abos, Miet- oder Pay-per-Use-Modelle. Dadurch erhöht sich die Planungssicherheit und Liquidität.
- (Digitale) Dienstleistungen bieten das Potenzial für zusätzliches **Wachstum und neue Geschäftsmodelle**.[1449]
- Dienstleistungen implizieren i. d. R. langfristige Vertragsbeziehungen. Dies schafft enge **Kundenbindung** und stabile Kundenbeziehungen. Der Anbieter hat die Möglichkeit für Zusatzgeschäfte (Cross-Selling oder Upselling).
- Services sind schwerer austauschbar oder imitierbar als Produkte. Anbieter können sich durch Servicequalität, Kundenkenntnis und Mehrwertleistungen **vom Wettbewerb abheben** und sich als unverzichtbarer Partner etablieren.
- Aufgrund der Kundenverzahnung erlauben Dienstleistungsbeziehungen das Sammeln von **Kunden- und Nutzungsdaten**. Dies kann Grundlage für Produktverbesserungen, personalisierte Angebote oder neue Serviceangebote sein.
- Anbieter behalten die Kontrolle über Produkte, können diese effizient warten, aufbereiten und effizient, ggf. mehrfach, einsetzen. Dadurch erhöht sich die Ressourceneffizienz **(Nachhaltigkeit)**.

5.3.1.2.2 Digitale Technologien als Treiber von Servitization

Neben einem **faktischen Nutzen** bzw. einer tatsächlichen Problemlösung stellen Kunden an eine Dienstleistung zunehmend eine Reihe von **„weichen" Anforderungen:**[1450]

1448 Vgl. Lenz u. a. (2023), S. 8; um klarzumachen, dass das Service-Geschäftsmodell für alle Arten von Produkten anwendbar ist, verwenden die Autoren die Bezeichnung „Everything as a Service" (XaaS), vgl. Lenz u. a. (2023), S. 5.

1449 Vgl. Kap. 5.3.4 (Digitale Geschäftsmodelle).

1450 Vgl. z. B. Esser (o. J.); Lies (2022); Kesseler/Karcher (2022), S. 87.

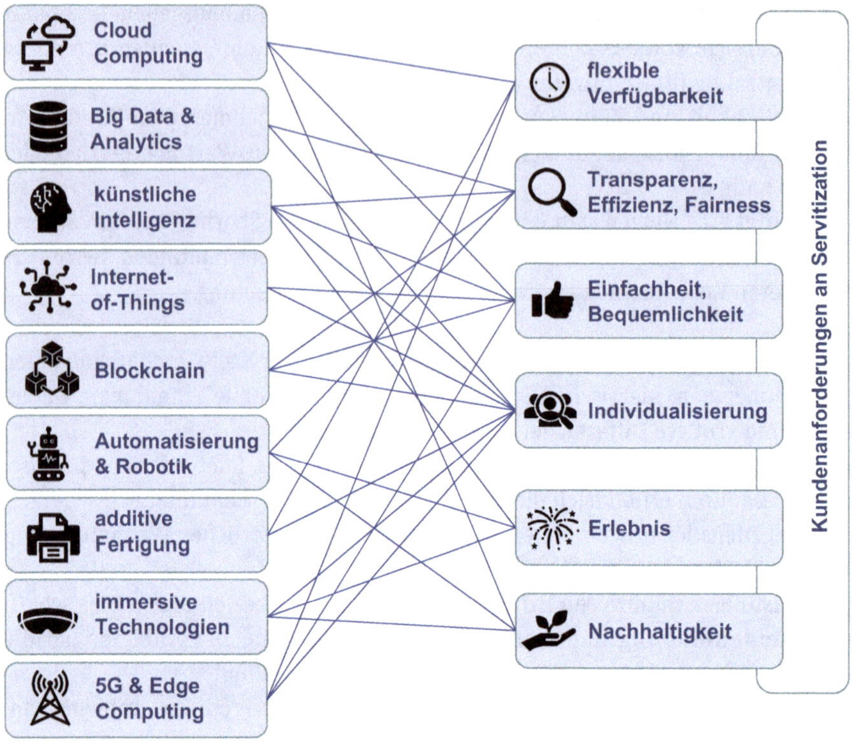

Abbildung 5.18: Beitrag digitaler Technologien zu Servitization-Anforderungen[1451].

- Flexible Verfügbarkeit: immer (rund um die Uhr), überall (z. B. auch von unterwegs), über verschiedene Plattformen (inklusive Social Media) und Geräte (insbesondere Smartphone). Neben der Dienstleistung muss auch „Hilfe" sofort und komfortabel erreichbar sein.
- Transparenz, Effizienz, Fairness: klare, nachvollziehbare Preis- und Nutzungsmodelle (z. B. Pay-per-Use oder Abos), keine versteckten Kosten, einfache Vertragsbedingungen, Datenschutz
- Einfachheit und Bequemlichkeit: einfache Einrichtung/Installation, Kompatibilität mit bestehenden Systemen und Routinen (über APIs), Self-Service-Möglichkeiten, Mobile Apps, ggf. Steuerung mit natürlicher Sprache
- Individualisierung: Dienstleistung muss auf eigene Bedürfnisse zugeschnitten sein. Verschiedene Service-Levels sollten zur Auswahl stehen.
- Ggf. emotionales Service-Erlebnis, z. B. „attraktive" Umgebung, freundliches Personal, gefühlte Exklusivität, Sicherheit
- Nachhaltigkeit, z. B. ressourcenschonender Ansatz

1451 Schmidt u. a. (2022), S. 26.

Ohne Digitalisierung gäbe es Servitization nur in Form traditioneller Dienstleistungen wie Wartung, Schulung oder Finanzierung. Erst die digitale Erfassung, Vernetzung und Auswertung von Daten **ermöglicht umfassende Produkt-Service-Systeme**, die die oben genannten Kundenanforderungen erfüllen und wirtschaftlich betrieben werden können. Abbildung 5.18 zeigt ausgewählte Beiträge und Einflüsse digitaler Technologien für die Kundenanforderungen an Dienstleistungen.

Die in Abbildung 5.18 eingezeichneten Verbindung sind exemplarisch und können, abhängig vom Anwendungsfall, auch anders gelagert sein. Neben den genannten Technologien können weitere „digitale Werkzeuge" zum Erfolg des Produkt-Service-Systems beitragen, z. B. Mobile Apps, Projektmanagement-Software (z. B. Jira, Trello) oder CRM-Systeme.

5.3.1.2.3 Herausforderungen für das Produktmanagement

> „Das Serviceerlebnis zu steigern, heißt, den Menschen in den Mittelpunkt zu stellen [...] Erreichbarkeit, Sprache, Flexibilität in der Wahl des Kanals, Problemlösungsfähigkeit, Emotionen, um nur wenige Beispiele zu nennen, sind zentrale Attribute, deren Erfüllung ein positives [Service-] Erlebnis stark beeinflussen."[1452]

Die generellen Herausforderungen bei der Umsetzung einer (digitalen) Servitizationstrategie sind ähnlich denen der digitalen Transformation (vgl. Kap. 5.2.3.5). Neben technologischen Themen sind organisatorische und kulturelle Veränderungen zu bewältigen.

Der **Produktmanager** muss neben der Technologieentwicklung eine Reihe weiterer Herausforderungen meistern:

- Er muss sicherstellen, dass der Fokus auf dem **Kundennutzen statt auf Produktfeatures** liegt. Der Nutzen des gesamten Produkt-Service-Systems muss entwickelt und kommuniziert werden, nicht nur die Eigenschaften des Produkts. Dabei sind auch die im einleitenden Zitat genannten „weichen Aspekte" zu berücksichtigen. Dies ist herausfordernd, da es sich um immaterielle, teilweise schwer messbare Werte handeln kann (z. B. Flexibilität, Bequemlichkeit, Verfügbarkeit).
- Vertrieb und Marketing müssen **Vertrauen aufbauen**, da Kunden den Besitz und damit die Kontrolle abgeben sollen und erwarten, dass der Anbieter dauerhaft verlässlich liefert. Sicherheit, Zuverlässigkeit und Transparenz können z. B. durch differenzierte Service-Levels, Garantien, Erfolgsgeschichten und Case Studies untermauert werden.
- Zusätzlich muss dem Kunden das **Preismodell erklärt** und als fair bzw. vorteilhaft „verkauft" werden. Anstelle von Einmalpreisen werden i. d. R. Abos, Pay-per-

1452 Eigene Darstellung.

Use oder Ergebnis-basierte Preismodelle eingesetzt. Kunden könnten Abo-Modelle beispielsweise als zu teuer, zu unflexibel oder intransparent wahrnehmen.

- Ein Service-basiertes Geschäftsmodell erfordert eine **intensivere und andauernde Kundenbeziehung**. Die „Customer Journey" endet nicht mit dem Kauf, sondern muss von der Einführung über den laufenden Service bis zur Vertragsverlängerung durch die Marketing- oder After-Sales-/Servicefunktion des Unternehmens begleitet werden (**Life-Cycle-Marketing**, vgl. Abbildung 5.19).

	Onboarding	Nutzung	Support	Verlängerung, Cross-/Upselling	Advocacy
Ziel	• Einstieg in Produkt-Service-System erleichtern	• Kundenaktivität und -zufriedenheit	• Probleme schnell und proaktiv lösen	• Verlängerungen sichern und ggf. Mehrumsätze	• Kunden-Empfehlungen und Referenzen
Maßnahmen (Beispiele)	• Willkommens-Kampagnen (E-Mails, Tutorials, Webinare) • persönliche Ansprechpartner für erste Fragen • Self-Service-Lösungen, z. B. FAQs, Service-Bots	• proaktive Kommunikation: Tipps & Tricks, neue Features • personalisierte Inhalte basierend auf Nutzungsdaten • Community-Building, z. B. User Groups, Foren, Social Media	• Multichannel-Support (Chatbots, Hotline, App) • Zufriedenheits-umfragen, z. B. NPS • automatisierte Alerts, z. B. wenn Wartung fällig oder Service verfügbar ist	• automatisches Angebot zur Verlängerung • ergänzende und höherwertige Services anbieten • Anreize zur langfristigen Kundenbindung, z. B. Treue-programme, Rabatte	• Kunden-Case-Studies/Success Stories erstellen • Empfehlungs-programme mit Belohnungen • Kunden als Speaker in Webinare oder Events einladen

Abbildung 5.19: Life-Cycle-Marketing bei digitalen Serviceangeboten.

Ziel des Life-Cycle-Marketings ist es, mit individuellen, datengetriebenen und serviceorientierten Maßnahmen die Zufriedenheit, Loyalität und Profitabilität des Produkt-Service-Systems kontinuierlich zu steigern. Hierfür muss der **Produktmanager** folgende Aspekte beachten:

- Als Basis für die Produktentwicklung und das Life-Cycle-Marketing muss der Produktmanager eine **Datenstrategie** entwerfen. Diese beschreibt, wie für das geplante Produkt-Service-System Daten gesammelt, verwaltet, analysiert und genutzt werden, um Mehrwert zu schaffen.[1453] Die Erfassung von Produktnutzungsdaten erfolgt z. B. über Sensoren/IoT, Mobile Apps oder im E-Commerce-System. Zentrale Systeme (CRM, ERP, Data Lakes) übernehmen die Verwaltung und Integration dieser Daten. Wichtig ist, dass erhobene Daten und Rückmeldungen aus der Nutzung direkt zurück in die Produkt- und Serviceentwicklung fließen (z. B. durch Personalisierung an die Bedürfnisse des Nutzers, neue Features, Preisanpassungen, generelle Serviceoptimierungen), idealerweise in Echtzeit. Das Produkt- und Servicesystem wird damit nicht nur kundenorientierter, sondern auch dynamisch „lernend".

1453 Vgl. Kap. 5.3.5 (Digitaler Zwilling).

- Der Produktmanager muss sicherstellen, dass das **Geschäftsmodell langfristig profitabel** betrieben werden kann. Die Einnahmen eines digitalen Services müssen die laufen Kosten (Servicebereitstellung, Datenpflege, Support und Infrastruktur) übersteigen sowie die u. U. hohen Anfangsinvestitionen (Entwicklung der Datenarchitektur, Serviceentwicklung, ggf. IT-Anschaffungen) amortisieren. Auf Kundenebene ist sicherzustellen, dass der erwartete Customer-Lifetime-Value größer ist als die anfänglichen Customer-Acquisition-Costs und etwaige Kosten des Onboardings.
- Für die Wirtschaftlichkeit und zukünftiges Wachstum ist außerdem die **Skalierbarkeit** zu beachten. Das Produkt- und Servicesystem sollte technisch und organisatorisch in der Lage sein, zukünftig mehr Kunden zu bedienen, ohne dass die Kosten proportional steigen.
- Servitization erfordert die **Zusammenarbeit** von F&E, IT, Service, Vertrieb und Marketing auch im Betrieb des Produkt-Service-Systems. Der Produktmanager muss als „Knotenpunkt“ die genannten und weitere Bereiche koordinieren, um Kundenorientierung und Wirtschaftlichkeit sicherzustellen.
- Risiken wie Serviceausfälle, Datenmissbrauch oder Vertragsverletzungen müssen systematisch identifiziert werden. Ein wirksames **Risikomanagement** umfasst technische Maßnahmen (z. B. IT-Sicherheit, Ausfallsicherheit) ebenso wie organisatorische Prozesse zur Überwachung und Notfallplanung.
- Die Einhaltung von **Compliance**-Anforderungen, z. B. Datenschutzgesetze (DSGVO) oder branchenspezifische Standards, ist wichtig, um das Vertrauen der Kunden zu gewinnen und negative rechtliche Konsequenzen zu vermeiden.

5.3.1.3 Überleitung zur Digitalisierung auf Ebene des Angebots

In 2022 lag der Anteil der Konsumausgaben für **digitale Produkte und Dienstleistungen** in den USA bei 2,9 %[1454] – Tendenz steigend. Bei Befragten im Alter von 18 bis 34 Jahren lag der Anteil bei 3,2 %, bei über 55 Jahren bei 2,7 %. Die wichtigsten digitalen Produktkategorien sind Streamingdienste, Videospiele & In-Game-Käufe, Computer- und Mobile-Apps, digitale Gesundheits- und Wellnessdienste, Kryptowährungen/NFTs, VR- & Gaming-Inhalte, virtuelle Bildung, haustierbezogene digitale Dienste und Live-Streamingdienste. Nicht mitgerechnet im oben genannten Anteil sind **digital unterstützte und hybride Produkte und Dienstleistungen**, die einen großen Teil moderner Geräte und Maschinen ausmachen (eingebettete Software). Diese Güter sind damit nicht als analog, sondern als digital unterstützt (z. B. eine Waschmaschine mit Programmwahl über ein Touchdisplay) oder hybrid (z. B. das Peleton-Bike) zu bezeichnen.[1455]

1454 Befragung von 1000 Personen in den USA in 2022, vgl. Rogers u. a. (2023).
1455 Vgl. Abbildung 5.13.

Produktmanager sollten sich intensiv mit der (weiteren) Digitalisierung von Produkten und Dienstleistungen befassen, weil sich dadurch sowohl für Kunden als auch den Anbieter potenzielle Wettbewerbsvorteile eröffnen (vgl. zusammenfassende Bewertung in Kap. 5.3.1.6).

Bei der Produkt-Digitalisierung geht es darum, das Produkt selbst digitaler und „smarter" zu machen. Im Falle von Dienstleistungen wird die Art und Weise „digitalisiert", wie eine Leistung erbracht wird. Die Hebel zur Digitalisierung werden entsprechend differenziert in Kap. 5.3.1.4 (Produkte) und Kap. 5.3.1.5 (Dienstleistungen) erläutert.

5.3.1.4 Hebel zur Erhöhung des Digitalisierungsgrades bei Produkten

> „The eight-year-old kid who used to ask their parents for their favorite sports team's jersey might now ask for the digital version of that jersey for their online avatar."[1456]

Digitalisierung von Produkten soll bedeuten, ein (zumindest teilweise) physisches Produkt durch digitale Komponenten, Funktionen oder Schnittstellen zu erweitern oder sogar vollständig zu digitalisieren. Merkmale digitalisierter Produkte sind Sensoren, Software oder Konnektivität, sodass Daten erfasst, ausgewertet und genutzt werden können. Produkte werden durch Digitalisierung i.d.R. „smarter".

Als Ausgangspunkt können Produkte zunächst in vier Stufen der Digitalisierbarkeit klassifiziert werden:

- Bei **rein physischen Produkten** liegt der Nutzen ausschließlich in der materiellen Funktion. Eine Digitalisierung ist meist nur indirekt möglich, z. B. durch begleitende digitale Apps oder Services, und nicht in allen Fällen „sinnvoll". Beispiele: Nahrungsmittel, Möbel, Bekleidung, Hammer.
- Physische Produkte mit **digitaler Unterstützung** enthalten einfache digitale Komponenten, die den Grundnutzen verbessern. Beispiele: Waschmaschinen mit elektronischer Steuerung und digitalem UI, Fahrräder mit digitalem Tacho.
- **Hybride Produkte** bestehen aus physischer Hardware sowie Software, Inhalten oder digitalen Services. Kundennutzen entsteht aus der Integration analoger und digitaler Komponenten. Beispiele: Smartwatches, Autos mit Infotainment-System, Fitnessgeräte mit Apps, Wearables, E-Book-Reader.
- **Digitale Produkte** haben keine materielle Gestalt, liegen aber als Artefakt vor (im Gegensatz zu Dienstleistungen). Beispiele: Softwareprodukte für verschiedene Plattformen (inklusive Mobile Apps, eingebettete Software für Maschinen, Systemsoftware), Musik, Videos, E-Books, geistiges Eigentum (z. B. Rechte, Formate, Algorithmen, Kunst).

1456 Rogers u. a. (2023).

Gegenstand der Untersuchung, ob bzw. wie eine weitergehende Digitalisierung erfolgen kann, sind primär Produkte der drei erstgenannten Stufen. Auch ein rein digitales Produkt kann „weiter digitalisiert" werden, z. B. durch Vernetzung mit anderen Produkten oder durch Aufladung mit zusätzlichen Inhalten.

Das Ausmaß der erreichbaren Digitalisierung und die Hebel zur Digitalisierung von Produkten hängen stark von der **Natur und der Beschaffenheit des Produkts** ab. Manche Produkte weisen eine hohes Digitalisierungspotenzial auf, weil sie z. B. elektronische Komponenten enthalten oder Daten erfassen können. Ein Auto oder eine Maschine verfügt beispielsweise über viele technische Schnittstellen, sodass die Ergänzung von Sensorik, Software und Konnektivität einen naheliegende Digitalisierungshebel darstellt. Auf der anderen Seite sind Produkte, deren Nutzen rein physischer Art ist, eher schwer zu digitalisieren, z. B. Möbel oder Lebensmittel. Hier kann eine Digitalisierung über den Umweg der Servitization erfolgen, indem z. B. begleitende digitale Dienstleistungen angeboten werden. Entscheidend für das Digitalisierungspotenzial ist also, wie gut sich digitale Technologien wie Software, Sensorik, Vernetzung oder Inhalte integrieren lassen, um zusätzlichen Kundennutzen zu schaffen.

Auch der **Marktkontext** bestimmt, welche Digitalisierungsansätze geeignet sind: In einem preissensiblen Massenmarkt können digitale Zusatzfunktionen als Standard-Features zur Differenzierung dienen, während im Premiumsegment personalisierte digitale Services entscheidend für die Zahlungsbereitschaft der Kunden sein können. Zudem beeinflussen Faktoren wie Regulierungen, Infrastruktur, Kundenerwartungen und Wettbewerb, welche Digitalisierungsstrategien erfolgversprechend sind.

Produktmanager müssen die Digitalisierungspotenziale individuell prüfen, weil sich je nach Produktkategorie und Marktumfeld unterschiedliche technische Möglichkeiten, Kosten-Nutzen-Verhältnisse und Kundenerwartungen ergeben. Abbildung 5.20 zeigt sieben „generische" Möglichkeiten zur Erhöhung des Digitalisierungsgrades von Produkten:

Abbildung 5.20: Hebel zur Digitalisierung von Produkten (Übersicht).

Die in Abbildung 5.20 genannten Hebel sind teilweise abhängig voneinander. Software-Updates erfordern beispielsweise Konnektivität. Updates sind häufig für Systeme mit Embedded Software erforderlich. Datenbasierte Personalisierung und Automatisierung (ggf. mit KI) sind in Kombination mit den anderen Hebeln anzustreben. Der Klarheit wegen sollen die Themen im Folgenden trotzdem separat erörtert werden.

5.3.1.4.1 Integration von Software und Embedded Systems

Das physische Produkte wird mit intelligenter Elektronik, Softwaremodulen und Steuerungseinheiten ausgestattet werden. Solche **Embedded Systems** bestehen typischerweise aus einem Mikrocontroller, Sensoren, Aktoren und Software, die in einem physischen Produkt verbaut sind. Die **Software** kann Prozesse steuern (z. B. Waschprogramme in einer Waschmaschine), Daten erfassen (z. B. Temperatur, Bewegung) oder die Interaktion mit Nutzern ermöglichen (z. B. Displays, Touchscreens). Dadurch kann der Funktionsumfang des Systems durch programmierbare Software erweitert werden. Durch eine entsprechende Softwarearchitektur und Internetzugang können Funktionen mittels Updates flexibel erweitert oder verbessert werden (ohne Eingriffe in die Hardware).

Kunden profitieren von neuen Funktionen, mehr individuellen Einstellungsmöglichkeiten, einer längeren Produktnutzungsdauer (Software-Updates in der Marktpräsenzphase des Produkts) und einer besseren Nutzererfahrung (z. B. interaktives User-Interface, Automatisierungsfunktionen). **Anbieter** können sich von Wettbewerberangeboten abheben, Produktvarianten per Softwarekonfiguration realisieren (Kosteneinsparung) und das System im Feld aktualisieren und weiterentwickeln.

Zu berücksichtigen sind die u. U. hohen Entwicklungs- und Testkosten für das hybride System sowie Abhängigkeiten von der Systemumgebung (z. B. Internetzugang).

Die Praxis liefert eine Vielzahl von **Beispielen** beim genannten Digitalisierungshebel:

- Fahrassistenzsysteme, digitale Cockpits und Over-the-Air-Updates in der Automobilindustrie
- Medizintechnik: Implantate oder Diagnosegeräte mit Softwaresteuerung und Datenerfassung
- Konsumgüter: Smartwatches mit Mobile App, Spielzeug mit integrierten Lern-Apps

5.3.1.4.2 Sensorik und IoT-Anbindung

Die Integration von Sensorik und die Anbindung an das Internet of Things (IoT) ermöglicht es, dass Produkte nicht nur eine Funktion erfüllen, sondern vor Ort auch Daten erfassen, austauschen und in Echtzeit verarbeiten. Mittels **Sensorik** können physikalische Größen wie Temperatur, Druck, Bewegung, Position, Verschleiß oder Energieverbrauch erfasst werden. Andere Daten erfasst die eingebettete Software, z. B. Nutzereingaben oder Gerätestatus. Die **IoT-Anbindung** ermöglicht die Übertragung ausgewählter Daten an zentrale Systeme (z. B. Cloud-Plattformen) oder direkt an andere Produkte des

Systems. Die Analyse der Daten erfolgt vor Ort (Edge Computing) oder zentral in der Cloud. Algorithmen, KI-Analysen oder feste Regeln liefern Handlungsempfehlungen oder stoßen Prozesse automatisch an. Resultat sind **„smarte" Produkte**, die ihren Zustand selbst überwachen, diesen ggf. selbstständig verändern, mit anderen Geräten kommunizieren und ggf. Services anstoßen.

Kunden profitieren von niedrigeren Ausfallzeiten und Sicherheit des Systems, höherem „Komfort" durch Automatisierung sowie Systemtransparenz und Kontrollmöglichkeiten. **Anbieter** gewinnen Nutzungsdaten, die sie in die Lage versetzen, neue Serviceangebote zur entwickeln (Predictive-Maintenance, Flottenmanagement etc.). Diese Angebote können eine Differenzierung im Wettbewerb, Kundenbindung und neue Einkommensquellen schaffen. Zu den Herausforderungen auf Anbieterseite zählen die technische Komplexität der Systeme, Infrastrukturabhängigkeiten und Datensicherheit.

Praxisbeispiele sind:
- IoT-fähige Industriemaschinen
- Landmaschinen mit Sensorik für Boden- und Ertragsdaten
- Carsharing-Fahrzeuge mit GPS-Sensoren und App-Steuerung
- Wearables wie Smartwatches, die Puls und Aktivität überwachen

5.3.1.4.3 Konnektivität und Nutzung von Cloud-Plattformen

Konnektivität beschreibt die Fähigkeit von Produkten, sich mit anderen Geräten, Systemen oder Netzwerken zu verbinden, z. B. mit Smartphone-Apps oder speziellen Portalen. Die Verbindung kann über WLAN, 5G-Mobilfunk, Bluetooth oder spezielle IoT-Protokolle erfolgen. In Kombination mit **Cloud-Plattformen** können Produkte ihre Daten nicht nur lokal verarbeiten, sondern in Echtzeit speichern, analysieren und für weiterführende Services zur Verfügung stellen. Andere Anbieter können auf der Plattform über Schnittstellen (APIs) ergänzende Services anbieten. Dadurch wird das Produkt Teil eines **digitalen Ökosystems** und kann erheblich an Funktions- und Servicevielfalt gewinnen.

Kunden profitieren von komfortablerer und besserer Steuerung technischer Systeme sowie von erweiterten Diensten – nicht nur vom Gerätehersteller, sondern zusätzlich von Drittanbietern. Damit profitieren sie von Innovationen eines größeren Ökosystems. Entsprechend können **Anbieter** für bzw. über ihr Produkt „Plattformdienste" (von Partnern) anbieten. Durch Cloud-Architekturen gewinnen sie Flexibilität und Skalierbarkeit. Neue Geschäftsmodelle wie Pay-per-Use, Subscription oder Freemium-Modelle werden möglich. Auf der anderen Seite steigt die Systemkomplexität durch externe Anbindungen ebenso wie Abhängigkeiten von Partnern und Cybersecurity-Risiken.

Praxisbeispiele finden sich sowohl im B2C- als auch im B2B-Kontext:
- B2C: smarte Haushaltsgeräte (z. B. Miele, Bosch) mit App-Steuerung; Connected-Car-Lösungen (z. B. BMW Connected Drive).
- B2B: IoT-Plattformen für Industrieanlagen (z. B. Siemens MindSphere), Cloud-Plattform für vernetzte Geräte (Microsoft Azure)

5.3.1.4.4 Software-Updates und Erweiterungen

Software-Updates und Erweiterungen ermöglichen es, Produkte nach dem Marktstart **kontinuierlich zu verbessern und zu erweitern**, ohne dass physische Eingriffe oder Neukäufe erforderlich sind. Ein Produkt ist damit nicht mehr als „fertiges Gut“ beim Verkauf anzusehen, sondern als eine **dynamische Plattform**, die sich im Lebenszyklus weiterentwickelt.

Folgende Fälle von Software-Updates und Erweiterungen können unterschieden werden:

- Updates zu **Fehlerbehebungen** oder **Stabilitätsverbesserung** schließen Sicherheitslücken, beheben Softwarefehler oder verändern Einstellungen, z. B. Sicherheits-Patches bei Smartphones oder IoT-Geräten. Diese sind i. d. R. kostenfrei.
- **Funktions-Updates** liefern neue oder verbessern bestehende Funktionen, i. d. R. gegen Bezahlung.
- Updates zur **Leistungsoptimierung** verbessern die Energieeffizienz, Geschwindigkeit oder Usability nach der Auslieferung.
- Nach dem Kauf können Kunden außerdem sog. **Add-ons** angeboten werden, z. B. Zusatzfunktionen oder Premium-Features.

Der Anbieter muss entscheiden, ob Updates kostenlos, kostenpflichtig oder im Abo-Modell angeboten werden. Software-Erweiterungen (am Produkt im Feld) können einen wichtigen Teil des **Geschäftsmodells** darstellen.

Kunden bietet das Vorgehen stetige Verbesserung (damit i. d. R. eine längere Nutzungsdauer des Produkts), Zugang zu Innovationen auch nach dem Kauf und Individualisierungsmöglichkeiten (Features können flexibel nach Bedarf hinzugefügt werden). Auf der anderen Seite begeben sich Kunden in eine gewisse Abhängigkeit vom Anbieter. Für **Anbieter** ergeben sich mehrere strategische Potenziale: Produkte bleiben länger aktuell und konkurrenzfähig. Außerdem können zusätzliche Umsatzpotenziale durch kostenpflichtige Add-ons oder Service-Abos erschlossen werden. Kunden verbleiben auch nach dem Kauf im Ökosystem des Anbieters. Dies ermöglicht die Gewinnung von Nutzungsdaten, welche wiederum Basis für Produktverbesserungen und individuelle Serviceangebote darstellen.

Software-Updates & Erweiterungen sind an **technische Voraussetzungen** gebunden:

- Zunächst muss ein Embedded System mit geeigneter modularer Softwarearchitektur und updatefähiger Hardware vorliegen.
- Das System muss über Konnektivität verfügen, um Updates auszuliefern, z. B. über LAN/WLAN, Mobilfunk (z. B. 5G), Bluetooth oder kabelgebundene Schnittstellen.
- Außerdem ist eine Infrastruktur zum Bereitstellen, Verteilen und Installieren von Updates erforderlich, z. B. ein Cloud-Server.

- Schließlich sind Sicherheitsmechanismen wie Verschlüsselung, Authentifizierung oder Signaturen vorzusehen, um Manipulation oder Schadsoftware zu verhindern. In sicherheitskritischen Bereichen (z. B. Luftfahrt, Medizintechnik) sind u. U. gesetzliche Vorgaben zu beachten.

Organisatorische Voraussetzungen für das Angebot von Software-Updates und Erweiterungen sind auf Anbieterseite klare Prozesse für die Entwicklung, das Testing, die Freigabe und den Roll-out von Updates. Gerade die Versorgung einer Vielzahl unterschiedlicher Systeme bzw. Systemkonfigurationen kann komplex sein. Ein Team oder Partner sollten die Updates überwachen, ggf. Unterstützung leisten und etwaig auftretende Fehler beheben. Kunden müssen über den Nutzen, die Häufigkeit und mögliche Einschränkungen durch Updates informiert werden.

Kontinuierliche Updates von Software oder hybriden Systemen sind, da die technischen Hürden klein sind und beide Seiten profitieren, in der Praxis weit verbreitet. **Beispiele**:
- Smartphones werden regelmäßig „over the Air“ mit Betriebssystem-Updates und Sicherheits-Patches versorgt (kostenfrei, mit Zustimmung der Besitzer)
- Auf Gaming-Konsolen werden neue Features und Inhalte via Software-Update aufgespielt
- Industriemaschinen werden nicht nur aus der Ferne überwacht und gesteuert, sondern auch mit neuen Softwaremodulen beliefert.
- Over-the-Air-Updates, z. B. für Infotainment- und Fahrassistenzsysteme in der Automobilindustrie

5.3.1.4.5 Digitale Zusatzkomponenten

Während es im letzten Abschnitt um die Verbesserung und Weiterentwicklung des bestehenden Produkts ging, zielen digitale Zusatzkomponenten und Services auf **die digitale Ergänzung** physischer Produkte oder hybrider Produkte ab, die über den Grundnutzen hinausgehen und mit diesem **komplementär** sind. Digitale Ergänzungen können eingeteilt werden in:
- Software-Features, z. B. Mobile-Apps, Trainingsanwendungen, AR/VR-Anwendungen
- digitale Inhalte, z. B. Texte, Musik, Videos oder Landkarten
- digitale Services, z. B. Fernwartung, Datenanalysen, Schulungen, Live-Streams, Back-up/Sicherheits-Dienste
- Plattformanbindungen, z. B. an Communitys zum Nutzeraustausch, an Shoppingplattformen für Ersatzteile oder an Bibliotheken mit spezifischen Inhalten

Digitale Ergänzungen erhöhen für **Kunden** den wahrgenommenen Wert des Produkts über höheren Nutzungskomfort (Personalisierung, nahtlose verfügbare Dienste) oder neue Nutzungsmöglichkeiten (Software-Features, Zusatzinhalte, Ökosystemanbindung). Nachteilig auf Kundenseite sind u. U. Lock-in-Effekte und teure Kostenmodelle.

Anbieter können ihr Angebot stärker differenzieren, personalisieren oder monetarisieren. Je nach Ausgestaltung der digitalen Zusatzkomponenten und dem Prozess der Auslieferung sind u. U. technische Voraussetzungen erforderlich, z. B. Konnektivität oder Hardware-Ausstattung des Produkts. Datenschutz und Rechtemanagement können weitere Herausforderungen auf Anbieterseite darstellen.

Praxisbeispiele:
- Peloton-Bike mit Live-Streaming-Kursen, Community-Funktionen und Gamification-Elementen
- Kindle-E-Book-Reader mit Zugang zu einer digitalen Bibliothek
- die Onlinedienste iCloud und Fitness + für Apples iPhone-Nutzer
- Miele Professional als Service zur Wartungsplanung für gewerblich eingesetzte Geräte

5.3.1.4.6 Datenbasierte Personalisierung

In den bisher genannten Digitalisierungshebeln sind **Daten Mittel zum Zweck** – sie ermöglichen Funktionen, Vernetzung oder Servicebereitstellung.

Kundendaten können jedoch mehr als nur Enabler sein, sondern im **Kern des Mehrwerts** stehen: Bei datenbasierter Personalisierung werden gesammelte Nutzungs- und Kontextinformationen des Kunden eingesetzt, um jedem einzelnen Kunden ein einzigartiges, maßgeschneidertes Produkt- oder Serviceerlebnis zu bieten. Anstatt ein standardisiertes Produkt „von der Stange“ zu liefern, erhält jeder Kunde eine durch Algorithmen, KI oder regelbasierte Systeme konfigurierte individuelle Lösung.

Eine McKinsey-Umfrage aus dem Jahre 2021 ergab:[1457]
- 78 % der Befragten empfehlen Freunden und Familie eher Unternehmen, die Produkte oder Dienstleistungen für ihre Kunden personalisieren.
- 76 % der Befragten bevorzugen den Kauf von Marken, „die personalisieren“.
- 78 % der Befragten bleiben einem Unternehmen eher treu, falls dieses personalisierte Produkte oder Dienstleistungen anbietet.

Zur Realisierung datenbasierter Personalisierung sind drei Schritte notwendig:
- Produkte oder Services **sammeln** permanent und in Echtzeit Daten über Nutzung, Verhalten, Standort, Präferenzen oder physische Zustände.
- KI- oder Analysealgorithmen identifizieren Vorlieben, Nutzungsmuster und ermitteln die „wahrscheinlichen“ Bedürfnisse des Kunden **(Analyse)**.
- Basierend auf diesen Erkenntnissen werden Produkte oder Services automatisch personalisiert **(Anpassung)**.

1457 Vgl. Arora u. a. (2021), S. 5; Basis der Befragung waren 1013 amerikanische Privatpersonen über 18 Jahre.

Kunden profitieren von individueller Nutzererfahrung, Zeit- und Komfortgewinnen und ggf. erhöhter Systemstabilität und -sicherheit. Neben Kundenzufriedenheit und -bindung eröffnen sich dem **Anbieter** Cross- und Upselling-Potenziale (z. B. intelligente Empfehlungen). Voraussetzungen sind eine ausreichend hohe Datenqualität und leistungsfähige IT- und Analytics-Systeme. Zu „invasive" Personalisierung kann Kunden u. U. abschrecken.

Praxisbeispiele:
- Netflix und Spotify schlagen Inhalte basierend auf den Vorlieben der Nutzer vor.
- Smartwatches passen Trainingspläne automatisch an das Fitnesslevel des Trägers an.
- Amazon zeigt dynamisch an Kundenverhalten angepasste Produktempfehlungen.
- Industriemaschinen werden an spezifischen Nutzungsprofilen optimiert eingestellt.
- Dashboards in Softwareanwendungen zeigen individuell zugeschnittene KPIs.

5.3.1.4.7 Automatisierung und KI

Automatisierung macht digitale Produkte **effizient, zuverlässig und skalierbar**, indem Prozesse, die zuvor manuell oder mechanisch abliefen, durch Software, Sensoren oder Algorithmen „selbstständig" ablaufen. Dies kommt in vielen der genannten Digitalisierungshebeln zum Tragen. Beispielsweise laufen Steuerungsprozesse in Embedded Systems automatisiert ab. Sensorik und IoT erfassen Daten automatisch und leiten diese zur Verarbeitung weiter. Software-Updates werden automatisch „over the Air" bereitgestellt und installiert.

KI nutzt Daten, um Muster zu erkennen, Vorhersagen zu treffen, Entscheidungen auszuführen oder neue Inhalte zu generieren. Damit kann KI digitale Produkte **intelligent, lernfähig und kundenzentrierter** machen. Beispiele:
- Maschinen können über KI-basierte Embedded Systems automatisch gesteuert werden.
- KI-Systeme in einer Cloud erkennen Muster in Sensordaten von IoT-Maschinen und stoßen Wartungsarbeiten rechtzeitig an.
- Auf Shoppingplattformen erstellt KI personalisierte Produktempfehlungen, basierend auf vorhandenen Kundendaten.

Automatisierung und KI sind als querschnittlich anzusehen: Sie wirken als Katalysatoren, die in Kombination mit anderen Digitalisierungshebeln die Effizienz und den Kundennutzen von digitalisierten Produkten steigern.

5.3.1.4.8 Fallbeispiele

Abschließend werden fünf Fallbeispiele für erfolgreiche Digitalisierung von Produkten aufgeführt:

- **Tesla** hat das klassische Auto in ein digital erweitertes Produkt transformiert. Funktionen wie Fahrassistenz, Batteriemanagement oder Entertainment können über Software-Updates nachträglich verbessert oder ergänzt werden. Kunden profitieren von einem Fahrzeug, das sich auch nach dem Kauf ständig weiterentwickelt, während Tesla wertvolle Nutzungsdaten sammelt und eine Differenzierung gegenüber klassischen Automobilherstellern erzielt.
- **John Deere** integriert Sensoren und IoT-Technologien in Traktoren und Erntemaschinen. Über die digitale Plattform „John Deere Operations Center" erhalten Landwirte Echtzeitdaten zu Boden, Ertrag und Maschinenauslastung. Dadurch wird nicht nur die Effizienz gesteigert, sondern auch ein datenbasierter Service geschaffen, der Kunden bei Entscheidungen unterstützt. John Deere schafft damit ein neues Wertangebot, das über die reine Maschine hinausgeht.
- Das **Peloton-Bike** ist nicht nur ein Trainingsgerät, sondern ein hybrides Produkt-Service-System. Über einen Bildschirm und eine App erhalten Nutzer Zugang zu Live-Kursen, On-Demand-Workouts und Community-Funktionen. Kunden erleben eine ganzheitliche Lösung aus Hardware, Software und digitalen Inhalten, während Peloton durch Abonnements wiederkehrende Umsätze generiert.
- Der **Kindle von Amazon** kombiniert ein physisches Lesegerät mit einer digitalen Plattform für E-Books. Kunden können sofort auf Millionen von E-Books zugreifen, Leseeinstellungen personalisieren und Inhalte über die Cloud synchronisieren. Die Digitalisierung verwandelt ein klassisches Produkt (Buch) in ein intelligentes, vernetztes System, das Lesekomfort und Reichweite erhöht und Kunden an Amazon bindet.
- **Miele** bietet Waschmaschinen und Backöfen, die mit einer App verbunden sind und per Smartphone gesteuert werden können. Über die App erhalten Kunden Rezepte, Wartungshinweise oder automatische Nachbestellungen von Verbrauchsmaterialien (z. B. Waschmittel). So wird ein klassisches Haushaltsgerät zu einem intelligenten System, das für Kunden erhöhten Komfort bringt und Miele neue Serviceerlöse ermöglicht.

5.3.1.5 Hebel zur Erhöhung des Digitalisierungsgrades bei Dienstleistungen

Digitalisierung von Dienstleistungen bedeutet, digitale Technologien einzusetzen, um Dienstleistungen zu unterstützen, zu ergänzen oder zu ersetzen, um diese effizienter zu gestalten, zu skalieren oder das Kundenerlebnis zu verbessern. Digitalisierung von Dienstleistungen ist nicht mit Servitization zu verwechseln.[1458] Während klassische Services stark von persönlicher Interaktion und physischer Präsenz geprägt waren, ermöglichen digitale Technologien heute völlig neue Formen der **Erbringung, Skalierung und Individualisierung**. Durch Automatisierung, Plattformen und datenbasierte Ansätze

1458 Vgl. Einleitung des Kap. 5.3.1 und Kap. 5.3.1.2 (Servitization).

können Dienstleistungen **effizienter, flexibler und kundenorientierter** gestaltet werden. Damit eröffnen sich für Unternehmen Potenziale, ihre Serviceangebote zu erweitern, neue Geschäftsmodelle zu entwickeln und die Kundenbindung nachhaltig zu stärken.

Dienstleistungen lassen sich nach Digitalisierungsgrad in ein Kontinuum von „traditionell“ bis voll digital einordnen:

- **Traditionelle (nicht digitalisierte) Dienstleistungen** erfolgen persönlich, ortsgebunden und ohne digitale Unterstützung. Beispiele sind der Friseurbesuch, persönliche Rechtsberatung oder traditionelle Handwerksleistungen.
- Bei **digital unterstützten Dienstleistungen** bleibt die Grundleistung physisch und persönlich, wird aber durch digitale Tools ergänzt. Beispiele: Arztpraxis mit digitaler Terminbuchung, Hotel mit Onlinereservierung, Taxi mit App-Bestellung.
- **Hybride Dienstleistungen** kombinieren physische und digitale Elemente. Teile der Leistung werden virtuell erbracht. Beispiele sind Fernwartung in der Industrie, Blended Learning (Kombination von Präsenz & Online-Learning) oder hybride Fitnessangebote.
- **(Rein) digitale Dienstleistungen** sind vollständig virtuell. Sie werden ausschließlich über digitale Kanäle und Plattformen erbracht. Beispiele sind Streamingdienste wie Netflix oder Spotify, Software-as-a-Service-Modelle oder Onlinebanking.

Während digitale Unterstützung „nur“ Effizienzgewinne bringt, ermöglichen hybride und rein digitale Services neue Wertangebote und Geschäftsmodelle.

Die Hebel zur Digitalisierung von Dienstleistungen sind zum Teil ähnlich wie bei der Digitalisierung von Produkten. Sie sind jedoch stärker auf Prozesse, Interaktionen und Plattformen ausgerichtet. Die Hebel reichen von Automatisierung, Virtualisierung und Personalisierung bis hin zu Plattformstrategien, KI-Integration und neuen Geschäftsmodellen (vgl. Abbildung 5.21).

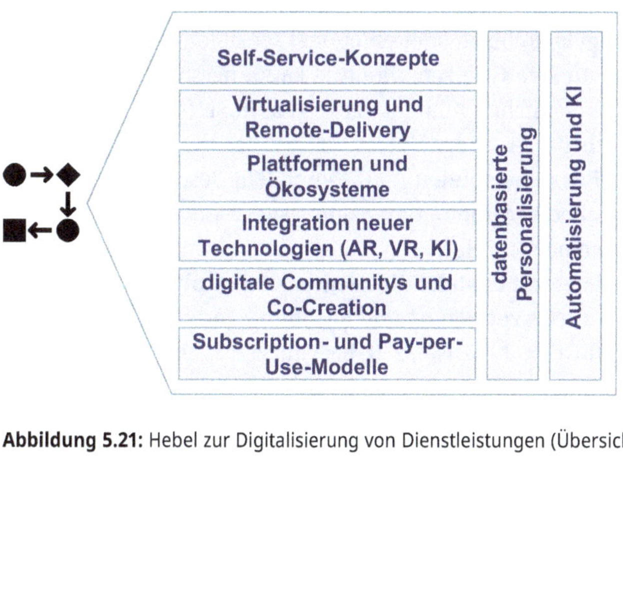

Abbildung 5.21: Hebel zur Digitalisierung von Dienstleistungen (Übersicht).

Während bei Produkten die Software-Integration im Vordergrund steht, geht es bei Dienstleistungen vor allem darum, Prozesse zu digitalisieren, Interaktionen zu skalieren und Kundenerlebnisse zu verbessern. Die in Abbildung 5.21 genannten Hebel sind abhängig voneinander bzw. miteinander kombinierbar, sollen jedoch im Folgenden separat vorgestellt werden.

5.3.1.5.1 Self-Service-Konzepte

Self-Service-Konzepte ermöglichen es Kunden, Dienstleistungen **eigenständig über digitale Kanäle** zu nutzen, ohne direkte Unterstützung durch Mitarbeiter des Anbieters. Sie verschieben einen Teil der Wertschöpfung zum Kunden, der dadurch mehr Flexibilität, Geschwindigkeit und Kontrolle über die Serviceerbringung gewinnt. **Digitale Benutzerschnittstellen** für den Zugriff auf Dienstleistungen sind z. B. Portale, Apps oder spezialisierte Terminals. Entlang der kompletten Prozesskette erfolgt eine weitgehende **Automatisierung:** Buchung, Abwicklung der Dienstleistung und etwaige Problemlösungen sollten ohne manuelles Eingreifen durch Mitarbeiter ablaufen. Cloud Computing, KI-basierte Interaktion und andere Digitalisierungstechnologien sind häufig in der Lösung integriert. Kundenorientierte Self-Service-Konzepte können die **Effizienz und den Nutzungskomfort** gleichermaßen steigern. Sie verlagern i. d. R. jedoch eine gewisse Standardisierung des Ablaufs.

Entsprechend liegen die **Kundenvorteile** im Komfort (orts- und zeitunabhängig), der Selbstkontrolle des Prozesses, der Schnelligkeit und ggf. der geringeren Kosten. **Anbieter** sparen Kosten (vor allem beim Personal), können die Reichweite flexibel skalieren und Kundendaten sammeln.

Aus der anderen Seite ist Self-Service nicht für alle Kundensegmente und Anwendungsfälle geeignet. Kunden müssen einerseits die technischen Fähigkeiten und ggf. entsprechende Infrastruktur oder Geräte besitzen. Außerdem ist eine Akzeptanz des Prozesses erforderlich. Zu komplexe oder schlecht gestaltete Self-Service-Lösungen frustrieren Kunden. Gerade bei komplexen oder emotional sensiblen Dienstleistungen stoßen Self-Service-Konzepte an ihre Grenzen, da diese kaum personalisiert werden können oder Kunden einen persönlichen Kontakt verlangen. In Self-Service-Modellen sollte menschlicher Service „als Back-up oder Unterstützung“ zur Verfügung stehen.

Es gibt eine Vielzahl von **Praxisbeispielen** im B2C- und B2B-Geschäft:

- Onlinebanking mit eigenständiger Konto- und Zahlungsverwaltung
- Self-Check-in am Flughafen oder im Hotel
- Telekommunikationsanbieter mit digitalen Kundenserviceportalen
- B2B-Kundenportale zur Auftragsverfolgung und Rechnungsverwaltung
- Self-Service-Plattformen für Cloud-Dienste, z. B. bei Amazon Web Services, Microsoft Azure

5.3.1.5.2 Virtualisierung und Remote Delivery

Unter Virtualisierung und Remote Delivery versteht man die Möglichkeit, Dienstleistungen nicht mehr physisch vor Ort, sondern **über digitale Zugangspunkte orts- und zeitunabhängig** bereitzustellen. Dadurch werden klassische Grenzen wie Standort, Anfahrtswege oder physische Präsenz aufgehoben. Virtuelle Services sind **skalierbar** und können **global** angeboten werden. Ein virtuelles Remote-Delivery-Konzept umfasst vier Ebenen:

- **Digitale Kanäle** bilden die konkreten Zugangspunkte („Front-Ends"), über die Kunden mit einem Service interagieren. Dies sind z. B. Webseiten, Mobile Apps, Social-Media-Plattformen oder Chatbots.
- **Digitale Plattformen** bilden die Strukturen, um die beteiligten Akteure (Anbieter, Kunden, Partner) zu verbinden und Transaktionen zu ermöglichen, z. B. Onlineshops.
- **Virtuelle Umgebungen** sind digitale Räume, in denen Dienstleistungen simuliert, visualisiert oder interaktiv erlebt werden können. Beispiele sind Simulationen, digitale Zwillinge oder AR/VR-Anwendungen. Sie bilden das Erlebnis- oder Servicefeld, in dem die Leistung digital erbracht wird („Ersatzräume" für klassische Dienstleistungen).
- Eine **Cloud-Infrastruktur** ist erforderlich zur Speicherung, Verarbeitung und Bereitstellung von Daten und Anwendungen über das Internet (in Echtzeit, u. U. für viele Nutzer). Sie stellt das „Back-End" dar.

Kunden erhalten höheren Komfort, ggf. günstige Kosten und flexiblere Zugangsmöglichkeiten. Erforderlich ist allerdings eine leistungsfähige digitale Infrastruktur. Der fehlende persönliche Kontakt und die eingeschränkte Individualisierung können das Nutzungserlebnis beinträchtigen. **Anbieter** können von neuen Geschäftsmodellen, höherer Reichweite, Skalierbarkeit und Kosteneinsparungen profitieren. Neben den Herausforderungen von Stabilität und Datenschutz müssen Anbieter mit den virtuellen Dienstleistungen das „Erlebnis" realer Services möglichst gut nachbilden.

Praxisbeispiele:

- Telemedizinische Beratungen und Diagnosen per Videochat
- E-Learning-Plattformen
- Remote-Monitoring und Fernwartung von Maschinen mittels digitalem Zwilling[1459]

5.3.1.5.3 Plattformen und Ökosysteme

Eine (digitale) **Plattform** ist eine technologische und organisatorische Infrastruktur, die Interaktionen zwischen verschiedenen Akteuren ermöglicht (häufig zwischen Anbieter und Kunden). Der Fokus liegt auf der Bereitstellung von Schnittstellen, Regeln und Services zur Abwicklung von Transaktionen. Ein **Ökosystem** ist das Netzwerk

1459 Vgl. Kap. 5.3.5.

aus Akteuren (Unternehmen, Partnern, Kunden, Drittanbietern), die auf einer Plattform interagieren und gemeinsam Innovationen und Werte schaffen. Im Zentrum steht das dynamische Zusammenspiel von verschiedenen Angeboten, die sich ergänzen.

Plattformen und Ökosysteme sind zentrale Treiber der digitalen Transformation von Dienstleistungen (und Produkten). Gemeinsam ermöglichen sie **Skalierung, Vielfalt und Netzwerkeffekte**, die mit klassischen nichtdigitalen Dienstleistungen nicht erreichbar wären. Einzelne Services werden in ein **integriertes Wertangebot** verwandelt und ermöglichen Unternehmen, durch ein Partnernetzwerk und datengetriebene Geschäftsmodelle ihre Reichweite und Innovationskraft zu erhöhen. Das „Öl hinter erfolgreichen Ökosystemen" sind **Daten**, die auf Plattformen gesammelt und analysiert werden, z. B. um Dienstleistungen zu personalisieren und Monetarisierungspotenziale zu optimieren.

Das Ökosystem bietet **Kunden** verschiedene Dienstleistungen von mehreren Anbietern gebündelt an einem Ort an (flexibler Zugang, große Auswahl). Dabei sind die Dienste nahtlos verknüpft und personalisiert (Komfort).

Anbieter profitieren von der Innovationsdynamik des Ökosystems sowie von Skalierbarkeit und Netzwerkeffekten, die die zugehörigen Plattformen bieten können. Auf der anderen Seite birgt das Plattformgeschäft für die teilnehmenden Unternehmen einige **Herausforderungen:**
- Anbieter laufen Gefahr, von Plattformbetreibern abhängig zu werden (Lock-in-Effekt).
- Plattformen neigen aufgrund niedriger Barrieren zu hoher Wettbewerbsintensität und „Winner-takes-all"-Situationen. Dies benachteiligt kleine Anbieter, die durch Innovationen punkten müssen.
- Plattformbetreiber kontrollieren die Datenströme und damit auch Marktmacht
- Der Aufbau und das Management eines funktionierenden Ökosystems sind technisch und organisatorisch anspruchsvoll.[1460]

Praxisbeispiele:
- Händler bieten Produkte und Services auf dem Ökosystem „Amazon Marketplace" an.
- Der Apple App Store und der Google Play Store erweitern über Mobile-Apps von Drittanbietern den Wert der Apple bzw. Android-basierten Smartphones.
- Reiseplattformen wie Booking oder Expedia bündeln Hotels, Flüge, Mietwagen und Zusatzservices.
- Siemens MindSphere bietet ein IoT-Ökosystem für Industrieanwendungen.

1460 Vgl. Kap. 3.2.2.5 (Plattform- und Ökosystemstrategie als Teil der Innovationsstrategie).

5.3.1.5.4 Integration neuer Technologien

Durch die Integration neuer digitaler Technologien können Dienstleistungen effizienter, erlebnisorientierter, personalisierter oder sicherer angeboten werden – oft in einer Form, die ohne diese neuen Technologien nicht denkbar wäre. Beispiele sind AR, VR, Conversational Technologies oder Blockchain:

- **AR** erweitert die reale Umgebung durch digitale Informationen und kann zur besseren Verständlichkeit komplexer Services oder zu interaktiven Kundenerlebnissen beitragen. Beispiele: AR-Wartungsanleitungen werden dem Techniker vor Ort über eine AR-Brille eingespielt; Kleidung wird „am eigenen Leib“ in Shopping-Apps angezeigt.
- **VR** eröffnet dem Nutzer virtuelle Umgebungen für Training, Beratung oder Einkauf. Die Technologie ermöglicht Kosteneinsparungen. Über die realitätsnahe Simulation kann VR eine neue Erlebnisqualität der Dienstleistung erreichen. Beispiele sind VR-Trainings für Chirurgen oder virtuelle Immobilienbesichtigungen.
- **Conversational Technologies** wie Chatbots, Voice Assistants oder Conversational AI bieten Nutzern Sprach- oder textbasierte Interaktionen als Servicekanal. Ziel ist es, Interaktionen so intuitiv wie möglich zu gestalten, sodass Kunden Fragen stellen oder Befehle geben, als würden sie einer echten Person gegenübersitzen. Beispiele sind Chatbots für Kunden-Support oder Sprachassistenten für Terminbuchungen.
- Die **Blockchain**-Technologie ermöglicht fälschungssichere Dokumentation von Transaktionen sowie „Smart Contracts“. Dadurch wird das Vertrauen, die Transparenz und die Sicherheit in digitalen Serviceprozessen erhöht. Beispiele: nachweisbare Herkunft von Dienstleistungen, automatisierte Vertragsabwicklung über Smart Contracts.

Die oben genannten „neuen Technologien“ sollen stellvertretend für heutige und zukünftige Themen stehen. Der Produktmanager muss analysieren, welchen Mehrwert eine Technologie für **Kunden** im Rahmen der vorliegenden Dienstleistung bringt, z. B. Komfort, Flexibilität, Effizienz oder Nutzererlebnis. Auf der anderen Seite muss die Technologie das aktuelle Geschäftsmodell des **Anbieters** unterstützen oder neue Möglichkeiten eröffnen.

Die Implementierung einer neuen Technologie ist mit hohen Anfangsinvestitionen, Kundenakzeptanzrisiken und ggf. regulatorischen Risiken verbunden. Von entscheidender Bedeutung ist vor allem die Kundenakzeptanz, welche u. a. von der Usability, technischen Erfordernissen (z. B. Infrastruktur, notwendige Nutzerkompetenz) und Kostenaspekten abhängt.

5.3.1.5.5 Digitale Communitys und Co-Creation

„Digitale Communitys und Co-Creation“ beschreibt die Einbindung von Kunden, Partnern oder Nutzern in digitale Plattformen und Innovationsprozesse. **Digitale Com-**

munitys sind Onlineforen, Social-Media-Gruppen oder Plattformen, auf denen sich Kunden austauschen und gegenseitig unterstützen. Communitys sind Teil von digitalen Ökosystemen. Beispielsweise werden Kunden über Ideenplattformen, Beta-Programme oder Crowdsourcing-Initiativen aktiv in die Entwicklung von Dienstleistungen einbezogen **(Co-Creation)**. So agieren Kunden nicht mehr nur als Konsumenten, sondern als aktive Mitgestalter von Dienstleistungen, indem sie Feedback geben, Ideen entwickeln oder sogar Services für andere Nutzer bereitstellen. Digitale Communitys dienen damit sowohl als Servicekanal als auch als Quelle für Innovation und Wertschöpfung.

Kunden erleben einen Mehrwert durch Partizipation (können Lösungen mitgestalten), Austausch und Selbsthilfe. **Anbieter** profitieren von Open Innovation (Kundenideen), Kundennähe (direktes Feedback) und Effizienz (Peer-to-Peer-Support in der Community).

Die Orchestrierung von Communitys (wie auch Ökosystemen) bringt spezifische **Herausforderungen** mit sich.[1461] Zunächst müssen Anreize für Kunden geschaffen werden, sich zu beteiligen (Community-Aufbau). Dann ist die Qualität von Inhalten und Ideen zu prüfen oder zumindest der Generierungsprozess zu moderieren. Unter Umständen ist außerdem zu klären, wem die Rechte an Ideen und Lösungen gehören, die von Kunden eingebracht wurden.

Praxisbeispiele:

- In der Lego Ideas Community reichen Kunden Bauideen ein, die später ggf. als Produkte umgesetzt werden.
- Der Nike Run Club ist eine digitale Community, die Training, Motivation und Austausch verbindet.
- In der Salesforce Trailblazer Community tauschen sich Nutzer u. a. über „Best Practices“ aus.

5.3.1.5.6 Subscription- und Pay-per-Use-Modelle

Subscription- und Pay-per-Use-Modelle sind digitale Geschäftsmodelle, die Kunden die Nutzung einer Sache anstelle des Besitzes verschaffen. Kunden entrichten keinen einmaligen Kaufpreis, sondern bezahlen für die Nutzung.

- In **Subscription**-Modellen zahlen Kunden eine regelmäßige Gebühr (z. B. monatlich, jährlich), unabhängig vom Nutzungsgrad. Dafür steht ein Service kontinuierlich zur Verfügung.
- In **Pay-per-Use**-Modellen zahlen Kunden nur, wenn sie den Service tatsächlich nutzen. Die Abrechnung erfolgt meist über digitale Messsysteme (z. B. ein App, IoT-Sensoren).

1461 Vgl. Kap. 3.2.2.5 (Plattform- und Ökosystemstrategie als Teil der Innovationsstrategie).

Beide Modelle sind eng mit der Digitalisierung verbunden, da digitale Plattformen, IoT-Sensoren und Cloud-Systeme die Messung, Abrechnung und Bereitstellung der Modelle erst ermöglichen.

Im Vergleich zum Besitz einer Sache bringt das nutzungsbasierte Modell den **Kunden** Vorteile durch Kostenkontrolle (keine hohen Anschaffungskosten, Zahlung nur für Nutzung), Skalierungsmöglichkeiten, Komfort (Anbieter kümmert sich „um alles“) und kontinuierlichen Zugang zu Innovationen (Updates und Verbesserungen durch Anbieter). **Anbieter** profitieren von planbaren, wiederkehrenden Umsätzen, langfristiger Kundenbindung mit Cross- und Upselling-Potenzialen sowie durch den Zugang zu Kundendaten. Zu den **Herausforderungen** für Anbieter gehören die Kalkulation: Die Profitabilität des Geschäftsmodells hängt von mehreren Größen wie Nutzungsraten, Preise, Kundenakquisitionskosten und Abwanderungsraten ab. Unter Umständen ist eine technische Infrastruktur auf Kundenseite erforderlich, z. B. digitale Abrechnungssysteme, IoT-Sensoren oder Cloud-Anbindung. Außerdem bevorzugen manche (insbesondere ältere) Kunden nach wie vor den Kauf bzw. Besitz an einer Sache.

Praxisbeispiele

- Medien-Streaming im Abo, z. B. Netflix, Spotify
- Software-Abonnements (Saas) statt Kauf einer Version
- Carsharing mit minutengenauer Abrechnung der Nutzung
- Rolls-Royce „Power by the Hour“ rechnet nach tatsächlich geflogenen Stunden ab.
- Der HP Managed Print Service bietet Drucker und Verbrauchsmaterialien im Abo-Modell.

5.3.1.5.7 Datenbasierte Personalisierung

> „Nearly all marketers (96 %) believe personalization increases buyer repeat purchases, and that it boosts sales.“[1462]

Analog zur Digitalisierung von Produkten verfolgt die datenbasierte Personalisierung von Dienstleistungen das Ziel, mithilfe von Kundendaten **individuelle Bedürfnisse** besser zu erfüllen und dadurch den **Kundennutzen** sowie die **Bindung** zu steigern. Zu den genutzten Datenquellen gehören z. B. Nutzungsdaten, demografische Daten, Kundenfeedback oder Kontextinformationen. Durch Big-Data-Analytics und KI werden differenzierte oder personalisierte Angebote für Kunden entwickelt, die sich vom Wettbewerb abheben.

Aufgrund der Natur von Dienstleistungen unterscheidet sich die Umsetzung datenbasierter Personalisierung in folgenden Punkten von der Personalisierung im Produktbereich:

1462 HubSpot (2025), S. 30.

- Dienstleistungen sind prozesshaft und dynamisch. Daher erfolgt die Personalisierung häufig in **Echtzeit**. Ein Serviceablauf kann beispielsweise auf Basis einer Nutzereingabe unter Berücksichtigung des Kontexts unmittelbar angepasst werden. Bei Produkten erfolgt i. d. R. eine individuelle Vorkonfiguration oder eine nutzungsabhängige Nachjustierung (z. B. personalisierte Geräte-Einstellungen in der Installation oder Software-Updates im Lebenszyklus).
- Bei Dienstleistungen betrifft die Personalisierung vor allem die **Serviceinhalte und Abläufe** und damit die Serviceerfahrung. Beispielsweise werden Versicherungsangebote oder Lernpfade auf E-Learning-Plattformen auf Kunden zugeschnitten. Bei Produkten spiegelt sich die Personalisierung eher in der Funktionalität oder Ausstattung wider.
- Dienstleistungen können **kontinuierlich** an das Verhalten des Kunden angepasst werden, solange die Beziehung bzw. Interaktion mit einem Kunden besteht (z. B. Spotify-Playlists, dynamische Preise). Produktanpassungen sind stärker an bestimmte Update-Zeitpunkte gebunden.
- Digitale Dienstleistungen werden oft in **Plattformen** eingebettet, auf denen Daten zentral gesammelt und für verschiedene Services nutzbar sind. Bei Produkten erfolgt die Datennutzung stärker produktspezifisch.

Praxisbeispiele für die datenbasierte Personalisierung von Dienstleistungen:
- Streamingdienste nutzen Sehverhalten, Klicks und Abbruchraten, um personalisierte Inhalte vorzuschlagen.
- Onlineshops passen Produktempfehlungen, Preise und Marketingaktionen an das Kundenprofil an, z. B. Amazons Empfehlungen „Kunden kauften auch …".
- Plattformen analysieren Lernfortschritt und passen Inhalte, Übungen und Schwierigkeitsgrad individuell dem Schülerniveau an, z. B. Duolingos personalisierte „Sprachlernpfade".

Ein wesentlicher Hebel, um Personalisierung „skalieren" zu können, ist KI, insbesondere generative KI (GenKI).[1463]

5.2.1.5.8 Automatisierung und KI

> „77 % of marketers say AI is effective at personalizing their content."[1464]

Sowohl bei der Digitalisierung von Produkten als auch im Dienstleistungsbereich zielt der Einsatz von Automatisierung und KI auf höhere Effizienz, Qualität und Geschwin-

1463 Vgl. Kap. 5.3.3.6 (Marketing Automation und KI im Rahmen von digitalen Marketingkampagnen).
1464 HubSpot (2025), S. 30.

digkeit. Die Datenbasis besteht aus gesammelten Nutzungs- und Kontextdaten. Automatisierung übernimmt jeweils Routineaufgaben, während KI zusätzliche Intelligenz bereitstellt (z. B. Mustererkennung, Vorhersagen, Entscheidungen). Sowohl Produkte als auch Dienstleistungen können dadurch smarter, skalierbarer und kundenorientierter werden.

Die Ansatzpunkte bei der Automatisierung und Nutzung von KI zur Optimierung digitaler Dienstleistungen weichen in folgenden Punkten vom Produktfall ab:
- Bei Produkten automatisieren Algorithmen und KI vor allem Gerätefunktionen (z. B. Fahrassistenzsysteme, Smart-Home-Steuerung). Bei Dienstleistungen geht es stärker um **Prozessautomatisierung** (z. B. RPA in Backoffices, KI-Chatbots im Kundenservice).
- Dienstleistungen sind häufig interaktive Prozesse, die „live" stattfinden. KI kann in diesem Kontext **Entscheidungsunterstützung dynamisch und in Echtzeit** bieten, z. B. personalisierte Empfehlungen im E-Commerce. Produkte haben meist vordefinierte Funktionsrahmen, die durch KI verbessert werden.
- In Dienstleistungen wirkt KI unmittelbar in der **Interaktion mit Kunden**, z. B. als Voice Assistant oder Recommendation Engine. In Produkten ist die Wirkung eher indirekt, indem Funktionen intelligenter und komfortabler werden.

Praxisbeispiele:
- KI-Chatbots beantworten Standardanfragen, Voice-Assistants führen Bestellungen aus.
- Hotel- und Flugpreise werden automatisiert in Echtzeit angepasst (Dynamic Pricing).
- KI analysiert Bild- oder Sensordaten (telemedizinische Diagnoseunterstützung).

5.2.1.5.9 Fallbeispiele

Die Potenziale der Digitalisierung im Rahmen der Dienstleistungserbringung werden abschließend anhand von fünf Unternehmensbeispielen kurz skizziert:
- **Netflix** hat das klassische Geschäftsmodell der Videotheken durch einen digitalen Streamingservice ersetzt. Anstatt DVDs zu kaufen oder auszuleihen, können Kunden heute jederzeit und ortsunabhängig Filme und Serien auf Abruf anschauen („streamen"). Möglich wird dies durch Cloud Computing, das unbegrenzte Datenmengen bereitstellt, sowie durch KI-gestützte Empfehlungssysteme. Der Nutzen für Kunden liegt in der ständigen Verfügbarkeit und Personalisierung der Inhalte, während Netflix durch das Subscription-Modell kontinuierliche Umsätze generiert und wertvolle Nutzungsdaten zur Entwicklung neuer Inhalte und Dienste gewinnt.
- Um Wartezeiten im Kundenservice zu reduzieren und die Servicequalität zu verbessern, hat die **Deutsche Bank** Chatbots und Sprachassistenten eingeführt. Diese beantworten Standardanfragen wie Kontostände, Überweisungen oder Kreditkartenprobleme vollautomatisch und rund um die Uhr. Dahinter stehen die

Technologien Conversational AI und Robotic Process Automation (RPA). Nur komplexere Fälle werden an Mitarbeiter weitergeleitet. Dadurch sinken die Servicekosten, während Kunden von schnellerer Bearbeitung profitieren.

- Die Berliner Firma **Ada Health** macht Gesundheitsdienstleistungen durch Digitalisierung flexibel und kostengünstig zugänglich. Über eine mobile App können Patienten ihre Symptome eingeben, die anschließend durch KI-Algorithmen analysiert werden. Die App erstellt personalisierte Handlungsempfehlungen und kann den Patienten gezielt an Ärzte oder Fachärzte verweisen. Dies erleichtert den Zugang zu medizinischen Informationen, vor allem in Regionen mit schlechter ärztlicher Versorgung. Ärzte wiederum profitieren von vorstrukturierten Daten, die die Diagnose beschleunigen können.
- Ein viel zitiertes B2B-Beispiel liefert **Rolls-Royce** mit dem Geschäftsmodell „Power by the Hour“. Anstatt Flugzeugtriebwerke zu verkaufen, bietet das Unternehmen Triebwerke als Service an. Airlines zahlen dabei nicht für den Kauf (Besitz), sondern für die tatsächlichen Flugstunden. Durch IoT-Sensoren in den Triebwerken werden Daten zum Verschleiß in Echtzeit erfasst und mit Cloud-Analytics ausgewertet, sodass Wartung vorausschauend geplant werden kann. Dies reduziert Ausfallzeiten und Risiken für die Airlines, während Rolls-Royce planbare Einnahmen generiert und langfristige Kundenbindungen aufbaut.
- **Uber** hat die klassische Taxi-Dienstleistung über eine digitale Plattform neu erfunden. Über eine Mobile-App können Kunden jederzeit Fahrten bestellen, die automatisch dem nächsten verfügbaren Fahrer über 4G/5G-Mobilfunk zugewiesen werden. Algorithmen optimieren Routen in Echtzeit, während Zahlungsabwicklung, Bewertungssysteme und „Matching“ digital ablaufen. Die Digitalisierung ermöglicht eine effiziente Skalierung des Angebots und eine komfortable Nutzererfahrung. Kunden profitieren von schneller Verfügbarkeit und transparenten Preisen, Uber durch Plattformgebühren und kontinuierliche umsatzbasierte Transaktionsgebühren.

5.3.1.6 Zusammenfassende Bewertung

Die beschriebenen Potenziale und Herausforderungen durch die „Digitalisierung des Angebots“ wird abschließend zusammenfassend dargestellt, differenziert nach Produkten (Kap. 5.3.1.6.1) und Dienstleistungen (Kap. 5.3.1.6.2). Die im Folgenden stichpunktartig ausgeführten Punkte überscheiden sich teilweise mit den Ausführungen zu den Digitalisierungshebeln.

5.3.1.6.1 Digitalisierung von Produkten

Digitalisierung von Produkten bietet für Kunden und Anbieter gleichermaßen Potenziale, wobei spezifische Herausforderungen beachtet werden müssen (vgl. Abbildung 5.22):

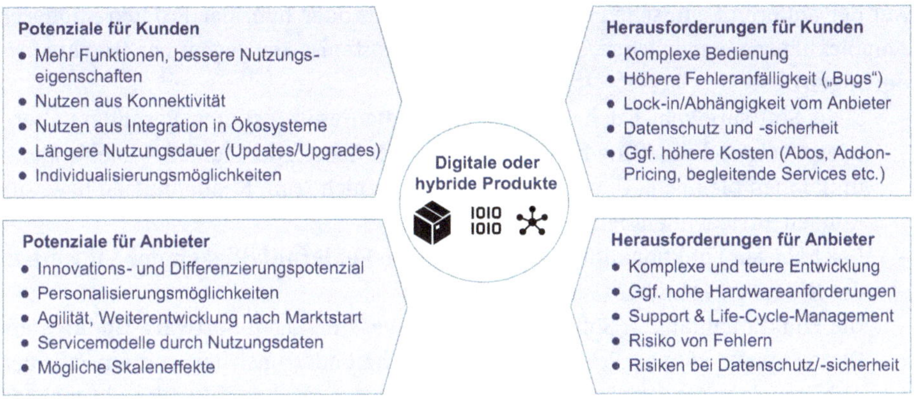

Abbildung 5.22: Potenziale und Herausforderungen digitalisierter Produkte.

5.3.1.6.1.1 Kundensicht

Für Kunden bedeuten Produkte mit eingebetteter Software oder Vernetzung mehr Möglichkeiten und Komfort:

- Produkte mit eingebetteter Software können **mehr Funktionen und bessere Nutzungseigenschaften** bieten als rein analoge Produkte. Aus diesem Grund müssen viele Technikprodukte zukünftig als „Software-Defined" angesehen werden, z. B. Autos. „Intelligente" Funktionen setzen hybride oder digitale Produkte voraus.
- Aufgrund geringer variabler Kosten können reine Softwareprodukte (abhängig vom Geschäftsmodell des Anbieters!) **kostenfrei** angeboten, z. B. viele Smartphone-Apps oder Spiele.
- Durch **Konnektivität** sind Produkte u. U. besser steuer- und bedienbar. Ein darauf basierendes Monitoring kann die Sicherheit und Zuverlässigkeit von Produkten erhöhen.
- Produkte können mit anderen Geräten, Plattformen oder Services kombiniert werden. Zusätzlicher Produktnutzen entsteht durch die **Integration in innovative Ökosysteme**. In Zukunft werden Produkte mit KI-Agenten „zusammenarbeiten" können.
- Software (ebenso wie Inhalte) kann während der Nutzung durch **Updates oder Upgrades** aktualisiert oder erweitert werden. Dadurch bleiben Produkte aktuell und können länger genutzt werden (bessere Amortisierung von Investitionen). Außerdem entstehen weniger Müll und Ressourcenverbrauch **(Nachhaltigkeit)**.
- Produktvarianten können vom Anbieter für unterschiedliche Kundensegmente Software-basiert **vorkonfiguriert** oder nach Auslieferung durch Updates an die **Nutzungsmuster** des Kunden **angepasst** werden. Kunden können Produkte zudem selbst an ihre **individuellen Bedürfnisse anpassen** (z. B. durch personalisierte Einstellungen).

Auf der anderen Seite sehen sich Kunden digitaler oder hybrider Produkte höherer Komplexität sowie möglicher Abhängigkeit und Kostenrisiken gegenüber **(Herausforderungen)**:

- Mehr Software geht i. d. R. mit **komplexer Bedienung** einher. Besonders ältere oder wenig technikaffine Kunden können sich überfordert fühlen. Viele Produktfunktionen bleiben u. U. ungenutzt und tragen nicht zum Kundennutzen bzw. zur Kundenzufriedenheit bei.
- Der höheren Funktionalität steht eine **höhere Fehleranfälligkeit** der Software in der Nutzung gegenüber (Software Bugs).
- Die Funktionalität von Software hängt von regelmäßigen **Software-Updates** ab. Ohne Support können Produkte schnell veralten oder unsicher werden. Falls der Anbieter den Software-Support einstellt, kann das Produkt faktisch unbrauchbar werden, obwohl die Hardware noch funktioniert (Obsoleszenz durch Software).
- Digitale Produkte (z. B. smarte Kameras, IoT-Geräte) **sammeln oft Nutzungsdaten**, die Kunden preisgeben müssen. Diese können bei Cyberangriffen oder Datenlecks in falsche Hände geraten.
- Die Geschäftsmodelle vieler Anbieter hybrider oder digitaler Produkte zielen auf **Abhängigkeiten** der Kunden (sog. Lock-ins). Kunden werden an ein Ökosystem gebunden, sodass ein Wechsel zu anderen Anbietern teuer oder aufwendig sein kann.
- Premiumsoftwarefunktionen werden häufig zusätzlich als Add-ons zum Basisprodukt verkauft. Außerdem erfordert die Komplexität von Software häufig den Erwerb begleitender Dienstleistungen (z. B. Beratung, Schulung, Wartung oder Backups). Software- oder hybride Produkte verursachen insgesamt betrachtet häufig **höhere Kosten** als vergleichbare analoge Produkte.

Um kundenorientierte und innovative Produkte zu entwickeln, sollten **Produktmanager** eine weitere Digitalisierung von Produkten und Dienstleistungen prüfen. Wichtig dabei ist, die Kunden „mitzunehmen", indem die genannten Herausforderungen für Kunden berücksichtigt werden, z. B. durch einfache und intuitive Bedienkonzepte und kundenorientierte Preis- und Geschäftsmodelle.

5.3.1.6.1.2 Anbietersicht

Einige der aus Kundensicht genannten Vorteile digitalisierter Produkte spiegeln sich auf der **Anbieterseite** wider:

- Heute entstehen viele **Produktinnovationen** weniger durch neue Hardware, sondern durch **Softwarefunktionen, digitale Inhalte und Vernetzung**. Hardware verbessert sich zwar stetig (z. B. leistungsfähigere Prozessoren oder Akkus), die **Differenzierung im Wettbewerb** entsteht jedoch häufig über digitale Zusatzfunktionen, Apps, Plattformanbindungen oder Services.
- Außerdem können Produkte individuell auf den **einzelnen Kunden zugeschnitten** werden. Personalisierte Einstellungen, nutzungsbasierte Empfehlungen oder

Zusatzinhalte ermöglichen eine maßgeschneiderte User Experience, die den wahrgenommenen Wert des Produkts steigert.

- Softwarefunktionen können deutlich schneller und **mit geringeren Kosten angepasst oder erweitert** werden als Hardwarekomponenten. Das erhöht die **Agilität der Produktentwicklung**, ermöglicht eine raschere Reaktion auf Kundenwünsche oder Markttrends und führt insgesamt zu verkürzten Innovationszyklen.
- Durch Software-Updates lassen sich Produkte auch nach dem Marktstart **kontinuierlich verbessern** und an neue Anforderungen anpassen. Fehler können behoben, zusätzliche Funktionen ergänzt oder die Performance gesteigert werden, ohne dass der Kunde ein neues Gerät kaufen muss. Neben Kundenzufriedenheit führt dies zu einer Verlängerung des Produktlebenszyklus bzw. der **Ertragszeit.** Anbietern eröffnen sich **zusätzliche Erlöspotenziale**, etwa durch den Verkauf von Premium-Features oder Update-Services.
- Softwarelösungen ermöglichen es, Funktionen, die früher durch separate Hardwarebauteile realisiert wurden (z. B. Schalter, Anzeigen, Steuerungen), in Softwarecode zu verlagern. Dadurch sinkt die Zahl physischer Komponenten, was Material-, Montage- und Lagerkosten reduziert. Resultat sind **geringere Herstellungskosten** und Variantenvielfalt im Produktionsprozess.
- Digitalisierte Produkte eröffnen dem Anbieter durch die **Analyse von Nutzungsdaten** Einblicke in das Verhalten, die Präferenzen und die Bedürfnisse seiner Kunden, z. B. Nutzungshäufigkeiten, Funktionspräferenzen oder Nutzungsprobleme. Auf Basis dieser Informationen können bestehende Produkte gezielt verbessert und Ansatzpunkte für Innovationen identifiziert werden.
- Software-Funktionen, digitale Inhalte oder multimediale Zusatzangebote können – wenn einmal entwickelt – an beliebig viele Kunden, praktisch ohne Zusatzkosten, verkauft werden **(Skaleneffekte)**.

Den ökonomischen Potenzialen digitalisierter Produkte stehen folgende **Herausforderungen** gegenüber:

- Software ist ein komplexes Artefakt mit mehr Funktionspunkten als Hardwarelösungen. Die Erstellung von Software ist ein **komplexer Prozess**, der über das Programmieren hinausgeht (Anforderungsanalyse, Architekturdesign, Programmierung, Tests, ggf. Zertifizierungen, Bereitstellung von Updates). Gerade in sicherheitskritischen Branchen ist die Erfüllung hoher Qualitäts- und Sicherheitsstandards aufwendig.
- Um innovative Softwarefunktionen (z. B. mit KI- oder IoT-Anwendung) auszuführen, braucht es leistungsfähigere Prozessoren, Speicher, Sensorik oder Funktechnik. Die notwendige **Hardwarebasis kann teuer** sein.
- Softwareanwendungen und eingebettete Software muss regelmäßig gewartet, aktualisiert und erweitert werden. Das fordert ein planvolles **Support- und Update-Management** und erzeugt laufende Kosten.

- Die Komplexität von Software erhöht das Risiko von **Fehlern**, **Kompatibilitätsproblemen** und **Sicherheitslücken**. Solche Probleme ziehen häufig Nachbesserungen, Patches oder Rückrufaktionen nach sich, die teuer und u. U. rufschädigend für den Anbieter sein können.

Aus Anbietersicht eröffnen digitalisierte Produkte große Potenziale. Demgegenüber stehen Herausforderungen, die gemeistert werden müssen, um nachhaltige Werte zu generieren.

5.3.1.6.2 Digitalisierung von Dienstleistungen

Die Digitalisierung von Dienstleistungen bietet für Kunden und Anbieter gleichermaßen Potenziale, wobei spezifische Herausforderungen beachtet werden müssen (vgl. Abbildung 5.23):

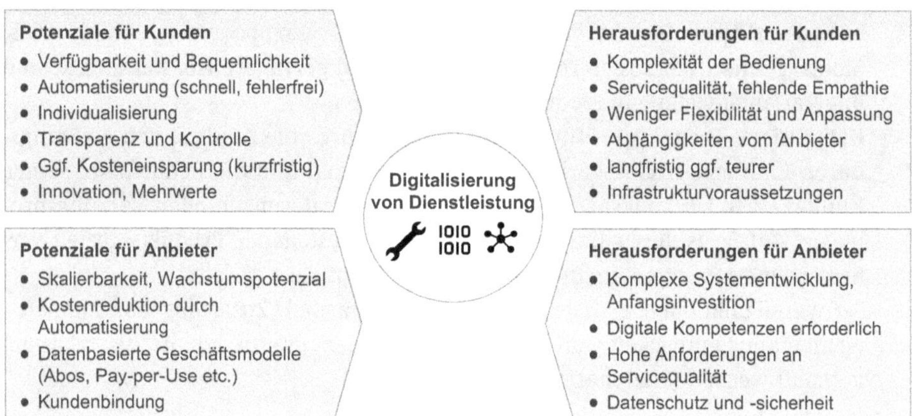

Abbildung 5.23: Potenziale und Herausforderungen digitalisierter Dienstleistungen.

5.3.1.6.2.1 Kundensicht

Für **Kunden** bedeutet die Digitalisierung von Dienstleistungen vor allem mehr Komfort, Flexibilität und Personalisierung, dazu oft geringere Kosten und bessere Transparenz. Die Potenziale sind in einigen Punkten ähnlich wie im Fall digitalisierter Produkte:

- Digitale Services sind jederzeit und überall **verfügbar** (orts- und zeitunabhängig). Sie sind **bequem**, da sich der Kunde selbst um weniger kümmern muss, z. B. zum Erbringungsort fahren oder eigene Infrastruktur zur Verfügung stellen.
- Anfragen oder Prozesse werden **automatisiert** und dadurch schneller und fehlerfreier bearbeitet.
- Durch Datenanalysen können Services auf die **individuellen Kundenbedürfnisse** zugeschnitten werden.

- Digitale Services ermöglichen eine höhere **Transparenz** und **Kontrollmöglichkeiten**, z. B. Self-Service-Portale, Erklärvideos oder FAQs.
- Digitale Dienstleistungen sind **kostengünstiger**, wenn der Anbieter Effizienzgewinne teilweise an die Kunden „weitergibt“.
- Software-Updates liefern kontinuierlich neue Funktionen, u. U. ohne Mehrkosten für die Kunden. Kunden bekommen dadurch **Zugang zu Innovationen**, auch nach dem Kaufzeitpunkt.
- Digitale Dienstleistungen sind oft über Plattformen nahtlos mit anderen Anwendungen, Diensten oder Geräten **verknüpft**, was zusätzlichen Wert schaffen kann.

Aus Kundensicht potenziell **nachteilig** sind mögliche Abhängigkeiten, Datenschutzrisiken, fehlende persönliche Nähe und Kostenfallen:
- Digitale Dienstleistungen und Anwendungen können **kompliziert** wirken, was bei weniger technisch affinen Kunden zu **Bedienungsschwierigkeiten** führen kann.
- Digitale Services ersetzen menschlichen Kontakt, was zu **geringerer Servicequalität** oder **fehlender Empathie** führen kann. Manche Kunden verlangen persönliche Beratung statt einem Chatbot.
- Digitale Services sind i. d. R. standardisiert und nicht flexibel genug, um auf **individuelle Bedürfnisse** einzugehen.
- Kunden binden sich teilweise an den **Serviceanbieter**, da ein Anbieterwechsel aufwendig sein kann (neue Einrichtungsinvestitionen, Prozessdaten gehen verloren etc.).
- Die häufig praktizierten Abo-Modelle können **langfristig teurer** sein als klassische Dienstleistungen („Kostenfalle“).
- Digitale Dienste funktionieren nur mit stabiler Internetverbindung, Stromversorgung und kompatibler Hardware **(Infrastrukturvoraussetzungen)**.
- Digitale Dienstleistungen erfordern oft die Preisgabe sensibler Daten, was die Gefahr von Missbrauch oder Datenlecks birgt.

Den Vorteilen digitaler Dienstleistungen stehen auf Kundenseite also auch Risiken gegenüber.

5.3.1.6.2.2 Anbietersicht

Die Digitalisierung von Dienstleistungen ermöglicht **Anbietern** Skaleneffekte, Effizienzgewinne und neue Umsatzpotenziale:
- Digitale Dienstleistungen können unbegrenzt und ortsunabhängig angeboten werden. Diese **Skalierbarkeit** eröffnet Wachstumspotenziale.
- Automatisierung von Prozessen (z. B. Onlinebanking, Chatbots) **reduziert Personalkosten** und Bearbeitungszeiten. Ebenso können Fehlerkosten gesenkt werden.

- Unternehmen sammeln wertvolle Daten über Kundenverhalten, die für Produktverbesserungen, Cross-Selling und personalisierte Services genutzt werden können. Dies ermöglicht innovative **datenbasierte Geschäftsmodelle**.
- Digitale Services haben das Potenzial, langfristige profitable **Kundenbeziehungen und -bindungen** aufzubauen.

Auf der anderen Seite erfordern digitale Dienstleistungen zunächst hohe Investitionen und technologische Kompetenzen auf der Anbieterseite:
- Der Aufbau von IT-Infrastruktur, Plattformen und Sicherheitslösungen erfordert zunächst **Anfangsinvestitionen**. Auch bestehende Prozesse und Organisationen müssen u. U. umgebaut werden.
- Die Mitarbeiter des Anbieters benötigen entsprechende **digitale Kompetenzen** und ein „digitales Mindset".
- Ausfälle oder schlechte Usability führen schnell zu unzufriedenen Kunden. Von digitalen Services werden hohe Verfügbarkeit, einfache Bedienung und Personalisierung verlangt **(hohe Kundenanforderungen)**.
- **Sensible Kundendaten** müssen geschützt und rechtskonform behandelt werden.

Für Anbieter bietet die Digitalisierung von Dienstleistungen also Potenziale, jedoch auch Investitionsrisken durch hohe Anfangsinvestitionen.

5.3.2 Digitalisierung in der Produktplanung und -entwicklung

> „The use of AI LLMs not only saves time but also brings a level of diligence and rigor to tasks that might otherwise be overlooked, ultimately leading to better value realization and improved product quality." [1465]

Die Digitalisierung kann nicht nur Produkte und Dienstleistungen „verbessern", sondern auch die Art und Weise, wie neue innovative Produkte und Dienstleistungen entstehen. Produktmanager stehen heute vor den in Kapitel 1 erläuterten Herausforderung. Digitale Technologien eröffnen auf der anderen Seite Chancen, den Innovationsprozess nicht nur schneller und effizienter zu machen, sondern auch kundenorientierter und innovativer.[1466] Potenziale umfassen:
- Kosteneinsparungen und Produktivitätsgewinne
- Zeitgewinne und höhere Flexibilität
- größere Breite und Gründlichkeit bei Analysen (Qualität)

1465 Shriram/Anning (2025), S. 201.

1466 Vgl. z. B. Statista (2025), S. 38; Van Houtven (2023); Fallbeispiele vgl. Bogaisky (2019); Siemens (o. J./a); Statista (2024b).

- bessere Zusammenarbeit der Produktbeteiligten innerhalb des Unternehmens und neue Kollaborationsmöglichkeiten mit Kunden und Partnern
- stärkere Kunden- und Innovationsorientierung[1467]

Beim Einsatz von KI in der Unternehmenspraxis liegt „Marketing and Sales“ auf Platz 1, „Product and Service Development“ auf Platz 2.[1468] Eine Befragung unter 532 Produktmanagern (November 2024 bis Januar 2025) ergab, dass KI schon heute (Stand 2024) zur Produktmanagementpraxis gehört, mit positiver Auswirkung auf die Produktivität (vgl. Abbildung 5.24):

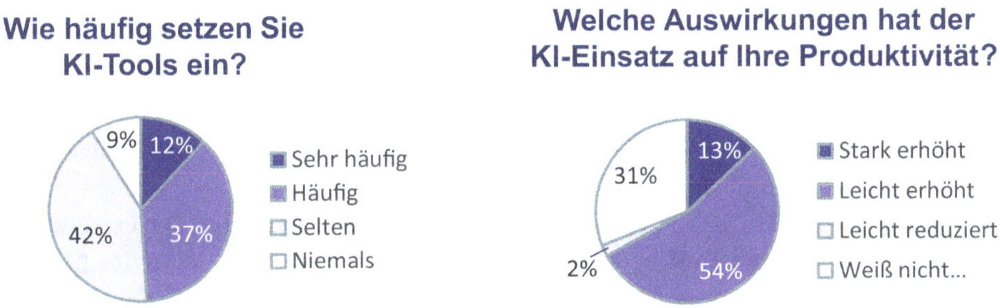

Abbildung 5.24: Einsatz von KI-Werkzeugen und Produktivitätswirkung[1469].

Untersuchungen zeigen, dass „Wissensarbeiter“ alleine durch den effektiven Einsatz von generativer KI ihre Ziele um 43 % schneller erreichen und die Qualität um 25 % steigern können.[1470] Aktuell wird KI jedoch noch überwiegend „operativ“ eingesetzt:

- Auf die Frage „What do you use GenAI for the most“ antworteten 52 % der befragten Produktmanager: „Personal efficiency.“ Strategischere Einsatzfelder wie „Data analysis“ (Antwort von 13 % der Befragten), „Creativity and innovation“ (17 %) oder „Knowledge and education” (17 %) spielen in der Praxis eine weniger wichtige Rolle (Stand September 2025).[1471]
- Die häufigsten Antworten auf „What best describes the tasks you ask AI to complete?“ waren „Routine tasks/administrative work“ und „Descriptive tasks“ (von jeweils 63 % der Befragten genannt).[1472]

1467 Vgl. Shriram/Anning (2025).

1468 Gemäß einer Umfrage von McKinsey, vgl. Singla u. a. (2025a), S. 17; analog vgl. Statista (2025), S. 29.

1469 In Anlehnung an Product Focus (2025a), S. 13–14.

1470 Vgl. Noy/Zhang (2023); zur Untersuchung wurde ChatGPT Version 3 verwendet.

1471 Gemäß einer Umfrage von Product Focus, Ergebnisse kommuniziert am 29.09.2025 (Mailing „September Content Highlights“).

1472 Vgl. Pragmatic Institute (2024), S. 25.

Bevor konkrete Use-Cases von digitalen oder KI-basierten Technologien und Werkzeugen im Produktmanagementprozess vorgestellt werden, soll in Kap. 5.3.2.1 eine Systematisierung erfolgen.

5.3.2.1 Digitale Technologien und KI im Produktmanagementprozess

> „Using AI in the product management process, beyond just integrating it into products, enables teams to streamline tasks, gain deeper insights, and enhance strategic decision-making, positioning AI as a powerful tool for both operational efficiency and innovation."[1473]

Die Diskussion um Digitalisierung im Produktmanagementprozess wird durch eine gewisse Unschärfe geprägt. Die Begriffe Digitalisierung, digitale Technologien und KI werden in der Praxis oftmals „in einen Topf geworfen", ohne auf die unterschiedlichen Bedeutungsdimensionen und Zusammenhänge einzugehen. Der gemeinsame Nenner ist, dass Daten den grundlegenden Rohstoff darstellen und deren Analyse und Vernetzung Potenziale schafft.

Manche digitalen Technologien haben die Rolle von Werkzeugen für Produktmanager mit klarem Anwendungsfall. Beispielsweise hilft Big Data Analytics bei der Marktanalyse, eine kollaborative Projektmanagement-Software bei der Koordination eines verteilten Teams oder ein Simulationsverfahren bei der frühzeitigen Analyse von Produkteigenschaften.

KI wird von vielen Autoren im Produktmanagement als eine besonders transformative Technologie gesehen, die alleinstehend oder mit anderen Technologien gemeinsam wirken kann. KI kann dabei in Produkte oder Dienstleistungen eingebettet sein[1474] oder den **Produktmanagementprozess unterstützen**. Für letzteren Fall sind vier Kategorien von KI-Anwendungen zu unterscheiden:[1475]

– **Spezifische analytische KI-Anwendungen:** Dazu zählen z. B. Predictive Analytics, Machine-Learning-Modelle für Datenanalyse, Bild-/Spracherkennung oder KI-gestützte Simulationen. Der Einsatz dieser Tools erfordert meist Domänenexpertise und Datenkompetenz.[1476] Nutzer sind weniger die Produktmanager selbst, sondern Fachexperten im Produktteam, z. B. Softwareentwickler, Konstrukteure oder Marktforscher.

1473 Pragmatic Institute (2024), S. 24.

1474 Vgl. Kap. 5.3.1 4.7 (Produkte) und 5.3.1.5.8 (Dienstleistungen).

1475 Andere Einteilungen von KI-Anwendungen sind möglich. Zhang u. a. identifizieren z. B. folgende sechs häufig genutzten KI-Typen im Rahmen der Neuproduktentwicklung: Analytic AI (demand forecasting, risk assessment, and sentiment analysis), Functional AI (Internet of Things solutions and robots), Interactive AI (smart personal assistants and chatbots), Text AI (speech-to-text conversion, text recognition, and machine translation), Visual AI (computer vision and augmented reality) and Robotic AI (robotic process automation), vgl. Zhang u. a. (2021).

1476 Vgl. Kakatkar u. a. (2020).

- **Generische KI-Anwendungen:** Diese umfassen insbesondere LLM-basierte GenKI-Systeme wie ChatGPT, Copilot, Gemini oder Claude. Sie haben ein breites Anwendungsfeld (Texte, Ideen oder Code erzeugen, Recherchen oder Analysen durchführen etc.) und erfordern keine spezifische Nutzerexpertise. Die Nutzung bzw. Eingabe erfolgt in natürlicher Sprache. Für typische Anwendungsfälle stehen inzwischen KI-Prompt-Bibliotheken zur Verfügung.[1477] Der Einfachheit und hohen Flexibilität steht das Risiko von „Halluzinationen" gegenüber. Anwender, z. B. Produktmanager, müssen die Ergebnisse daher „mit Nutzerverstand" validieren und kuratieren.
- **KI-Plug-ins für Standard-Softwareanwendungen**, wie MS Excel, MS-Teams, Jira, SAP etc. Der MS Copilot in Excel erlaubt beispielsweise Datenanalysen ohne Programmierkenntnisse. Die Einstiegshürde in diese KI-Funktionen ist gering, da die zugrunde liegenden Tools von den Nutzern akzeptiert und in bestehende Prozesse integriert sind.
- **KI in domänenspezifischen Lösungen**, wie KI-gestützte CRM-Systeme (z. B. Salesforce Einstein), Marketing-Automatisierung (z. B. HubSpot KI) oder EPR (z. B. SAP RPT-1). Anwender sind i. d. R. Mitarbeiter der jeweiligen Unternehmensfunktionen mit Spezialwissen.

Insbesondere die **generative KI** (GenKI) gewinnt rasant an Nutzerschaft,[1478] da sie in vielen Bereichen und ohne „technische Vorkenntnisse" eingesetzt werden kann:

> „Generative artificial intelligence (AI) based on transformer machine learning models, such as generative pretrained transformer (GPT) and its chatbot application ChatGPT, is easy to use and accessible to end-users. This has **democratized the use of AI**, as machine learning was previously limited to a small group of skilled software engineers."[1479]

Insofern stellte die Veröffentlichung von ChatGPT im November 2022 einen Meilenstein für den KI-Einsatz in der Praxis dar. Ein weiterer Grund für die Popularität von generativen KI-Modellen ist, dass die besten vortrainierten LLMs wie GPT von OpenAI oft auch speziell trainierten Modellen in deren Anwendungsdomäne überlegen sind. Ein aufwendiges Training eines eigenen Modells kann daher vermieden werden.[1480] Stattdessen können individuell angepasste Instanzen vortrainierter Modelle mit geringem Aufwand erstellt werden, indem eigene Daten angebunden oder individuelle Ein-

---

1477 Product Focus nennt z. B. KI-Prompts für alle Phasen im Produktlebenszyklus, vgl. Product Focus (2025d).

1478 ChatGPT hat innerhalb von fünf Tagen nach Veröffentlichung im November 2022 eine Million Nutzer erreicht. Instagram, Spotify, Facebook benötigten hierfür 2,5, 5 bzw. 10 Monate.

1479 Bilgram/Laarmann (2023), S. 18.

1480 "Pretrained LLMs are now so powerful that they often outperform models specifically trained for a particular use case, eliminating the need for creating labeled training data", Bilgram/Laarmann (2023), S. 18.

stellungen vorgenommen werden. Eine unternehmensspezifische Anpassung von Large-Language-Modellen (LLM) kann außerdem über Retrieval-Augmented-Generation (RAG) erfolgen. Hierbei werden in einem vorgelagerten Abrufprozess unternehmensspezifische Daten in ein LLM einbezogen, sodass das LLM Ergebnisse liefert, die im Unternehmenskontext relevanter sind.

Aufgrund ihrer Flexibilität kann die generische KI den Produktmanager in **verschiedenen Rollen** bzw. auf verschiedene Weisen unterstützen:

- in den Rollen Praktikant (KI erledigt Routinearbeiten, muss allerdings kontrolliert werden), Coach (KI liefert Struktur und Methodik), Kreativling (KI liefert neue Ideen), Sparringspartner (KI soll Ideen hinterfragen und bewerten) oder Rechercheabeiter (KI sammelt Daten und analysiert diese)[1481]
- in den Rollen Designer (einfache zugängliche Kreativität), Schreiber (formuliert Konzepte), Interviewer („prompt humans with thought-provoking questions") oder Schauspieler („AI roleplays consumer")[1482]
- KI als „Originator" (Ausgangspunkt und Kreateur von Innovation) oder „Facilitator" (ergänzt vorhandene Innovationsansätze und unterstütz die Umsetzung)[1483]

Obwohl moderne (Produkt-)Managementkonzepte wie agile Entwicklung, Open Innovation oder Co-Creation auf Digitalisierung aufsetzen, sollen diese im folgenden Kapitel nicht weiter erörtert werden.[1484] Die Digitalisierungshebel sollen wie in Abbildung 5.25 dargestellt gegliedert werden:

Vorab sei nochmals bemerkt, dass das Verständnis der Produktmanagementprinzipien weiterhin grundlegend ist, um die genannten Werkzeuge effektiv einsetzen zu können.

1481 Vgl. ProduktManageMentor (2024), S. 55.

1482 Vgl. de Freitas u. a. (2025), S. 18; die Autoren sind der Meinung, dass KI vor allem effektive Unterstützung bei inkrementellen Innovationen leisten kann. Um revolutionärere Innovationen anzustoßen, muss KI die menschliche Kreativität „prompten", z. B. in der Interviewer-Rolle.

1483 Vgl. Brem u. a. (2023).

1484 Die genannten Konzepte wurden in Kap. 4.1.3 (Agile Produktentwicklung), Kap. 3.1.4.3.5 (Open Innovation) und Kap. 4.2.3.1.1/4.2.3.1.2 (Co-Creation) behandelt.

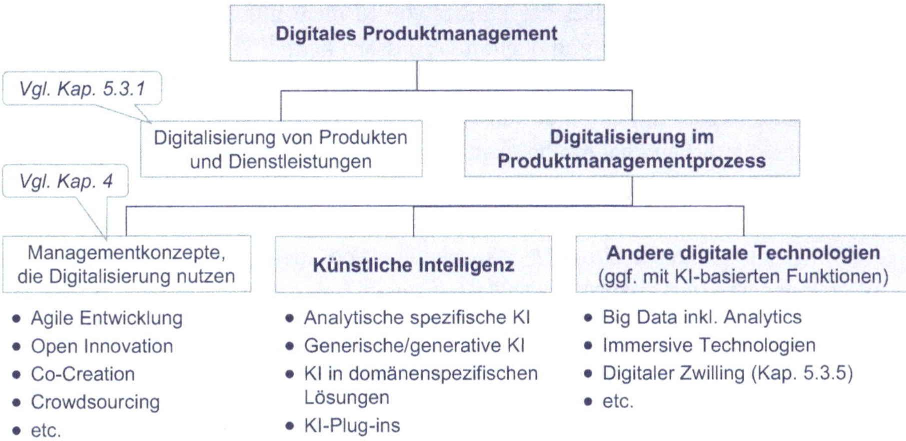

Abbildung 5.25: Einteilung der Digitalisierungshebel im Produktmanagementprozess.

Zur Untersuchung der anderen in Abbildung 5.25 genannten Technologien und Methoden wird der in Kap. 4.1.7 vorgestellte Produktinnovationsprozess als Gliederung verwendet (vgl. Abbildung 5.26).

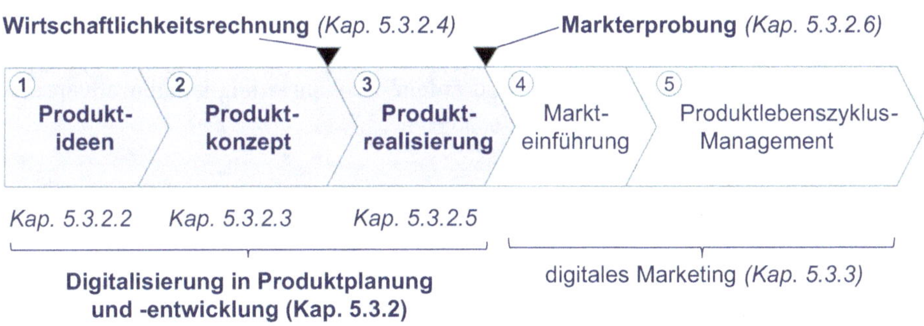

Abbildung 5.26: Gliederung des Kapitels 5.3.2 anhand des Produktinnovationsprozesses.

5.3.2.2 Produktideen

Während KI vor dem Durchbruch der generativen KI eher in späteren Phasen des Entwicklungsprozesses eingesetzt wurde, wird KI – insbesondere generative – heutzutage intensiv in den frühen Phasen der Neuproduktentwicklung eingesetzt. Viele Studien kommen zum Schluss, dass der Einsatz von KI nicht nur Zeit und Kosten spart, sondern auch die Ideenbreite und -vielfalt verbessern kann.[1485]

Wie in Kap. 4.2 gezeigt, ist Ideengenerierung heutzutage mehr als ein Workshop. Vielmehr muss es sich um einen **datengetriebenen und interdisziplinären** Rundum-Scan nach geschäftlichen Chancen handeln. Der Scan wird zu Beginn eines **Innovationsprozesses** (nach Erteilung eines Produktinnovationsauftrags) **punktuell intensiviert**, sollte jedoch als **kontinuierlicher Prozess** verstanden werden, insbesondere im Kontext agiler Entwicklung und des Life-Cycle-Managements von „digitalisierten" Produkten.

Der Ideengenerierungsprozess sollte auf einem Satz relevanter Daten aufbauen. Diese müssen im zweiten Schritt in Kundenprobleme (sog. Jobs-to-be-done, JTBD) übersetzt werden. Auf dieser Basis erfolgt die eigentliche Generierung von Lösungsideen, typischerweise in zwei Schritten: Zunächst wird divergent ein breiter Ideenraum aufgebaut. Dieser wird im zweiten Schritt auf einige Topideen konvergiert.[1486] Im letzten Schritt erfolgt eine Ideenbewertung (vgl. Abbildung 5.27).

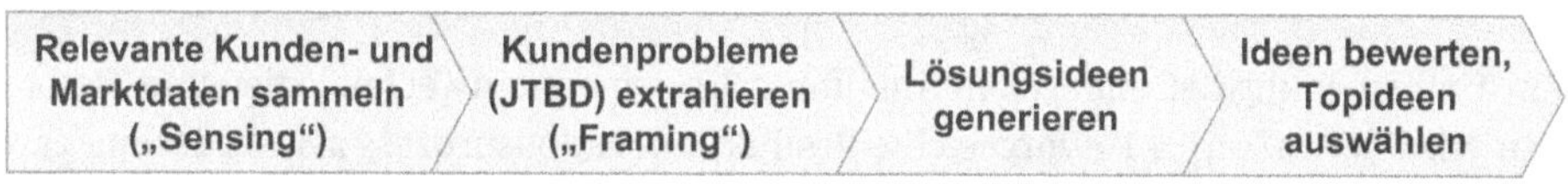

Abbildung 5.27: Schritte in der Ideenphase.

Durch Digitalisierung kann sich die Ideenphase, von einem, in der Praxis häufig erfahrungs- und intuitionsgetrieben, hin zu einem datenbasierten, kollaborativen und methodisch unterstützen Prozess transformieren.

5.3.2.2.1 Relevante Kunden- und Marktdaten sammeln („Sensing")

Für ein Untersuchungsfeld liegen eine Vielzahl potenziell relevanter Datenquellen unterschiedlicher Art vor (vgl. Kap. 4.2.3, insbesondere Abbildung 4-17). Die Aufgabe von Sensing im Kontext der Ideengenerierung ist es, Signale aus Markt-, Kunden- und Technologieumfeldern systematisch zu erfassen und in verwertbare Informationen zu übersetzen. **Big Data Analytics** stellt hierfür eine zentrale Methode dar, indem es die Verarbeitung großer, heterogener Datenmengen ermöglicht und Muster, Ausreißer oder Trends sichtbar macht. Sensing geht über reine Datenanalyse hinaus, da es auch die Interpretation, Kontextualisierung und Ableitung innovationsrelevanter Einsichten umfasst und zusätzlich qualitative Verfahren (z. B. Experteninterviews) und GenKI zum Einsatz kommen. Fol-

1485 „AI-augmented teams generated higher quality ideas in less time. GenAI application led to improved efficiency, knowledge exchange, increased satisfaction and engagement as well as enhanced idea diversity", Gindert/Müller (2024), S. 1; zu ähnlichen Ergebnissen kommen z. B. Shaer u. a. (2024); Pescher/Tellis (2025).

1486 Vgl. Kreativitätstechniken in Kap. 4.2.3.3.

gende Methoden der „digitalen Marktforschung“ können beim Aufbau strukturierter und relevanter Kunden- und Marktinformationen angewendet werden (vgl. Abbildung 5.28):[1487]

Abbildung 5.28: Digitale Methoden in der Sensing-Phase der Ideengenerierung.

- Durch **Social Listening und Text-Mining** beobachten und analysieren Unternehmen die Daten in sozialen Netzwerken, Foren oder Bewertungsportalen.[1488] Dies erfolgt z. B. durch Natural Language Processing (NLP), Sentiment-Analyse oder Cluster-Analyse. Unternehmen zielen damit auf die Ermittlung von Kundenpräferenzen sowie auf die Erkennung aufkommender Trends oder Beschwerden ab. Beispiele: Die Analyse von Social-Media-Diskussionen zu Elektrofahrzeugen durch Automobilhersteller (Reichweite, Ladepunkte etc.) kann Ideen für neue Produkt- oder Service-Lösungen liefern. App-Store-Bewertungen oder Beiträge in Support-Formen können Usability-Probleme einer Software aufzeigen.
- **Nutzungsdaten** können z. B. von vernetzten Geräten im Feld (IoT) oder von Produkt-Apps erhoben werden. Mit digitalen Methoden werden die Daten statistisch analysiert, um aus Nutzungsmustern „Pain Points“ zu erkennen, Verbesserungen abzuleiten oder Innovationsideen zu generieren. Beispiele: Wenn Nutzungsdaten zeigen, dass Kunden ein smartes Thermostat häufig manuell nachregeln, könnte das Regelmodell angepasst werden. Falls die Nutzungsrate eines Produkts nach drei Monaten bei vielen Kunden stark abfällt, könnten aktivierende Features, wie z. B. Gamification-Elemente, in das Produkt integriert werden.
- Im **Patent- und Technologie-Scouting** können digitale Tools eingesetzt werden, um Patente, wissenschaftliche Publikationen oder Start-up-Datenbanken zu durchsuchen. Ziel ist die automatisierte und frühzeitige Erkennung technologischer Trends und die Analyse von Wettbewerberaktivitäten. Beispielsweise nutzen Pharmaunternehmen Text-Mining auf der Plattform PubMed, um potenzielle Forschungsfelder für neue Molekülklassen zu identifizieren.

1487 Vgl. Z. B. Cooper/McCausland (2024), S. 72; Witkowski/Wodecki (2025), S. 13.
1488 Vgl. Kap. 4.3.2.1.1.3 (Online Behavioral & Social Tracking im Rahmen der Ermittlung von Kundenanforderungen).

- Trendradare sollen aufkommende Entwicklungen im Markt-, Kunden- oder Technologieumfeld erfassen und nach Relevanz ordnen. Dies erfolgt klassischerweise durch Experten, die Fachmedien, Studien, Messen etc. beobachten und Trendreports manuell erstellen. **KI-gestützte Trendradare** nutzen Machine Learning, Text-Mininig und Big Data Analytics, um kontinuierlich Signale aus verschiedensten Datenquellen zu sammeln, zu analysieren und automatisierte Trendlandkarten zu erstellen. Ziel ist es, neue Trends frühzeitig zu erkennen und zu bewerten, ob ein identifizierter Trend einen kurzfristigen Hype oder eine nachhaltige Entwicklung darstellt.
- In digital unterstützten **Kundenfeedback-Analysen** werden automatisierte Umfragen, Support-Tickets oder Chatbot-Logs ausgewertet. Hierzu werden z. B. NLP, Klassifikationsmodelle oder Clustering eingesetzt. Ziel ist die systematische Identifikation wiederkehrender Probleme sowie deren Bewertung, z. B. auf Basis der Anzahl und Emotionalität des Kundenfeedbacks.
- Die Synthese heterogener Daten kann zusätzlich durch **GenKI** erfolgen. Diese kann z. B. kompakte Zusammenfassungen aus Berichten, Artikeln und Diskussionsforen erstellen sowie erste Hypothesen zu Kundenbedürfnissen formulieren. GenKI kannu.U. besser als die oben genannten „Spezialmethoden", die eher Daten als Einsichten liefern, strukturierte Narrative erzeugen, die verständlich, kontextualisiert und handlungsrelevant sind.

Digitale Sensing-Methoden können den Produktmanager dabei unterstützen, Kundenproblemfelder und Chancen frühzeitig zu erkennen. Ein breit aufgestellter Scan reduziert die Unsicherheiten im „Fuzzy Front End" des Produktinnovationsprozesses.

5.3.2.2.2 Kundenprobleme formulieren („Framing")

Die Framing-Phase hat das Ziel, die im Sensing gewonnenen Daten und Informationen in möglichst **präzise Problemdefinitionen**, sog. **Jobs-to-be-Done (JTBD)**, zu übersetzen. Während das Sensing die relevanten Signale identifiziert, schafft das Framing Bedeutung und Struktur: Welche Aufgaben wollen Nutzer in welchem Kontext erledigen? Welche Hürden stehen im Weg und welche **ergebnisorientierten Zielgrößen (Outcomes)** sind tatsächlich für den Kauf eines Produkts oder einer Dienstleistung entscheidungsrelevant?[1489]

Digitale Methoden können die Effektivität des Framing-Prozesses über drei Hebel verbessern: skalierbare Datenerhebung, fortgeschrittene Analyseverfahren und GenKI zur Synthese. Ergebnisse des Framings sind belastbare Artefakte (z.B. Problemstatements, JTBD-Sätze, Outcome-Listen), die direkt in die Priorisierung und Konzeptentwicklung eingehen können.

Der Framing-Prozess kann in fünf Schritte unterteilt werden (vgl. Abbildung 5.29):[1490]

1489 Vgl. Methoden JTBD und ODI in Kap. 4.3.2.1.1.2 (Spezifische Methoden der Marktforschung).
1490 Vgl. Christensen u. a. (2016); Ulwick (2005); Ulwick (o. J.).

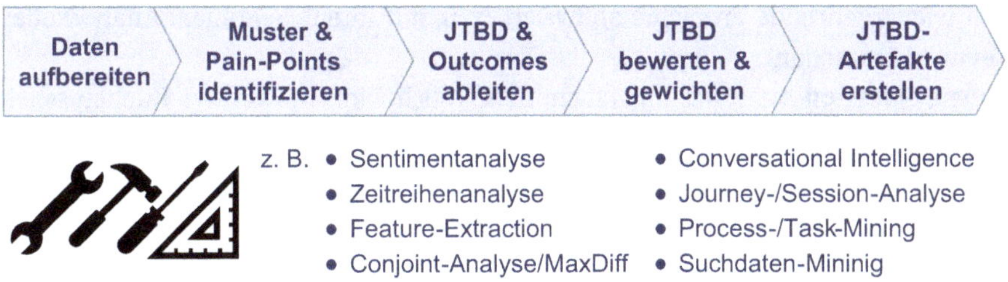

Abbildung 5.29: Schritte im Framing-Prozess der Ideengenerierung.

- **Daten so aufbereiten**, dass sie für die Analyse nutzbar sind. Datenquellen sind dabei z. B. Support-Tickets, NetPromotor-Score-Kommentare, App-Store-Reviews, Sales-Call-Transkripte, In-App-Feedback, On-Site-Suchen oder Foren/Communitys.[1491]
- Wiederkehrende **Pain-Points oder Verhaltensmuster** inklusive des jeweiligen Kontexts sichtbar machen. Methoden hierfür sind z. B. Clustering, Sentiment-Analyse, Feature-Extraktion oder die Zeitreihenanalyse.
- Aus Problemen werden **JTBD** und gewünschte Ergebnisse (sog. **Outcomes**) abgeleitet. Jobs und Outcomes werden standardisiert beschrieben, z. B. im Format „Wenn [Kontext], möchte ich [Aufgabe], damit [erwartetes Ergebnis]". Die gewünschten Ergebnisse sind z. B. im Format „Minimieren/Maximieren [Metrik] bei [Bedingung]" zu formulieren. Schließlich werden die JTBD ggf. (mittels Embeddings) segmentiert und unterschiedlichen Persona zugeordnet.
- Die JTBD inklusive der Outcomes werden im vierten Schritt **bewertet und gewichtet**. Methoden sind z. B. die Analyse von Wichtigkeit vs. Erfüllungsgrad je gewünschtem Ergebnis, die Gewichtung mittels Adaptive-Conjoint-Analyse[1492] oder der MaxDiff-Methode.[1493]
- Die Erkenntnisse werden z. B. durch LLMs **verständlich und standardisiert dargestellt**, etwa in Form von Concept-Cards oder Stakeholder-Summaries. Basis für die Darstellung kann folgende Ableitungskette sein: Problem → Ursache → JTBD → Outcome → Persona/Segment. Alle JTBD-Artefakte sind mit **Evidenz-Tags** zu dokumentieren (z. B. Quelle, Datum).

Folgende digitale Methoden können den oben genannten Prozess zusätzlich unterstützen:[1494]

- Durch **Conversation Intelligence** werden Gespräche (z. B. Vertriebs- oder Kundendienstgespräche, Kundeninterviews) KI-basiert auf Kundenbedürfnisse, Einwände

---

1491 Einen Überblick unternehmensintern verfügbarer Datenquellen liefert Kap. 4.2.3.4 (Ideen aus internen Quellen sammeln).

1492 Vgl. Kap. 4.3.4.1.1.3 (Conjoint-Analyse im Rahmen der Bestimmung der Produkteckpunkte).

1493 Vgl. Louviere u. a. (2015).

1494 Vgl. Witkowski/Wodecki (2025); Bilgram/Laarmann (2023), S. 20.

und wiederkehrende Probleme analysiert (z. B. mit Intent-/Sentiment-Analyse oder Keyword-Extraction).

- **Journey-/Session-Analytics** untersucht über Touchpoints hinweg, wo Kunden scheitern oder den Kaufprozess abbrechen. Methoden hierfür sind Funnel-Analysen, Conversion-Pfade, Session-Replays oder Heatmaps.
- Mit **Process-/Task-Mining** können Ist-Prozesse aus Logdaten von ERP- oder CRM-Tools extrahiert werden. Dadurch werden Engpässe, Ineffizienzen und Abweichungen sichtbar.
- **Suchdaten-Mining** analysiert Suchanfragen (z. B. auf Google, Amazon oder On-Site-Suchen in Apps/Websites) und soll aufdecken, „was Kunden wirklich wollen" (z. B. durch Keyword-Analysen, Long-Tail-Queries, Trend-Trecking).

Kritisch ist die Qualitätssicherung der Ergebnisse (z. B. Halluzinationsgefahr bei LLMs) und die Tatsache, dass Social-Media-Inhalte oft nicht dem Gesamtmarkt entsprechen. Ein „Human-in-the-Loop" ist auch deshalb erforderlich, da KI-Ergebnisse häufig schwer erklärbar sind. Das Vorgehen bei der Generierung der JTBD-Artefakte (Prompts, Version, Zeitstempel) sollte dokumentiert werden.

5.3.2.2.3 Lösungsideen generieren

Die Phase „Lösungsideen generieren" zielt auf **breite, strukturierte Divergenz**: Es sollen viele unterschiedliche und zugleich problembezogene Ideen entstehen. Digitalisierung erweitert dabei den klassischen Methodenbaukasten (z. B. Brainstorming, Brainwriting, 635, SCAMPER[1495]) um Methoden der Analogiebildung, Variantenexploration, Wissensvernetzung und Artefakt-Erstellung. Besonders die GenKI kann als „kreativer Ideen-Assistent" fungieren, der Ideenvorschläge, Szenarien und frühe Concept Cards liefert. Das Ergebnis der Phase ist eine **kuratierte Ideen-Shortlist**, die in die Bewertung und Priorisierung eingebracht werden kann.

Neben hoher Geschwindigkeit kann GenKI helfen, kreative Blockaden abzubauen. Per **Prompt kann GenKI in unterschiedliche Wege gelenkt** werden, um kreative Lösungsideen für vorgegebene JTBD zu erzeugen (vgl. Abbildung 5.30).

Beispiele: GenKI wird per Prompt beauftragt, Lösungsideen für einen vorgegebenen JTBD zu finden, ...[1496]

- ... indem bestehende Lösungen bzw. Lösungskomponenten substituiert, kombiniert, adaptiert, modifiziert, anders eingesetzt oder eliminiert werden **(SCAMPER-Automatisierung)**.

1495 Vgl. Kap. 4.2.3.3 (Kreativitätstechniken).

1496 Shriram/Anning (2025), S. 162–166; Bilgram/Laarmann (2023), S. 22.

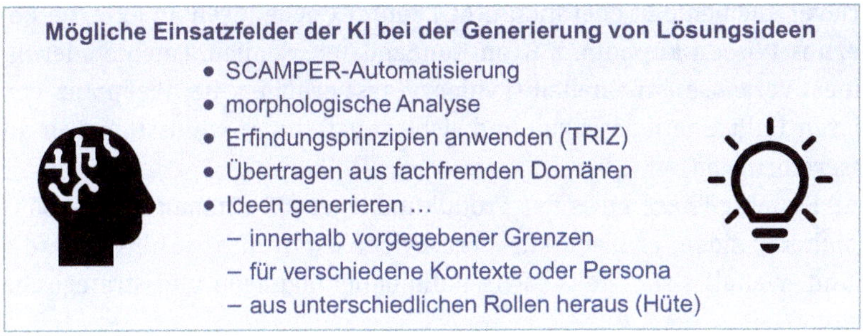

Abbildung 5.30: Mögliche Einsatzfelder der KI bei der Generierung von Lösungsideen.

- … indem eine **morphologische Analyse** durchgeführt werden soll, d. h., die KI soll verschiedene Lösungsparameter kombinieren und jeweils das Potenzial und die Machbarkeit bewerten.
- … indem **bewährte Erfindungsprinzipien** (aus TRIZ-Bibliotheken) für die Problemlösung angewendet werden sollen.
- … indem Lösungsideen aus **fachfremden Domänen übertragen** werden (z. B. Warteschlangenlösungen aus Flughäfen auf Klinik-Check-in anwenden).
- … wobei nur Lösungen **innerhalb vorgegebener Grenzen** erlaubt sind (Budget, Regulatorik, Nachhaltigkeitsziele).
- … wobei nur Lösungen **speziell für unterschiedliche Kontexte oder unterschiedliche Persona** gesucht werden.
- … wobei die KI systematisch **unterschiedliche Rollen** spielen bzw. Hüte aufsetzen soll (Optimist, Kritiker, Regulator, Sicherheitsbeauftragter).[1497]

Eigene oder öffentlich verfügbare **Prompt-Bibliotheken** für die Ideenphase im Innovationsprozess können genutzt werden, um Zeit zu sparen und sicherzustellen, dass man wichtige Aspekte oder Ideenquellen nicht übersieht.[1498]

Digitale Ideation-Plattformen können genutzt werden, um **Co-Creation- oder Crowd-Ideation**-Projekte zu moderieren. Gamification kann auf den Plattformen das Engagement der Teilnehmer fördern, z. B. über Votings, Rankings oder Challenges. Eingereichte Ideen kann die KI „deduplizieren“, clustern und standardisiert ausarbeiten. Resultat sind oft vielfältige und marktnahe Lösungsideen.

Kollaborative Tools, z. B. Whiteboards mit KI-Funktionen wie Clustering, Duplikat-Erkennung oder Lückenhinweise können als Ideenplattformen die **Kreativität eines Produktteams** fördern. Ebenso können KI-generierte UI-Skizzen, Storyboards oder Click-Dummies Ideen greifbar machen und die Kreativität anregen.

1497 Vgl. Kap. 4.2.3.3.4.6 (Hüte-Denken als Kreativitätsmethode).
1498 Vgl. z. B. Product Focus (2024d).

Über Retrieval-Augmented-Generation (RAG) kann KI neue Ideen an **externe Belege und internes Wissen koppeln**, z. B. an Kundendaten, Studien, Patente oder interne Guidelines. Verweise auf Quellen (Evidenz-Tags) erhöhen die Akzeptanz von Ideen, reduzieren Halluzinationsrisiken und sichern ggf. die Anschlussfähigkeit an Unternehmenserfahrungen.

Analog zur Framing-Phase muss der Produktmanager als „Human-in-the-Loop“ die **Qualität sichern**, indem er Ideen kuratiert, Evidenzen prüft bzw. hinzufügt, die Ideenmenge und -vielfalt sicherstellt sowie Rahmenbedingungen und strategische Richtung vorgibt.

5.3.2.2.4 Ideen bewerten und Topideen auswählen

„LLMs don’t just help ideate products; they can also test them.“[1499]

Nach der kreativen Divergenz ist konvergentes Denken zum Abschluss gefragt: Die **Shortlist von Lösungsideen** muss für die weitere Ausarbeitung bewertet werden. Digitale Methoden können die Datenermittlung unterstützen und qualitative Argumente generieren. Außerdem können die in Kap. 4.2.4 vorgestellten Bewertungsverfahren durch Softwareanwendungen unterstützt werden, was die Strukturiertheit und Effizienz der Bewertung erhöhen kann.

Zu einem methodischen Mehrwert können digitale Methoden durch **Pre-Validation** beitragen, indem **echte Signale vom Markt** ermittelt werden (statt nur Gruppen- oder Expertenmeinungen). Ziel ist es, frühzeitig, kostengünstig und schnell Evidenz zu sammeln, ob eine Idee **reale Nachfrage, Akzeptanz und Wertschöpfungspotenzial** hat. Pre-Validation bzw. Pre-Tests sind anwendbar, wenn folgende Voraussetzungen erfüllt sind:

- Die Idee muss **klar kommunizierbar** sein. Nutzer müssen verstehen können, was angeboten wird, auch wenn das Angebot real noch nicht existiert.
- **Kundenverhalten muss messbar** sein, z. B. durch die Anzahl von Klicks, Anmeldungen, Vorbestellungen oder Verweildauern. Am zuverlässigsten sind Pre-Tests, wenn das Verhalten der Testkunden einen gewissen Aufwand für diese bedeutet (z. B. E-Mail eintragen, Kreditkarte hinterlegen). „Likes“ sind eher schwache Indikatoren (oft zu optimistisch).
- **Niedrige Testkosten**: Dies ist i. d. R. für digitale Produkte, Services und Features gegeben, wo man mit digitalen Prototypen, Landingpages, Fake-Doors oder kleinen Experimenten arbeiten kann. Der Aufwand sollte Stunden, maximal Tage umfassen, nicht Wochen oder Monate.
- Die Zielgruppe muss **leicht erreichbar** sein, z. B. über Online-Ads, Panels, Communitys oder als vorhandene Nutzerbasis. Dies ist schwieriger bei engen Nischen, z. B. Industrieanlagen (B2B).

1499 Vgl. Brand u.a. (2025), S. 2.

- Pre-Tests können vor allem **Nachfrage, Akzeptanz oder Wertversprechen** prüfen, weniger technische Machbarkeit oder Herstellkosten.

Die Methoden digitaler Pre-Test bzw. Pre-Validierung entsprechen zum Teil den Markttest-Methoden im Rahmen der Konzeptvalidierung (vgl. Abbildung 5.31):[1500]

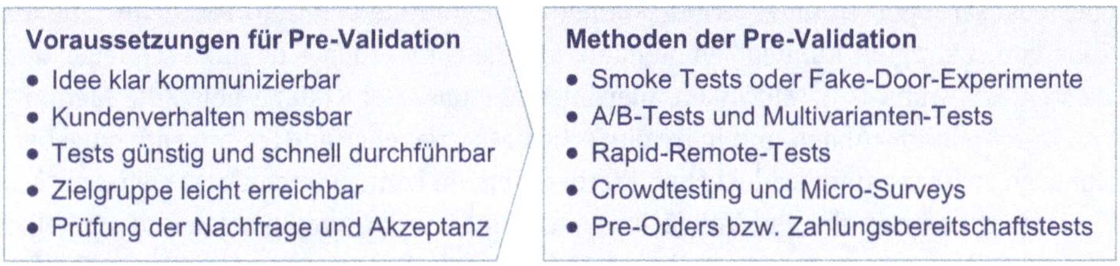

Abbildung 5.31: Voraussetzungen und Methoden der Pre-Validierung.

- Bei **Smoke Tests oder Fake-Door-Experimenten** kommuniziert oder bewirbt man eine Idee so, als ob ein Lösungsangebot bereits existieren würde (was noch nicht der Fall ist), und misst die Kundenresonanz. Beispielsweise kann ein neues Feature auf einer Landingpage beworben und über die Klicks auf einen „Jetzt anmelden"-Button das Interesse gemessen werden. Typische Messgröße sind Klickraten oder Anzahl von Registrierungen.
- **A/B-Tests und Multivarianten-Tests** dienen dazu, zwei (oder mehr) Varianten einer Produktidee, eines Pricing-Modells oder einer Werbebotschaft parallel zu testen. Ziel ist es, die durch reale Kunden „besser angenommene" Variante zu identifizieren, um diese weiterzuverfolgen. Messgrößen können Conversion, Registrierungen, Bounce Rate oder „Zeit bis Interaktion" sein.
- Im Rahmen von **Rapid-Remote-Tests** werden klickbare Prototypen oder Konzeptkarten erstellt, die Nutzer „remote" ausprobieren und bewerten können. Als Messgröße kann die Präferenz oder die Usability gemessen bzw. abgefragt werden.
- In **Crowdtesting und Micro-Surveys** werden Ideen an eine größere Anzahl von Testnutzern (Crowd) ausgespielt. Diese geben Feedback oder Rankings zurück. Beispielsweise könnte in einer Mobile-App oder in einem Panel gefragt werden: „Welches von zwei Features wäre für Sie nützlicher?" Ergebnis wären Präferenz-Rankings oder qualitative Kommentare.
- Noch verbindlicher und aussagekräftiger sind **Pre-Orders**. Diese testen reale **Zahlungsbereitschaft**. Nutzer können ein Produkt oder Feature vorbestellen oder sich in eine Warteliste eintragen (gegen Anzahlung). Das Produkt bzw. Fea-

1500 Vgl. Kap. 4.3.3.2 (Markttests im Rahmen der Konzeptvalidierung).

ture wird beschrieben, existiert aber noch nicht. Beispiele sind Kampagnen auf Crowd-Investing-Plattformen wie Kickstarter. Als Messgrößen dienen die Anzahl von Vorbestellungen oder die Höhe der Zahlungen.

Einen neuen Weg der Pre-Validation bietet die Marktforschung mit **synthetischen Kunden**, die durch LLMs generiert sind. Anstelle Fragestellungen in Interviews, Umfragen oder Fokusgruppen zu untersuchen, können diese mithilfe von GenKI-Modellen, die die Rolle von „befragten Kunden" einnehmen, untersucht werden – deutlich schneller und „kostenlos". Brand u. a. schränken allerdings ein, dass GenKI dazu neigt, die Meinung von Durchschnittskunden und in dynamischen Märkten eher alte Stände widerzugeben. Nuancen zwischen unterschiedlichen Kundengruppen können unentdeckt bleiben.[1501]

Experimente in der Pre-Validation-Phase sind ein kostengünstiger und schneller Weg, um Ideen zu bewerten. Sie liefern Evidenzen in Form von quantitativen (Klicks, Conversions, Preorders) oder qualitativen (Kommentare, Usability-Bewertungen) Daten und helfen dem Produktmanager, Ideen datenbasiert auszuwählen und interne Stakeholder zu überzeugen.

5.3.2.2.5 Fazit: digitale Methoden in der Ideengenerierung

Die Digitalisierung transformiert die Ideengenerierung von einer überwiegend erfahrungs- und intuitionsgetriebenen Aktivität hin zu einem **datenbasierten, kollaborativen und methodisch gestützten Prozess**. GenKI unterstützt den schnellen Aufbau breiter Ideenräume mit konsistent beschriebenen Artefakten als Entscheidungsvorbereitung. Für Produktmanager bedeutet dies höhere Effizienz und verbesserte Validität der Ergebnisse.

5.3.2.3 Produktkonzept

Ein **Produktkonzept** ist „eine detaillierte Beschreibung der Produktidee, die direkt auf potenzielle Käufer zugeschnitten ist und für [diese] einen bedeutsamen Produktnutzen ausformuliert":[1502]

- Das Konzept detailliert die grundlegende Idee eines Produkts und beschreibt dessen zentrale Eigenschaften, Zielgruppe und Nutzenversprechen.
- Als Leitlinie für die Produktentwicklung stellt es sicher, dass das Produkt die Bedürfnisse der Kunden erfüllt, dessen JTBD erledigt und sich von Wettbewerbern abhebt.
- Ein Konzept umfasst Informationen zu Produktfunktionen, Design, Positionierung und geplanten Anwendungsbereichen. Es schlägt die Brücke zwischen der Idee und der Produktentwicklung.

Die Schritte der in Kap. 4.3 erläuterten Produktkonzeptphase sind in Abbildung 5.32 zur Orientierung nochmals dargestellt:

1501 Vgl. Brand u. a. (2025), S. 3–5; Argyle u. a. (2023); Arora u. a. (2024).

1502 Kotler u. a. (2022), S. 476; ähnlich z. B. Hofbauer (2018), S. 406.

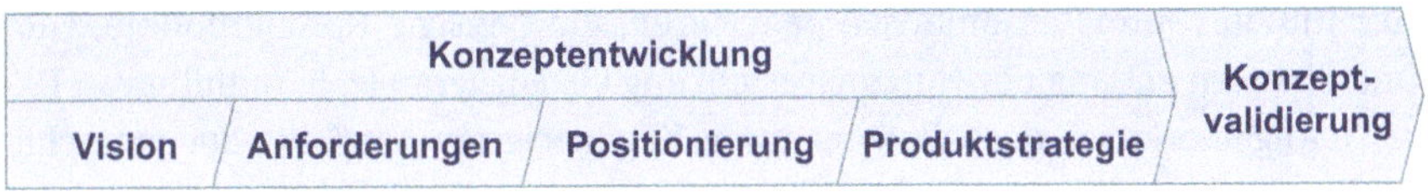

Abbildung 5.32: Schritte der Konzeptphase im Produktinnovationsprozess[1503].

In der Konzeptphase unterstützt insbesondere die KI den Produktmanager dabei, vielfältige Informationen zu erfassen, zu strukturieren und datenbasierte Entscheidungen zu treffen. GenKI kann zusätzlich als vielseitig einsetzbarer kreativer Assistent wirken, der Konzepte in verständliche Artefakte übersetzt und damit die Diskussion mit anderen Produkt-Stakeholdern erleichtert.

5.3.2.3.1 Produktvision

Bei der Entwicklung der **Produktvisionen** können über Text-Mining/NLP wiederkehrende Kundenbedürfnisse aus Kundenfeedbacks, Supportlogs etc. als Input für das Vision Statement extrahiert werden. Über Predictive Analytics identifizierte **Markttrends** und Wachstumsfelder können in die Vision einfließen. GenKI kann alternative Formulierungsvorschläge für das **Vision Statement** erzeugen und Artefakte wie das Product-Vision-Template oder das Produkt-Vision-Board erzeugen.

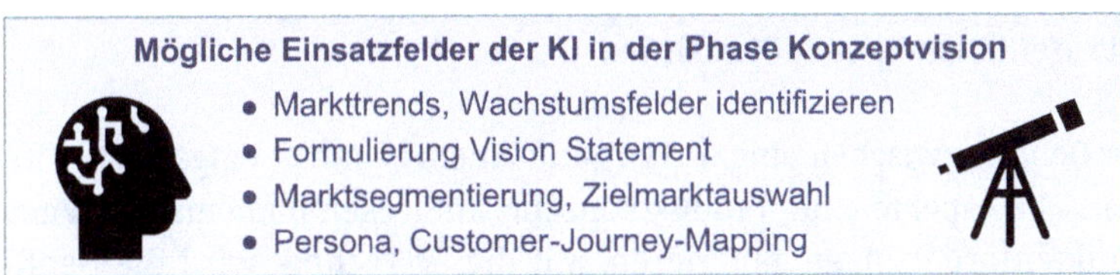

Abbildung 5.33: Mögliche Einsatzfelder der KI in der Phase Produktvision.

Zwecks **Marktsegmentierung** können KI-Tools Kundendaten clustern, indem sie Muster in Kaufverhalten oder Kundenpräferenzen erkennen. Zur datenbasierten **Zielmarktauswahl** kann KI beim Vergleich der identifizierten Marktsegmente hinsichtlich Größe, Wachstum, Wettbewerbsintensität oder Rentabilität unterstützen. Zwecks Illustration der Zielmarktes kann GenKI **Persona-Entwürfe** erstellen, indem sie demografische, psychografische und verhaltensbasierte Daten zu konsistenten, narrativen Profilen verdichtet. Werkzeuge hierfür sind beispielsweise der Miro „AI Persona Generator" oder das HubSpot „Make My Persona"-Tool.[1504] Ebenso lassen sich

1503 Vgl. Kap. 4.3 (Produktkonzept).

1504 Vgl. Miro (o. J.); HubSpot (o. J.).

Customer-Journey-Maps automatisch generieren, die typische Kontaktpunkte, Pain Points und Chancen entlang der Nutzungserfahrung visualisieren (z. B. mithilfe von UXpressia[1505]). Angemerkt sei, dass die genannten KI-generierten Artefakte der menschlichen Validierung und Kuratierung bedürfen. Insbesondere der Produktmanager muss an dieser Stelle „Product Sense" und Markt- bzw. Kontextwissen einbringen.

5.3.2.3.2 Produktanforderungen

ML-basierte Werkzeuge können Kundenanforderungen durch Extraktion aus Text- oder Sprachequellen (z. B. aus Support-Ticket, Feedbacks, Produkt-Reviews) ermitteln (Requirements Mininig). Mit KI-basierten Traceability-Tools können Anforderungen zudem mit Customer Outcomes, Risiken und Testfällen verknüpft werden, um die Konsistenz der Anforderungen zu verbessern.

GenKI ermöglicht, ...

- Kundenfeedback, JTBD oder User Stories direkt in das geforderte Format der Anforderungsliste umzuwandeln.
- Anforderungen in prüfbare Test-Szenarien, z. B. in das standardisierte „Given-When-Then-Format" (Gherkin-Syntax), zu übersetzen. Diese können direkt in Testautomatisierungs-Frameworks (wie z. B. Cucumber, SpecFlow) eingebunden werden.
- sog. Edge Cases zu generieren. Damit reduziert sich die Wahrscheinlichkeit, solche Fälle in der Realisierung zu „vergessen".[1506]
- Andere benötigte Artefakte zu erstellen wie z. B. Roadmaps, technische Briefing-Unterlagen, Präsentationen oder Checklisten

Eine erzwungene Debatte zwischen einem „Pro" und einem „Contra" eingestellten KI-Agenten kann kritische Aspekte eines Produktkonzepts aufdecken und entsprechende zusätzliche Produktanforderungen generieren. Mit dieser Technik wird die GenKI dazu bewegt, ihre typisch ausgewogene Perspektive zu verlassen.[1507]

Wie in Kap. 4.3.2.3 dargelegt, bilden spezifische Softwareanwendungen die Basis des Anforderungsprozesses. Diese werden zunehmend die oben genannten oder andere relevante KI-Funktionalitäten integrieren.

5.3.2.3.3 Produktpositionierung

Die Produktpositionierung ist die Übersetzung von Kundenbedürfnissen, Wettbewerbssituation und Produkteigenschaften in ein klares und differenziertes Nutzenversprechen. KI kann hier auf zwei Ebenen helfen (vgl. Abbildung 5.34):

1505 Vgl. UXpressia (o. J.).

1506 Beim Login-Prozess sind neben dem Fall „gültige E-Mail und gültiges Passwort" beispielsweise auch die Edge-Cases „falsches Passwort", „keine Eingaben", „E-Mail nicht vergeben" zu berücksichtigen.

1507 Vgl. Nika (2025).

Abbildung 5.34: Mögliche Einsatzfelder der KI in der Phase Produktpositionierung.

Klassisches ML wirkt analytisch strukturierend und kann ...
- über **Markt- und Wettbewerbsanalyse** objektive Daten darüber liefern, welche Assoziationen (z. B. „schnell", „günstig", „zuverlässig") den Wettbewerb prägen und welche Lücken in der Angebotslandschaft bestehen. Methoden hierfür sind NLP, Sentiment-Analyse oder Topic-Modelling. Beispielsweise kann über die Analyse von Social-Media-Inhalten, Blogs, Presse und Review-Plattformen ermittelt werden, welche Attribute Wettbewerbern zugeschrieben werden. Über das Clustering von Kundenzitaten kann herausfiltert werden, welche Produktmerkmale im Markt als differenzierend wahrgenommen werden.
- die Erstellung von **Positionierungsmatrizen** unterstützen, indem Produkte objektiv entlang relevanter Dimensionen (z. B. Preis/Qualität, Innovation/Tradition) verortet werden. Dadurch kann der Produktmanager „White Spots" als mögliche Positionierungsziele identifizieren. Methoden in diesem Kontext sind die multidimensionale Skalierung, die Clusteranalyse und Visual Analytics.
- Annahmen zu **Kundenpräferenzen und Zahlungsbereitschaft** über Methoden wie MaxDiff- und Conjoint-Analysen absichern.[1508] Nutzenattribute können so in ihrer Wichtigkeit für Kundenkaufentscheidungen quantifiziert werden.

GenKI wirkt synthetisierend, kreativ und kommunikativ und liefert dem Produktmanager beispielsweise ...
- verschiedene **Formulierungsoptionen** für das Nutzenversprechen.
- **Simulationen**, wie unterschiedliche Personas (z. B. preisbewusster Käufer, Early Adopter, B2B-Kunde) auf ein Nutzenversprechen reagieren würden. GenKI kann typische Reaktionen bestimmter Kundengruppen erzeugen. Damit kann die Kundenempathie und Validität der angedachten Positionierung erhöht werden – schon vor der Konzeptvalidierung.
- Unterstützung beim **Storytelling**, sodass die Positionierung greifbarer und überzeugender wird. Beispielsweise kann GenKI Elevator-Pitch-Skripte oder One-Pager-Texte erstellen. Generierte Storyboards oder Customer-Journeys ermöglichen die Spiegelung eines Nutzenversprechens mit der Realität.

1508 Die Datenaufbereitung und Modellierung im Rahmen der genannten Methoden kann durch KI unterstützt werden.

– Positionierungsstatements für **verschiedene Zielgruppen** und Märkte (Sprache, kulturelle Nuancen, Tonalität).

5.3.2.3.4 Produktstrategie

Die Produktstrategie umfasst die Produkteckpunkte (Funktionen, Eigenschaften, Kosten, andere Rahmenbedingungen), ein frühes Marketingkonzept („Go-to-Market") sowie einen Geschäftsmodellansatz.[1509]

Klassische KI/ML liefert die analytische und prognostische Basis für die Produktstrategie, z. B. Antworten auf Fragen wie: Welche Features sind kaufentscheidend? Welche Kanäle sind effektiv? Welche Geschäftsmodelle sind wirtschaftlich tragfähig? Die **GenKI** kann diese Erkenntnisse in Strategie-Artefakte, Narrative und Kommunikationsmittel, die Stakeholder überzeugen und für unterschiedliche Zielgruppen adaptierbar sind, übersetzen (vgl. Abbildung 5.35):

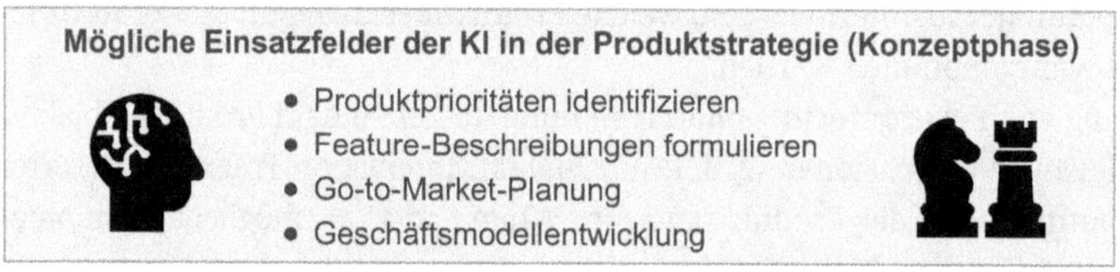

Abbildung 5.35: Mögliche Einsatzfelder der KI in der Phase Produktstrategie.

– Beim Thema **Produktprioritäten** können KI-gestützte Conjoint- und MaxDiff-Analysen identifizieren, welche Features und Preispunkte kaufentscheidend sind.[1510]
– GenKI kann **Feature-Beschreibungen** aus JTBDs oder Outcomes formulieren.
– Als Input für einen **Go-to-Market-Plan** können ML-Modelle den Markt anhand von Nutzungs- und Kaufdaten clustern und die Marktsegmentierung und Zielkundenauswahl präzisieren. Ebenso erlauben Channel-Attribution-Modelle Prognosen zur Effektivität verschiedener Marketingkanäle. Sentiment-Analysen zeigen, für welche Botschaften hohe Kundenresonanz zu erwarten ist. Auf dieser Datenbasis können mithilfe generativer KI Kampagnenideen und Content für die Kommunikation erzeugt werden, z. B. Social-Media-Posts, E-Mail-Texte oder Visuals.[1511]
– Als Basis für die **Geschäftsmodellentwicklung** kann analytische KI (falls eine entsprechende Datenbasis vorhanden ist) Umsatzpotenziale und Kostenverläufe von Geschäftsmodellen simulieren oder Churn- und Customer-Life-Time-Value-Prognosen erstellen. GenKI kann Business-Model-Canvas-Entwürfe oder zielgrup-

1509 Vgl. Kap. 4.3.4 (Produktstrategie im Rahmen der Produktkonzeption).
1510 Vgl. Kap. 4.3.4.1.1.3 (Coinjoint-Analyse); Louviere u. a. (2015).
1511 Vgl. Kap. 5.3.3.4 (Digitale Marketingkampagnen).

penspezifische Artefakte wie Pitch-Decks oder Executive Summaries erstellen. Ebenso können Szenarien mit unterschiedlichen Geschäftsmodellparametern (Zielgruppen, Subscription vs. Kauf vs. Pay-per-Use, Vertriebskanäle) generiert werden.

Insbesondere die „erhebungsintensive“ **Conjoint-Analyse** kann durch synthetische Kunden radikal vereinfacht werden. So kann ein auf Basis der Ziel-Persona definierter **synthetischer Kunde** beliebig viele Kombinationen denkbarer Ausprägungen der relevanten Produktmerkmale gegeneinander bewerten. Daraus lassen sich die Wichtigkeit der Merkmale für die Kaufentscheidung sowie der Nutzenbeitrag möglicher Merkmalsausprägungen ermitteln. Forschungen zeigen, dass die Ergebnisse solcher LLM-basierten Conjoint-Analysen konsistent sind mit denen humaner Probanden. Die Ergebnisqualität und Zuverlässigkeit steigt, wenn LLMs mit einschlägigen Umfrageergebnissen oder Kundenpräferenzdaten vortrainiert sind und auf eine starke Kundensegmentierung verzichtet wird.[1512]

5.3.2.3.5 Konzeptvalidierung

> „With AI's machine learning, companies can envision if a new product with specific features is likely to succeed with the assistance of a predictive algorithm. Hence, marketers can skip many steps in the new product development process. In most cases, these predictions have better accuracy than backward-looking market research and produce insights faster than the time-consuming concept tests.“[1513]

Die Konzeptvalidierung prüft, ob das entwickelte Produktkonzept tatsächlich kundenseitig relevant, technisch machbar und wirtschaftlich tragfähig ist.[1514] Die Bewertungsmethoden sind ähnlich wie bei der Ideenbewertung (Kap. 5.3.2.1.4), wobei Umfang und Tiefe der Analysen in der Konzeptphase größer sein müssen.

Abbildung 5.36: Mögliche Einsatzfelder der KI in der Konzeptvalidierung.

1512 Vgl. Brand u. a. (2025), S. 3–5.
1513 Vgl. Kotler u. a. (2021), S. 6–7.
1514 Vgl. Kap. 4.3.5 (Konzeptvalidierung).

Analytische KI/ML kann in der Konzeptvalidierung wie folgt eingesetzt werden:
- KI-basierte Modelle wie A/B-Test, multivariate Tests oder automatisierte Signifikanztests liefern belastbare statistische Evidenz, ob ein Konzept von den Kunden angenommen wird **(Kundenakzeptanz)**.
- Conjoint- und MaxDiff-Analysen zeigen, welche Features die **Kaufentscheidungen** am stärksten beeinflussen.[1515] KI kann dabei sowohl die Modellierung als auch die Datenauswertung unterstützen.
- Predictive Analytics und Forecasting-Modelle ermöglichen die frühzeitige **wirtschaftliche Bewertung** von Konzepten.
- Über die Analyse der Prototyp-Nutzung (z. B. In-App-Events, Clickstreams, Session Recordings) kann erkannt werden, ob ein **Konzept verständlich und nutzbar** ist und als „wertstiftend" von den Kunden wahrgenommen wird.

GenKI ermöglicht kreativ-synthetisierende Analysen im Rahmen des Prototypings.[1516] GenKI kann beispielsweise ...
- Survey-Fragen, Usability-Testskripte oder Interviewleitfäden erstellen und damit die **Vorbereitung von Konzepttests** beschleunigen.
- **Prototypen erstellen** und damit Konzepte visuell und erlebbar machen, ohne dass ein Designer oder Entwickler benötigt wird. Beispielsweise können Wireframes, Storyboards, Mock-ups oder Marketingmaterialien aus textlichen Anforderungen generiert werden.[1517]
- Interview-Transkripte, Tester-Kommentare und andere validierungsrelevante Daten als **Entscheidungsgrundlage synthetisieren**.
- verschiede **Szenarien** für das Konzept durchspielen, z. B. mit unterschiedlichen Zielgruppen. GenKI kann dabei die Rolle von **synthetischen Kunden** einnehmen, die ein Konzept beurteilen.[1518]

KI hat also das Potenzial, den Produktmanager bei der **frühzeitigen, schnellen und faktenbasierten Validierung** von Konzepten erheblich zu unterstützen.

5.3.2.3.6 Exkurs: immersive Technologien

Immersive Technologien wie **Augmented Reality (AR), Virtual Reality (VR)** und **Mixed-Reality (MR)** ermöglichen es, Produkte, Services oder Nutzungskontexte **virtuell und interaktiv zu erleben**, noch bevor ein physischer Prototyp existiert.

1515 Vgl. Kap. 4.3.4.1.1.3 (Coinjoint-Analyse); Louviere u. a. (2015).

1516 „Generative AI may be a game changer in early prototyping as the delegation of tasks to an artificial agent can result in faster iterations and reduced costs", Bilgram/Laarmann (2023), S. 24.

1517 Vgl. Matthews (2025); Chennapragada (2025).

1518 Vgl. Brand u. a. (2025); Arora u. a. (2024) bzw. die Ausführungen in Kap. 5.3.2.2.4 (Ideen bewerten).

Abbildung 5.37 stellt mögliche Nutzenaspekte immersiver Technologien im Rahmen der Konzeptvalidierung dar:

Nutzen immersiver Technologien in der Konzeptphase

- Erlebnis- und Designkomponenten greifbar machen
- komplexe Produkte und Systeme erklären
- Individualisierungsmöglichkeiten und Kontext zeigen
- Kommunikation im Produktteam sowie mit Kunden und anderen Stakeholdern verbessern
- teure physische Prototypen ersetzen (Kosten sparen)

Abbildung 5.37: Nutzen immersiver Technologien in der Konzeptvalidierung.

Besonders eignen sich immersive Technologien bei der Konzeptionierung von Produkten, ...

- die starke **Erlebnis- oder Design-Komponenten** enthalten, um Kundenfeedback zu Look & Feel, Ergonomie und Emotionalität frühzeitig einzuholen (Beispiel: Mode, Fahrzeuginnenräume, Wearables).
- die **komplex und erklärungsbedürftig** sind, um auf effektive Weise Verständnis beim Kunden zu erreichen (Beispiele: Produktionsanlagen, Medizintechnikgeräte).
- die eine hohe **Individualisierung oder Kontextabhängigkeit** aufweisen, um kontextbezogene Anforderungen sichtbar zu machen und Fehlentwicklungen zu vermieden.
- **intensive Kunden- und Stakeholder-Kommunikation** erfordern. Das „virtuelle Erleben" des Konzepts kann u. U. effektiver überzeugen als eine Beschreibung (Beispiel: Infrastrukturprojekte).
- deren **physische Prototypen kostspielig** sind, sodass durch digitales Prototyping Zeit und Kosten eingespart werden können.

Weniger sinnvoll erscheint der Einsatz immersiver Technologien bei Produkten „ohne Erlebnisfaktor", z. B. wenn nur Funktionalität oder Preis die Kaufentscheidung bestimmen oder falls die Zielgruppe keinen Zugang zu AR/VR/MR-Technologien hat.

Folgende konkrete Anwendungen und Vorteile können immersive Technologien in der Konzeptphase leisten:

- **Produktvisionen** und -konzepte können konkret, emotional und überzeugend „erlebbar" gemacht werden. Beispiele sind VR-Demos (z. B. eines Fahrzeug-Interieurs) oder AR-Storytelling (z. B. ein Möbelstück, das im Wohnzimmer des Kunden gezeigt wird).
- **Produktanforderungen** können aus real erlebten Szenarien entstehen, nicht nur aus abstrakten Beschreibungen. Nutzer können mit einem Produkt in einer VR-Umgebung interagieren und so Schwachstellen und Verbesserungspotenziale erkennen (virtuelle User-Journey).

- Verteilt arbeitende Teams oder Kunden können gemeinsam in immersiven Workspaces an Konzepten arbeiten, unabhängig von Ort und Zeit **(Remote Co-Creation)**.
- **Positionierungsanalysen** können durch immersive Marktforschung unterstützt werden, die Kunden in virtuelle Testumgebungen führt. Hierbei werden Unterschiede zu Konkurrenzprodukten in vergleichenden VR-Simulationen erlebbar gemacht.
- Virtuelle **Konzeptvalidierung** ist im Vergleich zur physischen Validierung früher möglich sowie schneller und kostengünstiger durchführbar. So können Kunden anhand von VR-/AR-Modellen in sog. virtuellen Prototypen-Tests Feedback liefern zu Usability, Design sowie allgemein zur Konzeptattraktivität. Auch Fokusgruppen zu Produktkonzepten können in VR-Umgebungen remote und skalierbar stattfinden.

Immersive Technologien sparen nicht nur Materialkosten und Zeit, sondern erhöhen auch die Qualität der Anforderungserhebung und die Zuverlässigkeit der Konzeptvalidierung.

5.3.2.3.7 Fazit: Digitale Methoden in der Konzeptphase

Big Data in Kombination mit KI-gestützter Analytik und ML-Methoden können Produktmanagern wertvolle Entscheidungshilfen in der Produktkonzeptionierung zur Verfügung stellen. GenKI kann illustrierend und kommunikativ unterstützen. Für komplexe erlebnisorientierte Produkte sind auch Einsatzszenarien für immersive Technologien denkbar.

5.3.2.4 Wirtschaftlichkeitsrechnung

Die Wirtschaftlichkeitsrechnung stellt einen klassischen Meilenstein dar, den ein validiertes Konzept bestehen muss, bevor es umgesetzt wird. Wie in Kap. 4.4 dargestellt, umfasst die Wirtschaftlichkeit zwei Schritte die Datenbeschaffung und die eigentliche Kalkulation (i. d. R. eine dynamische Investitionsrechnung). Das Potenzial digitaler Methoden soll für beide Aufgaben differenziert untersucht werden.

5.3.2.4.1 Datenbeschaffung

Für die Qualität einer Wirtschaftlichkeitsrechnung ist die **Qualität der Eingangsdaten** entscheidend. Als Datenquellen kommen klassische Experteninterviews, Benchmarks, Erfahrungswerte vergangener Produkte, Branchenreports oder Schätzungen zum Einsatz.

Daten für die Wirtschaftlichkeitsrechnung werden teilweise bereits in der Konzeptphase ermittelt, z. B. Einschätzungen für Marktgröße und Wachstum, Positionierung des Produkts und Differenzierung gegenüber Wettbewerbern, Zahlungsbereitschaft und Kundenpräferenzen. Diese Daten gilt es zu prüfen, zu differenzieren und ggf. zu ergänzen.

Daten und Indikationen zur **Nachfrage, Marktgröße und Wettbewerbsposition** können u. a. durch folgende digitale Methoden geliefert werden:

- **Big Data Analytics** kann frühe Indikatoren für Kundeninteresse liefern, z. B. durch die Auswertung von Suchanfragen, Social Media oder App-Nutzungsdaten.
- Online durchgeführte und mittels KI ausgewertete **Conjoint-Analysen** und **Max-Diff-Umfragen** können Zahlungsbereitschaften eingrenzen und Kundenpräferenzen präzisieren.[1519]
- Über **A/B-Tests** ermittelte Klick-/Sign-up-Daten sind Indikatoren für Kundeninteresse.
- Mithilfe von **NLP/Text-Mining** können Preislisten von Wettbewerbern erfasst, Feature-Set-Vergleiche durchgeführt und Kundenreviews zu Konkurrenzprodukten ausgewertet werden. Damit lassen sich Marktanteile prognostizieren.
- **Open Data und Market Intelligence Tools** (z. B. Statista, Crunchbase oder Pitchbook) können über APIs direkt für eigene Marktmodelle „eingespeist" werden.

Zur Ermittlung von **Kostendaten** eignen sich u. a. folgende digitale Methoden:

- Mittels **Process-Mining** können Kostendaten durch Extraktion realer Prozesszeiten und Ressourcennutzungen aus ERP- und CRM-Logdaten ermittelt werden.[1520]
- **Digitale Kostenmodelle** können aus Designtreibern wie Größe, Gewicht, Volumen oder Komplexität wahrscheinliche Kosten berechnen, z. B. mittels Regressionsanalyse.
- Durch **digitale Zwillinge** können Produktions- oder Betriebskosten (z. B. Energieverbrauch, Wartung) bereits vor Produktrealisierung simuliert und eingeschätzt werden.[1521]

5.3.2.4.2 Kalkulation (dynamische Investitionsrechnung)

> „After more than 30 years, Microsoft Excel remains the undisputed king of finance software. It's flexible, familiar and powerful, and it's everywhere."[1522]

Man muss davon ausgehen, dass die meisten Wirtschaftlichkeitsrechnungen in der Praxis mithilfe von Microsoft-Excel-Spreadsheets kalkuliert werden. Wie in Kap. 4.4

1519 Vgl. Kap. 4.3.4.1.1.3 (Conjoint-Analyse); Louviere u. a. (2015).

1520 Vgl. van der Aalst u. a. (2017); Celonis (o. J.).

1521 Vgl. Kap. 5.3.5 (Digitaler Zwilling).

1522 Deichler (o. J.), S. 3; ähnlich z. B. Tressler: „The reality is the spreadsheet is still the go-to FP&A tool, while other tools are used to augment spreadsheets, streamline reporting, and visualize data", Tressler (2025).

erläutert, eignen sich vor allem die Kapitalwertmethode und die interne Zinsfußmethode zur Ermittlung der Wirtschaftlichkeit im Rahmen von Produktinnovationsprojekten.[1523] Die Umsetzung dieser Methoden kann durch digitale Werkzeuge und digitale Vernetzung erleichtert und verbessert werden:

- Im Gegensatz zu statischen Excel-Modellen können **Financial Modeling Tools** (z. B. Anaplan, Workday Adaptive oder Power BI) Planungs- und Forecasting-Prozesse **automatisieren** und mit relevanten Datenquellen **verknüpfen**. Statt Umsätze, Kosten und Investitionen manuell in Excel-Tabellen einzutragen, werden Inputdaten wie Marktvolumen, Preise, Stückzahlen, Personalkosten über APIs „abgegriffen". Änderungen an einer Annahme (z. B. Preiserhöhung oder Kostensteigerung) werden automatisch in das gesamte Modell eingerechnet, und Ergebnisdaten wie Gewinn oder Kapitalwert aktualisieren sich in Echtzeit.[1524]
- Spezielle Tools erlauben außerdem **Simulationen** und **Szenarioanalysen**. Diese ermöglichen bessere Entscheidungen als nur Mittelwerte.[1525] In Monte-Carlo-Simulationen werden beispielsweise eine Vielzahl von Szenarien automatisch berechnet, um Ergebniskorridore für NPV oder IRR aufzuspannen und damit Risiken besser einzuschätzen. Sensitivitätsanalysen zeigen z. B. in „Tornado Charts", welche Variablen den größten Einfluss auf die Ergebnisgrößen ausüben. Über die Bewertung von **Real-Optionen** kann „Flexibilität" quantifiziert werden.
- Die Genauigkeit von **Prognosen** wird durch KI-Modelle verbessert. Beispielsweise nutzt Predictive Analytics statistische Verfahren und Machine Learning, um aus historischen Daten Muster abzuleiten, die bessere Prognosen ermöglichen. Moderne Zeitreihenmodelle (z. B. ARIMA, LSTM, Prophet) können aus historischen Datenreihen (z. B. Umsatz, Kosten, Marktpreise) zukünftige Entwicklungen genauer vorhersagen.[1526]
- GenKI kann die **Kommunikation** unterstützen, z. B. über die Erstellung von Executive Summaries und Szenario-Narrativen („Best Case, Base Case, Worst Case").

Die Auswahl der passenden „Financial Planing & Analysis" (FP&A)-Tools für Wirtschaftlichkeitsrechnungen im Rahmen des Produktinnovationsprozesses hängt von unterschiedlichen Faktoren ab, auf die hier nicht eingegangen werden soll.

5.3.2.4.3 Fazit: digitale Methoden in der Wirtschaftlichkeitsrechnung

Digitale Methoden ermöglichen die effiziente Ermittlung von Markt- und Kundendaten (anstelle von Schätzwerten). Bei der Durchführung dynamischer Investitionsrech-

1523 Vgl. Kap. 4.4.3.1 (Kapitelwertmethode) und Kap. 4.4.3.2 (Interne Zinsfußmethode).
1524 Vgl. z. B. Tressler (2025).
1525 „The Flaw of Avarages", vgl. Savage (2002).
1526 Vgl. z. B. Hyndman/Athanasopoulos (2021).

nungen können moderne Softwareanwendungen, Simulationen, Risikobewertungen und Prognosemodelle unterstützen.

5.3.2.5 Produktrealisierung

„AI will cut product development life cycles in half."[1527]

In der Produktrealisierung werden theoretische Konzepte in marktfähige Produkte umgesetzt – unter Zeitdruck, hohen Qualitätsansprüchen und Ressourcenknappheit. Digitale Methoden bieten einen Optimierungshebel für alle genannten Herausforderungen.

Verantwortlich für die technische Umsetzung ist die Entwicklungsfunktion im Unternehmen. Der **Produktmanager** agiert in der Produktrealisierungsphase wie ein **aktiv involvierter Auftraggeber** und erfüllt sechs Aufgaben:[1528] Anforderungsmanagement, Kontrolle von Zeit und Budget, Qualitätssicherung, Produkterweiterungen realisieren bzw. koordinieren, Evangelisierung und Markterprobung. Daneben muss er sicherstellen, dass parallellaufende produktspezifische Aufgaben im Hinblick auf den Markteintritt pünktlich erledigt werden, insbesondere Planungen in den Bereichen Produktion, Supply Chain/Einkauf, Marketing und Vertrieb.[1529] Der Produktmanager **kontrolliert und koordiniert** in der Realisierungsphase und ist weniger konzeptionell tätig. Es nutzt in dieser Phase primär folgende **digitalen Werkzeuge und Methoden:**

- Produktmanagementsoftware (Jira, Trello etc.)
- GenKI (als Produktivitätstool zur Erledigung von Routineaufgaben)
- ggf. Datenanalyse-Tools (zur Kontrolle oder Entscheidungsvorbereitung)
- Office-Software

Potenziale digitaler Technologien liegen in der Produktrealisierungsphase vor allem in der Entwicklungsfunktion (F&E), da diese die kreative, konzeptionelle und schaffenden Rolle einnimmt. Folgende vier Phasen werden im Folgenden im Hinblick auf die Potenziale digitaler Technologien untersucht:

- Produktentwurf und Implementierung
- industrielles Design und User Experience
- Verifikation und Validierung
- Überführung in Produktion bzw. Auslieferung
- digitaler Workflow und Kollaboration

1527 PwC (2025).

1528 Vgl. Kap. 4.5, insbesondere Abbildung 4.91.

1529 Vgl. Kap. 4.6.3 (Markteinführungsschnittstellen zu anderen Funktionen).

5.3.2.5.1 Produktentwurf und Implementierung

> „The disruptive impact of gen AI on the software industry will be greater and faster than the industry's shift to SaaS."[1530]

Diese Phase bildet den Startpunkt der Produktrealisierungsphase. Aus dem Produktkonzept und einer groben Spezifikationen wird ein **konkretes, funktionsfähiges Produktdesign** entwickelt und in **erste Prototypen oder lauffähige Module** umgesetzt. Es ist eine Phase hoher Unsicherheit und Dynamik, weil Anforderungen, Designentscheidungen und technische Machbarkeit zusammengeführt werden müssen. Folgende digitale Methoden können helfen, die Komplexität zu beherrschen und die Entwicklungsaufgaben effizienter zu gestalten (vgl. Abbildung 5.38):

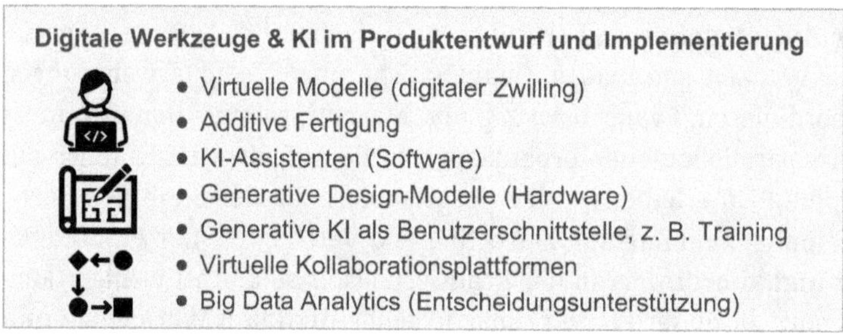

Abbildung 5.38: Digitale Werkzeuge und KI im Produktentwurf und Implementierung.

- **Virtuelle Modelle** eines Produkts oder einzelner Komponenten erlauben es, Funktionalität, Belastbarkeit oder Energieverbrauch schon vor dem Bau eines physischen Prototyps zu simulieren und zu testen. Iterationen lassen sich digital bzw. virtuell durchspielen, sodass z. B. Materialvarianten, Geometrien, Software-Parameter sukzessive optimiert werden können. Physische Prototypen sind in geringerem Maße erforderlich (Kosten- und Zeitersparnis). Der digitale Zwilling einer Batterieeinheit erlaubt beispielsweise die Simulation von Ladezyklen, Wärmeentwicklung und Alterung unter unterschiedlichen Nutzungsbedingungen (z. B. Kälte, Schnellladen). Designschwächen, die zu Überhitzung oder schnellem Kapazitätsverlust führen, können schon vor den physischen Tests erkannt werden.[1531]
- Mithilfe **additiver Fertigung** können virtuelle Modelle schnell und kostengünstig in physische Prototypen oder Funktionsmuster umgewandelt werden. Dies er-

1530 Schneider u. a. (2024), S. 2; eine McKinsey-Befragung von 250 CIOs ergab, dass 40 % der Investitionen in generative KI in die Funktion IT/Development geplant ist (gefolgt von 15 % in Customer Care und 14 % in Marketing), vgl. Schneider u. a. (2024), S. 4.
1531 Vgl. Automobil Industrie (2024), S. 6.

möglicht beispielsweise die schnelle und kostengünstige Fertigung mehrerer Gehäusevarianten für Nutzerakzeptanztests.

- **KI-Assistenten** (z. B. GitHub Copilot, ChatGPT Code Interpreter) und zukünftig **KI-Agenten** unterstützen Entwickler beim **Schreiben von Softwarecode, Testfällen und Dokumentation**.[1532] In diesem Bereich sehen Experten großes Produktivitätspotenzial:
  - „Code development through gen AI [...] can improve developer productivity by 35 to 45 percent [...]. Gen AI can also speed up the processes of documenting code functionality for maintainability [...] by 50 percent and code refactoring by 20 to 30 percent.“[1533]
  - Besonders geeignet sind KI-Coding-Tools zur schnellen Umsetzung von Ideen in Software-Prototypen, die eine Basis zur weiteren Iteration und Ausarbeitung bilden.[1534]
  - „The top five engineering tasks AI excels at [are] frontend fixes, version upgrades, documentation, incident response, and testing.“ Daher fordert Wu, AI-Agenten als einen „asynchronous junior engineer“ zu betrachten.[1535]
- **Generative Design-Algorithmen** schlagen bei der **Hardwareentwicklung** alternative Konstruktionslösungen vor, die Kosten, Gewicht oder Stabilität optimieren.[1536] KI-unterstützte Entwicklung beschleunigt den Prozess und reduziert Fehler. Außerdem können durch „nicht intuitive“ Designvorschläge der KI innovative Lösungen entstehen.[1537]
- Auf **natürlicher Sprache** basierende Benutzerschnittstellen können den **Trainingsaufwand** für Entwicklungsingenieure zum Erlernen komplexer Entwicklungswerkzeuge und Abläufe reduzieren. Durch einfachere Bedienung kann außerdem die „expert user base“ erweitert werden.[1538]
- **Virtuelle Kollaborationsplattformen** wie Digitale Whiteboards oder CAD-Collaboration-Tools ermöglichen es, dass Entwickler, Designer und Produktmanager synchron oder asynchron an Produktentwürfen arbeiten, mit Versionskontrolle und Transparenz durch gemeinsame Datenräume. Verteilte Teams können sich besser abstimmen und Missverständnisse vermeiden.

1532 Vgl. GitHub (o. J.); Upadhyaya (2022).
1533 Schneider u. a. (2024), S. 5.
1534 Vgl. Orosz/Osmani (2025).
1535 Wu (2025).
1536 Vgl. Brossard u. a. (2020), S. 2.
1537 Vgl. Maier/Vogel (2024).
1538 Vgl. Schneider u. a. (2024), S. 6.

- Beim Produktentwurf müssen **viele Entscheidungen** getroffen werden, z. B. welche Features priorisiert werden, wie ein Produkt konstruiert wird oder welche Usability-Anforderungen berücksichtigt werden. **Big Data & Analytics** hilft dabei, diese Entscheidungen nicht nur auf Bauchgefühl oder Einzelfeedback, sondern auf eine breite Datenbasis zu stützen. Datenquellen sind z. B. Nutzungsdaten, Kundenfeedback, Benchmarking mit Wettbewerbsprodukten oder digitale Modelle und Simulationen.

Einschränkend weisen Oroz/Osmani auf das **70-Prozent-Problem** der Programmierung mit KI hin: „The initial progress feels magical: you can describe what you want, and AI tools like v0 or Bolt will generate a working prototype that looks impressive. But then reality sets in [...] The final 30 %, the part that makes software production-ready, maintainable, and robust, still requires real engineering knowledge [AI coding tools are ...] not yet the coding democratization solution many hoped for.“[1539]

Produktentwurf und Implementierung werden durch digitale Technologien von einem linearen Prozess in einen iterativen, datengetriebenen und kollaborativen Workflow verwandelt. Richtig eingesetzt versprechen KI-Werkzeuge und KI-Agenten große Produktivitätsgewinne, insbesondere in der Programmierung. Produktmanager profitieren von mehr Kontrolle, Evidenz und Geschwindigkeit.

5.3.2.5.2 Industrielles Design und User Experience

> „Recent [... research] demonstrates that machine learning models can not only predict the appeal of new aesthetic designs but also generate designs that are aesthetically pleasing or aesthetically innovative.“[1540]

Diese Entwicklungsphase verbindet technische Machbarkeit mit Nutzerorientierung und Ästhetik. Es wird entschieden, wie das **Produkt aussieht, sich anfühlt und wie Nutzer mit ihm interagieren**. Für den Produktmanager ist das Design und die User-Experience zentral, weil diese Eigenschaften entscheidend sein können für die Kaufentscheidung und die Kundenzufriedenheit.

Zu unterscheiden sind zwei Qualitäten der digitalen Unterstützung im Design (vgl. Abbildung 5.39):

Digitale Methoden (z. B. CAD, Simulation, AR/VR, kollaborative Tools) können das Design-Team im **klassischen Designprozess unterstützen**, indem Entwürfe schneller visualisiert, geprüft und iteriert werden können:

- Durch **AR/VR-gestützte Design-Reviews** kann frühzeitiges Feedback ohne kostenintensive physische Modelle gewonnen werden. Mit VR können Designer und

1539 Orosz/Osmani (2025); nach Meinung der Autoren helfen KI-Coding-Tools eher erfahrenen Softwareentwicklern als Anfängern.
1540 Eastwood (2023).

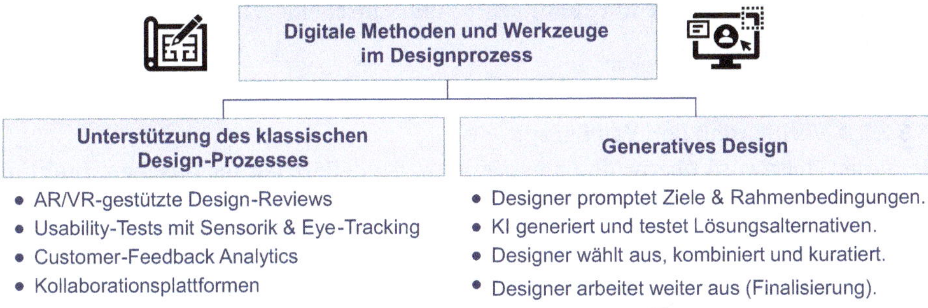

Abbildung 5.39: Digitale Unterstützung des klassischen Design-Prozesses vs. generatives Design.

Produktmanager virtuelle Modelle in Originalgröße erleben und iterativ anpassen. AR ermöglicht es, Prototypen im realen Kontext zu testen (z. B. Möbel im Wohnzimmer, Maschinen in einer Fabrikhalle).

- **Usability-Tests mit Sensorik und Eye-Tracking** liefern objektive Daten zur Bedienbarkeit. Eye-Tracking erfasst, wohin Nutzer im User-Interface schauen. Sensoren (z. B. Gestenerkennung, Touch-Analysen) zeigen, wie intuitiv ein UI für den Nutzer ist.
- Als breite Entscheidungsbasis für Design/UX-Entscheidungen dienen Ergebnisse von **Customer Feedback Analytics**, beispielsweise aus Text-Mining, oder Sentiment-Analysen aus Beta-Tests, App-Stores oder Social Media. Dabei können KI-Modelle Feedbackmuster, wie z. B. „Bedienung ist kompliziert" oder „App ist unübersichtlich", erkennen.
- Tools wie Figma, Sketch, Adobe XD ermöglichen verteilten Teams die **kollaborative Arbeit an industriellem Design oder UX**. Änderungen werden **in Echtzeit sichtbar**, und Tests mit Endnutzern lassen sich direkt im Tool integrieren. Dadurch werden schnellere Iterationen und Abstimmungen zwischen Design, Entwicklung und Produktmanagement ermöglicht.

Generatives Design ist ein digitaler, KI- und Algorithmus-gestützter Designprozess, bei dem der Mensch nicht eine einzige Lösung entwirft, sondern **Rahmenbedingungen, Ziele und Parameter** einer gesuchten Lösung vorgibt (z. B. Material, Gewicht, Stabilität, Kosten). Die KI-gestützte Designsoftware erstellt daraufhin eine große Anzahl **möglicher Designvarianten**, testet und optimiert diese durch Simulationen (z. B. Festigkeit, Energieverbrauch) und schlägt dem Designer **Lösungsalternativen** vor. Da algorithmisch generiert, sind diese Lösungsvorschläge funktional, aber nicht notwendigerweise intuitiv. Es entstehen praktisch unbrauchbare Entwürfe, aber u. U. auch innovative Ansätze. Der **Designer wählt** eine der vorgeschlagenen Optionen aus oder **kombiniert** Elemente verschiedener Lösungsvorschläge. Auf dieser Basis arbeitet der Designer die Lösung weiter aus. Die Rolle des Designers verschiebt sich vom reinen Gestalter hin zum Kurator und Entscheider. Die KI fungiert als Ideengeber und Optimierer.[1541]

5.3.2.5.3 Verifikation und Validierung

In dieser Phase wird überprüft, ob das Produkt die definierten **technischen, funktionalen und regulatorischen Anforderungen** erfüllt (Verifikation) und ob es den **Erwartungen der Kunden bzw. Nutzer** entspricht (Validierung). Fehler sollten möglichst frühzeitig erkannt werden, spätestens vor dem Markteintritt. Je später ein Fehler korrigiert wird, desto größer und teurer sind die Auswirkungen bzw. die Korrekturkosten (sog. **Rule of Ten**).

Folgende digitale Werkzeuge und Methoden können Verifikation und Validierung unterstützen. Einige der Methoden kommen bereits in früheren Konzept- und Entwicklungsphasen zum Einsatz (daher ggf. wiederholte Nennung der Werkzeuge):

- **Softwaretests** (Module-, Integrations- und Systemtests) lassen sich durch digitale Werkzeuge **automatisieren,** z. B. mit Tools wie Selenium, Test.ai oder Appium.
- Im Falle von Hardwarekomponenten können **virtuelle Modelle** z. B. die Belastung, Performance und Ausfallszenarien simulieren oder Anomalien erkennen.[1542] Dabei kann auch die Umgebung des Produkts als Teil des User-Szenarios virtuell simuliert werden. Virtuelles Testen bzw. Absicherung ermöglicht Kosteneinsparungen und höhere Entwicklungsgeschwindigkeiten.[1543] Ein Automotive-LIDAR-Sensor kann beispielsweise mit virtuell erzeugten Umgebungen konfrontiert und getestet werden, sodass „Millionen von Testkilometern“ nicht gefahren werden müssen.
- Nutzer können mit **VR-/AR-Prototypen** interagieren, ohne dass ein reales Produkt vorliegt.
- **Eye-Tracking** kann zeigen, ob ein User-Interface intuitiv ist.[1544]
- Über **Beta-Programme** werden Produkte vor der Markteinführung einer Nutzergruppe zur Verfügung gestellt. Digitale Plattformen, wie z. B. Google Play Console, erleichtern dabei die Programmabwicklung (Rekrutierung der Teilnehmer, Auslieferung der Testprodukte, Erfassung des Feedbacks) .[1545] Ziel ist es, durch die realitätsnahe Nutzung des Produkts Fehler zu finden und Feedback zu sammeln.
- Crowdsourcing stellt eine realitätsnahe Validierungsmöglichkeit dar: Der Erfolg von **Crowdsourcing-Kampagnen** auf digitalen Plattformen wie Testbirds oder Applause zeigt, ob ein Produktkonzept Nutzer und Investoren überzeugen kann.[1546]

1541 Vgl. Autodesk (o. J.).
1542 Vgl. Witkowski/Wodecki (2025), S. 13.
1543 Vgl. Strauß (2024).
1544 Vgl. Rohrer (2022).
1545 Vgl. Google (o. J.).
1546 Vgl. Testbirds (o. J.); Applause (o. J.).

Die genannten Methoden helfen, Fehler im Laufe des Entwicklungsprozesses zu erkennen. Digitale Methoden ermöglichen eine höhere Testabdeckung sowie Zeit- und Kostenvorteile.

5.3.2.5.4 Überführung in Produktion bzw. Auslieferung

Die **Überführung** von der Entwicklung in die Produktion bzw. Auslieferung ist eine kritische Phase im Innovationsprozess, die darüber entscheidet, ob ein Produkt stabil und zuverlässig in den Markt gelangt. Dabei unterscheiden sich die Aufgaben und Herausforderungen von **Hardware- und Softwareprodukten** deutlich, wobei digitale Methoden in beiden Szenarien unterstützen können.

5.3.2.5.4.1 Hardwareprodukte

Bei Hardwareprodukten geht es um den Übergang von Prototypen und ggf. Kleinserien zur **Serienfertigung und physischen Distribution**. Dies umfasst nach dem „Design-Freeze" am Ende der Entwicklung die Schritte Pilotfertigung (Kleinserie), Prozessvalidierung, Lieferantenintegration, Werkzeugaufbau, Zertifizierung und Ramp-up/Auslieferung.[1547] Folgende digitale Werkzeuge können den Prozess unterstützen:

- Durch **digitale Zwillinge** können Produktionslinien und Materialflüsse bereits während der Entwicklungsphase **simuliert** und ausgelegt werden.[1548]
- In der Pilotfertigung können **IoT-Sensoren** die Pilotläufe überwachen. So können frühzeitig Engpässe oder Qualitätsprobleme identifiziert werden.
- KI-gestützte **Bildverarbeitung** kann Bauteile in Echtzeit prüfen.
- **Process-Mining** kann Ineffizienzen in Fertigungsprozessen aufdecken. Mittels **RPA** können Produktions- und Logistikprozesse optimiert werden.
- **Digitale Supply-Chain-Modelle** erleichtern die Planung und sichern die Materialversorgung ab.
- **Blockchain**-Anwendungen ermöglichen, falls erforderlich, Transparenz und Rückverfolgbarkeit von Komponenten in der Lieferkette.
- **AR-gestützte Schulungen** können das Training der Produktionsmitarbeiter beschleunigen und verbessern.

Der Produktmanager koordiniert in dieser Phase zwischen Entwicklung, Produktion, Supply-Chain-Management und Qualitätssicherung. Er muss insbesondere sicherstellen, dass die Kundenerwartungen auch in der Serienproduktion eingehalten werden.

1547 Vgl. Wiendahl u. a. (2015); Westkämper/Löffler (2016).

1548 Vgl. Kap. 5.3.5.3.3 (Digitaler Zwilling in Produktion und Fertigung).

5.3.2.5.4.2 Softwareprodukte

Bei Software ist der Übergang von Entwicklungs- und Testumgebungen in stabile Live-Umgebungen erfolgskritisch. Ein Softwareprodukt wird nicht wie ein Hardwareprodukt „gefertigt und versendet", sondern über die Prozesse wie CI/CD, Testing, Rollouts, Monitoring und Support in die Serie bzw. zum Kunden gebracht.[1549]

Das klassische Vorgehen **(Wasserfallmodell[1550])** mit großen Markteinführungen alle paar Monate oder Jahre wird vor allem in stark regulierten Branchen oder sicherheitskritischen Bereichen (z. B. in der Luftfahrt oder Medizintechnik) eingesetzt. Viele Unternehmen arbeiten mit **hybriden Modellen:** Dabei werden neben „Major Releases" im Abstand von ein bis zwei Jahren kontinuierlich Updates entwickelt und ausgeliefert. Beispielsweise wurde Microsofts Windows 11 als Major Release ausgeliefert, gefolgt von kontinuierlichen Updates.

Der in der Praxis inzwischen dominierende Ansatz ist **„Continuous Integration & Continuous Delivery"** (CI/CD), insbesondere bei Web-, Cloud- oder SaaS-Produkten. Mit CI/CD wird Software kontinuierlich in kleinen Schritten verbessert. Diese Änderungen werden laufend „live gestellt", d. h., neue Features oder Verbesserungen kommen in kurzen Abständen in den Markt. Bugfixes werden direkt nach Fertigstellung ausgeliefert, ebenso wie Sicherheitsupdates. In der Praxis gibt es zwei CD-Varianten:

- Bei **Continuous Delivery** wird der Code zwar automatisch getestet und in eine produktionsreife Umgebung gebracht, die tatsächliche Veröffentlichung in der Produktionsumgebung erfordert jedoch eine manuelle Genehmigung.
- Bei **Continuous Deployment** ist die Freigabe in die Produktion vollständig automatisiert und erfolgt ohne menschliches Eingreifen nach erfolgreichem Abschluss aller Tests.

CI/CD kann aus Sicht des **Produktmanagers** folgende Vorteile bringen:

- schnellere Time-to-Market für neue Features
- Kundenreaktionen können direkt und kontinuierlich in die Weiterentwicklung einfließen.
- weniger Risiko, da kleine Änderungen leichter zu kontrollieren sind als große Releases

Für den Produktmanager gilt es, die Risiken im Go-Live zu minimieren, insbesondere bei größeren Releases. Methoden zur Risikominimierung sind z. B. Beta-Programme und „Staged Roll-outs". Neben der Stabilität liegt der Fokus des Produktmanagers auf der Skalierbarkeit der Delivery sowie auf der kontinuierlichen Überwachung der Produktperformance und des Nutzerfeedbacks.

1549 Vgl. Pittet (o. J.).

1550 Vgl. Kap. 4.1.2.2 (Wasserfallmodell als Beispiels eines klassischen Entwicklungsmodells).

Bei allen im Softwareentwicklungsbereich genannten Methoden und Prozesse sind naturgemäß digitale Technologien und Werkzeuge im Einsatz, die an dieser Stelle nicht aufgeführt werden sollen.

5.3.2.5.4.3 Fazit

Viele heutige Technikprodukte bestehen sowohl aus Hardware als auch aus Software, wodurch die Übergangsphase von der Entwicklung in die Produktion bzw. Auslieferung besonders komplex wird. Während bei Hardware vor allem der Serienanlauf, die Fertigungsprozesse und die Lieferkette im Vordergrund stehen, liegt die Konzentration bei Software häufig auf Release Management, Stabilität und kontinuierliche Updates. Digitale Methoden wie digitale Zwillinge, IoT-Sensorik, CI/CD- und Monitoring-Tools helfen, etwaige Risiken zu reduzieren und die Qualität abzusichern.

5.3.2.5.5 Digitaler Workflow und Kollaboration

Die Produktrealisierung ist stark **interdisziplinär**: Entwickler, Designer, Qualitätsmanager, Produktionsplaner, Zulieferer und Vertrieb arbeiten eng zusammen. Fehler oder Verzögerungen entstehen häufig an **Schnittstellen** – etwa durch Informationsverluste, Missverständnisse oder unklare Zuständigkeiten. Digitale Methoden schaffen Transparenz und eine gemeinsame Datenbasis, wodurch Produktmanager die beteiligten Teams besser steuern können. Außerdem können bestimmte Aufgaben automatisiert werden.

Um den Workflow und die Kollaboration zu unterstützen, werden u. a. folgende digitale Methoden und Werkzeuge eingesetzt:[1551]

- **(Agile) Projektmanagement-Tools** stellen die Transparenz über Fortschritte, Prioritäten und Abhängigkeiten zwischen Aufgaben sicher, z. B. durch Planungsunterstützung, Backlog-Management, Sprint-Tracking oder Statusvisualisierung. Dies reduziert den Koordinationsaufwand des für die Entwicklung verantwortlichen Projektmanagers. Beispiele für entsprechende Werkzeuge sind Jira, Asana, Trello oder Azure DevOps (Microsoft).
- **Digitale Kollaborationsplattformen** und **Wissensmanagement-Tools** machen Wissen für alle Beteiligten verfügbar und reduzieren sog. Daten- bzw. Wissens-Silos. Dies erfolgt z. B. durch gemeinsame Dokumentation, zentrale Ablage von Spezifikationen sowie Chats und Videokonferenzen. Die Werkzeuge integrieren zunehmend KI-gestützte Kollaborationsfunktionen, die z. B. die Zusammenfassung von Meetings, die Erstellung von Protokollen oder die automatische Übersetzung für internationale Teilnehmer übernehmen. Beispielanwendungen in diesem Bereich sind Confluence, Notion, SharePoint, Slack oder Microsoft Teams.

1551 Für detailliertere Informationen sei auf die einschlägigen Webseiten der genannten Tool-Hersteller verwiesen.

- **Virtuelle Whiteboards** und andere **Co-Creation-Tools** ermöglichen die effektive und kreative Zusammenarbeit in verteilten Teams. Sie können physische Workshops teilweise ersetzen. Typische Anwendungen sind gemeinsame Brainstorming-Sitzungen, Prozess-Mapping oder Design-Reviews. Beispielhafte Tools sind Miro, Mural und FigJam.
- **Automatisierte Workflows** reduzieren die manuelle Arbeit und Fehler, indem wiederkehrende Aufgaben durch Softwareanwendungen erledigt werden, z. B. durch Zapier, MS Power Automate oder IFTTT.
- Über die Produktentwicklung hinaus wirken **PLM- und ERP-Systeme** (Product Life Cycle/Enterprise Resource Planning). Diese Werkzeuge stellen sicher, dass alle Stakeholder (auch außerhalb des Entwicklungsteams) mit konsistenten Produkt- und Prozessdaten arbeiten können. Anwendungen sind z. B. die Verwaltung von Produktdaten, Stücklisten oder das Änderungsmanagement. Beispiele: SAP PLM, Siemens Teamcenter oder PTC Windchill.

Softwareanwendungen integrieren häufig mehrere der oben genannten Funktionen, sodass der eingesetzte Software-Stack überschaubar bleiben kann.

5.3.2.5.6 Fazit: digitale Methoden in der Realisierungsphase

Digitale Werkzeuge und KI haben sich in allen Phasen der Produktrealisierung als entscheidende Enabler etabliert und bieten weitere Potenziale:

- Im **Entwurf und der Implementierung** beschleunigen digitale Zwillinge, Simulationen und KI-gestützte Designs die Entwicklung und optimieren technische Lösungen.
- Im Bereich **Design und User Experience** fördern immersive Technologien, virtuelles Prototyping und KI-gestützte Feedbackanalysen eine nutzerzentrierte Produktgestaltung.
- In der **Verifikation und Validierung** sichern z. B. Testautomatisierung, digitale Zwillinge und Crowdtesting eine höhere Produktqualität bei gleichzeitig reduzierten Kosten.
- Bei der **Überführung in Produktion und Auslieferung** unterstützen Smart Manufacturing, CI/CD-Pipelines und Supply-Chain-Analytics den stabilen und risikoarmen Übergang von der Entwicklung in die Serie.
- Ergänzend sorgen **digitale Workflow- und Kollaborationstools** für Transparenz, Effizienz und effiziente Zusammenarbeit

Insgesamt ermöglichen digitale Methoden und KI der Entwicklungsfunktion und dem Produktmanager, Entscheidungen datenbasiert zu treffen, Risiken frühzeitig zu erkennen und die Produktrealisierung schneller, kosteneffizienter und kundenorientierter zu gestalten.

5.3.2.6 Markterprobung

In der Markterprobung wird überprüft, ob das fertig entwickelte Produkt tatsächlich **vom Markt akzeptiert wird**, bevor große Investitionen in die Produktion und das Marketing freigegeben werden. Digitale Methoden können klassische Methoden[1552] ergänzen und eröffnen u. U. neue Möglichkeiten, den Prozess schneller und kostengünstiger zu gestalten.

Einige der im Abschnitt „Produktvalidierung" (Kap. 5.3.2.6.3) vorgestellten Methoden (z. B. Crowdtesting, Beta-Programme, Simulation und Onlineexperimente) können, ggf. mit breitem Untersuchungsumfang, auch für die Markterprobung eingesetzt werden.

Der Einsatz **digitaler Methoden** im Bereich der Markterprobung ist nicht nur aus Effizienzgründen notwendig, sondern auch, weil sich das Konsumverhalten, die Mediennutzung und die Marktbedingungen durch Onlinehandel, soziale Medien und datengetriebene Marketingansätze verändert haben. Statt physisch abgegrenzter Testmärkte nutzen Marktforscher heute **digitale Panels und Online-Communitys**, um Konsumentenreaktionen auf neue Produkte zu erfassen. Dazu werden repräsentative Konsumentenstichproben aus bestehenden Onlinepanels rekrutiert. Die Testpersonen erhalten neue Produkte zur Probe bzw. „kaufen" diese in **realitätsnahen Onlineshopping-Umgebungen** ein. Dort können Produktpräsentation, Preisgestaltung und Kommunikation effizient und flexibel simuliert werden. Home-Use-Tests können angeschlossen werden, um zusätzlich das Nutzungsverhalten zu erforschen. Diese können mit Befragungen oder qualitativen Methoden wie digitalen Tagebüchern oder Video-Feedbacks ausgewertet werden, um tiefergehende Erkenntnisse zur Akzeptanz, zur Produkthandhabung und zu potenziellen Schwachstellen des Produkts zu gewinnen.

Klassische Testeinkäufe können aus Zeit- und Kostengründen u. U. durch **Virtual Shopping** ersetzt werden. Mithilfe von VR-Brillen betreten Testpersonen dabei ein virtuelles Ladengeschäft, können sich in diesem frei bewegen, nach Produkten in Regalen greifen und Produkte kaufen.[1553] Der gesamte Kaufprozess wird so realitätsnah wie möglich simuliert, während die Marktforscher das Verhalten beobachten und auswerten. Experimente lassen sich schnell und flexibel realisieren.[1554]

Weitere Hebel zur Verbesserung der Datenqualität liegen in der **Datenintegration** und dem **Einsatz von KI**. So werden die durch oben genannte Methoden gewonnenen Primärdaten mit umfangreichen Sekundärdaten aus Handelspanels, Social Listening,

1552 Vgl. Kap. 4.5.7 (Markterprobung im Produktinnovationsprozess).

1553 Vgl. Stockman (o. J.).

1554 Hofbauer weist auf folgende Herausforderungen beim Virtual Shopping hin: Prognosefähigkeit virtueller Einkaufsergebnisse, fehlende Hard- und Softwareausstattung seitens der Tester, Verlust an sinnlicher Wahrnehmung, vgl. Hofbauer (2018), S. 542–543.

E-Commerce-Transaktionsdaten und weiteren Quellen kombiniert.[1555] Künstliche Intelligenz wird eingesetzt, um diese Datenströme zu integrieren, Analysen durchzuführen und Absatzprognosen zu erstellen. Statt einen regional begrenzten Testmarkt hochzurechnen, basiert die moderne Markterprobung auf großen Datenmengen aus verschiedenen digitalen Quellen.[1556]

5.3.2.7 Exkurs: Softwareanwendungen im Produktmanagement

Product Focus hat zwischen November 2024 und Januar 2025 insgesamt 532 Produktmanager zum Einsatz digitaler Tools befragt. Auf die Frage, welche die wichtigsten drei Tools für Produktmanager sind, ergab sich das in Abbildung 5.40 dargestellte Bild:[1557]

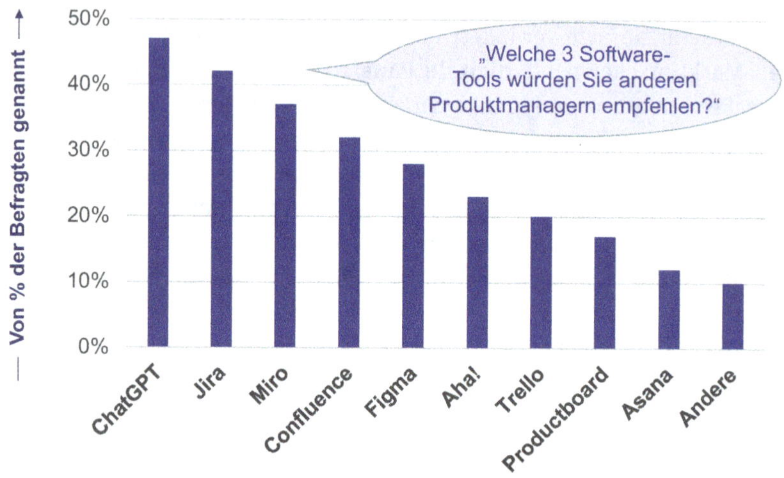

Abbildung 5.40: Am häufigsten empfohlenen Softwareanwendungen für Produktmanager[1558].

ChatGPT ist schnell zum meistempfohlenen Tool für Produktmanager avanciert und hat Jira vom Spitzenplatz der Befragung 2023/2024 verdrängt. Miro ist auf Platz drei geklettert und hat Confluence überholt. Neben universell einsetzbarer generativer KI nutzen Produktmanager Softwaretools zur Unterstützung folgender Aufgabenbereiche:

1555 In die KI-basierte Software-Plattform des Marktforschungsunternehmens GfK fließen beispielsweise die Daten von mehr als 100.000 „Daten-Partnern" weltweit ein, vgl. Jung (2021).

1556 Vgl. Boyd (2019).

1557 Vgl. Product Focus (2025a).

1558 In Anlehnung an Product Focus (2025a), S. 16.

- **Projekt- und Aufgabenmanagement:** Softwaretools wie Jira, Trello oder Asana unterstützen Produktmanager bei der Planung, Priorisierung und Steuerung operativer Aufgaben. Sie erhöhen Transparenz über Fortschritt, Abhängigkeiten und Ressourcen, ermöglichen eine datenbasierte Messung von Durchlaufzeiten und unterstützen die Planung.
- **Kollaboration, Entwicklung und Dokumentation:** Kollaborations- und Wissensmanagement-Tools wie Confluence oder Miro dienen als zentrale Plattformen für Information, Austausch und gemeinsame Entwicklung von Artefakten.
- **Feature- und Roadmap-Management:** Tools wie Aha! oder Productboard ermöglichen die systematische Priorisierung von Initiativen oder Features, die Erstellung von Roadmaps sowie die Integration von Kunden- und Marktdaten.
- **Datenanalyse:** Plattformen wie Google Analytics, Amplitude oder Tableau unterstützen Produktmanager bei der systematischen Erfassung, Auswertung und Visualisierung von Daten.
- **Kunden- und Marktforschung:** Mit Tools wie SurveyMonkey, UserTesting oder Qualtrics können Daten aus Kundenfeedback, Marktanforderungen und Usability-Daten strukturiert erhoben und ausgewertet werden.
- **Kommunikation:** Anwendungen wie Slack, Notion oder Lucidchart erleichtern Abstimmungen, Dokumentation und Visualisierung komplexer Zusammenhänge. Sie verbessern den Wissenstransfer zwischen internen und externen Stakeholdern und fördern effiziente Entscheidungsprozesse.

Die in Abbildung 5.40 genannten Top-PM-Tools decken mehrere der genannten Aufgabenbereiche ab. Jira und Trello bieten z. B. auch Kommunikationsfunktionen an. Der **Toolstack** eines Produktmanagers umfasst in der Praxis daher kaum mehr als drei bis fünf Produktmanagement-spezifische Anwendungen. Nicht mitgerechnet sind dabei allgemeine Anwendungen wie Office-Tools, Web-Browser etc.

Office-Tools wie Excel und PowerPoint bleiben weiterhin beliebt – in Zukunft mit nativ integrierten KI-Funktionen (z. B. Copilot in Excel). Auch die oben genannten Produktmanagement-Tools wie Jira oder Miro integrieren mehr und mehr KI-Funktionalität und können zukünftig u. U. spezialisierte KI-Tools ersetzen.

Experten sind sich einig, dass sich die Nutzung generativer KI weg vom „Chatten und Prompten“ hin zu sog. **KI-Assistenten** entwickeln wird. Diese können selbstständig „denken“, planen und komplexe Arbeiten übernehmen, anstatt nur vorstrukturierte Aufgaben abzuarbeiten („Agentic AI“).[1559] Diese Assistenten werden Produktmanager (in absehbarer Zeit) nicht ersetzen, sondern an deren Seite arbeiten. Der Menschen bringt Anleitung und Expertise ein, die KI übernimmt die Detailarbeit.

1559 Vgl. z. B. Yee u. a. (2024).

5.3.2.8 Zusammenfassung und Herausforderungen

Zusammenfassend herrscht Einigkeit unter Praktikern und Forschern, dass der Einsatz digitaler Werkzeuge und Methoden, inklusive der KI, im Produktplanungs- und Entwicklungsprozess erhebliche **Vorteile** bringen kann:

- **Beschleunigung** von Entwicklungszyklen (Time-to-Market), z. B. durch digitale Modelle, Simulationen oder automatisierte Codegenerierung und Tests
- **Kostenreduktion**, z. B. durch weniger Manpower in der Entwicklung, weniger physische Prototypen und genauere datenbasierte Planungsmodelle[1560]
- weniger **Produktfehler**, z. B. durch frühzeitige Validierung oder KI-gestützte Qualitätskontrollen
- bessere **Kundenzentrierung und Produktqualität**, z. B. durch umfassenderes Verständnis der Kundenbedürfnisse

Dabei können unterschiedliche KI-Tools den Product Workflow „end-to-end" unterstützen. Nika nutzt beispielsweise Perplexity zur Marktforschung (insbesondere Text-Mining), Custom GPTs zur Generierung von Produktanforderungslisten, v0 zum Prototyping und Flow oder Sora zur Video-Produktion.[1561]

Die genannten Potenziale werden einerseits **durch datenbasierte Entscheidungsgrundlagen**, andererseits durch **digital unterstützte Workflows** und **Kollaboration** ermöglicht (vgl. Abbildung 5.41).

Abbildung 5.41: Bewertung digitaler Methoden und KI in Produktplanung und –entwicklung.

Digitale Tools und die KI stoßen jedoch an Grenzen entlang der folgenden **technischen und organisatorischen Herausforderungen** (vgl. Abbildung 5.41):[1562]

- **Datenqualität und -zugang:** Viele KI-Anwendungen benötigen große, saubere und aktuelle Datensätze. Unternehmensdaten sind in der Praxis oft fragmentiert, in Silos gespeichert oder unvollständig.

1560 „Adopting AI in R&D can lower costs 30% in industries like automotive and aerospace", PcW (2025).

1561 Vgl. Nika (2025).

1562 Vgl. z. B. Verma u. a. (2025); Chaffey/Ellis-Chadwick (2016), S. 26; Brossard u. a. (2020), S. 4–5; Pragmatic Institute (2024), S. 28; Apotheker u. a. (2025).

- **Erklärbarkeit und Vertrauen** in KI-Ergebnisse: Viele KI-Modelle sind eine „Black Box“. Produktmanager und andere Produkt-Stakeholder müssen Ergebnisse plausibilisieren. Die unreflektierte Übernahme von KI-Empfehlungen birgt das Risiko von Fehlentscheidungen. Insbesondere mögliche Vorurteile und Halluzinationen generativer KI sollten dem Nutzer bewusst sein.[1563]
- **Integration in bestehende Prozesse und Tools:** Neue digitale Tools und KI müssen in gewachsene IT-Landschaften (z. B. in ERP-, PLM-, CRM- oder Kollaborationsanwendungen) integriert werden. Gelingt dies nicht, entstehen Mehraufwand und Akzeptanzprobleme.
- **Mitarbeiterkompetenzen und Change-Management**: Mitarbeiter benötigen digitale und analytische Kompetenzen, um die digitalen Werkzeuge effektiv zu nutzen. Außerdem gibt es häufig Widerstand gegen neue Arbeitsweisen und Werkzeuge.[1564]
- **Datenschutz und Ethik**: Besonders bei der Behandlung von Kundendaten müssen die DSGVO und ethische Fragen berücksichtigt werden.[1565] Ansonsten besteht das Risiko von Reputationsschäden und rechtlichen Verstößen.
- **Kosten und ROI-Nachweis**: KI- und Digitalisierungsprojekte erfordern hohe Investitionen (Lizenzen, Integration, Training etc.). Obwohl der Mehrwert mit klassischen Investitionsrechnungen schwer zu greifen ist, muss der Nutzen aufgezeigt werden, um eine dauerhafte breite Akzeptanz sicherzustellen.[1566]

Digitale Werkzeuge und KI eröffnen in allen Phasen des Produktplanungs- und Entwicklungsprozesses Potenziale. Auf der anderen Seite stellen sich Herausforderungen. Produktmanager sollten die Chancen der Digitalisierung aktiv nutzen. Es empfiehlt sich ein iterativer Ansatz: experimentieren, Erfahrungen sammeln und digitale Methoden (inklusive KI) Schritt für Schritt in den Produktinnovationsprozess integrieren.

5.3.3 Digitales Marketing

Das Produktmanagement und das Marketing sind traditionell eng miteinander verbunden: Beide Funktionen zielen darauf ab, **Wert für den Kunden zu schaffen, insbesondere durch marktorientierte Produktgestaltung**. Wie in den Vorkapiteln aufgezeigt wurde, kommt Marketing im Produktinnovationsprozess nicht erst zum Einsatz, wenn das Produkt den Markt betritt. Vielmehr ist Marketing von Anfang an erforderlich: im

1563 Vgl. Verma u. a. (2025).
1564 Vgl. Khandabattu (2025); Digitalisierungsprojekte sollten durch Change-Management begleitet werden, vgl. Kap. 5.2.3.6 (Change-Management für nachhaltige digitale Transformation).
1565 Vgl. EU (o. J.).
1566 Vgl. BCG (2025).

vorlaufenden Strategieprozess (vgl. Kap. 3), in der Ideen- und Konzeptphase, in der Wirtschaftlichkeitsrechnung sowie in der Produktrealisierungsphase (vgl. Kap. 4.2 bis 4.5). In den genannten Phasen hat Marketing die Aufgabe, ein **fundiertes Markt- und Kundenverständnis** als Grundlage für Entscheidungen bereitzustellen.

5.3.3.1 Veränderungen im Marketing

Die Marketingdisziplin ist in den 1950er-Jahren entstanden, mit der Forderung, nicht nur den Verkauf, sondern die **Erfüllung von Kundenbedürfnissen** in den Mittelpunkt des unternehmerischen Handelns zu stellen.[1567] Ab den 1980er-Jahren wandelte sich Marketing zu einem **ganzheitlichen marktorientierten Führungsansatz**, weg von kurzfristiger Absatzsteigerung hin zu langfristigen Kundenbeziehungen und Markenbindung. Seit den 2000er-Jahren prägen die **Digitalisierung, das Internet und soziale Medien** die Marketingdisziplin. Kunden interagieren aktiv mit Marken, teilen Erfahrungen und beeinflussen andere Kunden. Marketingkommunikation verschiebt sich von „Push-Kommunikation" hin zum interaktiven Dialog, der von Unternehmensseite zunehmend datengetrieben und automatisiert geführt wird.

Unter anderem folgende Veränderungen liegen dem **„neuen Marketing"** zugrunde:[1568]

- Lückenlose Verfügbarkeit von Breitbandinternet (DSL und Mobilfunk). So ist ein Großteil der Bevölkerung online erreichbar, z. B. 93 % der Haushalte in Deutschland in 2024.[1569]
- Smartphones sind weitverbreitet und im Leben „allgegenwärtig".[1570] Sie lösen den Desktop-Computer als wichtigste Internet-Zugangsplattform ab.
- Entwicklung digitaler Technologien, insbesondere Cloud Computing, KI, Big Data Analytics und immersive Technologien[1571]

Die digitale Transformation löst eine Reihe von marketing-relevanten Veränderungen aus, sowohl auf Kunden- als auch auf Unternehmensseite (vgl. Abbildung 5.42):

1567 Vgl. Drucker (1954).

1568 Vgl. z. B. Lammenett (2025), S. 2–6; Wirtz (2024), S. 14–20; Chaffey/Ellis-Chadwick (2016), S. 6–14.

1569 Gemäß Eurostat, zitiert aus Statista (2025c), S. 8.

1570 In Deutschland gibt es im Jahr 2025 ca. 71 Millionen Smartphonenutzer, vgl. Statista (2025e)- das entspricht ca. 85 % der Bevölkerung.

1571 Vgl. Kap. 5.2.2 (Grundlegende Technologien der Digitalen Transformation).

Abbildung 5.42: Veränderungen im Marketing auf Konsumenten- und Unternehmensseite.

Konsumenten ...

- nutzen immer mehr **digitale Medien** zur Information und Unterhaltung. Gedruckte Medien, Radio und Fernsehen verlieren an Bedeutung.[1572]
- sind gut über Produkte **informiert** und agieren **selbstbestimmt** und selbstbewusst.
- sind durch Smartphones und soziale Medien **ständig online** und über mehrere Kanäle gleichzeitig erreichbar.
- verlangen, dass **Informationen jederzeit und komfortabel verfügbar** sind.
- erwarten **personalisierte Angebote und Kommunikation**, basierend auf ihren Bedürfnissen und dem jeweiligen Kontext.[1573]
- führen keine linearen, durch Unternehmen vorbestimmte Kaufprozesse aus, sondern durchlaufen **individuelle Customer Journeys**, die unterschiedliche, vermehrt digitale Touchpoints umfassen.
- sind bereit, sich **für Produkte oder Unternehmen zu engagieren** und Teil der Wertschöpfungskette zu werden, z. B. durch Online-Reviews, als Influencer oder im Rahmen von Co-Creation.

Unternehmen ...

- nutzen zunehmend **Big Data Analytics und KI**, um das (komplexer werdende) Kundenverhalten zu verstehen und Marketingentscheidungen zu treffen („Daten statt Bachgefühl").
- integrieren **Marketing, Produktentwicklung und Technologie** (mit Produktmanagement als möglicher Klammer), wobei „Daten den Klebstoff" zwischen den Bereichen darstellen.
- investieren in neue Marketing-Disziplinen, z. B. **Mobile Marketing, Social-Media-Marketing**.
- setzen sich quantitative Ziele und messen die Effektivität ihrer Marketingaktivitäten. Marketing agiert **agil**, lernt durch Experimente und reagiert schnell auf Marktveränderungen.

1572 Vgl. Lammenett (2025), S. 3–4.
1573 Vgl. Arora u. a. (2021), S. 5.

- etablieren **neue kundenzentrierte Geschäftsmodelle**, basierend auf neuen digitalen Technologien und Plattformen/Ökosystemen.
- optimieren ihre Produktivität durch **Marketing-Automatisierung, KI** und andere digitale Marketingwerkzeuge.

Kotler u. a. bezeichnen das „neue Marketing" als **Marketing 5.0**[1574] und charakterisieren es durch fünf Merkmale:[1575]
- **Data-driven**, d. h., Marketingentscheidungen werden konsequent auf Datenbasis getroffen
- **Agile**, d. h., Produkte und Marketingaktivitäten werden dezentral geplant, ausgeführt, permanent validiert und optimiert
- **Predictive**, d. h. die Nutzung von präskriptiven statistischen Methoden, um die Wirkung von Marketingaktivitäten zu planen
- **Contextual**, d. h. die kontextabhängige Personalisierung von Kommunikation und Angeboten für Kunden
- **Augmented**, d. h. die Nutzung digitaler Technologien, um die Produktivität des operativen und taktischen Marketings (signifikant) zu steigern, insbesondere durch Automatisierung oder KI[1576]

Heutzutage sind Kunden informierter, vernetzter und anspruchsvoller. Marketing muss datenbasiert, kundenorientiert und agil agieren, was die Nutzung neuer Technologien erfordert.

5.3.3.2 Begriffe und Grundlagen

Vor dem Hintergrund der genannten Veränderungen ist die Disziplin des digitalen Marketings entstanden. „**Digital-Marketing** kann als Oberbegriff verstanden werden und beschreibt alle Marketingaktivitäten, die mit Unterstützung digitaler Hilfsmittel ausgeführt oder ausgewertet werden."[1577] Ein verwandter Begriff ist das **Onlinemarketing**, welches „die Planung, Organisation, Durchführung und Kontrolle aller marktorientierten Aktivitäten [umfasst], die sich mobiler und/oder stationärer Endgeräte

---

1574 Marketing 1.0 ist produktgetrieben, Marketing 2.0 ist kundengetrieben, Marketing 3.0 („the ultimate stage of traditional Marketing") berücksichtigt auch emotionale Faktoren sowie soziale und ökologische Aspekte, Marketing 4.0 („the pivot to digital") adressiert auch die digitale Welt, z. B. digitale Customer-Journeys, Onlinemarketing-Instrumente, vgl. Kotler u. a. (2021), S. 3–5.

1575 Vgl. Kotler u. a. (2021), S. 12–15.

1576 „Sixty-five percent of marketers agree that AI frees up their time so they can focus on more creative aspects of their job, the same number who say AI allows them to focus on the parts of their job they enjoy most", HubSpot (2025), S. 33.

1577 Lammenett (2025), S. 24; ähnlich Chaffey u. a.: „Digital Marketing [means] achieving marketing objectives through applying digital media, data and technologies", Chaffey u. a. (2024), S. 15.

mit Internetzugang zur Erreichung von Marketing-Zielen bedienen".[1578] Onlinemarketing ist damit ein Teilbereich des digitalen Marketings, d. h., Onlinemarketing ist immer digital, aber nicht jedes digitale Marketinginstrument muss online sein.[1579] Dennoch ist die Entwicklung des digitalen Marketings eng mit der Evolution des Internets verbunden.[1580]

Digitales Marketing ist ein Teilbereich des Marketings im Unternehmen. Während die Marketingstrategie von der Geschäftsstrategie abzuleiten ist, muss die digitale Marketingstrategie die **übergeordnete Marketingstrategie** sowie die **Marketingziele** des Unternehmens unterstützen.[1581]

Der Kontext und die Hebel des digitalen Marketings lassen sich durch die 7Ds des digitalen Marketings umreißen.[1582] Neu im Vergleich zu klassischen Marketingansätzen sind neben den konstituierenden Ds der digitalen Technologien und digitalen Daten folgende Aspekte:

- Kunden sind über unterschiedliche **digitale Geräte**, i. d. R. über das Internet, erreichbar, z. B. über Smartphones, Tablets, Desktops, TV-Geräte, Anzeigetafeln, VR-Brillen oder andere „smarte" Geräte.
- **Social Media**, **andere digitale Plattformen** und ggf. **Intermediäre** spielen bei der Kundengewinnung und Wertübermittlung eine wichtige Rolle.
- Bei **digitalen Medien** kann zwischen bezahlten (z. B. affiliierte Webseiten, Suchmaschinenwerbung, Social-Media-Werbung), eigenen (z. B. Unternehmenswebseite, Mobile-App, Unternehmenspräsenz auf Social-Media-Plattformen) und verdienten Medien (z. B. Onlinebewertungen, Nutzerkommentare in Foren) unterschieden werden (engl. paid, owned, earned media).

Während das **klassische Marketing** auf Einwegkommunikation und breite Zielgruppen setzte, nutzt das **digitale Marketing** technologische Möglichkeiten, um personalisierte, messbare und dialogorientierte Kundenbeziehungen aufzubauen. Diese Transformation hat nicht nur die Marketinginstrumente verändert, sondern auch die Art und Weise, wie Unternehmen Märkte verstehen, Kunden ansprechen und Werte schaffen.

Tabelle 5.10 fasst die Unterschiede zwischen klassischem und digitalem Marketing zusammen:[1583]

1578 Kreutzer/Klose (2025), S. 7; synonym zu Onlinemarketing kann der Begriff Internetmarketing verwendet werden.

1579 Beispiele von digitalen Marketingaktivitäten, die offline stattfinden, sind digitale Werbetafeln in Bahnhöfen, Beacons, die über Bluetooth individuelle Nachrichten aufs Smartphone senden, KI-basierte Personalisierung von Inhalten in einem Auto-Infotainmentsystem oder ein Virtual-Reality-Erlebnis in einem Ladengeschäft.

1580 Vgl. Chaffey/Ellis-Chadwick (2016), S. 36.

1581 Vgl. Kap. 3.1.4.1 (Strategieebenen).

1582 Digital goals, digital audiences, digital devices, digital platforms, digital media, digital data, digital technology, vgl. Chaffey u. a. (2024), S. 17.

1583 Vgl. z. B. Olbrich u. a. (2025); Chaffey u. a. (2024); Kreutzer/Klose (2025).

Tabelle 5.10: Unterschiede zwischen klassischem und digitalem Marketing.

Aspekt	Klassisches Marketing	Digitales Marketing
Kommunikationsrichtung	Einwegkommunikation, Unternehmen sendet Botschaften an passive Empfänger	zweiseitige und interaktive Kommunikation, Kunden reagieren, kommentieren, teilen und gestalten mit
Kundeneinbindung	Kunden sind Ziel der Kommunikation	Kunden sind aktiv in Marketingprozess eingebunden (z. B. Co-Creation, User-Generated Content)
Messbarkeit	Erfolgsmessung meist ex post, auf Basis von Umfragen oder Verkaufszahlen	Echtzeitdatenanalysen, präzise Messung von Klicks, Conversions und Engagement
Personalisierung	einheitliche Massenkommunikation, wenig Individualisierung	hohe Personalisierung durch Tracking, KI und Big Data (z. B. dynamische Anzeigen, personalisierte E-Mails)
Kanäle und Medien	klassische Massenmedien: TV, Print, Radio, Außenwerbung	digitale Kanäle: Websites, Social-Media, E-Mail, Suchmaschinen, Mobile Apps
Kampagnen	Kampagnen sind meist langfristig geplant und wenig anpassungsfähig	kontinuierliche Anpassung und Optimierung von Kampagnen durch Echtzeitdaten und z. B. A/B-Tests
Kostenstruktur	hohe Fixkosten, insbesondere bei Massenmedien (TV, Print)	variable, Performance-basierte Kosten (z. B. Pay-per-Click, Programmatic Ads)
Reichweite & Targeting	breite Streuung, hohe Reichweite, aber geringe Zielgenauigkeit	präzises Targeting, z. B. durch Micro-Segmentierung und Lookalike Audiences
Kundenerlebnis	Fokus auf Produkt und Kommunikation	Fokus auf Customer Experience über alle digitalen Touchpoints hinweg
Rolle des Kunden	passiver Empfänger	aktiver Partner, Influencer und Datenlieferant

Die Entwicklung vom klassischen zum digitalen Marketing hängt eng zusammen mit einem Paradigmenwechsel von einseitiger Massenkommunikation zu interaktiver, kundenzentrierter Kommunikation:

- Klassisches Marketing ist überwiegend **outbound**-orientiert. Es sendet Botschaften an ein breites Publikum, oft ohne Rückkanal. Es nutzt Massenmedien und „Unterbrechungskommunikation“, um die Aufmerksamkeit der Kunden zu erzwingen, z. B. durch TV-Spots, Anzeigen oder Cold Calls.

- Digitales Marketing ist überwiegend **inbound**-orientiert. Es schafft Inhalte und Erlebnisse, die Kunden anziehen („pull“). Ziel ist es, auch durch die Kommunikation selbst Wert für Kunden zu schaffen, z. B. zielgruppenrelevante Informationen oder Unterhaltung.

In der Praxis kombinieren Unternehmen Inbound-Taktiken zur Leadgenerierung mit Outbound-Strategien zur Kundenbindung und Markenstärkung.

Wie in Kap. 5.3.2.4 (Produktkonzept) und 5.3.2.6 (Produktrealisierung) gezeigt wurde, prägt das digitale Marketing nicht nur die Art, wie Produkte verkauft, sondern auch, wie sie konzipiert, positioniert, entwickelt und validiert werden.

5.3.3.3 Instrumente

Digitales Marketing wird am Markt über den Instrumenteneinsatz sichtbar. In der Fachliteratur gibt es keine allgemein anerkannte Klassifikation digitaler Marketinginstrumente. Die Gliederung hängt davon ab, ob die jeweiligen Autoren den Fokus auf Kommunikationskanäle, zugrunde liegende Technologien oder die Zielsetzung der Instrumente legen:

- In **medien- und kanalorientierten Klassifikationen** werden die Instrumente z. B. in Suchmaschinenmarketing, Onlinewerbung, Website, E-Mail-Marketing, Social-Media-Marketing, Affiliate Marketing, Content-Marketing, Mobile Marketing und Online Public Relations unterschieden.[1584]
- Nach **technologischen Enablern** könnte wie folgt klassifiziert werden: Web-Technologien (z. B. Websites, Blogs, SEO), Social-Technologien (z. B. Social Media, Influencer), Mobile-Technologien (z. B. Mobile-Apps, Location-based Services, Beacons), Data-Technologien (z. B. Big Data Analytics, CRM, KI, Marketing Automation).[1585]
- Ebenso können Instrumente nach **Zielsetzung** bzw. Einsatzphase in der **Customer-Journey** gegliedert werden, z. B. in Awareness-Instrumente (z. B. Onlinewerbung, Influencer-Marketing, Social Media), Consideration-Instrumente (z. B. Content-Marketing, SEO, Vergleichsportale), Conversion-Instrumente (z. B. E-Mail-Marketing, Retargeting, Landingpages) und Loyalty-/Advocacy-Instrumente (z. B. Communitys, CRM, Empfehlungsprogramme)[1586]

Keine der genannten Klassifizierungen ist vollständig und überschneidungsfrei, sodass viele Autoren einfach die praxisrelevantesten Instrumente auflisten.[1587] Für den folgenden Abschnitt soll eine hybride Klassifikation verwendet werden, um die mehr als zwei Dutzend Einzelinstrumente strukturiert darzustellen (vgl. Abbildung 5.43).

1584 Vgl. z. B. Chaffey u. a. (2024); Olbrich u. a. (2025).
1585 Vgl. z. B. Ryan (2021); Wirtz (2024).
1586 Vgl. z. B. Kotler u. a. (2017), S. 57–70.
1587 Vgl. z. B. Lammenett (2025); Kreutzer/Klose (2025), S. 164; Chaffey u. a. (2024), S. 377–378.

Abbildung 5.43: Instrumente des digitalen Marketings (Übersicht).

5.3.3.3.1 Suchmaschinenmarketing

Suchmaschinenmarketing **(Search Engine Marketing, SEM)** umfasst alle Maßnahmen, die darauf abzielen, die Sichtbarkeit eines Produkts in Suchmaschinen wie Google, Bing oder Baidu zu erhöhen. SEM gliedert sich in zwei Hauptdisziplinen:[1588]

- **Search Engine Optimization (SEO)** bezeichnet die Optimierung einer Website, um in den unbezahlten Suchergebnissen möglichst weit oben zu erscheinen. Ansatzpunkte für SEO sind Keyword-Platzierungen, Content-Optimierung, technische Performance, Backlinks und positive Nutzererfahrungen. Ziel von SEO ist die kostenlose und nachhaltige Generierung von qualitativ hochwertigem „Traffic".
- Unter **Search Engine Advertising (SEA)** versteht man die bezahlte Platzierung von Anzeigen oberhalb oder neben den organischen Suchergebnissen, z. B. Google Ads. Unternehmen bieten auf bestimmte Suchbegriffe (Keywords), die Nutzer in Suchmaschinen eingeben. Darauf basierend entscheidet ein automatisches Auktionssystem (in Echtzeit) darüber, welche Anzeigen eingeblendet werden. Eine Bezahlung erfolgt nur, wenn ein Nutzer einen Unternehmens-Link klickt (Per-Per-Click-Modell). Ziel von SEA ist die kurzfristige Sichtbarkeit und Traffic-Steigerung, aus der Leads oder Käufer generiert werden.

Das gemeinsame Ziel beider SEM-Teilbereiche ist es, Nutzer mit klarer Suchintention **(Intent Marketing)** anzusprechen. SEM gilt deshalb als Pull-Marketing-Instrument, weil die Kommunikation vom aktiven Informationsinteresse des Kunden ausgeht. **KPIs** for SEM sind z. B. Sichtbarkeitsindex, Klickrate, Cost-per-Click (CPC), Conversion Rate oder Return on Ad Spend (ROAS).

„Die Adoptionsrate von KI-Agenten ist sehr hoch, die junge Generation begeistert sich dafür – für Google keiner mehr."[1589] Das Suchmaschinengeschäft wird aktuell durch

1588 Vgl. z. B. Lammenett (2025), S. 143–240; Olbricht u. a. (2025), S. 146–202; Chaffey u. a. (2024), S. 390–398.

1589 Dirk Cohausz, Partner von BCG X, zitiert aus Jahn/Scheppe (2025), S. 28; ähnlich HubSpot: „SEO is already getting disrupted by AI. Nearly 31 % of Gen Zers default to chatbots or AI to find information online", HubSpot (2025), S. 34.

KI-Chatbots und zunehmend **KI-Agenten** bedroht. Suchmaschinenanbieter wie Google werden um KI-basierte Methoden erweitert. Für werbetreibende Unternehmen wird in Zukunft gelten, von KI-Anwendungen wie ChatGPT, Perpexity und Google (mit KI-Erweiterung) gefunden, referenziert oder empfohlen zu werden. Wie **Werbeoptimierung für KI** funktioniert, wird aktuell intensiv in Wissenschaft und Praxis erforscht.[1590]

5.3.3.3.2 Content- und Owned-Media-Marketing

Content- und Owned-Media-Marketing ist das Fundament moderner, kundenorientierter Digitalstrategien.[1591] **Content-Marketing** bezeichnet die strategische Planung, Erstellung und Verbreitung wertvoller, relevanter und konsistenter Inhalte, um definierte Zielgruppen anzuziehen, zu binden und Kundenverhalten im Sinne des Unternehmens auszulösen (insbesondere Käufe, Loyalität oder Empfehlungen). Content kann unterschiedliche **Formate** einnehmen:

- Schriftform, z. B. Blogartikel, Whitepaper, E-Books, Fallstudien, FAQs
- visuelle und audiovisuelle Formate, z. B. Infografiken, Videos, Podcasts, Webinare
- interaktive Formate, z. B. Produktkonfiguratoren, Self-Assessments, Quizzes etc.

Der Content-Marketing-**Prozess** umfasst vier Schritte:

- Zieldefinition und Zielgruppenanalyse
- Content-Strategie und Themenplanung inklusive Formate, Kanäle, Tonalität
- Content-Erstellung und Distribution
- Messung und Optimierung

Content-Marketing erfordert permanente Anstrengungen. Es müssen stetig neue Ideen für Inhalte, die Traffic, Engagement und Leads in der Zielgruppe erzeugt werden.[1592]

Content wird überwiegend über **Owned Media** ausgeliefert. Daneben kann zwecks Skalierung zusätzlich Paid Media eingesetzt werden. Guter Content wird u. U. von Kunden geteilt und positiv kommentiert, womit sich Unternehmen zusätzliche Medienpräsenz verdienen können (Earned Media).[1593] Owned Media umfasst alle eigenen digitalen Kommunikationskanäle, also Kanäle, über die ein Unternehmen Kontrolle besitzt. Unternehmen können Inhalte bestimmen (inklusive Tonalität, Tiefe, Aktualität), den Datenfluss kontrollieren (z. B. Tracking des Kundenverhaltens) und direkte Kundenbeziehungen aufbauen (ohne Abhängigkeit von einer Plattform). Beispiele von Owned Media sind Corporate Websites,[1594] Blogs, Newsletter, Kundenportale, unternehmenseigene Social-Media-Profile, Communitys, Unternehmenspublikationen und Mobile Apps.

1590 Vgl. Jahn/Scheppe (2025).
1591 Vgl. z. B. Lammenett (2025), S. 311–346; Chaffey u. a. (2024), S. 315–316.
1592 Vgl. HubSpot (2024), S. 13.
1593 Vgl. Chaffey/Ellis-Chadwick (2016), S. 11–12.
1594 Vgl. Kap. 5.3.3.3.7.

Ziel von Content-Marketing (und Owned Media) ist es, über relevanten Content Vertrauen, Markenpräferenz und Loyalität von Kunden aufzubauen. Statt Botschaften zu „pushen", werden potenzielle Kunden durch informativen, emotionalen oder unterhaltenden Mehrwert angezogen („pull" bzw. Inbound-Marketing).

KPIs für Content-Marketing sind z. B. Reichweiten, Engagement (z. B. Likes, Share, Verweildauer), Leads (z. B. Downloads, Newsletter-Abos), SEO-Rankings und Conversion Rates (z. B. Anfragen, Käufe).

Content-Marketing ist ein **Querschnittsthema** im digitalen Marketing, denn Content ist der Treibstoff fast aller digitalen Marketinginstrumente. Ohne relevanten, zielgruppenorientierten Content funktionieren Kanäle wie SEO, Social Media, E-Mail, Influencer, PR oder Paid Ads weder in der Kundenansprache noch in der Conversion.

5.3.3.3.3 Social Media Marketing

> „Social media is the #1 product discovery channel for Gen Z and Millennials. 31% of consumers use social media to find answers to questions."[1595]

Social-Media-Marketing (SMM) bezeichnet den strategischen Einsatz sozialer Netzwerke wie Instagram, TikTok, LinkedIn, YouTube, Facebook oder X, um Unternehmensziele zu erreichen.[1596] Kennzeichnend ist die interaktive Kommunikation zwischen Unternehmen und Kunden sowie zwischen Kunden untereinander. Kunden erhalten beispielsweise Informationen von Unternehmen (z. B. eine Innovation, die in einem neuen Produkt umgesetzt wird), reagieren darauf, kommentieren, teilen und gestalten selbst neue Inhalte.

SMM ist ein flexibles Marketinginstrument, das zur Zielerreichung in allen Phasen der Customer-Journey eingesetzt werden kann (Tabelle 5.11):

Tabelle 5.11: Beispiele von Social-Media-Marketing in den Phasen der Customer-Journey.

Phase	Ziel	Beispiele für Maßnahmen
Awareness	Aufmerksamkeit, Reichweite	virale Kampagnen, Hashtags, Ads
Interest/Engagement	Dialog, Interaktion	Umfragen, Kommentare, Live-Streams
Desire	Markenbindung, Präferenz	exklusive Community-Inhalte, Storytelling
Action/Conversion	Traffic, Käufe	Social Commerce, Retargeting, Promotions
Advocacy	Weiterempfehlung	User-Generated Content, Community-Building

1595 HubSpot (2024), S. 10.

1596 Vgl. Chaffey u. a. (2025), S. 404–408; Lammenett (2025), S. 417–443; Olbrich u. a. (2025), S. 207–236; Kreutzer/Klose (2025), S. 440–570.

Als die Social-Media-Nutzerzahlen zwischen 2010 und 2015 explodierten, war SMM noch **Neuland** für viele Unternehmen. Man hatte weder Strategien noch entsprechendes Know-how. Viele Unternehmen nutzten Social Media anfangs wie klassische Werbekanäle: Statt Interaktion, Storytelling oder Community-Pflege sendete man Produktwerbung. Man hatte Angst vor Kontrollverlust (Shitstorms und negative Publicity) und rechtlichen Risiken (Datenschutz, Urheberrecht). Spätestens seit 2020 ist SMM bei Unternehmen **professionell ins Marketing integriert**. Spezialisierte Teams steuern Kampagnen, basierend auf Echtzeit-Analysen aus Tools wie Hootsuite, Brandwatch oder Sprinklr. KI unterstützt die Content-Erstellung, das Community-Management und Sentiment-Analysen.

Als **Nutzen** von SMM wurden 2025 folgende Punkte genannt (1435 Marketing-Experten weltweit in absteigender Anzahl der Nennungen): Aufmerksamkeit erhöhen, Traffic und Leads generieren, Kundenloyalität fördern, Verkäufe steigern.[1597]

Zu den **Erfolgsfaktoren** gehören:
- Authentizität und Emotionalität der Kommunikation
- visuell starke Formate, z. B. Bilder, Videos, Reels und Storys
- plattformgerechter Content, z. B. B2B auf LinkedIn, Lifestyle auf Instagram
- Dialogorientierung und Community-Management

Zielgrößen von SMM sind Reichweite, Engagement, Follower-Wachstum, Klicks, Conversions und Sentiment Score.

Influencer-Marketing ist eine Teilstrategie des Social-Media-Marketings, bei der Unternehmen mit einflussreichen Einzelpersonen („Influencern“) zusammenarbeiten, um Produkte, Marken oder Botschaften authentisch zu kommunizieren. Influencer agieren dabei **als soziale Multiplikatoren** mit hoher Glaubwürdigkeit in ihren Communitys.[1598] Die von Influencern bearbeiteten Themenbereiche gehen von „Romantische Beziehung“, Unterhaltung, Einkaufen & Mode, Musik, gesellschaftlich relevanten Themen, Filme & TV-Shows, Reisen, Politik bis Beauty und Kinder (in absteigender Anzahl).[1599] Ausgaben von Unternehmen für Influencer-Marketing auf Social-Media-Kanälen weltweit sind von 1,7 Mrd. US-Dollar in 2016 auf (geschätzte) 32,6 Mrd. US-Dollar in 2025 angestiegen (+39 % p. a.).[1600] Typische **Formate** des Influencer Marketings sind:
- Sponsored Posts und Product Placements
- Affiliate-Kampagnen (mit Rabattcodes oder Tracking Links)
- Co-Creation-Projekte
- Brand Ambassadorships
- Event- oder Live-Kooperationen

1597 Social Media Examiner, zitiert aus Statista (2025a), S. 24.
1598 Vgl. Lammenett (2025), S. 106–134.
1599 HypeAuditor, zitiert aus Statista (2024a), S. 8.
1600 Influencer Marketing Hub, zitiert aus Statista (2024a), S. 6.

Influencer werden **nach ihrer Follower-Zahl klassifiziert** in: Nano-Influencer (< 10.000 Follower), Micro-Influencer (10.000–50.000 Follower), Mid-tier Influencer (50.000–100.000 Follower), Macro-Influencer (100.000–1 Mio. Follower), Mega-Influencer/Celebrities (> 1 Mio. Follower). Je höher die Reichweite, desto geringer ist i. d. R. das Engagement und die Authentizität bei der Zielgruppe. Influencer werden meist pro Post oder durch kostenlose Produkte bezahlt, in selteneren Fällen auf Provisionsbasis oder per Fixgehalt.[1601]

KI kann Unternehmen bei der Zusammenarbeit mit Influencern unterstützen, z. B. bei der ...
- Auswahl von Nano-Influencern sowie beim Briefing von Influencern (Bild-KI, Moodboards, u. a.),
- Bewertung der Echtheit von Followern und der Qualität der Engagements,
- qualitativen und quantitativen Auswertung von Influencer-Kooperationen.[1602]

Typische **KPIs** für Influencer-Marketing sind Engagement Rate, Reichweite, Cost-per-Engagement, Conversion Rates und Sentiment.

5.3.3.3.4 Direct und Relationship-Marketing

Direct Marketing (Direktmarketing) bezeichnet alle Marketingaktivitäten, die darauf abzielen, Kunden individuell anzusprechen – meist über digitale Kanäle wie E-Mail, SMS, Messaging-Apps oder personalisierte Onlinewerbung. Zentrales Merkmal ist die direkte Kommunikation zwischen Unternehmen und Kunde ohne zwischengeschaltete Medien.

Während Direct Marketing den Weg beschreibt, steht **Relationship-Marketing** für das Ziel, langfristige, emotionale und wirtschaftlich lohnende Kundenbeziehungen aufzubauen. Im digitalen Kontext geschieht dies durch kontinuierliche, personalisierte Interaktionen, die auf Vertrauen, Relevanz und Kundennutzen beruhen.

Relationship-Marketing stützt sich wesentlich auf Maßnahmen des Direct Marketings: Durch die aktive Bearbeitung direkter Kunden-Touchpoints werden Kundennutzen und ggf. Erlebnisse geschaffen und langfristig Wert durch Kundenloyalität aufgebaut. Wichtige Prinzipien und Ziele von Direct and Relationship-Marketing (DRM) sind in Abbildung 5.44 dargestellt.

Typische digitale **Instrumente** des DRM sind:
- **E-Mail-Marketing**, z. B. Newsletter, Life-Cycle-Kampagnen, Nachkauf-E-Mails (z. B. mit Service-Angeboten) oder Trigger-Mails (z. B. Warenkorbabbrüche). E-Mails werden häufig automatisiert, auf Basis von Kundendaten, Verhalten oder aktueller Kaufphase von Kunden versendet. Ohne Automation wäre eine indivi-

1601 HypeAuditor, zitiert aus Statista (2024a), S. 20.
1602 Vgl. Samsonova (2023).

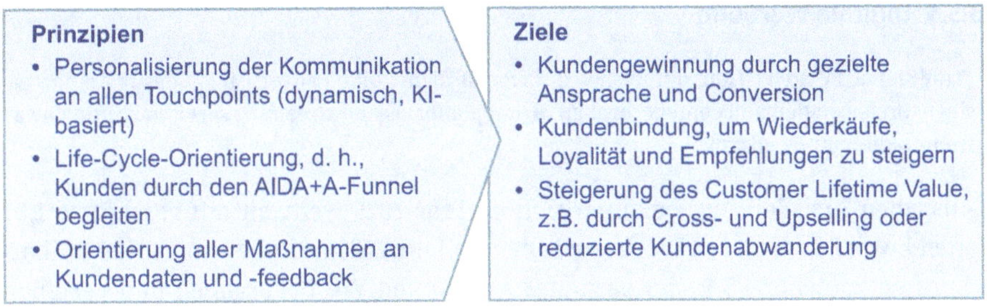

Abbildung 5.44: Prinzipien und Ziele von Direct and Relationship-Marketing.

duelle Ansprache i. d. R. unwirtschaftlich. Die Versendung von E-Mail erfordert die Zustimmung des Empfängers.[1603]

- **CRM-Systeme** zur Verwaltung von Kundenbeziehungen, Kundenhistorie und Präferenzen. CRM-Systeme bilden die (Daten-)Grundlage systematischer Kundenbearbeitung durch Marketing, Vertrieb und Service.
- **Loyalty-Programme**, um wiederkehrende Kunden zu belohnen. Beispiele sind Payback, Miles & More und Starbucks Rewards.
- **Messaging** und **Conversational Marketing**, z. B. direkter Kundendialog über Chatbots, WhatsApp oder Live-Chats
- **Referral Marketing**, um systematisch Anreize für Weiterempfehlungen zu schaffen
- **Customer Feedback** und **NPS-Systeme**,[1604] um direkte und zeitnahe Rückmeldungen von Kunden zur Zufriedenheit einzuholen

DRM wird sich in Zukunft noch stärker auf **KI-gestützte Personalisierung** stützen, z. B. die automatische Generierung von Betreffzeilen, Texten und Versandzeitpunkten. Durch ML-basierte **Predictive Analytics** werden Kundenabwanderung („Churn") oder Wiederkaufwahrscheinlichkeit prognostiziert. Damit sind entscheidungsrelevante Größen wie Customer-Lifetime-Value und Kundenakquisitionskosten kalkulierbar. Stärker noch als heute werden Unternehmen bestrebt sein, die Kundenkommunikation nahtlos über alle Kanäle zu integrieren, z. B. über E-Mail, Social Media, Mobile Apps, Website und Chat **(Omnichannel-Integration)**. Über heutiges Messaging- und Conversational-Marketing hinaus werden Echtzeitdialoge mit Kunden über Chatbots und Sprachassistenten geführt werden, z. B. „Alexa, bestell meinen Lieblingskaffee nach" **(Voice-Commerce)**.

1603 Hierfür gibt es unterschiedliche Verfahren, z. B. Single Opt-In, Double-Opt-In oder Opt-Out. Die größte Rechts- und Datensicherheit bietet das Double-Opt-In-Verfahren, vgl. Olbrich u. a. (2025), S. 122.
1604 NPS = Net-Promoter-Score.

5.3.3.3.5 Digitale Werbung

> „Traditional TV advertising diminishes in favor of digital video advertising. Consumers increasingly prefer on-demand content through digital platforms and streaming services, shifting away from traditional TV ads.“[1605]

Die Ausgaben für Werbung belaufen sich im Jahr 2025 weltweit auf geschätzte 1,07 Billionen Euro. Die digitalen Werbeausgaben im Jahr 2025 in Höhe von ca. 800 Milliarden Euro entsprechen 75 % der gesamten weltweiten Werbeausgaben und verteilen sich wie in Abbildung 5.45 dargestellt:

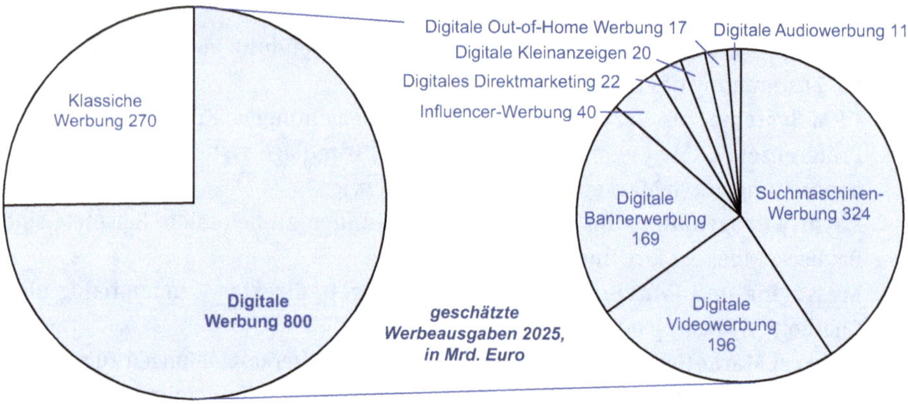

Abbildung 5.45: Verteilung der digitalen Werbeausgaben im Jahr 2025[1606].

Digitale Werbung (Digital Advertising) bezeichnet den geplanten bezahlten Einsatz digitaler Medienkanäle („Paid Media“), um Zielgruppen mit werblichen Botschaften zu erreichen, zu aktivieren oder zu konvertieren. Dazu zählen insbesondere alle Formen von **Onlinewerbung**, die über internetbasierte Plattformen ausgespielt werden, z. B. Suchmaschinen, Social Media, Websites, Videoportale, Apps oder Streamingdienste.[1607]

Ähnlich wie auf Ebene der digitalen Marketinginstrumente ist es schwierig, eine vollständige und überschneidungsfreie Liste von **Werbeformen bzw. -instrumenten** aufzuführen. Folgende drei Dimensionen, die abhängig voneinander sind, klassifizieren digitale Werbeinstrumente:

- **Kanal und Plattform:** Web, App, Search, Social, Out-of-Home, E-Mail, Mobile
- **Formattyp:** Text, Bild, Video, interaktiv

1605 Statista (2024c), S. 6.

1606 Vgl. Statista (2025d).

1607 Vgl. Lammenett (2025), S. 347–348.

- **Steuerungs- und Abrechnungsmodell:** Own Media, „klassisches" Paid Media (Cost-per-View, Cost-per-Click), Paid Media via Affiliate Marketing (abgerechnet über Cost-per-Sale, Cost-per-Lead oder Cost-per-Order),[1608] Earned Media
- **Zielorientierung:** Instrumente für die Steigerung von Awareness, Interest, Desire, Action oder Advocacy

Im Weiteren soll die Klassifizierung anhand von Kanal/Plattform verwendet werden.[1609] Abbildung 5.46 zeigt die Merkmale, Ziele und typische Kanäle/Plattformen für digitale Werbung:

Abbildung 5.46: Merkmale, Ziele und Formen der digitalen Werbung.

Search Engine Advertising (SEA) umfasst bezahlte textuelle Werbeanzeigen in Suchmaschinen, z. B. auf Plattformen wie Google, Bing oder Amazon. Nutzer werden erreicht, wenn sie im Kaufprozess aktiv nach einem Produkt oder Thema suchen, womit eine hohe „Kontaktqualität" vorliegt. Ziele von SEA sind die Generierung von Traffic, Conversions und Leads. Typische Formate sind Textanzeigen in Suchergebnissen (SEA), Shopping Ads, Product Listings (z. B. im Amazon Marketplace), Local Search Ads (z. B. auf Google Maps) oder Voice Search Ads (zunehmend relevant).[1610]

Display Advertising sind visuelle Werbeformen auf Websites, Apps oder Portalen, meist in Form von Bannern oder sog. Unterbrecherwerbungen (engl. Interstitials). Display Ads dienen der Reichweitensteigerung und fördern die Markenbekanntheit. Typische Formate sind Static oder Animated Banner, Interstitial Ads (z. B. zwischen Content-Seiten) oder Rich-Media-Ads (z. B. mit Video, Animation oder Interaktion) .[1611]

Unter **Social Media Advertising** (SMA) versteht man bezahlte Anzeigen in sozialen Netzwerken und Plattformen. Diese haben hohes Targeting-Potenzial und kombi-

1608 Vgl. Olbrich u. a. (2025), S. 295–308.

1609 In der Praxis häufig genannte Kategorien wie Video-Werbung, Audio-Werbung oder Affiliate-Werbung sind in mehreren Kategorien enthalten. Beispielsweise kommen Videos im Display-Advertising, Social-Media-Advertising oder In-App-Advertising vor.

1610 Vgl. Olbrich u. a. (2025), S. 308–329.

1611 Vgl. Chaffey u. a. (2024), S. 410–411; Olbrich u. a. (2025), S. 268–295.

nieren Reichweite, Interaktion und soziale Validierung. Ziele von SMA sind die Steigerung von Engagement, Conversion und Advocacy. Typische Formate sind Sponsored Posts, Story Ads, Reels Ads, Carousel Ads, Collection Ads oder Lead Ads.[1612] Eine Sonderform stellt die Influencer-Werbung auf sozialen Netzwerken dar.

Native Advertising sind werbliche Inhalte, die sich formal und inhaltlich in das Umfeld der Webseite, auf der sie gepostet werden, einfügen. Daher werden Native Ads i. d. R. als „unaufdringliche“ Werbung mit hoher Relevanz empfunden. Unternehmen zielen darauf ab, Kunden für die Marke zu engagieren oder sich als „Thought Leader“ zu positionieren. Typische Formate sind Sponsored Articles, Content Recommendations oder In-Feed Ads auf News-Portalen.

In-App Advertising umfasst Werbung, die innerhalb mobiler Anwendungen angezeigt wird, z. B. in Spielen, News-Apps oder anderen Apps.[1613] In-App Ads sind Teil des Mobile Marketings und ermöglichen präzises Targeting. In-Game-Advertising stellt einen wichtigen Teilbereich dar und nutzt zunehmend auch AR-/VR-Technologien.[1614] Die Zielsetzung von In-App-Advertising aus Sicht des Werbetreibenden sind Reichweitenerhöhung und Conversions. Für den App-Betreiber tragen Werbeeinnahmen zur Monetarisierung der App-Entwicklung bei. Typische Formate sind Banner Ads, Video Ads, Rewarded Ads, Playable Ads (interaktive Mini-Spiele) oder App-Open Ads.

Unter **Digital Out-of-Home (DOOH)** versteht man digitale Außenwerbung auf vernetzten Bildschirmen (z. B. in Bahnhöfen, Flughäfen oder Innenstädten). DOOH verbindet physische Reichweite mit digitaler Steuerbarkeit und zielt auf Aufmerksamkeit und Markenaufbau. Typische Formate sind City Screens und Retail Displays.

E-Mail Advertising und **Messaging Advertising** sind kommerzielle Botschaften über E-Mail bzw. Messaging-Apps wie WhatsApp oder Telegram. E-Mail-Marketing wird bevorzugt über unternehmenseigene Systeme ausgeführt (Owned Media).[1615] Eine Verteilung über Paid Channels, automatisiert über Ad-Netzwerke, wird zunehmen relevanter. Strategisches Ziel ist der Aufbau von Kundenbeziehungen (vgl. Direct und Relationship-Marketing). Taktische Ziele sind Lead-Nurturing, Retention und Cross-/Upselling.

Zu den **neuen Werbeformaten** und Kanälen zählen:
- Augmented Reality Ads, z. B. Snapchat Lenses, IKEA Place
- Virtual Reality Ads, z. B. in Metaverse-Welten
- Influencer Livestream Shopping, bei dem Influencer Produkte in Echtzeit auf Plattformen wie Instagram Live, TikTok oder YouTube präsentieren, dabei Zuschauerfragen beantworten und Produkte über Kauf-Links oder In-App-Buy-Buttons direkt zum Kauf anbieten

1612 Vgl. z. B. Lammenett (2025), S. 417–444.

1613 Vgl. Kreutzer/Klose (2025), S. 427.

1614 Die Ausgaben für In-App-Werbung im Jahr 2025 belaufen sich auf 335 Mrd. EUR, der Anteil von In-Game-Werbung liegt bei 113 Mrd. EUR (32 %).

1615 Vgl. Lammenett (2025), S. 62.

– Werbeanzeigen mit integrierter Kaufmöglichkeit, ohne die Plattform zu verlassen (Interactive Shoppable Ads bzw. Videos)

Digitale Werbung transportiert Botschaften über Texte, Bilder, Videos und interaktive Formate. Diese unterscheiden sich in Komplexität, Interaktivität und emotionaler Wirkung. Tabelle 5.12 beschreibt die **vier zentralen Formattypen** digitaler Werbung:

Tabelle 5.12: Formattypen digitaler Werbung.

Formattyp	Beschreibung	Vorteile/typische Ziele	Beispiele
Textbasiert	besteht ausschließlich aus Text; meist schlicht, und informativ	schnell produzierbar, präzise auf Suchintention abgestimmt	Search Ads, Sponsored Links, Textanzeigen in E-Mails
Bildbasiert	visuelle Anzeigen mit statischen oder animierten Grafiken; werden auf Websites, Apps oder Social Media platziert	hohe Wiedererkennbarkeit; emotionale Wirkung; Awareness-Aufbau und Branding	Banner, Carousel Ads, Story Ads
Videobasiert	Bewegtbildanzeigen, die Audio und Visuals kombinieren; Einsatz auf Plattformen wie YouTube, TikTok, Instagram, Streamingdiensten	hohe Engagement-Raten und Erinnerungswert; ideal für Storytelling und Emotionen	Pre-Roll Ads, Bumper Ads, In-Feed Video Ads
Interaktiv	Werbung, bei der Nutzer aktiv mit dem Inhalt interagieren, z. B. durch Klicks, Wischen, 3-D-Ansichten oder Augmented Reality	tieferes „Engagement“ der Kunden, spielerische Produktvermittlung, oft mit direkter Kaufoption	Playable Ads, AR-Fitting Rooms, Shoppable Videos

Je nach kommunikativer Zielsetzung und Touchpoint kommen in der Praxis unterschiedliche Formate zum Einsatz. Vor allem **digitale Video-Werbung** gewinnt weiter an Bedeutung (+18,5 % p. a. von 2017 bis 2030). Die weltweiten Ausgaben für digitale Video-Werbung überstiegen im Jahr 2025 mit 208 Mrd. EUR die Ausgaben für klassische TV-Werbung um 42 %.[1616] Die wichtigsten Plattformen für digitale Videowerbung sind YouTube, Facebook, LinkedIn und Instagram. Die höchsten Wachstumsraten zwischen 2021 und 2023 erzielten X, interaktive Videos, TikTok und VR-Plattformen.[1617]

5.3.3.3.6 Corporate Website

Die **Corporate Website** ist der Dreh- und Angelpunkt der Onlinekommunikation. Sie stellt den gesamten Internetauftritt eines Unternehmens dar und umfasst Dokumente, Dateien und weitere Ressourcen, die über eine einheitliche Navigation zusammenge-

1616 Vgl. Statista (2024c), S. 11.
1617 Vgl. Statista (2024c), S. 31.

fasst und erreichbar sind. Viele Marketingaktivitäten (online und offline) verweisen auf die Corporate Website. Sie ist die (Online-)Visitenkarte eines Unternehmens.[1618] Für konkrete Angebote oder Kampagnen können Kunden alternativ auf spezifische Microsites oder unabhängige Landingpages verlinkt werden. Je nach Geschäftsmodell enthält die Corporate Website unterschiedliche Elemente (vgl. Abbildung 5.47):[1619]

Abbildung 5.47: Typische Inhalte einer Corporate Website.

Produkt-Konfiguratoren können ein Werkzeug für Mass-Customization darstellen (z. B. Konfiguratoren in der Automobilbranche oder Style-Finder, z. B. outfittery.de). Ein geschlossener Nutzerbereich kann spezifische Informationen oder Kollaborationsmöglichkeiten für wichtige Kunden, Mitglieder, Anteilseigner oder Medienvertreter bieten. Durch Vernetzung in die sozialen Medien wird die Unternehmenswebseite mit eigenen Blogs, Online-Communitys oder dem eigenen Auftritt bei Facebook, Instagram, TikTok, Pinterest, X und YouTube verbunden.

Um Besucher zu engagieren und Conversion Rates zu erhöhen, nutzen Corporate Websites häufig Rich Media, z. B. multimediale oder interaktive Elemente. Außerdem sollte das Nutzerverhalten detailliert erfasst und ausgewertet werden.

5.3.3.3.7 Mobile Marketing

Mobile Marketing bezeichnet alle Marketingaktivitäten, die darauf ausgerichtet sind, Nutzer über mobile Endgeräte wie Smartphones und Tablets zu erreichen, zu informieren und „zum Kauf zu aktivieren“. Es nutzt mobile Kommunikationskanäle, Apps, standortbezogene Dienste und Plattformen, um personalisierte und kontextbezogene Botschaften auszuspielen.

Smartphones sind heute die zentrale Schnittstelle zwischen Kunde und Werbetreibendem. Praktisch jeder besitzt ein Smartphone (71 Million bzw. 85 % der Bevölke-

1618 Vgl. Kreutzer/Klose (2025), S. 173.
1619 Vgl. Kreutzer/Klose (2025), S. 174–175.

rung in Deutschland) und nutzt es intensiv: Die Nutzungsdauer reicht von 103 Minuten pro Tag für Nutzer im Alter von über 65 Jahren bis 212 Minuten pro Tag für Nutzer im Alter zwischen 16 und 29 Jahren.[1620] Die Gründe, aus denen Konsumenten vermehrt zum Smartphone als Shopping-Plattform greifen, sind (sortiert nach Anteil der Nennungen): Möglichkeit, jederzeit einzukaufen; Benutzererlebnis in mobilen Apps besser; leichte Zugänglichkeit; schnelle Transaktionen. Nachteilig werden die Aspekte Sicherheit, schlechte Internetverbindung, langsame Ladezeiten und „zu viel Ablenkung" genannt.[1621]

Nutzer sind über mobile Endgeräte (insbesondere das Smartphone) permanent erreichbar und fordern Gleiches von Unternehmen. Dies und die technischen Eigenschaften des Smartphones bringen Werbetreibenden folgende **Potenziale** im Bereich Mobile Marketing (vgl. Abbildung 5.48):[1622]

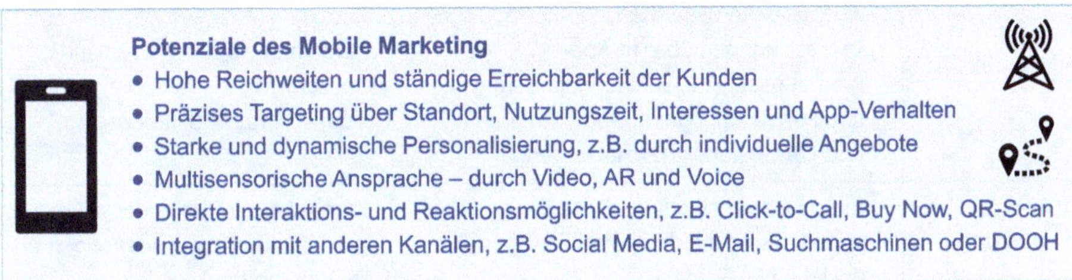

Abbildung 5.48: Potenziale des Mobile Marketings.

Der Mobile-Commerce-Report von Statista aus dem Jahre 2024 verdeutlicht die **Relevanz und Attraktivität** der mobilen Marketings aus Unternehmenssicht:[1623]
- Der Mobile-Commerce-Umsatz wird zwischen 2021 und 2030 um voraussichtlich 27 % p. a. wachsen auf 1,9 Billionen US-Dollar im Jahr 2030.
- Weltweit wurden im Jahr 2024 63 % aller Internetseiten über mobile Endgeräte aufgerufen.
- 53 % des Onlineumsatzes und 62 % des weltweiten E-Commerce-Traffics entfielen 2024 auf mobile Endgeräte (zum Vergleich: PCs/Laptops 34 % bzw. 36 %).

Wichtige **Instrumente** und Konzepte des Mobile Marketings sind in Tabelle 5.13 zusammengefasst:[1624]

1620 Vgl. Statista (2025e) und Statista (2025f).
1621 Vgl. Statista (2024d).
1622 Vgl. Lammenett (2025), S. 452; Lies (2022), S. 9–10.
1623 Vgl. Statista (2024d).
1624 Vgl. Lammenett (2025), S. 457–458.

Tabelle 5.13: Wichtige Instrumente des Mobile Marketings.

Instrument	Beschreibung, Ziele	Einsatz / Beispiele
Mobile Websites	– 63% aller Webseitenaufrufe erfolgen über Smartphones, Webseiten sollten sich automatisch an kleinere Bildschirme anpassen („responsive Design"), um die UX und Verweildauer auf den Seiten sowie das Suchmaschinen-Ranking zu erhöhen.	– Mobile Landingpages für Kampagnen oder Ads – Mobile Conversion-Optimierung (One-Click-Kauf, Mobile Payment) – Accelerated Mobile Pages (für schnelle Ladezeiten)
Mobile Apps	– Mobile Apps sind Anwendungen auf dem Smartphone. – Sie ermöglichen tiefere und wiederkehrendere Kundeninteraktionen als klassische Webseiten. – Taktisch können über In-App-Promotions, Cross-Selling, Retargeting und Push-Kampagnen Leads generiert und Conversions erreicht warden.	Kategorien von Mobile-Apps sind: – Service-Apps (z. B. Banking, Kundenservice) – Loyalty-Apps (z. B. Payback, Miles & More) – E-Commerce-Apps (z. B. Zalando, Amazon) – Produkt-Apps (z. B. iRobot-App)
In-App Advertising	– In-App Advertising ist die Platzierung von Werbung innerhalb mobiler Apps (inkl. Mobile Games). – Durch präzises Targeting sollen Aufmerksamkeit erzeugt oder Conversions erzielt werden. – Mobile App kann (aus Sicht des Werbetreibenden) Owned-Media oder Paid-Media darstellen.	– Banner Ads (statisch oder animiert) – Interstitial Ads (Vollbildanzeigen zw. App-Abschnitten) – Rewarded Ads (Belohnungen, z. B. Extraleben in Spielen) – Playable Ads (Mini-Demos, bei denen das Produkt interaktiv erlebt werden kann)
Messaging-Marketing	– SMS-, WhatsApp- oder Messenger-Marketing nutzt direkte Nachrichtenkanäle des Smartphones für personalisierte Kommunikation an Nutzer ohne installierte App. – Vorteile sind hohe Öffnungsraten und Echtzeit-Kommunikation.	– Transaktionsnachrichten, z. B. Versandbestätigungen – Promotion-Nachrichten, z. B. Rabatte, Reminder, Events – Conversational Commerce, z. B. interaktive Chatbot-Kommunikation
Push Notifications	– sind kurze Nachrichten, die auf dem Smartphone-Bildschirm erscheinen, selbst wenn die App geschlossen ist – zentral im „Retention Marketing" (Rückgewinnung und Aktivierung von Nutzern)	„Relevante" Botschaften mit Call-to-Action, z. B. – Reaktivierung inaktiver Nutzer („Hey, dein Warenkorb wartet!") – neue Features oder Inhalte („Neue Playlist verfügbar") – zeitlich begrenzte Angebote („-20 % nur heute")

Tabelle 5.13 (fortgesetzt)

Instrument	Beschreibung, Ziele	Einsatz / Beispiele
Location-Based (LB) Marketing	– nutzt Standortdaten von Smartphones, um Werbung ortsabhängig auszuspielen – Standortermittlung durch GPS, WLAN, Mobilfunk, BT-Beacons	– Geofencing: Push, wenn Nutzer definierten Bereich betritt – Proximity Marketing: BT-Beacons senden Angebote am POS – LB Ads: standortabhängige Banner, Google Maps Ads
Mobile Wallet	– Mobile Wallets (z. B. Apple Wallet, Google Pay) ermöglichen digitale Gutscheine, Tickets oder Kundenkarten. – QR-Codes verknüpfen Offline- und Onlinemarketing.	– mobile Coupons – digitale Treueprogramme – mobile Eventtickets
AR-/VR-Erlebnisse	– AR/VR-Technologien schaffen immersive Erlebnisse. – Nutzer können Produkte digital erleben, bevor sie kaufen.	– AR-Try-on: Brillen, Make-up oder Möbel virtuell anprobieren – AR Ads: interaktive Filter oder Spiele in Social Media – VR Showrooms: digitale Produktpräsentationen/Events
Mobile Commerce	– umfasst alle Kaufprozesse über mobile Geräte – von der Produktsuche über den Warenkorb bis zur Bezahlung – Querschnittsthema im Mobile Marketing	– Mobile UX & One-Click Checkout – Mobile Payment (z. B. Apple Pay, PayPal, Klarna) – Social Commerce (z. B. Instagram Shop, TikTok Shop)

Die oben genannten Potenziale der Mobile Marketings stoßen an **Grenzen**, da „werbemüde" Kunden zu häufige Push-Nachrichten oder übermäßige Personalisierung ablehnen (Kunden nutzen z. B. Werbe-Blocker oder dämmen Tracking ein). Kürzere Aufmerksamkeitsspannen erfordern prägnante visuelle Botschaften, um aus der Masse herauszustechen. Außerdem sind die einschlägigen Datenschutz- und Einwilligungspflichten zu beachten.

Mobile Marketing ist kein isolierter Kanal, sondern ein vernetztes System digitaler Berührungspunkte, das kontextbezogen (Ort, Zeit, Situation), personalisierbar und interaktiv (Touch, AR, Chat) sein kann. Ziel und Ansatzpunkt ist es, Produktkommunikation, Verkauf und Service nahtlos in den Alltag der Kunden zu integrieren.

5.3.3.3.8 Digital PR and Earned Media

Digital Public Relations (PR) und Earned Media sind oft weniger greifbar als Paid oder Owned Media, obwohl sie eine ebenfalls wichtige Rolle für die Reputation eines Unternehmens spielen können. Digital PR ist der Prozess, öffentliche Aufmerksamkeit und Glaubwürdigkeit mithilfe Dritter zu gewinnen – Earned Media ist das Ergebnis dieses Prozesses.

- **Digital Public Relations (Digital PR)** umfasst alle strategischen Kommunikationsmaßnahmen, die darauf abzielen, öffentliche Aufmerksamkeit, Vertrauen und Reputation eines Unternehmens bzw. einer Marke über digitale Kanäle aufzubauen. Im Unterschied zu klassischer PR (z. B. durch Pressearbeit oder Events) nutzt Digital PR Onlinemedien, Blogs, soziale Netzwerke und Influencer-Plattformen.
- **Earned Media** bezeichnet die mediale Sichtbarkeit, die eine Marke sich „verdient" hat, ohne dafür bezahlt oder selbst veröffentlicht zu haben. Earned Media umfasst z. B. Presseberichte, Onlineerwähnungen, Onlinebewertungen, Social Shares, Backlinks oder virale Inhalte.

Abbildung 5.49 nennt wichtige Kanäle und **Instrumente** der Digital PR:[1625]

Abbildung 5.49: Instrumente der digitalen PR.

- **Onlinemedien- und Pressearbeit** nutzt digitale Pressekanäle statt klassischer Medienlisten. Ziel ist es, Medienberichterstattung, Backlinks und Erwähnungen zu generieren. Werkzeuge sind z. B. digitale Pressemitteilungen mit SEO-optimierten Keywords, Multimedia-Pressebereiche (Fotos, Videos, Logos, Whitepaper), Onlinepresseverteiler oder die Bedienung journalistischer Netzwerke (z. B. news aktuell, PRNewswire).
- Unter **Influencer Relations** wird die Beziehungspflege zu Bloggern, Podcastern und Influencern verstanden. Dies zielt darauf ab, die genannten Spieler mit Content „zu versorgen", den diese in eigenen Content verarbeiten und an ihre Zuhörerschaft kommunizieren (ohne dafür bezahlt zu werden). Taktische Maßnahmen sind Kooperationen mit Produkt-Testern, Gastbeiträgen in relevanten Foren, Bereitstellung von Testmustern oder exklusiven Inhalten sowie die Teilnahme an digitalen Events oder Webinaren.
- Durch **Social Listening** werden Markenerwähnungen, Trends und Sentiment in sozialen Netzwerken oder Foren überwacht. Ziele sind Krisenprävention, Trendidentifikation und der Community-Dialog. Einschlägige Tools wie Brandwatch, Talkwalker oder Meltwater helfen dabei, relevante Themen frühzeitig zu erkennen und ggf. kommunikativ zu reagieren.

1625 Vgl. Chaffey u. a. (2024), S. 399–403.

- **Digital Storytelling** soll relevante, emotionale Geschichten entwickeln, die über verschiedene Plattformen geteilt werden können. Content Seeding beschreibt die gezielte Platzierung dieser Inhalte in Communitys, Medien oder bei Influencern, um Reichweite zu erzielen. Das Ziel ist die organische Verbreitung von Botschaften, die Generierung von positiven Assoziationen für das Unternehmen bzw. die Marke und SEO-Backlinks. Typische Formate sind Unternehmensblogs, Gastbeiträge, Podcasts oder Corporate Social Responsibility (CSR)-Stories.
- Bewertungen und Rezensionen auf Plattformen wie Google, Amazon, Trustpilot oder in App Stores sind ein zentraler Teil von Earned Media. **Review Management** hat das Ziel, auf indirekte Weise positiven Einfluss auf relevante Bewertungen und Rezensionen zu nehmen. Typische Aktivitäten sind das systematische Monitoring von Bewertungen, aktives Community-Management (Antworten, Danksagungen, Beschwerdelösungen) oder die Aktivierung zufriedener Kunden für Bewertungen.

In einer Zeit, in der Verbraucher Werbung ausblenden oder dieser misstrauen, ist Earned Media die authentischste Form der Kommunikation. Empfehlungen und Erwähnungen durch neutrale Dritte wirken i. d. R. glaubwürdiger als Werbeanzeigen. Daneben bieten Digital PR und Earned Media folgende **Potenziale:**
- gutes Kosten-Nutzen-Verhältnis, da keine Mediakosten anfallen und organische Reichweite oft langfristiger wirksam ist
- Backlinks und Erwähnungen steigern die Sichtbarkeit (SEO-Effekt).
- Wenn es gelingt, virale Inhalte zu generieren, verbreiten sich diese plattformübergreifend (organisches Reichweitenpotenzial).
- Krisenprävention durch Früherkennung, z. B. über Social Listening

Herausfordernd ist die mangelnde Steuerbarkeit von Earned Media. So können Drittinhalte u. U. negativ ausfallen. Auch die Konsistenz der Botschaften, die sich verbreiten, ist schwer zu kontrollieren. Eine Gegenreaktion, z. B. auf einen Shitstorm oder unwahre Informationen, muss in kurzer Zeit erfolgen.

Digital PR und Earned Media ergänzen Paid und Owned Media, indem sie Vertrauen, Reputation und organische Sichtbarkeit schaffen – Aspekte, die im überfüllten Werbeumfeld immer wichtiger werden. Earned Media lässt sich allerdings nicht kaufen, sondern muss durch Taten, unterstützt durch Digital PR, verdient werden.

5.3.3.4 Digitale Marketingkampagnen

Das Management von Kampagnen ist eine Kernaufgabe von Marketingorganisationen. Klassische Marketingkampagnen (TV, Radio, Print, Außenwerbung) und digitale Kampagnen (Social Media, Search, E-Mail, Display) verfolgen dieselben **Grundziele** – die Steigerung von Aufmerksamkeit, Interesse, Handlung und Loyalität (AIDA + A).

Tabelle 5.14 verdeutlicht die Unterschiede zwischen klassischen und digitalen Marketingkampagnen („Marketing 5.0"):[1626]

Tabelle 5.14: Klassische vs. digitale Marketingkampagnen.

Veränderung	Klassische Marketingkampagne	Digitale Marketingkampagne
Von Kampagnenlogik zu Always-on-Kommunikation	klar abgegrenzte Kampagnendauer und Phasen	Kontinuierliche Präsenz
Von Intuition zu Datenbasierung	Entscheidungen auf Basis von Erfahrung, Kreativität, Bauchgefühl	Entscheidungen auf Basis von Kunden- und Nutzerdaten
Von Push zu Pull	Botschaften in den Markt „drücken" (Outbound Marketing)	Kunden über Relevanz und Content anziehen (Inbound Marketing)
Von manuellen zu automatisierten Kampagnen	einzelne Kampagnen planen und manuell ausführen & steuern	Kampagnen KI-basiert planen, automatisiert ausführen & dynamisch optimieren

Der Unterschied liegt in den Mechanismen, der Datenbasis und der Steuerungslogik: Das klassische Marketing arbeitet **Top-down und linear,** das digitale Marketing **interaktiv, datengetrieben und iterativ.** Der Ablauf einer digitalen Marketingkampagne erfolgt in acht Schritten (vgl. Abbildung 5.50):

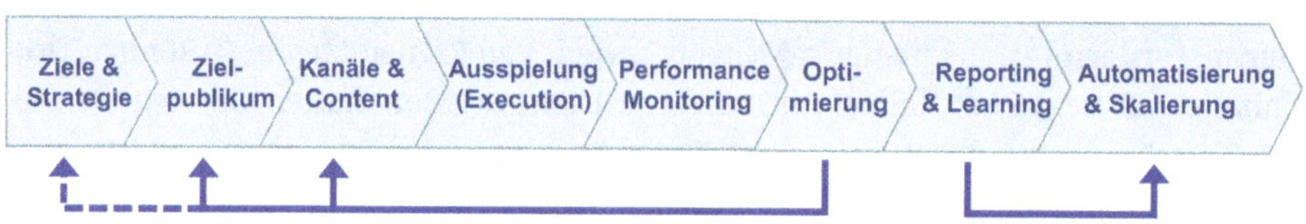

Abbildung 5.50: Schritte einer digitalen Marketingkampagne.

Der Ablauf ist **agil**, d. h., auf Basis der Kampagnen-Performance, die in Echtzeit gemessen wird, kann eine (u. U. automatisierte) Anpassung des Zielpublikums, der Kanäle, der Botschaften und ggf. der Ziele und Strategie erfolgen.

5.3.3.4.1 Kampagnenziele und -strategie

Die Kampagne startet mit der Festlegung übergeordneter **Kampagnenziele**. Diese sind von den Zielen des zu vermarktenden Produkts abzuleiten. Sie sind als Startrich-

1626 Vgl. Kotler u. a. (2021).

tung anzusehen. Wenn sich im Verlauf zeigt, dass ein Ziel zu ambitioniert, zu konservativ oder nicht passend zur Marktreaktion ist, kann es angepasst werden (agiler Marketingansatz). Ziele adressieren eine oder mehrere Stufen im Marketing-Funnel und sollten SMART[1627] formuliert sein, z. B.
- „Steigerung der Markenbekanntheit um 20 % innerhalb von 3 Monaten"
- „Generierung von 2000 qualifizierten Leads mit max. 15 EUR Cost-per-Lead in 2026"
- „Erhöhung der Conversion Rate im Onlineshop um 10 % im Q1/2026"

Jedes Ziel ist mit Key Performance Indicators (KPIs) zu hinterlegen.[1628] Aus den Kampagnenzielen wird die **Kampagnenstrategie** abgeleitet, die komplementär zur Produktstrategie sein muss. Die Strategie wird z. B. durch folgende Leitfragen skizziert:
- Welches Zielpublikum steht im Fokus?
- Über Kanäle soll das Zielpublikum erreicht werden?
- Welche Kernbotschaft(en) soll(en) vermittelt werden?
- Wie soll der Erfolg gemessen und gesteuert werden?

In digitalen Kampagnen wird Strategie nicht einmalig, sondern fortlaufend weiterentwickelt **(dynamische Steuerung)**. Auf Basis von Analytics-Daten kann „gegengesteuert" werden (manuell oder automatisiert), beispielsweise durch Verschiebung von Budgets zwischen Kanälen (z. B. mehr in Social Ads, weniger in Display Ads), durch Anpassung des Zielpublikums oder durch neue Inhalte („Dynamic Creative Optimization").

Der **Produktmanager** sollte bei der Definition der Kampagnenziele federführend beteiligt sein, ebenso bei etwaigen Zielanpassungen im Laufe des Kampagnenzeitraums.

5.3.3.4.2 Zielpublikum

In der Strategie des zu bewerbenden Produkts wird als Teil der Produktstrategie die Zielgruppe festgelegt, also die Antwort auf die Frage: „Für wen ist das Produkt gedacht?" Des **Zielpublikum** der Kampagne beantwortet die Frage, wer durch die spezifische Kampagne erreicht und aktiviert werden soll. Die Beschreibung des Zielpublikums erfolgt durch klassische Segmentierungs- und Targeting-Kriterien, z. B.:
- demografisch, z. B. Alter, Geschlecht, Einkommen, Beruf
- psychografisch, z. B. Interessen, Lebensstil
- verhaltensbezogen, z. B. Klickverhalten, Kaufhistorie, Kunde vs. Nichtkunde
- kontextuell, z. B. Standort, Endgerät, Uhrzeit

1627 SMART = Specific, Measurable, Achievable, Relevant, Time-bound.
1628 Vgl. Ryan (2021).

Das Zielpublikum der Kampagne ist eine operative Ableitung aus der strategischen **Produktzielgruppe**. Man könnte sagen: Produktmanagement definiert, „für wen" ein Produkt gedacht ist, die Marketingkampagne operationalisiert auf dieser Basis, „wie" diese Zielgruppe effektiv erreicht werden kann (um die Kampagnenziele zu erreichen). Insofern sind beide Mengen nicht identisch. Häufig ist das Zielpublikum eine Teilmenge der Zielgruppe. Denkbar ist auch, dass das Kampagnenzielpublikum die Beeinflusser einer Zielgruppe adressiert, z. B. Fachärzte für ein Pharmaprodukt.

Digitale Kampagnen liefern Echtzeitdaten, die zeigen, welches Publikum tatsächlich erreicht wird und wie dieses reagiert (Performance-Daten). Durch KI und Programmatic Advertising kann das Kampagnen-**Zielpublikum dynamisch angepasst werden**. Predictive Modelling kann beispielsweise konversionsstarke Segmente prognostizieren. Alternativ können „Lookalike Audiences" auf Plattformen wie Meta oder LinkedIn als Zielpublikum getestet und verwendet werden.

Aus der „Rückkopplung" der Kampagnen-Performance kann der **Produktmanager** „strategisch lernen" und ggf. die Produktzielgruppe verändern.

5.3.3.4.3 Kanalauswahl und Content-Erstellung

Auf Basis der Kampagnenziele und des anvisierten Publikums sind konkrete Kommunikationsmaßnahmen zu planen, z. B. anhand folgender Leitfragen:

- Welche **Kanäle** und Medienarten (Owned, Paid, Earned Media) werden genutzt?
- Welche **Inhalte** und **Formate** sprechen das Zielpublikum am besten an?
- Wie werden Content und Kanäle **aufeinander abgestimmt** und wie wird der Content **automatisiert** ausgespielt?

Die Auswahl der Kanäle hängt vom Kampagnenziel, dem verfügbaren Budget und dem Zielpublikum ab. Kampagnenziele können an den Phasen der Customer Journey festgemacht werden. Für die Bearbeitung der Phasen eignen sich wiederum spezifische Kommunikationskanäle (vgl. Tabelle 5.15).

Tabelle 5.15: Typische Kommunikationskanäle nach Phase im Kaufprozess.

Phase in der Customer-Journey	Zielrichtung	Typische Kanäle
Awareness	Aufmerksamkeit erzeugen	Display Ads, Social Media, Video, Influencer
Interest	Interesse wecken	Blogartikel, E-Mail, Retargeting, SEO
Desire	Wunsch verstärken	Case Studies, Testimonials, Landingpages
Action	Conversion auslösen	SEA, Remarketing, Onlineshop, Promotions
Advocacy	Bindung & Empfehlung	Community-Management, Newsletter, Loyalty-Programme

Bei der Kanalauswahl ist eine Kombination der **drei Medienarten** Owned, Paid und Earned Media empfehlenswert, da sich diese ergänzen können: Owned Media dienen dem Markenaufbau und der Kundenbindung. Über die Reichweite von Paid Media können Traffic erzeugt und Leads generiert werden. Earned Media verschafft dem Produkt Glaubwürdigkeit und schafft durch Dritte ggf. zusätzliche Reichweite.

Content ist das Bindeglied zwischen dem Produkt und den Kunden. Er vermittelt, warum das Produkt relevant ist und Nutzen schafft oder Probleme löst. Digitales Marketing arbeitet nicht mit einer einzigen Botschaft, sondern mit mehreren personalisierten Mikro-Botschaften, die an Zielpublikum, Kanäle und Kontexte angepasst sind. Beispiele sind Blogartikel zur Wissensvermittlung, Produktvideos zur Erzeugung von Emotionen, Infografiken zur schnellen Erklärung oder User-Generated Content (z. B. Bewertungen, Storys), um Glaubwürdigkeit zu erreichen.

Kundendaten liefern wichtigen „Input“ bei der Content-Erstellung. Beispielsweise können über Web-Analytics häufig geklickte Inhalte ermittelt werden. Social Listening filtern Themen heraus, die ein Zielpublikum beschäftigen. SEO-Daten zeigen viel verwendete Suchbegriffe.

Die GenKI hat das Potenzial, relevanten Content schnell und kostengünstig zu erstellen. Beispielsweise können GenKI-Tools:[1629]
- Kampagnentexte, Headlines oder Social-Posts schreiben (z.B. ChatGPT oder Gemini).
- Bilder oder Videos generieren (z.B. DALL·E oder Midjourney).
- Content automatisch passend zur Zielgruppe, zum Kanal oder zur Region variieren.
- Varianten für A/B-Tests vorschlagen sowie diese durchführen und auswerten.

In jedem Fall müssen KI-Vorschläge für Content hinsichtlich Botschaft und Tonalität durch Menschen überprüft und kuratiert werden (Human-in-the-Loop).

Nach der Erstellung folgt die **Distribution** der Inhalte, oft automatisiert über Content-Management- oder Marketing-Automation-Systeme. Diese Tools ermöglichen die ...
- Planung von Posts und E-Mails (Redaktionskalender),
- automatisierte Veröffentlichung nach Triggern oder Uhrzeiten,
- Omnichannel-Koordination, z. B. die gleichzeitige Veröffentlichung auf Websiten, Social Media und Mobile-Apps,
- Performance-Tracking pro Kanal und Post.

5.3.3.4.4 Ausführung der Kampagne (Ausspielung)

Die Ausspielungsphase überführt die geplanten Inhalte in den Markt: Anzeigen, E-Mails, Social Posts, Videos und andere Inhalte werden über die gewählten Kanäle ver-

1629 „Generative AI isn’t just about efficiency, it’s about creating content that outperforms“, HubSpot (2024), S. 36.

öffentlicht bzw. verteilt. Diese Phase stellt den operativen Kern der Kampagne dar und ist eng mit Performance- und Automatisierungsmechanismen verknüpft.

Um zu gewährleisten, dass die Kampagne technisch sauber abläuft und „gemessen" werden kann, sind einige **technische Voraussetzungen** erforderlich:
- Messungsmethoden für die gewählten KPIs
- Import und Integration von Kundendaten, z. B. aus CRM-System
- Prüfung der Anzeigen auf korrekte Darstellung
- Festlegung von Kostenlimits und „Gebotsstrategien"
- Kampagnenkalender, z. B. saisonale oder tageszeitabhängige Steuerung

Die Ausspielung der verschiedene Medientypen erfolgt unterschiedlich, wobei eine komplementäre Integration im Rahmen der Kampagne sicherzustellen ist:
- **Owned Media** wird über eigene Content-Management-Systeme oder Marketing-Automation-Plattformen veröffentlicht.
- Die Ausspielung von **Paid Media** erfolgt algorithmisch, oft im Real-Time-Bidding-Verfahren über sog. Demand Side Platforms.[1630]
- **Earned Media** Traffic durch Dritte wird meist durch Paid- oder Owned-Media-Aktivitäten angestoßen und soll zur organischen Verbreitung der Werbebotschaften beitragen.

Moderne Kampagnen werden nicht manuell, sondern **automatisiert und in Echtzeit** durch spezialisierte Tools gesteuert. Bid- und Budgetsteuerung nutzen beispielsweise Machine Learning Modelle, um Gebote, Zielgruppen und Platzierungen dynamisch optimiert auszusteuern. Dynamic Creative Optimization passt Anzeigeninhalte automatisch an Zielgruppen, Geräte oder Kontexte an.

Unter anderem folgende Faktoren sind zu berücksichtigen, um den **Kampagnenerfolg abzusichern:**
- Kampagnen sind ggf. über mehrere Kanäle hinweg zu synchronisieren.
- Anzeigen müssen regelmäßig aktualisiert werden, um das Engagement des Zielpublikums aufrechtzuerhalten.
- Bei der Ausspielung müssen unterschiedliche technische Systeme zusammenspielen.
- Aus rechtlicher Sicht muss der Datenschutz beachtet werden, z. B. DSGVO-konformes Tracking.
- Außerdem ist sicherzustellen, dass Anzeigen nicht in ungeeigneten Kontexten erscheinen.

1630 Demand Side Platforms sind Softwareapplikationen, über die Werbetreibende automatisiert digitale Anzeigenplätze einkaufen und steuern.

5.3.3.4.5 Performance Monitoring

Durch das Performance-Monitoring wird sichtbar, ob die Kampagnenstrategie funktioniert. Aufgabe ist es,
- die Wirksamkeit der Kampagne kontinuierlich zu messen,
- Abweichungen früh zu erkennen und
- die Leistung zu optimieren (ggf. in Echtzeit und automatisiert).

Bei klassischen Kampagnen erfolgt die Erfolgsmessung durch einen Abschlussbericht. In digitalen Kampagnen findet ein permanenter **„Messen, Lernen, Anpassen“**-Zyklus statt. Gemessen werden die vorher definierten **KPIs**. Die wichtigsten KPIs hängen von den Kampagnenzielen ab und lassen sich entlang der Customer Journey einordnen (vgl. Tabelle 5.16).[1631]

Tabelle 5.16: Typische KPIs von digitalen Marketingkampagnen.

Phase in der Customer-Journey	Typische KPIs
Awareness	Anzahl der Ausspielungen (Impressions), Reichweite, tatsächlich sichtbare Anzeigen (Viewability), 1000-Kontakt-Kosten (CPM)
Interest	Click-Through-Rate (CTR), Time on Page, Bounce Rate, Social Shares
Desire	Conversion Rate, Cost per Conversion (z. B. CPC oder CPA), Return on Ad Spend (ROAS)
Action	Customer Lifetime Value (CLV), Wiederkaufrate, Newsletter-Öffnungsrate
Advocacy	Net Promoter Score (NPS), Anzahl/Qualität der Kundenbewertungen (Reviews), Referral Rate

Zur Messung und Auswertung werden spezialisierte Tools eingesetzt – von Kampagnenplattformen bis hin zu Business-Intelligence-Systemen, die in folgende sechs Kategorien eingeteilt werden können:
- **Web & App Analytics** analysiert das Verhalten auf Webseiten oder Apps.
- **Ad-Management & Tracking** überwacht die Anzeigenleistung.
- **Tag-Management-Systeme** ermöglichen ein einheitliches Tracking auf allen Plattformen.
- **Dashboards** visualisieren und aggregieren KPIs.
- **Attribution & Multi-Touch-Tracking** misst den Erfolg über mehrere Kanäle hinweg.
- **Heatmaps & UX-Analytics** analysieren bzw. visualisieren das Nutzerverhalten.

1631 Vgl. Chaffey u. a. (2024), S. 382–383.

In modernen digitalen Kampagnen erfolgt das Monitoring **in Echtzeit**, nicht retrospektiv. Dabei greifen Plattformen und KI-Systeme direkt in die Kampagnensteuerung ein, z. B. in folgender Weise:

- ML-gestützte Tools analysieren eine Vielzahl von Datenpunkten (z. B. Endgerät, Uhrzeit, Standort, Nutzerhistorie) und passen Gebote für Anzeigen automatisch an, um Conversions zu maximieren **(Smart Bidding)**.
- Werbebudgets werden automatisch von leistungsschwachen auf performante Kanäle verschoben **(Dynamic Budget Allocation)**.
- **Predictive Analytics** prognostiziert, welche Segmente in den nächsten Tagen besonders gut performen werden und ermitteln damit die „Next Best Audience".
- Systeme wie Google Analytics oder Adobe Sensei erkennen ungewöhnliche Traffic-Spitzen oder Performanceeinbrüche **(Anomalieerkennung)**.

Monitoring ist damit nicht nur Kontrolle, sondern **Input für Anpassungen:** Messergebnisse fließen direkt in die laufende Kampagnenoptimierung ein. So wird Marketing zu einem **lernenden System**, das sich selbst verbessert.

Für **Produktmanager** bietet das Performance-Monitoring eine wertvolle Rückkopplung am Markt, z. B. mit Indizien zu folgenden Fragen:

- Wie gut funktioniert die Value Proposition des Produkts?
- Welche Zielgruppen reagieren tatsächlich auf die Produktbotschaften?
- Welche Features oder Nutzenargumente erzeugen das größte Interesse oder Engagement?[1632]

Es gilt, die gewonnenen Performance-Daten für die Produktoptimierung und andere strategische Entscheidungen des Produktmanagers zu verwenden.

5.3.3.4.6 Optimierung

In der Optimierungsphase werden die Erkenntnisse aus dem Performance-Monitoring genutzt, um Leistungsschwächen zu beheben und Stärken gezielt auszubauen. Optimierungen können dabei auf mehreren Ebenen stattfinden (vgl. Tabelle 5.17):

Folgende Methoden zur Optimierung können eingesetzt werden:[1633]

- **A/B-Testing und multivariate Tests** stellen evidenzbasiertes Lernen statt Bauchgefühl sicher. Beispielsweise können Varianten von Anzeigen, Landingpages oder E-Mails gegeneinander getestet werden.
- **Conversion Rate Optimization (CRO)** analysiert die Customer Journey, um Hindernisse im Conversion-Prozess zu identifizieren. Daraus können Maßnahmen

1632 Vgl. Kotler u. a. (2021), 147–148.

1633 Die Optimierungsmethoden entsprechen zum Teil denen, die zur Anpassung während der Kampagnenlaufzeit verwendet werden, vgl. Kap. 5.3.3.4.4 (Kampagnenausführung) und Kap. 5.3.3.4.5 (Performance Monitoring).

Tabelle 5.17: Ziel der Optimierung und typische Maßnahmen nach Lernebenen.

Lernebene	Ziel der Optimierung	Typische Maßnahmen
Kreativ/ inhaltlich	Relevanz und Resonanz erhöhen	A/B-Tests für Headlines, Visuals oder Call-to-Actions
Kanalbezogen	Budgeteffizienz steigern	Budget-Shifts zwischen Kanälen, Ausschluss unperformanter Kanäle
Zielgruppen-bezogen	Conversion Rate optimieren	Anpassung von Zielpublikum oder Lookalike Audiences
Technisch/ prozessual	Geschwindigkeit und Automatisierungsgrad erhöhen	KI-Bidding, Workflow-Automation, Trigger-basierte Kommunikation
Strategisch	Wettbewerbsfähigkeit von Produkt und Strategie verbessern	Produktmodifikation, Zielgruppe oder Nutzenargumentation anpassen

wie z. B. vereinfachte Formulare, klarere Call-to-Actions oder schnellere Ladezeiten resultieren.

- **Automatisierte Optimierung durch KI**, z. B. durch Gebotsoptimierung, Dynamic Creative Optimization, Predictive Targeting oder Budget-Realocation
- Durch **Attribution & Customer Journey Analytics** wird festgestellt, welche Kanäle und welche Kontaktpunkte am meisten zur Conversion beitragen.
- **Content-Optimierung** hat das Ziel, relevantere Inhalte für die Kommunikation zu ermitteln. Dies kann z. B. durch Social Listening, SEO-Daten und Engagement-Analysen erfolgen. GenKI kann Varianten vorschlagen, Tonalitäten anpassen oder neue Ideen vorschlagen.

Im modernen digitalen Marketing gilt das Prinzip des **Closed-Loop Learnings**, d. h., alle Erkenntnisse aus Kampagnen fließen zurück in die Planung. Die Lernergebnisse und Marktresonanz sollten auch **Produktmanager** nutzen, um zu erkennen bzw. zu validieren, ...[1634]

- welche Features und Nutzenversprechen am besten konvertieren,
- welche Preise, Positionierung oder Kommunikation effektiv sind,
- welche Themen für die Produkt-Roadmap und Innovationsprojekte relevant sein können.

So kann jeder Klick, jede Conversion, jedes Feedback ein Datenpunkt auf dem Weg zu besseren Produkt- und Marketingentscheidungen sein.

1634 Vgl. Kotler u. a. (2021). 147–148.

5.3.3.4.7 Reporting und Learning

Ziel dieser Phase ist, **aus Daten Wissen zu schaffen** (vgl. Wissenspyramide, Kap. 4.1.8). Im Fokus steht nicht mehr die aktuelle Kampagne. Stattdessen sollen Erkenntnisse systematisch dokumentiert, bewertet und auf künftige Kampagnen und Produktentscheidungen übertragen werden.

Das **Reporting** fasst die Kampagnenergebnisse strukturiert, transparent und zielgruppenorientiert zusammen. Es dient als Kommunikationsinstrument zwischen Marketing, Produktmanagement, Vertrieb und Management. Typische Bestandteile eines Kampagnen-Reports sind Ziele & Hypothesen, KPIs & Performance-Daten, Kanalergebnisse, Zielgruppen-Insights, Content-Performance, Return on Investment (ROI) und Abweichungsanalysen. Dies kann in Form von Dashboards, automatisierten Reports oder Executive Summaries erfolgen. Reports sollten visualisiert und interaktiv sein („Data Storytelling").

Es sollten nicht nur Zahlen betrachtet, sondern auch **Ursachen, Muster und Erkenntnisse** abgeleitet werden. Dies kann z. B. über folgende Leitfragen erfolgen:
- Welche Kanäle und Botschaften funktionierten am besten für welche Zielgruppe?
- Welche Faktoren haben Conversions oder Engagement besonders beeinflusst?
- Was lässt sich auf zukünftige Kampagnen übertragen?

Als **Lerntechniken** können strukturierte Post-Campaign-Reviews, Cross-Campaign-Benchmarkings oder Team-Retrospektiven durchgeführt werden. Um Lernergebnisse zu institutionalisieren, bedarf es der **Wissenssicherung**. Beispielsweise können Campaign-Playbooks, die Best Practice dokumentieren, verfasst werden.

Auch **Produktmanager** können als Wissensträger die gewonnene Insights über Zielgruppen oder die Resonanz auf Produkt-Features für zukünftige produktpolitische Entscheidungen nutzen:
- Sie erhalten valide Marktdaten zur Wirksamkeit von Botschaften und Positionierungen.
- Kampagnenergebnisse zeigen, welche Produktargumente oder Features am Markt überzeugen.
- Sie erkennen u. U. unerschlossene Segmente oder neue Use-Cases für zukünftige Produkte.

Kampagnenergebnisse können somit Lernquellen für Produktstrategien und Innovationen darstellen.

5.3.3.4.8 Institutionalisierung und Skalierung

Im letzten Schritt soll erreicht werden, dass aus den gewonnenen Erkenntnissen dauerhafte Wettbewerbsvorteile entstehen. Hierzu müssen ...
- Erkenntnisse in Tools, Prozessen und Teams **institutionalisiert** werden,

– erfolgreiche Kampagnen und Best Practices **skaliert**, d. h., auf weitere Märkte, Zielgruppen und Produkte übertragen werden.

Wissen muss so organisiert werden, dass es wiederverwendbar ist. Daten, Lernergebnisse aus Kampagnen und optimierte Prozesse müssen über Abteilungsgrenzen hinweg nutzbar sein. Methoden hierfür sind z. B. Campaign Playbooks (dokumentieren erfolgreiche Vorgehensweise), unternehmensspezifische Marketing-Wikis, Best-Practice Reviews, Learning Communities (über Abteilungsgrenzen) oder KI-gestützte Insight-Datenbanken.

Erfolgsfaktoren für dieses institutionelles Lernen sind u. a. Datentransparenz (jeder kann auf die gleichen gepflegten Daten zugreifen), Integration von IT-Systemen (z.B. marketingspezifische Tools, CRM und ERP) und eine Lernkultur (eine wenig erfolgreiche Kampagne wird nicht als scheitern, sondern als Chance zum Lernen aufgefasst).

5.3.3.5 Marketing Analytics

Marketing Analytics (MA) bezeichnet die systematische Erfassung, Analyse und Interpretation von Daten aus Marketingaktivitäten mit dem Ziel, Erfolg zu messen, Strategien zu optimieren und zukünftige Maßnahmen datenbasiert zu planen und zu steuern. Es verbindet **Datenanalyse** („Wie wirken unsere Maßnahmen?") mit **Marketingmanagement** („Wie können wir uns verbessern?"). Marketingentscheidungen sollen objektiv, nachvollziehbar und vorausschauend getroffen werden. Neben der Messung der Effektivität konkreter Maßnahmen soll MA auch Trends und Muster erkennen sowie zukünftige Entwicklungen prognostizieren. MA erfasst vier Datenkategorien und analysiert diese auf vier verschiedenen Ebenen (vgl. Abbildung 5.51):

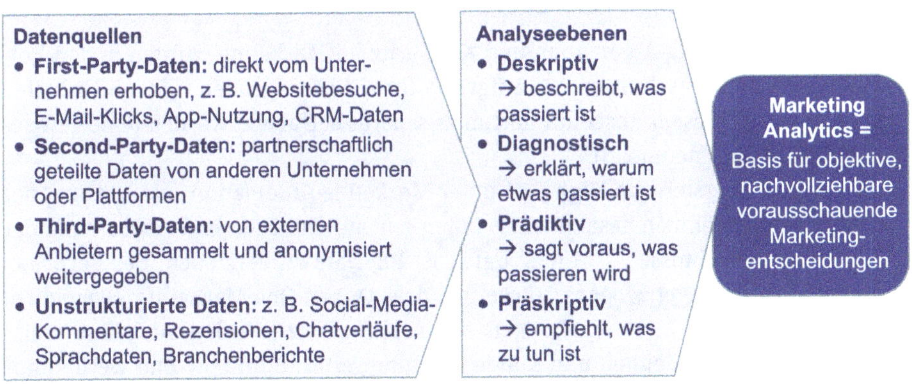

Abbildung 5.51: Datenquellen, Analyseebenen und Ziel von Marketing Analytics.

MA umfasst KI-basierte Anwendungen wie Muster- oder Anomalieerkennung (deskriptiv), Forecasting (prädiktiv) oder Empfehlungssysteme (präskriptiv). Sechs wichtige Anwendungsfälle sind in Abbildung 5.52 zusammengefasst:

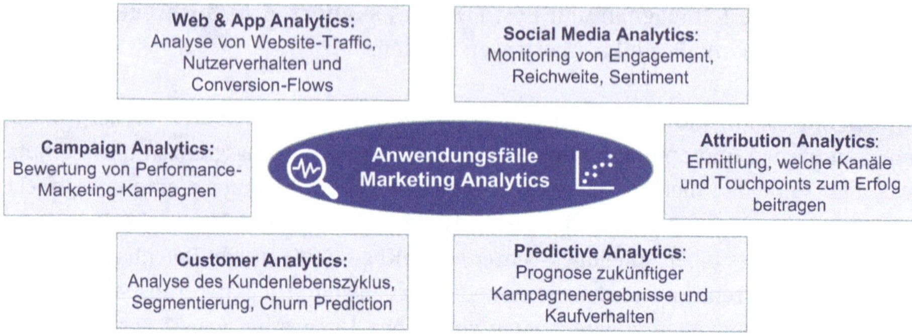

Abbildung 5.52: Typische Anwendungsfälle von Marketing Analytics.

Die Kennzahlen (KPIs) und Methoden im MA entsprechen den im Performance Monitoring digitaler Kampagnen genannten (vgl. Kap. 5.3.3.4.5 und Tabelle 5.16).

Die Herausforderungen von MA sind ähnlich derer anderer Digitalisierungsprojekte, z. B. Datensilos (fehlende Integration zwischen Marketing-, CRM- und Produktdaten), Datenqualität (fehlerhafte und unvollständige Datensätze), Datenschutz (Einschränkungen durch DSGVO und Cookie-Abschaffung), Komplexität (Vielzahl von Datenquellen und Tools) oder nicht ausreichende „Data-Literacy" im Marketingteam.

5.3.3.6 Marketing-Automation und KI im Marketing

> „72 % of marketers agree that AI and automation tools like chatbots help them personalize the experience customers get with their company."[1635]

Die Themen Marketing-Automation und KI-Einsatz im Marketing wurden in den Vorkapiteln bereits angeschnitten.[1636] Aufgrund ihrer überragenden Bedeutung sollen beide Themen in diesem Abschnitt nochmals separat betrachtet werden (eine gewisse Redundanz in Kauf nehmend).

Lammenett versteht **im High-End** unter Marketing-Automation „die Nutzung der von einem Unternehmen gesammelten Daten zur automatisierten Verbesserung der Unternehmensergebnisse".[1637] Unter Daten ist Big Data zu verstehen. Der Verbesserungshebel ist datengetriebenes Marketing, das „One-to-One-Marketing" ermöglicht und sicherstellt, dass Marketingbudgets optimal eingesetzt werden. Auf diese Weise werden Kundenzufriedenheit und Kundenbindung gestärkt. Im **Low-End** werden nur Teilaspekte des digitalen Marketings automatisiert. Beispielsweise wird die Kommuni-

---

1635 HubSpot (2024), S. 18.

1636 Vgl. Kap. 5.2.3.2.4 (Potenziale der Digitalisierung in Vertrieb & Marketing), Kap. 5.3.3.3 (digitale Marketinginstrumente) und Kap. 5.3.3.4 (digitalen Marketingkampagnen).

1637 Lammenett (2025), S. 523.

kation mit Kunden eines Onlineshops regelbasiert auf Basis von Webtracking-Daten angepasst.

Marketing-Automation bezeichnet im Allgemeinen den technologischen Einsatz von Software, um Marketingprozesse automatisch auszulösen, zu steuern und zu personalisieren. Es ermöglicht die automatische Ausspielung von mehrstufigen Kampagnen mit zielgruppenspezifischen oder vollständig individualisierten Inhalten (Werbung, Content, Servicenachrichten etc.).[1638] Typische Anwendungen sind automatisierte E-Mail-Sequenzen (z. B. bei Warenkorbabbruch), Lead Scoring und Nurturing, die Erstellung dynamischer Inhalte auf Webseiten oder die Workflow-Steuerung über CRM-Systeme. Ziel ist die Effizienzsteigerung und Skalierbarkeit durch regelbasierte automatisierte Abläufe.

Durch **KI-Einsatz** kann Marketing-Automation auf eine „neue Ebene" gehoben werden: KI kann aus Daten lernen, Kundenverhalten prognostizieren und eigenständig „intelligente" Entscheidungen treffen (oder dem Human-in-the-Loop Maßnahmen vorschlagen). Im Rahmen von Kampagnen kann KI Inhalte oder Zielpublikums adaptiv optimieren, ohne dass ein Mensch genaue Regeln vordefiniert hat.

Durch Marketing-Automation **ohne KI** („low-end") laufen Prozesse **regelbasiert**. Entscheidungen sind vordefiniert und Systeme sind nicht lernfähig („Wenn Nutzer X klickt, sende E-Mail Y"). Marketing-Automation **mit KI** führt zu selbstlernenden und vorausschauenden Systemen. Dabei wird ausgenutzt, dass KI auch schlecht strukturierte Marketingaufgaben wie ...

- „Welcher Nutzer wird das Produkt am wahrscheinlichsten kaufen?",
- „Welche Betreffzeile steigert die Öffnungsrate der E-Mail?" oder
- „Wann ist der ideale Zeitpunkt für eine Push-Nachricht?"

... bearbeiten und kontextbasierte Lösungen vorschlagen kann. Tabelle 5.18 illustriert anhand von sechs Beispielen, wie sich Marketing-Automation ohne und mit KI unterscheiden kann.[1639]

Tabelle 5.18: Automatisierung regelbasiert vs. KI-unterstützt (Beispiele).

Beispiel-anwendung	Regelbasierte Automatisierung	KI-unterstützte lernende Automatisierung
E-Mail-Marketing	Versand bei definierten Events (z. B. Newsletter-Anmeldung)	dynamische Betreffzeilen, personalisierte Versandzeitpunkte, emotionale Tonalität via NLP; E-Mail-Versand durch Predictive Timing

1638 Vgl. Lammenett (2025), 524.
1639 Vgl. Lammenett (2025), S. 529–530.

Tabelle 5.18 (fortgesetzt)

Beispiel-anwendung	Regelbasierte Automatisierung	KI-unterstützte lernende Automatisierung
Lead Nuturing	standardisierte Lead-Nurturing-Flows	Prognose, welche Leads am wahrscheinlichsten konvertieren (Lead Scoring 2.0), z. B. anhand von Verhaltensdaten, CRM-Historie und externen Signalen
Personalisierung	Zuschnitt von Kommunikation und Angeboten anhand definierter Kundensegmente	dynamisch optimierte Inhalte durch A/B-Tests; „selbstlernende" Ausspielung individualisierter Inhalte und Angebote (inkl. Cross-/Upselling)
Programatic Advertising	Regelbasiertes Bidding in Ad-Manager-Tools	selbstlernende Gebotsstrategien („Smart Bidding") mit dynamischer Conversion-Optimierung
Content Marketing	Content-Veröffentlichung nach Redaktionskalender	generative KI als „Kreativassistenz" (Content-Ideen, Textgenerierung, Bildauswahl); ggf. kontextbasierte Auswahl passender Inhalte zur Ausspielung
Kampagnen-steuerung	Budgetanpassung und Kanal-auswahl anhand definierter KPIs	KI testet Varianten und optimiert Anzeigenbudgets auf Basis von Performancedaten in Echtzeit

Tabelle 5.19 führt ausgewählte KI-Technologien und deren mögliches Einsatzgebiete im Rahmen der Marketing-Automation auf.

Tabelle 5.19: KI-Technologien in der Marketing-Automation.

KI-Technologien	Anwendungen in der Marketing Automation, Beispiele
Machine Learning	erkennt Muster in großen Datensätzen (z. B. Kaufverhalten, Klickmuster) als Grundlage z. B. für Prognosen, Personalisierung oder Marktsegmentierung
Natural Language Processing	versteht und generiert Sprache; Einsatz in Chatbots, E-Mail-Texterstellung, Sentiment-Analysen
Generative KI	erstellt Inhalte automatisch (E-Mails, Blogposts, Anzeigen, Produkttexte); beschleunigt Content-Erstellung und A/B-Testing
Predictive Analytics	sagt zukünftige Ereignisse oder Verhalten voraus, z. B. „Churn Prediction", „Next Best Offer", Verkaufsprognosen
Reinforcement Learning	Systeme lernen durch kontinuierliches Feedback („Trial and Error"), z. B. automatisierte Gebotsoptimierung in Programmatic Advertising

In der Praxis stehen Unternehmen auf sehr unterschiedlichen Stufen, was den Einsatz von KI im Marketing angeht. HupSpot definiert hierfür beispielsweise fünf **Reifegrade**: Experimenting, Adopting, Integrating, Advancing und Transforming.[1640]

Die **Potenziale** von Marketing-Automation liegen in der **Effizienzsteigerung** (Routinen werden automatisiert, Marketingmitarbeiter konzentrieren sich auf kreative und strategische Aufgaben) und **Skalierung** (Personalisierung in Echtzeit wird für Millionen von Kunden möglich). Daneben kann sich die **Qualität** von Marketingentscheidungen durch Datenfundierung verbessern (bessere Prognosen, kundenorientiertere Produkte, effektivere Kampagnen etc.).[1641]

Festzuhalten ist, dass Marketing-Automation einen verbesserten und optimierten Einsatz des Marketingbudgets ermöglicht. Es ersetzt jedoch (noch) nicht das Fachwissen oder die Kreativität von Marketingmitarbeitern.

5.3.3.7 Fazit

Digitales Marketing ist mehr als „Werbung im Internet". Es stellt einen zentralen Erfolgsfaktor im modernen Produkt- und Innovationsmanagement dar, da es die Brücke zwischen Innovation und Markterfolg bildet. Durch datengetriebene Ansätze können Produktmanager Kundenbedürfnisse präziser erfassen, differenzierte Wertangebote entwickeln und diese effektiv an die Zielkunden vermitteln.

5.3.4 Digitale Geschäftsmodelle

„Ein **Geschäftsmodell** [...] kann als die Art und Weise verstanden werden, in der ein Unternehmen seine Wertschöpfungsaktivitäten konfiguriert und durchführt, um einen möglichst hohen Kundennutzen zu stiften und zugleich ökonomisch erfolgreich zu sein und dauerhafte Wettbewerbsvorteile für sich zu generieren."[1642]

Digitale Technologien und Vernetzung ermöglichen neue Formen der Wertschöpfung, Interaktion mit Kunden und Monetarisierung. Ein **digitales Geschäftsmodell** beschreibt, wie ein Unternehmen durch den Einsatz digitaler Technologien Werte schafft, vermittelt und damit „Geld verdient".[1643] Es geht also nicht nur um den Verkauf von Produkten über das Internet, sondern um grundlegende Veränderungen in der Art und Weise, wie ein Unternehmen wirtschaftet. Das **vermittelte Produkt** kann im digitalen Geschäftsmodell digitaler oder physischer Art sein:

1640 Vgl. HubSpot (2025), S. 25.
1641 Vgl. HubSpot (2025), S. 28.
1642 Vahs u. a. (2023), S. 66; vgl. Kap. 4.3.4.3.1 (Definition Geschäftsmodell).
1643 In der Literatur findet sich keine einheitliche Definition für „digitales Geschäftsmodell".

- Spotify betreibt ein digitales Geschäftsmodell rund um ein digitales Produkt (Musik).
- Airbnb und Flixbus betreiben digitale Geschäftsmodelle – die Leistungsvermittlung erfolgt digital – unter Einbeziehung physischer Gegenstände (Wohnungen bzw. Busse) in die Leistungserbringung.

Digitale Produkte oder Inhalte können auf der anderen Seite auch durch klassische Geschäftsmodelle vermarktet werden, z. B. der Filmverkauf über Datenträger.

5.3.4.1 Merkmale digitaler Geschäftsmodelle

Digitale Geschäftsmodell zeichnen sich durch acht **Merkmale** aus, die im Folgenden kurz erörtert werden (vgl. Abbildung 5.53).[1644]

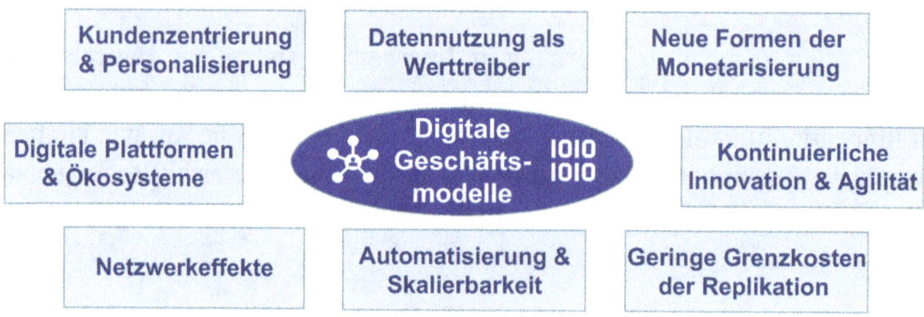

Abbildung 5.53: Typische Merkmale digitaler Geschäftsmodelle.

Bei den in Abbildung 5.53 genannten Merkmalen handelt es sich um „typische“ Merkmale, die von vielen Autoren und Praktikern im Zusammenhang mit digitalen Geschäftsmodellen assoziiert werden. Nicht jedes digitale Geschäftsmodell muss über alle Merkmale verfügen. Auch traditionelle Geschäftsmodelle können einzelne der genannten Merkmale aufweisen. Einige der Merkmale bedingen einander, z. B. geringe Grenzkosten und Skalierbarkeit oder Netzwerkeffekte und die Plattformökonomie. Zentrales Prinzip in allen Merkmalen ist die Datennutzung.

5.3.4.1.1 Hohe Kundenzentrierung und Personalisierung

Digitale Geschäftsmodelle sind häufig „radikal“ **kundenzentriert.** Sie verstehen, analysieren und bedienen individuelle Bedürfnisse auf der Basis von Nutzerverhalten und -interaktionen. Durch Datenanalyse und Feedbackschleifen wird das Angebot kontinuierlich angepasst und weiterentwickelt.

1644 Vgl. z. B. Leiponen (2024); Parker u. a. (2016); Wirths (2024).

Personalisierung geschieht über Algorithmen (oft KI-gestützt) auf Basis von Nutzerprofilen, teilweise in Echtzeit, basierend auf dem aktuellen Kontext bzw. aktuellen Transaktionsdaten. Dadurch entstehen maßgeschneiderte Produkte, Dienstleistungen und Interaktionen (z. B. Produktempfehlungen, dynamische Preise, personalisierte Werbung). Digitale Geschäftsmodelle leben von Customer Experience, z. B. durch intuitive User-Interfaces, reibungslose Prozesse und schnelle Reaktionen des Leistungsanbieters.

Beispiele:

- **Amazon** analysiert kontinuierlich das Verhalten, die Käufe und Suchanfragen seiner Nutzer, um Produktempfehlungen, Werbung und Preise individuell anzupassen. Dadurch entsteht ein maßgeschneidertes Einkaufserlebnis, das den Kundenbedarf antizipiert und die Kaufwahrscheinlichkeit maximiert.
- **Duolingo** wertet Lernfortschritte und Fehler der Lernenden in Echtzeit aus, um Schwierigkeitsgrad und Inhalte dynamisch an den jeweiligen Nutzer anzupassen. Durch Gamification-Elemente wie Belohnungen, Lernserien und Ranglisten wird das Lernen zusätzlich personalisiert und motivierend gestaltet.

5.3.4.1.2 Datennutzung als Werttreiber

Ein zentrales Merkmal digitaler Geschäftsmodelle ist die **systematische Erfassung, Analyse und Nutzung von Daten** als Grundlage der Wertschöpfung. Daten sind der strategische Produktionsfaktor digitaler Geschäftsmodelle. Sie ermöglichen es, Kundenverhalten zu verstehen, Prozesse zu optimieren, Entscheidungen zu automatisieren und neue Umsatzquellen zu erschließen.

Wie in den bisherigen Ausführungen erläutert,[1645] generieren Unternehmen kontinuierlich Daten aus Nutzerinteraktionen, Transaktionen, Sensoren oder digitalen Plattformen. „Big Data" wird mithilfe von Analytics-Systemen in **ökonomisch verwertbares Wissen** umgewandelt, etwa zur Personalisierung von Angeboten, zur Prognose von Nachfrage oder zur dynamischen Preisgestaltung. Damit wird Datennutzung in digitalen Geschäftsmodellen zum **Treiber für Effizienz** (z. B. optimierte operative Abläufe), **Differenzierung** (z. B. personalisierte Services) oder **Innovation** (z. B. neue Geschäftsmodelle). Gleichzeitig können sekundäre Wertschöpfungspotenziale durch **Datenmonetarisierung** entstehen, z. B. durch den Verkauf, die Aggregation oder Lizenzierung von Daten.

Einschränkend bestimmen Datenschutz, regulatorische Vorgaben (z. B. DSGVO) und ethische Aspekte die Grenzen datengetriebener Wertschöpfung. Digitale Geschäftsmodelle benötigen daher eine **Datenstrategie**, die die ökonomische Nutzung mit Vertrauen und Compliance in Einklang bringt.

1645 Vgl. Kap. 5.3.1.1 (Daten als Grundlage moderner Produktpolitik).

5.3.4.1.3 Digitale Plattformen, Ökosysteme und Netzwerkeffekte

Ein zentrales Merkmal vieler digitaler Geschäftsmodelle ist die Plattformorientierung, also die Fähigkeit und das Bestreben, **Wertschöpfung nicht isoliert, sondern in vernetzten Strukturen zu organisieren**. Digitale Plattformen fungieren dabei als digitale Infrastrukturen, die Interaktionen zwischen verschiedenen Akteursgruppen, z. B. Anbietern, Nachfragern, Entwicklern oder Dienstleistern, ermöglichen und koordinieren. Es entstehen mehrseitige Märkte, in denen der **Plattformbetreiber als Orchestrator** die technologischen, datenbasierten und organisatorischen Voraussetzungen bereitstellt, unter denen andere Marktteilnehmer Leistungen erbringen oder konsumieren können.[1646] Digitale Plattformen werden durch **Netzwerkeffekte** angetrieben: Je mehr Akteure eine Plattform nutzen, desto größer wird ihr Nutzen und damit ihr Marktwert. Plattformen müssen zu Beginn ihres Bestehens schnell wachsen und eine **kritische Größe** erreichen, um für die Teilnehmer attraktiv zu sein.

Plattformen und Ökosysteme bieten Raum für **Co-Creation** und **Innovation**: Plattformteilnehmer können fremde Produkte, Services oder Inhalte in die eigene Leistung integrieren, wodurch ihr Funktionsumfang und ihr Nutzenangebot steigen – ohne dass alle Leistungen selbst erbracht werden müssen. Diese Einbettung erfordert **technische Schnittstellen**, die Effizienz, Skalierbarkeit und Interoperabilität sicherstellen. So bilden Cloud Computing, API-Schnittstellen, IoT-Netzwerke oder Payment-Gateways die Grundlage vieler digitaler Geschäftsmodelle. Es entstehen modulare und flexible Strukturen, die Innovation und schnelle Anpassung erleichtern. Die **Wertschöpfung** verlagert sich vom Einzelunternehmen hin zum **Ökosystem**.

Digitale Geschäftsmodelle müssen nicht zwangsläufig eigene Plattformen betreiben: Häufig entstehen erfolgreiche Geschäftsmodelle durch die gezielte Nutzung bestehender Fremdplattformen (z. B. App Stores, Shopping-Plattformen oder soziale Netzwerke), etwa zur Vermarktung, Distribution oder Leistungsintegration. Dieser **Platform Leverage** ermöglicht es Unternehmen, ohne eigene technische Infrastruktur auf die bestehenden Netzwerkeffekte und Skalierbarkeit großer Plattformen aufzubauen. Beispielsweise nutzen viele Onlinehändler den Amazon Marketplace. Content-Creator vermarkten Ihre Inhalte z.B. auf YouTube, Instagram oder Spotify. Auf der anderen Seite entstehen dadurch strategische Abhängigkeiten, da Plattformbetreiber Zugangsregeln, Datenflüsse und Gebührenstrukturen kontrollieren. Deshalb verfolgen viele Unternehmen **hybride Strategien:** Sie starten auf Fremdplattformen, um Reichweite und eine Kundenbasis aufzubauen, und entwickeln später eigene Plattformen oder Direktkanäle mit dem Ziel, die Wertschöpfung stärker zu kontrollieren.[1647]

1646 Vgl. Parker u. a. (2016).

1647 Vgl. Jacobides u. a. (2018).

5.3.4.1.4 Geringe Grenzkosten der Replikation, Automatisierung und Skalierbarkeit

Da digitale Geschäftsmodelle häufig digitale Produkte oder digitale Services anbieten, liegen **niedrige Grenzkosten der Replikation** in der Natur der Sache: Sobald ein digitales Gut, z. B. eine Software-App, eine Musikdatei oder ein Onlineservice, einmal entwickelt wurde, verursacht jede weitere Kopie oder Nutzung nur sehr geringe Zusatzkosten. Wenn überhaupt, fallen für neue Nutzer **marginale variable Kosten** in Form von Server- und Bandbreitenkosten oder Support- und Wartungskosten an. Beispiele:

- Eine zusätzliche App-Installation verursacht keine Kosten (ggf. minimale zusätzliche Serverlast).
- Ein weiterer Nutzer eines Onlinekurses verursacht minimale zusätzliche Serverlast und geringen zusätzlichen Supportaufwand.
- Beim Musikstreaming fallen im Gegensatz zur Datenträger-Produktion weder Material noch Logistikaufwand an.

Damit können Unternehmen mit digitalen Geschäftsmodellen – sobald die Anfangsinvestitionen (insbesondere Entwicklung, Markterschließung) geleistet sind und Netzwerkeffekte greifen – global wachsen und hohe Gewinnpotenziale erschließen. Hohe Margen erlauben dabei kundenorientierte **innovative Preismodelle** (vgl. nächster Abschnitt).

Die **Skalierbarkeit** digitaler Geschäftsmodelle basiert – neben der einfachen Replizierbarkeit digitaler Güter – auch auf der Fähigkeit, Prozesse, Leistungen und Interaktionen durch technologische Mittel zu automatisieren. Die **Automatisierung** muss dabei alle Geschäftsprozesse erfassen, vom Marketing (z. B. automatisierte Kampagnen), Vertrieb (Self-Service-Portale) über die Leistungserbringung (z. B. digitale Services, KI-gestützte Chatbots) bis hin zum Support (z. B. FAQs auf Corporate Website, Predictive Maintenance).

Beispiel: Bei **Uber** sind Vermittlung, Routenberechnung, Preisbildung und Zahlungsabwicklung vollständig digital automatisiert, sodass das Unternehmen ohne nennenswerten zusätzlichen Personalaufwand Millionen Fahrten gleichzeitig koordinieren kann. Dies ermöglicht extreme Skalierbarkeit: Mit jedem neuen Fahrer oder Fahrgast wächst das System für Uber nahezu kostenneutral weiter, da der Plattformbetrieb zentral gesteuert und in der Cloud skaliert wird.

5.3.4.1.5 Neue Formen der Einnahmeerzielung (Monetarisierung)

Eine der zentralen Fragestellungen bei der Entwicklung digitaler Geschäftsmodelle ist, wie Einnahmen erzielt und Geld verdient werden können. Einnahmen können beispielsweise erzielt werden ...

- durch Kundenzahlung, z. B. für ein Produkt oder ein Service-Abo,
- durch Zahlung unmittelbar beteiligter Dritter, z. B. die Kommissionszahlung eines Verkäufers an den Plattformbetreiber für ein dort vermitteltes Geschäft mit einem Käufer,

– durch Zahlung mittelbar beteiligter Dritter, z. B. die Zahlung eines Werbetreibenden für einen Werbebanner, den ein Webseitenbesucher klickt.

Tabelle 5.20 zeigt typische Monetarisierungsmodelle digitaler Geschäftsmodelle:[1648]

Tabelle 5.20: Typische Monetarisierungsmodelle in digitalen Geschäftsmodellen.

Monetarisierungsmodell	Erklärung/Beispiele
X-as-a-Service-Modell	Produkte, Infrastrukturen oder Dienstleistungen werden nicht verkauft, sondern als digitaler Service über das Internet bereitgestellt (i. d. R. gegen wiederkehrende Zahlungen).
Abo- / Subscription-Modell	Kunden zahlen regelmäßig (z. B. monatlich oder jährlich), um dauerhaften Zugang zu einem Produkt oder Service zu bekommen. „Subscription" umfasst zusätzlich nutzungsbasierte, modulare und flexiblere Elemente
Freemium	Das Basisprodukt oder der Basisdienst ist kostenlos (um Kunden zu gewinnen), Premium-Funktionen oder die Nutzung nach einer Probierphase sind zahlungspflichtig.
Nutzungsbasierte Gebühren	Gebühren basierend auf dem tatsächlichen Verbrauch, z. B. für Gesprächsminuten, belegten Speicherplatz, Datentransfervolumen. Dies empfinden Nutzer i. d. R. als transparent und fair.
Kommissionen/ Transaktionsgebühren	Transaktionsgebühren werden als Preis für die technische Abwicklung von Transaktionen (z. B. Zahlungsabwicklung) abgerechnet, Kommissionen als „Honorar" für die erfolgreiche Vermittlung von Geschäften (z. B. auf einem Marktplatz).
Plattformgebühren	Abgaben oder Provisionen, die eine digitale Plattform von ihren Nutzern oder Partnern verlangt, um Teil des Ökosystems zu sein oder dort Transaktionen abzuwickeln, z. B. in App-Stores oder auf Social-Media-Plattformen (für gewerbliche Nutzer)
Werbung	Verkauf von Werbeflächen – ein Werbetreibender bezahlt einen Medianbesitzer für generierten „Traffic", z. B. auf Medienportalen oder in Apps; Abrechnung häufig als Pay-Per-Click
Affiliate-Modelle	Provisionen (Kickbacks) für die Vermittlung von Kunden an Dritte, falls diese etwas kaufen oder eine Aktion ausführen, z. B. Anmeldung, Bestellung, Kauf

1648 Vgl. Gassmann u. a. (2021); Remané u. a. (2022); Gassmann u. a. führen insgesamt 60 „Geschäftsmodellmuster" auf (wobei nicht alle typisch für digitale Geschäftsmodelle sind); Remané u. a. identifizieren 49 „novel business model types", basierend auf der Analyse von 1.000 Venture-finanzierten Technologie-Start-ups.

Tabelle 5.20 (fortgesetzt)

Monetarisierungsmodell	Erklärung/Beispiele
Datenmonetarisierung	direkt: Verkauf oder Lizenzierung von Daten oder „Insights" (z. B. aggregierte Nutzerstatistiken) an Dritte; indirekt: Nutzung von Daten zur Verbesserung oder Personalisierung des eigenen Angebots, um Umsätze zu steigern
Add-on-Pricing	Kunden zahlen für zusätzliche Funktionen oder Services. Das Basisprodukt ist i. d. R. günstig, die Add-ons im Verhältnis teuer.
Cross-Selling / Upselling	den Kunden werden nach dem Kauf eines Produkts ergänzende, thematisch passende Produkte/ Dienste oder eine teurere/ leistungsstärkere Variante des Produkts angeboten.
Micropayments	Umsatz durch kleine, häufig wiederkehrende Zahlungen (oft nur wenige Cent), die Nutzer für den Zugriff auf einzelne Inhalte, Funktionen oder digitale Güter leisten, z. B. in Games

In der Praxis kombinieren digitale Geschäftsmodelle häufig mehrere der in Tabelle 5.20 genannten Muster, z. B. Freemium + Werbung + Datenmonetarisierung oder Abos + Add-on-Pricing. Remané u. a. zeigen, dass in digitalen Geschäftsmodellen besonders zwei Mechanismen häufig auftreten: Subscription-Modelle und kundenspezifische Preisbildung, basierend auf Nutzungs- und Profildaten.[1649]

5.3.4.1.6 Kontinuierliche Innovation und Agilität

Anders als traditionelle Märkte, die auf stabilen Technologien und langen Produktlebenszyklen basieren, erfordern viele Märkte heutzutage eine kontinuierliche Anpassung an technologische Entwicklungen, Kundenverhalten und Wettbewerbsbedingungen. **Innovation** darf in einem solchen Umfeld kein einmaliges Projekt, sondern muss ein **kontinuierlicher Prozess** sein, der in der DNA des Unternehmens verankert ist.

Die technologischen Enabler digitaler Geschäftsmodelle, z. B. Cloud Computing, Datenanalytik oder künstliche Intelligenz, entwickeln sich in kurzen Zyklen weiter. Dies ermöglicht bzw. erfordert die permanente Anpassung der eigenen Produkte, Prozesse und Dienstleistungen. Die Fähigkeit zur **agilen Anpassung** ist entscheidend, um in dynamischen Märkten relevant zu bleiben und Wachstumschancen nutzen zu können.

Typische Praktiken digitaler Geschäftsmodelle sind wöchentliche Software-Updates, datengetriebene Produktanpassungen oder experimentelle Markteinführungen. Dabei werden Methoden wie Scrum, Design Thinking oder Lean Startup genutzt, um Kundenbedürfnisse frühzeitig zu validieren und Risiken zu minimieren (vgl. Kap. 4.1.3 und 4.1.4). So wird Innovation zu einem kontinuierlichen Bestandteil der Wertschöpfung.

1649 Vgl. Remané u. a. (2022).

5.3.4.2 Potenziale digitaler Geschäftsmodelle

Digitale Technologien, die als Enabler effektiv und kundenorientiert in geeigneten digitalen Geschäftsmodellen integriert sind, können Unternehmen **Wettbewerbsvorteile** verschiedener Art ermöglichen (vgl. Abbildung 5.54):[1650]

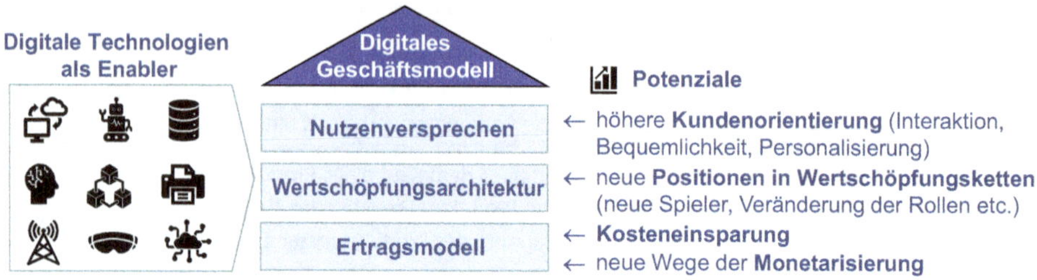

Abbildung 5.54: Potenziale digitaler Geschäftsmodelle.

Digitale Geschäftsmodelle zeichnen sich häufig durch **höhere Kundenorientierung aus**, z. B. mehr Kundeninteraktion, Bequemlichkeit und Personalisierung. Beispiele:
- KI-basierte Chatbots und Voice-Assistants im Verkaufs- und Kundenservice
- KI-generierte personalisierte Produktempfehlungen
- Mobile Apps, um Kunden überall und jederzeit zu erreichen („always on")
- AR-/VR-Technologien schaffen bessere Produkterlebnisse in der Kauf- und Nutzungsphase.

Digitale Technologien ermöglichen die **Veränderung von Wertschöpfungsketten**, sodass neue Spieler entstehen und bisherige Spieler andere Rollen einnehmen (oder verschwinden):
- digitale Marktplätze als effektive Vermittler zwischen Käufern und Verkäufern oder als Basis für Sharing-Modelle
- Direct-to-Customer-Modelle über Corporate-Onlineshops, Mobile Apps oder Social-Commerce
- Blockchain-Technologie als Enabler dezentraler Trankaktionsmodelle ohne Intermediäre

Durch Automatisierung und flexible Skalierung ermöglichen digitale Geschäftsmodelle **Kosteneinsparungen**, z. B.:
- Cloud Computing bietet eine skalierbare digitale Infrastruktur mit hoher Verfügbarkeit.
- KI und Big Data ermöglichen die Automatisierung von Geschäftsprozessen.
- GenKI kann automatisiert personalisierten Werbe-Content erstellen.

1650 Vgl. z. B. Leiponen (2024); Chaffey u. a. (2024); Wirtz (2024).

- Sensorik/IoT/Robotik ermöglichen Automatisierungen in Produktion und Logistik.
- Digitale Vernetzung von Unternehmen ermöglicht neue Wege der Kooperation, z. B. gemeinsame Entwicklung oder einfachen Zugriff auf externe Produktionskapazitäten.
- Digitale Workflows und Vernetzung von Unternehmen ermöglichen die Integration von Geschäftsprozessen, z. B. Vendor-Managed Inventory oder Just-in-time Delivery.

Digitale Geschäftsmodelle, insbesondere rund um digitale Produkte oder Dienstleistungen, nutzen **neue Wege der Monetarisierung:**
- Web-Front-Ends oder Mobile-Apps ermöglichen Subscription- oder „As-as-Service"-Modelle für wiederkehrende Erlöse und dauerhafte Kundenbeziehungen.
- Freemium-Modelle als effektive Art der Kundenakquisition (bei späterer Monetarisierung)
- kundenorientierte Pay-Per-Use- oder Flatrate-Modelle
- Werbe- und Affiliate-Modelle als zusätzliche Erlösquelle
- Sensorik/IoT als Enabler neuer Dienstleistungserlöse, z. B. Remote Maintenance
- Monetarisierung von Daten

Neue digitale Technologien wie KI, Mobile Apps, AR/VR-Technologie, Marktplätze, Sensorik/IoT oder Blockchain bieten Unternehmen also Innovations- und Verbesserungspotenziale in allen drei Säulen des Geschäftsmodells und stellen wichtige Enabler für Geschäftsmodellinnovationen dar.

5.3.4.3 Fazit für Produktmanager

In der Praxis lässt sich **keine klare Grenze zwischen klassischen und digitalen Geschäftsmodellen** ziehen. Alle modernen Unternehmen nutzen heute in unterschiedlichem Ausmaß digitale Technologien, Daten oder Plattformen, um Wert zu schaffen oder zu vermitteln. Geschäftsmodelle, die ursprünglich analog oder produktzentriert waren, integrieren zunehmend digitale Komponenten – sei es zur Prozessautomatisierung, zur Optimierung der Kundenschnittstelle oder als datenbasierte Serviceerweiterung. In der Praxis liegt also ein **Spektrum hybrider Geschäftsmodelle** vor: Am einen Ende stehen klassische, weitgehend analoge Modelle (z. B. der traditionelle Einzelhandel oder Handwerk), am anderen Ende rein digitale Geschäftsmodelle (z. B. Software-as-a-Service oder Streamingdienste). Zwischen diesen Extremen finden sich **zahlreiche Zwischenstufen**, in denen Unternehmen digitale Technologien als Enabler nutzen – etwa zur Integration digitaler Services, zur datenbasierten Entscheidungsfindung oder zur Erweiterung physischer Produkte um digitale Funktionen („Smart Products").

Digitale Technologien ermöglichen Effizienzsteigerungen, Kundenzentrierung und neue Formen der Wertschöpfung – auch dann, wenn sich das Geschäft im Kern um rein physische Produkte dreht, z. B. Lebensmittel, Kleidung oder Möbel. In diesem Sinne bieten digitale Technologien eine **Infrastruktur** für moderne Geschäftsmodelle.

Insofern sollten die Merkmale, Herausforderungen und Erfolgsfaktoren digitaler Geschäftsmodelle in die strategischen Überlegungen von **Produktmanagern** einfließen – auch wenn ein klassisches Geschäftsmodell gewählt wird (Abbildung 5.55):

Abbildung 5.55: Strategische Überlegungen für Produktmanager zur Geschäftsmodellgestaltung.

Für Produktmanager bedeutet das Zeitalter digitaler Geschäftsmodelle einen Rollenwandel: Sie müssen nicht nur Produkte managen, sondern **Geschäftsmodelle gestalten**.

- Das Verständnis von **Geschäftsmodellen ist eine strategische Kernkompetenz** im Produktmanagement. Die Aufgabe ist nicht nur, ein Produkt zu entwickeln, sondern dieses in ein Geschäftsmodell einzubetten. Produktmanagement beinhaltet also die Aufgabe „Business-Modell-Design“, da Wettbewerbsvorteile u. U. durch Geschäftsmodellinnovation[1651] (nicht primär durch Produkte) erreicht werden können. Entsprechend müssen Produktmanager auch in Wertflüssen, Datenstrukturen und Monetarisierungslogiken denken.
- **Daten** sollten die **Grundlage jeder Produktentscheidung** darstellen, insbesondere in digitalen Geschäftsmodellen. Dies gilt für alle Phasen des Produktinnovationsprozesses. Produktmanager müssen analytische Kompetenzen aufbauen, um Daten richtig interpretieren und daraus Hypothesen, Tests sowie Produktentscheidungen abzuleiten zu können.

1651 Vgl. Kap. 3.1.4.3.1.3 (Geschäftsmodellinnovation als Innovationsart).

- Viele Märkte verändern sich rasant. Daher sollte Iteration, nicht Perfektion das Leitprinzip für Prozesse sein. Produktmanager müssen Innovationsprozesse steuern, Experimente zulassen bzw. durchführen und lernen **(Agilität)**. Produkte und Innovationen sind nie als „fertig" anzusehen. Vielmehr befinden sich Produktmanager in einem **kontinuierlichen Entwicklungs- und Innovationszyklus**.
- Viele Produkte stehen nicht isoliert, sondern werden über **Plattformen vermittelt** und sind als **Teil eines Ökosystems** zu betrachten. Produktmanager müssen über den Tellerrand des eigenen Produkts hinausdenken: Welche Plattformen, APIs oder Partner bieten strategische Potenziale für mein Produkt? Wie kann mein Produkt wertschaffend in eine Plattform integriert werden?
- Entsprechend basieren (insbesondere digitale) Geschäftsmodelle auf technologischer Integration. Etwaige **Wachstums- und Innovationspotenziale** stehen u. U. **Abhängigkeiten** von Plattformen, Partnern oder Schnittstellen gegenüber. Produktmanager müssen diese Risiken verstehen und bewerten. Gegebenenfalls sind technologische Redundanz oder strategische Alternativen aufzubauen.
- Teil des Nutzenversprechens vieler Geschäftsmodelle ist Kundenzentrierung und Personalisierung. Produktmanager sollten verstehen, wie **Daten** genutzt werden können, um **Nutzererlebnisse zu verbessern** – von der personalisierten Ansprache bis hin zur automatisierten Serviceoptimierung. Kundendaten sind der Schlüssel für bessere Produkte und profitablere Kundenbeziehungen.
- Dabei müssen Produktmanager sicherstellen, dass Innovation und Datennutzung im Einklang mit **ethischen und regulatorischen Standards** stehen. Kundenvertrauen ist als Basisanforderung im Wettbewerb anzusehen.
- Produktmanager müssen die **Zusammenhänge zwischen Produktentscheidungen und Monetarisierungspotenzialen** erkennen. Ein Feature kann direkt (z. B. Premium-Funktion, die als Add-on verkauft wird) oder indirekt (z. B. über Engagement, Daten oder Werbung) umsatzrelevant sein. Jede Produktentscheidung ist im Hinblick auf ihren Beitrag im Rahmen des gewählten Geschäftsmodells zu treffen.

5.3.5 Digitaler Zwilling

> „Up until fairly recently, the only way to have extensive knowledge of the physical object was to be in close proximity to that object."[1652]

In diesem Kapitel soll gezeigt werden, wie das Konzept des digitalen Zwillings (DZ) Produktmanager unterstützen kann, die Wettbewerbsfähigkeit des Produkts zu steigern. Ziel ist es, die strategische und operative Relevanz dieses Konzepts für das mo-

1652 Grieves/Vickers (2017), S. 85.

derne Produktmanagement zu verdeutlichen. Abbildung 5.56 illustriert den Aufbau des Kapitels:

Abbildung 5.56: Aufbau Kap. 5.3.5 (Digitaler Zwilling).

5.3.5.1 Ursprung und Definition

> „Digitale Zwillinge bieten ein leistungsstarkes Framework, um […] die Lücke zwischen der physischen und der digitalen Welt zu schließen."[1653]

Die Geschichte des DZ reicht in die 1960er-Jahre zurück, als die NASA analoge Modelle für ihre Raumschiffe nutzte, um Missionen aus dem Kontrollzentrum heraus unterstützen und steuern zu können (damals noch ohne digitalen Modellanteil). Der Begriff des DZ wurde erstmals 1991 von David Gelernter in seinem Buch „Mirror Worlds" erwähnt.[1654] Michael Grieves stellte das Konzept erstmals im Rahmen von Seminaren zum Product-Life-Cycle-Management (PLM) vor.[1655] John Vickers von der NASA verwendet 2010 den Begriff „digitaler Zwilling" (engl. digital twin) erstmals im heutigen Zusammenhang. Das Konzept des DZ gewinnt seit etwa 2015 in Forschung und Praxis zunehmend an Bedeutung, getrieben durch das Internet der Dinge (IoT), Cloud Computing sowie fortgeschrittene Daten- und Kommunikationstechnologien. Heute werden digitale Zwillinge in vielen Bereichen wie z. B. der Stadtplanung, dem Gesundheitswesen und der Industrie eingesetzt. Die Technologie entwickelt sich weiter und wird zunehmend mit künstlicher Intelligenz (KI) kombiniert.[1656]

Die **Definitionen des digitalen Zwillings** in der Literatur sind nicht einheitlich. Zwei Definitionen seien im Folgenden exemplarisch zitiert:

– „Ein digitaler Zwilling ist eine virtuelle Darstellung oder ein digitales Gegenstück eines physischen Objekts, Systems oder Prozesses. Er wird unter Verwendung von Echtzeitdaten, Simulations- und Modellierungstechniken erstellt, um das Ver-

---

1653 Siemens (o. J./b).

1654 Vgl. Gelernter (1991).

1655 Vgl. Grieves (2002).

1656 Vgl. van der Valk (2024); Kap. 5.3.5.4 (Digitaler Zwilling und generative KI).

halten, die Eigenschaften und die Leistung seines physischen Gegenstücks widerzuspiegeln."[1657]

- „The Digital Twin is a set of virtual information constructs that fully describes a potential or actual physical manufactured product from the micro atomic level to the macro geometrical level. At its optimum, any information that could be obtained from inspecting a physically manufactured product can be obtained from its Digital Twin."[1658]

Charakteristika des DZ sind die Repräsentation des physischen Produkts durch digitale Modelle und Methoden, die IoT-Vernetzung, die bidirektionale Echtzeit-Kommunikation, die Datenanalytik sowie die Nutzung über den ganzen Produktlebenszyklus.[1659]

Auch in der Praxis wird der Begriff digitaler Zwilling häufig unscharf verwendet und mit verwandten Konzepten wie dem digitalen Modell oder dem digitalen Schatten vermischt. Abbildung 5.57 grenzt die genannten Konzepte ab:

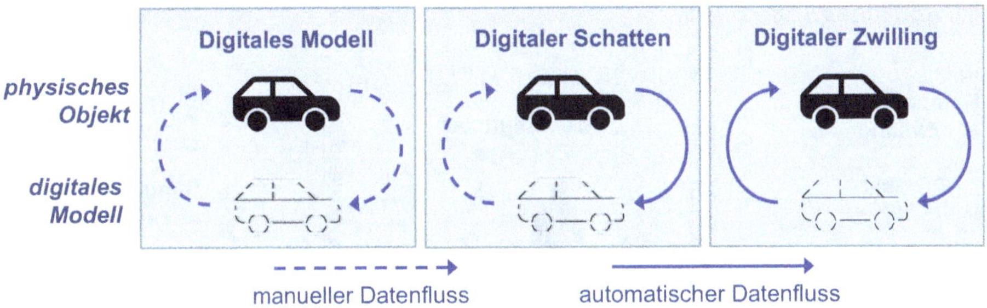

Abbildung 5.57: Unterschiede digitales Modell, digitaler Schatten und digitaler Zwilling[1660].

- Ein **digitales Modell** stellt ein statisches digitales Abbild eines physischen Objekts dar. Es existiert keine Verbindung zwischen physischer und digitaler Instanz. Digitale Modelle werden häufig in der Produktentwicklung und Simulation eingesetzt. Beispiele sind CAD-Modelle, die keine Daten senden oder empfangen.[1661]
- Im Modell des **digitalen Schattens** erfolgt eine einseitige Datenverbindung vom physischen Objekt zum digitalen Abbild, jedoch nicht umgekehrt. Das Modell kann Zustände darstellen, aber keine Rückwirkung auf das reale System ausüben. Ein Beispiel ist die Monitoring-App einer Photovoltaik-Anlage, die Daten von den vernetzten Wechselrichtern der PV-Anlage empfängt und darstellt, jedoch keine Steuerungsfunktion ausführen kann.

1657 Siemens (o. J./b); ähnlich z. B. IBM (o. J.); Unity Consulting (o. J.); Unity Technologies (o. J.).
1658 Grieves/Vickers (2017), S. 94.
1659 Vgl. Stark (2024), S. 84–85.
1660 In Anlehnung an Fuller u. a. (2020).
1661 Vgl. Lashin/Stark (2021), S. 1101–1103.

- Der **digitale Zwilling** verfügt über eine bidirektionale Datenverbindung zwischen realer und digitaler Welt. Ein Beispiel ist der DZ einer Produktionslinie, der aus realen Sensordaten die Ist-Zustände ermittelt und selbstständig Prozessparameter an der Produktionslinie anpassen kann.

Diese Differenzierung verdeutlicht, dass der digitale Zwilling nicht bloß ein fortgeschrittenes Simulationsmodell ist, sondern eine **dynamische Kopplung** von physischer Realität und digitaler Intelligenz. Der DZ **lernt und entwickelt sich dynamisch** über den Lebenszyklus des physischen Produkts weiter, da er fortlaufend Daten über Nutzung, Umweltbedingungen und Wartungsereignisse empfängt und verarbeitet. Er erlaubt nicht nur retrospektive **Analysen**, sondern auch **Prognosen** über zukünftige Zustände, Optimierungen und Ausfälle. Durch die bidirektionale Verbindung zwischen realer und digitaler Welt stellt der DZ ein zentrales Element des **Industrie 4.0** Konzepts dar, da er physische Produkte, IoT-Daten, Simulation und künstliche Intelligenz integriert.

DZs unterscheiden sich anhand ihres Umfangs und der Art ihrer Anwendung (vgl. Abbildung 5.58):

Abbildung 5.58: Arten digitaler Zwillinge[1662].

Anhand ihres Umfangs unterscheidet man:

- **Komponentenzwillinge** modellieren einzelne Komponenten, z. B. ein Ventil, welches über einen Sensor den Volumendurchfluss ermittelt.
- **Produktzwillinge** spiegeln ein Produkt wider, das aus mehreren Komponenten, die interagieren, besteht.
- **Systemzwillinge** bilden ein ganzes System mit unterschiedlichen Elementen ab, z. B. eine komplette Fabrik oder eine Hafeninfrastruktur.

DZs werden für drei prinzipielle Anwendungen eingesetzt:

- **Datenzwillinge** ermittelt über Sensoren den Zustand des realen Objekts und speichern und visualisieren diese Daten.
- **Simulationszwillinge** gehen über die reine Visualisierung hinaus. Daten werden analysiert, um den Produktzustand zu verstehen und das künftige Verhalten vor-

1662 Vgl. Matysczok (o. J.); Unity Consulting (o. J.); Siemens (o. J./b); IBM (o. J.).

auszusagen. Eine Maschinensimulation kann z. B. die Durchlaufzeit, Stillstandszeiten, Puffergrößen, Bearbeitungszeiten etc. dynamisch veranschaulichen.[1663]
- **Steuerungszwillinge** simulieren nicht nur mögliche Zustände, sondern greifen auch steuernd in der realen Welt ein. Auf Basis einer Zustandserfassung und dem daraus ermittelten Soll-Zustand werden vom DZ entsprechende Steuerungsbefehle an die reale Maschine gesendet.

Die zentralen Anwendungsfelder des DZ können entlang des Produktlebenszyklus eingeteilt werden in die Phasen **Entwicklung, Produktion, Marketing & Vertrieb und Betrieb** (eine weitere Ausführung der Anwendungsfelder erfolgt in Kap. 5.3.5.3). Neben der Betrachtung der einzelnen Lebenszyklusphasen unterstützt der DZ das Management der Produktdaten über den Lebenszyklus hinweg und insbesondere den Übergang der Daten zwischen den Phasen. Ein bisher weniger erforschter Aspekt des DZ sind dessen mögliche Beiträge zu **Innovationen**.[1664]

Zur Analyse im Product-Life-Cycle-Management (PLM) sind nach Grieves konzeptionell vier Arten von digitalen Zwillingen zu unterscheiden:[1665]
- Der **Digital Twin Prototype** (DTP) ist das digitale Abbild des Produkts während der Entwicklungsphase. Der DTP wird z. B. genutzt, um Konstruktion, Simulation oder Tests virtuell durchzuführen, bevor ein physisches Produkt existiert.
- Jede **Digital Twin Instance** (DTI) stellt ein individuelles digitales Abbild eines konkreten physischen Produkts nach dessen Produktion dar. Entsprechend spiegelt ein DTI den Zustand, die Nutzung oder die Leistung seines jeweiligen physischen Zwillings in Echtzeit wider. Die Anzahl von DTIs steigt mit der produzierten Stückzahl.
- Der **Digital Twin Aggregate** (DTA) ist die Aggregation aller DTIs eines Typs, z. B. aller Fahrzeuge eines Modells. Der DTA entspricht der durchschnittlichen Instanz und dient vor allem zur Verbesserung und Weiterentwicklung des Produkts auf Basis von Produktnutzungsdaten.
- Der **Intelligent Digital Twin** (IDT) impliziert eine „smarte" Erweiterung des DZ durch künstliche Intelligenz, um Muster zu erkennen, Prognosen zu treffen und Entscheidungen zu automatisieren. IDTs eignen sich insbesondere als Steuerungszwillinge.

Grieves unterscheidet beim prinzipiellen **Nutzen** des digitalen Zwillings zwischen „vorhersagend" und „erklärend":[1666]

1663 Simulationszwillinge sind streng genommen als digitale Schatten zu bezeichnen, falls keine Echtzeit-Datenverbindung zum physischen Zwilling vorliegt.

1664 Vgl. Holopainen u. a. (2022), S. 3.

1665 Vgl. Grieves (2020), S. 68.

1666 Vgl. Grieves (2020), S. 69.

- Der **vorhersagende DZ** prognostiziert zukünftige Zustände oder Ereignisse. Auf Basis realer Daten und Simulationen erkennt er Abweichungen, Verschleiß oder Ausfälle, bevor sie eintreten. Ein Maschinenzwilling prognostiziert beispielsweise den Zeitpunkt eines Lagerschadens, sodass eine rechtzeitige Wartung geplant werden kann.
- Ein **erklärender DZ** beantwortet Fragen wie: Warum ist ein Ereignis eingetreten? Wie wirken sich bestimmte Faktoren auf die Leistung aus? Welche Kombination von Bedingungen führt zu einem Fehler? Der Wert eines erklärenden Zwillings liegt also in der diagnostischen und analytischen Einsicht.

Der DZ bildet damit das Fundament des sog. **Closed-Loop-PLM**: Daten aus der Nutzungs- und Betriebsphase eines Produkts fließen kontinuierlich zurück in die Entwicklung und Produktion. So entsteht ein geschlossener Informationskreislauf, der Produktverbesserungen, schnellere Innovationen und datenbasierte Entscheidungen ermöglicht. Wie in Kap. 5.3.5.3 gezeigt wird, kann ein DZ sowohl die Entscheidungsqualität als auch die Entscheidungsgeschwindigkeit im Produktmanagement erhöhen.

5.3.5.2 Technologische Grundlagen

Abbildung 5.59 fasst die Kernkomponenten, die Datenquellen, ausgewählte Schlüsseltechnologien und Architekturprinzipien des DZ-Konzepts zusammen:

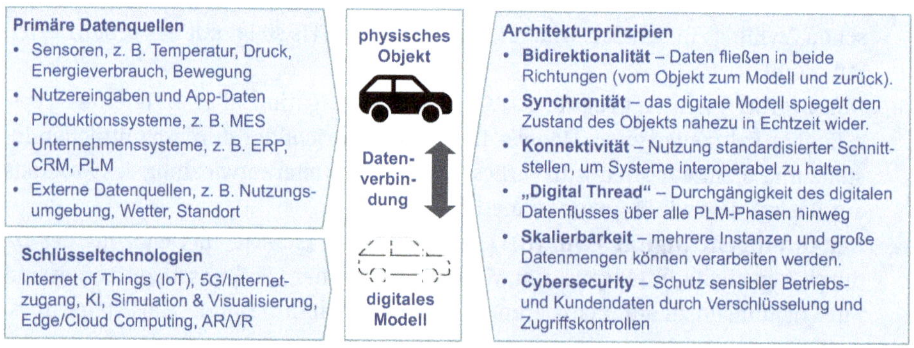

Abbildung 5.59: Architektur und Elemente des digitalen Zwillings.

Der DZ besteht aus drei Kernkomponenten:

- **Physisches Objekt**, das beobachtet, simuliert oder gesteuert werden soll (z. B. Fahrzeug, Turbine, Produktionsanlage oder Medizingerät). Es ist mit Sensoren, Aktoren oder IoT-Schnittstellen ausgestattet, um Betriebs- und Umgebungsdaten zu erfassen.
- **Datenverbindung**, d. h. die bidirektionale Kommunikationsschicht zwischen physischem Objekt und digitalem Modell. Es erfolgt ein Echtzeit-Datenaustausch

über IoT-Protokolle, der das Monitoring, die Simulation und die Steuerung des physischen Systems ermöglicht.
- **Digitales Modell**, also die virtuelle Repräsentation des physischen Objekts, bestehend aus Konstruktions-, Simulations- und Felddaten. Es kann sowohl geometrische Informationen (z. B. CAD-Daten) als auch funktionale Modelle (z. B. thermische, mechanische, elektrische Eigenschaften) und Visualisierungskonzepte enthalten. Das digitale Modell wird kontinuierlich aktualisiert, sodass der Zustand des Modells den aktuellen Zustand des realen Produkts widerspiegelt.

Zur Umsetzung eines digitalen Zwillings sind mehrere **Schlüsseltechnologien** erforderlich, die gemeinsam eine effektive Verbindung zwischen physischer und digitaler Welt herstellen:
- Das **Internet of Things** (IoT) erfasst Daten in Echtzeit über Sensoren und überträgt sie an digitale Plattformen.
- **Cloud und Edge Computing** stellen die nötige Rechenleistung und Speicherinfrastruktur bereit, um große Datenmengen (ggf. am Ort der Datensammlung) hinreichend schnell zu verarbeiten.
- **Künstliche Intelligenz**, insbesondere Machine-Learning-Modelle, analysiert die erzeugten Daten, erkennt Muster und ermöglicht Prognosen sowie Optimierungen.
- Ergänzend sorgen Simulations- und Visualisierungstechnologien wie CAD und AR/VR dafür, dass physische Prozesse virtuell abgebildet und interaktiv erfahrbar werden.

Um die in Abbildung 5.59 genannten **Architekturanforderungen** zu realisieren, umfasst die DZ-Architektur neben den oben genannten drei Kernkomponenten **vier technische Funktionsschichten**. Diese Schichten definieren, wie Daten gesammelt, integriert, verarbeitet und genutzt werden (vgl. Abbildung 5.60).[1667]

1667 Vgl. Grieves/Vickers (2017); Stark (2024); Matysczok (o. J.).

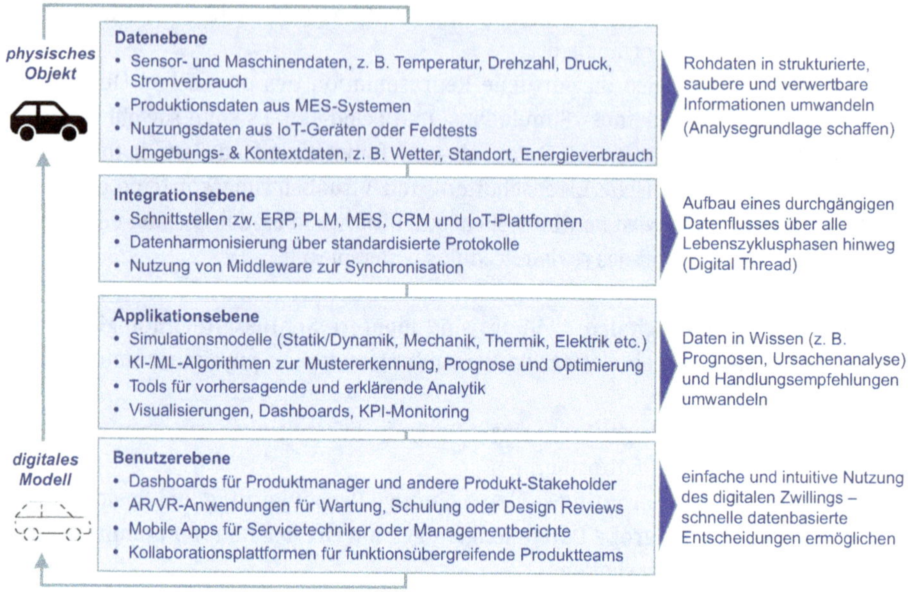

Abbildung 5.60: Technische Funktionsebenen des digitalen Zwillings.

Die in Abbildung 5.60 skizzierten Funktionsschichten machen den DZ zu einem intelligenten, vernetzten und interaktiven System, das nicht nur Daten sammelt, sondern auch Wissen generiert und in Entscheidungen übersetzt.

5.3.5.3 Anwendungsfelder im Produktmanagement

Der DZ eröffnet dem Produktmanager Potenziale entlang des gesamten Produktlebenszyklus. Seine Einsatzfelder reichen von der Produktkonzeption über die Produktion und das Marketing bis hin zum Betrieb und Service (vgl. Abbildung 5.61).[1668]

Die in Abbildung 5.61 aufgeführten Anwendungsfelder des DZ werden im Folgenden genauer betrachtet. Die Potenziale hängen von der Natur des jeweiligen physischen Produkts sowie den Anforderungen der Kunden ab. Insofern sind die nachfolgend beschriebenen Potenziale durch Produktmanager auf praktische Anwendbarkeit bzw. Relevanz zu untersuchen.

1668 Vgl. Matysczok (o. J.).

Abbildung 5.61: Anwendungsfelder des digitalen Zwillings im PLM bzw. Produktmanagement.

5.3.5.3.1 Innovation und kontinuierliche Verbesserung

Der DZ kann ein Treiber für Innovation sein, da er die reale Produktnutzung mit digitaler Simulation verbindet und damit eine dynamische Feedback-Schleife schafft, die eine Grundlage für Innovationen und Produktverbesserungen darstellen kann (vgl. Abbildung 5.62).[1669]

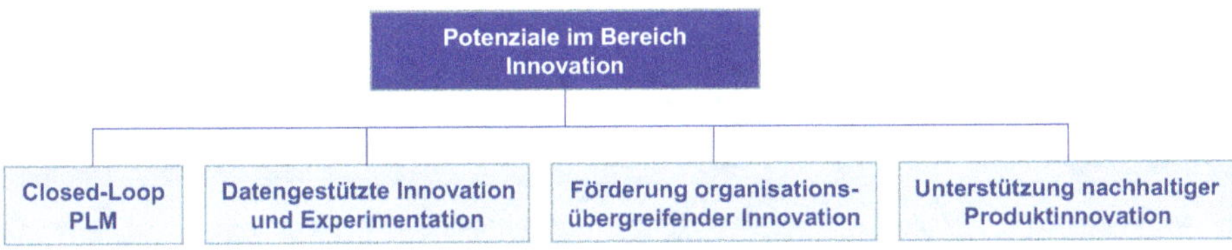

Abbildung 5.62: Potenziale des digitalen Zwillings im Bereich Innovation.

Der digitale Zwilling ermöglicht eine permanente Verbindung zwischen Entwicklung, Produktion, Nutzung und Service **(Closed-Loop-PLM)**. Insbesondere fließen Betriebs- und Nutzungsdaten, z. B. reale Probleme, Nutzungsmuster oder Belastungsgrenzen, zurück in die Entwicklungsfunktion. KI-gestützte Analysen können Muster, Trends und Anomalien erkennen, die u. U. Hinweise auf Innovationspotenziale geben.

Der digitale Zwilling erlaubt es, **Hypothesen und neue Funktionen virtuell zu testen**, bevor sie physisch umgesetzt werden. Produktmanager können **virtuelle Experimente** durchführen, z. B. um neue Materialien, Designs oder Betriebsstrategien zu bewerten. So entsteht ein Umfeld, in dem kontinuierliches Lernen und iterative Entwicklung möglich sind.

Der digitale Zwilling schafft **eine gemeinsame Daten- und Wissensbasis** über Abteilungsgrenzen hinweg. Forschung, Entwicklung, Service und Produktmanagement greifen auf dieselben Echtzeitinformationen zu. Dadurch werden **interdisziplinäre In-**

1669 Vgl. Holopainen u. a. (2022), S. 6–7.

novationsprozesse, z. B. zwischen Entwicklern, Datenanalysten und Marketing, gefördert. Wissen wird transparent. Etwaige „Wissen-Silos“ werden aufgebrochen.

Durch die Verfügbarkeit von Echtzeitdaten lassen sich auch **Umwelt- und Ressourceneffekte** bewerten. DZ ermöglichen z. B. Simulationen zur Energieeffizienz, Materialnutzung und CO_2-Bilanz. Nachhaltigkeitsziele können so bereits im Design berücksichtigt und im Betrieb überprüft werden.

5.3.5.3.2 Produktentwicklung und Design

> „Digitale Zwillinge machen physische Prototypen überflüssig, verkürzen die Entwicklungszeit und verbessern die Qualität, indem sie Multiphysik-Simulation, Datenanalyse und maschinelles Lernen kombinieren, um die Auswirkungen von Konstruktionsänderungen, Nutzungsszenarien, Umgebungsbedingungen und anderen Variablen zu demonstrieren.“[1670]

Für Produktmanager und Entwickler bildet der DZ die Grundlage, um Produkte virtuell zu konzipieren, zu testen und zu optimieren, bevor physische Prototypen existieren (digital Engineering). Dadurch wird Entwicklung planbarer, kosteneffizienter und innovativer.[1671]

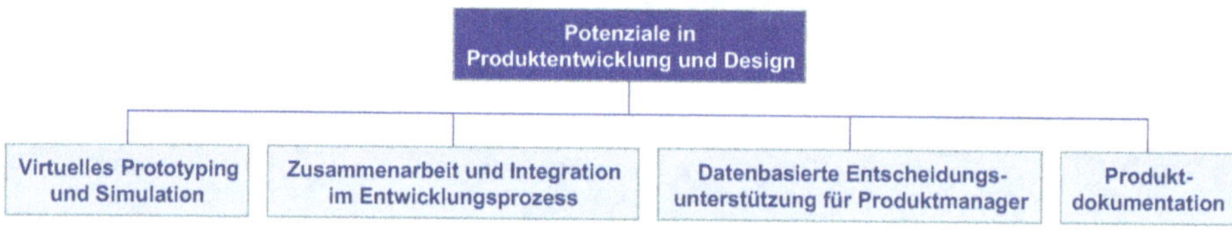

Abbildung 5.63: Potenziale des digitalen Zwillings in Produktentwicklung und Design.

Der DZ fungiert in der Entwicklungsphase als **virtueller Prototyp (DTP)**, der die Struktur, die Funktion und das Verhalten des späteren physischen Systems abbildet.[1672] So können bereits in der Konzeptphase unterschiedliche **Entwurfsalternativen simuliert** und bewertet werden, z. B. hinsichtlich Energieverbrauch oder mechanischer Belastbarkeit.[1673] Dadurch werden mögliche Designfehler frühzeitig erkannt, was Entwicklungszeit und Kosten reduziert. Virtuelles Prototyping mit dem DZ ersetzt zunehmend klassische Testreihen. Modelle werden in realitätsnahen Szenarien getestet, z. B. unter thermischer Belastung, Vibration oder Verschleiß. Mithilfe von Mehrkörpersimulationen (MBS), Finite-Elemente-Analysen (FEA) oder Computational Fluid Dynamics (CFD)

1670 Siemens (o. J./b).
1671 Vgl. Stark (2024), S. 110.
1672 Vgl. Lashin/Stark (2021), S. 1123; Stark (2024), S. 115–120; zum Einsatz von DZ für Tests vgl. Grieves/Vickers (2017), S. 105–107.
1673 Vgl. Stark (2024), S. 111–114.

werden komplexe physikalische Effekte abgebildet.[1674] Durch **Digital-Thread-**Verknüpfungen sind Konstruktionsdaten direkt mit Simulations- und Testdaten verbunden.

Digitale Zwillinge schaffen eine **gemeinsame Datenbasis** für die **Kollaboration** interdisziplinärer Teams aus Konstruktion, Fertigung, Einkauf und Produktmanagement. Änderungen am Modell sind für alle Beteiligten in Echtzeit sichtbar, wodurch **Abstimmungsprozesse beschleunigt** werden. Durch die Integration in PLM-Systeme bleiben alle **Entwicklungsstände nachvollziehbar** und versioniert. Auch Lieferanten und Partner können über Cloud-Zugänge in die Simulation eingebunden werden, ohne sensible Daten offenzulegen.

Produktmanager erhalten durch den DZ bereits vor der physischen Erstellung des Produkts Informationen über dessen Eigenschaften und Leistungsdaten. Mithilfe von KI-basierten Simulationen lassen sich **Zielkonflikte** lösen (z. B. Kompromisse zwischen Kosten, Gewicht und Funktionalität), da der Einfluss von Designänderungen auf Leistung und Kosten analysiert werden kann. Der DZ stellt damit eine **integrierte Entscheidungsplattform** für kaufmännische, technische und kundenseitige Fragestellungen dar.[1675]

In der **Produktdokumentation** kann der DZ-Einsatz Kosten und Zeitbedarf reduzieren, bei verbessertem Dokumentationsmanagement und höherwertiger Visualisierung.[1676]

> „**Fallbeispiel Porsche Cayenne Electric:**[1677] Der Cayenne Electric wurde nicht nur am Computer nachgebildet, sondern auch virtuell erprobt – auf digitalisierten Strecken „von der Nürburgring-Nordschleife bis zum Stadtverkehr". Schon in der frühen Entwicklung analysierten Entwickler per Virtual Reality das Fahrzeugsystem und passten Bauteile flexibel an. Erst deutlich später im Prozess wurden die digitalen Ergebnisse durch Tests mit realen Komponenten bestätigt. Die virtuellen Simulationen erfolgten auf einem Verbundprüfstand, wo Antrieb, Batterie, Energiemanagement und Ladesystem gemeinsam unter realitätsnahen Bedingungen getestet wurden. Vier leistungsstarke Synchronmotoren simulierten unterschiedliche Fahrbahnen, Beschleunigungswiderstände sowie Kräfte beim Bremsen und Rekuperieren. Auch verschiedene Umgebungsbedingungen wurden simuliert. Die Prüfstand-Werte wurden in Echtzeit mit dem digitalen Zwilling abgeglichen. Erst für Tests unter extremen Bedingungen und Feinabstimmungen erfolgten reale Fahrten. Dabei wurden vom Crashlabor über Dauerläufe bis zu Prüfungen unter Extrembedingungen digitale Modelle und Simulationen mit realen Tests kombiniert. Insgesamt konnte die Entwicklungszeit des Cayenne Electric um rund 20 % verkürzt werden. „Dieses Projekt war das erste, bei dem wir direkt von der digitalen Gesamtfahrzeugerprobung in die Vorserienfertigung übergegangen sind."[1678] Gleichzeitig sank der Materialaufwand, da etwa 120 Testfahrzeuge durch digitale Modelle ersetzt werden konnten."

1674 Vgl. Lashin/Stark (2021), S. 1144–1151.

1675 Vgl. Stark (2024), S. 118–121.

1676 Vgl. Stark (2024), S. 124–125.

1677 Vgl. Ilina (2025).

1678 Dr. Michael Steiner, stellvertretender Vorstandsvorsitzender und Mitglied des Vorstandes, Forschung und Entwicklung von Porsche, zitiert aus Ilina (2025).

5.3.5.3.3 Produktion und Fertigung

Ein DZ kann als virtuelles Abbild von Anlagen, Prozessen und Produktionssystemen aufgebaut werden. Dies ermöglicht, Fertigungsabläufe schon vor dem physischen Aufbau zu planen, zu simulieren und zu optimieren. Dadurch werden Fehler vermieden und Anlaufzeiten verkürzt. Für Produktmanager liefert der DZ frühzeitige Transparenz über Produktionskosten, Qualität, Prozessleistung und damit zentrale Faktoren für die Wirtschaftlichkeit des Produkts.[1679]

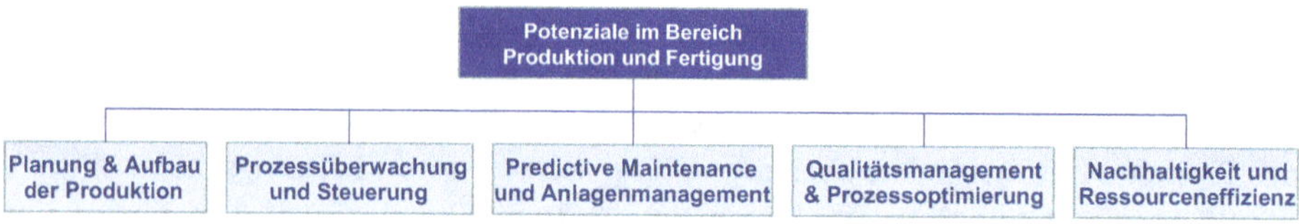

Abbildung 5.64: Potenziale des digitalen Zwillings in Produktion und Fertigung.

Der DZ kann bereits in der **Planungsphase einer Produktionslinie** eingesetzt werden, um Layouts, Materialflüsse und Maschinenauslastung virtuell zu simulieren. Dadurch können Engpässe, Kollisionen oder ineffiziente Abläufe frühzeitig erkannt werden. Simulationen erlauben, verschiedene Produktionsszenarien zu vergleichen und das beste Set-up zu finden. Beim Anlauf neuer Produktionslinien (Ramp-up) hilft der DZ, Parameter wie Taktzeiten oder Robotikbewegungen zu optimieren, bevor reale Maschinen in Betrieb genommen werden.[1680]

Während des laufenden Betriebs wird der DZ zur **Echtzeitüberwachung von Maschinen und Prozessen** eingesetzt. Sensoren liefern kontinuierlich Daten über Temperatur, Druck, Drehzahl, Energieverbrauch oder Ausstoßqualität. Durch bidirektionale Datenverbindungen können Prozessparameter automatisiert angepasst werden. So entsteht eine **selbstoptimierende Fertigung**, in der Maschinenzustände permanent kontrolliert und dynamisch geregelt werden.

Durch die Verbindung von Echtzeitdaten, historischen Mustern und KI-Analysen lassen sich Wartungsbedarfe vorausschauend erkennen. Der DZ prognostiziert Ausfälle und empfiehlt **optimale Wartungszeitpunkte**, um Stillstände zu vermeiden. Dies verlängert die Lebensdauer von Anlagen und reduziert Ersatzteil- sowie Servicekosten. Aus Sicht des Produktmanagements bedeutet dies höhere Lieferzuverlässigkeit und geringere Produktionsrisiken.

Qualitätsabweichungen werden früh erkannt, da der DZ alle Prozessdaten in Echtzeit mit Sollwerten vergleicht. Durch KI-gestützte Anomalieerkennung können **Ursachen von Qualitätsproblemen** identifiziert werden. Simulationen ermöglichen

1679 Vgl. Stark (2024), S. 153.

1680 BMW nutzt digitale Fabrikzwillinge, um Produktionsanlagen virtuell zu erproben. So kann die Hochlaufzeit neuer Fahrzeugmodelle um bis zu 30 % reduziert werden, vgl. BMW (2025).

es, Änderungen an Maschinenparametern virtuell zu testen, bevor sie in der realen Produktion umgesetzt werden. Das führt zu **höherer Prozessstabilität** und geringeren Ausschussraten.

Der DZ hilft außerdem, Energie- und Materialverbräuche transparent zu machen. Simulationen zeigen, wie Änderungen an Prozessparametern oder Materialeinsatz den Ressourcenverbrauch beeinflussen. Dies erlaubt eine Maschinen- und Anlagensteuerung, die zur Reduktion von Emissionen, Energiebedarf und Ausschuss und damit zur verbesserten **Nachhaltigkeit der Produktion** beitragen kann.

5.3.5.3.4 Betrieb, Nutzung und Service

Der DZ verbindet das physische Produkt bzw. alle Produkte im Feld mit ihren digitalen Repräsentationen (Instanzen). Der DZ (bzw. die Digital Twin Instances, DTIs) liefert in Echtzeit Daten über Zustand, Leistung und Nutzung des Produkts bzw. der Produkte. Für das Produktmanagement ermöglicht dies eine kontinuierliche Rückkopplung zwischen Kundennutzung und Produktentwicklung und liefert damit eine Grundlage für datengetriebene Optimierung, Serviceinnovationen oder neue Geschäftsmodelle.[1681]

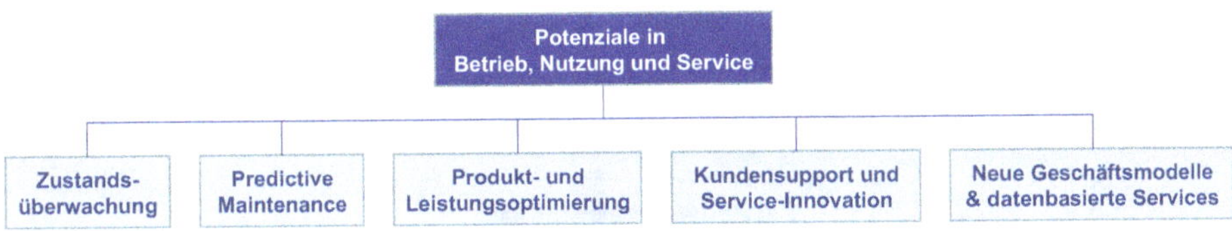

Abbildung 5.65: Potenziale des digitalen Zwillings in Betrieb, Nutzung und Service.

Mithilfe des DZ kann das **Produkt in Echtzeit während des Betriebs überwacht** werden. Sensoren erfassen laufend Betriebsparameter (z. B. Temperatur, Druck, Vibration, Energieverbrauch) und übermitteln diese an das digitale Modell. Abweichungen vom Sollzustand werden erkannt, wodurch ungeplante Stillstände oder Ausfälle präventiv verhindert werden können.

Auf Basis der erfassten Echtzeitdaten kann der DZ **Wartungsbedarfe vorhersagen**, bevor ein Defekt eintritt. KI-Modelle erkennen Muster, die auf Verschleiß oder Ausfall hindeuten. Wartungen werden entsprechend zustandsorientiert geplant statt in festen Intervallen. Dadurch werden Stillstandszeiten minimiert bei sinkenden Kosten für Wartung und Ersatzteile.

Der DZ liefert Daten über reale Nutzungssituationen. Diese Informationen fließen als **Rückkopplung in die Entwicklung** und Produktion zurück (Closed-Loop-PLM). Dies ermöglicht **kontinuierliche Produktverbesserung** auf Basis echter Betriebs- und Nutzungsdaten (statt Laborergebnisse oder Annahmen). Produktmanager können

1681 Vgl. Stark (2024), S. 164–165.

zudem nachvollziehen, welche Funktionen wie häufig von Kunden genutzt werden, was z. B. eine Grundlage für funktionsbasierte Preismodelle sein kann.

Serviceteams können über den DZ den aktuellen Zustand eines Produkts nachvollziehen, bevor sie eingreifen. Dadurch werden **Diagnosezeiten verkürzt** und **Reparaturen gezielter durchgeführt**. Über AR-Interfaces des DZ können Wartungsanweisungen dem Kunden oder Servicetechniker direkt „eingeblendet" werden. Daten aus der Nutzung können die Entwicklung **neuer Serviceleistungen** wie Fernwartung, Schulungen oder automatisierte Ersatzteilbestellungen unterstützen.

Durch die Verfügbarkeit von Betriebsdaten können **neue Einnahmequellen** jenseits des klassischen Produktverkaufs entstehen. Modelle wie „Product-as-a-Service", Pay-per-Use oder leistungsbasierte Vergütung werden möglich, da Nutzung und Zustand kontinuierlich messbar sind. Kunden können von planbaren Kosten und hoher Verfügbarkeit profitieren, während Hersteller kontinuierliche Umsätze erzielen und ihre Kundennähe verbessern.[1682] Der DZ liefert damit die Datenbasis für **Wertschöpfung und Innovationen im Servicegeschäft**.

5.3.5.3.5 Marketing und Vertrieb

Im Vertrieb und Marketing fungiert der DZ als virtuelles Abbild des Produkts, das Kunden und Unternehmen neue Formen der Interaktion, Visualisierung und Individualisierung eröffnet. Dadurch werden Kundenerlebnisse und Marketingprozesse verbessert.[1683]

Abbildung 5.66: Potenziale des digitalen Zwillings in Marketing und Vertrieb.

Der DZ ermöglicht die **realitätsnahe Darstellung** von Produkten in 3-D, AR oder VR, bevor diese physisch existieren. Kunden können **Produkte frühzeitig ausprobieren, erleben und u. U. konfigurieren**, z. B. durch interaktive 3-D-Modelle oder in Virtual-Reality-Showrooms.[1684] Unternehmen reduzieren dadurch den Bedarf an physischen

---

1682 Siemens bietet Maschinenkunden beispielsweise vertraglich garantierte Verfügbarkeiten an, gestützt auf digitalen Zwillingen, die Betriebszustand und Effizienz permanent überwachen.

1683 Vgl. Stark (2024), S. 138–139.

1684 Automobilhersteller wie BMW und Audi nutzen beispielsweise digitale Fahrzeugzwillinge für Onlinekonfiguratoren und VR-Erlebnisse in Showrooms, um Varianten und Optionen interaktiv darzustellen.

Ausstellungsstücken und Vertriebsprototypen. Produktmanager profitieren, da Kundenfeedbacks frühzeitig in den Designprozess zurückfließen können.

Vertriebsmitarbeiter können mithilfe des DZ **komplexe Produkte leichter verständlich präsentieren**. Simulationen veranschaulichen die Funktion und Leistungsfähigkeit des Produkts direkt beim Kunden. **Angebote** lassen sich **schneller und präziser** erstellen, da technische Spezifikationen, Lieferzeiten und Kosten in Echtzeit aus den Zwillingsdaten abgeleitet werden können. Dies reduziert Fehlerquoten im Vertrieb und verbessert die Abstimmung zwischen Vertrieb, Technik und Produktmanagement. Der DZ unterstützt außerdem bei **Produktschulungen** von Vertriebsmitarbeitern.

Die Analyse von Nutzungsdaten des DZ zeigt, welche Funktionen, Designs oder Eigenschaften in der Kundenpraxis am häufigsten genutzt werden. Diese Informationen fließen in **Kundensegmentierung, Kampagnenplanung** und **Kommunikation** ein. Marketingstrategien werden dadurch zielgenauer und effektiver.

Der DZ kann Kunden ein **digitales Produkterlebnis über den gesamten Lebenszyklus** hinweg bieten. Nutzer können beispielsweise über Dashboards oder Apps Echtzeitinformationen zu Leistung, Wartung oder Verbrauch des Produkts abrufen. Damit wird das **Produkt live und emotional erfahrbar**. Durch AR- oder VR-Schnittstellen können virtuelle Produktpräsentationen, Schulungen oder Upgrades angeboten werden. Produktmanager können durch die Analyse der Kundeninteraktionen mit dem Produkt Rückschlüsse auf Kundenzufriedenheit und Nutzungsmuster ziehen.

Durch den DZ können **datengetriebene Geschäftsmodelle** entstehen, bei denen der Kontakt zum Kunden über die gesamte Nutzungsdauer erhalten bleibt. Hersteller können zusätzliche digitale Services anbieten, z. B. über Funktionsfreischaltungen, personalisierte Wartungspläne oder Software-Upgrades. Das stärkt die **Kundenbindung** und schafft wiederkehrende Einnahmen. Kundenerlebnisse können **personalisiert** werden durch Anpassung der Produkte an individuelle Nutzungsmuster.

5.3.5.4 Nutzen für Produktmanager

Die Nutzenaspekte aus den im Vorkapitel aufgeführten Anwendungsfeldern lassen sich in die fünf Nutzenkategorien Kostensenkung, Time-to-Market, höhere Qualität, bessere Zusammenarbeit und neue Geschäftsmodelle zusammenfassen (vgl. Abbildung 5.67).[1685]

1685 Vgl. Stark (2024), S. 87–89.

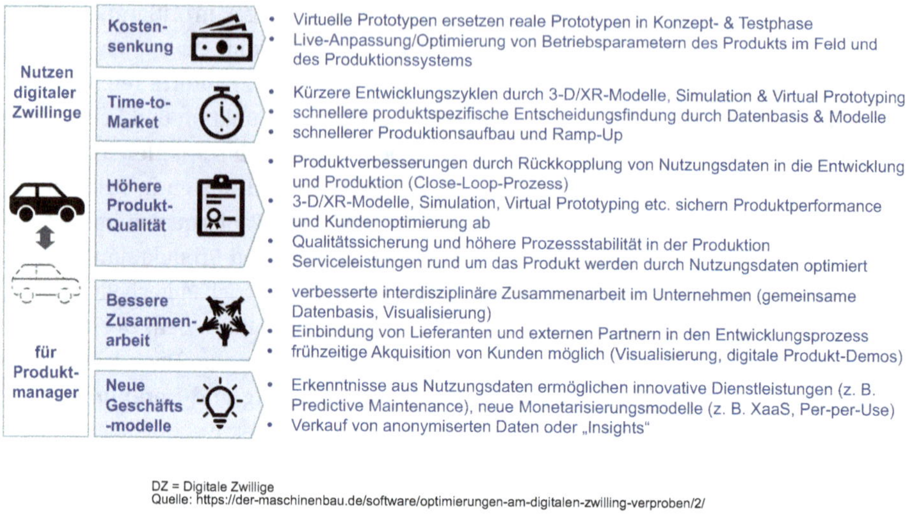

Abbildung 5.67: Nutzenpotenziale des digitalen Zwillings für Produktmanager.

Der DZ ist für Produktmanager mehr als ein Entwicklungswerkzeug. Er ist ein **Enabler für datengetriebene strategische und operative Produktentscheidungen**. Durch ihn wird das Produktmanagement in die Lage versetzt, Produkte vorausschauend zu gestalten, zu steuern und zu verbessern – auf Basis von Kundendaten. Damit fördert der Einsatz des DZ die operative Effizienz, die Produktqualität sowie Innovationen und kann dadurch zum **nachhaltigen wirtschaftlichen Erfolg** des Produkts beitragen.

5.3.5.5 Digitaler Zwilling und generative KI

> „Generative KI demokratisiert den Einsatz von industriellen digitalen Zwillingen."[1686]

Generative künstliche Intelligenz (KI) und digitale Zwillinge verstärken sich gegenseitig: GenKI kann helfen, den DZ aufzubauen und kreativer sowie vorausschauender zu machen. Der DZ kann die KI trainieren und so realitätsnäher ausrichten:[1687]

– Mittels generativer KI kann die Programmierung von Simulationen, Datenanbindungen, Visualisierungen oder API-Schnittstellen für den DZ unterstützt wer-

1686 Frei übersetzt aus NVIDIA (2024).

1687 „Gen AI not only enhances digital-twin capabilities but also uses real-time data from digital twins as a source of additional context, making inputs (such as prompt engineering) far more dynamic. Digital twins provide a secure environment in which gen AI can ‚learn' and broaden the scope of prompts and output", vgl. Cosmas u. a. (2024).

den.[1688] Damit wird die Erstellung und Anpassung von DZ-Applikationen beschleunigt, was insbesondere in dynamischen Umgebungen wertvoll ist. Außerdem kann GenKI z. B. dabei helfen, komplexes Systemverhalten vorherzusagen (über das hinaus, was klassische mathematische Modelle leisten können), Lücken in Datensätzen zu füllen und Lösungsalternativen zu generieren.

- Der DZ kann die GenKI „anlernen“, indem er hochwertige reale Trainingsdaten über physische Prozesse, Nutzungsmuster und Systemverhalten liefert. Damit schafft er eine kontext-spezifische Lernbasis für generative Modelle, was präzisere Simulationen und Prognosen durch die GenKI ermöglicht.

Im beschriebenen wechselseitigen Effekt erzeugt die GenKI z. B. neue Entwürfe oder Prozessideen, die der DZ virtuell testet. Die Ergebnisse fließen zu Trainingszwecken zurück in das KI-Modell. So entsteht eine geschlossene Lernschleife, die zu kürzeren Innovationszyklen, geringeren Entwicklungskosten und präziseren Produktentscheidungen führen kann.

5.3.5.6 Einführung eines digitalen Zwillings

Die Einführung und Nutzung eines DZ erfordert neben der technologischen Entwicklung u. U. **organisatorische und strategische Veränderungen**. Im Extremfall verändert der DZ die Art, wie Produktmanager, Entwickler, Produktionsleiter und Serviceverantwortliche zusammenarbeiten, und erfordert eine datengetriebene Unternehmenskultur.

Der DZ eines zu entwickelnden Produkts muss bereits im Rahmen der **Konzeptphase** des Produktinnovationsprozesses als Teil der Produktstrategie entworfen werden.[1689] Stark empfiehlt, mit einer klaren, realistischen und unternehmensspezifischen **DZ-Vision** zu beginnen.[1690] Danach sind die **Use-Cases** und der geplante **Nutzen des DZ** zu formulieren.[1691]

In der Konzeptvalidierung ist der Wertbeitrag des DZ innerhalb des Produktkonzepts zu bestätigen. Der DZ kann für die Kunden als Teil des Produktangebots sichtbar sein, z. B. falls neue datenbasierte Serviceangebote entstehen oder der Kunde das Produkt vorab mithilfe des DZ digital konfigurieren kann. In diesem Fall sollte **Kundenfeedback** Teil der Konzeptvalidierung sein. Der Nutzen des DZ wirkt außerdem „nach innen“, z. B. durch Kosteneinsparung, schnellere Time-to-Market oder verbesserte Kollaboration. Daher sollte die **Validierung zusätzlich intern** durch ein interdisziplinäres Team erfolgen.

1688 Beispiel: Statt manuell zu programmieren, beschreibt ein Entwickler ein Sensorsystem in natürlicher Sprache. Daraus erstellt generative KI den Python-Code, um die Sensordaten mit der IoT-Plattform zu verbinden.

1689 Vgl. Kap. 4.3 (Produktstrategie im Rahmen des Produktkonzepts).

1690 Vgl. Stark (2024), S. 173–174.

1691 Vgl. Unity Consulting (o. J.).

Da der Aufbau eines DZ für ein Produkt zusätzliche Investitionen in Technologie, Dateninfrastruktur und Kompetenzen erfordert, ist der **DZ in der Wirtschaftlichkeitsrechnung** sowohl auf der Ertrags- als auch auf der Kostenseite zu berücksichtigen.[1692] Der Business Case des DZ sollte regelmäßig überprüft werden, da sich Marktbedingungen und technologische Möglichkeiten verändern können, insbesondere falls der Betrieb des DZ mit hohen Kosten verbunden ist.

McKinsey nennt vier allgemeine Faktoren, die die Wirtschaftlichkeit einer Investition in einen DZ begünstigen:[1693]

- Die angedachten Use-Cases des DZ **müssen ausreichend bedeutsam** sein, z. B. kritische Einsatzbereiche, hohe Kostenhebel oder hohe Umsatzrisiken oder -potenziale.
- Es liegt ein **komplexes oder dynamisches Umfeld** vor, in dem es schwierig ist, Ineffizienzen und ihre Ursachen zu identifizieren.
- Es muss möglich sein, **qualitativ hochwertigen Daten** zu gewinnen, damit DZ ihre physischen Gegenstücke präzise abbilden und realistisch simulieren können.
- Es handelt sich um **wiederkehrende Anwendungsszenarios**, nicht um einmalige Optimierungen oder Projekte.

DZ verbinden die Lebenszyklusphasen **Entwicklung, Produktion, Betrieb und Service**. Entsprechend sollten die Unternehmensfunktionen den DZ als gemeinsame Plattform nutzen. Wichtig ist der Aufbau des **Digital Threads**, in dem Daten und Modelle über Phasengrenzen im Produktlebenszyklus hinweg fortgeschrieben werden, insbesondere zwischen Entwicklung, Produktion und Betrieb.[1694] Außerdem sollten Daten aus PLM-, ERP-, MES- und IoT-Systemen integriert werden.

Voraussetzung für die effektive Arbeit mit Daten ist eine klare **Data-Governance:** Es muss definiert sein, wer Daten besitzt, verarbeitet und interpretiert. Der Produktmanager muss nicht notwendigerweise der Daten-Owner sein, benötigt aber Zugriff auf relevante Datenströme und Analysewerkzeuge, um operative und strategische Entscheidungen treffen zu können.

Der Erfolg eines DZ hängt außerdem von der **organisatorischen Akzeptanz und Kultur** ab. Mitarbeiter müssen lernen, Entscheidungen auf Basis von Daten und Simulationen zu treffen. Dies erfordert Vertrauen in die Modelle, Offenheit für neue Technologien und eine **Kultur des Experimentierens.**[1695] Führungskräfte müssen die DZ-

---

1692 Vgl. Kap. 4.4 (Wirtschaftlichkeitsrechnung im Rahmen des Produktinnovationsprozesses).

1693 Vgl. Brossard u. a. (2024).

1694 Automobilzulieferer verknüpfen beispielsweise Entwicklungs- und Produktionsdaten über einen Digital Thread, sodass Produktänderungen automatisch in Stücklisten, Fertigungsparametern und Servicedaten reflektiert werden.

1695 In BMWs „iFactory" beispielsweise können Ingenieure, Produktmanager und IT-Experten neue Anwendungen gemeinsam entwickeln. So werden die digitalen Zwillinge der BMW-Fabriken kontinuierlich ausgebaut, vgl. BMW (2025).

Einführung als **Change-Prozess** begleiten, Barrieren abbauen und interdisziplinäre Zusammenarbeit fördern.

Um die in Kap. 5.3.2.4 aufgezeigten Potenziale nutzen zu können, benötigen Produktmanager neben klassischen Produktmanagementkompetenzen[1696] **digitale Kompetenzen**, z. B. in Datenanalyse und Interpretation, sowie ein Verständnis für die zugrunde liegenden Technologien wie Simulation, KI und IoT.

5.3.5.7 Herausforderungen

„Digital twins offer immense value, but only under the right circumstances."[1697]

Obwohl der DZ als eine der Schlüsseltechnologien der digitalen Transformation gilt, stößt seine praktische Umsetzung häufig auf technische, organisatorische und wirtschaftliche Hürden. Viele Projekte scheitern nicht an der Idee, sondern an **Datenqualität, Integration, Ressourcenmangel oder fehlender strategischer Einbettung**.

Im Folgenden werden sechs Herausforderungen und Grenzen beleuchtet, die Produktmanager und Unternehmen berücksichtigen müssen (vgl. Abbildung 5.68).[1698] Die Punkte sind mit den im Vorkapitel genannten Einführungsaspekten verwandt.

Abbildung 5.68: Herausforderungen bei der Implementierung des digitalen Zwillings.

Der Aufbau eines DZ erfordert die **Verknüpfung mehrerer Systeme und Datenquellen** – von Sensorik über IoT-Plattformen bis zu PLM-, ERP- und CRM-Systemen, was als **technisch komplex** einzustufen ist. Fehlende Standardisierung von Schnittstellen und Datenformaten erschwert die **Integration über den gesamten Produktlebenszyklus** hinweg, ebenso wie unterschiedliche Systemarchitekturen und Softwaregenerationen von Systemkomponenten. Gerade in heterogenen Industrieumgebungen (z. B. mit Altanlagen oder Retrofit-Maschinen) ist der Aufbau einer konsistenten Datenbasis u. U. aufwendig.

1696 Vgl. Kap. 2.3.2.1 (Qualifikationsmerkmale für Produktmanager).
1697 Brossard u. a. (2024).
1698 Vgl. Grieves/Vickers (2017), S. 108–109; Stark (2024), S. 90–100; Brossard u. a. (2024).

Der Nutzen des DZ steht und fällt mit der **Qualität und Vollständigkeit der Daten**, die ihn speisen. Zudem bestehen Risiken durch Cyberangriffe und Datenschutzverletzungen, insbesondere bei cloudbasierten Zwillingen. Der Zugriff auf Betriebsdaten kann außerdem rechtliche oder vertragliche Konflikte auslösen, z. B. wenn nicht geregelt ist, wem die Daten eines ausgelieferten Produkts gehören. Rechtliche Aspekte und **Datensicherheit** müssen daher bereits in der DZ-Architektur berücksichtigt werden.

Der Aufbau und der Betrieb eines digitalen Zwillings sind **kapital- und ressourcenintensiv**. Viele Unternehmen unterschätzen außerdem den **laufenden Aufwand** für Pflege, Datenmanagement und Updates. Auf der anderen Seite ist der Ertrag eines DZ häufig schwer quantifizierbar, insbesondere wenn „weicher" Nutzen in Form von Wissen, Qualität oder Innovationsgeschwindigkeit entsteht. Insofern ist die **Wirtschaftlichkeit von DZ schwer kalkulierbar** und Investitionsentscheidungen risikoreich. Ein digitaler Zwilling lohnt sich i. d. R. nur dort, wo wirtschaftlich relevante, komplexe, wiederkehrende und datenintensive Use-Cases vorliegen.[1699]

Die Einführung eines digitalen Zwillings erfordert **interdisziplinäre Zusammenarbeit** zwischen IT, Entwicklung, Produktion, Service und Produktmanagement. Häufig fehlen die erforderlichen **Datenkompetenzen** der beteiligten Mitarbeiter. Schulungen sind flankierend erforderlich, um den Erfolg des DZ sicherzustellen.

Marktbedingungen, Technologien und Datenquellen können sich **dynamisch verändern**. Der einmal aufgebaute **DZ kann veralten**, wenn er nicht kontinuierlich gepflegt, erweitert oder neu trainiert wird. Software- und Plattform-Updates, neue Sensoren oder geänderte Standards können zu Inkompatibilitäten führen. Analog zu physischen Produkten und Softwareprodukten sollten Produktmanager ein **DZ-Life-Cycle-Management** inklusive Versionierung und Roadmapping betreiben.

Schließlich besteht die Gefahr, den DZ primär als **IT-Projekt** zu betrachten und nicht als strategischen Geschäftshebel. Oft fehlt die Einbindung des DZ in die **Produktstrategie** und die Erfolgsmessung durch **Geschäfts-KPIs**. Auch bleibt der Nutzen begrenzt, wenn DZ-Daten nicht aktiv in alle Entscheidungsprozesse einfließen. Wenn ein Unternehmen beispielsweise Sensordaten für eine Maschine erhebt, um Perdictive Maintenance anzubieten, die gewonnenen Daten jedoch nicht für die Produkt- und Geschäftsmodellentwicklung nutzt, bleiben Potenziale unerschlossen. Daher sollte die **strategische Verantwortung** für den DZ beim Produktmanager des zugehörigen physischen Produkts liegen oder bei der Leitung Produktmanagement, falls der DZ mehrere Produkte umspannt.

5.3.5.8 Fazit

Der DZ bietet große strategische und wirtschaftliche Potenziale, ist aber kein Allheilmittel. Außerdem ist das Konzept nicht für alle Produkte und Marktsituationen wertstiftend. Der Erfolg des DZ hängt von einer Reihe von Faktoren ab, z. B. von klaren

1699 Vgl. Brossard u. a. (2024).

Use-Cases, der technischen Umsetzung, der Datenqualität, der interdisziplinären Zusammenarbeit und der strategischen Einbettung in die Produktstrategie. Produktmanager sollten eine Schlüsselrolle bei der Planung, Nutzung und Weiterentwicklung von DZ spielen, um sicherzustellen, dass das Konzept einen langfristigen Wertbeitrag zum Unternehmen leistet.

5.4 Zusammenfassung und Ausblick

Die Digitalisierung ist als tiefgreifender technologischer, organisatorischer und kultureller Wandel zu verstehen, der nicht nur Unternehmen, sondern auch das Produktmanagement grundlegend verändert. Sie führt zu neuen Wettbewerbsdynamiken, kürzeren Innovationszyklen und einer wachsenden Bedeutung datenbasierter Entscheidungen.

Getrieben wird Digitalisierung durch die Entwicklung zentraler Technologien wie künstliche Intelligenz, Internet of Things oder Cloud Computing. Diese Technologien schaffen neue Potenziale für Effizienzsteigerung und Innovation. Gleichzeitig stellen sie Unternehmen vor neue Herausforderungen.

Als Antwort wurde das Konzept des „digitalen Produktmanagements" vorgestellt. Dieses ergänzt das klassische Produktmanagement, um die Potenziale digitaler Technologien und Methoden sowohl im Produkt oder der Dienstleistung selbst als auch im Produktinnovationsprozess auszuschöpfen. Wichtige Hebel dabei sind die Digitalisierung von Produkten und Dienstleistungen, der Einsatz digitaler Methoden im Produktplanungs- und Entwicklungsprozess, das digitale Marketing, digitale Geschäftsmodelle und der Einsatz digitaler Zwillinge.

Digitalisierung ist für den Produktmanager ein wichtiges Werkzeug und erfordert agile Vorgehensweisen, datenbasierte Entscheidungen und vernetztes strategisches Denken. Dabei steht die Digitalisierung im Produktmanagement noch am Anfang. KI-gestützte Innovationsprozesse, datenbasierte Entscheidungsunterstützungssysteme und Automatisierung der Produktentwicklung werden weiter an Bedeutung gewinnen. Produktmanager stehen dabei an der Schnittstelle von Technologie, Markt und Datenwelt. Kompetenzen in allen drei Bereichen sind erfolgskritisch.

5.5 Literaturverzeichnis zu Kapitel 5

Agrawal, Ajay; Gans, Joshua; Goldfarb, Avi (2022): Prediction machines: the simple economics of artificial intelligence; Boston: Harvard Business Review Press

Apotheker, Jessica; Duranton, Sylvain; Lukic, Vladimir; de Bellefonds, Nicolas; Iyer, Sesh; Bouffault, Olivier; de Laubier, Romain (2025): From Potential to Profit: Closing the AI Impact Gap; Bosten Consulting Group; https://www.bcg.com/publications/2025/closing-the-ai-impact-gap [aufgerufen am 07.10.2025]

Applause (o. J.): Ensure Technology Works for Everyone, Everywhere; Applause; https://www.applause.com/ [aufgerufen am 06.10.2025]

Argyle, Lisa P.; Busby, Ethan C.; Fulda, Nancy; Gubler, Joshua R.; Rytting, Christopher; Wingate, David (2023): Out of One, Many: Using Language Models to Simulate Human Samples; Cambridge University Press; Vol. 89, Nr. 2; https://www.cambridge.org/core/journals/political-analysis/article/out-of-one-many-using-language-models-to-simulate-human-samples/035D7C8A55B237942FB6DBAD7CAA4E49 [aufgerufen am 01.09.2025]

Arora, Neeraj; Chakraborty, Ishita; Nishimura, Yohei (2024): AI – Human Hybrids for Marketing Research: Leveraging Large Language Models (LLMs) as Collaborators; S. 337–351

Arora, Nidhi; Ensslen, Daniel; Fiedler, Lars; Liu, Wei Wie; Robinson, Kelsey; Stein, Eli; Schüler, Gustavo (2021): The value of getting personalization right – or wrong – is multiplying; McKinsey & Company; https://www.mckinsey.com/~/media/mckinsey/business%20functions/marketing%20and%20sales/our%20insights/the%20value%20of%20getting%20personalization%20right%20or%20wrong%20is%20multiplying/the-value-of-getting-personalization-right-or-wrong-is-multiplying.pdf?shouldIndex=false [aufgerufen am 08.10.2025]

Autodesk(o. J.): The future of making will be powered by generative design and generative AI; Autodesk; https://www.autodesk.com/design-make/articles/generative-design-and-generative-ai?us_oa=dotcom-us&us_si=2b8937a2-e81f-4513-b057-dbcd278a80d8&us_st=What%20is%20Generative%20Design%3F [aufgerufen am 06.10.2025]

Automobil Industrie (2024): Simulation: Sichere Akkus entwickeln; in „Dosier: Batterietechnik und -produktion“; Automobil Industrie; https://www.automobil-industrie.vogel.de/whitepapers/6671508fb60da/batterieentwicklung-und-produktion.pdf [aufgerufen am 24.07.2024]; S. 6

Awati, Rahul (2022): Unfreeze, Change, Refreeze (Kurt Lewin Change Management Model); TechTarget.com; 31.05.2022; https://www.techtarget.com/whatis/definition/Kurt-Lewins-Change-Management-Model-Unfreeze-Change-Refreeze [aufgerufen am 11.09.2025]

Baaken, Thomas; Launen, Michael (1993): Software-Marketing; München: Vahlen

Badman, Annie; Kosinski, Matthew (2024): What is big data?; IBM; https://www.ibm.com/think/topics/big-data? [aufgerufen am 05.09.2025]

Bangah, C. J.; Ballhaus, Werner (2023): Digital ad spending moves closer to the consumer; PWC; 07.03.2023; https://www.pwc.com/gx/en/industries/tmt/media/outlook/changes-in-digital-advertising-spend.html [aufgerufen am 05.10.2025]

Becker, Jochen (2019): Marketing-Konzeption: Grundlagen des ziel-strategischen und operativen Marketing Managements; 11. Auflage; München: Vahlen

Bilgram, Volker; Laarmann, Felix (2023): Accelerating Innovation With Generative AI: AI-Augmented Digital Prototyping and Innovation Methods; IEEE Engineering Management Review; Vol. 51, Nr. 2; S. 18–25

Bitkom (2020): Reifegradmodell Digitale Geschäftsprozesse; Bitkom e. V.; https://www.bitkom.org/sites/default/files/2020-04/200406_lf_reifegradmodell_digitale-geschaftsprozesse_final.pdf [aufgerufen am 12.09.2025]

Blase, Paul; Duffey, Matthew (2025): Nine AI-fueled business models that leaders can't ignore; PWC; 08.07.2025; https://www.pwc.com/gx/en/issues/business-model-reinvention/nine-ai-business-models.html [aufgerufen am 05.10.2025]

BMW AG (2025): BMW Group scales Virtual Factory; BMW AG (Pressemitteilung); 11.06.2025; https://www.press.bmwgroup.com/global/article/detail/T0450699EN/bmw-group-scales-virtual-factory?language=en&utm_source=chatgpt.com [aufgerufen am 22.10.2025]

Bogaisky, Jeremy (2019): GE Says It's Leveraging Artificial Intelligence To Cut Product Design Times In Half; Forbes.com; 06.03.2019; https://www.forbes.com/sites/jeremybogaisky/2019/03/06/general-electric-ge-artificial-intelligence/?sh=20c1d115d881 [aufgerufen am 24.09.2025]

Bollhöfer, Esther; Weimann, Steffen (Hrsg.) (2022): Digitalisierung von industriellen Dienstleistungen: Wie Servitization das Service-Business voranbringt; Wiesbaden: Springer Gabler

Brand, James; Isreali, Ayelet; Ngwe, Donald (2025): Using Gen AI for Early-Stage Market Research; Harvard Business Review; 18.07.2025; https://hbsp.harvard.edu/download?url=%2Fcontent%2Fsample%2FH08TGF-PDF-ENG%2Fcontent&metadata=e30%3D [aufgerufen am 26.11.2025]

Brem, Alexander; Giones, Ferran; Werle, Marcel (2023): The AI Digital Revolution in Innovation: A Conceptual Framework of Artificial Intelligence Technologies for the Management of Innovation; IEEE Transactions on Engineering Management; Vol. 70, Nr. 2; S. 770–776

Brossard, Mickael; Gatto, Giacomo; Gentile, Alessandro; Merle, Tom; Wlezien, Chris (2020): How generative design could reshape the future of product development; McKinsey & Company; Ferbruary; https://www.mckinsey.com/~/media/mckinsey/business%20functions/operations/our%20insights/how%20generative%20design%20could%20reshape%20the%20future%20of%20product%20development/how-generative-design-could-reshape-the-future-of-product-development.pdf?shouldIndex=false [aufgerufen am 24.09.2025]

Brossard, Michael; Kamat, Mithum; Lajous, Tomas; Rowshankish, Kayvaun; Tunasar, Cenk (2024): Digital twins: When and why to use one; McKinsey & Company; 30.04.2024; https://www.mckinsey.com/capabilities/mckinsey-digital/our-insights/tech-forward/digital-twins-when-and-why-to-use-one [aufgerufen am 22.10.2025]

Bruhn, Manfred (2013): Qualitätsmanagement für Dienstleistungen Handbuch für ein erfolgreiches Qualitätsmanagement. Grundlagen – Konzepte – Methoden; 9. Auflage; Wiesbaden: Springer Gabler

Bruhn, Manfred; Hadwich, Karsten (2017): Produkt- und Servicemanagement: Konzepte – Prozesse – Methoden; 2. Auflage; München: Vahlen

Busching, Dominik; Göcke, Lutz (2023): Product Roadmaps: Von Chancen und Risiken eines Klassikers im Produktmanagement-Methodenkoffer; in: Hoffmann, Christian Peter; Lennerts, Silke; Schmitz, Christian; Stölzle, Wolfgang; Uebernickel, Falk (Hrsg.) (2016): Business Innovation: Das St. Galler Modell; Wiesbaden: Springer Gabler; S. 95–116

Celonis (o. J.): What is Process Mining?; Celonis; https://www.celonis.com/insights/topics/what-is-process-mining [aufgerufen am 06.10.2025]

Chaffey, Dave; Arturi, Tanya; Edmundson-Bird, David (2024): Digital Business and E-Commerce Management; 8. Auflage; Harlow: Pearson

Chaffey, Dave; Ellis-Chadwick, Fiona (2016): Digital Marketing: Strategy, Implementation and Practice; 6. Auflage; Harlow: Pearson

Chen, Hsinchun; Chiang, Roger H. L.; Storey, Veda C. (2012): Business intelligence and analytics: From big data to big impact; MIS Quarterly; Vol. 36, Nr. 4

Chennapragada, Aparna (2025): Microsoft CPO: If you aren't prototyping with AI you're doing it wrong | Aparna Chennapragada; Lenny's Podcast; 18.05.2025; https://www.lennysnewsletter.com/p/microsoft-cpo-on-ai?utm_source=post-email-title&publication_id=10845&post_id=162914299&utm_campaign=email-post-title&isFreemail=true&r=4n4r5u&triedRedirect=true [aufgerufen am 19.05.2025]

Christensen, Clayton M; Hall, Taddy; Dillon, Karen; Duncan, David S. (2016): Know Your Customers' "Jobs to Be Done"; Harvard Business Review; September; S. 1–10

Chui, Michael; Collins, Mark; Patel, Mark (2021): The Internet of Things: Catching up to an accelerating opportunity; McKinsey & Company; November; https://www.mckinsey.com/~/media/mckinsey/business%20functions/mckinsey%20digital/our%20insights/iot%20value%20set%20to%20accelerate%20through%202030%20where%20and%20how%20to%20capture%20it/the-internet-of-things-catching-up-to-an-accelerating-opportunity-final.pdf [aufgerufen am 06.09.2025]

Clayton, Sarah Jensen (2021): An Agile Approach to Change Management; Harvard Business Review; 11.01.2021

Coggins, Becca; Adams, Christina; Alldredge, Karl; Hopcus, Alyssa; Bucklin, Laura (2025): State of the Consumer 2025: When disruption becomes permanent; McKinsey & Company; June; https://www.mckinsey.com/~/media/mckinsey/industries/consumer%20packaged%20goods/our%20insights/state

%20of%20consumer/2025/state-of-the-consumer-2025-when-disruption-becomes-permanent.pdf?shouldIndex=false [aufgerufen am 26.06.2025]

Cooper, Robert G.; McCausland, Tammy (2024): AI and New Product Development; Research-Technology Management; Vol. 67, Nr. 1; S. 70–75

Cosmas, Alex; Cruz, Guilherme; Cubela, Sebastian; Huntington, Mark; Rahimi, Sohrab; Tiwari, Sanchit (2024): Digital twins and generative AI: A powerful pairing; McKinsey & Company; 11.04.2024; https://www.mckinsey.com/capabilities/mckinsey-digital/our-insights/tech-forward/digital-twins-and-generative-ai-a-powerful-pairing [aufgerufen am 22.10.2025]

Dapth (o. J.): Key principles to guide digital transformation; Dapth.com; https://dapth.com/insights/key-principles-guiding-digital-transformation?utm_source=chatgpt.com [aufgerufen am 09.09.2025]

de Freitas, Julian; Nave, Gideo; Puntoni, Stefano (2025): Ideation with Generative AI – in Consumer Research and Beyond; Journal of Consumer Research; Vol. 52; S. 18–31

de la Boutetière, Hortense; Montagner, Alberto; Reich, Angelika (2018): Unlocking success in digital transformations; McKinsey & Company; Oktober; https://www.mckinsey.com/~/media/McKinsey/Business%20Functions/Organization/Our%20Insights/Unlocking%20success%20in%20digital%20transformations/Unlocking-success-in-digital-transformations.pdf [aufgerufen am 10.09.2025]

Deichler, Andrew (o. J.): AFP Guide to Making Excel Work for FP&A; Associatioon for Financial Professionals; https://www.financialprofessionals.org/docs/default-source/default-document-library/pub/makingexcelworkforfpa.pdf?sfvrsn=f291536b_2 [aufgerufen am 02.10.2025]

Dieffenbacher, Stefan F. (2024): Digital Transformation Strategy Framework: 10 Key Steps; Digitalleadership.com; 18.01.2024; https://digitalleadership.com/blog/digital-transformation-strategy/ [aufgerufen am 09.02.2025]

Donabedian, Avedis (1980): The definition of quality and approaches to Its assessment, explorations in quality assessment and monitoring; Ann Arbor: Health Administration Press

Donner, Patrick (2022): Predictive Analytics als digitaler Service; in: Bollhöfer, Esther; Weimann, Steffen (Hrsg.) (2022): Digitalisierung von industriellen Dienstleistungen: Wie Servitization das Service-Business voranbringt; Wiesbaden: Springer Gabler; S. 145–167

Drucker, Peter (1954): The Practice of Management; New York: Harper & Row

Eastwood, Brian (2023): Artificial intelligence can help design more appealing cars; MIT Management Sloan School; 06.03.2023; https://mitsloan.mit.edu/ideas-made-to-matter/artificial-intelligence-can-help-design-more-appealing-cars [aufgerufen am 24.09.2025]

Engelhardt, Werner H.; Reckenfelderbäumer, Martin (2006): Industrielles Service-Management; in: Kleinaltenkamp, Michael; Plinke, Wulff; Jacob, Frank; Söllner, Albrecht (Hrsg.) (2006): Markt- und Produktmanagement: Die Instrumente des Business-to-Business-Marketing; 2. Auflage; Wiesbaden: Gabler; S. 209–320

Esser, Marc R. (o. J.): Chancen und Herausforderungen durch Digitale Transformation; Strategy & Transformation Consulting; http://www.strategy-transformation.com/digitale-transformation-verstehen/#sthash.cFJpdmWE.dpuf [aufgerufen am 13.09.2025]

Europäische Union (o. J.): Das EU-Gesetz zur künstlichen Intelligenz: Aktuelle Entwicklungen und Analysen des EU AI-Gesetzes; Europäische Union; https://artificialintelligenceact.eu/de/ [aufgerufen am 07.10.2025]

Farmer, Donald (2023): 8 Vorteile der Big-Data-Nutzung für Unternehmen; ComputerWeekly.de; 05.06.2023; https://www.computerweekly.com/de/feature/8-Vorteile-der-Big-Data-Nutzung-fuer-Unternehmen [aufgerufen am 06.09.2025]

Fernández-Olano, Pedro; Castedo, Rocío; González, Alejandro (2016): Defining the digital organization: Implications of digital transformation on the organization of financial institutions; Athur D. Little; https://www.adlittle.com/sites/default/files/viewpoints/ADL_Definingthedigitalorganization_01.pdf [aufgerufen am 11.09.2025]

Forbes (2024): 19 Best Practices For Change Management Success; Forbes.com; 11.04.2024; https://www.forbes.com/councils/forbeshumanresourcescouncil/2024/04/11/19-best-practices-for-change-management-success [aufgerufen am 11.09.2025]

Frauenhofer-Institut für Produktionsanalagen und Konstruktionstechnik (o. J.): Von der Idee zum Bauteil: Additive Fertigung als Innovationstreiber; Fraunhofer-Gesellschaft; https://www.ipk.fraunhofer.de/de/kompetenzen-und-loesungen/produktionsverfahren-und-anlagen/additive-fertigung.html [aufgerufen am 07.09.2025]

Friedrich, Roman; Pachmajer, Michael; Curran, Chris (2016): The right CDO for your company's future: The five archetypes of a chief digital officer; Strategy &; https://www.strategyand.pwc.com/gx/en/insights/2016/the-right-cdo-companys-future/the-right-cdo-for-your-companys-future.pdf [aufgerufen am 12.09.2025]

Fuller, Aidan; Fan, Zhong; Day, Charles; Barlow, Chris (2020): Digital Twin: Enabling Technologies, Challenges and Open Research; IEEE Xplore; https://ieeexplore.ieee.org/document/9103025 [aufgerufen am 19.10.2025]

Gassmann, Oliver; Frankenberger Karolin; Choudury, Michaela (2021): Geschäftsmodelle entwickeln: 55+ innovative Konzepte mit dem St. Galler Business Model Navigator; 3. Auflage; München: Hanser

Gehrmann, Sven (2019): Digitalisierung im technischen Service; BearingPoint; https://www.bearingpoint.com/de-de/publikationen-and-events/publikationen/digitalisierung-im-technischen-service [aufgerufen am 12.09.2025]

Gelernter, David Hillel (1991): Mirror worlds, or, The day software puts the universe in a shoebox: how it will happen and what it will mean; New York: Oxford University Press

Gindert, Michael; Müller, Marvin Lutz (2024): The Impact of Generative Artificial Intelligence on Ideation and the performance of Innovation Teams; Cornell University; 24.08.2024; https://arxiv.org/pdf/2410.18357 [aufgerufen am 24.09.2025]

GitHub (o. J.): AI that builds with you; GitHub.com; https://github.com/features/copilot? [aufgerufen am 04.10.2025]

Google (o. J.): Verschiedene Test-Tracks und ihre Anforderungen; Google; https://support.google.com/googleplay/android-developer/answer/14151465?sjid=15689768224483024554-EU [aufgerufen am 06.10.2025]

Gordon, Will (2025): How To Leverage Customer Data Collection in 14 Easy Ways; Nutshell.com; 11.07.2025; https://www.nutshell.com/blog/easily-collect-customer-data?utm_source=chatgpt.com [aufgerufen am 18.09.2025]

Grieves, Michael (2002): Completing the Cycle: Using PLM Information in the Sales and Service Functions; Troy: SME Management Forum

Grieves, Michael (2018): The Evolution of the Digital Twin; IM+io; März; S. 66–69

Grieves, Michael; Vickers, John (2017): Digital Twin: Mitigating Unpredictable, Undesirable Emergent Behavior in Complex Systems; in: Kahlen, Franz-Josef; Flumerfelt, Shannon; Alves, Anabela (2017): Transdisciplinary Perspectives on Complex Systems: New Findings and Approaches; Cham: Springer; S. 85–113

Hashemi-Pour, Cameron; Brush, Kate; Kirsch, Brian (2024): Virtualization; TechTarget.com; 05.06.2024; https://www.techtarget.com/searchitoperations/definition/virtualization [aufgerufen am 27.10.2025]

Hofbauer, Günter (2018): Professionelles Produktmanagement: Der prozessorientierte Ansatz, Rahmenbedingungen und Strategien; 3. Auflage; Erlangen: Puplicis

Holopainen, Mira; Saunila, Minna; Rantala, Tero; Ukko, Juhani (2022): Digital twins' implications for innovation; Technology Analysis & Strategic Management; 16.08.2022

Homburg, Christian (2020): Marketingmanagement: Strategie – Instrumente – Umsetzung – Unternehmensführung; 7. Auflage; Wiesbaden: Springer

HubSpot (2024): The State of Marketing 2024: Navigating business growth with technology and creativity for more human marketing; HubSport.com; https://www.hubspot.com/state-of-marketing?hubs_

post-cta=anchor&hubs_content=blog.hubspot.com%2F&hubs_content-cta=The%25202024%2520State%2520of%2520Marketing%2520%2526%2520Trends%2520Report%253A%2520Data%2520from%25201400%252B%2520Global%2520Marketers&hubs_signup-url=blog.hubspot.com/marketing/hubspot-blog-marketing-industry-trends-report&hubs_signup-cta=cta_button&hubs_post=blog.hubspot.com/marketing/hubspot-blog-marketing-industry-trends-report [aufgerufen am 16.11.2024]

HubSpot (o. J.): Make My Persona: A Buyer Persona Generator from HubSpot; HubSpot; https://www.hubspot.com/make-my-persona [aufgerufen am 07.10.2025]

Hyndman, Rob J.; Athanasopoulos, George (2021): Forecasting: Principles and Practice; 3. Auflage; Melbourne: Otexts

IBM (o. J.): Was ist ein digitaler Zwilling?; IBM; https://www.ibm.com/de-de/think/topics/digital-twin [aufgerufen am 19.10.2025]

Ilina, Alexandra (2025): Virtuell und real: Porsche testet den Cayenne unter Extrembedingungen; Ingenieur.de; https://www.ingenieur.de/technik/fachbereiche/verkehr/virtuell-und-real-porsche-testet-den-cayenne-unter-extrembedingungen/ [aufgerufen am 23.10.2025]

Illingworth, Valerie (1996): Dictionary of Computing; 4. Auflage; Oxford: Oxford University Press

IT boltwise (2025): KI-gestütztes Hotel in Las Vegas: Eine neue Ära der Personalisierung; it-boltwise.de; 15.01.2025; https://www.it-boltwise.de/ki-gestuetztes-hotel-in-las-vegas-eine-neue-aera-der-personalisierung.html [aufgerufen am 20.01.2025]

Jacobides, Michael G.; Cennamo, Carmelo; Gawer, Annabelle (2018): Towards a Theory of Ecosystems; Strategic Management Journal; Vol. 39; S. 2255–2276

Jahn, Thomas; Scheppe, Michael (2025): KI-Agenten fordern Markenkonzerne heraus; Handelsblatt; 17.-24.04.2025; S. 28–29

Jung, Wolfgang (2021): GfK ersetzt Musterdorf Haßloch mit digitaler Mafo; Absatzwirtschaft; 15.11.2021; https://www.absatzwirtschaft.de/gfk-ersetzt-musterdorf-hassloch-mit-digitaler-mafo-229003/?utm_source=chatgpt.com [aufgerufen am 03.03.2025]

Kakatkar, Chinmay; Bilgram, Volker; Füller, Johann (2020): Innovation analytics: Leveraging artificial intelligence in the innovation process; Business Horizons; Vol. 63, Nr. 2

Kane, Gerald C.; Palmer, Doug; Phillips, Anh Nguyen; Kiron, David; Buckley, Natasha (2015): Strategy, not Technology, Drives Digital Transformation: Becoming a Digitally Mature Enterprise; MIT Sloan Management Review; 14.06.2015; https://sloanreview.mit.edu/projects/strategy-drives-digital-transformation/ [aufgerufen am 05.09.2025]

Kerkmann, Christof (2025): SAP entwickelt eigenes KI-Basismodell; Handelsblatt; 06.11.2025; S. 26

Kesseler, Mario; Karcher, Andreas (2022): Eine kollaborative Methode zur modellbasierten Servitisierung und Digitalisierung von Organisationen; in: Bollhöfer, Esther; Weimann, Steffen (Hrsg.) (2022): Digitalisierung von industriellen Dienstleistungen: Wie Servitization das Service-Business voranbringt; Wiesbaden: Springer Gabler; S. 85–102

Khandabattu, Haritha (2025): The 2025 Hype Cycle for Artificial Intelligence Goes Beyond GenAI; Gartner; 08.07.2025; https://www.gartner.com/en/articles/hype-cycle-for-artificial-intelligence [aufgerufen am 07.10.2025]

Kohtamäki, Marko; Parida, Vinit; Oghazi, Pejvak; Gebauer, Heiko; Baines, Tim (2019): Digital servitization business models in ecosystems: A theory of the firm; Journal of Business Research; Vol. 104; S. 380–392

Kortas, Tobias (2025): IT Infrastructure: Definition, Best Practices, Solutions; Ortis Software Solutions; 11.06.2025; https://otrs.com/blog/digital-transformation/it-infrastructure [aufgerufen am 10.09.2025]

Kotler, Philip; Armstrong, Gary; Lloyd, C. Harris; Hongwei, He (2022): Grundlagen des Marketing; 8. Auflage; Halbergmoos: Pearson

Kotler, Philip; Kartajaya, Hermawan; Setiawan, Iwan (2021): Marketing 5.0: technology for humanity; Hoboken: Wiley

Kotler, Philip; Kartajaya, Hermawan; Setiawan, Iwan (2017): Marketing 4.0: moving from traditional to digital; New York: Wiley

Kotter, John P. (1996): Leading Change; Cambridge: Harvard Business School Press

Kraus, Sascha; Jones, Paul; Kailer, Norbert; Weinmann, Alexandra; Chaparro-Banegas, Nuria; Roig-Tierno, Norat (2021): Digital Transformation: An Overview of the Current State of the Art of Research; SAGE Open; July-September; https://journals.sagepub.com/doi/epub/10.1177/21582440211047576 [aufgerufen am 11.09.2025]; S. 1–15

Kreutzer, Ralf T.; Klose, Sonja (2025): Praxisorientiertes Online-Marketing: Konzepte – Instrumente – Checklisten; 5. Auflage; Wiesbaden: Springer Gabler

Kumar, Sandeep; Ghosal, Tirthanka; Goyal, Vinayak; Ekbal, Asif (2024): Can Large Language Models Unlock Novel Scientific Research Ideas?; Indian Institute of Technology/India; National Center for Computational Sciences/USA; 10.09.2024; https://arxiv.org/pdf/2409.06185v1 [aufgerufen am 11.09.2025]

Lammenett, Erwin (2025): Praxiswissen Online-Marketing: Affiliate-, Influencer-, Content-, Social-Media-, Amazon-, Voice-, B2B-, Sprachassistenten- und E-Mail-Marketing, Google Ads, SEO, künstliche Intelligenz; 10. Auflage; Wiesbaden: Springer Gabler

Langley, Hugh (2024): New AI and 5G advancements will usher in the era of edge computing on smartphones, autonomous cars, and more; Business Insider; 11.03.2024; https://www.businessinsider.com/ai-edge-computing-5g-cloud-artificial-intelligence-2024-3 [aufgerufen am 09.09.2025]

Lashin, Gamal; Stark, Rainer (2021): Virtuelle Produktentwicklung; in: Bender, Beate; Gericke, Kilian (Hrsg.) (2021): Pahl/Beitz Konstruktionslehre: Methoden und Anwendung erfolgreicher Produktentwicklung; 9. Auflage; Berlin: Springer Vieweg; S. 1097–1153

Laukat, Andreas (2025): Digitale Zwillinge von Organen: Mit dieser Software ersetzt die Pharmabranche Tierversuche; ntv; 06.08.2025; https://www.n-tv.de/wirtschaft/Weniger-Tierversuche-durch-digitale-Zwillinge-mit-Sabine-Scheunert-Dassault-Systemes-article25948080.html [aufgerufen am 25.09.2025]

Legner, Christine; Eymann, Torsten; Hess, Thomas; Matt, Christian; Böhmann, Tilo; Drews, Paul; Mädche, Alexander; Urbach, Nils; Ahlemann, Frederik (2017): Digitalization: Opportunity and Challenge for the Business and Information Systems Engineering Community; Business & Information Systems Engineering; Vol. 59, Nr. 4; S. 301–308

Leiponen, Aija (2024): Digital Innovation Strategy; Cambridge: Cambridge University Press

Leitner, Elias (2025): Einsatz von Generativer Künstlicher Intelligenz im Produktentstehungsprozess; Bachelorarbeit: Technische Hochschule Ingolstadt

Lenz, Bram; Smeets, Jeroen; Looijse, Kaj (2023): New Business Model XaaS – Everything as a service; Deloitte; https://www.deloittedigital.com/content/dam/digital/nl/pdfs/deloitte-nl-new-business-models-xaas-final.pdf [aufgerufen am 13.09.2025]

Lies, Jan (2022): Servitization: Marketing-Digitalisierung als (Miss-)Erfolgsfaktor des serviceorientierten Kundenmanagements; in: Bollhöfer, Esther; Weimann, Steffen (Hrsg.) (2022): Digitalisierung von industriellen Dienstleistungen: Wie Servitization das Service-Business voranbringt; Wiesbaden: Springer Gabler; S. 3–24

Louviere, Jordan. J.; Flynn, Toby N.; Marley, Anthony A. J. (2015): Best–Worst Scaling: Theory, Methods and Applications; Cambridge: Cambridge University Press

Matt, Christian; Hess, Thomas; Benlian, Alexander (2015): Digital Transformation Strategies; Business & Information Systems Engineering; Vol. 57, Nr. 5; S. 339–343

Matthews, Colin (2025): How to get your entire team prototyping with AI; Lenny's Newsletter; 10.06.2025; https://www.lennysnewsletter.com/p/how-to-get-your-entire-team-prototyping [aufgerufen am 10.06.2025]

Matysczok, Carsten (o. J.): Optimierungen am digitalen Zwilling verproben; Der Maschinenbau; https://der-maschinenbau.de/software/optimierungen-am-digitalen-zwilling-verproben/ [aufgerufen am 20.10.2025]

McKinsey (2022): McKinsey Technology Trends Outlook 2022: Immersive-reality technologies; McKinsey & Company; August; https://www.mckinsey.com/spContent/bespoke/tech-trends/pdfs/mckinsey-tech-trends-outlook-2022-immersive-reality.pdf [aufgerufen am 08.09.2025]

Meffert, Heribert; Burmann, Christoph; Kirchgeorg, Manfred; Eisenbeiß, Maik (2024): Marketing: Grundlagen marktorientierter Unternehmensführung, Konzepte – Instrumente – Praxisbeispiele; 14. Auflage; Wiesbaden: Springer

Menzel, Christoph; Winkler, Christian (2018): Zur Diskussion der Effekte Künstlicher Intelligenz in der wirtschaftswissenschaftlichen Literatur; Bundesministerium für Wirtschaft und Energie (Diskussionspapier); Oktober

Miro (o. J.): AI persona generator that turns research chaos into clear user profiles; Miro; https://miro.com/ai/persona/ [aufgerufen am 07.10.2025]

Mironov, Rich (2024): Product Management of Hybrid B2B products; Product Focus Webinar; 45497; https://vimeo.com/989566386/9a04bdc3f3?share=copy&utm_campaign=2782610_30%20August%20-%20Monthly%20Content%20Digest%20August%2024%20-%20Eddie&utm_medium=email&utm_source=Product%20Focus [aufgerufen am 00.01.1900]

Mittelstand Digital (2024): Digitalcheck Mittelstand | Report 2023; Mittelstand-Digital Zentrum Berlin; Juni; https://digitalzentrum-berlin.de/wp-content/uploads/2024/07/Reifegrad-Report_2023-komprimiert-1.pdf [aufgerufen am 12.09.2025]

Nassur, Neil; Rowshankish, Kayvaun (2022): The data-driven enterprise of 2025; McKinsey Digital; January; https://www.mckinsey.com/~/media/mckinsey/business%20functions/mckinsey%20analytics/our%20insights/the%20data%20driven%20enterprise%20of%202025/the-data-driven-enterprise-of-2025-final.pdf?shouldIndex=false [aufgerufen am 05.10.2025]

Nika, Marily (2025): Google's AI product lead Marily Nika on the new PM toolkit; Lenny's Podcast; 01.12.2025; https://www.lennysnewsletter.com/p/this-week-on-how-i-ai-pms-who-use?utm_source=post-email-title&publication_id=10845&post_id=180061491&utm_campaign=email-post-title&isFreemail=true&r=4n4r5u&triedRedirect=true [aufgerufen am 02.12.2025]

Noy, Shakked; Zhang, Whitney (2023): Experimental evidence on the productivity effects of generative artificial intelligence; Sience; Vol. 291; S. 1887–192

NVIDIA Corp (2024): Into the Omniverse: SyncTwin Helps Democratize Industrial Digital Twins With Generative AI, OpenUSD; NVIDIA Corp; 27.06.2024; https://blogs.nvidia.com/blog/synctwin-digital-twins-generative-ai-openusd/?utm_source=chatgpt.com [aufgerufen am 22.10.2025]

Olbrich, Rainer; Schulz, Carsten D.; Holsing, Christian (2025): Electronic Commerce und Digital Marketing; 3. Auflage; Wiesbaden: Springer Gabler

Olmstead, Levi (2025): 9 Critical Digital Transformation Challenges to Overcome; Whatfix.com; 08.07.2025; https://whatfix.com/blog/digital-transformation-challenges [aufgerufen am 11.09.2025]

Shaer; Orit; Cooper, Angelora; Mokryn, Osnat; Kun, Andrew L.; Shoshan, Hagit Ben (2024): AI-Augmented Brainwriting: Investigating the use of LLMs in group ideation; Cornell University; 29.02.2024; https://arxiv.org/pdf/2402.14978 [aufgerufen am 24.09.2025]

Orosz, Gergely; Osmani, Addy (2025): How AI-assisted coding will change software engineering: hard truths; The Pragmatic Engineer; 05.01.2025; https://newsletter.pragmaticengineer.com/p/how-ai-will-change-software-engineering?utm_source=post-email-title&publication_id=458709&post_id=154200840&utm_campaign=email-post-title&isFreemail=true&r=4n4r5u&triedRedirect=true [aufgerufen am 27.11.2025]

Overby, Stephanie (2024): Digital transformation and edge computing: 7 best practices; The Enterprise Project; 24.03.2024; https://enterprisersproject.com/article/2021/3/digital-transformation-and-edge-computing-7-best-practices [aufgerufen am 10.09.2025]

Ovington, Tristan (2025): 9 Digital transformation challenges and how to overcome them; DigitalAdoption.com; 08.09.2025; https://www.digital-adoption.com/digital-transformation-challenges [aufgerufen am 11.09.2025]

Parker, Geoffrey; Van Alstyne, Marshall; Choudary, Sangeet Paul (2016): Platform Revolution: How Networked Markets Are Transforming the Economy; New York: W.W. Norton & Company

Perea, Andres (2024): A Guide to Overcoming Resistance to Change During Digital Transformation; WillDom.com; 16.04.2025; https://willdom.com/blog/change-management-in-digital-transformation [aufgerufen am 11.09.2025]

Pescher, Christian; Tellis, Gerard J. (2025): The Role of Artificial Intelligence in the Ideation Process; Journal od Product Innovation Management; September; S. 958–982

Pittet, Sten (o. J.): Continuous integration vs. delivery vs. deployment; Atlassian; https://www.atlassian.com/continuous-delivery/principles/continuous-integration-vs-delivery-vs-deployment [aufgerufen am 06.10.2025]

Ponn, Josef; Hutterer, Philipp; Braun, Thomas; Birkhofer, Herbert; Ehrlenspiel, Klaus (2024): Methoden der integrierten Produktentwicklung: Leitfaden für die Praxis; München: Hanser

Postmus, Lars (2023): The 3 different types of data in digital marketing; Merkle.com; 10.05.2023; https://www.merkle.com/en/merkle-now/articles-blogs/2023/the-3-different-types-of-data-in-digital-marketing.html?utm_source=chatgpt.com [aufgerufen am 18.09.2025]

Pragmatic Institute (2024): The 2024 state of Product Management & Product Marketing Report; PragmaticInstitute.com; https://www.pragmaticinstitute.com/resources/state-of-product-management-marketing/ [aufgerufen am 02.10.2025]

PricewaterhouseCoopers (2025): 2025 AI Business Predictions; PricewaterhouseCoopers; https://www.pwc.com/us/en/tech-effect/ai-analytics/ai-predictions.html [aufgerufen am 07.10.2025]

ProdPad (2025): The Product Manager's Guide to Building AI Products; Prodpad.com; March; https://www.prodpad.com/wp-content/uploads/2025/03/Managing-AI-into-your-Product.pdf?utm_campaign=10106730-Managing%20an%20AI%20Product%20ebook&utm_medium=email&_hsenc=p2ANqtz-9oA-5XXSUw_gBRqPjpJUdNS_UG3FOsWWcL4fiLQV78d788fBgDFt4vcC95SvqB3Wi7E-ib7H4kX9O4z4uvBMvN8p9B9w&_hsmi=352626754&utm_content=352626754&utm_source=hs_automation [aufgerufen am 27.03.2025]

Product Focus (2024a): Product management in a world of digital transformation; Product Focus; White Paper, p003-2207; https://www.productfocus.com/wp/wp-content/uploads/2021/10/White-paper-Product-management-in-a-world-of-digital-transformation.pdf?utm_campaign=2803581_14%20October%202024%20%20-%20%20Product%20management%20in%20a%20world%20of%20digital%20transformation%20-%20%20White%20paper%20-%20Eddie&utm_medium=email&utm_source=Product%20Focus&dm_i=3ZBS,1O399,9E9GIK,6FB9U,1 [aufgerufen am 22.10.2024]; October

Product Focus (2024c): The AI Advantage for Product Managers: A 3-Part Series – Part 1: Foundations of AI and Product Management; Product Focus Blog; https://www.productfocus.com/the-ai-advantage-for-product-managers-a-3-part-series-part-1/ [aufgerufen am 24.09.2024]

Product Focus (2024d): The AI Advantage for Product Managers: A 3-Part Series – Part 2: AI in the Product Management Lifecycle; Product Focus Blog; https://www.productfocus.com/the-ai-advantage-for-product-managers-a-3-part-series-part-2/ [aufgerufen am 24.09.2025]

Product Focus (2024e): The AI Advantage for Product Managers: A 3-Part Series – Part 3: The AI Advantage for Product Managers; Product Focus Blog; https://www.productfocus.com/the-ai-advantage-for-product-managers-a-3-part-series-part-3/ [aufgerufen am 24.09.2025]

Product Focus (2025a): 2025 Survey of the Product Management Profession; ProductFocus; https://www.productfocus.com/wp/wp-content/uploads/2025/04/Product-Focus-Industry-Survey-R001-2502.pdf?utm_campaign=2869664_29%20April%20%20-%20Monthly%20Content%20Digest%20April%2025%20-%20Eddie&utm_medium=email&utm_source=Product%20Focus&dm_i=3ZBS,1PI8W,9E9GIK,6NA6M,1 [aufgerufen am 28.04.2024]

Product Focus (2025b): The AI value curve for Product Managers; Product Focus; https://www.productfocus.com/wp/wp-content/uploads/2025/03/AI-value-curve-for-product-managers-I019-2503-1.pdf [aufgerufen am 28.07.2025]

Product Focus (2025c): The AI Judgment Paradox: Why product managers need product management skills more than ever; Product Focus Blog; https://www.productfocus.com/the-ai-judgment-paradox-why-product-managers-need-product-management-skills-more-than-ever/?utm_campaign=2916396_21%20August%202025%20-%20The%20AI%20Judgment%20Paradox%3A%20Why%20product%20managers%20need%20product%20management%20skills%20more%20than%20ever%20-%20New%20Blog%20-%20Eddie&utm_medium=email&utm_source=Product%20Focus&dm_i=3ZBS,1QIB0,9E9GIK,6SSP5,1 [aufgerufen am 25.09.2025]

Product Focus (2025d): AI Prompts for Every Stage of the Product Management Lifecycle; Product Focus Blog; 07.02.2025; https://www.productfocus.com/ai-prompts-for-every-stage-of-the-product-management-lifecycle/?utm_campaign=2827620_6%20February%2025%20-%20AI%20Prompts%20for%20Every%20Stage%20of%20the%20Product%20Management%20Lifecycle%20-%20Blogs%20-%20%20Free%20-%20Eddie&utm_medium=email&utm_source=Product%20Focus&dm_i=3ZBS,1OLT0,9E9GIK,6I5FZ,1 [aufgerufen am 26.11.2025]

ProduktManageMentor (2024): Künstliche Intelligenz im Produktmanagement; ProduktManageMentor/KI-Summit für Produktmenschen; 22/23.10.2024

Prosci (2025): 5 Digital Transformation Challenges and How to Overcome Them; Prosci.com; 07.07.2025; https://www.prosci.com/blog/digital-transformation-challenges [aufgerufen am 11.09.2025]

Prosci (o. J.): The Prosci ADKAR Model: A powerful yet simple model for facilitating individual change; Prosci.com; https://www.prosci.com/methodology/adkar [aufgerufen am 11.09.2025]

Quantum News (2024): Extended Reality (XR) and the Metaverse: Transforming Business; Quantum Zeitgeist; 26.09.2024; https://quantumzeitgeist.com/extended-reality-xr-and-the-metaverse-transforming-business/ [aufgerufen am 08.09.2025]

Remané, Gerrit; Schneider, Sabrina; Hanelt, André (2022): Digital business model types: understanding their mechanisms as recipes to commercialise digital; International Journal of Innovation Management; Vol. 26, Nr. 3; S. 1–28

Rodgers, Stephen; Walter, Anthony; Lobaugh, Kasey (2023): The rise of digital goods and services: Opportunity over threat; Deloitte; 23.01.2023; https://www.deloitte.com/us/en/insights/industry/retail-distribution/consumer-behavior-trends-state-of-the-consumer-tracker/the-rise-of-digital-services.html [aufgerufen am 12.09.2025]

Rohn, Samantha (2025): How to Create an IT Strategic Plan; Whatfix.com; 24.06.2025; https://whatfix.com/blog/it-strategic-planning [aufgerufen am 11.09.2025]

Rohrer, Christian (2022): When to Use Which User-Experience Research Methods; Nielsen Norman Group; 17.07.2022; https://www.nngroup.com/articles/which-ux-research-methods/ [aufgerufen am 06.10.2025]

Roth, Erik (2025): Reconfiguring work: Change management in the age of gen AI; Quantum Black – AI by McKinsey; August; https://www.mckinsey.com/~/media/mckinsey/business%20functions/quantumblack/our%20insights/reconfiguring%20work%20change%20management%20in%20the%20age%20of%20gen%20ai/reconfiguring-work-change-management-in-the-age-of-gen-ai_final.pdf?shouldIndex=false [aufgerufen am 07.09.2025]

Ryan, Damian (2021): Understanding digital marketing: a complete guide to engaging customers and implementing successful digital campaigns; 5. Auflage; London: Kogan Page

Safar, Milad (o. J.): Wofür kann die Blockchain-Technologie eingesetzt werden?; Weissenberg Group; https://weissenberg-group.de/wofuer-kann-die-blockchain-technologie-eingesetzt-werden/ [aufgerufen am 06.09.2025]

Samsonova, Jana (2023): Was kann KI im Influencer Marketing?; Absatzwirtschaft; Nr. 11, 2023; S. 28–30

Sarstedt, Marko; Rau, Lea (2025): Wie disruptiv sind GenKI-Tools?; Horizon; 19.03.2025; https://www.horizont.net/planung-analyse/nachrichten/wie-disruptiv-sind-genki-tools-drei-szenarien-zum-einsatz-von-sprachmodellen-in-der-markt–und-konsumentenforschung-226339 [aufgerufen am 01.09.2025]

Savage, Sam (2002): The Flaw of Averages; Harvard Business Review; November

Schmidt, Hubertus; Bruns, Reiner; Legl, Klaus; Wolf, Julia; Hallebeek, Roland (2022): Künstliche Intelligenz und Customer Service: Intelligent Virtual Agents für ein neues digitales Serviceerlebnis; in: Bollhöfer, Esther; Weimann, Steffen (Hrsg.) (2022): Digitalisierung von industriellen Dienstleistungen: Wie Servitization das Service-Business voranbringt; Wiesbaden: Springer Gabler; S. 25–42

Schneider, Jeremy; Shah, Tejas; Abraham, Joshan Cherian (2024): Navigating the generative AI disruption in software; McKinsey & Company; https://www.mckinsey.com/~/media/mckinsey/industries/technology%20media%20and%20telecommunications/high%20tech/our%20insights/navigating%20the%20generative%20ai%20disruption%20in%20software/navigating-the-generative-ai-disruption-in-software.pdf?shouldIndex=false [aufgerufen am 07.10.2025]

Schuh, Günther; Anderl, Reiner; Dumitrescu, Roman; Krüger, Antonio; ten Hompel, Michael (Hrsg.) (2020): Industrie 4.0 Maturity Index: Die digitale Transformation von Unternehmen gestalten; acatech STUDIE; https://www.acatech.de/wp-content/uploads/2020/04/aca_STU_MatInd_2020_de_Web-1.pdf [aufgerufen am 12.09.2025]

Schüler, Ulrich; Tisson, Horst (2022): Servicezentrierte Organisation: Ein Konzept zu Innovationsfähigkeit und Effizienz in Unternehmen; in: Bollhöfer, Esther; Weimann, Steffen (Hrsg.) (2022): Digitalisierung von industriellen Dienstleistungen: Wie Servitization das Service-Business voranbringt; Wiesbaden: Springer Gabler; S. 103–124

Schwandner, Gerd A. (2002): Strategiebildung im Softwaregeschäft: Entwurf eines integrierten, ressourcen- und kompetenzenbasierten Planungsprozesses; Dissertation an der RWTH Aachen; https://publications.rwth-aachen.de/record/56999 [aufgerufen am 30.09.2024]

Selvam, Anjan Panneer (2025): How to turn meeting notes into prototypes that your sales team can immediately demo to customers | (Acolyte Health); How I AI with Claire Vo (YoutTube); 01.09.2025; https://www.youtube.com/watch?v=shqv90oAIkM&t=1147s [aufgerufen am 11.09.2025]

Sheps, Amit (2023): Containerization vs. Virtualization: Key Differences and Use Cases; Aquasec.com; 01.11.2023; https://www.aquasec.com/cloud-native-academy/docker-container/containerization-vs-virtualization [aufgerufen am 27.10.2025]

Shriram, Gayathri; Anning, Mark (2025): Revolutionizing Product Management: From Ideation to Implementation Utilizing AI/LLMs; Enterprise Technology Leadership Journal; Spring; S. 160–203

Shukur, Hanan M.; Zeebaree, Subhi R. M.; Zebari, Rizgar R.; Zeebaree, Diyar Qader; Ahmed, Omar M.; Salih, Azar Abid (2020): Cloud Computing Virtualization of Resources Allocation for Distributed Systems; Journal of Applied Science and Technology Trends; Vol. 1, Nr. 3; S. 98–105

Siemens (o. J./a): Airplane manufacturer uses Siemens solutions to reduce product development time for all-electric composite aircraft; Siemens AG; https://resources.sw.siemens.com/en-US/case-study-bye-aerospace/?bc=eyJwYWdlIjoiMjhSa2ZFOEtnaFpiSlhXajllMUR6UCIsInNpdGUiOiJkaXN3IiwibG9jYWxlI joiZW4tVVMifQ [aufgerufen am 24.09.2025]

Siemens (o. J./b): Digitaler Zwilling; Siemens AG; https://www.sw.siemens.com/de-DE/technology/digital-twin/ [aufgerufen am 19.10.2025]

Singla, Alex; Sukharevsky, Alexander; Berteletti, Elia; Yee, Lareina; Chui, Michael (2025b): The next innovation revolution – powered by AI; Quantum Black – AI by McKinsey; June; https://www.mckinsey.com/capabilities/quantumblack/our-insights/the-next-innovation-revolution-powered-by-ai?stcr=BD87777F43544B3D8B1ED5C61E9B00A1&cid=other-eml-alt-mip-mck&hlkid=d69acabc2d264614af33a3e51a89797a&hctky=1933228&hdpid=71f74922-65ff-47fb-9dbb-a20abccfc793 [aufgerufen am 26.06.2025]

Singla, Alex; Sukharevsky, Alexander; Yee, Lareina; Chui, Michael; Hall, Bryce (2024): The state of AI in early 2024: Gen AI adoption spikes and starts to generate value; Quantum Black – AI by McKinsey; May; https://www.mckinsey.com/capabilities/quantumblack/our-insights/the-state-of-ai?stcr=D65B59511D5A4090A48ACEA19F2A2068&cid=other-eml-alt-mip-mck&hlkid=94d75e2448cf432db7c8ed34ea932330&hctky=1933228&hdpid=4e5b39a9-b017-49dc-bc7c-df8a492b551a [aufgerufen am 10.06.2024]

Singla, Alex; Sukharevsky, Alexander; Yee, Lareina; Chui, Michael; Hall, Bryce (2025a): The state of AI: How organizations are rewiring to capture value; Quantum Black – AI by McKinsey; March; https://www.mckinsey.com/capabilities/quantumblack/our-insights/the-state-of-ai?stcr=9499CD6B84314043914372147ADF3E31&cid=other-eml-nsl-mip-mck&hlkid=6cf50a11aa984a85ba649cd891edd06f&hctky=1933228&hdpid=f82cfe3e-f89f-48da-9fc2-87984f0d248d#/ [aufgerufen am 04.04.2025]

Stark, John (2024): Product Lifecycle Management (Volume 7): PLM and Digital Twins; Cham: Stringer

Statista (2024a): Influencer Marketing; Statista; https://de-statista-com.thi.idm.oclc.org/statistik/studie/id/45106/dokument/influencer-marketing/ [aufgerufen am 10.10.2025]

Statista (2024b): Künstliche Intelligenz im Marketing; Statista; https://de-statista-com.thi.idm.oclc.org/statistik/studie/id/176073/dokument/kuenstliche-intelligenz-im-marketing/ [aufgerufen am 10.10.2025]

Statista (2024c): TV & Video Advertising: market data & analysis; Statista; https://de-statista-com.thi.idm.oclc.org/statistik/studie/id/41114/dokument/digital-advertising-report-video-advertising/ [aufgerufen am 12.10.2025]

Statista (2024d): Mobile Commerce; Statista; https://de-statista-com.thi.idm.oclc.org/statistik/studie/id/7395/dokument/mobile-commerce-statista-dossier/ [aufgerufen am 13.10.2025]

Statista (2025): Digital & Trends: Generative Künstliche Intelligenz; Statista; https://de-statista-com.thi.idm.oclc.org/statistik/studie/id/146456/dokument/generative-ki/ [aufgerufen am 26.09.2025]

Statista (2025a): Marketing Trends 2025; Statista; https://de-statista-com.thi.idm.oclc.org/statistik/studie/id/176661/dokument/marketing-trends-2025/ [aufgerufen am 10.10.2025]

Statista (2025b): Industrie 4.0: Detaillierte Marktanalyse; Statista; https://de-statista-com.thi.idm.oclc.org/statistik/studie/id/67366/dokument/in-depth-report-industrie-40/ [aufgerufen am 10.10.2025]

Statista (2025c): Digitalisierung – wo steht Deutschland?; Statista; https://de-statista-com.thi.idm.oclc.org/statistik/studie/id/108441/dokument/digitalisierung-in-deutschland/ [aufgerufen am 10.10.2025]

Statista (2025d): Marktprognose für Werbung weltweit; Statista; https://de-statista-com.thi.idm.oclc.org/outlook/amo/werbung/weltweit [aufgerufen am 12.10.2025]

Statista (2025e): Smartphones – Daten & Fakten; Statista; https://de-statista-com.thi.idm.oclc.org/themen/581/smartphones/#topicOverview [aufgerufen am 13.10.2025]

Statista (2025 f): Durchschnittliche tägliche Nutzungsdauer von Smartphones in Deutschland im Jahr 2025 nach Altersgruppe; Statista; https://de-statista-com.thi.idm.oclc.org/statistik/daten/studie/714974/umfrage/taegliche-nutzungsdauer-von-smartphones-in-deutschland/ [aufgerufen am 13.10.2025]

Statista+, CMCx (2025): Content Marketing Trend Studie 2025; Statista+, CMCx; https://spaces.statista.com/310193c17bff4c98ae4659ba55b6750d.pdf?lid=w0wjxcwh9vdb&utm_source=statista%2B_braze&utm_medium=email&utm_campaign=Content%20Marketing%20Trends%202025_NL_DE_Communication%0D%0A%20 [aufgerufen am 24.06.2025]

Sternfels, Bob; Atsmon, Yuval (2025): The learning organization: How to accelerate AI adoption; McKinsey & Company; 09.07.2025; https://www.mckinsey.com/capabilities/strategy-and-corporate-finance/our-insights/the-learning-organization-how-to-accelerate-ai-adoption?stcr=C9782F7439D746C9B774C8204FF4C1DF&cid=mgp_opr-eml-nsl-mhl-mgp-glb–&hlkid=b55d2d7ee97e4638a9711ba29ab72731&hctky=1933228&hdpid=7b862a64-915e-4282-800d-64cb66d4b24b#/ [aufgerufen am 03.08.2025]

Strauß, Felix (2024): Virtuelles Testing: Game-Changer in der Fahrzeugentwicklung; Automobil Industrie; 27.06.2024; https://www.automobil-industrie.vogel.de/virtuelles-testing-felix-strauss-von-bertrandt-zeigt-potenziale-fuer-fahrzeuge-auf-a-568ed225cfceaae107d76ef164675226/?cmp=nl-ban-adv-reach-383790_Bertrandt_AI-20240712-textad1 [aufgerufen am 01.09.2024]

Suharto (2024): Challenges and Opportunities of Digital Transformation in Strategy Management; International Journal of Science and Society; Vo. 6, Nr. 1; file:///C:/Users/schwandner/Downloads/1050-Article%20Text-2258-1-10-20240129.pdf [aufgerufen am 11.09.2025]

Suleymanova, Aygun (2021): 11 Real Blockchain Use Cases for Business; Salesforce.com; 04.06.2021; https://www.salesforce.com/blog/real-use-cases-enterprise-blockchain/?utm_source=chatgpt.com [aufgerufen am 06.09.2025]

Suma, G. (2025): Role of IT Infrastructure in Digital Transformation; acceldata.io; 30.01.2025; https://www.acceldata.io/blog/role-of-it-infrastructure-in-digital-transformation [aufgerufen am 10.09.2025]

Tapscott, Don; Tapscott, Alex (2018): Die Blockchain-Revolution: wie die Technologie hinter Bitcoin nicht nur das Finanzsystem, sondern die ganze Welt verändert; 4. Auflage; Kulmbach: Plassen

Teece, David J. (2017): Explicating dynamic capabilities: The nature and microfoundations of (sustainable) enterprise performance; Strategic Management Journal; Vol. 28, Nr. 13

Testbirds (o. J.): Gain real user insights designed to accelerate growth; Testbirds; https://www.testbirds.com/en/ [aufgerufen am 06.10.2025]

Tidd, Joe; Bessant, John (2018): Managing Innovation: Integrating Technology, Market and Organizational Change; 6th Edition; Hoboken: Wiley

Tigre, Fernanda Bethlem; Henriques, Paulo Lopes; Curado, Carla (2024): The digital leadership emerging construct: a multi-method approach; Management Review Quarterly; Vol. 75; S. 789–836

Tressler, Marc (2025): Best FP&A Tools – Powerful spreadsheets, BI tools, and more; rowzero.io; https://rowzero.io/blog/best-financial-planning-and-analysis-tools [aufgerufen am 02.10.2025]

Unity Consulting (o. J.): Digitaler Zwilling (Digital Twin): Das virtuelle Abbild der Realität; Unity Consulting & Innovation; https://www.unity-consulting.com/de/consulting-services/digitaler-zwilling/ [aufgerufen am 20.10.2025]

Unity Technologies (o. J.): Was ist der digitale Zwilling?; Unity Technologies; https://unity.com/de/topics/digital-twin-definition [aufgerufen am 20.10.2025]

Upadhyaya, Nitesh (2022): The Role of Artificial Intelligence in Software Development: A Literature Review; Globallogic Inc; August; https://www.researchgate.net/publication/385781688_The_Role_of_Artificial_Intelligence_in_Software_Development_A_Literature_Review [aufgerufen am 04.10.2025]

UXpressia (o. J.): Accelerate your customer journey mapping with AI; UXpressia; https://uxpressia.com/ai-customer-journey-mapping [aufgerufen am 07.10.2025]

Uzule, Kristine; Verina, Natalja (2023): Digital Barriers in Digital Transition and Digital Transformation: Literature Review; Economics and Culture; Vol. 20, Nr. 1; S. 125–143

Vahs, Dietmar; Brem Alexander; Oswald, Christian (2023): Innovationsmanagement: Von der Idee zur erfolgreichen Vermarktung; 6. Auflage; Stuttgart: Schäfer-Poeschel

van der Aalst, Wil M.P.; Bolt, Alfredo; van Zelst, Sebastiaan J. (2017): RapidProM: Mine Your Processes and Not Just Your Data; Cornell University; https://arxiv.org/pdf/1703.03740 [aufgerufen am 03.10.2025]

van der Valk, Hendrik (2024): Digital Twin; Bayerische Forschungsinstitut für Digitale Transformation; 15.10.2024; https://www.bidt.digital/glossar/digital-twin/ [aufgerufen am 19.10.2025]

van Houtven, Charlotte (2023): How Artificial Intelligence is Accelerating Digital Product Development; LinkedIn-Post; 05.05.2023; https://www.linkedin.com/pulse/how-artificial-intelligence-accelerating-digital-van-houtven/ [aufgerufen am 24.09.2025]

Vandermerwe, Sandra; Rada, Juan (1988): Servitization of business: Adding value by adding services; European Management Journal; Vol. 6, Nr. 4; S. 314–324

Vargo, Stephen; Lusch, Robert (2004): Evolving to a new dominant logic for marketing; Journal of Marketing; Vol 68, Nr. 1; S. 1–17

Verma, Ashish; Sharma, Prakul; Patwari, Parth; Ferrer, Alfons Buxo; Kearns-Manolatos, Diana; Alibage, Ahmed (2025): Four data and model quality challenges tied to generative AI; Deloitte; 06.02.2025; https://www.deloitte.com/us/en/insights/topics/digital-transformation/data-integrity-in-ai-engineering.html [aufgerufen am 07.10.2025]

Vial, Gregory (2019): Understanding digital transformation: A review and a research agenda; The Journal of Strategic Information Systems; Vol. 28, Nr. 2; S. 118–144

Vlaskovits, Patrick (2011): Henry Ford, Innovation, and That “Faster Horse”; Harvard Business Review; 29.08.2011; https://hbr.org/2011/08/henry-ford-never-said-the-fast [aufgerufen am 23.09.2025]

Wanyama, Joseph Wabwile (2025): 9 Core Roles and Responsibilities of Chief Data Officer (CDO); edstellar.com; https://www.edstellar.com/blog/chief-data-officer-roles-responsibilities [aufgerufen am 12.09.2025]

Westerman, George; Bonnet, Didier; McAfee, Andrew (2014): Leading Digital: Turning Technology into Business Transformation; Brighton: Harvard Business Review Press

Westkämper, Engelbert; Löffler, Carina (2016): Strategien der Produktion: Technologien, Konzepte und Wege in die Praxis; Berlin: Springer

Widener, China; Arbanas, Jana; Van Dyke, Doug; Arkenberg, Chris; Matheson, Bree; Auxier, Brooke (2025): 2025 Digital Media Trends: Social platforms are becoming a dominant force in media and entertainment; Deloitte; 25.03.2025

Wiendahl, Hans-Peter; Reichardt, Jürgen; Nyhuis, Peter (2015): Handbook factory planning and design; Berlin: Springer

Winkelmann, Peter (2010): Marketing und Vertrieb: Fundamente für die marktorientierte Unternehmensführung; 7. Auflage; München: Oldenbourg

Winkelmann, Peter (2023): Marketing und Vertrieb: Fundamente für die marktorientierte Unternehmensführung; 9. Auflage; Berlin: De Gruyter

Wirtz, Bernd W. (2024): Digital Business: Strategien, Geschäftsmodelle und Technologien; 8. Auflage; Wiesbaden: Springer

Witkowski, Aron; Wodecki, Andrzej (2025): Where does AI play a major role in the new product development and product management process?; Management Review Quarterly; 27.05.2025; https://link.springer.com/article/10.1007/s11301-025-00533-5 [aufgerufen am 24.09.2025]

Wu, Scott (2025): How Devin replaces your junior engineers with infinite AI interns that never sleep; Lenny's Newsletter; 08.09.2025; https://www.lennysnewsletter.com/p/how-devin-replaces-your-junior-engineers?utm_source=post-email-title&publication_id=10845&post_id=172532965&utm_campaign=email-post-title&isFreemail=true&r=4n4r5u&triedRedirect=true [aufgerufen am 10.09.2025]

Xantage Blog (2024): Building the Digital Transformation Team: Roles, Skills, and Organizational Structure; Xantage.co; 22.08.2024; https://www.xantage.co/xantage-blog-posts/building-the-digital-transformation-team-roles-skills-and-organizational-structure [aufgerufen am 12.09.2025]

Yee, Lareina; Chui, Michael; Roberts, Roger; Xu, Stephen (2024): Why agents are the next frontier of generative AI; Quantum Black – AI by McKinsey; July

Yee, Lareina; Chui, Michael; Roberts, Roger; Smit, Sven (2025): Technology Trends Outlook 2025; McKinsey & Company; July; https://www.mckinsey.com/capabilities/mckinsey-digital/our-insights/the-top-trends-in-tech?stcr=41F71B1B53614FFF8E75CDE5818B1D1D&cid=other-eml-alt-mip-mck&hlkid=c94c521b8d2f4db69206b38de8d7445c&hctky=1933228&hdpid=84d35ab8-e2be-4053-948a-990bd3c3f066 [aufgerufen am 23.07.2025]

Zhang, Haili; Zhang, Xiaotang; Song, Michael (2021): Deploying AI for New Product Development Success; Research-Technology Management; Vol. 64, Nr. 5; S. 50–57

6 Zusammenfassung

Einleitend wurde argumentiert, dass sich das wirtschaftliche Umfeld für Unternehmen zunehmend als komplex und dynamisch darstellt. Insbesondere für die Entwicklung und Vermarktung von Produkten liegt eine Reihe von neuen Herausforderungen vor. Diese können – so wird argumentiert – am besten durch eine organisatorische und strategische Orientierung am Produkt bzw. an der Dienstleistung gemeistert werden.

Als Lösungskonzept wird das Konzept des Produktmanagements vorgestellt, bei dem sich Unternehmen (am Produkt) objektorientiert aufstellen und vier Prinzipien umsetzen: Ein Produktmanager wird mit der Produktverantwortung über den gesamten Lebenszyklus betraut, der Produktmanager koordiniert und richtet alle am Produkt beteiligten Unternehmensfunktionen aus, der Produktmanager ist für alle produktstrategischen Entscheidungen verantwortlich, der Produktmanager agiert wie ein „Unternehmer im Unternehmen". Hieraus leiten sich Aufgaben des Produktmanagers ab, die spezifisch in den Phasen des Produktinnovationsprozesses und phasenübergreifend anfallen. Zur Bewältigung dieser Aufgaben ist ein generalistisch interdisziplinäres Qualifikationsprofil und „Product Sense" erforderlich. Die Steuerung der Produktmanager erfolgt über produktspezifische KPIs. Die organisatorische Aufhängung der Produktmanager kann auf unterschiedliche Weise erfolgen. Als Leiter eines interdisziplinären Produktteams ist die Leadership des Produktmanagers ein wichtiger Erfolgsfaktor. Das Produktmanagementkonzept ist an die Markt- und Geschäftscharakteristika anzupassen.

Ausgangspunkt für den Produktinnovations- bzw. Produktmanagementprozess muss die Geschäftsstrategie des Unternehmens sein, die einerseits auf einer Umfeld- und Marktanalyse, andererseits auf einer internen Analyse basieren sollte. Als wesentlicher Umsetzungshebel der Geschäftsstrategie gibt die Innovationsstrategie die Richtung aller Innovationsprojekte und -prozesse vor. Auf der Innovationsstrategie aufsetzend richtet die Portfoliostrategie das aktuelle und zukünftige Produkt- und Dienstleistungsangebot des Unternehmens aus, u. a. durch die Beauftragung von Produktmanagern mit spezifischen Produktinnovationen. Produktinnovationsaufträge umfassen neben Zielen vor allem die inhaltlich angestrebte Positionierung des Zielprodukts am Markt und innerhalb des Angebotsportfolios.

Der resultierende Produktinnovationsprozess beginnt mit der Ideengenerierung. Dabei gilt es, basierend auf Kundenproblemen und eigenen Kompetenzen, Geschäftsideen zu generieren und zur weiteren Bearbeitung auszuwählen. Ideen werden in der zweiten Phase – federführend durch den Produktmanager – in Produktkonzepte überführt. Diese umfassen eine Vision und Zielsetzung, Produktanforderungen, eine Zielpositionierung sowie eine Produktstrategie. Nach der Validierung des Produktkonzepts erfolgt eine Wirtschaftlichkeitsrechnung. Dabei werden der Wertbeitrag des marktfähigen Konzepts und dessen Risiken beurteilt. Nur „vielversprechende" Kon-

 | https://doi.org/10.1515/9783111558806-006

zepte werden durch die Entwicklungsfunktion realisiert. Der Produktmanager nimmt als „interner Auftraggeber" dabei eine koordinierende, steuernde und qualitätssichernde Rolle ein. Nach einer erfolgreichen Markterprobung kann die Markteinführung erfolgen. Das Produkt bzw. die Dienstleistung durchläuft nach der Einführung die Lebenszyklusphasen Wachstum, Reife, Sättigung, Rückgang und Elimination. Der Produktmanager muss, unterstützt durch Marketing und Vertrieb, die Produktziele, Produktstrategien und Marketinginstrumente phasenweise anpassen (Product-Life-Cycle-Management), um den Produktertrag über den Lebenszyklus hinweg zu maximieren.

Digitale Technologien und Methoden wie Big Data, die künstliche Intelligenz oder Cloud Computing bieten erhebliche Potenziale für unternehmerische Innovationsprozesse und das Produktmanagement. In Ergänzung klassischer Produktmanagementinstrumente ist sog. digitales Produktmanagement gefordert. Dieses beinhaltet die Digitalisierung von Produkten und Dienstleistungen, um wettbewerbsfähigere innovative Angebote zu schaffen. Hierfür werden sieben bzw. acht Hebel für Produkte und Dienstleistungen aufgezeigt. Zudem kann der gezielte Einsatz digitaler Technologien und Methoden im Produktplanungs-, Produktentwicklungs- und Vermarktungsprozess Kosten senken, Innovationszyklen beschleunigen und die Kundenorientierung stärken. Weitere Werthebel der Digitalisierung im Produktmanagement können digitales Marketing, digitale Geschäftsmodelle und der Einsatz digitaler Zwillinge sein.

Register

 | https://doi.org/10.1515/9783111558806-007

www.ingramcontent.com/pod-product-compliance
Lightning Source LLC
LaVergne TN
LVHW080109011026
849160LV00013B/1060